Die große farbige
Enzyklopädie
Urania-Pflanzenreich
in vier Bänden

Viren · Bakterien ·
Algen · Pilze

Moose · Flechten ·
Nacktsamer

Blütenpflanzen 1

Blütenpflanzen 2

H. Melzer

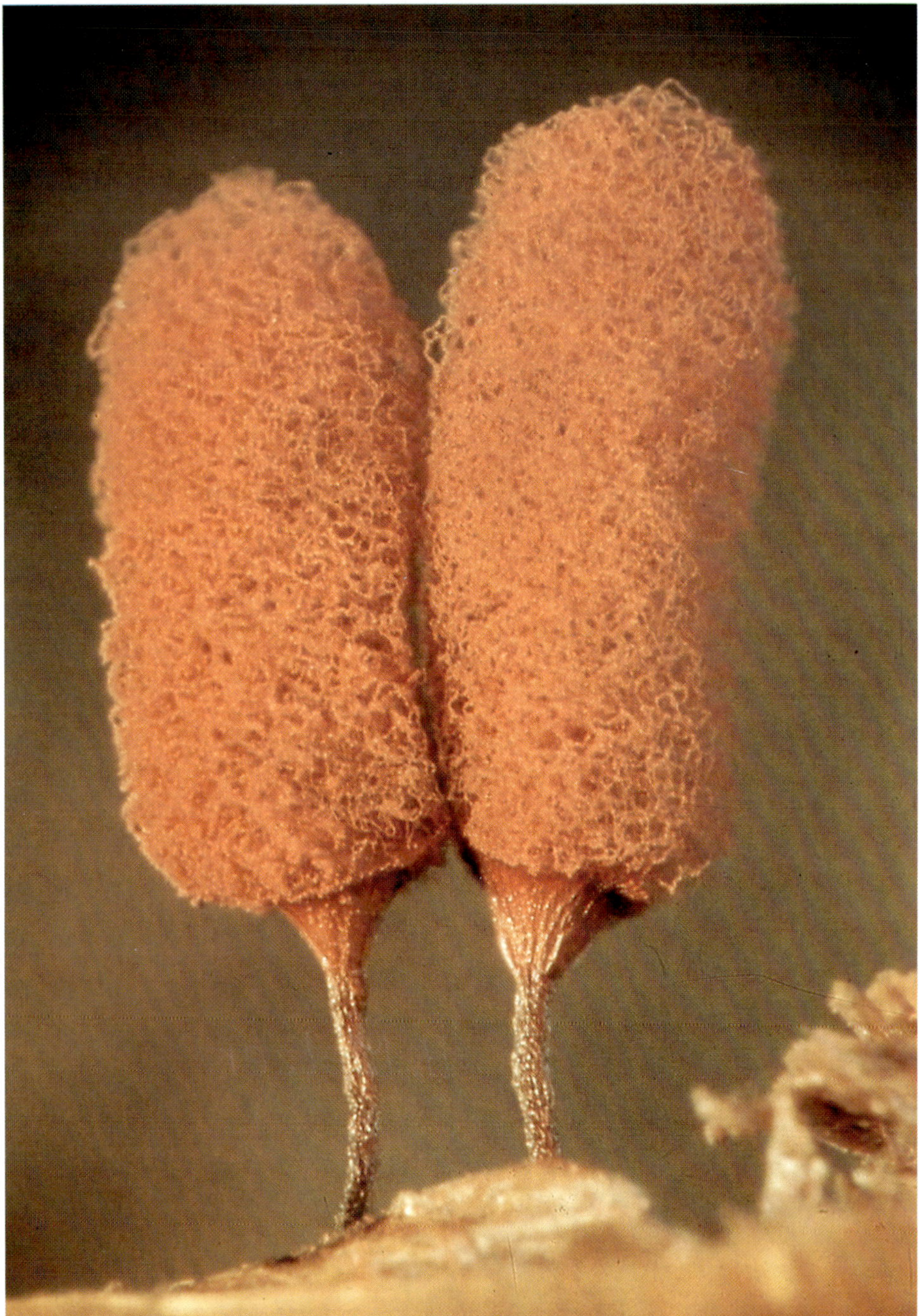

URANIA PFLANZENREICH

in vier Bänden

Viren · Bakterien · Algen · Pilze

Urania-Verlag Leipzig · Jena · Berlin

Autoren des Bandes:

Dr. rer. nat. Erich Heinz Benedix †,
bearbeitet von Dr. M. Schmiedeknecht
Ordnung Helvellales, Tuberales, Familie Geoglossaceae

Dr. rer. nat. habil. S. Jost Casper, Jena
Die Grundlagen der systematischen Gliederung, Blaualgen, Algen

Prof. Dr. rer. nat. habil. Siegfried Danert †
Einleitung

Dr. rer. nat. Peter Hübsch, Weimar
Klasse Basidiomycetes

Dipl.-Biol. Dr. agr. Kurt E. Lindner, Leipzig
Viren, Bakterien

Dr. rer. nat. habil. Martin Schmiedeknecht, Aschersleben
Pilze (Lebensräume und Lebensansprüche bis das System, Unterklasse Dictyostelidae, Klasse Acrasiomycetes, Abteilung Plamodiophoromycota, Labyrinthulomycota, Oomycota, Hyphochytriomycota, Chytridiomycota, Zygomycota, Ascomycota z. T., Basidiomycota mit Klasse Ustomycetes und Ordnung Uredinales, Formklasse Deuteromycetes)

Prof. Dr. rer. nat. habil. Rudolf Schubert, Halle
Flechten

Walter Senge †, bearbeitet von Dr. M. Schmiedeknecht
Echte Schleimpilze

Die Deutsche Bibliothek-CIP-Einheitsaufnahme
Die große farbige Enzyklopädie Urania-Pflanzenreich: in 4 Bänden. – Leipzig; Jena; Berlin: Urania-Verl.
ISBN 3-332-00367-4
Viren, Bakterien, Algen, Pilze / [Autoren des Bd.: Erich Heinz Benedix ...]. –
1. Aufl. – 1991
NE: Benedix, Erich Heinz ISBN 3-332-00348-8

ISBN 3-332-00348-8

1. Aufl. 1991

Urania-Verlag Leipzig · Jena · Berlin
Lektor: Christoph Needon
Buchgestaltung: Rumen Kujumdshiev
Umschlaggestaltung: Horst Adler
Wissenschaftliche Zeichnungen: Hans-Jürgen Ehricht, Köthen
Satz und Druck: Interdruck Leipzig GmbH
Printed in Germany

Inhalt

Zum Geleit

Die direkten Beziehungen eines jeden von uns zu Pflanzen können sehr unterschiedlicher Natur sein; der eine erfreut sich auf seinem Weg zur Arbeitsstelle an dem Grün der hier und da in den großen Städten noch vorhandenen oder wiedererstandenen Anlagen, der andere schmückt seine Wohnung regelmäßig und in Abhängigkeit von der Jahreszeit mit blühenden Zweigen oder Blattpflanzen, der dritte schließlich befaßt sich in seinem Beruf mit der industriemäßigen Produktion von landwirtschaftlichen Kulturpflanzen und aus ihnen hergestellten Produkten. Diese Reihe von Beispielen ließe sich relativ unbegrenzt fortsetzen. Nicht immer sind wir uns jedoch bewußt, daß die grüne Pflanze einen ganz entscheidenden Platz im Geschehen auf unserem Planeten einnimmt. Tatsächlich verdanken wir den für unsere Atmung und auch für die Tiere notwendigen Sauerstoff der Lebenstätigkeit der Pflanzen, die im Lauf der Photosynthese aus Kohlendioxid und Wasser mit Hilfe der Energie des Sonnenlichts Kohlenhydrate und Sauerstoff produzieren. Sie sind die grünen Pflanzen sowohl Sauerstofflieferanten als auch die entscheidenden Produzenten organischer Substanz, die uns direkt oder »veredelt« über den Tiermagen als Nahrung dient. Wirkstoffe der verschiedensten Art und Werkstoffe oder Rohstoffe für deren Herstellung sind gleichfalls unser Leben entscheidend beeinflussende Produkte der »chemischen Fabrik«, wie die Pflanze manchmal auch treffend bezeichnet wird.

Schon wenn wir uns bei einem Waldspaziergang etwas aufmerksam die verschiedenen Bäume, Sträucher und krautartigen Pflanzen betrachten und wenn wir nicht etwa die botanische Ausbildung hinter uns haben, macht es uns Schwierigkeiten, die einzelnen Arten zu unterscheiden und zu identifizieren. Dabei begegnen wir auf unserem Spaziergang ja nur einem winzigen Bruchteil der großen Formenmannigfaltigkeit, die die Evolution hervorgebracht hat. Nahezu 400 000 Pflanzenarten sind bisher beschrieben worden, und wie es die Ergebnisse zahlreicher wissenschaftlicher Expeditionen in noch relativ unerschlossenen Gebieten zeigen, ist damit wahrscheinlich der tatsächlich vorhandene Artenbestand des Pflanzenreichs noch nicht vollständig erfaßt. Ordnung in diese oft verwirrende Mannigfaltigkeit zu bringen als Voraussetzung für eine planmäßige und vernünftige wirtschaftliche und wissenschaftliche Nutzung und die verwandtschaftlichen Beziehungen zwischen den verschiedenen Arten, Gattungen und höheren systematischen Kategorien aufzudecken, um die Gesetzmäßigkeiten der Entstehung dieser Mannigfaltigkeit aufzuklären, sind Aufgaben der systematischen und taxonomischen Forschung. Unter Anwendung von Methoden und Ergebnissen anderer naturwissenschaftlicher Disziplinen (Zytologie, Biochemie, Genetik, Palynologie, Embryologie, Mathematik u. a.) gelingt es ihr in immer stärkerem Maße, die Mannigfaltigkeit des Pflanzenreichs überschaubar zu machen und dazu beizutragen, die Evolutionsmechanismen aufzudecken. Das hat nicht nur erkenntnistheoretische Bedeutung, sondern kann – wenn wir mit G. Becker Züchtung als vom Menschen gelenkte Evolution verstehen – von eminent praktischer Relevanz sein.

Angesichts dieser Entwicklung war die Anregung des URANIA-Verlages, einen konzentrierten Überblick über das Pflanzenreich in drei Bänden vorzulegen, sehr zu begrüßen. Dem interessierten Leser wird so die Möglichkeit gegeben, sich entweder systematisch Kenntnisse über die pflanzlichen Mitbewohner unseres Planeten anzueignen oder auch von Fall zu Fall, das Urania-Pflanzenreich als Nachschlagewerk benutzend, einfach seine Neugier über die Besonderheiten und auch die Schönheiten dieser oder jener Pflanzenfamilie zu befriedigen. Die große Formenfülle der Pflanzenwelt verbot es von vornherein, Vollständigkeit anzustreben. Dennoch wurden nahezu alle Ordnungen mit ihren wichtigsten und auffälligsten Vertretern berücksichtigt. Bei der Auswahl der zu beschreibenden Arten dienten unter anderem deren wirtschaftliche Bedeutung sowie ihre ökologische Stellung als Kriterium.

Die Autoren des Urania-Pflanzenreichs und der URANIA-Verlag haben sich bemüht, ein im besten Sinn des Wortes populärwissenschaftliches Werk vorzulegen. Sie können sicher sein, daß es mit dazu beitragen wird, den wachsenden Bildungsanforderungen gerecht zu werden, der Biologie neue Freunde zu gewinnen und dem Verstehen der Pflanze als einem sehr wichtigen Partner des Menschen beim Schutz und der Pflege seiner Umwelt zu dienen.

Gatersleben und Jena 1991

Einleitung

Selbst wer mit Botanik nur wenig Kontakt hat, kennt eine ganze Anzahl Pflanzenarten, die ihm aus seiner täglichen Umgebung vertraut sind. So ist uns allen geläufig, wie ein Alpenveilchen aussieht, es bereitet kaum Schwierigkeiten, eine Apfel- von einem Birnbaum im vegetativen Zustand zu unterscheiden, und es gibt auch kaum Zweifel, wie man unsere Getreidearten Gerste, Weizen, Roggen und Hafer auseinanderhalten kann. Auf Grund von Erfahrungen hat sich uns eine Kombination von Merkmalen einzelner Arten so nachhaltig eingeprägt, daß wir uns im Bedarfsfall sofort zu erinnern vermögen. In unseren naturnahen Landschaften entwickeln sich außerdem auch Vorstellungen von einem Zusammenhang zwischen Pflanze und Standort: Nur auf Wiesen werden wir nach Margeriten Ausschau halten und erwarten nicht, hier Leberblümchen anzutreffen. Jede Pflanzenart ist an einen spezifischen Lebensraum angepaßt und mit anderen Arten, die unter ähnlichen Bedingungen zu gedeihen vermögen, vergesellschaftet. Sowohl die Merkmale als auch die Standortansprüche sind so konstant, daß man sie als Kriterien zur Identifizierung von Pflanzen in Bestimmungsbüchern und Florenwerken heranziehen kann.

Doch diese Stabilität ist nur relativ; denn alle auf der Erde existierenden Pflanzen repräsentieren den gegenwärtigen Stand eines dynamischen Differenzierungsprozesses, in dessen Verlauf sich die heute lebenden Organismengruppen aus ihren Vorfahren entwickelt haben (Evolution). Wir sind sogar Zeugen dieser Stammesgeschichte; freilich gehen in der Natur diese Änderungen im allgemeinen in so großen Zeiträumen vor sich, daß sie kaum der direkten Beobachtung zugängig sind.

Mit immer besseren Untersuchungsmethoden ist es gelungen, sehr wesentliche Aussagen über die Entstehung neuer Pflanzensippen zu machen. Zwar beziehen sich all diese Erkenntnisse unmittelbar nur auf sehr junge Abstammungsgemeinschaften, also sehr nahe miteinander verwandte Pflanzengruppen, sie ermöglichen aber auch eine Vorstellung, wie während der erdgeschichtlichen Etappen der Evolutionsprozeß wahrscheinlich abgelaufen ist. Die einzelnen Differenzierungswege selbst bleiben jedoch ungeklärt und lassen sich auch nicht rekonstruieren. Als es vor einigen Jahrzehnten gelang, durch Röntgenstrahlen auf künstlichem Weg gravierende erbliche Änderungen in der Nachkommenschaft der Pflanze zu erzeugen, hatte man einen wesentlichen Evolutionsmechanismus in der Hand, die Auslösung von Mutationen. Die auf diesem Weg induzierten Veränderungen waren jedoch so tiefgreifend, daß sie zwar als Evolutionsmodelle geeignet waren, im einzelnen aber doch die Pflanzen so sehr beeinflußten, daß die Lebenstüchtigkeit oft stark eingeschränkt war. Auf zytologischem Weg konnte man feststellen, daß sehr häufig mit Mutationen wesentliche Änderungen in den Chromosomen, den in allen Zellkernen vorhandenen

Informationsträgern der Vererbung, einhergehen. Ganze Chromosomensätze, aber auch Einzelchromosomen verdoppeln sich (Genommutation) unter gewissen Voraussetzungen (z. B. Einfluß von Colchizin), in anderen Kernen brechen die Chromosomen, oder ganze Chromosomenstücke werden ausgewechselt (Chromosomenmutation) und umgelagert. Oft fand man bei Mutanten keine Anhaltspunkte für strukturelle Abweichungen des Chromosomensatzes. In diesen Fällen sprach man von Gen- oder Punktmutationen.

Erst die Molekularbiologie war in der Lage, Gen- oder Punktmutationen aufzuklären und darüber hinaus auch das Variieren der Pflanzenarten zu beleuchten. Mutationen, also Änderungen der Erbanlagen, brauchen durchaus nicht immer am äußeren Bild einer Pflanze klar erkennbar zu sein. Die Ausprägung von Merkmalen wird durch ein Koordinierungssystem von Enzymen gesteuert. Sie bestehen aus Polypeptidketten (Eiweißen), in denen eine große Anzahl von Aminosäuren, den Bausteinen der Eiweiße, gesetzmäßig aneinandergekoppelt sind. Für die Bildung der Enzyme sind wiederum Funktionsgene verantwortlich zu machen; die sich aus einer sehr großen Zahl von Teilabschnitten (100 bis über 1000) zusammensetzen, es sind Abkömmlinge der in den Kernen weit verbreiteten Desoxyribonukleinsäure (DNS). In einem so komplizierten Übertragungssystem können relativ leicht geringfügige Änderungen auftreten, in deren Folge die Anordnung oder die Zusammensetzung der Bauelemente zwar nur wenig abgewandelt wird, die Enzymwirkungen aber Abweichungen zeigen. Im Lauf aufeinanderfolgender Generationen stellt sich das gesamte Enzymgefüge auf eine solche unscheinbare Abänderung ein. Es ist durchaus verständlich, daß derartige Abweichungen sogar sehr häufig auftreten und für das Variieren innerhalb einer Pflanzensippe verantwortlich sind; denn innerhalb einer jungen Abstammungsgemeinschaft, einer Population, kann man niemals 2 völlig miteinander identische Pflanzen beobachten. Schon allein solche Abweichungen sind ausreichend, um den Evolutionsprozeß verständlich zu machen. Nur selten äußern sich Mutanten so stark, daß sie innerhalb eines Pflanzenbestands sofort auffallen. Insgesamt verfügt eine Pflanze in ihren Kernen über einen Vorrat an DNS für mehrere Millionen Funktionsgene. Das mutative Variieren der Pflanzen kann geradezu als eine der wichtigsten Lebensäußerungen angesehen werden.

Völlig offen ist die Richtung, in der eine Variation möglich ist, wahrscheinlich ist sie sogar richtungslos, und die natürliche Auslese (Selektion) eliminiert sehr viele Varianten. Nur an die jeweiligen Standort- und Klimabedingungen angepaßte Pflanzen werden sich behaupten und gegebenenfalls sogar unter weiterer Variation und Auslese im Lauf der Zeit neue Siedlungsräume erobern können. So ist allmählich eine große Formenfülle entstanden, in der zahlreiche morphologische und anatomische Strukturen Anpassungen an bestimmte Lebensräume erkennen lassen.

Sehr überzeugende Beweise, wie schnell evolutive Vorgänge im Pflanzenreich ablaufen können, liefern uns einige Kulturpflanzen, die sich in relativ kurzer Zeit zu den heutigen Formen entwickelt haben. Unsere wichtigsten Getreidearten sind nicht älter als 10000 bis 12000 Jahre. Bei einigen Nutzpflanzen ist eine so weitgehende Veränderung der Merkmale vor sich gegangen, daß wir heute nicht mehr in der Lage sind, die Ursprungsarten mit Sicherheit anzugeben. Kulturpflanzen waren daher auch bevorzugt Gegenstand der Evolutionsforschung. Aus ihren Erkenntnissen resultieren grundlegende Methoden zur Verbesserung der Eigenschaften bei der Entwicklung von Hochzuchtsorten.

Andererseits können wir von vielen Pflanzenarten mit einiger Sicherheit behaupten, daß sie sich während der vergangenen Jahrmillionen grundsätzlich nicht verändert haben.

Für die Beurteilung von Evolutionsabläufen im Pflanzenreich ziehen wir die Zeitalter der Erdgeschichte heran, und aus den Ablagerungen einzelner geologischer Epochen lassen sich wertvolle Aufschlüsse über das erste Auftreten und damit das Mindestalter einzelner Pflanzengruppen ableiten.

Setzen wir das Alter der Erde mit etwa 4–6 Milliarden Jahren an, so finden wir die ältesten Pflanzenspuren schon im Präkambrium; sie sind 3–4 Milliarden Jahre alt. Es handelt sich um blaualgenähnliche Organismen, die aus jener Zeit bekannt sind; ihre Entstehung ist freilich noch früher anzusetzen. Auch Bakterien müssen schon existiert haben. Vertreter anderer Algengruppen sind seit dem Kambrium bekannt. Anhaltspunkte für die Existenz der ersten Landpflanzen gibt es aus den Grenzschichten zwischen Silur und Devon, sie haben sich wahrscheinlich aus Grünalgen entwickelt.

Durch zahlreiche fossile Funde hat man aber auch Pflanzengruppen nachgewiesen, die keine unmittelbaren Beziehungen zu heute existierenden Organismen haben. Die Paläobotanik hat die wichtigsten Beweise für die Stammesgeschichte (Phylogenie) der einzelnen Abteilungen des Pflanzenreichs geliefert, doch sind die Belege so lückenhaft, daß gegenwärtig eine Rekonstruktion des Entstehungsweges der heute lebenden Pflanzenwelt auf dieser Basis nicht möglich ist.

Die Erfassung von Abstammungsgemeinschaften auf der Grundlage von Verwandtschaftsbeziehungen sowie das Studium von Evolutionsvorgängen und strukturellen Anpassungen sind Aufgabe der Systematik oder Taxonomie. Auf Grund von morphologischen, anatomischen, zytologischen und befruchtungsbiologischen Untersuchungen unter Einbeziehung von Kreuzungsexperimenten werden Vorstellungen über das Beziehungssystem innerhalb der Pflanzensippen entwickelt. Im allgemeinen läßt sich eine solche Analyse bei Arten innerhalb einer Gattung besonders dann vornehmen, wenn lebende Pflanzen für die Auswertung zur Verfügung stehen. Schwieriger ist der Versuch, die Verwandtschaft von Gattungen innerhalb einer Familie zu analysieren. Nur wenige Anhaltspunkte gibt es, um Familien zu Ordnungen zusammenzufassen, und nur auf Vermutungen sind wir im allgemeinen angewiesen, wollen wir die Ordnungen innerhalb einer Klasse nach Verwandtschaftsbeziehungen anordnen. Im allgemeinen setzen wir dabei voraus, daß die Formenverwandtschaft auch einer phylogenetischen Verwandtschaft entspricht. Gliederungen, bei denen der Grad der Ähnlichkeit der Gruppen die Anordnung bestimmt, werden auch als natürliche Systeme bezeichnet. Da sie phylogenetisch interpretiert werden, spricht man von phylogenetischen Systemen. Nur auf Mutmaßungen, Hypothesen und Theorien sind wir bei dem Versuch angewiesen, die Abteilungen des Pflanzenreichs voneinander abzuleiten. In diesen sogenannten höheren Gruppen des Pflanzenreichs werden es nur relativ wenige Merkmale sein, die den einzelnen Sippen gemeinsam sind.

Die für die Gliederung der großen Gruppen maßgeblichen Anordnungsprinzipien werden in einem besonderen Kapitel erläutert.

Mit dem Urania-Pflanzenreich wird eine Übersicht nahezu aller gegenwärtig auf der Erde existierenden Pflanzenordnungen gegeben. Die charakteristischen Eigenschaften der einzelnen Abteilungen, Klassen, Ordnungen und Familien dokumentieren die Evolutionsstufen der betreffenden Gruppen. Das derzeitige Ergebnis der Evolution, die jüngsten Abstammungsgemeinschaften, sehen wir unter gewissen Voraussetzungen als Arten an und belegen sie mit einem zweigliedrigen oder binären Namen (Art- und Gattungsbezeichnung).

Die Entwicklung der menschlichen Gesellschaft war unter anderem abhängig von der Nutzungsform pflanzlicher Organismen, man kann Pflanzen sogar als wesentliches Kulturelement betrachten. Voraussetzung für den revolutionierenden Prozeß des Übergangs von der Stufe der Sammler und Jäger zu der der Seßhaftigkeit war die Inkulturnahme von Pflanzenarten, die auch heute noch die wichtigste Nahrungsgrundlage darstellen. Ertragssteigerungen führten zur Entfaltung neuer Gewerbe. Durch züchterische Maßnahmen ist es dem Menschen gelungen, die Evolution von Kulturpflanzensippen zu steuern. Unser Interesse konzentriert sich daher im Urania-Pflanzenreich auf landwirtschaftlich und gärtnerisch genutzte Arten. In den gemäßigten Breiten handelt es sich um nur relativ wenige Pflanzenarten, die eine tragende wirtschaftliche Bedeutung erlangt haben. Weit größer ist ihre Zahl in den Subtropen und Tropen. Der Herstellung von Textilien dienende Arten, Heilpflanzen und andere technisch genutzte Pflanzen sind weitere Schwerpunkte des vorliegenden Werkes. Die Isolierung von sekundären Pflanzenstoffen war die wichtigste Voraussetzung zur Synthese dieser Produkte.

Auch heute ist man bestrebt, auf der Grundlage umfangreicher Untersuchungsprogramme Naturstoffe nachzuweisen, die wissenschaftlich, medizinisch oder technisch von Interesse sein können. Erinnert sei hier nur an die Bemühungen um den Nachweis kanzerostatischer Substanzen, an die Aufklärung der Struktur narkotisierender Stoffe zur Anwendung in der Neurotherapie und schließlich an die Auffindung von Pflanzen mit biozid wirkenden Eigenschaften zur Testung umweltschädlicher Pestizide.

Als Ausdruck der Lebensfreude ist das Streben des Menschen zu werten, Pflanzen, die durch ihre Formen und Farben besonders auffallen, in seine unmittelbare Umgebung zu bringen. Auch bei Zierpflanzen hat die Züchtung wesentlich zur Steigerung der Schauwirkung beigetragen. Nicht zuletzt waren Pflanzen die Vorlage für Stilelemente verschiedener Kunstepochen.

Weiterhin werden wir nähere Angaben über solche Pflanzenarten finden, die spezielle Anpassungen an ihre Lebensräume erkennen lassen. Oft handelt es sich dabei um sehr auffallende Strukturen, die aus den Merkmalen der Verwandtschaftskreise abgeleitet werden.

In Mitteleuropa kennt man etwa 4000 Bedecktsamerarten. Schon im Mittelmeergebiet ist der Sippenreichtum weit größer, noch mehr Bedecktsamer haben sich aber in den Subtropen und Tropen entfaltet, so daß die Gesamtzahl der Arten auf etwa 260000 geschätzt wird. Aus den einzelnen Lebensräumen dieser Klimazonen werden die Eigentümlichkeiten ausgewählter Sippen dargestellt. Wenn man bedenkt, daß die Zahl der Pflanzenarten auf ungefähr 400000 eingeschätzt werden kann und jährlich im Durchschnitt über 2000 weitere, bisher nicht bekannte Arten wissenschaftlich beschrieben werden, so ist verständlich, daß nur ein recht bescheidener Ausschnitt der großen Formenmannigfaltigkeit im Urania-Pflanzenreich vorgestellt werden kann.

Gegenwärtig kommt es zu einer wachsenden Gefährdung der Umwelt durch den Menschen. Globale Klimaveränderungen durch Kohlendioxidbelastung der Atmosphäre, Verschmutzung und Versauerung der Gewässer durch Industrie, Landwirtschaft und Haushalte, Wald- und Robbensterben, Algenmassenentwicklungen in Seen und an Meeresküsten sind Symptome einer bedrohlichen Entwicklung für Pflanze, Tier und Mensch. In ihren »Roten Listen« registrieren Botaniker und Zoologen besorgt die Existenzgefährdung oder das Aussterben vieler Pflanzen- und Tierarten. Unser Urania-Pflanzenreich soll auch dazu beitragen, Mensch und Gesellschaft für die Umweltproblematik zu sensibilisieren und sie anzuregen, mit der Welt der Organismen, der wir unsere Existenz im wesentlichen verdanken, sorgsamer als bisher umzugehen.

Die Grundlagen der systematischen Gliederung

Unser Urania-Pflanzenreich ist als Gegenstück bzw. als Ergänzung zum Urania-Tierreich konzipiert. Dem unbefangenen Leser kann nicht zweifelhaft sein, welche Lebewesen ihn bei der Lektüre der jeweiligen Werke erwarten. Pflanze und Tier sind für ihn alltägliche, fest umrissene Begriffe, die er meist mit den Attributen »unbeweglich« bzw. »beweglich« verbindet. Um so mehr muß es ihn befremden, wenn er z. B. im Band Wirbellose Tiere 1 des Tierreichs die gefärbten Geißelalgen vorfindet, die ihm dann im Band Viren · Bakterien · Algen · Pilze des Pflanzenreichs nochmals als Algen begegnen. Hinter diesem auffälligen Widerspruch verbirgt sich eine alte Frage der biologischen Wissenschaft, die Frage nach dem Wesen von Pflanze und Tier. Uns ist es heute selbstverständlich, daß die Pflanze ein Lebewesen ist. Der antike griechische Philosoph Aristoteles, einer der Väter der Biologie, mußte noch besonders betonen, daß das Reich der Pflanzen den leblosen Dingen gegenüber als »beseelt« erscheine, der Tierwelt gegenüber aber als »unbeseelt«. Was aber »beseelt« sei, das habe Teil am Leben, sei also ein lebendiges Wesen. Im Tier sei das Leben »deutlicher« als in der Pflanze, in der Umgangssprache der alten Völker waren die Worte für Tier und Leben gleich!

Aristoteles und sein Schüler Theophrast stellten schließlich fest: Es ist die Bewegung, die das Tier charakterisiert. Das sich bewegende Lebewesen ist »lebendig«, es ist ein »zoon«. Es bewegt sich aber nicht nur, sondern es empfindet außerdem; Tiere sind mit Bewegung und Empfindung begabte Lebewesen. Die Pflanzen dagegen leben offenbar, ohne der Ortsbewegung oder Empfindung teilhaftig zu sein. Das positive Kennzeichen der Pflanze ist ihr Wachstum. Sie wächst »das ganze Leben lang« und bildet immer neue Organe an Stelle der älteren aus. Dabei wächst sie nicht nur in die Luft, sondern auch in die Erde hinein. Dieses Wachstum kann jederzeit von jedermann beobachtet werden. Tiere wachsen auch, aber nicht so offensichtlich. Manche Tiere sind dem Laien nur im ausgewachsenen Zustand bekannt (Insekten, Vögel, Säugetiere in freier Wildbahn). Sehen wir ein Lebewesen wachsen, ohne daß es sich bewegt, dann halten wir es für eine Pflanze.

Diese antike Begriffsbestimmung hat sich bis weit in die Neuzeit, ja teilweise bis in die Gegenwart hinein gehalten. Noch Augustin Pyramus de Condolle, einer der führenden Botaniker in der ersten Hälfte des 19. Jahrhunderts, lehrte, daß der Unterschied zwischen den beiden organischen Reichen hauptsächlich darauf beruhe, daß das eine die Fähigkeit habe, sich zu bewegen und zu empfinden, die dem anderen mangele. Und Goethe spricht von dem »Entsetzen«, das uns ergreift, wenn ein Naturgesetz durchbrochen scheint; denn für ihn war es ein Naturgesetz, daß die Pflanze sich nicht ohne äußere Reize bewegen kann. Als er die autonomen Bewegungen des Süßklees *Hedysarum gyrans* beobachtete, schrieb er, daß die Natur mit unseren Begriffen »spiele«. Schließlich sei noch des berühmten Botanikers Unger gedacht, der in der Mitte des 19. Jahrhunderts einer seiner Arbeiten den Titel »Die Pflanze im Momente der Tierwerdung« gab. Er beobachtete die Selbstbeweglichkeit der Keime (Zoosporen) der Alge *Vaucheria*, was ihn veranlaßte zu behaupten, daß die Pflanze »tierzeugend« auftreten könne. Die Pflanzenwelt sei die »Gebärmutter der Tierwelt«. Nur war schon Aristoteles und Theophrast bekannt, daß der Übergang von den unbelebten Körpern zu den Pflanzen und von diesen wiederum zu den Tieren gleitend ist. Ja, man könnte bei einigen, so sagten sie, die im Meere wohnen, daran zweifeln, ob sie Tiere oder Pflanzen seien. Diese Tatsache des gleitenden Übergangs vom Reich der Pflanzen zu dem der Tiere wurde den Wissenschaftlern noch mehr bewußt, als ihnen mit der Entdeckung und Weiterentwicklung des Mikroskops die Welt der Mikroorganismen, die Welt der Flagellaten, der Protozoen und Protophyten, zugänglich wurde.

Eine einwandfreie Scheidung von Tier und Pflanze im Bereich der einzelligen Organismen war der Wissenschaft lange Zeit nicht möglich. Bewegten sich die Einzeller, dann stellte man sie zu den Tieren, bewegten sie sich nicht, dann rechnete man sie zu den Pflanzen. So galten z. B. noch im vorigen Jahrhundert lange Zeit die Kieselalgen als Tiere. Heute versucht man, das Wesen von Pflanze und Tier ernährungsphysiologisch zu begreifen. Organismen, die assimilatorische Farbstoffe besitzen und sich daher autotroph ernähren, werden zum Pflanzenreich, solche dagegen, die sich heterotroph ernähren, d. h., die organische Kohlenstoffquellen ausnutzen, zum Tierreich gerechnet. Aber auch diese Begriffsbestimmung versagt. Viele Organismen, so etwa die Panzergeißler, sind mixotroph, d. h., sie assimilieren nicht nur, sondern nehmen auch organische Nahrung auf. Und was sind dann die Pilze, die keinerlei assimilatorische Farbstoffe besitzen, sich aber nicht »bewegen«, sondern »wachsen«? Sind sie Pflanzen oder Tiere?

Diese unbefriedigende Sachlage veranlaßte den Zoologen Haeckel, den Reichen der Tiere und Pflanzen als drittes Reich das der Protisten nebenzuordnen, ein »neutrales Mittelreich«, das die zwischen den »echten« Pflanzen und Tieren stehenden Organismengruppen, wie Urtiere, Geißeltiere, Algen, Pilze und Bakterien – also Protophyten und Protozoen –, umfassen sollte. Die Entdekkung der mikroskopisch kleinen Lebewesen hatte jene herkömmliche, auf einer vergleichsweise naiven Stufe der Erkenntnis gewonnene Einteilung der lebendigen Welt in die Reiche der Pflanzen und Tiere ernstlich in Frage gestellt. Denn auf der Organisationsstufe der einzelligen Wesen gibt es keine scharfe Grenze zwischen Pflanze und Tier, und zwar nicht nur deshalb, weil die Einzeller in Größe, Gestalt, Struktur und Bewegungsweise einander weitgehend ähneln, sondern weil bei ihnen die typischen pflanzlichen und tierischen Stoffwechselleistungen ineinander übergehen. Da sich die Systematik der intensiven Erforschung der Mikroorganismen aus überwiegend methodischen Gründen erst zu einer Zeit zuwendete, als die Makrolebewelt bereits einem festen Ordnungsgefüge eingepaßt schien, »schielte« sie stets mit einem Auge auf die »höheren« Pflanzen und Tiere, bemüht, die »primitiven« Bakterien, Flagellaten, Algen, Pilze und Urtiere in diesem bewährten Schema anzusiedeln. Phylogenetisch interpretiert, wird dabei nichts anderes ausgedrückt, als daß der Strom der Evolution entlang den zwei »Armen« eines einzigen »Flusses« geströmt sein soll. Erst durch die bewußte Einstellung auf das eigenwertige Entwicklungsniveau der sogenannten niederen Organismen wurde der Weg frei für neue Denkansätze und Erkenntnisse auf dem Gebiet der biologischen Systematik.

Die Wissenschaft weiß, daß Pflanze und Tier von der Umgangssprache geprägte Begriffe sind, die aus einer vorwissenschaftlichen Epoche des menschlichen Denkens stammen; sie weiß, daß der Mensch dieser Epoche die Gegenstände seiner Umwelt zum Zweck der Abgrenzung und des Wiedererkennens bezeichnete und sie in sein Weltbild einordnete, in dem das, was ohne Bewegung wächst, ein Gewächs, eine Pflanze, und das, was sich bewegt und lebt, ein Tier ist. Heute behauptet die Wissenschaft nicht mehr, daß die überlieferten Begriffe Pflanze und Tier so aufgefaßt werden müßten, als deckten sich mit ihnen in der Natur gegebene Klassen von Körpern. Das Wort gilt ihr nicht länger als das Symbol eines in der Natur liegenden Geheimnisses, das doch noch entschleiert werden muß. Für die Systematik gibt es im streng wissenschaftlichen, d. h. hier im klassifikatorischen Sinn die Begriffe Pflanze und Pflanzenreich nicht mehr. Die Pflanze, verstanden als ein autotropher Ernährungsweise befähigtes Lebewesen, ist keine systematische Kategorie, keine Abstammungsgemeinschaft im Sinn der Phylogenie.

Seit Darwin wird die Organismenwelt als das Produkt eines in langen Zeiträumen ablaufenden, von niederen zu höheren Formen führenden Entwicklungsprozesses aufgefaßt. Die gegenwärtig die Erde besiedelnden Lebewesen werden auf Urformen zurückgeführt, in der Überzeugung, daß ungeachtet aller Verschiedenheit und Mannigfaltigkeit im einzelnen das Leben seiner Entstehung nach einheitlich ist. Die Systematik, deren erklärtes, wenngleich nur in Annäherung zu erreichendes Ziel das natürliche System ist, suchte die Urformen in den phyletischen Typen oder Archetypen wiederzuerkennen, als die früher Organismengruppen z. B. Pflanze, Tier, Alge, Pilz oder Urtier, galten. Mit der Erkenntnis, daß sie keine Phylotypen, sondern höchstens Summen von solchen darstellen, beginnt sich allmählich eine andere Gliederung durchzusetzen, die sich auf grundlegende Unterschiede in der zelligen Organisation der Lebewesen stützt. Daß Blaualgen und Bakterien zum Unterschied von allen übrigen Mikro- und Makroorganismen einen stark abweichenden Zellbau besitzen, ist schon rund 100 Jahre bekannt und hat zu unterschiedlichen taxonomischen Konsequenzen geführt. So bezeichnete sie Haeckel als kernlose Protisten und ordnete sie als »Monera« seinen »Protista« unter. Seine Auffassung vermochte sich zunächst nicht allgemein durchzusetzen, da es verfrüht schien, von einer Kernlosigkeit bei Bakterien und Blaualgen zu sprechen. Mit dem Fortschreiten der zytologischen Erkenntnisse drangen diese Anregungen allmählich immer mehr in die Wissenschaft ein, die heute die beiden Reiche der Pro- und Eukaryota bzw. der Proto- und Karyobionta unterscheidet.

Protokaryobionta sind Lebewesen, deren Zelle prokaryotisch organisiert ist. Der Protozyt (Urzelle) besitzt keine äquivalente strukturelle Trennung seiner Untereinheiten von der Zellfunktion. Die Stelle der membranumhüllten Organellen des Euzyten nehmen offene, mehr oder weniger lamelläre Strukturen, die der Atmung oder Assimilation dienen, oder offene, durch die Anwesenheit von DNS (DNS-Plasma) gekennzeichnete Elemente ein, die die genetischen Funktionen ausüben. Sind Geißeln – als Bakteriengeißeln – vorhanden, so bestehen sie aus einfachen Eiweißfibrillen. Die kompliziert zusammengesetzte Zellwand ist nicht fibrillär gebaut.

Karyobionta sind Lebewesen, deren Zelle eukaryotisch organisiert ist. Der Euzyt (echte Zelle) ist kompartimentiert, d. h. durch individuelle zytoplasmatische Membranen in Reaktionsräume gegliedert. Atmung, Assimilation und genetische Funktionen sind an spezifische, membranumgrenzte Organellen gebunden; die Zellbewegung bewirken Geißeln (Flagellen), die aus vom Plasmalemma umhüllten Eiweißdoppelfibrillen bestehen und im Querschnitt ein charakteristisches Substrukturmuster – $(9-9)+2$ – zeigen: die Zellwand ist fibrillär gebaut.

Der prokaryotisch organisierte Protozyt ist der gemeinsame Prototyp der Bakterien und Blaualgen, der eukaryotisch organisierte Euzyt aller übrigen Organismen, von den Flagellaten angefangen bis hinauf zu den höheren Pflanzen und Tieren. Man kann, etwas überspitzt, behaupten, daß es allein der Euzyt war, mit dem die Evolution »gespielt« virtuos gespielt hat, wenn man sich vergegenwärtigt, daß die bunte, wechsel- und »lebens«volle, die Physiognomie der Erde weitgehend prägende Lebewelt letztlich nur milliardenfachen Variationen über ein Thema, eben das eine Thema Euzyt, gleicht. Wie armselig erscheint dagegen die dem unbewaffneten Auge verborgene Welt der Prokaryota, deren Protozyt offenbar mit einer vergleichsweise geringeren evolutionären Dynamik ausgestattet zu sein scheint.

Sind wir berechtigt, diese beiden fundamentalen Organisationsstufen der Organismenwelt als taxonomische Kategorien zu betrachten, wenn wir in ihnen natürliche Verwandtschaftsgruppen sehen, die von gemeinsamen Vorfahren abstammen? Können wir von Reichen der Protokaryobionta oder Karyobionta sprechen?

Unsere Frage läßt sich heute noch nicht eindeutig beantworten. Angesichts der prinzipiellen Gleichartigkeit der prokaryotischen Organisation der Bakterien und Blaualgen kann man einen monophyletischen Ursprung der beiden Organismengruppen annehmen. Freilich ist die suggestive Kraft von Termini wie Protozyt (Urzelle) oder Protokaryon (Urkern) so groß, daß man davor warnen muß, in ihnen mehr als begriffliche Äquivalente zur Kennzeichnung spezifischer Anpassungen auf einem gegebenen Gestaltungsniveau zu sehen. Sie beweisen keineswegs die absolute phylogenetische Basisstellung der Bakterien und Blaualgen, sind aber geeignet, das vergleichsweise einfache Muster ihrer Zellstruktur zu umschreiben.

Anders scheint es um die eukaryotisch organisierten Karyobionta zu stehen. Lange Zeit galten die Flagellaten als phylogenetische Basisgruppe, aus der sich Algen, Pilze und Protozoen entwickelt haben. Flagellaten sind primär einzellige Organismen, die die vegetative (trophische) Phase ihres Individualzyklus im geißelbeweglichen (monadoiden) Zustand durchlaufen und nur zeitweise Ruhepausen (zystäre Latenzphasen) interpolieren oder mit ihnen ihren Individualzyklus abschließen. Ihr Zellkörper ist kompartimentiert: Innere Membranen trennen den Ruhekern vom Zytoplasma; sie besitzen spezifische, membranumgrenzte Organellen für Atmung und Assimilation; ihre Kernteilung ist eine mitotische Längsteilung (Schizotomie); ihre Beweglichkeit vermitteln Geißeln vom (9 − 9) + 2-Querschnittsmuster. Die allen Eukaryoten gemeinsamen Grundzüge des Zellbauplanes erweisen die Flagellaten als Repräsentanten des euzytischen Gestaltungstyps in seiner »klassischen« und ursprünglichen Form. Ursprünglich vor allem deshalb, weil sexuelle Vorgänge nirgends notwendige Attribute des Individualzyklus sind, weil die Sexualität, wenn sie auftritt, noch in ihrer einfachsten Form, der Kopulation von sexuell undifferenzierten Gametozyten, vorkommen kann und weil sie sich ernährungsphysiologisch als Tiere oder Pflanzen oder als beides zugleich verhalten können. Auch wenn die Flagellaten unvermittelt, ohne direkten Anschluß an »primitivere« Formen etwa vom Typ der prokaryotischen Bakterien oder Blaualgen in der Welt der Organismen auftauchen, so weist doch der gemeinsame Grundzug ihrer Zellarchitektur auf die gemeinsame Wurzel hin. Sie sind eine Organismengruppe, die auf dem euzytischen Entwicklungsniveau eine vielfältige Aufspaltung und Formenentwicklung erfahren hat. Die geringen direkten verwandtschaftlichen Beziehungen der einzelnen Flagellatengruppen untereinander sind das Ergebnis eines langen Entwicklungsprozesses, wobei nicht nur die Bindungen an primitivere Organismengruppen verlorengingen, sondern auch die Bindungen untereinander gelockert wurden. Die dem Euzyten innewohnenden Potenzen ermöglichten es ihnen, die Entwicklung einzuleiten, die mit der Entfaltung der höheren Pflanzen und Tiere ihren vorläufigen Abschluß fand.

Vakuom, Kinetom und endoplasmatisches Retikulum müssen wiederholt und unabhängig voneinander entstanden sein. Tatsächlich werden neuerdings vor allem seitens der Mikro- und Molekularbiologen Argumente dafür vorgetragen, daß die eukaryotische Zelle keine Abstammungslinie, sondern eine »phylogenetische Chimäre« ist. Danach sind ihre Organellen nicht durch endogene Kompartimentierung, sondern durch »Einwanderung« ehemals freilebender prokaryotischer Zellen und deren Inkorporation in einen oder mehrere – hypothetische – Urkaryoten (Progenoten) entstanden. Diese Endosymbionten- oder Zytosymbiontenhypothese geht in ihren Grundzügen auf Schimper (1883)! zurück, der speziell den Ursprung der Chloroplasten in den Blaualgen suchte.

Der Erkenntnis der Molekularbiologie, daß viele in den heute lebenden Organismen anzutreffenden Proteine und Nukleinsäuren ihre Struktur seit Milliarden von Jahren konserviert haben, also gleichsam lebende Fossilien darstellen, ließ es möglich erscheinen, früheste Evolutionsepochen zu rekonstruieren. Durch den Vergleich homologer Nukleinsäuresequenzen (5S-rRNA-Gene bzw. 16S/18S-rRNA-Gene) wurde wahrscheinlich gemacht, daß die oben skizzierte dichotome Gliederung der Lebewelt in die zwei Reiche der Pro- und Eukaryota nicht aufrechterhalten werden kann. Die Prokaryota zerfallen in 2 Gruppen, in die Archaeobakterien (methanogene und thermophile Bakterien sowie Halobakterien) und in die Eubakterien (einschließlich der Blaualgen). Außerdem existiert mindestens ein dritter Evolutionszweig, der lediglich in der eukaryotischen 18S-rRNA verwirklicht ist, d. h. nicht durch freilebende Formen repräsentiert wird. Die Inkorporation von chlorophyllhaltigen photosynthetischen aktiven prokaryotischen Zellen in die Vorläufer der rezenten eukaryotischen Lebewesen hat mehrfach stattgefunden. So sollen z. B. Vertreter der Algengattung *Prochloron* Vorläufer der Chloroplasten der Grünalgen und höheren Pflanzen, die Blaualgen dagegen solche der Chromatophoren der Rotalgen sein. Auch die Chromatophoren der Braunalgen sollen einen eigenen Ursprung haben. Die Mitochondrien sind ebenfalls polyphyletisch und endosymbiotisch entstanden, und für wenigstens ein ribosomales Protein wird archaeobakterielle Herkunft angegeben.

Es ist leicht einzusehen, daß diese faszinierenden Vorstellungen von der Entstehung der organismischen Mannigfaltigkeit die Wissenschaft arg herausfordern. Haben sie doch die Situation besonders der systematischen Biologie nicht etwa vereinfacht, sondern vielmehr kompliziert und unübersichtlich gemacht. Die bislang angenommene einheitliche Grundstruktur der eukaryotischen Zelle von *Chlamydomonas* und *Ochromonas* bis »hinauf« zu *Picea, Quercus, Bos, Elephas* oder *Homo sapiens* wird durch sie ernsthaft in Frage gestellt. Wenn die eukaryotische Zelle, die »phylogenetische Chimäre«, nicht mehr als Abstammungslinie gelten kann, dann müssen Systematiker Evolutionsforscher völlig umdenken.

Angesichts der noch im vollen Fluß befindlichen Diskussion über eine dichotome oder polytome Gliederung der Lebewelt haben wir uns nicht entschließen können, eine der beiden Hypothesen zur Grundlage unserer Darstellung zu machen. Wir sind uns bewußt, wie tief eingewurzelt im Bewußtsein von Laien und Kennern, von Freunden der Systematik und Systematikern selbst noch immer die Kategorien Pflanzen- und Tierreich sind. Wir haben uns daher zu einem Kompromiß entschlossen. Die größeren Organismengruppen werden biologisch umschrieben und mit deutschen Namen bezeichnet. So gliedert sich unser Werk äußerlich in vier Bände: Band 1 umfaßt die Viren, Bakterien, Algen und Pilze, Band 2 die Moose, Farne und Nacktsamer, Band 3 und 4 die Blütenpflanzen. Erst auf der Rangstufe der Abteilung setzt die streng wissenschaftliche Systematisierung ein. Wir glauben, diesen Kompromiß vor allem auch deshalb vertreten zu können, weil sich unser Werk an einen breiten Leserkreis wendet.

Ein Wort zur Aufnahme der Viren in das Pflanzenreich. Nach allem, was wir heute wissen, beginnt das, was wir Leben nennen, erst mit der »Erfindung« der Zelle. Die Zelle – und hierzu rechnen wir auch den Zelltyp von Mycoplasma (vgl. das Kapitel Bakterien) – ist der natürliche Keim des Lebens. Wir kennen aber ihren Ursprung nicht. Die zellosen Viren können wir nicht als Urformen des Lebens, als Mittler zwischen dem lebenden Protoplasma und den toten Proteinen der Welt der Makromoleküle, als Zwischenstufe zwischen Belebtem und Unbelebtem apostrophieren, denn ihre Vermehrung ist unabdingbar an die Existenz von Zellen gebunden. Doch eine Systematik bliebe ein Torso, wenn sie von der Existenz der Viren keine Notiz nähme. Gerade bei ihnen werden diejenigen Prozesse deutlich sichtbar, die Belebtes von Unbelebtem trennen: Wachstum, Vermehrung, Vererbung, Selbstregulation usw. An den Viren wird modellhaft klar, daß die unerhört komplexe und hochgradig dynamische Organisation der Zelle mit ihrem totalen Ein- und Angepaßtsein in bzw. an die Umwelt bei gleichzeitiger Distanzierung von ihr etwas qualitativ Neues im Übergangsfeld zwischen Vergangenheit und Zukunft darstellt, daß sie eine Geschichte hinter sich hat, die auf Vorfahren zurückweist, die wir nicht kennen, die wir aber in einer physikalisch-chemisch determinierten »Vorlebewelt« suchen müssen. Mit der notwendigen Interpolation eines makromolekularen Übergangsfeldes zwischen Molekül und Zelle enthüllt sich uns eine ergänzende Periode, die sich hinter uns in die Geschichte der Erde einschiebt, eine Periode der »Unterlebewesen« oder – wissenschaftlich exakt ausgedrückt – eine Epoche der chemischen Evolution, in der die rezenten biologischen Moleküle ihren unbiologischen Ursprung haben.

Die Viren

Einleitung

Die naturwissenschaftliche Forschung erbringt weltweit eine ständig wachsende Flut neuer Erkenntnisse, die ohne Aufsplitterung der einzelnen Disziplinen nicht mehr überschaubar wäre. Besonders in den biologischen Fächern wird dies deutlich.

Die Virologie als Wissenschaft ist zwar noch relativ jung, sie hat sich aber innerhalb weniger Jahrzehnte zu einer der führenden Forschungsrichtungen entwickelt. Wie kaum ein anderes Fachgebiet verbindet die Virologie in Theorie und Praxis Medizin, Veterinärmedizin, Biochemie, Phytopathologie, Mikrobiologie und Immunologie. Ihre Grenzen lassen sich kaum starr festlegen.

Zwar kannte man infektiöse Agenzien, die bakteriendichte Filter unbehindert passieren, schon seit Ende des vorigen Jahrhunderts. Die bahnbrechenden Entdeckungen der Bakteriologie und deren stürmische Entwicklung lenkten jedoch alle Aufmerksamkeit der wissenschaftlichen Welt vorerst auf sich. Das in der Folgezeit sich mehrende Wissen über die merkwürdigen nichtzellulären Erreger, die sich zudem noch dem mikroskopischen Nachweis entzogen, führte schließlich zu völlig neuen, grundlegenden Erkenntnissen in Biologie und Genetik auf molekularer Ebene. Damit rückten diese kuriosen Parasiten immer mehr in den Brennpunkt des Interesses.

Besondere Attraktivität erfährt die Virologie, seitdem wichtige Fortschritte in der Untersuchungstechnik neue Einsichten in die Ultrastrukturen und Funktionen der Makromoleküle zulassen. In zahllosen Forschungseinrichtungen wird nach neuen Erkenntnissen über die Synthese von Viren in den infizierten Zellen, über die krank machenden Mechanismen und über Bekämpfungsmöglichkeiten gesucht. Einen besonderen Höhepunkt dieser stürmischen Entwicklung stellten die Entdeckung der Onkogene und die Aufklärung ihrer Bedeutung für die normale Zelle sowie die Entstehung von Krebs dar. Ein weiteres Ereignis schlägt die Menschheit in seinen Bann: das Aids-Problem. Noch nie ist eine Seuche in der Vergangenheit mit einer solchen geballten Forschungskapazität angegangen worden. In relativ kurzer Zeit wurde der Erreger, ein Virus aus der Gruppe der Retroviren, ermittelt. Der Kampf gegen ihn konnte weltweit begonnen werden.

Geschichtliches

Die ersten Zeugnisse über das Vorkommen von Krankheiten, die sich heute virusbedingt erweisen, sind uralt. Bei Hammurabi von Babylon (1700 v.u.Z.), Demokrit und Aristoteles (um 500 bzw. 400 v. u. Z.) finden sich Hinweise, die unzweifelhaft auf das Vorkommen von Tollwut bei Mensch und Tier deuten. Auch Hippokrates von Kos (460–377 v. u. Z.) waren Tollwut, Pocken und Masern bekannt. Eindeutige Beschreibungen dieser Seuchen liegen aus dem China des 2. Jahrhunderts un-

Durch Virusinfektion bedingte Buntstreifigkeit der Tulpe

serer Zeitrechnung vor. Während der Zeit der Völkerwanderung wird über Tierseuchen berichtet, die die Züge der zahllosen Völkerschaften begleiteten und die heute unschwer als Virosen angesehen werden können, wie z. B. Rinderpest oder Maul- und Klauenseuche. Im Mittelalter werden die Zeugnisse über ansteckende Krankheiten bei Mensch und Tier zahlreicher. Im Jahre 1544 bekam Augier Ghislain de Busbecq, Gesandter des Heiligen Römischen Reiches am osmanischen Hof des Sultans Suleiman des Prächtigen, erstmalig die in Europa noch völlig unbekannte Tulpe zu Gesicht. Der niederländische Forscher C. Clusius beschrieb 1576 völlig von selbst entstandene bunte Streifen an den Blüten der zu dieser Zeit so begehrten Pflanze. Er bemerkte mit Staunen, daß diese Buntstreifigkeit leicht bei anderen normalgefärbten Exemplaren zu erzeugen war, wenn man sie mit ausgepreßten Saft der streifigen Formen einrieb. Doch es dauerte bis zum Jahre 1928, ehe die Virusnatur der Tulpenbuntstreifigkeit bewiesen werden konnte.

1775 mußte in verschiedenen Teilen Europas der Kartoffelanbau aufgegeben werden, weil die Pflanzen degenerierten (virusbedingt, wie sich viel später herausstellte). 1796 gelang dem britischen Apthekerlehrling und späteren Arzt Edward Jenner eine äußerst wichtige Entdeckung. An Hand von Hinweisen aus der Landbevölkerung konnte Jenner nach eingehenden Beobachtungen feststellen, daß Personen, die an Kuhpocken erkrankt waren, nicht mehr die Menschenpokken bekamen. Man muß wissen, daß Kuhpocken beim Menschen nur einen leichten Verlauf nehmen. Jenner erkannte die ganze Tragweite dieser Entdeckung und kombinierte folgerichtig, daß sich damit die Möglichkeit einer Immunisierung eröffnete, nämlich mit dem ungefährlichen Kuhpockenerreger. Der achtjährige Bauernjunge J. Phipps erhielt Pusteln einer an Kuhpocken erkrankten Magd in den Arm eingeritzt. Nach wenigen Tagen ließ sich die erwartete leichte Erkrankung beobachten. Jenner wartete daraufhin etwa 6 Wochen, ehe er dem Knaben Pustelinhalt von echten Menschenpocken übertrug. Der Junge erkrankte nicht, auch nicht nach einer zweiten Infektion wenige Monate später. Unter Anwendung einer jahrhundertealten Praxis hatte Jenner, ohne Kenntnis der winzigen Krankheitserreger, einen Menschen gegen Pocken immunisiert. Diese Schutzimpfung mit Kuhpocken hieß fortan Vakzination (lat. vacca = Kuh). Der Begriff hat sich, wie wir heute wissen, auf jegliche Impfung mit lebenden oder toten Erregern – gleich, welcher Art – ausgeweitet.

Die epochemachenden Entdeckungen Pasteurs und Kochs setzten Ende des vorigen Jahrhunderts den Siegeszug der medizinischen Mikrobiologie in Gang. In schneller Reihenfolge wurden Bakterien als Ursache ansteckender Krankheiten entdeckt.

Trotz weltweiter intensiver Forschungen blieb aber die Suche nach Erregern bei vielen offenkundig ansteckenden Erkrankungen ohne Erfolg. So konnte das Inkognito solcher Krankheiten wie Pocken, Fleckfieber, Tollwut, Masern, Kinderlähmung, Maul- und Klauenseuche u. v. a. nicht gelüftet werden. Die gesuchten Erreger blieben in den damaligen Mikroskopen unsichtbar und wuchsen auch nicht auf Nährböden. Wie war das zu erklären? Schon bei seinen Arbeiten über die schreckliche Tollwut anfangs der 80er Jahre des vorigen Jahrhunderts glaubte Pasteur, daß der Erreger viel zu klein sein müsse, um im Mikroskop gesehen zu werden.

In den folgenden Jahren kam es in zahlreichen Labors zu Untersuchungen über die Übertragbarkeit und Infektiosität dieser unbekannten Agenzien. Versuche über die Filtrierbarkeit durch bakteriendichte Filter lieferten erste Ergebnisse. In diese Zeit fällt der Beginn der Virologie als Wissenschaft, die wie in anderen naturwissenschaftlichen Bereichen anfangs mit vielen Irrtümern behaftet war.

Im Jahre 1886 entdeckte der Agrochemiker A. Meyer die Mosaikkrankheit des Tabaks. Er beobachtete, daß einige seiner Arbeiter auf der Versuchsstation nicht rauchten, sondern Tabakblätter kauten, darunter auch die mosaikartig hell- und dunkelgrün gesprenkelten scheinbar kranker Pflanzen. Achtlos auf andere Pflanzen ausgespuckter Tabaksaft ließ dort die gleichen Erscheinungen an den Blättern auftreten.

Etwa zur gleichen Zeit berichtete der russische Forscher N. F. Gamaleja, wie er mit dem Blut rinderpestkranker Kühe nach Filtration durch kleinporige Filter gesunde Kälber anstecken konnte. Es wurde noch spannender. Sechs Jahre später bewies D. J. Iwanowski vor der Russisch-Kaiserlichen Akademie der Wissenschaften einwandfrei, daß das infektiöse Agens des Tabakmosaiks ein bakteriendichtes Filter passiert hatte, denn mit dem Preßsaftfiltrat kranker Blätter ließ sich die Krankheit auf gesunde Pflanzen übertragen. Nur nach Erhitzung des Preßsaftes auf 90 °C blieb dieses Phänomen aus. Iwanowski arbeitete mit Hartfiltern aus porösem Material, den damals gerade entwickelten und bis heute gebräuchlichen Berkefeld-Filtern. Die Poren dieser aus Kieselgur bestehenden Filter messen weniger als $\frac{1}{1000}$ mm Durchmesser: Die gerade erst entdeckten Bakterien mußten somit vor den Poren hängenbleiben. Iwanowski überschaute die Tragweite seiner Entdeckung anscheinend nicht; er glaubte, es mit filtrierbaren Bakterienformen oder einem bakteriellen Toxin zu tun zu haben. Wiederum 6 Jahre später machte der Holländer Beijerinck in Delft auf sich aufmerksam. Er bestätigte Iwanowskis Experimente aus dem Jahre 1892 mit gleichen Ergebnissen. In dem ansteckenden Filtrat, das mit Sicherheit keine Bakterien enthielt, mußte also ein »contagium vivum fluidum«, ein lebender flüssiger Ansteckungsstoff, enthalten sein, so schlußfolgerte er.

Im denkwürdigen Jahr 1898 gelang es dem Robert-Koch-Schüler F. Loeffler und dem Zoologen P. Frosch, den Erreger der Maul- und Klauenseuche (MKS) aus den Schleimhautbläschen erkrankter Rinder herauszufiltrieren: Gesunde Rinder ließen sich mit dem Filtrat ebenso infizieren wie die Tabakpflanzen in den Versuchen Iwanowskis und Beijerincks. Da selbst extrem hohe Verdünnungen des Filtrats (1:750 000 000) die ansteckende Wirkung nicht einschränkten, wurde klar, daß es sich unmöglich um einen gelösten Giftstoff im Sinne Beijerincks handeln konnte. Das bis dahin gebrauchte Wort Virus (Gift, Krankheitsgift) für ein krankmachendes Agens schlechthin bekam nunmehr einen ganz anderen Inhalt. Loeffler ahnte, daß ihm eine grundlegende Entdeckung gelungen war, die möglicherweise auf die Spur jener ganz anderen Gruppe von Lebewesen führte, von denen Koch schon lange vorher gesprochen hatte.

Die Erkenntnisse über die Filtrierbarkeit von Krankheitserregern lösten wie wenige Jahrzehnte vorher im Anschluß an die Arbeiten Pasteurs und Kochs eine intensive Suche nach diesen rätselhaften Krankheitserregern aus. Die Möglichkeit der Unterscheidung von Bakterien und »filtrierbaren Viren« war gegeben: Viren etablierten sich von da an als eigenständige Mikrobengruppe.

Nach der Entdeckung von Viren bei Pflanzen, Tieren und Menschen in jener Zeit führte ein Zufall auf die Spur von Viren, die sogar Bakterien befallen. Der Engländer F. Twort beobachtete 1915 im dichten Rasen von Bakterienkulturen glasige Flecken, die er als Auflösung der Kultur deutete. Mit der schon bekannten Methode eines bakterienfreien Filtrats konnte die »Krankheit« der Bakterien auf andere Kulturen übertragen werden. In den Wirren des ersten Weltkrieges ging diese erstaunliche Entdeckung zunächst unter. 1917 stellte auch der kanadische Arzt Felix d'Herelle bei seinen Untersuchungen über die menschliche Ruhr fest, daß auf einem dicht mit Ruhrbakterien bewachsenen Nährboden Löcher zu sehen waren, in denen keine Bakterien wuchsen. Sie traten dort auf, wo ein Virusteilchen ein Bakterium befallen, es zerstört und sich dabei vermehrt hatte.

Felix d'Herelle nannte diese Viren »Bacteriophagum intestinale« – Eingeweidebakterienfresser –, später kurz Phagen benannt. Was lag näher als der Gedanke, diese bakterienvernichtenden Agenzien gegen die Ruhrerreger selbst, und zwar beim Menschen, einzusetzen. Die damit verbundenen kühnen Hoffnungen erfüllten sich jedoch nicht.

Hilfe bei der weiteren Entwicklung der Virologie in jener Zeit leisteten andere naturwissenschaftliche Disziplinen. So waren es vor allem physikalisch-chemische Methoden, die in der Folgezeit die Erkenntnisse über Viren wesentlich erweiterten. Neben Filtrationsversuchen führten Studien mit der Ultrazentrifuge zu ersten Größenschätzungen dieser submikroskopischen Partikeln.

Besonderen Aufschwung erlebte die noch junge Wissenschaft durch die ersten geglückten Virusvermehrungen in lebenden Zellkulturen und die aufsehenerregenden Entdeckungen W. M. Stanleys vom Rockefeller-Institut in den USA.

So läßt Stanley auf dem Mikrobiologenkongreß in London 1935 die wissenschaftliche Welt aufhorchen: Er hatte das Tabakmosaikvirus als kristallines Protein dargestellt! Viren – eine chemische Verbindung, die sich vermehren läßt und noch dazu ihre Infektionsfähigkeit behält! Leben in Kristallform, wie soll das erklärt werden? Die Aufregung der Fachleute in aller Welt war begreiflich.

Nur wenig später entdeckten Bawden und Pirie, daß dieses Virus zu 95% aus Eiweiß und zu 5% aus Nukleinsäure besteht.

Nach dem Bau und der Weiterentwicklung des Elektronenmikroskops durch Ruska, v. Borries und v. Ardenne gelangen 1938/39 die ersten elektronenoptischen Abbildungen von Viruspartikeln. Eine neue Welt tat sich auf. Die weiteren Etappen der faszinierenden Geschichte der Virologie können hier nur angedeutet werden. Im Jahre 1953 postulierten D. Watson und F. H. C. Crick die Doppelhelixstruktur der DNS. Sie verhalfen damit der Molekularbiologie und -genetik zum entscheidenden Durchbruch. 1956 bewiesen Schramm und Gierer sowie Fraenkel-Conrat fast gleichzeitig am Tabakmosaikvirus, daß die Nukleinsäure das eigentliche infektiöse Prinzip der Viren ist und ohne Einbuße ihrer Wirksamkeit vom Eiweißanteil abgetrennt werden kann. Die umhüllenden Viruseiweiße gelangen häufig gar nicht in die befallene Wirtszelle.

Diese Entdeckungen gaben der Virologie weitere mächtige Impulse. Immer mehr Biochemiker befaßten sich mit dem Studium der Viren. Die Geburtsstunde der Molekularbiologie liegt in jenem Zeitabschnitt.

Mit Ultrafilter, Ultrazentrifuge, Röntgenstrahlen, Elektronenmikroskop, Gewebe- und Zellkulturen, synthetischen Nährmedien, immunologischen Methoden und vielen anderen Techniken wurden diese interessanten submikroskopischen Partikeln und die von ihnen verursachten Erkrankungen bei Pflanzen, Tieren und Menschen seitdem untersucht und ihre Feinstruktur ermittelt.

Viren, besonders Phagen, dienten in der

Folge als beliebte Modelle molekularbiologischer Forschungen, die solche komplexen Probleme wie die Identifikation und Reduplikation genetischen Materials, die Speicherung und Abgabe genetischer Informationen, die Regulation der Informationsübermittlung, die Klärung der Mutageneseentwicklung, die Beteiligung von Viren an der Krebsentstehung u. a. enthielten.

Mit dem ständig zunehmenden Wissen um die submikroskopischen Viruspartikeln glaubte man, nun endlich die kleinsten Krankheitserreger erfaßt zu haben. Doch weitere Überraschungen blieben nicht aus. 1967 gelang es, ein kleines vermehrungsfähiges, infektiöses RNS-Molekül ohne Eiweißhülle als Erreger der sogenannten Spindelknollenkrankheit der Kartoffel zu identifizieren. Seit 1971 nennt man diese »nackten« Moleküle Viroide. Sie stellen die kleinsten bisher bekannten Krankheitserreger dar.

Medizinische und wirtschaftliche Bedeutung der Viren

Die Liste der bei Pflanzen, Tieren und Menschen vorkommenden Viruskrankheiten ist sehr lang. Von Viren verursachte Infektionen kommen in allen Ländern der Erde vor. Allein in Europa werden von vielleicht 500 oder mehr bekannten Virusarten an die 1000 Virosen bei Pflanzen hervorgerufen. Kaum eine Nutzpflanze bleibt verschont, eingeschlossen die Bäume der Wälder. Wirtschaftlich bedeutsam sind vor allem die direkten Schäden an Kultur- und Zierpflanzen durch Ertragseinbußen, die bis zu 50% und mehr betragen können. Sie kommen durch kleinere Früchte, geringere Masse, weniger Inhaltsstoffe und Wertminderungen infolge Veränderung im Aussehen zum Ausdruck. Selbst totale Mißernten können nicht selten beobachtet werden. Nicht viel weniger belastend sind die indirekten Schäden, die sich aus Kosten für vorbeugende Maßnahmen, z. B. Auswahl virusfreien Saat- und Pflanzgutes, Unkrautbekämpfung, Bodenentseuchung, Bekämpfung von Virusüberträgern, Züchten resistenter Sorten, ergeben.

Allein bei der Kartoffel, die 10% der Anbaufläche in Mitteleuropa einnimmt, kommen virusbedingte Ertragseinbußen zwischen 10 und 80% vor; der Durchschnitt liegt bei 20%. Beteiligt sind bis zu 20 verschiedene Virusarten, besonders die Kartoffel-X-, A-, Strichel- und Blattrollviren.

Durch Vergilbungsviren werden z. T. hohe Ertragsverluste bei Zuckerrüben verzeichnet (bis 10%), wobei auch der Zuckergehalt der einzelnen Rübe erheblich absinken kann. Gleiche Aussagen gelten für den Tomatenanbau.

In ganz Europa hat das Scharkavirus viele Millionen Pflaumenbäume befallen. Seit seinem ersten Auftreten im Jahre 1915 verbreitete es sich über viele Länder und verschonte auch nicht Pfirsiche und Aprikosen. Aus tropischen Ländern sind totale Reismißernten bekannt; in Zitrusplantagen wurden in wenigen Jahren Millionen Bäume gefällt, weil sie vom Citrus-Tristeza-Virus infiziert waren. Wegen Befalls mit dem Sproßschwellungsvirus mußten allein in Ghana jährlich 15 Millionen Kakaobäume gerodet werden. In Bananen- und Zuckerrohrpflanzungen entstehen riesige Verluste durch Banana-bunchy-top-Viren und Zuckerrohrmosaikviren.

Das Cadang-Cadang-Viroid der Kokosnuß zerstört ganze Plantagen. Jährlich fallen diesem Erreger etwa 500000 Palmen zum Opfer. Diese durch Viren verursachten Schäden in der Pflanzenproduktion sind nicht annähernd zu schätzen. Sie schwanken von Kulturperiode zu Kulturperiode, Pflanzenart zu Pflanzenart oder Region zu Region. Durch virusbedingte Erkrankungen der Nutzpflanzen gehen somit auf der ganzen Welt beträchtliche Mengen Nahrungs- und Futtermittel sowie wertvolle Rohstoffe verloren.

Auch bei Menschen und Tieren lassen sich enorme Kosten errechnen, die durch Arbeitsausfall bei Erkrankung, Pflege, Hospitalisierung, Diagnostik und vorbeugende Maßnahmen wie Impfungen u. a. bedingt sind. Bei Infekten der oberen Atemwege des Menschen sind zu rund 95% Viren beteiligt, vorwiegend Rhino- und Influenzaviren! Besonders die alle 5–10 Jahre auftretenden Influenza-A-Epidemien oder -pandemien bringen hohe ökonomische Belastungen.

In der Tierproduktion bewirken Viruskrankheiten beträchtliche Ertragsminderungen. In Europa kommen etwa 100 wichtige

Virosen bei Nutztieren vor. Ganz besondere Bedeutung erlangen die Leukose der Rinder, die Maul- und Klauenseuche, Schweinepest, atypische Geflügelpest, Marek'sche Krankheit und Leukose bei Geflügel, aber auch Magen-Darm-Erkrankungen bei Ferkeln und Kälbern sowie Tollwut bei Haustieren. Prophylaxe durch Impfungen, die Errichtung von Meldesystemen und diagnostischen Einrichtungen sind sehr kostenaufwendig.

Trotz wirksamer Impfungen kann das Entstehen von Seuchen, bedingt durch industrielle Produktionsweisen, nicht völlig ausgeschlossen werden. Die dadurch notwendigen Maßnahmen, wie die Schaffung von Sperrzonen, das Ausmerzen erkrankter Tiere, die Isolierung von Mensch und Tier, Handelssperren für Vieh, Fleisch- und Milchprodukte sowie Entschädigungen für Tierhalter, erfordern zusätzlich hohe finanzielle Aufwendungen.

Auf dem Gebiet der industriellen Mikrobiologie besteht die Gefahr, daß die zur Produktion von Wirkstoffen, Arzneimitteln, Futtereiweiß, Biogas, Milchprodukten (Käse, Joghurt, Butter) sowie im Brauereigewerbe eingesetzten Mikroorganismen von Bakterienviren (Phagen) befallen werden. Dann würden in kurzer Zeit die Zellen des Produktionsstammes zerstört. Die Folge wäre eine erhebliche Beeinträchtigung der Produktion sowohl in quantitativer als auch in qualitativer Hinsicht.

Daß Viren auch bösartige Tumoren bei Menschen und Tieren hervorrufen können, ist eindeutig erwiesen, z. B. Leukämien und Sarkome bei Hühnern, Leukose (Blutkrebs) beim Rind, Burkitt-Lymphom und T-Zell-Leukämien beim Menschen.

Bei Säugetieren und Menschen ergibt sich durch Viren folgendes Schadensspektrum. Sie wirken toxisch, fiebererzeugend, mutationsauslösend, verursachen Mißbildung in der Embryonalentwicklung, Geschwülste und Immunmangelkrankheiten. Die Bedeutung von Viren erstreckt sich jedoch auch auf völlig andere Gebiete. Durch ihren relativ einfachen Aufbau bilden virale Systeme ideale Untersuchungsobjekte für molekularbiologische Forschungen. Viren bestehen im einfachsten Fall aus einem Nukleinsäuremolekül und einem Hüllprotein. Vielversprechend für die Zukunft scheint der gezielte Einsatz bestimmter insektenpathogener Viren für die Bekämpfung von Schadinsekten in den verschiedensten Bereichen zu sein.

Definition des Virusbegriffs

Nach heutigem Erkenntnisstand umfaßt der Begriff Virus (Plural: Viren) extrem kleine, eigenständige, nichtzellige, unbewegliche, infektiöse Agenzien, die sich in einigen Eigenschaften grundlegend von anderen Mikroorganismen unterscheiden. Ihre Größe liegt im Nanometerbereich (10^{-9} m), während z. B. Bakterien in die Größenordnung von 10^{-6} m (Mikrometer) gehören.

Die Art ihrer Vermehrung ist in der Natur einmalig; Viren benötigen dazu unabdingbar lebende Zellen oder Organismen, deren Eiweißsyntheseapparat sie umfunktionieren und in den Dienst ihrer eigenen Vermehrung stellen. Sie bringen ihre genetische Information in die Wirtszelle, die diese abliest und ihre Syntheseleistungen für die Produktion neuer Viruspartikeln abändert. Viruspartikeln vermehren sich somit nicht wie in der Natur üblich, sie werden vermehrt. Viren lassen solche Grundfunktionen des Lebens wie Stoffwechsel, Energiegewinnung, Atmung und Reizbarkeit vermissen. Sie verkörpern als »genetische Parasiten« die höchste Form des Parasitismus. Wie echte Lebewesen besitzen sie jedoch die Fähigkeit zu Mutation und Rekombination. Gegen Antibiotika sind Viren unempfindlich. Sie stellen somit keine echten Lebewesen dar, sondern überspannen als eigenständige Gruppe infektiöser Agenzien in schwer zu erklärender Weise unbelebte und belebte Natur.

Die meisten bisher bekannten Viren sind Krankheitserreger. Alle Lebewesen (Menschen, Tiere, Pflanzen, Mikroorganismen) können von ihnen infiziert werden. Zahlreiche bekannte Viren lassen sich noch nicht mit einem bestimmten Krankheitsbild in Verbindung bringen. Außerhalb einer lebenden Wirtszelle sind Viren biologisch inaktiv bzw. sterben schnell ab.

Bezüglich ihrer Herkunft gibt es nur Vermutungen. Vielleicht handelt es sich um selbständig gewordene, »vagabundierende« Gene, versprengte Chromosomenteilchen, die durch eine Wirtszelle nicht mehr gesteuert werden können, oder sie entwickelten sich aus Bakterien, indem sie ihre Enzymausstattung und viele Zellbestandteile verloren haben. Einer dritten Hypothese zufolge ist schon die erste existierende Zelle mit Viren infiziert gewesen; sie hätten demnach alle Evolutionsschritte bis hin zum höchstentwikkelten Lebewesen begleitet und dabei ständig neue Formen hervorgebracht.

Größe und Form der Viren

Viren lassen sich nicht mit normalen Lichtmikroskopen sichtbar machen. Die bedeutendsten physikalischen Hilfsmittel, um Größe und Gestalt von Viruspartikeln zu untersuchen, sind Elektronenmikroskope. Moderne Geräte besitzen ein Auflösungsvermögen von etwa 2 Å, d. h., sie können zwei getrennte Punkte noch getrennt abbilden, wenn sie 2×10^{-10} m voneinander entfernt sind. Mit solchen Geräten werden Vergrößerungen bis 1:500 000 erreicht, die sich durch fotografische Nachvergrößerung bis auf etwa 1:800 000 bringen lassen. Damit sind nicht nur Größe, sondern auch einzelne Bestandteile des Viruspartikels und deren räumliche Anordnung darstellbar.

Zwar kann vom Vergrößerungsfaktor des Elektronenmikroskops auf die Partikelgröße geschlossen werden, doch lassen sich genauere Messungen vornehmen, wenn eine Virussuspension mit Standardpartikeln bekannter Größe vermischt wird (z. B. Latexkügelchen).

Andere Verfahren der Größenbestimmung sind Filtrationen durch Kollodiumfilter mit bekannter Porenweite (Ultrafiltration) oder die Sedimentation in der Ultrazentrifuge. Die Absetzgeschwindigkeit eines Viruspartikels im Schwerefeld verhält sich proportional zu Form, Dichte und Größe. Da in modernen Ultrazentrifugen Schwerefelder von über hunderttausendmal der Erdbeschleunigung erzeugt werden können, sedimentieren selbst die kleinsten Virusteilchen. Ihr Sedimentationsverhalten läßt Schlüsse über die Teilchengröße zu.

Mit Hilfe dieser Methoden konnte die Größe der Viruspartikeln ziemlich exakt bestimmt werden. Die kleinsten von ihnen sind etwa 15 nm, während die größten Ausmaße von rund 450 nm erreichen. Zu den kleinsten Formen zählen z. B. die Erreger der spinalen Kinderlähmung (Poliomyelitis), zu den größten die der Pocken. Letztere sind so groß, daß sie gerade an die Grenze der Darstellbarkeit mit Lichtmikroskopen heranreichen.

Viren zeigen eine Fülle verschiedener Formen. Die meisten sind stäbchen- oder kugelförmig, manche erscheinen als langgezogene Fäden, andere sehen wie Quader oder Geschosse aus oder besitzen z. T. eine bizarre Gestalt.

Aufbau und chemische Zusammensetzung der Viren

Viren sind nicht wie pflanzliche oder tierische Zellen aufgebaut. Ihre Grundbausteine sind Nukleinsäuren und Proteine. Ein Virustyp enthält immer nur eine der beiden Nukleinsäurearten, also entweder DNS oder RNS, niemals beide zugleich. Bei Viren kommen sowohl einstrangige DNS oder RNS (ss DNS, ss RNS = single strang) als auch doppelstrangige (ds DNS, ds RNS = double strang), linear oder ringförmig geschlossen, vor. Ihre Molekülstränge weisen unterschiedliche Längen auf. Sie betragen z. B. beim Poliovirus 2,3 µm, beim T_2-Phagen 54 µm. Entsprechend unterschiedlich ist der genetische Informationsgehalt. Der Durchmesser der Nukleinsäuremoleküle beträgt etwa 2 nm. Die Unterbringung der im Verhältnis zur Größe eines Virusteilchens riesigen Molekülfäden ist nur durch eine enorm starke Verknäuelung im Virusinneren denkbar. Der prozentuale Anteil von Nukleinsäure am kompletten Viruspartikel schwankt zwischen 1 und 50 %. Am niedrigsten liegt er bei Myxo- und Rhabdoviren, am höchsten bei bestimmten Bakteriophagen. Die Gesamtheit der Gene eines i. d. R. haploiden Virus wird als Genom bezeichnet. Bei verschiedenen Pflanzenviren kann es segmentiert und auf verschiedene Viruspartikeln verteilt sein, die morphologisch gleich oder auch unterschiedlich sind (zwei-, drei-, viergeteilt). Es ist aber auch möglich, daß mehrere Genomsegmente in einem Kapsid vorkommen. Manche Viren besitzen überhaupt kein komplettes Genom und sind bei ihrer Vermehrung auf sogenannte Helferviren angewiesen. Helferviren ergänzen das Genom eines anderen Virus, um es infektionsfähig zu machen.

Der zweite Hauptbestandteil der Viren sind Proteine. Sie umgeben als schützende Hülle die Nukleinsäure. Dieser Eiweißmantel heißt Kapsid. Kapsid und Nukleinsäure bilden zusammen das Nukleokapsid. Dies liegt entweder »nackt« vor oder ist von einer zusätzlichen Hüllmembran (engl. envelope = Hülle) von etwa 10 nm Dicke umgeben. Sie besteht aus Proteinen, Lipiden und Kohlenhydraten, ist morphologisch variabler und entstammt i. d. R. der Wirtszellmembran. Aus dieser Hülle ragen bei verschiedenen Virusarten dornen- oder stachelförmige Fortsätze hervor, die als Spikes, Antennen oder Projektionen bezeichnet werden. Sie spielen eine wichtige Rolle bei den Anheftungsvorgängen an die Wirtszelle und sind Sitz von Glykoproteinen.

Das komplette, zur Vermehrung fähige Viruspartikel aus Nukleinsäure und Proteinhülle heißt Virion. Es existiert in dieser Form nur außerhalb der Wirtszelle. Bei Trennung des Protein- vom Nukleinsäureteil zeigt sich, daß nur die letztere Komponente für die Infektiosität verantwortlich ist. Beide Bestandteile lassen sich wieder zum kompletten infektionsfähigen Partikel zusammenfügen.

Das Kapsid besteht aus morphologischen Untereinheiten, den Kapsomeren, die in symmetrischer Form angeordnet sind und zu morphologischer Gruppierung der Viren führen. Es werden 2 Symmetrieformen unterschieden: die helikale (griech. helikon = Spirale) und die kubische (griech. kybos = Würfel).

Das Tabakmosaikvirus ist eines der am genauesten erforschten und das Musterbeispiel

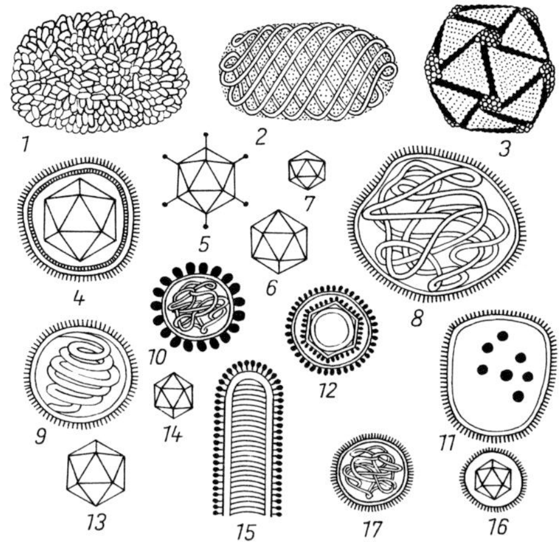

Gestalt der Tierviren (schematisiert), verändert nach Geißler. 1 Orthopoxvirus, 2 Parapoxvirus, 3 Iridovirus, 4 Herpesvirus, 5 Adenovirus, 6 Papovaviridae, 7 Parvovirus, 8 Paramyxovirus, 9 Orthomyxovirus, 10 Coronavirus, 11 Arenavirus, 12 Retrovirus, 13 Reovirus, 14 Picornaviridae, 15 Rhabdovirus, 16 Togaviridae, 17 Bunyaviridae, 100 nm

Gestalt der Pflanzenviren (schematisiert), verändert nach Matthews. 1 Tobra-Virusgruppe, 2 Tobamo-Virusgruppe, 3 Hordei-Virusgruppe, 4 Potex-Virusgruppe, 5 Carla-Virusgruppe, 6 Poty-Virusgruppe, 7 Clostero-Virusgruppe, 8 Tymo-Virusgruppe, 9 Tombus-Virusgruppe, 10 Sobemo- und Tabaknekrose-Virusgruppe, 11 Luteo-Virusgruppe, 12 Como-Virusgruppe, 13 Nepo- und Erbsenenationsmosaik-Virusgruppe, 14 Diantho-Virusgruppe, 15 Cucumo-Virusgruppe, 16 Bromo-Virusgruppe, 17 Ilar-Virusgruppe, 18 Tomatenbronzeflecken-Virusgruppe, 19 Reo-Virusgruppe, 20 Luzernemosaik-Virusgruppe, 21 Rhabdo-Virusgruppe, 22 Gemini-Virusgruppe, 23 Caulino-Virusgruppe, 24 Viroide

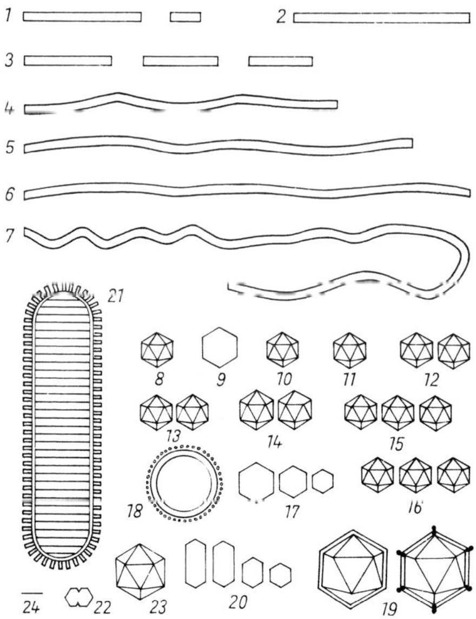

für helikal aufgebaute Viren. Das stäbchenförmige Virion ist 300 nm lang bei einem Durchmesser von 18 nm. Das Nukleokapsid besteht aus 2130 Kapsomeren, die schraubenförmig angeordnet sind und einen Hohlzylinder von 4 nm frei lassen. Darin liegt die ss RNS eingebettet, die der Schraubenlinie folgt. Eine zusätzliche Hülle fehlt. Diese helikale Form des Nukleokapsids ist charakteristisch für stäbchenförmige pflanzliche Viren.

Stellt man sich ein solches Stäbchen flexibel vor und legt es in Ringen übereinander, entsteht eine hohle Kugel. Der Mantel dieser Kugel besteht aus der helikalen Nukleokapsel. Wir haben dann ein Virusteilchen vor uns, das kugelförmig (sphärisch) ist, aber helikale Struktur aufweist (Grippe-, Masern- und Mumpsviren). Die zu einem Knäuel aufgerollte Nukleokapsel kommt nicht »nackt« vor, sondern wird von einer Hülle umgeben, die einen Teil der Wirtszellmembran darstellt, aus der das Viruspartikel ausgeschleust wurde.

Die Kapsomeren der Viren mit kubischer Symmetrie sind aus weiteren Untereinheiten (Monomeren) aufgebaut. Diese sind nicht mit den Struktureinheiten der helikalen Viren identisch. Von den Monomeren treten 5 oder 6 in engen Kontakt und bilden ein Kapsomer, das Pentamer oder Penton heißt, wenn 5 zusammentreten, Hexamer oder Hexon, wenn es 6 sind. Diese Kapselteile ordnen sich nach den Gesetzen der Kristallographie und bilden einen Polyeder (Vielflächner). Es handelt sich um Körper, die von regelmäßigen Vielecken begrenzt werden (Tetraeder, Hexaeder, Oktaeder, Ikosaeder). Die Ikosaederform ist die bevorzugte Polyederform; nach ihrem Prinzip sind sehr viele Viren aufgebaut. In diesem Körper von 20 gleichseitigen Dreiecksflächen ordnen sich die Kapsomeren in der Art, daß auf den Flächen und Kanten die Hexons, an den 12 Ecken die Pentons liegen.

Der von ihnen gebildete Oberflächenkristall mit Ikosaedersymmetrie ist innen hohl. In diesem Hohlraum liegt die Nukleinsäure. Auch bei den Viren mit Polyederstruktur kommen »nackte« (MKS-, Polio- und Reoviren) und umhüllte Kapside vor (Herpes-, Toga- und Retroviren).

Bei den einzelnen Virusarten ist die Zahl der Kapsomeren verschieden, aber für jede Art unveränderlich und daher auch zur Klassifizierung der Viren brauchbar.

Einige Besonderheiten bezüglich Aufbau und Form sind bei den Bakterienviren (Bakteriophagen) hervorzuheben. Zwar unterscheidet sich eine große Zahl Phagen strukturell nicht von anderen Viren und ermöglicht eine Zuordnung zu den beschriebenen Bauplänen (isometrisch und länglich mit Ikosaeder- oder Oktaederform). Anders sieht es dagegen mit den geschwänzten Phagentypen der sogenannten T-Serie aus, deren komplizierte Morphologie vorwiegend an Coli-Phagen aufgeklärt wurde. So besteht z. B. der Kopf des T_2-Phagens aus einem Polyeder von etwa 100 nm Länge, der aus Kapsomeren zusammengesetzt ist. Daran sitzt ein aus verschiedenen Elementen zusammengebauter Schwanz, der helikale Struktur besitzt. Man spricht in diesem Fall von zusammengesetzten Viren oder von Viren mit binärer Symmetrie. Beide Grundtypen der Virusstruktur sind in einem Viruspartikel vereint.

Viele Phagen sind jedoch viel einfacher aufgebaut als der obenbeschriebene T_2-Typ. Mögliche Formen reifer Phagenpartikel zeigt die Abbildung unten. Die meisten enthalten ds DNS. Inzwischen sind auch solche mit ss DNS oder mit ss RNS entdeckt worden.

Schematische Darstellung verschiedener Phagenformen. a hexagonaler Kopf mit Schwanz und kontraktiler Scheide (T 2), b hexagonaler Kopf mit flexiblem, nicht zusammenziehbarem Schwanz (T 1), c hexagonaler Kopf mit kurzem Schwanz (T 3), d hexagonales Partikel mit 12 Eckkapsomeren (φ 174fach), e Ikosaeder ohne Eckkapsomeren (f 2), f Fadenform

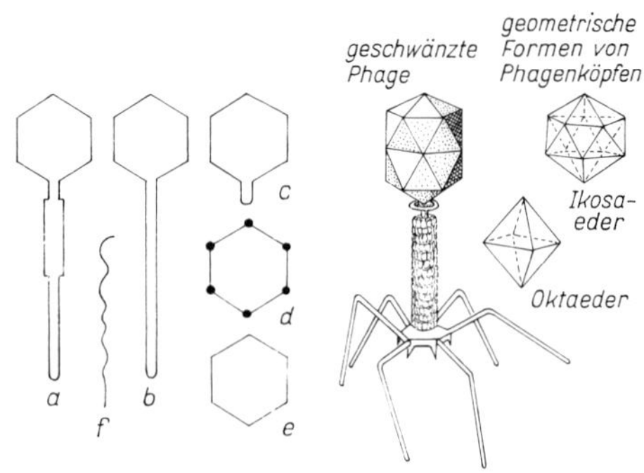

Ein einsträngiges RNS-Molekül eines Phagens wiegt etwa 10^6 Dalton (1 Dalton = $1{,}660 \times 10^{-27}$ kg).

Zum Schluß sei auf eine große Virusgruppe verwiesen, die völlig andersartig aufgebaut ist: die Pockenviren. Bei diesen handelt es sich um die größten bekannten Virusformen. Ihr komplizierter Aufbau kann als Ausdruck hoher Organisation gewertet werden.

Die backsteinförmigen Partikel haben die Ausmaße von 170–260 × 300–450 nm. Im Ultradünnschnitt lassen sich elektronenoptisch folgende Bauelemente erkennen: Zentral liegt ein hantel-, zylinder- oder nierenförmiger Innenkörper (core), der die ds DNS enthält. Dieser ist von einer proteinhaltigen Doppelschicht, elliptischen Eiweißkörpern und außen von einer Hülle aus Lipoproteinen umgeben. Der Innenkörper entspricht der Nukleokapsel. Die äußere Hülle der Pockenviren besteht aus einer Doppelmembran, in der eng anliegend ein Netzwerk von Proteinfäden von 5–7 nm Durchmesser erkennbar ist. Sie geben den Viruspartikeln typische Muster.

Chemisch besteht ein Pockenvirion aus 5–7,5% DNS, 90% Proteinen, 2% Lipiden und 2% Phospholipiden. Auf Grund dieser Zusammensetzung werden Pockenviren auch als komplexe Viren bezeichnet. Sie lassen weder eine eindeutige helikale noch kubische Symmetrie erkennen.

Der Virusnachweis

Um Viren festzustellen, bedarf es zum einen eines beträchtlichen technischen Aufwandes unter Einsatz meist teurer Geräte, zum anderen vieler Erfahrung, Umsicht, Geduld und Genauigkeit des Untersuchers.

Viren sind zu klein, um sie mit normalen Lichtmikroskopen sichtbar zu machen. Ihr direkter Nachweis gelingt nur mit dem Elektronenmikroskop oder durch Züchtung in Versuchstieren, Hühnerembryonen und Kulturen pflanzlicher oder tierischer Zellen (lebende Systeme). In der medizinischen Routineuntersuchung sind diese Nachweise zu aufwendig. Deshalb werden dort mit Hilfe serologischer Methoden die im Anschluß an eine Infektion entstehenden spezifischen An-

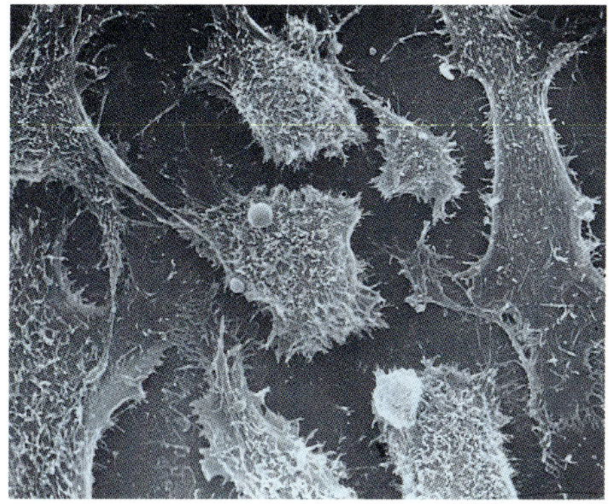

Rasterelektronenmikroskopische Abbildung einer virusinfizierten humanen Tumorzelle in einer 6 Stunden alten Zellkultur (Vergr. 4000)

tikörper in vitro nachgewiesen (indirekter Virusnachweis). Immunologische Methoden spielen in der Diagnostik von Infektionskrankheiten eine zentrale Rolle.

Mit der Entwicklung des Elektronenmikroskops gelang ein entscheidender; atemberaubender Vorstoß in ein Reich ungeahnter Größenordnungen. Sie brachte eine nie für möglich gehaltene Steigerung des Auflösungsvermögens. Mit den heute zur Verfügung stehenden Übermikroskopen lassen sich auch die kleinsten Viren sichtbar machen, ja, sie gestatten sogar einen Blick in das Innere eines Virus und vermitteln einen Eindruck von den Einzelheiten ihres Feinbaus. Der elektronenoptische Nachweis erfolgt in ultradünnen Gewebeschnitten pflanzlicher oder tierischer Organe bzw. in Körperflüssigkeiten (Blut, Schleim, Sperma u. a.), in Ausscheidungen, in Wasser oder Abwasser.

Neben der Elektronenmikroskopie dient vor allem die Röntgenstrukturanalyse der Aufklärung von Virusstrukturen. Elektronenoptische Virusdarstellungen und Strukturanalysen sind nur möglich, wenn hochgereinigte und -konzentrierte Viruspräparate zur Verfügung stehen.

Mit Ultrafiltration durch Membranen feinster Porenweite, Ultrazentrifugation, Sedimentation im Dichtegradienten, Ausflockung durch organische Lösungsmittel, Elektrophorese an verschiedenen Trägern sowie Verwendung von Molekularsieben stehen Methoden für Virusreinigung und -anreicherung zur Verfügung.

Viren als Krankheitserreger

Die meisten bekannten Viren sind Krankheitserreger. Aber vermutlich gibt es auch Viren, die keine Krankheiten verursachen. Doch diese sind schwer oder gar nicht aufzufinden, weil sie sich nicht durch Symptome an Pflanzen, Tiere oder Menschen verraten. Sie müßten praktisch elektronenoptisch gesucht werden.

Die Infektion einer Wirtszelle verläuft bei allen Viren einschließlich der Phagen nach ähnlichen Prinzipien. Das Eindringen des Virus in eine Zelle, die Bildung neuer Viruspartikeln und schließlich ihre Freisetzung vollziehen sich in bestimmten Phasen. Der ganze Vorgang wird als Replikationszyklus bezeichnet. Eine Virusinfektion ist das Musterbeispiel für mannigfaltige Wechselbeziehungen zwischen Erreger und Wirtszelle.

Besondere Barrieren, die das Anheften animaler Viren an eine Zelle verhindern könnten, stehen diesen nicht gegenüber. Anders liegen die Dinge bei Pflanzenviren. Die Zellwand einer pflanzlichen Zelle verhindert i. d. R. den Zugang zur Membranoberfläche. Deshalb gelingt den Pflanzenviren der Zutritt im allgemeinen nur durch Verletzung, z. B. durch Blattlausstiche.

Aus einer Zelle, in die nur ein Virusteilchen eingedrungen ist, können nach einer bestimmten Zeit 100, aber auch 100000 neugebildete Virionen freigesetzt werden. Die Zelle wird dabei entweder völlig zerstört (Zytolyse), oder es erfolgt eine Membranausstülpung, die sich wie beim Viruseintritt in die Zelle abschnürt und das Virus aus der Zelle ausschleust. Bei diesem als Budding bezeichneten Vorgang erhalten die Nukleokapside ihr Hüllmaterial aus Membranteilen der Wirtszelle. Es steht außer Frage, daß während des gesamten Zyklus das Virus selbst relativ wenig Aktivität entwickelt. Es verläßt sich hauptsächlich auf die normalen Zellfunktionen, indem es wie ein großes Nahrungsmolekül von der Zelle aufgenommen

Elektronenmikroskopische Abbildung einer tierischen Zelle, die von Semliki-Forest-Viren (Togaviren) infiziert wird. Die Aufnahmen zeigen Anlagerung, Eindringen und Vermehrung sowie Ausschleusung aus der Zelle.

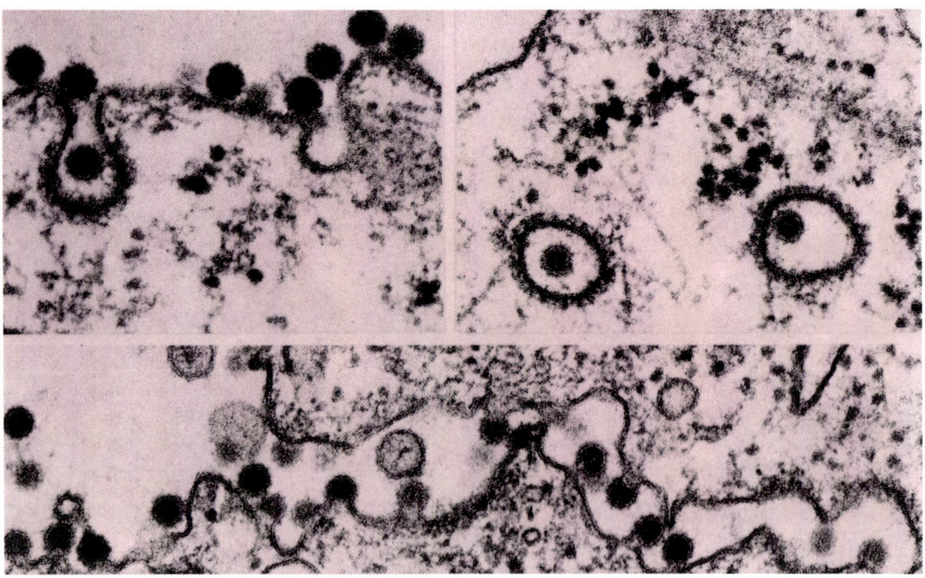

Kartoffelerträge von Geschwisterstauden. Die Ertragsminderungen wurden durch Befall mit dem Luzernemosaikvirus hervorgerufen.

wird und deren Syntheseeinrichtungen im Zellinneren benutzt.

Die eingedrungenen Viren führen im Verlaufe ihrer Vermehrung meistens den Zelltod herbei (zytozide Infektion). Bei der sogenannten latenten Infektion stirbt die Zelle jedoch nicht sofort ab und zeigt auch keine Veränderungen, sondern setzt in einem kontinuierlich ablaufenden Prozeß ständig neue Viren frei, bis sich die Zelle schließlich doch erschöpft.

Das Absterben virusinfizierter Zellen ist Ursache für die Zerstörung von Geweben oder ganzen Organen und führt beim befallenen Individuum zu Krankheit und Tod. Bei Infektion mit Tumorviren oder bestimmten Phagen kann auch eine vielfältige Veränderung von Zelleigenschaften auftreten, die als Zellkonversion bezeichnet wird. Eine besonders bedeutsame Form dieser Zellveränderung ist die Transformation. Normale Zellen

Vergleich zwischen gesundem (links), viruskrankem (Mitte) und genetisch bedingt panaschiertem Blatt (rechts) beim Europäischen Spindelstrauch, *Euonymus europaeus*. Genetisch bedingte Schekkungen sind schärfer umgrenzt als virusbedingte.

Schwarze Ringflecke an einem Kartoffelblatt als erstes Symptom der Bukettkrankheit, hervorgerufen durch eine Form des nematodenübertragbaren Tomatenschwarzringvirus

Buntstreifige Blüte beim Goldlack als Folge des Befalls mit dem Kohlschwarzringvirus

Ring- oder fleckenartige Schwärzungen an Blättern und Stengel durch das Rosenstrichelvirus

Vergilbungsviren an Rüben

wandeln sich dabei durch geschwulsterzeugende (onkogene) Viren in Tumorzellen um (onkogene Transformation). Ursache ist die Übertragung oder Neuorientierung von DNS. Rund 180–200 der bisher bekannten animalen Viren gelten als tumorerzeugend.

Die ersten Berichte über krebsauslösende Fähigkeiten von Viren stammen bereits aus den Jahren 1908 bzw. 1911, als es gelang, Hühnerleukose und -sarkomatose im Tierversuch zu übertragen. Unter Sarkomen versteht man Wucherungen des Bindegewebes, unter Leukose übermäßige Vermehrung un-

Süßkirschenblatt, verändert durch das Petunia-asteroid-Mosaikvirus (PAMV)

Triebverkürzung an Süßkirsche, verursacht durch das Petunia-asteroid-Mosaikvirus (PAMV)

reifer Zellen der blutbildenden Organe mit vermehrter Leukozytenbildung.

Virusinfektionen äußern sich meistens durch eine Reihe sichtbarer Krankheitserscheinungen. Symptome können an verschiedenen Organen oder Organsystemen auftreten, z. B. an Haut, Schleimhaut, Magen-Darm-Trakt, Atmungsorganen, Nervensystem, bei Pflanzen an Blatt, Blüte, Frucht, Stengel oder Wurzel. Bei Mensch und Tier äußern sie sich in Fieber, Kopf-, Glieder- und Muskelschmerzen, Abgeschlagenheit, Appetitlosigkeit, bei Pflanzen in Abweichungen der Farbe, Gestalt und Größe. Vorherrschend sind Farbanomalien (mosaikartige Fleckungen und Vergilbungen der Blätter, Adernvergilbung, Streifenbildung, Ringfleckigkeit, Buntstreifigkeit der Blüten), nekrotische Blattflecken, Verzwergungs- und Degenerationserscheinungen (Zwergwuchs, Stauchung, Rosettenbildung, Mißbildungen, Blattrollen, Kräuselung, Gallbildung, Schmalblättrigkeit) sowie krebsartige Wucherungen. Neben diesen äußeren Symptomen weisen Pflanzen auch innere Symptome in Form von Zellveränderungen, Kallosebildung, Zellwandverdickung und Gewebeabsterben auf.

Der Zeitraum zwischen Infektion und Auftreten von ersten Symptomen heißt Inkubationszeit. Sie schwankt bei Pflanzen wie bei Tieren und Menschen zwischen wenigen Tagen bis zu mehreren Jahren. Nur bei der Infektion von Bakterien durch Phagen ist sie extrem kurz und beträgt wenige Minuten.

Je nach Ansiedlung und Ausbreitung werden lokale und allgemeine (systemische) Infektionen unterschieden. Neben Erkrankungen mit deutlichen Symptomen (apparente Infektionen) kommen bei Mensch und Tier auch solche ohne jedwede Krankheitszeichen vor (inapparente Infektionen).

Bei fortdauernden (persistierenden) Infektionen kann das Virus monate- bis jahrelang im Organismus verbleiben und nachgewiesen werden. Die Wirtszelle geht nicht unbedingt zugrunde, sondern teilt sich weiter, wobei das Virus kopiert und an die Tochterzellen weitergegeben wird. Neugebildete Viren werden nach und nach abgegeben. Krankheitssymptome treten nur noch von Zeit zu Zeit auf. Bei allen Formen persistierender Infektionen beherbergen die infizierten Wirtsorganismen über lange Zeiträume oder gar lebenslänglich die Erreger.

Es sei noch auf eine besondere Form persistierender Infektionen verwiesen, die sogenannten slow-infections. Diese Infektionen werden sowohl durch Viren als auch durch noch unbekannte, vermutete Erreger hervorgerufen. Gemeinsam ist allen »langsamen Infektionen« eine lange, Monate bis Jahre dauernde Inkubationszeit, während der es nicht zu einer immunologischen Reaktion kommt. Die Krankheit verläuft nie akut, das infektiöse Agens kann durch den Wirtsorganismus nicht vernichtet werden. Es werden immer das Zentralnervensystem und lymphoide Organe befallen. Die Krankheiten schreiten langsam fort und enden stets immer tödlich.

Zum Schluß sei noch auf die unsichtbare (okkulte) Infektion hingewiesen, die nur bei Tier und Mensch, nicht bei Pflanzen vorkommt. Sie ist z. B. bekannt bei Infektion mit onkogenen (geschwulsterzeugenden) Viren. Hier zeigt der Wirtsorganismus keine Symptome, und auch das Virus bleibt unauffindbar. Dabei wird die befallene Zelle zwar durch das eingebaute Virusgenom transformiert, sie vermehrt sich aber ungestört weiter und produziert nicht nachweisbare virusspezifische Proteine.

Der attackierte Wirtsorganismus steht dem Angriff von krankheitserregenden Viren nicht wehrlos gegenüber. Alle Wirbeltiere einschließlich des Menschen verfügen über eine Vielzahl von Möglichkeiten, Infektionen zu verhindern bzw. sie erfolgreich abzuwehren. Jeder Organismus lebt in einer Umwelt, die von unzähligen Mikroben und Viren besiedelt ist; er schwimmt förmlich in ihnen und setzt sich mit ihnen auf verschiedene Art und Weise auseinander. Die Öffnungen der Organsysteme zur Außenwelt bedingen ständige Kontakte mit den alle denkbaren Lebensräume besiedelnden Mikroorganismen. Es ist ein entscheidender Gewinn für den höheren Organismus, daß er im Laufe seiner Entwicklungsgeschichte ein vielfältiges, tiefgestaffeltes und frappierend funktionierendes Abwehrsystem herausgebildet hat, mit dem er sich gegen die allgegenwärtigen Mikroben und Viren verteidigt. Dieses System umfaßt zum einen zahlreiche allgemeine Schutzmechanismen, die durchweg allen Mikroben und Fremdstoffen den Eintritt in den Organismus verwehren (unspezifische Resistenz oder Grundimmunität), zum anderen die ganz spezifisch gegen einen bestimmten Erreger wirkenden, sehr kompliziert ablaufenden Vorgänge der Immunität.

Während es sich bei der Resistenz um eine vererbte allgemeine Widerstandsfähigkeit gegenüber allen Mikroorganismen handelt, wird die Immunität erst erworben, und zwar nach vorausgegangenem Kontakt mit einem bestimmten Krankheitserreger bzw. durch Schutzimpfungen.

Auf die vielfältigen Mechanismen dieser Abwehrleistungen kann in diesem Rahmen nicht eingegangen werden. Sie sind längst Gegenstand und Inhalt eines alle biologischen Wissenschaften überspannenden Fachgebietes, der Immunologie.

Bei Pflanzen kommt ein Immunsystem mit Antikörpern und Immunzellen nicht vor, doch verfügen sie ebenfalls über wirksame Abwehrmöglichkeiten. In Abhängigkeit von Virus- und Wirtsgenom sowie zahlreichen Umwelteinflüssen zeigen sich Pflanzen unterschiedlich anfällig gegen Virusbefall. Infizierte Zellen verändern ihre Inhaltsstoffe, verfärben sich braun durch Anreicherung phenolischer Substanzen und sterben schließlich ab. Benachbarte Zellen reagieren mit Einlagerungen verschiedener Stoffe in die Zellwand oder durch Kallusbildung, um ein Übergreifen der Viruspartikeln auf gesunde Zellen zu erschweren. In vielen Fällen reagieren Pflanzen mit dem Abwerfen befallener Organe, meist der Blätter: Die Infektion bleibt lokal begrenzt. Sterben die Zellen befallener Gewebe nicht ab, breitet sich die Infektion von Zelle zu Zelle aus und erreicht schließlich die Leitungsbahnen. Mit dem Saftstrom verbreiten sie sich dann durch alle Organe (systemische Infektion).

Die Übertragung von Viren

Viren sind nicht wie andere Krankheitserreger zur selbständigen Fortbewegung von einem Wirt zum anderen fähig. Sie werden durch Kontakt zwischen Wirtsorganismen, über infizierte Gegenstände, durch Lebewesen oder Weitergabe an die Leibesfrucht übertragen. Erregerreservoire sind bei Viren fast stets der infizierte Organismus oder Lebewesen, in denen Viren lebenslänglich überdauern, ohne daß sie erkranken (Insekten, Vögel, Nagetiere, Wildtiere). Sie stellen auch meistens die Infektionsquellen dar, von denen eine Übertragung auf andere, empfängliche Wirte ausgeht. Im Vordergrund steht Übertragung zwischen Lebewesen der gleichen Art; sie kann aber auch eine mehr oder weniger große Palette anderer Arten einbeziehen. Neben dem unmittelbaren Kontakt existiert eine Vielzahl indirekter Übertragungsmechanismen bei animalen Viren. Sie können durch Nahrungs- und Futtermittel, Abfälle bei der Bearbeitung tierischer Produkte, Kleidung, Gegenstände aller Art, staubhaltige Luft, Wasser und Abwasser, also durch alles, was mit Ausscheidungen von Mensch und Tier verunreinigt ist, verbreitet werden.

Wichtigste Eintrittspforte für Erreger sind die nach außen offenen Organsysteme, wie Atmungs- und Verdauungswege sowie Augen, Genitalorgane, verletzte Haut, Schleimhaut und bei Pflanzen beschädigte Zellwand. Viren können auch durch den Biß oder Stich von Tieren sowie durch Bluttransfusionen in den Wirtsorganismus gelangen. Der Infektionsweg ist eng mit den Erregereigenschaften verknüpft. Die Widerstandsfähigkeit gegen äußere Einflüsse bestimmt maßgeblich, ob eine Infektion durch Kontakt oder Einschaltung anderer Kettenglieder möglich ist.

Durch Husten oder Niesen werden unzählige winzige, virushaltige Speichel- und Schleimtröpfchen versprüht. Während größere Tröpfchen schnell zu Boden sinken, trocknen kleinere je nach Luftfeuchte mehr oder weniger schnell aus. Sie können aber noch lange in der Luft verbleiben und mit Windbewegungen kilometerweit transportiert werden.

Gleiches erfolgt mit virusbeladenem Staub, der oftmals eingetrockneten Faeces entstammt. Besonders Schnupfen-, Influenza-, Masern-, Mumps-, Röteln-, Windpokken-, Pocken- und Maul- und Klauenseucheviren werden über die Atmungsorgane übertragen (aerogen). Solcherart Infektionen treten dort besonders auffällig zutage, wo viele Menschen oder Tiere auf engem Raum leben müssen (Schulen, Kasernen, Kindergärten; Massentierhaltungen). Es können auf diesem Weg gelegentlich aber auch Viren übertragen werden, die sonst andere Eintrittspforten bevorzugen. So haben sich z. B. Höhlenforscher in Südamerika bei der Erkundung von Vampirhöhlen aerogen mit Tollwut infiziert. Es ist bekannt, daß südamerikanische Vampire Tollwut übertragen können. Der erregerhaltige Speichel der Tiere wurde in Form feinster Tröpfchen von den Höhlenforschern eingeatmet.

Infektionen über den Magen-Darm-Trakt erfolgen in den meisten Fällen durch erregerhaltige Lebens- und Futtermittel bzw. Wasser. Fleisch von anscheinend gesunden Schlachttieren kann virushaltig sein. Nach Verfütterung von Küchenabfällen an empfängliche Tiere können Seuchen ausbrechen (Maul- und Klauenseuche, Schweinepest). Menschenpathogene Viren spielen in Nahrungsmitteln eine geringere Rolle, wenn auch z. B. Polioviren in Milch und Hepatitis-A-Viren in Austern aufgetreten sind. Nachträgliche fäkale Verunreinigungen dürften bei vielen Nahrungsmittelkontaminationen die weit wichtigere Ursache sein.

Diejenigen Viren, die über den Verdauungsweg in den Körper eindringen, sind ziemlich widerstandsfähig gegenüber äußeren Einflüssen, da sie der Salzsäure des Magens, der fettlösenden Wirkung der Gallenflüssigkeit und den eiweißabbauenden Verdauungsenzymen in Magen und Dünndarm widerstehen müssen. Infektionen können auf den Darm beschränkt bleiben, wobei sie symptomlos oder mit schweren Durchfällen einhergehen. Andere Viren vermehren sich nur an der Eintrittspforte und suchen dann ihr Zielorgan auf (Leber durch Hepatitisviren des Menschen, Zentralnervensystem durch Tollwut- oder Polioviren).

Über verletzte Haut treten Warzen-, Pokken- und Herpesviren in einen Wirtsorganismus ein, wobei kleinste, unmerkliche Läsionen genügen. Durch Bißverletzung übertragen Füchse, Hunde und Katzen sowie anderes Raubzeug das Virus der Tollwut auf Menschen und andere Tiere. Unsachgemäßes Impfen bei Tieren hat zur Ausbreitung von Tierseuchen beigetragen, Injektionen und Transfusionen führten zur Ansteckung von Menschen. Die Infektion durch den Biß oder Stich virustragender Insekten (Läuse, Flöhe, Wanzen, Milben, Zecken, Mücken) ist von nicht geringer epidemiologischer Bedeutung. Immerhin gibt es 1,5 Millionen Insektenarten. Viren haften an den Mundwerkzeugen und werden mechanisch auf einen anderen Organismus übertragen. In zahllosen Fällen vermehren sich aber Viren auch in einem bestimmten Insekt (meist in Darmzellen). Sie gelangen später wieder in die

Speicheldrüsenzellen, vermehren sich dort weiter und werden beim erneuten Stich auf ein anderes Individuum übertragen.

Als Einzelfälle auftretende Infektionen bezeichnet man als sporadische Erkrankungen, zeitlich und räumlich begrenzte Massenerkrankungen als Epidemien, bei Tieren als Seuchen oder Epizootien, bei Pflanzen als Epiphytien. Wenn bestimmte Infektionskrankheiten nur in begrenzten Gebieten ständig auftreten, ohne daß es zu Massenerkrankungen kommt, spricht man von endemischem Vorkommen. Erfahren sie unumschränkte Ausbreitung über Länder oder gar Kontinente, heißen sie Pandemien oder Panzootien. Epidemien entstehen nicht allein durch Erregeranwesenheit. Sie sind fast immer das Ergebnis der Wechselwirkung vieler Faktoren belebter und unbelebter Art. Sehr oft kann man jahreszeitliche Schwankungen im Seuchengeschehen beobachten.

Die Eintrittspforten von Erregern stellen i. d. R. auch die Ausscheidungswege (Mund, Darm, Schleimhäute, Sekrete, Exkrete, Blut bzw. Stomata oder verletzte Zellwände bei Pflanzen) dar.

Die vom Tier auf den Menschen übertragbaren Krankheiten werden als Zoonosen bezeichnet. Eine Übertragung von Viren zwischen Pflanzen und Tieren ist nicht bekannt.

Gegenwärtig beanspruchen etwa 130 Zoonosen die Aufmerksamkeit von Human- und Veterinärmedizin in aller Welt, rund 25–30 davon treten in Europa auf. Die stetigen Veränderungen der Umwelt für Menschen, Tiere und Pflanzen, wie z. B. die Verstädterung, die Intensivhaltung landwirtschaftlicher Nutztiere, die wachsenden Bevölkerungszahlen, die Vergrößerung der Kontaktmöglichkeiten zwischen Mensch und Tier, zunehmende Tierhaltung vor allem in den städtischen Wohnungen, verstärkter Konsum tierischer Lebensmittel und schließlich Erweiterung von Handel und Tourismus über Kontinente hinweg, begünstigen einmal Zahl und Häufigkeit der auf natürliche Weise zwischen Tieren und Menschen übertragbaren Krankheiten, zum anderen wird auch das Risiko der Entstehung von Epidemien und der Einschleppung von Erregern, gegen die noch kein immunologischer Schutz besteht, größer.

Wichtigster Überträger von Pflanzenviren im Kulturpflanzenbau ist der Mensch. Meist sind alle durch Stecklinge, Ausläufer, Ableger, Zwiebeln und Knollen, also vegetativ vermehrte Nachkommen einer systemisch infizierten Pflanze virusverseucht (Beispiel Kartoffel). Ebenso lassen sich die meisten Pflanzenviren durch Pfropfung übertragen, wenn die kambialen Gewebe dabei verwachsen. Mechanisch werden Viren durch Kontakt übertragen, besonders nach gegenseitiger Verletzung oder durch Kulturmaßnahmen (Baumschnitte, Ausgeizen, Reiben windbewegter Pflanzenteile aneinander sowie experimentell durch Einreibung von Preßsaft). Die notwendigen Wunden für eine Infektion können winzig klein sein. Bei etwa 80 pflanzlichen Viruskrankheiten kommt eine Übertragung durch Samen oder Pollen vor. Es wird entweder der verletzte Keimling während der Keimung infiziert, oder das Virus hat von der Mutterpflanze her die Eizelle oder den Embryo besiedelt (Streifenkrankheit der Gerste, Salatmosaik auf *Lactuca sativa*). Pollen übertragen Viren bei der Befruchtung. Der Erreger gelangt über den Keimschlauch in den Fruchtknoten (z. B. bei der Nekrotischen Ringfleckenkrankheit der Sauerkirsche und anderen Obstviren). In bienendichten Käfigen gehaltene Bäume erkrankten im Vergleich mit frei blühenden nicht. Damit wurde die Bedeutung von Bienen und anderen pollenübertragenen Insekten als direkte Virusüberträger eindeutig bewiesen. Samen oder Pollen können auch mit dem Wind große Entfernungen zurücklegen. Je früher eine Pflanze von einem samenübertragbaren Virus befallen wird, um so höher wird i. d. R. der Anteil kranker Nachkommen. Weitere Virusübertragungen sind durch Verwachsungen von Wurzeln benachbarter Pflanzen oder, allerdings seltener, über direkte Aufnahme aus dem Boden möglich. Frei im Boden lebende Viren dringen in Wurzeln gesunder Pflanzen ein. Dieser Tatbestand ist erst seit kurzem beim Tomatenzwergbuschvirus bekanntgeworden. Von besonderer Bedeutung für die Übertragung phytopathogener Viren ist die Einschaltung bestimmter Überträger (Vektoren). Dies ist die häufigste Verbreitungsform pflanzlicher Viren. Das wird leicht verständlich, wenn man bedenkt, daß Phytoviren kaum in der

Lage sind, unverletztes Pflanzengewebe zu durchdringen, und außerdem die Pflanzen als Wirtsorganismen durch ihre Unbeweglichkeit keine Möglichkeit besitzen, selbst in Kontakt mit weiter entfernten Individuen zu treten.

Vektoren müssen zur richtigen Zeit vorhanden sein und spezifische Anpassungen sowohl zur infizierten als auch zur infizierbaren Pflanze besitzen. Erst die sich fliegend, laufend oder durch den Wind fortbewegenden Vektoren ermöglichen die Virusverbreitung über größere Entfernungen. Mit dem oft periodischen Auftreten bestimmter Insekten (Blattlausjahre!) geht auch eine entsprechend starke Virusverbreitung einher. Die meisten tierischen Vektoren übertragen Viren mit den Mundwerkzeugen. Den Hauptteil bilden etwa 200 Arten von Blattläusen; die wichtigste Art davon ist die Grüne Pfirsichblattlaus, *Myzus persicae*. Fast ebenso bedeutsam sind etwa 60 Arten von Zikaden, die mindestens an die 160 Virusarten übertragen können. Weiterhin treten Mottenschildläuse, Blasenfüße, Blattwanzen, Milben, Käfer, Heuschrecken, Schmetterlingsraupen und ektoparasitische Wurzelnematoden als Vektoren in Erscheinung.

Je nach dem Verhältnis der Virusarten zu ihren Vektoren lassen sich zwei Gruppen unterscheiden. Viren der einen Gruppe werden durch den Vektor erst nach einer längeren Saugzeit aufgenommen. Nach Durchdringung der Darmwand gelangen die Erreger in verschiedene Organe des Vektors, wo sie sich manchmal auch vermehren. Nach einer bestimmten Inkubations-, Latenz- oder Zirkulationszeit (Tage bis Wochen) werden sie mit dem Speichel wieder ausgeschieden. Die Vektoren bleiben über längere Zeit oder dauernd infektiös (persistierender Übertragungstyp).

Die Viren der zweiten Gruppe (nichtpersistierende Viren) werden durch sehr kurze Saugzeiten (Sekunden bis Minuten) aus äußeren Zellschichten aufgenommen und ohne Inkubationszeit schnell auf andere Pflanzen weitergegeben. Der Vektor ist nur kurzzeitig infektiös. Viren dieser Gruppe sind im Gegensatz zu persistierenden Viren meist auch rein mechanisch leicht übertragbar.

Eine Zwischenstellung nimmt der semipersistente Übertragungstyp ein. Bei etwas längerer Saugzeit, aber nur kurzer oder fehlender Latenzzeit werden die Viren schließlich weitergegeben, wobei der Vektor auch einige Zeit seine Infektiosität bewahrt.

Daß sich bestimmte Viruskrankheiten bei Pflanzen stets wieder an gleichen Standorten zeigen, geht auf das Vorkommen von Nematoden zurück, in denen Viren sehr lange persistieren können. Die Eigenschaften zur Persistenz oder Nichtpersistenz von Pflanzenviren sowie zur Übertragbarkeit durch einen Vektor sind meist spezifisch, d. h., ein durch Blattläuse übertragbares Virus kann z. B. nicht durch Zikaden weitergegeben werden.

Schließlich sei noch auf die Möglichkeit der Virusverbreitung durch pflanzenpathogene Pilze und Schmarotzerpflanzen verwiesen. So werden z. B. das Kartoffel-X-Virus, das Gerstengelbmosaikvirus und das Tabakmosaikvirus (in Eichen) durch Pilze der Gattungen *Olpidium, Polymyxa, Pythium* und *Sphaerotheca* übertragen, andere durch parasitische Pflanzen, z. B. *Cuscuta*. Diese Windengewächse nehmen Viren über ihre Haustorien (Saugorgane) aus der Wirtspflanze auf und bringen sie in andere Pflanzen ein. Oftmals vermehren sich die Erreger auch in ihnen.

Erregerreservoire für pflanzenpathogene Viren sind infizierte Kulturpflanzen, aber auch Unkräuter oder Wildvegetation in oder in der Nähe des Kulturpflanzenbaus.

Bekämpfung von Viruskrankheiten

Bei allen Krankheitserregern mit der Fähigkeit zu epidemischer Ausbreitung stellen sich die Fragen nach den Überlebenschancen außerhalb ihres Wirtes und nach den Inaktivierungsmöglichkeiten. Ihre Beantwortung erlaubt die Schaffung wirksamer Maßnahmen und Methoden zur Desinfektion, Sterilisation, Impfung und Chemotherapie. Grundsätzlich reagieren Viren als obligate Zellparasiten viel empfindlicher auf Umwelteinflüsse als z. B. Bakterien und Pilze. Die meisten Viren sterben in der freien Natur schnell ab. Ein längeres Überleben gelingt nur unter besonderen Umständen, z. B. bei Umhüllung mit Blut, Serum, Schleim oder anderen organischen Substraten.

Experimentelle Virusübertragung durch *Cuscuta* auf verschiedene Pflanzen. Häufig verwendeter Test zur Differentialdiagnose von pflanzenpathogenen Viren.

Alle Viren sind wärmeempfindlich. Temperaturen über 60 °C wirken bis auf wenige Ausnahmen innerhalb kürzester Zeit inaktivierend. Virusnukleinsäure weist dabei eine etwas höhere Temperaturstabilität auf als der Proteinanteil. Weitaus besser vertragen werden tiefe Temperaturen. Temperaturbereiche von −60 bis −70 °C sind hervorragend geeignet, Viren zu konservieren. Extrem empfindlich erweisen sich Viren gegen Austrocknung, vor allem im Bereich über dem Gefrierpunkt.

Röntgenstrahlen, UV-Licht mit einer Wellenlänge von 200–300 nm sowie andere ionisierende und nichtionisierende Strahlen führen zu schneller Inaktivierung. Auch normales Sonnenlicht tötet Viren ab. Von Ultraschallwellen werden viele Viren regelrecht zerbrochen.

Extreme *p*H-Werte tolerieren die Viren nicht. Tierviren bleiben im Bereich von *p*H 5–8 i. d. R. stabil. Natürlich gibt es Ausnahmen. Darmviren, die vorher den Magen passieren müssen, ertragen aber durchaus *p*H-Werte um 2–3. Überhaupt können kaum allgemeingültige Optima für alle virusinaktivierenden Faktoren festgelegt werden.

Von besonderem praktischem Interesse ist das Verhalten gegenüber Desinfektionsmitteln. Verbindungen mit guter antibakterieller Wirkung müssen noch lange nicht den gleichen Effekt auf Viren ausüben. Ein für alle Virusarten wirksames Mittel gibt es nicht. Man ist gut beraten, sich eines Desinfektionsmitteln zu bedienen, das für eine bestimmte Virusart eigens erprobt und empfohlen wurde. Relativ breite Wirkung entfalten Formaldehyd und Oxydationsmittel (Peressigsäure, Wasserstoffperoxid). Diese Verbindungen wirken gegen nahezu alle Viren und sind deshalb sehr gebräuchlich. Weitere wichtige chemische Verbindungen zur Virusinaktivierung bzw. -desinfektion sind Laugen (NaOH), organische Säuren (HCl), Phenol, Laktone (β-Propiolacton), Ethylenoxid u. a. Bezüglich der Empfindlichkeit von Viren gegen organische Lösungsmittel (Ether, Chloroform) bestehen enge Beziehungen zum Lipidgehalt. Nur lipidfreie Viren weisen völlige Ether- und Chloroformresistenz auf.

Wie lassen sich nun Virusinfektionen bekämpfen bzw. verhindern? Eine wirksame Bekämpfung von Viruskrankheiten mit Chemotherapeutika scheiterte bislang daran, daß ein Angriff auf das Virus durch ein Medikament stets den Angriff auf seine Wirtszelle selbst bedeutet. Man erinnere sich in diesem Zusammenhang an die enge Verknüpfung der Virusvermehrung mit dem Zellstoffwechsel. Ein solcher Wendepunkt in der Medizin, wie er 1941 mit der Einführung des Penicillins gegen bakterielle Infektionen eintrat, steht bis heute für Viruserkrankungen noch aus. Alle gegen Virusinfektionen bei Mensch und Tier eingesetzten Arzneimittel, sofern sie nicht gegen bakterielle Begleitkeime oder Sekundärerreger gerichtet sind bzw. eine symptomatische Therapie gegen klinische Symptome (Kreislaufbeschwerden, Fieber u. a.) darstellen, müssen somit eine selektive Wirkung entfalten: Sie sollen den normalen Zellstoffwechsel nicht schädigen, jedoch die Virusvermehrung blockieren. Die Chemotherapie steht noch an den Anfängen ihrer Entwicklung. Ganz im Gegensatz zu populären Auffassungen bleiben solche bewährten Medikamente wie Antibiotika völlig wirkungslos. Dabei wäre gerade gegen die Fülle von sogenannten Erkältungsviren, für die keine Impfstoffe zur Verfügung stehen, gegen Aids, Herpesvirusinfektionen und viele andere, für die das gleiche gilt, sowie für Influenzaviren, die mit Immunisierungen nur z. T. bekämpft werden können, eine Chemotherapie dringend vonnöten.

Die Angriffspunkte für eine antivirale Chemotherapie können also nur die verschiedenen Phasen der Virusvermehrung sein. Virustatika (Virushemmer) müssen entweder die Anheftung an die Wirtszelle, das Eindringen in die Zelle, die Freisetzung der Nukleinsäure in der Zelle, die Synthese aller viralen Bausteine oder schließlich die Ausschleusung der kompletten Virionen blockieren, ohne dabei stark zelltoxische und mutagene Wirkung zu zeigen. Unterschiede der Nukleinsäureausstattung (RNS oder DNS) und der Virusmorphologie verursachen jedoch große methodische Schwierigkeiten. Dazu kommen die sehr schnell erfolgenden Zellzerstörungen bei akuten Virusinfektionen, die Latenz und chronische Infektion, die kaum oder gar nicht zu beeinflussen sind. Im ersten Fall kommt die Therapie meist zu spät, im zweiten besteht noch totale Unkenntnis, wie die vorhandenen Viren aus der Zelle entfernt werden können. Um ein latentes Virus anzugreifen, müßte man dessen Erbmaterial von dem der Wirtszelle unterscheiden und selektiv zerstören.

Einen Ansatz für die Entwicklung wirksamer virushemmender Mittel liefert die Röntgenstrukturanalyse. Mit dieser Methode können Virusstrukturen bis in den atomaren Bereich aufgelöst werden. Möglicherweise finden sich in diesen Strukturen bestimmte Stellen, in die eine Hemmsubstanz eingebaut werden kann. Vielleicht könnten auch Substanzen synthetisiert werden, die genau auf die Rezeptoren der Virusoberfläche passen. Es würde diese blockieren und somit die Anheftung an eine Zelle verhindern. Andere Medikamente könnten bewirken, daß die virale Erbinformation sozusagen in der Zelle »eingemauert« bleibt und ein Replikationszyklus unterbunden wird.

Bestimmte antivirale chemische Verbindungen sind seit einiger Zeit bekannt und im Einsatz, die Nebenwirkungen aber noch beträchtlich. Ihre Aktivität richtet sich einmal gegen die Bildung von Strukturproteinen, die nicht zu den normalen Zellbestandteilen gehören, zum anderen gegen die Synthese viraler Nukleinsäure.

Über den Einsatz von Interferonen wird weltweit geforscht. Zwar gehören sie nicht zu den eigentlichen Chemotherapeutika, doch sollen sie hier nicht unerwähnt bleiben. Zur Entdeckung und Benennung der Interferone kam es, als man dem Phänomen nachging, daß ein Organismus fast niemals gleichzeitig von zwei Virusinfektionen heimgesucht wird. Diese Erscheinung des sich gegenseitigen Ausschließens zweier Virusarten, der Interferenz, führte zu dem Begriff Interferon für eine Substanzgruppe aus niedermolekularen Zelleiweißen mit einem Zuckeranteil, die von virusinfizierten Zellen gebildet wird und noch nicht infizierte Körperzellen vor weiteren Virusangriffen schützt. Theoretisch wäre Interferon ein ideales Mittel gegen Virusinfektionen, da es gegen eine Vielzahl von Viren schützt und relativ geringe Toxizität aufweist. Es konnte auch gezeigt werden, daß Interferon die Mitose von Tumorzellen hemmt. Wenn jedoch eine Wirtszelle bereits auf die Produktion von Virusbestandteilen umgestellt ist, bleibt Interferon wirkungslos. Ihre optimale Wirkung, die nicht spezifisch gegen das induzierende Virus gerichtet ist, entfalten Interferone aber nur in der Wirtsart, in der sie gebildet wurden. Aus dem Blut läßt sich Interferon nur in Mengen von millionstel Gramm isolieren. Ein Gramm Interferon hätte in den 70er Jahren 100 Millionen Mark gekostet, wenn es vorhanden gewesen wäre. Bis jetzt sind etwa 30 verschiedene Interferonarten bekannt (α-, ß- und γ-Interferon).

Bislang standen kaum größere Mengen dieser aus Blut zu gewinnenden Substanzen zur Verfügung. Die Kenntnisse über die Wirkungsweise stammten daher hauptsächlich aus Versuchen an Zellkulturen oder kleinen Versuchstieren. Auch nachdem es möglich geworden ist, mit Hilfe gentechnisch veränderter Bakterien weitaus billiger viel größere Mengen Interferone herzustellen und am Menschen zu testen, sind entgegen hoher Erwartung die Ergebnisse eher enttäuschend, vor allem im Hinblick auf eine mögliche Krebstherapie. Die an Versuchstieren gewonnenen Ergebnissen ließen sich häufig nicht reproduzieren.

α-Interferon war das erste Arzneimittel für Menschen, das nur durch biotechnologische Prozesse hergestellt, und auch das erste gentechnische Produkt, das zur Tumorbehandlung freigegeben wurde.

Die Zufuhr von Interferon oder die Anregung körpereigener Interferonproduktion stimuliert das gesamte unspezifische Abwehrsystem, eine Maßnahme, die als Prämunisierung bezeichnet wird.

Unbestritten ist die Interferonwirkung auf einige Tumorarten, die sonst als ziemlich therapieresistent gelten (Haarzell-Leukämie, Hodgkins Lymphom). Gute Resultate erbrachten auch die Anwendung bei Hautwarzen, Hornhautentzündungen durch Herpesviren, Herpes zoster und Herpes genitalis, sowie der Einsatz als Vorbeugemittel gegen Erkältung.

Die wichtigsten Maßnahmen zum Schutz vor Viren liegen aber nicht auf dem Gebiet der Therapie, sondern auf dem der Prophylaxe. Sie umfassen eine breite Palette von Möglichkeiten. Von besonderer Bedeutung ist die Unterbindung der Virusausbreitung. Vor allem hygienische Maßnahmen (Körperpflege, gesundheitsfördernde Lebensweise, Schaffung sanitärer Einrichtungen, Bekämpfung von Ungeziefer, Isolierung kranker Individuen u. v. a.) sollen verhindern, daß über Nase, Mund oder Fäkalien ausgeschiedene bzw. von Vektoren übertragene Viren von gesunden Personen oder Tieren aufgenommen werden.

Manche Viruskrankheit konnte durch konsequente Bekämpfung ihrer Überträger zurückgedrängt werden, so z. B. das Gelbfieber durch Einsatz von Insektiziden gegen die Mücken, wobei auch die kleinste Wasserlache nicht ausgelassen werden darf.

Strenge hygienische Maßnahmen haben das Ziel, vor allem die Infektkette, fäkale Erregerausscheidung und orale Aufnahme, zu unterbrechen. Die dazu nötigen Aufwendungen, wie Abwasserbeseitigung und -aufbereitung, Trinkwasserchlorierung, Desinfektion der Ausscheidungen von Kranken, Verzicht auf Aufnahme roher Lebensmittel (vor allem Seetiere), dürften allgemein bekannt sein. Auch sexuelle Kontakte mit häufigem Partnerwechsel müssen hier nicht allein wegen des Aidsproblems genannt werden, da eine ganze Reihe von Viren genital übertragen wird.

Bei der Haltung landwirtschaftlicher Nutztiere kommt es von Zeit zu Zeit vor, daß gefährliche Seuchen aus anderen Ländern eingeschleppt werden, gegen die einheimische Tiere nicht geschützt sind und gegen die auch keine Impfstoffe zur Verfügung stehen. Es sind auch oft Tiere erkrankt, die für den Menschen große Gefahr bedeuten würden. In allen Fällen werden diese Tiere, meist jedoch ganze Bestände, ausgemerzt. Beispiel dafür ist die Einschleppung solcher gefährlichen Seuchen wie Rinderpest, Afrikanische Schweinepest und die durch asiatische und afrikanische Serotypen verursachte Maul- und Klauenseuche.

Die für Viruskrankheiten bei Mensch und Tier wichtigste prophylaktische Maßnahme ist jedoch die Immunisierung durch Impfung. Allein bei der Betrachtung solcher Krankheiten wie Pocken, Masern, Kinderlähmung, Maul- und Klauenseuche, Schweinepest, Geflügelpest u. v. a. wird deutlich, welchen Rang Impfstoffe und Antiseren einnehmen. Sie haben wesentlichen Anteil daran, daß diese und andere Menschheitsgeißeln unter Kontrolle gebracht werden konnten. Mittels Impfung ist eine der klassischen Weltseuchen, nämlich die Pocken, seit 1977 auf der ganzen Erde getilgt.

Mit einer Impfung wird eine künstliche Immunität erzeugt, die oft jahre- oder sogar lebenslang anhält, wobei natürlich immer individuelle Abweichungen auftreten können.

In den meisten höherzivilisierten Ländern gehören Impfungen gegen Krankheiten, z. T. bereits im Kindesalter, inzwischen zur Selbstverständlichkeit. Auch die Intensivhaltung landwirtschaftlicher Nutztiere wäre ohne prophylaktische Impfungen nicht denkbar. Von den gegenwärtig etwa 20 Impfstoffen, über die die Humanmedizin verfügt, sind die meisten gegen Viruskrankheiten gerichtet.

Zur Bekämpfung von Viruskrankheiten bei Pflanzen spielen chemotherapeutische Maßnahmen ebenfalls nur eine untergeordnete Rolle. Es existiert kein Präparat, das über längere Zeit in der Pflanze wirksam verweilt, die Wirtszellen dabei nicht schädigt und für Mensch und Tier nach Aufnahme pflanzlicher Nahrung unbedenklich ist.

Wenn es zur völligen Durchseuchung einer Pflanzenart oder -sorte gekommen ist, kann eine physikalische Therapie durch Wärme von Bedeutung sein. Die kranken Pflanzen werden dabei unterschiedlich lange Zeit ziemlich hohen Temperaturen (30–50 °C) ausgesetzt. Dies erfolgt durch Tauchen ruhender Pflanzenteile in warmes Wasser oder durch Exponieren wachsender Pflanzen in Warmluft. Die thermoempfindlichen Viren werden im ersten Fall inaktiviert, im zweiten sind die neugebildeten Sprosse virusfrei. Das apikale Ende einer solchen Pflanze wächst der Virusinfektion praktisch davon. Es kann abgetrennt und nach Bewurzelung weiter kultiviert oder als Pfropfreis verwendet werden. Das Kartoffelblattrollvirus läßt sich aus den Knollen z. B. dadurch entfernen, daß diese 25 Tage lang bei 37,5 °C und genügend Feuchtigkeit aufbewahrt werden.

Eine andere Möglichkeit zur Gewinnung virusfreien Pflanzenmaterials bietet sich durch die Meristemkultur. Die äußersten Abschnitte von Spitzenmeristemen sind bei Erkrankung der gesamten Pflanze meist noch nicht mit erfaßt. Kleine Stücke von etwa 0,5 cm Länge werden aus Knospen herauspräpariert und auf künstliche Nährmedien virusfrei übertragen. Die Kultur wird so lange fortgeführt, bis sich eine kleine Pflanze mit Blättern und Wurzeln gebildet hat. Anschließend werden sie an normale Erdkulturbedingungen gewöhnt.

Das Hauptaugenmerk bei der Bekämpfung pflanzlicher Virosen ist somit ebenfalls auf Vorbeugung gerichtet. Dazu zählt außer den genannten Maßnahmen die Verwendung virusfreien Saat- und Pflanzgutes (Knollen, Stecklinge, Zwiebeln, Samen, Veredelungsmaterial). Samenoberflächen lassen sich mit Chemikalien, z. B. 15%iger Trinatriumphosphatlösung, desinfizieren. Samen mit Viren im Keimling bzw. Endosperm sind durch besondere serologische Teste zu ermitteln und auszusortieren.

Vegetativ vermehrte Pflanzen sind besonders gefährdet. Ihre Nachkommen übernehmen die Viren der Eltern fast 100%ig. Deshalb müssen alle der vegetativen Vermehrung dienenden Pflanzenteile Kulturpflanzen entstammen, die in aufwendigen Verfahren auf Virusfreiheit geprüft wurden. Kartoffelkulturen sind besonders seuchengefährdet. Es wird deshalb regelmäßig neues, staatlich geprüftes und anerkanntes Pflanzgut eingesetzt.

Virusfreies Zuchtmaterial gewinnt man hauptsächlich dort, wo wichtige Überträger, z. B. die Pfirsichblattlaus, kaum oder jahreszeitlich verspätet vorkommen (Gebirgs- und Küstenregion).

Die Virusfreiheit von Obstbäumen muß über mehrere Vegetationsperioden vor allem auf Holz- und Fruchtsymptome geprüft werden. In bestimmten Plantagen werden Mutterbäume als Reiserproduzenten angebaut.

Im Zierpflanzenbau kommen die erwähnten Meristemkulturen, meist in Kombination mit Wärmetherapie, zum Einsatz.

Auch die Phytomedizin muß bestrebt sein, Infektionsquellen auszuschalten und Virusausbreitungen zu unterbinden. Kranke mehrjährige Pflanzen, pflanzliche Rückstände und überwinternde Unkräuter können Virusreservoire darstellen; sie sind deshalb rasch zu entfernen. Besonders in Kulturen unter Folie oder im Gewächshaus gewinnen diese Maßnahmen besondere Bedeutung, wie auch die Dämpfung des Kultursubstrats, die Desinfektion der Gewächshauseinrichtungen und Gerätschaften mit einprozentiger Natronlauge oder einprozentigem Formalin.

Durch richtige Wahl des Standortes, des Anbauverfahrens, der Saat- und Erntezeit können Infektionsketten wirksam unterbrochen werden (Erschwerung der Vermehrung und Ausbreitung von Virusvektoren, Wahl eines Saattermins, bei dem das anfällige Frühstadium der Pflanzen nicht mit der stärksten Vektorvermehrung und -aktivität zusammenfällt). Großflächiger Einsatz von Insektiziden zur Bekämpfung von Blattläusen, die nichtpersistente Viren übertragen, zeitigt wenig Erfolg. Die Tiere infizieren die Pflanzen, bevor sie von der Giftwirkung erreicht werden. Ölspritzungen mit Mineralöl reduzieren die Übertragung nichtpersistierender Viren. Der Ölfilm verhindert die Anheftung der Viruspartikeln an die Mundwerkzeuge der Insekten. Insektizidanwendung bei persistierenden und semipersistierenden Viren bringt gute Resultate, weil zwischen Aufnahme der Viren und deren Abgabe längere Zeit vergehen muß.

Besondere Gefahren für große Anbaugebiete sind dazwischenliegende Kulturen anderer Pflanzen, besonders kleine Parzellen und Hausgärten. Räumliche Trennung bestimmter Kulturen und die Anlage von Schutzstreifenpflanzungen sind meist unumgänglich. Zwischen möglichen Virusreservoiren und anfälligen Kulturen müssen entsprechende Entfernungen eingehalten werden. Wenn flugfähige Vektoren im Spiel sind, sollte man die Zwischenräume auf mindestens mehrere hundert Meter ausdehnen.

Viren in Gewächshäusern werden meistens durch Kultur- und Pflegemaßnahmen übertragen. Hier ist auf exakte Desinfektion und Sterilisation von Geräten und Einrichtungen zu achten, einschließlich der Hände und Kleidung. Besonderes Augenmerk ist auf die Verhinderung der Viruseinschleppung in neue Gebiete zu legen. Wie bereits bei Tiereinfuhren bekannt, werden auch hier besondere Quarantänemaßnahmen bei der Einfuhr von Gewächsen notwendig. Schließlich gehören die Züchtung und der Anbau virusresistenter oder -toleranter Sorten zu den wichtigsten vorbeugenden Maßnahmen gegen Viruserkrankungen im Pflanzenbau.

Zwar sind deutliche Erfolge in der Resistenzzüchtung vor allem bei Kartoffel, Tabak und vielen Gemüsearten zu verzeichnen, doch muß man immer damit rechnen, daß neue Virusstämme hoher Virulenz die Resistenzschranken durchbrechen. Dazu kommt, daß an sich virusresistente Pflanzensorten durch Veränderung äußerer Faktoren, wie z. B. der Temperatur, plötzlich empfänglich werden. Als Beispiel sei der Befall mosaikresistenter Bohnensorten durch die Schwarzbeinigkeit bei hohen sommerlichen Temperaturen genannt. Die Pflanzen welken schlagartig, vermutlich durch virusbedingte Schädigung der Leitungsbahnen.

Das System

Bekanntlich sind sämtliche Lebewesen auf unserer Erde im Laufe der Zeit mit Namen belegt und in ein taxonomisches System, das auf verwandtschaftlichen Beziehungen beruht, eingeordnet worden. Die Virustaxonomie kann aber wegen fehlender Kenntnisse über die Evolution der Viren auf die phänetische Verwandtschaft zurückgreifen, die auf Ähnlichkeiten der Eigenschaften beruht.

Es hat in der Vergangenheit nicht an Versuchen gefehlt, auch die Viren wie alle anderen Organismen zu klassifizieren. Eine allgemein gültige Basis für eine entwicklungsgeschichtlich orientierte Klassifizierung der Viren fehlt aber bis heute.

Schon aus den Anfängen der Virologie stammen vielerlei Ordnungsversuche, die meist auf weniger bedeutsamen Merkmalen aufbauten. Sie alle entbehren jeglicher auf den üblichen Einteilungskriterien basieren der Grundlagen. Mit den Fortschritten biochemischer, biophysikalischer und immunologischer Untersuchungstechnik wurden zunehmend mehr Daten für eine Viruseinteilung verfügbar. Die gegenwärtig gültigen Einteilungsprinzipien basieren auf diesen Eigenschaften. Sie umfassen die chemische Natur und Struktur der Virusnukleinsäure, des Nukleokapsids, des Nukleokapsids, der Virushülle sowie die Eigenschaften des Virions. Daraus leitet sich eine Vielzahl möglicher Kriterien ab.

Die Festlegung der international gültigen Kriterien sowie die einheitliche Namensgebung obliegen dem Internationalen Komitee für Virustaxonomie (ICTV = International Commitee of Taxonomy of Viruses). Die Einteilung in taxonomische Einheiten (Familien, Unterfamilien und Gattungen) ist bei Tierviren am weitesten fortgeschritten. Eines der erklärten Ziele ist es, auch Virusarten zu definieren und binominal zu benennen. Die Virusfamilie endet mit -viridae, die Unterfamilie mit -virinae, Gattungsnamen enden auf -virus. Personennamen finden keine Verwendung, ein Prioritätsrecht der Namensgebung wie in der Bakteriologie gibt es nicht.

Nicht selten treten innerhalb einer Virusart antigene Unterschiede zutage. In diesen Fällen erfolgt die weitere Unterteilung in Serotypen oder sogar in Subtypen, wenn die antigenen Merkmale geringfügig abweichen. Eine Infektion mit einem bestimmten Serotyp führt nicht zur Immunität gegen die anderen Serotypen.

Bei Pflanzenviren ist diese Entwicklung noch nicht soweit fortgeschritten. Hier wird noch immer der Begriff Gruppe verwendet.

Gegenwärtig sind vom ICTV 26 selbständige Pflanzenvirusgruppen mit bis zu 1000 Arten, 21 Familien Wirbeltierviren mit ebenfalls bis zu 1000 Arten, 10 Familien Bakteriophagen mit über 100 Arten, eine selbständige Familie Insektenviren mit über 100 Arten sowie zahlreiche Viren in Pilzen, Algen und Protozoen bestätigt. Die bisher erfaßten Viren stellen mit Sicherheit nur einen Teil der wirklich in der Natur vorkommenden dar.

Viren der Bakterien (Bakteriophagen)

In den meisten Bakteriengruppen kommen Phagen vor. Am bekanntesten sind die T-Phagen von Coli-Bakterien. Sie bestehen aus einem ikosaedrischen Kopf und einem Schwanzteil (Sporn). An diesen Phagen der T-Reihe sind die umfangreichsten morphologischen, biochemischen und genetischen Untersuchungen vorgenommen worden. Die Köpfe der Phagen, T_2, T_4 und T_6 sind etwas langgezogen und zeigen Ausmaße von etwa

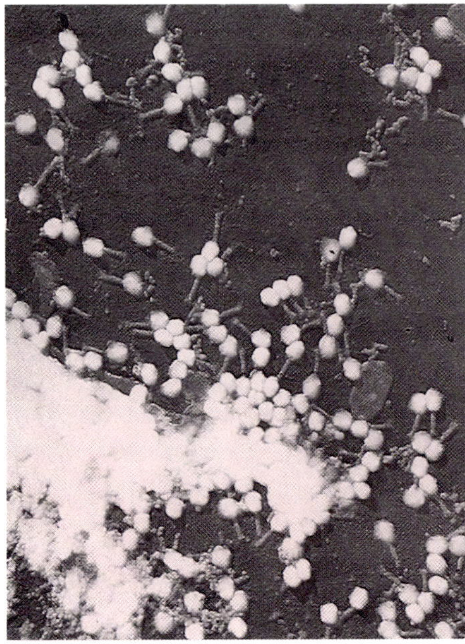

Escherichia-coli-Phage T 2. In der unteren Hälfte sind Reste der aufgelösten Wirtszelle zu erkennen (Vergr. 54000).

40–100 nm. Die Schwanzteile sind unterschiedlich lang (10–170 nm), ihr Durchmesser beträgt einheitlich etwa 10 nm. Der Phagenkopf besteht aus Kapsomeren und umschließt die DNS. Der Schwanzteil ist aus mindestens 3 Teilen aufgebaut: aus einem Hohlstift, einer ihm umgebenden kontraktilen Scheide und einer Spikes sowie Schwanzfäden tragenden hexagonalen Endplatte. Diesen »großen« Bakteriophagen stehen die »kleinen« gegenüber, deren Partikeln einfacher aufgebaut sind und die sich nicht in Kopf- und Schwanzteil differenzieren lassen.

Seit etwa 1971 kennt man auch Phagen, die Mykoplasmen befallen. Diese Phagen sind rund, faden- oder bazillenförmig oder auch pleomorph mit ss DNS bzw. Partikeln mit kubischem Kopf und kurzem Schwanzteil.

Sphärische Viren mit Hülle und zirkulärer ds DNS wurden nur bei *Acholeplasma* vorgefunden.

Eine Übersicht über den Aufbau und die

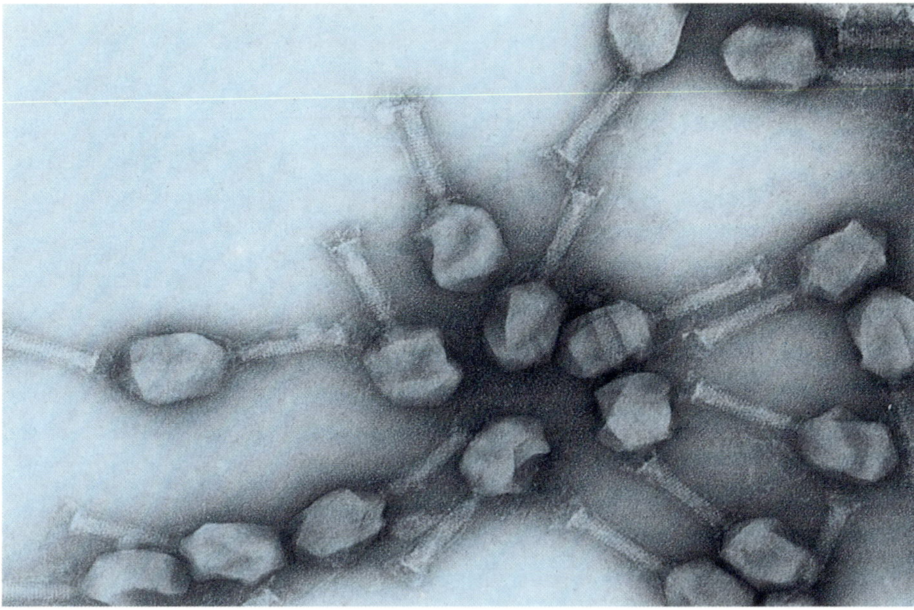

T 4-Phagen (Vergr. 300 000)

Einteilung der wichtigsten Phagentypen zeigt die Tabelle. Phagentypen können relativ leicht isoliert werden. Ihr Nachweis erfolgt hauptsächlich durch das Sichtbarmachen der auflösenden Wirkung an einem empfindlichen Bakterienstamm.

Einteilung der Bakteriophagen

Wegen ihrer Ungefährlichkeit für den Menschen und ihrer relativ leichten Züchtbarkeit sind Phagen ideale Untersuchungsobjekte der Virologen. Bei kaum einer Virusgruppe kennt man die Infektions- und Vermehrungsvorgänge so genau wie bei den Phagen, besonders bei denjenigen der T-Reihe.

Zu Beginn der Infektion muß sich ein Phage an das Bakterium anheften. Diese Ad-

DNS-Phagen mit Sporn	(größte Phagengruppe in vielen Bakterienarten, Kopfgröße 40–180 nm, Schwanz 3–540 nm, Sporenfäden, keine Hülle)		
Familie	Prototyp	Viriongröße in nm	Besonderheiten
Plasmaviridae	MLV 2		
Myoviridae	geradzahlige T-Phagen (T_2, T_4, T_6)	80 × 120	lineare ds DNS, kontraktiler Schwanz (25 × 100 nm)
Styloviridae	nichtgeradzahlige T-Phagen λ	54	lineare ds DNS, langer, nichtkontraktiler Schwanz (10 × 170 nm)
Pedoviridae	T_7	40–65	lineare ds DNS, kurzer Schwanz (9 × 25 nm)

DNS-Phagen ohne Sporn

Familie	Prototyp	Viriongröße in nm	Besonderheiten
Microviridae	Φκ 174	15–30	zirkuläre ss DNS (in Enterobakt.)
Corticoviridae	PM 2	62	zirkuläre ss DNS Doppelkapsid mit Lipiden
Tectiviridae	PRD 1	60	lineare ds DNS mit Spornäquivalent, keine Hülle
Inoviridae	fd	5×800	zirkuläre ss DNS, fadenförmiges Virion, ohne Lipide und Hülle

RNS-Phagen ohne Sporn

Familie	Prototyp	Viriongröße in nm	Besonderheiten
Leviviridae	f_2	23–25	lineare ss RNS, ohne Hülle und Lipide
Cystoviridae	Φ 6	60	lineare ds RNS, Genom segmentiert, lipidhaltige Hülle

sorption erfolgt mittels der Schwanzspitze an einem nur für diesen Phagentyp spezifischen Erkennungsprotein der Bakterienzellwand. Nach deren Berührung durch die wie Spinnenbeine aussehenden Schwanzfibern des Phagens senkt sich dessen Grundplatte und verankert sich an der Bakterienzellwand. Diese wird enzymatisch aufgelöst. Die Schwanzscheide zieht sich wie bei einer Muskelkontraktion zusammen, der Hohlstift (core) wird wie eine Infektionskanüle in die Bakterienzelle eingestochen und die Nukleinsäure aus dem Phagenkopf in die Zelle entleert. Alle übrigen Phagenbestandteile bleiben außerhalb der infizierten Zelle. Dieser Vorgang unterscheidet Phagen von anderen Viren, bei denen die vollständigen Virionen in die Zelle gelangen.

Eine Bakterienzelle kann von mehreren Phagen gleichzeitig attackiert werden. Der Stoffwechsel der infizierten Zelle wird in der bekannten Weise umgebaut. Statt Bakterien-DNS und -protein werden Phagenbestandteile produziert. Phagen-DNS und Hüllproteine vereinigen sich zu reifen Phagenpartikeln. Nach Auflösung der Zellwand durch Phagenlysozym werden die neugebildeten Phagen freigesetzt, und zwar meist explosionsartig durch Platzen der Zelle.

Zwischen der Anheftung eines Phagen und dem Auftreten von Tochterphagen (Latenzzeit) vergehen je nach Phagentyp, Bakterienart und Milieubedingungen nur kurze Zeitspannen. In wenigen Minuten werden pro Bakterienzelle bis zu mehrere hundert Phagen gebildet. Im allgemeinen produziert ein Bakterium etwa 100–400 Phagenpartikeln; bei RNS-Phagen entstehen oft in gleich kurzem Zeitraum mehrere tausend.

Kommt es nach der Phagenvermehrung in der infizierten Zelle zu deren Zerfall, liegt ein lytischer Zyklus vor; diese Phagen sind virulent. Eine ganze Reihe von Phagen vermehrt sich jedoch in einem Wirtsbakterium nicht. Sie bringen zwar ihre Nukleinsäure in das Wirtszellgenom ein, wo es mit dem Zellgenom synchron vermehrt wird; eine Neubildung selbständiger Phagen erfolgt aber nicht. Solche Phagen werden als temperent (gemäßigt) bezeichnet, die befallenen Bakterien als lysogen.

Lysogene Bakterien können unter be-

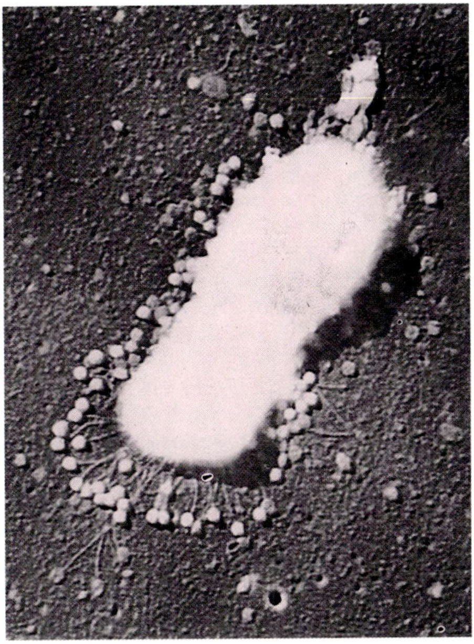

Phagenanheftung an die Wirtszelle (Vergr. 27 000)

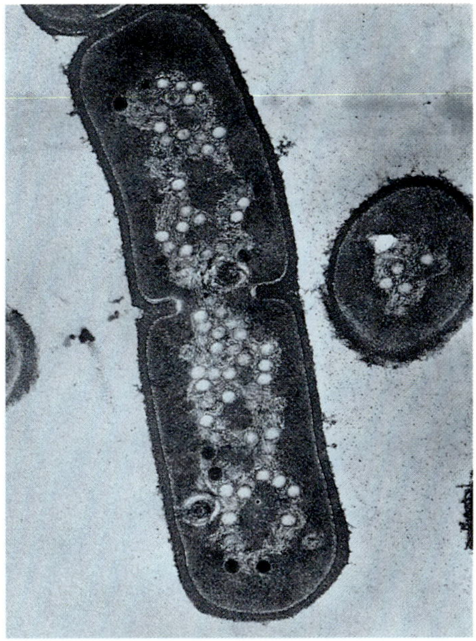

Ultradünnschnitt durch eine mit Bakteriophagen infizierte *Bacillus-subtilis*-Zelle. Der Aufbau von Phagenbestandteilen ist auf den Bereich des Zellkernäquivalents beschränkt. Die mit DNS gefüllten Phagenköpfe erscheinen schwarz (Vergr. 40 000).

stimmten Bedingungen (UV-Bestrahlung, Chemikalien) in die lytische Phase eintreten oder, wenn auch selten, durch spontane Lyse temperente Phagen freigeben. Die Eigenschaft der Wirtszelle, nichtinfektiöse Phagen zu beherbergen, läßt sich weder morphologisch noch serologisch nachweisen. Die ins Zellgenom integrierten Phagen werden bei der Vermehrung von Zelle zu Zelle weitergegeben. Lysogene Bakterien enthalten das Phagematerial als sogenannte Prophagen, und zwar im Bakterienchromosom. Die meisten temperenten Phagen von Coli-Bakterien werden an bestimmten Stellen direkt in das Bakterienchromosom eingebaut und nicht etwa nur angehängt; einige können auch an mehreren Stellen des Chromosoms nachgewiesen werden. Bei Anwesenheit von Prophagen verändern Bakterien ihre Eigenschaften (die Gestalt, Färbbarkeit, das Koloniewachstum).

Von Interesse ist auch die Fähigkeit der Bakteriophagen, Teile des Bakteriengenoms von einer Zelle auf die andere zu übertragen. Diese Übertragung von DNS von einer Spender- in die Empfängerzelle heißt Transduktion. Temperente Phagen übertragen entweder einen beliebigen DNS-Teil aus einer Bakterienzelle (unspezifische Transduktion) oder aber einen ganz bestimmten DNS-Abschnitt (spezifische Transduktion). Transduzierende Phagen sind meist defekt, denn sie können nicht ihre gesamte eigene DNS neben einem Bruchstück der Bakterien-DNS enthalten.

So kann z. B. das gesamte Genmaterial des phagenliefernden Bakteriums in das Empfängerbakterium eingebaut werden. Alle Nachkommen dieser Zelle besitzen dann die Eigenschaften der Spenderzelle (allgemeine, unspezifische Transduktion). Bei der spezifischen Transduktion werden nur bestimmte DNS-Abschnitte dem Phagengenom einverleibt und übertragen.

Da Bakteriophagen jeweils nur eine ganz bestimmte Bakterienart oder gar variante befallen, haben sie auf ganz anderem Gebiet eine wichtige Funktion. So macht man sich die Art- oder Variantenspezifität der Phagen in der bakteriologischen Diagnostik zunutze, wo sie zur Feindifferenzierung von Bakterienstämmen eingesetzt wird. Auf Grund unterschiedlicher Phagenempfindlichkeit lassen sich Bakterienarten in Lysotypen (Lysovare) einteilen. Die besondere Bedeutung dieses Verfahrens liegt darin, daß mit bestimmten Testphagen epidemiologische Zusammenhänge geklärt werden können, z. B. das Aufspüren von Infektionsquellen und die Verfolgung von Infektketten. Weisen isolierte Bakterienstämme unterschiedliche Lysotypie auf, können sie epidemiologisch nicht zusammenhängen. Besonders bei Staphylokokken, Salmonellen, *Escherichia coli*, Pseudomonaden, Klebsiellen und *Proteus*-Arten spielt die Lysotypie eine wichtige Rolle.

Viren der Pilze, Algen und Protozoen

Bei über 100 verschiedenen Pilzarten (Asco-, Basidio- und Deuteromyzeten) konnten bislang Vieren oder virusähnliche Partikeln nachgewiesen werden (Mykoviren). Viele der betroffenen Pilze sind zwar phytopathogen, doch gibt es keinen Beweis dafür, daß Mykoviren auf Samenpflanzen übertragen worden wären. Die Pflanzenviren können in diesem Zusammenhang nicht genannt werden. Bei ihnen handelt es sich um echte Pflanzenviren, die sich lediglich der Pilze als Vektoren bedienen.

Mykoviren sind etwa 25–30 nm groß und von isometrischer Gestalt. Ihre Virionen enthalten segmentierte ds RNS. Übertragen werden sie mit den Zellteilungen, durch Sporen oder Verschmelzung von Hyphen. Bei den meisten befallenen Pilzarten lassen sich kaum Schädigungen feststellen, bei einigen kommen aber Zellauflösungen und -degenerationen, Fruchtkörperdeformationen und anormales Hyphenwachstum vor. In Champignonzuchten sind tiefgreifende Schäden durch Phagenbefall bekanntgeworden.

Die bekanntesten Pilzarten, bei denen Viren gefunden wurden, sind der Steinpilz *(Boletus edulis)*, der Champignon *(Agaricus bisporus)*, verschiedene *Penicillium*-Arten, *Aspergillus foetidus, Helminthosporium* spp. und *Phytophthora infestans* (Erreger der Kraut- und Knollenfäule der Kartoffel). Es kann vermutet werden, daß Phagen viel weiter auf Pilzen verbreitet sind, aber wir haben noch ziemlich lückenhafte Kenntnisse darüber. Der Erstnachweis stammt immerhin aus dem Jahre 1962.

Viren der Algen wurden 1964 in den blaugrünen Arten *Anacystis, Synechococcus, Lyngbya, Plectonema* und *Phormidium* (Cyanophagen) sowie bei einigen eukaryotischen Arten (Rot- und Braunalgen) nachgewiesen. Ihre Form ist teils sphärisch, teils phagenähnlich (mit Kopf und Sporn); die Größe des Virions schwankt zwischen 40 und 400 nm. Der Sporn kann bei einigen Formen bis 1 000 nm lang sein. Sie enthalten alle ds DNS.

Noch jünger ist die Entdeckung von Virusinfektionen bei Protozoen. 1972 konnte als Ursache von Zellauflösung bei *Entamoeba histolytica* Virusbefall eindeutig bewiesen werden. Als Erreger kommen isometrische Partikeln von 80 nm größer in Frage. Auch bei den protozoären Blutparasiten *Plasmodium* und *Leishmania* ließen sich inzwischen sphärische oder isometrische Viruspartikel, unterschiedlicher Größe auffinden.

Eine Klassifizierung dieser bei Pilzen, Algen und Protozoen aufgefundenen Viren und virusartigen Partikeln ist noch nicht erfolgt.

Viren der Insekten

Insektenviren vermehren sich in ihren Wirtsorganismen, ein Kennzeichen, das sie als insektenpathogene Viren von denjenigen abgrenzt, die Insekten lediglich als Transportmittel (Vektoren) für die Übertragung auf einen anderen Wirtsorganismus benutzen.

Die meisten dieser Viren sind in besondere Einschlußkörper aus kristallisiertem Protein eingehüllt. Je nach deren Form und Größe unterteilt man sie in Kapseln (Granula), Polyeder und Sphäroide. Die Anzahl der in einem Einschlußkörper enthaltenen Virionen ist unterschiedlich. So findet man in Granuloseviruskapseln nur je ein Virion, in Sphäroiden der Insektenpockenviren mehr als 10 und in Polyedern 100 und mehr.

Kapseln sind meist oval, 0,3 bis 0,5 µm lang und 0,1 bis 0,4 µm breit. Polyeder zeigen Größen von 0,5 bis 15 µm. Ein Typ von Polyederviren vermehrt sich nur im Zellkern (Kernpolyederviren), ein anderer nur im Zytoplasma (Zytoplasmapolyederviren). Sowohl in den Polyedern als auch in den Kapseln, die beide in ungeheurer Anzahl in den Körpern virusbedingt abgestorbener Tiere vorhanden sind, bleiben die Viruspartikeln viele Jahre lang infektiös. Viren ohne Einschlußkörper überleben in der Außenwelt nur wenige Tage. Dem Einschlußkörper kommt somit die Aufgabe zu, die Viren zu schützen. Die Infektionstüchtigkeit wird damit für mehrere Jahre gewährleistet. Die meisten Insektenviren sind empfindlich gegen hohe Temperaturen, kurzwellige Strahlung (z. B. UV) und gegen Desinfektionsmittel (Formaldehyd und Hypochlorit), unabhängig davon, ob sie eingeschlossen sind oder nicht.

Gegenwärtig kennt man etwa 50 Granuloseviren, etwa 250 Kernpolyederviren, etwa 100 Zytoplasmapolyederviren, um die 30 Entomopoxviren und rund 100 insektenpathogene Viren ohne Einschlußkörper.

Mit wenigen Ausnahmen befallen Insektenviren nur jeweils eine Insektenart; sie sind oligophag. Die durch Polyederviren hervorgerufenen Krankheiten nennt man Polyedrosen, die durch Kapselviren Granulosen. Der Virusbefall konzentriert sich vorwiegend auf Larvenstadien, wobei die Erreger bzw. die Einschlußkörper meist oral aufgenommen werden und in den Darm gelangen. Bei manchen Viren bleibt die Infektion auf die Zellen des Darmtraktes beschränkt, andere Viren hingegen überwinden die Darmschranke und siedeln sich in verschiedenen Organen an, z. B. in Haut, Blutzellen, Fettkörpern und Tracheen. Nicht selten verfärben sich die befallenen Larven, und der Körperinhalt verflüssigt sich. Iridoviren z. B. verfärben die Larven blau-irisierend. Die Übertragung geschieht durch Erregerausscheidung mit den Faeces oder nach ihrer Freisetzung beim Zerfall toter Insekten.

Polyederviren befallen hauptsächlich Schmetterlingslarven. Besonders bei Massenvermehrung von Nonne, Schwammspinner, Goldafter, Kohleule und Baumweißling können totale Zusammenbrüche verursacht werden. Der nukleäre Typ kommt auch bei Blattwespenlarven und in einem Fall in der zu den Dipteren gehörenden Sumpfschnake, *Tipula paludosa*, vor. Granuloseviren gibt es nur bei Schmetterlingen, besonders auffallend bei Apfelwickler und Kohlweißling.

Insektenviren ohne Einschlußkörper haben z. T. größere Wirtskreise. Sie befallen Dipteren (Zweiflügler), Lepidopteren (Schmetterlinge) und Coleopteren (Käfer). Insektenvirusepidemien treten in der Natur oft bei deren Massenvermehrung auf. Infolge hoher Populationsdichte der Insekten (bis zu 10^{14} Insekten je Hektar) kommt es zu explosionsartiger Ausbreitung.

Es liegt nahe, daß diese natürlichen Vorkommnisse einen mächtigen Anreiz darstellen, Viren in der biologischen Schädlingsbekämpfung einzusetzen. Besonderes Interesse gilt dabei den Baculoviren (Kernpolyederviren). Ihr Wirtsspektrum ist oft nur auf eine oder einige wenige Arten beschränkt. Wegen dieser engen Wirtsspezifität ließe sich leicht eine selektive Schädlingsbekämpfung durchführen, so daß Folgeschäden durch Ausfall von Antagonisten, wie bei chemischer Bekämpfung oft zu beobachten, nicht auftreten. Kernpolyederviren zur Bekämpfung von Blattwespenlarven und Granuloseviren gegen Apfelwickler würden keine Gefahr für Honigbiene und andere Blütenbestäuber darstellen. Selektiv bekämpft werden können auch der weiße Bärenspinner, *Hyphantria cunea*, an der Maulbeere ohne Schädigung der Seidenraupe sowie die Raupen der Wachsmotte, *Galleria mellonella*, in Bienenwaben ohne Beeinträchtigung der Honigbiene.

Der großflächige Viruseinsatz ist durch Versprühen von Suspension Spritzpulver oder Haftstaub (z. B. vom Flugzeug aus), durch Auslegen von Ködern oder durch künstliche Schaffung von Infektionsherden möglich. Bei der letzteren Methode soll sich das eingesetzte Virus von selbst in der Wirtspopulation ausbreiten.

Kernpolyederviren als Schädlingsbekämpfer wurden erstmalig 1951 in Kanada eingesetzt. Um die Jahrhundertwende hatten skandinavische Auswanderer die Kiefernblattwespe nach Kanada verschleppt. Dieser Schädling konnte sich in den riesigen Kiefernwaldungen unerhört rasch und ungehemmt ausbreiten. Deshalb wurde 1950 das in Skandinavien vorkommende Kernpolyedervirus, das sich nur in Kiefernblattwespen vermehrt und sie dabei vernichtet, aus infizierten Insektenlarven gewonnen und in einer Spritzbrühe angereichert. Jeweils im Stadium der Massenvermehrung der Insekten wurden die befallenen Waldflächen besprüht. Dadurch konnten innerhalb von 14 Tagen die Schädlinge zu fast 100% vernichtet und das Virus dauerhaft in Kanada eingebürgert werden. Inzwischen wird aus verschiedenen Ländern der erfolgreiche Einsatz von Insektenviren gegen Apfelwickler, Schwammspinner, Douglasspinner, Kohleule und den indischen Nashornkäfer gemeldet.

Alle einschlägigen Untersuchungen haben bestätigt, daß der Masseneinsatz von Insektenviren zur biologischen Schädlingsbekämpfung für Mensch und Tier unbedenklich ist.

Die von Insektenviren hervorgerufenen Krankheiten sind erwünscht, wenn damit Massenvermehrung von Schadinsekten unterbunden werden kann. Sie sind andererseits gefürchtet, wenn sie Nutzinsekten wie Honigbienen oder Seidenraupen befallen.

Nukleäre Polyederviren verursachen die Gelbsucht der Seidenraupe, eine Krankheit, die schon 1527 in einem Gedicht beschrieben wurde. Die Tiere nehmen den Erreger durch den Fraß mit Polyedern verunreinigter Blätter auf. Nach Auflösung der Polyeder im Darm gelangen die Viren in Blut- und Hautzellen, wo sie sich vermehren. Die Krankheit löst häufig ein Massensterben aus und stellt

Insektenviren

Familie	Gattung	Einschlußkörper	Virion
Poxviridae	Entomopoxvirus	mehr als 10 Virionen pro EK	wie animale Viren
Baculoviridae (von baculum = Stab)	Baculovirus	Kernpolyederviren, etwa 100 Virionen pro EK Zytoplasmapolyederviren, über 100 Virionen pro EK	quaderförmig, 40–140 × 250–400 nm
	Baculovirus	Granuloseviren; je 1 Virion in eiförm. zytoplasm. EK	bazillenförmig, 30–50 × 220–320 nm
	Baculovirus	ohne EK	
Iridoviridae	Iridovirus	ohne EK	isometr. Partikeln von 130–180 nm
Parvoviridae	Densovirus	ohne EK	isometr. hüllenlose Partikeln 20–30 nm
Reoviridae	Zytoplasma-polyedervirus	im Zytoplasma ohne Membran, über 100 Virionen im EK	48–70 nm
Rhabdoviridae	Sigmavirus	ohne EK (?)	70 × 140–180 nm, spiraliges Nukleokapsid
Picornaviridae	Sackbrutvirus	ohne EK (?)	isometr. Partikeln ohne Hülle, 27–30 nm

dadurch die Rentabilität der Seidenraupenzucht in Frage.

Der Erreger der Bienenparalyse besitzt keinen Einschlußkörper. Er hat eine rundliche bis längliche Gestalt und eine Größe von 20 × 30–60 nm. Sein Nachweis gelingt im Gehirn, in Nervenknoten, Kopfdrüsen, Honigblasen und Pollenhöschen erkrankter Bienen. Die Krankheit äußert sich in Gliederzittern und -zucken, Apathie, Lähmung, prall gefüllter Honigblase, aufgeblähtem Hinterleib und Haarlosigkeit.

Ein weiteres freies Virus verursacht die Sackbrut der Honigbiene. Es handelt sich um eine sphärisches RNS-Virus von 28 nm Durchmesser. Die Sackbrut ist vorwiegend eine Erkrankung junger Maden bis zum 3. Lebenstag. Der Erreger läßt sich im Fettgewebe, in Muskeln, Hirn- und Nervenzellen nachweisen. Die Wabenzelldeckel sind rissig und eingefallen; die Maden verfärben sich gelb und später auch braun. Am Madenhinterende entsteht ein durchsichtiger Sack, der mit Flüssigkeit angefüllt ist. Die Made läßt sich mit der Pinzette wie ein Sack aus der Wabe ziehen. Sie zerfällt zu einer jauchigen, geruchlosen Masse und trocknet schließlich ein.

Bei der Honigbiene wurden inzwischen noch zahlreiche andere Viren entdeckt; ihre pathogene Wirkung ist jedoch unklar.

In den Familien mit Insektenviren können auch pflanzen- und wirbeltierpathogene Virusarten enthalten sein. Einzig die Baculoviridae sind eine selbständige, nur für Insekten pathogene Familie.

Die Tabelle zeigt eine Übersicht über die Virusfamilien mit insektenpathogenen Vertretern.

Viren der Pflanzen

Während sich in der Klassifizierung animaler Viren der Familienbegriff und andere taxonomische Einheiten durchgesetzt haben, gilt bei floralen Viren noch immer die Einteilung in Gruppen. Eine Virusgruppe bilden alle diejenigen Viren, die mit dem typischen Vertreter alle oder fast alle Haupteigenschaften gemeinsam besitzen.

Pflanzenviren weisen ein sehr unterschiedliches Wirtsspektrum auf. Manche von ihnen befallen Pflanzen aus mehr als 50 Familien, andere dagegen nur eine einzige oder ganz wenige Pflanzenarten. Die allein bei Nutzpflanzen vorkommenden Virusarten sind kaum noch überschaubar. Manche wichtigen Kulturpflanzen sind empfänglich für 10 und mehr Virusarten, z. B. Rüben, Weinreben, Bohnen, Erbsen und Tabak; bei Kartoffeln sind es gar über 20. Allein bei Obstgehölzen kennt man über 100 Viruserkrankungen.

Die meisten Pflanzenviren wurden bisher in bedecktsamigen Blütenpflanzen (Angiospermen), nur wenige in nacktsamigen (Gymnospermen) und Farnen (Pteridophyten) nachgewiesen. Bei Moosen (Bryophyten) sind die Angaben über Virusisolierungen noch unsicher. Bei pflanzenpathogenen Viren dominieren solche mit ss RNS-Genom: eine Hülle fehlt ihnen. Der Partikeldurchmesser überschreitet kaum 30 nm. Bezüglich Partikelform und Nukleinsäuretyp zeigen florale Viren geringere Vielfalt als animale.

Nachfolgend werden die Virusgruppen mit dem jeweiligen Typvirus bzw. den wirtschaftlich wichtigsten Vertretern und die von ihnen hervorgerufenen Krankheiten kurz vorgestellt.

Viren mit gestreckten Partikeln

Etwa die Hälfte aller bisher bekannten Pflanzenviren wird zu den Viren mit gestreckten Partikeln gerechnet.

Hordei-Virusgruppe

Gerstenstreifenmosaikvirus. Die stäbchenförmigen Partikeln sind etwa 20–25 nm dick und 100–160 nm lang; ihr Genom ist geteilt. Es treten verschiedene Partikelformen auf, wobei jede eine spezifische ss RNS enthält. Damit eine Infektion zustande kommt, müssen wenigstens 2–3 davon zusammenwirken. Das Typvirus verursacht vor allem an Getreide und anderen Gräsern chlorotische oder nekrotische Blattstreifen. Die Übertragung erfolgt sehr leicht mechanisch oder über Samen und Pollen; tierische Überträger sind nicht bekannt. Das Virus kann die genetischen Eigenschaften seiner Wirtspflanzen beeinflussen.

Tobra-Virusgruppe

Tabakmauchevirus. Die Virionen dieser Gruppe sind kurze, stäbchenförmige Partikeln mit einem Durchmesser von 20–22 nm und Längen von 180–215 oder 46–115 nm; ihr Genom ist zweigeteilt. Soll eine Infektion zustande kommen, müssen beide Partikelformen zusammenwirken, wobei das längere Teilchen als eigentliches infektiöses Prinzip gilt. Beim Fehlen der kürzeren Komponente entsteht ein defektes Virus, das sich nur in Form von RNS-Strängen vermehrt. Diese Stränge verlieren im normalen Preßsaft ihre Infektiosität. Das kürzere Partikel ist vermutlich für die Bildung des Proteinmantels verantwortlich, der die infektiöse RNS stabil erhält.

Das Krankheitsbild ist durch nekrotische Flecke, Ringe oder Muster bzw. Blattkräuselungen bei Tabakpflanzen gekennzeichnet. Die Pflanzen bleiben gestaucht, ihr Stengel verfärbt sich meist bis ins Mark braun oder schwarz. Das Virus befällt auch Kartoffelpflanzen und verursacht dort die Stengelbuntkrankheit.

Das Virus wird außer durch Nematoden der Gattungen *Trichodorus* und *Paratrichodorus* auch mechanisch sowie durch Samen und *Cuscuta*-Arten übertragen. Der Wirtskreis ist sehr weit und umfaßt nicht weniger als 700 Arten aus verschiedenen Pflanzenfamilien. Das Virus erweist sich als ziemlich resistent gegen äußere Einflüsse. Es kommt in mehreren Serotypen vor allem in Amerika und Europa vor.

Tobamo-Virusgruppe

Tabakmosaikvirus. Zu dieser Gruppe gehören 10 Virusarten. Die stäbchenförmigen Partikeln sind 300 nm lang und besitzen einen Durchmesser von 18 nm. In den Zellen befallener Wirtspflanzen können bis zu 10 Millionen TMV-Teilchen konzentriert sein. Oftmals lagern sich die Viren zu kristallinen Gebilden zusammen. Vektoren sind nicht bekannt; TMV-Mutanten werden jedoch durch Pilze übertragen. Durch die hohe Partikelkonzentration sowie die große Widerstandsfähigkeit gegen äußere Einwirkungen bleibt als wichtigster Übertragungsweg der mechanische.

Zur Tobamo-Gruppe gehören noch das Gurkengrünscheckungs-Mosaikvirus sowie verschiedene Viren von Leguminosen, Kakteen und Orchideen.

Das durch das TMV beim Tabak verursachte Krankheitsbild ist durch starke hell- bis dunkelgrüne Mosaikerscheinungen gekennzeichnet. Manche Stämme rufen aber auch gelbe Mosaikformen oder Blattmißbildungen hervor. Der Erreger befällt außer Tabak vor allem Tomate und Paprika sowie Weinreben und Obstgehölze. Latente Infektionen sind bekannt, die u. U. große prakti-

Stäbchenförmige Partikeln des Tabakmosaikvirus. Die meisten sind 300 nm lang.

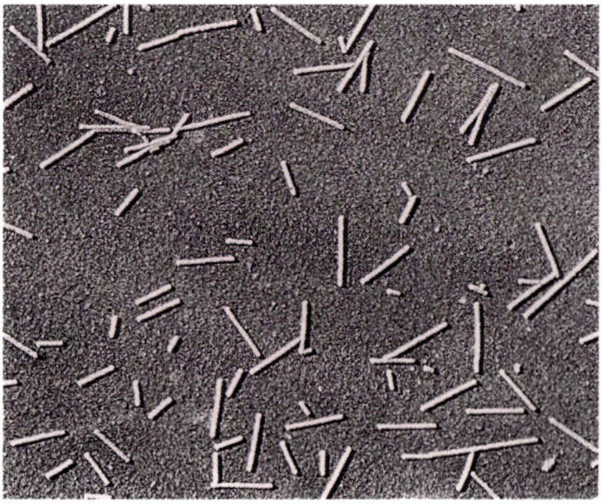

Tabakmosaikvirus. Jedes Partikel besitzt einen in Längsrichtung verlaufenden Zentralkanal (k). Der Partikeldurchmesser beträgt 18 nm.

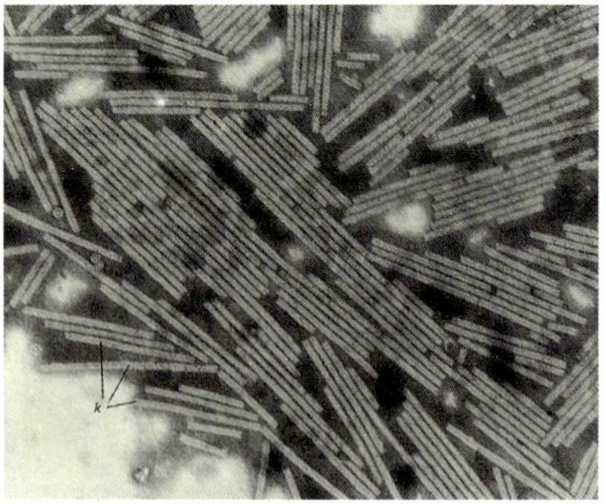

Bohnengelbmosaikvirus an Buschbohne

sche Bedeutung erlangen können. Solche Virusstämme wären möglicherweise in der Lage, nach künstlicher Infektion die Pflanzen vor den stark virulenten Stämmen mit besonderer Schadwirkung zu schützen. Das weltweit verbreitete TMV kann sowohl im Pflanzensaft als auch im fermentierten Tabak jahrelang seine Infektiosität erhalten.

Potex-Virusgruppe

Kartoffel-X-Virus. Die Gruppe umfaßt etwa 18 Virusarten. Die Virionen sind mehr oder weniger gebogen und leicht flexibel. Ihre Normallänge beträgt 480–580 nm bei einem Durchmesser von 13–15 nm. Die Partikeln erreichen in ihren Wirtszellen recht hohe Konzentrationen. Bei manchen Stämmen spielen Pilze als Vektoren eine Rolle.

Das Kartoffel-X-Virus verursacht an Kartoffelblättern ein leichtes Mosaik. Die Übertragung erfolgt mechanisch über ober- und unterirdische Pflanzenteile. Wichtigste Maßnahme im Kartoffelanbau ist der Einsatz resistenter Sorten.

Poty-Virusgruppe

Kartoffel-Y-Virus. Scharkavirus der Pflaume. Bohnengelbmosaikvirus. Diese größte und am weitesten verbreitete Pflanzenvirusgruppe enthält wenigstens 50 anerkannte und zahlreiche noch nicht anerkannte Vertreter. Die Normallänge der mehr oder weniger flexiblen, fadenförmigen Partikeln beträgt 680–900 nm bei einem Durchmesser von 12 bis 15 nm. In den Wirtszellen erreichen sie nur geringe Konzentrationen. Verschiedene Vertreter der Gruppe haben enge Wirtskreise, andere wiederum können zahlreiche Pflanzen aus den verschiedenen Familien befallen. Die meisten infizierten Pflanzen reagieren mit Mosaikerscheinungen. Im Zytoplasma befallener Zellen treten Proteineinschlüsse (pinwheels, Windrädchen) auf.

Scharkavirus an Aprikosenfrüchten

Das durch Kartoffel-Y-Viren an der Kartoffel hervorgerufene Symptomenbild ist ziemlich vielseitig. Typisch ist jedoch die Bildung kurzer, schwarzer Streifen an Blattadern, Blattstielen und am Stengel (Strichelkrankheit). Die Pflanzen sind deutlich gestaucht, die Blätter werden glasig und brechen leicht von ihrer Ansatzstelle ab, bleiben aber vertrocknet hängen. Oftmals ist nur noch an der Spitze des Stengels ein Büschel gekräuselter, gescheckter und mit abgestorbenen Bezirken durchsetzter Blätter übrig.

In den fünfziger Jahren breitete sich ein Virusstamm aus, der innerhalb kürzester Zeit den gesamten europäischen Kartoffelanbau bedrohte. Eine ganze Reihe altbewährter Sorten fiel ihm zum Opfer, z. B. die bekannte Sorte »Ackersegen«. Später neu gezüchtete Kartoffelsorten sind wesentlich resistenter gegen Kartoffel-Y-Viren.

Die Übertragung dieser Erreger erfolgt mechanisch oder durch Blattläuse. Der Wirtskreis umfaßt meist nur Nachtschattengewächse und nur in Ausnahmen Vertreter anderer Pflanzenfamilien.

Zur Poty-Virusgruppe werden u. a. noch das Kartoffel-A-, Tabakätzmosaik-, Rübenmosaik-, Wassermelonenmosaik-, Bohnenmosaik-, Erbsenmosaik-, Selleriemosaik-, Zukkerrohrmosaik-, Kohlrübenmosaik-, Salatmosaik-, Malvenmosaik- und Tulpenbuntstreifenvirus gerechnet.

Die Pflaumenscharka-Krankheit (plumpox) ist die häufigste und wichtigste Viruserkrankung der Pflaume. Es treten Fruchtdeformationen auf (pockenartige Veränderungen); die Früchte fallen vor der Reife ab oder werden nur notreif. Das gummiartige Fruchtfleisch ist völlig wertlos. Der Baumstamm zeigt Risse der Rinde; auf Blättern sind verwaschene, olivgrüne oder violette Flecke und Ringe die typischen Symptome. Bei empfindlichen Sorten kann der Ertragsverlust bis 90 % betragen. Die Krankheit ist vor allem in Südosteuropa verbreitet. Sie hat aber auch in Mitteleuropa Bedeutung.

Carla-Virusgruppe

Latentes Nelkenvirus. Kartoffel-S-Virus. Die Gruppe enthält mehr als 20 weitere Virusarten. Die relativ spät entdeckten, gerade oder schwach gebogenen stäbchenförmigen Par-

Nekrotische Rübenvergilbung (links), verursacht durch das Nekrotische Rübenvergilbungsvirus und Milde Rübenvergilbung (rechts), verursacht durch das Milde Rübenvergilbungsvirus

tikeln sind 600–700 nm lang und 15 nm dick. Trotz hoher Viruskonzentration in den Wirtszellen verursachen sie meist nur schwache Symptome oder latente Infektionen. Ihr Wirtskreis umfaßt Kartoffeln, Rotklee, Kakteen, Hopfen, Pappeln sowie verschiedene Zierpflanzen und Gräser. Die Übertragung erfolgt mechanisch oder bei einigen Arten durch Blattläuse.

Die durch das Kartoffel-S-Virus hervorgerufenen Symptome an der Kartoffel sind nur leichter Art. Meist treten lediglich Blattaufhellung und schwach ausgebildete Rauhblättrigkeit auf. Ertragseinbußen sind kaum zu verzeichnen. Bestimmte Kartoffelsorten sind für dieses Virus völlig unanfällig.

Das serologisch mit dem S-Virus verwandte Kartoffel-M-Virus, das bei bestimmten Sorten ein »Rollmosaik« auslöst, hat zunehmend an Bedeutung gewonnen. Es wird vor allem durch die Grüne Pfirsichblattlaus übertragen. Die Fiederblätter infizierter Pflanzen rollen sich, bleiben aber biegsam und sind nicht so spröde wie bei der Blattrollkrankheit. Die Rollung geht im Verlauf der Vegetation zunehmend in eine Blattwellung über. Es können symptomlose Infektionen vorkommen.

Clostero-Virusgruppe

Nekrotisches Rübenvergilbungsvirus. In dieser Gruppe kommen die längsten Formen aller Pflanzenviren vor. Das Nekrotische Rübenvergilbungsvirus ist 1250 nm lang, das *Festuca*-Nekrosevirus erreicht Längen von 1725 nm und das Tristeza-Virus der Zitruspflanzen gar von 2000 nm. Die Partikeln sind sehr flexibel und weisen einen Durchmesser von etwa 10–12 nm auf. Charakteristische Symptome befallener Pflanzen sind Vergilbungen sowie Nekrosen des Phloems. Im Phloem infizierter Pflanzen sammeln sich Viruspartikeln in großen Massen an. Außer dem Typvirus kennt man weitere 10 Virusarten. Die Übertragung gelingt mechanisch nur schwer oder gar nicht. Sie erfolgt hauptsächlich semipersistent durch Blattläuse.

Das Nekrotische Rübenvergilbungsvirus kann in schweren Befallsjahren beträchtliche

Einbußen des Zuckerertrags bewirken. Rechtzeitige Blattlausbekämpfung durch systemische Insektizide senkt die Infektionsrate und somit die Ertragsverluste deutlich.

Weizenstrichelmosaik-Virusgruppe

Weizenstrichelmosaikvirus. Diese Gruppe umfaßt mechanisch und durch Gallmilben übertragbare Viren innerhalb von Getreide und anderen Gräsern. Jüngere Blätter befallener Pflanzen lassen im Frühjahr parallelverlaufende Strichelungen erkennen; ältere Blätter vertrocknen. Es sind Ertragsausfälle bis 85 % möglich. Die Virionen sind flexible Fäden von 15×700 nm Größe.

Gerstengelbmosaik-Virusgruppe

Gerstengelbmosaikvirus. Viren dieser Gruppe sind flexible Fäden mit 13×275 oder 13×580 nm Länge. Die bodenbürtigen Erreger werden mechanisch und durch Pilze übertragen. Ihr Wirtskreis ist sehr eng und umfaßt nur Getreidearten. Bei anfälligen Sorten sind Ertragsverluste bis 50 % möglich. Eine Bekämpfung ist nur durch Anbau resistenter Sorten sinnvoll.

Viren mit sphärischen, meist isometrischen Partikeln

Tymo-Virusgruppe

Wasserrübengelb-Mosaikvirus. Die vorwiegend Mosaiksymptome hervorrufenden Erreger werden innerhalb enger Wirtskreise von Käfern übertragen. Die Virionen sind Polyeder von 29 nm Durchmesser; sie enthalten 35 % ss RNS.

Das Wasserrübengelb-Mosaikvirus verursacht an Kreuzblütlern gelbe Mosaikerscheinungen. Sein Verbreitungsgebiet erstreckt sich über West-, Mittel- und Südosteuropa.

Cucumo-Virusgruppe

Gurkenmosaikvirus. Die polyederförmigen Virionen haben einen Durchmesser von 30–40 nm, ihr Genom ist dreigeteilt. Sie werden mechanisch und durch Blattläuse übertragen. Das Gurkenmosaikvirus kann zahllose Pflanzenarten befallen, unter denen sich auch Monokotyle befinden. Der Erreger ist in den gemäßigten Zonen der Erde weit verbreitet. Bei Temperaturen über 25 °C verursacht dieses Virus an der Gurke Mosaiksym-

Fadenförmige Partikeln des *Festuca*-Nekrosevirus mit einer Länge von 1725 nm

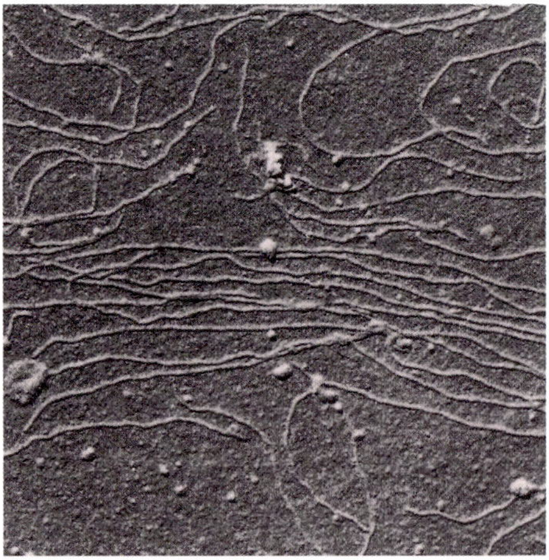

Die polyedrischen Partikeln des Wasserrübengelbmosaikvirus sind so gleichmäßig gebaut, daß sie sich in Reinpräparaten zu kristallähnlichen Gebilden zusammenlagern.

Gurkenmosaikvirus an der Gurke. Niedrige Temperaturen während der Inkubationszeit bewirken, daß die Pflanzen welken und absterben. Links gesunde Pflanze

ptome, bei Temperaturen unter 20 °C plötzliches Welken und Absterben. Die in Mitteleuropa oftmaligen Ertragsausfälle beim Freilandgurkenanbau gehen in erster Linie auf den Befall mit diesen Viren zurück.

Als Wirtspflanzen kommen auch Gehölze, Zier- und Wildstauden sowie viele Gemüsearten in Frage, bei denen sie schwere Schäden verursachen können (Spinat, Sellerie, Salat, Chicorée, Möhren, Paprika).

Como-Virusgruppe

Echtes Kundebohnenmosaikvirus. Außer dem namensgebenden Virus gehören zu dieser Gruppe unter anderen das Kürbismosaik- und das Rettichmosaikvirus.

Die isometrischen Virionen mit einem Durchmesser von 28 nm weisen 3 Partikeltypen mit unterschiedlichen ss RNS-Segmenten auf. Neben nukleinsäurefreien findet man solche mit 23 und 34 % RNS. Diese beiden Partikelarten müssen beim Zustandekommen einer Infektion gleichzeitig vorhanden sein. Das Genom ist zweigeteilt. Die meisten Vertreter dieser Gruppe werden mechanisch, durch Samen und durch Käfer innerhalb eines engen Wirtskreises übertragen.

Tombus-Virusgruppe

Tomatenzwergbuschvirus. Die isometrischen Partikeln haben einen Durchmesser von 30 nm. Das Typvirus kommt außer bei Tomaten vor allem an Pelargonien, gelegentlich an Petunien vor. Vertreter dieser Gruppe weisen Eigenschaften sowohl der Nepo- als auch der Tabaknekrose-Virusgruppe auf. Die Erreger sind mechanisch und bodenbürtig übertragbar. Natürliche Vektoren für diese Viren kennt man nicht.

Befallene Tomatenpflanzen zeigen ein buschiges Aussehen durch Absterben der Triebspitzen und Ausbildung zahlreicher Sekundärsprosse. Die Blätter verfärben sich gelb oder purpurrot und zeigen Ring- oder Linienmuster. An den Früchten treten nur selten Veränderungen auf.

Gurkenmosaikvirus an Gurke

Sobemo-Virusgruppe

Südliches Bohnenmosaikvirus. Zu dieser Gruppe gehören polyedrische Formen von etwa 28 nm Durchmesser. Der Wirtskreis ist eng; die Übertragung erfolgt mechanisch oder durch Käferfraß. Befallen werden *Phaseolus vulgaris* u. a. Leguminosen.

Auf den Blättern infizierter Pflanzen tritt frühzeitig ein Mosaik auf; dazu kommen Faltungen und Aufwölbungen der Blattspreiten sowie Adernnekrosen. Hülsen zeigen dunkelgrüne wäßrige Flecke oder bei Wachsbohnen grüngelbe Scheckung mit Verdrehung der Hülsenenden. Die Hülsen sind meist mißgebildet und verkürzt. Verbreitungsgebiet dieser Krankheit ist Westeuropa.

Nepo-Virusgruppe

Tabakringfleckenvirus. Zu dieser Gruppe gehören außer dem genannten Typvirus noch das Kirschenblattroll-, Arabismosaik-, Himbeerringflecken-, Latentes Erdbeerringflecken-, Tomatenschwarzring- und das Tomatenringfleckenvirus. Der Virionendurchmesser beträgt 25–30 nm. Es existieren 3 Partikeltypen mit 2 unterschiedlichen Segmenten ss RNS. Das Genom ist zweigeteilt. Die Übertragung erfolgt mechanisch oder durch Nematoden der Gattungen *Longidorus* und *Xiphinema*. Bei einigen Wirtsarten kommen Samen- oder Pollenübertragung vor. Der Wirtskreis ist eng.

Herausragendes Symptom stellt bei allen befallenen Pflanzen Ringfleckenbildung dar. In Europa sehr verbreitet ist das Arabismosaikvirus. Es wird durch *Xiphinema* spp. übertragen und kommt bei Obst- und Ziergehölzen sowie zahlreichen krautigen Pflanzen vor.

Bromo-Virusgruppe

Trespenmosaikvirus. Die polyedrischen Viruspartikeln besitzen einen Durchmesser von 25–26 nm. Es treten 3 Partikeltypen mit verschiedenen Segmenten von 22–23 % ss RNS auf; das Genom ist dreigeteilt. Im Wirtsgewebe kommt es zu hohen Viruskonzentrationen; 0,5 % des Preßsaftes kann aus Virusmaterial bestehen.

Innerhalb eines engen Wirtskreises werden die Viren leicht mechanisch übertragen. Bei einigen Arten vermutet man Käfer als Vektoren. Die Blattspreiten befallener Pflanzen sind hellgrün oder gelb gescheckt bzw. gestreift. Zu dieser Gruppe gehört auch das Ackerbohnenscheckungsvirus. Die besondere Schadwirkung an Getreide und Futtergräsern kommt durch Vertrocknung aller Blätter zustande. Verluste von 50–100 % sind möglich.

Tabaknekrose-Virusgruppe

Tabaknekrosevirus. Die Partikeln sind etwa 30 nm groß. Vom Typvirus kennt man mehrere Serotypen. Eine davon zeigt besondere Anpassung an die Gartenbohne. Durch den pilzlichen Erreger der Umfallkrankheit des Kohls, *Olpidium brassicae*, wird das Virus übertragen. Mit den Zoosporen des Pilzes gelangen die Viren in die Wurzeln und von da auch in die oberirdischen Pflanzenteile. Das typische Krankheitsbild ist durch Nekrosen gekennzeichnet, die aber auch fehlen können.

Das Tabaknekrosevirus ist häufig mit einem viel kleineren Viruspartikel (etwa 17 nm) assoziiert, das als *satellite tobacco necrosis virus* bezeichnet wird und als das kleinste bislang bekannte Virus überhaupt gilt. Seine Klassifizierung steht noch aus. Dieses Satellitenvirus kann sich nicht allein vermehren und ist auf die Anwesenheit des Tabaknekrosevirus angewiesen. Wenn es allein in anfällige Wirtspflanzen verbracht wird, kann es mehrere Tage auf die Hilfe des TNV bei der Replikation warten. Die Infektion von Bohnen mit dem Tabaknekrosevirus allein führt zur Ausbildung nekrotischer Flecke, die sich langsam entlang der Blattnerven über die ganze Pflanze ausbreiten. Bei gleichzeitiger Infektion mit dem Satellitenvirus bleiben die Nekroseflecke lokalisiert.

Luteo-Virusgruppe

Gerstengelbverzwergungsvirus, Kartoffelblattrollvirus. Zu dieser Gruppe rechnet man isometrische Viren von 25 nm Durchmesser, die nicht mechanisch, sondern persistent durch Blattläuse innerhalb eines größeren Wirtskreises übertragen werden. Alle Viren der Gruppe verursachen Veränderungen des Pflanzenfarbstoffes Anthozyan in den Wirten.

Eine der wichtigsten Kartoffelkrankheiten in Europa wird durch das Kartoffelblattrollvirus hervorgerufen. Die Blätter kranker Pflanzen rollen sich tütenförmig ein und werden brüchig. Die Ursache ist Stärkestauung durch verringerte Assimilatableitung, denn die Leitungsbahnen zeigen ausgeprägte Gewebszerstörung. Ertragseinbußen bis zu 80 % sind durchaus möglich.

Das Gerstengelbverzwergungsvirus verursacht Chlorosen und Wuchsstauchungen bei Gerste, Weizen und anderen Gräsern. Bei Gerste und Hafer verfärben sich z. B. die Blätter gelb oder orange. Das Wachstum ist stark gehemmt, und die Ährenbildung kann ausbleiben. Der Kornertrag kann bis 50 % reduziert sein. Die Gerstengelbverzwergung wird durch 2 serologisch verschiedene Viren verursacht. In den großen Weizenanbaugebieten der USA und Kanadas sorgen sie für erhebliche Ernteverluste.

Erbsenenationmosaik-Virusgruppe

Scharfes Adernmosaikvirus der Erbse. Die polyedrischen Virionen von 28 nm Durchmesser treten in 2 Partikeltypen mit verschiedenen Segmenten von 28 % ss RNS auf. Das Genom ist zweigeteilt. Innerhalb eines engen Wirtskreises wird der Erreger mechanisch und persistent von Blattläusen übertragen. Zum Krankheitsbild gehören Aufhellung des Blattadernnetzes, Gewebewucherungen an der Unterseite (Enationen), kleine gekräuselte Blätter, gekrümmte oder verdichtete Triebspitzen, Welke- und Nekroseerscheinungen. Durch lebhafte Seitentriebbildung entsteht häufig ein buschiges Aussehen der im Wuchs zurückgebliebenen Pflanzen. Die Hülsen sind durch Knoten verunstaltet. Ertragsminderungen von 50 % bis zum Totalverlust sind zu beobachten.

Maize chlorotic dwarf-Virusgruppe

Maischloroseverzwergungsvirus. Die polyedrischen Virionen von etwa 30 nm Durchmesser enthalten 36 % ss RNS. Sie werden von Heuschrecken und Zikaden innerhalb eines engen Wirtskreises semipersistent übertragen. Hautsymptome befallener Pflanzen sind Chlorosen und Verzwergungen.

Diantho-Virusgruppe

Nelkenringfleckenvirus. die 31–34 nm großen polyedrischen Virionen kommen in 2 Partikeltypen mit verschiedenen Segmenten von 20 % ss RNS vor. Das Genom ist zweigeteilt. Der Wirtskreis ist sehr groß; die Übertragung erfolgt mechanisch oder durch Nematoden. Wichtige Vertreter dieser Gruppe

Gerstengelbverzwergung an Wintergerste, verursacht durch das Gerstengelbverzwergungsvirus

sind noch das Rotkleenekrose- und das Steinkleenekrose-Mosaikvirus.

Auf den Blattflächen lassen sich graue oder grüngelbliche Scheckung sowie Ringbildung beobachten. Die Blätter sind oft mißgestaltet, die Blüten kleiner und meist buntstreifig.

Ilar-Virusgruppe

Tabakstrichelvirus. Apfelmosaikvirus. Nekrotisches Ringfleckenvirus der Kirsche. Diese Gruppe läßt sich serologisch in 3 Untergruppen aufteilen. Das Virion von 26–35 nm Durchmesser kommt in unterschiedlich großen Partikeln mit verschiedenen Segmenten von 14 % ss RNS und dreigeteiltem Genom vor. Auffallend ist ihr In-vitro-Instabilität. Die Viren sind mechanisch übertragbar; bei verschiedenen Pflanzenwirten kommt Samen- oder Pollenübertragung vor. Für das Nekrotische Ringfleckenvirus der Kirsche gilt der Nematode *Longidorus macrosoma* als Vektor. Die Wirtskreise sind ziemlich groß. Damit eine Infektion zustande kommt, müssen vermutlich 2 Partikeln zusammenwirken.

Beim Apfelmosaikvirus treten scharf umgrenzte, leuchtendgelbe Blattzeichnungen auf. Später erfolgen Braunfärbung und vorzeitiger Blattabfall. Die Anfälligkeit der verschiedenen Apfelsorten schwankt in relativ weitem Bereich. Hoch anfällig sind z. B. die Sorten 'Jonathan', 'Golden Delicious' und 'Cox Orange'. Bei diesen sind Ertragsverluste bis 40 % nicht selten.

Mit dem Nekrotischen Ringfleckenvirus befallene Kirschbäume zeigen im Frühjahr an jungen Blättern braune Flecke, die sich später vergrößern. Durch ihr Ausbrechen entstehen auf den Blattflächen Löcher. Auch hellgrüne Bandzeichnungen treten auf.

Tomatenbronzeflecken-Virusgruppe

Tomatenbronzefleckenvirus. Die kugelähnlichen und etwas abgeflachten Virionen zeigen einen Durchmesser von 85 nm. Die Erreger besitzen eine äußere, Lipide enthaltende Hülle mit Projektionen und einen fädigen Innenkörper. Das Virus ist vor allem in wärmeren Ländern verbreitet. In Gewächshäusern,

Nekrotische und Chlorotische Ringfleckenkrankheit an Sauerkirsche, verursacht durch das Nekrotische Kirschenringfleckenvirus (links) bzw. durch das Chlorotische Kirschringfleckenvirus

wo seine Vektoren, verschiedene Thripsarten, optimale Milieubedingungen vorfinden, tritt es von Zeit zu Zeit auf. Es wird innerhalb eines großen Wirtskreises persistent übertragen. Um übertragungsfähig zu sein, müssen die Erreger von den Larvenstadien aufgenommen werden. Das Krankheitsbild wird durch folgende Symptome geprägt: Die Blattadern verdicken sich, auf beiden Blattseiten entstehen bronzefarbene nekrotische Flecke, die sich später diffus ausbreiten. Die Pflanze ist gestaucht und stirbt vorzeitig ab. Die Früchte bleiben klein und zeigen gelbe und rote Ringe.

Neben Tomaten ist auch Ananas durch diesen Erreger besonders stark bedroht.

Phytoreo Virusgruppe

Phytoreovirus (Wundtumorvirus). Das isometrische, relativ große Virion (70 nm) weist 12 Segmente von 22 % ds RNS und ein mehrteiliges Genom auf. Übertragen werden die Erreger persistent durch Zikaden. Bezüglich ihrer Gestalt stimmen sie mit den animalen Reoviren überein, ohne daß jedoch eine serologische Verwandtschaft besteht.

Das Wundtumorvirus induziert an natürlich wie künstlich verletzten Pflanzenteilen Gewebewucherungen. Die erste Isolierung dieser Viren gelang nicht aus Pflanzen, sondern aus Zikaden.

Fijivirus. Das isometrische, 71 nm große Virion besitzt 10 Segmente von 11 % ds RNS und ein mehrgeteiltes Genom. Der Erreger verursacht die Fijiviruserkrankung beim Zuckerrohr. Er wird ebenfalls persistent durch Zikaden übertragen. Mit diesem Virus befallene Pflanzen sind dunkel bis blaugrün verfärbt; das Wachstum ist gehemmt. Fijiviren kommen nur bei Gräsern vor.

Gemini-Virusgruppe

Maisstrichelvirus. Abutilonmosaikvirus. Das polyedrische nackte Virion mit ss DNS ist etwa 18–25 nm groß. Die Teilchen liegen paarweise in Form zweier zusammengefügter, unvollständiger Ikosaeder. Sie verursachen Chlorosen und Vergilbungserscheinungen. Innerhalb eines engen Wirtskreises wird der Erreger gelegentlich mechanisch, hauptsächlich aber durch Mottenschildläuse und Zikaden persistent übertragen. Infizierte Abutilonpflanzen besitzen durch die auffallende Marmorierung besonderen Zierwert.

Caulimo-Virusgruppe

Blumenkohlmosaikvirus. Dahlienmosaikvirus. Die Virionen mit ds DNS weisen isometrische Gestalt auf; ihr Durchmesser beträgt 50 nm. Die Viren sind mechanisch durch Saft sowie durch Blattläuse semipersistent innerhalb enger Wirtskreise übertragbar.

Das Blumenkohlmosaikvirus befällt nur Vertreter der Familie Kohlgewächse, Brassicaceae. Die am Rosenkohl und Blumenkohl verursachten Schäden können verheerende Ausmaße annehmen.

Zum Krankheitsbild gehören Adernvergilbung, nekrotische Flecke auf Blättern, Blattkräuselung, Welken der Pflanzen, Ausbleiben der Blumenbildung und Stauchung der gesamten Pflanze. Die Schädigungen des Rosenkohls sind meist geringer.

Viren mit bazillenförmigen Partikeln

Luzernemosaik-Virusgruppe

Luzernemosaikvirus. Bei dem bazillenförmigen Virus sind 4 Partikelgrößen bekannt, und zwar 58 × 18, 48 × 18, 38 × 18 und 28 × 18 nm. Das Genom ist dreigeteilt. Die Oberfläche des Virions ist mit zahlreichen knopfartigen Projektionen besetzt.

Für das Zustandekommen einer Infektion müssen wenigstens 3 verschiedene Partikeln einschließlich der längsten zusammenwirken.

Das Typvirus ist weltweit verbreitet. Zu seinen Wirtspflanzen rechnen zahllose Pflanzenarten aus verschiedensten Familien einschließlich Gehölzen. Bevorzugte Wirte sind Leguminosen. Die Übertragung erfolgt mechanisch, nichtpersistent durch Blattläuse, mit Samen oder durch parasitische *Cuscuta*-Arten.

Befallene Luzerne zeigt besonders nach kühler Witterung gelbe oder weiße Fleckung, Mosaikerscheinungen und Blattkräuselung. Im Sommer bleiben die Infektionen oft maskiert (symptomlos).

Rhabdo-Virusgruppe

1. Untergruppe *Blattnekrosevirus des Salats*
2. Untergruppe *Kartoffelgelbverzwergungsvirus. Maismosaikvirus. Rübenkräuselvirus.*

Gegenwärtig sind etwa 70 pflanzliche Rhabdoviren bekannt. Die Virionen zeigen Bazillus- oder Geschoßform und besitzen eine äußere projektionenbesetzte Hülle. Sie ähneln sehr den bei Tieren vorkommenden Rhabdoviren. Die Vertreter der 1. Untergruppe sind besonders mit den animalen Vesiculoviren vergleichbar, die der 2. Untergruppe mit dem Lyssavirus. Die ersteren vermehren sich im Zytoplasma, die letzteren im Zellkern. Eine serologische Verwandtschaft besteht jedoch nicht. Pflanzen-Rhabdoviren treten in verschiedenen Partikelgrößen auf (50–85 × 200–380 nm).

Die Übertragung durch Vektoren ist immer eine persistente. Außer durch Zikaden (Kartoffelgelbverzwergungsvirus, Maismosaikvirus, Weizenmosaikvirus) oder Blattläuse (nekrotische Vergilbung des Salats, Gelbaderung der Milchdistel u. a.) wird das Rübenkräuselvirus durch die Rübenblattwanze, *Piesma quadratum*, übertragen. Andere Arten sind auch mechanisch übertragbar.

Die Rübenkräuselkrankheit verursacht an Zucker- und Futterrüben starke Schäden. Hauptsymptome sind Anschwellen der Blattadern, Blattkräuselung, vorzeitiges Absterben der Außenblätter, chlorotische und verkümmerte Herzblätter, stark reduzierter Zukkergehalt der Rübe sowie Verlust an Blatt- und Rübenmasse bis zu 75 %.

Viroide

Citrus exocortic viroid. Spindelknollenviroid der Kartoffel. Coconut Cadang catang Viroid, Chrysanthemumstaucheviroid. 1967 wurden bei der Spindelknollensucht der Kartoffel und der Exocortiskrankheit von *Citrus*-Arten, die bis dahin als Viruskrankheiten galten, sehr eigenartige Erreger entdeckt, die in ihren Eigenschaften von allen bisher Bekannten abwichen. Im Gegensatz zu den echten Viren bestehen diese neuentdeckten Partikeln nur aus einem einzigen, ringförmig geschlossenen ss RNS-Molekül mit einer Kettenlänge von rund 250–600 Nukleotiden und einer Teilchenmasse von 12×10^4 Dalton. Die RNS-Molekülringe lassen sich elektronenoptisch gut darstellen. Auffallend ist das völlige Fehlen einer Eiweißhülle.

Diese freien, infektiösen RNS-Moleküle sind damit die kleinsten bekannten Krankheitserreger überhaupt. Sie werden seit 1971 als Viroide, virusähnliche Partikeln, bezeichnet. Bislang sind 11 Viroide bekannt, die bei höheren Pflanzen, bei Zitrusgewächsen, Kartoffeln, Tomaten, Gurken, Hopfen, Kokospalmen, Chrysanthemen u. a., Krankheiten mit z. T. gravierendem Ausmaß verursachen. Das Krankheitsbild gleicht meist dem typischen Bild einer Virusinfektion. Bei Gymnospermen sowie auch bei Mensch und Tier fehlen bislang derartige Isolate.

Die Benennung der Partikeln erfolgte meist nach den hervorgerufenen Krankheitssymptomen. Die hauptsächlichsten Krankheitszeichen bei Viroiderkrankungen sind

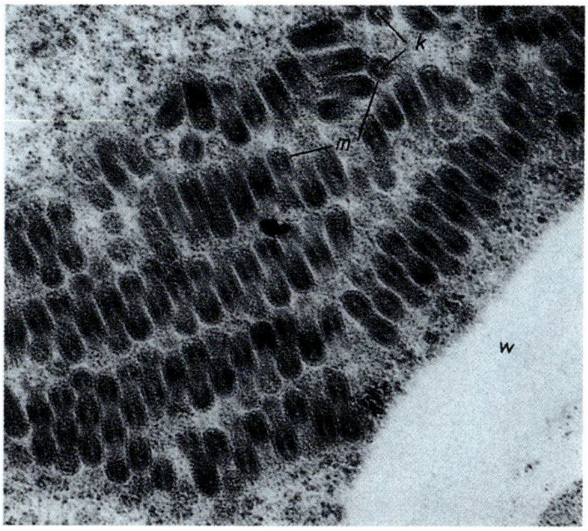

Stäbchenförmige Partikeln des Rübenkräuselvirus. Viele Teilchen sind quergeschnitten worden. m Membran der Virusteilchen, k Zentralkanal, w Wand der Futterrübenzelle

Triebstauchung, Verformung von Sproßteilen, Vergilbungen und Chlorosen. Bei der Spindelknollensucht der Kartoffel sind die Knollen auffallend spindelartig verformt und im Wachstum beeinträchtigt; bei Infektionen von Zitruspflanzen tritt Triebstauchung, Blatt-

Rübenkräuselkrankheit

verformung und Wachstumshemmung auf.

Viroiderkrankungen sind weltweit verbreitet. Besonders massiv treten sie in den Anbaugebieten ihrer wichtigsten Wirtspflanzen auf. Die Ansteckung gesunder Pflanzen erfolgt mechanisch durch ausgetretenen Pflanzensaft oder durch Blattläuse. Es kann als sicher gelten, daß Viroide durch Samen und Pollen, aber auch durch Knollen und Reiser sowie anderes der vegetativen Vermehrung dienendes Pflanzenmaterial unerkannt weit verbreitet wurden. In Europa ist vor allem der Kartoffelanbau durch die Spindelknollensucht bedroht.

Die einzige Bekämpfungsmöglichkeit stellt gegenwärtig nur die sorgfältige Selektion viroidfreien Pflanzenmaterials dar, was allerdings hochempfindliche, spezifische diagnostische Methoden voraussetzt.

Die Vermehrung der Viroide wird von Enzymen der Wirtszelle gesteuert. Innerhalb der Viroid»arten« existieren verschiedene Mutanten mit unterschiedlich starken krank machenden Eigenschaften. Über den Ursprung dieser infektiösen Moleküle liegen bislang nur Hypothesen vor.

Viren der Wirbeltiere (animale Viren)

Gegenwärtig sind die Wirbeltierviren in 21 Familien eingeteilt, von denen 14 RNS und 7 DNS enthalten. Einige Viren konnten noch nicht in das gültige System eingeordnet werden.

Am besten erforscht sind die Viren der Säugetiere einschließlich des Menschen. Das Wissen über Viruserkrankungen bei Kaltblütern (Fische, Amphibien, Reptilien) ist noch ziemlich lückenhaft. Die bisher bekannten Viren aus diesen Tierklassen lassen sich aber ohne Schwierigkeiten in das System einordnen. Im Zuge der Intensivierung der Fischzucht ist eine Reihe von Viruserregern bekanntgeworden, die schwere und teilweise seuchenhafte Erkrankungen verursachen können. Anderen aus Fischarten isolierten Viren läßt sich noch kein bestimmtes Krankheitsbild zuordnen. Fischvirosen treten bei Süß- und Salzwasserfischen auf.

Ebenfalls noch recht wenig erforscht sind die aus Fröschen, Molchen, Eidechsen, Schildkröten und Schlangen isolierten Viren. Zwar sind bei diesen Tieren Erkrankungen bekannt, die auf eine Virusätiologie schließen lassen, doch kann man zwischen den auftretenden und beschriebenen Krankheiten sowie den Virusisolaten keine eindeutigen Zusammenhänge feststellen.

Mit Sicherheit läßt sich jedoch aussagen, daß Amphibien und Reptilien als Reservoire für tier- und menschenpathogene virale Erreger fungieren können. Isoliert wurden bei diesen Tieren vor allem Herpes, Irido-, Papova-, Toga-, Adeno- und Retroviren.

DNS-Viren

Familie Parvoviridae. Ihre Partikeln stellen Ikosaeder von 18–24 nm Durchmesser dar, die sich im Zellkern unter Bildung von Einschlußkörperchen (EK) vermehren und keine äußere Hülle besitzen. Das Kapsid umfaßt 32 Kapsomeren.

Bekannteste Krankheiten sind die Virusenteritis der Nerze, die vor allem bei Welpen zu hohen Verlusten führt, sowie die Panleukopenie der Katze, die durch Darmentzündung und verminderte Leukozytenzahl charakterisiert ist. Sie gilt als eine der bedeutendsten Virusinfektionen der Katze und kommt weltweit vor.

Als weitere wichtige Parvovirose ist die Aleutenkrankheit der Nerze zu nennen. Es handelt sich um eine langsam fortschreitende, chronisch verlaufende Krankheit, die hohe wirtschaftliche Verluste in Nerzfarmen verursacht. Kennzeichen sind krankhafte Vermehrung von Plasmazellen im Blut (Plasmozytose), persistente Virämie und Überproduktion von Antikörpern (Hypergammaglobulinämie).

Ebenfalls zu den Parvoviren zählt der weit verbreitete Erreger der Virushepatitis der Gänse, eine der verlustreichsten Gänsekrankheiten. Neben der Gattung *Parvovirus* wird die Gattung *Densovirus* unterschieden, die bei Schmetterlingen vorkommt. Eine Reihe von Parvoviren (Gattung *Satellovirus*) fungiert als Adeno-assoziierte Viren. Sie besitzen ein defektes Genom und sind zu ihrer Vermehrung auf die Anwesenheit von Adenoviren angewiesen.

Familie Papovaviridae. Diese Viren ver-

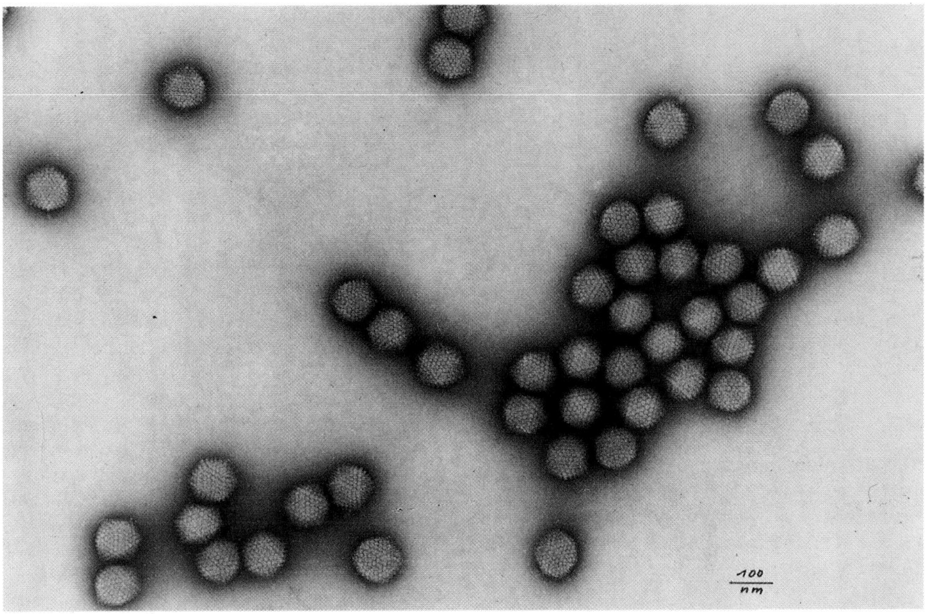

Adenoviren (Vergr. 180000)

mehren sich ebenfalls im Zellkern ihrer Wirte und bilden dort Einschlußkörperchen. Das kubische Virion besitzt 72 Kapsomeren, ist hüllenlos und erreicht eine Größe von 40–55 nm. Ein besonderes Merkmal dieser Viren ist die Fähigkeit, meist gutartige Tumoren (Wucherungen) bei vielen Tierarten zu erzeugen (Papillomatose, Fibromatose). Diese können aber auch zu bösartigen Karzinomen entarten.

Durch das menschliche Papillomavirus werden Warzen verursacht. Man kennt beim Menschen über 20 Warzenviren. Die Inkubationszeit kann 1 bis 20 Monate betragen.

Familie Adenoviridae. Die hüllenlosen Partikeln sind ikosaedrisch mit Durchmessern von 70–90 nm. Das Kapsid besitzt 252 Kapsomeren (240 Hexons, 12 Pentons) mit 12 Antennen. Die Vermehrung erfolgt im Zellkern unter Einschlußkörperchenbildung.

Von der Gattung *Mastadenovirus* (Adenoviren der Säuger) sind 37 Serotypen beim Menschen bekannt, wovon 10 als geschwulsterregend bei Nagern gelten. Das Wirtsspektrum der Mastadenoviren ist sehr eng. Als wichtigste Adenoviruserkrankung sind zu nennen: Die ansteckende Leberentzündung der Hunde – Hepatitis contagiosa canis –, Erkrankungen der Atemwege bei Rind, Pferd, Schaf, und Schwein. Beim Menschen sind Adenoviren besonders in der kalten Jahreszeit Ursache akuter Erkrankungen der Atemwege mit Schnupfen, Fieber und allgemeiner Mattigkeit.

Die Gattung *Aviadenovirus* umfaßt Adenoviren der Vögel (Wachtel-Bronchitisvirus u. a.).

Familie Hepadnaviridae. Zur Gattung *Hepadnavirus* gehören die Erreger der Hepatitis B des Menschen (Serumhepatitis). Die Partikeln unterschiedlicher Form sind 42 nm groß. Ihr Kapsid besteht aus 2 Proteinen, die die Antigene HBcAg und HBeAg tragen. Ihr Vorkommen im Blutserum weist auf das Vorliegen chronischer Hepatitis hin. Die Körperflüssigkeiten sind in diesem Fall infektiös. Ein Antigen der Virusoberfläche, das HBsAg, dient dem Nachweis einer akuten Hepatitis-B-Infektion. Es wurde bei einem Australier erstmalig nachgewiesen und heißt deshalb auch Australia-Antigen. Nach den Komponenten am Oberflächenantigen läßt sich der Erreger in Subtypen unterteilen, die jedoch

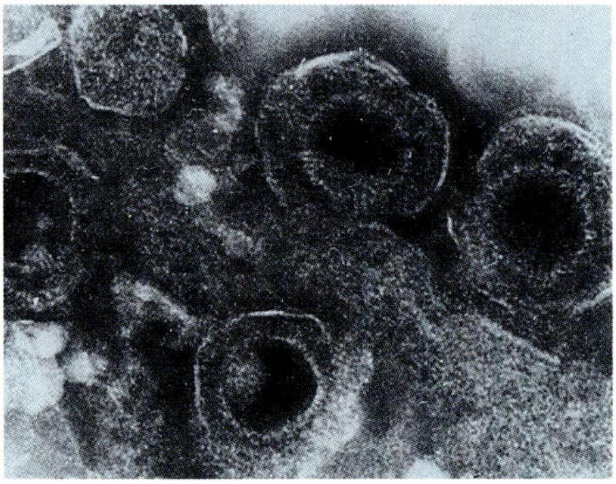

Herpesviren (Vergr. 220000)

alle die gleichen klinischen Symptome hervorrufen. Bis jetzt ist es noch nicht gelungen, das Virus auf Zellkulturen zu züchten. Es kann auf Menschenaffen übertragen werden und ist weltweit verbreitet.

Hepatitis-B-Viren infizieren nur Leberzellen. Die Infektion führt bei 80–90 % der Fälle zu einer gutartig verlaufenden Erkrankung mit meist völliger Heilung; bei 5–10 % kommt es zu chronischen Infektionen, und nur 0,1–1 % enden tödlich. Etwa 200 Millionen Menschen sind Träger des Hepatitis-B-Virus. Die Übertragung erfolgt durch Blut oder Blutprodukte, über Schleimhäute oder kleine Wunden (sexuelle Kontakte, Übertragung von der Mutter auf das Kind).

Familie Iridoviridae. Die Familie enthält umhüllte Partikeln von Polyederform mit einem Durchmesser von 120–300 nm. Sie vermehren sich im Gegensatz zu den vorhergenannten Familien im Zytoplasma der Wirtszelle. Die meisten Arten kommen in Arthropoden sowie Mollusken, Reptilien, Amphibien, Fischen oder gar Einzellern vor. Von Bedeutung sind bei Fischen die Lymphocystisviren. Sie verursachen in Süß- und Meerwasserfischen, besonders in Aquarien, die sogenannte Lymphocystiskrankheit.

Familie Herpetoviridae oder *Herpesviridae.* Fast alle Wirbeltierarten und zahlreiche niedere Tiere besitzen eigene Herpesviren. Die Vertreter der überaus artenreichen Familie

Herpes-simplex-Virusinfektion

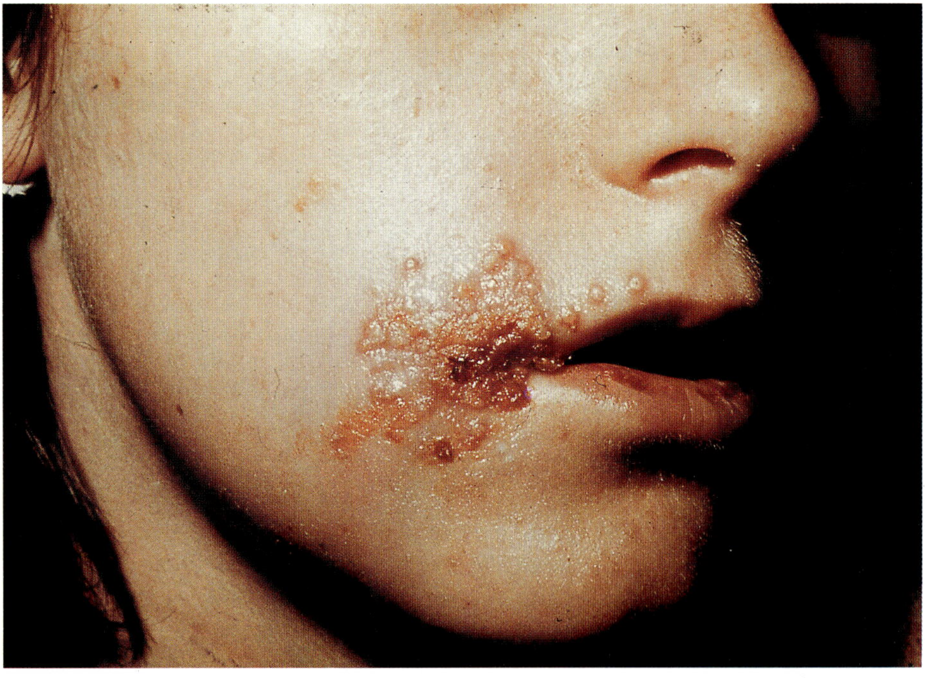

weisen ein ikosaedrisches Nukleokapsid von 100–110 nm Durchmesser auf, das aus 162 Kapsomeren besteht und von einer doppelschichtigen lipidhaltigen Eiweißhülle umgeben wird. Diese ist mit Projektionen besetzt. Mit Hülle beträgt der Partikeldurchmesser etwa 120–200 nm. Vermehrt wird das Virus im Zellkern unter Bildung von Einschlußkörperchen. Herpesviren sind gegen Chloroform und Ether sowie bei *p*H 3 und Temperaturen um 56 °C empfindlich.

Allen Herpesviren gemeinsam ist ihr lebenslanges Verbleiben in einem infizierten Wirtsorganismus. Die gleiche Virusart kann unterschiedlich virulent sein und verschiedene Organsysteme befallen. Einige Arten verursachen tumorartige Neubildungen. Morphologisch sind die einzelnen Arten nicht voneinander zu unterscheiden. Eine latente Infektion kann jederzeit durch verschiedene Reize reaktiviert werden (Sonnenlicht, emotionaler Streß u. a.). Herpesviren sind weltweit verbreitet. Wegen der sehr unterschiedlichen biologischen Eigenschaften ist die gegenwärtige Taxonomie dieser Gruppe sicher nicht endgültig.

Herpes-simplex-Viren (humanes Herpesvirus 1) infizieren den Menschen innerhalb der ersten Lebensjahre. Meist handelt es sich um eine harmlos verlaufende Krankheit, die zur Bläschenbildung im Mund- und Gaumenbereich führt (Herpes labialis). In einzelnen Fällen kann es jedoch zu einer schweren Erkrankung des Zentralnervensystems, zu einer Gehirn Rückenmark Entzündung, kommen. Bis zu 90 % der Bevölkerung enthalten das latente Virus oder den Antikörper. Ein anderer Typ von Herpes-simplex-Viren (humanes Herpesvirus 2) führt zum Krankheitsbild der Herpes genitalis. Die Bläschen sind hier an der Vulva, in der Vagina und am Penis lokalisiert.

Das Varizella-Zoster-Virus (humanes Herpesvirus 3) verursacht im Kindesalter einen gutartigen Bläschenausschlag, der allgemein als Windpocken bekannt ist. Die Übertragung erfolgt durch kleinste keimbeladene Tröpfchen, die beim Husten oder Niesen ausgestoßen werden (Tröpfcheninfektion). Die Bezeichnung Windpocken resultiert aus der Möglichkeit, die Erreger über weite Entfernungen mit dem Luftstrom zu verbreiten.

Die Gürtelrose tritt dagegen fast nur bei Erwachsenen auf. Die Bläschen bilden sich in einem eng begrenzten Hautbezirk, der den virusbefallenen Nervenzellen zugeordnet werden kann. Die fast stets halbseitig zu beobachtenden Symptome treten oft am Rumpf (in der Gürtelgegend) auf. Die Bläschen heilen zwar meist schnell wieder ab, zurück bleiben aber oftmals starke Nervenschmerzen, die erst nach Wochen oder Monaten verschwinden. Windpocken und Gürtelrose werden also vom gleichen Virus verursacht, obwohl es sich um völlig verschiedene Krankheitsbilder handelt. Die Gürtelrose, i. d. R. weniger ansteckend als die Windpocken, entsteht möglicherweise durch die Zweitinfektion mit dem Varizellavirus. Das Varizella-Zoster-Virus befällt nur Menschen.

Das Zytomegalievirus (humanes Herpesvirus 5) ist einer der wichtigsten Erreger von Infektionen ungeborener Kinder. Eine Infek-

Katzenschnupfen, verursacht durch Herpesviren

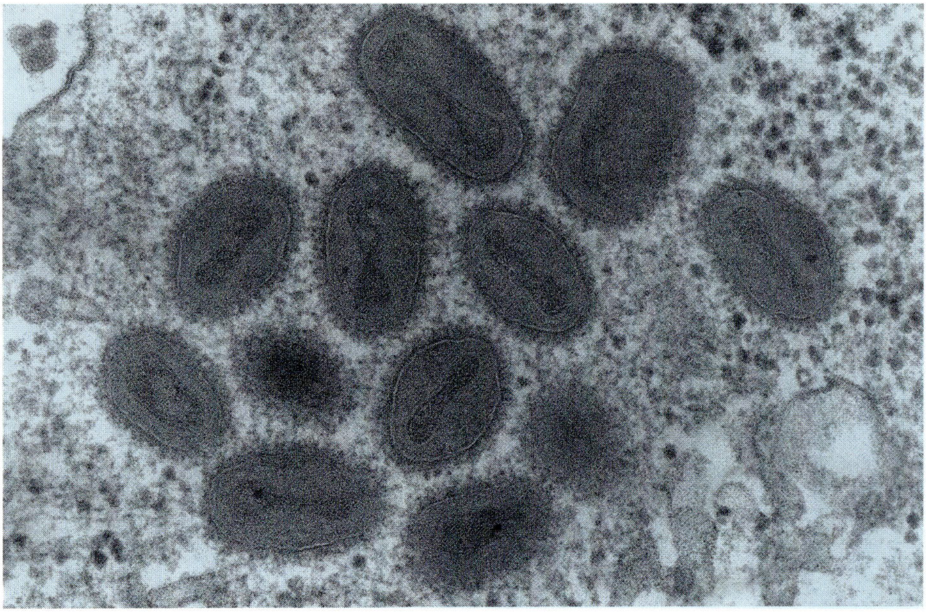

Poxviren (Vergr. 120 000)

tion während der Schwangerschaft gilt als gefährlicher als die mit Röteln. Schädigungen sind unter anderem Herzfehler, Wasserkopf, Gehirnentzündung und Defekte der Augennerven.

Von Epstein und Barr wurde als Ursache eines bösartigen Lymphknotentumors bei afrikanischen Kindern ein Herpesvirus (humanes Herpesvirus 4) entdeckt. Wenige Jahre später konnte nachgewiesen werden, daß Menschen, die an infektiöser Mononukleose (Pfeiffersches Drüsenfieber, »Kußkrankheit«) erkrankt waren, Epstein-Barr-Virus-Antikörper bildeten. Es mußte sich also auch hier um einen einzigen Erreger von 2 völlig verschiedenen Krankheiten handeln.

Von der Aujeszkyschen Krankheit können viele Tierarten befallen werden. Vor allem beim Schwein, dem Hauptwirt, tritt sie als verlustreiche Seuche auf, besonders bei Jungtieren. Die Krankheit, die mit einer Gehirn-Rückenmark-Entzündung einhergeht und fast immer tödlich endet, weist als markantes Symptom starken Juckreiz an der Viruseintrittspforte auf. Dies führt nicht selten zu einem ständigen Kratzen oder gar Benagen der betroffenen Körperpartie.

Von den zahllosen anderen Herpesinfektionen bei Tieren sei noch auf die Marek'sche Krankheit der Hühner eingegangen. Es handelt sich um eine seuchenhaft auftretende Hirn-Rückenmark-Entzündung, vor allem bei Tieren im Alter von 6–20 Monaten. Auffallendes Symptom sind Lähmungen der Beine, Flügel oder des Halses. In neuerer Zeit hat sich das Krankheitsbild gewandelt. In Lymphknoten des Kopfes, in der Bauchhöhle und auf der Haut entstehen Tumoren, die den Tod der Tiere herbeiführen. Bis zur Entwicklung eines Impfstoffes im Jahre 1970 schien die gesamte Intensivhaltung der Hühner gefährdet. Mit dem Impfstoff wurden die Verluste jedoch sehr schnell um fast 90 % gesenkt.

Familie Poxviridae. In dieser Familie sind die größten Viren zusammengefaßt. Die Virionen haben eine ovoide (Insektenpockenviren) oder quaderförmige Gestalt, eine Länge von 300–450 nm und eine Dicke von 170–260 nm. Gemeinsames Merkmal aller Pockenviren ist ihr komplexer Aufbau. Die mehrfache Umhüllung der Partikeln verleiht den Pockenviren außerordentliche Resistenz gegen Austrocknung und andere äußere Einflüsse.

Pockenviren vermehren sich im Zytoplasma von Wirtszellen. Obwohl Pockenerkrankungen beim Menschen und bei fast allen Tierarten vorkommen, weisen die Partikeln zahlreiche gemeinsame Merkmale auf. Neben der erwähnten Größe und dem komplexen Aufbau sind dies unter anderem die Empfindlichkeit gegen Chloroform, der Besitz eines gemeinsamen Antigens im Innenkörper, der gleiche Vermehrungszyklus, die Bildung von Einschlußkörperchen, die Bevorzugung von Haut und Schleimhäuten sowie die Ausbildung einer stabilen Immunität im Wirtsorganismus nach überstandener Infektion.

Die Menschenpocken gehörten zu den sogenannten klassischen Weltseuchen. Die Krankheit, auch als Blattern bekannt, dürfte in Indien, China und Zentralafrika beheimatet gewesen sein, von wo sie später über alte Handelswege nach Arabien eingeschleppt wurde. Etwa seit dem 6. bis 7. Jahrhundert erreichte die Seuche mit Händlern und Kriegsvolk Spanien und von da aus ein europäisches Land nach dem anderen. Spanische Schiffe brachten sie um 1517 auch in die Neue Welt. Erst 1838 wurde Australien erreicht. Die Bezeichnung Variola für Pocken entstammt dem lateinischen Wort varius (bunt, scheckig) und nimmt auf einige Symptome Bezug. Bis weit in die Neuzeit hinein starben alljährlich Hunderttausende, vor allem an der schwersten Krankheitsform, den Schwarzen Blattern, so genannt, weil sich die Pockenpusteln nicht mit Wasser oder Eiter, sondern mit Blut füllten. Da viele kleine Pusteln oft miteinander verschmelzen, kommt es selbst bei Ausheilung zur Bildung scheußlicher Narben, die nach Abfallen des vertrockneten Schorfes zurückbleiben. Die Schwere der Erkrankung kann beträchtlich schwanken, eine Sterblichkeit bis 80% war nicht selten. Nach Überleben der Krankheit besteht in den meisten Fällen ein lebenslanger Schutz vor neuer Ansteckung. Diese Tatsache muß von alters her in den Heimatländern der Seuche bekannt gewesen sein, denn aus zahlreichen Überlieferungen geht hervor, daß Priester oder Heilkundige mit Pockeneiter oder -pusteln Handlungen vornahmen, die aus heutiger Sicht durchaus als Impfungen bestehen könnten.

Pocken sind höchst ansteckend. Die Erreger können sogar durch Windströmungen verbreitet werden. Beim Niesen und Husten sind sie in zahllose feinste Tröpfchen eingehüllt und legen größere Entfernungen zurück. 10–14 Tage nach der Infektion kommt es zum Fieber, Schüttelfrost sowie starken Kopf- und Rückenschmerzen; später entstehen auf der Haut und Schleimhäuten die bekannten Pockenpusteln.

Das Virus der echten Pocken oder Blattern (Variolavirus) befällt nur Menschen und Affen. Es besitzt mit dem Vacciniavirus (lat. vacca = Kuh) gemeinsame Antigene. Dies war die Grundlage für die vorbeugende Bekämpfung der Menschenpocken.

Während das Vacciniavirus bei vielen Tieren Pockenerkrankungen meist lokaler Art hervorrufen kann (breites Wirtsspektrum), ist es für den Menschen im allgemeinen harmlos. Die Impfung (künstliche Infektion) des Menschen mit dem lebenden Vacciniavirus (»Vakzination«) bewirkt die Bildung von Antikörpern, die einen vieljährigen Schutz auch gegen Menschenpocken verleihen. Das Verdienst, diese Impfmethode ausgearbeitet zu haben, gebührt dem britischen Landarzt Edward Jenner (1749–1823). Alle Länder, die auf Grund dieser epochemachenden Erkenntnisse einen gesetzlichen Impfzwang einführten, konnten diese Seuche in kurzer Zeit beherrschen. Am 8. 4. 1874 regelte ein Impfgesetz auch in Deutschland die Pockenschutzimpfung der Kinder, wobei die furchtbare Epidemie von 1870/73 diese Maßnahme beschleunigt haben dürfte. Es gab zu dieser Zeit in Deutschland nahezu 100000 Tote! Durch konsequenten Einsatz dieser Impfmaßnahmen traten Pocken in den hochentwickelten Ländern nur noch selten auf, so daß ein echtes Krankheitsbild in Europa bald gar nicht mehr bekannt war. Seit 1979 kommen Pocken weltweit nicht mehr vor, nachdem die letzten Fälle in Somalia und am Horn von Afrika sowie einige Laborinfektionen bekämpft werden konnten. Damit wurde eine seit mehr als 3000 Jahren bestehende Infektionskette unterbrochen. In einer Festsitzung im Genfer Palais des Nations verkündete die WHO am 8. 5. 1980 die Ausrottung der Pocken auf der ganzen Welt.

Die Familie Poxviridae wird in 2 Unterfamilien aufgeteilt. Zur Unterfamilie Chordopoxvirinae zählen die Gattungen *Orthopoxvirus, Parapoxvirus, Avipoxvirus, Leporipoxvirus, Capripoxvirus* und *Suipoxvirus*. Vertreter der Unterfamilie Entomopoxvirinae kommen nur bei Insekten vor (Gattung *Entomopoxvirus*).

Die Gattung *Orthopoxvirus* enthält unter anderem den Erreger der echten Menschenpocken (Variolavirus), der Kuhpocken (eng verwandt mit dem ebenfalls zu dieser Gattung gehörenden Vacciniavirus) und weitere Erreger von Pockenerkrankungen bei vielen wildlebenden Säugern. Die Gattung *Parapoxvirus* umfaßt das Orfvirus (Erreger pustulöser Hauterkrankungen bei Schaf, Ziege und Mensch), das Stomatitis papulosa-Virus (Rind) und das Euterpockenvirus (Rind, Mensch). Zur Gattung *Avipoxvirus* werden zahlreiche Pockenerreger von Hausgeflügel und Wildvögeln gerechnet; die Gattung *Leporipoxvirus* enthält die Erreger der Myxomatose und Fibromatose der Kaninchen, während *Capripox-* bzw. *Suipoxviren* die Krankheit bei Schafen und Ziegen bzw. Schweinen verursachen. Während die zahlreichen Arten der Unterfamilie Chordopoxvirinae durch den Besitz gemeinsamer Antigene mehr oder weniger verwandt sind, bestehen zwischen den beiden Unterfamilien keinerlei antigenetische Beziehungen.

Die zahlreichen Pockenerkrankungen bei den verschiedenen Haus- und Wildtieren können hier nicht ausführlich besprochen werden. Beschäftigen wollen wir uns hier nur mit der Myxomatose der Kaninchen, deren Erreger ebenfalls zur Pockengruppe gerechnet werden. Die Krankheit hat seit den 50er Jahren in Europa durch mehrere Seuchenzüge Aufsehen erregt. Sie ist seit 1896 bekannt, als sie in Montevideo (Uruquay) in einer Versuchskaninchenzucht auftrat. Die Myxomatose der Kaninchen verläuft sehr bösartig. Symptome sind Bindehautentzündung, Schwellungen am Kopf und in der Genitalregion sowie Tumorbildung im Unterhautgewebe. Das natürliche Reservoir für die Erreger stellen Wildkaninchen dar.

Im Jahre 1952 unternahm man in Mittelfrankreich den Versuch, mit Hilfe des Myxomatosevirus der Wildkaninchenplage Herr zu werden. Ein Arzt beschaffte sich das Virus, infizierte damit einige Wildkaninchen und setzte sie in seinem Park aus. Prompt steckten sich die Tiere gegenseitig an. Innerhalb eines Jahres verendeten nach rasanter Ausbreitung über 90% der Kaninchen; Hauskaninchen leider nicht ausgenommen. Nur langsam kam eine Resistenzentwicklung in Gang.

Elefantenpocken

Die Seuche breitete sich in der Folgezeit über ganz Frankreich und die Nachbarländer aus. Bereits vorher wurde dieses Virus in Australien gegen die eingebürgerten europäischen Wildkaninchen eingesetzt, die als Nahrungskonkurrenten der riesigen Schafherden auftraten. Auch hier fielen etwa 90% der Tiere der Seuche zum Opfer.

RNS-Viren

Familie Picornaviridae. Die Partikeln dieser Gruppe sind hüllenlos, ikosaedrisch, sehr klein (20–30 nm) und besitzen 32 oder

Hautpocken beim Huhn

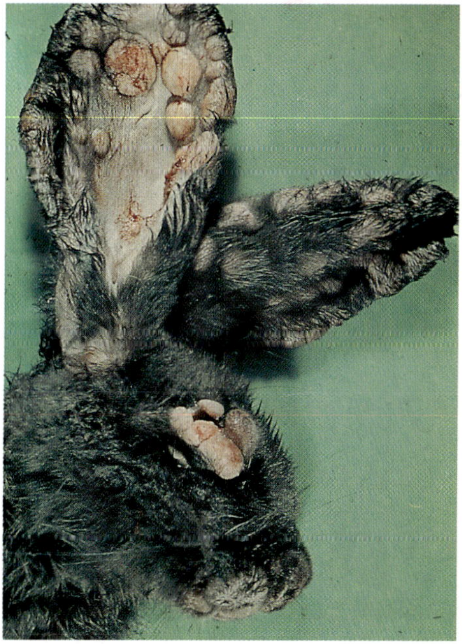

42 Kapsomeren. Die Vermehrung findet stets im Zytoplasma der Wirtszelle statt. Die weitere Unterteilung erfolgt in 4 Gattungen, die sich in Größe, Säureempfindlichkeit und anderen Eigenschaften unterscheiden.

Vertreter der Gattung *Enterovirus* sind säurestabil und treten meist vorübergehend im Darm auf, in dessen Wandzellen sie sich vermehren. Auf dem Blutweg gelangen sie in die Zielorgane. Einige von ihnen rufen Erkrankungen des Zentralnervensystems, Verdauungsstörungen oder Hautausschläge (Exantheme) hervor. Die meisten Enterovirusinfektionen verlaufen symptomlos.

Zu den wichtigsten Arten gehören das Poliomyelitisvirus, der Erreger der spinalen Kinderlähmung (3 Serotypen beim Menschen), das Coxsackievirus und die ECHO-Viren (etwa 34 Serotypen) als Erreger leichter, grippeartiger Erkrankungen, Bindehautentzün-

Myxomatose bei Kaninchen

dung, Hirnhautentzündung, Leberentzündung und »Sommergrippe« sowie das Hepatitis-A-Virus (*Enterovirus* 72), Erreger der Hepatitis A beim Menschen.

Poliomyelitisviren sind über die ganze Erde verbreitet. Noch vor wenigen Jahrzehnten konnte die spinale Kinderlähmung ihre verheerende Wirkung entfalten. 1916 kam es in den USA zu über 25000 Infektionen; auch der spätere US-Präsident F. D. Roosevelt erkrankte 1921 an Kinderlähmung. Ende der 40er Jahre gab es wiederum in den USA jährlich 20000 Neuerkrankungen. Besonders in den hochentwickelten Ländern trat die Poliomyelitis zunehmend bei Erwachsenen auf, in Europa vorwiegend im Spätsommer. Wegen ihrer vielgestaltigen Symptomatik ist die Diagnose schwierig. Die Krankheit kann wie bei einer Grippe mit Fieber und Gliederschmerzen sowie Rachensymptomen einhergehen. Später wird das Zentralnervensystem in Mitleidenschaft gezogen, in dessen Folge die gefürchteten Lähmungserscheinungen der Muskulatur (vor allem der Beine, des Zwischenrippenbereichs und des Zwerchfells) auftreten. In besonders schweren Fällen wird es unmöglich, willkürliche Bewegungen auszuführen. Das Virus kommt nur bei Affen und Menschen vor. Nach der 1949 geglückten Kultivierung des Virus ebnete sich der Weg für die Herstellung wirksamer Impfstoffe. 1956 führte Salk die Injektionsimpfung mit abgetöteten Erregern ein. Der nach mehrmaliger Anwendung erreichte Impfschutz hatte nicht die Wirksamkeit wie der durch Schluckimpfung erzielte nach Sabin. Die von ihm 1961 entwickelte Vakzine besteht aus abgeschwächten lebenden Erregern (einzeln oder kombiniert mit allen 3 Serotypen). Diese Schluckimpfung bewährte sich weltweit und nahm der Poliomyelitis den Schrecken. Nach ihrer konsequenten Anwendung ist die spinale Kinderlähmung seit mehr als 20 Jahren fast bedeutungslos. Sie spielt aber in unterentwickelten Ländern noch immer eine Rolle (etwa 2 Millionen Erkrankungen jährlich).

Coxsackieviren erhielten ihren Namen nach einer kleinen Ortschaft in den USA, wo sie 1947 zum ersten Mal bei Kindern nachgewiesen werden konnten. Diese Viren zeigen zahlreiche mit den Polioviren übereinstimmende Merkmale. Sie vermehren sich nur in Säuglingsmäusen. Die in mehr als 30 Serotypen zu unterteilenden Viren verursachen besonders bei Kindern in der wärmeren Jahreszeit wenig typische Allgemeinerkrankungen mit Fieber, aber auch Muskelschmerzen, Bläschenbildung im Rachen, Hirnhautentzündung und bei Neugeborenen Gehirn- und Herzmuskelentzündung. Coxsackieviren lassen sich sehr häufig im Stuhl gesunder Kinder nachweisen, so daß sich wie bei anderen Viren nicht immer eine Verbindung zwischen Krankheit und Erreger herstellen läßt.

Der Name der ECHO-Viren leitet sich von entero cytopathogenic human orphans ab. Die Bezeichnung orphan = Waise bringt zum Ausdruck, daß man auch hier lange Zeit keine klare Beziehung zu einer Krankheit fand. Zahlreiche Serotypen kommen bei Menschen und Schweinen vor, darunter der Erreger der ansteckenden Schweinelähme (Teschener Krankheit). Sie tritt nur bei Schweinen auf. Mit dieser Krankheit verbunden sind Fieber, Erregungszustände, Krämpfe und Lähmungen. Der Erreger wird über den Darm aufgenommen. Wie bei der Poliomyelitis zeigen diese Viren besondere Affinität zum Zentralnervensystem, wo sie schließlich eine nichteitrige Gehirn-Rückenmark-Entzündung hervorrufen.

Der Erreger der Hepatitis A beim Menschen ist erst seit kurzer Zeit als Enterovirus erkannt worden. Das Krankheitsbild entspricht dem der Hepatitis B, doch ist der Verlauf meist gutartig und nicht chronisch. Hepatitisepidemien resultieren häufig aus hygienischen Mißständen (Verseuchung von Trinkwasser und Lebensmitteln).

Seit 1969 wird nicht mehr zwischen Coxsackie- und ECHO-Viren unterschieden. Neuentdeckte Typen werden nur noch fortlaufend numeriert, z. B. *Enterovirus* 68–71, *Enterovirus* 72 = Hepatitis-A-Virus.

Die bei *p*H 5–6 empfindlichen Vertreter der Gattung *Rhinovirus* beeinträchtigen vor allem die Atemwege. Sie rufen nach Tröpfcheninfektion innerhalb von 1–3 Tagen Schnupfen hervor. Die Krankheit verschlimmert sich oft durch das Hinzutreten bakterieller Erreger. Es sind über 100 Serotypen beim Menschen bekannt.

Die Gattung *Aphthovirus* enthält die Erreger der Maul- und Klauenseuche (MKS), der für Europa wichtigsten seuchenhaften Erkrankung der Wiederkäuer und Schweine. Sie ist nahezu über die ganze Welt verbreitet, mit Ausnahme von Australien, Neuseeland und den USA. Südamerikanische Länder, Asien und die meisten afrikanischen Staaten sind enzootisch verseucht.

In Europa grassierten in der Vergangenheit schwere Seuchenzüge, besonders in den Jahren 1910/12, 1919/21, 1937, 1950/52. Mit der Entwicklung geeigneter Impfstoffe und der dadurch möglichen prophylaktischen Behandlung der Rinderbestände konnte die MKS in den meisten Ländern Europas getilgt werden. Gelegentliche sporadisch auftretende Fälle, meist von außen eingeschleppt, breiten sich nicht aus. Die Erkrankungsziffer (Morbidität) erreicht i. d. R. 100%, die Sterblichkeit (Letalität) beträgt aber nur 2–5%. Die durch MKS bedingten hohen wirtschaftlichen Verluste kommen also nicht durch den Tod der Tiere, sondern durch Wertminderung, Jungviehverluste, Reduzierung der Fleisch- und Milchproduktion sowie Quarantänen, Handelssperren, Ausmerzung verseuchter Bestände und andere veterinärbehördliche Maßnahmen zustande.

Bei der MKS handelt es sich um eine akute, fieberhafte, hochansteckende Erkrankung der Wiederkäuer und Schweine. Sie kann in seltenen Fällen auf den Menschen und andere nicht zu den Klauentieren gehörende Tierarten übertragen werden.

Vom MKS-Virus sind die 7 Serotypen A, C, O, SAT 1, 2, 3 und Asia 1 bekannt. Innerhalb eines Serotyps, besonders beim Typ A, kommen noch weitere Subtypen vor.

Nach einem fieberhaften Vorstadium mit reduzierter oder verweigerter Futteraufnahme bilden sich an den Lippeninnenflächen, an der Zunge, am Zahnfleisch, am Maul und an den Nasenöffnungen Bläschen (Aphthen), die Nußgröße erreichen können. Es fließt zäher Speichel, der in langen Fäden aus dem Maul hängt. Aphthen entstehen auch an den Zitzen und Klauen. Kranke Tiere stehen mit ausdruckslosem Blick unbeweglich auf der Stelle oder liegen ständig, wenn mehrere Füße befallen sind. Zum Krankheitsbild gehören ferner gesteigerte Wasseraufnahme und Atembeschwerden. Die mit Flüssigkeit gefüllten Bläschen, die riesige Virusmengen enthalten, platzen nach wenigen Tagen und lassen rote Wundflächen entstehen. Oftmals können die Klauenveränderungen solche Ausmaße annehmen, daß sie sich ablösen (»Ausschuhen«). Virulenzunterschiede der beteiligten Viren führen nicht selten zu abweichenden Krankheitsbildern. So können hochvirulente Stämme Herzmuskelschäden bewirken, die zum Tod der Tiere führt.

Schweine sind meist nicht so anfällig. Die höchsten Verluste treten unter Saugferkeln auf. Aphthen entstehen zuerst an Klauen und am Rüssel, dann am Sohlenballen und im Klauenspalt. Die Apthenbildung kann auch völlig fehlen. Häufig sind die Skelett- und Herzmuskulatur stark geschädigt.

Das akut erkrankte Tier ist die wichtigste Infektionsquelle. MKS-Viren werden in ungeheurer Menge ausgeschieden, vor allem mit der Bläschenflüssigkeit, Milch, dem Speichel, weniger mit Urin und Kot. Durch die hohe Ansteckungsfähigkeit der Erreger bilden sich sofort Infektketten, wenn nicht geeignete Maßnahmen in Form von Absperrungen, Kontaktvermeidung und Desinfektion getroffen werden.

Die Übertragung der MKS erfolgt durch direkten Kontakt im Stall, auf der Weide, während des Transportes, auf Ausstellungen usw. oder indirekt durch alle Gegenstände, die mit Erregern behaftet sind (Stallgeräte, Fahrzeuge, Futter, Streu, Dung, Arbeitsgeräte, Kleidung von Personal), durch erregerbeladene Luft sowie durch alle tierischen Produkte (Blut, Milch, Fleisch usw.). Die MKS gilt als typische Zwischenträgerseuche, wobei der Mensch als wichtigster Überträger in Frage kommt. Die relativ hohe Widerstandsfähigkeit (Tenazität) und die riesigen Mengen ausgeschiedener Viren begünstigen ihre rasante Ausbreitung.

Eine Behandlung erkrankter Tiere ist in den meisten Ländern nicht gestattet. Wichtigste Maßnahmen der Bekämpfung sind veterinärgesetzliche Bestimmungen, wie Isolierung, Quarantäne, Sperrungen, Keulung (Töten erkrankter, infizierter oder verdächtiger Tiere) sowie Prophylaxe durch Impfungen.

Familie Caliciviridae. Die sphärischen Partikeln erreichen bei Angehörigen dieser Gruppe eine Größe von 31–40 nm. Namensgebend ist ihre charakteristische Oberflächenstruktur: Kleine kelchartige, regelmäßig angeordnete Vertiefungen (calyx = Kelch) verleihen dem Kapsid eine Davidsternform.

Caliciviren sind stabil gegen Ether und Chloroform und werden bei *p*H 3–5 inaktiviert. Ihre Vermehrung erfolgt im Zytoplasma. Bekannt sind ein menschenpathogener Typ (Erreger von Darmentzündungen, vor allem bei Kindern in der kälteren Jahreszeit) und mehrere tierpathogene Typen. Die Übertragung erfolgt durch direkten Kontakt, auf dem Luftweg oder durch kontaminiertes Futter.

Bei Katzen wird durch Caliciviren zusammen mit einem Rhinotracheitisvirus der infektiöse Katzenschnupfen verursacht, eine weltweit verbreitete und die wohl am häufigsten vorkommende Viruserkrankung dieser Tierart. Auffallende Symptomatik sind Niesen, Nasenausfluß, Tränen der Augen, Bindehautentzündungen und Geschwürbildungen auf der Zunge. Die Sterblichkeit kann bis zu 30% betragen.

Ein weiterer Calicivirustyp ist Ursache für die Bläschenkrankheit beim Schwein (Vesikularexanthem). Es handelt sich um eine sehr ansteckende akute fieberhafte Erkrankung mit Bläschenbildung an Haut und Schleimhäuten. Das Krankheitsbild ähnelt dem der MKS. Der Erreger kommt in zahlreichen Serotypen vor. Das Virus konnte auch bei Robben und Seefischen nachgewiesen werden.

Familie Reoviridae. Diese Familie enthält pflanzen-, tier- und menschenpathogene Arten. Sie befallen Atmungs- und Verdauungswege. Die Partikeln von etwa 70 nm Größe sind von ikosaedrischer Form, besitzen ein doppelschichtiges Kapsid und 92 oder 32 Kapsomeren. Eine Hülle ist nicht vorhanden. Sie vermehren sich im Zytoplasma. Die 3 Gattungen sind immunologisch nicht verwandt.

Von der Gattung *Reovirus* sind 3 Serotypen bekannt, die entweder alle oder einzeln bei Menschen und vielen Säugerarten vorkommen. Ihre Bedeutung als Krankheitserreger weist noch viele Unklarheiten auf.

Die Gattung *Rotavirus* wurde erst in den 70er Jahren als wichtiger Erreger von Durchfällen bei Säuglingen und Kleinkindern ermittelt. Auch hier herrscht über die Beziehung des Virus zum Krankheitsbild keine völlige Klarheit, denn nicht weniger als 50–70% der Kleinkinder können Virusausscheider sein, ohne Krankheitssymptome zu zeigen. Rotaviren kommen in 16 Serotypen vor. Neben 2 menschenpathogenen sind andere nur für Tiere von Bedeutung (z. B. Diarrhoe bei Kälbern).

Die Viren der Gattung *Orbivirus* verursachen das Colorado-Zeckenfieber beim Menschen (eine meist mild verlaufende Krankheit mit Fieber, Übelkeit und Erbrechen), die Afrikanische Pferdepest, die Blauzungenkrankheit der Schafe und andere Tierkrankheiten.

Familie Birnaviridae. Die einzige Gattung *Birnavirus* verursacht die Infektiöse Bauchspeicheldrüsennekrose (IPN) der Forellen und die Infektiöse Bursitis beim Huhn (IB, Gumborokrankheit).

Die IPN der Forellen ist vor allem eine Erkrankung der Jungfische. Sie äußert sich durch große Sterblichkeit und schnelle Ausbreitung. Die Fische schwimmen in Seitenlage, liegen ermattet am Teichboden, färben sich dunkel, die Augen treten hervor, der Bauch ist aufgetrieben und der After entzündet. Oft sterben sie ganz plötzlich. Im Inneren fallen Blutungen in verschiedenen Organen, besonders in der Bauchspeicheldrüse, auf. Der Erreger ist ein ikosaedrisches Virus mit einem Durchmesser von etwa 65–75 nm, das weltweit verbreitet ist.

Die IB des Huhnes ist hochinfektiös und tritt vorwiegend bei Küken und Jungtieren auf. Die Tiere verweigern das Futter und Tränkwasser, zeigen schlechtes Allgemeinbefinden, liegen entkräftet am Boden und geben gelben, dünnflüssigen Kot ab. Die Kloake ragt deutlich hervor. Die Mortalität kann 20% erreichen.

Familie Flaviviridae. Vertreter der Gattung *Flavivirus* sind Erreger von Gelb- und Denguefieber. Diese hämorrhagischen Fieber kommen in weiten Teilen Afrikas, Asiens, Australiens und Amerikas vor.

Die zahllosen Arten der Familie werden von Moskitos, Zecken und noch unbekannten Vektoren (Arthropoden) übertragen. Das Gelbfieber breitet sich gegenwärtig wieder stärker aus. Es ist in 2 Formen bekannt. Das städtische Gelbfieber wird durch die Stechmücke *Aedes aegypti* verbreitet, die sich überall in kleinsten Wasseransammlungen vermehrt. Hauptwirt des Erregers ist der Mensch. Das Buschgelbfieber wird dagegen von verschiedenen Mückenarten übertragen. Der Erregerwechsel erfolgt hierbei zwischen Affen und Mücken, seltener ist der Mensch einbezogen. Bei beiden Formen kommt es nach 3–10tägiger Inkubationszeit zu Fieber, Erbrechen und Kopfschmerzen, bei schwerem Verlauf zu Gelbsucht, Bluterbrechen und Bewußtseinsstörungen. Die Sterblichkeit kann 10% erreichen.

Das städtische Gelbfieber hat etwas an Bedeutung verloren, dafür breitet sich das an größere Waldgebiete tropischer und subtropischer Regionen gebundene Buschgelbfieber stärker aus. Immunprophylaktischen Maßnahmen kommen besondere Bedeutung zu. Impfstoffe aus inaktivierten Erregern vermitteln ausgezeichnete Langzeitwirkungen. Viele der von Arthropoden übertragenen Flaviviren können auch Ursache von Gehirnentzündungen sein.

Die sogenannte Zeckenenzephalitis (Frühsommer-Meningo-Enzephalitis) wurde lange Zeit in Osteuropa, Sibirien und Indien, seit 1949 aber auch in bestimmten Gebieten der Tschechoslowakei nachgewiesen. Inzwischen hat sie sich über fast alle mitteleuropäische Länder verbreitet. Die Erkrankungszahl stieg in jüngster Zeit kontinuierlich an. Besonders von Mai bis Juli häufen sich die Fälle. Die Krankheit kann einen schweren Verlauf nehmen, in dessen Folge lang anhaltende Schädigungen, z. B. Lähmungen, auftreten. Wildlebende Kleinsäuger bilden das Erregerreservoir. Von ihnen wird das Virus durch die Waldzecke (Holzbock, *Ixodes ricinus*) auf den Menschen übertragen. Es wird geschätzt, daß jede 50. bis 500. Zecke Virusträger ist. Nicht nur der Zeckenbiß, auch Einreiben von Zeckenkot in kleine Wunden kann zur Infektion führen. Seit 1981 stehen auch gegen die Zeckenenzephalitis Impfstoffe zur Verfügung.

In die Gruppe der Flaviviren rechnet man neuerdings den Erreger der Non-A-Non-B-Hepatitis (Hepatitis-C-Virus). Zwar ist er noch nie unter einem Mikroskop erblickt worden, doch wurden seine genetischen Strukturen weitgehend geklärt. Das Virus besteht aus einer einsträngigen RNA und besitzt einen Durchmesser von 30 nm. Die Zusammensetzung der Hülle blieb bislang unbekannt.

Familie Togaviridae. Die Partikeln dieser Gruppe sind morphologisch ziemlich einheitlich. Sie besitzen ein ikosaedrisches Kapsid mit einer eng anliegenden Hülle, die aus der Plasmamembran der Wirtszelle stammt und Projektionen trägt. Die Größe schwankt zwischen 40 und 80 nm. Gegen Ether und Chloroform sowie bei niedrigem *p*H-Wert sind sie labil. Ihre Vermehrung erfolgt im Zytoplasma. Sie werden in die Gattungen *Alpha-, Arteri-, Rubi-* und *Pestivirus* eingeteilt. Alphaviren und die obenbeschriebenen Flaviviren wurden früher wegen ihrer Arthropodenübertragbarkeit als Arboviren zusammengefaßt. Diese Viren vermehren sich gleich gut in Wirbeltieren und in zahlreichen blutsaugenden Arthropoden, wobei fast immer ein Wirtswechsel zwischen Wirbeltierwirt (Säuger, Vögel) und Überträger (Stechmücken und -fliegen, Zecken) erfolgt.

Die Vertreter der Gattung *Alphavirus* sind durch Stechmücken und Zecken übertragbare Erreger verschiedener Krankheiten bei Tieren (Amerikanische Pferdeenzephalomyelitis). Zur Gattung *Pestivirus* zählen die veterinärmedizinisch bedeutsamen Erreger der klassischen (europäischen) Schweinepest, der Mucosal Disease, Virusdiarrhoe beim Rind und Bordererkrankung bei Schaflämmern.

Die in den meisten Ländern mit intensiver Schweinehaltung verbreitete Schweinepest ist eine Erkrankung mit hauptsächlich septikämischem Charakter. Bedingt durch unterschiedliche Virulenz der Virusstämme, nimmt sie typischen oder atypischen Verlauf. Es erkranken nur Haus- und Wildschweine spontan. Die Übertragung erfolgt unter den üblichen Haltungsbedingungen durch direkten Kontakt oder indirekt über infiziertes Futter, Geräte oder Zwischenträger (den Menschen). Über Schlacht- und Küchenabfälle bzw. Tierhandel kann das Virus schnell weiterverbreitet werden. Es besitzt relativ hohe Widerstandsfähigkeit gegen Einflüsse der Außenwelt.

Nach einer Inkubationszeit von wenigen Tagen kommt es bei akutem Verlauf zu Fieber, Abgeschlagenheit, Futterverweigerung, Bewegungsstörungen und Krämpfen. An der Haut, besonders an Rüssel, Ohren, Unter-

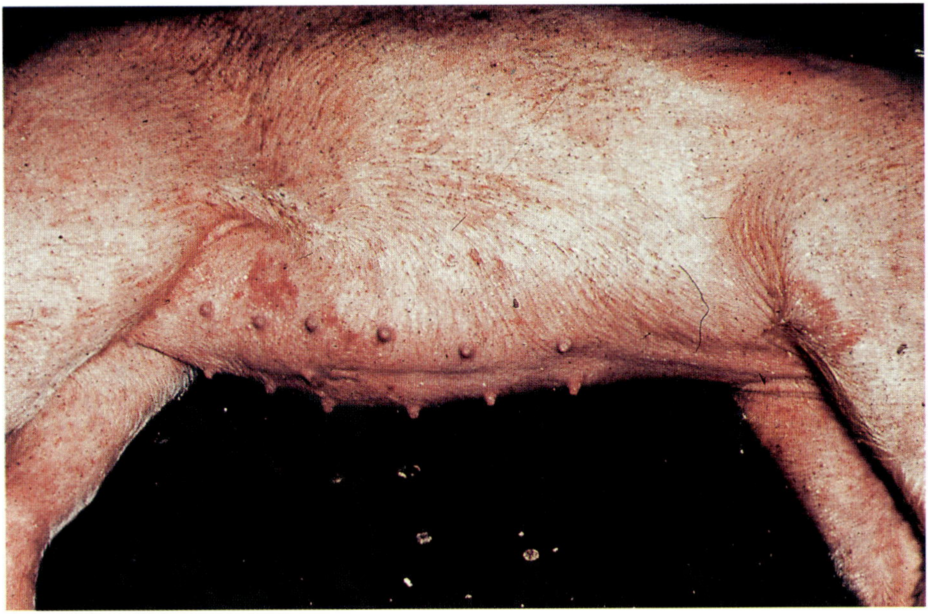

Hautrötung und Blutungen beim Schwein, verursacht durch das Schweinepestvirus

bauch und Schwanz, treten punktförmige Blutungen auf. Auch Erbrechen und Durchfall gehören zum typischen Bild. Bei perakutem Verlauf sterben die Tiere innerhalb von 1–2 Tagen durch Kreislaufkollaps ohne weitere typische Schweinepestsymptome.

Bei der chronischen Form dominieren Prozesse an Verdauungs- oder Atemwegen, wobei häufig noch weitere Krankheitserreger beteiligt sind. Atypische Verlaufsformen liefern uncharakteristische Symptomatik. Meist sind nur Lungenentzündungen und Fieber sowie die Anzeichen des Kümmerns zu beobachten. Bei voll ausgebildetem Krankheitsbild endet die Krankheit im allgemeinen tödlich. Der typische Sektionsbefund zeigt unter anderem die genannten punktförmigen Blutungen auch in Niere, Harnblase, Kehlkopf, Magen, Darm und Lunge.

Zur Bekämpfung der Schweinepest gehören seuchenhygienische und immunprophylaktische Maßnahmen. Sie sind von der Seuchenlage und der ökonomischen Situation eines Landes abhängig.

Zur Gattung *Rubivirus* gehören die Erreger der Röteln (Rubella) des Menschen. Sie werden durch direkten Kontakt (Tröpfcheninfektion) übertragen und sind für Kinder und Jugendliche meist harmlos. Verstärkt treten sie im Frühjahr auf. Typisch sind Lymphknotenschwellungen und ähnliche rötliche Hautausschläge wie bei Masern, nur daß sie nicht ineinanderfließen. Der Erreger ist weniger ansteckend als das Masernvirus. Rubiviren besitzen insofern besondere Bedeutung, als sie in den ersten 3 Schwangerschaftsmonaten häufig schwere Schädigungen am Ungeborenen hervorrufen (Herzfehler, Gliedermißbildungen, Taubheit) oder gar zum Abort führen. Trotz hoher Durchseuchung der Bevölkerung mit diesen Viren (80–90 %) ist ein Teil gebärfähiger Frauen gefährdet. 1964/65 wurden durch eine Rötelnepidemie in den USA etwa 20 000 geschädigte Kinder geboren, und rund 5 000 starben bereits vor der Geburt. Um der möglichen Embryoschädigung bei Rötelninfektionen vorzubeugen, werden wirksame und gut verträgliche Lebendimpfstoffe schon an Mädchen vor der Pubertät verabreicht. Während der Schwangerschaft darf keine Impfung durchgeführt werden.

Familie Orthomyxoviridae. Vertreter dieser Familie variieren gestaltlich sehr stark. Neben kugelähnlichen kommen auch fadenförmige Partikeln vor. Das spiralige Nukleokapsid besteht aus 8 RNS-Segmenten und dem Nukleoprotein aus 7–9 Struktureiweißen, die den Virustyp bestimmen. Die Viren werden von einer doppelten Hülle umgeben, die von der Wirtszelle stammt. Darin sind virale Proteine eingebettet, die auf der Virusoberfläche in Form von Spikes elektronenoptisch darstellbar sind (Hämagglutinin, Neuraminidase, Fusionsprotein). Die Partikelgröße schwankt zwischen 80 und 120 nm; Fadenformen können mehrere Mikrometer lang sein. Die Vermehrung erfolgt im Kern der Wirtszelle. *P*H-Werte um 3,0, Temperaturen von 56 °C sowie Ether- und Chloroformbehandlung führen zur Inaktivierung. Die Übertragung erfolgt hauptsächlich durch Tröpfcheninfektion.

Die Familie enthält nur die Gattung *Influenzavirus* mit den Arten A und B. Influenza A ist der Erreger der menschlichen Virusgrippe. Er tritt am häufigsten auf und ist Ursache regelmäßiger Epidemien während der kälteren Jahreszeit. In größeren Abständen kommt es sogar zu großen Seuchenzügen (Pandemien), die besonders durch schnelle weltumspannende Verkehrsverbindungen begünstigt werden. Die Influenza darf zu den uralten Menschheitsseuchen gerechnet werden, die auch gegenwärtig noch immer schwer zu bekämpfen sind und selbst hochentwickelte Industrieländer mit gut organisiertem Gesundheitswesen erfassen.

Die Erreger vermehren sich zuerst in den Schleimhäuten des Nasen-Rachen-Raumes, was zu Rachenrötungen, Schnupfen, Husten und Heiserkeit führt. Kurz darauf stellen sich Fieber, Kopf-, Glieder- und Nervenschmerzen sowie Abgeschlagenheit ein. Befall der Lungen ist möglich, aber meist durch Bakterien überlagert. Besonders gefürchtet sind toxische Krankheitsformen mit Schädigung des Herzmuskels, der Leber, Nieren und Milz. Sie führen nicht selten zum Tod. Besonders Säuglingen und alten Menschen wird die echte Grippe gefährlich.

Influenza-A-Infektionen kommen ferner bei Pferden, Schweinen und Vögeln vor. Die dort anzutreffenden Virusstämme unterscheiden sich zwar von denen, die i. d. R.

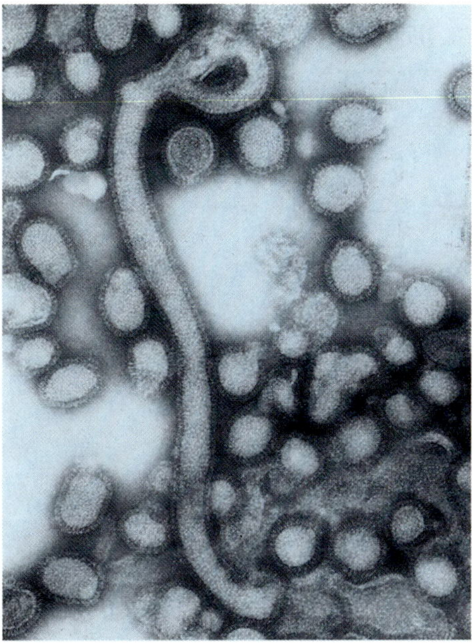

Influenza-A-Virus. Sphärische und filamentöse Partikeln (Vergr. 120 000)

beim Menschen auftreten, sie können aber auch menschenpathogen sein, wie andererseits die humanen Stämme Tiere infizieren können. Durch Vermehrung verschiedener Virusstämme im gleichen Wirtsorganismus ist der Austausch von Genomabschnitten untereinander denkbar. Dies könnte eine der Ursachen dafür sein, daß ständig neue A-Subtypen entstehen. Diese außergewöhnliche antigenetische Variabilität ist es, die immer wieder neue Epidemien verursacht, denn neue Typen treffen entweder auf nicht- oder nur teilweise immune Menschen.

Es findet ständig eine leichte Antigenabweichung statt, die als Antigendrift bekannt ist. H- und N-Antigene der Virushülle verändern sich dabei nicht in ihrer äußeren Form, sondern in ihrer inneren Struktur. In größeren Abständen, so etwa alle 5–10 Jahre, treten stärker veränderte neue Subtypen auf, die dann die großen Epidemien auslösen (Antigenshift). Dabei verändern sich die Oberflächenantigene H (Hämaglutinin) und N (Neuraminidase). Hämagglutininsubtypen sind

z. B. H_0, H_1, H_2, H_3, Neuraminidasesubtypen N_1 und N_2. Das wellenartig auftretende Seuchengeschehen läßt sich seit etwa 1890 beobachten (»russischer Schnupfen«), wobei bis zu 50% der Weltbevölkerung betroffen waren. So kam es 1918 zum Auftreten der »Spanischen Grippe«, 1934, 1946 und 1957 zur »Asiatischen Grippe« und 1968 zur »Hongkong-Grippe«. Im Gebiet der ehemaligen DDR konnten seit 1945 21 Epidemien gezählt werden, bei denen es jeweils zu 1,5–3,5 Millionen Erkrankten kam. Die Infektion mit einem Subtyp hinterläßt gegen einen anderen keine Immunität, so daß immer wieder mit Infektionen gerechnet werden muß. Die das Virus neutralisierenden Antikörper, die das Immunsystem »im Gedächtnis« hat, inaktivieren die veränderten Viren nicht mehr. Die Antikörperbildung muß stets wieder von neuem beginnen. Diese Antigenveränderungen werden weltweit beobachtet. Sie sind Anlaß für die WHO, Impfstoffzusammensetzungen zu empfehlen, die von Jahr zu Jahr wechseln können und möglichst schon die zu erwartenden Virustypen berücksichtigen. Gegenwärtig überwacht ein weltweites System von über 70 Grippespeziallabors mit den Weltgrippezentren Genf und London die Krankheitssituation. Ein neuregistrierter Grippeerreger wird sofort allen bedrohten Ländern für die Impfstoffbereitung zur Verfügung gestellt.

Zur Prophylaxe der Virusgrippe vor allem bei Personen, die besonders gefährdet oder beruflich exponiert sind, wird eine inaktivierte Adsorbatvakzine angewendet. Die Schaffung eines Impfstoffes gegen alle A-Varianten des Influenzavirus wäre eine medizinische Großtat der Gegenwart!

Die Schweineinfluenza ist ein typisches Beispiel für enge Verbundenheit zwischen menschlichen und tierischen Virosen, für wichtige Infektketten und Virusreservoire. 1918 wurde die Krankheit erstmals in den USA festgestellt, wo mehrere Millionen Schweine erkrankten. Infizierte Tiere aller Altersklassen zeigen Freßunlust, Abgeschlagenheit, Bindehaut-, Nasenschleimhaut- und Lungenentzündungen sowie hohes Fieber. In schweren Fällen treten Husten und Atembeschwerden hinzu. Der Zusammenhang zwischen Epidemien beim Menschen und bei Schweinen konnte in den 30er Jahren eindeutig durch serologische Untersuchungen belegt werden. Das Schweineinfluenzavirus ist nach dem zweiten Weltkrieg auch in Europa aufgetreten (Influenzavirus A/H_1N_1). Es ist mit menschlichen Grippeviren eng verwandt. Der Erreger ist häufig mit den Bakterien *Bordetella* und *Haemophilus suis* vergesellschaftet, wodurch die schweren Krankheitsformen entstehen. Die Übertragung erfolgt durch Tröpfcheninfektion. Das Virus siedelt sich in den Atemwegen an. In der Regel erkrankt ein Bestand nahezu 100%ig. Die Sterblichkeit beträgt jedoch selten mehr als 1–4%. Nach heutigem Wissen kann als sicher gelten, daß Schweine als mögliches Reservoir für menschliche Grippeviren in Frage kommen.

Zum Influenzavirustyp A gehört auch der Erreger der klassischen oder lombardischen Geflügelpest. Sie trat 1894 erstmals in Oberitalien auf und wurde um die Jahrhundertwende durch einen Geflügelhändler nach Süddeutschland eingeschleppt, von wo sie sich alsbald über die ganze Welt ausbreitete und große Schäden anrichtete. Zur Zeit spielt die klassische Geflügelpest in Europa keine besondere Rolle. Größere Epizootien traten in den letzten 50 Jahren nicht mehr auf, jedoch immer wieder territorial begrenzte Fälle.

Nur die durch die Subtypen H_5 und H_7 verursachten Infektionen werden als klassische Geflügelpest bezeichnet. Das Wirtsspektrum ist meist auf Puten und Hühner beschränkt. Bereits einen Tag nach der Infektion treten Schläfrigkeit, Mattigkeit, hohes Fieber, Atemnot, Durchfälle, manchmal Schwellungen an Kopf, Kehllappen und Hals auf. Der Tod tritt innerhalb von 1–2 Tagen ein. Im Vormagen und in anderen Organen kommt es zu ausgeprägten Blutungen.

Familie Paramyxoviridae. Paramyxoviren besitzen wie Orthomyxoviren ein spiralig aufgebautes Nukleokapsid, das von einer Lipidhülle aus Wirtsmaterial umgeben wird. Darin eingebaut finden sich Proteine in Form von Spikes. Paramyxoviren neigen zur Pleomorphie, ihre Partikelgröße schwankt zwischen 100 und 300 nm, Fadenformen können bis zu 1000 nm lang sein. Die biologischen Eigenschaften der einzelnen Gattungen sind sehr unterschiedlich. Die Vermehrung erfolgt im Zytoplasma. Von den Orthomyxoviren unterscheiden sie sich in Größe und serologischen Eigenschaften.

Die Gattung *Paramyxovirus* enthält unter anderen die für Menschen pathogenen Parainfluenzaviren Typ 1–4, die Erkältungskrankheiten bei allen Altersgruppen hervorrufen, das Mumpsvirus sowie den Erreger der Atypischen Geflügelpest (Newcastle-Krankheit). Zur Gattung *Morbillivirus* gehören das Masern-, Hundestaupe- und Rinderpestvirus sowie der Erreger des Seehundsterbens. Er ähnelt dem Hundestaupevirus und wird als neue Art der Gattung *Morbillivirus* geführt.

Die Gattung *Pneumovirus* enthält Schnupfen- und Bronchitiserreger bei Mensch und Tier. Mumpsviren schädigen vor allem die Ohrspeicheldrüse (Ziegenpeter). Bei Männern kann die Infektion auch auf die Hoden übergreifen und Sterilität herbeiführen. In seltenen Fällen schädigen Mumpsviren die Leibesfrucht oder verursachen Gehirnentzündungen.

Die Atypische Geflügelpest ist eine höchst ansteckende Erkrankung, die fast die gleichen Symptome wie die klassische Geflügelpest zeigt. Die Krankheit kann alle Vogelarten erfassen. Im Vordergrund stehen schwerer Durchfall, Freßunlust, Fieber, Atemnot, Lähmungen und Bildung zähen Schleimes am Schnabel und im Rachen. Bei akutem Verlauf sterben 90–100 % der Tiere innerhalb von 2–4 Tagen. Es kommen chronische oder mildere Verlaufsformen vor. Zwischen 1960 und 1970 hat sich diese Seuche über die ganze Welt ausgebreitet. Seit 1965 kommt es nach seuchenfreien Intervallen immer wieder zum Aufflackern der Krankheit innerhalb begrenzter Gebiete. Beide Formen der Geflügelpest konnten mit Hilfe von Impfstoffen in Grenzen gehalten werden. Daß sie sich in neuerer Zeit wieder stärker bemerkbar machen, könnte mit der Bildung neuer Erregertypen zusammenhängen, wie sie von den Orthomyxoviren bekannt ist.

Die Masern sind eine sehr ansteckende Erkrankung. Der Erreger infiziert den Organismus über Schleimhäute, besonders über die Augenbindehaut. Nach einer Inkubationszeit von 9–11 Tagen beginnt die Krankheit mit Fieber und Atemwegssymptomen. Später treten die typischen Hautausschläge auf. Die Masern gelten als ausgesprochene Kinderkrankheit mit meist harmlosem Verlauf und geringer Mortalität. In schwachentwickelten Ländern liegt die Todesrate aber wesentlich höher. Bis zum 21. Lebensjahr sind 70–90 % der Menschen durchseucht. Gewöhnlich bleibt lebenslange Immunität bestehen. Geographisch isolierte Völkergruppen sind insofern besonders gefährdet, als sie keinerlei erworbene Immunität vorweisen können. So kam es 1951 in Südgrönland nach einer Viruseinschleppung zu einer Masernepidemie, an der alle 4500 Einwohner dieser Region erkrankten und etwa 800 daran starben.

Die Staupe gehört zu den gefährlichsten Krankheiten für den Hund und viele andere Fleischfresser. Sie ist sehr ansteckend und verursacht Entzündungen der Bindehaut sowie des Atem- und Darmtrakts. Oftmals gehen Schädigungen des Zentralnervensystems einher (Lähmungen, Krämpfe), die zum Tod führen können. Die Ansteckung erfolgt durch Kontakt (Belecken), Tröpfcheninfektion oder durch infizierte Gegenstände. Das Virus ist nicht besonders widerstandsfähig gegen äußere Einflüsse. Es ist über die ganze Welt verbreitet.

Die ebenfalls sehr ansteckende Rinderpest kommt gegenwärtig nur in bestimmten Gebieten Asiens und Afrikas vor. Diese verlust-

Rinderpest. Erosionen an Maulschleimhaut, Zunge und Oberkiefer

reiche Rinderseuche ist seit den ersten Jahrhunderten unserer Zeitrechnung immer wieder in Erscheinung getreten, vor allem im Gefolge von Kriegswirren. Im 18. Jahrhundert erlebte Europa schwere Seuchenzüge. Damals sollen 200 Millionen Rinder verendet sein. Seit 1930 gilt Europa als rinderpestfrei. Kleinere Ausbrüche 1951 und 1954 wurden schnell getilgt. Die Einschleppung des Erregers nach Europa hätte schwerwiegende Folgen, da die hiesigen Rinderrassen keinerlei Resistenz aufweisen.

Familie Rhabdoviridae. Viren dieser Gruppe sind von stab- oder geschoßförmiger Gestalt mit spiraliger Innenstruktur. Ihre Größe beträgt 130–380 × 50–100 nm. Die Oberfläche der doppelschichtigen Hülle ist mit Anhängen besetzt. Rhabdoviren kommen bei Säugetieren und Fischen, aber auch in Arthropoden und Pflanzen vor. Sie vermehren sich im Zytoplasma. Ihre Unterteilung erfolgt in die Gattungen *Lyssavirus* und *Vesiculovirus*, zwischen denen Antigenverwandtschaft besteht. Von herausragender Bedeutung ist das Lyssa- oder Rabiesvirus Serotyp 1, der Erreger der Tollwut. Das in der Natur vorkommende Tollwutvirus wird als Straßenvirus, das im Labor fortwährend über Tierpassagen kultivierte als Virus fixe bezeichnet. Letzteres besitzt für Mensch und Hund nur noch geringe Virulenz. Tollwutviren sind gegen Kälte und Trockenheit ziemlich resistent. Bei Temperaturen von 80 °C oder UV-Lichteinwirkung gehen sie innerhalb weniger Minuten zugrunde. Als wirksamstes Desinfektionsmittel gilt Formaldehyd.

Die Tollwut ist eine der ältesten bekannten Viruskrankheiten. Sie tritt vorwiegend bei Säugetieren auf. Da sie vom Tier auf den Menschen übertragbar ist, gehört sie zu den wichtigsten Zoonosen. Bereits seit dem Mittelalter gibt es Beschreibungen dieser Krankheit. Gegenwärtig finden wir sie in allen Erdteilen. Nur einige Inseln sind bislang verschont geblieben, z. B. die Britischen Inseln, Australien, Neuseeland, Zypern und Malta. Strenge Quarantänemaßnahmen haben eine Einschleppung dorthin bisher erfolgreich verhindert.

Als wichtigste Infektionsursache galt der Biß kranker Tiere. Sehr gefährlich ist aber auch der Kontakt von Schleimhäuten oder Wunden mit Speichel eines infizierten Tieres. Da auch eine Infektion über die Verdauungswege nicht ausgeschlossen werden kann, darf man verdächtige Haus- oder Wildtiere nicht verwerten. Das Virus kann durch kleinste Wunden in die Haut eindringen. Bevorzugtes Zielorgan ist das Zentralnervensystem, wohin der Erreger entlang den Nervenfasern wandert. Von dort ausgehend, verbreiten sich die Viren weiter auf Nervenbahnen in Speicheldrüsen, die Hornhaut des Auges und Nieren. Bei blutsaugenden Vampiren vermehren sich die Erreger nicht im Gehirn, sondern im braunen Fett und in Speicheldrüsen. Die Tiere zeigen deshalb keine Symptome und übertragen den Erreger beim Blutsaugakt.

Wenn die Krankheit, eine Gehirnentzündung, einmal ausgebrochen ist, verläuft sie immer tödlich. Wie schnell es zur Erkrankung kommt, hängt davon ab, wie weit die Bißstelle vom Zentralnervensystem entfernt und wie groß die im Speichel enthaltene Virusmenge ist. Die Inkubationszeit beträgt fast immer Wochen bis Monate, so daß rechtzeitig eingesetztes Impfvirus den Wettlauf mit dem Straßenvirus so gut wie immer gewinnt.

Die Tollwut ist vor allem bei fleischfressenden Säugetieren verbreitet (Füchsen, Wölfen, Hunden). Sie kommt aber auch bei vielen anderen Säugetierarten einschließlich Fledermäusen sowie bei Vögeln vor. Besonders die Haustiertollwut wird zu einem zunehmenden Problem. So infizieren Füchse nicht selten Rinder oder Schafe auf der Weide, was große Gefahren für den Menschen heraufbeschwört. Die in Höhlen lebenden blutsaugenden Fledermausarten (Vampire) Amerikas haben Tollwut auf Weidetiere übertragen, ja sogar Höhlenforscher angesteckt.

Beim Hund kann eine stille, rasende oder atpyische Wut unterschieden werden. In typischen Fällen stehen Wesensveränderungen (Erregbarkeit, übermäßige Zutraulichkeit oder deutliche Abneigung, Schreckhaftigkeit, Futterverweigerung oder Freßsucht, Aufnahme völlig unverdaulicher Gegenstände, Beißlust, Tobsucht) im Vordergrund, die Tiere zeigen Wasserscheu und Erschöpfungszustände. Später kommen Lähmungen des Kehlkopfes und der Augenmuskeln sowie Speichelfluß hinzu. Bei der stillen Wut dominieren Speichelfluß und rasch einsetzende Lähmung. Die Tiere sterben noch schneller als bei der rasenden Form. Besonders bei Wildtieren sollte der Verlust ihrer natürlichen Scheu ein besonderes Alarmsignal sein.

In Gewebeschnitten von Ganglienzellen verendeter Tiere können bis zu 30 µm große, verschieden geformte Einschlußkörperchen, die sogenannten Negrikörperchen, nachgewiesen werden, die für die Tollwutdiagnostik von außerordentlicher Wichtigkeit sind.

Die erste Impfung gegen Tollwut wurde bekanntlich schon von Pasteur durchgeführt. Er passagierte das Virus in Kaninchengehirne und schwächte es dadurch in seiner Virulenz stark ab. Sein Einsatz rettete zahlreiche infizierte Pesonen vor dem unausweichlichen Tod. Da das Tollwutvirus in Mitteleuropa vor allem im Fuchs sein Reservoir besitzt, ist die Bekämpfung schwierig. In keinem Land konnte die Tollwut bisher ausgerottet werden.

Die zur Immunprophylaxe verwendeten Vakzinen sind im Laufe der Zeit mehrmals verändert worden. Moderne Impfstoffe werden mit Hilfe diploider menschlicher embryonaler Zellen oder Hühnerembryofibroblasten hergestellt. Die gute Verträglichkeit des letztgenannten Impfstoffes ermöglicht es, ihn nicht nur zur Behandlung, sondern auch zur Vorbeugung einzusetzen, vor allem für gefährdete Berufe (Tierärzte, Landwirte, Förster). Impfzwischenfälle oder Nebenwirkungen treten nicht mehr auf. Seit einigen Jahren wird versucht, auch freilebende Wildtiere zu immunisieren. Da dies nur oral möglich ist, wird der Impfstoff in ausgelegte Köder verpackt, z. B. in Hühnerköpfe. Es bleibt abzuwarten, ob der erwünschte Erfolg eintritt.

Vesikuloviren sind Ursache der Stomatitis vesicularis bei Pferden, Maultieren, Rindern und Schweinen. Als charakteristische Symptome treten Blasenbildung in der Maulhöhle, an der Zunge, am Euter, an Hufen und Klauen auf. Die Krankheit verläuft i. d. R. gutartig.

Ebenfalls zu den Rhabdoviren sind einige wichtige Erreger von Fischkrankheiten zu rechnen, z. B. der viralen hämorrhagischen

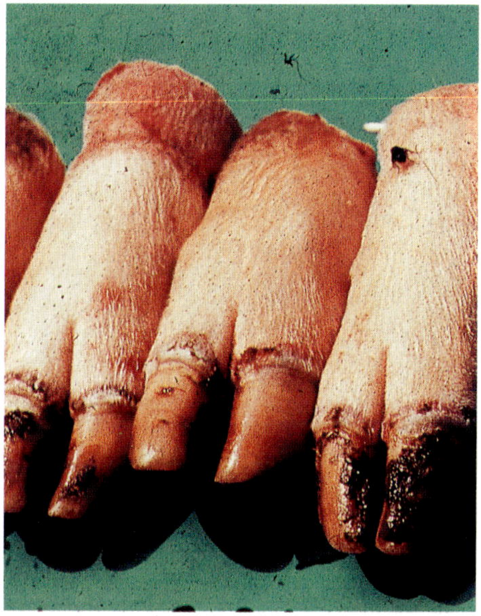

Stomatitis vesicularis beim Schwein, hervorgerufen durch das *Stomatitis-vesicularis*-Virus. Auffallend sind weiße Ränder am Kronsaum, die unter den Klauen hervorquellen und aus geplatzten Bläschen entstehen. Diese Krankheit ist wie auch die Vesikuläre Schweinekrankheit klinisch nicht von der MKS zu unterscheiden.

Septikämie der Forellen, der Frühjahrsvirämie der Karpfen, der infektiösen hämorrhagischen Nekrose der Forellen und Lachse sowie der Rotkrankheit der Hechte.

Familie Coronaviridae. Der Name dieser Viren ist auf ihr Aussehen zurückzuführen. Auf der Hülle, die die kugeligen bis vielgestaltigen Partikeln umgibt, befinden sich Spikes mit keulen- oder trommelschlegelartigen Auftreibungen von 15–24 nm Länge, die wie der Strahlenkranz (Corona) der Sonne oder auch wie Kronleuchter aussehen. Das Nukleokapsid ist spiralig aufgebaut; das Virion besitzt 4–6 Strukturproteine und hat einen Durchmesser von 60–260 nm. Diese Viren, die gewisse strukturelle Ähnlichkeiten mit Myxoviren aufweisen, vermehren sich im Zytoplasma. Sie sind chloroform- und etherempfindlich und unterschiedlich stabil bei einem *p*H-Wert von 3. Zur Gruppe gehört nur die Gattung *Coronavirus* mit wenigstens

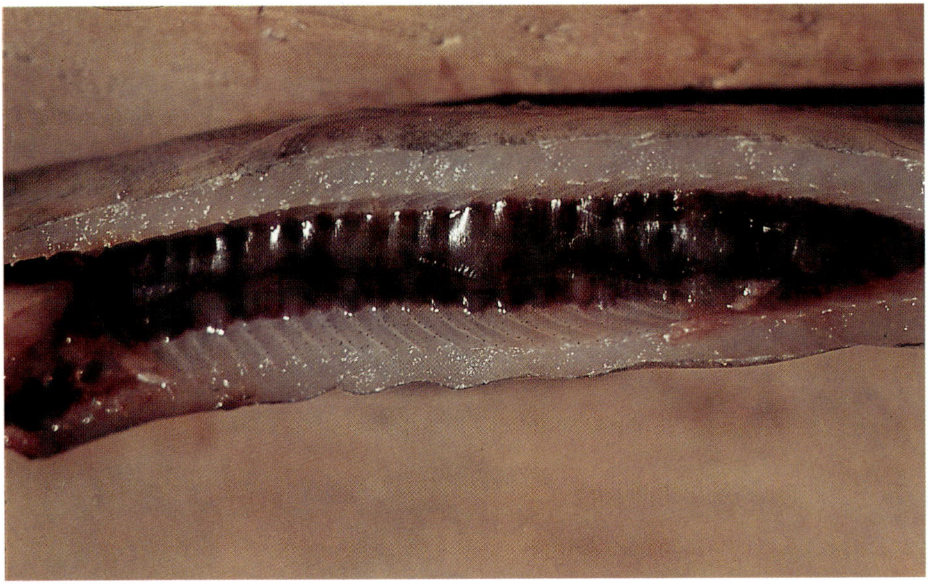

Hämorrhagische Virusseptikämie der Regenbogenforellen. Auffälligste Symptome sind starke Nierenschwellung und Blutungen in der Muskulatur.

13 wirbeltierpathogenen Arten. Eine davon, das humane *Coronavirus*, verursacht beim Menschen leichte Infekte der Atemwege und des Darms, die übrigen treten als Krankheitserreger bei Mäusen, Ratten, Hunden, Katzen, Schweinen, Rindern und Geflügel auf.

Die veterinärmedizinisch bedeutsamsten Erkrankungen durch Coronaviren sind die Infektiöse Bronchitis (IB) der Hühner und die übertragbare Gastroenteritis der Schweine (TGE = Transmissible Gastroenteritis). Bei der weltweit verbreiteten IB erkranken Tiere aller Altersgruppen, besonders schwer jedoch Küken. Im Vordergrund stehen Atembeschwerden und Wachstumsverzögerungen. Beim erwachsenen Tier kommt es vor allem zum Nachlassen der Legeleistung. Kranke Tiere legen oft dünnschalige und mißgestaltete Eier. Die Schlupfergebnisse sind ebenfalls stark beeinträchtigt.

Die TGE ist eine Erkrankung der Verdauungsorgane bei Schweinen mit wäßrigem, übelriechendem, nicht stillbarem Durchfall und Erbrechen. Saugferkel sind besonders betroffen; bei ihnen kann die Sterblichkeit 100 % erreichen. Die Krankheit stellt in allen Ländern mit intensiver Schweinehaltung durch die hohen Ferkelverluste und Wachstumsminderungen ein besonderes Problem dar.

Familie Arenaviridae. Die meisten Vertreter dieser Familie mit Ausnahme des LCM-Virus sind erst seit den 60er Jahren bekannt. Bis dahin wurden sie als Tacaribeuntergruppe der Arboviren geführt.

Die Virionen sind sphärisch oder pleomorph mit einem Durchmesser von 90–260 nm. Eine doppelschichtige Lipidhülle mit Spikes umschließt ein Kapsid ohne erkennbare helikale Symmetrie. Der Innenkörper (Core) weist eine granulierte Struktur auf (20–25 nm große elektronendichte Granula), die der Familie den Namen verlieh. Es besteht Empfindlichkeit gegen Chloroform und Ether bei *p*H-Werten von $<5{,}5$ und $>8{,}5$ sowie Temperaturen von 56 °C.

Es existiert nur die Gattung *Arenavirus* mit mehreren serologisch verwandten Arten, wobei für den Menschen besonders das Virus der lymphozytären Choriomeningitis (LCM) und das Lasssavirus hervorzuheben sind.

Die Infektion des Menschen mit dem LCM-Virus erfolgt meist durch die als Heimtiere gehaltenen Goldhamster sowie Wild- oder Labormäuse. Die Viren verursachen grippeartige Symptome, gelegentlich aber auch Hirnhautentzündung oder Hirn-Rükkenmark-Entzündung. Die Übertragung erfolgt vermutlich durch Kontakt.

Familie Filoviridae. Filoviren sind pleomorphe, stäbchen- bis fadenförmige Partikeln von einer Länge bis zu 1400 nm und einem Durchmesser von 80 nm. Sie zeigen oft Verzweigungen bzw. U- oder Ringform. Das helikal aufgebaute Kapsid wird von einer 10 nm dicken Hülle umgeben, die 7–10 nm lange Spikes trägt.

Filoviren sind empfindlich gegen Ether, Detergentien und Formalin. Bei 56 °C werden sie innerhalb von 60 Minuten inaktiviert. Die Erreger sind für Menschen und Affen sehr gefährlich. Mit ihnen darf nur unter strengen Sicherheitsvorkehrungen gearbeitet werden. Ursprünglich wurden sie zu den Rhabdoviren gezählt, jetzt aber sind sie wegen ihrer besonderen Morphologie zu einer eigenen Familie zusammengefaßt. Zur Gattung *Filovirus* gehören das Marburg- und das Ebolavirus. Marburgviren sind Erreger von hämorrhagischem Fieber mit Kopf- und Halsschmerzen, Durchfall, Leber-, Nieren-, Herz- und Nervenschäden sowie Schockzuständen. Die Krankheit ist seit 1967 bekannt, als Laborpersonal in Marburg, Frankfurt und Belgrad beim Umgang mit grünen Meerkatzen aus Uganda schwer erkrankte und Todesfälle auftraten. Ebolaviren zeigen die gleiche Gestalt und erzeugen fast identische Krankheitsbilder wie das Marburgvirus. Sie sind aber serologisch nicht mit ihm verwandt. Hauptverbreitungsgebiete dieser Erreger befinden sich in Kenia, Zaïre, Sudan und Südafrika, wo sie bei Affen latent vorkommen.

Familie Bunyaviridae. Die Virionen dieser Gruppe weisen eine sphärische oder pleomorphe Gestalt mit einem Durchmesser von 60–110 nm auf. Das spiralige Nukleokapsid wird von einer spikebesetzten Hülle umgeben. Jedes des aus 3 RNS-Segmenten bestehenden Genoms ist mit einem Protein verbunden, so daß das Virion eigentlich 3 helikale Nukleokapside enthält. Bunyaviren vermehren sich im Zytoplasma ihrer Wirtszellen. Die über 200 bekannten Arten teilt man in die Gattungen *Bunya-, Nairo-, Phlebo-* und *Uukuvirus* ein. Die meisten von ihnen werden durch Arthropoden übertragen (Mücken, Zecken, Sandfliegen). Sie verursachen bei Menschen und Tieren verschiedenartige, meist fieberhafte Erkrankungen (California-Enzephalitis in den USA, Pappatacifieber in Europa, Afrika, Asien und Südamerika, Krim-Kongo-Fieber, Rifttalfieber in Süd- und Nordafrika, Nairobi-Schlafkrankheit in Afrika, Akabane-Krankheit in Japan, Australien und Israel). Impfstoffe stehen derzeit noch nicht zur Verfügung. Wichtigste prophylaktische Maßnahme ist die Vermeidung von Insektenstichen.

Familie Retroviridae. Retroviren sind runde, doppeltumhüllte Partikeln von 80–120 nm Durchmesser und meist komplexer Innenstruktur. Das ikosaedrische Nukleokapsid enthält selbst wieder ein helikales Ribonukleoprotein. Neben der äußeren Lipidhülle, die von Wirtszellen stammt, weisen Retroviren eine typische Membran des Innenkörpers (Core) auf, die ein konzentrisch oder exzentrisch gelagertes, sehr elektronendichtes Nukleoid umgibt. Die Außenhülle ist z. T. mit knopfartigen Anhängen dicht besetzt. Diese Spikes bestehen aus 2 Proteinen, die für die Anheftung an die Wirtszelle und Neutralisation durch Antikörper bedeutsam sind. Unter der Virushülle befindet sich ein weiteres Protein, das für Zusammenbau und Ausschleusung wichtige Funktionen ausübt. Der im Inneren des Virions liegende Innenkörper (Core) ist von einem regelmäßig gebauten Kapsid umgeben, dessen Kapsomeren aus dem Hauptprotein des Virions bestehen. Retroviren sind ether- und chloroformempfindlich und instabil bei *p*H-Werten von <5 und >9. Sie haben in der Natur eine weite Verbreitung, aber in der Außenwelt nur eine sehr kurze Lebensfähigkeit.

Als Besonderheit besitzen alle Retroviren das Enzym Reverse Transkriptase (Revertase, Umkehrtranskriptase), mit dessen Hilfe während des Vermehrungszyklus in der Wirtszelle die in der RNS des Virions verschlüsselte Information – genau umgekehrt wie sonst üblich – in DNS »zurückgeschrieben« werden muß, ehe sie wirksam werden kann. Das Enzym benutzt dabei die virale RNS als Matrize zur Herstellung von DNS. Dadurch wird die Möglichkeit geschaffen, virusspezifische Nukleinsäure stabil in das Wirtszellgenom einzubauen, wo es als sogenannte Provirus persistiert. Infolge dieser Vorgänge kommt es zur tiefgreifenden Veränderung der genetischen Ausstattung einer Zelle und damit zur Tumorbildung. Das von Crick postulierte Dogma der Molekularbiologie: DNS kodiert für RNS, die wiederum für Eiweiße kodiert, gilt für Retroviren nicht. Die Familie enthält die einzigen bekannten RNS-Viren, die bei verschiedenen Tieren Tumoren bilden, z. B. Leukosen (Blutkrebs bei Rind, Katze, Geflügel und Nagern), Lymphome (Lymphknotengeschwülste), Sarkome (Bindegewebsgeschwülste) und Adenokarzinome (Drüsenkarzinome). Nur wenige Vertreter dieser Familie weisen keine krebserregenden Eigenschaften auf.

Seit 1978 wurden auch beim Menschen Retroviren entdeckt, nämlich die Human T-cell-Leukemia-Viren (HTLV). Von ihnen sind die Typen I und II bekannt.

Man teilt die Retroviren in folgende Unterfamilien ein: Die Unterfamilie Oncovirinae enthält alle bei Tieren vorkommenden RNS-Tumorviren mit den Gattungen *Oncovirus B, C, D* und *E*. Die Gattung *Oncovirus B* läßt sich weiter in Viren der Säugetiere (Katzenleukose- und Katzensarkomviren), Vögel (aviäre Sarkom- und Leukoseviren) und Reptilien (Schlangensarkomvirus) einteilen. Zur Gattung *Oncovirus E* gehören das Leukosevirus des Rindes, HTLV I und HTLV II.

Vertreter der Unterfamilie Spumavirinae kommen bei vielen Tierarten persistent vor und bewirken weder klinische und pathologische Veränderungen noch Tumorbildung. Sie wurden meist zufällig entdeckt und konnten bisher noch nicht mit bestimmten Krankheiten in Zusammenhang gebracht werden. Zur Unterfamilie Lentivirinae rechnen das Maedi- und Visnavirus, die Lungenentzündung bzw. Gehirnentzündung beim Schaf hervorrufen, und die Erreger von Aids beim Menschen, HIV I, HIV II und HIV III.

Vertreter der Gattung *Oncovirus B* kommen bei Mäusen, Meerschweinchen, Affen und anderen Tierarten als Erreger von Karzinomen vor. B-Partikeln besitzen ein exzentrisch gelegenes Nukleoid.

Die weltweit verbreiteten Geflügelleukosen werden durch verschiedene Virusarten verursacht (aviärer Leukose-Sarkom-Komplex). Vermutlich spielt die Intensivhaltung eine fördernde Rolle. In den USA mußten bereits in den 60er Jahren bis 50% der Junghühner wegen Leukose verworfen werden. Außer Hühnern erkranken auch Puten. Typische Symptome sind krebsartige Entartungen von Zellen des blutbildenden Gewebes. Von den verschiedenen Krankheitsformen besitzt die lymphoide Leukose besondere Bedeutung. Lymphoide Zellen wuchern dabei in allen möglichen Organen und Körperteilen. Angesteckt werden die Tiere durch Kontakt, durch belebte und unbelebte Zwischenträger sowie über das Brutei. Küken können bereits beim Schlupf erkrankt sein und den Erreger schon im Brutapparat weitergeben. Es wird angestrebt, leukosefreie Zuchten zu schaffen.

Die Enzootische Rinderleukose ist die bedeutendste chronische Erkrankung bei Rindern; sie ist weltweit verbreitet. Das bovine Leukämievirus (BLV) befällt Blutzellen (B-Lymphozyten). Die Ansteckung erfolgt vor allem durch Kontakt, blutsaugende Insekten und alle Handhabungen, bei denen Blut von einem auf das andere Tier übertragen wird. Die Inkubationszeiten sind zumeist lang. Antikörper treten erst 4–8 Monate nach der Infektion im Serum auf. Bei einem Teil der Tiere kommt es Monate oder Jahre nach der Ansteckung zu typischen Veränderungen des weißen Blutbildes (starke Vermehrung von Leuko- und Lymphozyten), bei anderen Tieren können sie fehlen. Diese sind jedoch meist latent infiziert. Das als Präleukose bezeichnete Stadium läßt außer hämatologischen Veränderungen noch keine klinischen Symptome erkennen. Die Tiere scheinen gesund. Dieses Stadium kann monate- bis jahrelang bestehen. Bei 10–30% der Rinder mit verändertem Blutbild folgt nach 3 Jahren der Übergang in das Leukosestadium (Tumorstadium), bei dem Apathie, Futterverweigerung, Verdauungs- und Kreislaufstörungen, Lahmheiten, Nachlassen der Milchleistung und schließlich Tumoren auftreten. Typisch sind deutlich wahrnehmbare Schwellungen von Lymphknoten, lymphatischem Gewebe und Milz. Atemnot und Schluckbeschwerden stellen oft die Folge dieser Geschwulstbildung dar. Die tumorösen Veränderungen können entweder nur in einzelnen Organen auftreten oder auch generalisiert im lymphatischen Gewebe, wobei verschiedene Tumorformen gebildet werden. Diese Symptomatik führt meist schnell zum Tod der Tiere. Es gilt als sicher, daß verschiedene zusätzliche Faktoren (besondere Anfälligkeit, Streßbedingungen, Virulenzunterschiede der Virusstämme) den Verlauf beeinflussen. Eine Behandlung kranker Tiere ist nicht möglich.

Es schien folgerichtig, auch beim Menschen nach Retroviren zu suchen, die Krebs erzeugen. 1978 wurde tatsächlich ein menschliches Retrovirus entdeckt, das Krebs erregt: das HTLV I. Es heftet sich vorwiegend an T-Lymphozyten an, eine Form weißer Blutkörperchen, die für die zelluläre Immunabwehr verantwortlich ist, und setzt dort nach Eindringen in die Zelle eine Reaktionsfolge in Gang, die zu einer Leukämie führt. Die Viren infizieren reife T-Helferzellen, deren lebensnotwendige immunologische Funktion sie verändern oder zerstören. HTLV I scheint auf dem gesamten afrikanischen Kontinent vorzukommen, besonders in Westafrika, aber auch unter der schwarzen Bevölkerung der Karibik, des Südwestens der USA und auf einigen südjapanischen Inseln. Inzwischen konnte dieser Erreger schon mehrhundertfach isoliert werden. Die Krankheit äußert sich bei einem Teil der infizierten Personen in Hautläsionen, besonders im Kopfbereich, und knotenartigen Anschwellungen in der Lederhaut, die vom Eindringen entarteter Blutzellen herrühren. Die Lebenserwartung ist nach Erreichen dieses Stadiums nur noch sehr kurz (2–3 Monate).

1982 wurde ein zweites menschliches Leukämievirus entdeckt: HTLV II. Es kommt wesentlich seltener vor und wurde bis jetzt nur ganz vereinzelt bei Patienten mit Haarzellleukämie gefunden. Es unterscheidet sich nur geringfügig von HTLV I. Genomgrundstruktur und auch die Nukleotidsequenz lassen große Übereinstimmung erkennen. Obwohl die Erkrankungen durch HTLV I und II relativ selten sind, gibt es Anzeichen dafür, daß sie sich in besonderen Risikogruppen der Bevölkerung ausbreiten, z. B. bei Drogensüchtigen.

Die als Visna und Maedi bezeichneten Erkrankungen beim Schaf werden durch die gleiche Retrovirusart hervorgerufen. Sie unterscheiden sich jedoch sowohl in der klinischen Symptomatik als auch in den Organschädigungen. Visna ist eine sehr langsam und wenig ansteckend verlaufende Erkrankung des Zentralnervensystems (Meningitis), die zu Lähmungen führt. Maedi äußert sich dagegen als chronische Lungenentzündung mit trockenem Husten und Atembeschwerden. Die beiden Krankheiten sind erst ab Ende der dreißiger Jahre in Island bekanntgeworden. Sie führen fast ausnahmslos zum Tode. Visna kommt heute nur noch selten vor, Maedi ist dagegen bei Schafen und Ziegen weit verbreitet. Den Übertragungsweg dieser Viren kennt man noch nicht genau. Außergewöhnlich ist die lange Inkubationszeit (Monate bis Jahre).

Die Forschungen über die krebserzeugenden menschlichen Retroviren stehen erst noch am Anfang. Sie sind ein unerhört spannender Abschnitt der Geschichte der Biologie unseres Jahrhunderts. Das wurde um so deutlicher, als es 1983 und 1984 unabhängig voneinander arbeitenden Forschergruppen gelang, den Erreger der erworbenen Immunschwäche, Aids, aufzuspüren, der sich als Verwandter der bisher bekannten HTLV herausstellte. Die Erstkultur gelang 1983 Montagnier und Mitarbeitern im berühmten Pariser Pasteur-Institut aus typisch vergrößerten Lymphknoten eines an Aids erkrankten Mannes. Die französischen Forscher nannten den Erreger LAV (Lymphadenopathie assoziiertes Virus). 1984 isolierte eine amerikanische Forschergruppe um Robert Gallo ein ähnliches Virus, das sie HTLV III nannte. Später stellte sich heraus, daß es sich um einen anderen Stamm des gleichen Erregers handelte. Es wird jetzt international als HIV (menschliches Immunschwächevirus) bezeichnet. Gestaltlich unterscheidet sich der Typ III des HTLV von den Typen I und II durch sein mehr stäbchenförmiges Nukleokapsid. Kurioserweise sind die durch HTLV verursachten Krankheiten trotz Erregerverwandtschaft völlig entgegengesetzt gerichtet: Bei Leukämie durch HTLV I und II kommt es zur unkontrollierten T-Zellvermehrung, bei Aids (HTLV III) hingegen sterben diese Zellen ab, was zur entscheidenden Schwächung des Immunsystems führt.

Die ersten Fälle der zuvor noch nicht erkannten tödlichen Krankheit wurden im Jahre 1981 in den Centers for Disease Control in Atlanta (USA) bei jungen Homosexuellen registriert. Dort starben die Betroffenen an Infektionen ziemlich seltener Art, z. B. an Lungenentzündung, die durch den weit verbreiteten, im allgemeinen aber harmlosen Einzeller *Pneumocystis carinii* verursacht wird, oder an bösartigen Geschwülsten, z. B. Kaposi-Sarkom. Bei der letztgenannten Krankheit handelt es sich um einen Hautkrebs, der seinen Ausgang von der innersten Zellschicht der Blutgefäße nimmt. Auf Haut und Schleimhäuten bilden sich kleine, rotviolette Knoten, die einzeln auftreten oder sich auch über den ganzen Körper ausdehnen können. Gleichzeitig traten bei diesen Personen auch Infektionen mit zahlreichen normalerweise harmlosen Mikroben in Erscheinung, wie sie bestenfalls bei besonders geschwächten Menschen bekannt waren. Schon 2–3 Jahre später wurden gleiche Erkrankungen in Westeuropa registriert.

Es wurde bisher angenommen, daß diese neue Seuche, vor der die Welt steht, Ende der 50er Jahre bei Menschen in Zentralafrika erstmals aufgetreten ist, von wo aus sie sich wenige Jahre später nach den USA, in die Karibik und nach Europa ausbreitete. Das neue Virus könnte sich aus Affenretroviren, die in Menschen gelangt sind, durch Mutationen zum HIV umgewandelt haben.

Andere Forscher glauben aber, daß Aidsviren ursprünglich in einer apathogenen Form in der Natur vorgelegen haben, aus der sie sich in eine pathogene verwandelten. Zwar wurden aus grünen Meerkatzen HIV isoliert, sie unterscheiden sich jedoch stark von den humanen Typen.

Das 90–110 nm große Aidsvirus kann nur übertragen werden, wenn es in die Blutbahn gelangt. Es ist somit im Grunde genommen schwer übertragbar, zumal wahrscheinlich auch eine ziemlich hohe Infektionsdosis nötig ist. Der Erreger ist außerdem äußerst feuchtigkeitsabhängig, reagiert empfindlich auf äußere Einflüsse und stirbt schnell ab. Hitze und die üblichen Desinfektionsmittel reichen zu seiner Abtötung völlig aus. Bisher konnte der Erreger aus Blut, Sperma, Scheidensekret, Speichel, Tränenflüssigkeit, Muttermilch, Schweiß, Urin und Stuhl isoliert werden. Die Samenflüssigkeit, in der die

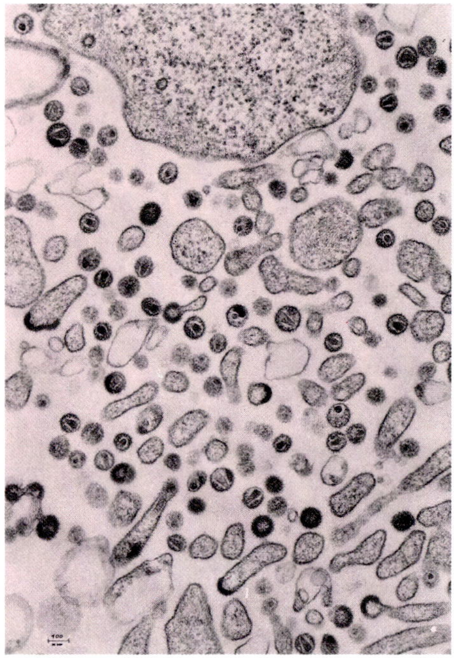

Ultradünnschicht durch HIV-produzierende H_9-HT-Zellen (permanente Zellinie). Neben reifen Partikeln mit typischem Core ist eine größere Zahl unreifer Virionen zu sehen, ebenso die durch Budding frei werdenden HIV. Diese Zellinie produziert große Mengen HIV ohne besondere zytozide Beeinträchtigung (Vergr. 60 000).

Spermazellen schwimmen, erwies sich als besonders infektiös. Als Übertragungswege gelten in erster Linie Sexualkontakte mit infizierten Personen. Kleinste Verletzungen an den Genitalschleimhäuten, die bei Frauen fast immer vorkommen, ermöglichen den Viren den Eintritt in die Blutbahn. Aids zählt somit zu den sexual übertragbaren Krankheiten (früher Geschlechtskrankheiten benannt). Erregerübertragung konnte ferner durch infiziertes Blut bei Transfusionen, durch Bluterbehandlung mit Blutgerinnungsfaktoren sowie durch Sperma bei künstlicher Befruchtung oder auch durch Organtransplantationen beobachtet werden. Nicht auszuschließen für die Übertragung sind solche Manipulationen wie Tätowierung, Akupunktur und Ohrstechen, wenn die dazu verwendeten Instrumente nicht jedesmal sterilisiert werden. Auch Süchtige, die sich Drogen in die Blutbahn spritzen und dabei das gleiche Besteck benutzen, das vorher ein Infizierter gebraucht hat, sind hoch gefährdet. Schließlich gibt es zahllose Fälle, bei denen infizierte schwangere Frauen ihr Kind im Mutterleib angesteckt haben, was ja ebenfalls auf dem Blutweg erfolgt. Für eine Übertragung durch blutsaugende Insekten fehlt bisher jeder Beweis. Heute wird in den meisten Ländern jede Blut- oder Organspende auf Anwesenheit von HIV getestet.

Das HIV dringt in T_4-Lymphozyten ein, lebenswichtige Zellen des Immunsystems, wo es sehr lange latent verbleiben kann. Nach Jahren der Ruhe vermehrt sich der Erreger plötzlich so schlagartig, daß die befallene Zelle anstirbt. Die Folge ist eine drastische Verringerung von T_4-Lymphozyten, das typische Merkmal von Aids. Die Lymphozyten, aber auch Monozyten und Makrophagen, also für das Funktionieren des Immunsystems wichtige Zellen, sind das Angriffsziel der Aidsviren. Sie alle tragen das Markermolekül T_4 (= CD_4-Rezeptor der Zielzelle). Dieses Molekül tritt vermutlich mit der Virushülle in Kontakt und ermöglicht durch Endozytose das Eindringen des Erregers in die Zelle. Auch in bestimmten Haut- und Gehirnzellen konnte der Erreger inzwischen nachgewiesen werden.

Im normalen zirkulierenden Blut bilden T_4-Lymphozyten 60–80 % der T-Zellpopulation. Nach Infektion mit HIV sinkt ihre Zahl so stark ab, daß sie sich im Blutbild kaum noch nachweisen lassen. Durch den Ausfall der T-Zellen werden B-Zellen nicht mehr zur ausreichenden Antikörperbildung angeregt, ja, sie erkennen nicht einmal mehr ein Antigen. Andere T-Zellen werden in ihrer Funktion beeinträchtigt; die Konzentration von Interleukin 2, das das Wachstum reifer T-Zellen anregt, sinkt; Makrophagen und natürliche Killerzellen werden inaktiviert. Vermutlich verändern diese Viren die T_4-Zelloberfläche, so daß keine Immunantwort mehr zustande kommt. Daß Aidsviren nur den T_4-markierten Zelltyp befallen, unterscheidet sie von anderen Retroviren, die ein breiteres Zellspektrum attackieren. Doch sorgen die Makrophagen, die viele Erreger enthalten können und im ganzen Körper zirkulieren, für eine Verbreitung in alle Organe. 1 ml Blut kann 10^4 Viruspartikeln enthalten.

Neuere Erkenntnisse sprechen dafür, daß HIV nicht allein Ursache für Aids sein kann. Sie wirken möglicherweise erst dann tödlich, wenn sie mit bestimmten Cofaktoren zusammenkommen, z. B. mit bestimmten Mykoplasmen.

Zum Krankheitsbild von Aids gehören auch Erkrankungen des Zentralnervensystems. HIV-infizierte Personen erkranken ferner wesentlich häufiger an verschiedenen Krebsformen: an dem beschriebenen Kaposi-Sarkom, an Hautkrebs (bei Homosexuellen besonders im Mund- und Mastdarmbereich) und an B-Zell-Lymphomen.

Aus den Untersuchungen über Herkunft, Verbreitung und Verlauf von Aids wurde bald deutlich, daß es sich nicht um eine Krankheit der Homosexuellen oder einer besonderen Risikogruppe handelt. Dieser Rahmen ist längst gesprengt.

Aids ist eine chronische Infektion, die in mehreren Phasen mit fließenden Übergängen verläuft. Daß jede HIV-Infektion unweigerlich in Aids endet, kann noch nicht als bewiesen gelten. Die ausgeprägte Aidssymptomatik steht am Ende der verschiedenen Phasen. Nach der Diagnose Aids überlebt kaum ein Kranker die nächsten 5 Jahre. Von natürlicher Heilung ist noch kein Fall bekannt. Zum Krankheitsbild gehören ferner Auszehrung und rasantes Überhandnehmen von sonst harmlosen Mikroben (Bakterien und Pilze, opportunistische Erreger). Infizierte können aber auch sterben, ohne typische Aidssymptome aufzuweisen. Ursachen sind dann Tbk, Lungen- und Darminfektionen, Blutgerinnungsstörungen, Herzschäden, Lähmungen, psychische Veränderungen und geistiger Verfall. Die Zeit von der Infektion bis zum Ausbruch kann ungewöhnlich lang sein. 6–7 Jahre sind nicht selten; es gibt sogar Fälle von 13–16 Jahren. Das bedingt natürlicherweise, daß es einen großen Anteil infizierte, aber noch keine Symptome zeigende Personen gibt. Dies unterscheidet Aids von allen bisher bekannten Menschheitsseuchen; Es ist schwer zu entdecken, da es sich erst spät zu erkennen gibt.

Bisher hat sich Aids auch mit beängstigender Geschwindigkeit ausgebreitet. Es kann davon ausgegangen werden, daß in zentralen Teilen Afrikas, von wo die Pandemie ausgegangen ist, ein Durchseuchungsgrad von 10–20 % besteht; Hunderttausende dürften echt an Aids erkrankt sein. Bei der Bevölkerung um den Viktoriasee in Ostafrika wird HIV besonders häufig festgestellt. Wahrscheinlich ist die dort vorkommende hohe Säuglingssterblichkeit von über 50 % auf mit Aids infizierte Mütter zurückzuführen. Die Daten über Aids und die Zahlen über gemeldete Aidsfälle in den einzelnen Ländern können natürlich nie aktuell sein. Nach Meldung der WHO wurden Ende September 1988 rund 120000 Aidskranke registriert; davon entfallen etwa 85000 auf Nord- und Südamerika, rund 19000 auf Afrika und rund 15000 auf Europa. Die wirkliche Zahl dürfte nach vorsichtigen Schätzungen zwischen 150000 und 200000 liegen, die der Infizierten bei 5–10 Millionen. Das Verhältnis infizierter Männer zu infizierten Frauen beträgt rund 10:1, in Zentral- und Ostafrika vermutlich 1:1. Für eine schnelle Verbreitung dort sorgen vor allem Prostituierte, die zu 60–80 % infiziert sind. Eine weitere Ausbreitung auch in anderen Ländern erfolgt ständig, vor allem in Großstädten mit Prostituierten, Drogensüchtigen und internationaler Kommunikation.

Aids hat vermutlich viel früher begonnen als angenommen. Nachdem Erreger, Krankheitsbild und -verlauf bekannt sind, werden rückblickend bereits 1972 ein französischer Aidsfall und 1976 ein deutscher in Köln für wahrscheinlich gehalten. Für die USA dürften die ersten Fälle ebenfalls 10 Jahre zurückzudatieren sein.

Die HIV-Diagnostik beruht weitgehend auf klinischer Symptomatik und dem Nachweis von Antikörpern, für den verschiedene Serotests entwickelt wurden (Suchtests mit Enzymimmunoassays, Bestätigungstests). So ist es seit 1985 mit Hilfe eines Bluttests möglich, das Risiko einer Aidsübertragung durch Bluttransfusion deutlich zu vermindern. Auftretende Antikörper bewirken merkwürdigerweise keine Immunität gegen die Infektion. Sie dienen aber der Erkennung von Infizierten. Der positive Ausfall eines serologischen Befundes mit all seinen möglichen psychologischen und sozialen Folgen muß sehr sorgfältig interpretiert werden. Zum direkten Aidsvirusnachweis in Körperflüssigkeiten und Lymphgewebe eignet sich die zwar aufwendige, aber recht zuverlässige Anzüchtung in Lymphozytenkulturen, wobei nur die positive Kultur als beweisend anzusehen ist.

Die verschlungenen krankmachenden Mechanismen einer HIV-Infektion lassen auch dem Laien deutlich werden, wie schwierig eine Chemotherapie anzusetzen ist. Einer Impfstoffproduktion steht bislang noch die hohe genetische Variabilität des Erregers gegenüber. Es sind schon jetzt etwa 3000 verschiedene, nicht eng miteinander verwandte Aidsvirusstämme bekannt. Dabei wurden bei Viren verschiedener Patienten Abweichungen von über 30 % ihrer Basen beobachtet. Selbst bei einem einzigen Patienten sind bereits bis 14 verschiedene Varianten aufgefunden worden. Diese Variabilität kann von einem Impfstoff nicht abgedeckt werden, da dieser nur eine typenspezifische Wirkung entfaltet und somit längst nicht alle Stämme neutralisieren könnte.

Zudem sind inzwischen in Westafrika und in Europa neue Typen, HIV II und HIV III, entdeckt worden, die diese Problematik weiter komplizieren. Sie sind mit dem HIV I verwandt.

Für bereits infizierte Menschen wäre ein wirksames Medikament, für die Vorbeugung die Schaffung eines Impfstoffes vordringliche Aufgabe. Therapeutisch beeinflußt werden könnten aber bestenfalls nur die »Kopien« der viralen RNS. Das Original ist sicher in das Genom der Wirtszelle eingebaut und kaum erreichbar. Das bedeutet lebenslange Therapie bei lebenslanger Infektion.

Wir sind bei der Besprechung der Influenzaviren schon dem Tatbestand begegnet, daß diese dem körpereigenen Immunsystem entgehen, weil sich die oberflächlichen Hülleiweiße durch Mutation ständig verändern. Die gegen solche Viren gebildeten Antikörper sehen sich ständig veränderten Erregern gegenüber und bleiben deshalb oft wirkungslos. Das Aidsvirus verändert nicht nur seine oberflächlichen Hüllglykoproteine und entzieht sich damit dem Immunsystem, es zerstört es auch noch.

Da eine Kontrolle sexueller Kontakte außerhalb jeder Vorstellung liegt, bleiben Aufklärung, Vertrauen, Verantwortungsbewußtsein und entsprechende Vorsicht vorerst die wichtigsten prophylaktischen Maßnahmen.

Der Vollständigkeit halber soll erwähnt werden, daß bei Katzen ein Virus aus dieser Gruppe bekannt ist, das ebenfalls chronische Infektionen hervorruft, »Katzen-Aids«. Die genaue Bezeichnung lautet »Felines Immunschwächevirus«. Die Gefahr, durch Katzen an Aids zu erkranken, besteht nicht, da das Virus sich deutlich vom HIV unterscheidet.

Nichtklassifizierte Viren

Einige wichtige Erreger menschlicher und tierischer Viruskrankheiten konnten bislang noch nicht in das gültige System eingeordnet werden. Dazu zählt z. B. das Virus der Bornaschen Krankheit. Es wurde nach der Stadt Borna bei Leipzig benannt. Die Krankheit tritt nur sehr selten regional auf und verursacht bei Pferden und Schafen nichteitrige Entzündungen des Gehirns und Rückenmarks, die zu Lähmungen und Tod führen. Die Virusgröße beträgt etwa 80–120 nm.

Prionen

Bei den Prionen handelt es sich um infektiöse Teilchen, die nur aus Eiweiß bestehen. Sie werden mit solchen Erkrankungen wie Kuru, Creutzfeld-Jakob-Syndrom des Menschen, Infektiöse Enzephalopathie der Nerze, Scrapie (Traberkrankheit) der Schafe und Ziegen sowie mit der Bovinen Spongioform Enzephalopathie in Zusammenhang gebracht. Es handelt sich in allen Fällen um degenerative Erkrankungen des Zentralnervensystems. Die Erreger weichen in fast allen Eigenschaften von den Viren ab. Sie sind noch kleiner als diese und von stäbchenförmiger Gestalt. Es konnten bisher weder DNS noch RNS nachgewiesen werden. Die Nukleinsäuren könnten aber auch in nichtnachweisbaren Mengen vorhanden sein. Die mutmaßlichen Erreger der genannten Krankheiten ähneln einander, sind jedoch nicht identisch. Die kleinste infektiöse Form eines Prions ist wahrscheinlich hundertmal kleiner als das kleinste Virus.

Kuru ist eine Erkrankung, die bei Ureinwohnern im Hochland von Irian Jaya (früher Westirian) entdeckt wurde. Das infektiöse Agens wird bei ihnen durch Kannibalismus, d. h. durch das rituelle Verzehren von Gehirn verstorbener Stammesangehöriger, übertragen. Die Inkubationszeit beträgt 4–20 Jahre. Mit dem mutmaßlichen Erreger ließen sich Schimpansen infizieren. Besonders verbreitet war Kuru beim Stamm der Fore, wo jede zweite Frau an dieser rätselhaften Krankheit starb und zeitweilig sogar ein Viertel der Bevölkerung. Es muß angenommen werden, daß die Infektion nicht durch den Verzehr von Hirn allein, sondern auch während der Zubereitung des rituellen Mahles durch kleine Verletzungen zustande kommt.

Das Creutzfeld-Jakob-Syndrom ähnelt der Kurukrankheit und ist ebenfalls auf Menschenaffen übertragbar. Es äußert sich in allmählicher Hirndegeneration mit Schläfrigkeit und Schwachsinn. Die Krankheit führt ebenfalls zum Tode.

Bei der Scrapie der Schafe beträgt die Inkubationszeit 1–4 Jahre. Es treten Juckreiz, Schreckhaftigkeit, Zittern, Verlust der Bewegungskoordination und Lähmungen auf. Die Krankheit endet stets tödlich. Sie gilt als die klassische Prioneninfektion. Befallen werden nur einzelne Tiere einer Herde. Der Erreger läßt sich auf kleine Labortiere, Ziegen und Affen übertragen.

Die Infektiöse Enzephalopathie der Nerze äußert sich in verminderter Futteraufnahme, Gewichtsverlust, zielloses Umherlaufen, Festbeißen an Gegenständen u. a. Nach einer Inkubationszeit von 7–10 Monaten und einer Krankheitsdauer von 1–6 Wochen führt diese Infektion immer zum Tod.

Die ersten Fälle der mysteriösen Rinderkrankheit BSE (Bovine Spongioform Enzephalopathie), im Volksmund »Rinderwahnsinn«, traten erstmalig 1986 in der Grafschaft Kent auf. Erkrankte Tiere sind unruhig, geräuschempfindlich, scheu und aggressiv. Nach einigen Wochen verfallen sie in taumelnden Gang, fallen um und verenden. Es spricht viel dafür, daß zwischen Kuru, Scrapie, Creutzfeld-Jakob-Syndrom, Nerzenzephalopathie und BSE ein enger Zusammenhang besteht. In allen Fällen ergeben sich Hirndegeneration nach dem Kurumuster: schwammartig durchlöcherte Gehirne. Es kann angenommen werden, daß die Erreger von Scrapie und BSE identisch sind und nur ein Wirtswechsel stattgefunden hat. Daß es sich dabei um übertragbare Krankheiten handelt, gilt für alle Formen als unbestritten. Unklarheit herrscht jedoch über die Erregernatur. Entweder es handelt sich um ein Prion oder um ein noch nicht entdecktes Minivirus.

Die Beteiligung von Prionen bei der Alzheimerischen Krankheit, der häufigsten Form des Altersschwachsinns, wird noch diskutiert. Die genannten Krankheiten rechnen alle zu den »slow infections«.

Krankheiten mit vermuteter Virusbeteiligung

Für Multiple Sklerose, Diabetes, Schizophrenie, rheumatoide Gelenkentzündung, ja selbst für verschiedene Krebsformen und andere akute und chronische Erkrankungen des Menschen wird eine virale Ursache ernsthaft diskutiert. Neue Probleme sind somit auf lange Sicht vorgezeichnet. Man kann sie nicht im Alleingang eines Landes, sondern nur durch weltweite Zusammenarbeit lösen. Nicht nur die Fachwelt wird mit Spannung die weiteren Ereignisse verfolgen.

Die Bakterien

Aus der Geschichte der Bakteriologie

Die Entwicklung der Bakteriologie ist das Ergebnis unermüdlichen Forschergeistes in einem Zeitraum von rund 200 Jahren. Wie kaum in anderen Wissensgebieten hielten besonders Ende des vorigen Jahrhunderts die Entdeckungen vieler Forscher die Menschheit in Atem und kennzeichneten die stürmische Entwicklung einer neuen Wissenschaft, der Bakteriologie. Besondere Aufmerksamkeit erregten Wissenschaftler, deren Forschungen auf die Erkennung und Bekämpfung bakterieller Krankheitserreger gerichtet waren. So sind Namen wie Louis Pasteur und Robert Koch sowie die mit ihnen im Zusammenhang stehenden wissenschaftlichen Pionierleistungen zum Allgemeingut der Bildungseinrichtungen der ganzen Welt geworden. Es steht außer Frage, daß der Mensch schon vor langer Zeit ohne Kenntnis vom Vorhandensein und von der Tätigkeit kleinster Lebewesen lernte, sich deren Wirkungen nutzbar zu machen. Dies dürfte im wesentlichen auf die Verwendung von Milch und deren Säuerungsprodukten, auf Vergärung pflanzlicher Substanzen, Sauerteig für das Brotbacken und andere auf die Ernährung gerichtete Vorgänge zutreffen. Doch weiß man aus alten Überlieferungen, daß auch die bodenverbessernde Wirkung der Leguminosen schon den Römern bekannt war und genutzt wurde. Heute ist dieser fundamentale biologische Prozeß im Boden weitgehend erforscht, und die beteiligten Bakterien nehmen bezüglich ihrer Nützlichkeit eine hervorragende Stellung ein. Bei arabischen und römischen Autoren medizinischer Schriften klingt der Glaube an die Existenz unsichtbarer Lebewesen an, die an sumpfigen Orten gedeihen und als eine Art Samen für das Hervorgehen aller lebenden Dinge verantwortlich gemacht wurden. In gleicher Weise betrachtete Lukrez in seinem »De rerum natura« umherfliegende Samen als Ursache für die Entstehung von Krankheiten und Tod. Diese Gedankengänge wurden sehr viel später auch von Giordano Bruno wieder aufgegriffen und beeinflußten ebenfalls Isaac Newton und John Dalton. Aber erst die Herstellung einer genügend stark vergrößernden Linse ermöglichte den Beweisantritt für das tatsächliche Vorhandensein von Mikroorganismen. Athanasius Kircher soll als erster 1671 Bakterien beobachtet haben, doch die erste Abbildung von ihnen lieferte der Niederländer Antony van Leeuwenhoek im Jahre 1683, der als Sohn eines Kleinhändlers lange Zeit als Torwächter der Stadt Delft tätig war, mit Brillenglas- und Edelsteinschleifern Kontakt hatte und von ihnen das Glasschleifen erlernte. Es war genau am 12. September 1683, als Leeuwenhoek durch den Anatomen Graaf seine Entdeckungen brieflich an die Royal Society nach London berichtete: »Ac fere semper magna cum admiratione vidi dictae illi materiae inesse multa exigua admodum animalcula iucundissimo modo se moventia.« Leeuwenhoek sah vor allem im Zahnbelag verschiedener Menschen unglaubliche Massen dieser »unscheinbaren, sich fröhlich bewegenden Tierchen« und entdeckte auch bei sich selbst, der »sehr reinlich, sich seinen Mund stets ausspüle und die Zähne bürste«, mehr Lebewesen, »als in den vereinigten Provinzen Menschen wohnen«. Leeuwenhoeks Name steht an der Schwelle einer neuentdeckten Welt, der Welt der Mikroben.

Die mit Hilfe einer starken konvexen Linse (Vergrößerung 180fach, Auflösung 2 µm) entdeckten animalcules zeigten in der zeichnerischen Darstellung bereits die 3 Grundformen der Bakterien: die Kugel, das Stäbchen und die Schraube. Linsen kannte man schon im Altertum, und zusammengesetzte Mikroskope mit stärkerer Vergrößerung sind bereits 1590 erfunden worden. Sie erreichten jedoch nicht das Auflösungsvermögen Leeuwenhoekscher Linsen. Der damals übliche Name war vitra pulicaria (Flohgläser). Wahrscheinlich waren sie nur für größere Gegenstände verwendbar. Mit ihnen wurden aber die viel größeren Pilze erkannt. 1786 benutzte Otto Friedrich Müller in Dänemark ein zusammengesetztes Mikroskop und beobachtete Bakterien, die er je nach Form mit den noch heute gebräuchlichen Namen Bacillus, Spirillum und Vibrio belegte. Dies kann als der erste Versuch einer Ordnung der Kleinlebewesen gewertet werden. Im Zuge der um die Mikroorganismen anwachsenden Untersuchungen und des daraus hervorgehenden Schrifttums entwickelten sich verschiedene Lehrmeinungen und Forschungsrichtungen.

So finden wir am Beginn der modernen Naturwissenschaft den lang und heftig geführten Streit um die Urzeugung, d. h. darum, ob sich Lebewesen aus totem, faulendem organischem Material entwickeln können. Im Gegensatz dazu stand die Meinung der Vertreter einer anderen Richtung, die annahmen, daß alles Leben nur aus Leben komme – »omne vivum ex vivo«. Wenngleich man zu Beginn des 18. Jahrhunderts nicht mehr glaubte, daß die großen Organismen aus unbelebter Materie entstehen, so gewann doch dieser Gedanke für die Kleinlebewelt besonders an Raum, da sie vorwiegend in faulenden Flüssigkeiten entdeckt wurde, in denen sie aus den zerfallenden Tieren und Pflanzen hervorgegangen sein sollte. Der schottische Priester Needham glaubte mit besonderen Beweisen zugunsten der Urzeugung aufwarten zu können. Er stellte im Jahre 1745 Fleischaufgüsse her, kochte sie und verschloß sie in einer Flasche. Trotzdem entwickelten sich darin Mengen kleinster Lebewesen, was als eindeutiger Beweis für spontane Lebensentstehung angesehen wurde. Spallanzani, der die abtötende Wirkung von hohen Temperaturen auf Mikroorganismen kannte, führte 1776 jedoch ähnliche Versuche mit größerer Sorgfalt durch und gelangte zu entgegengesetzten Schlußfolgerungen. Trotzdem wogte der Streit noch fast ein Jahrhundert hin und her, bis schließlich Pasteur 1862 mit seinen berühmten Experimenten das Märchen von der Urzeugung endgültig zerstörte. Er verwendete Apparate, die die nach dem Abkühlen zurückströmende Luft erhitzten und in einem wassergekühlten Rohr wieder kühlten. Bei diesen Untersuchungsbedingungen blieb der abgekochte Fleischaufguß klar. Pasteur erkannte weiterhin in seinen grundlegenden Untersuchungen über die Milch-, Butter- und Essigsäuregärung die Bedeutung der Mikroorganismen bei diesen Vorgängen. Seine Arbeiten legten den Grundstein für die nachfolgende physiologische Ära der Mikrobiologie.

Neben diesem Streit um die Urzeugung entwickelten sich andere Forschungsrichtungen, z. B. die Erforschung der Systematik dieser Kleinlebewesen, ihre Beteiligung an technisch wichtigen Vorgängen, die Untersuchung der ansteckenden Krankheiten und schließlich die Bedeutung der Mikroorganismen im Boden. Während O. F. Müller alle mikroskopischen Lebewesen in der Klasse der Infusoria zusammenfaßte, ignorierte der große Naturforscher Linné die Mikrobenwelt fast völlig und teilte alles makroskopisch nicht Sichtbare dem »Chaos« zu. Eine Weiterentwicklung des Systems erfolgte durch C. G. Ehrenberg, F. Dujardin und F. Cohn 1872.

Die beeindruckendste Entwicklung nahm die Bakteriologie in dieser Zeit auf dem Gebiet der Infektionskrankheiten. Darüber ließe sich ein abenteuerliches Kapitel Wissenschaft schreiben. Die Erfahrung, daß verschiedene Krankheiten anstecken, ist uralt. So stammen der Begriff Miasma (krankhaftes Sekret der Luft) und seine Verbindung mit Kontagiosität schon aus dem Altertum (Hippokrates und Galen). Diese Vorstellungen verschwanden erst in den siebziger Jahren des vorigen Jahrhunderts. Die ersten krankheitserregenden Bakterien sind mit Sicherheit um 1850 bei Milzbrandfällen gesehen worden, ohne daß die Bedeutung dieser stäbchenförmigen Gebilde erkannt worden ist. Von den Gärungen ausgehend, gelangte Pasteur auch zu den Infektionskrankheiten, da er für beide Erscheinungen ähnliche Wirkungsmechanismen vermutete. Pasteur gab der Mikrobiologie gewaltige Impulse. Dieser große Forscher, nach dem heute zahlreiche berühmte Forschungsstätten benannt sind, erwarb sich in der Human- und Veterinärmedizin große Verdienste durch die Entwicklung des Autoklaven, mit dessen Hilfe die hitzeresistenten Bakteriensporen abgetötet werden können, durch Untersuchungen über Sterilisation (Pasteurisierung), durch Entwicklung von Methoden zur Abschwächung von krank machenden Mikroben bei gleichzeitiger Erhaltung der immunisierenden Wirkung u. a. Auf diese Weise gelang ihm die Herstellung von Impfstoffen gegen Milzbrand (1880), Rotlauf (1882) und Tollwut (1885).

Robert Koch, der als Begründer der modernen Bakteriologie gilt, entdeckte 1876 die Sporenbildung beim Milzbranderreger, 1882 den Tuberkuloseerreger, 1883 den Choleraerreger und entwickelte 1889/90 das Tuberkulin. Wesentliche Verbesserung erfuhr die mikrobiologische Technik durch die Einführung fester Nährböden, die die Gewinnung von Reinkulturen gestatteten, die Einführung der Färbung der Bakterien und die Mikrofotografie durch Koch und seine Mitarbeiter. Die epochemachenden Entdeckungen Pasteurs und Kochs bewirkten, daß die Ätiologie der Infektionskrankheiten auf eine experimentelle Grundlage gestellt wurde und die Lehre vom Miasma und Kontagium ihr Ende fand.

Unter Anteilnahme der gesamten wissenschaftlichen Welt nahm die medizinische Bakteriologie eine stürmische Entwicklung: 1882 – Isolierung des Typhuserregers durch Eberth und Gaffky, 1883 – Entdeckung der Phagozytose durch Metschnikow, 1883/84 – Isolierung des Diphtherieerregers durch Klebs und Loeffler, 1889 – Isolierung des Tetanuserregers durch Kitasato, 1890 – Entdeckung des Diphtherieantitoxins durch Behring und Kitasato, 1894 – Isolierung des Pesterregers durch Yersin und Kitasato, 1896 – Lehmann und Neumann veröffentlichen ihren Atlas und Grundriß der Bakteriologie, um nur einige Ereignisse zu nennen. Diese Entwicklung findet in unserem Jahrhundert eine großartige Fortsetzung, die von der Einführung der Chemotherapie durch Uhlenhuth und Ehrlich bis zur Entdeckung des Penicillins durch Fleming, zur Entdeckung der Sexualität bei Bakterien durch Tatum und Lederberg und Isolierung einer großen Zahl weiterer hochwirksamer Antibiotika sowie zu der breiten technischen Nutzung der Bakterien reicht.

Etwa zur gleichen Zeit entstand, wenn auch nicht so spektakulär, eine weitere Forschungsrichtung: die landwirtschaftliche Bakteriologie. Auch hier gaben fundamentale Entdeckungen die Impulse für eine weitere rasche Entwicklung. Hellriegel und Wilfarth fanden 1886 bis 1888, daß Leguminosen den atmosphärischen Stickstoff zu binden vermögen, wobei die Symbiose mit den Wurzelknöllchenbakterien dieser Pflanzen durch Frank, Beijerinck und Prazmowski eine eingehende Untersuchung erfuhr. 1890 entdeckte Winogradsky die nitrifizierenden Bakterien und kurze Zeit später die freilebenden anaeroben Stickstoffbinder des Bodens. Gleichsam wurden die Wichtigkeit und Nützlichkeit der Bakterien, die man bisher vorwiegend als Krankheitserreger und somit als Feinde kannte, bei zahlreichen anderen Vorgängen festgestellt, z. B. in der Milchwirtschaft, bei der Futtermittelkonservierung, Dungbereitung, bei Erhitzungsvorgängen des Heus und Komposts, bei technischen Prozessen wie Gärungen und Fermentationen, bei der Kaffee- und Kakaobereitung. Einzelheiten dazu werden in den Kapiteln über die Bedeutung der Bakterien sowie über ihre Umweltbereiche besonders abgehandelt.

Auch in den letzten Jahrzehnten gab es weitere interessante mikrobiologische Entdeckungen und Entwicklungen. Seit den siebziger Jahren konnten an extremen Standorten Bakterien aufgefunden werden, die möglicherweise schon seit 3–4 Milliarden Jahren existieren. Mit den bereits länger bekannten Methan- und Salzbakterien faßt man sie zu den sogenannten Archaebakterien (»Urbakterien«) zusammen. Sie stellen eine völlig neue, abgegrenzte Gruppe von Bakterien dar, die weder mit den bekannten Eubakterien noch mit Eukaryoten verwandt ist. 1978 ging eine Meldung durch die Fachpresse: »Ein Bakterienstamm wurde patentiert.« Mittels genchirurgischer Methoden war es gelungen, ein Bakterium zu »konstruieren«, das 60 % aller in Rohöl vorkommenden Verbindungen abbaut. Patentierte Lebewesen – ein bisher einmaliger Vorgang in der langen Geschichte der Mikrobiologie. Es war nur eines der Resultate einer sich stürmisch entwickelnden neuen Wissenschaft, der Biotechnologie. Bereits im gleichen Jahr gelang es, das menschliche Insulingen mit einem bakteriellen Plasmid zu verbinden und in einer Bakterienzelle zu vermehren. Die genetisch so veränderten Mikroorganismen bildeten fortan in kontrollierter Kultur Humaninsulin. Weitere erstaunliche Synthesen genetisch manipulierter Bakterien folgten.

Zwar machten in jüngster Zeit auch neuentdeckte Krankheitserreger von sich reden, z. B. 1976 *Legionella pneumophila* als Erreger der Legionärskrankheit oder *Borrelia burgdorferi* als Erreger der Zeckenborreliose. Ihre Bedeutung verblaßt vor den Leistungen, die von der überwiegenden Mehrheit der Bakterien für die Menschen und ihren Lebensraum erbracht werden.

Vorkommen und Bedeutung der Bakterien

Bakterien sind dem bloßen Auge verborgen. Sie können nur dort sichtbar werden, wo sie in Massen auftreten, z. B. in Kulturgefäßen als Kolonien, als Wasserblüte in Tümpeln und Seen, als Bewuchs in verunreinigten Flußläufen oder gar auf Lebensmitteln. Um so mehr fallen sie durch ihre Wirkungen auf, die durch eine kaum vorstellbare Vielfalt an Stoffwechselleistungen verursacht werden.

Bakterien sind überall auf der Erde in ungeheurer Arten- und Individuenzahl verbreitet. Es gibt fast kein Fleckchen und keinen Gegenstand auf unserem Planeten, wo nicht Bakterien gefunden werden können. Sie begleiten uns millionenfach das ganze Leben lang. Jedes höhere Lebewesen ist mit ihnen in Berührung gekommen. Alles an und um uns wimmelt von Mikroben. Infolge ihrer Fähigkeit zur raschen Vermehrung, ihrer im Verhältnis zur Körpermasse großen Oberfläche, die ihnen starke physiologische Aktivität verleiht, ihrer Feinheit und Schwebefähigkeit, ihrer z. T. extremen Resistenz gegen verschiedene Milieufaktoren stehen ihnen alle Lebensräume offen. Während Bakterien in der Luft, im Staub, an Gegenständen aller Art, auf der Oberfläche von Pflanzen, Tieren und Menschen verborgen sind, liegen ihre eigentlichen Vermehrungsstätten vorwiegend im Boden, in Ausscheidungen und Abfällen, auf Leichen von Pflanzen und Tieren, im Süß- und Salzwasser, in Lebens- und Futtermitteln und bei parasitischen Formen auf Pflanzen sowie in Tieren und Menschen, wobei sie dort vielfältige Krankheiten hervorrufen können. Bakterien finden sich also überall da, wo Verwesungs-, Fäulnis- oder Gärungsvorgänge ablaufen, wobei durch das Milieu bestimmt wird, welche Typen oder Gruppen zur Vermehrung gelangen. Die genannten Orte ihres primären Vorkommens und ihrer Vermehrung sind durch entsprechende Wachstumsbedingungen gekennzeichnet: durch Feuchtigkeit und lebende oder abgestorbene organische Substanz. Anaerobe Bakterien treten an Standorten auf, an die kein Sauerstoff dringt, z. B. im Inneren von Kadavern, im Schlamm von Gewässern, im Pansen, im Darmtrakt bei Tier und Mensch oder auch in tiefen Wunden.

Bei den vielseitigen Möglichkeiten der Energiegewinnung und der Aufrechterhaltung des Stoffwechsels auch unter Milieubedingungen, in denen höhere Lebewesen sofort zugrunde gehen würden, nimmt es nicht wunder, daß Bakterien an extremen ökologischen Standorten vorgefunden werden können. Sie haben sich an hohen Salzgehalt von Gewässern (Halophile), an besonders niedrige (Psychrophile) oder hohe Temperaturen (Thermophile) angepaßt. Während die Psychrophilen in kalten Quellen und Gewässern sowie in Gletschern und polaren Eismassen vorkommen, besiedeln die Thermophilen heiße Quellen auf der Erdoberfläche oder in den Weltmeeren, Zentralheizungen, Komposthaufen, Faulschlamm, Moor, Gewässersedimente und andere Ansammlungen von Pflanzenresten.

So kommen in den heißen Quellen des Yellowstone-Nationalparks Bakterien vor, die bei über 90 °C wachsen können. Die heißen Wasser der Geysire auf Island enthalten ebenfalls Bakterien. Weder in der Luft noch im Wasser werden aber so hohe Bakterienzahlen gefunden wie in der obersten Verwitterungsschicht der Erdrinde mit ihren organischen und anorganischen Substanzen, dem Boden. Diese Anhäufung von Bakterien, Pilzen, Protozoen, Algen und Tieren kennzeichnet den Boden als eigentliche Biosphäre der Welt. Dort herrscht auch artenmäßig die größte Vielfalt. Die zahllosen Prozesse des Ab- und Umbaus im Kreislauf der Stoffe bewerkstelligen nicht einige wenige Arten. Vielmehr handelt es sich um die Tätigkeit zahlreicher physiologischer Gruppen mit riesigen Individuenzahlen, die sinnvoll ineinandergeschachtelt in den kontinuierlichen biologischen Prozeß der Abbau- und Umbauvorgänge eingebaut sind.

Es ist nicht zu leugnen, daß sich mit dem Begriff Bakterien bei den meisten Menschen die Vorstellung von Krankheitserregern verbindet. Sicher gehört es noch nicht zum Allgemeinwissen, daß von der Vielzahl der Mikrobenarten letztlich nur ein kleiner Teil in der Lage ist, Infektionskrankheiten bei Mensch, Tier und Pflanze hervorzurufen. Mit diesen pathogenen Bakterien und ihrer Biologie befassen sich die human- und veterinärmedizinische Mikrobiologie und die Phytopathologie. Die Mehrheit der Bakterien tritt uns indessen nicht als Schädlinge gegenüber, sondern spielt eine geradezu fundamentale nützliche Rolle in der Natur. Die für das Leben auf der Erde wichtigste Funktion erfüllen die Bakterien neben anderen Mikroben im Kreislauf der Stoffe, besonders des Kohlenstoffs. Gäbe es nicht die Rückführung des durch die grünen Pflanzen in organische Bindung überführten Kohlenstoffs in CO_2 durch Mikroorganismen, würde sich der Kohlendioxidvorrat der Luft unserer Erde in etwa 30 Jahren erschöpfen, und die Photosynthese der grünen Pflanzen käme zum Erliegen. Es zeigt sich an diesem Beispiel besonders drastisch, wie die Bakterien und andere Mikroben in das Stoffwechselgleichgewicht der Natur eingeschaltet und wie abhängig alle Lebewesen auf der Erde voneinander sind. Den Mikroorganismen kommt somit im Stoffhaushalt der Erde die gleiche Bedeutung wie den grünen Pflanzen zu. Dieser als Mineralisierung bezeichnete Rückführungsprozeß betrifft aber auch noch Stickstoff, Phosphor, Schwefel und andere Elemente, die mehr oder weniger fest in Pflanzen und Tieren bzw. in von ihnen stammenden Abfällen und Ausscheidungen gebunden sind.

Besonders einprägsam wird die Bedeutung der Bakterien bei der Betrachtung des Ernährungsproblems. Letztlich geht unsere Ernährung und die aller Tiere auf pflanzliche Produkte zurück. Die Produktion der pflanzlichen Biomasse erfolgt aus dem CO_2 der Luft und dem Wasser mit den darin gelösten anorganischen Salzen des Bodens. Ohne Bakterien und andere Mikroorganismen, die ständig die organischen Verbindungen mineralisieren, würde außer dem Kohlendioxidgehalt der Luft auch der Nährstoffvorrat des Bodens rasch aufgebraucht sein. Alles Leben stünde still!

Ohne Mikroben in unserer Welt zu leben hieße zwar, keine Infektionskrankheiten zu kennen, doch all das, was primär Pflanze, sekundär Tier und Mensch aufbauen, bliebe auf der Erde oder im Wasser liegen. Es gäbe bald keinen Platz für neues Leben mehr, da Pflanzenleichen und Tierkadaver alles ersticken würden.

Bakterien können fast alles, sie sind biochemisch omnipotent. Sie schaffen Bodenfruchtbarkeit, Nahrung für Mensch und Tier, Arzneimittel, Energie, Rohstoffe. Ihre biochemische Vielfalt spottet jeder Phantasie.

Im Dienste des Menschen haben sich Bakterien seit langem einen festen Platz erobert. In Industrie und Technik, ja sogar im Haushalt sind sie zu unentbehrlichen Helfern geworden. Viele Technologien sind ganz auf die Mitwirkung von Bakterien eingestellt. Die milchverarbeitende Industrie bedient sich der nützlichen Tätigkeit der Milchsäurebakterien zur Herstellung verschiedener Produkte. Viele Bakterien bilden Essigsäure und zahlreiche andere organische Säuren, andere Ethanol, Butanol, Aceton und weitere hier nicht genannte Grundchemikalien. Die Fülle der technischen Nutzungsmöglichkeiten ist beeindruckend. Neben den klassischen Verfahren, die z. T. schon seit Jahrhunderten bekannt sind und inzwischen industrielle Ausmaße angenommen haben, wurden in den letzten Jahrzehnten weitere mikrobiologische Leistungen genutzt. Die Palette der mikrobiell produzierten Stoffe hat sich um solche Verbindungen wie Aminosäuren, Nukleotide, Vitamine, Enzyme, Antibiotika und andere Biochemikalien erweitert.

Unter bestimmten Wachstumsbedingungen bildet das Bakterium *Alcaligenes eutrophus* Polyhydroxybuttersäure, die dem Kunststoff Hostalen sehr ähnlich ist. Sie läßt sich aus den Bakterien herauslösen, trocknen und zu Formen pressen. Diese Verbindung könnte manchen anderen Kunststoff für viele Gebrauchsgegenstände ersetzen. Sie ist mikrobiell innerhalb weniger Monate abbaubar und somit nicht wie die meisten anderen umweltbelastend.

Besondere Bedeutung gewinnt die technische Mikrobiologie künftig bei der Nahrungs- und Futtermittelgewinnung. Auf der Erde besteht noch immer ein jährliches Proteindefizit von über 25 Mill. t. Durch den Einsatz von Mikroben könnte diese Lücke im Kampf gegen den Hunger geschlossen werden. Für bestimmte Bakterien können Rohöle als verwertbare C-Quellen dienen. Mit Hilfe von Mikroorganismen dürfte es grundsätzlich möglich sein, Eiweiß und Fett in großer Menge aus Erdöl zu produzieren. Erdölverwertende Bakterien sind weiter verbreitet, als man früher glaubte; sie lassen sich aus den verschiedensten Böden isolieren. Große Zukunftsaussichten besitzt ferner die biosynthetische Erzeugung von Wirkstoffen komplizierter Struktur, die chemisch nicht oder nur schwer zu erzeugen sind. Bakterien haben teil an der Fermentation des Tabaks, der Flachsröste, Lederherstellung und Futtermittelbereitung.

Ohne Bakterien wäre das in unserer Gegenwart so aktuelle Problem der Abwasser- und Müllbeseitigung nicht zu lösen. »Umweltmikrobiologisch« können dabei noch hochwertige Stoffe (Eiweiß, Wirkstoffe) und Biogas gewonnen werden. Vielleicht liegt im Abfall der modernen Zivilisation eine künftige bedeutsame Rohstoffquelle, die durch Recycling zu einem Kreislauf ohne Abprodukte genutzt werden kann.

Eifrige »Metallbakterien« sind in der Lage, Sulfidmineralien in Gesteinen zu verwerten. Sie lösen Metall aus Erzen, die wegen ihres geringen Gehaltes bislang als nicht abbauwürdig galten. Das Verfahren der mikrobiellen Metallgewinnung, der »Laugung«, erbringt einen bedeutenden Vorteil: die Erschließung geringwertiger Erze bei niedrigem technischem Aufwand und kaum nennenswerter Umweltbelastung. Auch bei der Erdölgewinnung helfen Bakterien mit. Mit ihnen läßt sich auch dann noch Öl fördern, wenn konventionelle Methoden versagen. In den meisten Öllagerstätten bleiben bis zu $\frac{2}{3}$ des Erdöls zurück. Bestimmte anaerobe Bakterien werden mit Nährlösung in Bohrlöcher eingebracht. Im Laufe ihrer Vermehrung und Aktivität entstehen tief unter der Erde CO_2 und CH_4, die den Druck im Öllager erhöhen, Polysaccharide, die das Wasser zähflüssiger machen, und Tenside, die das Öl besser fließen lassen, weil die Kapillarkräfte herabgesetzt sind. Schließlich werden auch Alkohole gebildet, die das Öl verdünnen.

Die »Ölfelder« der Zukunft könnten aber pflanzliche Rohstoffe sein. Das Bakterium *Zymomonas mobilis* produziert z. B. viel schneller und billiger Alkohol aus Biomasse, als es durch die übliche alkoholische Gärung mit Hefe möglich ist. Auch die Methangewinnung aus landwirtschaftlichen Abfällen und pflanzlicher Biomasse ist in diesem Zusammenhang zu nennen.

In Anlehnung an das bereits Mitgeteilte über die zentrale Stellung der Bakterien bei den Stoffkreisläufen sei darauf hingewiesen, daß es kaum eine organische oder anorganische Verbindung gibt, die nicht mehr oder weniger schnell von Mikroorganismen angegriffen und zerstört werden kann. Das betrifft sowohl Holz, Textilien, Knochen, Öle, Fette, Keratin, Chitin, Gummi, Leder als auch Kunststoffe sowie anorganische Verbindungen (Metalle, Glas, Eisen- und Arsenverbindungen). Gerade diese Fähigkeiten erschließen möglicherweise im Rahmen eines wirksamen Umweltschutzes ungeahnte Möglichkeiten einer natürlichen Beseitigung von Abfallstoffen, die als Kulturmüll in reichem Maße in den industriell hochentwickelten Ländern anfallen.

Bestimmte Bakterien erlangen große Bedeutung in der biologischen Schädlingsbekämpfung. Sie bilden gegen mindestens 50 Larven von Schadinsekten ein tödliches Gift! Vor allem gegen Forst- und Obstschädlinge werden gegenwärtig weltweit an die 3000–4000 t Bakterienpräparate pro Jahr eingesetzt. Durch ihre selektive Wirkung besteht für die Honigbiene, für Nutztiere und Menschen keine Gefahr; auch sind keine Folgeschäden zu erwarten.

Nicht unerwähnt bleiben soll die Verwendung zahlreicher Bakterienarten als Testorganismen in Medizin, Pharmazie und Analytik. Sie dienen wegen ihrer großen Sensibilität dem Nachweis kleinster Mengen von Wirkstoffen und anderen chemischen Verbindungen. Bakterien und viele andere Mikroben werden künftig auch in der Raumfahrt wichtige Funktionen erfüllen, vor allem als Testorganismen für Weltraumbedingungen. Bakterien sind seit langem besonders beliebte Untersuchungsobjekte. Diesen Umstand verdanken sie ihrer physiologischen Vielfalt, ihren hohen Syntheseraten, ihrem raschen Wachstum, großen Anpassungsvermögen und einfachen Aufbau der Zelle einschließlich ihrer genetischen Substanz.

Jahrhundertelang haben Bakterien in das Weltgeschehen eingegriffen, besonders in den Wirren kriegerischer Auseinandersetzungen. Pest, Syphilis, Cholera, Typhus und Fleckfieber gehörten zu den klassischen Weltseuchen. Schlagkräftige Heere und ganze Völkerschaften wurden von ihnen dezimiert.

In unserer Zeit stehen Bakterien wieder im Brennpunkt wissenschaftlichen Interesses. Es sind nicht Krankheitserreger wie ehedem, sondern meist harmlose Mikroben aus allen möglichen Umweltbereichen. Biotechnologie und Genchirurgie (genetic engineering) heißen die Schlagworte.

Möglicherweise stehen wir am Beginn eines mikrobiologischen Zeitalters. Die Zunahme der Erdbevölkerung hat viele Probleme entstehen lassen, die nur mit völlig neuen Technologien bewältigt werden können. Neben Mikroelektronik, Robotertechnik, Telekommunikation, Energiespeichertechnologien u. a. wird die Biotechnologie mit ihren einzigartigen Möglichkeiten ihren Rang als Schlüsseltechnologie festigen und bis weit in die nächsten Jahrzehnte bewahren. Als moderner Zweig angewandter Mikrobiologie ist sie ein interdisziplinäres Arbeitsgebiet aus Mikrobiologie, Molekularbiologie, Biochemie und Verfahrenstechnik. Sie setzt sich zum Ziel, einmal biologische Prozesse in industrielle Dimensionen auszuweiten, zum anderen aber die physiologische Vielfalt von Bakterien für Synthese, Um- oder Abbau komplizierter Verbindungen zu nutzen.

Genchirurgische Manipulationen haben es ermöglicht, fremde Gene in Bakterien einzubauen und deren Erbmaterial völlig neu zu kombinieren. Damit werden Bakterien dazu gebracht, Stoffe zu produzieren, die in ihrem ursprünglichen Programm nicht vorgesehen waren. Die Bakterienzelle ist in einen Bioreaktor umgewandelt worden. Die rapide Vermehrung der Bakterien sorgt dafür, daß die gewünschten Stoffe in viel größeren Mengen kostengünstig synthetisiert werden. Diese Technik hat es in den letzten Jahren ermöglicht, solche komplizierten Biochemikalien wie Humaninsulin, menschliches Wachstumshormon, Interferone, Blutgerinnungsfaktoren, Immunprodukte und andere Wirkstoffe in größerer Menge herzustellen. Viele dieser Stoffe sind bereits marktreif, andere in klinischer Erprobung. Besondere Schwerpunkte stellen die Entwicklungen neuer Arzneimittel dar, die Schaffung von Behandlungsmöglichkeiten für Erbkrankheiten, die Produktion von Nahrungs- und Futtermitteln, die Ertragssteigerung von Nutzpflanzen (z. B. die Fähigkeit der Leguminosen zur molekularen Stickstoffbindung auf andere Pflanzen zu übertragen), der Abbau naturfremder Stoffe, die Aufklärung des Krebsproblems sowie die Schaffung von Produktionsverfahren, die energiesparend und umweltfreundlich arbeiten und zu geschlossenen Kreisläufen führen. Einzellige »Biochemiker« werden durch gezielte Veränderung ihrer genetischen Information dazu in die Lage versetzt. Schon jetzt ist das Bakterium *Escherichia coli* zum wichtigsten »Versuchskaninchen« der Mikrobiologen und Gentechnologen geworden.

»Es sind die Mikroben, die das letzte Wort haben werden!« (Pasteur) Manipulationen am Erbmaterial schließen aber auch die Möglichkeit ein, innerhalb bestimmter biolo-

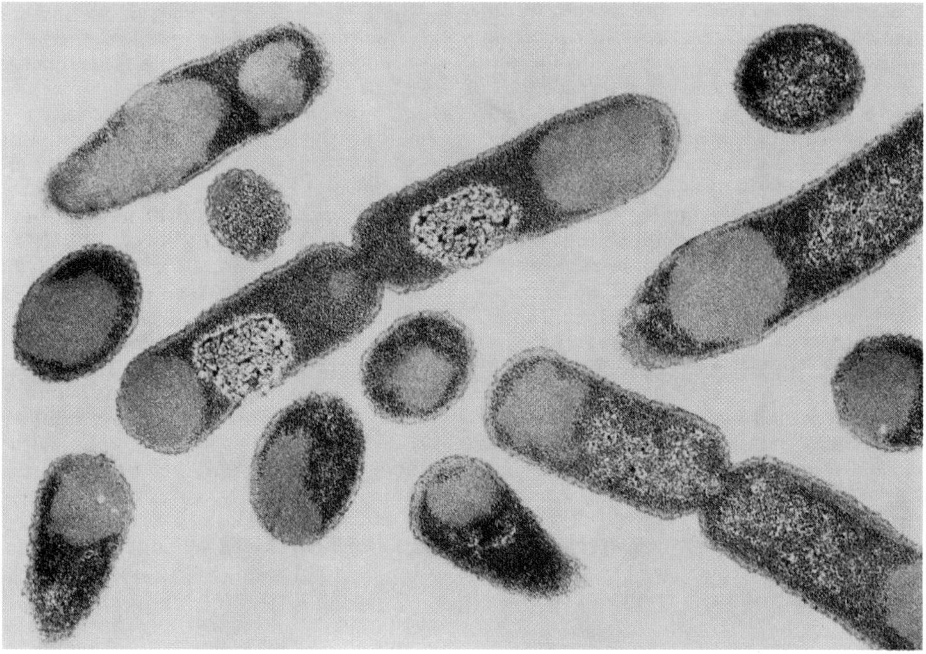

Proinsulin bildende, gentechnisch veränderte *Escherischia-coli*-Bakterien. Die weißen Bezirke bestehen aus Proinsulin, der Vorstufe zum Humaninsulin (Vergr. 56000).

gischer Grenzen Lebewesen zu konstruieren, die auf dem Wege der natürlichen Evolution niemals entstanden wären. Die Gentechnik muß deshalb nicht zum Alptraum der Menschen werden. Befürchtungen, daß neue Krankheitserreger geschaffen und aus Laboratorien entweichen oder Krebsgene sich unkontrolliert ausbreiten könnten, erwiesen sich als unbegründet. Trotzdem sind in den meisten technisch hochentwickelten Ländern Sicherheitsrichtlinien erlassen worden, über deren Einhaltung zentrale Kommissionen aus Wissenschaftlern und Politikern wachen.

Der Bau der Bakterien

Bakterien sind vorwiegend einzellige Organismen. Sie lassen sich in 3 Hauptformen unterteilen: die Kugel (Kokken), das Stäbchen (Bazillen) und die Schraube (Spirillen). Innerhalb dieser Grundformen gibt es Abweichungen.

Die meisten Vertreter der Kokken sind wirklich kugelförmig. Als Abweichungen treten elliptische Formen auf, andere wiederum sind nieren- oder semmelförmig. Gerade bei den kugelförmigen Bakterien entstehen zahlreiche Zellformationen auf Grund von Zellteilungen in verschiedenen Raumebenen. Teilen sich die Zellen beispielsweise nur in einer Ebene des Raumes und bleiben anschließend aneinander haften, entstehen mehr oder weniger lange Ketten von kugelförmigen Zellen, die man als Streptokokken bezeichnet. Paarige Anordnung kennzeichnet die Diplokokken. Bei Teilungen in 2 senkrecht zueinanderstehenden Raumebenen entstehen die Viererkokken oder Tetraden, bei Teilung in 3 Ebenen die Sarcinen (nach dem geschnürten Bündel römischer Legionäre »sarcina«) oder Platten. Bei unregelmäßigen Teilungen in mehreren Ebenen bilden sich haufenförmige Kokkenformationen (Staphylokokken).

Bei den Ketten sind die Einzelglieder entweder gleich groß, oder es wechseln sich in der Aufeinanderfolge größere und kleinere, manchmal auch in der Form abweichende Kokken ab, z. B. bei einigen Enterokokken. Bei einem wichtigen Vertreter dieser Gruppe, *Streptococcus agalactiae,* bestehen die sehr langen Ketten aus ovalen Einzelgliedern, die längs aneinander angeordnet sind und der Kette ein staketförmiges Aussehen verleihen. Der Durchmesser eines kugelförmigen Bakteriums schwankt zwischen 0,5 und 1,5 µm. In einem Wassertropfen fänden spielend 1000 Millionen Kokken Platz. Diese Milliarde Kokken würde etwa 0,5 mg wiegen.

Stäbchenförmige Bakterien imponieren durch eine etwas größere Formenmannigfaltigkeit. Sie treten in unterschiedlicher Länge und Dicke auf, sind gerade oder leicht gebogen, lagern einzeln, in Doppelform oder auch in Ketten. Viele Stäbchenbakterien sind pleomorph, d. h., es treten verschieden lange und dicke, manchmal fadenförmige oder kokkoide Elemente in der gleichen Kultur auf, oft in unregelmäßiger Lagerung (X- und V-förmig oder nach Art chinesischer Schriftzeichen), andere zeigen an den Enden keulige Anschwellungen. Viele Arten bilden lange Fäden mit z. T. echten Verzweigungen. Die Aktinomyceten ähneln durch Ausbildung verzweigter Myzelien den echten Pilzen. Doch hat der einzelne Myzelfaden nur einen Durchmesser von 1,0–1,5 µm, das Zytoplasma ist homogen, und typische Kerne fehlen, die echte Unterscheidungsmerkmale gegenüber den Pilzen sind. Die Enden der zylinderförmigen Zellen bei den Stäbchenbakterien sind entweder abgerundet, abgeplattet, konkav oder zugespitzt. Je nach dem Längen-Breiten-Verhältnis spricht man von kokkoiden, kurzen, plumpen oder langen Stäbchen, bezüglich der Gestalt auch von schlanken, grazilen und spindelförmigen. Die Größe der stäbchenförmigen Bakterien schwankt in wesentlich weiteren Grenzen. Die Länge kann je nach Art und Kulturbedingungen 0,6–200 µm betragen, die Dicke 0,4–3 µm.

Die schraubenförmigen Bakterien schließlich sind mehr oder weniger stark gewun-

Gestalt der Bakterien (Schema)

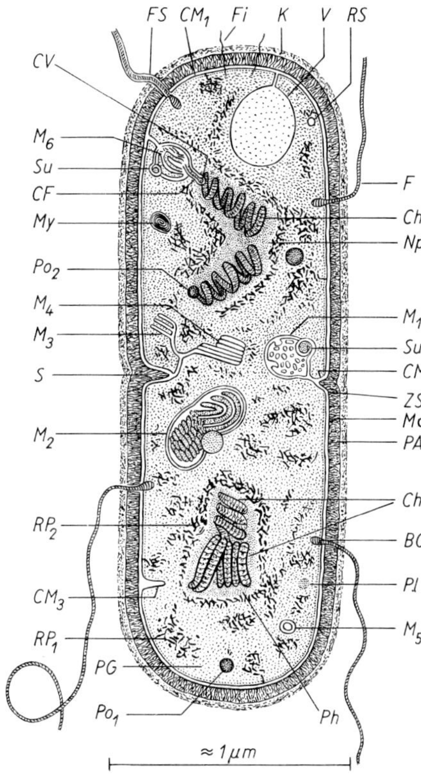

Schematische Darstellung eines Schnittes durch ein grampositives Bakterium. BG Basalganulum der Geißel, CF Verbindungsmembran zwischen Membrankörper und Chromosomen, Chr_1 Chromosom, das aus einer aufgewundenen Untereinheit aufgebaut ist, die selbst wieder im wesentlichen aus periodisch angeordneter DNS besteht, Chr_2 Chromosom, CM_1 Zytoplasmamembran, CM_2–CM_3 Invagination der Zytoplasmamembran, CV visikuläre Kontaktstelle zwischen Membranstruktur und Chromosom, F Geißel, Fi Fimbrie, FS Geißelscheide, F fibrilläre Kapsel, M_1 zusammengesetzter Membrankörper, M_2 geordnet tubulärer Membrankörper im Teilungszustand, M_3 geschichteter Membrankörper, M_4 gestapelter Membrankörper, M_5 freier Tubulus, M_6 Membrankörper als Chromosomenbefestigung, Mo Mureinschicht der Zellwand, My Myelinkörper, NP Grundsubstanz, in die die Chromosomen eingebettet sind (Nukleoplasma), PA plastische Anteile der Zellwand, PG Plasmagrundsubstanz, Ph Phagengrenze zwischen Zytoplasma und Grundsubstanz, in die das Chromosom eingebettet ist, P_1 Plasmaaggregate, Po_1 Polyphosphatkörper am Chromosomenende, RP_1 Ribosomen und Polysomen, die hüllenartig das Chromosom umgeben, RS Reservestoffe, S Querwandbildung, Su Supplementkörper der Membrankörper, V Vakuole, ZS Zwischenschicht zwischen Zellwand und Zytoplasmamembran (nach Giesbrecht)

dene Organismen mit oder ohne flexiblen Achsenfaden. Manche Arten, z. B. Vibrionen, umfassen nur einen Teil einer Schraubenwindung und erscheinen deshalb kommaförmig.

Die unter dem Begriff »Involutionsformen« zusammengefaßten Abweichungen von der Normalform umfassen Organismen vielerlei Gestalt, die durch Einfluß zahlreicher Faktoren (Kulturbedingungen, Kulturalter, bestimmte Salze) entstehen und in der Regel nicht mehr vermehrungsfähig sind. Sie treten vorwiegend als Fadenform oder große Kugeln mit Teilungen und Knospungen in Erscheinung.

Unter Penicillineinwirkung entstehen in künstlicher Kultur bei verschiedenen Bakterien sogenannte L-Formen (genannt nach dem Lister-Institut, wo sie zuerst genau beschrieben wurden): nackte Protoplasten, die ihre Zellwand ganz oder teilweise verloren haben. Es werden 2 Formen unterschieden. Labile L-Formen wandeln sich bei Abwesenheit von Penicillin wieder zu lebensfähigen zellwandhaltigen Zellen zurück; stabile L-Formen bilden auch bei Fehlen von Penicillin keine Zellwand, sie sind meist durch genetische Defekte entstanden. Auf Agarkultur sind diese Formen nur kurze Zeit lebensfähig.

Bei mikroskopischer Betrachtung unterscheiden sich Bakterien kaum von ihrer Umgebung. Zur Schaffung eines besseren Kontrastes werden sie deshalb nach entsprechender Fixation angefärbt. Ihre Färbbarkeit beruht auf der Eigenschaft, Farbstoffe zu speichern. In der Hauptsache werden Anilinfarben angewendet, meistens in basischer, aber auch in neutraler oder saurer Form. Die gute Färbbarkeit mit basischen Anilinfarbstoffen (Basophilie) wird durch einen hohen Gehalt an stark sauer reagierenden Nukleoproteiden verursacht. Durch Einführung verschiedener Färbe- und Beobachtungsmethoden (selektive Färbung bestimmter Strukturen und Inhaltsstoffe, Phasenkontrastmikro-

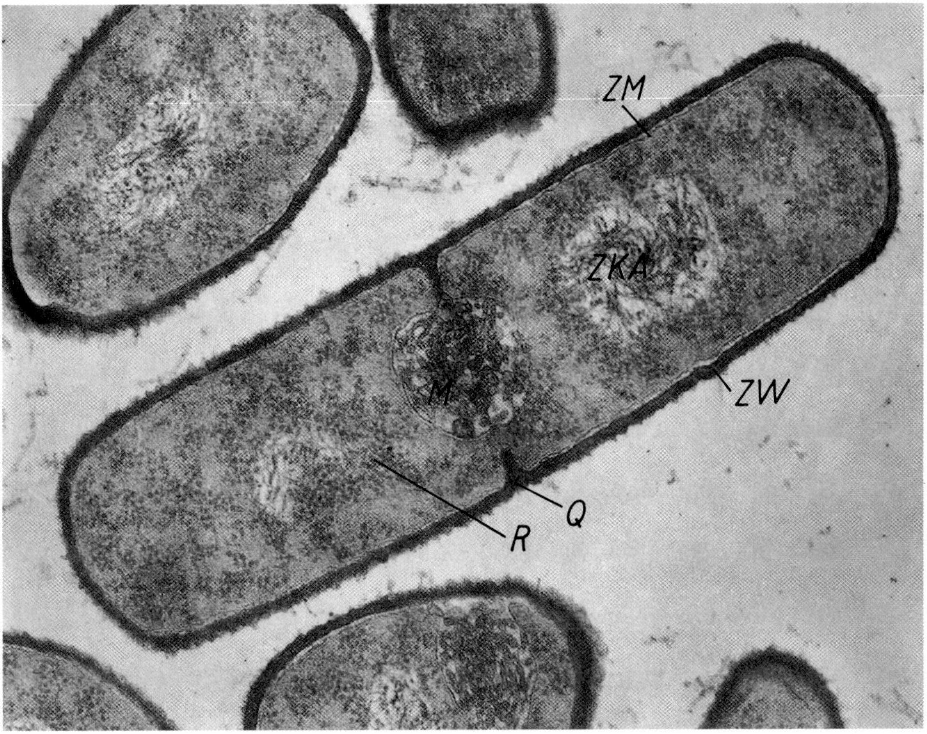

Ultradünnschnitt durch eine in Teilung befindliche *Bacillus-subtilis*-Zelle. ZKÄ Zellkernäquivalent, M Mesosom, ZW Zellwand, ZM zytoplasmatische Membran, Q Querwand, R Ribosomen (Vergr. 72000)

skopie, Dunkelfeldmikroskopie, Elektronenmikroskopie, UV-Fotografie) lassen sich besonders an jungen Zellen Einzelheiten des Feinbaus der Bakterien erkennen.

Die prokaryotische Zelle (Protozyte) der Bakterien ist mit Ausnahme der Zellwand wesentlich einfacher organisiert als die eukaryotische Zelle der Algen, Pilze, Protozoen, Pflanzen und Tiere. Sie ist viel kleiner als die Euzytenzelle, besitzt keinen echten Zellkern, sondern nur ein Kernäquivalent (Nukleoid), das höchstens $\frac{1}{1000}$ der DNS-Menge von Euzyten enthält. Die gesamte genetische Information ist auf einem einzigen ringförmig geschlossenen DNS-Strang von 0,25–3 µm Länge untergebracht. Darüber hinaus kann DNS auch außerhalb des Chromosoms in Form von ringförmigen Plasmiden vorkommen. Das Kernäquivalent verändert seine Gestalt je nach der Wachstumsphase, in der sich die Bakterien befinden. Der Kernbereich ist durch ein feinfädiges Netzwerk gekennzeichnet und optisch weniger dicht. Die Ausbildung intrazellulärer Reaktionsräume ist bei Protozyten weniger ausgeprägt als bei Euzyten. Endoplasmatisches Retikulum, Plastiden und Mitochondrien fehlen. Ribosomen von 16–18 nm Größe kommen nur im Zytoplasma, nicht im Nukleoid vor. Pro Zelle können 5–50000 enthalten sein. Sie bilden mit Membrankörpern die Partikelfraktion des Plasmas. Ribosomen enthalten etwa 80 % der bakteriellen Nukleinsäure.

Das Zytoplasma wird von einer mehrschichtigen Membran umschlossen, die den Stoffeintritt und -austritt reguliert und die osmotische Schranke darstellt. Sie kann ohne jegliche Faltung vorliegen oder mit Einstülpungen das Plasma durchziehen, wobei oft Membrankörper gebildet werden (Vesikeln,

Tubuli, Lamellen). Membrankörper photosynthetischer Bakterien (Thylakoide) tragen Bakteriochlorophyll und Carotinoide. In der Membran sind außerdem zahlreiche Enzymsysteme lokalisiert, die für den Elektronentransport, die oxidative Phosphorylierung und die Synthese von Kapsel- und Zellwandkomponenten verantwortlich sind. Jedes Stoffwechselgeschehen ist an die Existenz biologischer Membranen gebunden.

Wie die Lederhülle eines Balles bildet eine elastische Zellwand von 15–20 nm Dicke den äußeren Abschluß. Ihr Grundgerüst besteht aus dem Peptidoglykan Murein, das bei allen Prokaryoten mit Ausnahme weniger Gruppen und den Archaebakterien vorkommt und zu einem geschlossenen Sack vernetzt ist. In dieses Grundgerüst sind zahlreiche andere Substanzen eingelagert. Die Zellwand versieht wichtige Stütz- und Schutzfunktionen und dient gleichzeitig der Formgebung. Wird das Mureinnetz zerstört, kugeln sich die Bakterien ab. Penicillin und andere Antibiotika verhindern die Mureinbildung: Die Zellen deformieren oder platzen.

Der unterschiedliche Aufbau der Zellwände ist verantwortlich für den Ausfall der diagnostisch wichtigen Gramfärbung. Mit dieser Färbung lassen sich Bakterien in grampositive und gramnegative einteilen. Das Prinzip der Färbung beruht auf der Fähigkeit grampositiver Bakterien, nach entsprechender Vorbehandlung mit Karbolgentianaviolett und Jodlösung einen Jod-Farbstoff-Komplex zu bilden, der durch nachfolgende Alkoholbehandlung nicht ohne weiteres zerstört wird, so daß ihre blauviolette Färbung erhalten bleibt. Gramnegative Bakterien bilden diesen Farbkomplex nicht, werden durch Alkohol entfärbt und eventuell durch eine Gegenfärbung sichtbar gemacht. Dazu wird in der Laborpraxis meist Fuchsin verwendet, so daß gramnegative Bakterien am Ende rot gefärbt sind. Grampositive Bakterien besitzen ein vielschichtiges Mureinnetz. Der Mureinanteil kann bis zu 70 % der Zellwandtrockenmasse betragen. Stets kommen Teichonsäuren vor. Die Zellwände gramnegativer Bakterien weisen meist nur ein einschichtiges Mureinnetz auf. Der Mureinanteil erreicht hier höchstens 10 % der Trockenmasse; Teichonsäuren fehlen. Fest auf diesem Netz liegt eine äußere Membran aus Lipoproteinen, Lipopolysacchariden und Phospholipiden. Die chemische Zusammensetzung der Zellwand bestimmt z. B. bei den Enterobakterien die antigenetischen Eigenschaften. Zellulose als Zellwandmaterial kommt bei Bakterien nur ausnahmsweise vor. Mykoplasmen besitzen überhaupt keine Zellwand, was sich in einer großen Formenvariabilität dieser Gruppe niederschlägt.

Durch physikalische und chemische Methoden gelingt es, sowohl Zellwände als auch Protoplasten fraktioniert zu erhalten, was viele neue Erkenntnisse über Bau und Funktion der einzelnen Strukturelemente ermöglichte. Das Plasma der Bakterienzelle hat eine den höheren Organismen ähnliche Struktur.

An Reservestoffen lassen sich Glykogen, Stärke, Fette und Polyphosphate nachweisen. Die letzteren bilden als »Volutingranula« den Phosphatspeicher. Mykobakterien können bis zu 40 % Wachse enthalten. In schwefelhaltigen Medien wachsende Bakterien speichern intrazellulär Schwefel in Form stark lichtbrechender Kugeln. Er dient aeroben, schwefelwasserstoffoxidierenden Bakterien als Energiespender oder anaeroben phototrophen Schwefelpurpurbakterien als Wasserstoffdonator.

Viele Bakterien besitzen mit gasförmigen Stoffen gefüllte Vakuolen (Airosomen), bestimmte Bazillus-spp. enthalten ein kristallines Protein, das für bestimmte Insekten stark toxisch wirkt. Die meisten der genannten bakteriellen Inhaltsstoffe lassen sich mittels mikrochemischer Tests relativ leicht nachweisen.

Bei vielen Bakterien kommen mehr oder weniger dicke Kapseln und Schleimhüllen vor, die den Zellwänden aufgelagert sind. Je nach Konsistenz wird zwischen Schleimhülle und löslichem Schleim unterschieden. Die Kapseln bestehen aus Polysacchariden und Polypeptiden mit hohem Molekulargewicht. Kapsel und umgebender Schleim werden als Glycocalyx bezeichnet. Diese ist leimartig klebrig und verantwortlich für das Haften der Bakterien an Geweben und Oberflächen sowie für die Bildung von Mikrokolonien oder dicken Belägen (Biofilmen). Die Kapselbildung wird zu einem gewissen Maß vom Kulturmedium beeinflußt. Kapseltragende Bakterienstämme sind gegenüber Phagozytose (Aufnahme von Bakterien und anderen Partikelchen durch Abwehrzellen des höheren Organismus) und vor schneller Austrocknung geschützt. Der Besitz von Kapseln bei pathogenen Bakterien ist deshalb ein Virulenzkriterium. Bakterienkapseln können mittels Negativkontrastierung unter Verwendung von Tusche oder Nigrosin leicht sichtbar gemacht werden. Beide Substanzen dringen nicht in die Kapsel ein und lassen sie somit hell auf dunklem Untergrund hervortreten. Ein nicht selten zu beobachtender Vorgang ist Kapselverlust durch Mutation.

Bakterienschleime bestehen aus den gleichen Substanzen wie die Kapseln. Durch Schleimbildung werden Einzelzellen zu Zellverbänden zusammengehalten. Ein starker Schleimbildner ist *Leuconostoc mesenteroides* (Froschlaichbazillus); er bildet aus zukkerhaltigen Lösungen gallertigen Schleim, der aus Dextran besteht. Andere Bakterien bilden Laevane; *Acetobacter xylinum* produziert sogar einen reinen Zelluloseschleim. Dextran- und Laevanbildner werden technisch genutzt.

Auch die als Scheiden bezeichneten Hüllen der Eisen- und Schwefelbakterien (Scheidenbakterien) bestehen aus Heteropolysacchariden. Schleimausscheidung führte schließlich auch zur Stielbildung bei gestielten Bakterien, z. B. bei *Gallionella*.

Mittels langer, unverzweigter, gewundener Anhängsel, der Geißeln, sind viele Bakterien zu aktiver Bewegung fähig. Sie bestehen aus kontraktilen Proteinen, sind meist viel länger als die Zelle (bis 20 µm) und etwa 12–20 nm dick, in Ausnahmefällen auch 50 nm. Die Dicke liegt somit eine Zehnerpotenz unter der lichtoptischen Auflösung. Geißeln können an den Zellpolen oder etwas seitlich verschoben inseriert sein. Je nach Anordnung wird zwischen monopolar monotrich (eine Geißel an einem Pol), monopolar polytrich (mehrere Geißeln an einem Pol), bipolar polytrich (mehrere Geißeln an beiden Polen = amphitrich) und peritrich (über die ganze Zelle angeordnete Geißeln) unterschieden. Polytriche Begeißelung kennzeichnet meist Büschel von 2–50 Geißeln.

Diese Geißelanordnung ist von taxonomischem Wert, obgleich die Zahl nicht immer gleich zu sein braucht. Begeißelte Bakterien finden sich vorwiegend unter Stäbchen- und

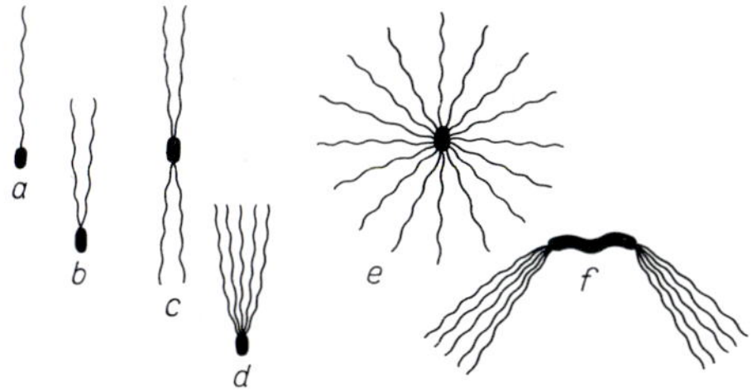

Anordnung der Bakteriengeißeln (schematisiert). a monopolar monotrich, b, c, d, f mono- oder bipolar polytrich, e peritrich

Schraubenbakterien, weniger bei Kokken. Geißeln setzen sich aus schraubig gewundenen Fäden zusammen. Sie rotieren unglaublich schnell (bei Spirillen z. B. bis 3000 U/min). Damit erreichen Bakterien Geschwindigkeiten von 2–12 mm/min. Die Geißeln können sowohl wie eine Schiffsschraube als auch wie ein Propeller wirken. Bestimmte Bakterienformen, die keine Geißeln besitzen, schwimmen oder gleiten auf Schleim (Myxobakterien).

Außer den Geißeln wurden sowohl bei beweglichen als auch bei unbeweglichen Bakterien an der Zelloberfläche zahllose »Haare« (Fimbrien, Pili) beobachtet, die etwa 12 µm lang sein können bei einem Durchmesser von 3–25 nm. Die Funktion dieser Pili liegt unter anderem in der Erkennung artgleicher Zellen. Bei Spenderzellen des Ge-

Elektronenmikroskopische Aufnahme eines peritrich begeißelten Bakteriums *Bacillus subtilis* (Vergr. 354000)

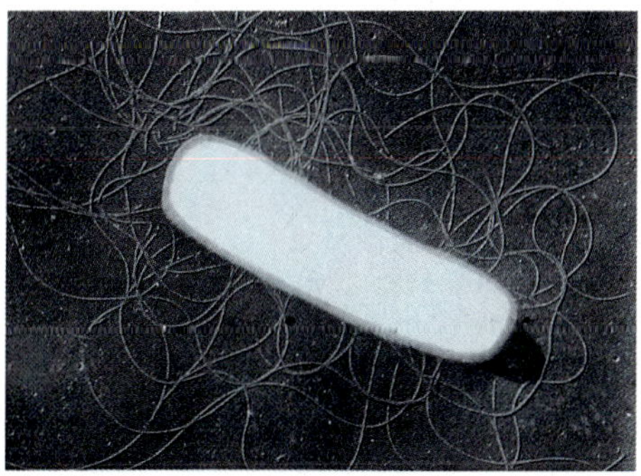

schlechtsfaktors F kommen einzeln oder zu zweien sogenannte F-Pili (Geschlechtspili) vor. Diese Strukturen sind für die Kontaktaufnahme von Spender- und Empfängerzellen zur Übertragung des Geschlechtsfaktors F verantwortlich.

Obwohl Bakterien zu den einfachsten Lebewesen gehören, verfügen sie über eine Reihe sensorischer und motorischer Mechanismen, mit denen sie gezielt auf ihre Umwelt reagieren. Manche sammeln sich um Licht (Phototaxis), andere nehmen chemische Stoffe wahr (Chemotaxis) oder bewegen sich gar entlang magnetischer Feldlinien (Magnetotaxis). Die letzteren bilden in ihren Zellen kleine Magnetitkristalle. Diese wirken wie Stabmagneten und dienen als »Kompaßnadeln«, mit deren Hilfe die Bakterien zu sauerstofffreien Lebensräumen gelangen. Solche Bakterien finden sich vorwiegend in Gewässerschlamm, Klärbecken und im Moor.

Für die Bakterien der Familie Bacillaceae ist die Ausbildung von Sporen besonders charakteristisch. Diese sind endogen entstehende, runde oder ovale Gebilde, die den Bakterien das Überstehen extremer Umweltbedingungen ermöglichen. Die Regel ist die Bildung einer einzigen Spore, die zentral, terminal oder subterminal lokalisiert ist, oftmals durch ihre Größe imponiert und in manchen Fällen zur Auftreibung des Zelleibes der Bakterien führt. Besonders beeindruckend ist die außerordentlich hohe Hitzeresistenz dieser Sporen. Im Gegensatz zu den meisten vegetativen Bakterien überstehen Sporen jede Pasteurisierung (10 Min. 70–80 °C); manche überdauern mehrstündiges Kochen. Höchstresistente Sporenbildner finden sich oft im Verdauungstrakt von Wiederkäuern. Ihr Wachstumsoptimum liegt bei 55 °C (Thermophilie). Ein günstiges Milieu für diese thermophilen Sporenbildner sind deshalb auch Komposthaufen. Um Sporen sicher abzutöten, muß bei Hitzesterilisation mindestens mit einer Temperatur von 120 °C gearbeitet werden.

Die Spore verfügt über etwa $\frac{1}{10}$–$\frac{1}{3}$ des Zellvolumens, enthält aber auf engstem Raum alles Material, das sie über lange Zeitläufe in die Lage versetzt, wieder zum vegetativen Leben zurückzukehren. Als spezifische chemische Verbindung der Spore läßt

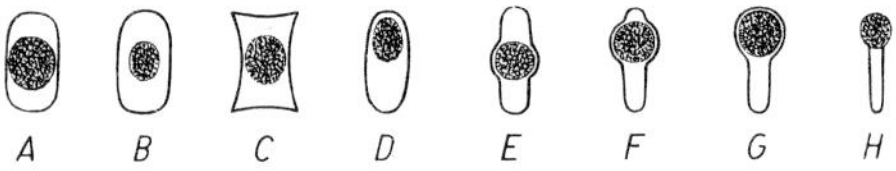

Sporenformen der Bakterien (schematisiert). A, B, C zentral, D subterminal, E zentral mit Auftreibung des Zelleibes, F subterminal mit Auftreibung des Zelleibes, G oval-terminal mit Auftreibung (Tennisschlägerform), H kugelig-terminal (Trommelschlegelform)

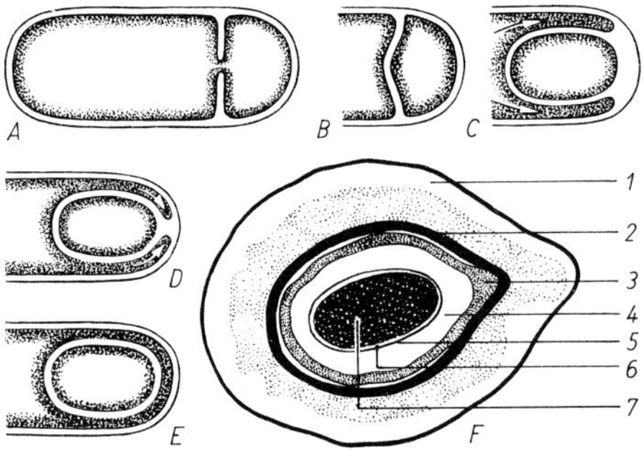

Sporenbildung und reife bakterielle Spore. A, B Abschnürung des Sporenprotoplasten durch die Zytoplasmamembran, C, D Umhüllung des Sporenprotoplasten, E Bildung der Vorspore, F reife Spore; 1 Exosporium, 2 äußere Sporenhülle, 3 innere Sporenhülle, 4 Rinde, 5 Wand der Keimzelle, 6 Zytoplasmamembran, 7 Zytoplasma mit Kern (unverändert nach W. G. Murrel)

sich Dipicolinsäure nachweisen. Der Wassergehalt ist extrem niedrig, die Stoffwechselaktivität deshalb annähernd Null. Sporen fallen im Mikroskop durch hohen Lichtbrechungsindex auf, ihre eigentliche Darstellung erfolgt wiederum mittels Spezialfärbung.

Die Sporenbildung ist ein komplizierter Vorgang. In erster Linie sind fehlende Nährstoffe und sich anhäufende Stoffwechselprodukte Induktoren der Sporenbildung. Der Vorgang der Sporenbildung ist in etwa 4–6 Stunden vollzogen. Die mehrfache Umhüllung dürfte für die hohe Resistenz mit verantwortlich sein. In der Sporenform, die im Gegensatz zu den Pilzsporen keine Vermehrungs-, sondern eine Dauerform darstellt, vermögen Bakterien lange Zeiträume zu überstehen. So konnten in Erdproben aus alten Herbarien noch nach mehr als 300 Jahren lebensfähige Sporen ermittelt werden.

Bei Wiedereintritt günstiger Milieubedingungen keimen die Sporen wieder zur vegetativen Zelle aus. Dabei wird Wasser aufgenommen, die enzymatische Aktivität nimmt zu, die Dipicolinsäure wird freigesetzt, und es tritt ein Keimschlauch aus. Zu diesem Zeitpunkt besteht keine Hitzeresistenz mehr.

Bei einigen Bodenbakterien kommen als andere Dauerformen Zysten vor. Die gesamte vegetative Zelle kugelt sich ab und umgibt sich mit einer dicken Wand. Bei Methanbakterien werden Exosporen gebildet. Sie entstehen durch Knospung. Zysten und Exosporen sind ebenfalls als Dauerformen meist nur gegen Austrocknung und Strahlung, nicht so sehr gegen Hitze resistent.

Eine ganze Reihe verschiedener Bakterien, vor allem Luftkeime, kann Farbstoffe bilden. Vorwiegend gelbe, rote und orangefarbene Farben vermitteln vermutlich Schutzwirkung gegen UV- und sichtbares Licht. Die Farbstoffe, wie Pyocyanin, Violacein und Prodigiosin, sind sekundäre Stoffwechselprodukte, von denen einige sogar antibiotische Eigenschaften aufweisen.

Verschiedene farbstoffbildende Bakterien auf Schrägagar

Vermehrung der Bakterien

Bakterien vermehren sich in der Regel durch Zweiteilung; Knospung und Sprossung sind Ausnahmen. Die bei der Teilung einer eukaryotischen Zelle zu beobachtende mitotische Spindel fehlt, doch trennt eine Quermembran die beiden gebildeten Tochterchromosomen. Die nach einer Teilung entstandenen Zellen sehen gleich aus. Die Tochterzellen können sich trennen oder auch in verschiedener Weise miteinander verbunden bleiben, so daß Paar-, Paket- oder Kettenformen entstehen. Die Zeit zwischen 2 Bakterienteilungen (Generationszeit) schwankt je nach Art und Milieubedingungen zwischen 20 Minuten und mehreren Stunden. Das ist nur rund $\frac{1}{50}$ der Zeit, die Euzytenzellen in Kultur zur Teilung benötigen. Einige hochangepaßte Krankheitserreger, z. B. Tuberkulosebakterien, vermehren sich sehr viel langsamer. Meistens folgen die Teilungen aber sehr rasch aufeinander, so daß innerhalb kürzester Zeit, einer geometrischen Progression folgend ($2^0 \rightarrow 2^1 \rightarrow 2^2 \rightarrow 2^3 \rightarrow 2^n$), eine ungeheure Individuenzahl erreicht wird. Bei einer Generationszeit von 20 Minuten bestünde die Nachkommenschaft eines einzelnen Bakteriums innerhalb 24 Stunden aus 2^{72} Individuen! In der Hälfte der Zeit wäre bereits die Zahl der Erdbevölkerung überschritten! In wenigen Tagen durchlaufen Bakterien somit mehrere hundert Generationen,

Teilung der Bakterien (Schema)

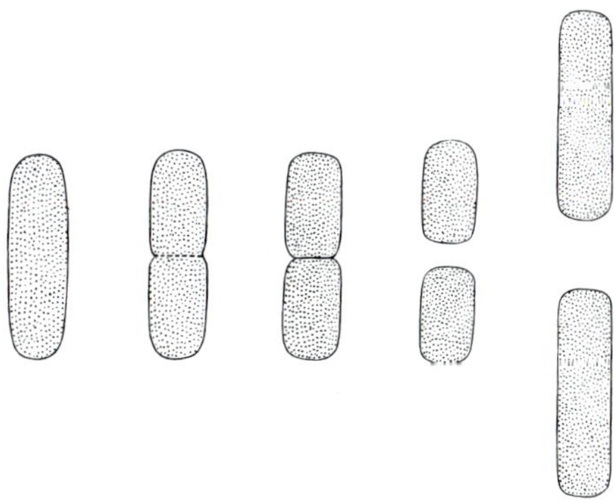

das entspricht etwa dem gleichen Evolutionsschritt wie beim Menschen in 10000 Jahren!

Diese theoretisch mögliche Zahl entstehender Bakterien liefert ein anschauliches Beispiel, mit welcher Geschwindigkeit ein ihnen zusagendes Substrat durchdrungen, verändert oder zersetzt werden kann. Diese Zahlen werden natürlich weder in der Natur noch in künstlicher Kultur erreicht. In jedem Milieu verbrauchen sich die zur Verfügung stehenden Nährstoffe sehr rasch, und zahlreiche wachstumshemmende Stoffwechselprodukte häufen sich an. Daneben sorgen zahllose biogene und abiogene Faktoren für eine ständige Regulation und somit Aufrechterhaltung eines Gleichgewichts.

Die genaue Untersuchung der Biologie der Bakterien stellte schon frühzeitig die Forderung an die Mikrobiologen, definierte Nährmedien zu entwickeln, auf denen Bakterien unter kontrollierten Bedingungen kultiviert werden können. Die mikroskopische Untersuchung kann die Anzüchtung i. d. R. nicht ersetzen, sondern nur ergänzen, da die Aussagefähigkeit eines mikroskopischen Präparates infolge zu geringer morphologischer Unterschiede zwischen den einzelnen Bakterienarten begrenzt ist. Mit Hilfe der Kultur auf natürlichen, synthetischen oder halbsynthetischen Nährböden sind sowohl die nötige Anreicherung als auch die Reinzüchtung bestimmter Bakterienarten und deren weitere Untersuchung möglich.

Für die Synthese der Zellbestandteile sind Energie- und Rohstoffquellen nötig. Bakterien, die Licht als Energiequelle verwenden können, werden als phototroph bezeichnet (Schwefelpurpurbakterien). Chemotrophe Bakterien gewinnen ihre Wachstumsenergie chemosynthetisch, und zwar durch Oxydations- und Reduktionsreaktionen. Je nach den verwendeten H-Donatoren wird zwischen lithotrophen und organotrophen Bakterien unterschieden. Die ersteren nutzen anorganische (Wasserstoff, Schwefelwasserstoff, Ammoniak), die letzteren organische Wasserstoffdonatoren.

Die Bezeichnungen autotroph und heterotroph beziehen sich auf die Herkunft des benötigten Kohlenstoffs: Autotrophe Mikroben gewinnen C aus dem CO_2 der Luft, heterotrophe entnehmen ihn organischen Verbindungen. Chemoautotrophie kommt nur bei Bakterien vor: Oxydation von Wasserstoff zu Wasser *(Hydrogenomonas)*, Ammoniak zu Nitrit *(Nitrosomonas)*, Nitrit zu Nitrat *(Nitrobacter)*, Fe(II)- zu Fe(III)-Ionen *(Thiobacillus ferrooxidans)*, Methan zu $H_2O + CO_2$ *(Methanomonas)*, Sulfid zu Schwefel (zahlreiche Schwefelbakterien), schwefelhaltige Mineralien oder Schwefel zu H_2SO_4 bei gleichzeitiger Assimilation von CO_2. Sogar ohne Sonnenlicht und Sauerstoff führen Bakterien chemische Reaktionen durch: *Thiobacillus denitrificans* oxidiert Schwefel und denitrifiziert dabei gleichzeitig das Nitration zu N_2, dabei wird ebenfalls CO_2 fixiert.

Zur exakten Kennzeichnung der zahlreichen Ernährungstypen unter den Bakterien wird neben der Form der Energiegewinnung gleichzeitig die Art des Wasserstoffdonators herangezogen, so daß grüne Pflanzen, Schwefelpurpurbakterien und Blaualgen als photolithotroph, alle Tiere und die überwiegende Mehrheit der Mikroben als chemoorganotroph bezeichnet werden; die Salpeterbakterien des Bodens wären demnach chemolithotroph.

Wichtigste Voraussetzung für das Wachstum und die Ernährung von Mikroorganismen ist das Vorhandensein von Wasser. Darüber hinaus sind für den Aufbau der Zellsubstanz folgende Makro- und Mikronährstoffe nötig: Kohlenstoff, Sauerstoff, Stickstoff, Wasserstoff, Phosphor, Schwefel, Kalium, Kalzium, Magnesium, Eisen, Mangan, Molybdän, Zink, Kupfer, Kobalt, Nickel, Vanadium, Chlor, Bor, Natrium und Silizium, wovon die letzten 11 Elemente nur in Spuren benötigt werden. Aus ökologischen oder ernährungsphysiologischen Gründen leben viele Bakterien mit anderen Bakterien oder höheren Organismen wie Pflanzen und Tieren in unterschiedlich enger Bindung.

Bezüglich dieses Zusammenlebens mit anderen Lebewesen lassen sich bei den kohlenstoffheterotrophen Mikroorganismen folgende Gruppen unterscheiden: Saprophyten (leben von abgestorbenen organischen Stoffen), Kommensalen (leben von Abfallstoffen eines Wirtes ohne gegenseitigen Nutzen oder Schaden), Symbionten (2 Partner leben in engem räumlichem Kontakt zum gegenseitigen Nutzen, z. B. Makro- und Mikroorganismus), Parasiten (leben innerhalb oder auf le-

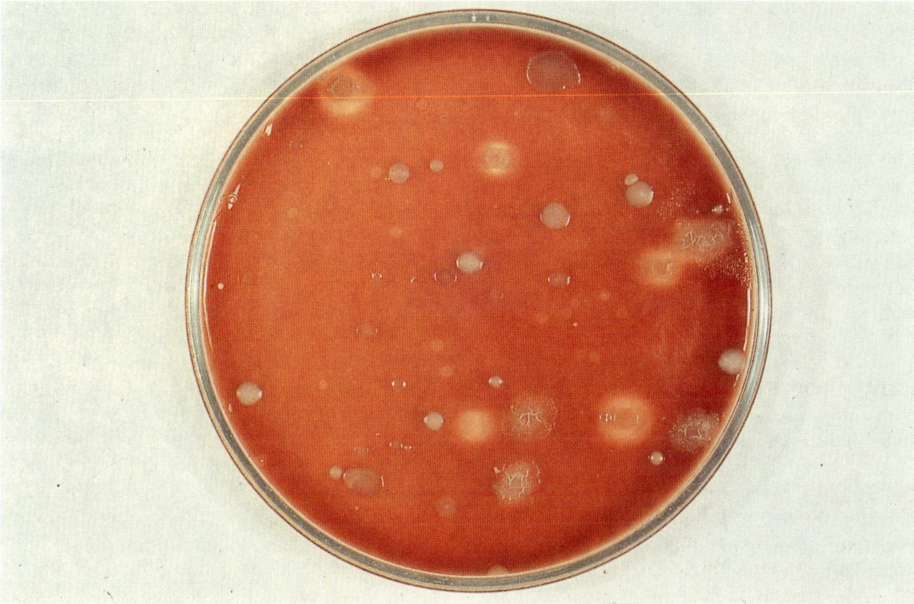

Mischkultur verschiedener Bakterienarten auf Blutagar

bendem Gewebe auf Kosten des Wirtes).

In gleichem Maße wie Nährstoffe und Wasser sind für das Wachstum von Bakterien folgende Milieubedingungen notwendig: optimale Temperatur, Wasserstoffionenkonzentration, Sauerstoffspannung und osmotischer Wert.

Nach ihren Temperaturansprüchen unterscheidet man psychophile (Optimaltemperatur 0–15 °C), mesophile (15–35 °C), hämothermophile (35–40 °C) und thermophile (über 40 °C) Keime.

Der optimale *p*H-Wert liegt für Bakterien zwischen 6,5 und 7,5. Einige Arten vermögen aber auch bei streng alkalischer Reaktion oder im sauren Bereich zu wachsen.

Bezüglich der Sauerstoffansprüche lassen sich folgende Gruppen unterscheiden: Obligat aerobe Bakterien wachsen nur bei Anwesenheit von O_2, obligat anaerobe nur unter Luftabschluß, fakultativ anaerobe sowohl bei vorhandenem, als auch fehlendem O_2, und schließlich gedeihen mikroaerophile Bakterien nur bei verminderter O_2-Spannung.

Voraussetzung für eine erfolgreiche Anzüchtung und Isolierung der Bakterien auf künstlichen Substraten ist neben dem Vorhandensein vermehrungsfähiger Keime das sterile Substrat mit optimaler Nährstoffzusammensetzung und den genannten Züchtungsbedingungen.

Auf den Bakteriennährböden entstehen nach entsprechend langer Bebrütung bei optimal gewählten Temperaturen die je nach Bakterienart verschieden großen und gestalteten, für das bloße Auge sichtbaren Kolonien. Eine Kolonie besteht aus einer riesigen Zahl von Einzelwesen. Die Gesamtheit der Kolonien in einem Kulturgefäß oder die Ansammlung in einem flüssigen Nährmedium wird als Kultur bezeichnet.

In der freien Natur sehen natürlich Bakterienansammlungen, sofern sie überhaupt mit bloßem Auge wahrnehmbar sind, völlig anders aus. Vor allem in Gewässern treten fadenförmige Bakterien auf, die wie Algen aussehen und z. T. große Zotten oder flockige Massen bilden. Die sogenannten Kartoffelbazillen *(Bacillus mesentericus)* wachsen auf Kartoffeln als faltiger, schleimiger Überzug; Fruchtsäfte, Bier- und Weinreste können von feinen Häutchen überzogen werden, die nichts anderes als Bakterienmasse darstellen.

Untersuchungen von Kulturen besitzen ebenso wie mikroskopische Prüfungen zur Morphologie und des Gramfärbeverhaltens wichtige diagnostische Bedeutung. Darüber hinaus sind für die Identifizierung von Bakterien viele andere Methoden nötig. Sie umfassen eine große Zahl biochemischer und serologischer Tests, auf die hier nicht eingegangen werden kann. Bakteriologische Labormethodik würde ein eigenes Buch füllen.

Umweltbereiche der Bakterien

Bakterien des Bodens

Die stärkste Massierung von Lebewesen befindet sich im Erdboden. Niedere Pflanzen, Wurzeln höherer Pflanzen, verschiedenste Tierarten von den niedersten Formen bis zu Säugetieren und ungeheure Mengen von Mikroorganismen leben in ihm und nehmen Einfluß auf seine Struktur und Fruchtbarkeit.

Wenngleich die Gesamtzahl der Mikroben von zahlreichen Faktoren reguliert und durch die zur Verfügung stehenden Methoden meist nicht absolut ermittelt werden kann, sind die gefundenen Werte gegenüber anderen Lebensräumen ohne Beispiel. Pro Gramm fruchtbarer Ackererde lassen sich allein bis 2500 Millionen Bakterien nachweisen, nicht gerechnet die anderen Mikroorganismen, wie Pilze, Algen und Protozoen. Der Keimgehalt ist weitgehend vom Anteil an organischer Substanz abhängig, so daß eine gute gedüngte Ackererde bedeutend mehr Mikroben enthält als ein nährstoffarmer Sandboden. Den höchsten Keimgehalt findet man in der Krume, mit zunehmender Bodentiefe nimmt er rasch ab, in einigen Metern Tiefe sind kaum noch Bakterien vorhanden. Die biologisch aktive Schicht beträgt etwa 20–25 cm. Ein Hektar guten Ackerbodens kann durchaus mehrere hundert Kilogramm Mikroben enthalten.

Es fällt schwer, sich in diesem komplizierten System Boden nur mit den Bakterien zu beschäftigen, da letztlich keine Mikrobengruppe isoliert für sich lebt. An den Prozessen im Boden sind auch andere Mikroorganismen (Pilze, Algen, Protozoen, niedere Tiere) beteiligt, deren gesamte Tätigkeit wie ein komplizierter Organismus funktioniert.

Im Boden finden sich Lebensräume für alle Ernährungstypen und Spezialisten in engster räumlicher Aufeinanderfolge. Alle Makro- und Mikroorganismen bilden unter Einbeziehung unbelebter organischer und anorganischer Bodenbestandteile ein fast nicht überschaubares enges Beziehungsgefüge, in dem die Stoffwechselprodukte der einen Art das Substrat bilden, das andere zum Leben benötigen. Dies führt letztlich zu kontinuierlich ablaufenden Ab-, Auf- und Umbauprozessen. Das System Boden ist somit ein äußerst dynamisches. Ausgeprägte Fähigkeiten zur Anpassung an veränderte Bedingungen sind fast allen Bodenbakterien eigen, so daß selbst ungewöhnliche Substrate mit der Zeit angegriffen und zersetzt werden können. Diese Vielfalt der Möglichkeiten läßt einen gesunden Boden wie einen biologischen Puffer erscheinen, der sich gewissen Belastungen mit verschiedenen Stoffen gegenüber als elastisch erweist.

Viele Bodenmikroorganismen sind allgemein verbreitet, doch ergeben sich in Abhängigkeit von Bodentyp, Pflanzendecke, Nährstoff- und Humusgehalt, Struktur, Textur, *p*H-Wert, Kulturzustand, Klima, Jahreszeit, Bodentiefe und Feuchtigkeit deutliche qualitative und quantitative Unterschiede. Bedingt durch die Stoffwechselaktivität der Pflanzenwurzeln (Abgabe verschiedener organischer Substanzen, z. T. mit Wuchsstoffcharakter), finden sich in unmittelbarer Wurzelnähe höhere Keimzahlen als in undurchwurzeltem Boden (Rhizosphäre). Dieses lokkere Zusammenleben von Mikroorganismen und Pflanzenwurzeln wird außer von Wurzelausscheidungen noch durch bessere Wasserverhältnisse und Verwertung absterbender Wurzelteile bewirkt. Für den Fruchtbarkeitszustand eines Bodens von wichtiger Bedeutung ist seine Struktur. Idealer Ackerboden läßt eine Krümelstruktur erkennen, in der Bodenpartikeln anorganischer und organischer Natur (Ton- und Humusteilchen) durch Schleimstoffe von Bakterien sowie Fäden von Aktinomyceten und Pilzen zu Krümeln aggregiert sind. Mit dieser Struktur befindet sich ein Boden im Zustand der

Gare; er besitzt ein sehr großes Porenvolumen für die optimale Belüftung und die Befeuchtung.

Bezüglich der biochemischen Leistung der Bodenbakterien für die Rückführung der in organischen Verbindungen festgelegten Elemente (Mineralisierung, Stoffkreisläufe) wurde bereits im Abschnitt »Vorkommen und Bedeutung« kurz berichtet. Aus der Vielfalt der chemischen Umsetzungen im Boden sollen im folgenden nur einige der bekanntesten Prozesse beschrieben werden.

Zellulose als Grundbestandteil pflanzlicher Substanz wird von zahlreichen aeroben und anaeroben Bakterien (*Cytophaga, Sporocytophaga, Cellvibrio, Clostridium, Achromobacter, Cellfalcicula, Cellulomonas, Pseudomonas, Vibrio, Sorangium, Nocardia, Bacillus cellulosaedissolvens, Streptosporangium, Micromonospora, Streptomyces cellulosae* und verschiedenen anderen thermophilen Arten) abgebaut. Die Pflanzenrückstände können zu 40–70 % aus Zellulose und anderen hochmolekularen Polyglukosen bestehen. Mit Hilfe von Exoenzymen (Zellulasen) erfolgt der Abbau zu Glukose oder Zellobiose. Bei den zu den Gleitbakterien gehörenden Gattungen *Cytophaga, Sporocytophaga, Sorangium* und *Archangium* liegt die Art des Zelluloseabbaus noch ziemlich im dunkeln. Der gesamte Prozeß verläuft sehr langsam und dauert selbst im Kompost bei höheren Temperaturen mehrere Monate.

Mengenmäßig an zweiter Stelle sind in den pflanzlichen Zellwänden Xylane (Hemizellulosen) enthalten. Ihr mikrobieller Abbau erfolgt wesentlich rascher; beteiligte Bakterien sind aerobe und anaerobe Bakterien der Gattungen *Bacillus, Achromobacter, Pseudomonas, Cytophaga, Sporocytophaga, Lactobacillus, Vibrio, Actinomyces* und *Streptomyces.* Als Abbauprodukte treten Xylose und Xylobiose auf.

Das Reservepolysaccharid Stärke und andere Glucane (Dextran, Pullulan) können durch verschiedenartige enzymatische Spaltung von zahllosen Mikroben leicht abgebaut werden. Eine spezifische stärkeabbauende Flora scheint aber nicht zu existieren. Ähnliches gilt für andere Speicherstoffe wie Fructane und Mannane. Die pflanzlichen Zellwände enthalten weiterhin Pektine (Polygalakturonide), die durch pektinauflösende Enzyme vieler Bakterien, vor allem Sporenbildner, zersetzt werden. Sie sind Bestandteil der zwischen den Pflanzenzellen liegenden Mittellamellen. Beim Rösten der Jute, des Flachses und Hanfes werden durch die Tätigkeit der Pektinzersetzer die Zellulosefaserbündel, die selbst nicht angegriffen werden, aus dem Gewebeverband freigelegt (Röst- oder Rotteprozeß).

Die bei wirbellosen Tieren und Pilzen weit verbreitete Stützsubstanz Chitin, ein Polymer des Acetylglukosamins, ist schwer angreifbar. Wegen des relativ hohen Anfalls im Boden und im Wasser ist die Palette chitinzersetzender Bakterien recht groß. Zu ihnen gehören unter anderen *Achromobacter-, Flavobacterium-, Chromobacterium-, Micrococcus-, Bacillus-, Pseudomonas-, Cytophaga-, Streptomyces-, Micromonospora-* und *Nocardia-*Arten. Der Abbau erfolgt durch Chitinase und Chitobiase. Die Abbauprodukte stellen eine wichtige Ammoniakquelle dar.

Wichtigster Bestandteil des Holzes neben Zellulose ist das Lignin. Es unterliegt einem äußerst langsamen mikrobiologischen Abbau und spielt eine wichtige Rolle bei der Entstehung der Huminsäuren. Den Abbau besorgen vor allem Pilze (Braun- und Weißfäule), aber auch verschiedene Bakterienarten *(Pseudomonas, Agrobacterium).*

Die schwer zersetzbaren organischen Bestandteile, die über lange Zeit im Boden verbleiben, bilden einen wesentlichen Anteil des Humus.

Humus ist die aus noch nicht völlig zersetztem organischem Material entstandene dunkle amorphe Bodensubstanz, die für die Qualität eines Bodens ausschlaggebende Bedeutung hat. Er stellt eine ständig fließende Energie- und Nährstoffquelle für Bodentiere, Mikroorganismen und Pflanzenwurzeln dar, denn bei laufender Zufuhr organischer Substanzen (Blätter, Nadeln, Äste, morsches Holz, Gräser, Kräuter, Stoppeln, Wurzeln, Erntereste, Kadaver und Exkremente von Tieren) und ihrem langsamen, gleichmäßigen Abbau befindet er sich in einem fließenden Gleichgewicht. »Humus ist das Brot der Erde!« Nicht der Humus wird von den Pflanzen aufgenommen, sondern das, was Kleinlebewesen daraus bereiten: die anorganischen Pflanzennährstoffe.

Im Verlauf der Humusbildung wird im Boden viel Stickstoff angereichert. Aus dem C:N-Verhältnis von etwa 40:1 in frischen Pflanzenrückständen entsteht ein C:N-Verhältnis von 10:1 im Humus.

Neben Lignin werden noch andere schwer zersetzbare Verbindungen, wie Methan, Äthan, Propan, Butan, Paraffin, Erdöl, Kautschuk, Benzol, Phenol, Toluol, Xylol, Naphthalin, Anthracen und Phenantren, von Mikroorganismen angegriffen und zersetzt, ja selbst Asphalt und Graphit. Diese Spezialisten unter den Bakterien sind *Pseudomonas methanica*, andere *Pseudomonas*-Arten, *Rhodopseudomonas gelatinosa*, Vertreter der Gattungen *Mycobacterium*, *Flavobacterium*, *Nocardia*, *Corynebacterium petrophilum*, *Spirillum*-Arten und verschiedene Kokken.

Im Boden oder Gewässer ausgetretenes Erdöl wird beim Vorhandensein von O_2 meist schnell und vollständig abgebaut. Im Meer bleiben aber noch längere Zeit asphaltähnliche Stoffe zurück, die erst nach und nach einer weiteren Zerlegung unterliegen.

Ähnliches gilt für den Abbau zahlreicher Wirkstoffe (Wachstumshormone der Pflanzen, Kumarin, verschiedene Antibiotika, Steroide), die alle von verschiedenen Mikroben, vor allem von *Pseudomonas*-Arten, abgebaut werden. In der Ära des notwendigen globalen Umweltschutzes sollte aber berücksichtigt werden, daß auch der Boden trotz seiner biologischen Puffertätigkeit eine Belastbarkeitsgrenze besitzt, jenseits davon er »umkippen« kann. Das gilt besonders für die unkontrollierte Zufuhr von Schädlingsbekämpfungsmitteln, die weltweit angewendet werden und sich im Boden anhäufen können. Viele der Biozide, vor allem DDT, werden nur sehr schwer mikrobiell abgebaut. Sie können das biologische Gefüge empfindlich stören.

Die hochmolekularen Eiweiße zersetzen viele von den aeroben und anaeroben Mikroorganismen. Durch proteolytische Exoenzyme werden Peptidbindungen im Protein hydrolysiert sowie Poly- und Oligopeptide gebildet. Diese Bruchstücke werden von den Zellen aufgenommen und mittels Peptidasen zu leicht assimilierbaren Aminosäuren abgebaut. Aus dem Aminosäurestoffwechsel (Desaminierung) resultiert ein wesentlicher Teil des im Boden anfallenden Ammoniaks. Die Freisetzung des Stickstoffs aus Eiweißstoffen erfolgt relativ langsam, da hochmolekulare Eiweißverbindungen vorwiegend zur Neubildung körpereigener Substanz der Mikroben dienen. Erst wenn der Kohlenstoffvorrat so weit abgebaut worden ist, daß das C:N-Verhältnis 20:1 oder 10:1 beträgt, erfolgt weiterer Stickstoffabbau. Als Dekarboxylierungsprodukte der Aminosäuren entstehen primäre Amine, wie Kadaverin, Putreszin u. a., die auch als Leichengifte bekannt sind. Von vielen Bakterien wird der beim Eiweißabbau anfallende Harnstoff mittels Urease zu Ammoniak gespalten (*Sporosarcina ureae*, *Bacillus pasteuri*, *Proteus*-Arten). Ein Gramm dieser Bakterien, das aus etwa 15 Milliarden Zellen besteht, kann pro Stunde bis 1200 g Harnstoff umsetzen.

Das dem Abbau stickstoffhaltiger organischer Substanzen entstammende Ammonium wird durch verschiedene Bakterien (*Nitrosomonas*, *Nitrosolobus*, *Nitrosospira*, *Nitrosococcus* u. a.) zu Nitrit oxidiert und dieses durch *Nitrobacter*- und *Nitrococcus*-Arten weiter in Nitrat umgewandelt. Die beteiligten Bakterien (nitrifizierende oder Salpeterbakterien) gewinnen damit die Energie für die Kohlendioxidbindung (Chemoautotrophie). Der als Nitrifikation bezeichnete Vorgang wurde lange Zeit zu den bedeutendsten bakteriellen Prozessen im Boden gerechnet. Nach neueren Erkenntnissen steht fest, daß Ammoniumionen im Boden viel besser festgehalten werden als Nitrate, die leicht in den Untergrund ausgewaschen werden können. So ist man bestrebt, die Nitrifikation im Boden zu unterdrücken, um einem Stickstoffverlust vorzubeugen.

Bei zeitweiligem Mangel an Sauerstoff (z. B. bei starker Durchfeuchtung des Bodens) sind zahllose Bodenbakterien gezwungen, den zur Atmung nötigen Sauerstoff dem Salpeter zu entnehmen. Dieser wird über Nitrit zu Ammoniak oder gasförmigem Stickstoff reduziert (Denitrifikation), der dann in die Atmosphäre entweicht, was für den Boden einen empfindlichen Nährstoffverlust bedeutet.

Wie Kohlenstoff und Stickstoff werden natürlich auch all die anderen Bioelemente, die in organischer Bindung bei Pflanzen und Tieren vorkommen, um- oder abgebaut und wieder in den mineralischen Zustand überführt. Am Ende aller Zersetzungsvorgänge sind schließlich aus den zahllosen komplizierten organischen Stoffen wieder Kohlendioxid, Wasser und die Pflanzennährstoffe entstanden, die den Kreislauf des Lebens weiter in Gang halten.

Eine der einzigartigen Leistungen der Bodenbakterien und zugleich von herausragender Bedeutung für die Bodenfruchtbarkeit ist die Bindung des Luftstickstoffs. Er ist wegen der hohen Stabilität seines Moleküls schwer assimilierbar. Kein eukaryotischer Organismus vermag Luftstickstoff zu verwerten. Pflanzen nehmen Stickstoff in Form von NO_3^- oder NH_4^+ aus dem Boden auf. Daß Leguminosen den Stickstoffhaushalt des Bodens verbessern, geht auf eine Entdeckung von Boussingault zurück. Den Untersuchungen von Hellriegel und Wilfarth (1886/88) ist es zu danken, daß dieses Phänomen mit der Bildung von Wurzelknöllchen an den Pflanzenwurzeln in Zusammenhang gebracht werden konnte.

Das Interesse der Fachwelt an dieser Symbiose von Pflanzen und Bakterien war verständlicherweise riesengroß. Ist es doch die einzige Möglichkeit, auf biologischem Wege den Stickstoffvorrat der Atmosphäre, der bis zu 79 % beträgt, anzutasten und ihn in organische Bindung zu überführen. Eine solche Verbindung zwischen Bakterien und anderen Pflanzen als Leguminosen zustande zu bringen ist bis heute nicht gelungen. Dies durch gentechnisch veränderte Bakterien oder Pflanzen zu ermöglichen gilt als eines der erklärten Ziele der Biotechnologie. Inzwischen ist bei einer großen Zahl von Bodenbakterien die Fähigkeit zur Bindung des Luftstickstoffs nachgewiesen worden. Sie lassen sich in 2 Organismengruppen einteilen: die in Symbiose mit Leguminosen lebenden Wurzelknöllchenbakterien und die freilebenden Stickstoffbinder. Die aus Leguminosen isolierten Bakterien sind ziemlich eng miteinander verwandt. Sie werden alle in der Gattung *Rhizobium* zusammengefaßt. Die Arteinteilung erfolgte nach den Wirtspflanzen, an denen sie Knöllchenbildung hervorrufen können. Die Wirtsspezifität wird vermutlich durch ein Polysaccharid der Bakterienzellwände bewirkt. Wichtige Arten sind *Rhizobium meliloti, Rh. trifolii, Rh. leguminosarum, Rh. phaseoli, Rh. lupini* und *Rh. japonicum.*

Nicht jeder Rhizobium-Stamm ist zur Bildung von Knöllchen mit hoher Stickstoffbindungsleistung befähigt. Manche Knöllchen bleiben völlig inaktiv. Der Mechanismus der Infektion und die Biochemie der Stickstofffixierung wurden nach langwierigen Forschungen weitgehend aufgeklärt. Die im Boden lebenden Bakterien dringen an der Spitze junger Wurzelhaare in diese ein und wachsen mit einem Infektionsschlauch durch die Zellwände von Epidermis und Wurzelrinde. Deren Zellen teilen sich unter dem Einfluß der Bakterien und bilden eine Gewebewucherung: das Knöllchen.

Im Zytoplasma der Wirtszellen vermehren sich auch die eingedrungenen Bakterien sehr rasch und wandeln sich in ziemlich große, vielgestaltige Zellen (Bakteroide) um. Diese besitzen keine Zellwand mehr, sind oft verzweigt, können sich wohl noch teilen, aber nicht mehr in ein stäbchenförmiges Bakterium zurückverwandeln. Durch Leghämoglobin (ein dem Hämoglobin ähnlicher Farbstoff) färbt sich das mit Bakterien gefüllte Knöllchen rötlich. Nur diese sind zur Stickstoffbindung fähig. Weiße, meist kleinere Knöllchen enthalten diesen Farbstoff nicht und können keinen Stickstoff binden. Mit dem Abbau des Legoglobins hört auch die Stickstoffbindung auf. Nach Wochen oder Monaten zerfallen die Knöllchen. Bakteroide unterliegen der Lysis, intakte Rhizobien werden in den Boden freigelassen, von wo aus sie einen neuen Zyklus starten können.

Wurzelknöllchen wurden inzwischen auch an verschiedenen Nichtleguminosen entdeckt; die mikrobiellen Partner dieser Symbiosen sind meist Aktinomyceten. Die besonders an stickstoffarmen Standorten anzutreffenden Pflanzen, wie Erle, Sanddorn, Gagelstrauch, Ölweide u. a., können mit Hilfe dieser Symbiose beträchtliche Stickstoffmengen gewinnen. Ihre Knöllchen sind sehr viel größer und von ganz anderer Struktur.

In dieser Symbiose zwischen Bakterien und Pflanze liefert der pflanzliche Partner Nährstoffe und vermehrt die Bakterien in den Knöllchen besser, als dies im Boden möglich wäre. Von den Bakterien wird der fixierte Stickstoff in Form von Ammoniumionen der Pflanze zur Verfügung gestellt.

Es hat sich seit langem in der praktischen Landwirtschaft eingebürgert, Leguminosensaatgut vor dem Ausbringen mit Impfpräparaten von Rhizobien zu behandeln, um eine optimale Knöllchenbildung zu erzielen. Das ist besonders dort nötig, wo die betreffende Leguminosenart vorher noch nicht angebaut wurde, der Boden also unter Umständen die geeigneten effektiven Bakterien nicht enthält. Der Stickstoffgewinn durch die symbiotische Stickstoffixierung beträgt etwa 150–300 kg/ha im Jahr; das sind weltweit rund 20 Millionen Tonnen.

Wichtigste Vertreter der freilebenden Stickstoffbinder sind der aerobe *Azotobacter chroococcum* und der anaerobe *Clostridium pasteurianum*. *Azotobacter chroococcum* ist die wohl am meisten untersuchte Art. Sie wurde 1901 erstmalig aus dem Boden isoliert. Später fand man im Wasser noch *A. agilis*. Gegenwärtig sind die Arten *A. chroococcum, A. vinelandii, A. agilis* und *A. paspali* bekannt. Sie kommen meist nur in Kulturböden vor (Kulturbegleiter) und fehlen in nichtkultivierten Naturböden. Man rechnet *Azotobacter* pro 1 g Kohlenstoffquelle (Glukose) etwa 15–20 mg gebundenen Stickstoff zu. Unter praktischen Bedingungen beläuft sich der Stickstoffgewinn auf etwa 5–10 kg/ha und Jahr. Inzwischen ist bei zahlreichen anderen Bodenbakterien die Fähigkeit zur Stickstoffbindung entdeckt worden *(Bacillus, Beijerinckia, Clostridium, Klebsiella, Pseudomonas, Xanthomonas, Alcaligenes, Chlorobium, Desulfovibrio, Menthanobacterium, Rhodomicrobium, Rhodopseudomonas, Rhodospirillum, Spirillum)*. Über ihre wirkliche praktische Bedeutung sind die Meinungen geteilt, da viele Arten sicher nur in Gesellschaft mit anderen meßbaren Stickstoffmengen im Boden anzureichern vermögen.

An der Grenze zwischen symbiontischen und freilebenden Mikroorganismen stehen verschiedene *Azospirillum*-Arten, die an und in Wurzeln tropischer Gräser in hohen Zahlen nachgewiesen werden können. Sie bilden eine Art Halbsynthese mit den Pflanzen.

Bei vielen Kulturpflanzen können freilebende Stickstoffbinder an den Wurzeloberflächen und in Wurzelnähe in besonders hoher Zahl nachgewiesen werden.

Für die Stickstoffixierung durch Bakterien sind die Mikronährstoffe Kobalt, Molybdän, Vanadium und Zink nötig. Die Bindung des N_2 ist ein Reduktionsprozeß, der an dem Enzymkomplex Nitrogenase abläuft und Ammoniak entstehen läßt. Beteiligte Enzyme wie auch der gesamte Bindungsprozeß sind äußerst empfindlich gegen Sauerstoff. Nitrogenase wird wahrscheinlich nur gebildet, wenn keine verwertbare Stickstoffquelle zur Verfügung steht.

Die Besprechung einiger ausgewählter Prozesse, die im Boden unter entscheidender Mithilfe der Bakterien ablaufen, sollte auf ihre eigentliche Bedeutung in der Natur hinweisen. Bakterien als Krankheitserreger sind sicher viel bekannter. Die Fähigkeit, Infektionskrankheiten hervorzurufen, ist jedoch im Vergleich zu den von ihnen in den verschiedenen Ökosystemen in Gang gehaltenen Prozessen, ohne die ein höheres Leben nicht möglich wäre, von ziemlich untergeordneter Bedeutung.

Mit Ausscheidungen von Menschen und Tieren, mit toten Tieren und Pflanzen gelangen natürlich auch Krankheitserreger in den Boden. Mit Ausnahme der phytopathogenen Vertreter haben die meisten ihren primären Standort aber nicht im Boden, so daß sie i. d. R. nicht sehr lange dort verweilen können. Je stärker die Anpassung an die parasitische Lebensweise besonders bei Warmblütern erfolgte, um so geringer sind sie für ein längeres Überleben im Boden ausgerüstet, obwohl natürlich die meisten Parasiten auch saprophytisch leben können. Verschiedene Bakterien, vor allem solche mit einem breiten Infektionsspektrum und weniger enger Anpassung an die parasitische Lebensweise, können jedoch über längere Zeit im Boden verweilen oder sogar primär ihren Standort dort haben, z. B. *Nocardia*-Arten, Salmonellen, Listerien und Rotlaufbakterien. Bei wenigen ist eine echte Freilandbiologie nachgewiesen worden. Eine Sonderstellung nehmen diejenigen Bakterien ein, die Dauerformen ausbilden wie die Sporenbildner. Diese können über Jahre oder Jahrzehnte im Boden in der Sporenform vorliegen. Der Boden wird dann zur echten Ansteckungsquelle, wie die Beispiele Wundstarrkrampf oder Milzbrand immer wieder zeigen. Ebensowenig findet im Wasser oder in der Luft eine Vermehrung von Krankheitserregern statt. Eine Ausnahme bildet lediglich eine Reihe menschlicher und tierischer Darmkeime, die bei Anwesenheit schützender Eiweißstoffe, wie Schleim, Blut u. ä., eine Zunahme der Individuenzahl zeigen. Die Dauer des Vorhandenseins in den Biotopen Boden, Wasser oder Luft hängt neben allgemeinen physikalischen und chemischen Milieubedingungen außerdem vom Gehalt an Hemmstoffen oder von der Tätigkeit der autochthonen Mikroflora ab.

Bakterien des Wassers

Jeder atmosphärische Niederschlag führt mit dem Staub von der Erdoberfläche, von Pflanzen, Gebäuden usw. Mikroorganismen mit, die dadurch in alle Gewässer einschließlich der Ozeane gelangen können. Neben zahllosen Bakterienarten, deren Vorkommen auf das Wasser oder den Gewässerschlamm beschränkt ist, können auch die aus dem Boden stammenden, allgemein vorkommenden Keimgruppen im Wasser gefunden werden. Zahl und Art der in Gewässern vorhandenen Keime werden durch zahlreiche Faktoren, wie Herkunft des Wassers, Nährstoff- und Salzgehalt, *p*H-Wert, Temperatur und Vorhandensein von Algen, als photosynthetisierende Primärproduzenten organischer Stoffe bestimmt. Bakterien sind im allgemeinen gleichmäßig im Wasser und im Bodenschlamm verteilt. Sie gehören somit sowohl zu den Lebensgemeinschaften des Planktons als auch des Benthos. Der Bakterienanteil am Plankton ist um so höher, je größer der Gehalt an organischen Stoffen ist. Ausgesprochene Wasserformen sind *Pseudomonas, Chromobacterium, Flavobacterium, Achromobacter, Caulobacter, Spirillum, Spirochaeten,* Purpur- und Schwefelpurpurbakterien, grüne Schwefelbakterien, Eisen und Scheidenbakterien.

Infolge der Belastung der Oberflächengewässer mit häuslichen und industriellen Abwässern aller Art besonders aus Molkereien, Schlachthöfen und Krankenhäusern enthalten diese oft riesige Keimmengen, dazu meist auch die gesamte Palette der Darmkeime von Mensch und Tier. Dabei finden sich nicht selten pathogene Bakterien vor, z. B. Salmonellen, Tuberkulosebakterien, Leptospiren, Rotlaufbakterien oder in manchen Ländern auch Choleraerreger.

Da der Boden eine mehr oder weniger ausgeprägte Filterwirkung entfaltet und auch Bakterien adsorbiert, ist Grundwasser meist keimarm oder steril. Das gleiche gilt für Quell- und Brunnenwasser aus größerer Tiefe. Anstieg der Keimzahlen bedeutet hier fast stets, daß Defekte des Brunnens und Eindringungsmöglichkeiten für Bakterien vorliegen.

In sauberen Fließgewässern ist der Gehalt an Bakterien relativ niedrig, das Wasser erscheint kristallklar. Bei geringer Verschmutzung genügen wenige Kilometer Wasserlauf, um leicht zersetzbare organische Beimengung abzubauen. Der Bach oder Fluß reinigt sich selbst. Organische Verunreinigungen in Flüssen und Seen werden durch dort lebende Bakterien unter Sauerstoffverbrauch abgebaut. Sauerstoff steht aber nur begrenzt zur Verfügung. Zu hohe Schmutzkonzentration zerstört die Selbstreinigungskraft. Fast immer kann man von der Zusammensetzung der Mikroflora auf die Wassergüte schließen. So zeigt der schleimige Bewuchs des Gewässeruntergrundes durch »Abwasserbakterien« starke organische Belastung an; Schwefelwasserstoffgeruch signalisiert schließlich den totalen Sauerstoffverbrauch. Die Folge ist nicht nur ein Sterben von Fischen, Pflanzen und anderen höheren Lebewesen des Wassers, sondern auch der Verlust aller aeroben Mikroorganismen: Das Gewässer »kippt um«.

Seen, Teiche und Tümpel weisen aerobe und anaerobe Zonen auf. In der lichtdurchfluteten Oberflächenschicht (Epilimnion) eines solchen Gewässers kommt es hauptsächlich durch Algen zur Biomasseproduktion. Abgestorbenes Plankton und die zahlreichen organischen Verbindungen, die von außen dem Gewässer zugeführt werden, sinken auf den Grund und werden dort abgebaut, wobei sich der verfügbare Sauerstoff verbraucht. Im Verlauf der weiteren anaeroben Prozesse entstehen Schwefelwasserstoff, Wasserstoff, Methan und Kohlendioxid. In Bereichen, in denen Schwefelwasserstoff vorkommt und in die noch Licht gelangt, entwickeln sich Schwefelpurpurbakterien und grüne Schwefelbakterien. Es sind meist die oberen Regionen der Tiefenschicht (Hypolimnion), wo die phototrophen Bakterien eine weitere Schicht mit Biomasseproduktion bilden. Am gleichen Standort kommen auch *Thiodictyon-*, *Pelodictyon-*, *Chromatium-* und *Thiospirillum*-Arten vor.

Die Bakterienartenzahl des marinen Planktons ist wesentlich geringer als im Süßwasser. In Küstengewässern ist die Keimzahl infolge größerer Nährstoffkonzentration durch Zufuhr der Flüsse bedeutend höher (bis zu 1 Million Keime pro 1 ml Wasser!). Mit zunehmender Entfernung von der Küste nimmt der Keimgehalt ab. Nährstoffarmes Hochseewasser enthält höchstens bis zu 1000 Bakterien/Milliliter. Außer dem Nährstoffgehalt spielen Wassertiefe, Salzkonzentration und Temperatur eine wichtige Rolle. Doch hat man Bakterien in Schlammproben aus einigen 1000 m Tiefe isoliert.

Viele der wasserbewohnenden Bakterien können wie andere aquatische Lebewesen beim Massenauftreten das Wasser deutlich verfärben. Leuchtbakterien (*Photobacterium* spp.) verursachen oft ein beeindruckendes Meeresleuchten. Diese Erscheinung kann sogar noch an Fischleibern in der Küche beobachtet werden.

Die Bakterien des Meerwassers spielen im Kreislauf der Stoffe eine ähnliche Rolle wie die Bakterien des Bodens. Die wichtigsten Stoffumsetzungen mit bakterieller Beteiligung spielen sich in nährstoffreichen Zonen ab (Meeresufer, Flußeinmündungen, Brackwasser, Marschland). In der obersten Wasserschicht erfolgt der Verbrauch der Nährstoffe durch Algen (Primärproduzenten). Der Abbau der abgestorbenen organischen Substanz durch Bakterien findet nach Absinken in größeren Tiefen bzw. am Grunde statt. Nährstoffarme, wenig produktive Gewässer erscheinen tiefblau, während grüne Färbung auf reiche Planktonentwicklung hinweist. In sauerstofffreien Tiefenschichten kommen anaerobe Bakterien vor, die CO_2, Nitrat und Sulfat reduzieren. Wie der Humus des Bodens bleibt auch bei den Stoffumsätzen im Meer ein schwer zersetzbarer Rest organischer Stoffe zurück. Die Bakterien des Benthos verleihen dem Gewässergrund meist schleimige Oberflächen. Einige Bakterien wirken korrodierend auf Metalle (Schiffsbewuchs). Auch im Meerwasser, vor allem aber im küstennahen Brackwasser können krankheitserregende Bakterien enthalten sein, die zwar vorwiegend Abwässern entstammen, durch Möwen und andere Vögel, durch Muscheln, Austern und andere bodenbewohnende Tiere aber angereichert und weit verbreitet werden können.

Nach dem gleichen Prinzip, wie die Natur ihre Gewässer reinigt, funktionieren biologische Kläranlagen. Die mikrobiellen Abbauprozesse verlaufen hier jedoch durch Belüftung und damit ständige Sauerstoffzufuhr wesentlich schneller.

Abwasser kann mit einer Fülle von Verunreinigungen belastet sein. Alles, was aus Waschbecken, Ausgüssen, Badewannen, Toiletten, aus Landwirtschafts- und Industriebetrieben zusammenläuft, muß in besonderen Anlagen mit beträchtlichem ökonomischen Aufwand wieder aufbereitet und gereinigt werden.

Ziel jeder Abwasserreinigung ist es, sowohl feste als auch flüssige Bestandteile, die in mineralischer oder organischer Form enthalten sind, zu entfernen. Es muß hier der Hinweis genügen, daß alle Verfahren der Trink-, Brauch- und Abwasseraufbereitung ohne Bakterien und andere Mikroorganismen nicht denkbar sind. Erinnert sei an die zahllosen Probleme, die die Beseitigung des Abwassers aufwirft und die in den meisten industrialisierten Ländern an zentraler Stelle des Umweltschutzes stehen. Hier dürfte dem Einsatz selektierter, vielleicht gentechnisch veränderter Bakterien mit spezifischen Eigenschaften für den Abbau der zahlreichen organischen, schwer zersetzbaren, z. T. toxischen Stoffe ein weites Feld offenstehen.

Die Möglichkeit der Entstehung von Epidemien über das Wasser erfordert strenge hygienische Maßnahmen bei der Trinkwasserbereitung. Dieses muß ständig bakteriologisch und chemisch kontrolliert werden. Da die meisten Infektionen über das Wasser den Verdauungstrakt betreffen und die Erreger dieser Krankheiten mit menschlichen und tierischen Ausscheidungen ins Wasser gelangen, werden die bakteriologischen Untersuchungen vor allem auf die Erkennung von Bakterien fäkalen Ursprungs gerichtet. Als Indikator fäkaler Verunreinigungen dienen vorwiegend *Escherichia coli* und »coliforme« Keime, die natürlicherweise im Wasser nicht vorkommen. Ihr Auftreten im Wasser läßt einen ziemlich sicheren Schluß darauf zu, daß fäkale Verunreinigung stattgefunden hat. Neuerdings wird der Coliformentiter, d. h. die Zahl pro 100 ml Wasser, oft durch den Enterokokkentiter ersetzt. Enterokokken besitzen infolge ihrer höheren Chlorresistenz als Fäkalindikatoren größere Aussagekraft. Wasser für Trinkzwecke darf keine coliformen Keime enthalten. Durch ausreichende Chlorierung werden die meisten Krankheitserreger im Wasser unschädlich gemacht.

Bakterien der Luft

Seit den klassischen Versuchen Pasteurs vor über 100 Jahren, die den Streit um die Urzeugung beendeten, weiß man, daß Luft nicht steril ist. Zwar sind in der Luft kaum Bedingungen gegeben, die analog zu Wasser und Boden, eine Bakterienvermehrung gestatten würden, doch gewährleistet einmal das geringe Gewicht der Bakterien, zum anderen die Kombination mit unbelebten Staubpartikelchen ihre weite passive Verbreitung. Die Keimzahl sowie die artenmäßige Zusammensetzung sind hier nicht wie in anderen Lebensbereichen vom Nährstoffangebot, von Feuchtigkeit und Temperatur abhängig. Die Keimzahl der Luft, die kein Ausdruck von Wachstum und Vermehrung ist, wird vom Anteil der Luftverschmutzung (Staubpartikeln) bestimmt. Dieser wiederum ist abhängig von geographischen Bedingungen, Wetter, Klima, Besiedlungsdichte, Jahreszeit, Tageszeit, Bodenbedeckung und Landschaftsstruktur. Zwar können Bakterien durch Luftströmungen über weite Entfernungen getragen werden, meistens bleiben sie aber in der unmittelbaren Nähe ihres Herkunftsortes. Durch Aufwärtswinde gelangen Bakterien auch in hohe Luftschichten. In den staubfreien Regionen unserer Erde, also über den Weltmeeren, in den Eiswüsten der Arktis und Antarktis sowie im Hochgebirge, ist auch die Luft am keimärmsten. Anhaltender Regen kann für kurze Zeit die Luft ebenfalls keimarm waschen.

Wie die Außenluft enthält die Luft in Gebäuden mehr oder weniger Bakterien. Der Keimgehalt der Luft in Wohnbereichen schwankt zwischen 1 und 10 Keimen pro 1 l Luft, doch kommen auch hier starke Abweichungen vor. Haare, Haut und Kleider der Menschen und Tiere, zahlreiche Gegenstände, auch Lebens- und Futtermittel sowie die beim Sprechen, Husten und Niesen ausgestoßenen Bakterien aller Art ergeben zusätzliche Keimquellen. Die beim Niesen gebildeten feinsten Wassertröpfchen können längere Zeit in der Luft schweben und Entfernungen bis zu 600 m zurücklegen. Die Überlebenszeiten der an den Staub geschlossener Räume gebundenen Bakterien liegen höher als in der freien Luft, wo sie unter dem Einfluß des Sonnenlichts rasch abgetötet werden. Besonders keimreich ist der Staub in öffentlichen Gebäuden, Verkehrseinrichtungen, Krankenhäusern usw. Übertragung von pathogenen Bakterien durch die Luft ist zwar möglich, doch im allgemeinen selten. Ständiges Inhalieren eines bestimmten Staubes und der darauf befindlichen Bakterien bei Ausübung bestimmter Tätigkeiten kann zu Berufserkrankungen führen, z. B. zu Milzbrand, dessen Sporen in der importierten Rohwolle enthalten sein können, die bis zur endgültigen Verarbeitung durch die Hände vieler Menschen geht. Viele Keime enthält Stalluft durch die Einstreu, das geschüttete Futter, den Kot, die Häute und Felle der Tiere. Auch in den Straßen großer Städte liegt zwangsläufig der Keimgehalt wesentlich höher als z. B. in Wald- oder Gebirgsgegenden oder in der Luft über Gewässern. Bekämpfung der Staubentwicklung ist also nicht nur eine Forderung für die Sauberhaltung unserer Umwelt, sondern auch eine hygienische Notwendigkeit. Vorrichtungen für den Schutz vor Luftkeimen sind aus dem medizinischen Bereich genügend bekannt.

Bakterien auf verschiedenen Rohstoffen

Neben dem nützlichen Einsatz von Bakterien bei der Gewinnung pflanzlicher Fasern (Flachsrotte) treten auch bakterielle Schadwirkungen an pflanzlichen und tierischen Fasern (Baumwolle, Flachs, Hanf, Jute, Wolle, Seide) sowie an aus ihnen hergestellten Produkten auf. Es sind vor allem zelluloseabbauende Bakterien, die die Fasern schädigen, sowie Eiweißzersetzer. Sichtbarer Ausdruck dafür sind Stockflecke oder Verfärbungen an Textilien und Schädigungen der Häute und Felle.

Lebendes und abgestorbenes Holz wird zwar ausschließlich primär von Pilzen befallen, doch treten während des Fäulnisvorganges auch Bakterien in Erscheinung. Für die Schadwirkungen an lebenden Bäumen oder am Bauholz sind aber in erster Linie Pilze verantwortlich.

Die Beeinflussung von Metall und Glas durch Mikroben kann besonders unter tropischen und marinen Bedingungen Bedeutung erlangen. Beträchtliches Ausmaß nehmen aber auch die Schäden an eisernen Rohren und anderen Geräten an, die durch Eisen- und Schwefelbakterien hervorgerufen werden (Korrosion durch Bildung von Eisenhydroxid, Verstopfung der Leitungen durch Zellmassen von *Sphaerotilus*, Denitrifikanten, Desulfurikanten, Pseudomonaden u. a.). Besonders Hafen- und Bergbaueinrichtungen sind davon stark betroffen.

Leder und Gummi können wie Textilprodukte stockfleckig werden. An der Gummizerstörung beteiligen sich vor allem Mykobakterien, Aktinomyceten und bestimmte Schwefelbakterien.

Einige wenige Spezialisten unter den Bakterien sind imstande, verschiedene der sehr schwer zerlegbaren Kunststoffe abzubauen. Mikrobielle Bildung von schwefliger Säure, Schwefel- und Salpetersäure ist vielerorts Ursache der allmählichen Zerstörung von Gestein, Bindemitteln, Bauwerken und Autobahnen. Besonderen Anteil daran haben nitrifizierende Bakterien, die das aus der Atmosphäre oder tierischen Exkrementen (Taubenkot!) stammende Ammonium zu Salpetersäure oxidieren.

Seit alters nutzt der Mensch auch die Tätigkeit von Mikroorganismen zu Ernährungszwecken. Sie sind einesteils unentbehrliche Helfer bei der Herstellung, Verarbeitung und Veredlung von Lebensmitteln, andererseits ursächlich an deren Verderb beteiligt und können darüber hinaus für Vergiftungen und Infektionen bei Mensch und Tier verantwortlich sein.

Sicher ebenso alt wie die Bereitung alkoholischer Getränke ist die Verarbeitung von Milch zu Quark, Käse, Butter und gesäuerten Milchprodukten. Zahlreiche Bakterienarten sind daran beteiligt, wobei diese nicht allein für die Säuerung, sondern auch für die Geschmacksbildung verantwortlich sind. So werden bestimmte Stämme von *Lactobacillus bulgaricus, Lactobacillus caucasicus, Streptococcus lactis* und *Streptococcus thermophilus* zur Herstellung von Joghurt und Kefir verwendet. Die bekannten Kefirkörner, die »Hirse des Propheten«, bestehen aus festem, ausgeflocktem Eiweiß und zahlreichen säuernden, vergärenden und geschmacksbildenden Mikroben, die Milch in schäumende Gärung bringen.

Bei der Butterherstellung wirken die Bakterien *Streptococcus lactis, Streptococcus cremoris, Leuconostoc citrovorum* und *Leuconostoc dextranicum* mit. Während die einen Milchzucker vergären und den Rahm säuern, bilden andere das typische Butteraroma. Viele Milchsäurebildner sind an der Käseproduktion beteiligt. Die gebildete Milchsäure bringt das Kasein zur Gerinnung und ermöglicht die Trennung von der Molke. An der Reifung des Käses haben außer Bakterien auch Pilze Anteil, die für Konsistenz und Geschmack verantwortlich sind. Die Herstellung der zahllosen Käsesorten ist also nicht das Resultat ebenso vieler Technologien, sondern zu einem wesentlichen Teil das Ergebnis der Tätigkeit verschiedener Mikrobengemische.

Milchsäure, die für die Haltbarkeit der Milchprodukte verantwortlich ist, dient auch für andere Produkte als Konservierungsmittel. So entsteht Milchsäure bei der Herstellung von Sauerkraut oder verschiedener Gemüse, die man einer Milchsäuregärung unterworfen hat. In gleicher Weise wird Grünfutter für Tiere durch Milchsäuregärung für den Winter konserviert (Silage). Die nötigen Bakterien müssen nicht wie bei der Herstellung der Milchprodukte zugesetzt werden; sie sind bereits im Siliergut (Rübenblätter, Mais, Gras u. a.) enthalten.

Kaffee- und Kakaobohnen werden nach dem Schälen mittels verschiedener Bakterien fermentiert, um sie von anhaftenden Substanzen zu befreien.

Essigbakterien (*Acetobacter* und *Acetomonas*) bilden Essigsäure aus Alkohol. Die Herstellung des Weinessigs hat eine lange Geschichte. Er wurde schon bei den Babyloniern, Assyrern und Ägyptern bereitet. Wenn Bier- oder Weinreste an der Luft stehenbleiben, sind sie nach kurzer Zeit nicht mehr zu genießen: Essigbakterien haben sie gesäuert. Die Flüssigkeit wird trüb, auf der Oberfläche entsteht ein dünnes, weißgraues Häutchen aus Bakterien.

Mikroben wachsen bekanntlich sehr rasch, wobei sie schnell Kohlenhydrate und Kohlenwasserstoffe in körpereigenes Eiweiß (Einzellereiweiß) umwandeln. Neben Abfällen der Landwirtschaft können Erdöl, Erdgas, Paraffine und Methanol als Verbindungen mit hohem Energiegehalt über die Mikrobenzelle zur Eiweißgewinnung eingesetzt werden. Sie erfolgt auf mikrobiellem Wege viel schneller als mit Hilfe saftigen Grünfutters auf dem Umweg über den Tiermagen.

Viele Bakterien verderben Lebensmittel. Der Grund ist vor allem darin zu suchen, daß die meisten Nahrungsmittel, wie Milch, Fleisch, Fisch, Eier und daraus hergestellte Produkte sowie Obst und Gemüse, selbst im unverdorbenen Zustand ein günstiges, wenn nicht gar optimales Nährsubstrat für Bakterien bilden. Besonders augenfällig wird dies, wenn das Fleisch fault, die Milch gerinnt und sich verfärbt, die Butter ranzig, Kartoffeln schleimig, das Brot fadenziehend und das Gemüse oder Bier sauer wird. Um dem Verderb entgegenzuwirken und gesundheitlichen Schädigungen vorzubeugen, sollten Lebensmittel in frischem Zustand verbraucht oder vor dem Angriff der Bakterien und anderen Mikroorganismen geschützt werden. Die Methoden der Konservierung sind mannigfaltig und erstrecken sich über die Anwendung von hohen (Pasteurisierung, Kochen) und niedrigen Temperaturen (Kühlung, Frosten), von Trocknung, Räuchern, chemischen Zusätzen über die Anwendung hochkonzentrierter Zucker-, Salz- oder Säurelösungen bis zur Bestrahlung.

Viele Bakterien sind bereits von vornherein im Nahrungsmittel enthalten, andere kommen erst durch unhygienische Aufbewahrung, Verarbeitung und Verteilung dazu und vermehren sich unter günstigen Bedingungen rapid. Die Bakterien des Obstes und Gemüses entstammen hauptsächlich dem Boden, dem Staub oder sind menschlichen Ursprungs auf dem Weg bis zum Verbraucher. Kontamination mit pathogenen Keimen kann vorkommen (Jauchebedüngung!) und bei rohem Verzehr zu Erkrankung Anlaß geben. Bei Fleisch, Fleischwaren und Fisch ist der ursprüngliche Keimgehalt niedrig, wenn es sich um gesund geschlachtete Tiere handelt. Verunreinigungen mit Bakterien erfolgen vorwiegend sekundär durch die Zerteilung mit unsauberen Geräten, durch Hackklötze (Schmierinfektion), Staub und Personen. Ordnungsgemäße Kühlung wirkt zwar der bakteriellen Zersetzung entgegen, doch auch nicht für längere Zeit. Einige Bakterien gehören zur sogenannten Kühlschrankflora (z. B. *Pseudomonas aeruginosa*), d. h., es erfolgen auch bei Kühlschranktemperaturen Wachstum und Vermehrung, wenn auch langsamer, wobei es schließlich zur allmählichen Verfärbung sowie zur Fleck- und Geruchsbildung kommt. Zerkleinern von Fleisch (Gehacktes) führt zu einer starken Herabsetzung der Haltbarkeit durch Vergrößerung der von Bakterien kontaminierbaren Oberfläche bei gleichzeitigem leichterem Eindringen oberflächlich haftender Keime. Bekannteste Fleischverderber sind Arten der Gattungen *Staphylococcus, Pseudomonas, Achromobacter, Bacillus, Clostridium, Proteus* und vieler anderer.

Bei der Milch liegt der ursprüngliche Keimgehalt selbst unter günstigsten Bedingungen relativ hoch. Die Bakterien haften am Euter, an Melkgeräten oder am Staub, von wo sie leicht in die Milch gelangen und sich infolge des günstigen Milieus rasch vermehren. 24 Stunden nach der Gewinnung kann der Keimgehalt bei Zimmertemperatur 30 bis 50 Millionen Milliliter betragen. Auch bei der Milch ist rasche Kühlung nötig. Die der menschlichen Ernährung dienende Milch wird pasteurisiert. Dieser Vorgang reduziert den Keimgehalt wesentlich und führt zur Abtötung eventuell vorhandener Krankheitserreger. Pasteurisiert wird bei 71–74 °C etwa 30–40 Sekunden lang. Nicht abgetötet wird durch diese Behandlung ein kleiner Teil milchsäurebildender und proteinabbauender Bakterien. Die Milch hält sich im Kühlschrank etwa eine Woche. Durch Ultrahochtemperatur-Kurzzeiterhitzung bei 150 °C für 2–3 Sekunden wird eine sterile Trinkmilch gewonnen, die sogenannte H-Milch. Sie ist auch bei Zimmertemperatur mehrere Monate haltbar. Milch und Milchprodukte sind vor allem durch die nützlichen Milchsäurebakterien sehr keimreich. Deren stürmische Entwicklung bei gleichzeitiger Säurebildung verhindert i. d. R. die Vermehrung anderer, weniger nützlicher oder schädlicher Mikroorganismen.

Sehr viele thermophile Bakterien können in der Konservenindustrie als Schädlinge auftreten (*Bacillus*- und *Clostridium*-Arten), wobei sie ihren Ursprung in dem Produkt selbst haben oder den zugeführten Ingredienzien entstammen.

Eier sind tierische Produkte, die ebenfalls schon im frischen Zustand (durch Legevorgang, Nestverschmutzung) mit zahlreichen oberflächlich haftenden Bakterien beladen sind. Ein Eindringen in das Eiinnere erfolgt aber meist nur durch Waschen oder Beschädigung, denn das Schalenhäutchen schließt den Eiinhalt von der porösen Kalkschale ab. Am verderblichsten sind meist Eiprodukte (Trockenei, Flüssigei). Es ist bekannt, daß Hausgeflügel und Wildvögel Träger pathogener Darmkeime sein können und daß diese Bakterien über den infizierten Eierstock und Eileiter in das Ei gelangen. Vor allem bei Enten und Möwen ist mit salmonellainfizierten Eiern zu rechnen. Eier faulen durch den Befall mit Eiweißzersetzern, wenn die Lagerung zu warm oder feucht erfolgt.

Die durch Bakterien hervorgerufenen Lebensmittelvergiftungen beim Menschen entstehen durch toxische Stoffwechselprodukte (Toxine). Infektionen über Nahrungs- und Futtermittel sind für viele Krankheiten bekannt, z. B. für Typhus, Cholera, Ruhr, Tuberkulose, Brucellose, Tularämie u. a.

Die meisten Vergiftungen wurden bei Fleisch und seinen Produkten, Fisch, Milch- und Milchprodukten wie Eis, Cremes sowie bei Ei und Eiprodukten wie Mayonnaise und Salaten, aber auch bei Konserven von Gemüse beobachtet. Beteiligte Bakterien sind *Staphylococcus aureus, Bacillus cereus, Clostridium perfringens* und *Clostridium botulinum*, die alle als starke Ektotoxinbildner gelten, sowie zahlreiche Enterobakterienarten, wie *Salmonella, Escherichia, Proteus* u. a. Besonders *Clostridium botulinum* führt zu einer gefürchteten Intoxikation, dem bekannten Botulismus. Richtiges Abkochen des Essens tötet nicht nur eventuell enthaltene Bakterien ab, sondern zerstört auch ihre Toxine. Die größte Gefahr geht von der Nahrung aus, die einen oder mehrere Tage nach der Zubereitung bei ungenügender Kühlung genossen wird oder wenn es zu mehrmaligem Auftauen und Wiedereinfrieren kommt (Unterbrechung der Kühlkette), weil jeweils im aufgetauten Zustand eine Keimanreicherung stattfinden kann.

Bakterien und Pflanzen

Die Wechselbeziehungen zwischen Bakterien und Pflanzen sind mannigfaltiger Art. Sie reichen von Nährstofffreisetzung, Nitrifikation, Stickstoffbindung, Humifizierung, Steigerung der Bodenfruchtbarkeit über die bekannten Symbiosen in den Wurzelknöllchen der Leguminosen und den Blattknöllchen verschiedener Pflanzen bis zum echten Parasitismus als Erreger von Pflanzenkrankheiten, sind doch alle oberirdischen Pflanzenteile stark mit Bakterien behaftet. In unmittelbarer Wurzelnähe (Rhizosphäre) findet eine Bakterienanreicherung statt, die durch Wurzelausscheidungen bedingt ist. Es ist zu vermuten, daß die Pflanze Nutzen aus diesem engen Zusammenleben zieht. Seit einigen Jahren sind stickstoffbindende Bakterien bekannt, die ständig in Wurzelnähe bestimmter Gräserarten vorkommen *(Azotobacter paspali, Azospirillum lipoferum)*.

Auch oberirdische Pflanzenteile sind stark mit Bakterien behaftet. Es handelt sich entweder um zufällige Besiedlung mit dem Staub oder um Befall mit spezifischen Krankheitserregern. Die ausgeschiedenen zuckerhaltigen Lösungen im Bereich der Blüten oder die klebrigen Honigtauausscheidungen der Blätter nach Blattlausstichen bilden ein geeignetes Milieu für die Vermehrung zahlreicher Bakterien und Pilze. In humiden Gebieten bedeckt eine verschiedenartig zusammengesetzte Mikrobenpopulation das Laubwerk, die mit dem Alter der Blätter variiert. Als erste die Blattoberfläche kolonisierende Arten wurden *Beijerinckia, Azotobacter, Aerobacter, Pseudomonas* und *Spirillum* gefunden. Die Freisetzung von Stoffwechselprodukten aus lebenden und toten Bakterienzellen schafft Bedingungen für die weitere Besiedlung mit anderen Organismengruppen.

Thermophile, aerobe Bakterien spielen eine Rolle bei der Selbsterhitzung pflanzlichen Materials (Heu). Großen Anteil an diesem Vorgang besitzen *Bacillus stearothermo-*

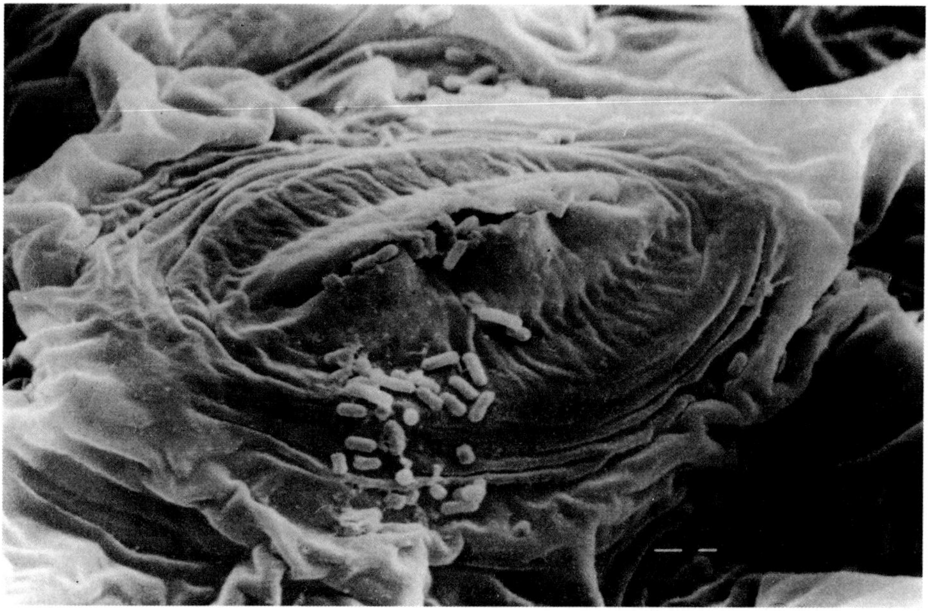

Rasterelektronenmikroskopische Abbildung von *Bacillus* spec. nach Austreten aus einer Spaltöffnung von *Vicia faba* (Vergr. 4250)

philus, Bacillus subtilis und einige *Streptomyces*-Arten.

Als Erreger infektiöser Erkrankungen von Pflanzen spielen Bakterien gegenüber Pilzen eine untergeordnete Rolle. Es sind nur relativ wenige Gattungen als Erreger pflanzlicher Bakteriosen bekannt; die meisten sind stäbchenförmig und bilden keine Sporen. Ein charakteristischer Vertreter ist *Agrobacterium tumefaciens*, der Erreger des Wurzelkropfes der Obstgehölze und anderer Pflanzen sowie oberirdischer krebsartiger Wucherungen. Die meisten anderen Arten sind den Gattungen *Corynebacterium, Erwinia, Pseudomonas* und *Xanthomonas* zuzuordnen. Ihre Schädigungen betreffen Wucherungen, Gallbildungen, Welke, Brand, Schwarzbeinigkeit, Trocken- und Naßfäule, Fleckigkeit, Schorfbildungen und Vergilbungen bei zahllosen Kulturpflanzenarten. Das Eindringen der Bakterien erfolgt vorwiegend durch Stomata und Hydathoden. Es sind etwa 200 bakterielle Pflanzenkrankheiten bekannt.

Bakterien bei Mensch und Tier

In vielen Lebensbereichen bilden Bakterien Nahrung für Protozoen und andere niedere Tiere. Andere Arten leben in symbiontischer Beziehung zu Tieren. Zahlreiche Insekten, Würmer und Schnecken beherbergen im Darm Bakterien, die beim Aufschluß von Nahrungsstoffen helfen. So bauen sie z. B. die aufgenommene Zellulose von holz- und pflanzenfressenden Insekten ab. Auch Bohrmuscheln, die im Wasser liegendes Holz anbohren, enthalten zellulosezersetzende Bakterien. Mit dem Nahrungsaufschluß obliegt ihnen gleichzeitig die Bildung von Wirk- oder Ergänzungsstoffen, die den Organismen wegen ihrer einseitigen Ernährung nicht zur Verfügung stehen. Die bakteriellen Symbionten finden sich im Darm oder deren Anhängen, in besonderen Zellen des Fettkörpers oder in der Lymphe. Auch bei pflanzenfressenden Säugetieren helfen Bakterien, den Hauptnahrungsbestandteil Zellulose abzubauen. Den Wirbeltieren fehlt ein Enzym, das die gefressene Zellulose aufbereiten könnte. Damit Mikroben beim Verdauungsprozeß besonders effektiv werden können, muß die aufgenommene Nahrung möglichst langsam durch den Verdauungstrakt hindurchgehen. Die Natur hat deshalb in sinnvoller Weise bei Pflanzenfressern die Verdauungsorgane erweitert. So besitzen Wiederkäuer bekanntlich neben dem eigentlichen Magen zusätzlich Pansen, Haube und Blättermagen. Der mächtige Pansen wirkt wie eine große Gärkammer. In ihm wird die Zellulose mikrobiell zerlegt. Neben Unmengen von Urtierchen enthält 1 ml Pansensaft etwa 10^9 bis 10^{10} Bakterien, und zwar meist strenge Anaerobier der Gattungen *Ruminococcus, Ruminobacter, Bacteroides, Butyrivibrio, Clostridium* u. a. Das Tier gewinnt aus dieser Symbiose aufnehmbare Nahrungs- und Wirkstoffe (Proteine, Fettsäuren, Vitamine); den Mikroben stehen dafür ständig gleiche Wachstumstemperaturen, gepufferte Minerallösung und ein ständig nachgelieferter, zerkleinerter Futterbrei zur Verfügung.

Mit Hilfe der Pansenflora können sich Wiederkäuer sogar proteinfrei ernähren. Ein Teil des in der Leber gebildeten Harnstoffs wird nicht ausgeschieden, sondern gelangt in den Pansen, Dort wird er durch die Pansenbakterien zur Proteinsynthese genutzt.

Als weitere bemerkenswerte Symbiose zwischen Bakterien und Tieren ist diejenige zwischen Leuchtbakterien des Meeres und Tiefseefischen zu erwähnen. Photobakterien vermehren sich in bestimmten nährstoffreichen Organen (meist Drüsen) und liefern dafür den Wirtsorganismen Licht.

Erst in neuerer Zeit wurden in 2600 m Tiefe in der Nähe der Galápagosinseln bis zu 3 m lange Würmer entdeckt, die weder Mund noch Darm und After besitzen. In ihrer Körperhöhle fand sich ein mit schwefeloxidierenden Bakterien gefülltes Organ. Diese produzieren aus anorganischen Stoffen (H_2S) organische Verbindungen für den Wirtsorganismus. Diese besondere Form der Symbiose gilt als der erste Nachweis für die Existenz von Tieren, die von organischen Nahrungsstoffen unabhängig sind. Auch bei Muscheln in der gleichen Umgebung konnten diese Bakterien in Kiemen nachgewiesen werden. Die verschiedenen Formen des Zusammenlebens von Bakterien mit anderen Mikroben oder mit Pflanzen und Tieren haben neben ernährungsphysiologischen natürlich auch ökologische Hintergründe.

Schließlich sind bei vielen niederen Tieren und bei allen höheren Organismen einschließlich des Menschen der Darmtrakt, die äußere Haut und ihre Anhänge sowie die Schleimhäute durch Kontakt mit der keimreichen Umwelt ständig von zahllosen Bakterien besiedelt (beim Menschen bis 500 Arten!). Meist handelt es sich um harmlose Saprophyten, gelegentlich aber auch um Krankheitserreger. Auf der gesunden sauberen Hautoberfläche können je Quadratzentimeter bis 5 Millionen, pro ml Speichel 10 Millionen bis 1 Milliarde Bakterien nachgewiesen werden. Diese »physiologische« Keimflora spielt eine wichtige Rolle bei der Aufrechterhaltung normaler Körperfunktionen, ja der Gesundheit allgemein.

Die etwa 10^{12} Zellen eines erwachsenen Menschen werden von wenigstens 10^{14} Mikrobenzellen besiedelt. Auf der menschlichen Haut trifft man fast immer Mikro-, Staphylo-, Diplo- und Streptokokken sowie Propioni- und Mykobakterien an, im Mund überwiegen Staphylo- und Streptokokken, Spirochaeten, Neisserien und Fusobakterien. In den fettigen Ausscheidungen der Ohren und der männlichen Genitalorgane finden sich Mykobakterien, in den weiblichen Genitalien Laktobazillen, Corynebakterien, verschiedene Kokken, Enterobakterien und Mykoplasmen.

Bei Fleischfressern treten völlig andere Keime im Darm auf. Auch hier wird die fermentative Tätigkeit der Bakterien für die Verdauung ausgenutzt, wenngleich die Darmflora dieser Tiere nicht unbedingt lebensnotwendig zu sein scheint. Durch die Salzsäure des Magens werden die mit der Nahrung aufgenommenen oder aus dem Mund stammenden Keime stark reduziert. Die Keimarmut bleibt in den oberen Darmabschnitten beim gesunden Organismus bestehen. Erst in den unteren Bereichen des Darms, vor allem in Caecum und Colon, findet man die höchsten Bakterienzahlen. Hier sind es vorwiegend Enterobakterien *(Escherichia coli, Enterobacter, Proteus, Klebsiella)*, Enterokokken, Laktobazillen, Clostridien, *Bacteroides*- und *Mycobacterium*-Arten sowie Methanbakterien und andere gramnegative Stäbchen. Von vielen Arten existieren »passante« Stämme, die nur kurzfristig nachweisbar sind, und »permanente«, die über längere

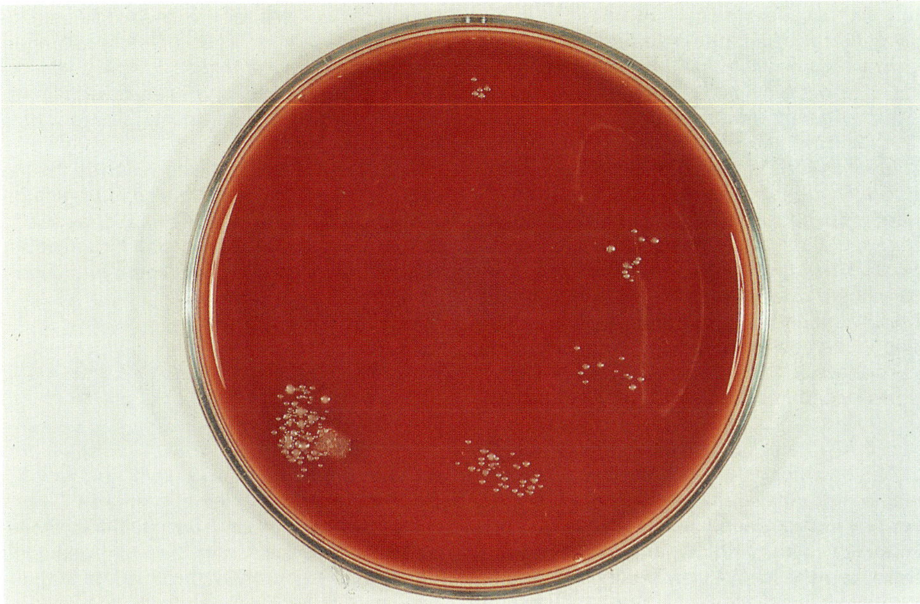

Keimbesiedlung der menschlichen Hand. Nach Abdruck der fünf Fingerkuppen auf einem Nährboden entwickeln sich zahlreiche Bakterienkolonien.

Zeiträume im Darm verweilen. Welche riesige Bakterienmenge schließlich in den Faeces enthalten ist, geht daraus hervor, daß etwa ⅓ des Trockengewichts aus Bakterien besteht. Der Darmtrakt des Menschen und der Tiere ist neben dem Boden das größte Keimreservoir. In 1 g Stuhl eines gesunden Menschen befinden sich etwa 4×10^6 Streptokokken, 2×10^7 coliforme Keime und 4×9^{10} Anaerobier. Bei jeder Stuhlentleerung verlieren wir 100 Milliarden Bakterien, die jedoch sehr schnell wieder im Körper ersetzt werden.

Zur Lösung vieler medizinischer und ernährungsphysiologischer Probleme werden heute in zunehmendem Maß sogenannte keimfreie Tiere (germfree animals, gnotophoric animals) oder aber SPF-Tiere, das sind spezifiziert pathogenfreie Tiere, aufgezogen. Bei den letzteren handelt es sich um Tiere, die mit Sicherheit frei von namentlich aufgeführten Mikroben sind. Die hieraus entstandene wissenschaftliche Disziplin ist die Gnotobiologie (Lehre vom keimfreien Leben).

Neben den verschiedenartigsten Formen der Symbiose und des Kommensalismus zwischen Bakterien, Tieren und Menschen existiert ein echter Parasitismus, der in den durch Bakterien hervorgerufenen Infektionskrankheiten bei niederen und höheren Tieren sowie auch beim Menschen seinen Ausdruck findet. Zahlreiche wirbellose Tiere transportieren Bakterien und werden zum Überträger von Seuchenerregern, ohne daß sie selbst erkranken. Besonders bekannt ist dies von Läusen, Flöhen, Zecken, Mücken und Milben.

Das System

Ebenso wie Tiere und Pflanzen werden auch die Bakterien nach den allgemeingültigen Regeln der Nomenklatur binominal benannt (Gattungs- und Artname). Ein natürliches System, das auf einem Ordnungsgefüge nach verwandtschaftlichen Gesichtspunkten beruht, liegt aber bei Bakterien noch nicht vor. Der Grund dafür sind unter anderem ihre geringe Größe, ihr relativ einfacher Aufbau, das Fehlen der geschlechtlichen Vermehrung und verfügbarer Fossilien sowie eine ganze Reihe wichtiger Einteilungskriterien für eine natürliche Klassifikation. Es darf jedoch angenommen werden, daß mit Hilfe von Sequenzanalysen von Aminosäuren und Nikleotidbasen in bestimmten Zellbestandteilen, z. B. der ribosomalen Nukleinsäuren, in naher Zukunft eine phylogenetische Einteilung möglich werden wird. Untersuchungen an der 16 s-rRNS, eines funktionell sehr konservativen Bestandteils aller Zellen, haben diesbezüglich schon zu überraschenden Ergebnissen geführt und eine ganze Reihe von verwandtschaftlichen Beziehungen zwischen verschiedenen Bakteriengruppen aufgezeigt. So konnte festgestellt werden, daß sich die Prokaryoten bereits sehr frühzeitig in 2 Zweige aufgeteilt haben, in die Archaebakterien und die alle anderen Gruppen enthaltenden Eubakterien. Beide Zweige unterscheiden sich grundlegend voneinander. Zwar handelt es sich bei beiden um Prokaryoten, aber sie sind nicht näher miteinander verwandt als mit Eukaryoten. Beide stammen von einem gemeinsamen Urahn ab, dem Progenoten, der mit Sicherheit viel einfacher gestaltet war als die primitivsten heutigen Prokaryoten.

Weniger Schwierigkeiten bereitet eine künstliche Klassifikation, die hauptsächlich der Identifizierung dient. Sie beruht vorwiegend auf morphologischen Merkmalen, die durch zahlreiche physiologische Daten ergänzt werden. Dazu rechnen die Grundformen (Kugel, Stäbchen, Schraube), der Besitz von Sporen, Kapseln, Geißeln und deren Anordnung, das Verhalten gegenüber der Gramfärbung. Von den physiologischen Merkmalen sind es das Verhalten gegen Sauerstoff, den *p*H-Wert und die Temperatur, ob die Energie durch Atmung, Gärung oder Photosynthese gewonnen wird, wie die Verwertung von Nährstoffen und die Enzymausstattung ist, ob Zelleinschlüsse und eine Farbstoffbildung vorkommen, wie das symbiotische oder parasitische Verhalten, die Zuammensetzung der Zellwand, die serologischen Eigenschaften, die Sequenz von Nukleinsäuren und ribosomaler RNS, Antibiotikaresistenz sind u. a.

Bakterien, die auf Grund beschreibender Eigenschaften eine Gruppe bilden, müssen also nicht miteinander verwandt sein. Um aber nötige diagnostische Untersuchungen entscheidend einzuengen, können herausstechende Merkmale wie Farbstoffbildung als Ordnungskriterium nicht unberücksichtigt bleiben.

Aus der Fülle der Bakterienarten lassen sich hier verständlicherweise nur einige wichtige Vertreter vorstellen. Die gewählte Darstellung der Bakterien hat ihre Gestalt, Gramfärbbarkeit und das Verhalten gegen Sauerstoff zur Grundlage.

Kugelförmige Bakterien (Kokken)

Grampositive Kokken

Diese Bakteriengruppe enthält unbewegliche, sporenlose Bakterien von etwa 1 µm Durchmesser. Sie sind unregelmäßig (traubenförmig) gelagert oder bilden typische Paket- oder Kettenformen. Ihre Unterteilung erfolgt in die aeroben Familien Micrococcaceae (Gattungen *Micrococcus, Staphylococcus*) und Streptococcaceae (Gattungen *Streptococcus, Pediococcus, Leuconostoc* u. a.) sowie in die anaerobe Familie Peptococcaceae (Gattungen *Sarcina, Peptococcus, Peptostreptococcus, Ruminococcus*).

Staphylococcus aureus ist der Erreger eitriger Prozesse (Abszesse, Furunkulosen, Mastitiden, Empyeme, Phlegmonen, Wundeite-

Rasterelektronenmikroskopische Abbildung von Kokken in Rohwurst. Filamentöse Fäden (bakterielle extrazelluläre Substanzen) scheinen die Kokken miteinander zu verbinden (Vergr. 14 850).

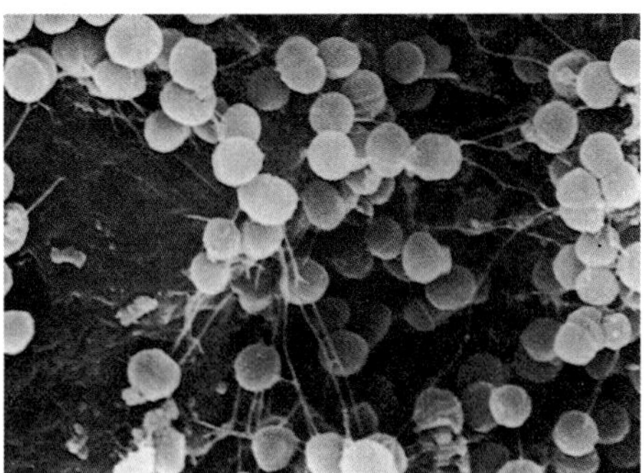

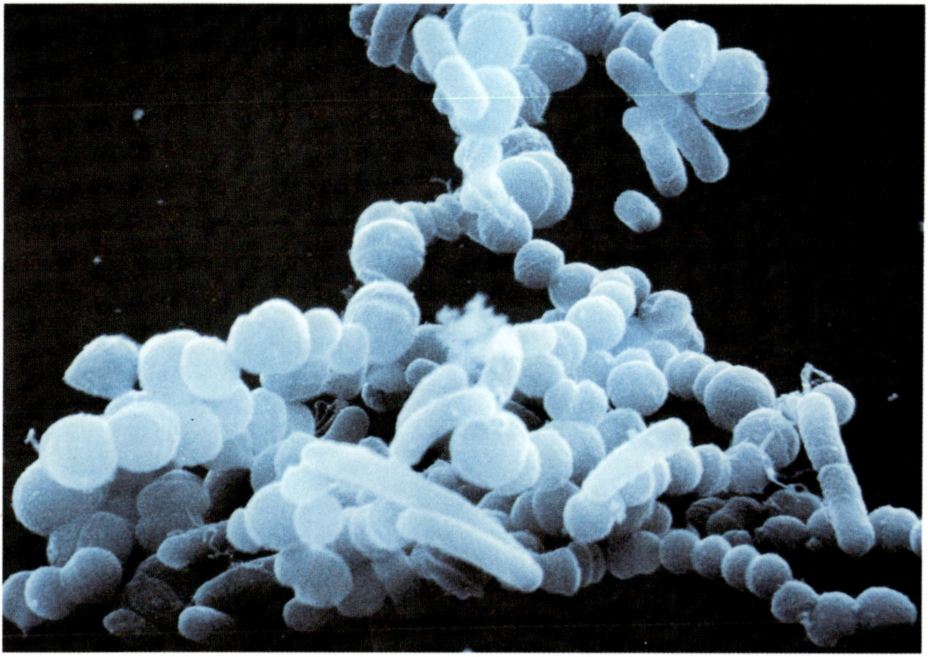

Rasterelektronenmikroskopische Aufnahme von Streptokokken und pathogenen Stäbchenbakterien aus einer Mischinfektion (Vergr. 5500)

rungen); er tritt ferner als Mischinfektionserreger, der andere Infekte komplizieren kann, sowie als Lebensmittelvergifter in Erscheinung und wird auch auf Haut und Schleimhäuten der Menschen und Tiere gefunden. Die Keime bilden häufig weiße oder gelbe Pigmente, sind katalasepositiv, synthetisieren unter anderem das Enzym Koagulase und sind zur anaeroben Glukosespaltung fähig. Mittels dieser Kriterien werden sie von der apathogenen Gattung *Micrococcus* abgetrennt. Staphylokokken zeigen reiche Fermentausstattung und bilden zahlreiche Toxine (α- und β-Hämolysine, Dermonekrotoxin, Leukozidine, Enterotoxin). Infolge zunehmender Resistenz gegen Penizillin und andere Antibiotika gewinnen Staphylokokkeninfektionen bei Mensch und Tier wieder zunehmend an Bedeutung. Sie sind allgemein verbreitet und können auch saprophytisch leben. *Staphylococcus epidermidis* und *St. saprophyticus* sind apathogene Vertreter, die nur gelegentlich medizinisch von Bedeutung sein können.

Arten der Gattung *Streptococcus* bilden meist mehr oder weniger lange Ketten (Kettenkokken). Sie sind in der Regel unbeweglich, einige Arten bilden Farbstoffe. Kohlenhydrate werden vorwiegend zu Milchsäure abgebaut. Ihr Vorkommen erstreckt sich auf Mundhöhle und Intestinaltrakt bei Mensch und Tier, Milch und Milchprodukte sowie Vegetabilien. Die Gattung *Streptococcus* mit zahlreichen Arten wird nach dem Gehalt an spezifischen Kapselpolysacchariden in verschiedene Gruppen (A bis W) eingeteilt. Von Bedeutung sind Streptokokken als Erreger akuter Entzündungen und Eiterungen bei Mensch und Tier, technisch als Milchsäurebildner und Dextranproduzenten. Die Größe der einzelnen Bakterien in der Kette sowie die Länge der Kette sind unterschiedlich. Kettenlängen von 2 bis zu mehreren 100 Gliedern sind möglich. Mit Ausnahme der Enterokokken haben die pathogenen Streptokokken relativ hohe Substratansprüche. *Streptococcus pyogenes* findet sich bei

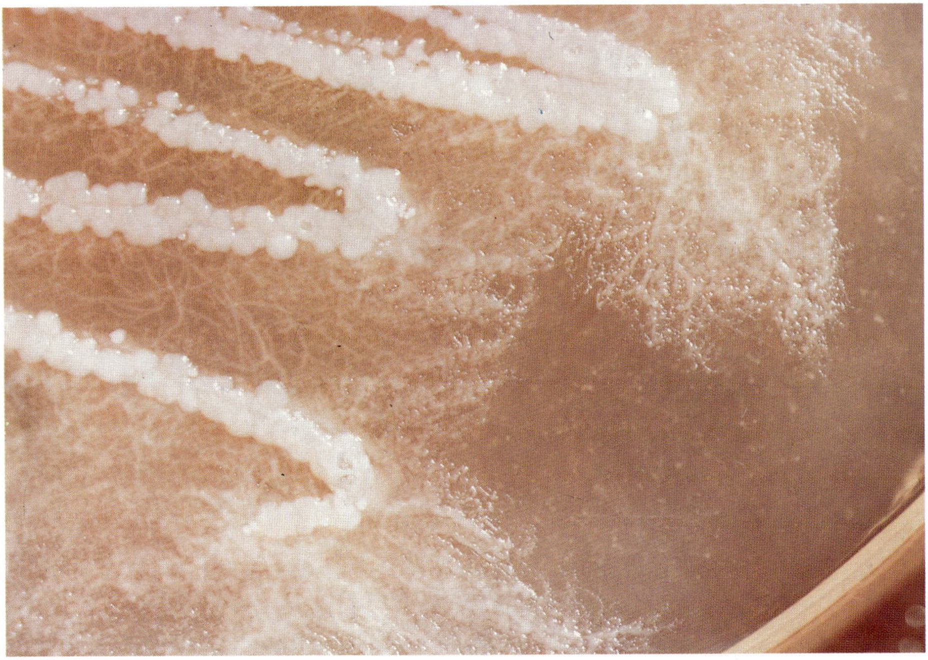

Kolonierand des »Wurzelbazillus« *Bacillus mycoides* auf Agarplatte

Angina, Scharlach, Kindbettfieber, Mandelentzündung und Sepsis. *Streptococcus agalactiae* verursacht den gelben Galt, die wichtigste infektiöse Mastitis der Rinder. *Streptococcus zooepidemicus* ist der Erreger eitriger Infektionen und Endokarditiden bei Tieren, *Str. equi* verursacht die Druse der Pferde, *Str. equisimilis* urogenitale Infektionen, Septikämien und Gelenkentzündungen bei Tieren sowie Rachenentzündung beim Menschen, *Str. faecium, faecalis* und *bovis* sind Darmbewohner bei Mensch und Tier (Enterokokken). *Streptococcus lactis, cremoris* und *thermophilus* stellen die dominierenden Arten in Milch und Milchprodukten, Silage und Sauerkraut dar. Bei diesen Formen werden nur kurze Ketten beobachtet. Ein besonders erwähnenswerter Keim der Mundflora ist *Str. mutans*. Von den etwa 200–300 Bakterienarten im Mund ist diese Art besonders kariogen. Sie nistet sich in Zahnplaques ein und verarbeitet Saccharose zu zahnschmelzzerfressenden Säuren (vor allem Milchsäure). Diese lösen unter dem Zahnbelag die mineralischen Bestandteile des Zahnschmelzes heraus und lassen auf diesem Weg Karies entstehen. *Str. pneumoniae* (Pneumokokken) verursacht Lungenentzündung beim Menschen, Septikämien bei Kälbern und anderen Jungtieren sowie Mastitiden bei Rindern. Es sind in Paaren liegende, ovale Kokken mit meist zugespitzten Enden. Sie zeichnen sich durch Besitz einer Kapsel aus. Die Arten der Gattung *Leuconostoc* bilden aus Kohlenhydraten Schleime. *Leuconostoc mesenteroides* (Froschlaichbazillus) produziert in zuckerhaltigen Medien Dextran. In Zuckerraffinerien trat er früher durch seine gallertige Schleimbildung oft als gefürchteter Schädling auf.

Vertreter der anaeroben Gattung *Sarcina* können leicht aus Böden isoliert werden. Die meist großen, plumpen Kokken bilden große Zellpakete, teilweise Endosporen und zeigen eine außergewöhnliche *p*H-Toleranz. Die ebenfalls anaeroben *Peptococcus*- und *Peptostreptococcus*-Arten kommen im Nasen-Rachen-Raum, Dickdarm und in den weiblichen Genitalien vor. Sie sind teils unregelmäßig, teils kettenförmig gelagert und werden meist nur bei Mischinfektionen aus tiefen Wunden isoliert. *Ruminococcus* spp. findet man als typische Bewohner des Pansens der Wiederkäuer.

Gramnegative Kokken

Zur Familie Neisseriaceae gehören aerobe, unbewegliche Bakterien, die sowohl in Kokken- als auch in Stäbchenform auftreten können und die man deshalb nach phänotypischen Merkmalen schwer klassifizieren kann. Wichtigste Gattungen sind *Neisseria, Moraxella (Branhamella)* und *Acinetobacter*.

Vertreter der Gattung *Neisseria* liegen meist in Paaren (Semmel- oder Kaffeebohnenform) vor. Die Gattung enthält die 2 klassischen menschenpathogenen Arten *Neisseria gonorrhoeae* und *N. meningitidis*, die Erreger der Gonorrhoe (Tripper) und der epidemischen Genickstarre.

Zahlreiche andere Arten sind apathogen und gehören zur normalen Schleimhautflora. Eine Infektion von Tieren mit Gono- und Meningokokken ist noch nicht mit Sicherheit gelungen. Nur der Schimpanse ist experimentell mit *Neisseria gonorrhoeae* infizierbar. Die pathogenen Arten stellen hohe Substratansprüche. *Neisseria gonorrhoeae* ist sehr empfindlich gegen Penicillin, Licht und Austrocknung.

Die Gonorrhoe (Tripper) des Menschen ist eine aus alter Zeit bekannte Krankheit. Die Entdeckung des Erregers erfolgte 1879 durch Albert Neisser. Die Übertragung der Krankheit durch den Geschlechtsverkehr war bereits im Altertum bekannt. Die ärztliche Überwachung der Prostituierten ist deshalb eine sehr alte Maßnahme zur Einschränkung der Krankheit. Trotz der verfügbaren modernen Medikamente hat die in ihrer sozialen Bedeutung wichtige Krankheit in verschiedenen Ländern wieder zugenommen.

Zur Familie Veillonellaceae werden anaerobe Kokkenformen gerechnet. Der wichtigste Vertreter, *V. parvula*, läßt sich meist in Mischinfektionen mit anderen Anaerobiern beim Menschen nachweisen. Es sind sehr kleine, paarweise oder kettenförmig angeordnete Keime von 0,3 bis 0,4 µm Größe. Einige Arten gehören zur normalen Flora von Mund, Darm und Vagina *(Veillonella parvula, V. alcalescens, V. discoides)*, andere finden sich im Pansen. Alle Veillonellen sind schwer kultivierbar.

Stäbchenförmige Bakterien

Grampositive nicht sporenbildende Stäbchen

Die systematische Stellung dieser Gruppe ist ziemlich unsicher. Die zu beobachtenden Formen reichen von einfachen Stäbchen über keulig angeschwollene bis hin zu deutlich verzweigten Fäden.

Zu den asporogenen, grampositiven Stäbchenbakterien zählen die Gattungen *Lactobacillus, Listeria, Erysipelothrix* und *Caryophanon*. Zu den Laktobazillen gehören schlanke, grampositive, sporenlose, unbewegliche, aerobe und anaerobe Stäbchen von milchwirtschaftlicher und gärungsbakteriologischer Bedeutung. Sie kommen im Darm, in Milch und Milchprodukten sowie auf Vegetabilien vor. *Lactobacillus bifidus* ist ein anaerober Bewohner des Darmes des Menschen, vor allem der Säuglinge, sowie fast stets der Vagina, *Lactobacillus acidophilus* findet sich im Speichel, Darm und ebenfalls in der Vagina. Die Gattung *Listeria* enthält eine pathogene Art und einige apatho

Rasterelektronenmikroskopische Abbildung von Laktobazillen (Vergr. 7 200)

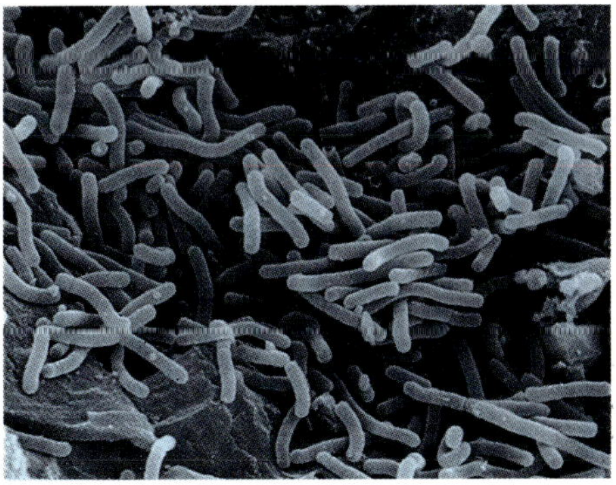

gene Arten. *Listeria monozytogenes* ist der Erreger der Listeriose, einer eitrigen Enzephalitis beim Menschen und bei zahlreichen Tierarten (fast allen landwirtschaftlichen Nutztieren, vielen Exoten, besonders aber bei Schafen, Labortieren, Geflügel, Pelztieren, Wild und Kaltblütern). Bei dieser Krankheit stehen zentralnervöse Symptome und Septikämien im Vordergrund, doch besteht auch Affinität zum Uterus sowie zu Leber und Milz. Listerien sind 1–2 µm lange kokkoide Stäbchen, manchmal in Diploform; in älteren Kulturen treten auch Langstäbchen und Fadenformen auf. Durch peritriche Begeißelung sind sie beweglich. Listerien kommen weit verbreitet vor, ihr Reservoir ist vermutlich der tierische Darmtrakt bzw. der Erdboden. *Erysipelothrix rhusiopathiae* ist der Erreger des Schweinerotlaufs und Erysipeloids des Menschen. Er hat jedoch ein sehr breites Infektionsspektrum. So wurden natürliche Infektionen bei Schaflämmern, Nerzen, Hasen, Ratten, Puten, Fasanen, Tauben, Enten, Sperlingen, exotischen Vögeln und Fischen festgestellt. Morphologisch weichen die Rotlaufbakterien wiederum stark von den anderen Gattungen ab; sie zeigen sich als 1,5 µm lange, grazile, gerade oder leicht gebogene Stäbchen. In alten Kulturen und in den blumenkohlartigen Auflagerungen der Herzklappen bei chronischem Rotlauf finden sich oft lange Fadenformen (r-Form). Die Keime stellen geringe Substratansprüche und sind in der Natur weit verbreitet. Sie finden sich vor allem im Boden, im Schlamm der Gewässer sowie auf den Rachenschleimhäuten und Tonsillen gesunder Tiere.

Besonders aus Kuhdung läßt sich fast immer *Caryophanon luteum* isolieren, ein mittels Geißeln bewegliches, zellig gegliedertes, filamentbildendes Bakterium mit den ungewöhnlichen Ausmaßen von 3 × 15 µm.

Coryneforme Bakterien und Aktinomyceten

Zu dieser Gruppe gehören zahlreiche Gattungen, deren eindeutige Abgrenzung voneinander noch nicht gesichert ist. Einige sind medizinisch von großer Bedeutung. Wichtigste Gattungen: *Corynebacterium, Arthrobacter, Brevibacterium, Cellulomonas, Propionibacterium, Eubacterium, Bifidobacterium, Mycobacterium, Nocardia, Actinomyces, Franckia, Actinoplanes, Dermatophilus, Micromonospora, Microbispora, Streptomyces, Streptosporangium*.

Die Gattung *Corynebacterium* enthält pathogene und apathogene Arten. Einige sind Erreger von Krankheiten bei Mensch, Tier und Pflanze, andere kommen saprophytisch im Boden und auf Molkereiprodukten vor. Es sind meistens aerobe, sporen- und kapsellose, gerade wie leicht gebogene, zarte Stäbchen oder auch kokkoide Formen, meist mit keulenförmigen Anschwellungen der Zellenden und in unregelmäßiger Lagerung (abgeknickt aussehend, X- und V-förmig oder nach Art chinesischer Schriftzeichen). Einige pathogene Arten bilden starke Ektotoxine, z. B. der Erreger der Diphtherie, *Corynebacterium diphtheriae* und *Corynebacterium pyogenes*, ein häufiger Eitererreger bei Rind, Schwein, Schaf, Ziege und anderen Paarhufern. Er verursacht die sogenannte Holsteinsche Euterseuche, Gebärmutter- und Lungenentzündungen sowie Aborte. Die Diphtherie des Menschen ist zahlreichen Überlieferungen zufolge eine sehr alte Volkskrankheit. Im Königreich Neapel starben im Jahre 1617 60000 Kinder, 1735 bis 1740 erkrankten 20% der Kinder Nordamerikas und Kanadas. Auch G. Washington und G. Bizet fielen 1799 bzw. 1875 dieser Krankheit zum Opfer. Ein verheerender Seuchenzug in der Mitte des 19. Jahrhunderts forderte in Europa zahllose Opfer, so vor allem in den Jahren 1875–1890. Emil v. Behring, einem Schüler Robert Kochs, und dem Japaner Kitasato gebührt der Ruhm, durch die Entdeckung des Diphtherieheilserums 1890 den Schrecken von dieser Krankheit genommen zu haben.

Zu dieser Gattung gehören außerdem *Corynebacterium pseudotuberculosis* (Pseudotuberkulose der Schafe und anderer Wiederkäuer), *Corynebacterium equi* (Pneumonie bei Pferden) und andere Arten, darunter auch Pflanzenparasiten sowie zahlreiche apathogene Vertreter. *Corynebacterium glutamicum* wird technisch als Glutaminsäurebildner genutzt. Es bildet aus 1 kg Glukose mit einer geeigneten Stickstoffquelle rund 600 g Glutaminsäure, den Grundstoff von Suppenwürzen.

Die Gattung *Brevibacterium* bildet kokkoide Stäbchen, die z. T. auch Fadenform annehmen können. Viele sind zur Pigmentbildung fähig. Ihr Vorkommen erstreckt sich auf Milchprodukte, Boden sowie Süß- und Meerwasser. *Brevibacterium linens* findet sich auf Weichkäse, *Brevibacterium erythrogenes* ist in der Natur weit verbreitet.

Vertreter der Gattung *Arthrobacter* spp. sind vielgestaltige, oft kokkoide und verzweigte, teilweise bewegliche Bakterien, die im Boden, Humus, Klärschlamm und auf Pflanzen in großer Zahl angetroffen werden. Die artenreiche Gattung *Cellulomonas* spielt eine wichtige Rolle beim Zelluloseabbau im Boden. Auch bei den erwähnten saprophytischen Arten treten typische Gruppenmerkmale, wie Pleomorphie, Granulierung sowie Tendenz zur Verzweigung und Kokkenbildung, auf.

Propionibakterien sind ebenfalls keine Krankheitserreger. Sie können mehrwertige Alkohole sowie Propion-, Essig- und Buttersäure aus Milchsäure bilden. Ihr Vorkommen beschränkt sich auf den Pansen und Darmtrakt von Tieren bzw. die Milch und ihre Produkte. Bei der Käsebereitung beeinflussen Propionibakterien Beschaffenheit und Aroma verschiedener Käsesorten, z. B. auch das des Schweizer Käses.

Zur Gattung *Mycobacterium* gehören aerobe oder mikroaerophile, säurefeste, stäbchenförmige Bakterien, die im Boden, in Lebensmitteln oder als Krankheitserreger bei Mensch und Tier vorkommen. Myzelbildung tritt in dieser Familie nur in jüngeren Kulturen auf, es erfolgt alsbald Zerfall in mehr oder weniger pleomorphe Stäbchen. Die Säurefestigkeit beruht auf dem hohen Gehalt der Zellwand an wachsartigen Substanzen, so daß einmal aufgenommener Farbstoff durch verdünnte Säuren nicht ohne weiteres wieder entzogen wird. Die Gattung enthält die klassischen Tuberkuloseerreger *Mycobacterium tuberculosis* (Kochscher Bazillus) und *M. bovis*, ferner *M. leprae* als Erreger der Lepra, *M. paratuberculosis* als Erreger der Paratuberkulose und eine größere Gruppe sogenannter atypischer Mykobakterien, die zunehmende Bedeutung erlangen. Sie werden nach Wachstumsgeschwindigkeit und Farbstoffbildung in besondere Gruppen eingeteilt. Einige dieser atypischen Arten können gelegentlich für den Menschen (*M. kansasii, M. scrofulaceum, M. chelonei* u. a.), für Geflügel und Schweine *(M. avium, M. intracellulare)* sowie für Kaltblüter pathogen sein *(M. marinum, M. thamnopheos)*. Zahllose Arten leben als Saprophyten im Boden, Wasser, auf Pflanzen, Genitalschleimhäuten, im Ohrschmalz, an Wasserhähnen, in Telefonmundstücken sowie in Lebensmitteln.

Infolge großer Anpassungsfähigkeit der pathogenen Mykobakterien kommt *Mycobacterium bovis* außer beim Rind auch bei Menschen und zahlreichen Haustieren vor, desgleichen findet sich der humane Typ bei verschiedenen Tierarten als Tbk-Erreger. Mykobakterien sind unbewegliche sporen- und kapsellose, z. T. leicht gekrümmte Stäbchen von $1{,}5\text{–}4 \times 0{,}3\text{–}0{,}6\ \mu m$ Größe. Im pathologisch veränderten Material lassen sich oft nesterförmige Keimansammlungen beobachten. Die Ansprüche der pathogenen Arten an das künstliche Substrat sind hoch. Die zahlreichen in der Bakteriologie üblichen Spezialnährböden für diese Keime enthalten Zusätze von Eigelb, Kartoffel- und Sojabohnenmehl sowie Glyzerin. Mit Ausnahme der Saprophyten und von *Mycobacterium avium* wachsen die Keime sehr langsam, so daß oft Wochen vergehen, bis die krümeligen Kolonien mit bloßem Auge sichtbar werden. Je nach Medium werden verschiedenfarbige Pigmente gebildet. Gegenüber äußeren Einflüssen erweisen sich Mykobakterien als sehr resistent. Im Sputum von an Tbk erkrankten Menschen bleiben sie nach Austrocknung über mehrere Monate lebensfähig, ebenso im Staub oder Abwasser.

Knochenfunde aus der Steinzeit lassen bereits tuberkulöse Veränderungen erkennen, auch von Aristoteles und Hippokrates wird die Schwindsucht beschrieben. Der Name Tuberkulose wurde erst um 1832 geprägt. Die Tuberkulose forderte als Volkskrankheit Nr. 1 (weiße Pest) Jahrhunderte hindurch ihre Opfer. Die Entdeckung des Tuberkuloseerregers durch Koch 1882 wurde daher zu Recht als größte Tat des Jahrhunderts bezeichnet.

Vor 100 Jahren gehörte die Tbk zu den verbreitetsten und tödlichen Seuchen. Allein von 1875–1900 starben in Deutschland von 100000 Menschen 300 an Tuberkulose. Heute ist die Bedeutung der Tbk stark zurückgegangen, was einerseits auf die Sanierung der Tierbestände, andererseits auf entscheidende soziale Maßnahmen, wie Verbesserung der Wohn- und Arbeitsbedingungen, Aufklärung über Ansteckungsquellen, Einsatz wirksamer Medikamente und schließlich eine vorbildliche, wirksame Prophylaxe (Volksröntgen), zurückzuführen ist.

Die durch *Mycobacterium paratuberculosis* verursachte Krankheit der Rinder und Schafe ist eine chronisch verlaufende Darmerkrankung mit meist tödlichem Ausgang. Beim Schaf ist sie gegenwärtig eine der bedeutendsten Infektionen unter den Nutztieren.

Von der Lepra weiß man seit langen Zeiten. Die ältesten Lepraherde lagen vermutlich in Indien, China und Ägypten. Soziale Not, Hunger und ungünstige hygienische Verhältnisse fördern die Entstehung. Nach Schätzungen der WHO lebten 1987 5,3 Millionen Leprakranke auf der Welt. Die von der Krankheit befallenen Menschen wurden über lange Zeit als Aussätzige betrachtet (»von den Göttern Verdammte«), von der Gemeinschaft ausgeschlossen oder gar getötet. Die Einschleppung der Lepra nach Europa erfolgte vermutlich durch Hunneneinfälle, römische Truppen und später durch Teilnehmer an Kreuzzügen.

Bis 1971 konnte der Erreger nicht gezüchtet werden. Dann wurde entdeckt, daß sich Leprabakterien im Neunbindengürteltier vermehren können. Damit wurde der Weg für eine Antigenherstellung zur Impfstoffproduktion frei. Pro Tier können etwa 700 Impfdosen gewonnen werden. Die Entwicklung der Krankheit dauert Jahre. Man unterscheidet mehrere Typen, wobei der bösartige lepromatöse Typ schließlich zu den bekannten Verstümmelungen der Gliedmaßen führt.

Besondere Merkmale der Aktinomyceten

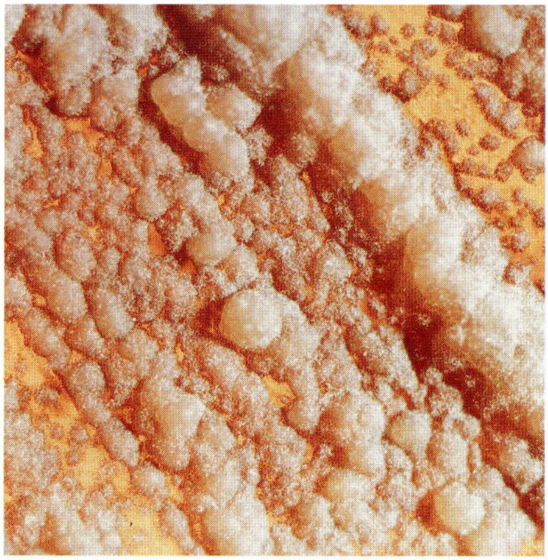

Streuselartige Kolonien von *Nocardia asteroides* auf Blutagar

Rasterelektronenmikroskopische Abbildung des Actinomyceten *Planomonospora parontospora*. Die einsporigen, zylindrischen Sporangien liegen dicht gepackt in parallelen Doppelreihen (Vergr. 6000).

Unregelmäßig kugeliges Sporangium von *Actinoplanes* spec. auf der Oberfläche des Substratmyzels (Vergr. 6000)

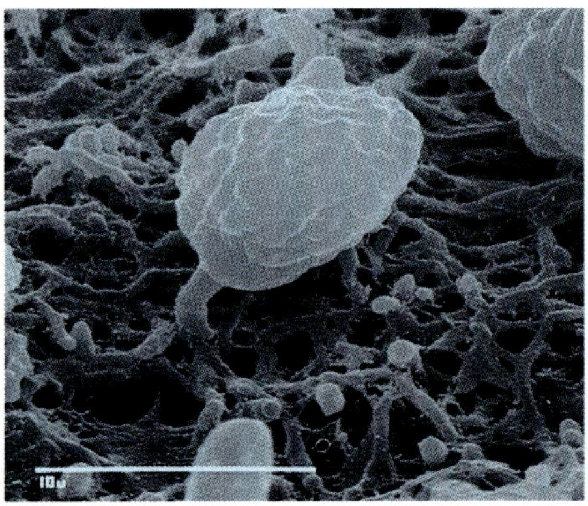

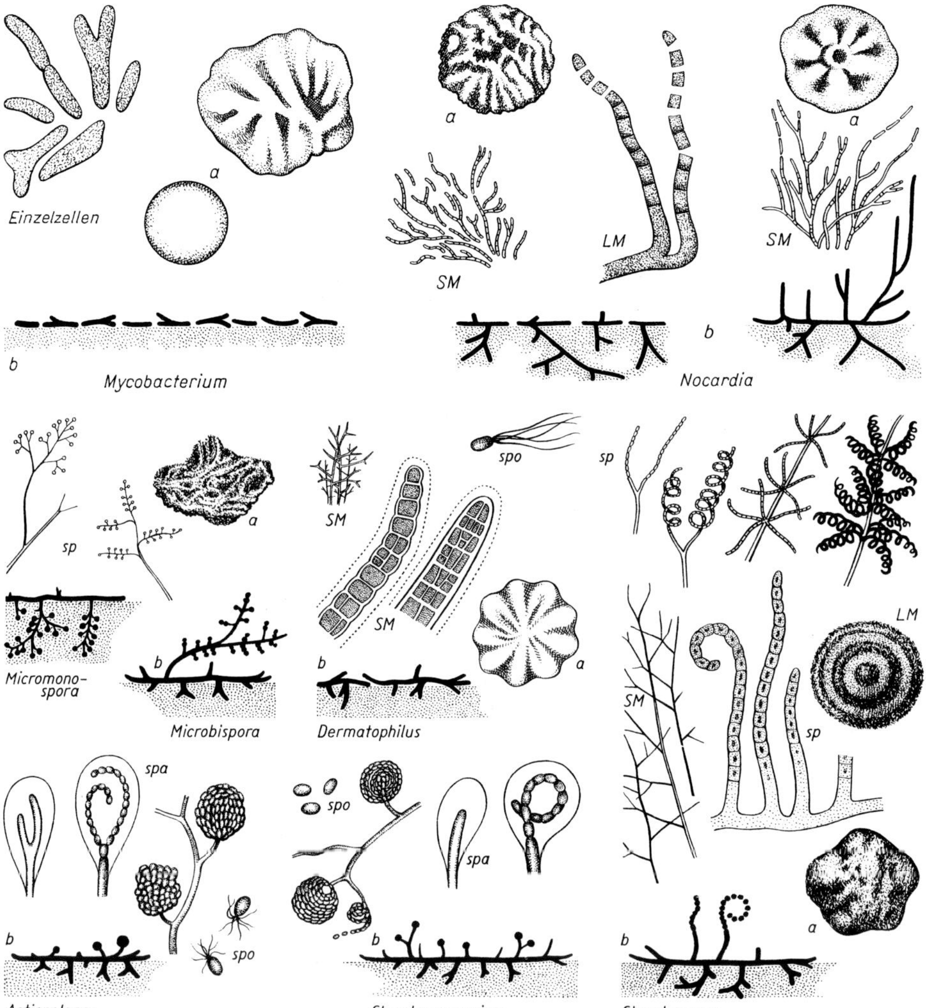

Actinomyceten. a Kolonieform, b Querschnitt durch die bewachsene Substratoberfläche, SM Substratmyzel, LM Luftmyzel, sp Sporophoren, spa Sporangien, spo bewegliche und unbewegliche Sporen (nach H. G. Schlegel)

im engeren Sinn sind ein echtes Myzel, das meist in kurze Segmente zerfallt (Stäbchen oder kokkoide Elemente), und die Bildung verschiedenartiger Pigmente.

Ihre Vertreter kommen hauptsächlich im Boden vor, wo sie am Abbau verschiedener schwer zersetzbarer Naturstoffe, wie Zellulose, Lignin, Chitin u. a., hervorragenden Anteil haben. *Actinomyces bovis* und *Actinomyces israeli* gelten als Erreger menschlicher und tierischer Aktinomykosen (Strahlenpilzkrankheit). Es sind teilweise verzweigte, nicht säurefeste, stäbchen- oder fadenförmige, unbewegliche, asporogene Organismen mit Neigung zur Pleomorphie. Sie sind durch strenge Anaerobiose und beträchtliche Nährstoffansprüche ausgezeichnet, im Gegensatz zur aeroben Gattung *Nocardia*, die neben zahlreichen saprophytischen Arten einige wenige pathogene enthält. Sie verursachen Haut- und Organnocardiosen bei zahlreichen Tierarten und auch beim Menschen *(Nocardia asteroides, Nocardia brasiliensis)*. Nocardien sind grampositive bis gramlabile, unbewegliche, pleomorphe Keime, die entweder in Fadenform oder als in kurze Glieder zerfallene, kokkoide oder stäbchenförmige Gebildet auftreten. Sie haben keulenförmige Anschwellungen, echte Verzweigungen und sind teilweise säurefest. Die Fäden sind nicht septiert, ihr Durchmesser beträgt 1 µm oder weniger. Es entwikkeln sich sowohl Substrat- als auch Luftmyzel. Eine echte Konidienbildung tritt nicht auf, sondern nur ein Abbrechen von Zellstücken. Nocardien lassen sich leicht kultivieren. Die nach 2–3 Tagen sichtbaren Kolonien zeigen verschiedene Pigmentbildung und entwickeln einen typischen Geruch nach Erde. Sie sind allgemein im Boden verbreitet.

Die Gattung *Streptomyces* ist sehr artenreich. Streptomyceten besitzen ein deutlich ausgebildetes, stabiles, verzweigtes Myzel ohne Segmentierung. Das stark entwickelte Luftmyzel enthält besondere Hyphen (Sporophoren), von denen sich sogenannte Konidien in Ketten abschnüren, die der Verbreitung dienen und nicht mit den Konidien der Pilze identisch sind. Die Konidien werden in so riesigen Zahlen gebildet, daß die Kolonien auf künstlichen Substraten wie mit Puder überzogen aussehen. Es sind vorwiegend *Streptomyces*-Arten, die einem umgebrochenen Erdboden, besonders im Frühjahr, den typischen Geruch verleihen. Viele kennt man als Produzenten hochwirksamer Antibiotika, wie *Streptomyces griseus* (Streptomycin), *Streptomyces venezuelae* (Chloramphenikol), *Streptomyces rimosus* (Oxytetracyclin), *Streptomyces fradiae* (Neomycin), *Streptomyces aureofaciens* (Aureomycin), *Streptomyces noursei* (Nystatin) u. a. Als Pflanzenparasit bekannt ist *Streptomyces scabies*; er verursacht Schorfkrankheiten bei Kartoffeln und Rüben.

Micromonospora ist ein Zellulosezersetzer im Boden und Gewässerschlamm und bildet kein Luftmyzel. Die Konidien entstehen einzeln an kurzen Konidiophoren.

Bei *Actinoplanes* ssp. und *Streptosporangium* spp. erfolgt die Sporenbildung nicht frei in den Lufthyphen, sondern in kugeligen Sporangien. *Actinoplanes* wächst unter Wasser auf Resten von Pflanzen und besitzt begeißelte Sporangiosporen. *Streptosporangium* zersetzt Zellulose; seine Sporangien sind nach Reifung bis 20 µm dick. Es werden Substrat- und Luftmyzel gebildet, die Sporen sind unbeweglich.

Thermoactinomyces ist die einzige thermophile Aktinomycetengattung. Seine Sporen sind im Gegensatz zu denen aller anderen Gattungen hitzeresistent. Sie finden sich vor allem in Anhäufungen organischer Abfälle, die zur Selbsterhitzung neigen (Heu).

Dermatophilus congolensis gilt als Erreger der Dermatophilose, einer tropischen und subtropischen Hauterkrankung bei verschiedenen Tierarten. In den Substrathyphen bilden sich quer und längs Septen, so daß bis zu 8 Reihen kokkoider Zellen von 1–2 µm Größe entstehen. Der Vegetationskörper wirkt dadurch geldrollenähnlich. Nach Auflösung der Hyphenwände werden die dicken, beweglichen Sporen freigesetzt.

Endosporenbildende Stäbchen und Kokken

Herausragendes Merkmal dieser Gruppe ist die Fähigkeit zur Bildung thermoresistenter Endosporen. Es handelt sich um meist große, bewegliche oder unbewegliche, z. T. in Ketten gelagerte Stäbchen. Neben den aeroben und fakultativ anaeroben Gattungen *Bacillus, Sporolactobacillus* und *Sporosarcina* gehören zu dieser Gruppe die anaeroben Gattungen *Clostridium* und *Desulfotomaculum*. Die meisten dieser Bakterien kommen überall im Boden, im Staub, an Pflanzen und in pflanzlichen Futtermitteln vor. Im Boden sind sie maßgeblich an den Zersetzungsprozessen beteiligt. Zahlreiche Arten sind thermophil.

Von der artenreichen Gattung *Bacillus* ist nur eine für Mensch und Säugetier pathogen, *B. anthracis*, der Erreger des Milzbrandes. Andere Vertreter können als Schädlinge der Konserven- und Zuckerindustrie oder als Lebensmittelvergifter auftreten *(B. cereus, B. stearothermophilus, B. subtilis, B. macerans)*; *B. larvae* verursacht die Bösartige Faulbrut der Bienen, *B. thuringiensis* wird mit Er-

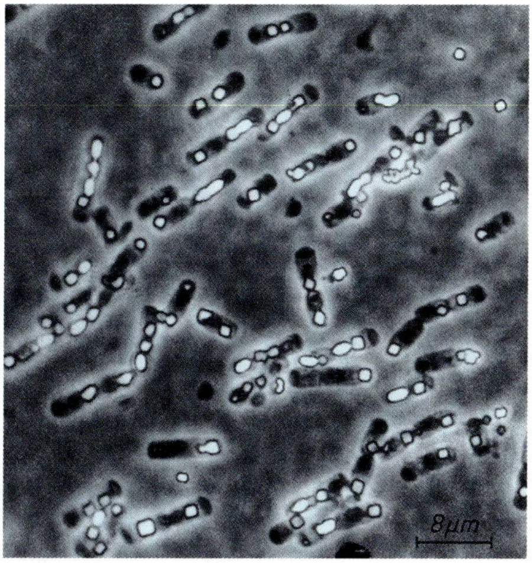

Bacillus thuringiensis (sporulierte Kultur mit Ausbildung von Toxinkristallen)

folg zur biologischen Schädlingsbekämpfung eingesetzt, *B. polymyxa* ist ein starker Schleimbildner und produziert 2,3-Butandiol sowie antibiotisch wirksame Stoffe (Polymyxine). Alle *Bacillus*-Arten sind große, plumpe Stäbchen bis 10 µm Länge. Von apathogenen Arten sind auch verschiedene Trivialnamen im Sprachgebrauch, *Bacillus subtilis* als Heubazillus, *Bacillus mesentericus* als Kartoffelbazillus, *Bacillus mycoides* als Wurzelbazillus.

Das Infektionsspektrum des Milzbrandererregers umfaßt alle warmblütigen Tierarten einschließlich des Menschen, vor allem aber Pferde, Rinder, Ziegen und Schafe, seltener Schweine und Hunde. Das Erscheinungsbild ist eine bei Tieren meist tödlich verlaufende Septikämie mit geschwollener, brüchiger Milz, die schwarzrot verfärbt ist (anthrax = Kohle, nach der dunklen Farbe nichtgerinnenden Blutes). Milzbrand tritt in Europa nur sporadisch auf, häufig ortsgebunden an alte Vergrabungsplätze von Kadavern, er kann auch durch Fell-, Woll- und Futtermittelimporte eingeschleppt werden. Die Erreger gelangen mit Ausscheidungen kranker Tiere oder mit Kadavern in den Erdboden. Die sehr resistenten und lange lebensfähigen, nur außerhalb des Tierkörpers entstehenden, ovalen, die Zellen nicht auftreibenden Sporen können durch Überschwemmungen oder durch Ansteigen des Grundwasserspiegels verbreitet oder an die Oberfläche gebracht werden, wo sie neue Ansteckungsquellen für Tiere bilden.

Die Gattung *Clostridium* umfaßt streng anaerobe pathogene und apathogene Keime. Sie kommen im Boden, Wasser, Abwasser, auf Pflanzen und in Lebensmitteln sowie als normale oder passante Kommensalen im Darm vor. Ihre meist sehr großen Sporen treiben den Zelleib mehr oder weniger stark auf. Einige pathogene Arten bilden hochwirksame Toxine, die zu den stärksten bisher bekannten Giften zählen. Clostridien vergären zahlreiche organische Substrate, wie Polysaccharide, Eiweiße, Aminosäuren u. a. Sie werden daher seit langem technisch genutzt. Stellvertretend für die zahllosen Arten sollen genannt sein: *Clostridium butyricum, Cl. acetobutylicum, Cl. cellulosae-dissolvens*. Sie und viele andere bilden Ethanol, Butanol, Propanol, Azeton sowie zahlreiche organische Säuren; einige *Clostridium*-Arten sind auch

Bazillen mit Sporen aus Teichwasser, Phasenkontrast (Vergr. 1200)

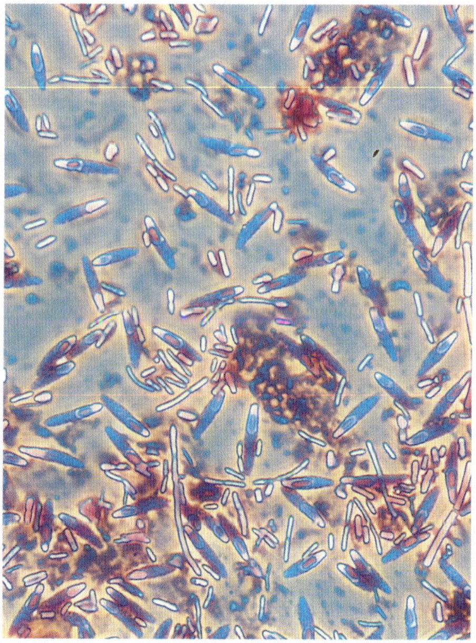

zur Stickstoffbindung befähigt (z. B. *Cl. pasteurianum*). Als pathogene Vertreter treten Erreger von Gesödemerkrankungen, Enterotoxämien und Intoxikationen auf.

Von *Clostridium perfringens* gibt es mehrere Typen, die sich durch Antigenstruktur und Toxineigenschaften unterscheiden. Er verursacht Gasbrand des Menschen, Dysenterie und Enterotoxämie bei verschiedenen Tierarten oder Lebensmittelvergiftungen. Ebenfalls Gasbrand rufen *Clostridium novyi* und *Clostridium histolyticum* hervor, das erstere verursacht auch Hepatitiden bei Rind und Schaf. *Clostridium chauvoei* ruft den Rauschbrand bei Tieren, *Clostridium septicum* den Pararauschbrand bei Menschen und Tieren hervor. Besonders wichtig sind noch *Clostridium tetani* als Erreger des Wundstarrkrampfes und *Clostridium botulinum* als Erreger des Botulismus.

Clostridien werden über den Verdauungstrakt oder über verschmutzte Wunden aufgenommen und bilden die Toxine entweder in tiefen Wunden oder auch in den verdorbenen Nahrungsmitteln. Die Größe der Bakterien beträgt 1,5–12 µm × 0,5–2 µm. Mit wenigen Ausnahmen sind die Keime durch peritrich angeordnete Geißeln beweglich.

Clostridium tetani kommt besonders häufig in mit Pferdekot gedüngten Böden (Gartenerde), *Clostridium botulinum* in Kadavern vor. Sporenbazillen enthaltendes faules Fleisch mit den darin gebildeten Toxinen ist verschiedentlich als Pfeilgift verwendet worden. So benutzten angeblich die Skythen ein Gemisch aus faulem Schlangenfleisch und Menschenblut für die Bestreichung ihrer Pfeilspitzen. Ähnliches wird von einigen Indianerstämmen Südamerikas berichtet.

Anaerobe sulfatreduzierende Sporenbildner mit protohäminartigen Pigmenten bilden die eigenständige Gattung *Desulfotomaculum*.

Hämolysierende Staphylokokkenkolonien auf Blutagar

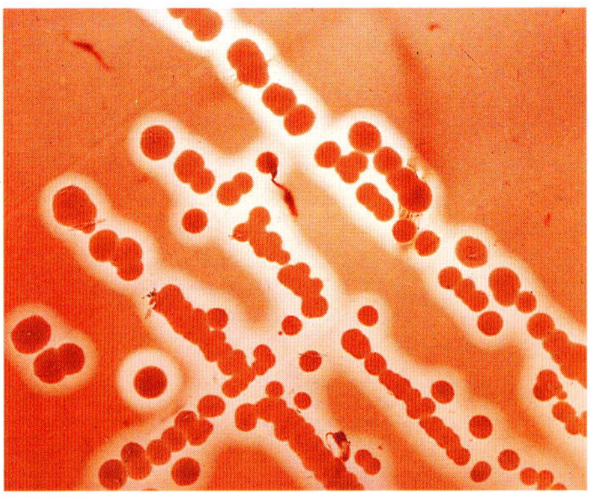

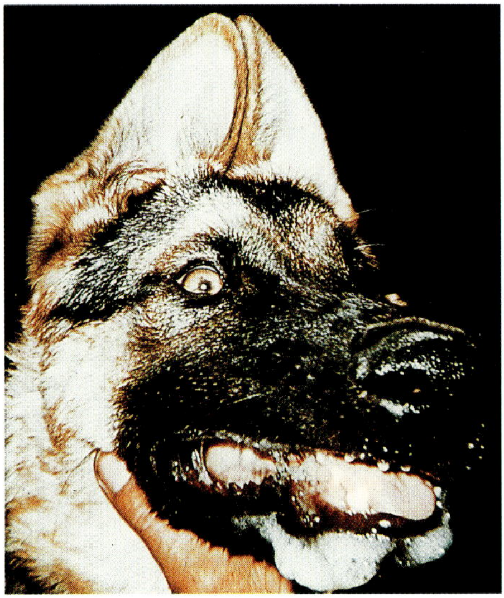

Lokaler Wundstarrkrampf beim Hund. Die Versteifung der Körpermuskulatur ist hier nur auf den Kopf beschränkt; typisch deshalb die steil aufgerichteten Ohren und nach hinten gezogenen Lefzen.

Gramnegative, aerobe Stäbchen und Kokken

Diese Gruppe umfaßt gerade, gebogene oder schraubenförmige, sporenlose, polar begeißelte, aerob wachsende Bakterien, die wegen ihrer Anspruchslosigkeit im Boden, Wasser, Abwasser und in der Luft weit verbreitet sind.

Zur wichtigsten Familie Pseudomonadaceae gehören die Gattungen *Pseudomonas, Xanthomonas, Gluconobacter* und *Acetobacter*.

Pseudomonas aeruginosa gilt als besonderer Problemkeim. Er verursacht beim Menschen Infektionen des Darms, der Harnwege, Hirnhäute und des Mittelohrs, beim Tier Darminfektionen, Mastitis, Rhinitis, Meningitis und Pneumonie. Besonders gefürchtet ist *Ps. aeruginosa* als Erreger von Hospitalinfektionen oder als Lebensmittelvergifter. Er gehört zur sogenannten Kühlschrankflora, der sich bei Kühlschranktemperaturen und sogar in schwach konzentrierten Desinfektionsmittellösungen vermehrt und als widerstandsfähigstes, nichtsporenbildendes Bakterium gilt. Die Größe beträgt 0,5–1 µm. Er ist durch büschelförmige, polare Begeißelung lebhaft beweglich und zur Pigmentbildung fähig. Die Substratansprüche sind gering. Die reiche Fermentausstattung (Oxydase, Katalase, Peroxydase, Lipase, Koagulase, Fibrinolysin) weist auf echte Pathogenität hin. Von der Gattung *Pseudomonas* sind rund 150 Arten bekannt; die meisten sind harmlos, einige zeigen Phytopathogenität, wie die Arten der Gattung *Xanthomonas*. Die von diesen gebildeten gelben Pigmente sind im Gegensatz zu denen von *Pseudomonas* wasserunlöslich. Einige Arten verflüssigen Pektine.

Elektronenmikroskopische Abbildung von *Pseudomonas syringae pv. lachrymans*, dem Erreger der Eckigen Blattfleckenkrankheit der Gurke (Vergr. 14 350)

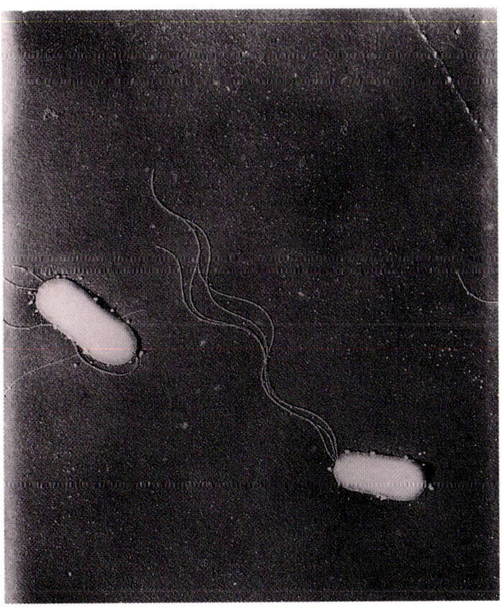

Von *Agrobacterium tumefaciens* verursachte Wurzelgalle an Apfel

Pseudomonas mallei ist der Erreger des Rotzes bei Pferden und anderen Einhufern sowie bei Menschen, der durch Geschwüre und Knoten auf den Respirationsschleimhäuten sowie respiratorische Symptome gekennzeichnet ist. Die Krankheit endet meist tödlich.

Ellipsoide, stäbchenförmige, z. T. pleomorphe Einzelzellen oder Ketten charakterisieren die Gattung *Acetobacter* und *Gluconobacter*. Sie oxidieren organische Verbindungen wie Zucker und Alkohol zu Essigsäure. *Acetobacter* ist peritrich, *Gluconobacter* polar begeißelt. In der Natur sind sie weit verbreitet, vor allem in gärenden Vegetabilien und alkoholischen Getränken. Die Essigbakterien bilden auf den Flüssigkeiten, in denen sie sich vermehren, schleimige Massen von z. T. lederartiger Festigkeit. *Acetobacter xylinum* ist zur Zellulosebildung fähig. Die gesamte Gruppe der technisch genutzten Essigbakterien weist große Variabilität auf.

Die Geschichte der Essigherstellung läßt sich bis ins Altertum verfolgen. Der Erkenntnis, daß es sich bei der Essigentstehung um einen biologischen Prozeß handelt, wurde aber erst durch Pasteur zum Durchbruch verholfen.

Die Familien Azotobacteriaceae und Rhizobiaceae ähneln in vieler Hinsicht den Pseudomonaden. Typische Vertreter sind *Azotobacter, Azotomonas* und *Beijerinckia* bzw. *Rhizobium* und *Agrobacterium*. Sie wurden als symbiotisch oder frei lebende Stickstoffbinder bereits im Abschnitt »Bakterien des Bodens« besprochen. Es handelt sich um ausgesprochene Bodenbakterien. *Rhizobium* und *Azotobacter* wachsen streng aerob. Ihre Nährbodenansprüche sind gering. In Kultur fallen bei *Azotobacter* die paarweise Lagerung der Zellen, schleimiges Wachstum und dunkle Koloniepigmentierung auf. Ihre Einzelzellen sind relativ groß (1,5–3,5 µm), beweglich und z. T. pleomorph.

Die Gattung *Agrobacterium* ist durch mehrere pflanzenpathogene Arten vertreten; die bekannteste ist *Agrobacterium tumefaciens*, der Erreger pflanzlicher Tumoren. Er ist im Boden weit verbreitet und wird auch in der Rhizosphäre gefunden. Das polar begeißelte Stäbchen ist 1,0–3,0 × 0,4–0,8 µm groß. Bei der Infektion der Pflanzen werden diesen Gene einverleibt, die sie dazu zwingen, bakterienspezifische Nährstoffe herzustellen. Solche Gene sind in Plasmiden lokalisiert. Diese Form von Parasitismus ist das bisher einzige Beispiel einer natürlichen Übertragung genetischen Materials zwischen weit auseinanderstehenden Lebewesen.

Zu dieser großen Gruppe werden auch die medizinisch bedeutsamen Gattungen *Brucella* und *Legionella* sowie *Bordetella* und *Francisella* gerechnet. Ihre systematische Stellung ist aber noch ziemlich unsicher.

Zur Gattung *Brucella* gehören 6 Arten *(B. abortus, B. melitensis, B. suis, B. ovis, B. neotomae, B. canis)*. Sie verursachen Brucellosen bei verschiedenen Tierarten (seuchenhaftes Verwerfen, Septikämien). Für den Menschen besonders pathogen ist *Brucella melitensis*, der Erreger des Maltafiebers, der sonst bei Schafen und Ziegen vorkommt; doch sind auch durch die anderen Arten menschliche Infektionen möglich (Morbus Bang). Bei Rindern überwiegt die Infektion mit *Brucella abortus*, bei Schweinen mit *Brucella suis*. Brucellose ist auch bei Pferden, Hunden und Katzen sowie bei Wildtieren (Hasen, Wildschweinen) und farmgehaltenen fleischfressenden Pelztieren beobachtet worden. Brucellen sind kurze, kokkoide, unbewegliche, sporen- und kapsellose Stäbchen von 0,5–2,0 µm Länge und 0,5 µm Dicke. Die Zellenden sind immer abgerundet. Sie sind einzeln oder in Haufen, selten in Ketten gelagert. In älteren Kulturen tritt oft Pleomorphie in Erscheinung. Langsames Wachstum, in der Erstkultur am besten unter Kohlendioxidatmosphäre, ist die Regel. Das beim Menschen auftretende Maltafieber (Wellenfieber, da in Schüben auftretend, »undulierend«) ist seit dem Altertum bekannt. Der Name Malta- oder Mittelmeerfieber ist nicht korrekt, da es weit verbreitet ist. 1887 fand David Bruce den Erreger in der Milz gestorbener Menschen. Die Bekämpfung der Brucellosen begann mit ihrer Ausrottung in den Nutztierbeständen. Das Sanierungsprogramm ist in den meisten hochentwickelten Ländern bereits abgeschlossen. Durch die künstliche Besamung der Tiere sind eine wesentliche Einschränkung und bessere Kontrolle der Erregerausbreitung gegeben, da Brucellen oft durch den Deckakt übertragen wurden. Der Mensch infiziert sich i. d. R. beim Umgang mit infizierten Rindern, Schweinen, Ziegen und Schafen oder durch Konsum roher Milch erkrankter Tiere.

Der Erreger der Legionärskrankheit, *Legionella pneumophila*, wurde erst 1976 entdeckt. Während eines Veteranentreffens der American Legion in Philadelphia brach im Hotel, in dem viele der Teilnehmer untergebracht waren, innerhalb weniger Tage eine seuchenhaft verlaufende Lungenentzündung aus. 231 Besucher und Gäste erkrankten, 35 starben an dieser rätselhaften Infektion. Nach umfangreichen und aufwendigen Untersuchungen gelang es schließlich Ende des gleichen Jahres, in Meerschweinchen, denen Leichenmaterial Legionärskranker verabreicht worden war, feine gramnegative Stäbchen aufzuspüren und als Erreger dieser Krankheit zu identifizieren. Er wurde als neue Art, *L. pneumophila*, in der Familie der Legionellaceen charakterisiert. Die gramnegativen Stäbchen sind 2–20 × 0,5 µm groß sowie schwer färb- und züchtbar. Sie kommen meist in Oberflächenwässern oder Befeuchtungswasser von Klimaanlagen, in Warmwasseranlagen allgemein, im Trink-

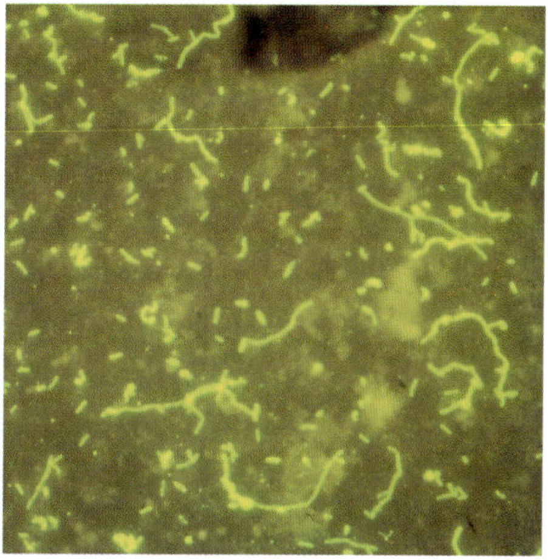

Legionella pneumophila mit einem FITC-markierten spezifischen Antiserum; FITC = Fluoreszeinisothiocyanat (Vergr. 800)

wasser sowie im Boden vor. Für aufgetretene kleinere Epidemien wurden deshalb Klimaanlagen verantwortlich gemacht, wobei besonders schwere Infektionen durch langes Einatmen stark erregerhaltiger Tröpfchen in der Luft zustande gekommen sein dürften. Retrospektiv konnte später ermittelt werden, daß sporadische Fälle dieser Krankheit, bei der es vorwiegend zu Lungenaffektionen kommt, bereits seit 1947 aufgetreten sind.

Bordetella pertussis gilt als Erreger des Keuchhustens beim Menschen, *B. bronchiseptica* verursacht Lungenentzündungen und Septikämien bei vielen Haus- und Wildtieren bzw. tritt als Sekundärerreger bei zahlreichen Virusinfektionen auf.

Francisella tularensis ist Ursache einer pestähnlichen Erkrankung bei Nagern, Haus- und Wildtieren, der Tularämie (Hasenpest). Die sehr gefährliche Krankheit kann auch auf den Menschen übertragen werden.

Gramnegative, aerobe, chemolithotrophe Bakterien

Die meisten Bakterien dieser Gruppe sind fakultativ autotroph oder heterotroph. Die zur Familie Nitrobacteriaceae gehörenden Arten gewinnen die Energie für die Kohlendioxidassimilation aus der Oxidation anorganischer Verbindungen. Über die Bedeutung der als Nitrifikanten im Boden tätigen Arten wurde bereits berichtet. Die polar begeißelten, stäbchenförmigen Bakterien finden wir außer im Boden auch im Wasser.

Andere Vertreter dieser Familie, *Thiobacillus*- und *Thiobacterium*-Arten, oxydieren zur Energiegewinnung verschiedene anorganische Schwefelverbindungen (Sulfide, elementaren Schwefel, Thiosulfat). Auch als farblose Schwefelbakterien bezeichnet, bilden sie keine Fäden. Sie kommen im Boden sowie in Süß- und Salzwasser weit verbreitet vor und spielen eine bedeutende Rolle im biogeochemischen Kreislauf des Schwefels. Während die meisten *Thiobacillus* spp. obligat aerob und chemolithoautotroph leben, können einige auch heterotroph, also mit organischen Stoffen als Energie- und Kohlenstoffquelle, wachsen, *Th. denitrificans* auch unter anaeroben Bedingungen.

Im sauren Wasser von Erzbergwerken lebt *Thiobacillus ferrooxidans*, das zur Energiegewinnung nicht nur Schwefelverbindungen oxidiert, sondern auch Fe(II) zu Fe(III). Diese säureliebenden Eisenbakterien, von denen inzwischen auch thermophile Formen bekannt sind, werden in der bakteriellen Erzlaugung technisch eingesetzt. Besonders bei der Ausbeute geringwertiger Erze verspricht dieses Verfahren großen ökonomischen Nutzen. Wenn solche Erze mit reduzierten Schwefelverbindungen (FeS_2) gemischt werden oder die Schwermetalle als Sulfide vorliegen, entsteht durch die oxidative Tätigkeit von *Thiobacillus thiooxidans* und *Th. ferrooxidans* Schwefelsäure, die das Metall aus dem Erz herauslöst. Die Metalle gewinnt man durch Ausfällung aus den Sulfatsalzen. Die hier tätigen Bakterien werden weder durch Schwermetallionen noch durch extrem niedrige *p*H-Werte (1–3) geschädigt. Dem Verfahren der mikrobiellen Laugung öffnet sich eine große Zukunft. In einem umweltfreundlich ablaufenden Prozeß von wenigen Tagen erreicht die Laugung von Eisen, Kupfer, Nickel, Zink, Mangan, Kobalt und sogar Gold oftmals bereits eine neunzigprozentige Ausbeute. Selbst extrem arme, bereits ausgebeutete, auf Halden liegende Erze werden damit abbauwürdig. Geomikrobiologen sind in zahlreichen Ländern am Werk, diese Prozesse weiter zu erforschen und praktisch anzuwenden.

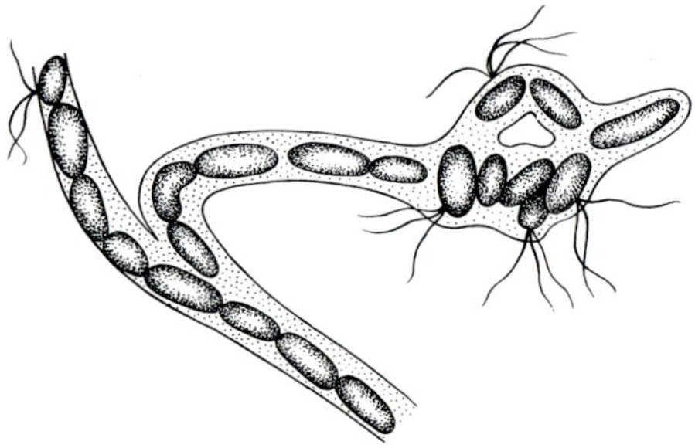

Scheidenbakterien *(Sphaerotilus)*. Fadenende mit beweglichen Fortpflanzungszellen (Vergr. 1000) (nach Kolkwitz)

Scheidenbakterien

Zu den Scheidenbakterien gehören algenähnliche, Filamente bildende, farblose, z. T. verzweigte gramnegative Bakterien mit zarten Scheiden, die aus organischen Substanzen bestehen (Heteropolysaccharide) und mit Fe- oder Mn-Oxiden imprägniert sind; sie kommen im Süß- und Salzwasser vor. Das in moorigen Gebieten auftretende Eisenerz ist auf die Aktivität dieser Bakterien zurückzuführen (Raseneisenerz).

Am bekanntesten ist der »Abwasserpilz« *Sphaerotilus natans*. Dieses einzellige, gramnegative Bakterium wächst zu langen Fäden aus, die von einer röhrenförmigen Scheide umgeben werden. Die Vermehrung der Bakterien durch Querteilung erfolgt innerhalb der Scheide, die sie als bewegliche Zellen auch verlassen können. *Sphaerotilus* kommt in verschmutzten, fließenden Abwässern, Rohren, Wehren, Vorflutern und Gräben vor, wo die Bakterien entweder flockige Massen oder dicke, weiße Überzüge an Holz, Gestein oder anderen Unterwasserobjekten bilden und oft Verstopfungen verursachen. In eisenhaltigen Gewässern (Brunnen, Rohren, Gräben, Sümpfen) können die fädigen, ebenfalls scheidenbildenden *Leptothrix*-Arten gefunden werden, deren Existenz als eigene Gattung unsicher ist. Durch Eisenoxidniederschläge in den Scheiden erhalten diese Bakterien ein gelbes bis braunes Aussehen (Ockerbakterien).

Eine weitere Art, *Crenothrix polyspora*, wächst als dicke, braune Masse in stehenden oder fließenden Gewässern mit Gehalt an or-

Zellfäden von *Crenothrix polyspora*

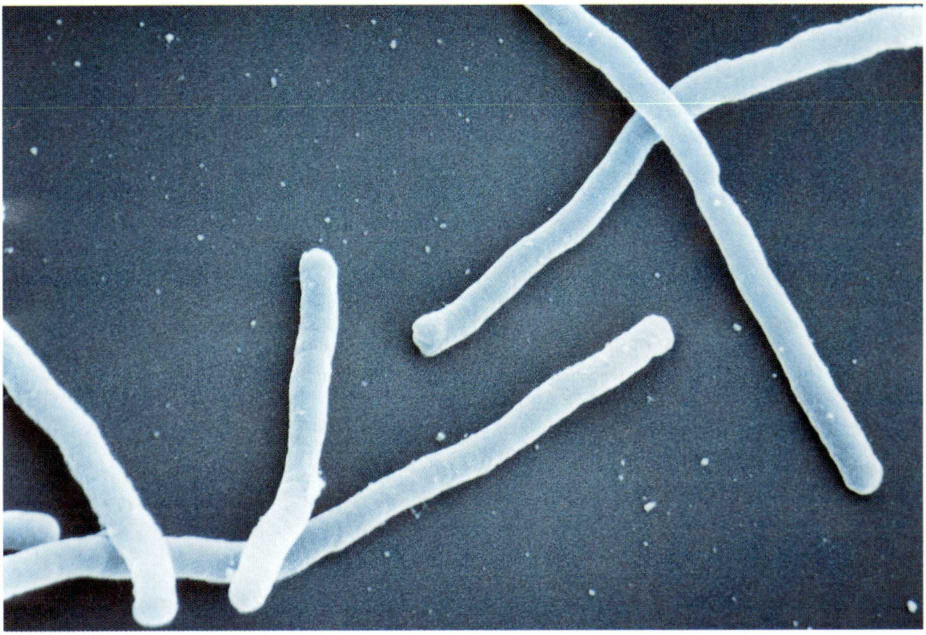

Rasterelektronenmikroskopische Aufnahme von *Klebsiella* spec. (Vergr. 5500)

ganischen Substanzen und Eisen. Die Trichome sind von einer dünnen Scheide umgeben, die Einzelzellen zeigen Diskus- oder Zylinderform. Konidien treten als Mikro- und Makrokonidien auf und sind unbeweglich. Verstopfungen von Leitungen durch üppige Vermehrung und Ungenießbarmachung des Wassers sind nicht selten (»Brunnenfaden«).

Gramnegative, fakultativ anaerobe Stäbchen

Die meisten der zu dieser Gruppe gehörenden Bakterien kommen im Darm von Mensch und Tier vor. Sie werden deshalb zur artenreichen Familie Enterobacteriaceae zusammengefaßt (von enteron = Darm). Es sind sporenlose, teils peritrich begeißelte, teils unbegeißelte Stäbchen mit geringen Nährbodenansprüchen. Kohlenhydrate werden unter Säurebildung abgebaut. Ihre Ausmaße betragen $1\text{–}3 \times 0{,}3\text{–}0{,}4\ \mu m$. In dieser Familie sind außer pathogenen auch bedingt pathogene und apathogene Arten vertreten. Sie gehören zu den gegenwärtig am häufigsten isolierten Krankheitserregern. Nach ihren Stoffwechselleistungen erfolgt die Einteilung in die Gattungen *Escherichia, Shigella, Salmonella, Citrobacter, Klebsiella, Enterobacter, Hafnia, Serratia, Proteus, Morganella, Providencia, Edwardsiella, Erwinia* und *Yersinia*. Morphologisch ergeben sich kaum Unterschiede zwischen diesen Gattungen. Sie sind vorwiegend an das Leben im Darm angepaßt, einige Arten kommen auch in der freien Natur vor (Boden, Wasser), andere auf Pflanzen als Epiphyten, Saprophyten oder Parasiten. Zwischen den verschiedenen Gattungen existieren Übergangsformen.

Die pathogenen Arten verursachen Darmerkrankungen und Septikämien (septikämische Allgemeininfektionen des Menschen durch *Salmonella typhi* und *S. paratyphi* A, B, C; obligat tierische Salmonellosen und sekundäre Salmonellosen, bei denen die enteritischen Erkrankungen von der Anfälligkeit der Tiere und den Infektionsmöglichkeiten abhängig sind). Durch Salmonellen infizierte

Lebensmittel führen beim Menschen zu Intoxikationen; sie gelten daher als potentielle Lebensmittelvergifter.

Salmonellen werden nach ihrer Antigenstruktur in Serotypen (Serovare) unterteilt und binominal benannt. Dadurch setzt man sie nicht ganz gerechtfertigt mit Arten gleich. Gegenwärtig sind über 2000 Serovare bekannt, von denen 4,5 % sehr häufig vorkommen.

Primäre Infektionsquelle für Typhus und Paratyphus ist stets der Mensch mit seinen Ausscheidungen. Für die enteritischen Salmonellosen, die ständig im Zunehmen begriffen sind, gelten Tiere als Infektionsquelle. Salmonellen werden deshalb durch Schmierinfektion, über kontaminierte Gegenstände, Lebensmittel und Trinkwasser übertragen. Durch moderne Massentierhaltung kommt es oft zur Durchseuchung der Bestände mit Salmonellen. Die Übertragung durch tierische Lebensmittel wird aber erst dann zum Problem, wenn die Erreger sich in ihnen vermehren können, denn meistens sind hohe Infektionsdosen für eine haftende Ansteckung nötig.

Shigella-Arten verursachen die Bakterienruhr des Menschen. Von Tieren sind nur Menschenaffen für diese Erreger empfänglich.

Escherichia coli ist ein obligater Dickdarmbewohner, der beim Menschen Darminfektionen im Sinne von Entzündung und Enterotoxämie hervorrufen kann, im allgemeinen nur außerhalb seines natürlichen Vorkommens als pathogen gilt (Unterleibs- und Harnweginfektionen, Wundinfektionen). Beim Tier ist *E. coli* verantwortlich für Darminfektionen, Septikämien, Coli-Ruhr bei Schweinen und Kälbern, Coli-Enterotoxämie des Schweines, Coli-Mastitis des Rindes u. a.

Ein experimentell genetisch veränderter Stamm, *E. coli* K 12, der sich im Darm kaum noch vermehrt, wird seit langem als Modell für genetische Untersuchungen verwendet. *E. coli* dürfte inzwischen das am besten untersuchte Bakterium sein. Gentechnologisch veränderte Coli-Bakterien spielen in der Biotechnologie eine herausragende Rolle. Der Anteil von Coli-Bakterien an der Darmflora beträgt etwa 1 %.

Als bedingt pathogen gelten Vertreter der Gattungen *Citrobacter, Enterobacter, Proteus, Klebsiella, Serratia* und *Edwardsiella*, die gelegentlich Lungenentzündungen, Brustdrüsenentzündungen, Katarrhe der Nasenschleimhaut, Darmentzündungen sowie Harn- und Gallenblasenentzündungen, Septikämien und Lebensmittelvergiftungen hervorrufen können. Als aerobe Fäulniskeime sind sie weit verbreitet. *Proteus* zeigt besondere Tendenz zur Gestaltsänderung; auf festen künstlichen Nährböden läßt er typisches terrassenförmiges Schwärmwachstum erkennen. Von einigen *Enterobacter-* und *Hafnia*-Arten ist Insektenpathogenität bekannt. Die farbstoffbildende Gattung *Serratia* (früher *Bacterium prodigiosum*) galt bislang als apathogen, doch sind Harnwegsinfekte neuerdings durch nichtchromogene Stämme bekanntgeworden. Der gebildete rote Farbstoff Prodigiosin hat wegen seiner Ähnlichkeit mit Blut von alters her große Aufregung verursacht. Die Medizingeschichte kennt zahllose Fälle, wo Blutaustritte aus Brot, Mehlspeisen, Kartoffeln, Hostien und Heiligenbildern Schrecken verbreitet haben. Zahlreiche Hexenprozesse und Teufelsaustreibungen hatten ihre Ursache in der Existenz dieser Bakterien, die vorwiegend im Wasser, Boden und in der Milch vorkommen. Der Farbstoff wird bei Zimmertemperatur, Licht und Sauerstoffzutritt gebildet.

Für Pflanzen pathogen sind *Erwinia*-Arten. Sie verursachen bei vielen Pflanzenarten Nekrosen und Naßfäule. Als Beispiel für eine der gefährlichsten bakteriellen Pflanzenkrankheiten gilt der Feuerbrand des Kernobstes. Der Erreger ist *Erwinia amylovora*. Die Bakterien befallen neben Apfel und Birne zahllose andere Wirtspflanzen. Typische Symptome der befallenen Bäume sind die wie verbrannt aussehenden Blätter, Triebe, Äste und Früchte. Zuerst zeigen sich diese Symptome im Frühjahr an den Blüten, die sich braun und dann schwarz verfärben. Befallene Birnen lassen oft milchige erregerhaltige Schleimtröpfchen erkennen. Die Bakterien dringen entweder über die Blüte und den Fruchtknoten oder über ganz junge Triebe in die Pflanzen ein. Die Übertragung erfolgt durch Insekten, vor allem Bienen, durch Vögel oder den Menschen bei Verwendung infizierter Unterlagen, Reiser oder Werkzeuge. Wind und Regen können die Bakterien ebenfalls weit verbreiten. Die

Krankheit, die vermutlich in den USA beheimatet ist, trat erstmalig 1957 in Europa in Erscheinung.

Erwinia carotovora verursacht die Schwarzbeinigkeit und Knollennaßfäule der Kartoffel.

Bekannte Krankheitserreger sind in der Gattung *Yersinia* vereinigt. *Y. pestis* verursacht Lungen- und Beulenpest beim Menschen und bei verschiedenen Wildtieren, *Y. pseudotuberculosis* gilt als Erreger der Pseudotuberkulose bei Nagern, Katzen und Vögeln. Sie ist auch auf den Menschen übertragbar und ähnelt auf Grund pathologischer Veränderungen der Tbk. *Y. enterocolitica* tritt als Erreger gastrointestinaler Erkrankungen oder Septikämien bei verschiedenen Haus- und Wildtieren oder beim Menschen auf. Im Vordergrund stehen Koliken, Übelkeit, Durchfälle, aber auch Dünn- und Blinddarmentzündungen.

Die Isolierung des Pesterregers gelang Yersin 1894 in Hongkong während einer Epidemie. Wie eine furchtbare Geißel begleitete die Pest alle Menschheitsepochen. Die Geschichte dieser Seuche ist reich an Aufzeichnungen. So zog 542 v. u. Z. die Pest von Ägypten aus über das Abendland und erlosch erst gegen Ende des Jahrhunderts. Über die Hälfte der Bewohner des Byzantinischen Reiches wurde dabei hingerafft. Etwa 25 Millionen Menschen fielen dem »schwarzen Tod« in den Jahren 1349–1351 zum Opfer. Zu den prominenten Opfern der Pest in jenen fernen Tagen gehörten Holbein (1543 in London) und Tizian (1576 in Venedig). Besonders in den Wirren des Dreißigjährigen Krieges dezimierte die Seuche nicht nur die Heerhaufen, sondern auch große Teile der Bevölkerung. Ganze Ansiedlungen verödeten. Während dieses endlosen Kriegsgetümmels sollen etwa 6 Millionen Menschen an der Pest gestorben sein. Der geniale Albrecht Dürer reiht in seiner berühmten Holzschnittdarstellung der Apokalyptischen Reiter aus dem Jahre 1498 die Pest neben Krieg, Hunger und Tod ein.

Die Bezeichnung »schwarzer Tod« rührt daher, daß bei Lungenpest meist Hautblutungen auftreten, die dem Kranken ein schwärzliches Aussehen verleihen. Bis in den Anfang des 18. Jahrhunderts ließe sich diese Aufzählung endlos fortführen. Die Charité in Berlin wurde im Jahre 1710 als Pesthaus gebaut. Seit etwa 1750 sind die großen Seuchenzüge erloschen, was unter anderem mit der Verdrängung der kleineren Hausratte durch die in großer Zahl eindringende Wanderratte *Rattus norvegicus* und mit der Entwicklung weniger virulenter Pestbakterien erklärt wird. Die Wanderratte hält sich nicht in so engem Kontakt zum Menschen wie die Hausratte. In Asien, Afrika und im Orient halten sich bis auf den heutigen Tag Pestherde. Die Pest ist primär eine hämorrhagische Septikämie der Nagetiere. Ohne Nagerpest gibt es keine Epidemien beim Menschen. Ihre Übertragung von Nager zu Nager und auf den Menschen erfolgt vor allem durch den Pestfloh, *Xenopsylla cheopis*, aber auch durch andere Floharten einschließlich des Menschenflohs. Das Saugen von Blut an erkrankten Tieren läßt die Pestbakterien in den Magen der Flöhe gelangen, wo sie sich vermehren und beim erneuten gierigen Zufassen in die Stichwunde des anderen Tieres gedrückt werden. Verschleppung der Pest über große Entfernungen erfolgte oft durch kranke Schiffsratten.

In unseren Tagen spielt die Pest als Seuche keine Rolle mehr; ganz verloschen ist sie jedoch nicht. Die Pesterkrankungen, die der WHO bekannt sind, zeigen wieder schwach steigende Tendenz. Waren es 1958 z. B. 213 Fälle in der ganzen Welt, so wurden 1987 1 043 Pesterkrankungen registriert, von denen zahlreiche tödlich verliefen.

Für Pesterkrankungen gelten international verbindliche Sondergesetze. Untersuchungen an diesen Erregern sind nur in Speziallabors mit Genehmigung der WHO möglich.

Freilebende Nage- und Wildtiere (Murmeltiere, Erdhörnchen, Präriehunde, Kaninchen u. a.) bilden auch gegenwärtig noch bestehende »Waldpestherde«. Sie stellen heute das Hauptmerkmal der Pestausbrüche dar.

Zur Familie Vibrionaceen werden die Gattungen *Vibrio*, *Aeromonas*, *Plesiomonas* und *Photobacterium* zusammengefaßt. Es handelt sich um gerade oder leicht gebogene, gramnegative Stäbchen mit meist polarer, selten lateraler Begeißelung. Die meisten von ihnen kommen im Wasser vor, wo sie bei Fischen Krankheiten verursachen können. Für den Menschen hat vor allem *Vibrio cholerae* Interesse, der Erreger der Cholera asiatica. Die auch als »Gelbe Galle« oder »Gallenbrechruhr« bekannte Krankheit ist seit langem besonders in Indien heimisch. Von dort aus drang sie seit 1817 in mehreren Seuchenzügen bis nach Europa vor. Durch Kriegshandlungen, andere Katastrophen und Flüchtlinge erfolgte weite Verbreitung. Vor allem im 19. Jahrhundert forderte diese Seuche Hunderttausende Opfer. Seit 1817 tritt gegenwärtig die 9. Pandemie auf. Eine Einschleppung nach Europa ist jederzeit durch Ferntourismus möglich. Die Entdeckung des Erregers gelang Koch und seinen Mitarbeitern Gaffky und Fischer 1883 während der Epidemie in Ägypten. Der Choleraerreger ist ein kommaförmiges Bakterium mit einer endständigen Geißel. Heute werden der klassische Biovar *Cholerae* und der Biovar *Eltor* unterschieden; der letztere ist Ursache einer seit 1961 weltweit ablaufenden Pandemie. Er wurde 1905 bei Mekkapilgern entdeckt.

Durch die Wirkung der Bakterientoxine auf den Dünndarm kommt es zu wäßrigen Durchfällen, Erbrechen, Muskelkrämpfen, Entwässerung und Kollaps. Das Reservoir für Cholerakeime ist der menschliche Darm, die Übertragung erfolgt i. d. R. durch Wasser und Lebensmittel (z. B. rohe Schalentiere), die durch Ausscheidungen von Kranken kontaminiert sind. Cholera kann dadurch explosiv auftreten. Den Ausbruch begünstigende Faktoren sind Hunger, soziale Not, Krieg und andere Katastrophen sowie ungenügende hygienische Verhältnisse. Zwischen 1910 und 1920 sollen in Indien rund 4 Millionen Menschen an Cholera gestorben sein. Durch die Angst vor dieser Seuche kam es aber auch zu forcierter Sanierung von Städten durch Bau von Wasserversorgungen und Abwasseranlagen.

Bei Fischen kommen Infektionen durch *Aeromonas*-Arten vor. Gelegentlich werden sie auch bei Darmentzündung und Knochenmarkentzündung des Menschen isoliert. *A. salmonicida* ist der Erreger der Furunkulose der Forellen, *A. hydrophila* von hämorrhagischer Septikämie bei Reptilien und Amphibien oder bei kleinen Nagern.

Auf Fischen und anderen Salzwassertieren sowie im Meerwasser finden sich die lumineszierenden *Photobacterium*-Arten, von denen einige symbiotisch in Geweben von Kopffüßlern oder Tiefseefischen leben.

Furunkulose bei Regenbogenforellen durch *Aeromonas salmonicida*. Typisch sind Beulen und blutige Geschwüre in der Rückenregion, die platzen können.

Von der Gattung *Haemophilus* kann *H. influenzae* als wichtigste Art genannt werden. Sie gilt als obligater Schleimhautparasit, der oftmals auch als Sekundärerreger bei Grippe oder Atemwegserkrankungen auftritt. Es handelt sich um sehr kleine, unbewegliche, stäbchenförmige Keime, die sich nur bei Anwesenheit bestimmter Wachstumsfaktoren, die im Blut vorkommen, vermehren können (Faktoren X und V).

Pasteurella- und *Actinobacillus* spp. kommen als normale Schleimhautbewohner verschiedener Tiere vor oder verursachen charakteristische Krankheiten (Pasteurellosen bei Haus- und Wildtieren, Wild- und Rinderseuche, hämorrhagische Septikämien, Lungenentzündungen, Geflügelcholera; Aktinobazillosen wie Fohlenlähme, systematische Infekte beim Pferd, Erkrankungen des Verdauungstraktes beim Rind).

Pasteurellen sind kurze, kokkoide, unbewegliche, z. T. pleomorphe Stäbchen von $0{,}25-0{,}50 \times 1{,}0-1{,}5\,\mu m$ Größe. Bezüglich ihrer Färbbarkeit zeigen sie eine auffallende Erscheinung: Sie färben sich mit bestimmten Farbstoffen bipolar, was den Eindruck von Doppelkokken entstehen läßt. Bei einigen Arten werden Kapseln beobachtet. In ihren kulturellen, biochemischen und pathogenen Eigenschaften lassen Pasteurellen ziemliche Variabilität erkennen.

Aktinobazillen sind sehr kleine, schlanke oder kokkoide, unbewegliche Stäbchen, die in künstlicher Kultur unter Kohlendioxid mit winzigen, festhaftenden oder fadenziehenden Kolonien wachsen.

Erwähnt werden sollen noch *Chromobacterium*- und *Flavobacterium*-Arten, farbstoffbildende Bakterien, die im Boden und Wasser, gelegentlich auf Lebensmitteln vorkommen oder auch bei Wund-, Harnwegs- und Lungeninfektionen des Menschen isoliert werden können.

Gramnegative, anaerobe Bakterien

Die in der Familie der Bacteroidaceae zusammengefaßten Gattungen *Bacteroides, Fusobacterium* und *Leptotrichia* sind streng anaerobe, asporogene, kapsellose, bewegliche oder unbewegliche Stäbchenbakterien mit spitz auslaufenden Enden (Spindelformen) von 3–4 µm Länge. Manche Formen sind sehr klein, andere bilden längere Fäden, die in älteren Kulturen zu kokkoiden Elementen zerfallen. Eine Neigung zur Pleomorphie ist ausgeprägt. Typische *Bacteroides*-Arten enthalten in der Zytoplasmamembran Sphingolipide, die sonst nur in tierischen Zellen auftreten. Sie kommen regelmäßig im Darm, Mund, in Atmungs- und Genitalorganen des Menschen und warmblütiger Tiere vor. *B. fragilis* und *B. succinogenes* gehören zur Normalflora des menschlichen Darms. 1 g Kot kann 10^{10} *Bacteroides*-Zellen enthalten, also viel mehr als *Escherichia coli*.

Wegen der noch ungenauen Kenntnis dieser Gruppe sind auch systematische Stellung und Nomenklatur nicht endgültig. Die Artenvielfalt ist vermutlich sehr groß. Als Krankheitserreger verursachen sie nekrotische Abszesse in verschiedenen Organen; der gebildete Eiter stinkt meist penetrant. *Fusobacterium necrophorum* bildet eitrig-nekrotische Entzündungen bei Tieren (Nekrobazillose, Kälberdiphtheroid). Fast immer handelt es sich um Mischinfektionen mit anderen anaeroben Vertretern.

Die apathogenen *Leptotrichia*-Arten bilden bis zu 200 µm lange Fäden. *L. buccalis* läßt sich im Mund nachweisen.

Dieser Gruppe angegliedert wurden die Gattungen *Desulfovibrio, Butyrivibrio* und *Selenomonas*, allesamt anaerob lebend, vibrioförmig und mit unsicherer systematischer Stellung. Sie könnten nach ihrer Morphologie auch bei den gekrümmten Bakterienformen besprochen werden. *D. desulfuricans, D. vulgaris* und *D. gigas* leben im Boden, Süß- und Meerwasser sowie im Faulschlamm. Es sind leicht gebogene Stäbchen verschiedener Länge, z. T. in kurzen Ketten mit deutlicher Pleomorphie. Sie alle reduzieren Sulfat zu Sulfid (Desulfurikanten) und bilden den Hauptanteil des in der Natur freigesetzten Schwefelwasserstoffs. Im Faulschlamm können bis 10^7 sulfatreduzierende Bakterien pro Milliliter vorkommen. Viele Schwefelvorkommen sind nicht vulkanischen Ursprungs, sondern biogene Ablagerungen infolge der Tätigkeit solcher Bakterien in bestimmten geologischen Formationen. Der hohe Schwefelwasserstoffgehalt in der Tiefe des Schwarzen Meeres sowie die auf Eisenausfällung zurückgehende Schwarzfärbung werden ebenfalls durch *Desulfovibrio*-Arten bewirkt. Die unter Luftabschluß erfolgende Eisenkorrosion ist von besonderer wirtschaftlicher Bedeutung. *Butyrivibrio*-Arten kommen unter anderem im Pansen der Wiederkäuer vor und bilden dort Buttersäure aus Zellulose und Stärke. *Selenomonas ruminantium* ist ebenfalls ein Pansenbewohner; er vergärt Kohlenhydrate zu Propionsäure und Essigsäure.

Archaebakterien

Anfang der siebziger Jahre wurden Bakterien entdeckt, die durch besondere Hitze- und Säurestabilität auffielen. Thermophile Bakterien, deren Optimaltemperaturen für das Wachstum über 40 °C liegen, sind seit langer Zeit durch Isolierungen aus Thermalwasser, Boden, Kompost- und Dunghaufen bekannt. Die neuentdeckten Formen bevorzugten jedoch Optimaltemperaturen über 80–85 °C (extrem thermophile). Eine Art, *Pyrodictium occultum*, konnte gar bei Temperaturen bis 110 °C aufgefunden werden, der obersten bisher bekannten Temperaturgrenze für Lebewesen. Diese sensationelle Entdeckung räumte mit der Vorstellung auf, daß Leben oberhalb von 100 °C nicht möglich sei. Viele dieser bisher unbekannten Bakterien zeigten dazu noch ungewöhnliche Säuretoleranz (*p*H 1–2).

Mit den schon länger bekannten Methan- und Halobakterien wurden diese thermoazidophilen Formen als Archaebakterien zusammengefaßt, um anzudeuten, daß sie in der Evolution noch vor den Eubakterien als urtümlichste Form des Lebens einzuordnen sind. Sie dürften schon vor 3–4 Milliarden Jahren existiert haben, möglicherweise unter Bedingungen, die die Voraussetzungen für erste Lebensentstehung in den Urmeeren boten (heiße Wasser in Vulkannähe, Vorhandensein von Kohlendioxid, Wasserstoff, Methan, Nitrat, energiereicher Strahlung, Fehlen von Sauerstoff). Von der Urzeit bis heute haben diese Bakterien in extremen Standorten überlebt. Daß sie sich von allen bisher bekannten Formen von Lebewesen abtrennen lassen (3. Urreich), wurde erst mit Hilfe molekularbiologischer Methoden bewiesen. Die Analyse der Nukleotidsequenz in der ribosomalen, ubiquitär verbreiteten und funktionell konstanten 16s-Nukleinsäure belegte klar den fundamentalen Unterschied.

Die wichtigsten Merkmale, die Archaebakterien von allen anderen Bakterien unterscheiden, sind neben ihrem Auftreten an extremen Standorten das Fehlen des typischen Bauelements Peptidoglykan in der Zellwand, das Vorkommen anderer Lipide in den Zellen, eine andere Zusammensetzung der Zytoplasmamembran und der Besitz ungewöhnlicher Coenzyme. Bezüglich der Größe, des Fehlens eines echten Zellkerns und von Organellen, des Geißelaufbaus und Besitzes ringförmig geschlossener DNS unterscheiden sie sich nicht von Eubakterien. Im übrigen weisen sie eine ebensolche morphologische und ernährungsphysiologische Vielfalt

Rasterelektronenmikroskopische Abbildung der Zellwand eines Methanbakteriums *(Methanogenium marisnigri)* vom Grund des Schwarzen Meeres. Das Mosaikmuster ist aus Proteinuntereinheiten gebildet und stellt ein charakteristisches Merkmal verschiedener Archaebakterien dar (Vergr. 230 000).

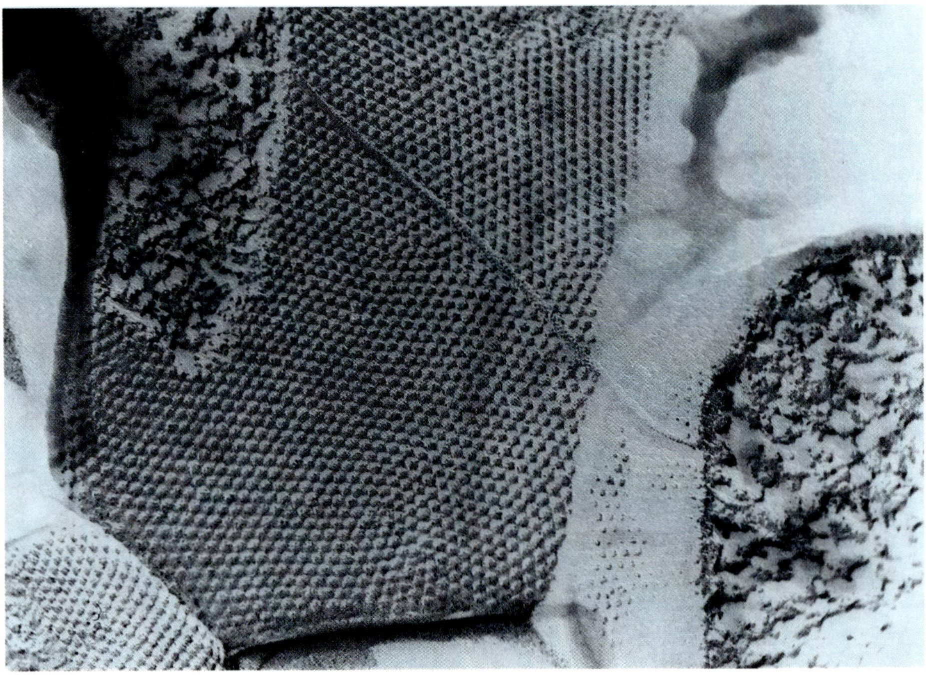

wie Eubakterien auf. Es kommen grampositive und gramnegative Kokken, Stäbchen, Schrauben, filamentöse, aber auch eigenartig platte Quadratformen oder riesige Zellpakete vor sowie aerobe, anaerobe, lithoautotrophe, heterotrophe, phototrophe, thermophile, halophile und azidophile Lebensweise. Die wichtigsten Vertreter der streng anaeroben methanbildenden Bakterien sind *Methanococcus, Methanosarcina, Methanothermus, Methanomicrobium, Methanoplanus, Methanobacterium* und *Methanospirillum*.

In solchen Ökosystemen wie Thermalquellen, Sümpfen, Mooren, Gewässerschlamm, Faultürmen von Kläranlagen, Reisfeldern sowie im Pansen von Wiederkäuern bilden Methanbakterien z. T. beträchtliche Mengen Methan aus dem anaeroben Abbau organischer Substanzen (jährlich etwa 1 Mrd. t). Eine einzige Kuh bringt es pro Tag auf 200 Liter! Extrem thermophile Formen mit Temperaturoptima von 80 °C sind bei Methanbakterien selten; eine Ausnahme bildet *Methanothermus*.

Wegen der hohen Sauerstoffempfindlichkeit dieser Bakterien war es schwierig, sie zu kultivieren. Erst in jüngster Zeit sind geeignete Verfahren zur Kultur entwickelt worden, die eine gründliche Erforschung dieser Gruppe ermöglichen.

Technisch werden Methanbakterien schon lange genutzt. Aus Abfällen der Landwirtschaft (Stroh, Häcksel, tierischen Exkrementen) kann Methan (Biogas) erzeugt werden. Der in diesen Stoffen enthaltene Stickstoff wird dabei nicht angetastet, so daß die Düngerqualitäten erhalten bleiben. Als Grubengas verursacht Methan die gefürchteten Schlagwetter in Kohlebergwerken. Die Entzündung ausströmenden Sumpfgases ist die natürliche Erklärung für »Irrlichter«.

Zu den meist aerob lebenden Halobakterien rechnen *Halobacterium* und *Halococcus*. Sie kommen in hochkonzentrierter oder gar gesättigter Salzlösung vor. Als Verderber von gesalzenem Fisch und Fleisch waren sie schon lange bekannt. Ihre optimalen Wachstumstemperaturen liegen zwischen 40 und 45 °C. Die Anpassung an extremen Salzgehalt ist nur möglich, weil die Salzkonzentration im Zellinneren ebensohoch wie im umgebenden Milieu ist. Statt Na^+ kommt in der Zelle K^+ als Hauptkation vor.

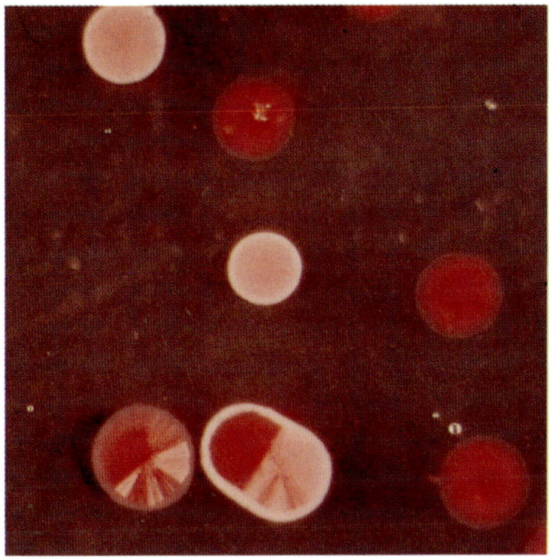

Kolonien von *Halobacterium halobium* auf Agar

Halobakterien sind gramnegative, bewegliche Stäbchen oder Kokken mit Neigung zu Pleomorphie. Durch verschiedene Carotinoide sind sie rot, orange oder gelb gefärbt. Ihr Massenauftreten führt nicht selten zu intensiver Gewässerrotfärbung. Halobakterien können sich photo- und chemotaktisch bewegen. Sie nutzen neben der durch Substratoxydation gewonnenen Energie unter Sauerstoffmangel Lichtenergie mit Hilfe von Bacteriorhodopsin, das in der Zytoplasmamembran eingelagert ist. Es ähnelt dem in tierischen Sehzellen vorkommenden Rhodopsin. Eine noch nicht lange bekannte Art ist *Halobacterium incredibile* (das unglaubliche Salzbakterium); es wurde 1979 in einer salzhaltigen Quelle des Sinai entdeckt. *Natronobacterium*- und *Natronococcus* spp. kommen in alkalischen Salzseen vor.

Alle extrem thermophilen, nichtmethanbildenden Formen sind zur Gruppe der Thermoazidophilen zusammengefaßt. Ihre morphologische Heterogenität ist augenscheinlich. Nicht einmal innerhalb einer Art oder einer Kultur tritt eine konstante Zellgröße auf. Neben Zellen von 1–3 µm kommen Filamente bis 100 µm vor. Stäbchenförmige Zellen besitzen z. T. lappige Ausstülpungen oder echte Verzweigungen. Die Vermehrung erfolgt nur selten durch Querteilung, sondern eher durch Knospung oder Abschnürung. Manche Arten bilden Klumpen aus mehreren Milliarden Zellen, die durch einen hitzestabilen Schleim zusammengehalten werden. Die meist gramnegativen Bakterien sind durch Geißeln beweglich.

Die natürlichen Biotope dieser Archaebakteriengruppe sind heiße Gewässer und Schlamm in vulkanischen Gebieten, kontinentale Solfatarenfelder, Heißwasserbohrungen, Geothermalkraftwerke und das Umfeld heißer Tiefseequellen, das neben zahlreichen Mineralien viel Schwefelwasserstoff enthält. Schwefel spielt im Energiestoffwechsel dieser Bakterien unter aeroben wie anaeroben Bedingungen eine wichtige Rolle.

Die extreme Thermophilie dieser Gruppe wird einmal durch enorme Thermostabilität der Zellbausteine, zum anderen durch die Wasserverfügbarkeit bestimmt. Über 100 °C ist Wasser bekanntlich nur unter Druck flüssig, wie z. B. in der Tiefe des Meeres. In diesem lichtlosen Ökosystem erfolgt die Biomasseproduktion aus anorganischen Verbindungen. Die dazu nötige Energie entstammt nicht dem Sonnenlicht, sondern chemischen Reaktionen. Chemosynthetische Bakterien übernehmen dabei die Rolle grüner Pflanzen. Viele dieser Bakterienarten leben in einer bisher unbekannten Symbiose mit neuentdeckten Tiefseeorganismen (Röhrenwürmer, Miesmuscheln). Wichtigste Vertreter sind die Gattungen *Sulfolobus, Thermoplasma, Thermoproteus, Thermococcus, Thermodiscus, Thermofilum, Pyrococcus* und *Pyrodictium.* Die Vorsilbe »Pyro-« erhielten alle Gattungen mit Wachstumstemperaturoptima über 100 °C.

Thermofilum librum. Das extrem thermophile Bakterium bildet neben normalen Zellen (1–3 μm Länge) Filamente bis über 100 μm Länge. Der Durchmesser beträgt 0,15 bis 0,20 μm (Vergr. 6 000).

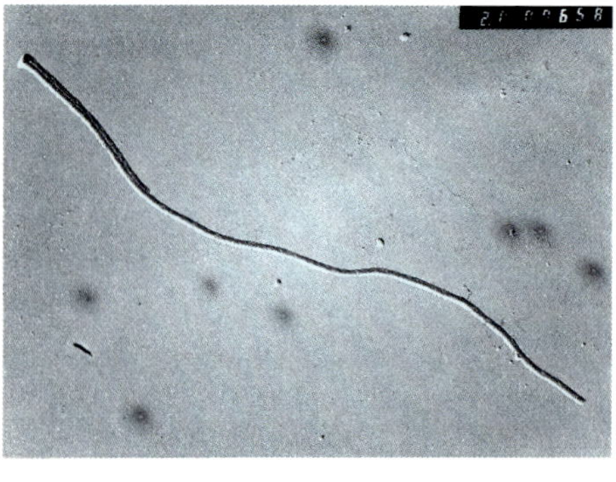

Thermoplasma acidophilum wurde auf selbsterhitzten, brennenden Kohlehalden gefunden, wo er im Temperaturbereich von 60–65 °C und *p*H-Werten von 1–2 seine optimalen Lebensbedingungen findet. Die einzige Art dieser Gattung besitzt keine Zellwand. Die Gestalt reicht deshalb von kokkoiden bis langgezogenen Zellen mit allen Übergangsformen.

Gekrümmte und spiralförmige Stäbchen oder flexible Zellen

Gramnegative, spiralförmige oder gekrümmte Bakterien

Alle in dieser Gruppe vereinigten Bakterien leben aerob und sind durch Geißeln lebhaft beweglich; ihr natürlicher Lebensraum ist das Wasser. Sie gelten als die am schnellsten beweglichen Bakterien. *Spirillum volutans,* eine der größten Formen, imponiert durch seine besondere Länge bis zu 20 μm. Die amphitrisch begeißelten Spirillen lassen ihre Bewegungsorganellen etwa mit der Geschwindigkeit eines Elektromotors, also rund 3000 U/min rotieren. Es kann leicht aus Schweinejauche isoliert werden. Die meisten der aquatischen Spirillen gehören zur Gattung *Aquaspirillum.*

1962 wurde eine Bakterienart entdeckt, die andere Bakterien infiziert, in ihnen parasitiert und sie zur Auflösung bringt. Der Parasit setzt sich bei einem geeigneten Wirtsbakterium gegenüber dem Geißelpol fest und dringt in die Zelle ein, worauf sich diese abrundet und an Größe zunimmt. Der *Bdellovibrio bacteriophorus* genannte Keim wächst zu einem zylinderförmigen Gebilde aus, bis die Nährstoffe der Wirtsbakterien verbraucht sind. Anschließend teilt sich der Zylinder in zahlreiche Zellen von gleicher Größe, die Wirtszellwand löst sich auf, und die neugebildeten parasitischen Bakterien werden freigesetzt. Die Zerstörung der Wirtszelle erfolgt im Zeitraum von 3–5 Std. Der eigenartige Parasit ist vibrionenähnlich, etwa 0,3 µm groß und besitzt eine relativ dicke polare Geißel von rund 50 nm Durchmesser. Die Isolierung gelang aus verschiedenen Böden.

Zur Gattung *Campylobacter* gehören über 10 Arten. Die pathogenen *C. fetus* ssp. *fetus, C. fetus* ssp. *veneralis* und *C. jejuni* verursachen bei Rind und Schaf Aborte sowie Magen-Darm-Erkrankungen, *C. pylori* (Helicobacter) verursacht Magengeschwüre beim Menschen; apathogene Formen *(C. bubulus, C. fecalis)* kommen auf Genitalschleimhäuten oder im Darm von Tieren vor. Es sind durchweg schlanke, komma- oder auffallend S-förmige sowie mehrfach gewundene, sporenlose, monotrich an einem oder beiden Polen begeißelte Bakterien von 0,5–5 µm Länge und 0,2–0,4 µm Dicke. In älteren Kulturen läßt sich oft Fadenbildung erkennen.

Spirochaeten

Die Spirochaeten unterscheiden sich von allen anderen Bakterien in der Gestalt, dem Zellaufbau und der Art der Bewegung. Es sind sehr lange, dünne, spiralig gewundene Organismen. Anders als die ebenfalls schraubigen Spirillen weisen sie eine große Flexibilität auf, die durch Fehlen einer starren Zellwand zustande kommt.

Einige Arten sind so dünn, daß sie nur im mikroskopischen Dunkelfeld, Elektronenmikroskop oder nach einer Spezialbehandlung, wie sie zur Sichtbarmachung von Bakteriengeißeln verwendet wird, erkennbar werden. Scheiden, Sporen und Pigmente werden nicht gebildet, die Vermehrung erfolgt durch Querteilung.

Sie verhalten sich, wenn überhaupt färbbar, gramnegativ. Spirochaeten sind in der Lage, ohne Geißeln schnelle rotierende und flottierende Bewegungen auszuführen oder auf Oberflächen zu gleiten. Die Grundstruktur der Zelle ist durch folgende Hauptkomponenten charakterisiert: Ein schraubiger, von Membran und Zellwand umschlossener Protoplasmazylinder wird außen von Fibrillen umwunden, deren Zahl von Art zu Art schwankt. Sie sind mit einem Ende am Zellpol befestigt, am anderen Ende frei. Protoplasmazylinder und Achsialfibrillen umschließt eine äußere Hüllmembran.

Viele Spirochaeten leben im Wasser, Abwasser, Schlamm, Darm von Insekten, Pansen von Wiederkäuern und an vielen anderen feuchten Standorten. Von den 5 Gattungen *Spirochaeta, Cristispira, Treponema, Borrelia* und *Leptospira* enthalten nur die letzten 3 für Mensch und Tier pathogene Arten.

Spirochaeta plicatilis ist als Süß- und Salzwasserform, *S. zuelzerae* als anaerober Bewohner von Faulschlamm bekannt.

Die Gattung *Cristispira* trägt ihren Namen nach der Crista, die sich als zarter schraubenförmiger Saum um den Zylinder windet und dem Achsenfilament entspricht. Sie wird im Verdauungstrakt von Menschen gefunden, ferner im Darm von Süß- und Salzwassermuscheln.

Die Arten der Gattung *Treponema* sind bis 15 µm lang. Es handelt sich um eng gewundene, korkenzieherförmige Bakterien, deren Zelleib gleichmäßig dick ist und sich schwer anfärben läßt.

Borrelien sind im Gegensatz zu Treponemen mit Anilinfarbstoffen leicht anfärbbar. Die streng anaeroben Mikroben haben eine Länge von 10–30 µm und eine Dicke von 0,18–0,6 µm. Der Bakterienleib wird nach den Enden hin immer dünner.

Pathogene *Treponema*- und *Borrelia*-Arten sind *Treponema pertenue* (Frambösie; tropische Krankheit mit himbeerartigen Hautpapeln), *T. pallidum* (Syphilis oder Lues), *T. paraluis-cuniculi* (syphilisähnliche Erkrankung bei Kaninchen), *T. carateum* (Mal de Pinto, Hauterkrankung in Mittelamerika mit Depigmentation und papulösen Veränderungen), *Borrelia recurrentis* (menschliches Rückfallfieber, durch Läuse und Zecken übertragbar), *B. burgdorferi* (Lyme-Krankheit oder Zeckenborreliose, nach dem Ort Lyme in Connecticut/USA), *B. anserina* (Geflügelspirochaetose), *B. hyodysenteriae* (Schweinedysenterie).

Die seit 1975 beobachtete Lyme-Krankheit ist in der Öffentlichkeit noch kaum bekannt, obwohl auch in Europa als Hauptüberträger der Holzbock, *Ixodes ricinus*, in hohem Maße mit dem Erreger durchseucht ist. Sie tritt nur im Sommer auf, da nur zu dieser Zeit in Gebüsch und Gras mit Zecken zu rechnen ist. Der Erreger wurde 1982 isoliert. Er besitzt 7 Windungen, ist 30 µm lang und 0,18–0,25 µm dick. Er kann in Blut, Rückenmarksflüssigkeit und verschiedenen Organen nachgewiesen werden. Wühlmäuse, verschiedene Wildsäuger und Vögel bilden das Erregerreservoir. Symptome der in verschiedenen Phasen verlaufenden Krankheit sind Hautrötung um die Bißstelle, Kopfschmerzen, Herzbeschwerden und arthritisähnliche Krankheitsbilder.

Harmlose *Treponema*- und *Borrelia*-Arten lassen sich aus der Mundhöhle oder dem Zahnbelag isolieren *(T. mucosum, B. buccalis, B. vincenti)*. Viele der bei Menschen und Säugetieren sowie Vögeln vorkommenden Arten werden durch Arthropoden übertragen.

Während einige *Borrelia*- und *Treponema*-Arten, wenn auch schwierig, kultiviert werden konnten, ist das bei *Treponema pallidum* noch nicht sicher gelungen. Die Lebenderhaltung des Syphiliserregers erfolgt durch Passagen in Hoden lebender Kaninchen. Gegenüber äußeren Einflüssen sind Treponemen sehr empfindlich, so daß ein Überleben außerhalb des Wirtes nur kurze Zeit möglich ist. Die Infektion erfolgt deshalb fast stets durch direkten Kontakt von Mensch zu Mensch oder auf dem Blutweg bei der angeborenen Syphilis. Die Krankheit verbreitete sich schon im Mittelalter sehr rasch in Europa, wo sie auch als »Franzosenkrankheit« oder »spanischer Kragen« bezeichnet wurde. Die Herkunft der Syphilis bleibt umstritten. Möglicherweise ist sie von Matrosen des Kolumbus nach Europa gebracht worden, denn ein gesicherter Nachweis über einen Ausbruch liegt erst für 1494 vor, nämlich bei der Belagerung Neapels durch Karl VIII. von Frankreich. Seit 1527 ist diese Seuche auch als Morbus venereus (Liebeskrankheit), später als Lues venerea bekannt. Die Entdeckung des Erregers gelang Schaudinn 1905. Die Syphilis ist wie auch andere sexuell übertragbare Krankheiten wieder im Zunehmen begriffen.

Die aerobe Gattung *Leptospira* enthält die kleinsten Spirochaeten. Es handelt sich um dünne, besonders zarte, spiralige Bakterien von 0,2–0,6 × 3–20 µm Größe. Charakteristisch sind hakenförmig umgebogene Zellenden, die den Organismen das Aussehen eines Kleiderbügels oder eines großen lateinischen C verleihen.

Innerhalb der Gattung werden nur 2 Arten unterschieden: die pathogene *Leptospira interrogans*, die auf Grund unterschiedlicher Antigenstruktur in mindestens 19 Gruppen mit über 140 Serovaren eingeteilt wird, und *Leptospira biflexa*, die alle apathogenen Vertreter umfaßt. Die letzteren sind als typische Wasserformen in Teichen, Tümpeln und auch im Leitungswasser nachweisbar. Beide Arten bzw. alle Serovare kann man kaum morphologisch, sondern nur durch ihren Antigenaufbau unterscheiden.

Pathogene Leptospiren verursachen charakteristische Krankheiten (Leptospirosen) bei Mensch und Tier (Schweinehüterkrankheit durch *L. pomona* und *L. tarassovi*, Reisfeldfieber und die sogenannte Molkereigrippe durch *L. pomona*, Ernte- oder Schlammfieber sowie die Erbsenpflückerkrankheit durch *L. grippotyphosa*, Canicolafieber durch *L. canicola*, Weilsche Krankheit durch *L. icterohaemorrhagiae* u. a.). Die Infektionsquelle ist i. d. R. ein infiziertes Tier oder dessen Ausscheidung. Wichtigste Leptospirenträger sind Mäuse und Ratten, aber auch Hunde, Pferde, Rinder und Schweine. Die Aufnahme der Erreger erfolgt durch direkten oder indirekten Kontakt (Wasser, Boden, Nahrung), über Haut oder Schleimhäute bzw. kleine Verletzungen.

Sondergruppen

Die nachfolgend besprochenen größeren Bakteriengruppen sind mit Eigenschaften ausgestattet, die eine Einordnung in die gewählten morphologischen Kategorien kugel-, stäbchen- und schraubenförmige Bakterien nicht ohne weiteres zulassen. Sie müssen deshalb hier als Sondergruppen angefügt werden.

Gleitende Bakterien

Zu dieser heterogenen, artenreichen Gruppe gehören aerobe, gramnegative Bakterien, die sich durch Gleiten oder Kriechen fortbewegen, eine Eigenschaft, die bei Bakterien nicht sehr verbreitet ist. Bekannte Formen sind *Myxococcus, Archangium, Polyangium, Chondromyces, Cytophaga, Sporocytophaga, Saprospira, Beggiatoa, Thiothrix, Achromatium, Leucothrix, Vitreoscilla* und *Simonsiella*.

Sie sind vor allem im Boden weit verbreitet, besonders aber auf morschem Holz, im Dung, Kompost und auf Baumrinde. Diese Bakterien kriechen in gleitender Bewegung in abgesondertem Schleim.

Auffälligste Erscheinung ist die Ausbildung von zierlichen, mit bloßem Auge sichtbaren, mehr oder weniger gefärbten und verschieden differenzierten baumartigen Fruchtkörpern (bis etwa 1 mm Größe). Diese entstehen im Gefolge einer gebildeten Aggregation aus Zellschwärmen. Die Flexibilität dieser Bakterien ergibt sich aus dem Fehlen einer festen Zellwand. Die Fruchtkörperbildung fehlt bei den Gattungen *Cytophaga* und *Sporocytophaga*. Letztere besitzt spindelförmige Zellen, die sich in runde, mit Kapseln versehene Dauerzellen umwandeln können.

Mittels extrazellulärer lytischer Enzyme verdauen sie andere Bakterien, Pilze oder Flechten bzw. bauen aerob Zellulose und Chitin ab. *Cytophaga* und *Sporocytophaga* sind nicht nur im Boden als Zellulosezersetzer von Bedeutung; sie greifen auch Papier, Textilien und andere zellulosehaltige Substanzen an und bilden farbige Flecke.

Auch von *Chondromyces* ist Zelluloseabbau bekannt. Einige Arten wurden aus Meerwasserschlamm isoliert; diese sind zum Agarabbau fähig. Mit Ausnahme von *Cytophaga* und *Sporocytophaga* durchlaufen die Schleimbakterien einen Lebenszyklus: Bewegliche, vegetative, stäbchenförmige Zellen bilden nach Vermehrung Schwärme, die sich zu größeren Massen (Pseudoplasmodien) vereinigen und einen Fruchtkörper mit Stiel (Cystophor) und Zyste bilden. Zellen innerhalb der Zysten reifen zu Ruhezellen (Myxosporen), aus denen nach Zerfall der Zysten wieder stäbchenförmige Zellen entstehen. Die Stiele bestehen aus getrocknetem, röhrenartig erstarrtem Schleim und abgestorbenen Schwarmzellen. Bei *Myxococcus* sind die Fruchtkörper nicht gestielt.

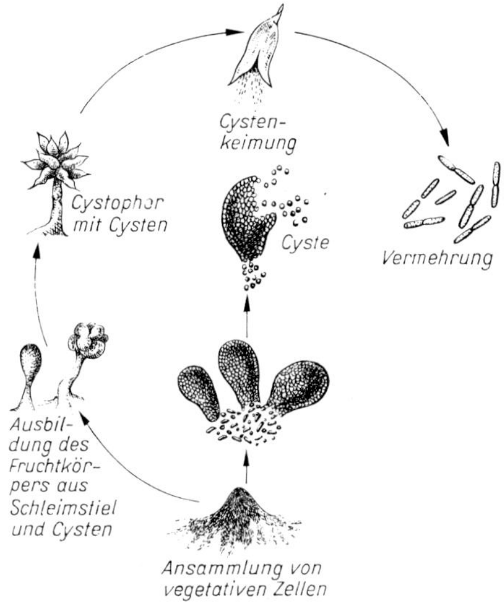

Entwicklungszyklus von *Chondromyces apiculatus* und *Myxococcus* (nach H. G. Schlegel)

Fruchtkörper, Myxosporen und vegetative Zellen von Myxobakterien (schematisiert). Msp Myxosporen, vZ vegetative Zellen (nach H. G. Schlegel)

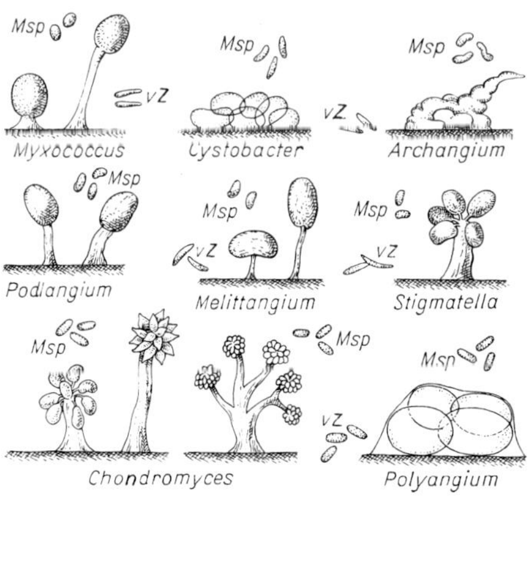

Chondrococcus (Flexibacter) columnaris ist als Erreger der Columnaris-Myxobaktcriose bekannt, einer der häufigsten Fischkrankheiten bei Intensivhaltung im Warmwasser und auch bei Lachsen sowie anderen Salmoniden während der Laichwanderung.

Zur aeroben Gattung *Beggiatoa* gehören farblose, fadenförmige Schwefelbakterien, die unverzweigte Fäden von 1,5–35 µm Durchmesser bilden. Durch Oxydation von Sulfiden zu Schwefel oder Sulfaten bzw. durch Oxydation organischer Verbindungen erfolgt die Energiegewinnung für die Kohlendioxidbindung. Schwefel wird in oder auf den Zellen abgelagert. Die Gattung *Beggiatoa* kommt im Süß- und Salzwasser, Boden, Faulschlamm und Dung vor. Die Trichome sind unbeweglich, von gleichmäßiger Dicke und zeigen auf festen Substraten eine gleitende Fortbewegung, die Länge ist unbestimmt. *Beggiatoa* überzieht als weiße Masse den Grund schwefelwasserstoffhaltiger Gewässer. Bei *Thiothrix* sitzen die Trichome in Büscheln an Unterlagen fest und bilden schöne strahlenförmige Kolonien. Die Gleitbewegung läßt sich nur bei Gonidien beobachten, durch die sich diese Organismen vermehren und die nach Festsetzung zu Fäden auswachsen. Gonidien entstehen durch Abrundung apikaler Zellen.

Thiothrix kommt in allen jenen Gewässern vor, wo bei der Zersetzung organischer Verbindungen Schwefelwasserstoff entsteht.

Vitreoscilla ist ebenfalls ein aerobes, fädiges Gleitbakterium, das sich durch Zerbrechen der Fäden vermehrt und regelmäßig im Kuhdung anzutreffen ist.

Leucothrix mucor lebt epiphytisch auf Meeresalgen. Hier haften die Fäden büschelförmig an ihrer Unterlage.

Knospende und/oder gestielte Bakterien

Durch völlig abweichende, z. T. bizarre, nicht mehr an die typischen Grundformen der Bakterien erinnernde Gestalt sind die Vertreter dieser Gruppe charakterisiert. Statt der bei Bakterien üblichen Querteilung wächst bei einigen Arten (z. B. *Hyphomicrobium*) aus einer Mutterzelle eine Knospe, die sich erst nach ihrer Ablösung zur vollen Größe entwickelt. Die Knospen entstehen an der Spitze schlanker, verzweigter Fäden oder Stiele. Andere Formen dieser Gruppe tragen ebenfalls stielartige Anhängsel, mit deren Hilfe sie sich am Untergrund festhaften. Wie die knospenden kommen auch die gestielten Bakterien im Boden, vor allem aber in Gewässern einschließlich ihres Schlammes, vor.

Die gramnegativen, einzeln oder in kurzen Ketten liegenden, meist asymmetrischen Bakterien schwimmen als große Zellverbände auf der Wasseroberfläche und bilden Kahmhäute. Besonders in Wasserbädern u. ä. treten sie gehäuft auf.

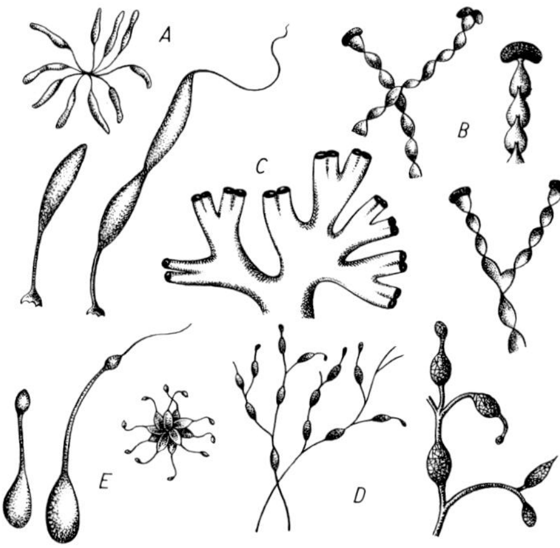

Bakterien mit Stielen und Anhängseln. A *Caulobacter*, B *Gallionella*, C *Nevskia*, D *Rhodomicrobium*, E *Hyphomicrobium* (nach H. G. Schlegel)

Die bekannten *Caulobacter*-Arten sitzen mit dem Stiel an einer Unterlage fest. Sie durchlaufen einen typischen Entwicklungszyklus. Einfache, bewegliche Zellen heften sich mit dem Geißelpol an Oberflächen an. Vom Geißelpol her wächst die Zelle zu einem Stiel aus, von dem sich eine begeißelte Zelle ablöst. Nur junge, freilebende Zellen haben eine polare Geißel.

Die runden oder nierenförmigen *Gallionella*-Arten sind mit einem spiralig gedrehten Stiel aus Schleim und Eisenhydroxid am Untergrund eisenhaltiger Süß- und Salzgewässer befestigt; der Stiel kann verzweigt sein, die Tochterzellen besitzen 2 polare Geißeln. *Gallionella ferruginea* läßt sich in eisenhaltigem Wasser besonders im Frühjahr in Massen nachweisen.

Ebenfalls auf Wasseroberflächen von Teichen, Mooren und anderen stehenden Gewässern kommt *Nevskia ramosa* vor. Durch polare Schleimabscheidung der einzelnen Zellen treten sie zu wie verzweigt aussehenden Zellverbänden zusammen.

Anaerobe, phototrophe Bakterien

Diese Bakterien kennzeichnet der Besitz von Pigmenten, die zur Photosynthese befähigen. Sie können Licht als Energiequelle zum

Wachstum nutzen. Da jedoch keine Wasserspaltung stattfindet, entsteht bei der Photosynthese kein Sauerstoff (O_2) (anoxygene Photosynthese). Als Wasserstoffdonatoren dienen stärker reduzierte Verbindungen, wie Schwefelwasserstoff, Wasserstoff oder organische Stoffe. Alle phototrophen Bakterien können autotroph leben, also mit Kohlendioxid als einziger Kohlenstoffquelle, aber auch einen heterotrophen Stoffwechsel mit organischen Verbindungen als Kohlenstoffquelle betreiben.

Der bakterielle Syntheseapparat dient ausschließlich der Energieumwandlung; er ist nicht wie bei grünen Pflanzen an Zellorganellen (Chloroplasten), sondern an Membranstrukturen gebunden. Intrazytoplasmatische Membranen entstehen durch Einstülpung der Zytoplasmamembran. Sie bilden je nach Bakterienart verschiedene Körper (Tubuli, Lamellen, Vesikel), die bei den photosynthetisierenden Bakterien Thylakoide heißen.

Schwefelhaltige und schwefelfreie Purpurbakterien. A *Thiospirillum jenense*, B *Chromatium okenii*, C *Chromatium warmingii*, D *Chromatium vinosum*, E *Thiocystis violacea*, F *Lamprocystis*, G *Thiodictyon*, H *Amoebobacter*, I *Rhodospirillus rubrum*, K *Rhodopseudomonas sphaeroides* (nach H. G. Schlegel)

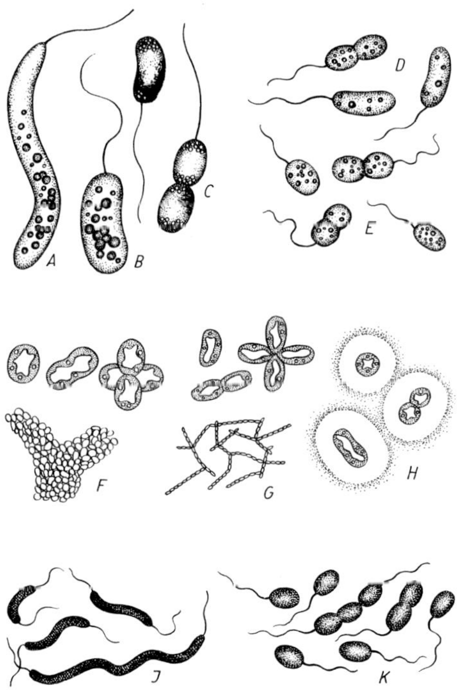

Die gramnegativen Bakterien besitzen einen Zelldurchmesser von 0,4–0,6 µm; Schleim- und Kapselbildung können vorkommen.

Im Laufe der Evolution haben sich diese Mikroorganismen an verschiedene ökologische Nischen angepaßt, ohne daß sie eine oxygene Photosynthese erwerben konnten. Sie leben unter sauerstofffreien bzw. sauerstoffarmen Bedingungen. Als typische einzellige, meist bewegliche Wasserbakterien kommen sie lebhaft rot, orange oder grün gefärbt im Süß- und Salzwasser weit verbreitet vor.

Die Einteilung erfolgt nach morphologischen und physiologischen Eigenschaften, dem Bau des Photosyntheseapparates, der Verwertung reduzierter Schwefelverbindungen, der Beweglichkeit und dem Stoffwechsel in die Familien Rhodospirillaceae, Chromatiaceae, Ectothiorhodospiraceae, Chorobiaceae und Chloroflexaceae.

Bei den ersten 3 Familien liegen die Photosyntheseeinrichtungen auf den Membrankörpern, bei den restlichen beiden in Organellen, den Chlorosomen, die der Zytoplasmamembran innen anliegen.

Zu den Rhodospirillaceae (schwefelfreie Purpurbakterien) gehören einmal die stäbchenförmigen oder ovoiden Arten der Gattung *Rhodopseudomonas*, zum anderen die spirillenförmigen Arten der Gattung *Rhodospirillum*. Sie leben vorwiegend photoheterotroph, aber auch photoautotroph und besitzen Bakteriochlorophyll a oder b.

Bei den Chromatiaceae wird Schwefel in Form stark lichtbrechender Kügelchen intrazellulär, bei den Ectothiorhodospiraceae außerhalb der Zellen abgelagert. Beide Familien (Schwefelpurpurbakterien) verwerten Schwefelwasserstoff, der zu Schwefel und Sulfat oxidiert wird. Sie treten in der Natur dort auf, wo Schwefelwasserstoff entsteht, den sie als H_2-Quelle für die Photosynthese benötigen. Für ihre Entwicklung zu großen, farbigen Zellmassen brauchen sie unbedingt Licht. Der Zellkohlenstoff wird durch Kohlendioxidfixierung gewonnen, doch kann daneben auch eine Reihe organischer Verbindungen genutzt werden.

Schwefelpurpurbakterien zeigen sich in vielgestaltiger Form; sie sind beweglich oder unbeweglich und besitzen Bakteriochlorophyll a oder b. Durch große nierenförmige Zellen oder kurze Stäbchen sind *Chromatium*-Arten gekennzeichnet; *C. okenii* zählt als Riesenform (5 × 20 µm) zu den Auffälligkeiten. Es wird noch von *Thiospirillum jenense* mit einer Länge bis 50 µm übertroffen. Thiospirillen sind braun oder rot gefärbt. Die tiefroten *Thiocystis*-Arten zeigen Kugel-, *Thiodictyon* Stäbchen- und *Thiopedia* Ellipsenform.

Die grün oder braun gefärbten, streng anaeroben, obligat phototrophen, vorwiegend autotrophen, meist unbeweglichen Chlorobiaceae (grüne Schwefelbakterien) speichern keinen Schwefel und besitzen Bakteriochlorophyll a, c, d oder e. Intrazytoplasmatische Membranen fehlen. Sie treten als Einzelzellen oder in bestimmten Aggregationen auf (Stern- oder Netzform). Einige leben in Symbiose mit anderen Bakterien *(Chlorochromatium aggregatum, Pelochromatium roseum)*, *Pelodictyon*-Arten bilden Netzformen, andere Konsortien.

Die phototrophen Bakterien finden sich vorwiegend in den anaeroben Bereichen aquatischer Standorte, wo sie in einem jahreszeitlich verursachten Massenwachstum die »Wasserblüte« bilden. Selbst in größeren Tiefen wird durch einen hohen Karotinoidgehalt ein Photostoffwechsel möglich. Schlamm und andere organische Reste werden durch Schwefelpurpurbakterien mit verschiedenstem Rot überzogen.

Chloroflexaceae (grüne Bakterien) besitzen wie Chlorobiaceae Chlorosomen. Als Pigmente kommen Bakteriochlorophyll a und c vor. Im Gegensatz zu Chlorobiaceae können sie mit oder ohne Licht aerob heterotroph leben. Reines phototrophes Wachstum mit Kohlendioxid und Schwefelwasserstoff ist fraglich. Die Arten dieser Familie bilden den Hauptteil des verschiedenfarbigen bakteriellen Belages am Abfluß heißer Quellen.

Phototrophe grüne Bakterien (Chlorobiaceae). A *Chlorobium limicola*, B *Chlorobium vibrioforme*, C *Chlorochromatium (consortium)*, D *Pelochromatium (consortium)*, E *Pelodictyon clathratiforme* (nach H. G. Schlegel)

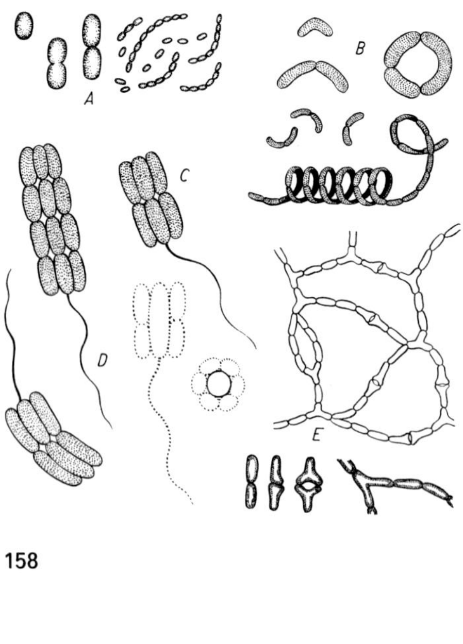

Mykoplasmen

Eine außergewöhnliche Pleomorphie, die durch Fehlen einer Zellwand zustande kommt, ist den Bakterien dieser Gruppe eigen. Die zellwandlosen Mykoplasmen werden zur Klasse der Mollicutes (weichhäutige Bakterien) zusammengefaßt. Es handelt sich um pleomorphe, kapsel- und sporenlose, unbewegliche, filtrierbare Mikroorganismen ohne feste Gestalt. Neben Kokken-, Stäbchen-, Faden-, Scheiben- und Sternformen treten auch bizarr gestaltete Zellen auf, teilweise sogar Verzweigungen. Diese unterschiedlichen Strukturen haben eine Größe von 100–600 nm. Mykoplasmen sind gramnegativ; die schlechte Färbbarkeit hat ihre Ursache in der fehlenden Zellwand. Sie besitzen nur eine mehrschichtige, 8–10 nm dicke Membran, die das Zytoplasma nach außen abschließt.

Durch Fehlen des Mureingerüsts besteht gegen alle diese Struktur angreifenden Antibiotika Resistenz. Sie sind die kleinsten auf zellfreien künstlichen Nährböden wachsenden Mikroben, die auch die üblichen Bakterienfilter passieren können. Ihr Genom erreicht bestenfalls ¼ der Größe des Genoms von Eubakterien. Die Vermehrung erfolgt durch Zweiteilung, durch Zellzerfall und Sprossung. Die Ansprüche an das Nährsubstrat sind hoch. Sie wachsen aerob oder mikroaerophil auf Spezialnährböden, denen Eiweißstoffe und Cholesterol zugesetzt werden müssen. Geeignete Substrate sind auch Hühnerembryonen und Zellkulturen. Auf festen künstlichen Medien wachsen Mykoplasmen sehr langsam. Die winzigen, tautropfenartigen Kolonien von 100–700 µm Durchmesser entstehen erst nach 2–3 Wochen. Sie zeigen typische »Brustwarzen-«, »Nippel-« oder »Spiegeleiformen«. Das dichtere Koloniezentrum wächst teilweise in den Nährboden ein. Mit bloßem Auge läßt sich das Wachstum oft nur unter Schräglicht erkennen.

Neben pathogenen Arten sind viele als harmlose Kommensalen auf Schleimhäuten des Atmungs- und Genitalsystems bei Mensch und Tier anzutreffen, andere sind aus Augen, Gelenken, Speichel, Sperma und Milch isoliert worden, viele kommen auf Pflanzen, Wasser und Boden weltweit vor. Pathogene Arten zeigen im allgemeinen hohe Wirtsspezifität, was sich z. T. in der Namensgebung ausdrückt. Ihr Nachweis muß sehr kritisch bewertet werden, da oftmals keine eindeutigen Zusammenhänge zwischen Erregerfund und Krankheit hergestellt werden können. Bei rund 80 % der Menschen kommen auf den Genitalschleimhäuten Mykoplasmen vor. Die meisten pathogenen Mykoplasmen verursachen keine Seuchen im eigentlichen Sinn, sondern wirken nach Einfluß anderer, resistenzmindernder Faktoren.

Rotlaubigkeit an Weißdorn, verursacht durch Mykoplasmen

Brustwarzenähnliche Kolonien von *Acholeplasma* spec. auf Agar (Schräglicht); Maßstab = 100 µm

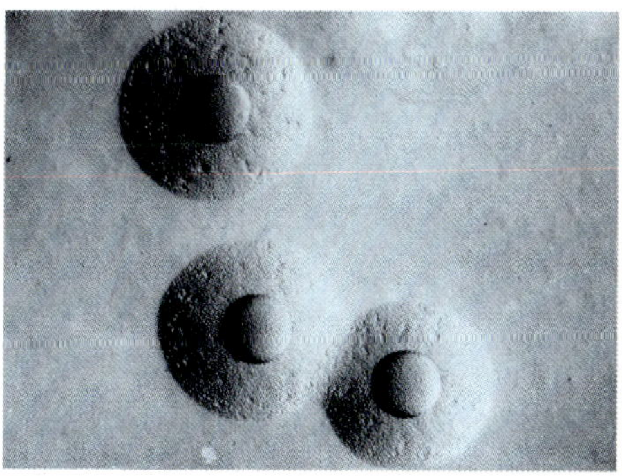

Je nach Cholesterolanspruch erfolgt die weitere Unterteilung. Die Arten der Gattung *Mycoplasma* benötigen Cholesterol, *Acholeplasma* spp. nicht. *Ureaplasma*-Arten spalten Harnstoff. Dieses Merkmal grenzt sie von anderen Mykoplasmen ab. Die als bedingt pathogen geltenden Ureaplasmen werden bei Urogenitalinfektionen des Menschen isoliert. Arten von medizinischer und veterinärmedizinischer Bedeutung sind *M. pneumoniae* (Atypische Lungenentzündung des Menschen), *M. mycoides* ssp. *mycoides* (Lungenseuche bei Rind und Schaf), *M. hominis* (Urogenitalinfektionen des Menschen), *M. bovis* (Euterentzündung und Gelenkentzündung beim Rind), *M. agalactiae* (Infektiöse Agalaktie, d. i. fehlende Milchsekretion, Euterentzündung, Scheidenentzündung und Gelenkentzündung bei Schaf und Ziege), *M. gallisepticum* (Chronische Atmungskrankheit – CRD – beim Huhn), *Acholeplasma laidlawii*

Vergilbung an Erlenblättern durch Mykoplasmen

(Lungenentzündung, Gelenk- und Euterentzündung bei zahlreichen Nutztieren), *A. axanthum* (Euterentzündung beim Rind) und *Ureaplasma* spp. (verschiedene Infektionen bei Tieren).

Die Gattung *Spiroplasma* umfaßt pflanzenpathogene Arten. Sie ähneln gestaltlich Spirillen und siedeln sich vorwiegend im Phloemteil der Leitgefäße an. Auffallende Symptome befallener Pflanzen sind Vergilbungen.

Obligat zellparasitische Bakterien

Die zu dieser Gruppe zählenden Rickettsien und Chlamydien können sich nicht mehr wie fast alle Bakterien auf künstlichen Medien vermehren. Sie sind auf lebendes Gewebe angewiesen, in dessen Zellen sie parasitieren. Ihre eigenen Stoffwechselleistungen sind weitgehend reduziert (obligate Parasiten). Von den Mykoplasmen bis hin zu diesen ebenso ungewöhnlichen Bakterien fällt weiterer Größenverlust auf. Sie erreichen mit ihrer Partikelgröße von 200–800 nm die Grenze der lichtoptischen Darstellbarkeit.

Die genannten Eigenschaften könnten vermuten lassen, daß es sich um virusähnliche Formen handelt. Eine Reihe von Merkmalen grenzt sie aber eindeutig von diesen ab und kennzeichnet sie als echte Bakterien: der Besitz einer mureinhaltigen Zellwand (Ausnahme: Chlamydiales), einer elektronenoptisch darstellbaren Kernregion sowie von Ribosomen und Enzymen, das Vorkommen beider Nukleinsäuretypen, die Empfindlichkeit gegen Antibiotika und die Vermehrung durch Zweiteilung. Die Vermehrung innerhalb lebender Zellen erfolgt je nach Erregerart entweder im Zytoplasma oder im Kern, aber unabhängig vom Genom der Wirtszelle.

Rickettsien und Chlamydien verursachen Krankheiten bei Mensch und Tier. Bei den meisten Arten (außer bei *Coxiella burneti*) wurden Toxine nachgewiesen.

Von der Ordnung Rickettsiales unterscheidet man folgende Familien: Rickettsiaceae (Gattungen *Rickettsia, Coxiella, Rochalimaea, Cowdria*), Ehrlichiaceae (Gattung *Ehrlichia*), Bartonellaceae (Gattungen *Bartonella, Grahamella*), Anaplasmataceae (Gattungen *Anaplasma, Haemobartonella, Paranaplasma, Eperythrozoon, Aegyptianella*).

Rickettsien wurden nach Ricketts, dem Entdecker des amerikanischen Felsengebirgsfiebers, benannt. Die gramnegativen, unbeweglichen, sporenlosen Bakterien lassen eine Neigung zur Pleomorphie erkennen. Am verbreitetsten sind Kokken-, Stäbchen- oder Hantelformen, die einzeln, in Paaren, Ketten oder dichten Nestern in den Wirtszellen gelagert sind. Die das Zytoplasma umhüllende Membran und die äußere Zellwand sind mehrschichtig aufgebaut.

Primäre natürliche Wirte der Rickettsien stellen blutsaugende Insekten (Zecken, Flöhe, Milben, Läuse) dar, durch die sie auch übertragen werden, sowie Nager. Erst wenn Rickettsien durch Biß, über eingekratzten Läusekot oder durch Einatmen erregerhaltigen Staubes auf Säugetiere übertragen werden, kommt es zu schweren Erkrankungen.

Rickettsia quintana (jetzt *Rochalimaea*) ist als einzige bekannte Art auf künstlichen Medien züchtbar und deshalb als echte Rickettsienart umstritten. Ebenso weist *Coxiella burnetti*, der Erreger des Q-Fiebers, einige Eigenschaften auf, die sie von echten Rickettsien unterscheidet (hohe Widerstandsfähigkeit gegen äußere Einflüsse, Ausscheidung mit Sekreten und Exkreten, keine Arthropodenübertragung, gelegentlich grampositive Zellwand u. a.).

Menschliche Erkrankungen durch Rickettsien sind das Klassische Fleckfieber *(R. prowazeki)*, das Rocky Mountain spotted fever *(R. rickettsii)*, das Flohfleckfieber oder murines Fleckfieber *(R. typhi)*, das Nordasiatische Zeckenbißfieber *(R. sibirica)*, das Australische Zeckenbißfieber *(R. australis)*, die Rikkettsienpocken *(R. akari)*, das Japanische Fleckfieber *(R. orientalis)*, das Fünftage-, Schützengraben- oder Wolhynische Fieber *(Rochalimaea quintana)* und das Q-Fieber *(Coxiella burneti)*.

Das durch *R. prowazeki* verursachte klassische epidemische Fleckfieber des Menschen galt als die typische Seuche, die in Kriegszeiten (Kriegs- oder Hungertyphus) oder im Gefolge von Verschmutzung und Verwahrlosung auftrat. Sie ist schon seit dem Altertum bekannt. Oftmals war das im eigenen Heerlager durch totale Verlausung verbreitete Fleckfieber der ärgere Feind als die Armeen des Gegners! Als klassische Weltseuche hat es an Bedeutung verloren. 1983 wurden der WHO noch rund 140 Fälle gemeldet. Die auch Läusefieber genannte Krankheit wird durch erregerhaltigen Läusekot (Kopf- und Kleiderläuse) von Mensch zu Mensch übertragen, wobei schlechte hygienische Bedingungen die epidemische Ausbreitung fördern.

Das Murine oder Flohfleckfieber wird durch Rattenflöhe auf Menschen übertragen. Der Erreger ist bei Ratten verbreitet, die aber selbst nicht erkranken. Das Krankheitsbild ähnelt dem des Klassischen Fleckfiebers, der Verlauf ist jedoch milder.

Bei *Coxiella burneti*, dem Erreger des Q-Fiebers, erfolgt die Übertragung auf den Menschen i. d. R. nicht durch Arthropoden, sondern durch Ausscheidungen sowie aerogen durch Tröpfchen bzw. Woll- oder Fellstaub. Unter den nichtsporenbildenden Mikroorganismen ist dieser Keim einer der widerstandsfähigsten gegen äußere Einflüsse. Durch Pasteurisierung der Milch wird er nicht abgetötet. Das Q-Fieber ist überall auf der Welt bei Rind, Schaf und Ziege verbreitet. Beim Menschen ruft es typhus- oder grippeähnliche Symptome hervor. Es kann von 60 Zeckenarten übertragen werden. Der Erreger ist 0,3–0,5 × 0,15–0,20 µm groß.

Das Fünftagefieber wurde nur während der Weltkriege in Osteuropa beobachtet.

Bartonella bacilliformis verursacht das Oroyafieber, eine Krankheit Südamerikas mit hohem Fieber, Lymphknoten-, Leber- und Milzschwellung sowie hämolytischer Anämie.

Bei den Gattungen *Haemobartonella, Ehrlichia, Cowdria, Anaplasma, Paranaplasma, Eperythrozoon* und *Aegyptianella* handelt es sich um Organismen, die auf oder in roten Blutkörperchen sowie im Blutplasma von Menschen und Tieren parasitieren. Sie treten als runde, kokkoide, stäbchen-, ketten- oder ringförmige Partikeln von 200–1500 nm Größe auf. Die Gattungseinteilung erfolgt nach morphologischen Merkmalen bei der Untersuchung von Blutausstrichen. Hauptsächlichstes Symptom dieser Infektionen ist eine Anämie. Übertragen werden alle diese Erreger durch Arthropoden.

Die Ordnung Chlamydiales enthält nur die Familie Chlamydiaceae mit der einzigen Gattung *Chlamydia. C. psittaci* ist der Erreger der Psittakose bei Papageien und Sittichen, der Ornithose bei zahlreichen Haus-, Wild- und Ziervögeln sowie beim Menschen, bei Säugern ferner des enzootischen Aborts bei Schafen und Rindern, von Gelenkentzündung, Lungenentzündung, Euterentzündung,

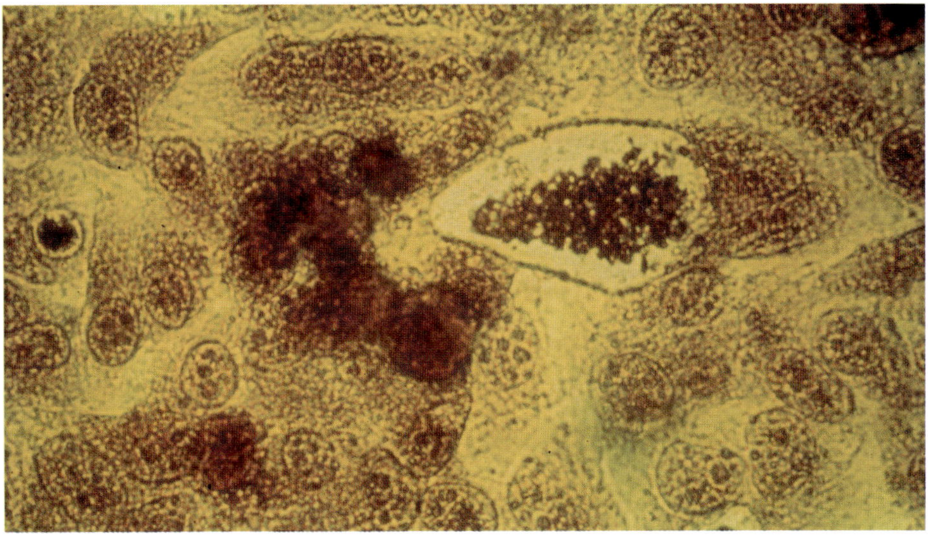

Chlamydia trachomatis. McCoy-Zellkultur, Lugol-Färbung (Vergr. 800 mit 4facher photographischer Nachvergrößerung)

Genitalentzündung und Bindehautentzündung des Auges. *Chlamydia trachomatis* verursacht beim Menschen Infektionen des Genitaltraktes, des Rachens und der Augen.

Ein besonderes Merkmal der Chlamydien ist das Vorkommen eines Entwicklungszyklus, wobei es zu einem Wechsel von 2 Zelltypen kommt. Die kugeligen Elementarkörperchen (EK) von etwa 300 nm Durchmesser können extrazellulär überleben. Sie heften sich an eine Wirtszellmembran an und werden phagozytiert. Im Anschluß daran erfolgt eine Reorganisation der Chlamydienzelle. Die EK differenzieren sich zu ovalen oder runden Retikularkörperchen (RK) von bis zu 1000 nm Größe (deutlich sichtbare Bildung eines retikulären Netzwerkes aus Fibrillen). Diese RK vermehren sich durch Querteilung. Nach mehreren Teilungen bilden sich RK wieder zu EK um. Diese werden nach Auflösen der Wirtszelle freigesetzt. Der ganze Zyklus dauert etwa 40–60 Std. Nur die EK stellen die infektiöse Form dar.

Der Feinbau der Chlamydienzelle entspricht dem gramnegativer Bakterien, es fehlt jedoch Muraminsäure. Das Genom gehört neben dem der Mykoplasmen zu den kleinsten bekannten Bakteriengenomen. Es reicht für die Kodierung von etwa 1000 Proteinen.

Die auf den Menschen übertragbaren Infektionen mit *C. psittaci* sind bei zahlreichen Vogelarten, aber auch bei anderen Tieren verbreitet. Infektionsherde stellen nicht selten verwilderte Stadttauben, Ziervogelbestände oder Nutzgeflügelhaltung dar. Besonders beruflich exponierte Personen (Züchter von Geflügel oder Ziervögeln, Zootierhändler) sind infektionsgefährdet. Die mit Kot oder Sekreten ausgeschiedenen Erreger werden mit eingeatmeten Staub aufgenommen. Die Mehrzahl der menschlichen Erkrankungen verläuft unerkannt oder mit leichten grippeähnlichen Symptomen. Vor der Einführung der Antibiotika führte etwa ⅓ der Infektionen zum Tode.

Ansteckungen mit *C. trachomatis* sind nur auf Menschen beschränkt. Diese Art ist vorwiegend bei Augen- und Genitalinfektionen zu finden (Trachom, Bindehautentzündung des Auges, Lymphogranuloma venereum, Harnröhrenentzündung, Zervitis, Lungenentzündung der Neugeborenen u. a.). Infizierte Mütter können während der Geburt ihr Kind anstecken. Durch Chlamydien bedingte Infektionen breiten sich in vielen Ländern zunehmend aus.

Die Blaualgen

Von den Blaualgen (Cyanophyta) wissen wir immer noch recht wenig. Im Vergleich mit den Bakterien, die in unser Leben auf mancherlei Weise fördernd oder hemmend einwirken und darum den meisten unter uns ein Begriff sind, haben die Blaualgen, wenigstens in unseren Breiten, in Wirtschaft und Gesellschaft so gut wie keine praktische Bedeutung. Während in Indien und Ostasien Blaualgen als Dünger beim Reisanbau von unschätzbarem Nutzen sind, treten sie bei uns nur gelegentlich ins Blickfeld, etwa dann, wenn schädliche Wasserblüten Fischerei und Hygiene beschäftigen. Natürlich spielt es auch eine Rolle, daß ihre Einzelzellen – sie erreichen im allgemeinen nur Dimensionen um 5 µm – dem unbewaffneten Auge praktisch verborgen bleiben. Erst wenn sie zu größeren Zellverbänden (»Lagern«) zusammentreten, wird auch der Laie aufmerksam. So bringen sie z. B. an Felswänden »Tintenstriche« oder auf Steinen in Bergbächen farbige Fleckenmuster hervor. Wenn sie sich im Sommer in Fischteichen oder belasteten Seen massenhaft entwickeln, dann färben sie z. B. das Wasser dunkelgrün oder treten im Uferbereich als blaßgrünlichgelbe Wasserblüten auf.

Heute nimmt die Blaualgenforschung, einst nicht viel mehr als ein Kuriosum der Biologie und von »gelehrt thuenden Müßiggängern« betrieben, wie der berühmte Botaniker Schleiden formuliert haben würde, eine Schlüsselstellung bei den Bemühungen um die Sicherung der Welternährung ein.

Die Blaualgen sind ein uralter Organismenstamm. Wahrscheinlich sind sie die ältesten grünen Organismen, die auf der Erde leben, phylogenetisch die ursprünglichste »Algen«gruppe, die wir kennen, Relikte (Archaiophyten) einer präkambrischen photoautotrophen Vegetation. Für diese Ansicht spricht, daß sie eine in sich geschlossene, von anderen Algen scharf abgegrenzte, systematische Einheit darstellen. Trotz ihres relativen Reichtums an Formen und ihrer weltweiten Verbreitung besiedeln sie bevorzugt Grenzbiotope, d. h. Standorte extremer ökologischer Konstitution. Bestimmte rezente *Schizothrix*-Formen sind schon vor 500 Millionen Jahren wesensgleich aufgetreten; kalkabscheidende Blaualgen haben vor mehr als einer Milliarde Jahren gelebt. In den präkambrischen Stromatolithenschichten Südafrikas sind »Kugelalgen« entdeckt worden, deren chemische Analyse zum Nachweis von Abbauprodukten des Chlorophylls geführt hat. Somit kommen die Blaualgen oder wenigstens Lebewesen eines vergleichbaren Organisationstyps auf das respektable Alter von 3–4 Milliarden Jahren.

Die Blaualgen zeichnen sich durch ihr prokaryotisches Gestaltungsniveau, das völlige Fehlen begeißelter Entwicklungszustände, die dadurch bedingte eigentümliche Art der Bewegung sowie das spezifische Muster der Farb- und Reservestoffe vor allen anderen Algen aus. Auch die relative Kleinheit ihrer Zellen ist ein charakteristischer Zug.

Manche ihrer Formen lassen sich lichtmikroskopisch nur schwer oder gar nicht von Bakterien unterscheiden, mit denen sie im Grundbauplan, in der Gestalt und Teilungsweise der Zellen weitgehend übereinstimmen. Bakterien und Blaualgen wurden deshalb lange Zeit als »Schizophyta« (»Spaltpflanzen«) in einer systematischen Kategorie zusammengefaßt, wobei Cohn (1879) durch seine Namensprägung »Schizophyceae« mit voller Absicht an die »Schizomycetes« (Bakterien) anknüpfen wollte. Heute führen vor allem Mikrobiologen die Blaualgen als »Cyanobacteria« zusammen mit den »Prochlorales« (s. S.) in der Klasse »Oxyphotobacteria« innerhalb des Reichs der Procaryota.

Angesichts der Schwierigkeiten, vor denen die taxonomische Analyse der merkmalsarmen« Procaryota steht, entspricht es unseren heutigen Kenntnissen am besten, wenn Bakterien und Blaualgen als selbständige Abteilungen auf der Stufe des prokaryotischen Gestaltungsniveaus betrachtet werden. Wir führen daher die Blaualgen als Cyanophyta und folgen damit einer alten Tradition (Sachs 1874: »Cyanophyceae«), was den praktischen Vorteil bietet, den Namen als parallele Wortbildung zu Chloro- (Grün-), Rhodo- (Rot-), Chryso- (Gold-) und Phaeo- (Braun-); -phyta (-pflanzen) bzw. -phyceae (-algen) leicht zu erfassen.

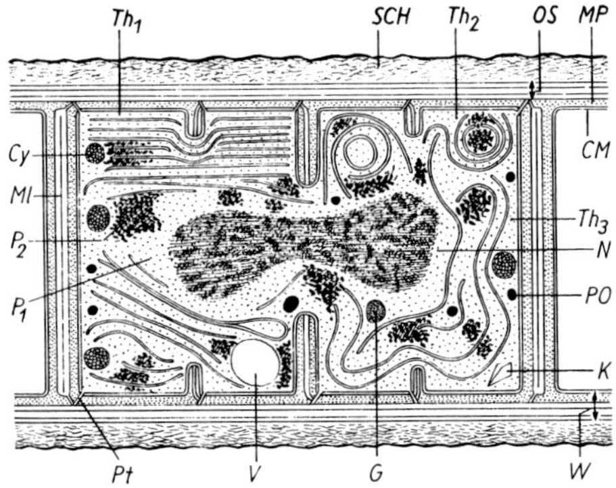

Schematisierter Schnitt durch eine Blaualgenzelle vom *Phormidium*-Typ. CM Zytoplasmamembran, CY Cyanophycinkörner (?), G Granula unbekannter Art, K Kristall, MI Mittellamelle, MP Mucopolymerschicht der Zellwand, N Nukleoplasma, OS Oberflächenschicht der Zellwand, P_1 strukturarme Plasmagrundsubstanz, P_2 Ribosomen und Polysomen, PO Polyphosphatkörper, Pt eine Pore der Porenreihe der Zellwand, SCH Schleimhülle (Scheide), Th_1 Thylakoidstapel, Th_2 konzentrisch angeordnete Thylakoide, Th_3 einzeln liegende Thylakoide, V Gasvakuole, W Zellwand (nach Metzner)

Zellbau und Zellformen

Der Protoplast der Blaualgen ist nicht in Zytoplasma und Zellkern differenziert. Die hohlkugelige bis -zylindrische, stark gefärbte Rindenschicht, das Chromatoplasma, umschließt das blasse oder farblose Zentroplasma. Das Elektronenmikroskop zeigt, daß meist parallel zur Zellwand ausgerichtete Lamellensysteme (Thylakoide), auf denen die Assimilationspigmente liegen, zusammen mit Cyanophycinkörnchen und interlamellären Granula das Chromatoplasma aufbauen, während das Zentroplasma sich in der Hauptsache aus linearen, hochgeordneten, gebündelten DNS-Elementen (Nukleoplasma, Chromatinapparat), Ribosomen und Volutinkörnchen zusammensetzt. Thylakoide und DNS-Elemente nehmen Stellen und Funktionen der Plastiden bzw. des Kerns ein; sie sind nicht durch eine Biomembran vom Grundplasma abgegrenzt. Das Grundplasma ist gelartig, hat weder Zellsafträume (Vakuolen) noch Mitochondrien, Golgiapparate oder ein endoplasmatisches Retikulum und zeigt weder Plasmaströmung noch Brownsche Molekularbewegung. Unter gewissen Bedingungen zerklüftet es sich und bildet unregelmäßig geformte, stickstoffhaltige Räume (Gasvakuolen, Pseudovakuolen), die den Zellen das Aufsteigen an die Wasseroberfläche ermöglichen (Wasserblütenbildung). Eine Zytoplasmamembran (Plasmalemma), die an der Zellteilung, Zellwand- und Thylakoidbildung beteiligt ist, schließt es gegen die Zellwand ab. Die dem Plasmalemma unmittelbar anliegende Zellwand selbst ist mehrschichtig, vom gramnegativen Typ (vgl. Abschnitt Bakterien) und besteht chemisch aus Peptidoglykanen, Lipiden, Proteinen und Lipopolysacchariden. Sie prägt die Gestalt der Zelle. Oft sind Plasmalemma und Zellwand sehr dick: Schleim aus umgewandelter Zellwandsubstanz und aus dem Zytoplasma, durch Schleimporen ausgeschieden, hüllt die Zellen ein.

Die schleimigen Hüllen sind kein integraler Bestandteil der Zellwand; sie nehmen an der Zellteilung nicht teil. Bei den fadenförmigen Oscillatoriales und Nostocales ist die gesamte Zellreihe von einem hohlzylindrischen, festen, gelartigen Zylinder, der Scheide (Vagina), umschlossen. Als gemeinsame Hüllbildung aller Zellen ist sie meist geschichtet und fibrillär strukturiert. Trotzdem besitzt die Zellreihe innerhalb der Scheide weitgehende Selbständigkeit. Sie kann die Scheide sprengen und verlassen.

Bei den meisten Blaualgen ist die Zellform einfach und unmittelbar von der Kugel (überwiegend bei Chroococcalen) oder vom Zylinder (häufiger bei Oscillatoriales) ableitbar. Sind die Zellpole zugespitzt *(Dactylococcopsis)*, so ähnelt die Zelle einer Spindel. Wie offene Ringe sehen die Zellen der systematisch isolierten Gattung *Gomontiella* aus. Die Grundgestalt wird stärker deformiert, wenn der wachsende Protoplast in eine feste Scheide eingezwängt ist (z. B. *Hapalosiphon, Fischerella*). Die Zellen der festsitzenden Arten sind oft polarisiert: Der basale Zellpol wird zur Haftscheibe, der distale Zellpol zum Organ der Zellvermehrung *(Dermocarpa, Chamaesiphon)*.

Färbung

Der lebende Protoplast ist praktisch niemals rein grün: Blaugrüne, spangrüne, violette bis rötliche, purpur- bis braunrote, braune und olivgrüne Farbtöne herrschen vor. Bei Mangel an Stickstoff, Phosphor und anderen Nährstoffen, auch unter extremen Lichtbedingungen, treten gelbliche, unter dem Einfluß von Schwefelwasserstoff gelbgrüne oder blaßbläuliche Färbungen auf. Die wichtigsten Pigmente sind: Chlorophyll a, die Phycobiline (Chromoproteide) C-Phycocyan, Allophycocyan und C-Phycoerythrin, das Karotin ß-Carotin sowie die Xanthophylle Echinenon, Myxoxanthophyll, Canthaxanthin, Oscillaxanthin, Zeaxanthin, Cryptoxanthin und Aphanizophyll. Ihr Mengenverhältnis ändert sich unter dem Einfluß ökologischer Faktoren und im Verlauf der Entwicklung, so daß Farbabstufungen und -abänderungen bei ein und derselben Sippe beobachtet werden können. Es gibt Sippen, die stets rein blaugrün sind und höchstens unterschiedliche Grade der Farbstoffverarmung zeigen können (z. B. *Phormidium nigrum, Phormidium splendidum*, mehrere *Anabaena*-Arten). Andere sehen nie rein blaugrün aus, sondern erscheinen stets durch nichtgrüne Pigmente getönt (z. B. *Phormidium autumnale, Oscillatoria princeps*). Die Protoplasmafärbung wird häufig durch gefärbte Gallerthüllen und Scheiden modifiziert. Kräftigbraune Scheiden können die blaugrüne Protoplastenfärbung überdecken. Auch die Hüllenfärbungen, die zwischen gelben, braunen, rötlichen, violetten und blauen Tönen variieren, werden gewöhnlich durch ökologische Faktoren, wie Licht, Austrocknung, Wasserstoffionenkonzentration und Chemismus des Milieus, stark beeinflußt.

Beim Vergleich mit anderen Algengruppen erweist sich das Spektrum der Protoplasten- und Bestandsfärbungen bei Blaualgen als auffällig breit. Es ist auch breiter als das der mit ihnen verwandten Bakterien.

Bewegung

Die meisten Blaualgen sind unbeweglich; amöboide oder durch äußere Organellen (Geißeln, Zilien) verursachte Bewegungswei-

1 Bewegungsschema in der Flocke von *Aphanizomenon flos-aquae*, 2 häufige Flockenformen (nach Schwabe)

sen sind unbekannt. Trotzdem sind charakteristische Eigenbewegungen von Einzelzellen bzw. von Trichomen, Trichomstücken oder Hormogonien nachgewiesen. Unstet rukkend und richtungslos verändern viele Chroococcalen und überhaupt Einzelzellen, aber auch Trichomfragmente und Hormogonien ihren Ort. Nostocaceen und *Pseudanabaena*, auch die Hormogonien anderer Familien gleiten (»kriechen«) in Richtung ihrer Längsachse, wobei Geschwindigkeiten um 2 µm/s erreicht werden. Bei Oscillatoriaceen ist die Gleitbewegung mit einer Rotation um die Längsachse des Trichoms verknüpft, wodurch Geschwindigkeiten um 5 µm/s erzielt werden. Die Trichome können vorwärts und rückwärts gleiten; dabei kehren sie ihre Richtung nach einer deutlichen Brems- und Ruhezeit von gewöhnlich 5–10 s um. Nackte *Oscillatoria*-Trichome pendeln quer zur Längsachse, so daß Schlängelbewegungen entstehen. Die Ursachen der verschiedenen Bewegungsweisen sind noch nicht völlig bekannt.

Die Bewegungsweisen können die Aggregationsformen und Bestandsstrukturen prägen. So stellt eine Flocke von *Aphanizomenon flos-aquae*, der in unseren Seen und Teichen wasserblütenbildenden Sichelalge, ein in sich bewegtes System von Trichomen dar, die sich in Richtung ihrer Längsachse bewegen. Dabei nehmen die Geschwindigkeiten nach dem Bestandsinnern ab, und die an den Außenmänteln des Bestands gegenläufigen Bewegungen verhalten sich in ihren Geschwindigkeiten etwa wie 2:1. Bewegungsspiel und Lagergestalt sind folglich ursächlich verbunden.

Zellteilung, Zelldifferenzierung und Fortpflanzung

Bei den Blaualgen ist als der einzigen Abteilung im Pflanzenreich die geschlechtliche Fortpflanzung unbekannt. Die Zellvermehrung durch Zellteilung, Nanozyten- und Exozytenbildung, Trichomfragmentation und Hormogonienbildung sind als wesentliche Formen der ungeschlechtlichen Fortpflanzung nachgewiesen worden.

Zellteilung und Zellvermehrung

Die Zellteilung der Blaualgen ist eine Plasmotomie, d. h. eine äquale bis inäquale Zweiteilung durch Furchung. Das Plasmalemma faltet sich zusammen mit der Zellwand ein und durchschnürt zentripetal, sich irisblendenartig zwischen die entstehenden Tochterprotoplasten schiebend, zunächst das Chromatoplasma, dann das Zentroplasma. Zur Spindel- und Chromosomenbildung kommt es nicht. Die DNS-Elemente werden auf die Tochterzellen verteilt. Teilen sich nur das Plasmalemma und die inneren Zellwandschichten, die äußeren dagegen nicht, dann bleiben die Tochterzellen untereinander verbunden. Durch Ineinanderschachteln und Verschleimen der äußeren Zellwandschichten entstehen Zellverbände (Zönobien).

Gewöhnlich folgt jeder Zweiteilung ein Wachstumsprozeß, der die Tochterzellen zur Ausgangsgröße zurückführt. Ist dieses Wachstum jedoch jeweils dem zweiten, dritten oder höheren Teilungszyklus zugeordnet, so wird die Mutterzelle in eine größere Anzahl von kleineren Zellen zerlegt. Bei *Merismopedia* und *Gomphosphaeria* z. B. wachsen die Tochterzellen erst nach Erreichen des Vierzellstadiums, bei *Chroococcus turgidus* erst nach dem Achtzellstadium.

Nanozytenbildung

Die Nanozytenbildung ist eine spezifische Form der Zellteilung. Bei *Stanieria cyanosphaera* z. B. wächst eine kleine, 2–3 µm messende, kugelige Zelle, der Nanozyt, ohne Teilung zu einer rund 30 µm messenden, blaugrünen Kugel mit dünner, fester Schleimhülle heran. Das Innere der fälschlich Sporangium genannten Kugel teilt sich rasch simultan in 64 Nanozyten, die durch Aufreißen der Hülle entlassen werden. Charakteristisch ist, daß in der Hülle die Teilungsprodukte nicht vor dem folgenden Teilungsschritt wachsen oder die Gestalt der Elternzelle annehmen. Im geschilderten Fall sind die entlassenen Nanozyten positiv phototaktisch beweglich und werden daher Planozyten genannt. Bei *Chroococcidiopsis kashaii* teilt sich die Mutterzelle zunächst in 2, 4 oder 8 Zellen, die sich mit einer Hülle umgeben und heranwachsen, ehe ihr Inhalt sukzedan in unbewegliche Nanozyten (Monozyten) zerfällt. Die Nanozytenbildung ist bei einigen Gattungen obligat, bei anderen fakultativ.

Exozytenbildung

Bei *Chamaesiphon* sitzt der polarisierte Zellkörper mit seinem Fußteil fest. Der apikale Pol wächst lang aus und reißt am Scheitel der Zelle auf. Die schleimige Hülle der geöffneten Zelle, die Pseudovagina, hüllt den offenen Abschnitt der Zelle ein, in dem durch Querteilung in basipetaler Folge kleine Exozyten abgeschnürt werden, so genannt, weil sie scheinbar exogen entstehen.

Trichomfragmentation

Bei den fädigen Blaualgen verlängern sich die Trichome durch interkalare Zellteilung. Die ungeschlechtliche Fortpflanzung erfolgt durch Bruch des Fadens. Es entstehen ein- bis mehrzellige Gonidien.

Heterozysten

Wie tote Zellen wirken im Lichtmikroskop viele Heterozysten (Grenzzellen), da ihr plasmatischer Inhalt homogen und ihre Farbstoffe bis auf geringe Reste abgebaut zu sein scheinen. Die außen meist glatte Zellwand ist verstärkt. Die inneren Ausmündungen der Tüpfelkanäle, durch die die Verbindung mit den Nachbarzellen hergestellt wird, springen in das Zellinnere vor (als sogenannte polare Noduli) und sind innen oft durch ein Cyanophycinkörnchen verschlossen. Das Elektronenmikroskop zeigt, daß sie reich an Plasma sind, Verbindungsfäden (Plasmodesmen) zu den Nachbarzellen entwickelt haben und zahlreiche, blasig aufgetriebene Thylakoide besitzen. Die Heterozysten können einzeln, in Paaren oder in Ketten entstehen und auskeimen. Sie finden sich in natürlichen Algenherkünften in artspezifisch weitgehend bestimmter Form und Anordnung und stellen ein wichtiges taxonomisches Merkmal dar. Sie sind nur bei hormogonalen Blaualgen vorhanden, entstehen an einer vegetativen Zelle und treten nur dann auf, wenn an der Lebensstätte Stickstoffverbindungen fehlen. Sie dienen also der Fixierung atmosphärischen Stickstoffs unter aeroben Bedingungen und gehen i. d. R. bei der Auflösung des Lagers zugrunde.

Dauerzellen (Akineten)

Aus vegetativen Zellen können unter besonderen äußeren Bedingungen Dauerzellen (Akineten) entstehen. Dabei schwellen die Zellen, reichern im Protoplasten Reservestoffe an, die Assimilationspigmente schwinden, die Teilungsfähigkeit erlischt, und dicke, widerstandsfähige Zellwände bilden sich aus. Im Plasma treten vermehrt Cyanophycinkörnchen auf. Dauerzellen sind vor allem bei Nostocaceen und Rivulariaceen verbreitet. Bei *Nostoc* können die meisten Zellen des Fadens zu Dauerzellen werden, bei *Anabaena* liegen sie den interkalaren Heterozysten beiderseitig an. Ist die Heterozyste endständig, wie bei gewissen *Cylindrospermum*-Arten, dann tritt nur eine proximale Dauerzelle hinzu. Vielfach zieht die Bildung einer Dauerzelle die Umwandlung benachbarter vegetativer Zellen in weitere Dauerzellen nach sich *(Anabaena oscillarioides)*. Sie können durch Verquellen der Zellwand *(Nostoc ellipsosporum)*, durch Aufreißen der Zellwand *(Nostoc punctiforme)* und durch Öffnen mittels Deckels *(Anabaena flos-aquae)* auskeimen. Die Sichelalge *Aphanizomenon* hat in ihren charakteristischen Bündeln planktisch lebender Zellfäden auffällige, lange Dauerzellen.

Hormogonien

Hormogonien sind wenig- bis vielzellige, recht einförmige, einreihige, aus der Scheide ausschlüpfende und sich aktiv bewegende Trichomstücke. Wenn sie in Richtung ihrer Längsachse »kriechen«, teilen sich ihre Zellen nicht. Erst im Prozeß der »Keimung« erlangen sie ihre Teilungsfähigkeit wieder. Sie dienen der Ausbreitung (Propagation) der Art. Sie können sich direkt durch einfache Trennung benachbarter Fadenglieder aus dem Verband lösen *(Nostoc, Gomontiella)* oder an interkalaren Heterozysten (Trennzellen) abbrechen *(Nostoc, Anabaena)*. Bei *Planktothrix rubescens* sterben einzelne oder mehrere dazwischenliegende Zellen, die sogenannten Nekriden oder Spaltkörper, ab und ermöglichen das Freiwerden der Hormogonien. Schließlich können auch Keimlinge von Dauerzellen die Eigenschaften von Hormogonien *(Nostoc punctiforme)* annehmen. Langhormogonien enthalten bis zu 200 Zellen, sind aber ziemlich zerbrechlich, so daß aus ihnen bald Kurzhormogonien entstehen.

Die Zellfäden der scheidenlosen *Oscillatoria*-Arten werden als Dauerhormogonien aufgefaßt: Die bewegliche Fortpflanzungsphase ist zur vegetativen Dauerphase geworden. Ihre Zellen sind allerdings teilungsfähig.

Einige Stigonemataceen, Scytonemataceen und Rivulariaceen bilden Hormozysten (Sammeldauerzellen) aus, d. h. Hormogonien, die sich durch ihren Reichtum an Reservestoffen und den Besitz einer dicken, verfestigten Scheide als Dauerorgane erweisen. Bei der Keimung streckt sich der Faden und beginnt sich zu teilen.

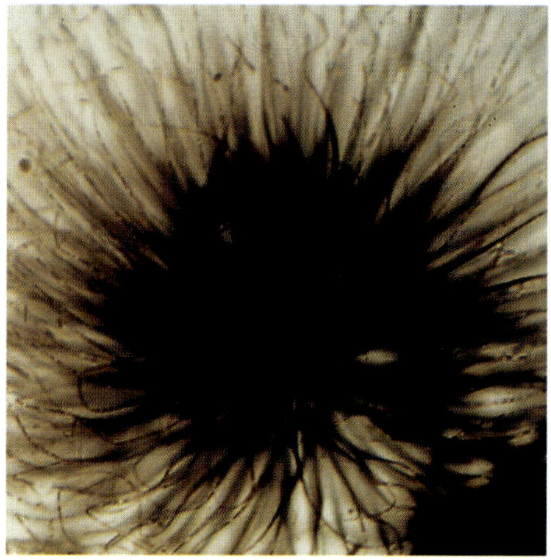

Die Kugeln des Schleimigels, *Gloeotrichia echinulata,* können im Sommer grießliche Wasserblüten hervorbringen.

Zell- und Trichomverbände

Die kleinste, lebensfähige Einheit eines Blaualgenbestands ist die einzelne Zelle. Wenn ihre Grundform kugelig ist, so können Teilungsprozesse, bei denen sich die Teilungsprodukte nicht voneinander trennen, zur Bildung von Kleinkolonien oder Zönobien führen. Bei *Microcystis* entstehen durch sich regellos in alle Richtungen des Raumes teilende Zellen, die in der Gallerte beieinander bleiben, Zellhaufen; bei *Entophysalis* teilen sich die Zellen meist in einer Richtung und formen unregelmäßig gekrümmte Zellreihen; bei *Merismopedia* und *Tetrapedia* teilen sie sich in 2, bei *Eucapsis* in 3 senkrecht aufeinanderstehende Richtungen und formen einschichtige Tafel- bzw. Paketkolonien. Hohlkugelige Kolonien zeichnen *Gomphosphaeria* aus.

Bei den Blaualgen mit zylindrischer Grundform führen die Teilungsprozesse zur Bildung von Zellreihen. Die ganze Zellreihe mit Scheide nennt man Faden, die Zellreihe allein Trichom. Dabei stehen die Zellen des Trichoms der Hormogonale durch Plasmodesmen in Verbindung. Die Trichome bzw. Fäden können sich verzweigen.

Scheinverzweigungen kommen bei Scytonemataceen und Rivulariaceen vor. Das in einer festen Scheide eingeschlossene Trichom wird an einer bestimmten Stelle, meist neben einer interkalaren Heterozyste, unterbrochen, die beiden Enden brechen seitlich aus der Scheide hervor und liefern 2 Seitenzweige (*Scytonema*-Typ). Oft entstehen die 2 Äste durch Bildung einer Trichomschlinge, die seitlich durchbricht und erst nachträglich reißt. Wächst nur ein Ende aus, so entsteht ein einziger Scheinast (*Tolypothrix*-Typ). Reißen die Schlingen nicht auf, so kommt es zu schlingenförmigen Fadenbildungen *(Kyrtuthrix dalmatica)*. Wiederholt sich der Vorgang der Scheinastbildung an den Unterbrechungsstellen immer wieder und nur nach einer Seite, dann entstehen regelmäßig aufgebaute Lager (Rivulariaceen). Eine eigentümliche Art der Scheinverzweigung (V-Verzweigung) kennzeichnet die Gattung *Brachytrichia*. Das Trichom bildet eine V-förmige Schlinge, deren Spitzenzelle zu einem kurzen oder längeren seitlichen Trichomstück auswächst.

Echt verzweigt sind die Stigonematales. Querteilungen der Zellen lassen zwei-, mehr- und vielreihige Fadenverbände entstehen. Bei *Stigonema mammilosum* wird der höchste Grad der Differenzierung erreicht. Die aufrechten, vielreihigen Trichome sind verzweigt und wachsen mit Scheitelzellen.

Zönobien, Kleinkolonien, Trichome und Fäden können als einfache Zellverbandsstrukturen angesehen werden. Sie treten in der Natur zu höheren Aggregationsformen, den Lagern, zusammen. Dabei spielen endogene, d. h. genetisch gesteuerte Faktoren, wie Eigenbeweglichkeit der Trichome, ihre Orientierung zueinander, zur Unterlage und zum Licht und ihre Einbettung in Schleim- und Gallertmassen, eine strukturbestimmende Rolle. Sie lassen sich meist bereits mit dem bloßen Auge oder doch unter der Lupe erkennen. Eine Übersicht über die Lagerformen vermittelt die Abbildung.

Die Grundtypen der Lagerformen bei Blaualgen (schematisch). 1 Beschlag *(Chroococcus)*, 2 Netz *(Plectonema)*, 3 Rasen aus unverzweigten Fäden *(Cyanophanon)*, 4 Rasen aus verzweigten Fäden *(Scytonema)*, 5 Strang *(Microcoleus)*, 6 Haut *(Phormidium)*, 7 Bündel *(Aphanizomenon)*, 8 Schwamm *(Scytonema)*, 9 Verhau *(Oscillatoria)*, 10 festsitzendes Polster *(Rivularia)*, 11 planktische Kugelpolster *(Gloeotrichia)*, 12, 13 nostocoide Einbettungen (Nostoc, Mischbestände), 14 Kruste (Mischbestände) (nach Schwabe)

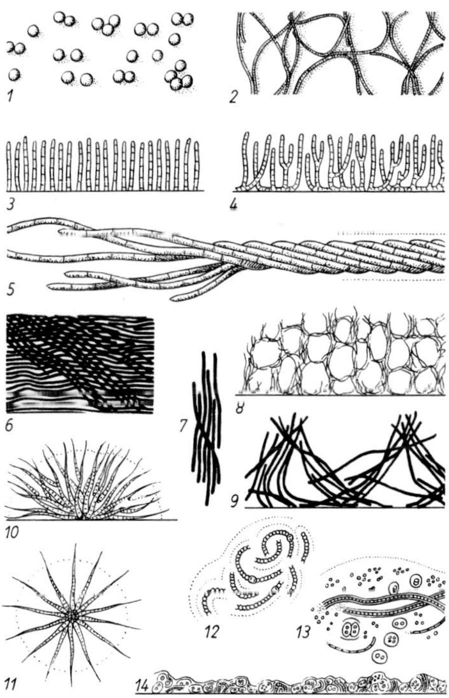

Vorkommen

Die Blaualgen sind auf der Erdoberfläche weit und allgemein verbreitet. Überall, wo photoautotrophe Organismen leben, sind auch sie gegenwärtig. Ihre ökologische Potenz befähigt sie, sich gerade unter den Grenzbedingungen des photoautotrophen Lebens besonders aktiv zu entfalten. An derartigen Lebensstätten, wo die Konkurrenz anderer Pflanzen nahezu völlig fehlt, erweisen sich die Blaualgen als beherrschende Glieder der Vegetation.

Die meisten Blaualgen sind in ihren Lebensansprüchen vom Licht abhängig. In den Gewässern wird die Lichtstrahlung schnell absorbiert: In Seen sind in Tiefen um 10 m nur noch etwa 10 %, im Meer ist in Tiefen um 100 m nur noch etwa 1 % der Lichtintensität vorhanden. Trotzdem sind Vertreter der Gattung *Nostoc* noch in 4000 m tiefen Ozeanbecken gefunden worden. Auch die Qualität des Lichts ändert sich mit zunehmender Tiefe: In den Dämmerzonen der Gewässer herrscht blaugrünes Licht vor. Hier verstärken Blaualgen die zum einfallenden Licht komplementären Farbstoffe, z. B. das Phycoerythrin, d. h., sie passen sich an die veränderten Lichtqualitäten an (chromatische Adaptation). Die meisten Blaualgenlager in den Tiefen der Gewässer sind daher rot und violett gefärbt. Die roten Trichome von *Trichodesmium erythraeum* vermehren sich in den Tiefen des Roten Meeres, steigen auf und färben das Meerwasser rot. Vielleicht besitzt auch *Limnothrix rosea*, die im Tiefenplankton unserer Seen vorkommt, die Fähigkeit der chromatischen Adaptation.

Die Assimilation erreicht bei Temperaturen um 65 °C ihre obere Grenze. In heißen Mineralquellen sind die Blaualgen die einzigen Besiedler, die Assimilationspigmente führen und bei Temperaturen bis etwa 75 °C aktiv lebensfähig sind. Sie können hier lebhaft gefärbte Algenteppiche entwickeln, die mehrere Zentimeter dick werden, da es keine Tiere gibt, die die Algenfäden abweiden, und da auch bakterielle Abbauvorgänge ganz gering sind. Typische Thermalalgen wie *Mastigocladus laminosus* und *Leptolyngbya laminosa* sind praktisch weltweit verbreitet; sie finden sich sowohl im Abfluß des Karlsbader Sprudels als auch in den Thermen des Yellowstone-Nationalparks. Interessant ist, daß die thermophilen Blaualgen bei niedrigen Temperaturen unter 30 °C nicht wachsen.

Es gibt viele Blaualgen, die sehr tiefe Temperaturen ertragen können. So treten sie in der Antarktis unter den Bedingungen des extremen Wärmemangels (Temperaturen bis −88 °C) auf. Gelegentlich finden sich hier am Boden ausgebreitete *Nostoc*-Massen, die sich im Lauf längerer Zeiträume angehäuft haben und unter den gegebenen klimatischen Bedingungen nicht abgebaut werden können. Das Klima der Antarktis ist nicht nur durch extremen Wärmemangel gekennzeichnet. Geringe atmosphärische Feuchtigkeit sowie der Wechsel hoher sommerlicher Lichtintensität mit winterlicher Dunkelheit bewirken, daß die Zellen sogar während der Wachstumsperiode rhythmisch auftauen und einfrieren, ohne ihre Lebensfähigkeit einzubüßen.

Ähnlich ungünstig sind die Bedingungen in Lebensstätten wie den Tintenstrichvegetationen der Hochgebirge gemäßigter und tropischer Breiten sowie den endopedischen Beständen in Wüstenböden.

Temperaturen und Wasserversorgung pflegen tagesperiodisch oder unregelmäßig derart zu schwanken, daß alle Lebensvorgänge zeitweilig unterbrochen werden. Die Blaualge *Scytonema myochrous* z. B. trocknet im Sommer völlig aus, lebt bei Befeuchtung wieder auf und beginnt zu wachsen, wobei sie auf dem felsigen Substrat mit bloßem Auge sichtbare, samtartig dunkelbraune Flächen im »Tintenstrich« hervorruft. Typisch für feuchte Kalkfelsen sind die leicht schleimigen Krusten, die von *Gloeocapsa sanguinea, Gloeocapsa alpina, Gloeocapsa rupestris, Tolypothrix elenkinii, Aphanocapsa montana, Nostoc microscopicum* und *Scytonema*

Mastigocladus-Mischbestand in Thermalgewässern auf Neuseeland (Südinsel, Waimangu River)

»Tintenstriche« (Blaualgen) an steilen Kalkfelsen (Sowjetunion, Kaukasus, Juptschaga-See)

Eintrocknende Blaualgen auf Ackerboden (»Froschhaut«) – *Phormidium, Lyngbya.* Feldmark Radegast, Sachsen-Anhalt

crustaceum gebildet werden und dem Auge ein farbenprächtiges Bild roter, violetter, gelber, brauner und grüner Töne bieten.

Die Tatsache, daß Blaualgen in der Lage sind, unter ökologischen Extrembedingungen zu existieren, hat dazu geführt, ihnen gewisse physiologische Sonderleistungen zuzuschreiben. So glaubt man, daß ihre Fähigkeit, höchste oder tiefste Standorttemperaturen stoffwechselaktiv zu ertragen oder besondes widerstandsfähig gegen extreme und wiederholte Austrocknung – Herbarmaterial erwies sich noch nach 87 Jahren als lebensfähig! – zu sein, in der spezifischen Struktur bzw. Konfiguration der ihre Zellen aufbauenden Proteinmoleküle beruht. Daß die Blaualgen als Erstbesiedler kürzlich entstandener Landflächen, von Wüsten, Sanddünen, Steppen oder überhaupt Böden, denen anorganische Nährstoffe mangeln, erscheinen, beruht auf ihrer Fähigkeit, atmosphärischen Stickstoff zu binden. Dabei ist bemerkenswert, daß vor allem viele fädige Formen molekularen Stickstoff reduzieren können. Wahrscheinlich sind am Prozeß der Stickstoff-Fixierung obligonitrophile, in den Gallertscheiden der Blaualgen lebende Bakterien beteiligt. Zu den Stickstoffbindern gehören unter anderen Arten der Gattungen *Gloeocapsa, Nostoc, Tolypothrix, Anabaena, Anabaenopsis, Cylindrospermum, Calothrix, Phormidium, Mastigocladus* und *Schizothrix.* In Japan wird der Stickstoffbinder *Tolypothrix tenuis* kultiviert und die Rohkultur dem Wasser der Reisfelder zugegeben. Ertragssteigerungen bis 120 % konnten erzielt werden. In ähnlicher Weise werden in Indien unfruchtbare Salzböden (Uzars) rekultiviert. 3 Jahre nach dem Ausbruch des Vulkans Krakatau im Jahre 1883 fanden sich auf der Asche- und Tuffoberfläche gallertig-schleimige Lager von *Anabaena, Lyngbya, Symploca* und *Tolypothrix.* Auch unter den Erstbesiedlern der Vulkaninsel Surtsey, die 1963 vor der Südküste Islands entstand, befinden sich stickstoffbindende Blaualgen.

Es ist möglich, daß die Stickstoffbindung auch die Ursache für das Vorherrschen von Blaualgen im Plankton unserer Seen und Teiche in Zeiten ist, da der allgemeine Mangel an verwertbaren Stickstoffverbindungen die Entwicklung anderer Planktonalgen hemmt. Überhaupt haben Blaualgen an der phototrophen Produktion, der Urproduktion unserer Binnengewässer, einen erheblichen Anteil. Unter günstigen Bedingungen entfalten sich viele von ihnen so massenhaft, daß sie sichtbare Überzüge an der Wasseroberfläche, sogenannte Wasserblüten, bilden. Bei einigen Blaualgen wurde von dieser Eigenschaft der wissenschaftliche Artname abgeleitet, z. B. *Microcystis flos-aquae, Anabaena flosaquae* und *Aphanizomenon flos-aquae* (lat. flos = Blüte; aqua = Wasser). Mehr als 40 verschiedene Blaualgen sind dazu besonders befähigt, da sich in ihren Zellen mit Stickstoff gefüllte Gasvakuolen entwickeln, die sie spezifisch leichter als Wasser machen. Die Wasserblütenbildung ist wirtschaftlich bedeutsam, bildet doch die in ihnen entwickelte Biomasse (300 kg/ha Trockensubstanz) die Nahrungsquelle für viele Wassertiere (Wasserflöhe!) und Bakterien. Fischteiche mit einer Wasserblüte von *Aphanizomenon flos-aquae* sind i. d. R. sehr ertragreich. Durch Kalken und Düngung mit Superphosphat sucht sie der Fischwirt künstlich hervorzurufen. Sind solche Blaualgenmassen im Wasserkörper gleichmäßig verteilt, spricht man von Vegetationsfärbungen: Die Flocken von *Aphanizomenon flos-aquae* können das Gewässer deutlich grün färben. Freilich rufen Wasserblüten auch negative Effekte hervor. Vergiftungsfälle im Fischbestand und übler Geruch von Trinkwasser rühren oft von derartigen Massenentfaltungen her.

Vielfältig sind die Beziehungen zwischen Blaualgen und anderen Organismen. In der Kieselalge *Rhizosolenia* lebt *Richelia intracellularis; Nostic sphaericum* kommt in den sackartigen Ausstülpungen des Pilzes *Geosiphon pyriformis* vor; die farblose Grünalge *Gloeochaete wittrockiana* beherbergt einen *Synechococcus, Chalarodora azurea* eine *Rhabdoderma; Glaucocystis nostochinearum* und *Cyanoptyche gloeocystis* werden von einem *Nostoc* bewohnt. Auch in den Cryptomonaden (?) *Peliaina cyanea, Cyanophora paradoxa* und *Chroomonas gemma* sowie im Wurzelfüßler *Paulinella chromatophora* kommen blaualgenartige Organellen vor. Das Zusammenleben der verschiedenartigen Organismen miteinander heißt Syncyanose, das Konsortium selbst Cyanom, und die endobiotischen Blaualgen nennt man Cyanellen. Die Erscheinung hat zu der Vorstellung angeregt, daß die Chromatophoren der höheren Pflanzen ursprünglich unabhängige Organismen waren, die in Zellen eingedrungen sind, sich als intrazelluläre Symbionten etabliert und schließlich in Organellen der Wirtszelle umgewandelt haben.

Besonders bekannt ist die Symbiose von Blaualgen mit Flechtenpilzen. Arten der Gattungen *Chroococcus, Gloeocapsa, Nostoc, Calothrix, Scytonema, Stigonema, Rivularia* und *Dichothrix* sind hier zu nennen. In der Gallertflechte *Collema* und der Fadenflechte *Ephebe* dominieren die Blaualgen und formen das Lager, in anderen Fällen überwiegen die Pilze (z. B. *Placynthium*), so daß die Identifizierung der Blaualge (in diesem Fall *Dichothrix*) sehr erschwert wird. Die Alge, die an der Symbiose beteiligt ist, heißt Phykobiont (Gonidie), der Pilz Mykobiont.

Auch in höheren Pflanzen kommen Blaualgen vor. *Nostoc-* und *Anabaena*-Arten leben in den Atemhöhlen verschiedener Moose *(Blasia, Clavicularia, Anthoceros)*; in den Höhlungen der Blattlappen des Wasserfarns *Azolla americana* findet sich *Anabaena azollae*, intrazellulär in den Wurzeln der Palmfarne *Cycas* und *Zamia Nostoc punctiforme*. Auch *Gunnera* (Gallertkanäle des Rhizoms) und *Trifolium* (Wurzelknöllchen) beherbergen bestimmte *Nostoc*-Arten.

Über die Natur der verschiedenen Symbiosearten herrscht noch keine Klarheit. In einigen Fällen können Wirt und Blaualge getrennt und dann sogar besser leben, in anderen Fällen scheint der Wirt unter der Abwesenheit der Blaualge zu leiden. Vielleicht spielen die Assoziationen für die Stickstoffversorgung des Wirts eine Rolle, da sich unter den endosymbiotischen Blaualgen viele Stickstoffbinder befinden. Auf die wirtschaftliche Bedeutung der Blaualgen für den Reisanbau haben wir schon hingewiesen. In China wird *Nostoc commune* var. *flagelliforme* (Fa-Tsai) als Proteinquelle für Mensch und Tier genutzt (einst von den Azteken als teacitlatl). Heute spielen *Spirulina*-Massenkulturen eine Rolle bei dem Versuch, Blaualgen als Proteinquelle industriell zu verwerten. Dabei werden die Erfahrungen der Afrikaner genutzt. Sie verarbeiten z. B. die in den Natronseen des Tschad massenhaft vorkommende *Spirulina platensis* wegen ihres hohen Proteingehalts zu »algal cakes« und essen diese.

Das System

Das System der Blaualgen ist ein Provisorium. Die relative Merkmalsarmut, die Variabilität der taxonomisch bewerteten Merkmale, die Schwierigkeiten der Artabgrenzung und die Unsicherheiten in der Beurteilung der Evolutionsrichtungen angesichts des wahrscheinlich hohen Alters der Gruppe erschweren eine hierarchische, natürliche Gliederung und damit eine befriedigende Ordnung der Formenmannigfaltigkeit.

Massenentfaltungen von Blaualgen in Grenzbiotopen (nach Schwabe 1964, leicht verändert)

Extreme Bedingungen	Blaualgenvegetation
Hohe Temperaturen	Thermalbiotope (Akratothermen, Thiothermen u. a.)
Niedrige Temperaturen	Kryoseston (Firnfelder) Dauerfrostböden
Temporärer Wassermangel	Rieselstreifen (»Tintenstriche«, »Zitzensinter«) Endopedische Bestände in Trockensteppen und Wüsten Lomavegetation (Südamerika) Krusten des Epilitorals (Spritzzonen)
Schwankungen der Elektrolytkonzentration	Farbstreifensandwatt Sinterzonen von Thermal- und Mineralgewässern Tirsbesiedlung Krusten des Epilitorals (Spritzzonen)
Ungewöhnliche chemische Faktoren	Mineralgewässer Abwässer Fumarolen Salzseen
Intensive Einstrahlung	Rieselstreifen (»Tintenstriche«, »Zitzensinter«) Lomavegetation (Garua- und Camanchacavegetation) Südamerikas Krusten des Epilitorals (Spritzzonen)
Sauerstoffmangel	Faulschlamm Thermalbiotope mit Schwefelwasserstoff
Lichtmangel	Endopedische und endolithische Entfaltungen Höhlen? Dämmerzonen der Seen (dysphotische Zone)

Abteilung Blaualgen, Cyanophyta

Ordnung Kugelblaualgenartige, Chroococcales

Die hier zusammengefaßten rund 80 Gattungen leben entweder als Einzelzellen und sind dann oft in Basis und Spitze differenziert, oder sie bilden Lager in Form von Beschlägen, Krusten oder Einbettungskolonien, deren Einzelzellen untereinander gleichartig sind und nicht wirklich fadenförmig wachsen. Die Zellen werden oft von einer schleimigen und geschichteten Hülle umgeben. Sie vermehren sich durch einfache Zweiteilung; fakultativ werden durch Zerfallsteilung Exo- und Nanozyten (letztere als Plano- oder Monozyten) gebildet. Heterozysten und Dauerzellen fehlen.

Familie Microcystaceae

Die Zellen kommen einzeln oder in schleimigen Kolonien vor. Die Zellteilung erfolgt in 1 (z. B. *Aphanothece*), 2 (z. B. *Aphanocapsa, Merismopedia*) oder 3 (z. B. *Microcystis, Gloeocapsa*) Ebenen, senkrecht zueinander in aufeinanderfolgenden Zellgenerationen; vor der nächsten Teilung wachsen die Zellen zur originalen Größe und Form heran; fakultativ kommt es zu Nanozytenbildung.

Kokkale Blaualgen. 1 *Synechococcus aeruginosus*, 2 *Microcystis aeruginosa*, a Koloniehabitus, b junge Kolonie, Zellen mit Gasvakuolen, 3 *Chroococcus turgidus*, 4 *Gloeocapsa ralfsiana* (nach Fott)

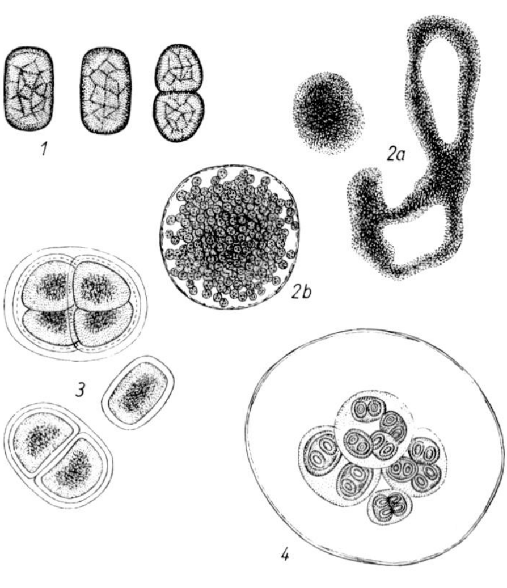

Die rund 20 Arten umfassende Gattung *Microcystis* ist kosmopolitisch verbreitet. Ihre Zellen sind in eine gemeinsame, strukturlose Gallerte eingelagert und formen netzartig durchbrochene Einbettungskolonien. Viele Arten sind typische Plankter in nährstoffreichen Gewässern. Hier treiben sie, besonders in der warmen Jahreszeit und zusammen mit Arten anderer Gattungen, frei an der Wasseroberfläche und rufen Wasserblüten hervor. Die bis über 1 mm großen Kolonien von *Microcystis aeruginosa, Microcystis flos-aquae* und die kleineren von *Microcystis viridis* werden dabei gelegentlich durch Wind und Wellenschlag an See- und Teichufern zusammengeschwemmt, so daß sich dort breite, gelblichgrüne Säume bilden. Andere Arten, so *Microcystis ichthyoblabe* und *Microcystis toxiea*, sind giftig für Fische und Vieh (Tränke!).

Ausgedehnte epi- oder endopetrische Lager bilden viele der 40 Arten der Gattung *Gloeocapsa*, der Gallertkapsel. Wie bei *Chroococcus* umhüllt geschichtete, ineinandergeschachtelte, gefärbte Gallerte, die jedoch typisch blasig aufgetrieben ist, die kugeligen Einzelzellen. *Gloeocapsa alpina* bildet an kalkberieselten Felswänden warzige, violette bis schwärzliche Krusten (Zitzensinter, Tintenstriche), *Gloeocapsa sanguinea* hingegen lebhaft rote, mit bloßem Auge sichtbare Gallertlager auf Silikat- und Kalkuntergrund.

Die regelmäßigen, flach tafelförmigen, gallertigen Kolonien von *Merismopedia*, dem Teiltäfelchen, finden sich am Grund stehender oder fließender Gewässer und können bis über 1 mm groß werden, z. B. *Merismopedia convoluta. Merismopedia elegans* und *M. tenuissima* treten sekundär planktisch im Süß- und Brackwasser auf.

Familie Chroococcaceae

Die Zellen leben selten einzeln, meist in schleimigen Kolonien oder in Gruppen mit schleimigen, begrenzten Hüllen oder Scheiden; die Zellen teilen sich sukzedan in 3 oder mehrere Ebenen und bilden paketförmige Kolonien. Sie wachsen nicht vor dem nächsten Teilungsschritt zur ursprünglichen, mehr oder weniger kugeligen Form heran; Nanozyten fehlen.

Unter den rund 25 Arten der Gattung *Chroococcus*, der Kugelblaualge, finden sich echte Plankter, so *Chroococcus limneticus*, der sogar im Brackwasser vorkommt. Die meisten Arten leben jedoch in der Uferregion der Seen, in Hochmooren (z. B. *Chroococcus turgidus*), Torfsümpfen und Thermen; andere überziehen feuchte Mauern oder Felsen *(Chroococcus rufescens)* mit ihren gefärbten Gallertlagern, in denen die Einzelzellen zu zweien, vieren oder mehreren in Kolonien mit dicht anliegenden, oft deutlich ineinandergeschachtelten Hüllen zusammenliegen.

Familie Entophysalidaceae

Die meist kugeligen oder ellipsoidischen Zellen wachsen fadenartig und fügen sich zu krustenförmigen Lagern zusammen. Sie bilden dabei aufrechte, radial angeordnete Reihen oder produzieren Schleimstiele, Planktische Formen sind nicht bekannt.

Die Einzelzellen der Krusten der Gattung *Entophysalis* erinnern mit ihren aufgeblähten Schleimhüllen stark an die von *Gloeocapsa*. *Entophysalis granulosa* läßt die Wände der Uferfelsen der Binnenseen 20 cm über und unter der Wasserlinie braungestreift erscheinen. *Entophysalis deusta* färbt die im Flutbereich gelegenen Zonen heller Küstenfelsen schwarz.

Bei Siphononema, dem Scheidenfädchen, entsteht aus anfänglich polarisierten Zellen ein polarisiertes, mehrzelliges Lager, aus dem sich schließlich Monozyten lösen und neue Lagerbildung einleiten. *Siphononema polonicum* kommt in Bergbächen vor, wo sie dicke, orange- bis rotbraune Krusten auf Steinen bildet.

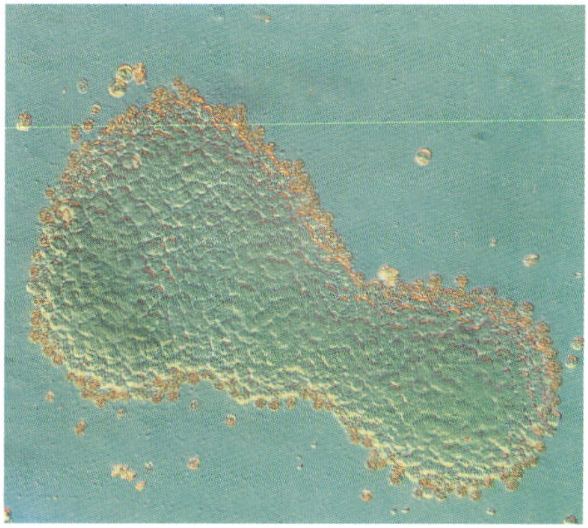

Microcystis aeruginosa, ein typischer Plankter nährstoffreicher Gewässer

Familie Chamaesiphonaceae

Es kommen epiphytische oder epipetrische Einzelzellen oder Kolonien vor. Die einzelne Zelle ist stets deutlich in Basis und Spitze differenziert. Die Basis, mit der die Zelle untergetaucht auf Steinen oder größeren Algen festsitzt, ist meist als kurzer Gallertstiel ausgebildet. Die Einzelzelle bringt Exozyten hervor, die sich entweder sofort durch Aufreißen oder Abschnüren des Spitzenteils lösen oder kettenförmige Gruppen junger Zellen im Spitzenteil bilden.

Die etwa 25 Arten der Gattung *Chamaesiphon*, der Zwergscheide, kommen vor allem in schnellfließenden Bächen untergetaucht auf Steinen, Moosen und Fadenalgen vor. Dabei können sie in solchen Massen gedeihen, daß die Bachbetten gefärbt erscheinen. Besonders bemerkenswert ist die Art der Fortpflanzung. Dabei schnüren die Zellen am apikalen Ende Ketten von Exozyten ab. Der entstehende Exozyt kann sich am Rand der Pseudovagina niederlassen und festsetzen, selbst wieder eine Pseudovagina und Exozyten bilden und so stockwerkartige Zellschichten hervorbringen. Die Pseudovaginen sind bei *Chamaesiphon ferrugineus* durch Speicherung von ausgeschiedenem Eisenhydroxid rostrot gefärbt. Die gebildeten Krusten sind mit bloßem Auge sichtbar. Das gilt auch für die braunen, dünnen, einschichtigen Krusten von *Chamaesiphon fuscus*, einer Charakterart der katharoben Zone der Bäche.

Familie Dermocarpellaceae

Die kugeligen oder polarisierten, meistens einzeln lebenden Zellen kommen im Süßwasser oder Salzwasser vor. Die reifen Zellen teilen sich obligat simultan oder rasch sukzedan in zahlreiche Nanozyten, die sich dann von der schleimigen, faserigen Hülle lösen.

Cyanocystis violacea bildet ausgebreitete, rosenrote, *C. prasina* polster- bis halbkugelförmige, blau- bis olivgrüne Lager auf anderen Meeresalgen. Die kugeligen Zellen der Gattung *Stanieria* leben epiphytisch in klaren Süßwasserquellen auf Kuba. Sie bringen positiv phototaktische Planozyten hervor.

Familie Xenococcaceae

Die Zellen sind kugelig oder polygonal, sie kommen einzeln oder in Gruppen vor und stecken in schleimigen Scheiden. Die Zellteilung ist sukzedan mit fakultativer Nanozytenbildung.

Xenococcus bildet mehrzellige Polster aus wenigen Zellen, die als Krusten auf Steinen in Bächen erscheinen, z. B. die blau- bis olivgrünen Krusten von *Xenococcus rivularis* in kalkarmen Mittelgebirgsbächen.

Familie Hydrococcaceae

Die typisch polarisierten Einzelzellen der formenreichen Gruppe bringen Fäden mit Spitzenwachstum (Pseudofilamente) hervor, die sich verzweigen und pseudoparenchymatische, oft erhabene, halbkugelförmige Lager entwickeln. Mit ihren Fäden können sie in Gesteinsritzen eindringen. Fakultativ werden in spezialisierten Zellen Nanozyten gebildet. Feste Polysaccharidscheiden sind vorhanden.

Die Gattung *Hydrococcus*, die Wasserkugel, ist in schnellfließenden Gebirgsbächen zu Hause. Ihr anfänglich scheibenförmiges Lager setzt sich schließlich aus langen, aufrechten Fäden zusammen. *Hydrococcus rivularis* fällt durch kissenartige, höckerige, submerse Lager auf Steinen, an Wassermoosen und Fadenalgen auf.

Die Arten der Gattung *Hyella* kriechen in Fäden auf steinigem Substrat oder auf Schneckenschalen; einige Fäden dringen in das Substrat ein. Die Einzelzellen sind in eine dicke, geschichtete, gallertige Hülle eingehüllt. *Hyella fontana* lebt in kalkhaltigen Gebirgsbächen. *Hyella caespitosa* kommt endolithisch bis in Tiefen von 100 m in der Gezeitenzone des Atlantiks vor, bohrt sich in den Kalkuntergrund ein und bringt nackte, bewegliche Planozyten hervor.

Die Gattung *Pleurocapsa*, die Rippenkapsel, umfaßt etwa 10 Arten. *Pleurocapsa cuprea* ist durch ihre kupferrot gefärbten Überzüge an Steinen in Gebirgsbächen leicht erkennbar. *Pleurocapsa fluviatilis* bildet dicke, im Alter oft hohle Krusten aus kurzen Fäden. *Pleurocapsa fuliginosa* wächst an Küstenfelsen in der Gezeitenzone.

Ordnung Schwingfadenartige, Oscillatoriales

Zu dieser 6 Familien umfassenden Gruppe werden Blaualgen gerechnet, deren Lager aus ein- oder mehrreihigen, beweglichen oder unbeweglichen Fäden bestehen. Die Zellfäden (Filamente) setzen sich oft aus der eigentlichen Zellreihe, dem Trichom, und der sie umgebenden, schleimigen, offenen, röhrenartigen Scheide (Coleus) oder der gelatinösen geschlossenen Hülle zusammen. Die Trichomzellen teilen sich quer zur Trichomachse. Den Trichomen können Scheide oder Hülle fehlen; sie sind dann nackt. Sie pflanzen sich durch bewegliche Hormogonien oder unbewegliche Hormozyten, selten durch Planokokken fort. Heterozysten oder Akineten werden nicht gebildet.

Familie Borziaceae

Die meist scheidenlosen, kurzen, bis 11 µm breiten Trichomen leben einzeln oder treten zu dünnen Lagern zusammen; sie zerbrechen, ohne daß interkalare Zellen (Nekriden) absterben. Jede Trichomzelle kann sich teilen; Gasvakuolen fehlen. Die Familie umfaßt nur 3 ungenügend bekannte Gattungen.

Die Trichomen von *Borzia trilocularis* bestehen meist nur aus 8, maximal aus 16 Zellen.

Familie Pseudanabaenaceae

Die sehr dünnen, meist nur um 3 µm breiten, walzenförmigen Trichome treten einzeln oder zu Haufen oder Netzen vereint auf; sie können Scheiden haben und verzweigen sich i. d. R. nicht. Jede Trichomzelle kann sich teilen. Gasvakuolen fehlen oder sind in polaren oder zentralen Aerotopen lokalisiert. Die Trichome pflanzen sich durch Fragmentation in Hormogonien oder Hormozyten fort.

Die Arten der Gattung *Pseudanabaena* bilden keine Lager, sondern entwickeln einzelne, sich lebhaft kreisend bewegende, scheidenlose Trichome aus walzenförmigen Zellen, die voneinander deutlich abgesetzt sind. Die Typusart *Pseudanabaena catenata* ist wie *Pseudanabaena limnetica* ein Vertreter des Planktons unserer Seen und Teiche. Die blaßblaue bis olivgrüne *Pseudanabaena tenuis* wächst auf Faulschlamm und im Litoral der Seen.

Die Gattung *Limnothrix* zeichnet sich durch bescheidete oder scheidenlose Trichome aus untereinander völlig gleichen, walzenförmigen Zellen aus, die apikal oder zentral in Aërotopen lokalisierte Gasvakuolen besitzen. Sie bewegen sich nur schwach zitternd oder gleitend. Sie pflanzen sich durch Hormozyten fort. Bei der in unseren eutrophen Seen und Teichen häufigen *Limnothrix redekei* sind die Gasvakuolen apikal, bei der meta- oder hypolimnischen *Limnothrix rosea* zentral inseriert.

Die höchstens bis 3 µm breiten Trichome der rund 80 Arten der Gattung *Leptolyngbya* pflanzen sich durch Hormozyten ohne Nekridenbildung oder durch Hormogonien fort. Es sind feine, aber deutliche Scheiden vorhanden; manchmal befinden sich 2 Trichome in einer Scheide; Gasvakuolen fehlen. Einige Arten sind fakultativ herterotroph. *Leptolyngbya foveolarum* bildet blaugrüne bis

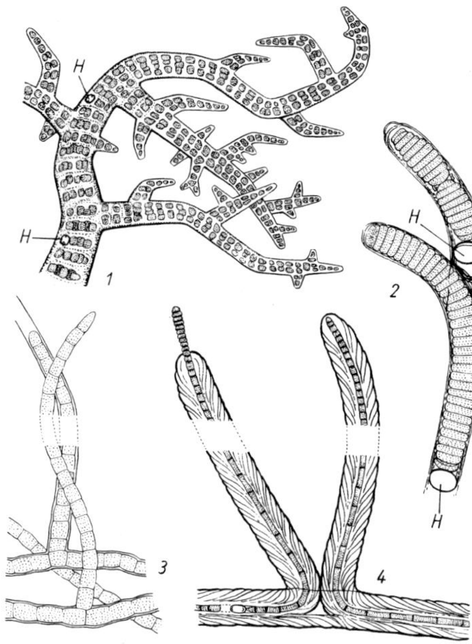

1 *Stigonema informe*, mehrreihige, unregelmäßig verzweigte Fäden mit seitlichen Heterozyten (H), 2 *Tolypothrix byssoidea*, Fadenstück mit unechter Verzweigung, 3 *Mastigocladus laminosus*, 4 *Scytonema myochrous*, unechte Verzweigung (nach Fott)

schwärzliche, dünne Häute in vorwiegend kühleren Gewässern. In Thermen leben die blaugrüne *Leptolyngbya fragile* und die rotviolette *Leptolyngbya purpurascens*.

Die 8 Arten der Gattung *Planktolyngbya* kommen planktisch als Einzelfäden mit festen Scheiden vor, so *Planktolyngbya subtilis* mit geraden und *Planktolyngbya contorta* mit schraubig gewundenen Filamenten.

Epiphytisch leben die 15 Arten der Gattung *Leibleinia*, so z. B. *Leibleinia agardhii*, deren bescheidete Trichome dem Substrat (z. B. einem Algenfaden) anliegen, wobei die Fadenenden aufwärts gebogen sind.

Familie Schizotrichaceae

Charakteristisches Merkmal dieser nur die Gattung *Schizothrix* umfassenden Familie sind die stark erweiterten, an der Spitze kugelförmig geschlossenen Scheiden, die einige bis viele heteropolare Trichome einhüllen. Die Trichome selbst sind unbeweglich. Die Filamente bilden krusten- oder teppichförmige Lager. Gasvakuolen fehlen.

Sehr verbreitet am Ufer kalkreicher Gewässer, Seen oder Quellen sind die gelbroten bis violetten, kaum verkalkten Lager von *Schizothrix lateritia*. Die blaugrüne *Schizothrix fasciculata* besiedelt die Krusten- und Furchensteine im Litoral und Sublitoral kalkreicher Seen. Auffällig sind die schwärzlichen Lager von *Schizothrix friesii*, die mit ihren über 1 cm hohen, farblosen Scheiden über *Sphagnum* und anderen Moosen in feuchtschattigen Bergwäldern vorkommen.

Familie Phormidiaceae

Die beweglichen Trichome treten mit oder ohne Scheide auf; es kommt nur 1 Trichom pro Scheide vor; die Scheiden sind an den Enden offen. Alle Trichomzellen mit Ausnahme der spitzenständigen sind teilungsfähig. Nach der Zellteilung wachsen die Tochterzellen zur ursprünglichen Größe heran, ehe sie sich wieder teilen. Die Fortpflanzung findet durch Trichofragmentation unter Bildung von Nekriden statt.

Die in und außerhalb der Scheide gleitend oder kriechend beweglichen Trichome der 90 Arten umfassenden Gattung *Phormidium*, der Wattenfaser, besitzen keine Gasvakuolen. Sie »verkleben« zu flachen, dem Substrat mehr oder weniger aufliegenden bis angehefteten, haut- bis lederartigen Lagern. Die schwärzlichen Flocken von *Phormidium nigrum* leben in schwach verunreinigten Quellen und Brunnen. Dunkelstahlblaue Lager von *Phormidium boryanum* finden sich in Thermen.

Pseudophormidium phormidioides ist in Bergbächen zu Hause, wo es dünne, blaugrüne Krusten bildet.

Die 10 Arten der Gattung *Tychonema* leben tychoplanktisch oder planktisch, besitzen aber keine Gasvakuolen (jedoch deutliche Körnchen) in den Zellen.

Die Gattung *Planktothrix* umfaßt rund 15 planktische Arten mit geraden oder leicht geschlängelten Trichomen, die sich zitternd hin und her bewegen. Schleimige Hüllen fehlen, und die Trichome können bei Massenentwicklungen zu diffusen Klumpen zusammentreten. Es sind Gasvakuolen vorhanden. *Planktothrix rubescens* fällt durch ihre trübe, weinrote, *Planktothrix agardhii* durch ihre blaugrüne Farbe auf. Erstere entwickelt in der kühleren Jahreszeit rote Wasserblüten, das sogenannte Burgunderblut.

Die 10 *Trichodesmium*-Arten leben ebenfalls planktisch, besitzen kräftige Gasvakuolen, und ihre Lager erhalten ihre charakteristische Form durch parallel oder radial ausgerichtete Trichome. Die in tropischen Meeren häufige Typusart, *Trichodesmium erythraeum*, hat lebhaft rotgefärbte Trichombündel und bringt Vegetationsfärbungen hervor. Das Rote Meer soll ihr seinen Namen verdanken. Die Filamente von *Symploca*, dem Schopfbündel, treten zu aufgerichteten Bündeln zusammen. Die farblosen Scheiden enthalten nur einen Faden. *Symploca borealis* bevorzugt feuchte Felsen, *Symploca thermalis* Thermen, und *Symploca muscorum* wächst in stehenden Gewässern an Pflanzen und auf feuchter Erde.

An nassen oder feuchten Flächen wachsen die strangförmigen Lager von *Microcoleus*, dem Scheidenfaden, die durch ihre stark verschleimenden, viele Fäden enthaltenden Scheiden ausgezeichnet sind. Der dunkelblaugrüne *Microcoleus vaginatus* lebt auf periodisch nassen Böden, *Microcoleus steenstrupii* in Thermen. *Microcoleus lacustris* kommt untergetaucht in Seen vor.

Spiralig gewundene Trichome und deren rotierende Bewegung zeichnen die Gattung *Spirulina*, die Schraubenfaser, aus. In Natronseen, z. B. in Tschad (Afrika), lebt *Spirulina platensis*. Sie wird zu Algenkuchen verarbeitet und gegessen. Der hohe Eiweißgehalt der Zellen macht sie für Massenkulturen geeignet, die vor allem in Frankreich betrieben werden.

Familie Oscillatoriaceae

Die geraden oder leicht gekrümmten Trichome können Scheiden hervorbringen *(Lyngbya, Oscillatoria)* und sich dann unecht verzweigen. Die Trichomzellen sind kurz scheibenförmig; die Apikalzelle besitzt eine verdickte äußere Zellwand und eine Haube

(Calyptra). Die Fortpflanzung geschieht durch Trichomzerfall an Nekriden in Hormogonien oder Hormozyten. Die Trichome bewegen sich durch charakteristische pendelartige Schwingungen und Drehungen um ihre Längsachse, wodurch typisch strangförmige Lager entstehen. Im Stillwasser auf schlammigem oder festem Grund, meist an der Oberfläche von schwefelwasserstoffhaltigem Schlamm, finden sich verhauartige Lager, in denen die Trichome locker und scheinbar regellos durcheinanderkriechen und durch dünnflüssigen Schleim im Verband gehalten werden.

Die 18–20 Arten der Gattung *Oscillatoria* zeichnen sich durch scheibenförmige Zellen aus. Die Trichome sind meist scheidenlos. Sie bilden makroskopisch sichtbare, glatte, geschichtete Lager. Die schwärzlich blaugrünen bis braunen, getrocknet oft stahlblauen Lager von *Oscillatoria limosa* kommen im Salz- und Süßwasser vor. *Oscillatoria princeps* bildet besonders große, dunkelblaugrüne Lager in vorwiegend kalkreichen Gewässern.

Die 30 Arten der Gattung *Lyngbya* unterscheiden sich von denen der Gattung *Oscillatoria* durch eine manchmal geschichtete Scheide. Auch sie bilden meist große, kompakte, lederhäutige Lager.

Die Gattung *Blennothrix* zeichnet sich durch mehrere Trichome in einer Scheide aus. Von den 12 Arten ist besonders die Typusart *Blennothrix vermicularis* zu erwähnen.

Familie Homoeotrichaceae

Diese Familie ist durch meist festsitzende, heteropolare und unecht verzweigte Filamente gekennzeichnet. Die Trichome besitzen meristematische Zonen und bringen bewegliche Hormogonien in den apikalen Trichomteilen nach Abtrennung des haarähnlichen Endes hervor.

Bei der Gattung *Heteroleibleinia* (20 Arten) sind die apikalen Zellen des Trichoms abgerundet, bei der Gattung *Homoeothrix* laufen sie in farblose Haare aus. *Homoeothrix juliana* lebt submers in stehenden Gewässern.

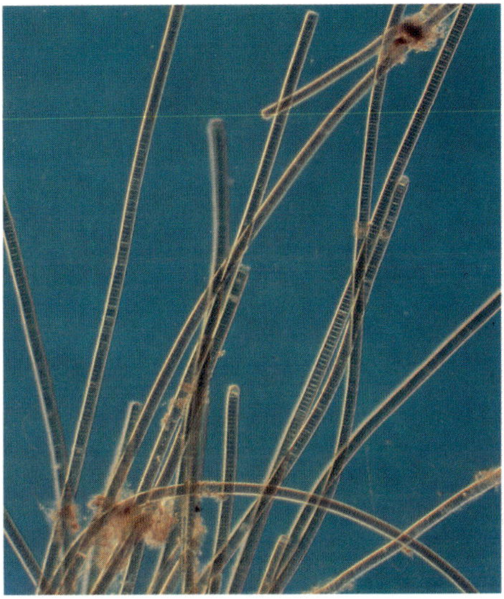

Oszillatoria limosa zeichnet sich durch scheidenlose Trichome aus.

Ordnung Nostocales

Die Lager dieser Gruppe einreihig-fädiger Blaualgen werden aus meist bescheideten Trichomen gebildet, die echt oder unecht verzweigt sein können. Oft sind die Zellen innerhalb eines Filaments ungleich, d. h., es werden Heterozysten (Grenzzellen) und/oder Akineten (Dauerzellen) gebildet, oder die Trichome können schmal auslaufen und sich in gegliederte Haare fortsetzen (Rivulariaceae). Hormogonienbildung ist verbreitet. Gasvakuolen sind vor allem bei den planktischen Formen vorhanden.

Familie Stigonemataceae

Ihre Vertreter bilden rasenartige oder filzigschwammartige Lager, die aus gekrümmten, feinen, echt verzweigten Fäden bestehen. Die Zellen der Fäden sind untereinander ungleich; die Zellteilung erfolgt in mehreren Ebenen. Die meist niederliegenden Hauptäste entwickeln oft Dauerzellen, die senkrecht aufsteigenden Seitenäste tragen Hormogonien. Die Grenzzellen liegen meist interkalar oder lateral. Die Familie ist weltweit verbreitet und bevorzugt saure Moorgewässer, feuchte Silikat- und Kalkgesteine sowie Thermen.

Die meist an Felsen und Mauern lebende Gattung *Stigonema* umfaßt rund 25 Arten. *Stigonema mammillosum* entwickelt dunkelbraune, schwammige, bis 12 mm hohe, amphibische Lager, während die von *Stigonema ocellatum*, einer typischen Hochmoorform, nur bis 3 mm hoch werden. Einige Arten bestimmen als Gonidien von Flechten *(Ephebe)* deren Erscheinungsbild.

Eine typische Thermalalge ist *Fischerella thermalis*, deren teppichartige, oliv- bis schwärzlichgrüne Lager bis 1 mm hoch werden.

Familie Mastigocladaceae

Die vor allem in Thermen verbreiteten Formen bilden häutige Gallertlager, die aus V-förmig scheinverzweigten Fäden bestehen. Die Äste treten als Hormogonien zwischen 2 benachbarten Zellen aus.

Mastigocladus laminosus ist in heißen Quellen weltweit verbreitet und entwickelt ledrig-häutige, flach ausgebreitete, blaue bis blaugrüne Lager.

Die polsterförmigen Lager von *Herpyzonema lorentzii* sind braunschwarz. Die Fäden der Erdalge sind scheinverzweigt und mit einer dicken Scheide versehen. Die länglichen Heterozysten werden innerhalb des Fadens gebildet (interkalar).

Familie Scytonemataceae

Auch bei dieser Familie sind die Fäden scheinverzweigt; die Äste treten meist in der Nachbarschaft von Grenzzellen aus. Die Fäden setzen sich aus einzelreihigen Trichomen und Scheiden zusammen; sie laufen nicht in Schleimhaare aus.

Die Gattung *Tolypothrix*, der »Knäuelfaden«, umfaßt etwa 20 Arten. *Tolypothrix tenuis* kommt untergetaucht an Wasserpflanzen, sowohl limnisch als marin, vor. *Tolypothrix byssoidea* lebt amphibisch an feuchten Felsen. *Tolypothrix lanata* fällt in stehenden Gewässern durch schwarze, büschelige, bis 2 cm lange Lager auf, *Tolypothrix cucullata* überzieht mit etwa 1 cm^2 großen, dunkel- bis braungrünen Polstern die faust- bis kopfgroßen Kalksteine in periodisch trockenfallenden Bergbächen.

Die Gattung *Scytonema*, der Lederfaden, bildet große, meist stark gebräunte, oft fellartige Lager auf nassem, periodisch oder dauernd überschwemmtem Gestein. Die Scheiden ihrer paarig scheinverzweigten Fäden sind parallelgeschichtet und kaum dicker als die Fäden selbst. Besonders bekannt ist *Scytonema myochrous*, das Mäusefell, das auf feuchten Felsen an den schwärzlichen, in Richtung des herabfließenden Wassers ausgedehnten, streifigen Überzügen (»Tintenstrichen«) erkennbar ist.

Familie Rivulariaceae

Die immer einzelreihigen Trichome verjüngen sich meist zu verschleimenden Haaren. Frühzeitig polarisieren sich die Fäden in Spitze und Basis; die Spitze bildet das Haar, die Basis wird teilungsunfähig und entwickelt oft Heterozysten. Aus einer teilungsfähigen Mitte des Trichoms können Seitenäste entstehen. Die Trichome ordnen sich mehr oder weniger radiär an und formen festsitzende Halbkugelpolster oder pelagische Kugelpolster.

In stehenden und langsam fließenden, meist nährstoffreichen Gewässern fallen die Kugelpolster der Gattung *Gloeotrichia*, des Schleimigels, auf. *Gloeotrichia natans* sitzt anfangs als schmutzig olivgrüne, meist 1–10 cm große Gallertkugel an untergetauchten Wasserpflanzen fest, löst sich später ab und schwimmt an der Wasseroberfläche. Im Sommer entwickelt die kleinere *Gloeotrichia echinulata* grießige Wasserblüten. *Gloeotrichia pisum* sitzt als harte, erbsengroße, schwärzlichgrüne Gallertkugel an Pflanzenteilen fest und löst sich nur selten ab.

Ähnliche Standorte bevorzugt die 20 Arten umfassende, nahe verwandte Gattung *Rivularia*, die Bachflocke, die sich von *Gloeotrichia* nur durch das Fehlen von Dauerzellen unterscheidet. Die radial-strahligen, anfangs halbkugelig-polsterförmigen, später ausgebreitet rasigen Gallertlager von *Rivularia haematites* verkalken stark, imprägnieren sich mit Eisenhydroxid, können 1–3 cm dick werden, weisen Jahresschichten auf und kommen besonders in kalkreichen Bächen und Flüssen vor. Ungeschichtet und weniger stark verkalkt bleiben die höchstens 1 cm dicken Lager der rotbraunen *Rivularia rufescens* und der schwarzgrünen *Rivularia dura. Rivularia atra* ist auf Steinen, Holz und an Algen an der Wasserlinie der Meeresküsten weltweit verbreitet.

Die Trichome der 30 Arten umfassenden Gattung *Calothrix*, der Schönfaser, sind kaum verzweigt. Viele ihrer Arten sind thermophil, z. B. die besonders in Schwefelthermen blaugrüne Lager bildende *Calothrix thermalis.* Temperaturen über 60 °C erträgt *Calothrix calida.* Dünne, teilweise endopetrische, braunschwarze Krusten zeichnen *Calothrix parietina* aus, die in der Wellenschlagzone von Bächen und Seen, aber auch im Meerwasser lebt.

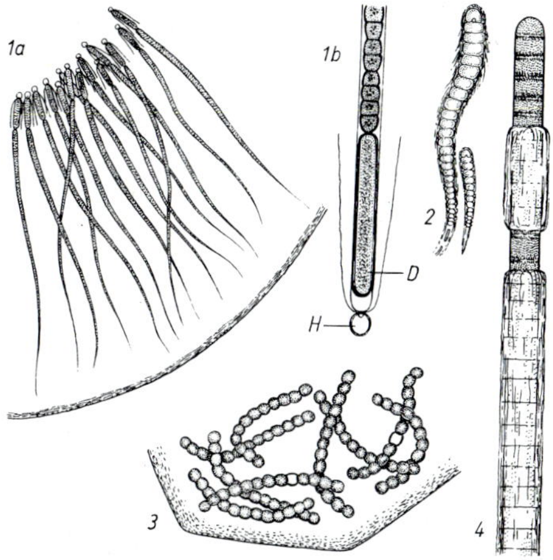

Gloetrichia natans. 1a Teil einer Kolonie, 1b Basalteil eines Fadens mit einer Heterozyste (H) und Dauerzelle (D). 2 *Calothrix parietina,* 3 *Nostoc commune,* Teil einer Kolonie, 4 *Lyngbya martensiana,* Faden mit fester Hülle (nach Fott)

Familie Nostocaceae

In dieser Familie ist die Tendenz zur Gallertbildung sehr ausgeprägt, so daß oft große, mit bloßem Auge sichtbare Lager entstehen. Die Fäden sind einzellreihig und fast stets unverzweigt, haben kugelige Grenzzellen und lagern, oft rosenkranzartig gewunden, in dikken, verquellenden Gallertscheiden. Haarbildung kommt nur bei *Aphanizomenon* vor.

Die Typusgattung *Nostoc*, der Schleimling oder Zittertang, umfaßt rund 40 Arten, die ganz verschiedene Lebensstätten bewohnen. So kommt *Nostoc commune*, die Sternschnuppe, unter anderem an extrem trockenen Standorten, z. B. zwischen Ruderalpflanzen auf sonnenexponierten Schottenflächen, vor. Sein Lager ist dann blattartig dünn und leicht bröckelig. Die Entwicklung zu gekröseförmigen, schwarzolivgrünen Lagern erfolgt meist nach gewittrigem Regen *(»Tremella meteorica nigra«).* Andere Arten, so *Nostoc zetterstedtii* oder *Nostoc kihlmannii*, können planktisch leben. Am Grund der Seen (»epipythmenisch«) siedeln die meist pflaumengroßen, glattberindeten Lager von *Nostoc pruniforme*, das regelrechte Entwicklungszyklen von planktischen Hormogonien über junge, epiphytische Lager bis zur benthischen, kugelig-knolligen, olivgrünen, reifen »Seepflaume« durchmacht. Grobhöckerig berindet sind die bis 10 cm großen Lager von

Anabaenopsis elenkinii. Goldberger See, Biosphärenreservat Steckby-Lödderitzer Forst, Sachsen-Anhalt

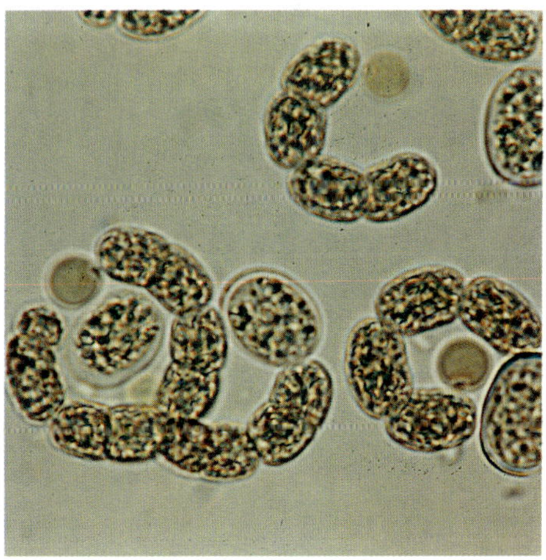

Die Wasserpflaume, *Nostoc pruniforme,* wächst am Grund unserer Seen (Schöhsee, Schleswig-Holstein).

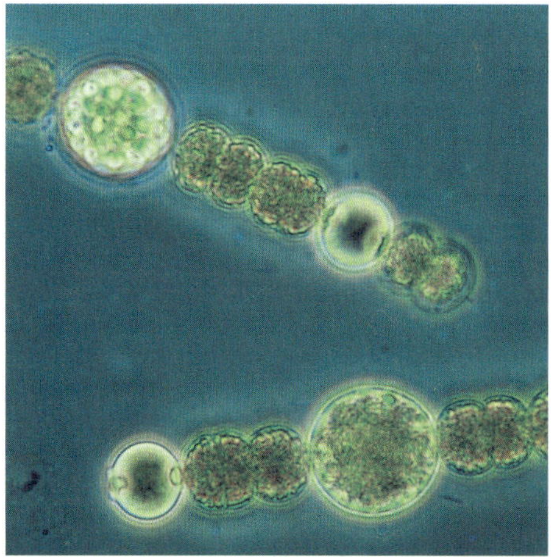

Anabaena solitaria in typischer schnurfadenförmiger Ausbildung mit Grenzzellen (Heterozysten)

Nostoc verrucosum. Nostoc sphaericum lebt in den Höhlungen von Lebermoosen (Jungermanniales), *Nostoc punctiforme* in Wurzelknöllchen von *Cycas* und *Trifolium. Nostoc*-Lager können in sogenannte Gallertflechten umgewandelt werden.

Die Lager der rund 100 Arten umfassenden Gattung *Anabaena,* des Schnurfadens, bestehen aus scheidenlosen, meist vereinzelten Fäden, deren Grenz- und Dauerzellen im Gegensatz zu denen von *Nostoc* nicht endständig sind. Oft entwickeln sie Wasserblü-

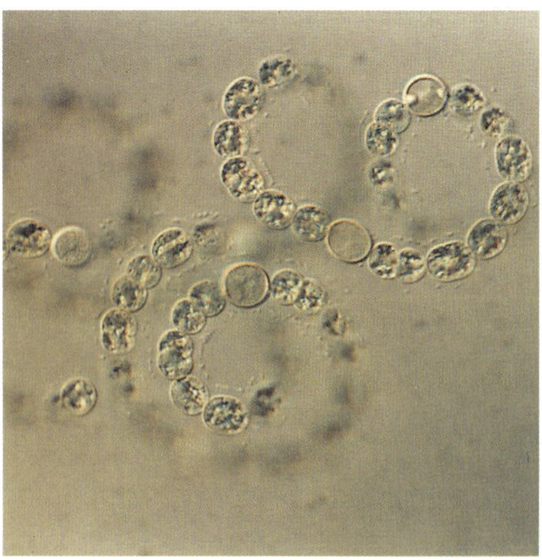

Anabaena lemmermannii, gewundenes Trichom mit Heterozysten; in der Heterozyste rechts unten sind die in das Zellinnere vorspringenden polaren Noduli zu sehen.

Aphanizomenon flos-aquae, die Sichelalge, die in eutrophen Seen und Teichen Wasserblüten bilden kann

ten, so *Anabaena flos-aquae*, deren mit bloßem Auge sichtbare Lager aus knäuelig verflochtenen und oft mit Glockentierchen besetzten Fäden bestehen. Bei *Anabaena spiroides* sind die Fäden regelmäßig schraubig gewunden, bei *Anabaena elliptica* dagegen schnurgerade. Freien Stickstoff können viele *Anabaena*-Arten binden, z. B. *Anabaena cylindrica, Anabaena oryzae* – aus indischen Reisfeldern beschrieben – und *Anabaena variabilis*.

An Fichtennadeln erinnern die mit bloßem Auge sichtbaren und in nährstoffreichen Seen und Teichen massenhaft auftretenden Fäden von *Aphanizomenon flos-aquae*, der Sichelalge. Ihre Produktivität wird in der Teichwirtschaft durch Kalk- und Phosphatdüngung erhöht.

Die Knotenschnur, *Nodularia spumigena*, bildet vor allem in Teichen große, schaumige Massen. Eine Wasserblüte am Kleinen Jasmunder Bodden auf Rügen führte vor einigen Jahren zu einem Entenmassensterben durch giftige Zersetzungsprodukte.

Abteilung Urgrünalgen, Prochlorophyta

Schon seit rund 50 Jahren ist bekannt, daß in tropischen marinen Gewässern hellgrün gefärbte Assoziationen von kleinen kugeligen Zellen im Kloakensystem oder auf der äußeren Oberfläche von Seescheiden vorkommen. Man hielt diese Organismen für Zoochlorellen oder Blaualgen. Es mutete daher sensationell an, als sich herausstellte, daß diese kleinen Einzeller einerseits Chlorophyll a und b, aber keine Blaualgen-Phycobiline besitzen, also Merkmale des Grünalgenpigmentsystems aufwiesen, andererseits aber weder Chloroplasten noch einen Kern haben.

Damit erweist sich *Prochloron* als Gattung eines neuen Typs prokaryotischer »Algen«, deren Zellwand Muraminsäure und Peptidoglykan enthält und deren akzessorisches Pigmentmuster aus β-Carotin, Zeaxanthin, β-Cryptoxanthin, Mutachrom und Iso-Cryptoxanthin besteht. Die photosynthetischen Lamellen sind aus 2 aneinandergepreßten Thylakoiden zusammengesetzt und liegen konzentrisch im äußeren Chromoplasma oder unregelmäßig verstreut im Zellkörper. Im Zentroplasma liegt das *Prochloron*-Genom, das 30–40mal größer ist als das der Chloroplasten der Grünalgen.

Die Prochlorophyta werden hier als prokaryotische phototrophe Organismen in die Nachbarschaft der Blaualgen gestellt, obwohl sie von diesen in vielen morphologischen und biochemischen Belangen abweichen. Einige Autoren sehen die Organismen als Vorläufer der Grünalgen an, andere als Abkömmlinge der Blaualgen vom Microcystis-Typ.

Es ist eine Art, *Prochloron didemni*, beschrieben, deren Zellen 6–25 µm im Durchmesser messen, und die sich durch Zweiteilung (Plasmotomie) fortpflanzt. Sie leben auf oder in Seescheiden (Ascidien) der Gattungen *Didemnum, Trididemnum, Diplosoma* und *Lissoclinum* und sind an der Nordwestküste Mexikos, in der Karibik, in der Nähe der Galäpagosinseln, um Hawaii und im Indopazifik im Litoral bei Wassertemperaturen über 20 °C gefunden worden. Es handelt sich um obligate Symbionten, d. h., sie treten in der Natur nie getrennt vom Wirt auf.

Die Algen

Unter Algen wollen wir alle kernhaltigen (eukaryotischen), primär autotrophen, d.h. chlorophyllführenden (holophytischen) Lebewesen verstehen, die keine Archegoniaten oder Telomophyten sind. Rechnen wir dazu noch ihre apochlorotischen, d.h. sekundär chlorophyllos gewordenen Abkömmlinge, die sogenannten farblosen Algen, nicht aber die rein heterotrophen, parasitischen oder saprophytischen Pilze und die sekundär durch Symbiose autotroph gewordenen Flechten, dann haben wir zwar keine positive Begriffsbestimmung erreicht, wohl aber eine systematisch uneinheitliche Gruppe inhaltlich und ihrem Umfang nach gekennzeichnet. Die geißelbeweglichen, einzelligen und koloniebildenden Formen, die Phytoflagellaten, die früher meist als Ordnungen der Protozoa geführt wurden, sind definitionsgemäß als Algen zu behandeln. Nicht so die kernlosen (protokaryotischen), autotrophen Blaualgen, die keine echten Algen sind, obwohl sie dem volkstümlichen Begriff durchaus entsprechen. Der lateinische (und italienische) Volksname alga bezeichnete ursprünglich ganz allgemein im Wasser lebende Gewächse, also auch blütentragende Wasser- bzw. Sumpfpflanzen. Griechisch phykos (lateinisch fucus) wurde ursprünglich nur für größere Meeresalgen (Tange, Seegräser) gebraucht. Die Endung -phyceae für die wissenschaftliche Bezeichnung der Algenklassen wird von diesem Stamm abgeleitet. Wir müssen uns damit abfinden, daß sich der sprachlich überlieferte, einer vergleichsweise naiven Auffassung entstammende Ausdruck »Alge« nicht mit einer naturgegebenen Ordnungskategorie im Sinn von Systematik und Klassifikation zur Deckung bringen läßt. Er ist ein biologischer Begriff, der die Mehrzahl der existierenden pflanzlichen Abteilungen oder Stämme umfaßt, taxonomische Einheiten, zwischen denen sich verwandtschaftliche Beziehungen nicht mehr aufzeigen lassen, wenn man von den durch den Merkmalskomplex »eukaryotische Zellorganisation« vermittelten Gemeinsamkeiten absieht.

Alle Algenzellen sind eukaryotisch organisiert, d. h., ihr Zellkörper (Protoplast) ist durch individuelle, zytoplasmatische Membranen in Reaktionsräume gegliedert (kompartimentiert), die ganz bestimmte Lebensfunktionen erfüllen. Atmung, Assimilation, Stoffsynthesen, Informationsspeicherung und -übertragung sind an spezifische, membranbegrenzte Organellen gebunden, an Mitochondrien, Chromomatophoren (Plastiden), den Golgiapparat und Kern (Nukleus, Karyon). Als ein zartes, zusammenhängendes, dynamisch labiles System röhrenartiger oder flächig verbreiterter, vielfach vernetzter Hohlräume (Zisternen) durchzieht das endoplasmatische Retikulum (Endoplasmaretikulum, ER) das Zytoplasma und hüllt viele der Organellen ein. Nach außen begrenzt eine Elementarmembran (Plasmalemma) den Protoplasten. Als Prototyp des Euzyten gilt die Flagellatenzelle, auf die sich alle Typen der Algenzellen zurückführen lassen (vgl.

aber den Abschnitt »Die Grundlagen der systematischen Gliederung«). Sie zeichnet sich durch den Besitz von besonderen Bewegungsorganellen, den Geißeln, aus, die aus Eiweißfibrillen von charakteristischer Anordnung – (9 – 9) + 2-Querschnittmuster – bestehen.

Die Algen umfassen in unserer Darstellung 11 Abteilungen: Chrysophyta, Bacillariophyta, Tribophyta, Phaeophyta, Rhodophyta, Cryptophyta, Dinophyta, Euglenophyta, Chlorophyta, Zygophyta und Charophyta. Eine kleine Gruppe, die Chloromonadophyceae, wird im Anhang an die Xanthophyta behandelt. Für unsere Gliederung haben wir im wesentlichen folgende Kriterien herangezogen: 1. Das Begeißelungsmuster der beweglichen Formen bzw. Phasen, 2. das Assimilationspigmentmuster und seine Träger, die Chromatophoren, 3. das Reservestoffmuster, 4. den Bau und die chemische Zusammensetzung der Zellwände, 5. Besonderheiten des Zellbaus, 6. die Organisationsstufen, 7. die Vermehrungs- und Fortpflanzungsverhältnisse sowie die Lebenszyklen.

Idealer Längsschnitt durch den Zellkörper eines Eukaryoten (Phytoflagellaten). A Augenfleck, BK Geiselbasis, C Zytoplasma, CH Chromatophor, E Endoplasmatisches Retikulum, G Golgikörper, GA Geißelapparat, K Kern, M Mitochondrien, P Pyrenoid, PZ Pinozytose, Z Zentriol (verändert nach Grell)

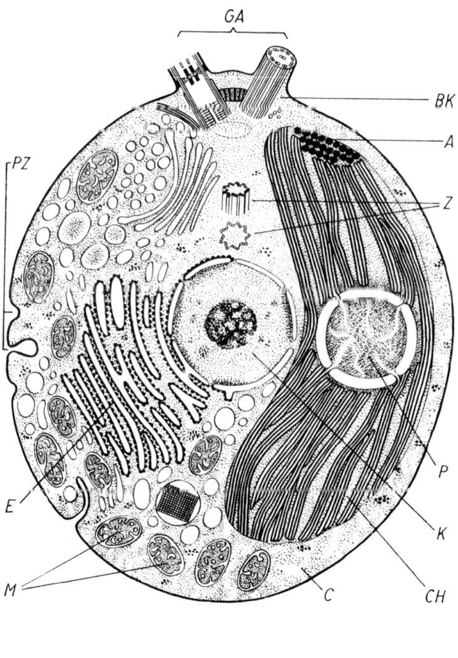

Die Begeißelungsverhältnisse

Der Geißelapparat ist eine erbtypische Organelle des Euzyten, die sich über das Gestaltungsniveau der Flagellaten hinaus bei Algen, Pilzen, Tieren und höheren Pflanzen in mannigfacher funktioneller und struktureller Abwandlung erhalten hat. Geißeln, Zilien und Spermaschwänze sind im gesamten Bereich der Eukaryoten prinzipiell gleich gebaut. Demgegenüber wandeln sich die Gestalt der Geißel und die mit ihr verbundenen Bauelemente vielfältig ab: Haare, Schuppen, Dornen, undulierende Membranen, Geißelfeinstruktur sowie die Anzahl der Geißelgrundeinheiten sind in einzelnen Gruppen ganz verschieden und oft von beträchtlichem, systematischem Wert.

Der Geißelapparat ist in einen extra- und einen intrazellulären Abschnitt gegliedert. Der äußere Abschnitt, die eigentliche Geißel, wird von der Geißelmembran, der unmittelbaren Fortsetzung des Plasmalemmas, umhüllt und setzt sich aus Spitze, Schaft und Übergangsregion zusammen. Der innere Abschnitt umfaßt die Geißelbasis (Basalkörper, Kinetosom) und die Geißelwurzel. Der gesamte Geißelapparat wird von einem Mikrotubulibündel (Axonema) durchzogen, dessen Querschnittsbild im Bereich des Schaftes ein (9 – 9) + 2-Muster und im Bereich der Geißelbasis ein (9 – 9 – 9) + 0-Muster zeigt. Im Schaft bilden jeweils 2 zusammenhängende Mikrotubuli die 9 peripheren Doubletten. Im Innern verlaufen die beiden zentralen Mikrotubuli, die oft von einer gemeinsamen Hülle (Zentralscheide) umschlossen werden. Die Doubletten besitzen Arme, die im Uhrzeigersinn an dem Mikrotubulus A ansetzen. Im Spitzenteil der Geißel, der von sehr unterschiedlicher Länge sein kann, enden die Mikrotubuli, wobei sich meist die beiden Zentraltubuli am weitesten in die Geißelspitze hinein erstrecken. Die Übergangsregion ist äußerlich oft dadurch leicht vom Schaft zu unterscheiden, daß hier die Geißel einge-

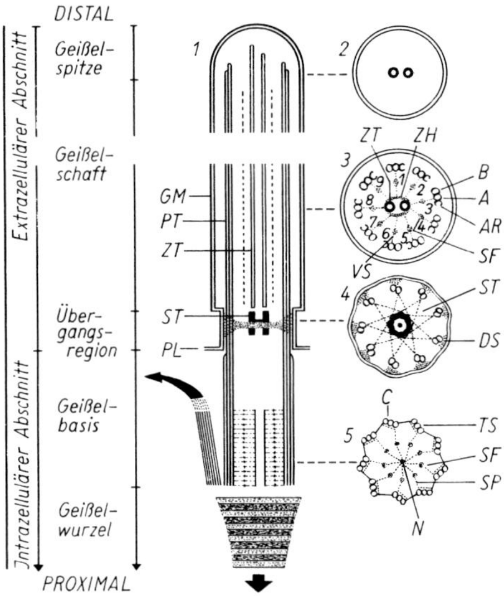

Diagramm einer Geißel von *Chlamydomonas* nach elektronenmikroskopischen Untersuchungen. 1 Längsschnitt, 2 Querschnitt durch die Geißelspitze, 3 Querschnitt durch den Geißelschaft, 4 Querschnitt durch die Übergangsregion, 5 Querschnitt durch die Geißelbasis, A Mikrotubulus A, AR Arme, B Mikrotubulus B, C Mikrotubulus C, DS Boublet, GM Geißelmembran, N Nabe, PL Plasmalemma, PT periphere Mikrotubuli, SF Sekundärfibrille, SP Speiche, ST Sternkörper, VS Verbindungssehne, ZH Zentralscheide, ZT Zentrale Mikrotubuli

schnürt erscheint: Die Geißelmembran tritt dicht an die Doubletten des Axonemas heran. Am distalen Ende der Übergangsregion entspringen die Zentraltubuli oft einem Axosom (Zentralkorn), das einer besonderen Struktur (Transversalseptum) eingefügt oder aufgesetzt ist. Im mittleren Abschnitt der Übergangsregion sind nur die Doubletten des Bündels ausgebildet. Sie gehen am proximalen Ende der Übergangsregion in die Tripletts der Geißelbasis über. Hier finden sich häufig wiederum spezifische Strukturen wie Septen und Diaphragmen.

Im Bereich der Geißelbasis ordnen sich die Doubletten zu einem Kranz von 9 Dreiergruppen (Tripletts), die gegeneinander versetzt und untereinander oft durch Filamente verbunden sind. Am proximalen Ende der Geißelbasis ist im Querschnittsbild ein Radspeichermuster erkennbar: Jedes Triplett steht durch eine leicht gebogene filamentöse Speiche mit einer tubulären Achsenfibrille (Nabe) in Verbindung.

Mit den Basalkörpern zusammen hängen aus mikrotubulären und/oder fibrillären oder amorphen Elementen zusammengesetzte Geißelwurzeln, und zwar solche, die als oberflächige Wurzeln direkt unter dem Plasmalemma liegen, und solche, die sich als interne Wurzeln in den Zellkörper hinein erstrecken und dabei den Kontakt mit anderen Organellen, wie dem Kern, dem Golgiapparat, den Mitochondrien oder den Chloroplasten, gewinnen. Rhizoplasten nennt man eine quergestreifte Geißelwurzel, wie sie z. B. bei den Gattungen *Carteria, Chlamydomonas, Dunaliella, Scourfieldia, Tetraselmis, Pyramimonas* und *Platycladus* vorkommt. Innerhalb der Algen variiert der Komplex der

Beispiele für echte oder scheinbare Eingeißeligkeit bei Algen

Algengruppe	Gattung (Auswahl)	Anmerkungen (GB 2. Geißelbasis) (RG 2. Geißel funktionslos)
Chrysophyceae	*Chromulina*	RG
	Mallomonas	RG
	Kephyrion	RG
	Chrysococcus	RG
	Chrysamoeba	RG
	Phaeaster	RG
	Phaeodermatium	RG
Dictyochophyceae	*Dictyocha*	GB
Pedinellophyceae	*Pedinella*	GB
	Apedinella	GB
Bacillariophyceae	*Lithodesmium*	
	Melosira	
	Coscinodiscus	
	Bacteriastrum	
Eustigmatophyceae	*Pleurochloris*	GB
	Polyedriella	GB
	Vischeria	GB
	Chlorobotrys	
Fucophyta	*Dictyota*	GB
Euglenophyta	*Euglena*	RG
Pyramimonadophyceae	*Mantoniella*	RG
Pedinomonadales	*Pedinomonas*	GB
	Micromonas	GB

Geißelwurzel sehr stark, und seine Baueigentümlichkeiten sind neuerdings für die Systematik verwertet worden, besonders bei den Grünalgen. So ist für alle Volvocophyceen und Ulvophyceen ein kreuzförmiges Geißelwurzelsystem nachgewiesen worden, ebenso für einige Pyramimonadophyceen. Das kreuzförmige Geißelwurzelsystem besteht aus 4 mikrotubulären Strängen, die von den Basalkörpern ausgehen. Die einander gegenüberstehenden Wurzeln besitzen gewöhnlich eine identische Zahl von Mikrotubuli gemäß der Formel X–2–X–2, wobei X Zahlen zwischen 2 und 9 annehmen kann. So hat z. B. *Dunaliella primolecta* eine 4–2–4–2-Muster, wie auch z. B. *Ulva lactuca* oder *Chlamydomonas*-Arten. Vertreter der Gattungen *Stigeoclonium, Draparnaldia, Ulothrix* und *Hafniomonas* zeichnen sich durch X = 5 aus. X = 6 ist von den Gattungen *Microthamnion* und *Sorastrum* bekannt. Die Gattung *Sphaeroplea* hat X = 7–9, während X = 3 in den Gattungen *Chaetomorpha* und *Golenkinia* beobachtet worden ist. Bei den Oedogoniophyceen bilden die Geißelbasen einen Ring, wobei pro Geißel eine mikrotubuläre und eine quergestreifte Wurzel vorhanden sind. Bei den ebenfalls vielgeißeligen Fortpflanzungszellen von *Derbesia-, Bryopsis-* und *Dichotomosiphon*-Arten ist X = 4 in den männlichen und X = 5 in den weiblichen Gameten vorhanden. Betrachtet man bei den genannten Gruppen grüner Algen die Anordnung der Basalkörper und der mikrotubulären, kreuzförmigen Geißelwurzeln vom vorderen Ende des Schwärmers aus, dann liegen die distalen Enden der Basalkörper in einer 11-Uhr- und 5-Uhr-Position (entgegen dem Uhrzeigersinn; so bei den Ulvophyceen) oder in einer 1-Uhr- und 7-Uhr-Position (im Uhrzeigersinn; so bei den Volvocophyceen). Von Bedeutung sind außerdem die mit den mikrotubulären Geißelwurzeln und Basalkörpern verbundenen quergestreiften oder amorphen Bänder.

Schematische Darstellung des Baues des Geißelwurzelkomplexes (GWK) bei den Chlorophyta und Charophyta.
1 Chlorophyta: 4 mikrotubuläre Geißelwurzeln (G) in kreuzförmiger Anordnung, 2 Charophyta: ein lateraler, großer mikrotubulärer GWK mit vielschichtiger Struktur und eine zusätzliche kleine Geißelwurzel (G) (frei nach Mattox Stewart)

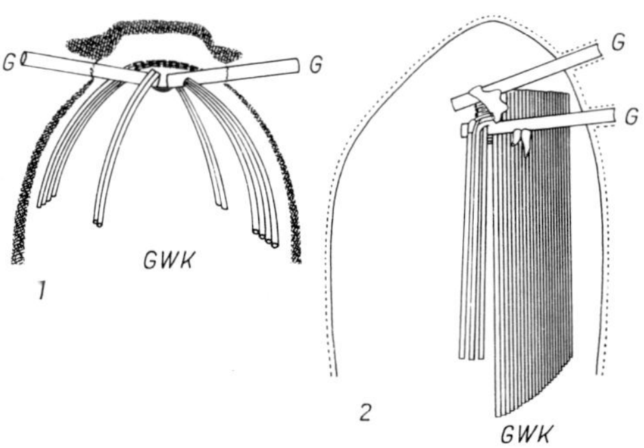

Die begeißelten Zellen der Charophyten besitzen dagegen eine breite, seitenständige, mikrotubuläre Geißelwurzel und eine zusätzliche kleinere, mikrotubuläre Wurzel. Wichtig ist, daß die breite Geißelwurzel mit einer komplexen, vielschichtigen Struktur verbunden ist, die in ähnlicher Form bei Bryophyten und Gefäßpflanzen auftritt. Die seitenständige Geißelwurzel besteht bei *Chlorokybus atmophyticus* aus 10, bei den Gattungen *Chaetosphaeridium* aus ungefähr 60 und *Coleochaete* ebenfalls aus zahlreichen Mikrotubuli. Auch bei den Cryptophyten, Chloromonadophyceen und Dinophyten sind eigenwertige, komplexe Geißelwurzelsysteme vorhanden. Vergleichsweise einfach gebaut sind sie dagegen bei Chrysophyten.

Viele Geißeln sind mit einem feinen, oberflächlichen Besatz von Haaren (Mastigonemen) und/oder Schuppen unterschiedlicher, oft art- oder gattungsspezifischer Feinstruktur bekleidet. Der Besatz kann allseitig, 2- oder 1reihig ausgebildet sein. Es gibt Hinweise darauf, daß die Haare z. T. in intrazellulären ER-Zisternen gebildet werden, die mit dem Golgiapparat in Verbindung stehen.

Im Verhältnis zur relativen Kleinheit des Zellkörpers der Algen ist der Geißelapparat ein raumfüllendes Bau- und Strukturelement, das neben dem Zellkern, dem Golgisystem, den Mitochondrien und den Plastiden die Organellgarnitur des Euzyten wesentlich mitbestimmt. Er besitzt eine Vielzahl variabler Bauelemente, die in bestimmten Verwandtschaftsbereichen nahezu konstant wiederkehren. Unter ihnen sind neben der Anzahl der Geißeln vor allem deren Längenverhältnisse und Bewegungsweise sowie deren äu-

Die Begeißelungsmuster einiger Algengruppen

Algengruppe	Geißelzahl	Geißelapparat										
		Länge		Gestalt		Bewegung		Bekleidung			Besonderheiten des Feinbaus	Besondere Kennzeichen
		isokont	heterokont	isomorph	heteromorph	isodynamisch	heterodynamisch	behaart	beschuppt	glatt		
Cryptophyta	2	(+)		+		+		+			Kammertyp (TR)	»Cryptomonadengeißel«
Dinophyta	2		+		+		+	+			Kammertyp (TR)	Quer- (Band-) u. Schleppgeißel
Chrysophyceae	2(1)		+		+		+	+		+	Spiralkörper (GT)	Flimmer- und Peitschengeißel
Prymnesiophyceae	2	+	(+)	+			+			+	Kammertyp (TR)	Haptonema
Bacillariophyta	1							+			(9 – 9) + 0-Muster (GT)	Flimmergeißel
Fucophyta	2(1)		+		+		+	+		+	Proboscis (GW)	Dorngeißel
Tribophyceae	2		+		+		+	+		+		Flimmer- und Peitschengeißel
Eustigmatophyceae	1							+			Spiralkörper (GT)	Flimmergeißel
Euglenophyta	1–7	+		+		+		+			Doppelspiralkörper (GT)	»Euglenageißel«
Chlorophyta	2–∞	+		+		+				+	Sternkörper (TR)	Peitschengeißel
Prasinophyceae	2–1		+	+		+		+	+		Sternkörper (TR)	Schuppengeißel

GB Geißelbasis; GT Geißelschaft; GW Geißelwurzel; TR Übergangsregion ( ) Nicht bei allen Arten

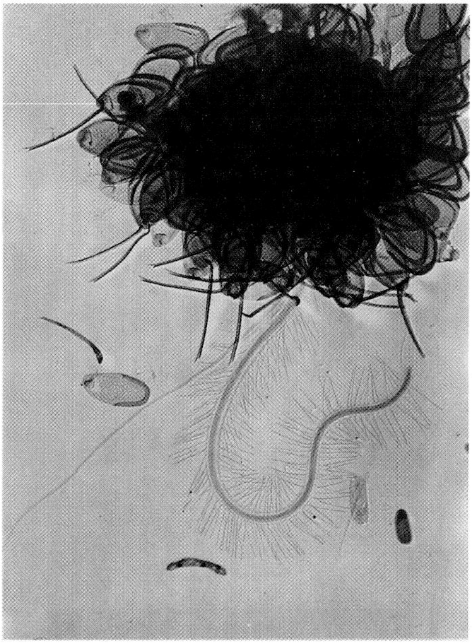

Mallomonas calceolus. Flimmer (F), Peitschengeißel (P) und Körperschuppen (bei S eine einzelne isolierte Schuppe mit Borste), elektronenmikroskopische Aufnahme

ßerer und innerer Bau von systematischer Bedeutung.

Primär 2geißelig sind die beweglichen Zellen der Chrysophyten, Tribophyten, Phaeophyten, Dinophyten, Euglenophyten, Chlorophyten und Chloromonadophyceen. Bei den Chlorophyten können mehr als 2 Geißeln den Geißelapparat aufbauen, bei den Gattungen *Stigeoclonium* und *Draparnaldia* 4, bei *Oedogonium, Bulbochaete* und *Derbesia* 40 und mehr, die sogenannte Geißelkränze um den vorderen Zellpol ausbilden. *Entocladia wittrockii* besitzt 3geißelige Zoosporen. Bei der Vaucheriophycee *Vaucheria* bedeckt ein dichtes Geißelkleid aus unzähligen Geißelpaaren die Oberfläche der Zoospore. Bei den Euglenophyten kommen neben den primären 2geißeligen auch 3- *(Euglenamorpha)* und 7zählige *(Hegneria)* Geißelapparate vor. Sie galten lange Zeit als eingeißelig. Es ist heute nachgewiesen, daß die eine der beiden Geißeln als sogenannte zweite Wurzel im Reservoir (Ampulle) zurückbleibt. Ähnliche Reduktionen wurden unter anderem bei den Gattungen *Chromulina* und *Chrysococcus* (Chrysophyta) beobachtet, wo die kürzere Peitschengeißel in einer taschenartigen Ausstülpung des Zellkörpers verbleibt. Bei anderen Formen (z. B. *Mallomonas* unter den Chrysophyten, *Dictyota* unter den Phaeophyten) weist eine noch vorhandene, reduzierte, zweite Geißel oder eine reliktäre, zweite Geißelbasis auf ursprüngliche Zweigeißeligkeit hin. Das dürfte auch der Fall bei *Pedinomonas minor* und *Micromonas pusilla* (Pedinomonadales) sein. Während in den eben angeführten Fällen die Eingeißeligkeit wahrscheinlich das Produkt eines Reduktionsprozesses ist, fehlen entsprechende Indizien bei den eingeißeligen Schwärmern der Kieselalgen und Kieselflagellaten.

Traditionell werden die Längenverhältnisse der Geißeln durch das Begriffspaar »isokont-heterokont« umschrieben, das allerdings gemeinhin auch die Bewegungsart und die Auskleidung der Geißel mit haarartigen Anhängen kennzeichnen soll. Wir schränken das Begriffspaar auf das Merkmal der relativen Länge ein. Die heterokonten Begeißelungstypen sind weit verbreitet. Absolut gleiche Länge der beiden Geißeln eines Geißelpaares findet sich nur in wenigen Gruppen und auch dort nur bei wenigen Formen wie z. B. unter den Grünalgen.

Die äußere Beschaffenheit der Geißeln, d. h. ihre Gestalt, die Art ihrer Anhänge oder Hüllorganellen, umschreiben wir mit dem Begriffspaar »isomorph-heteromorph«. Die haarartigen Anhänge der Geißeln (Haare, Flimmern, Mastigonemen) können verschieden gebaut und verschieden angeordnet sein. Von Flimmergeißeln sprechen wir in den Fällen, wo die relativ groben Haare in 2 lateralen Reihen (pantonematisch) auf der Oberfläche der Geißeln angeordnet sind. Sie zeichnen die Chrysophyceen, Xanthophyten, Bacillariophyten und Phaeophyten aus. Auch die iso- bis heterokonten Geißeln der Cryptophyten werden vielfach als Flimmergeißeln bezeichnet, obwohl die starren Haare denen der Chrysophyceen nicht entsprechen. Sie stellen einen Sondertyp der behaarten Geißeln (Cryptomonadengeißeln) dar. Das gilt gleichermaßen für die Geißeln des komplizierten, heteromorphen Geißelapparats der Dinophyten. Die Längsgeißel ist von feinen, zweizellig angeordneten Haaren, die bandförmige Quergeißel (Bandgeißel) von feinen, einseitswendig angeordneten Haaren (stichonematisch) besetzt. Eine ähnliche, bandförmige, stichonematische Geißel besitzen die Pedinellaceen *Pedinella hexacostata* und *Apedinella spinifera*, die im allgemeinen dem Goldalgenbereich zugeordnet werden. Die Geißeln der Euglenophyten werden von einseitswendig helikoid angeordneten, feinen Haaren bekleidet (Euglenageißel), die z. B. bei *Anisonema* und *Entosiphon* büschelig zusammentreten. Bei *Distigma* sind außerdem zusätzlich kurze Haare eingestreut. Im allgemeinen gelten die Geißeln der grünen Flagellaten und Algen als glatt und unbehaart (anematisch). Bei den Gattungen *Haematococcus, Stephanosphaera, Chlorogonium, Carteria* und *Pteromonas* aber umhüllen durchscheinende, leicht gekrümmte Haare den gesamten Geißelschaft mit Ausnahme der Spitze. Sie scheinen keine integralen Bestandteile der Geißel zu sein, da sie einer scheidenartigen Materiallage entspringen, die der Oberfläche der Geißel mehr oder weniger locker aufliegt. Die Geißeln der Prasinophyceen haben außer einem Schuppenkleid noch 2reihig angeordnete, leicht gekrümmte, dünne Haare. Besonders dünn – dünner als Bakteriengeißeln – sind die Haare der Geißeln von *Pedinomonas*. Dornartige Anhänge sind bisher nur von Vertretern der *Phaeophyten* bekanntgeworden. Die beflimmerte Vordergeißel von *Himanthalia* und *Xiphophora* weist einen einzigen dornartigen Anhang, die von *Dictyota* eine ganze Reihe Dornen auf. Geißelschuppen wurden bei den grünen Algen *Micromonas, Asteromonas, Mesostigma, Spermatozopsis, Nephroselmis, Pyramimonas, Halosphaera, Pteromonas, Heteromastix, Prasinocladus* und *Tetraselmis* entdeckt. Sie bekleiden die Geißeln in einfacher oder doppelter Lage (Schuppengeißeln) und haben mit den Schuppen auf der Zelloberfläche der Goldalgen nichts zu tun.

Der innere Feinbau der Algengeißeln weist zahlreiche besondere Züge auf. Hier seien nur die durch elektronenoptisch dichte Septen gekammerten Übergangsregionen der Gryptophyten, Dinophyten und Haptophyceen, der Spiralkörper und der Stigmaschirm in bzw. an der Basis des Geißelschafts der Chrysophyceen und Eustigmatophyceen, der Doppelspiralkörper im Geißelschaft der Euglenophyten, der Sternkörper in der Übergangsregion der Chlorophyten und das (9 – 9)+0-Muster des Axonemas der Bacillariophyten erwähnt. Unter den vielfältigen Ausprägungen der Geißelwurzeln fällt das als Proboscis (Rüssel) ausgebildete mikrotubuläre Zytoskelett der Phaeophyten und der Vaucheriophyceen besonders auf. Es kann kein Zweifel darüber bestehen, daß die nur elektronenoptisch nachweisbaren Besonderheiten des Geißelfeinbaus für die Systematik von großer Bedeutung sind.

Die Haptophyceen besitzen zwischen den beiden glatten Geißeln einen dritten, stummel- bis fadenförmigen, zwei- bis zwanzigmal körperlangen Anhang, das sogenannte Haptonema, das lange Zeit als dritte, starre Geißel angesehen wurde. Konstante Bauelemente des Tast- bzw. Verankerungsorganells sind der zentrale Kern aus einem Ring von 5–8 Mikrotubuli, der von 3 konzentrischen Einheitsmembranen umschlossen wird, und eine ER-Zisterne. Die Tubuli enden in der Spitzen- oder Basalregion des Haptonemas, das neben den Geißelbasen im Zellinnern entspringt. In der Haptonemabasis finden sich 9 unregelmäßig angeordnete Tubuli. Das Haptonema ist keine transformierte Geißel, sondern ein Organ sui generis.

Die Assimilationspigmente

Bei den Algen gibt es 3 Arten primärer, d. h. photosynthetisch aktiver, Pigmente: 1. die lipoidlöslichen Chlorophylle, 2. die ebenfalls lipoidlöslichen Karotinoide (Carotine und Oxycarotine = Xanthophylle) und 3. die wasserlöslichen Phycobiline (Biliproteine). Sie verleihen, in wechselnder Qualität und Quantität auftretend, den verschiedenen Algen ihre charakteristische Farbe: Die Algensystematik ist zu einem wesentlichen Teil seit jeher eine Farbensystematik. (Blau-), Grün-, Rot-, Braun- und Goldalgen legen dafür beredtes Zeugnis ab. Von besonderer Bedeutung für die Beurteilung der taxonomischen Wertigkeit der Pigmente ist die Entdeckung der lichtabhängigen, reversiblen Xanthophyllumwandlungsprozesse. Verschiedene

Xanthophylle treten in bestimmten Algengruppen komplex auf, so etwa Zeaxanthin-Antheraxanthin-Violaxanthin bei den Chlorophyten oder Diatoxanthin-Diadinoxanthin bei den Dinophyten. Je nach den Lichtverhältnissen herrscht die eine oder andere Komponente des Komplexes vor. Viele einander widersprechende Angaben über den Nachweis nur des einen oder anderen Xanthophylls finden so ihre Erklärung.

Bei vorsichtiger Interpretation der verfügbaren Daten lassen sich 6 Pigmentmuster unterscheiden:

1. Phycobilin-Lutein-Muster (PL-Muster):
Kennzeichnend für die Rhodophyten: Chlorophyll a, C- und R-Phycobiline, α- und β-Carotin; kein Xanthophyllzyklus; Lutein, Zeaxanthin, Antheraxanthin, Neoxanthin und Cryptoxanthin.

2. Phycobilin-Alloxanthin-Muster (PA-Muster):
Kennzeichnend für Cryptophyta; Chlorophylle a, c, C- und R-Phycobiline, α-Carotin, die Alkinkarotinoide Crocoxanthin und Monadoxanthin; kein Xanthophyllzyklus.

3. Fucoxanthin-Muster (F-Muster):
Leitxanthophyll Fucoxanthin; Chlorophylle a (+c), β-Carotin.
Es tritt in 2 Modifikationen auf:
a) Fucoxanthin-VAZ-Muster (FVAZ-Muster):
Xanthophyllzyklus Violaxanthin-Antheraxanthin-Zeaxanthin; so bei Braunalgen und einigen Chrysophyceen *(Ochromonas)*.
b) Fucoxanthin-DD-Muster (FDD-Muster):
Xanthophyllzyklus Diadinoxanthin-Diatoxanthin; so bei Haptophyceen, Bacillariophyten sowie in Abwandlung – Leitxanthophyll Peridinin – bei Dinophyten.

4. Vaucheriaxanthin-Muster (V-Muster):
Leitxanthophyll Vaucheriaxanthin; Chlorophyll a, β-Carotin.
Es tritt in 2 Modifikationen auf:
a) Vaucheriaxanthin-VAZ-Muster (VVAZ-Muster):
Xanthophyllzyklus Violaxanthin-Antheraxanthin-Zeaxanthin; so bei den Eustigmatophyceen.
b) Vaucheriaxanthin-DD-Muster (VDD-Muster):
Xanthophyllzyklus Diadinoxanthin-Diatoxanthin; so bei echten Tribophyceen und Botrydiophyceen, durch Heteroxanthin ergänzt.

5. Diadinoxanthin-Muster (D-Muster):
Kennzeichnend für Euglenophyta; Xanthophyllzyklus Diadinoxanthin-Diatoxanthin; Chlorophylle a + b, β-Carotin, Neoxanthin, Echinenon, Cryptoxanthin.

6. Lutein-Muster (L-Muster):
Kennzeichnend für die Chlorophyten: Leitxanthophyll Lutein, Chlorophyll a + b, α- und β-Carotin, Xanthophyllzyklus Zeaxanthin-Antheraxanthin-Violaxanthin. Von ihm ableitbar sind die Modifikationen:
a) Lutein-Siphonaxanthin-Muster (LS-Muster):
Leitxanthophyll Siphonaxanthin bzw. Siphonein; kennzeichnend für einige Bryopsidophyten; auch bei einigen Prasinophyceen und *Microthamnion* vorkommend.
b) Lutein-Micronon-Muster (LM-Muster):
Leitxanthophyll Micronon, Chlorophylle a + b, α- und β-Carotin, Neoxanthin, Violaxanthin sowie mehrere unbekannte Karotinoide; kennzeichnend für einige Prasinophyceen.
c) Lutein-Lycopin-Muster (LL-Muster):
β-Carotin durch Lycopin und α-Carotin ersetzt; kennzeichnend für die Charophyten.

Die Gliederung der Algen auf der Grundlage der Verteilung der Assimilationspigmente fußt auf der Vorstellung, daß die Pigmentation, einmal entstanden, sich in phylogenetisch aufsteigender Linie weiterentwikkelt hat. Danach sind die verschiedenen Assimilationspigmente erbtypische Eigenschaften der Rot-, Braun- und Grünalgen und für deren Entwicklung und Entfaltung von vitaler Bedeutung gewesen. Ihre Entstehung und Differenzierung, ihre chemische Evolution werden als das Ergebnis verschiedenartiger Reaktionen der Organismen auf im Lauf der Erdgeschichte wechselnde Einwirkungen bestimmter Kräfte der Umwelt, besonders der Strahlungsverhältnisse in der Atmosphäre und im Wasser, betrachtet. In der Evolutionsreihe (Blau-), Rot-, Braun-, Gold- und Grünalgen soll sich eine chemische Evolution ausdrücken, die, mit dem Phycocyan beginnend, über Phycoerythrin, Fucoxanthin und Xanthophyll schließlich zu einem Pigmenttyp fortentwickelt worden ist, in dem das von Anfang an vorhandene Chlorophyll ohne zusätzliche Pigmente auskommen kann. Diese Vorstellung wird durch die Hypothese ergänzt, daß die Biosynthesewege der Pigmente als Abbilder ihrer chemischen

Evolution und damit als Indikatoren der biologischen Evolution gedeutet werden müssen. So sollen die Chlorophylle b, c und d von a abstammen, die Karotinoide sollen in Abstammungsreihen zusammengefaßt werden können, während für die Phycobiline ein Abklingen ihres Anteils von den Blau- über die Rotalgen und Cryptophyten angenommen wird.

Die Endosymbiontentheorie hingegen postuliert die Einwanderung von pigmentierten, prokaryotischen Zellen oder Pigmentträgern in eukaryotische, farblose Progenoten. Auch an die Einwanderung von eukaryotischen, pigmentierten Formen in andere farblose Eukaryoten ist gedacht worden. So sollen z. B. die Euglenophyten Produkte einer Symbiose von Grünalgen mit Zooflagellaten sein. Aber auch bei Berücksichtigung dieser Hypothese ist zu fragen, inwiefern Biosynthesewege eine Rolle bei der Aufspaltung in verschiedene Assimilationspigmentmuster gespielt haben.

Trotz der zweifellos großen Bedeutung der Assimilationspigmente für die Systematik der Algen darf ihre Rolle nicht überschätzt werden. Der beachtliche Anteil farbloser Algen weist darauf hin, daß noch andere Merkmalskomplexe zur Kennzeichnung der Gruppen herangezogen werden müssen.

Unter bestimmten Bedingungen (Stickstoffmangel, Nährsalzmangel, niedriger *p*H-Wert, intensive Beleuchtung, Altern, Sporenbildung) kommen bei Grünalgen und Euglenophyten Sekundärkarotinoide vor. Es handelt sich um Karotinoide, die als Oxo-Derivate des β-Carotins auf den Grundtyp eines Ketokarotinoids (3-Hydroxy-4-Keto-β-Carotin) zurückgeführt werden können. Astaxanthin, Echinenon, Hydroxyechinenon, Canthaxanthin, Adonixanthin, Adonirubin gehören dazu. Sie treten unter anderem als

Die Verteilung der Assimilationspigmentmuster bei den Algen

Ordnungsprinzipien

Chlorophylle	Phycobiline	Xanthophyllzyklus	Pigmentmuster und Algengruppen		
Chlorophyll a + b	nicht vorhanden	Violaxanthin ↓ ↑ Antheraxanthin ↓ ↑ Zeaxanthin	L-Muster	VVAZ-Muster	FVAZ-Muster
			Chlorophyta	Eustigmatophyceae	Fucophyceae Chrysophyceae
		Diadinoxanthin ↓ ↑ Diatoxanthin	D-Muster	VDD-Muster	FDD-Muster
			Euglenophyta	Tribophyceae Chloromonadophyceae	Bacillariophyta Prymnesiaphyceae
Chlorophyll a (andere Chlorophylle außer b zusätzlich)	?				Dinophyta
	vorhanden	nicht vorhanden	PL-Muster	PA-Muster	
			Rhodophyta	Cryptophyta	

Die Verteilung der Assimilationspigmente (Auswahl) bei den Algen

Pigmente	Algengruppe														
	Chrysophyceae	Prymnesiophyceae	Bacillariophyta	Fucophyta	Tribophyceae	Botrydiophyceae	Vaucheriophyceae	Eustigmatophyceae	Chloromonadophyceae	Dinophyta	Cryptophyta	Rhodophyta	Euglenophyta	Chlorophyta und Zygophyta	Charophyta
Chlorophylle															
Chlorophyll a	+	+	+	+	+	+	+	+	+	+	+	+	+	+	+
Chlorophyll b													+	+	+
Chlorophyll c_1	[+]	+	+	+	+	+	+		+	+	[+]				
Chlorophyll c_2		+			+	+	+			[+]	+				
Chlorophyll d												[+]			
Phycobiline															
R-Phycoerythrin												+			
R-Phycocyan												+			
C-Phycocyan												+			
Allophycocyan												+			
Cr-(Hr-)Phycocyan											+				
Cr-Phycoerythrin											+				
Carotine															
α-Carotin	[+]									+	+	[+]		[+]	[+]
β-Carotin	+	+	+	+	+	+	+	+	+	+	+	+	+	+	+
γ-Carotin	[+]									[+]			[+]	[+]	+
ε-Carotin			[+]	+	[+]	[+]					[+]				
Lycopin														[+]	+
Xanthophylle															
Neoxanthin	+		[+]		+	+	+	+				+	+	+	+
Lutein												[+]		+	+
Violaxanthin	+			+				+				+		+	+
Antheraxanthin	+			+				+	+			+		+	+
Zeaxanthin	+			+				+				+		+	+
Fucoxanthin	+	+	+	+											
Vaucheriaxanthin-Ester					+	+	+	+							
Heteroxanthin					+	+	+	[+]	+						

Die Verteilung der Assimilationspigmente (Auswahl) bei den Algen

Pigmente	Chrysophyceae	Prymnesiophyceae	Bacillariophyta	Fucophyta	Tribophyceae	Botrydiophyceae	Vaucheriophyceae	Eustigmatophyceae	Chloromonadophyceae	Dinophyta	Cryptophyta	Rhodophyta	Euglenophyta	Chlorophyta und Zygophyta	Charophyta
	Algengruppe														
Diadinoxanthin		+	+		+	+	+			+			+		
Diatoxanthin		+	+		+	+	+			+			+		
Peridinin										+					
Dinoxanthin										+					
Pyrrhoxanthin										+					
Alloxanthin											+				
Crocoxanthin											+				
Monadoxanthin											+				
Cryptoxanthin	+						+					+	[+]	[+]	
Siphonaxanthin														[+]	
Micronon														[+]	

Schätzung des quantitativen Verhältnisses von gefärbten zu ungefärbten Arten bei den Algen

Organismengruppe	Anzahl der Arten		
	gesamt	gefärbt	ungefärbt
Rhodophyta	3800	3800	17
Cryptophyta	65	50	15
Dinophyta	1200	1100	120
Chloromonadophyceae	10	10	4
Chrysophyceae	1000	850	150
Haptophyceae	200	200	–
Bacillariophyta	16000	16000	3
Tribophyta	300	295	5
Phaeophyta	1500	1500	–
Chlorophyta	8000	7930	70
Zygophyta	5000	5000	–
Euglenophyta	800	575	225

Zystenhaematochrom oder im Augenfleck auf (bei Blaualgen fungieren sie z. T. als Primärkarotinoide). Ihre Synthesewege scheinen unabhängig von denen der Primärkarotinoide zu verlaufen.

Die Feinstruktur der Chromatophoren

Farbe, Form, Anzahl und Bau der Chromatophoren spielten seit jeher eine Rolle in der Systematik der Algen. In jüngster Zeit haben die elektronenmikroskopischen Analysen des Feinbaus der Plastiden neue Merkmalskomplexe erarbeitet, die sich als taxonomisch bedeutsam erwiesen.

Das Elektronenmikroskop zeigt, daß die Chromatophoren von einer schmalen Doppelmembran (PM) begrenzt werden. Ihr Inneres ist von feinkörnigem (granulärem) Stroma- (Matrix-) Material erfüllt, in dem ein

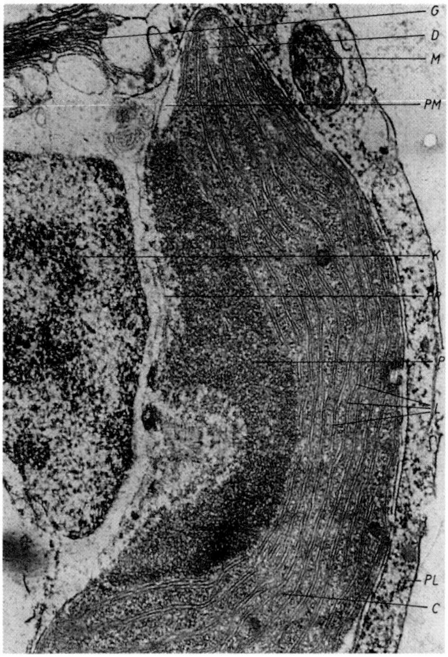

Chromatophor von *Uroglena americana.* C Chromatophor, PL Plasmalemma, N Kern, G Golgiapparat, M Mitochondrien, PM Chromatophormembran, PR Periplastidisches Retikulum, P Pyrenoid, L Thylakoidlamellen, D DNS-Region, elektronenmikroskopische Aufnahme

Lamellensystem in Gestalt flacher, blättchenartiger Membranzisternen (Thylakoide), osmiophile Globuli (z. B. lipophile Tröpfchen oder Kügelchen, Plastoglobuli), Ribosomenpartikeln, fibrilläres DNS-Material, durch eine besonders dichte Matrix ausgezeichnete Pyrenoide und – in bestimmten Organismengruppen – Reservestoffkörper (Stärkekörper) eingebettet liegen. Zum Unterschied der Verhältnisse bei den Kormophyten besitzen die Megaplasten der Algen – von Ausnahmen abgesehen – keine Grana-Chromatophoren, sondern homogene Plastiden, die in ihrer ganzen Länge von Thylakoidlamellen (Stapeln, Groblamellen) durchzogen werden, die oft abwechselnd dünndick gemustert sind.

Dieser Grundaufbau der Chromatophoren erfährt in bestimmten Verwandtschaftsbereichen spezifische Abwandlungen, die vornehmlich die Zahl der an einer Membranlamelle (Stapel) beteiligten Thylakoide, den Grad der Assoziation von Kern, ER-Zisterne und Chromatophor (PZ), die Ausgestaltung der Pyrenoide und den Bildungsort und Stapelplatz der Reservestoffkörper betreffen. Er unterliegt außerdem einer ständigen Veränderung je nach Alter, Ernährungsweise und -zustand des Organismus sowie dem tagesperiodischen Licht-Dunkel-Wechsel.

Das komplexe Hüllsystem ist den Chryso-, Tribo-, Bacillario- und Phaeophyten eigen. Die Zahl von 3 Thylakoiden je Plastidenlamelle ist innerhalb der Gruppe ebenfalls weit verbreitet. Das Fehlen der Gürtellamelle bei Dino- und Cryptophyten unterscheidet deren Sonderstellung. Die spezifische Ausbildung der Pyrenoide bei Bacillariophyten – hier werden mehr als 5 verschiedene Pyrenoidtypen unterschieden – und Tribophyten sowie die noch nicht völlig verständlichen Abweichungen hinsichtlich der ER-Assoziation bei einigen Phaeophyten führen zu einer weiteren Differenzierung des auf den ersten Blick so einheitlich erscheinenden Chromatophorentyps im Bereich der gelbbraun gefärbten Algen. Die Mikromorphologie der Chloroplasten der grüngefärbten Algen ist ebenfalls nicht einheitlich. Die Euglenophyten besitzen den Plastidenhülltyp der Dinophyten, die Prasinophyceen besondere Pyrenoidstrukturen.

Auf Grund der Ultrastruktur der Bauelemente der Chromatophoren können folgende Muster unterschieden werden:

1: *Mallomonas*-Muster:
Komplexes Hüllsystem aus PM und PZ, mit der Kernhülle assoziiert; Stomlamellen aus eng assoziierten Thylakoidtriplets zusammengesetzt; Gürtellamelle. Charakteristisch für Chrysophyceen, Haptophyceen und Tribophyceen; in abgewandelter Form bei Bacillariophyten, Phaeophyten (Thylakoidtriplets ohne Ausbildung von Kontaktzonen) und Eustigmatophyceen (keine Gürtellamelle).

2. *Cryptomonas*-Muster:
Komplexes Hüllsystem aus PM und PZ, mit der Kernhülle assoziiert; Stromlamellen aus locker gepaarten, fein granulierten Thylakoiden zusammengesetzt; Phycobilinpartikeln innerhalb des Thylakoidlumens; keine Gür-

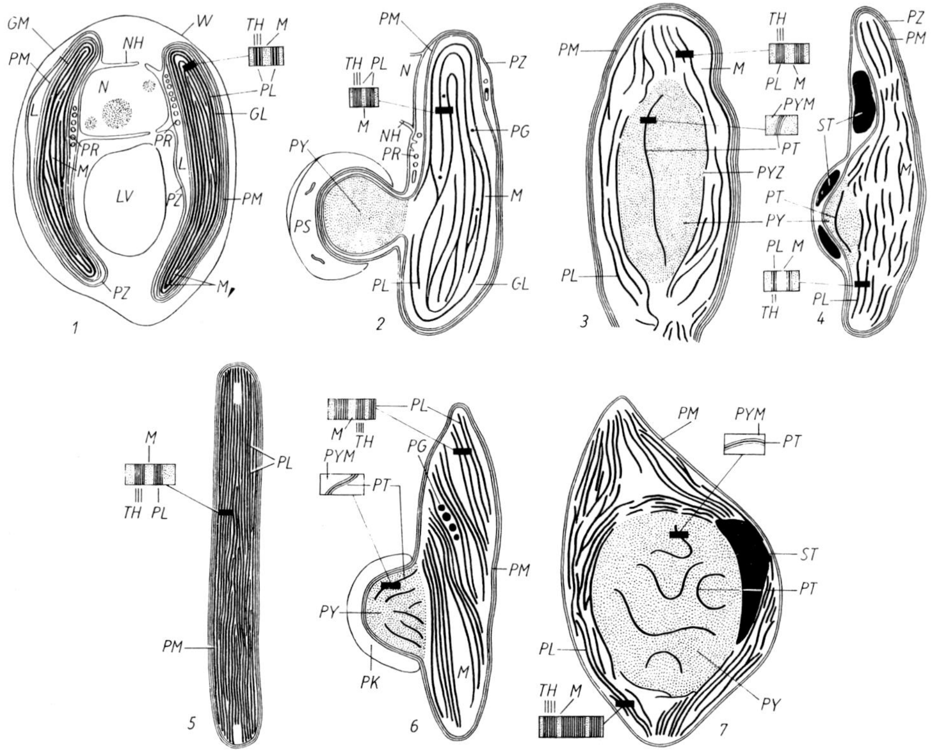

Diagrammatische Längsschnitte durch Algenchromatophoren nach elektronenmikroskopischen Untersuchungen. 1 *Ochromonas danica* (Chrysophyceae, zugleich Längsschnitt durch den Zellkörper), 2 Braunalge, 3 *Lithodesmium undulatum* (Bacillariophyceae, Chromatophorteilstück), 4 *Chroomonas mesostigmatica* (Chryptophyceae), 5 *Polyedriella* (Eustigmatophyceae), 6 *Colacium cyclopicolum* (Euglenophyceae), 7 *Chlorococcum echinozygotum* (Chlorophyceae), M Chromatophormatrix, PL Chromatophorlamelle, GL Gürtellamelle, PM Chromatophormembran, N Kern, NH Kernhülle, PG Plastoglobuli, PR Periplastidisches Retikulum, PZ Periplastidische ER-Zisterne, PY Parenoid, PT Pyrenoidthylakoid, PYM Pyrenoidmatrix, PS Pyrenoidsack, PYZ Pyrenoidmembran, L Leukosin, LV Leukosinvakuole, PK Paramylonkappe, ST Stärke, TH Thylakoide, W Plasmalemma, ZH Zellhülle

tellamelle. Charakteristisch für Cryptophyten.

3: *Symbiodinium*-Muster:

PM aus 3 Membranen, ohne ER-Assoziation; Stromalamellen aus Thylakoidtripletts mit interthylakoidem Zwischenraum zusammengesetzt; keine Gürtellamelle. Charakteristisch für Dinophyten.

4: *Euglena*-Muster:

PM aus 3 Membranen, ohne ER-Assoziation; Stromalamellen aus 2–7 Thylakoiden zusammengesetzt; keine Gürtellamelle. Charakteristisch für Euglenophyten.

5: *Chlorella*-Muster:

PM aus 2 Membranen, ohne ER-Assoziation; Stromalamellen aus 1–20 Thylakoiden zusammengesetzt; keine Gürtellamelle; Tendenz zur Granabildung. Charakteristisch für die Chlorophyten und in abgewandelter Form für die Prasinophyceen.

6: *Batrachospermum*-Muster:

PM aus 2 Membranen, ohne ER-Assoziation; Stromalamellen aus einfachen (einzeln liegenden) Thylakoiden, mit oberflächlichen Biliproteinpartikeln (Phycobilisomen) zusammengesetzt; Gürtellamellen vorhanden. Charakteristisch für Rhodophyten.

Die Reservestoffe

Die Primärprodukte der Photosynthese sind wahrscheinlich bei allen Algen gleich. Dagegen sind die unlöslichen Endprodukte der Assimilationsprozesse, die über längere Zeit von den Zellen gespeichert werden, recht verschieden und schon seit langem als brauchbare taxonomische Kriterien angesehen worden. Am weitesten verbreitet sind die verschiedenen Polysaccharide. Auf Grund ihrer chemischen Struktur lassen sich 2 große Gruppen unterscheiden. In der ersten Gruppe werden die Glukosereste 1:4-[1:6]-α-glykosidisch zu Polyglykosiden schraubenförmig verkettet. Zu ihr gehören die echte Stärke der Grünalgen, die Florideenstärke der Rotalgen, die Cyanophyceenstärke der Blaualgen und die stärkeartigen Reservestoffe der Crypto- und Dinophyten. Bei der zweiten Gruppe beruht die Polymerisation zu Polysacchariden (Glykanen) auf einer 1:3-ß-Bindung. Zu ihr zählen das Laminaran der Braunalgen, das Paramylum der Euglenophyten und das Chrysolaminarin der Chrysophyten und Bacillariophyten. Interessant ist, daß die Euglenophyten, die gern als Grünalgenverwandte angesehen werden, bei alleiniger Anwendung dieses Ordnungsprinzips dem Chrysophytenbereich zugeordnet werden müßten.

Man hat die physiologische Bedeutung der Chlorophyllkomponenten a und b darin sehen wollen, daß die Chlorophyll-a-Algen bei der Photosynthese zwar Monosaccharide, aber keine Stärke, die Chlorophyll-a+b-Algen dagegen die gebildeten Monosaccharide zu Stärke polymerisieren. Demnach dürften wir nur bei den Euglenophyten mit Stärke als erstem Assimilationsprodukt und als Reservesubstanz rechnen, da die Fähigkeit zur Stärkebildung an die Anwesenheit von Chlorophyll b gebunden sein soll. Obwohl diese interessante Hypothese in Rechnung stellt, daß in einigen Algengruppen die Reservestoffe kein primäres Assimilationsprodukt darstellen, sondern im Protoplasma entstehen – z. B. die extraplastidische Florideenstärke der Rotalgen und Cryptophyten –, geht die Gleichung schon bei den Euglenophyten nicht auf, die trotz des Besitzes von Chlorophyll b Paramylum und nicht Stärke bilden.

Die Reservestoffe der Hauptgruppen der Algen

Algengruppe	Reservesubstanz	Chemische Bindung
Chrysophyta	Chrysolaminarin	ß-1:3[1:6]-Polyglykan
Bacillariophyta	Chrysolaminarin	ß-1:3[1:6]-Polyglykan
Tribophyta	Chrysolaminarin	ß-1:3[1:6]-Polyglykan
Phaeophyta	Laminarin	ß-1:3[1:6]-Polyglykan
Euglenophyta	Paramylum	ß-1:3[1:6]-Polyglykan
Dinophyta	Dinophyceenstärke	α-1:4[1:6]-Polyglykan
Cryptophyta	Cryptophyceenstärke	α-1:4[1:6]-Polyglykan
Rhodophyta	Florideenstärke	α-1:4[1:6]-Polyglykan
Chlorophyta	Stärke	α-1:4[1:6]-Polyglykan

Als akzessorische Reservesubstanzen können Fette, Öle, Alkoholzucker, Glykogen usw. auftreten. Man hat früher geglaubt, daß das vermeintlich konstante Mengenverhältnis von Stärke zu Fett oder Öl auf einer bestimmten Pigmentzusammensetzung fuße. Da dieses Verhältnis in Wahrheit sehr stark von den äußeren Bedingungen abhängt, ist sein taxonomischer Wert schwer zu beurteilen.

Der Protoplast und seine Hüllen (Periplast, Zellwand)

Das Grundplasma (Zytoplasma) der Algenzelle ist im allgemeinen ziemlich viskos und meistens von Vakuolen durchsetzt. Die Chrysophyceen und Tribophyceen zeichnen sich im Gegensatz dazu durch ein stark lichtbrechendes, glashelles und vakuolenarmes Plasma aus. *Spirogyra* und *Sphacelaria* haben große, von Plasmafäden durchzogene Vakuolen. Große, zentrale Vakuolen besitzen die Charophyten und Bryopsidophyceen; bei *Caulerpa* durchziehen pektin- und kallosehaltige Verstärkungsstränge die Vakuolen. Eine besondere Rolle spielen die kontraktilen Vakuolen vieler Süßwasserflagellaten, deren

Zahl, Anordnung und Funktionsablauf für verschiedene Gattungen und Arten spezifisch sind (so bei den Volvocales). Sie treten bei unbeweglichen Formen noch gelegentlich oder vorübergehend auf (so bei den Tetrasporales und Chlorococcales). Besonders klein sind die den Kern umgebenden, Fucosan enthaltenden Vakuolen (Physoden) der Phaeophyten. Bei einigen Algen ist der Zellsaft gefärbt, z. B. rötlich bei manchen *Zygnema*-Arten und *Zygogonium*.

Die den Protoplasten nach außen begrenzende Elementarmembran heißt Plasmalemma. Es fungiert als physiologische Barriere, die den Stoffeintritt und -austritt kontrolliert. Zahlreiche Flagellaten, Zoosporen und Gameten sind nackt, d. h., ihr Plasmalemma ist durch zytoplasmatische Schichten peripher verfestigt. Eine solche äußere Körperhülle wird Periplast (Pellicula) genannt. Sie ist bei vielen Euglenophyten *(Euglena, Phacus)* mit Warzen, Streifen oder Rippen versehen. Bei den Chrysomonadales befinden sich darin Schuppen oder Scheiben aus organischem Material oder Kieselsäure. Der Periplast kann sehr flexibel sein, so daß sich die Zelle amöboid zu bewegen vermag. Er kann aber auch relativ fest und dennoch formveränderlich (metabolisch) sein (vgl. die euglenoide Bewegung von *Euglena*).

Bei den meisten Einzellern und allen vielzelligen Algen ist eine typisch geschichtete Zellwand vorhanden. Die äußere Schicht verschleimt oft oder bildet eine dicke Gallertscheide. Sie kann wie bei vielen Jochalgen geschichtet sein und mit dem Zytoplasma über Poren oder Porenapparate in Verbindung stehen. Chemisch bestehen die Zellwände aus Glykoproteinen (Volvocophyceae) oder aus in kochendem Wasser löslichem Pektin, einem aus Galacturonsäureresten zusammengesetzten Polyuronid (so bei den Tribophyceen) und außerdem meist noch aus verschiedenen Arten wasserunlöslicher Zellulose (Volvocophyceae, Ulotrichophyceae, Dinophyta, Phaeophyta, Rhodophyta). Daneben treten Xylose und/oder Mannose (Bryopsidophyceae) oder Kieselsäure (Chrysomonadales, Bacillariophyta) auf. Weiterhin können Lipide und eiweißhaltige Stoffe eingelagert sein. Bei den Haptophyceen, den Dasycladales, den korallinen Rhodophyten, einigen Chlamydophyceen und den Charophyten sind die Zellwände durch Ein- bzw. Auflagerungen oder Inkrustierungen mit Kalziumkarbonat verstärkt. Weitere Stoffe in den Wandschichten sind z. B. Hemizellulose, Alginsäure und Fucoidin bei den Phaeophyten, Gelose bei den Rhodophyten, Chitin (als dünne, äußerste Schicht) bei *Cladophora, Oedogonium, Dictyota* und *Dilophus*. Im Elektronenmikroskop zeigt sich, daß die Zellwände mancher Algen aus 2 Phasen aufgebaut sind. In einer nichtkristallinen Grundsubstanz ist eine kristalline, oft fibrilläre Phase verteilt. Bei *Cladophora*-Arten beträgt der Anteil der mikrofibrillären Substanz in den Zellwänden 82,5 %, bei *Chaetomorpha*-Arten 41 %, bei *Pelvetia*-Arten nur 1,5 %. Bei *Porphyra*-Arten ist der Grundbaustein der Mikrofibrillen nicht Glukose, sondern Xylose.

Die Organisationsstufen

Bei den Algen lassen sich qualitativ verschiedene Organisationsstufen unterscheiden, die von einfachen, einzelligen bis zu komplizierten, vielzelligen Typen führen. Die heutigen Algengruppen sind Endglieder paralleler Entwicklungsreihen, von denen jede mit primitiven Flagellaten beginnt. Die parallelen Reihen zeichnen sich durch bestimmte morphologische und biochemische Merkmale aus. Aus den Flagellaten entwickeln sich zunächst einzellige, algenartige Typen und aus diesen höherorganisierte, faden- oder thallusförmige Zellverbände. Infolge der Parallelentwicklung treten innerhalb der verschiedenen Algenstämme analoge morphologische Gestaltungsebenen (Organisationen) auf, die eine bestimmte Progressionsstufe kennzeichnen. Es werden unterschieden:

1. Die monadoide Organisationsstufe: Die Alge durchläuft die Hauptphase ihrer vegetativen Entwicklung im geißelbeweglichen Zustand eines Flagellaten.
2. Die rhizopodiale Organisationsstufe: Die Alge durchläuft die Hauptphase ihrer vegetativen Entwicklung im Zustand einer Amöbe.
3. Die kapsale (palmelloide, gloeomorphe) Organisationsstufe: Die Alge durchläuft die Hauptphase ihrer vegetativen Entwicklung in Gallertmassen eingebettet,

wobei die Zelle ihren Charakter als Flagellat weitestgehend bewahrt.

4. Die kokkale Organisationsstufe: Die Alge durchläuft die Hauptphase ihrer Entwicklung im unbeweglichen, einzelligen Zustand.
5. Die trichale Organisationsstufe: Die Alge durchläuft die Hauptphase ihrer vegetativen Entwicklung im Zustand eines fädigen, vielzelligen Verbandes, dessen Zellen einkernig sind.
6. Die kladothalloide Organisationsstufe: Die Alge durchläuft die Hauptphase ihrer vegetativen Entwicklung im Zustand eines flächigen, vielzelligen Verbandes (Gewebethallus), dessen Zellen einkernig sind.
7. Die siphonale (coenoblastische) Organisationsstufe: Die Alge durchläuft die Hauptphase ihrer vegetativen Entwicklung im Zustand eines blasigen, schlauchförmigen oder segmentiert schlauchförmigen Verbands, dessen Segmente (Zellen) vielkernig sind.

Es liegt nahe, diesen Organisationen taxonomischen Rang zu verleihen und sie zu größeren systematischen Einheiten, z. B. zu Ordnungen innerhalb der Algenklassen (vgl. die Heterochloridales, Rhizochloridales, Heterogloeales, Mischococcales und Heterotrichales innerhalb der Tribophyceen), zu erheben. Ihre Aufeinanderfolge von monadoid bis siphonal wird als Widerspiegelung einer phylogenetischen, morphologisch geprägten Entwicklung interpretiert. Allerdings sind bei keiner Algengruppe alle Organisationsstufen vertreten, entweder weil sie sich nicht ausgebildet haben oder weil sie bisher nicht entdeckt wurden oder weil sie möglicherweise ausgestorben sind.

Gegen die Auffassung von der phylogenetischen Bedeutung der Organisationen erheben sich freilich schwerwiegende Bedenken. Die einzelnen Stufen sind offensichtlich konvergent, d. h. mehrfach unabhängig voneinander innerhalb der verschiedenen Algenklassen erreicht worden. Es ist keinesfalls so, daß die durch eine gleichartige Organisationsstufe gekennzeichneten Sippen untereinander eng verwandt sind, d. h. direkt voneinander abstammen; oft sind die Beziehungen zu Formen auf anderen Organisationsstufen wesentlich enger. Die Organisationsstufen sind polyphyletischer Herkunft und daher im streng phylogenetischen Sinn keine taxonomischen Einheiten. Wenn trotzdem unsere Darstellung hier und da konvergente Organisationsstufen als Basis der systematischen Gliederung einer Algenklasse verwendet, so deshalb, weil der gegenwärtige Kenntnisstand keine besser begründete Einteilung zuläßt oder weil dadurch die Bestimmung der Gruppen erleichtert wird.

Die Fortpflanzung

Die einfachste Form der Fortpflanzung ist die Zellvermehrung (Reduplikation), d. h. die Zweiteilung der Zelle. Sie spielt sich bei den Flagellaten durch Längsspaltung (Schizotomie) des Protoplasten ab. Dabei verlaufen Plasma- und Kernteilung synchron. Die Schizotomie kann während der geißelbeweglichen (monadoiden, planetischen), palmelloiden oder rhizopodialen Phase erfolgen. Die Geißeln der Mutterzelle bleiben dabei erhalten, werden abgeworfen oder eingezogen, die neuen vor oder während der Teilung erzeugt. Flagellaten mit fest anliegenden Hüllen oder Panzern entwickeln besondere Modi der Schizotomie (z. B. *Ceratium hirundinella*). Die Teilungsebene liegt in diesen Fällen oft schief oder sogar quer zur morphologischen Längsachse des Zellkörpers.

Erfolgt die Vermehrung der Mutterzelle so, daß mehrere schizotome Teilungsprozesse hintereinander ablaufen und mehrere Tochterzellen gebildet werden, so sprechen wir von einer Schizogonie. Die Tochterzellen bilden noch innerhalb der Mutterhülle neue Geißeln und treten als nackte Schwärmer aus (z. B. bei *Chlamydomonas angulosa*). Bleiben die Tochterzellen beieinander, dann können Zellverbände (Zönobien) entstehen (z. B. bei vielen Volvocales).

Bei den einzelligen und einkernigen (kokkalen) Algen teilt sich die vegetative Zelle überhaupt nicht mehr. Die aus dem vegetativen in den generativen Zustand übergehende Mutterzelle teilt ihren Kern mehrfach; die Plasmazerteilung folgt nach. Als Produkt des Vermehrungsvorgangs erscheinen mehrere geißelbewegliche (Planogonidien, Zoosporen; z. B. bei *Chlorococcum*) oder unbegeißelte, behäutete (Autosporen; z. B. bei *Chlorella*) Tochterzellen, die normalerweise

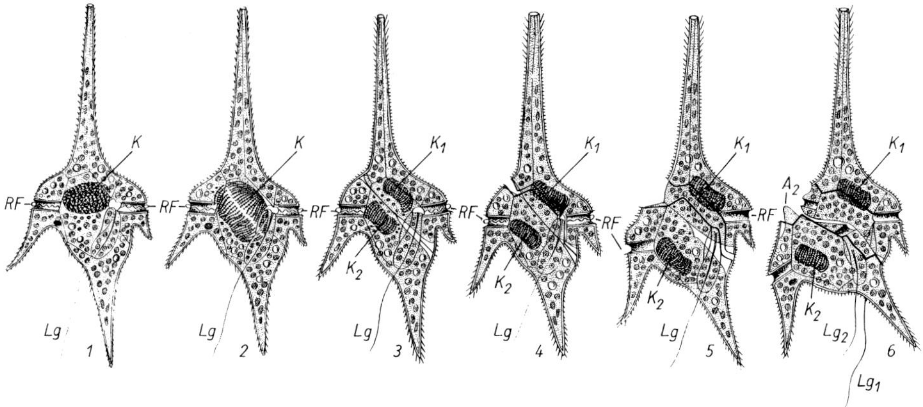

Zell- und mitotische Kernteilung bei *Ceratium hirundinella.* a Prophase, 2 Metaphase unter Umlagerung des Kerns, 3 Telophase und beginnende Protoplastenteilung, 4 Aufreißen des Panzers, 5 Auseinanderweichen der beiden Panzerhälften, 6 Tochterzellen in voller Entwicklung, K Kern, K_1, K_2 Tochterkerne, RF Querfurche mit Quergeißel, Lg Längsgeißel, Lg_1, Lg_2 Längsgeißeln der Tochterzellen, A_2 Apikalkorn in Bildung (nach Lemmermann)

die Mutterzelle verlassen. Dieser Vermehrungsvorgang wird als merogone Zytogonie bezeichnet und spielt sich genau so ab wie die Keimung der Flagellatenzyste.

Die zytogone Zellvermehrung liefert zunächst eine größere Anzahl von Teilungsprodukten. In verschiedenen Entwicklungsreihen nimmt ihre Anzahl allmählich ab, bis schließlich nur noch 2 Teilindividuen entstehen, die sich innerhalb der Mutterzelle behäuten und in diese einpassen. Es entsteht eine Art 2zelliger Kolonie, der Zellvermehrungsvorgang gleicht einer Zweiteilung. Spielt sich dieser Vorgang bei den fädigen (trichalen) Algen ab, dann orientieren sich die Einzelzellen so, daß sich die Teilungsflächen quer zur Längsausdehnung der Mutterzelle lagern. Die Zellteilung wird zur Querteilung (Zytotomie). Die Querwand geht primär aus der Verschmelzung der Eigenmembranen der Tochterzellen an ihren Berührungsflächen hervor (z. B. bei *Ulothrix*). Die Zellvermehrung der höheren, einkernigen Algen ist eine Zytotomie. Sie dient dem Aufbau des Thallus.

Strenggenommen ist die Zellvermehrung der kokkalen Algen eine Form der ungeschlechtlichen Fortpflanzung. Unter Fortpflanzung (Reproduktion) verstehen wir alle jene Vermehrungsprozesse, die von zu besonderen Organen umgeprägten und jeweils besonders lokalisierten Zellen besorgt werden.

Ausgangspunkt der reproduktiven Vorgänge bei den Flagellaten ist eine Mutter- oder eine Dauerzelle (Zyste), die nach einer gewissen Ruhezeit auskeimt. Dabei treten mehrere Keimgonidien aus, die aus einer Vielfachteilung des Mutterzell- oder Zysteninhalts hervorgegangen sind.

Bei den kokkalen und trichalen Algen ist das Sporangium das Organ der ungeschlechtlichen Vermehrung. In den einfachsten Fällen kann jede Zelle den funktionellen Charakter eines Sporangiums annehmen (z. B. bei *Ulothrix*). In ihm entstehen zytogon zahlreiche bewegliche oder (selten) unbewegliche Sporen (Gonidien). Bei den fortgeschrittenen Formen wandeln sich nur bestimmte Zellen der Zellverbände in Sporangien um (z. B. die Tetrasporangien bei den Braun- und Rotalgen oder die Hakensporangien bei den Trentepohliaceen). Je nachdem, ob das Sporangium innerhalb des Lebenszyklus vor dem Ort der Reduktionsteilung eingeschaltet ist oder ob die Meiose in das Sporangium selbst verlegt wird, sprechen wir von einem präzygotischen oder einem zygotischen Sporangium.

Das Wesen der geschlechtlichen Fortpflanzung (Amphimixis) besteht in der Verschmelzung (Kopulation) des Inhalts zweier Zellen (Gameten), die in besonderen Mutterzellen (Gametangien) gebildet werden, zu einer Zygote. Der Kopulationsakt (Syngamie) läuft in 2 Phasen ab. Zunächst verschmelzen die beiden Geschlechtszellen (Plasmogamie), dann die beiden Geschlechtskerne (Karyogamie). Das Produkt des Befruchtungsvorgangs ist die Zygote. Auf ihre Bildung folgt in kurzem oder längerem Zeitabstand die Reduktionsteilung (Meiose), die als Schlußphase des Sexualakts aufgefaßt werden kann, da erst in ihr der Faktorenaustausch und die genotypische, geschlechtliche Differenzierung für die folgende Zellgeneration vollzogen werden. Die geschlechtliche Fortpflanzung ist bei den Algen in vielfältiger Art und Weise verwirklicht. Das trifft sowohl zu für die Methoden, die das Zusammentreffen der Partner ermöglichen und sichern sollen, als auch für die Wahl der Stellen im Lebenszyklus des Individuums, an denen die verschiedenen Phasen des Sexualvorgangs eingeschaltet sind.

Wenn die kopulierenden Geschlechtszellen gleichgestaltet (isomorph) und geißelbeweglich sind, dann spricht man von Isogameten und nennt den entsprechenden Kopulationsakt Isogamie. Sind sie dagegen ungleich groß (anisomorph) und geißelbeweglich, so heißen die kleineren, meist beweglichen Partner männliche Gameten (Andro-, Mikrogameten), die größeren weibliche Gameten (Gyno-, Makrogameten); der entsprechende Kopulationsakt wird als Anisogamie bezeichnet. Verlieren die Gynogameten ihre Eigenbeweglichkeit und entstehen sie in geringerer Zahl, dann sind sie zu Eiern (Oocyten) geworden. Oft bleiben sie in der Mutterzelle, dem Oogon, eingeschlossen. In diesem Fall einer extremen Anisogamie müssen die kleineren, zahlreicheren, aktiv geißelbeweglichen Androgameten (hier auch Spermatozoiden oder Spermien genannt) ihren Partner aufsuchen, um die Kopulation zu vollziehen, die als Eibefruchtung (Oogamie) bezeichnet wird.

Eine besondere Form des Sexualakts ist die Konjugation der Jochalgen (Zygophyten). Hier werden keine geißelbeweglichen Gameten mehr gebildet. Der Inhalt einer Zelle, des Gametangiums, wird zum Gameten. Männliche und weibliche Gameten gleichen einander fast völlig. Sie verschmelzen als amöboid bewegliche Gameten, die innerhalb einer die beiden Gametangien verbindenden Gallerthülle oder innerhalb eines Kopulationskanals zueinandergelangen. Voraussetzung für die Verschmelzung ist die Annäherung der ganzen Algenkörper.

Eine besondere Form der geschlechtlichen Fortpflanzung ist die Parthenogamie, bei der die Befruchtung ohne Mithilfe eines männlichen Kerns vollzogen wird (z. B. bei den Charophyten).

Bei einigen Algen wird die geschlechtliche Fortpflanzung durch einen anderen ungeschlechtlichen, nicht mit Zell- und Kernverschmelzung verbundenen Vermehrungsprozeß ersetzt. In diesen Fällen spricht man von Apomixis bzw. Apogamie.

Lebenszyklus, Kernphasen- und Generationswechsel

Im Entwicklungszyklus einer Alge wechseln Phasen mit unterschiedlich intensiver Lebensäußerung einander ab. Unter günstigen äußeren Bedingungen sind die Individuen stoffwechselaktiv, unter ungünstigen äußeren Bedingungen schalten sie Ruhezeiten (Latenzphasen) ein. Die Zellen der aktiven (vegetativen, trophischen) Phasen unterscheiden sich äußerlich oft charakteristisch von denen der inaktiven (zystären) Phasen. Werden außerdem in den Lebenszyklus noch generative Phasen interpoliert, dann entstehen komplizierte Individualzyklen, die oft durch einen Generations- und Kernphasenwechsel (nur bei geschlechtlicher Fortpflanzung) geprägt sind.

Der Lebenszyklus einer aktiv beweglichen Geißelalge, eines Phytoflagellaten etwa vom Typus eines *Chlamydomonas*, zeichnet sich dadurch aus, daß der größte Teil des vegetativen Lebens, die Zeit der stoffwechselphysiologisch höchsten Aktivität (die Trophophase), im beweglichen Zustand als Monade durchlaufen wird. Die Trophophase kann aus zahlreichen homologen Individuenfolgen (Generationen) bestehen, die aus wiederholten schizotomen oder schizogonen Zellteilungsprozessen hervorgegangen sind. Nur unter ungünstigen äußeren Bedingungen wird eine subvitale, unbewegliche Phase in Form einer vegetativen Dauerzelle (Zyste, Mikrozyste) eingeschaltet. Die Latenzphase wird durch die vegetative Keimung der Zyste (Exzystierung) beendet. Der ontogenetische Zyklus ist erst geschlossen, wenn generative Zysten gebildet werden. Dabei schließt die asexuelle Zyste eine bestimmte vegetative Generation ab und leitet mit der zytogonen Erzeugung von Zoosporen eine neue Generation ein. Die sexuelle Zyste, die Zygote, schließt den Sexualakt ab und leitet unter Meiose und Zytogonie einen neuen Lebenszyklus ein. Die vegetative Hauptphase im Lebenszyklus eines Flagellaten ist haploid (Haplontentyp des Lebenszyklus). Wechselt sie im Gesamtzyklus regelmäßig mit der diploiden Zygote ab, dann liegt ein homologer Kernphasenwechsel (zygotischer Kernphasenwechsel) vor.

Im Lebenszyklus einer kokkalen Alge des *Chlorococcum*-Typs ist die ruhende, behäutete Zelle (die Zyste) die vegetative (zystäre) Hauptphase. Sie repräsentiert die stoffwechselphysiologisch aktive Phase, die Trophophase. Die geißelbewegliche (monadoide) Phase tritt, wenn überhaupt, nur kurzfristig in Verbindung mit den Vermehrungsprozessen auf. Eine Vermehrung der homologen, vegetativen Zellgenerationen durch Schizotomie findet nicht mehr statt. Die vegetative Zyste geht in die reproduktive Phase über, in der sie durch Mehrfachteilung (Zytogonie) ihres Inhalts eine größere Zahl beweglicher oder unbeweglicher Tochterzellen hervorbringt. Im Lebenszyklus der kokkalen Algen ist folglich der aktive, vegetative Zustand von der beweglichen (monadoiden) auf die unbewegliche (zystäre) Phase verlagert worden. Die Algenzelle kann entwicklungsgeschichtlich als Flagellatenzyste angesehen werden. Auch bei den kokkalen Algen schließt erst der Sexualakt den Lebenszyklus ab.

Die weitere Entwicklung bei den einzelligen Algen ist durch die Tendenz gekennzeichnet, die aktiv bewegliche Phase immer mehr einzuschränken. Zunächst werden in den vegetativen Zellen (Zysten) noch geißelbewegliche Schwärmer als asexuelle Zoosporen oder sexuelle Gameten gebildet. Dann geht die Beweglichkeit verloren. In den Zysten bilden sich unbewegliche Tochterzysten (Aplanosporen, Autosporen), die die Mutterzelle verlassen und zu neuen vegetativen Zellen heranwachsen. Werden in der Mutterzelle nur noch 2 Tochterzellen (Autosporen) erzeugt, dann ist der Modus der vegetativen Zellvermehrung in Form der Querteilung (Zytotomie) erreicht, die für die trichale Organisationsstufe charakteristisch ist. Die mehrzelligen Algenfäden stellen folglich entwicklungsgeschichtlich lineare Aneinanderreihungen von Autosporen, d. h. von Flagellatenzysten, dar.

Der Lebenszyklus der Algen kann erst dann als abgeschlossen gelten, wenn die Zygotenbildung erfolgt ist. Mit der Zygote ist ein Entwicklungsstadium erreicht, das sich vor den vegetativen Phasen durch einen doppelten (diploiden) Chromosomensatz auszeichnet. Im Lebenszyklus tritt ein Kernphasenwechsel auf. Je nach dem Ort der Zygotenbildung und der auf sie notwendigerweise folgenden Reduktionsteilung unterscheidet man verschiedene Formen des Kernphasenwechsels.

Liegen Befruchtung und Reduktionsteilung so dicht beieinander, daß zwischen ihnen keine mitotischen Teilungen eingeschaltet sind, dann kann die Reduktionsteilung in der Zygote, die allein im ontogenetischen Zyklus die Diplophase repräsentiert, ablaufen. Algen mit diesem Typ des zygotischen Kernphasenwechsels nennt man Haplonten (z. B. *Chlamydomonas*). Es ist aber auch möglich, daß die Reduktionsteilung erst unmittelbar vor der Gametenbildung erfolgt. Auch hier liegen Befruchtung und Reduktionsteilung dicht beieinander, und zwischen ihnen werden keine mitotischen Teilungen interpoliert. Alle Phasen des Lebenszyklus mit Ausnahme der Gameten sind diploid. Vegetative Vermehrungsprozesse spielen sich nur in der Diplophase ab. Algen mit diesem Typ des gametischen Kernphasenwechsels heißen Diplonten (z. B. die zentrischen Kieselalgen).

Erfolgen dagegen Befruchtung und Reduktion in der Individualentwicklung nicht dicht nacheinander, sondern verlaufen mitotische Kernteilungen und damit vegetative Vermehrungsprozesse zwischen Kopulation und Meiose, dann wechseln diploide und haploide Zellgenerationen einander ab. In diesem Fall spricht man von einem intermediären Kernphasenwechsel und nennt die Algen Diplohaplonten (z. B. viele Ulotrichales). Dabei kann der Anteil der haploiden und diploiden Phasen am Lebenszyklus quantitativ verschieden sein.

Überall dort, wo die Reduktionsteilung im Anschluß an die Zygotenbildung unterbleibt, entstehen durch mitotische Teilungen des Zygotenkerns weitere diploide Zellen. Weil schließlich aus ihnen unter Reduktionsteilung haploide Fortpflanzungskörper (Sporen) hervorgehen, bezeichnet man diese diploiden Zellen als Sporophytengeneration. Entwickeln sich aus den Sporen durch mitotische Kernteilungen haploide Zellen, spricht man von einer Gametophytengeneration, weil sie mit der Erzeugung von haploiden Gameten endet. Bei den diplo-haplontischen Algen ist zwischen Befruchtung und Reduktionsteilung ein diplophasischer Sporophyt und zwischen Reduktionsteilung und Befruchtung ein haplophasischer Gametophyt eingeschoben. Im Lebenszyklus ist ein intermediärer Kernphasenwechsel mit einem regelmäßigen Generationswechsel gekoppelt. Sind beide Generationen gleichwertig ausgebildet, spricht man von einem isomorphen Generationswechsel (z. B. bei *Ulva, Enteromorpha*), sind sie nicht gleichwertig ausgestaltet, von einem heteromorphen Generationswechsel (z. B. bei *Monostroma, Stigeoclonium*). Es sei ausdrücklich betont, daß der quantitative Wechsel von haploidem und diploidem Chromosomensatz, der Kernphasenwechsel, mit dem qualitativen Wechsel von Gametophyt und Sporophyt, dem Generationswechsel, nicht ursächlich verknüpft sein muß. Bei der Braunalge *Ectocarpus* z. B. kann der haploide Gametophyt wahlweise mit einem haploiden oder diploiden Sporophyten abwechseln.

Abteilung Goldalgen, Chrysophyta

Als Chrysophyta oder Goldalgen werden Organismen bezeichnet, denen die Fähigkeit zur Synthese von Stärke fehlt. Im Assimilationspigmentmuster tritt Chlorophyll a regelmäßig auf, Chlorophyll c (c_1 und c_2) hier und da, Chlorophyll b fehlt. Das Xanthophyll Fucoxanthin bestimmt den Farbton der gelbgrünbräunlichen Chromatophoren. Wir scheiden die von vielen Taxonomen zu den Goldalgen gerechneten Tribophyceen, Bacillariophyceen und Fucophyceen vollständig aus, da sie z. T. einen eigenen Schwärmertyp und ein abweichendes Assimilationspigmentmuster besitzen. Im Grunde genommen betrachten wir nur die eigentlichen Chrysophyceen, die Goldalgen im engeren Sinn, als Chrysophyta und ordnen ihnen als selbständige Klassen die Kalk- (Prymnesiophyceae) und Kieselflagellaten (Dictyochophyceae) sowie die Pedinellophyceen zu. Die farblosen Craspedophyceae und Bicosoecophyceae schließen wir aus.

Klasse Goldalgen, Chrysophyceae (Ochromonadatae)

Die meisten Formen der Goldalgen sind Phytoflagellaten; nur wenige haben die kokkale oder trichale Organisationsstufe erreicht. Der Name geht auf die goldbraune, gelbbraune oder braune Färbung zurück, die vor allem das Fucoxanthin den großen, scheibenförmigen, meist wandständigen Chromatophoren verleiht. Das Assimilationspigmentmuster vervollständigen Chlorophyll a, β-Carotin, Cryptoxanthin, Violaxanthin, Antheraxanthin, Zeaxanthin und Neoxanthin. Chlorophyll b fehlt; das Vorkommen von Chlorophyll c ist fraglich. Stärke wird nicht gebildet. Als Reservestoff fungiert das farblose, wasserlösliche, in Vakuolen außerhalb der Chromatophoren gespeicherte Polyglykosid Chrysolaminarin, Mannitol und Fette. Die großen Chromatophoren werden von einem komplexen Hüllsystem, das mit dem Kern direkt verbunden ist, umschlossen. Pyrenoide sind hier und da nachgewiesen. Der bei monadoiden Formen bzw. Entwicklungsstadien vorhandene Augenfleck liegt innerhalb des Chromatophors. Er besteht aus einer Vielzahl von membranumschlossenen, elektronenoptisch dichten Tröpfchen. Die Zellen sind einkernig. Ihr Protoplasma ist stark lichtbrechend, klar und glasartig. Die Zellen sind nackt, mit einer pektinartigen Zellhülle oder mit einer festen Zellwand aus Zellulose versehen. Charakteristisch sind die endogen (intraplasmatisch) gebildeten Zysten, deren Zellulosewände verkieseln und mit einem durch einen Stopfen verschlossenen Porus ausgestattet sind (Stomatozysten). Die monadoiden Stadien zeichnen sich durch einen typisch zweigeißelig heteromorphen Bewegungsapparat aus: Flimmer- und Peitschengeißel setzen ihn zusammen. Die Zellvermehrung ist bei den monadoiden Formen eine typische Längsteilung (Schizotomie), bei den trichalen Formen eine modifizierte Schizotomie, die Anklänge an eine Querteilung zeigt. Ungeschlechtliche Fortpflanzung durch Zoosporen oder Autosporen, geschlechtliche Fortpflanzung durch isogame Hologamie sind nachgewiesen. Bei den Goldalgen handelt es sich um typisch phototrophe Organismen; viele ernähren sich aber mixotroph, d. h., sie nehmen zusätzlich organische Stoffe in gelöster Form (osmotroph) oder als geformte Nahrung (phagotroph) auf. Die farblosen Vertreter ernähren sich heterotroph.

Die Chromatophoren

Die großen, meist wandständigen, scheibenförmigen Chromatophoren sind von einem komplexen Hüllsystem umschlossen, das aus der Plastidendoppelmembran, der periplastidischen ER-Zisterne und dem periplastidischen Retikulum besteht. Die ER-Zisterne umhüllt das Chromatophor vollständig und steht mit der äußeren Kernhülle in direkter Verbindung. Das periplastidische Retikulum ist meist auf der inneren Oberfläche des Chromatophors ausgebildet und besteht aus einer Zytoplasmaschicht mit hohlen, gitterartig durchbrochenen, fibrillären Strukturen, die an dieser Stelle die Plastidenmembran von der periplastidischen Zisterne trennt. In der periplastidischen Zisterne befinden sich außerdem Bündel von Hohlfibrillen. Das granuläre Matrixmaterial der Chromatophoren wird von Lamellen aus meist 3 relativ dicht aneinandergepreßten Thylakoiden parallel durchzogen, von denen oft wenigstens eine Lamelle kontinuierlich die Matrix als Gürtellamelle peripher rundet. Die Lamellen stehen untereinander durch Thylakoidaustausch in Verbindung. Die intraplastidischen Pyrenoide werden nicht von Lamellen durchzogen und haben keine Assimilatkalotte. Die Chromatophoren-DNS befindet sich in einer ringförmigen Struktur (Genophor) direkt auf der Innenseite der Gürtellamelle. Der Reservestoff Chrysolaminarin wird extraplastidisch gebildet.

Der Bewegungsapparat

Der Grundtyp des Bewegungsapparats der monadoiden Formen der Goldalgen ist dikont heterokont heteromorph heterodynamisch. Er zeichnet sich durch einen sogenannten Spiralkörper in der Übergangsregion des Geißelschafts aus. Die längere, als Tractellum wirkende Schwimmgeißel ist mit einem 2reihigen Besatz feiner Flimmer versehen, die submikroskopisch in einen kurzen, dickeren Basalteil, einen langen, dünneren Mittelteil und einen ganz feinen, aus ein bis mehreren Filamenten bestehenden Spitzenteil gegliedert sind. Die kürzere, als Steuer wirkende Schleppgeißel ist glatt. In einigen Gattungen *(Chromulina, Mallomonas)* kommt es zu einer stufenweisen Reduktion der Schleppgeißel, die so weit gehen kann, daß sie nur noch als vestigiale Geißelbasis elektronenoptisch nachweisbar ist. Die gehäusebildende *Chrysopyxis stenostoma* setzt sich mit dem Geißelpol auf einem Algenfaden fest. Die Geißel wird eingeschmolzen. Am antapikalen Pol entstehen pseudopodiale Filopodien, die Nahrungspartikeln herbeistrudeln. Bei anderen sessilen Formen bleibt der aktive Geißelapparat erhalten. Sie bilden am antapikalen Zellpol einen Stiel, ein Opisthopodium, mit dem sie auf der Unterlage festsitzen.

Die Fortpflanzung

Die Zellvermehrung ist eine einfache Längsteilung (Schizotomie). Bei gehäusebildenden Arten teilt sich nur der Protoplast. Es entstehen 2 Tochterzellen, von denen nur eine oder auch beide ausschwärmen und ein neues Gehäuse ausscheiden. Im Zusammenhang mit der Zellvermehrung steht die Koloniebildung. Bei der Längsteilung einer gestielten Zelle teilt sich auch das plasmatische Opisthopodium unvollständig mit. Die rasche Wiederholung des Teilungsprozesses führt zur Entstehung bäumchenartiger, verzweigter, sessiler Kolonien, in denen sich die Zellkörper stets am Ende der jüngsten Verzweigungen befinden *(Chrysodendron)*. Die bäumchenartigen Schwebekolonien von *Dinobryon* entstehen auf ganz ähnliche Weise. Nach der Teilung des Mutterprotoplasten verlassen die beiden Tochterflagellaten den Zellulosebecher, setzen sich am Rand der Gehäuseöffnung fest und scheiden einen neuen Becher aus.

Die geschlechtliche Fortpflanzung durch isogame Hologamie ist bisher vor allem von Formen mit Hüllen oder Gehäusen bekannt geworden. Die Gattungen *Dinobryon, Chrysolykos, Kephyrion, Kephyriopsis, Stenokalyx* und *Calycomonas* sind Beispiele dafür. Dabei vereinigen sich 2 vegetative Individuen, die als Gameten fungieren, mit den vorderen Zellpolen. Nach der Plasmogamie und der Bildung einer kugeligen, dickwandigen Zygote (Gamozyste) bleiben die leeren Hüllen mit der Zygotenwand verbunden. Die Zysten sind längere Zeit 2kernig, da die Karyogamie erst viel später erfolgt. Diese Gamozysten gleichen äußerlich den vegetativen verkieselten Stomatozysten, sind allerdings wesentlich größer. Bei der Bildung der vegetativen Zysten der amöboiden *Chrysamoeba tetragene* wandelt sich die Amöbe durch Teilung in ein 4zelliges, zystogenes Gallertlager um. Die Zystenhülle wird als zarte Zellulosemembran im peripheren Plasma der Mutterzelle, also intraplasmatisch (endogen), angelegt. Das Protoplasma reichert sich mit Fett und Chrysolaminarin an, wird stark vakuolisiert und besitzt noch mehrere pulsierende Vakuolen. Die Zellulosemembran verhärtet durch Einlagerung von Kieselsäure. Von Anfang an ist in der Zystenwand eine Öffnung ausgespart, durch die das intrazystäre mit

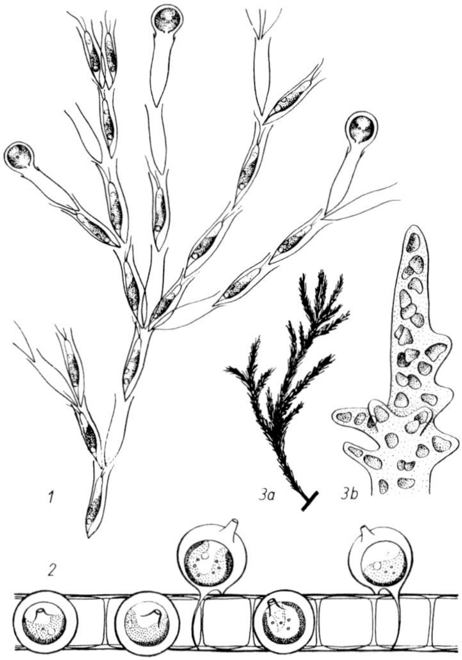

Goldalgen (Chrysophyceae). 1 *Dinobryon divergens*, 2 *Chrysopyxis inaequalis*, 3 *Hydrurus foetidus*, 3a Habitus, 3b Spitze eines Zweiges (2, 3 nach Fott)

Zystenbildung von *Chrysamaoeba tetragene*. 1 Amöbe, 2 zystogenes Gallertlager, 3 Zysten in Bildung, 4 Zystenbildung (cv kontraktile Vakuolen), 5, 6 reife Zysten (nach Skuja)

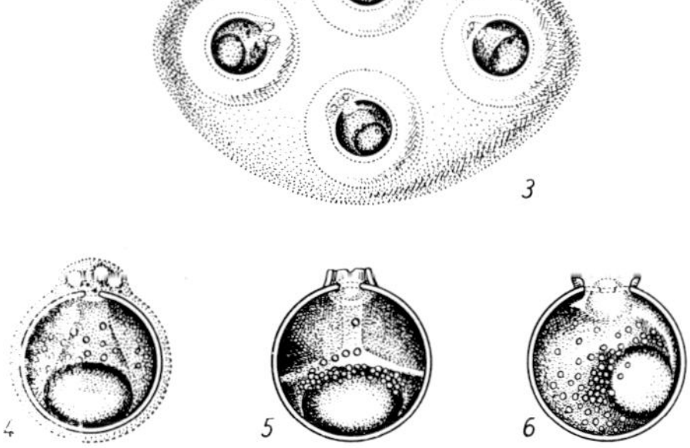

dem extrazystären Plasma in offener Verbindung bleibt. Dieser Porus wird schließlich nach Ausdifferenzierung der Außenskulpturen der Zystenwand und nach Rückfluß des extrazystären Plasmas durch einen plasmatischen Pfropf oder Stopfen, das Epiphragma, verschlossen. Es wird nur schwach oder gar nicht mit Kieselsäure imprägniert. Bei der Keimung wird der Stopfen aufgelöst. Der lebende Zysteninhalt tritt ungeteilt als Monade oder als Amöbe aus. Es können auch 2–4 Monaden die Zyste verlassen. Besitzen die Mutterzellen selbst eine feste Hülle, dann entsteht die Zyste innerhalb dieser Hülle ohne Kontakt mit ihr.

Das System

Die Chrysophyceen sind im Süßwasser weit verbreitet, man kennt nur wenige marine Vertreter, besonders unter den trichalen Formen. Die Artenmannigfaltigkeit ist groß. Die meisten Arten sind noch ungenügend untersucht. Daher können die bisher vorgelegten Gliederungen nicht befriedigen. Unsere Übersicht will lediglich einen ersten Einstieg in die Fülle der Formen ermöglichen und gliedert zunächst nach der Begeißelung der Zoosporen 3 Unterklassen aus, die sich um die Gattungen *Ochromonas, Mallomonas* und *Sarcinochrysis* gruppieren.

Unterklasse Ochromonadophycidae

Die Vertreter dieser Gruppe goldbraun gefärbter oder sekundär farblos gewordener, ein- bis vielzelliger Organismen besitzen dikont heterokont heteromorph heterodynamische Geißeln, die subapikal inseriert sind. Die beiden Geißeln bilden miteinander einen rechten Winkel; sie tragen keine Geißelschuppen. Um die Insertionsstelle des Geißelapparats ist eine mikrotubuläre Wurzel entwickelt. Die kurze Hintergeißel besitzt einen mit dem Zellkörper assoziierten Stigmaschirm, dem das Stigma opponiert ist. Das Chromatophor hat meist eine Gürtellamelle (nicht bei den Paraphysomonadaceen). Werden Kieselsäureschuppen oder -dornen gebildet, dann entstehen sie in zytoplasmatischen Vesikeln des rauhen endoplasmatischen Retikulums. Zu dieser Gruppe gehören die meisten bekannten Arten der sogenannten echten Goldalgen.

Ordnung Goldgeißlerartige, Ochromonadales

In dieser Goldalgengruppe finden sich Formen, die die vegetative Hauptphase ihres Lebenszyklus im geißelbeweglichen, palmelloiden oder seltener trichalen Zustand durchlaufen. Zystäre Phasen werden gelegentlich kurzzeitig eingeschaltet. Koloniebildung kommt relativ häufig vor. Der Protoplast ist dorsiventral gebaut, bei den einfachsten Formen nackt (Gymnoplast), ohne Haut und daher stark formveränderlich. Bei anderen Formen verhärtet die oberste Schicht der Protoplasten zu einer oft netzig oder streifig strukturierten plasmatischen Außenmembran (Periplast, Pellicula), wieder andere Formen bilden Hüllen oder Gehäuse als Produkte des Protoplasten aus Pektinen oder Zellulose aus. Es sind 2 subapikal inserierte, miteinander einen rechten Winkel bildende Geißeln vorhanden (*Ochromonas*-Typ der Begeißelung). Die kürzere, nackte Geißel besitzt einen Stigmaschirm, der dem Augenfleck direkt opponiert ist. Kieselzysten (Statosporen) werden gebildet. Die meisten Arten leben im Süßwasser.

Familie Ochromonadaceae

Um die Typusgattung *Ochromonas* scharen sich freilebende oder festsitzende, gefärbte oder ungefärbte, einzeln lebende oder koloniebildende Formen, unter denen sich viele Planktonarten befinden. Ihr Protoplast ist hüllen- bzw. gehäuselos.

Die meisten der mehr als 70 *Ochromonas*-Arten leben im Süßwasser; *Ochromonas bourrellyi* ist eine Salzwasserform. Ihr stark formveränderlicher Zellkörper bildet oft Pseudopodien aus, mit denen er geformte Nahrung aufnehmen und sich fortbewegen kann. *O. danica* ernährt sich im Licht phototroph, im Dunkeln phagotroph. *O. ludibunda* ist ein typischer Teichplankter, *O. crenata* und *O. fragilis* leben in Torftümpeln.

Als farblos gewordene Ochromonaden werden die 4 Arten der Gattung *Spumella* angesehen. Sie haben keine Chromatophoren, speichern aber Chrysolaminarin und bilden typische Kieselzysten.

Ein biologisch interessanter Organismus ist *Didymochrysis paradoxa*, der in einem böhmischen Torfsumpf gefunden wurde. Bei ihm kommen alle Zellorganellen bis auf den nur einmal vorhandenen Kern in Zweizahl vor. Ähnliche Doppeltiere sind unter den Protozoen (Distomataceae) bekannt. Die Protoplasten von *Chrysodendron ramosum* sitzen auf verzweigten, elastischen Gallertstielen und bauen einfache, bäumchenförmige Kolonien auf.

Ebenfalls an den Enden gelatinöser Stränge sitzen die kleinen, eiförmigen Zellen der 15 *Uroglena*-Arten. Sie sind aber in einer Gallerte radiär angeordnet und formen kugelige oder ellipsoidische Kolonien, die in der kühleren Jahreszeit in unseren Teichen und Seen so massenhaft auftreten können, daß sie das Wasser blaßgrüngelblich trüben. Häufige Plankter sind *Uroglena volvox* und *U. americana*.

Uroglena lindii. Caplansee, Biosphärenreservat, Steckby-Lödderitzer Forst, Sachsen-Anhalt

Brehmiella chrysohydra gleicht äußerlich einem winzigen Süßwasserpolypen. Am vorderen Zellpol des festsitzenden Organismus ist ein Kranz von Pseudopodien ausgebildet, der die Aufnahme fester, organischer Nahrung sichert. Die Zoosporen sind begeißelt; beim Übergang zum amöboiden Stadium bleiben die Geißeln noch längere Zeit erhalten, ehe sie reduziert werden.

Familie Paraphysomonadaceae

Die Zellen sind kugelig, sie leben einzeln oder in Kolonien und schwimmen frei mit dem Geißelapparat vom *Ochromonas*-Typ. Es kommen 1–2 parietale Chromatophoren oder 1 kleiner Leukoplast vor. Das Stigma ist vorhanden oder fehlt. Die Zellen sind von Kieselschuppen bedeckt, manchmal auch von Dornen. Die Zysten gehören dem *Chromulina*-Typ an. Bisher wurden nur 4 Gattungen bekannt.

Die Typusgattung *Paraphysomonas* umfaßt 40 Arten, die sehr klein sind (Ultraplankter). *Paraphysomonas corynephora* besitzt 1 Leukoplasten.

Ebenso winzig ist *Spiniferomonas bourrellyi*, der höchstens 5 µm groß wird. Er kommt ziemlich häufig im Plankton kleiner Teiche vor.

Kolonien aus nur 10–25 Zellen zeichnen die *Chrysosphaerella*-Arten aus. Die Kieselschuppen bilden keinen zusammenhängenden Panzer, sondern liegen frei auf der Hülle. *Chrysosphaerella longispina* lebt im Plankton von Teichen und kleineren Seen.

Familie Dinobryonaceae

Um die Gattung *Dinobryon* gruppieren sich freilebende oder festsitzende, einzeln lebende oder koloniebildende Formen, deren Zellkörper stets in Gehäusen lagert, in toten, von Protoplasten ausgeschiedenen Gebilden, deren konstante Form ein artdiagnostisch wichtiges Merkmal liefert. Das Gehäuse (Lorica) kann zart und farblos oder derb, braun und mit Eisen inkrustiert sein. Es ist aus Zellulosemikrofibrillen aufgebaut. Die Zellen tragen ventral 2 Geißeln oder polnah eine Geißel. Bei einigen Arten ist geschlecht-

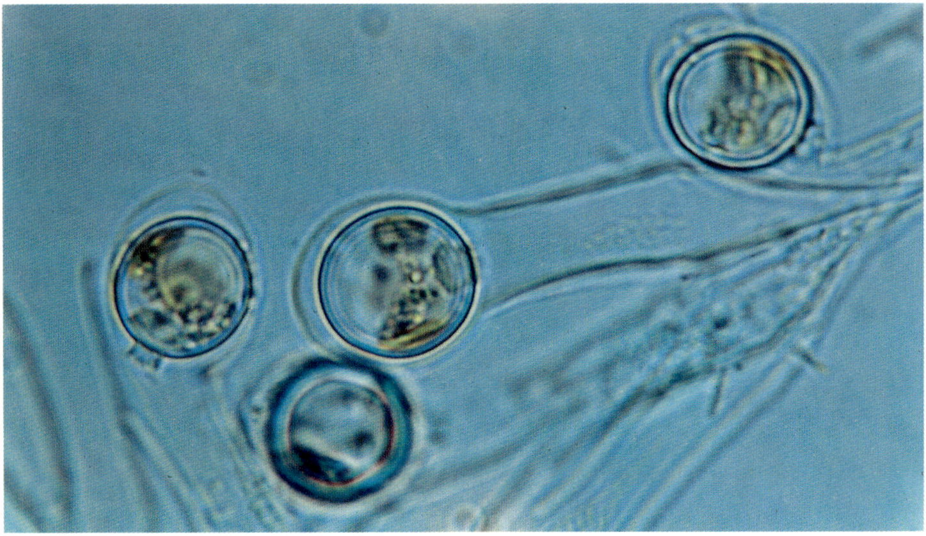

Dinobryon divergens (Dinobryonaceae) aus dem Caplansee bei Dessau. An der Spitze der leeren, trichterförmigen Zellulosegehäuse haben sich Statozysten gebildet.

liche Fortpflanzung (Bildung von Dauerzygoten durch hologame Kopulation) nachgewiesen worden.

Die Typusgattung *Dinobryon*, das Becherbäumchen, mit etwa 27 Arten bildet buschige Kolonien. Die Zellkörper stecken in tütenförmigen, farblosen Zellulosegehäusen, die sie nur mit ihrer Basis berühren. Bei der Längsteilung des Protoplasten verläßt das eine Teilprodukt die apikale Gehäuseöffnung und setzt sich am Innenrand des Muttergehäuses fest. Das neue Gehäuse wird unter kreisender Bewegung des Tochterprotoplasten abgeschieden. Häufig werden kugelige Zysten mit verkieselter Membran, Porus, Stöpsel und Halsfortsatz gebildet. Da sie oft 2kernig sind, dürften sie einem Geschlechtsakt entstammen. Die wichtigsten Arten im Plankton der Seen und Teiche sind *Dinobryon divergens, D. sertularia, D. sociale* und *D. stipitatum*. Einzeln schwimmen *D. borgei* und *D. suecicum*.

Stets vereinzelt, meist auf Fadenalgen festsitzend, leben die 35 *Epipyxis*-Arten, deren in der Form an *Dinobryon* erinnerndes Gehäuse oft bräunlich und aus feinen Schuppen zusammengesetzt ist.

Familie Chrysapionaceae

Die in Gallertkolonien lebenden Zellen pflanzen sich durch 2geißelige Zoosporen vom *Ochromonas*-Typ fort. *Stichogloea doederleinii* lebt im Plankton unserer Seen und Teiche und bildet Kolonien bis zu 120 Zellen aus.

Familie Phaeothamniaceae

Diese Goldalgen durchlaufen die vegetative Hauptphase ihres Lebenszyklus im trichalen Zustand. Sie sehen wie einfache oder verzweigte Fäden aus, die auf dem Substrat kriechen oder sich von ihm büschelig erheben. Sie pflanzen sich durch Zoosporen vom *Ochromonas*-Typ fort, können sich aber auch vegetativ teilen. Zur Bildung eines echten Faden- oder Gewebethallus kommt es nicht.

Die Süßwassergattung *Phaeothamnion* entwickelt verzweigte Fäden aus walzenförmigen oder breit keulenförmigen Zellen, die mit einer zwiebelförmigen bis halbkugeligen Basalzelle auf Wasserpflanzen festsitzen. Die

Fäden pflanzen sich durch *ochromonas*artige Schwärmer fort, die zu 4 bis 8 in zu Zoosporangien umgewandelten vegetativen Zellen entstehen. *Phaeothamnion confervicola* ist in Seen, Teichen und Sümpfen weit verbreitet.

Die ebenfalls im Brackwasser lebende *Apistonema submarina* kriecht auf dem Substrat. Ihre Zellfäden sind unregelmäßig verzweigt. Während andere zu *Apistonema* gerechnete Arten *Prymnesiophyceen* sind, gehört diese Art wegen ihrer ochromonasartigen Schwärmer eindeutig zu den echten Chrysophyceen.

Ordnung Chromulinales

Die Vertreter dieser Ordnung ähneln denen der Ochromonadales sehr. Ihre Zellen sind nackt, oft sehr formveränderlich und zur Aufnahme geformter Nahrung fähig. Sie können monadoid, amöboid, palmelloid, coccal und filamentös auftreten. Ihr Protoplast kann Hüllen und Gehäuse aus unterschiedlichen organischen Materialien bilden. Im Unterschied zu den Formen um *Ochromonas* scheinen die frei beweglichen vegetativen Zellen und die Zoosporen nur eine lange Flimmergeißel zu besitzen, wenn man mit dem Lichtmikroskop arbeitet. Benutzt man aber das Elektronenmikroskop, so kann bei vielen Arten eine zweite, sehr kurze (rudimentäre), unbeflimmerte Geißel, die in einer taschenartigen Einstülpung der Zelloberfläche liegt, oder wenigstens die Existenz einer zweiten Geißelbasis nachgewiesen werden. Es mehren sich die Anzeichen, daß der sogenannte *Chromulina*-Typ der Begeißelung nichts anderes als ein modifizierter *Ochromonas*-Typ ist. Kieselzysten werden gebildet.

Familie Chromulinaceae

Die frei schwimmenden, einzeln oder in Kolonien lebenden, nackten Monaden mit 1–4 Chromatophoren bilden manchmal palmelloide oder amöboide Stadien.

Zur Gattung *Chromulina* werden etwa 90 Arten gerechnet. Ihr bekanntester Vertreter, *Chromulina rosanoffii*, mißt 6–9 µm und lebt im Neuston, d. h. im oder auf dem Oberflächenhäutchen stehender Gewässer (Altwasser, Brunnenbecken oder Aquarien). Er bringt goldschimmernde, staubförmige Überzüge hervor. Dabei steigen die Flagellaten im ruhigen Wasser zur Oberfläche, durchdringen die Oberflächenhaut und sitzen ihr als kugelige, geißellose, mit einer feinen Gallerte umhüllte Zellen auf. Bei Benetzung wandeln sie sich wieder in die begeißelte Form um.

Die chromulinaähnlichen, birnenförmigen, nackten Zellen von *Saccochrysis pyriformis* leben frei schwimmend in gallertigen Blasen in Tümpeln, Teichen und Altwassern. Sie besitzen nur ein bandförmiges Chromatophor. In ihrem Lebenszyklus treten gestielte und amöboide Zellen auf, aber auch farblose, monadoide und amöboide, die sich von Bakterien ernähren.

Familie Chrysococcaceae

Die chromulinaähnlichen Zellen dieser Gruppe bilden Gehäuse, leben frei oder sitzen auf dem Substrat fest. Amöboide Stadien können im Lebenszyklus auftreten.

Die Gehäuse der 25 *Chrysococcus*-Arten sind dick, derb, homogen, eikugelig und lassen am Vorderpol eine Öffnung frei, durch die die Flimmergeißel austritt. Die zweite, reduzierte Geißel liegt innerhalb des Gehäuses der Stigmaregion eng an und fungiert wahrscheinlich als Stigmaschirm, so bei *Chrysococcus rufescens*, einem in Teichen, Tümpeln und Seen im Herbst und Frühjahr häufigen und grüngelbe Wasserblüten bildenden, bis 12 µm großen Nanoplankter.

Die 50 *Kephyrion*-Arten haben dünne, glatte oder skulpturierte Gehäuse mit weiter Öffnung, in denen der Protoplast sitzt. Sie leben frei beweglich als Nanoplankter in kleinen Gewässern. Es ist Zystenbildung durch hologame Kopulation bei *Kephyrion translucens* nachgewiesen.

Familie Chrysocapsaceae

Diese Goldalgen durchlaufen die vegetative Hauptphase ihres Lebenszyklus als unbewegliche, nackte Protoplasten, in Gallertlagern eingeschlossen. Sie bilden kleine Gallertklümpchen bis relativ große, sogar mit bloßem Auge sichtbare Schleimmassen. Es sind Chromatophoren, Chrysolaminarinkörner und kontraktile Vakuolen vorhanden. Bei der Zellvermehrung treten begeißelte, chromulinaähnliche Stadien auf, die ausschwärmen, sich bald zur Ruhe setzen, mit Gallerte umhüllen und wieder Schleimlager bilden.

Die bis 4 mm großen, mehr oder weniger kugeligen Lager der 6 *Chrysocapsa*-Arten leben frei schwimmend oder epiphytisch. So ist *Chrysocapsa planctonica* ein typischer Plankter stehender Gewässer, während sich *Chrysocapsa maxima* im Aufwuchs zwischen *Chara*- und *Elodea*-Arten aufhält.

Phaeaster pascheri, ein häufiger Plankter in Torftümpeln, ähnelt gewissen *Chromulina*-Arten sehr. Er ist aber viel größer, besitzt ein ansehnliches, sternförmiges Chromatophor mit zentralem Pyrenoid und einen Ring von Rhizopodien um die Geißelgrube.

Familie Hydruraceae

Ausgeprägtes Spitzenwachstum zeichnen die pinselförmigen Gallertlager des Wasserschweifs, *Hydrurus foetidus*, aus. Die stark verzweigten, frisch kastanienbraunen, absterbend grünlichen, unangenehm riechenden, etwa 20 cm lang werdenden Lager findet man in schnell fließenden Gebirgsbächen. An der Spitze des Lagers liegt eine Scheitelzelle, die sich längs teilt. Die Zellvermehrung besorgen tetraedrische Schwärmer, die aus Einzelzellen der Seitenäste ausschwärmen. Die vegetativen Zellen, die gehäuft am Rand des Lagers liegen, haben ein dickes, braunes Chromatophor mit Pyrenoid, viele kontraktile Vakuolen und einen großen Chrysolaminarinballen.

Familie Chrysamoebodaceae

Es sind Goldalgen, die die vegetative Hauptphase ihres Lebenszyklus im amöboiden Zustand durchlaufen. Sie bilden an der Peripherie des nackten Zellkörpers dauerhafte oder vergängliche Pseudopodien aus, die bei den typischen Formen die reduzierten Geißeln als Fortbewegungsmittel ersetzen und organische Nahrung aufnehmen. Nur kurzzeitig, in Phasen der Zellvermehrung oder Fortpflanzung, treten sie als chromulinaähnliche Zoosporen mit einer Schwimmgeißel auf. Ihre typischen Goldalgenchromatophoren, die Speicherstoffe Chrysolaminarin und Öl sowie die Bildung charakteristischer Stomatozysten verraten ihre Verwandtschaft mit den Chrysomonaden, als deren Abkömmlinge sie betrachtet werden. Es kommen auch farblose (apoplastidische) Formen vor.

Die Gattung *Chrysamoeba* mit ihren 15 Arten repräsentiert den Typus der gehäuselosen, amöboiden Goldalgen. Bei *Chrysamoeba radians* trägt das amöboide Entwicklungsstadium neben zahlreichen fadenförmigen Rhizopodien eine kurze Flimmergeißel und eine stummelförmige Peitschengeißel. Das monadoide Entwicklungsstadium besitzt nur ein einziges Rhizopodium und eine lange Flimmergeißel, die als Zuggeißel wirkt. Die *Chrysamoeba*-Arten wachsen in schleimigen Algenüberzügen in Torfmooren, in sauren Dünentümpeln, im Plankton usw. *Leukochrysis* sieht wie eine völlig farblose *Chrysamoeba* aus. Das Vorkommen von *Chrysolaminarin* und von Stomatozysten erlaubt ihre Zuordnung zu den Chrysamoebidaceen.

Familie Myxochrysidaceae

Die amöboiden Goldalgen bilden Plasmodien. Sie leben im Schlamm stehender Gewässer. *Myxochrysis paradoxa* hat im vegetativen Zustand die Gestalt einer großen, mehrkernigen Amöbe, die von einer dicken, braunen, kalk- und eisenhaltigen Hülle umgeben ist. Sie entstand durch Verschmelzung einzelner, einkerniger Amöben und enthält zahlreiche gelbe Chromatophoren, viele pulsierende Vakuolen und Chrysolaminarinkörner. Bei der Fortpflanzung wandelt sich das ganze Plasmodium in zahlreiche Zysten um, aus denen chromulina ähnliche Zoosporen ausschwärmen. Sie werfen alsbald die Geißel ab, werden amöboid und verschmelzen wieder zu einem neuen Plasmodium, das mit seinen breiten Pseudopodien (Lobopodien) andere Algen und feste organische Partikeln als Nahrung aufnimmt.

Familie Stylococcaceae

Diese Gruppe umfaßt alle gefärbten und farblosen Goldalgen (rund 20 Gattungen), die sich durch eine im Lebenszyklus dominierende, amöboide, vegetative Phase auszeichnen, die typische Gehäuse (Loricae) bildet. Die Gehäuse besitzen eine oder mehrere Öffnungen, durch die die Rhizopodien austreten. Die Organismen pflanzen sich durch Zellteilung oder durch geißellose Amöben fort. Für die Gattungen *Chrysopyxis, Kybotia* und *Lagynion* wird die Bildung von Zoosporen angegeben. In den vegetativen Zellen von *Lagynion* konnten 2 Basalkörper nachgewiesen werden.

Die 20 *Lagynion*-Arten sitzen mit ihren breiten Gehäusen, deren Vorderende oft röhrenartig ausgezogen ist, auf Algenfäden oder z. B. auf *Bulbochaete*-Borsten. *Lagynion scherffelii* ist in Teichen verbreitet.

Bei den 12 *Chrysopyxis*-Arten sitzen die Gehäuse auf einem Algenfaden rittlings fest: Zwei schenkelförmige Ausläufer umgreifen den Faden und sind miteinander um den Faden herum durch einen Gallertfaden verbunden. Die Gehäuseform kann sehr verschiedenartig (eiförmig, vasenförmig, ellipsoidisch) sein; sie ist artspezifisch. Aus der Gehäuseöffnung treten Rhizopodien oder Geißeln aus. Die häufigste Art ist *Chrysopyxis stenostoma.*

In vielen Seen Mitteleuropas lebt als Plankter Bitrichia chodatii, ausgezeichnet durch Gehäuse, die 2 charakteristische, lange, hornartige Fortsätze tragen.

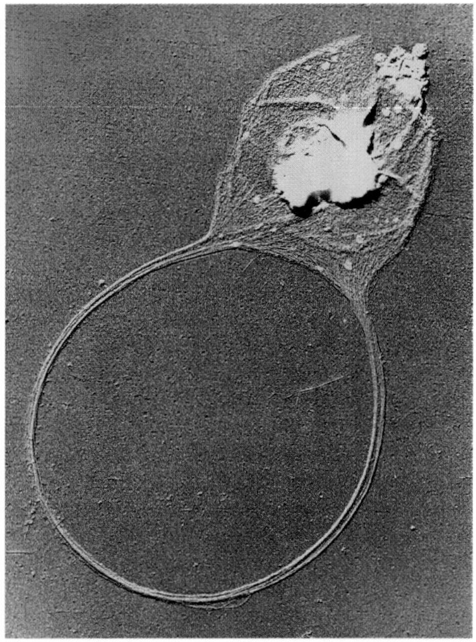

Chrysopyxis bipes, Lorica. Der Ring entspricht den beiden Schenkeln, mit denen die Zelle auf einem Algenfaden (der durch die Präparation zerstört ist) rittlings sitzt. Vom Zellkörper ist nur noch eine (weiß erscheinende) formlose Masse in der Lorica erhalten. Elektronenmikroskopische Aufnahme.

Familie Chrysosphaeraceae

Die Vertreter dieser Gruppe durchlaufen die vegetative Hauptphase ihres Lebens im kokkalen Zustand. Die vegetative Zelle besitzt eine typische Zellwand. Sie kann keine direkte Zellteilung mehr durchmachen, sondern pflanzt sich asexuell durch die Bildung von Zoosporen oder Autosporen fort (Vielzellbildung). Die Zoosporen ähneln *Chromulina*-Zellen, besitzen wie diese Augenflecke und kontraktile Vakuolen.

Die kugeligen oder ovalen, braunen *Chrysosphaera*-Zellen sitzen meist einzeln oder in Gruppen epiphytisch auf Algen. Die weitverbreitete, ellipsoidische *Chrysosphaera paludosa* pflanzt sich durch Bildung von 2 Autosporen, die im Gegensatz zur Mutterzelle kontraktile Vakuolen besitzen, oder durch chromulinaähnliche Zoosporen fort.

Unterklasse Mallomonadophycidae

Die Gruppe besteht aus goldbraunen, einzelligen oder koloniebildenden Organismen mit einem Panzer aus Kieselschuppen. Diese Kieselschuppen werden in Verbindung mit der periplastidischen Zisterne des endoplasmatischen Retikulums gebildet. Sie besitzen 2 di-

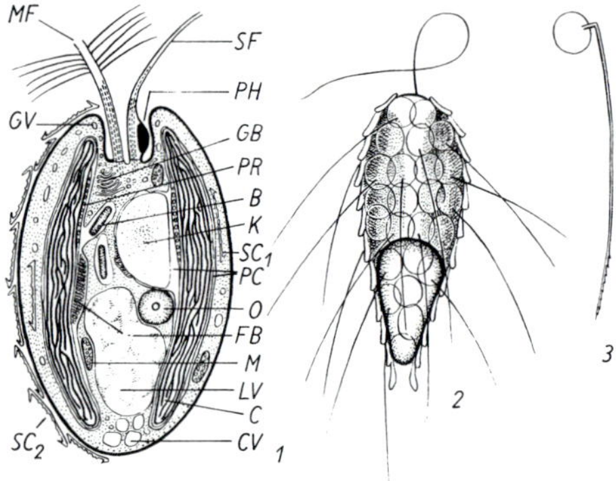

1 Längsschnitt durch den Zellkörper von *Mallomonas papillosa.* B symbiotische Bakterien im ER, C Chromatophor, CV kontraktile Vakuole, FB Fibrillenbündel im ER, GK Golgikörper, GV Golgivesikel, K Kern, LV Chrysolaminarinvesikel, M Mitochondrion, MF Flimmergeißel, O Öltropfen, PC periplastidische Zisterne, PH Photorezeptor, PR periplastidisches Retikulum, SC_1 Schuppe in Bildung, SC_2 Schuppe (auf der rechten Seite ist die Schuppenhülle weggelassen), SF Peitschengeißel, 2 *Mallomonas fastigiata,* 3 *Mallomonas fastigiata,* Kieselschuppe mit Borste (1 nach Belcher, 2, 3 nach Fott)

kont heterokont heteromorph heterodynamische Geißeln, die in einer taschenartigen Einstülpung am apikalen Zellpol parallel inseriert sind. Die lange Vordergeißel ist mit Geißelschuppen besetzt. Die kurze Hintergeißel besitzt einen vom Zellkörper unabhängigen Stigmaschirm, der nicht mit dem Chloroplasten assoziiert ist; ein Stigma fehlt. Zu dieser Gruppe gehören wahrscheinlich nur 6 meist weitverbreitete und gut bekannte Gattungen mit einer Familie.

Familie Mallomonadaceae

In dieser Familie werden einzeln oder in Kolonien lebende Formen vereinigt, deren Protoplasten auffallende Hüllen – aus einer organischen, pektinhaltigen Grundsubstanz und aus zahlreichen kieseligen Schuppen bestehend – ausscheiden. Bei der Zellteilung wird auch die Hülle geteilt. Es gibt Formen mit 2 Geißeln oder mit nur einer Geißel. Die Hülle der rund 15 *Synura*-Arten besteht aus einem aus Kieselplättchen zusammengesetzten, schuppenartigen Panzer. Die Schuppen sind dachziegelartig in Spiralreihen angeordnet und tragen auf der Oberflächen verschie-

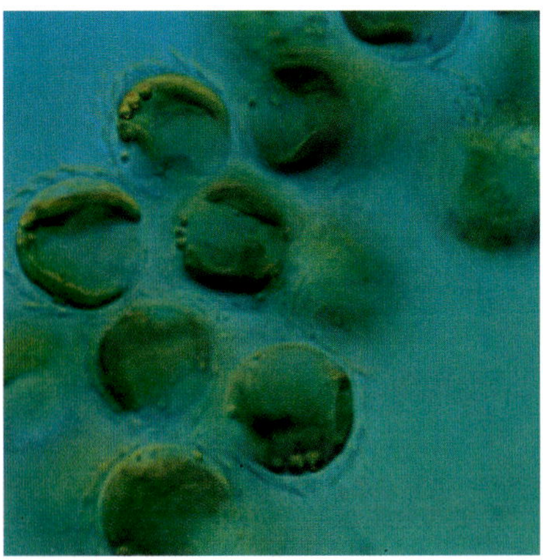

Kolonie der Goldalge *Synura uvella.* Die Zellen sitzen am Ende von gabelig verzweigten Gallertsträngen.

Synura petersenii. Rasterelektronenmikroskopische (REM) Aufnahme der intakten Kieselschuppenbedeckung des Zellkörpers

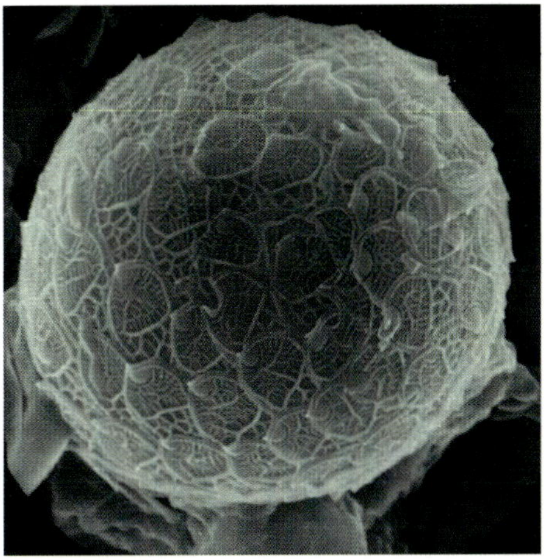

Mallomonas spec. REM-Aufnahme des intakten Kiselschuppenpanzers

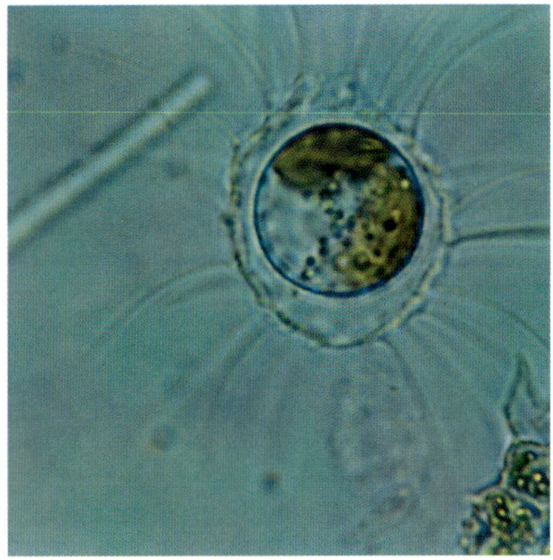

Mallomonas spec. (Mallomonadaceae) aus der Elbe bei Aken. Intrazellulär hat sich eine Zyste mit eigener fester Hülle gebildet. Sie ist noch von dem leeren, Schuppen und Stacheln tragenden Gehäuse der Mutterzelle umgeben.

dene morphologische Strukturen und Borsten. Die Schuppenstruktur ist artspezifisch. Die Zellen treten zu kugeligen Kolonien zusammen, die im Zentrum mit einer Gallerte verkleben. Die Kolonien können sich teilen, einzelne Zellen ausschwärmen und zu neuen Kolonien heranwachsen. Sie vermehren sich bisweilen in Trinkwasserreservoiren so stark, daß das Wasser unangenehm fischigtranig riecht. Unter Einsatz von Algiziden wird das wuchernde Wachstum unterdrückt. Die verbreitetste Art ist *Synura petersenii*. In braunen Torfgewässern lebt *S. sphagnicola*.

Die rund 120 beschriebenen *Mallomonas*-Arten sind typische Plankter der Seen und Teiche in aller Welt. Ihr Zellkörper trägt dachziegelartig-spiralig angeordnete Kieselschuppen, die meist gelenkig ansitzende Kieselborsten besitzen. Die Form der Schuppen ist für die einzelnen Arten sehr konstant und daher artspezifisch. Das große, zweiteilige Chromatophor fällt besonders auf. Im Lichtmikroskop sieht man meist nur eine Geißel, die nach vorn gerichtete Flimmergeißel. Die kürzere Peitschengeißel ist oft nur noch als kleiner Stummel ausgebildet, der den Photorezeptor trägt. Chrysolaminarin kommt in Form von Körnern und Ballen verschiedener Größe meist im Hinterende der Zelle vor. Pulsierende Vakuolen sind bei vielen Arten vorhanden.

Zu den häufigsten Arten in unseren Seen und Teichen gehören *Mallomonas fastigata*, *M. akrokomos* und *M. acaroides*. In Moorseen ist *M. heterospina* verbreitet.

Zwei deutlich entwickelte heterokont heterodynamische Geißeln besitzt die sonst der Gattung *Mallomonas* ganz ähnliche Gattung *Mallomonopsis*. Es sind etwa 11 Arten bekannt, die vor allem in kleineren Teichen und Tümpeln vorkommen.

Unterklasse Sarcinochrysidophycidae

Es ist eine kleine Gruppe (11 Gattungen) goldbrauner, ein- oder vielzelliger, streng an marine Standorte gebundener und im allgemeinen benthisch lebender Organismen. Die vegetative Phase des Lebenszyklus ist palmelloid, filamentös oder pseudoparenchymatös. Die Zoosporen, die einzeln in zu Sporenmutterzellen umgewandelten, vegetativen Zellen entstehen, erinnern sehr an die der Braunalgen: Die beiden heterokont-heteromorph-heterodynamischen Geißeln sind lateral inseriert; die längere, zweireihig beflimmerte Vordergeißel trägt am Vorderende 3 Filamente, die kürzere Hintergeißel ist typisch akronematisch. Reservestoff stellt Mannitol, Zellwandbaustoff Zellulose dar; es sind 2 seltene C_{30}-Sterole nachgewiesen.

Ordnung Sarcinochrysidales

Chrysomeris ramosa bildet bis zu 2 mm lange, aufrechte, gelbbraune Fäden, die mit einer abgeflachten Basalzelle auf der Unterlage (z. B. Wasserpflanzen) haften. Im Faden teilen sich die Zellen längs. Außerdem pflanzt sich die Art durch Zoosporen fort.

Jede vegetative Zelle des verzweigten Zellaggregats von *Nematochrysopsis roscoffensis* kann sich in Zoosporen umwandeln. Dabei bleibt in jeder Zelle ein plasmatischer Restkörper zurück.

Die olivbraunen, einschichtigen Lager von *Phaeosaccion collinsii* leben in Tiefen von 5–8 m in der Gezeitenzone der Meeresküsten epiphytisch auf den Blättern von *Zostera marina*. Ein echter Euplankter ist *Sarcinochrysis marina*.

Phaeocystis pouchetii, Schleime an der Küste Ostfrieslands bei Norderney. Die Schleimmassen konnten eine Höhe von 2 m erreichen und rochen stark nach Schwefel.

Klasse Kalkalgen, Prymnesiophyceae (Prymnesiatae)

Die von der Königlich-Schwedischen Akademie der Wissenschaften herausgegebene Umweltzeitschrift »Ambio« veröffentlichte kürzlich aufsehenerregende Bilder. Auf einem von ihnen ritt eine Frau auf ihrem Pferd durch meterhohen, schmutzig-weißlichen Schaum, der am Strand der holländischen Nordseeküste durch anlandigen Sturm angetrieben worden war. Zunächst dachte man an die Anlandung von Schadstoffen, die durch Schiffe in die Nordsee, die größte Müllkippe Europas, verkippt worden waren. Bald aber zeigte sich, daß die nach Schwefel riechenden, wie geschlagenes Eiweiß aussehenden, bis 2 m hohen Schaumberge das Produkt einer winzigen Alge waren. *Phaeocystis pouchetii* kann bei hohem Nährstoffangebot – und dafür sorgen die in die Nordsee mündenden Flüsse mit schöner Regelmäßigkeit – gewaltige Wasserblüten hervorrufen. Aber Milliarden von Zellen entwickeln Schleim und produzieren Schwefelverbindungen, die, in die Atmosphäre entlassen, erheblich zur Versauerung des Regenwassers beitragen. Die eigenartige Alge gehört zur Klasse der Prymnesiophyceen, die sich durch den charakteristischen dikont-isomorphen Bewegungsapparat, durch ein eigentümliches Organell, das Haptonema, und durch ihre auffällige Körperbedeckung, die Schuppen, die bei den Coccolithophoriden als Coccolithen oder Kalkplättchen ausgebildet sind, auszeichnen. Das Assimilationspigmentmuster setzt sich aus den Chlorophyllen a und c (c_1 und c_2), β-Carotin, Fucoxanthin, Diadinoxanthin und Diatoxanthin zusammen; Chlorophyll b fehlt. Stärke wird nicht gebildet; als Reservestoffe treten Öl und Chrysolaminarin auf. Der Feinbau der meist 1–2 in einer Zelle vorhandenen Chromatophoren entspricht dem der Chrysophyceen. Die Assoziation von Kernhülle, periplastidischer Zisterne und Plastidenmembran ist eng. Wo ein Pyrenoid vorkommt, liegt es im Chromatophor und wird von gepaarten Thylakoidlamellen durchzogen, die mit den Stromalamellen aus jeweils 3 Thylakoiden verbunden sind. Eine periphere Gürtellamelle fehlt. Werden Zysten gebildet, so entstehen sie exogen durch Auflagerung von Kieselsäure auf den Schuppen.

Viele der rund 250 beschriebenen monadoiden, capsalen, kokkalen und pseudotrichalen Formen scheinen durch einen Phasen- bzw. Generationswechsel miteinander verbunden zu sein, ohne daß in allen Fällen der Lebenszyklus vollständig erfaßt werden konnte. Dadurch ist die Frage der Gattungs- oder Artzugehörigkeit vieler Formen noch unbeantwortet. Es ist sicher, daß einige der beschriebenen Arten lediglich Entwicklungsstadien darstellen. Die meisten Vertreter sind marin verbreitet; sie treten vor allem im Phytoplankton der tropischen und subtropischen Meere auf, gelegentlich in ungeheuren Mengen. Ihr Anteil an der organischen Urnahrung und an den Sedimenten ist beträchtlich. Nur wenige Arten kommen im Süßwasser vor. Viele Arten sind typische Nanoplankter: Sie werden nicht größer als ein rotes Blutkörperchen (∅ = 5–10 µm).

Fortpflanzung und Lebenszyklus

Die Zellen vermehren sich in der beweglichen nackten oder coccolithophoren Phase durch die übliche Flagellatenlängsteilung (Schizotomie). Ausnahmsweise teilt sich die Zelle von *Chrysochromulina minor* mitsamt der nichtverkalkten Hülle simultan vierfach. Bei einigen der armierten, d. h. coccolithentragenden, Monaden *(Crystallolithus, Pontosphaera huxleyi, Syracosphaera pulchra)* verlassen nach ähnlichen Längsteilungen nackte Zoosporen die Mutterhülle und scheiden neue Coccolithen aus.

In der unbeweglichen Phase können Zoosporangien gebildet werden. Sie teilen sich sukzedan unter Meiose in 4 Zellen, die durch Membranverquellung als nackte Zoosporen frei werden. Zoosporen dieser Art können zu vielzelligen und fädigen Stadien ohne Coccolithen auskeimen, so daß nach weiteren Zellteilungen Formen entstehen, die an benthische, trichale Goldalgen der Gattungen *Apistonema, Chrysosphaera, Chrysonema, Thallochrysis* oder *Chrysotila* erinnern. Damit wird ein Phasenwechsel eingeleitet, der bei *Hymenomonas carterae (= Syracosphaera carterae)* aller Wahrscheinlichkeit nach wie folgt abläuft:

Die frei bewegliche, coccolithophore Phase, das *Hymenomonas*-Stadium, ist diploid. Die gepanzerten Monaden tragen 2 typisch isomorphe, aber unterschiedlich lange Geißeln und ein kurzes, keulenförmiges Haptonema. Durch normale, mitotische

Lebenszyklus von *Syracosphaera carterae.* (1), (3) Schwärmer der beweglichen *Syracosphaera*-Phase und (2) deren Teilung (4) Vegetative Zelle wird zum Zoosporangium und entläßt diploide Zoosporen (5) oder zum Meiosporangium (6). Die Meiospore (7) keimt (8) zur haploiden *Apistonema*phase (9). Diese liefert unter Zerfallen des Thallus (10) entweder je Zelle 4 haploide Zoosporen (11) oder auf nicht genauer bekanntem Weg sehr kleine Gameten (12), die (13) vermutlich grundsätzlich isogam verschmelzen und deren vermutliche Zygote (14) dann erneut eine Coccolithenhülle sezerniert (nach Ruhland)

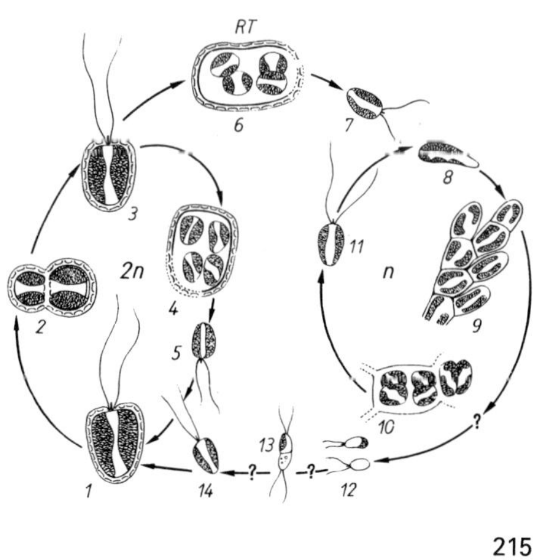

Längsteilung, wobei der Panzer mit durchschnürt wird, reproduziert sich diese Generation homolog. Die Monaden gehen schließlich in das unbewegliche, armierte *Syracosphaera*-Stadium über, das Zoosporangien entwickelt, die unter Reduktionsteilung jeweils 4 nackte, coccolithenfreie Schwärmer durch Membranverquellung entlassen. Die haploiden Schwärmer keimen zu jungen pseudotrichalen *Apistonema*-Stadien aus, die sich wiederum durch haploide, nackte Zoosporen homolog fortpflanzen können. Schließlich erweisen sich diese Schwärmer als Gameten. Der Sexualakt liefert eine Zygote, die wiederum zum diploiden *Hymenomonas*-Stadium auskeimt. Damit ist der Lebenszyklus geschlossen, in den mindestens 3 bisher unter verschiedenen Namen geführte »Organismen« als Entwicklungsphasen verwickelt sind.

Das System

Es leuchtet ein, daß unter den eben geschilderten Umständen und angesichts der geringen Zahl einschlägiger Untersuchungen die Systematik der Haptophyceen erst am Anfang steht. Wir gliedern die Klasse in 2 Reihen, je nachdem, ob Coccolithen gebildet werden (Coccolithales) oder nicht (Prymnesiales).

Ordnung Prymnesiales

Diese monadoiden oder amöboiden, frei schwimmenden Organismen sind nackt oder mit charakteristischen periplasmatischen Polysaccharidschuppen, aber nicht mit Calcitplättchen besetzt. Die beiden wandständigen, bräunlichen oder grünen Chromatophoren besitzen je ein zentrales, intraplastidisches Pyrenoid. Bei den Süßwasserformen sind pulsierende Vakuolen vorhanden.

Familie Isochrysidaceae

Den nackten Flagellaten fehlt ein Haptonema. Die beiden isomorphen Geißeln sind nahezu gleich lang und schlagen homodynamisch.

Isochrysis galbana hat man aus Meerwasser isoliert. Die unbewegliche Phase entwikkelt Vierergruppen, die durch Gallerte der Mutterzelle zusammengehalten werden. Kieselzysten wurden nachgewiesen.

Familie Diacronemataceae

Den nackten Flagellaten fehlt ein Haptonema. Die beiden isomorphen Geißeln sind deutlich ungleich lang, ventral inseriert und schlagen heterodynamisch. *Diacronema vlkianum* ist eine Süßwasserart.

Familie Prymnesiaceae

Die mit zarten, organischen Schuppen bedeckten Flagellaten haben ein durch 5–8 Mikrobubuli stabilisiertes, kontraktiles Haptonema. Die beiden isomorphen Geißeln sind nahezu gleich lang und schlagen meist heterodynamisch.

Die Gattung *Prymnesium* umfaßt 4 Arten kleiner, etwa 7–15 µm großer Flagellaten, deren relativ starres Haptonema viel kürzer als die beiden Schwimmgeißeln ist. Amöboide und palmelloide Phasen sind bekannt. *Prymnesium parvum*, eine Brackwasserform, ist am besten untersucht. Der Protoplast ist dicht mit submikroskopischen, organischen Schuppen besetzt, die in einer großen Golgizisterne gebildet werden. *Prymnesium saltans* haftet mit seinem Haptonema an den Kiemen der Fische. Tritt es massenhaft auf, dann verursacht es ein gefürchtetes Fischsterben, indem ein hämolytisches Ichthyotoxin in das Wasser der Fischteiche ausgeschieden wird.

Chrysocampanula spinifera, ein 6–8 µm langer, mariner Nanoplankter, gleicht *Prymnesium* durch sein kurzes, nicht retraktiles Haptonema, besitzt aber lange Stacheln am Hinterende und 2 isomorphe, ungleich lange und heterodynamische Geißeln.

Die Gattung *Phaeocystis* ist in ihrer vegetativen Hauptphase capsal organisiert: Die Zellen liegen in einer großen Gallertblase. Sie bildet Zoosporen aus, die einen 2geißelig-isomorph-heterodynamischen Bewegungsapparat und ein kurzes, während des Schwimmens steif nach vorn ausgestrecktes

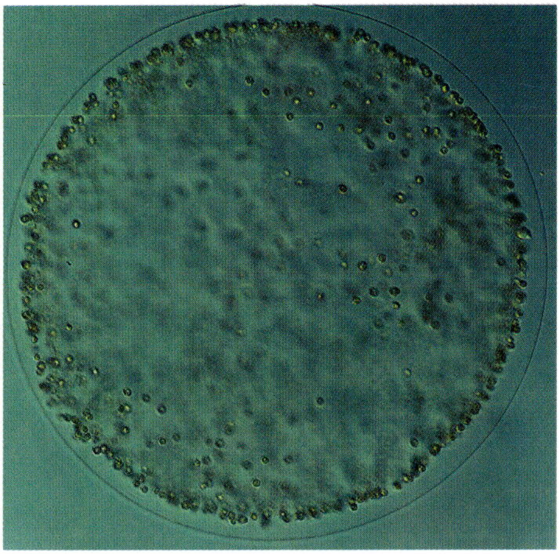

Phaeocystis pouchetii, junge, kugelförmige Kolonie, Massenform des Wattenmeeres

Haptonema besitzen. *Phaeocystis pouchetii* ist in der Nordsee vom Frühling bis in den Herbst hinein häufig. Die Alge tritt in solchen Massen auf, daß sie alle anderen Planktonarten verdrängt und Wasserblüten erzeugt, die unter bestimmten Bedingungen zur Bildung meterhoher Schaumlagen am Strand führen. Sie produziert Schwefelverbindungen, die in die Atmosphäre austreten und das Regenwasser versauern.

Die überwiegend marine Gattung *Chrysochromulina* umfaßt 14 Arten. Bei den meisten von ihnen ist das Haptonema viel länger als die beiden Schwimmgeißeln. Der Protoplast ist oberflächlich mit zarten Schuppen aus Polysacchariden (Ribose und Galactose) von verschiedener Form bedeckt. Der Zellkörper kann amöboid werden, besonders wenn er in die unbewegliche Phase eintritt. Die Aufnahme und Ausscheidung geformter Partikeln sind möglich. *Chrysochromulina parva* lebt im Süßwasser. Ihr Haptonema ist etwa zwanzigmal so lang (d. h. bis 80 µm) wie der Zellkörper. Seit dem Frühsommer 1988 hat *Chrysochromulina* polylepis eine traurige Berühmtheit erlangt. Sie entwickelte sich nämlich, zuerst an der Westküste Norwegens, dann auch in den inneren schwedischen und dänischen Meeren, vor allem im Kattegatt, in derartigen Massen, daß das Wasser gelb gefärbt und getrübt wurde. In einer Tiefe von etwa 10 m zählte man rund 90 Millionen Zellen im Liter. Dieses Massenauftreten verursachte in zahlreichen küstennahen Fischaufzuchtanlagen ein Fischsterben. Seither nennt man *Ch. polylepis* Killeralge. Sie bringt toxische Schleime hervor, die die Epithelzellen der Fischkiemen angreifen. Auch Stachelhäuter (Echinodermen) und sogar große Rotalgen, z. B. *Delesseria,* wurden schwer geschädigt. Es gilt als sicher, daß die explosionsartige Entwicklung der schon seit 1962 bekannten Alge auf Eutrophierungsprozesse zurückzuführen ist.

Ordnung Kalkflagellaten, Coccolithales

Diese Ordnung vereinigt braune, nanoplanktische Meeres- und Süßwasserflagellaten, deren Periplast mit zahlreichen Calcitplättchen (Coccolithen) besetzt (armiert) ist. Der Bewegungsapparat ist 2geißelig-isomorph; ein Haptonema wurde noch nicht überall nachgewiesen. Die Organismen sind bereits aus dem Jura bekannt. Sie machen einen beträchtlichen Teil mariner Kalksedimente (Schreibkreide) aus. Bisher sind etwa 200 marine Arten beschrieben worden.

Die Gestalt der Coccolithen ist artspezifisch. Sie werden im Innern des Zellkörpers gebildet und dann auf der Zelloberfläche abgelagert. Dabei bleiben sie auch nach ihrem Ausscheiden aus der Zelle in eine organische Matrix eingebettet. Ihrem Bau nach werden 2 Typen unterschieden, die Diskolithen (ohne Durchbohrung) und die Tremalithen (mit Durchbohrung). Die Typen können verschiedene Gestalt aufweisen. Sie führen entsprechende Bezeichnungen (Kalyptrolithen, Rhabdolithen, Placolithen usw.).

Eine andere Einteilung beruht auf der submikroskopischen Struktur der Coccolithen. Von Holococcolithen spricht man, wenn ihr Körper aus regulär gepackten Mikrokristallen des Kalziumkarbonats von einfach hexagonal-primatischer oder rhomboedrischer Gestalt zusammengesetzt ist, wie die von *Coccolithus pelagicus.* Heterococcolithen bestehen dagegen aus ursprünglich rhomboedrischen Kristallen, deren Gestalt aber so stark durch Bildung von Lamellen oder ringartigen Komplexen verändert ist, daß man sie nicht mehr erkennen kann, z. B. die Cricolithen von *Cricosphaera* und *Hymenomonas* oder die Placolithen von *Coccolithus huxleyi*.

Die Kalkflagellaten sind wärmeliebende Organismen; sie leben daher vorwiegend in temperierten und wärmeren Meeren, deren Temperatur über 8 °C liegt. Sie können in Tiefen vegetieren, in die kein Licht mehr eindringt (1 000–4 000 m), wo sie sich wahrscheinlich heterotroph ernähren. Die Zahl der in einem Liter Meereswasser vorkommenden Individuen kann von einigen tausend bis zu 30 Millionen betragen. Ihr Anteil an der marinen Urproduktion und Biomasse ist entsprechend hoch.

Von der Gattung *Syracosphaera* sind 18 Arten beschrieben worden, die sich durch dimorphe Discolithen auszeichnen. *Syracosphaera quadricornu* z. B. hat viele länglich-ovale Discolithen, von denen 4 am Geißelpol gekrümmte Hörner tragen.

Die ursprünglich aus dem Süßwasser beschriebene Gattung *Hymenomonas* trägt ähnliche Discolithen wie die Gattung *Syracosphaera*. Bei der Süßwasserform *Hymenomonas roseola* ist ein stummelartiges, von nichtmineralisierten Schuppen bedecktes Haptonema ohne Haftfunktion entwickelt. Jüngste Untersuchungen scheinen zu zeigen, daß nicht nur *Syracosphaera*-Arten, sondern auch die wegen ihres abweichenden Coccolithenbaus aus dieser Gattung ausgeschiedene *Cricosphaera* in den Gattungsverband von *Hymenomonas* gehört, der dann neben beweglichen und unbeweglichen Phasen auch thalloide Stadien einschließt. Die Gattung ist im Süß-, Brack- und Salzwasser verbreitet.

Die 20 *Pontosphaera*-Arten besitzen napfförmige Discolithen. *Pontosphaera huxleyi* ist in den temperierten Meeren weit verbreitet und entwickelt sich oft massenhaft. Doch scheint die Art heterogen zu sein und mehrere, zu verschiedenen Gattungen gehörende Arten zu umfassen. *Pontosphaera steueri* bildet homogen verkalkende Zysten in Ampullenform.

Die 12 *Coccolithus*-Arten tragen an der Hüllenoberfläche Placolithen mit sehr kleiner, interner Scheibe. *Coccolithus huxleyi* ist einer der gemeinsten Phytoplankter, der in küstennahen und -fernen Meeresgebieten weit verbreitet ist. Wegen seines massenhaften Auftretens (bis 115 Millionen Individuen in einem Liter) gehört er zu den wichtigsten Produzenten organischer Substanz im Meer. Die Hartteile sedimentieren im ozeanischen Tiefenschlamm, dessen quantitativ bedeutendster Bestandteil sie sind. Sein Lebenszyklus ist noch nicht völlig aufgeklärt. *Coccolithus pelagicus*, ein typischer Phytoplankter kalter Meere, durchläuft 2 verschiedene Phasen: Das monadoide Stadium, als *Chrystallolithus hyalinus* beschrieben, besitzt ein Haptonema, kann Bakterien und kleine Algen aufnehmen und produziert Coccolithen von spezifischem Bau (Holococcolithen, Chrystallolithen). Es vermehrt sich durch Längsteilung. Schließlich verliert der Flagellat Hülle und Geißeln, ein nacktes, palmelloides, größeres Stadium wächst heran, das die großen Placolithen der *Coccolithus*-Form ausscheidet. Im Plankton treten beide Stadien häufig zusammen auf. Offenbar gehen die beiden Formen in der Natur rasch ineinander über. Die Coccolithen von *Coccolithus pelagicus* wurden oft fossil gefunden, z. B. im Eozän des nördlichen Mitteleuropas.

Der Lebenszyklus von *Cyclococcolithus fragilis* ist höchst kompliziert, aber noch nicht in allen Phasen völlig erschlossen. Es werden Zysten mit einer öffnungslosen Hülle aus Coccolithen (Rhabdolithen) gebildet, die von den Placolithen der vegetativen Zellen stark verschieden sind. Sie keimen mit einem arttypischen Flagellaten.

Die 10 *Rhabdosphaera*-Arten besitzen auffallende, keulenartige Rhabdolithen. Die Zysten von *Rhabdosphaera subopaca* keimen mit 4 unbegeißelten Sporen, die den unbeweglichen Zellen der Gattung *Coccolithus* gleichen.

Der Zellkörper von *Calciosolenia sinuosa* trägt einen mallomonasähnlichen Kalkpanzer, der aus lückenlos schließenden, rautenförmigen Coccolithen besteht.

Die Tatsache, daß im Lebenszyklus einer Art verschiedene Coccolithenformen auftreten können, erschwert die Einordnung der fossilen Kalkflagellaten sehr. In den Ablagerungen findet man gewöhnlich nur vereinzelte Coccolithen, die künstlichen Hilfsgattungen (Manipula) zugeordnet werden müssen, z. B. *Discolithus* und *Rhabdolithus*.

Klasse Kieselflagellaten, Dictyochophyceae (Silicoflagellatae, Dictyochatae)

Die Kieselflagellaten sind phototrophe, nanoplanktische Organismen, die im Meer leben. Ihr Zellkörper ist von einer wahrscheinlich aus Polysacchariden bestehenden »Grenzschicht« umhüllt; eine echte Zellwand fehlt. In seinem Zentrum liegt inmitten eines von dichtem Zytoplasma angefüllten Raumes, dem Perikaryon, der große Kern, der 1–2 Kernkörperchen enthält. Im Perikaryon finden sich etwa 15 Dictyosomen. Durch radial ausstrahlende, zytoplasmatische Stränge ist das Perikaryon mit den zytoplasmatischen Fortsätzen verbunden, die in der Peripherie des Zellkörpers angeordnet sind. In ihnen liegen die zahlreichen goldbraunen Chromatophoren, und von ihnen gehen feine Pseudopodien aus. Außerdem enthält der Protoplast ein inneres, aus hohlen »Stäben« zusammengesetztes Kieselskelett. Eine Geißel entspringt nahe der Basis eines Skelettstrahls. Die Zellen teilen sich im vegetativen Zustand längs (Schizotomie). Die Tochterzellen scheiden das neue Skelett aus. Die Blütezeit der Kieselflagellaten war das Tertiär. Aus ihm sind 12 Gattungen beschrieben worden. Ihre Kieselskelette finden wir heute z. B. in Sedimenten der Kreidezeit. Es sind gegenwärtig noch mehrere lebende Arten bekannt, die im Meeresplankton eine bescheidene Rolle spielen.

Der Bau des Skeletts

Das intraplasmatische Kieselskelett besteht aus einem polygonalen Basalring, der an den Ecken divergierende Ausläufer (Stacheln, Strahlen) trägt. Hier und da ist ein Apikalapparat, ein aus einigen bogenförmigen transversalen Stäbchen zusammengesetztes Gerüst, oder ein konzentrisch erhöhter Apikalring vorhanden. Der Apikalapparat bzw. -ring ist durch Basalstäbchen mit dem Basalring verbunden. Die Oberfläche des Kieselskeletts kann variabel gitterförmig ornamentiert sein.

Chromatophoren, Pigmente und Reservestoffe

Die zahlreichen Chromatophoren liegen in periplastidischen Zisternen des ER. Die Lamellen bestehen aus 3 Thylakoiden; eine pe-

1 *Pedinella hexacostata,* Kolonie. 2 *Pedinella hexacostata,* schematischer Längsschnitt durch eine Zelle nach elektronenmikroskopischen Analysen, G Geißel, F Flimmer, GB vestigiale Geißelbasis, N Kern, C Chromatophor, M Mitochondrion, GA Golgiapparat, S Stiel, V Nahrungsvakuole, T Tentakel, 3 *Codonosigopsis robini,* 4 *Dictyocha speculum,* lebende Zelle mit einer Geißel, Pseudopodien und zahlreiche Chromatophoren (1, 4 nach Fott, 2 nach Swale, 3 nach Skuja)

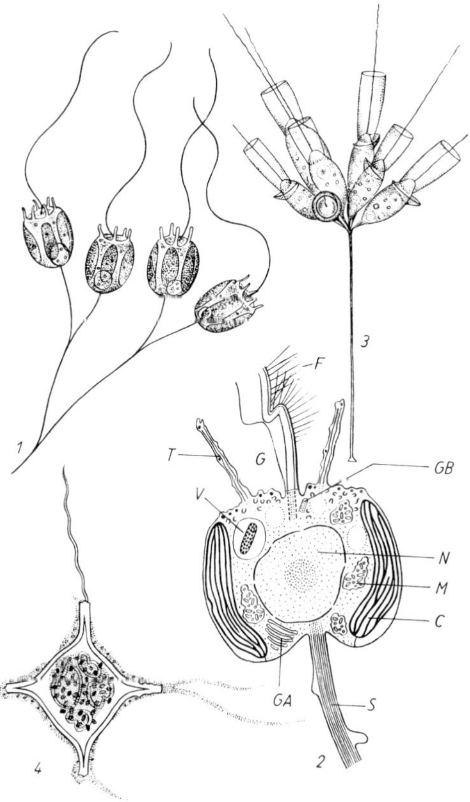

riphere Gürtellamelle ist vorhanden. Das intraplastidische Pyrenoid wird nicht von Thylakoidlamellen durchzogen. Das Assimilationspigmentmuster besteht aus den Chlorophyllen a und c, ß-Carotin und den Xanthophyllen Fucoxanthin, Diadinoxanthin, Diatoxanthin und Lutein. Als Reservestoffe werden Öl und ein chrysolaminarinähnlicher (?) Stoff angegeben.

Systematische Stellung und System

Die Auffassungen von der systematischen Stellung sind nach wie vor kontrovers. Wir behandeln die kleine, biologisch aber sehr interessante Gruppe im Anhang an Chryso- und Prymnesiophyceen, rechnen aber die farblosen, ebenfalls ein Kieselskelett enthaltenden Ebriales (»Pyritoflagellatae«), von denen in unseren Meeren lediglich 2 rezente Arten leben, nicht dazu. Wie viele rezente Arten und Gattungen der Kieselflagellaten es wirklich gibt, ist nicht bekannt.

Distephanus speculum soll kälteres Wasser bevorzugen, für seine Hauptentwicklung solches von 0 °C–+2 °C und einen mittleren Salzgehalt von 34 ‰. Sie lebt daher vor allem in kalten Meeren. Im Oslofjord wurden einmal 50 400 Zellen in einem Liter gezählt. *Dictyocha fibula* soll sich optimal in einem Temperaturbereich zwischen 20 °C und 27 °C bei einem mittleren Salzgehalt von 36 ‰ entwickeln. Sie kommt daher, wie auch die dritte Art, *D. octonaria*, in warmen Meeren vor. Allerdings haben jüngste Untersuchungen gezeigt, daß *D. fibula* bei Temperaturen über 15 °C die oberflächlichen Wasserschichten verläßt und tiefere, kühlere Schichten aufsucht.

Klasse Pedinellophyceae

In dieser Klasse werden frei schwimmende oder festsitzende, kleine, limnische und marine Flagellaten mit meist 6 gelbbraunen Chromatophoren zusammengefaßt, die deutlich radialsymmetrisch gebaut sind und am vorderen Zellpol eine Geißel tragen. Einige haben außerdem einen apikalen Kranz von Pseudopodien (»Tentakeln«) und einen distalen Stiel (Pedunculus). Die Zellen vermehren sich durch Längsteilung. Sie ernähren sich mixotroph und sind vor allem im Süßwasser gefunden worden.

Die kleinen, etwa 10 µm im Durchmesser messenden Zellkörper sind am Vorderpol eingedellt. Hier ist in einer Grube oder in einer kanalartigen Vertiefung die bis dreimal körperlange Schwimmgeißel eingefügt, die als typische dicke Bandgeißel mit einer einzigen Reihe von spiralig angeordneten, steifen Flimmern ausgeprägt ist. Eine zweite vestigiale Geißelbasis findet sich im Zellkörper dicht daneben. Ein Kranz von 6–12 etwa körperlangen, von jeweils 3 Mikrobubuli durchzogenen »Tentakeln« sitzt bei vielen Formen am Rand der Geißelgrube. Dort, wo er fehlt, finden sich dicht unter dem Plasmalemma Mikrobubulitriaden, die als rudimentäres Homologon der tentakulären Mikrobubulitriaden angesehen werden können. Viele, aber nicht alle Arten schleppen beim Schwimmen einen am hinteren Pol inserierten, bis dreimal körperlangen »Stiel« nach, der als Anheftungsorganell dient, wenn sich die Zelle zur Ruhe setzt. Die Chromatophoren sind oval und liegen peripher dicht unter dem Plasmalemma. Sie werden von Lamellen aus 3–4 Thylakoiden durchzogen; es ist eine periphere Gürtellamelle vorhanden. Bei *Apedinella* liegen sie in einer Er-Zisterne, die mit der Kernhülle direkt verbunden ist. Hier befindet sich auch ein großes Pyrenoid auf der Innenseite des Chromatophors. Bei *Pedinella hexacostata* fehlen Kernanbindung und Pyrenoid. Zwischen den Vorderenden der Chromatophoren liegen mehrere kontraktile Vakuolen. Ein Golgikörper ist zwischen dem großen, zentralen Kern und dem Hinterende der Zelle vorhanden, außerdem liegen dort Reservestoffkörper. Das Assimilationsprodukt scheint, nach den Farbreaktionen zu urteilen, nicht Chrysolaminarin zu sein. Seine chemische Natur ist noch unbekannt. Die Bildung von Zysten wurde nachgewiesen; sie sind nicht verkieselt.

Die 8 Arten der Gattung *Pedinella* haben einen kontraktilen Stiel und 3–12 tentakelartige Pseudopodien. *Pedinella hexacostata* scheint in Seen, kleinen Wasseransammlungen und Kanälen weiter verbreitet zu sein, als bisher angenommen wurde. Allerdings tritt sie nur sporadisch und in geringer Individuendichte (~500 Zellen in einem Liter) auf. Sie ernährt sich auch phagotroph, wobei die Rolle, die die Tentakeln dabei spielen, noch nicht eindeutig fixiert ist. Bei *Cyrtophora pedicellata*, einer bisher nur aus Františkovy Lázně (Franzensbad) bekannten, auf *Microspora*-Fäden sitzenden Art, treten große, reusenförmige Tentakeln auf, die die Aufnahme geformter Nahrung ermöglichen sollen. Der Organismus wird bis 80 µm groß.

Die ebenfalls um 80 µm große *Palatinella cyrtophora* hat einen dichten Tentakelkranz, aber nur eine kurze Geißel. Der Zellkörper sitzt in einem tütenartigen Gehäuse. Die Art wurde aus der Sowjetunion und dem Pfälzer Wald angegeben.

Der Zellkörper der tentakel- und stiellosen, marinen *Apedinella spinifera* ist von flachen Zelluloseschuppen besetzt, auf denen lange, manchmal bis fünffach körperlange, nach hinten gerichtete Stacheln ansetzen.

Abteilung Kieselalgen, Bacillariophyta (Diatomeae)

Als im Jahre 1834 der Eilenburger Apothekengehilfe und spätere Nordhäuser Oberlehrer für Naturwissenschaften Friedrich Traugott Kützing, damals ein führender Algologe, nachwies, daß das Gehäuse der Diatomeen aus Kieselsäure besteht, meinte er, sich der Ansicht des berühmten »Infusorien«kenners Ehrenberg anschließen zu müssen, der die Kieselalgen für Tiere hielt. Diese Auffassung stützte sich maßgeblich auf die eigentümliche, gleitende Art der Fortbewegung, die vielen Formen eigen ist, sowie auf das Fehlen von Stärke. Ihr arten- und individuenreiches Vorkommen in unseren Gewässern und die verhältnismäßig leichte Art der mikroskopischen Beobachtung, begünstigt durch die völlige Starrheit der Zellen und ihre Widerstandsfähigkeit gegen chemische Reagenzien, regten Wissenschaftler und Naturfreunde zur intensiven Beschäftigung mit ihnen an, so daß es nicht lange dauerte, bis die wahre Natur dieser im Haushalt der Meere und Binnengewässer bedeutsamen Organismengruppe erkannt wurde. Heute sind ihre zierlichen Kieselschalen sowohl Gegenstand der Sammel- und Präpariertätigkeit von Amateuren als auch Lieblingsobjekte der Licht- und Elektronenmikroskopiker.

Bisher wurden mehr als 100000 »Arten« beschrieben: Die Kieselalgen sind die formenreichste Algengruppe überhaupt. Sie sind durchweg einzellig, können sich aber mit Hilfe von Gallertausscheidungen zu band- oder fadenförmigen Zellverbänden vereinigen. Sie leben frei schwebend im Wasserkörper (planktisch) oder sitzen auf geeigneten Unterlagen fest (benthisch), auf denen sie mit Gallertstielen haften. Die einkernigen Zellen sind mikroskopisch klein; ihre Länge schwankt zwischen 2 µm und 2 mm, nur wenige Formen werden länger. Mit bloßem Auge sind praktisch nur die Arten erkennbar, die Kolonien bilden und massenhaft auftreten. Die Zellwand ist wie eine Pillenschachtel gebaut und setzt sich aus 2 wie Deckel und Schachtel übereinandergreifenden Schalen (Theken) zusammen, die chemisch hauptsächlich aus Kieselsäure bestehen. Der starre Kieselpanzer bedingt eine eigene Art der Zellvermehrung, die ihrem Wesen nach eine Querteilung (Cytotomie) ist. Von ihr ist der gebräuchliche Name Diatomeen (von griechisch diatomein = spalten) abgeleitet. Die geschlechtliche Fortpflanzung verläuft unter den Aspekten von Iso-, Aniso- oder Oogamie. Dabei treten eingeißelige Androgameten auf. Kleine, plättchenförmige Chromatophoren färben die Zellen gelbbraun, gelbgrün oder braun. Den Farbton bestimmen die in verschiedenen Mengenverhältnissen auftretenden braunen Karotinoide Fuco-, Diadino- und Diatoxanthin, die das β-Carotin sowie die Chlorophylle a und c überdecken; Chlorophyll b fehlt. Stärke wird nicht gebildet; ihre Stelle nehmen die Reservestoffe Chrysolaminarin (Leukosin), Volutin und fette Öle ein.

Die Kieselalgen stellen innerhalb der Algen eine eigenwertige, durch die spezifische Ausbildung ihrer Zelle ausgezeichnete Gruppe dar. Das Bauprinzip der »Pillenschachtel« und der damit ermöglichte Formenreichtum haben sich biologisch als so »erfolgreich« erwiesen, daß die Kieselalgen an fast allen Lebensstätten vorkommen. Ihr Lebenszyklus läuft in der Diplophase ab. Das Auftreten begeißelter Stadien (Androgameten, »Mikrosporen«) und pulsierenden Vakuolen in sich teilenden Zellen deutet auf monadoide Ahnen hin.

Der allgemeine Aufbau der Kieselalgenzelle

Die Diatomeenzelle (Frustel, Theka) ist wie eine Pillenschachtel oder Petrischale aus einem größeren, übergreifenden Deckel, der Epitheka, und dem kleineren Bodenstück, der Hypotheka, zusammengesetzt. Decke und Boden der beiden Theken werden als Schalenflächen (Valven), die zugehörigen Seitenflächen als Schalengürtel (Cingulum) bezeichnet, an dem die übereinandergeschobenen Gürtelbänder (Pleuren) und die an ihren Rändern mehr oder weniger stark umgebogenen Schalen entsprechende Anteile haben. Dieser Teil der Schale, der besonders bei *Melosira* stark entwickelt ist, heißt Schalenmantel, die Schalenfläche selbst in diesem Fall Diskus. Die »erwachsene« vegetative Kieselalgenzelle besteht mindestens aus folgenden Stücken: der Dekkelfläche (Oberschale oder Epivalva), dem oberen (= äußeren) Gürtelband (Epipleura), dem unteren (= inneren) Gürtelband (Hypopleura) und der Bodenfläche (Unterschale oder Hypovalva). Die Stücke sind nicht fest miteinander verwachsen, sie lassen sich leicht mechanisch trennen; die beiden Zellhälften, die Epi- und Hypotheka, lassen sich gegeneinander verschieben. Die Gürtelbänder sind mit den Schalen verfalzt. Unter dem Mikroskop kann die Diatomeenzelle von oben bzw. unten, d. h. in Schalenansicht, die die Struktur und Symmetrie der Valven zeigt, oder von der Seite, d. h. in Gürtelbandansicht, die meist den seitlichen Zellumriß zeigt, erscheinen. Für die Bestimmung der Arten ist die Erkennung der Lage des Zellkörpers wichtig, da die beiden Ansichten ganz verschiedene Vorstellungen von der Gestalt der Zellen vermitteln.

Außer den Schalen und Gürtelbändern können an der Bildung der Zellwand noch die zwischen Schale und ihrem Gürtelband eingefügten Zwischenbänder (Copulae) mitwirken. Sie sind durch Falze, umfaßte Wälle oder dicht aneinanderliegende, messerschneidenartige Teile untereinander und mit den übrigen Zellteilen verbunden, aber nicht verwachsen. Ihre Anzahl ist verschieden; bei einigen Arten ist es nur ein Zwischenband in

1 Bausteine der Theka von *Tabellaria.* V Valva (Schale), Copulae (Zwischenbänder) mit eingezogenen Septen (S), 2 Schematische Darstellung des Aufbaus einer Kieselalgenzelle, D Epitheka (Dekkel), B Hypotheka (Boden), 3 Achsen und Ebenen einer Kieselalgenzelle, AB Pervalvarachse, CD Apikalachse, EF Transapikalachse, GK Parapikalachse, LM Paratransapikalachse, CEDF Valvarebene, GHJK Apikalebene, LMNO Transapikalebene (1, 2 verändert nach Wartenberg, 3 nach Hustedt)

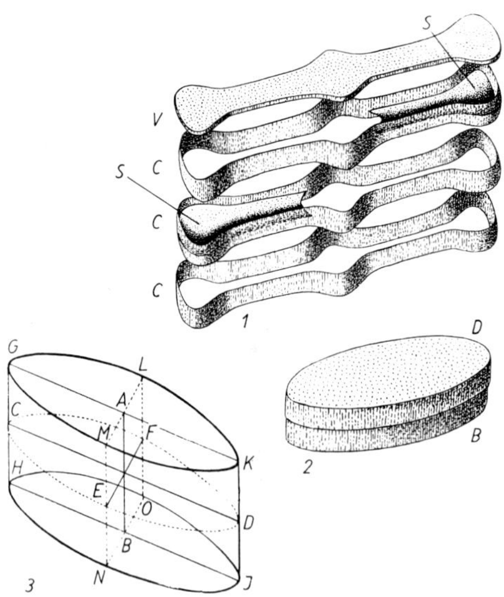

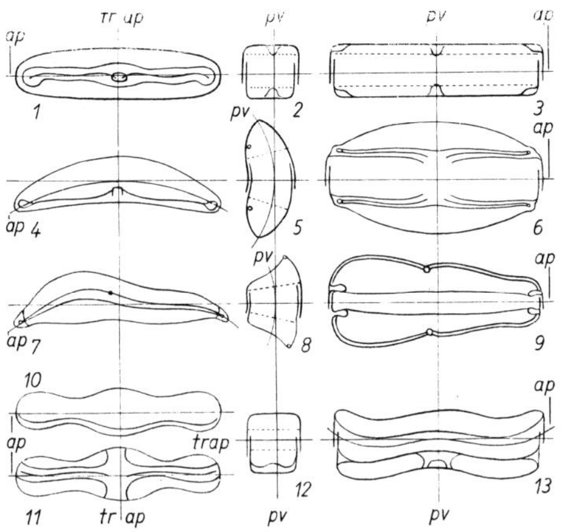

Achsen- und Hauptschnitte verschiedener Kieselalgentypen. 1. Vertikalreihe: Querschnitte bzw. Schalenansichten (Valvarebene), 2. Vertikalreihe: transversale Längsschnitte entsprechend der schmalen Gürtelansicht (Transapikalebene), 3. Vertikalreihe: sagittale Längsschnitte mit Andeutung der breiten Gürtelansicht (Apikalebene), 1–3 *Navicula viridis,* 4–6 *Amphora ovalis,* 7–9 *Rhopalodia vermiculata,* 10–13 *Achnanthes inflata* (nach Karsten)

jeder Zellhälfte, bei anderen sind es sehr viele Copulae. In jedem Fall gewinnt dadurch die an sich flache oder kurze Kieselalgenzelle eine gestrecktere Form. Von den ringförmigen Zwischenbändern aus können besondere Quer- bzw. Scheidewände (Septen) mehr oder weniger tief in die Zelle hineinragen und das Zellinnere in mehrere einseitig offene Kammern gliedern. Auch von den Valven können ähnliche Bildungen ausgehen (z. B. bei *Stauroneis*), die Pseudosepten genannt werden. Unter ungünstigen äußeren Bedingungen, z. B. beim Austrocknen des Standorts, treten bei manchen Arten (z. B. bei *Eunotia soleiroli* und *Melosira dikkiei*) sogenannte innere Schalen als Folge unvollkommener Zellteilung auf.

Die Diatomeenzelle ist in ihrer einfachsten Form in 3 senkrecht aufeinanderstehenden Richtungen des Raumes symmetrisch. Die Führungslinie, in der sich Epi- und Hypotheka gegeneinander verschieben lassen und in der das Wachstum der Zelle erfolgt, ist zugleich die morphologische Längsachse (Hauptachse, Pervalvarachse), obgleich sie nur in den wenigsten Fällen auch die längste Achse ist. Diejenigen Achsen, die den Mittelpunkt der Pervalvarachse und damit den der Zelle schneiden, sind die Trasversalachsen. Sie bestimmen den mittleren Querschnitt der Zelle, die Valvarebene, die im allgemeinen den Schalen parallel läuft und gleichzeitig die Teilungsebene der Zelle ist. Wenn dieser Querschnitt kreisförmig ist, so sind die Transversalachsen einander gleich, ist er dagegen elliptisch bis linear, dann wird die längere als Apikalachse und die kürzere als Transapikalachse unterschieden. Entsprechend werden die durch Pervalvar- und Apikalachse bestimmten Ebenen Apikalebenen sowie die durch Pervalvar- und Transapikalachse bestimmten Transapikalebenen genannt. Die Hauptschnitte ergeben nicht immer eine ebene Fläche. Sie sind häufig, der Zellform entsprechend, in einer oder in beiden Richtungen gewölbt (z. B. bei *Amphora ovalis*), geknickt, S-förmig gewellt (z. B. die Apikalachse von *Achnanthes inflata*) oder um eine der Achsen gedreht (z. B. bei *Surirella*). Außerdem können die Zellhälften gleich und die sie verbindende Achse kann isopolar (z. B. bei *Pinnularia*) oder verschieden und die Verbindungsachse heteropolar (z. B. *Rhopalodia vermiculata* mit heteropolarer Apikal- und Transapikalachse) sein.

Bei den Kieselalgenzellen lassen sich 2 Bautypen unterscheiden. Die zentrischen Diatomeen (Centrales) haben i. d. R. kreisrunde Schalen, die ganze Zelle gleicht einer Petrischale. Die Schalen sind meist in mehreren Ebenen symmetrisch, sie sind oft verziert und zeigen eine radiale Aufteilung. Die pennaten Diatomeen (Pennales) haben stab- oder schiffchenförmige, zygomorphe Zellen. Das Streifensystem der Valvaren ist transapikalwärts ausgerichtet.

Der Bau der Zellwand

Die Zellwand besteht chemisch in der Hauptsache aus einem opalähnlichen Kieselhydrogel. Es kann bis zu 50% des Trockengewichts der Zelle ausmachen. Ihm sind, beiderseits dicht anliegend, dünne Membranen aus organischer Substanz (Pektin) aufgelagert. Die Zellwand ist nicht homogen. Fast alle Kiesel»panzer« bestehen aus einem

Netzwerk von Kieselrippen, deren Maschen Poren (Areolen) oder Kammern (Alveolen) darstellen. Bei großen Formen lassen sich Kammern, regelmäßige Vertiefungen der Wand, unterscheiden, die stets einseitig, nach innen *(Pinnularia)* oder außen *(Triceratium)* geöffnet sind. Die im Lichtmikroskop als »Punkte« erscheinenden Strukturelemente sind wenigstens an einer Seite durch Siebmembranen geschlossen. Neben den mit Siebmembranen verschlossenen Areolen, die für einen Großteil des Stoffaustausches zwischen den lebenden Zellen und der Umgebung zuständig sein dürften, besitzt die Kieselzellwand noch eine Anzahl weiterer Durchbruchstrukturen ohne Siebmembranen, bei denen das Plasmalemma der Zelle direkt mit dem umgebenden Medium in Kontakt steht: 1. Stigmata und Stigmoide, 2. apikale Porenfelder und sonstige Gallertporen, 3. Lippenfortsätze und ähnliche Strukturen sowie 4. Raphenschlitze.

Stigmata oder einfacher gebaute Stigmoide (»isolierte Punkte«) sind Strukturelemente, die bei den naviculoiden Diatomeen (z. B. bei *Navicula, Cymbella, Gomphonema*) in der Nähe des Schalenzentrums liegen. Es handelt sich um die Zellwand durchbohrende Kanäle, die außen oft in besondere Alveolen münden. Ihre Funktion ist unbekannt.

Die apikalen Porenfelder bestehen aus vielen membranlosen Porenkanälen, die auf der Schaleninnenseite entweder frei in der Schalenwand oder in ein gekammertes Rippensystem münden. Sie sind an den Polen der Schalen angeordnet und sondern Schleim ab, der die Zelle auch in schnell fließenden Gewässern fest mit dem Substrat verankert oder die Bildung von Kolonien ermöglicht. Bei vielen *Mastogloia*-Arten haften die Zellen mittels kräftiger Schleimfäden am Substrat. Diese werden von spezifischen Schleimporenstrukturen in den Gürtelbändern ausgeschieden.

Bei den zentrischen Diatomeen gibt es 2 besondere Typen von Wanddurchbrüchen, die Lippenfortsätze (Rimoportulae) und die Stützenfortsätze (Fultoportulae). Es handelt sich um areolenartige Strukturen in der Zellwand, die zusätzliche Bildungen aufweisen. So besitzen die Lippenfortsätze auf der Schaleninnenseite einen Schlitz in dem lippenförmigen Endabschnitt der Röhre. Die Stützenfortsätze, die auf der Schalenfläche und auf dem Schalenmantel sitzen, sind auf der Schaleninnenseite von 2–4 zusätzlichen Poren umgeben. Form und Anzahl der Fortsätze können in vielen Fällen ein gutes taxonomisches Merkmal sein. Die den Schalenmantel durchbrechenden Stützenfortsätze scheiden Chitin aus; über die Funktion der Lippenfortsätze, die es auch bei einigen pennaten Diatomeen gibt, ist noch wenig bekannt.

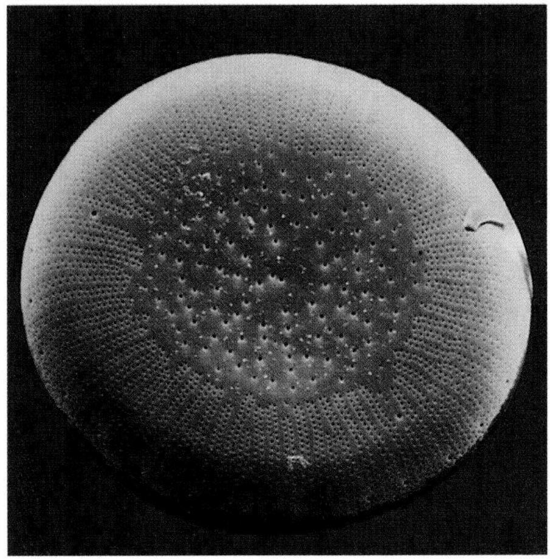

Cyclotella radiosa, REM-Aufnahme der Außenansicht der Valve mit randlicher Areolenstreifung und areoliertem Zentralfeld

Die Raphe ist ein sich in Richtung der Apikalachse erstreckender, länglicher Spalt, den die Valven der pennaten Diatomeen besitzen. Besonders kompliziert ist die sogenannte *Pinnularia*-Raphe gebaut. In der Mittellinie der Schale liegt ein gewundenes Liniensystem, das in der Mitte an einer kegelförmigen Membranverdickung, dem Zentralknoten, unterbrochen ist. Es ist von einem strukturlosen Längsfeld, der Axialarea, umgeben, die sich um den Zentralknoten herum zur Zentralarea erweitert. Das strukturlose Längsfeld kommt übrigens auch bei pennaten Diatomeen ohne Raphe vor; die Area heißt in diesem Fall Pseudoraphe. Das gewundene Liniensystem, der Raphenspalt, durchsetzt – im Querschnitt gese-

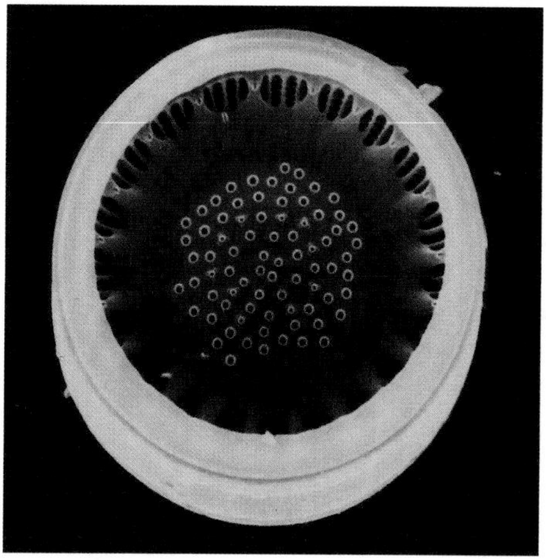

Cyclotella radiosa, REM-Aufnahme der Innenansicht der Valve mit randständigen Kammern und Porenfeld im Zentrum. Hier fallen die mit 3 Nebenporen versehenen Innenöffnungen der Stützenfortsätze auf.

hen – in Form eines liegenden < die Zellwand, so daß er – bedingt durch eine Verengung in der Biegung des < – in eine äußere und innere Raphenrinne, die den Schenkeln des < entsprechen, zerlegt erscheint. Beide Raphenäste enden im Zentralknoten mit einer röhrenartigen Erweiterung, den Zentralknotenkanälchen, deren Mündungen als Zentralporen erkennbar sind. Beide Äste werden durch die Zentralknotenrinne um den Zentralknoten herum verbunden. An den Zellpolen laufen die Raphenäste an terminalen, knotenartigen Wandverdickungen, den Endknoten, sichelartig aus, wobei die äußere Rinne in der Polspalte die Außenwand des Endknotens durchsetzt, während die innere Rinne von innen her in den Endknoten eindringt (Trichterkörper).

Pinnularia viridis. 1 Schalenansicht, 2 Schalen übereinander, um den Verlauf der Raphe zu zeigen, 3 Transversalschnitt durch die Zelle, 4 Verbindung der Raphenkanäle im Zentralknoten (Medianschnitt), 5 Endknoten mit Trichterkörper und Polspalte, ckn Zentralknoten, ekn Endknoten, r Raphe, asp äußerer, isp innerer Spalt, vk Verbindungskanal, schl Schleifenverbindung, psp Polspalte, tk Trichterkörper (nach Karsten)

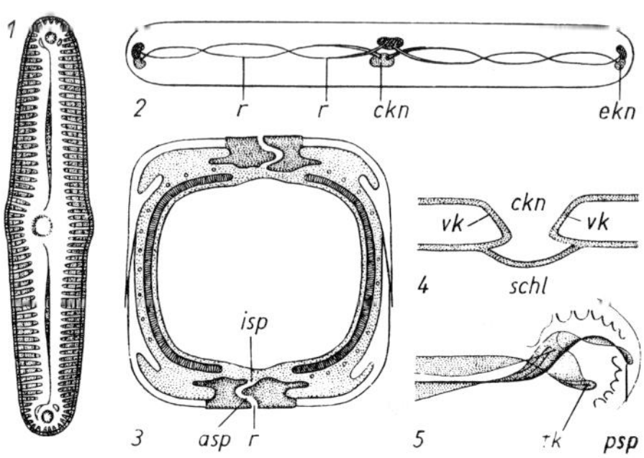

Anders gebaut ist die Kanalraphe. Das gesamte Raphensystem ist an den Schalenrand verlagert (z. B. bei *Epithemia*) und oft auf einen Kiel gehoben (z. B. bei *Rhopalodia*, Nitzschiaceae, Surirellaceae). Der Raphenspalt hat sich zu einem Kanal erweitert, dessen innere Wand in viele ziemlich große, rundliche Öffnungen aufgelöst ist, die durch Stege voneinander getrennt sind. Der Kiel wird bei manchen Arten zu auffälligen Flügeln, die um die ganze Schale herumlaufen und das Vorhandensein von 2 Raphen vortäuschen *(Surirella)*.

Die Raphe ist ein Organell, das mit der Bewegungsfähigkeit der Kieselalgen verknüpft ist. An der Bewegung selbst beteiligen sich 2 Organellsysteme: Lichtbrechende, kleine Partikeln, in der Nähe der Raphe an den Zellpolen gelegen, scheiden eine fibröse Substanz aus, die durch die Endporen der Raphe ausgepreßt wird und sich an die Unterlage anheftet. Durch Längswanderung dieses »lokomotorischen« Materials in der Raphenspalte wird die Zelle in Bewegung gebracht. Ein längliches, fadenförmiges Band, das unter jedem Raphenteil liegt und sich rhythmisch kontrahiert, veranlaßt die Ausscheidung der lokomotorischen Substanz. Jede sich bewegende Kieselalge läßt auf der Unterlage eine Spur des ausgeschiedenen Materials zurück.

Der Bau des Protoplasten

Der Protoplast füllt die gesamte Zelle aus. Der meist kugelige, nukleolen- und chromatinhaltige Kern liegt in einer zentralen Plasmabrücke. Beiderseits von ihm befinden sich Paare von Golgikörpern (Dictyosomen; die »Doppelstäbchen« der Lichtmikroskopiker) und meist eine große und mehrere kleine Vakuole(n).

Das wandständige Plasma erstreckt sich in alle Alveolen und Areolen hinein und ist durch Plasmastränge durch die große Vakuole hindurch mit der zentralen Plasmabrücke verbunden. Während der Teilung können Zentrosomen auftreten. Die meist wandständigen, gelben, olivgrünen oder braunen, zweiteiligen Chromatophoren sind bei vielen pennaten Kieselalgen als scheibenförmige Placochromatophore, bei den meisten marinen, zentralen Diatomeen als kleine, körnchenartige Coccochromatophore ausgeprägt. Sie liegen in einer Zisterne des endoplasmatischen Retikulums, der periplastidischen Zisterne, und hängen über sie direkt mit der Kernhülle zusammen. Die Plastidenmatrix wird von Lamellen aus 3 Thylakoiden gequert; eine Gürtellamelle ist vorhanden. Das zentrale, intraplastidische, nackte Pyrenoid wird von einer dreischichtigen Thylakoidlamelle umhüllt und von einer einfachen thylakoiden Membran durchzogen. Bei einigen Arten (z. B. *Mastogloia grevillei*) ist das Pyrenoid durch eine Membran gegen die Matrix abgegrenzt. Assimilationsprodukte – Reservestoffe, das Polysaccharid Chrysolaminarin und fette Öle – finden sich in gelöster Form in besonderen Vakuolen, aber nicht an den Chromatophoren. Bei der farblosen *Nitzschia alba* sind Leukoplasten vorhanden, die zwar das typische Hüllsystem mit Kernanbindung, aber fast keine Thylakoidlamellen entwickelt haben.

Zellteilung und Koloniebildung

Die Kieselalgen vermehren sich durch einfache Zellteilung, wobei sich der Protoplast parallel zur Schalenebene teilt: Bei der Zellteilung handelt es sich um eine Querteilung (Zytotomie). Als äußeres Anzeichen des beginnenden Teilungsprozesses ist ein Auseinandergleiten der beiden Zellhälften in Richtung der Pervalvarachse wahrnehmbar. Dann setzt eine typische mitotische Kernteilung ein. Die Tochterkerne wandern in Richtung der beiden Schalen auseinander. Die

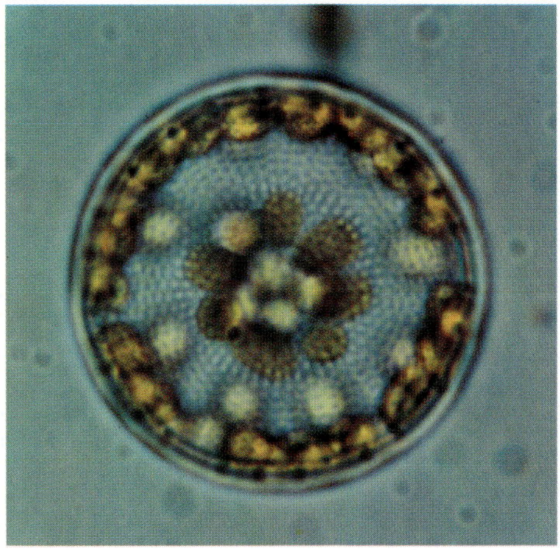

Cyclostephanos spec., Chloroplasten wandständig, außerdem im Zentrum der Valve einen zusätzlichen Ring bildend. Die radiär verlaufenden Punktreihen sind deutlich zu sehen.

entstandenen Tochterprotoplasten bilden je eine neue Theka aus, zuerst die Valven, die Fläche gegen Fläche aneinanderliegen, dann die Gürtelbänder. Jede der neuen Theken paßt als Hypotheka in eine der Mutterzelltheken hinein. Das Resultat dieser besonderen Form der Zellteilung ist ein Größenunterschied der beiden Tochterzellen: Die eine ist so groß wie die Mutterzelle, die andere etwas kleiner, und zwar etwa um die doppelte Gürtelbanddicke. Durch fortschreitende mitotische Zellteilungen nimmt innerhalb einer Diatomeenpopulation die durchschnittliche Zellgröße mit steigender Individuenzahl ab (Regel von Pfitzer und MacDonald). Bei *Coscinodiscus asteromphalus* verringert sich der Valvendurchmesser bei nahezu unveränderter Länge der Pervalvarachse durch eine Zellteilung (bei 24° in Kultur) um 1,5 µm. Nach 80 Teilungen (in rund 3 Monaten) beträgt der Valvendurchmesser noch 8,5 µm bei einem Ausgangsdurchmesser von etwa 200 µm. Diese 80 Teilungen hätten übrigens bei ungestörter Zellvermehrung theoretisch 10^{24} Tochterzellen geliefert, eine Zahl, die an Masse etwa 10^{10} t entspricht. Der fortschreitende Teilungsprozeß führt innerhalb der Population zu einem unteren Wert der Zellgröße, der artspezifisch zu sein scheint und ein Teilungswachstum nicht mehr zuläßt. Bei *Coscinodiscus asteromphalus* ist mit etwa 8,5 µm Valvendurchmesser die optimale Größe für den Eintritt der Population in die sexuelle Phase erreicht: Über die Bildung der Auxosporen können die Kieselalgen ihre normale Größe wieder erreichen.

Bei *Melosira arenaria* und *Eunotia didyma* teilt sich in jedem neuen Teilungsschritt nur die größere der beiden Tochterzellen aus der vorhergehenden Teilung, während die kleinere diese Phase überspringt. Die Gesamtzahl der Zellen in der Population wächst bedeutend langsamer, so daß die untere Größe der Zelle entsprechend später erreicht wird. Bei anderen Diatomeen besitzen die Gürtelbänder, die ja mit den Valven nicht fest verwachsen sind, eine gewisse Elastizität und geben bei der Entstehung der neuen Zellwände so weit nach, daß die Verkleinerung minimal ist. Allerdings scheint die Größenabnahme infolge der Teilungen durch kein Mittel restlos aufgehoben werden zu können, so daß die Regeneration durch Auxosporen unausweichlich zu sein scheint.

Als Dauerorgane treten gelegentlich endogene Zysten (Dauersporen) auf. Sie weisen einen zusammengesetzten Membranbau und charakteristische Skulpturen an der wesentlich verdickten Membran auf. Vor der Dauersporenbildung teilt sich der Protoplast inaequal; die beiden Tochterprotoplasten umgeben sich innerhalb des Mutterindividuums mit der Zystenmembran. Sie keimen nach einer inaequalen Teilung des Protoplasten.

Eng mit der vegetativen Zellvermehrung hängt die bei Kieselalgen weit verbreitete Koloniebildung zusammen. Es sind planktisch, benthisch und epibiontisch lebende Zellverbände verschiedener Form und Art bekannt. Im allgemeinen bewirkt eine Kittsubstanz, eine aus den Gallertporen ausgeschiedene Gallerte, den Zusammenhang der Zellen. Sie kann als Polster, als sogenannte Gallertbasale, ausgebildet sein. In diesem Fall sitzen die Zellen einzeln *(Surirella adriatica)*, in fächer- bis büschelförmigen *(Synedra)*, ja sogar in bäumchenförmigen Kolonien *(Licmophora, Gomphonema)* auf den Polstern. Verkitten die Gallertmassen die Zellen in ihrer ganzen Länge mit den Schalenseiten zu geschlossenen Bändern (z. B. *Fragilaria* mit

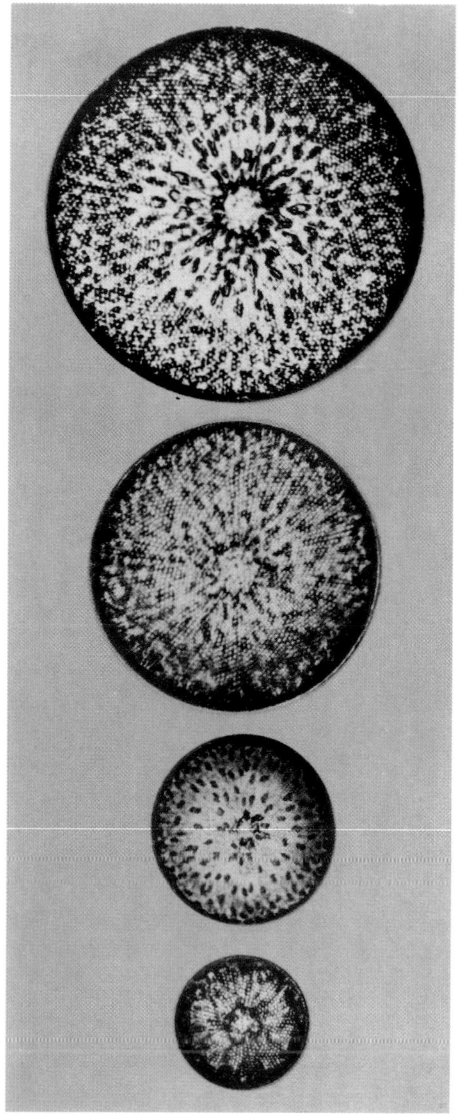

Coscinodiscus asteromphalus. Verringerung des Valvendurchmessers im Verlauf von 80 mitotischen Teilungen in rund 3 Monaten. Ausgangsdurchmesser 200 µm, Enddurchmesser 85 µm

bis zu 2000 Zellen) oder beschränken sie sich als Polster auf die Zellenden (z. B. die sternförmigen *Asterionella*- und die zickzackförmigen *Diatoma*-Kolonien), dann spricht man von Gallertinterkalaren. Die allseitigen Gallertumhüllungen, die die Schwebefähigkeit erhöhen, lassen formlose Lager *(Cyclotella, Thalassiosira)* oder Schläuche *(Cymbella prostrata, Navicula, Nitzschia)* bzw. Schlauchbüschel *(Amphipleura rutilans)* entstehen. Eine andere Art der Zellverkettung ist die durch Verzahnung der Schalenränder (z. B. bei *Navicula lagerheimii*). Es ist unklar, ob dabei Gallerte mit im Spiel ist.

Die Fortpflanzung

Die Auxospore ist das Produkt des Sexualakts der Diatomeen. Ihre Bildung erfolgt bei den zentrischen Kieselalgen – Beispiel *Melosira varians* – folgendermaßen:

Diese Süßwasserform entwickelt fädige, durch Gallertinterkalare verkettete Zellverbände, die entweder männlich (schmalere Zellketten) oder weiblich (breitere Zellketten), seltener zwittrig sind. Die Reduktionsteilung des Kerns leitet die Fertilisierung ein. In den weiblichen Zellen (Oogonien) gehen von den meiotisch gebildeten 4 Kernen 3 zugrunde (pyknotische Richtungskerne), der vierte wird zum Eikern. In den männlichen Zellen bleibt die Kerntetrade unversehrt erhalten; es differenzieren sich 4 eingeißelige männliche Gameten (Spermatozoide) aus. Die Spermatozoide gelangen durch einen Spalt zwischen Gürtelband- und Schalenrand ins freie Wasser, schwimmen zu den weibli-

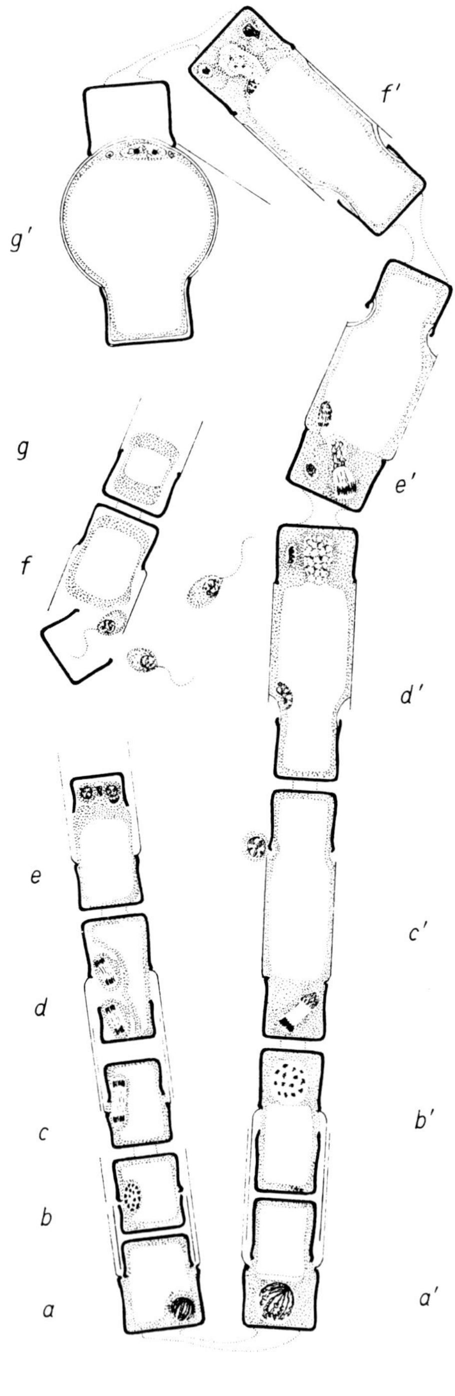

Schema der Auxosporenentwicklung von *Melosira varians.* Linker Schenkel des (konstruierten) zwittrigen Fadens: progressive Stadien der Antheridienentwicklung, rechter Schenkel: progressive Stadien der Auxosporenbildung; a, a' Synapsis; b, b' Diakinese; c, c' Telophase I; d männliche Anaphase II. Die Spermatozoidmutterzellen knospen vom Plasma ab; e reifes Antheridium mit 4 Spermatozoiden und Plasmarestkörpern; f geöffnetes, g entleertes Antheridium, beide mit Plasmarestkörpern; d' Interkinese, männlicher Kern am Befruchtungsspalt, neben dem Interphasekern erster Richtungskörper; e' Telophase II, unten im Wandbelag männlicher Kern; f' Tetrade in Kernverschmelzung, 2 Richtungskörper; g' junge Auxospore, 2 Richtungskörper, Gürtel gesprengt und im optischen Schnitt als Linie sichtbar (nach v. Stosch)

chen Fäden, dringen durch einen »Befruchtungsspalt« in die Oogoniumzelle ein und verschmelzen ihren Kern mit dem jeweiligen Eikern. Nach der Karyogamie umhüllt sich die befruchtete Eizelle (Zygote) mit einer Pektinmembran und wandelt sich in die Auxospore um. Dabei werden die Schalen der Mutterzelle (des Oogoniums) auseinandergedrückt, so daß die Auxospore schließlich völlig frei liegt oder mit einer nabelartigen Ausstülpung in einer Hälfte der Mutterzelle steckenbleibt. Die Hülle (Perizonium) der reifen Auxospore verkieselt. Innerhalb des Perizoniums entstehen die beiden Theken der neuen Erstlingszelle, die dann nach einigen weiteren Teilungsschritten die artcharakteristische Gestalt der Schale annehmen.

Im Gegensatz zu den zentrischen bilden die pennaten Diatomeen keine geißelbeweglichen männlichen Gameten aus: Die Fortpflanzungszellen sind akont. Die Auxosporenbildung wird bei ihnen im Normalfall durch die Kopulation (Konjugation) von morphologisch gleichen, sexuell zunächst indifferenten Mutterzellen (Gamonten) innerhalb von Gallerte oder Kopulationsschläuchen eingeleitet. In jedem Gamonten macht der Kern die Reduktionsteilung durch, die 4 haploide, geschlechtlich differenzierte Kerne liefert. Von den 4 Tetradenkernen in jedem Gamonten werden 2 resorbiert. Jetzt teilen sich die Mutterprotoplasten in Richtung der Pervalvarachse längs in je 2 Gameten. Vor dem eigentlichen Sexualakt klaffen die Theken in der Gürteloberfläche auf, dann wandert je ein amöboider Gamet des einen zum entsprechenden Gameten des anderen hinüber. Die gegenseitigen Bewegungen laufen nicht gleichzeitig, sondern nacheinander ab (z. B. bei *Gomphonema* parvulum). Der jeweilige Ruhegamet, der weibliche Gamet, und der aus der Partnerzelle stammende Wandergamet, der männliche Gamet, fließen zusammen und bilden in jeder Partnerzelle eine Zygote, die sich verlängert und mit einer primären Pektinmembran, dem Perizonium, das leicht verkieselt, umhüllt. Damit ist die Zygote zur Auxospore geworden. In ihr bildet sich die Erstlingszelle aus, die nach einigen Teilungsschritten den artcharakteristischen Zellbau wieder erreicht.

Im einzelnen existieren mannigfache Abweichungen vom eben geschilderten Geschehen. Auf jeden Fall müssen die Individuen, ehe sie zur Sexualität bereit sind, eine bestimmte und ziemlich genau fixierte Mindestgröße erreicht haben.

Der Lebenszyklus

Der Lebenszyklus der Kieselalgen spielt sich, wie die Analyse der Zellvermehrungs- und Fortpflanzungsprozesse gezeigt hat, in der Diplophase ab: Die Kieselalgen sind diploid; die Reduktionsteilung findet unmittelbar vor der Bildung der Gameten bzw. der Gametenkerne statt.

Die Entwicklung einer Generation geht von der diploiden Erstlingszelle, der Normalzelle, aus. Fortschreitende mitotische Teilungen führen zur allmählichen Verkleinerung der Zelle bei konstantem DNS-Gehalt bis zu einem unteren, artspezifischen Grenzwert, der ein weiteres Teilungswachstum nicht mehr zuläßt. Dieser Teil der Entwicklung nimmt im Lebenszyklus den weitaus größten Zeitraum ein. Nach dem Eintritt in die sexuelle Phase erfolgt die Differenzierung der Spermatogone bzw. Oogone bei den zentralen sowie der Gamonten bei den pennaten Diatomeen. In ihnen findet die Reduktionsteilung statt, die zur Bildung der haploiden Gameten führt. Der Sexualakt schließt mit der diploiden Zygote ab, die zur Auxospore heranwächst, die eine neue Erstlingszelle liefert.

Der diploide Lebenszyklus der Kieselalgen weist ihnen unter den Algen eine Sonderstellung zu. Sie sind keine ursprüngliche oder primitive Gruppe, sondern haben eine eigenartige und komplizierte Entwicklung hinter sich.

Vorkommen und Bedeutung

Die Diatomeen bewohnen alle Arten von Gewässern, finden sich aber auch im Erdboden und sogar in der Luft. Die zentrischen Formen überwiegen im Meer, die pennaten im Süßwasser. Die Plankter sind meist zentrisch gebaut und haben nur selten eine Raphe; die benthischen, auf Schlamm kriechenden oder an feuchten Standorten lebenden Arten besitzen dagegen i. d. R. eine Raphe. Die plank-

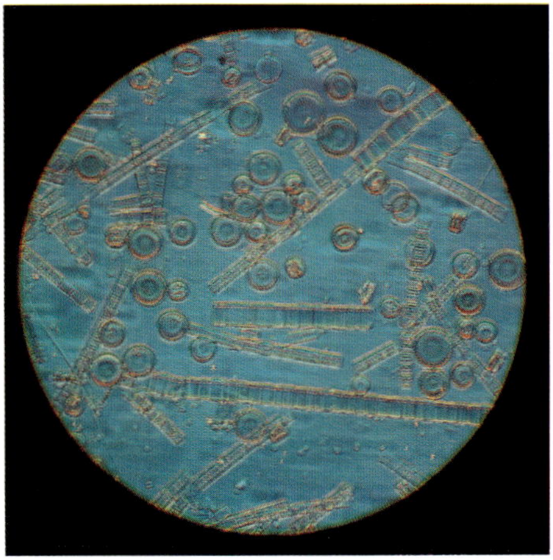

Frühjahrs-Kieselalgenplankton aus dem Breiten Luzin (Mecklenburgische Seenplatte) mit *Melosira islandica* (Faden) und *Stephanodiscus*-Arten, darunter vor allem *Stephanodiscus neoastraea* (große, kreisrunde Schalen)

tischen Meereskieselalgen sind in allen Ozeanen zu Hause. Man kann im freien Ozean entsprechend den Lichtbedürfnissen eine Tiefengesellschaft (z. B. aus *Planktoniella, Gossleriella* und *Asteromphalus*) und eine Oberflächengesellschaft (z. B. aus *Chaetoceras-* und *Rhizosolenia*-Ketten) unterscheiden. In den Küstenbereichen tritt ein besonderes Küstenplankton (u. a. *aus Sceletonema-, Streptotheca-, Cerataulina-* und *Lauderia*-Arten) auf, das reicher entwickelt ist und dem meist noch vom Land hereingespülte Grunddiatomeen (z. B. *Navicula-, Pleurosigma-* und *Nitzschia*-Arten) beigemischt sind. Im Meeresschlamm, mehrere 1000 m tief unter Lichtabschluß und großem Druck, leben ebenfalls Kieselalgen, die sich heterotroph ernähren und dennoch Assimilationspigmente entwickeln. Das Süßwasserdiatomeenplankton ist einförmiger. Es tritt im Frühjahr und Herbst besonders massenhaft in Erscheinung. Viele Arten sind ausgesprochene Wassergüteindikatoren, Leitformen der biologischen Wasseranalyse. So zeigen *Melosira*-Arten und *Stephanodiscus hantzschii* nährstoffreiche, *Cyclotella-* und *Synedra*-Arten dagegen nährstoffarme Gewässer an. Humussaure Biotope bevorzugen unter anderem *Frustulia rhomboides* und *Tabellaria flocculosa.* Sehr empfindlich reagieren Kieselalgen auf unterschiedlichen Salzgehalt.

Die Diatomeen spielen eine bedeutende Rolle im Stoffhaushalt der Natur. Im Meer haben sie erheblichen Anteil an der Primärproduktion, der Urnahrung. Sie gehören zu den ersten Organismen, die zur Selbstreinigung der Gewässer beitragen. Die mächtigen marinen Kieselgurablagerungen aus dem Tertiär in Amerika, Dänemark und der UdSSR sowie die aus der letzten Zwischeneiszeit stammenden limnischen Kieselgurvorkommen in der Lüneburger Heide werden ausgebeutet. Kieselgur ist wegen seiner schlechten Leitfähigkeit als Isolatormaterial geschätzt und wurde früher auch zur Dynamitherstellung verwendet. Neuerdings leisten fossile Diatomeen bei der geologischen Untersuchung und Altersbestimmung fossiler Sedimente (Diatomeenanalyse) wertvolle Dienste.

Das System

Die Kieselalgen lassen sich in 2 Gruppen einteilen, die je nach Bearbeiter als Klassen, Unterklassen oder Ordnungen geführt werden. Für die Einteilung ist der Bauplan der Zelle maßgebend. Hinsichtlich der Artenzahl halten sich beide Gruppen etwa die Waage. Insgesamt wurden mehr als 100000 Arten beschrieben, von denen aber schätzungsweise nur 16000 »echte« Arten sind.

Die Verwandten der Kieselalgen werden unter den sogenannten Chromophyten gesucht, bei den Chrysophyceen etwa, deren Kieselzyste, wie einige Autoren meinen, der Ausgangspunkt für die zweiteilige Diatomeenzelle sein soll, oder bei den Braunalgen. Sichere Aussagen über die verwandtschaftlichen Beziehungen lassen sich aber nicht machen.

Klasse Centrobacillariophyceae (Coscinodiscatae)

Bei diesen überwiegend marinen und zum größten Teil fossil aus dem Tertiär (seit dem Jura nachweisbar) bekannten Kieselalgen ist die Grundform der Valvarebene kreisförmig, elliptisch oder polygonal. Die Schalen besitzen weder eine Raphe noch eine Pseudoraphe; ihre Strukturen (Areolen, »Rippen«) sind zum Mittelpunkt hin gerichtet oder unregelmäßig, aber niemals fiederig. Den Zellen fehlt die gleitende Eigenbewegung. Bei der geschlechtlichen Fortpflanzung, der Oogamie, treten geißelbewegliche männliche Gameten auf. Das Produkt des Sexualakts ist die Auxospore.

Ordnung Siebscheibenartige, Coscinodiscales

Hier sind die Zellen meist kurz und trommelförmig. Am Schalenrand befindet sich oft ein Ring dornenartiger Fortsätze. Sie leben einzeln oder zu Ketten vereinigt.

Die Typusgattung *Coscinodiscus*, die Siebscheibe, umfaßt rund 400 meist im Meer lebende Arten, bei denen die Fläche der Valven (der Diskus) mit kleinsten, wabenförmigen Kammern versehen ist.

Die 95 Arten von *Melosira* bilden, wie der deutsche Name Dosenkettchen treffend sagt, bis zu 5 mm lange $\frac{1}{50}$ mm breite, steife, fadenförmige Ketten aus trommelförmigen Zellen, die durch übermäßig lange Gürtelbänder, Verbindungsdornen und Gallertinterkalare am Diskus zusammengehalten werden. *Melosira granulata* und *M. ambigua* sind gemein in eutrophen Seen und Teichen, *M. italica* bevorzugt kalte, oligotrophe Seen. Der unangenehme Geruch in offenen Wasserbehältern rührt oft von *M. varians* her.

Die 40 Arten des Scheibendöschen, *Cyclotella*, kommen planktisch und benthisch im Süß- und Meerwasser vor. *Cyclotella radiosa* ist eine der häufigsten Planktonformen der Seen und Teiche, *C. meneghiniana* lebt im Aufwuchs des Litorals.

Ähnlich wie *Cyclotella* sind die Vertreter der Gattung *Stephanodiscus*, des Kronenschildchens, verbreitet, von denen besonders *Stephanodiscus hantzschii* in Flüssen und *St. minutulus* in Seen massenhaft auftreten kann.

Ordnung Rhizosoleniales

Die wenigen zu dieser Gruppe gehörenden Formen weisen gestreckte, stabartige Zellen mit zahlreichen Zwischenbändern auf.

Typische Meeresplankter sind die meisten der 35 *Rhizosolenia*-Arten, von denen *Rhizosolenia alata* oft in ungeheuren Massen in der Nord- und Ostsee auftritt. Kennzeichnend für die Süßwasserarten *Rhizosolenia longiseta* und *Rhizosolenia eriensis* sind sehr lange, schwach verkieselte, aus zahlreichen schuppenartigen Zwischenbändern bestehende Frusteln.

1 *Coscinodiscus convexus,* Schalenansicht, 2 *Melosira borreri,* 2a Mittelstück einer Kette, 2b Schalenansicht, 3 *Planktoniella sol,* 3a Flächenansicht, 3b Profilansicht, 4 *Chaetoceras indicum,* 3 Zellen, zu einer Kette vereinigt (nach Karsten)

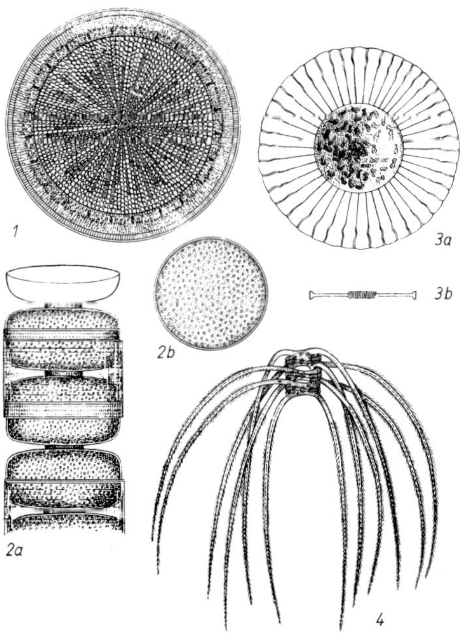

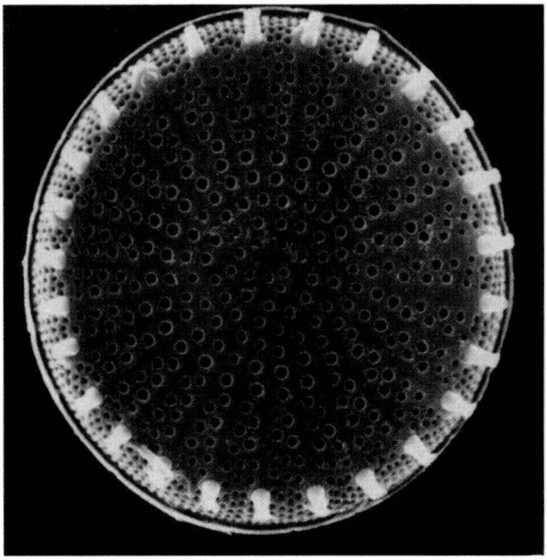

Stephanodiscus hantzschii aus dem Dagowsee. Aufsicht auf die Schale mit dem randständigen Dornenkranz, den radial verlaufenden Bündeln von Poren, die durch Rippen voneinander getrennt sind

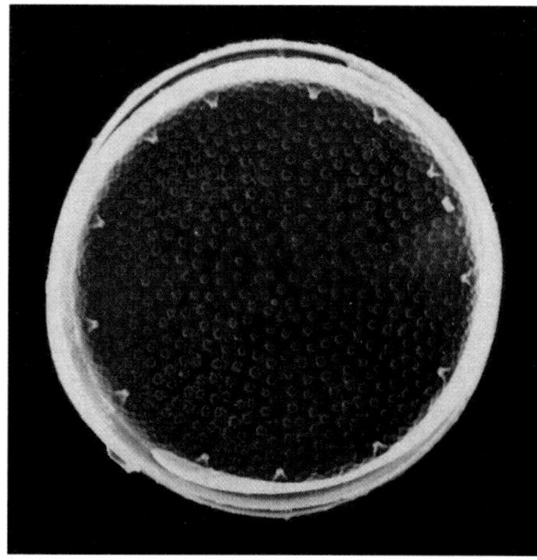

Stephanodiscus hantzschii aus dem Dagowsee. Innenansicht der Schale mit radialen Porenreihen und randständigen Stützenfortsätzen

Ordnung Biddulphiales

Die büchsenförmigen oder prismatischen Zellen erscheinen in der Schalenansicht elliptisch oder polygonal. An den Polen sind sie meist mit größeren Auswüchsen (Buckeln, Hörnern oder Borsten) versehen.

Die 90 *Chaetoceras*-Arten kommen im Meeresplankton vor. Ihre Zellen tragen 4

Stephanodiscus alpinus aus dem Lunzer Untersee. Zwei Frusteln in Aufsicht mit Dornenkranz und radiär angeordneten Porenreihen

Stephanodiscus alpinus aus dem Lunzer Untersee. Innenansicht der Valve mit radiär angeordneten Porenreihen und zahlreichen randständigen Stützenfortsätzen. Der Dornenkranz der Schalenaußenseite ist sichtbar.

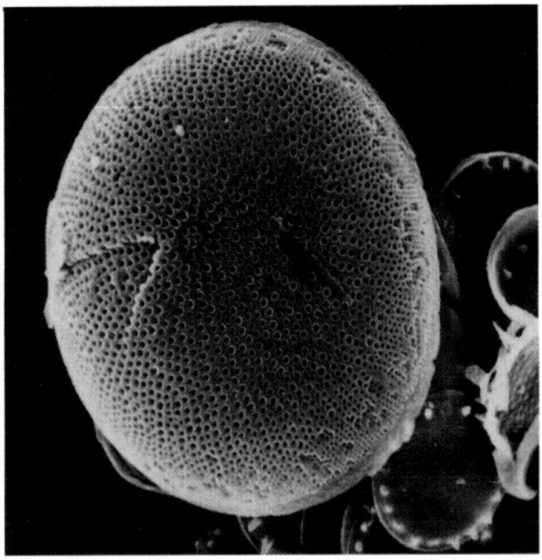

Stephanodiscus hantzschii. REM-Aufnahme einer Erstlingszelle, die aus einer Auxospore hervorgegangen ist. Der für *Stephanodiscus* typische Dornenkranz fehlt der Zelle.

Biddulphia spec. Rasterelektronenmikroskopische Aufnahme

lange Borsten, mit deren basalen Enden sie zu Ketten verbunden sind wie bei *Chaetoceras indicum*.

Etwa 120 Arten der marinen und fossilen Gattung *Biddulphia* sind bekannt; weite Verbreitung haben vor allem *Biddulphia pulchella* (besonders im Atlantik), *B. mobiliensis* und *B. sinensis*, die aus dem Pazifik in den Atlantik eingeschleppt wurden.

Klasse Pennatibacillariophyceae (Bacillariatae)

Bei diesen meist im Süßwasser, recht artenreich aber auch im Salzwasser verbreiteten Kieselalgen ist die Grundform der Valvarebene linear bis lanzettlich, seltener elliptisch oder kreisförmig. Eine Raphe oder apikale Mittelrippe ist vorhanden. Die Schalenstrukturen (Rippen) sind fiederig zur Raphe oder Mittellinie hin, seltener unregelmäßig angeordnet. Bei der geschlechtlichen Fortpflanzung treten keine geißelbeweglichen Gameten auf. Die Auxosporen entstehen durch iso- oder anisogame Sexualprozesse.

Ordnung Brechbandartige, Fragilariales (Araphidales)

Die Vertreter dieser Gruppe besitzen keine echte Raphe. Viele bekannte Süßwasserplanktondiatomeen gehören hierher.

Die Zellen der Sternkieselalge, *Asterionella*, sind an den Polen knopfartig angeschwollen. *Asterionella formosa* ist ein typischer Vertreter des Seenplanktons.

Die 7 Süßwasserarten der Stäbchenkette, *Diatoma*, sehen in Schalenansicht lanzettlich aus. Ihre Zellen sind durch kräftige Transapikalrippen deutlich strukturiert. Die zickzackförmigen Ketten von *Diatoma vulgare* sitzen, mit Gallertpolstern haftend, an Steinen im bewegten Wasser von Seeufern, Flüssen und Bächen.

Das Brechband, *Fragilaria*, ist mit 100 Arten im Süß- und Meerwasser zu Hause. Die ebenen Schalen haben keine Knoten. Die einzelnen Zellen sind miteinander durch Verbindungsdörnchen verkettet. *Fragilaria crotonensis* und *F. capucina* bilden etwa 100 µm lange Bänder im Plankton sich stärker erwärmender Gewässer.

Das Ellenstäbchen, *Synedra*, ist mit seinen 100 Arten ebenfalls im Süß- und Meerwasser verbreitet und steht morphologisch der Gattung *Fragilaria* so nahe, daß manche Autoren sie mit ihr vereinigen. Andere schränken die Gattung *Synedra* nur noch auf Meeresformen ein, die sich durch teilgeschlossene Alveolen auszeichnen. Schalen von *Synedra capitata* können 500 µm lang werden.

Zirkel- oder Fächerstäbchen wird *Meridion*

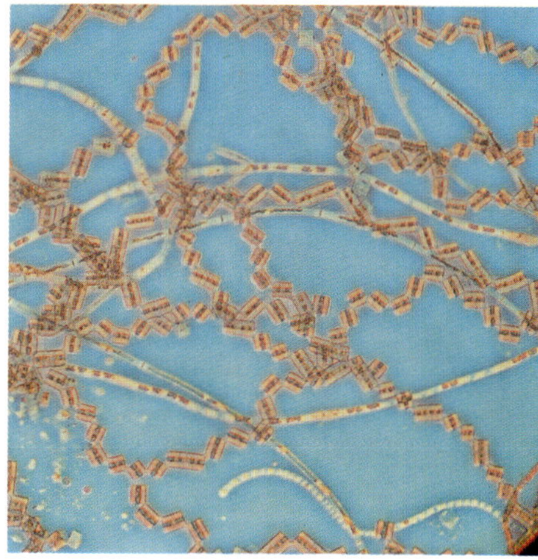

Zickzackbünder von *Tabellaria flocculosa* die vom Litoral ins Pelagial der Seen verschleppt werden können

1 *Meridion circulare,* Kette, 2 *Asterionella formosa,* Kette, 3 *Achnanthes flexella,* 3a untere Schale mit Raphe, 3b obere Schale ohne Raphe, 4 *Cocconeis scutellum,* 4a obere, 4b untere Schale, 5 *Tabellaria flocculosa,* Kolonie in Gürtelansicht, 6 *Gomphonema geminatum,* 6a Schalen-, 6b Gürtelansicht, 7 *Nitzschia sigmoidea,* 7a und 7b Schalenansichten, 7c Gürtelansicht (nach Karsten)

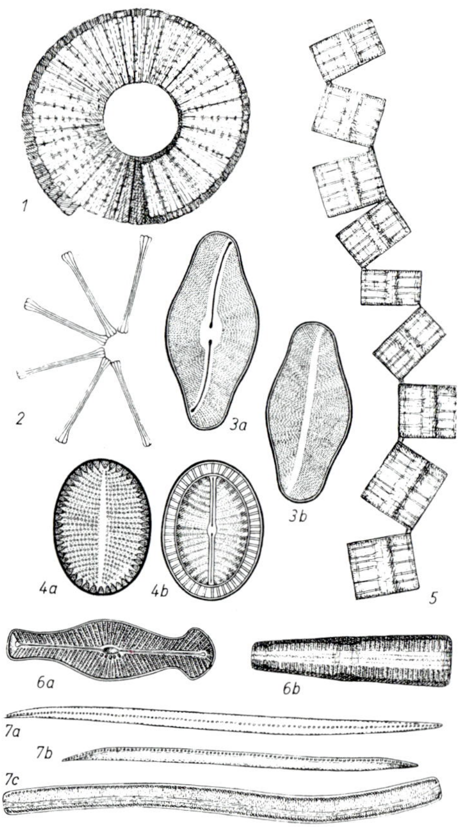

circulare genannt, dessen kreisförmig gebogene Ketten im Süßwasser häufig sind.

Die rund 20 Arten der Gattung *Tabellaria* verbinden ihre tafelförmigen Zellen durch Verbindungsdörnchen (Gallertpolster) zu Ketten. Auffällig ist die Bildung mehrerer Gürtelbänder mit Septen. Die kaum 5 mm langen, zickzackförmigen, teils frei treibenden, teils lose festsitzenden Bänder der Fensterkieselalge, *Tabellaria fenestrata,* finden sich meist in wärmeren, nährstoffreicheren Gewässern, im Sommerplankton auch in sternförmigen Kolonien (forma *asterionelloides*). *Tabellaria flocculosa* ist in Röhrichten und in Moorgräben, aber auch auf nassen Felswänden häufig.

Rein marin sind die 27 Arten des Strahlenfächers, *Licmophora,* die durch keilförmige Zellen auffallen. Bekannteste Art ist *Licmophora flabellata.*

Ordnung Prachtstäbchenartige, Eunotiales (Raphidioidales)

Die Zellen besitzen eine auf die beiden Zellpole beschränkte, daher sehr kurze Raphe. Die Raphenschlitze verlaufen gebogen und sind von hyalinen Areae begleitet.

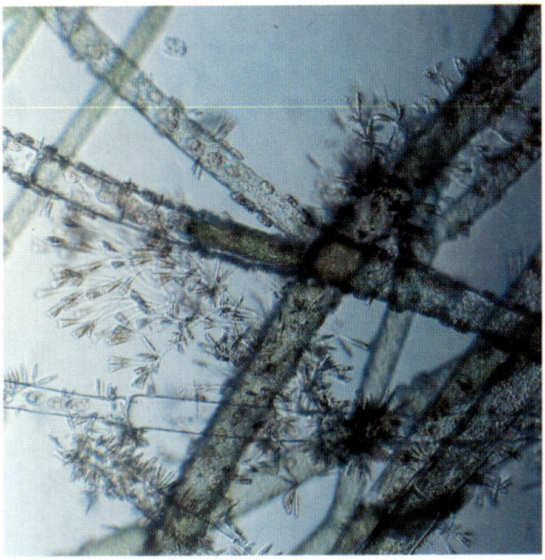

Kieselalgenaufwuchs *(Gomphonema)* auf Fadenalge

Das Pracht- oder Höckerstäbchen, *Eunotia*, lebt mit rund 100 Arten im Süßwasser und ist auch fossil bekannt. Die gekrümmten oder geschweiften Zellen sind frei oder bilden charakteristische Bänder im Litoral und am Grunde der Gewässer. In besonders reinen Gewässern leben *Eunotia arcus, E. robusta, E. valida, E. diodon, E. veneris* und *E. lunaris*, von denen einige auch für saure Moorgewässer typisch sind.

Ordnung Fahnenstäbchenartige, Achnanthales (Monoraphidales)

Nur eine Schale bildet eine echte Raphe aus, die andere eine Pseudoraphe.

Das Fahnenstäbchen, *Achnanthes*, ist mit 100 Arten im Süß- und Meerwasser vertreten. Die schiffchenförmigen Schalen sind verhältnismäßig klein (5–40 µm lang). *Achnanthes minutissima* ist die häufigste Süßwasserform.

Das Schildstäbchen, *Cocconeis*, lebt epiphytisch auf größeren Algen und Pflanzen und bildet wie *Cocconeis placentula* und *C. pediculus* auf *Cladophora*-Arten panzerartige, nur mikroskopisch erkennbare Überzüge.

Ordnung Schiffchenstäbchenartige, Naviculales (Biraphidales)

Beide Schalen sind mit einer echten (Median-) Raphe versehen. Der Schalenumriß ist meist schiffchenförmig. Hierher gehören die meisten pennaten Kieselalgen.

Das Rippenschiffchen, *Amphipleura*, besitzt eine Medianrippe, die sich in Richtung auf die Schalenpole zu gabelt. Die Arten dieser Gattung leben frei im Litoral oder in Gallertröhren.

Die 300 Arten des Tonnenschiffchens, *Amphora*, kommen meist nur im Meer vor. Im reinen Süßwasser ist z. B. frei oder festgeheftet auf Pflanzen oder Steinen *Amphora ovalis* anzutreffen.

Fast ausschließlich im Süßwasser leben die etwa 100 Arten des Kahnstäbchens, *Cymbella*, deren Schalenlängsachse halbmondförmig gebogen ist. Die meisten Arten bevorzugen oligotrophe Mittel- und Hochgebirgsgewässer und im nördlichen Europa Seen und Flüsse. In Quellbächen und Altwassern bilden die Gallertschläuche ausscheidenden Arten der Untergattung *Encyonema*, besonders *Cymbella minuta*, kugelige, gelbbraune Gallertkolonien von einigen Zentimetern Größe. Im Aufwuchs auf untergetauchten Gegenständen lebt die bis 200 µm lange *Cymbella lanceolata*.

Die 100 meist im Süßwasser wachsenden Arten des Keulenfadens, *Gomphonema*, haben in Gürtelansicht keilförmige Schalen. Die Zellen sind mit Gallertstielen auf dem Substrat angeheftet und bringen durch aufeinanderfolgende Teilungen dichotom verzweigte Bäumchenkolonien hervor.

Das Schiffchenstäbchen, *Navicula*, ist mit rund 1000 beschriebenen, im Süß- und Meerwasser verbreiteten Arten das größte Geschlecht der Kieselalgen. Die Gattung stellt eine Art Sammelbecken von nicht eindeutig definierten Artengruppen dar. Die Zellen sind in allen Hauptebenen fast völlig symmetrisch. Bekannte Süßwasserarten der ökologisch vielseitigen Gattung sind *Navicula oblonga, Navicula cuspidata* und *Navicula tripunctata*.

Auffällig S-förmig gekrümmt sind die Schalen der Gattung *Pleurosigma*. *Pleurosigma angulatum* ist eine euryhaline Meeresart, die aber auch an den Salzstellen des Binnenlandes massenhaft auftreten kann. Auch sie ist ein beliebtes Testobjekt der Mikroskopiker.

Mit 600 Süß- und Salzwasserarten gehört *Nitzschia* zu den größten Gattungen. *Nitzschia sigmoidea* wird bis zu 500 µm lang, *N. acicularis* und *N. holsatica* sind typische Plankter, *N. palea* kommt in stark saprobem Wasser vor. *N. putrida* – im Oberflächenschleim von *Fucus*-Arten lebend –, *N. leucosigma* und *N. alba* sind farblos.

Unter den 200 im Süß- und Salzwasser verbreiteten *Surirella*-Arten gibt es recht große Formen, so die einzeln im Grundschlamm großer, klarer Seen lebenden *Surirella splendida* (bis 200 µm lang), *S. capronii* (über 250 µm lang), *S. valida* und *S. robusta* (bis 300 µm lang). *Surirella gemma* ist eine marine Art.

Bei *Cymatopleura solea* ist die Schalenoberfläche in apikaler Richtung gewellt und der Rand geperlt.

Abteilung Gelbgrünalgen, Tribophyta (Xanthophyta, Heterocontae)

Es ist gegenwärtig kaum möglich, die unter dem Namen Heterocontae oder Xanthophyceae bekannte Algengruppe widerspruchsfrei zu charakterisieren. Die jüngsten elektronenmikroskopischen und biochemischen Untersuchungen haben ernste Zweifel an der systematischen Einheitlichkeit der Abteilung bzw. Klasse aufkommen lassen, obwohl nur ein geringer Bruchteil der Arten analysiert worden ist. Wir gliedern 4 Gruppen als Klassen aus, die »eigentlichen« Xanthophyceae (als Tribophyceae), Botrydiophyceae, Vaucheriophyceae und – gleichsam im Anhang – die Eustigmatophyceae und Vacuolariophyceae.

Als Luther im Jahre 1899 als »Heterokonten« Algen bezeichnete, die zwar grün gefärbt, aber dennoch keine »Grünalgen« sind, ließ er sich von der Feststellung leiten, daß die Schwärmer meistens 2 sehr ungleiche Geißeln besitzen, während die Zoosporen und Gameten der Chlorophyceen mit 2 gleichen Geißeln versehen, also »Isocontae« sind. Den Namen Xanthophyceae, d. h. Gelbalgen, prägte Allorge erst 1932, eine zwar nomenklatorisch exakte, aber irreführende Bezeichnung, da keine Xanthophycee wirklich gelb, sondern vielmehr gelbgrün bis graugrün gefärbt ist.

Als Charakterzüge der Tribophyta gelten: 1. Die geißelbeweglichen Stadien tragen meist 2 ungleich lange Geißeln. Die längere Geißel ist beflimmert, die kürzere eine glatte Peitschengeißel. Sie kann bei manchen Formen nur kurz stummelförmig sein oder völlig fehlen. 2. Die Algen sind grün gefärbt. Die Chromatophoren stellen kleine, wand- oder binnenständige Scheiben dar. Pyrenoide sind vorhanden; Chlorophyll b fehlt. 3. Als Assimilationsprodukt tritt nie Stärke auf. Außer Volutin werden Fette und Öle in Form von kugeligen Tröpfchen, manchmal auch Chrysolaminarin gebildet. 4. Die vegetativen Zellen besitzen oft eine zweiteilige, hier und da skulpturierte Zellwand, die meist aus Pektinen, seltener als Zellulose (so bei *Vaucheria*) besteht und manchmal verkieselt ist. 5. Die Dauerstadien (Zysten) entwickeln ihre zweiteilige Wand intraplasmatisch. Die beiden ungleichen Teilstücke greifen mit ihren Rändern übereinander.

Unsere Kenntnisse von Biologie, Ökologie, Vorkommen und geographischer Verbreitung der Tribophyta sind unzureichend. Sie leben im Süß- und Meerwasser sowie im Erdboden oder als »Luft«algen. Alle Organisationsstufen von der monadoiden bis zur trichalen und zönozytischen Ausbildung sind ausgeprägt. Sie werden als nahe Verwandte der Chrysophyta angesehen.

Klasse Gelbgrünalgen, Tribophyceae (Xanthophyceae)

Unter echten Tribophyceen verstehen wir Flagellaten und Algen, die sich durch folgende Wesenszüge auszeichnen: Die grün gefärbten vegetativen Zellen sind in der Regel zweiteilig gebaut. Sie besitzen meist mehrere scheibenförmige Chromatophoren. Die ei- oder birnenförmigen, nackten Zoosporen sind am Vorderende schräg abgestutzt. Sie haben meist 2 wandständige, dorsiventral angeordnete, scheibenförmige Chromatophoren, die in einer mit der Kernhülle direkt verbundenen ER-Zisterne liegen. Sie werden von Lamellen aus 3 Thylakoiden durchzogen; eine periphere Gürtellamelle ist fast immer vorhanden; die Matrix des intraplastidischen, metabolitenfreien Pyrenoids enthält Lamellen aus jeweils 3 Thylakoiden. Der aus einer Lage osmiophiler Tröpfchen bestehende Augenfleck (Stigma) liegt im bauchständigen Chromatophor. Das Assimilationspigmentmuster setzt sich aus Chlorophyll a und c, β-Carotin, Cryptoxanthin-monoepoxid, Neoxanthin, Vaucheriaxanthinester, Heteroxanthin, Diadinoxanthin und Diatoxanthin zusammen. Der Bewegungsapparat besteht aus 2 lateral inserierten, ungleichen Geißeln. Die längere Vordergeißel ist zweizeilig-, steifhaarig beflimmert, die kürzere Hintergeißel glatt und an der Basis ihres Schaftes mit einer Anschwellung, dem Stigmaschirm, versehen, der sich der Stigmaregion des Zellkörpers dicht anschmiegt. Der länglich-birnenförmige Kern liegt am Vorderende der Zelle in enger Assoziation mit einem oder beiden Chromatophoren. Er ist über eine quergestreifte Geißelwurzel mit den Geißelbasen verbunden. In der Nähe seines Vorderendes befinden sich ein Golgikörper und 1–2 kontraktile Vakuolen.

Angesichts der noch nicht völlig überschaubaren Situation gliedern wir die Klasse entsprechend ihren Organisationsstufen in mehrere Reihen.

1 Zoospore von *Tribonema*, 2 *Ophiocytium parvulum*, 3 *Helminthogloea ramosa*, junges Gallertlager, 4 schematischer Längsschnitt durch die Zoospore einer Xanthophycee nach elektronenmikroskopischen Analysen, 5 *Chlorokardion pleurochloron*, 6 *Myxochloris sphagnicola*, großes Plasmodium mit zahlreichen Chromatophoren, Kernen und pulsierenden Vakuolen, F Flimmergeißel, P Peitschengeißel, SCH Stigmaschirm, N Kern, M Mitochondrion, C Chromatophor, pV kontraktile Vakuole (1–3, 6 nach Fott, 4 nach Hibberd & Leedale, 5 nach Pascher)

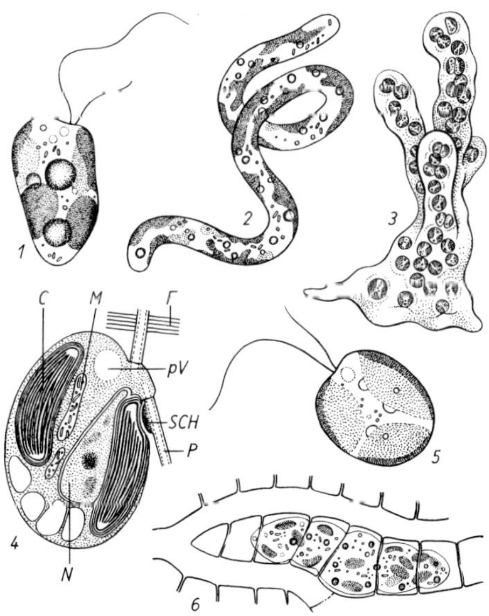

Ordnung Chloramoebales

Es sind Tribophyceen, die ihr vegetatives Leben als geißelbewegliche Monaden verbringen. Sie kommen stets einzeln, nie in Zellverbänden vor. Ihre immer nackten Zellen haben eine deutliche Bauch- und Rückenseite oder sind der Länge nach von der Seite her zusammengedrückt. Sie vermehren sich durch Längsteilung im beweglichen oder unter Palmellenbildung im unbeweglichen Zustand. Die Zysten bilden sich endogen und haben eine zweiteilige, verkieselte Wand. Die Gruppe ist sehr mangelhaft bekannt und umfaßt nur wenige Gattungen und Arten. Wahrscheinlich ist sie im Meer reicher entwickelt als bisher angenommen.

Heterochloris mutabilis wurde aus Meeresalgenkulturen isoliert. Ihr etwa 15 μm langer, nackter, typisch dorsiventraler Protoplast ist sehr formveränderlich und enthält 2 Chromatophoren.

Chlorokardion pleurochloron wird höchstens 20 µm groß und lebt in dystrophen Teichen im Schleim des Aufwuchses von *Potamogeton natans*-Blättern.

Ordnung Rhizochloridales

Diese Tribophyceen verbringen ihr vegetatives Leben als völlig amöboid gewordene, nackte Organismen, nehmen durch Pseudo- und Rhizopodien feste Nahrung auf und können sich daher auch animalisch ernähren. Da sie meist auch Chromatophoren besitzen, dürfte ihre Ernährungsweise mixotroph sein. Die Zellen einiger Formen treten zu komplizierten »Netzen« (Filarplasmodien) zusammen, deren Maschen aus Plasmafäden bestehen.

Die Gattung *Rhizochloris* bringt fadenförmige Rhizopodien, aber keine Filarplasmodien hervor. *Rhizochloris stigmatica* kommt in Teilchen vor und bildet in *Rhizoclonium*-Watten »Nester«, da die Tochterzellen nach der Teilung durch kurze Plasmabrükken miteinander verbunden bleiben.

Vielkernige Plasmodien bildet *Myxochloris sphagnicola*, die in den Wasserzellen von *Sphagnum*-Blättern lebt. Sie entstehen durch Vereinigung kleiner, selbständiger Amöben, die aus Zysten ausschlüpfen und fusionieren, oder durch Kernvermehrung und Plasmawachstum.

Ordnung Heterogloeales

Diese Tribophyceen verbringen ihr vegetatives Leben unbeweglich in gallertumhüllten oder einseitig mit Gallerte versehenen Ausbildungen. Manchmal sitzen die Zellen eingesenkt am Ende eines stielartigen Gallertstranges. Die in die Gallerte eingebetteten Zellen sind unbegeißelt, besitzen aber meist pulsierende Vakuolen. Sie teilen sich innerhalb der Gallerte längs, wodurch manchmal große Lager entstehen. Die Kolonien können sich durch Zufall in Teilstücke oder durch Ausschwärmen von Zoosporen vermehren.

Helminthogloea ramosa aus dem Wattenmeer aus Sylt kommt an freigespülten Wurzeln von *Aster tripolium* vor und bildet Gallertlager in Form verzweigter, gleichmäßiger Gallertstränge mit festsitzender Basis.

Malleodendron gloeopus, aus brackigem Schlamm isoliert, entwickelt kleine, bäumchenförmige Kolonien mit derben Verzweigungen, an deren Enden die ellipsoidischen Zellen sitzen. Die Basis der Bäumchen ist durch Eiseninkrustationen oft braun gefärbt.

Ordnung Mischococcales

Zu dieser Ordnung gehören einzellige, einkernige, im Alter auch mehrkernige Formen mit festen, ein- oder zweiteiligen Zellwänden, die einzeln leben oder sich zu Kolonien vereinigen können. Sie zeigen keine Merkmale der monadoiden Organisation mehr. Die meisten besitzen scheibenförmige, wandständige Chromatophoren. Die Arten von walzlicher Form können sich durch Einschub von Zellwandstücken sekundär verlängern. Die Mehrzahl ist bipolar gebaut. Einige Arten besitzen gefelderte, fast diatomeenartige Zellwände. Die Gruppe ist sehr formenreich und in sich nicht homogen.

Die Gattung *Chloridella* ist die *Chlorella* (vgl. Grünalgen) unter den Tribophyceen. Die um 22 µm im Durchmesser messenden »Kugeln« von *Chloridella polychloris* sind in Grundwassertümpeln häufig und pflanzen sich mit Hilfe von Autosporen fort.

Die ebenfalls kugeligen Zellen der Gattung *Botrydiopsis* vergrößern sich während des Wachstums allmählich bedeutend (von 8 µm auf 80 µm Durchmesser). Im Protoplasten liegen zahlreiche scheibenförmige Chromatophoren. Die Alge ist weit verbreitet. Sie lebt vor allem im Litoral der Teiche, in Tümpeln und Moorgräben. Wenn sie sich im Schlamm stark vermehrt, dann steigen die Zoosporen auf und bilden auf der Wasseroberfläche eine Neustonschicht. Die Fortpflanzung erfolgt meist durch Autosporen.

Die Vertreter der Gattung *Trachydiscus* mit ihren linsenförmig abgeplatteten Zellen, die oberflächlich stets deutlich warzig sind, kommen im Winterplankton von Seen, in Teichen, Tümpeln und Mooren vor.

Die Arten der Gattung *Mischococcus* wachsen zu bäumchenförmigen, dicho- oder tetrachotom verzweigten Kolonien heran, in den die Zellen zu zweien oder vieren an den Enden der obersten Gallertstiele sitzen. Die Gallerte entsteht durch Verschmelzung der inneren Wandschicht der Mutterzelle: Bei der Autosporenbildung reißt die Wand der Mutterzelle auf, die Innenschichten quellen gallertig-stielartig hervor und schieben an ihrem oberen Ende die 2 oder 4 Autosporen vor sich her. *Mischococcus confervicola* ist eine in kalkhaltigem Wasser weltweit verbreitete Alge.

Einzeln leben die Zellen der 7 *Bumilleriopsis*-Arten, die allerdings nach der Teilung zu kurzen Fäden zusammengeklebt bleiben können. Die i. d. R. walzlichen Zellen sind meist schwach gekrümmt und von einer strukturlosen, zweiteiligen Zellwand umhüllt. Bei manchen Arten werden zartwandige Zuwachsstücke eingeschoben. Die Chromatophoren von *Bumilleriopsis filiformis* haben keine Gürtellamelle. Darin gleicht die Art *Bumilleria sicula*. Vielleicht müssen beide Arten in einer Gattung vereinigt werden.

Epibiontisch auf Fadenalgen leben die mit einer zweiteiligen Zellwand versehenen, kugeligen, keulenförmigen oder verkehrteiförmigen und kurzgestielten *Chlorothecium*-Zellen. Bei der Vermehrung durch Zoo- oder Aplanosporen öffnet sich die Mutterzelle durch Abheben des oberen kleineren, deckelartigen Zellwandstücks. *Chlorothecium crassiapex* ist relativ weit verbreitet; *Chlorothecium contractum*, das auf *Utricularia, Vaucheria* und *Rhizoclonium* beobachtet wurde, ist seltener.

Das Längenwachstum der schlangenförmig gekrümmten Zellen der in nährstoffreicheren Kleingewässern weit verbreiteten *Ophiocytium*-Arten ist bedeutend. So können *Ophiocytium maius* – im Schlamm von Teichen und Sümpfen verbreitet – und *Ophiocytium cochleare* – eine außerordentlich weit verbreitete Art – bis 5 mm lang werden. Allerdings verlängert sich nur eine Hälfte der Wand, während das deckelartige Teilstück kurz bleibt. Bei vielen Arten sind ein Zellpol *(O. lagerheimii)* oder beide Zellpole *(O. capitatum)* bestachelt. Die Vermehrung besorgen neben Aplanosporen Zoosporen, die nach der Entlassung aus der Mutterzelle an deren Rand sitzenbleiben und baumartige Kolonien formen, z. B. bei *Ophiocytium gracilipes*. Ältere Zellen sind i. d. R. mehrkernig.

Ordnung Wasserfadenartige, Tribonematales

Bei ihnen sind die behäuteten Zellen zu einreihigen, einfachen oder verzweigten Zellfäden verbunden. Die Fäden sind im wesentlichen als koloniale Verbände polar übereinandergelagerter Autosporen anzusehen, die, meist zu zweien gebildet, bei ihrem Längenwachstum die alte Mutterzellhaut dehnen oder diese quer durchreißen. Die Zellen sind i. d. R. einkernig. Manchmal verquellen die Fäden zu palmelloiden Gebilden. Die Vermehrung besorgen Zoo- und Autosporen.

Die Gattung *Tribonema*, Wasserfaden, die mit etwa 22 Arten im Süßwasser lebt, zeichnet sich durch zylindrische oder tonnenförmige Zellen aus, die zu unverzweigten Fäden auswachsen. Die Zellwand der einzelnen

1 Schema des Aufbaus eines *Tribonema*-Fadens, die ältesten Zellwände am dunkelsten, die jüngsten am hellsten gezeichnet, 2 *Tribonema intermixtum* (nach Fott)

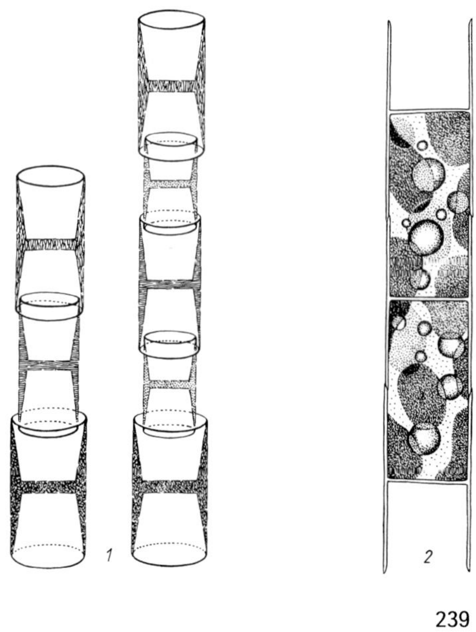

Zelle ist aus 2 Stücken zusammengesetzt, die, soweit sie 2 einander benachbarten Zellen angehören, miteinander fest verbunden sind. Von zerstörten Zellfäden bleiben deshalb immer Zellwandhälften von Nachbarzellen zusammen, die im Längsschnitt das Aussehen eines liegenden H haben. Bei der Teilung einer Zelle wird ein solches H-Stück neu gebildet, es wächst heran und schiebt die beiden älteren Zellhälften auseinander. Bei zartwandigen Formen lassen sich die H-Stücke allerdings nicht so leicht erkennen.

Im Lebenszyklus von *Tribonema* treten verschiedene ungeschlechtliche Fortpflanzungsarten auf (vgl. unser Schema). Häufig bilden sich in generativen Fadenzellen Zoosporen (Schwärmer) in Ein- oder Zweizahl, die mit dem Hinterende voran zwischen den klaffenden H-Stücken austreten (c). Sie setzen sich nach einer kurzen Schwärmzeit zur Ruhe, werfen die Geißeln ab, behäuten sich und befestigen sich, oft mit einem ausgeschiedenen Stielchen, am Substrat (a). Diese einzelligen Keimlinge wachsen zu neuen Fäden aus (b), können aber gelegentlich selbst zur Schwärmerbildung schreiten. Die Schwärmer wandeln sich häufig unter Geißelverlust in Amöben um (c, g, h, k, j, l), die sich genauso weiterentwickeln wie die Schwärmer. In manchen Fällen treten geißellose Amöben unmittelbar aus den Fortpflanzungszellen aus (d). Schwärmer oder Amöben können unter Abkugelung zur Ruhe kommen und sich mit Gallerthüllen umgeben. Durch lebhafte Protoplastenteilung entwickeln sich vielzellige, palmelloide Gallertlager. Die Protoplasten der Lager schwärmen nach einiger Zeit aus (e). In den Fadenzellen können sich die Protoplasten in einen dünnwandigen Akineten (f) oder 2 derbwandige, einkernige Autosporen (e) umwandeln, die durch Verquellung und Auseinanderweichen der H-Stücke des Fadens frei werden und mit 2 Gonidien (Schwärmer oder Amöben) keimen (e, f). Der ganze Inhalt einer Fadenzelle kann sich aber auch deutlich vergrößern, Kerne und Chromatophoren können sich vermehren, mit Reserveöl anreichern und mit einer dicken, derben Wand umhüllen. Die beiden Wandhälften der Fadenzelle werden dabei stark auf- und auseinandergetrieben und umfassen schließlich nur noch die beiden Pole der derben, viel-

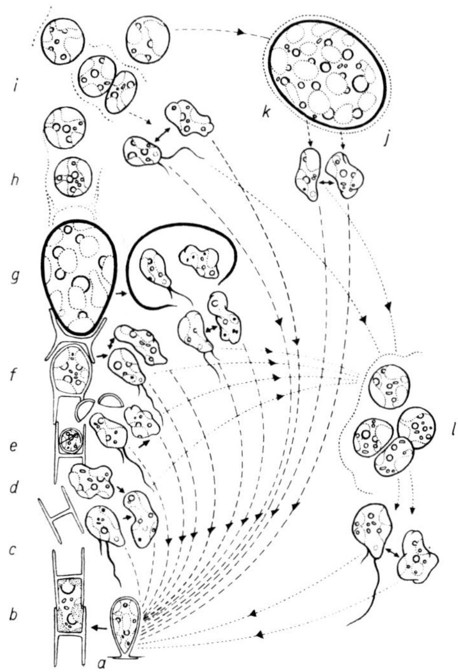

Fortpflanzungsarten und Lebenszyklen von *Tribonema*. Erläuterungen im Text (nach Ruhland)

schichtig braun bewandeten Riesenzyste (g). Sie wird durch Auseinanderweichen der H-Stücke frei und keimt mit mehreren Schwärmern oder Amöben. Die Fäden können sich palmelloid auflösen und kugelige, gallertumhüllte Zellen hervorbringen, die durch weitere Teilungen kleine, palmelloide Lager bilden (h, i). Ihre Zellen können als Schwärmer oder Amöben austreten oder zu großen, vielkernigen, gallertumhüllten Riesenzellen (k) heranwachsen, die Schwärmer oder Amöben in größerer Zahl entwickeln (j). Nicht im Schema dargestellt sind die Bildung mehrerer Riesenzystem in einer vergrößerten Fadenzelle, die Bildung von großen, mehrkernigen Zystem innerhalb der Riesenzysten oder die Aufteilung des vielkernigen Protoplasten einer Riesenzyste zu einkernigen Teilprotoplasten, die sich in derbwandige Hypnosporen umwandeln.

Die meisten Arten erscheinen bei uns besonders im Frühjahr und Herbst, wenn die

Wassertemperaturen niedrig sind. Viele Formen sind kalkliebend (z. B. *Tribonema monochloron, T. elegans*), andere kommen in Moorgewässern vor (z. B. *T. aequale, T. ulotrichoides, T. affine*). Die häufigsten Arten sind *T. viride* (besonders in kalk- und sauerstoffreichen Gewässern) und *T. vulgare*.

Die Zellwände der 7 *Heterothrix*-Arten haben keine vorgebildeten H-Stücke. Die relativ kurzen, unverzweigten Fäden dieser verbreiteten und häufigen Erdalgen kommen im Boden bis in eine Tiefe von 15 cm vor.

Ebenfalls Erdalgen sind die 3 *Bumilleria*-Arten, von denen *Bumilleria sicula* wahrscheinlich kalkhold ist. Ihre Chloroplasten haben keine Gürtellamelle.

Die 45 *Heterococcus*-Arten bilden verzweigte Fäden, die zu kleinen Rasen aus strahlig angeordneten Fadensystemen zusammentreten und »kriechen« können. Die einteiligen Zellwände verschleimen leicht. Die meisten Arten sind verbreitete Erdalgen; eine Art lebt symbiotisch in den Thalli von Flechten. Viele Arten sind bisher nur aus Rohkulturen isoliert worden, z. B. *Heterococcus chodatii*.

Klasse Beerenblasenalgen, Botrydiophyceae (Botrydiatae)

Die Botrydiophyceae werden als Tribophyceen von siphonaler Organisation betrachtet. Bei ihnen ist mit der Kernteilung keine Protoplasten- und Zellteilung verbunden, so daß, da die Zellkerne zu unbegrenzter Teilung und die Zellen zu starkem Längenwachstum fähig sind, schließlich ein vielkerniger (zönozytischer, siphonoblastischer), von einer einzigen, gemeinsamen »Haut« umgebener Protoplast entsteht. Einkernige Zellen entwickeln sich nur im Zusammenhang mit Fortpflanzungsprozessen. Das Assimilationspigmentmuster gleicht dem der echten Tribophyceen. Auch im Bau der Zoosporen, die mit einem heteromorph 2geißeliger Bewegungsapparat ausgestattet sind, bestehen keine wesentlichen Unterschiede. Zur Gruppe gehört nur eine Gattung mit 7 Arten.

Botrydium granulatum. 1 erwachsene Zelle mit verzweigten Rhizoiden, 2 Zellgruppe von oben gesehen, einige Zellen schlauchförmig (nach Fott)

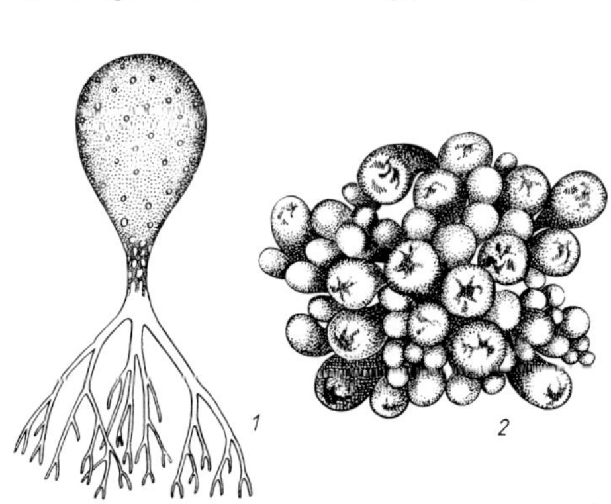

Botrydium ist eine auffällige Alge. Sie wächst auf feuchtem Schlamm oder Boden, wo ihre grünen Kugeln oder sackartigen Röhren mit bloßem Auge sichtbar sind. Die häufigste Art, *Botrydium granulatum*, entwickelt 1–2 mm große, blasenförmige, in Gruppen eng zusammenstehende Vegetationskörper, die mit schlauchförmigen, verzweigten, farblosen Rhizoiden im Schlamm verankert sind. Die oberirdische Blase besteht aus einem zentralen Saftraum und einer peripheren Zytoplasmaschicht, in der zahlreiche Zellkerne und kleine scheibenförmige Chromatophoren liegen. Die Blase wird von einer Zellwand aus Zellulose umhüllt; ältere Blasen sind mit Kalkschüppchen besetzt.

Im Rhizoid finden sich Zellkerne, aber keine Chromatophoren. Der Vegetationskörper teilt sich niemals vegetativ. Er pflanzt sich durch Zoosporen fort, die sich in großer Zahl bilden, wenn der Standort der Alge überflutet wird. Dann verquillt der Scheitel der Blase, bekommt Löcher, die Zoosporen schwärmen aus, setzen sich auf der Schlammoberfläche fest und wachsen zu neuen Blasen heran. Bei trockenem Wetter bringt die Alge Autosporen hervor. Am Ende der Vegetationsperiode zieht sich das Plasma in die Rhizoide zurück und zergliedert sich dort in viele dickwandige, vielkernige Sporen (Hypnosporen, Rhizozysten), die mit zahlreichen Zoosporen keimen. Der Gallerträubling oder die Beerenblase, *Botrydium granulatum*, mit verkehrtbirnen- bis -eiförmiger Blase, wächst vor allem auf periodisch austrocknenden Teichböden, an Flußufern, Tümpeln und in Gräben. Das besondere xerophile *Botrydium wallrothii* hat nur einsträngige, nichtverzweigte Rhizoide und kommt auf feuchten Wegen, vor allem an tiefer liegenden, lange feucht bleibenden Stellen vor.

Botrydium granulatum, die Beerenblase, auf feuchtem Schlamm am Elbufer bei Wittenberg. Die Blasen zeigen ganz unterschiedliche Grade der Entwicklung.

Klasse Vaucheriophyceae (Vaucheriatae)

Die systematische Stellung der Vaucheriophyceae mit der einzigen Gattung *Vaucheria* ist noch immer strittig. Ihr vielkerniger, schlauchförmiger Vegetationskörper, ihre geschlechtliche Fortpflanzung durch Oogamie und die glatten, fast gleich langen Geißeln der Synzoosporen schienen für die Grünalgennatur zu sprechen, und noch 1939 lehnte Pascher ihre Zuordnung zu »seinen« Xanthophyceen ab. Seither aber hat sich erwiesen, daß der Bewegungsapparat der Spermatozoiden heteromorph 2geißelig mit lateraler Insertion ist und daß das Assimilationspigmentmuster dem der echten Tribophyceen gleicht. Allerdings kommt bei *Vaucheria* außer Chlorophyll a noch Chlorophyll c vor. Als Reservematerial tritt Öl, aber keine Stärke auf. Die Zellwand besteht größtenteils aus Zellulose. Ein Stigma fehlt. Damit ist an eine Zugehörigkeit der Vaucheriophyceen zu den Chlorophyceen nicht mehr zu denken. Ist *Vaucheria* aber deshalb eine Tribophycee? Der Bau der Spermatozoiden weist einige Züge auf, die bei den Tribophyceen unbekannt sind. So ist die beflimmerte Vordergeißel kürzer als die glatte Schleppgeißel; im Vorderteil des Zellkörpers ist eine sogenannte Proboscis, ein rüsselartiger Auswuchs mit mikrotubulären Skelettelementen, entwickelt, Merkmale, die an den Bewegungsapparat und den »Rüssel« der Spermien der Braunalge *Fucus* erinnern. Die Synzoosporen sind von einem Zilienfell bedeckt, das aus glatten, leicht ungleich langen, paarigen Geißeln besteht. Wir billigen daher der Gattung *Vaucheria* im System der Algen eine Sonderstellung zu und behandeln sie formal im Anhang an die Tribophyceen.

Alle Arten der Gattung *Vaucheria* pflanzen sich geschlechtlich fort. Die Süßwasserarten sind meist monözisch (bei Vaucheria dichotoma gibt es monözische und diözische Rassen), die marinen Arten sind diözisch. Die Sexualorgane werden als kurze Seitenzweige des vegetativen, querwandlosen Schlauches angelegt, mit dem sie anfangs in offener Verbindung stehen. Später werden sie durch eine Querwand vom Hauptfaden abgegrenzt. Die Oogonien, sackartige Auswüchse mit farblosem Plasma und zahlreichen Kernen, differenzieren ihre einkernige Oosphäre dadurch aus, daß die überzähligen Kerne degenerieren oder vor der Querwandbildung in den vegetativen Schlauch zurückfließen. Das Spermangium oder Androgametangium, meist hakenförmig und mit wenigen Chromatophoren, bleibt vielkernig und erzeugt eine große Zahl kleiner, einkerniger, matophorenfreier, heterokont 2geißeligen Androgameten, die durch eine Öffnung

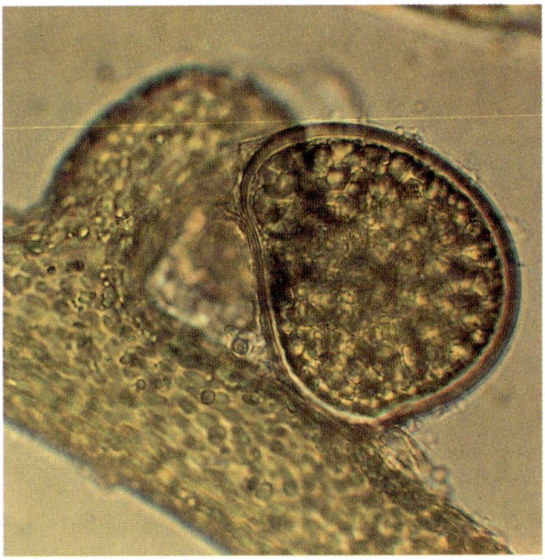

Vaucheria sessilis. Oogonium und Antheridium. Auf Laubwaldhumus, Cösitzer Park bei Köthen, Sachsen-Anhalt

Vaucheria-Filz auf Laubwaldboden. Auwaldrest Krumbholz, Bernburg, Sachsen-Anhalt

an seinem Scheitel austreten. Sie gelangen schwimmend zu der Apikalöffnung des eng benachbarten Oogoniums, die durch Auflösung der Oogoniumwand entsteht. Nur ein Androgament dringt in die Oosphäre ein. Zur Karyogamie kommt es erst nach einiger Zeit, wenn der männliche Kern zur Größe des weiblichen Kerns herangewachsen ist. Die Zygote umgibt sich mit einer starken, vielschichtigen Zellwand und füllt sich mit Fetttröpfchen. Nach einer Ruhezeit keimt sie zu einem neuen Faden unter Reduktionsteilung aus. Trotz der hochentwickelten geschlechtlichen Fortpflanzung läuft der Lebenszyklus von *Vaucheria* in der Haplophase ab.

Bei der ungeschlechtlichen Fortpflanzung bilden sich in den Endabschnitten der Schlauchäste keulenförmige Verdickungen, die sich durch eine Querwand vom Hauptast abgrenzen. Der vielkernige Inhalt tritt durch eine apikale Wandöffnung ungeteilt heraus und schwärmt etwa 30 min im Wasser umher. Für die Fortbewegung sorgen die zahlreichen paarweise inserierten Geißeln an der Oberfläche dieser Schwärmspore, die als eine Vereinigung von vielen Zoosporen aufgefaßt werden kann und daher Synzoospore genannt wird. Nach der kurzen Schwärmzeit werden die Geißeln eingezogen, und die Spore umgibt sich mit einer Wand. Sie keimt mit 2–3 Keimschläuchen aus, die neue röhrenförmige Fäden entstehen lassen. Bei terrestrischen Arten entwickeln sich statt der Zoosporangien unbewegliche Akineten (Zönozysten) mit dicker Zellwand, die bei Überflutung ihren Inhalt als Synzoospore entlassen. In der Geschichte der biologischen Wissenschaft hat die Schwärmspore von *Vaucheria* eine große Rolle gespielt. Sie war für den Botaniker Unger der Anlaß, die Umwandlung von Pflanzen in Tiere zu postulieren und eine vordarwinistische Theorie der Entwicklung der Lebewelt zu formulieren.

Von den über 50 *Vaucheria*-Arten kommen die meisten im Süßwasser vor. Sie bilden auf Steinen, sandigem oder schlickigem Untergrund dicke, dunkelgrüne Polster, die im Inneren aus abgestorbenen Fäden bestehen, während die oberflächig gelegenen Schläuche durch nach außen gerichtetes Spitzenwachstum das Lager ständig vergrößern. *Vaucheria geminata* und *V. sessilis*, besonders häufig in kalkreichen Gewässern, können durch Inkrustierung der Zellwände und der gesamten Polster mit Kalziumkarbonat Tuffsteinbildungen hervorrufen. Die einhäusige *Vaucheria dichotoma* lebt an schattigen, tiefen Stellen im Litoral oligotropher Seen, an Salzstellen und in brackigen Gräbern und Tümpeln an der Küste.

Klasse Eustigmatophyceae

Die hier zusammengefaßten einzelligen, kokkalen Formen sind erst in jüngster Zeit von den echten Tribophyceae abgetrennt worden. Sie unterscheiden sich von diesen durch folgende Merkmale: Die gelbgrün gefärbten vegetativen Zellen sind nicht zweiteilig gebaut. Sie besitzen meist nur ein gelapptes Chromatophor. Die länglichen, nackten, meist flaschenförmigen und schwach dorsiventralen Zoosporen sind am Vorderende etwas schräg abgestutzt. Sie haben ein langes Chromatophor, das zwei Drittel des hinteren Zellkörpers einnimmt. Es liegt in einer ER-Zisterne, ist aber nicht direkt mit der Kernhülle verbunden. Die Chromatophorenlamellen aus jeweils 3 Thylakoiden formen oft dicke, granumähnliche Stapel; eine periphere Gürtellamelle fehlt. In den Zoosporen fehlen Pyrenoide. Das Pyrenoid der vegetativen Zellen ist groß, polyedrisch und stielartig mit der inneren Oberfläche des Chromatophors verbunden; seine Matrix ist frei von Lamellen. Der große Augenfleck liegt am äußersten vorderen Ende des Zellkörpers weit vom Chromatophor entfernt und besteht aus einer unregelmäßigen Anhäufung von großen, elektronendichten Tröpfchen. Weder der Augenfleck noch die einzelnen Tröpfchen sind von einer Membran begrenzt. Das Assimilationspigmentmuster setzt sich aus Chlorophyll a, β-Carotin, Violaxanthin, Antheraxanthin, Zeaxanthin, Neoxanthin und Vaucheriaxanthin-ester zusammen. Stärke wird nicht gebildet. Der Bewegungsapparat besteht aus einer einzigen, nahe dem vorderen Zellpol inserierten, nach vorn gerichteten Geißel, die zweizeilig, steifhaarig beflimmert und an der Basis ihres Schaftes mit einer Anschwellung, dem Stigmaschirm, versehen ist, der der Augenfleckregion nicht anliegt. Bei *Ellipsoidion* ist außerdem eine kurze, glatte Geißel ohne Stigmaschirm vorhanden, bei den übrigen Arten eine funktionslose Geißelbasis. Der birnenförmige Kern liegt im Vorderteil des Zellkörpers, den Geißelbasen zugewandt, mit denen er durch eine quergestreifte Geißelwurzel verknüpft ist. Er ist mit dem Chromatophor nicht assoziiert. Ein Golgikörper fehlt im allgemeinen den Zoosporen; nur bei *Ellipsoidion acuminatum* findet er sich.

1 Schematischer Längsschnitt durch eine Zoospore einer Eustigmatophycee, C Chromatophor, M Mitochondrium, N Kern, S Stigma, F Flimmergeißel, SCH Stigmaschirm, GB_1, GB_2 Geißelbasen, 2 Zoosporen von *Polyedriella helvetica* (1 nach Hibberd & Leedale, 2 nach Pascher)

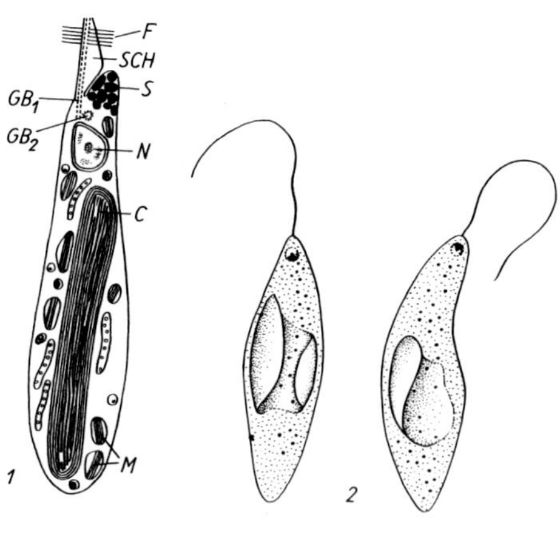

Der Umfang der Gruppe ist noch nicht genau bekannt. Bisher werden *Ellipsoidion acuminatum, Pleurochloris commutata, P. magna, Polyedriella helvetica, Vischeria punctata* und *V. stellata, Chlorobotrys regularis* und *Pseudocharaciopsis texensis* zu den Eustigmatophyceen gerechnet, alles Arten, die früher als kokkale Xanthophyceen (Mischococcales) galten. Weitere Untersuchungen müssen abgewartet werden, ehe ein wirklich klares Bild der Verhältnisse gezeichnet werden kann.

Die kugelförmigen, bis 8 µm großen *Pleurochloris commutata* und *P. magna* wurden aus dem Erdboden isoliert; sie scheinen verbreitete Erdalgen zu sein. *Ellipsoidion acuminatum* ist aus sauren Gewässern (Wiesenbächen, Gräben, Teichen) bekannt. Die *Vischeria*-Arten und *Polyedriella helvetica* sind in Mischkulturen aufgetreten und nach Aufzucht in Reinkulturen beschrieben worden.

Klasse Maigrünalgen, Vacuolariophyceae (Chloromonadophyceae, Vacuolariatae)

Als sich im Spätsommer 1965 das Wasser im Hafen von Barcelona rostrot färbte, stellte man fest, daß an dieser Vegetationsfärbung Milliarden von *Chattonella-subsalsa*-Flagellaten beteiligt waren, Organismen, die zu einer wenig bekannten, sonst nur im Süßwasser mit 3 Gattungen verbreiteten Algengruppe gehören. Die eigenartig maigrün gefärbten Flagellaten dieser Klasse sind hochdifferenziert und relativ groß (um 100 µm). Sie sind im Süßwasser ziemlich verbreitet, kommen aber gewöhnlich nur vereinzelt vor und werden daher leicht übersehen. Ihr dorsiventraler Zellkörper ist von einer zarten, plasmatischen Haut (Periplast) bedeckt und auf der Bauchseite mehr oder weniger lang und seicht gefurcht. In der Ventralfurche zieht sich die Schleppgeißel hin. Die zweite, stark undulierende Schwimmgeißel ist nach vorn gestreckt. Beide Geißeln entspringen 2 Geißelbasen, die rechtwinklig zueinander in einer schlundartigen Vertiefung im Apikalteil der Längsfurche liegen. Die nach vorn gerichtete Geißel trägt Flimmerhaare, die nach hinten gerichtete ist glatt. Von den beiden Geißelbasen aus steigt ein mikrotubuläres Rhizostyl in den Zellkörper, dicht am Kern vorbeistreichend, hinab. Der Zellkern ist groß (bis 30 µm), ellipsoidisch und enthält mehrere Kernkörperchen (Nukleoli). Er steckt in einer sackartigen, faserigen Plasmahülle, die an einem faserigen Karyophor, der in der Region der Geißelbasen entspringt, »aufgehängt« ist. Im dichten Plasma um den Kern herum, dem Endoplasma, liegen zahlreiche Mitochondrien und die Zisternen des ER. Zwischen Kern und Geißelbasen befinden sich der kompliziert gebaute Golgikörper (Supranuklearapparat) und der Vakuolarapparat. Im vakuolären Ektoplasma der Zellperipherie liegen die Plastiden, die Schleimkörperchen (Alveolen) bzw. die stäbchenförmigen Trichozysten. Sie werden bei Reizung ausgeschleudert. Die ellipsoidischen bis eiförmigen, pyrenoidfreien Plastiden werden von konzentrischen Lamellen aus 3 Thylakoiden durchzogen und besitzen ein Gürtelband (nicht bei *Chattonella*); Stigmen fehlen. Das Pigmentmuster setzt sich aus den Chlorophyllen a und c, β-Carotin sowie den Xanthophyllen Diadinoxanthin, Diatoxanthin und Dinoxanthin zusammen. Reservestoff ist in Fettkörperchen abgelagertes fettes Öl.

Chloromonaden. 1 *Vacuolaria virescens,* monadoides Stadium, 2 palmelloides Stadium, 3 *Gonyostomum semen,* Schema des Baus des Bewegungsapparates (Rückseite geöffnet), CA Karyophor, RH Rhizostyl, F_1 Vordergeißel, F_2 Hintergeißel, PF Geißeltasche, S Ventralfurche, 4 *Gonyostomum semen,* Totalansicht (nach Mignot)

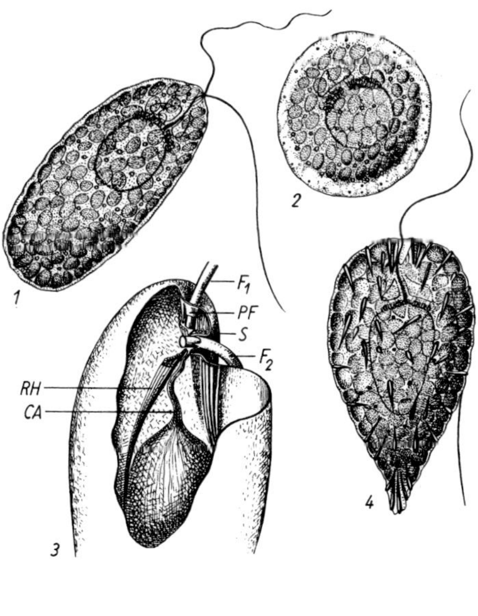

Die Chloromonaden vermehren sich im beweglichen Zustand durch Längsteilung des Zellkörpers. Bei *Vacuolaria* kommen auch Teilungen der in Gallerte eingebetteten Palmellen vor. Kugelige Zysten sind von *Vacuolaria virescens* bekannt. Ihre mehrschichtige, warzige Wand ist mit einem Porus versehen, der mit einem Gallertpfröpfchen zugestöpselt ist. Chloromonaden kann man in verwachsenen, ungedüngten Teichen, in Tümpeln, Torfstichen und Mooren finden, wo sie sich zwischen untergetauchten Pflanzen und über dem schlammigen Grund aufhalten. Steigen sie ins Pelagial auf, können sie sich so stark vermehren, daß eine Vegetationsfärbung entsteht. Im Salzwasser an Meeresküsten kommt die Gattung *Chattonella* vor.

Zellbau, Kern, Pigmentmuster und Begeißelungsapparat sind bei den Chloromonaden so spezifisch, daß eine Zuordnung zu anderen Flagellatengruppen unmöglich erscheint. Sie müssen als eigenwertiger Typ betrachtet werden. In der hier vorgetragenen Fassung umfassen sie nur die 4 Gattungen *Vacuolaria, Gonyostomum, Merotricha* und *Chattonella*. Die farblosen Gattungen *Thaumatomastix, Rickertia, Hyaloselene, Colpomena* und die grüngefärbte *Monomastix* gehören nicht hierher.

Vacuolaria virescens bewohnt vor allem dystrophe Teiche, Torfstiche und kleine Wasseransammlungen; sie tritt auch planktisch auf. *Gonyostomum semen* ist kosmopolitisch in Torfsümpfen, *Sphagnum*-Tümpeln und dystrophen Seen verbreitet. Kommen seine Zellen mit dem Körper von Badenden in Berührung, so schleudern sie die Gallertfäden aus den Trichozysten aus und bleiben haften.

Abteilung Braunalgen, Fucophyta (Phaeophyta)

Die Braunalgen gehören zu Algen, denen auch der Laie relativ oft begegnet und die ihm ziemlich gut bekannt sind. An den Meeresküsten bestimmen sie das Bild der Algenvegetation und treten besonders bei Ebbe oder nach Stürmen massenhaft in Erscheinung. Selten messen ihre hochentwickelten, oft vielfältig gegliederten Vegetationskörper (Thalli) weniger als 50 cm; einige unter ihnen werden länger als 10 m, und in den kälteren Meeren gibt es Formen, die eine Länge von 100 m erreichen können. Die großen Formen werden Tange oder Makroalgen genannt. Einzellige Arten gibt es nicht. Viele Braunalgen tragen farblose Haare (Phaeophyceenhaare).

Ihre gelb-, grün- oder tiefbraune Färbung rührt von verschiedenen Mengen des Xanthophylls Fucoxanthin her, daß zusammen mit Violaxanthin, Antheraxanthin und Zeaxanthin sowie ß-Carotin die Chlorophylle a und c überdeckt. Im Zusammenhang mit der spezifischen Pigmentausstattung scheint die auffällige Tatsache zu stehen, daß als Produkt der Assimilation nicht Stärke, sondern andere Kohlenhydrate (Glycide), so das dextrinähnliche Laminarin und der Alkoholzukker Mannitol (D-Mannit, bei *Pelvetia* D-Volemit), auftreten.

Die Reservestoffe werden in den Zellvakuolen in gelöster Form gespeichert. Die Assimilationsgewebe und jungen Sporangien enthalten Öl. In besonderen, kleinen Vakuolen (Physoden) der meristematischen Assimilations- und Reproduktionszellen wird das gerbstoffähnliche Fukosan gebildet.

Den Lebenszyklus beherrscht ein haplodiplontischer, isomorpher oder heteromorpher Generationswechsel; nur bei den Fucales ist der Gametophyt unterdrückt. Bei der Fortpflanzung treten bewegliche Zellen (Zoosporen und Gameten) auf, die birnen- oder nierenförmig sind und 2 ungleiche Geißeln tragen, von denen die Vordergeißel beflimmert, die Hintergeißel flimmerlos ist.

Von den etwa 250 Gattungen mit ungefähr 1500 Arten kommt die übergroße Mehrzahl im Meer vor, besonders in den gemäßigten und kalten Teilen. Sie bilden große Bestände (sublitorale »Wiesen« oder »Wälder«) und sind vor allem in Ostasien als Rohstofflieferanten verschiedener Industrien und als Nahrungsmittel von erheblicher wirtschaftlicher Bedeutung. Die systematisch gut umrissene Algengruppe ist sehr alt: Fossile Formen sind seit dem Silur und Devon *(Nematothallus)* bekannt. Verwandtschaftliche Beziehungen bestehen zu den Gold- und Kieselalgen.

Der Bau der Zelle und des Thallus

Die leicht quellbare Zellwand der Braunalgen besteht hauptsächlich aus Zellulose, Alginsäure und deren Metallsalzen (Alginaten) bzw. Alginateiweißkomplexen. Bei einigen Arten ist Chitin nachgewiesen worden. Das Kohlenhydrat Fukoidan macht die Oberfläche des Thallus schleimig und verhütet dessen Austrockung bei Ebbe. Das Zytoplasma der im allgemeinen einkernigen Zellen enthält mehrere kleinere Vakuolen (bei *Dictyota* eine große Vakuole), die neutral bis alkalisch reagieren. Jod wird in organischer, wasserlöslicher Bindung gespeichert. Die meist wandständigen Chromatophoren werden von einem komplexen Membransystem umhüllt, das mit der Kernmembran direkt verbunden ist. Die Matrix durchziehen parallelgelagerte Lamellen aus meist 3 Thylakoiden. Wenigstens eine Lamelle ist als Gürtellamelle ausgeprägt, die nur am Pyrenoidansatz unterbrochen ist. Die thylakoidfreien Pyrenoide stülpen sich knospenartig aus dem Chromatophor aus. Sie werden von einem Pyrenoidsack, der keine Verbindung zum Membransystem hat, kappenartig bedeckt.

Der Thallus ist stets mehrzellig. In seiner einfachsten Form ist er als einreihiger (haplosticher) Zellfaden (Haplonema) bei *Acinetospora* ausgeprägt. Seine Zellen teilen sich nur in einer Richtung des Raumes. Wachsen die Fadenzellen unterhalb einer Nachbarzelle seitlich aus, dann entsteht ein echtverzweigtes Fadensystem, das in Haupt- und Seitenfäden differenziert sein kann. Auf diese Weise bildet sich bei *Spermatochnus paradoxus* ein pseudoparenchymatischer, aus haplostichen Grundelementen zusammengesetzter Fadenthallus (Nematoblastem), der in eine großzellige Zentralachse mit Speicherfunktion und ein wirtelig angeordnetes, kleinzelliges Berindungssystem mit Stützfunktion gegliedert ist.

Teilen sich die Fadenzellen in mehrere Richtungen des Raumes, dann entwickelt sich ein mehrreihiger (polysticher) Zellfaden (Stichonema; z. B. bei *Scytosiphon*). Weitere aufbauende Teilungen bringen einen mehrgliedrigen Vegetationskörper (Stichoblastem) hervor, der oft mit einem interkalaren oder apikalen Meristem (Scheitelmeristem bei *Haliseris*, Scheitelzelle bei *Sphacelaria*) wächst. Histologische Differenzierung und Dickenwachstum erzeugen eine kleinzellige, plastidenreiche Rinde (Cortex) mit assimilatorischer und stabilisierender sowie ein großzelliges, saftreiches, plastidenarmes Mark (Medulla) mit stoffspeichernder Funktion. Bei *Dictyota* teilt sich die Scheitelzelle regelmäßig in 2 gleiche Tochterzellen, von denen jede zur Initialzelle eines neuen Astes wird. Es baut sich ein dichotom verzweigter, flacher Thallus auf. Bei den hochentwickelten *Laminaria*-Verwandten, zu denen die größten Meerestange gehören, nimmt die Markschicht durch Dickenwachstum an Mächtigkeit besonders zu. Der Vegetationskörper gliedert sich vertikal in verankernde (Rhizoide, Hapteren), stielartige (Kauloide) und blattförmige (Phylloide) Abschnitte. Die Zuwachszonen liegen im Basalbereich der Phylloide. Damit werden ein »Laubfall« und eine Regenerationsfähigkeit der abgestorbenen Phylloidflächen gewährleistet.

Die Fortpflanzung

Die vegetative Fortpflanzung durch Thalluszerfall ist bei den Braunalgen verbreitet. Die in der Sargassosee treibenden *Sargassum*-Arten vermehren sich überhaupt nur so. *Sphacelaria* bildet besondere Vermehrungszweige, die sich abtrennen.

Bei der ungeschlechtlichen Fortpflanzung der diploiden Individuen können sich die Gonidien (Sporen) in zweierlei Arten von Sporangien entwickeln. Von ungekammerten (unilokulären) Sporangien spricht man, wenn eine einzige, sich allmählich vergrößernde, blasenförmige, sporangiale Zelle durch fortschreitende Kernteilung simultan, d. h. ohne Einziehung von Wänden, Zoosporen liefert. Geht der Gonidienbildung die Reduktionsteilung voraus, dann sind die entstehenden, einkernigen Zoosporen haploid und geschlechtlich differenziert. In den prinzipiell gleichartigen Tetrasporangien der *Dictyotales* werden 4 unbewegliche, einkernige Tetrasporen, in den Monosporangien der Tilopteridales unbewegliche, 1- bis 4kernige Monosporen erzeugt. Aus den Gonidien können entweder haploide Gametophyten oder haploide Sporophyten keimen.

Ein anderer Typ von Fortpflanzungsorganen der diploiden Individuen sind die länglichen, gekammerten (plurilokulären) Sporangien. Sie entstehen dadurch, daß bestimmte Abschnitte oder Seitensprosse des Thallus bei ihrer Fertilisierung polystich segmentiert werden. Die kleinen Segmente (»Loculi«) solcher »Fruchtsprosse« gehen in die reproduktive Phase über und erzeugen je eine Keimzelle. Die Reduktionsteilung fehlt, die entstehenden Zoosporen sind diploid. Sie werden neutrale Sporen – die Sporangien entsprechend neutrale Sporangien – genannt und dienen der homologen Vermehrung des diploiden Sporophyten (z. B. bei *Ectocarpus* und *Leathesia*).

Finden sich plurilokuläre Sporangien an haploiden Individuen, dann entwickeln sich Gonidien, die sich nach ihrer Freisetzung als Gameten erweisen können. Die Kopulation kann zwischen morphologisch gleichen (Isogamie: z. B. bei *Ectocarpus*) oder ungleichen (Anisogamie: z. B. bei *Cutleria* und *Giffordia*, bzw. Oogamie: z. B. bei *Fucus*) Andro- und Gynogameten stattfinden. Unterbleibt die Kopulation, dann keimen die Gonidien einzeln zu vegetativen Individuen aus, die als haploide Sporophyten angesehen werden können (z. B. bei *Ectocarpus*).

Fortpflanzungsorgane von Braunalgen. 1 *Ectocarpus divergens,* plurilokulares Sporangium, 2 *Acinetospora pusilla,* unilokulares Sporangium, 3 *Tilopteris mertensii,* Monosporangium mit einkernigen Monosporen, 4 *Haplospora globosa,* Monosporangium mit 4kernigen Monosporen, 5 *Dictyota* dichotoma, Tetrasporangium (nach Ruhland)

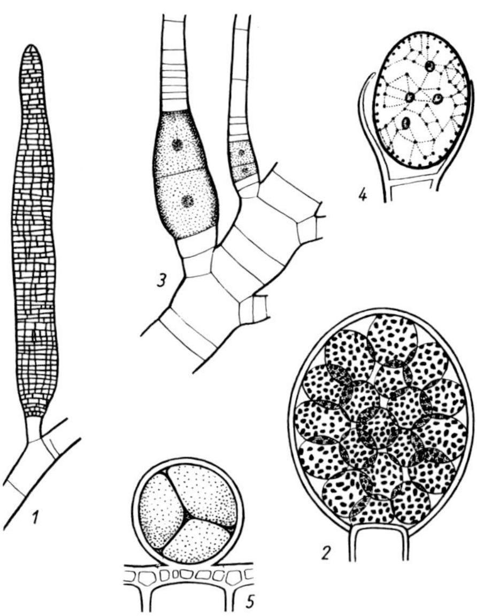

Die Zoosporen und Gameten ähneln einander morphologisch sehr. Ihre Gestalt gleicht der einer Birne oder Niere. Die beiden Geißeln sind dem Zellkörper seitlich eingefügt. Die nach vorn gerichtete, längere Zuggeißel ist zweizeilig beflimmert, die nach hinten gerichtete, kürzere Schleppgeißel ist glatt. Die Hintergeißel der Gameten bei den Arten um *Laminaria* und *Fucus* ist außerordentlich lang. Sie besitzen keinen Stigmaschirm, wie er für die meisten Braunalgengameten, die einen Augenfleck besitzen, charakteristisch ist. Trotz dieser Besonderheiten ist der Bauplan der beweglichen Fortpflanzungszellen sehr einförmig und ein Hinweis auf die systematisch-phylogenetische Einheitlichkeit der Braunalgen.

Der Generationswechsel

Die komplizierte Art und Weise der Fortpflanzung drückt dem Lebenszyklus der Braunalgen ihren Stempel auf: Gametophyt und Sporophyt wechseln einander ab. Während wir aber gewöhnt sind, den qualitativen Wechsel von Gametophyt und Sporophyt, den Generationswechsel, in einem ursächlichen, direkten Zusammenhang mit dem quantitativen Wechsel von haploidem und diploidem Chromosomensatz, dem Kernphasenwechsel, zu sehen, kann bei den Braunalgen, z. B. bei *Ectocarpus*, der haploide Gametophyt wahlweise, wahrscheinlich ökologisch bedingt, mit einem haploiden oder mit einem diploiden Sporophyten abwechseln. Der Generationswechsel ist isomorph (Isogeneratae), wenn beide Generationen einander morphologisch gleichen, oder heteromorph (Heterogeneratae), wenn beide Generationen gestaltverschieden sind. Der heteromorphe Lebenszyklus umfaßt eine stark differenzierte Makrothallusphase sowie eine weniger differenzierte, verzweigt faden- oder scheibenförmige Mikrothallusphase.

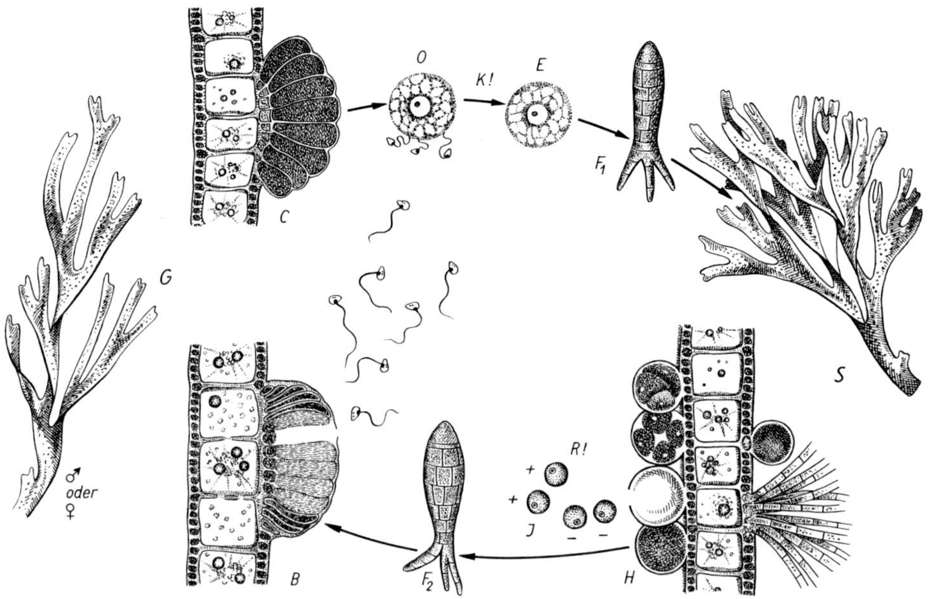

Lebenszyklus (Generationswechsel) von *Dictyota dichotoma*. G Gametophyt, B Antheridiengruppe, C Oogoniumgruppe, D Kopulation, E Zygote, F_1 diploider Keimling, S Sporophyt, H Faden mit Tetrasporangien, T Tetrasporen, F_2 haploider Keimling, K! Kopulation, R! Reduktionsteilung (nach Melchior & Werdermann)

Ökologie und Bedeutung

Die Braunalgen sind in ihrer Mehrzahl Bewohner der Gezeitenzonen an den Küsten der Meere. Im Süßwasser leben nur die Gattungen *Heribaudiella, Lithoderma, Pleurocladia* und *Bodanella* sowie einige Arten von *Ectocarpus* und *Sphacelaria fluviatilis*. Auf Steinen oder Felsen (Lithophyten), auf (Epiphyten) oder in (Endophyten) anderen Algen festsitzend, bestimmen sie zusammen mit den Rotalgen das Erscheinungsbild der Algenvegetation an den Küsten. Sie gruppieren sich dabei, offenbar unter dem Einfluß der Gezeiten, des Seegangs, der Beschaffenheit des Untergrunds sowie der Intensität und Zusammensetzung des Lichts, in »Gürteln«, den Belten, deren floristische Zusammensetzung sich mit zunehmender Tiefe ändert. So gehören z. B. an den nordeuropäischen Küsten zu den litoralen, d. h. zu den zwischen der Hoch- und Niedrigwasserlinie siedelnden Algen u. a. *Himanthalia lorea, Asocphyllum nodosum, Chorda filum, Fucus serratus, F. vesiculosus, F. platycarpus, Scytosiphon lomentarius* und *Chordaria flagelliformis*. Die sublitorale, d. h. die unterhalb der Niedrigwasserlinie liegende Zone, besiedeln u. a. *Halidrys siliquosa, Laminaria hyperborea, L. digitata, L. saccharina, Alaria esculenta, Saccorhiza bullosa, Dictyota dichotoma* und *Desmarestia viridis*. Besonders eindrucksvoll ist das Bild, das die Riesentangwälder an der kalifornischen Pazifikküste bieten. Bis in eine Tiefe von etwa 25 m reicht eine Algenvegetation, die aus deutlich voneinander abgesetzten und charakteristisch zusammengesetzten Gesellschaften besteht. Die gewaltige Produktionsleistung – sie wird auf jährlich 10–15 t/ha Algenmasse geschätzt – ist von beträchtlicher wirtschaftlicher Bedeutung. Die Algen werden zur Gewinnung der Alginsäure und der Alginate regelrecht geerntet. Aber auch für die Tierwelt stellen diese Belte eine bevorzugte Lebensstätte dar. Außer den Fischen leben vor allem Echinodermen (Stachelhäuter) in diesen Tangwäldern bzw. -wiesen, die die Jungpflanzen und Keimlinge abweiden.

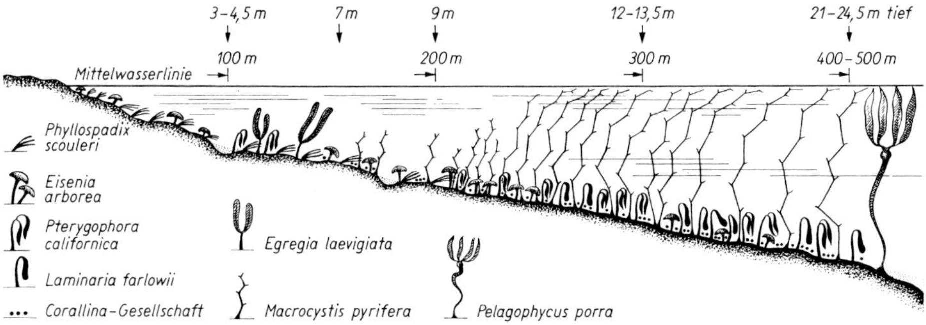

Querschnitt durch ein Kelplager an der kalifornischen Küste (nach Woods & Lythgoe)

Die Nutzung der Braunalgen als Nahrungsmittel ist sehr alt. Allerdings spielt sie gegenwärtig in Westeuropa nur noch eine geringe Rolle: Die jungen, frischen Stengel von *Laminaria saccharina* und *Alaria esculenta* werden gegessen. In Ostasien dagegen ist Kombu ein wichtiges Nahrungsmittel. *Laminaria japonica, Alaria crassifolia* u.a. werden als grüner Kombu wie Gemüse verzehrt oder pulverisiert als Suppen- oder Gewürzgrundlage verwendet. Auch Tee kann aus ihnen bereitet werden. 1936 produzierte Japan jährlich etwa 48000 t Kombu. In China werden aus *Ectocarpus*-Sporen Gametophyten gezüchtet. Die jungen Sporophyten »sät« man in Algengärten aus. Sie wachsen in ihnen schneller heran als in ihrer natürlichen Umgebung.

Die bei Ebbe trockenfallenden Bestände lassen sich leicht ernten. Sie dienen als Düngemittel (in Frankreich Goémon, in Irland Kelp genannt) oder, in Fabriken zu Algenmehl verarbeitet, als vitamin- und spurenelementreiche Zugabe zu Futtermehlen (1–15% des Grundfutters).

Von großer Bedeutung war früher die Kelpindustrie im atlantischen Europa und im pazifischen Nordamerika. Jod-, Soda-, Kali- und Azetonlieferanten sind hauptsächlich Arten der Gattungen *Laminaria, Fucus, Ascophyllum, Himanthalia, Eisenia, Sargassum, Macrocystis* und *Nereocystis*. Heute hat die Produktion nachgelassen, da ihre Rentabilität nicht groß genug ist.

Ungeschmälert ist dagegen die Bedeutung der Alginsäure- und Alginatindustrie. Die Zellwände von *Ascophyllum nodosum, Laminaria hyperborea* und *Macrocystis pyrifera* sind besonders reich an Alginsäure. Deren Metallsalze heißen Alginate. Die Alkalisalze ergeben mit Wasser farb- und geschmacklose, hochviskose Lösungen, die als Klebemittel in der Brikett- und Papierindustrie sowie als Verdichtungs- und Appreturmittel in der Textilindustrie wertvoll sind. Die unlöslichen Schwermetallsalze werden zum Imprägnieren von Geweben, zur Erzeugung von Vulkanfiber, Linoleum, Kunstleder, Abdruckmasse für Zahnprothesen, Farben für Unterwasseranstriche, blutstillender Watte u. a. verwendet. Auch in der Zuckerbäckerei (Schlagsahne, Steifemittel) und als Gelierungsmittel in Puddings haben sie sich bewährt. 1959 betrug die Weltproduktion von Alginsäuren und Alginaten 200000 t.

Das System

Gegenwärtig werden bei den Braunalgen 11–15 Ordnungen unterschieden, von denen wir nur einige biologisch besonders interessante vorstellen. Grundlage der Gliederung sind die Ausprägung des Lebenszyklus und des Sexualprozesses sowie die Wuchsform und der Bau des Thallus.

Ordnung Ectocarpales

Die artenreiche Gattung *Ectocarpus*, Hauptvertreter der Ectocarpales, der »Außenfrüchtler«, besiedelt bevorzugt die Flachwasserregion der kälteren Meere. Ihre schleimigen, gelbbraunen Rasen oder Flocken sind mit bloßem Auge sichtbar und erinnern in ihrem Erscheinungsbild an eine *Cladophora*. Sie bestehen aus 5–23 cm langen, behaarten, aufgerichteten, verzweigten, derben Zellfäden, die zarten Kriechfäden entspringen, die die Alge an festen Substraten (Felsen, Steinen, Holz, anderen Algen) verankern. *Ectocarpus siliculosus* kommt im europäischen Teil seines wohl weltweiten Verbreitungsgebietes vom Mittelmeer bis in das Nördliche Eismeer hinein vor. Sein komplizierter Lebenszyklus ist bisher nur im Laborversuch vollständig beobachtet worden. Der diploide Sporophyt entwickelt an Seitenästen kugelig-blasige, ungekammerte (unilokuläre) Sporangien, in denen unter Reduktionsteilung birnen- bis nierenförmige, geschlechtlich differenzierte Zoosporen entstehen, die zu haploiden Gametophyten auskeimen. An ihnen bilden sich längliche, gekammerte (plurilokuläre) Sporangien, die in jeder Zelle (Kammer, Loculus) einen Isogameten hervorbringen. Die Isogameten vereinigen sich zur Zygote, aus der ohne Ruhepause ein diploider Sporophyt hervorwächst, der in seiner Gestalt vom Gametophyten unterschieden ist. Dieser sogenannte Normalzyklus (schwach heteromorph, diplohaplontisch mit physiologischer Anisogamie) scheint ledig-

Ectocarpus confervoides. 1 Abschnitt des oberen Verzweigungssystems mit Gametangien, 2 Zelle mit Chromatophor, 3 Teil eines Astes mit Sporangien (verändert nach Taylor)

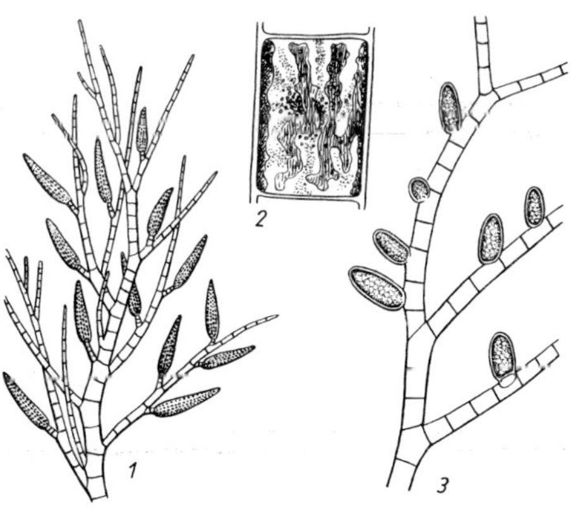

lich den im Golf von Neapel wachsenden Algen zuzukommen. An der britischen und schwedischen Küste herrschen diploide Algen vor, die sich durch diploide Zoosporen (neutrale Sporen) erneuern. Im Frühjahr und Sommer treten an den Pflanzen auch ungekammerte Sporangien auf, deren reduzierte Sporen aber nicht keimen. Bei der Kopulation scheiden die weiblichen Pflanzen einen nach Gin riechenden Lockstoff, das Ectocarpen, aus, der die männlichen zu den weiblichen Gameten führt.

Ordnung Ralfsiales

In die Nachbarschaft der Ectocarpales werden einige Süßwasserbraunalgen gestellt. *Lithoderma fontanum* entwickelt olivgrüne bis schwarze, 5–15 cm große, krustenförmige Lager auf beschattetem Gestein in Flüssen und Bächen des Flachlands. Die Lager von *Heribaudiella fluviatilis* werden höchstens 5 cm groß und setzen sich aus nur lose verbundenen Fäden zusammen. Man findet sie in Flüssen und in der Tiefe der Flachlandseen. Die lockeren Rasen von *Pleurocladia lacustris* wurden zuerst im Süßwasser entdeckt, ehe sie auch im Brackwasser nachgewiesen werden konnten, wo sie auf oder in Algen wachsen. Schließlich sei noch *Bodanella lauterbornii* erwähnt, die auf Steinen an schattigen oder tieferen Standorten Bestände bildet, z. B. im Bodensee und Lunzer Untersee.

Ordnung Chordariales

Der Makrothallus ist aus verzweigten Zellfäden zusammengesetzt, die miteinander mehr oder weniger verkleben (pseudoparenchymatischer Thallus). Es findet ein heteromorpher Generationswechsel zwischen einer Makrothallus- und einer einfachen (gametophytischen) Mikrothallusphase statt.

Von den arktischen Meeren südwärts bis Nordfrankreich, Connecticut, Südalaska und Korea reicht das Areal des Gemeinen Geißeltangs, *Chordaria flagelliformis*, bei dem an der 3 mm dicken, elastischen Hauptachse längere Seitenzweige ansetzen. In Ostasien wird die Alge gegessen.

Ordnung Desmarestiales

Der Thallus besteht aus einem verzweigten Zellfaden, der bis 2 m lang werden kann. Der Lebenszyklus zeigt einen Wechsel zwischen einer großen diploiden Makrothallusphase und einer winzigen haploiden (gametophytischen) Mikrothallusphase. Die Kopulation ist eine Oogamie.

Der Stacheltang, *Desmarestia aculeata*, von den Küsten der nördlichen Meere wird bis 2 m lang. Seine unregelmäßigen Verzweigungen tragen im Frühling gelbe Haarbüschel, im Sommer und Herbst dagegen pfriemenartige Dornästchen. Der Tang haftet auf Steinen, Muschelschalen u. a. und dringt bis in eine Tiefe um 40 m vor.

Ordnung Cutleriales

Die Formen um die Gattung *Cutleria* zeichnen sich durch parenchymatische Thalli aus, die aus einer interkalaren Meristemzone oder aus einem Randmeristem hervorgegangen sind. Die Sporangien sind zu Gruppen (Sori) vereinigt. Der Generationswechsel ist typisch heteromorph. Zur mittelmeerischen *Cutleria multifida*, deren Gametophyt kurzgestielt, unregelmäßig gelappt, flach und lederig ist, gehört als Sporophyt ein kleiner, krustenförmiger, ein bis mehrere Zentimeter großer, festsitzender Thallus, der vor der Entdeckung des Generationswechsels als eigene Art unter dem Namen *Aglaozonia reptans* aufgefaßt wurde. Während bei *Cutleria* die Makrothallusphase dem Gametophyten entspricht und die Mikrothallusphase einem reduzierten Sporophyten, ist bei *Zanardinia* der Lebenszyklus isomorph diplohaplontisch. In beiden Gattungen verläuft die Kopulation unter dem Aspekt einer Suboogamie.

Sphacelaria cirrhosa. 1 *Fucus*-Zweig mit der epiphytischen *Sphacelaria,* 2 Einzelpflanze, 3 Teil einer Zweigachse mit Segmentation und Ansatz der Ästchen (verändert nach Taylor)

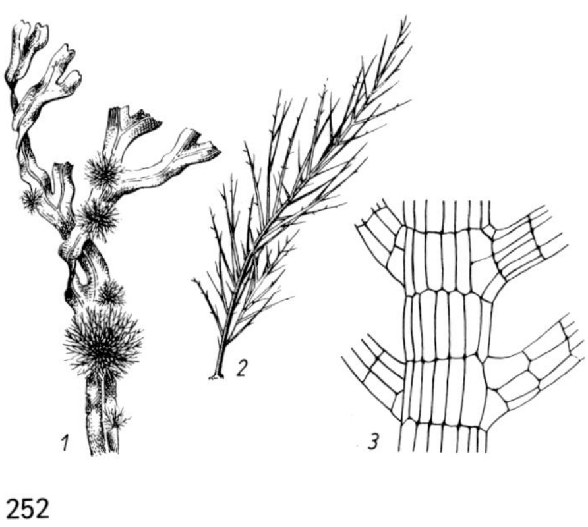

Ordnung Sphacelariales

Um die annähernd 25 Arten des Brandlings, *Sphacelaria*, gruppieren sich Algen, die durch ihre große, braun- bis schwarzgefärbte, bisweilen mit bloßem Auge sichtbare Scheitelzelle auffallen. Die Spitzen der Zweige erscheinen deshalb oft brandig (Sphacelariales = Brandspitzentange). Quer- und Längsteilungen liefern ein mehrreihiges (polystiches) Lager. Die Scheitelzellen schnüren oft an ihrer Spitze eine Zelle ab, die zu einem typischen Phaeophyceenhaar auswächst. Der Lebenszyklus von *Sphacelaria furcigera* ist schwach heteromorph diplohaplontisch. Doch scheint es Populationen zu geben, die abweichende Lebenszyklen besitzen.

Ordnung Dictyotales

Die sich um die Gattung *Dictyota* gruppierenden Formen nehmen unter den Braunalgen eine Sonderstellung ein. Die meisten Arten bevorzugen wärmere Meere. Ihr Vegetationskörper ist gewöhnlich aufrecht, gestielt, blattartig-bandförmig und in einer Ebene verzweigt. Er haftet mit Rhizoiden am Substrat. Das Wachstum geht von einer großen, dunkelbraunen Scheitelzelle (so bei *Dictyota, Pilopheus, Glossophora* u. a.) oder von randlich gelegenen Scheitelzellen (so bei *Padina, Taonia, Zonaria* u. a.) aus.

Bei der Gemeinen Gabelzunge, *Dictyota dichotoma*, einer im Mittelmeer häufigen, bis nach Helgoland, Skandinavien und zur Küste Nordamerikas verbreiteten Form, gliedert die einschneidige Scheitelzelle zur Basis hin Zellen ab, die einen bis 20 cm hohen und

Litoralterrasse (Adriaküste bei Split). Mischbestand von wärmeliebenden Braunalgen, wie *Padina pavonica, Cystoseira spicata* und *C. corniculata,* der Rotalge *Laurencia obtusa* und der Grünalge *Ulva lactuca*

mehrere Millimeter breiten, gabelig (dichotom) verzweigten Thallus aus 2 Schichten bilden. Die innere Schicht aus großen Zentralzellen (Speicherzellen) wird beiderseits von kleineren, plastidenreichen Rindenzellen (Assimilationsgewebe) umgeben, aus denen die Organe der Fortpflanzung hervorgehen. Im Lebenszyklus wechseln 2 gleichgestaltete Generationen regelmäßig einander ab (isomorpher Generationswechsel). Der Gametophyt ist heterothallisch: Es lassen sich männliche und weibliche Thalli unterscheiden. Die Geschlechtsorgane – Antheridien und Oogonien – treten an der Oberfläche zu Gruppen (Sori) zusammen. Im Oogon bildet sich eine Eizelle (Oosphäre), im gekammerten Antheridium eine Vielzahl von (sekundär) eingeißeligen Androgameten. Die zunächst bewegliche Oosphäre tritt ins freie Wasser aus, wirft die Geißeln ab und vereinigt sich im unbeweglichen Zustand mit den beweglichen Androgameten zur Zygote. Diese keimt ohne Ruhepause zum diploiden Sporophyten aus. An ihm bilden sich Gruppen (Sori) von kugeligen, ungekammerten Tetrasporangien, in denen unter Reduktionsteilung jeweils 4 Sporen, die unbeweglichen Tetrasporen, entstehen, die neue, heterothallische Gametophyten liefern.

Die pazifische *Dictyota acutiloba* wird auf Hawaii in Algengärten kultiviert und als Nahrungsmittel verwendet.

Das Meerohr, *Padina pavonica,* ist im oberen besonnten Litoral des Mittelmeeres häufig. Ihr 5–12 cm großer, ohrmuschelähnlicher Thallus ist einhäusig: Antheridien und Oogonien bilden sich auf ein und demselben Individuum.

Ordnung Laminariales

Um den Blattang, *Laminaria,* scharen sich etwa 30 Gattungen mit über 100 Arten vegetativ hochentwickelter Braunalgen, die wegen ihrer Größe – Riesentange: nicht unter 50 cm und bis 100 m – und wegen der spezifischen Art und Weise ihres Vorkommens – sie bilden »Wälder« unter der Meeresoberfläche in den kalten arktischen und antarktischen Meeren – sowie ihrer wirtschaftlichen Bedeutung – viele Arten werden in der Kelp- und Alginatindustrie verwertet – seit jeher besondere Beachtung gefunden haben. Ihre Thalli bestehen aus echten Geweben (Parenchymen) und sind in ein recht derbes Rhizoid (Haftorgan), in das stielartige Kauloid (Stengel) und das blattartig verbreiterte Phylloid (Blatt) gegliedert. Sie sind ein- bis mehrjährig. Gegen Ende der ersten Wachstumsperiode stirbt das Phylloid ab und wird durch die Bewegung des Wassers vom Kauloid abgerissen. Zu Beginn des folgenden Frühjahrs wächst aus dem in der Übergangszone zwischen Kauloid und Phylloid gelegenen Meristem ein neues »Blatt« heran. Auf der Oberfläche des Phylloids entwickeln sich in den Sori die keuligen Sporangien, in denen unter Reduktionsteilung die geschlechtlich differenzierten Zoosporen entstehen. Der Tang ist daher als Sporophyt anzusprechen, zu dem mikroskopisch kleine, vorkeimähnliche, zweihäusige Gametophyten (Mikrothallusphase) gehören. Bei manchen Formen besteht der weibliche Gametophyt nur aus wenigen Zellen. In jedem Oogonium wird nur eine einzige Oosphäre ausgebildet, die sich nach ihrem Freiwerden im Meerwasser mit den Androgameten vereinigt. Die Zygote wächst ohne Ruhepause zum Sporophytenkeimling aus, der sich mit Rhizoiden auf Steinen festkrallt. Zoosporen und Androgameten besitzen keinen Augenfleck. Die Androgameten zeichnen sich außerdem durch eine sehr lange Hintergeißel aus, die länger als die Vordergeißel ist, in einen schmalen Endabschnitt ausläuft und an der Basis keinen Stigmaschirm aufweist. Bei den Zoosporen ist die Vordergeißel länger als die Hintergeißel und entspricht so dem Braunalgentyp.

1 *Laminaria platymeris,* 2 *Alaria esculenta,* Einzelpflanze mit altem, distalem Abschnitt des vegetativen Phylloids (teilweise abgeworfen) und mit voll entwickelten Sporophyllen (Sp) (nach Taylor)

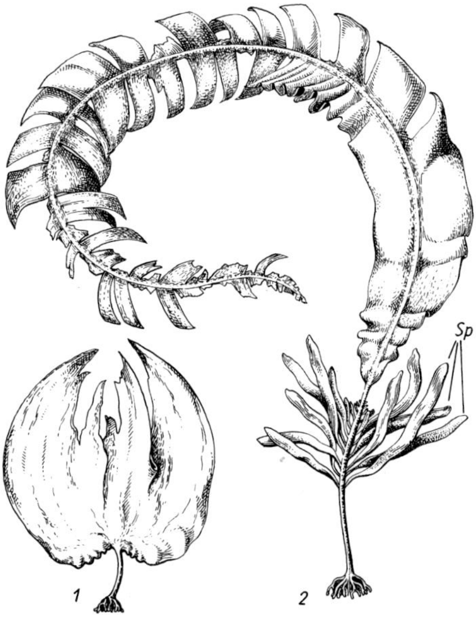

Der Palmentang, *Laminaria hyperborea*, ist an den Küsten des Nordatlantiks und der Nordsee heimisch. In den Wintermonaten werden die Tange in großen Massen von den Wogen an den Strand geworfen und von den Anwohnern gesammelt und getrocknet. Als Rohmaterial für die Gewinnung von Alginsäure und Alginaten sowie als Bestandteil von Futtermehlen sind sie ökonomisch wichtig. Früher spielten die Stengel als Quellstifte (Stipites laminariae) in der Chirurgie und als Nahrungsmittel eine Rolle. Der Fingertang, *Laminaria digitata*, mit seinem in 2–3 Lappen geteilten Phylloid kommt an den Küsten des Nordatlantiks und Nordpazifiks vor. Auch er findet in der Alginat- und Futtermittelindustrie Verwendung. Ähnlich ist der Zuckertang, *Laminaria saccharina*, verbreitet, dessen Phylloid ungeteilt ist. In Japan gehört er zusammen mit anderen Algen zu den Hauptrohstoffen der Kombuindustrie. Die Tange werden im Herbst geerntet, am Strand getrocknet, die Kauloide und Rhizoidscheiben weggeschnitten, die Phylloide sortiert, gebündelt und schließlich zermahlen. Das Tangmehl wird zu Gebäck verarbeitet, zur Zubereitung von Suppen und Soßen verwendet sowie den Reisspeisen beigegeben. Die getrockneten Blätter liefern Tee, frische Blätter Gemüse oder kandierte eine delikate Speise. Aus der Asche gewinnt man Jod. Als Futter für Schafe und Pferde werden Tange in Westeuropa verwertet.

Dem skizzierten »Bauplan« der Laminariales entspricht der Thallus der einjährigen Meersaite, *Chorda*, allerdings nicht. Er ist peitschenförmig, hohl und besitzt keinen Stiel.

Da *Chorda* Zoosporen und Androgameten vom normalen Braunalgentyp besitzt, muß

Die Meersaite, *Chorda filum,* im oberen Sublitoral der Ostsee vor Hiddensee. Die Braunalge wird bis 50 cm hoch und besiedelt, oft mit Feinsediment beladen, nahezu ruhiges Wasser.

die Gattung als primitve *Laminaria* angesehen werden. Auf Steinen und Muschelschalen des Sublitorals der nördlichen Hemisphäre, auch der Ostsee, bildet die Gemeine Meersaite, *Chorda filum*, Bestände. Sie kann bis 8 m lang werden. Nicht so häufig ist die besonders in der Nordsee und westlichen Ostsee verbreitete, 2–6 mm dicke, kleinere Zottige Meersaite, *Chorda tomentosa*. Beide Arten werden in Skandinavien zusammen mit Laminarien dem Viehfutter beigemengt.

Bei der ostasiatisch-nordamerikanischen Gattung *Agarum* sind die Phylloide in auffälliger Weise gitterförmig durchbrochen. Auch sie dient als Rohstoff für die Gewinnung von Alginsäure und Alginaten.

Zu den größten Tangen gehört der Bull Kelp, *Nereocystis luetkeana*, dessen dünnes, 20–40 m langes Kauloid am Ende eine große, gasgefüllte Schwimmblase trägt, der 5–15 m lange Phylloide büschelig aufsitzen. Einzelpflanzen sollen eine Gesamtlänge von rund 100 m erreicht haben; die von den Phylloiden bedeckte Fläche soll 85 m² ausmachen können. In der Kelpindustrie spielt der Tang eine wichtige Rolle. Alginate, Jod, Soda, Düngemittel, Viehfutter und Kelpmehl sind die wichtigsten Produkte. Die kandierten Stiele und Blätter stellen beliebte Genußmittel (Seatron) dar.

Chorda filum. 1 Gruppe von 3 Thalli, von einem Hapterenbüschel ausgehend, 2 Teil eines Hohlthallus im Querschnitt mit Haaren (H), Paraphysen (P) und Sporangien (S) (verändert nach Taylor)

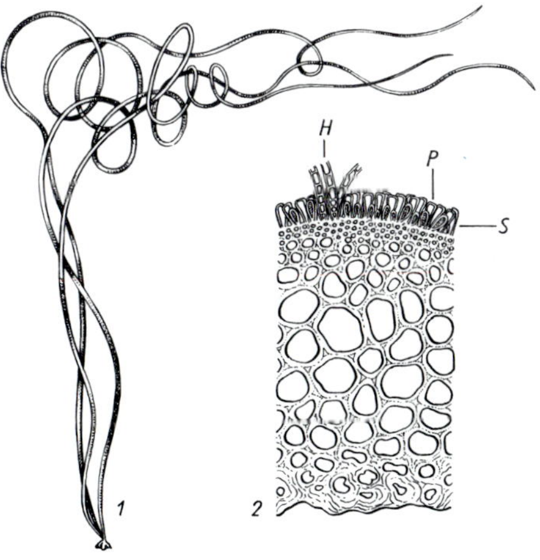

Auch der Birnentang, *Macrocystis pyrifera*, erreicht mit 50–70 m Gesamtlänge gewaltige Ausmaße. Er ist zirkumsubantarktisch verbreitet, kommt aber, ausgedehnte »Wälder« in 7–25 m Tiefe bildend, an der kalifornischen Küste ebenfalls vor. Seine in zahlreiche Segmente aufgegliederten Phylloide sind am Grund mit Schwimmblasen versehen, die den Tang auf der Wasseroberfläche fluten lassen. Das 1–5 m lange Kauloid ist nur 1 cm dick, während das bis 2 m lange Rhizoid 1 m im Durchmesser mißt. Die Pflanze kann 8–10 Jahre alt werden und liefert bis 100 t/ha Biomasse. Man schätzte um 1915 die potentielle Ernte im kalifornischen Areal auf jährlich 60 000 000 t. Als Rohstoff für die Gewinnung von Jod, Soda, Alginaten, Futter-, Düngemitteln und Kelpmehl (hoher Gehalt an Vitaminen!) besitzt der Birnentang eine eminent wirtschaftliche Bedeutung.

Die 18 Arten des Flügeltangs, *Alaria*, sind besonders im Nördlichen Eismeer und im Nordpazifik verbreitet. *Alaria esculenta* wird in Schottland und Irland gegessen und als Futter für Rind, Schaf und Pferd genutzt.

Zusammen mit *Macrocystis pyrifera, Laminaria farlowii* und *Pterygophora californica* bildet *Eisenia arborea* vor der kalifornischen Küste untermeerische Wälder. *Eisenia bicyclis* (japanisch »Asame«) spielt in der japanischen Kelp- und Düngerindustrie eine Rolle. Sie wird aber auch zu Suppe oder zusammen mit Soja zu Soßen verarbeitet.

Die 10 Arten der Gattung *Ecklonia* bevorzugen wärmeres Wasser und sind in den Meeren der Südhemisphäre zu Hause. An der Westküste Südafrikas werden die 5 m langen, hohlen Kauloide Meerbambus (Sea Bamboo) genannt. Als Rohstoffe für Alginsäure und Alginate sind sie wichtig.

Agarum cribrosum. Einzelpflanze mit den charakteristischen gitterförmigen Durchbrechungen (Perforationen des Phylloids) (nach Taylor)

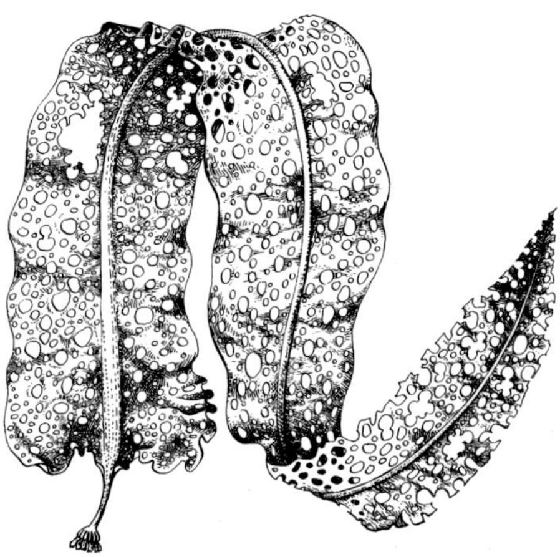

Ordnung Fucales

In der Verwandtschaft der Gattung *Fucus* (Fucales) tritt der Gametophyt als selbständige Pflanze nicht mehr in Erscheinung. Er ist auf die Androgameten und Eizellen reduziert, die unter Reduktionsteilung in den Antheridien und Oogonien gebildet werden. Diese sind in besonderen Behältern (Konzeptakeln) in den Sporophyten eingesenkt. Zoosporen werden nicht entwickelt. Die natürliche, vielgestaltige Gruppe umfaßt etwa 30 Gattungen, die auf 7 Familien verteilt werden. Ihre Vertreter sind vor allem in den kälteren Meeren häufig. Die Küstengebiete Australiens und Neuseelands gelten als besonders formenreich.

Beim Übergang in die generative Phase stellen die Thallusspitzen das Wachstum ein und verdicken sich zu fertilen Sproßabschnitten, den Rezeptakeln. Deren Oberfläche senkt sich an begrenzten Stellen ein und läßt eine nach außen offene Höhlung, das Konzeptakulum, entstehen. Die Zellen der inneren Oberfläche eines Konzeptakels wachsen z. T. zu sterilen Zellfäden (Phaeophyceenhaare, Paraphysen) aus, ein anderer Teil wird zu Fortpflanzungsorganellen. Hier bilden sich auf kleinen Stielzellen große, braunolivgrüne Oogonien (Ooangien) mit je 8 Eizellen (Oosphären) oder an verzweigten Zellfäden mehrere Antheridien (Spermangien) aus. Bei *Fucus platycarpus* finden sich die Oogonien und Antheridien auf ein und demselben Thallus und in ein und demselben Konzeptakel (Homothallie bzw. Monökie), bei *Fucus vesiculosus* und *F. serratus* können auf einem Thallus jeweils nur Oogonien oder nur Antheridien auftreten (Heterothallie bzw. Diökie). Die Oogonien und Anthe-

Fucus serratus, Jungpflanze aus dem Sublitoral der Ostsee bei Hiddensee

Blasenketten-(*Cystoseira*-)Arten (Phaeophyta) am Standort (jugoslawische Adriaküste)

ridien werden bei Ebbe von trockenliegenden *Fucus*-Thalli in Form schleimiger Massen ausgestoßen. Bei auflaufender Flut werden dann die Eizellen und Androgameten in den ersten entstehenden Wasserpfützen freigesetzt, wodurch die Befruchtungswahr-

Der Blasentang *Fucus vesiculosus* (Phaeophyta) mit Aufwuchs von *Ceramium diaphanum* (Rhodophyta), hohe Wuchsform aus dem Sublitoral der Ostsee bei Hiddensee

scheinlichkeit erhöht ist. Dabei befruchtet der aktiv frei schwimmende Androgamet – bei dem übrigen die Flimmergeißel kürzer als die glatte Schleppgeißel ist – die passiv frei schwimmende Eizelle.

Lange Zeit fanden die häufigeren der 15 Arten der Gattung *Fucus* als Dünge- und Futtermittel Verwendung. Ihre abgeflachten, dichotom in einer Ebene verzweigten Thalli werden meist länger als 1 m. Auf Felsen, Steinen, Holz u. a. haftend, bilden sie ausgedehnte Bestände (»Wiesen«). Der 2–5 m lange Blasen-, Schweine- oder Höckertang, *Fucus vesiculosus*, kommt in zahlreichen Formen an den Küsten des Nordatlantiks und Pazifiks sowie der Ostsee und des westlichen Mittelmeers vor. Nach Stürmen wird er oft in großen Massen auf den Strand geworfen. Sein hoher Jodgehalt bedingte seine Eignung als Droge. Der buschige, 1 m lange Sägetang, *Fucus serratus*, mit gesägtem Thallusrand ist im Nordatlantik, in der Ostsee, aber auch an den australischen Küsten zu Hause. Er wächst oft in dichten Herden und bildet dabei »Belte«, die bei Ebbe trockenfallen.

Der Knotentang, *Ascophyllum nodosum*, wächst an den Felsküsten des Nordatlantiks und an der kanadischen Pazifikküste. Er ist sehr häufig, bedeckt große Flächen und liegt bei Ebbe meist trocken. Sein Thallus ist in Lang- und Kurztriebe gegliedert, wird bis 1,5 m lang und ist gelb- bis dunkelbraun gefärbt. Die Alge wird direkt als Dünge- und Futtermittel (Tangmehl) verwendet.

Der Riementang, *Himanthalia elongata*, zeichnet sich durch die dichotom verzweigten, riemenförmigen, bis 2 m langen, 1 cm breiten fertilen Wedel, die einem scheibenförmigen, sterilen Basalteil von 3–4 cm Durchmesser entspringen, aus. Schwimmblasen fehlen. Die nordatlantische Art wurde früher in der Kelpindustrie verwendet.

Die ausdauernden, rund 60 Arten der Gattung *Cystoseira*, der Blasenkette, bevorzugen wärmeres Wasser und treten in großen Beständen auf. Sie haben Schwimmblasen. *Cystoseira barbata* ist an den Küsten der Adria und des Schwarzen Meeres häufig.

Rund 250 Arten des Beerentangs, *Sargassum*, sind beschrieben worden. Sie leben meist an felsigen Küsten der warmen und temperierten Meere, vor allem der Südhemisphäre. Seit Kolumbus wissen wir von der Existenz eines riesigen, mehr als

Sargassum filipendula. 1 Teil des oberen Zweigsystems mit Rezeptakeln, 2 einzelnes großes Blatt, 3 Haftscheibe mit zahlreichen Auszweigungen (nach Taylor)

2000000 Quadratmeilen umfassenden Gebiets im Atlantik zwischen den Azoren und den Westindischen Inseln, der Sargassosee, in der ungeheure Massen – die Schätzungen schwanken zwischen 4 und 11 Millionen t Frischgewicht – des »Golfkrautes« – z. B. *Sargassum natans* und *S. hystrix* – treiben. Sie vermehren sich vegetativ. Man nimmt an, daß sie ursprünglich von Küstenformen aus dem Bereich der Karibischen See abstammen. Ähnliche treibende *Sargassum*-Bestände sind aus dem Golf von Mexiko und aus dem Nordwestpazifik bekannt geworden.

Abteilung Rotalgen, Rhodophyta

Die vielgestaltigen, meist vielzelligen und oft recht kompliziert gebauten Rotalgen mit rund 675 Gattungen und etwa 4100 Arten nehmen aus verschiedenen Gründen innerhalb der Algen eine Sonderstellung ein.

Ihre überwiegend rötlich, seltener violett- oder blaugrün gefärbten Vegetationskörper (Thalli) leben meist festsitzend (benthisch) im Küstenbereich der Meere; nur wenige Formen (12 Gattungen mit 50 Arten) sind im Süßwasser zu Hause. Zusammen mit den Braunalgen dominieren sie in den Algengesellschaften an den Meeresküsten, dringen aber in größere Tiefen (bis 180 m) vor. Dazu befähigt sie ihr spezifisches Assimilationspigmentmuster, das aus Chlorophyll a und d (nicht b) sowie aus den roten Phycobilinen R-, B- und C-Phycoerythrin und den blauen R-Phycocyan und Allophycocyan sowie den Karotinoiden α- und ß-Carotin, Lutein, Zeaxanthin, Antheraxanthin, Neoxanthin und Cryptoxanthin zusammengsetzt ist. Die unterschiedliche Färbung des Thallus beruht auf den wechselnden Mengenverhältnissen der roten und blauen Pigmente zueinander. Die Chromatophoren, die Träger der Assimilationspigmente, sind relativ einfach gebaut. Die Lamellen, die die Matrix durchziehen, bestehen jeweils nur aus einem Thylakoid, das auf seiner äußeren Oberfläche die scheiben- oder kugelförmigen Phycobilisomen trägt. Als Assimilationsprodukt und Reservestoff wird Florideenstärke in Form von frei im Zytoplasma (extraplastidisch) liegenden Körnchen gespeichert.

Eine weitere Besonderheit stellt das Fehlen jeglicher geißelbeweglicher Fortpflanzungszellen dar. Die geschlechtliche Fortpflanzung ist eine Oogamie. Der komplizierte haplodiplontische Lebenszyklus ist di- bzw. meist trimorph, d. h., ein haploider Gametophyt wechselt mit 1–2 diploiden Sporophyten, dem Karposporophyten und dem Tetrasporophyten, ab. Die Rotalgen sind eine alte Algengruppe, die sich selbständig entwickelt hat und keine direkten verwandtschaftlichen Beziehungen zu anderen Algen besitzt.

Der Bau des Vegetationskörpers (Thallus)

Die einfachsten Rotalgen sind einzellig (Bangiales). Die übrigen Formen entwickeln vielzellige, mannigfaltig gebaute Thalli, die trotz aller Verschiedenheit auf ein System verzweigter Zellfäden zurückgeführt werden können.

Beim Zentralfadentyp (dem uniaxialen Thallus) durchzieht ein Zellfaden als zentrale Hauptachse den ganzen Thallus von der Basis bis zur Spitze. Durch wirtelige oder direkte Verzweigungen der Zentralachse bilden sich ausgebreitete Vegetationskörper, die i. d. R. mit einer Scheitelzelle wachsen (z. B. *Ceramium, Polysiphonia, Batrachospermum*). Beim Springbrunnentyp (dem multiaxialen Thallus) fehlt die zentrale Hauptachse. Eine Vielzahl axialer, gleichwertiger Zellfäden verläuft parallel zueinander von der Basis zur Spitze, wo sie »springbrunnenartig« auseinanderweichen. Auch dieser Thallus kann verzweigt sein.

Die Verzweigungssysteme, die an den Achsen ansetzen, sind anfangs frei. Durch wiederholte Verzweigung bzw. durch Zusammenschluß der Spitzenteile kommt es zur Bildung kompakter Rindenschichten, deren Elemente (die Zellfäden) eine Interzellularsubstanz ausscheiden, die die Verzweigungssysteme zu einer festen Gewebeschicht verkittet. Bleiben in einem solchen Sproßthallus (Cauloblastem) zwischen Zentralachse und Rindensystem Hohlräume zurück, entsteht ein Röhrenthallus (Solenoblastem).

Bei den Florideophyceen stehen benachbarte Zellen durch Tüpfel (Synapsen) in Verbindung, durch deren Poren Plasmodesmen die Zytoplasten verknüpfen. Sie fehlen den Bangiophyceen völlig.

Die ungeschlechtliche Fortpflanzung

Die Organe der Fortpflanzung nehmen im Thallus eine exponierte Stellung ein. Sie entstehen auf Ästchen höherer Ordnung, liegen also peripher. Bei reich gegliederten Thalli werden besondere reproduktive Sproßäste (Gonimokladien, polysiphone Fruchtästchen, Stichidien oder Karpokladien) ausdifferenziert.

Hauptorgan der ungeschlechtlichen Fortpflanzung ist das Tetrasporangium. Es sitzt frei auf gestielten Ästchen und bringt 4 nackte, oft amöboid oder gleitend bewegliche, geißellose Tetrasporen unter Reduktionsteilung hervor. Diese haploiden Aplanosporen verlassen durch eine distale Wandöffnung das Muttersporangium, treiben frei im umgebenden Wasserstrom, heften sich unter Ausscheidung von Gallerte auf einer geeigneten Unterlage fest und keimen ohne Ruhepause zu Gametophyten aus (*Liagora*-Typ).

In der *Corallina*-Verwandtschaft treten – oft neben Tetrasporangien – Bisporangien auf, die unter Meiose 2 1- oder 2kernige Bisporen liefern. Bleibt bei ihrer Bildung die Reduktionsteilung aus, so keimen aus den Bisporen homologe diploide Sporophyten.

Auch die Karposporangien der Karposporophyten, in denen diploide nackte Karposporen gebildet werden, sind als Organe der ungeschlechtlichen Fortpflanzung anzusehen.

Die geschlechtliche Fortpflanzung

Der weibliche Geschlechtsapparat, das Karpogon, sitzt als Endglied einem 2- bis 5zelligen Tragast, dem Karpogonast, auf. Das Karpogon ist in einen basalen, breiteren Bauchteil (Oogon), in dem der Eikern liegt, und in ein langes, vorgestrecktes Empfängnisorgan, die Trichogyne mit Trichogynkern, gegliedert. Nur der Eikern hat sexuelle Funktion. Bei vielen Florideophyceen kommen, im Thallus zerstreut oder dem Karpogonast anliegend, Hilfszellen (Auxiliarzellen) vor, die beim Befruchtungsprozeß physiologisch als Nährzellen oder als Ausgangsorte der Karposporenbildung tätig sind.

Der männliche Geschlechtsapparat ist offensichtlich stark zurückgebildet. Der Inhalt einer Zelle, des Spermatangiums, tritt ungeteilt als nackte, einkernige Zelle, als farbloser Aplanogamet (Spermatium) aus. Nur bei *Batrachospermum* und *Nemalion* kommt die Zweiteilung des Spermatangienkerns noch vor. Im allgemeinen entstehen die Spermatangien an Achsen höherer Ordnung. Mit ihrer Tragzelle entwickeln sie ein 2- bis mehrzelliges Ästchen. Sie können am Thallus exponiert stehen (Androkladien), auf dessen Oberfläche lokal angehäuft (Spermatangiensori), in seine Tiefe eingesenkt (Androthecien) oder zu Lagern vereinigt sein, in denen die Spermatangienstände palisadenartig angeordnet sind (Nemathecien).

Die frei gewordenen Spermatien werden durch das Wasser passiv zum Karpogon getragen, wo sie an der Trichogynspitze, die meist aus der Öffnung des Progarps oder aus der Rinde des Thallus ins freie Wasser hinausragt, haften. Der Spermatienkern gelangt nach Auflösung der Trichogynwand in das Oogon und verschmilzt mit dem Eikern (Oogamie).

Auf die Kopulation folgen komplizierte Wachstums- und Vermehrungsprozesse, die den Sexualakt durch Bildung zusätzlicher Fortpflanzungszellen ökonomisch ausnutzen. Aus der Zygote entstehen durch mitotische Teilung eine basale Stielzelle und eine distale sogenannte Gonimoblastanlage. Die Stielzelle teilt sich nicht weiter; die Gonimoblastanlage liefert durch aufeinanderfolgende mitotische Teilungen ein verzweigtes Fadensystem (sporogene Fäden), den Gonimoblasten (Gonimophyten, Karposporophyten). Seine verdickten Endzellen wandeln sich in Karposporangien um, deren Inhalt ungeteilt als unbegeißelte Karpospore austritt. Zur Ernährung des Gonimoblasten können die Zellen des Karpogonastes mit der Stielzelle zu einem einheitlichen Gebilde verschmelzen, zu einer plazentaähnlichen Fusionszelle. Der Gonimoblast kann als eigene, aus dem befruchteten Karpogon hervorgegangene und sich auf Kosten der Mutterpflanze ernährende, daher physiologisch abhängige Generation angesehen werden. Fortpflanzungsphysiologisch handelt es sich um die Steigerung des Fortpflanzungseffekts im Gefolge eines einzigen Sexualaktes.

Bei vielen Rotalgen, z. B. bei *Scinaia furcellata*, entstehen die Gonimoblasten nicht direkt am befruchteten Karpogon. Die basalen Zellen des Karpogonasts, die hypogynen Tragzellen, gliedern kleine Seitenäste ab, die Auxiliarzellen. In sie wandert der Befruchtungskern (Synkaryon) ein. Erst jetzt kommt es zur ersten mitotischen Teilung. Es entstehen 4 Kerne, die mit den Auxiliarzellkernen nicht fusionieren, sondern stets von diesen getrennt bleiben. In dieser Verbindung von Karpogonast mit Auxiliarzelle, dem Prokarp, geht die weitere Entwicklung vor sich. Aus der Fusionszelle von Auxiliarzelle und Tragzelle sprossen die Gonimoblastfäden hervor. Die Karpogonzelle selbst schrumpft nach und nach zusammen. Aus der Tragzelle gehen sterile Hüllfäden hervor, die sich um den die Karposprorangien tragenden Gonimoblasten legen und eine Art Schutzhülle (Involucrum) formen. Der reife Gonimoblast mit seinem Involucrum heißt Zystokarp (Gonimokarp, Hüllfrucht), das hier und da in Form einer kelchartigen Scheide, in deren Mitte die Karposporen lagern, ausgeprägt ist (Perikarp).

Liegt die Auxiliarzelle dem Karpogon nicht unmittelbar an, so ist eine Fusion beider nicht möglich. In diesem Fall sendet das Karpogon einen Verbindungsfaden (Ooblastemfaden) aus, um die im Thallus verstreuten Auxiliarzellen zu erreichen. Der Ooblastemfaden fusioniert nacheinander mit den Auxiliarzellen und übermittelt ihnen den durch Mitosen vervielfältigten Zygotenkern. Jede auf diese Weise sekundär befruchtete – auch hier kommt es nie zur Kernverschmelzung! – Auxiliarzelle wird zum Ausgangspunkt eines Gonimoblasten. Das Vorkommen von Auxiliarzellen, die Einzelheiten ihrer Entwicklung und der Verlauf der Karposporenbildung sind von großem Wert für die Gliederung der Rotalgen in Ordnungen.

Der Generationswechsel

Die besondere Art und Weise der ungeschlechtlichen und geschlechtlichen Fortpflanzung der Rotalgen bedingt einen eigenartigen Lebenszyklus. Der haploide Gametophyt steht im Generationswechsel mit 2 diploiden Sporophytengenerationen. Die Zygote wächst auf der Mutterpflanze zu einer parasitierenden Keimpflanze, dem Gonimoblasten (Karposporophyten), heran. An dieser diploiden, mikroskopisch kleinen Zwischengeneration entwickeln sich Karposporangien, die unbewegliche, durch die Wasserbewegung passiv verbreitete Karposporen hervorbringen, aus denen eine neue, selbständige, ebenfalls diploide Alge keimt, die habituell im allgemeinen dem Gametophyten gleicht und Tetrasporophyt genannt wird. Der Tetrasporophyt formt Tetrasporangien bzw. deren Äquivalente (Poly-, Bisporangien), in denen unter Reproduktion Tetra- (Poly-, Bi-) Sporen entstehen. Sie wachsen zum haploiden Gametophyten aus.

Der fundamentale Lebenszyklus der Rotalgen ist folglich als haplodiplophasischer (haplodiplontischer) und trimorpher (trigenetischer) Generationswechsel ausgeprägt (z. B. bei *Polysiphonia, Ceramium, Delesseria, Griffithsia*). Es wird dadurch kompliziert, daß die Sporophyten einiger Rotalgen (z. B. *Seirospora griffithsiana*) diploide Sporen auszubilden vermögen, aus denen wiederum diploide, sporophytenähnliche Algen auskeimen. Auch der Gametophyt kann sich durch haploide Sporen selbständig homolog vermehren (z. B. *Scinaia, Nitophyllum*).

Die Tetrasporophyt kann habituell vom Gametophyten verschieden und sehr reduziert sein. Die beiden heteromorphen Generationen sind früher in Unkenntnis ihres genetischen Zusammenhangs als selbständige Arten angesprochen und entsprechend benannt worden. Die kleine Rotalge *Asparagop-*

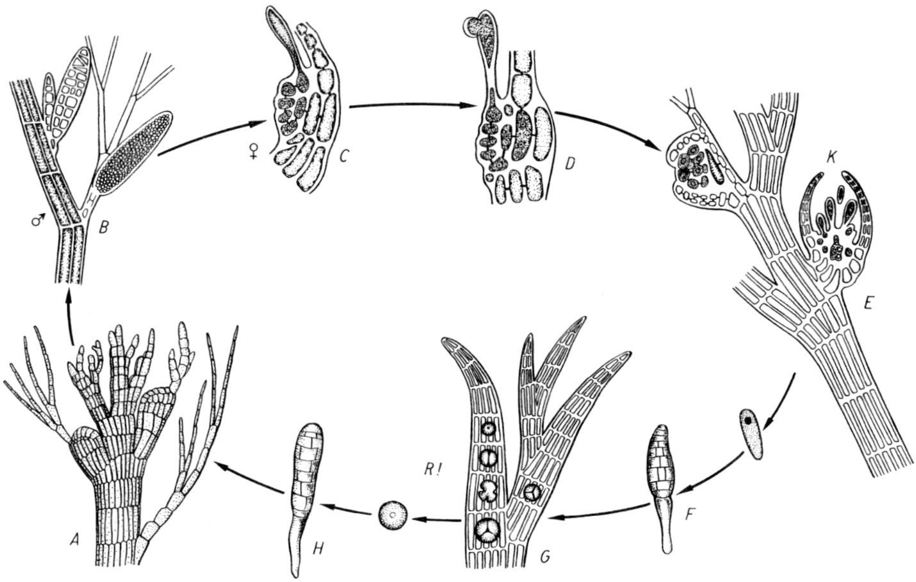

Lebenszyklus (Generationswechsel) von *Polysiphonia.* A Gametophyt, B Spermatangienbildung (Prokarp), D Befruchtung, E Gametophyt mit parasitierendem Gonimoblast (K Karposporophyt) in Gestalt von Zystokarpien, F diploide Karpospore und diploider Keimling, G Tetrasporophyt mit Tetrasporangien, H haploide Tetrasporen und haploider Keimling, R Reduktionsteilung (nach Melchior & Werdermann)

sis armata ist z. B. Gametophyt des Tetrasporophyten *Falkenbergia rufolanosa.* Zum Sporophyten *Hymenoclonium serpens* gehört als Gametophyt *Bonnemaisonia asparagoides.* Ähnliche Artenpaare sind *Trailliella intricata* und *Bonnemaisonia hamifera* sowie *Cruoria rosea* und *Halarachnion ligulatum.* Zu *Porphyra* gehört die kleine, fädige, diploide *Conchocelis rosea,* die in Muschelschalen lebt. Völlig verschwunden ist der Gametophyt bei *Lomentaria orcadensis.* Die Vermehrung erfolgt durch apogame Tetrasporen.

Bei *Lemanea mammillosa* erfolgt die Meiose in der apikalen Zelle des sich bildenden Thallus. Der stielartige Basalteil der Alge ist folglich als diploider Tetrasporophyt anzusehen, auf dem sich der haploide Gametophyt entwickelt.

Vorkommen und Verbreitung

Die übergroße Mehrzahl der Rotalgen lebt im Meer. Nur etwa 50 Arten sind aus dem Süßwasser bekannt, wo meist reine Fließgewässer besiedelt werden. Die marinen Formen finden sich vor allem in der Litoralzone im Meere. Sie scheinen besonders häufig im australasiatischen Gebiet und in den wärmeren Meeren aufzutreten. Daß die Temperatur für ihre geographische Verbreitung von ausschlaggebender Bedeutung sein muß, ergibt sich aus der Tatsache, daß manche Arten im Experiment nicht einmal eine Jahresschwankung von 5 °C ertragen. Beispiele für temperaturbegrenzte Verbreitung sind unter anderem die rein tropischen Arten *Lithothamnion okamurai, Laurencia ceylanica, Porphyra suborbiculata* und *Rhodomela crassicaulis,* das zirkumarktische *Lithothamnion foecundum* und die meridionale *Scinaia furcellata.*

Wie die Braunalgen zeigen auch die Rotalgen an der Küste eine ausgeprägte Zonierung im Einwirkungsbereich der Gezeiten. In Nordeuropa besiedeln das Supralitoral *Porphyra laciniata, Hildenbrandia rosea* und *Bangia fuscopurpurea,* das Litoral *Furcellaria fastigiata, Ceramium rubrum, Nemalion multifidum, Rhodymenia palmata; Chondrus crispus* und *Gigartina mammillosa,* das Sublitoral *Plocamium coccineum, Lithothamnion calcareum, Corallina squamata, Delesseria sanguinea, D. alata, D. sinuosa* und mehrere *Polysiphonia*-Arten. Im Vergleich mit Braunalgen dringen sie in größere Tiefen vor. Dabei überwiegen mit zunehmender Tiefe, z. B. im blauen Tiefenlicht des Sublitorals, die phycocyanfreien Rotalgen (chromatische Adaptation). Voraussetzung dafür, daß Tiefen um 180 m erreicht werden, durchsichtiges Wasser. Im trüben Atlantik steigen sie nur ausnahmsweise unter 30 m hinab, und selbst im klaren Wasser vor den Küsten Floridas werden nur 70–90 m erreicht.

Die meisten Arten leben epilithisch, d. h. mit Rhizoiden oder Haftscheiben auf Felsen, Steinen, Sandkörnern, Holz oder anderen geeigneten Substraten angeheftet. Auch andere Algen oder Wasserpflanzen können als Unterlage dienen. Einige Arten bevorzugen als Epiphyten bestimmte Wirtspflanzen, so *Erythrocladia irregularis* die Grünalge *Cladophora, Kylinia cytophaga* und *Lithophyllum corallinae* die Rotalgen *Porphyra umbilicalis* bzw. *Corallina officinalis, Dermatolithon laminariae* die Braunalge *Laminaria, Melobesia farinosa* das Seegras, *Zostera*. Die basalen Fäden von *Acrochaetium kylinii* kriechen endophytisch in den Zellwänden von *Delesseria*. Sogar einige wenige farblose Parasiten finden sich, z. B. *Harveyella mirabilis* auf *Rhodomela* und *Ceratocolax hartzii* auf *Phyllophora brodiaei*.

Die wirtschaftliche Bedeutung

Viele Rotalgen sind wichtige Nahrungsmittel. Sie werden heute allerdings nur in Ostasien regelmäßig zur menschlichen Ernährung verwendet. Dabei spielt die Verwertung von *Porphyra*-Arten in der sogenannten Noriindustrie eine große Rolle. *Porphyra tenera* (Asakusanori), *Porphyra yezoensis* (Susabinori), *Porphyra pseudolinearis* (Uppuruinori) liefern das Rohmaterial für die Hoshinoriproduktion. Die japanischen Fischer versenken im Herbst Bambus- bzw. Eichenbüschel (Hibi) oder auch Netze aus Kokos- oder Hanffasern in das seichte Meer, an denen sich die Sporen und Keimlinge festsetzen. Später werden die Büschel oder Netze mit den Jungpflanzen in Wasser mit geringerem Salzgehalt gebracht, wo sich *Porphyra* optimal entwickelt. Bei Ebbe wird von Booten aus geerntet. Die gewaschenen Algen werden zerschnitten, auf Bambusmatten ausgebreitet und luftgetrocknet. Gewöhnlich röstet man die dunkelroten Norifladen vor dem Verzehr.

Von besonderer wirtschaftlicher Bedeutung sind die Phycokolloide, stickstofffreie, gelatineähnliche Produkte, die aus Rotalgen gewonnen werden. Dazu gehören Agar (früher Agar-Agar genannt), Carrageenane und Gelane. Agar ist ein gelbildender Extrakt, der aus bestimmten Rotalgen, den sogenannten Agarophyten, gewonnen wird und in kaltem Wasser unlöslich, in wärmem aber löslich ist. Hauptsächliche Rohstofflieferanten sind *Acanthopeltis japonica* (Japan), *Ahnfeltia plicata* (UdSSR), *Gelidium*-Arten (Japan, USA, Südafrika, Chile, Spanien, Portugal Marokko), *Gracilaria*-Arten (Japan, USA) und *Pterocladia*-Arten (Neuseeland). Agaroide, ebenfalls Extrakte aus bestimmten Rotalgen, den Agaroidophyten, bilden weichere »jellies«. Sie erfüllen nicht ganz die Bedingungen, die an Agar gestellt werden. Zu ihnen werden Phyllophoran (aus *Phyllophora rubens* und *P. nervosa*) und Eucheuman (aus *Eucheuma muricatum*, Singapore weed genannt) gerechnet. Carrageeenan wird aus bestimmten Rotalgen, den Carrageenophyten, durch Extraktion gewonnen. Der wichtigste Rohstoff ist Carrageen, das sich aus *Chondrus crispus* und *Gigartina stellata* zusammensetzt. An der Küste von Nova Scotia ist *Chondrus crispus* so häufig, daß die Alge bei Ebbe einfach mit Rechen zusammengeharkt werden kann. Die Ernte betrug 1958 1 800 000 kg. Der »Dänische Agar«, das Furcellaran aus *Furcellaria fastigiata*, ist ebenfalls ein Carrageenan. Weitere Phycokolloide sind der *Gracilaria* Gummi, Agaran (aus *Gracilaria*-Arten), Funoran (Funori; Leim aus *Gloiopeltis*-Arten) und Iridophycan (aus *Iridaea*-Arten).

Die Phycokolloide werden durch Auskochen der Thalli gewonnen. Getrocknet kommen sie z. B. als Pulver- oder Fadenagar in den Handel. Als Gelierungsmittel in der Nahrungsmittelindustrie, als Stabilisierungsmittel von Emulsionen und Suspensionen in der Textil, Arzneimittel-, Leder- und Brauereiindustrie sowie als Grundsubstanz zur Bereitung von Nährböden in der Mikrobiologie spielen sie eine große Rolle. Chemisch handelt es sich um polymere Kohlenhydrate; beim Agar sind D- und L-Galaktose 1-3-ß-glykosidisch verknüpft und mit Schwefelsäure verestert.

Als Farbstoffe vor allem in der kosmetischen Industrie finden *Ceramium*- und *Plocamium*-Pigment, außerdem Floridorubin aus *Rytiphlaea tinctoria* Verwendung.

Das System

Die traditionelle Gliederung der Rotalgen in die Klassen Bangiophyceae – mit interkalar wachsenden Thalli – und Florideophyceae – mit terminal durch Scheitelzellen wachsenden Thalli – wird durch die jüngsten Untersuchungen über den Generationswechsel vielfach als künstlich empfunden.

Klasse Porphyrtange, Bangiophyceae (Bangiatae)

Die Bangiophyceae entwickeln einfach gebaute, einzellige, faden- oder blattförmige Thalli mit interkalarem Wachstum; Tüpfelverbindungen fehlen. Die Chromatophoren sind sternförmig, liegen zentral und besitzen ein Pyrenoid. Amöboid bewegliche, nackte Monosporen dienen der ungeschlechtlichen Fortpflanzung. Das einer vegetativen Zelle gleichende Karpogon teilt sich unmittelbar nach der Vereinigung mit einem Spermatium direkt in 2–32 Karposporen. Es sind ungefähr 50 Gattungen mit 110 Arten bekannt, die auf 4–5 Ordnungen verteilt werden.

Der Lebenszyklus der sich geschlechtlich fortpflanzenden Bangiophyceae ist zweiphasig und haplodiplontisch. Bei *Porphyra* geht der haploide, blattartige *Porphyra*-Thallus aus Conchosporen hervor, die unter Kurztagsbedingungen im Spätherbst auf der diploiden, fädigen *Conchocelis*-Phase unter Reduktionsteilung im Conchosporangium gebildet werden. Später, nach Erwärmung des Wassers und unter Langtagsbedingungen, produziert der *Porphyra*-Thallus Gametangien, die männlich determinierten Spermatangien und die weiblich determinierten Karpogonien. Während der Flut werden zahlreiche amöboid bewegliche Spermatien freigesetzt und passiv zum Karpogon transportiert; sie verkleben dort mit dessen Oberfläche und ergießen ihren Inhalt in das Karpogon (Plasmogamie). Nach der Kernverschmelzung (Karyogamie) teilt sich die Zygote direkt mitotisch in Vierzellpakete von diploiden Karposporen, die zunächst nackt ausschlüpfen, sich mit einer Zellwand umhüllen und schließlich zu einem Faden auskeimen, der in den Kalkschalen von Weichtieren und Cirripediern lebt. Auf dieser *Conchocelis*-Phase entstehen später die Conchosporangien. Der Lebenszyklus ist geschlossen. Der *Porphyra*-Thallus entspricht dem Gametophyten; er kann sich ungeschlechtlich durch Aplanosporen fortpflanzen. Die *Conchocelis*-Phase entspricht dem Sporophyten; sie kann sich ungeschlechtlich durch Monosporen fortpflanzen. Von diesem generalisierten Lebenszyklus gibt es zahlreiche Varianten, die sich z. T. durch ungeschlechtliche Nebenzyklen auszeichnen.

Porphyra umbilicalis. 1 Lagerbild, 2 Teil eines Thallus, die Anordnung der Zellen, die Chromatophoren und die Karposporangienbildung (K) zeigend (nach Taylor)

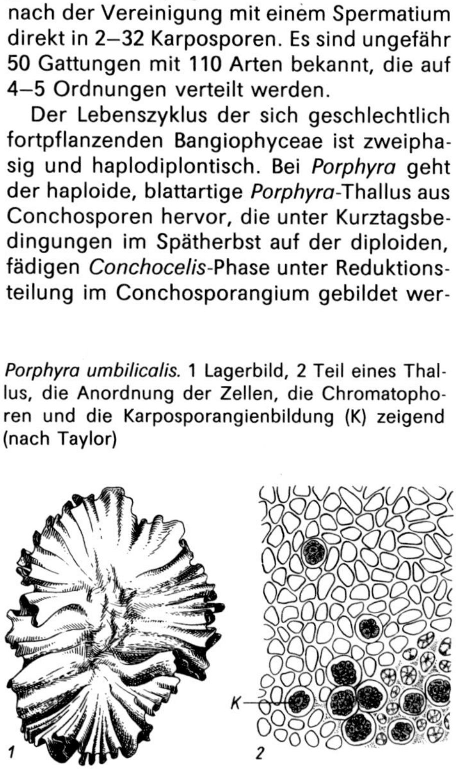

Die marine Gattung *Porphyra*, das Rotblatt, entwickelt einen flachen, blattartigen Thallus, der mit einer Haftscheibe auf Steinen in der Gezeitenzone festsitzt und ungefähr 50 cm lang wird (*Porphyra nereocystis* kann bis 2 m messen). Bei Ebbe liegen die Algen bloß und trocken. Der hohe Gehalt an Proteinen, Mineralsalzen und Vitaminen – bei *Porphyra nereocystis* übertrifft der Vitamin-C-Gehalt den der Orangen – macht den

»Porphyrtang« zu einem wertvollen Nahrungsmittel. Die Nutzung von *Porphyra laciniata* zur menschlichen Ernährung ist bereits seit dem 15. Jahrhundert in Europa bekannt. In Skandinavien wird sie gekocht oder als Salat gegessen. In allen Meeren finden sich die leuchtendpurpurnen Bestände von *Porphyra umbilicalis*, in Japan Basis der Nori-, im atlantischen Europa Grundlage der Laver-bread-Industrie. Ein Teig aus *Porphyra*-Häcksel und Hafermehl wird in Butter gebacken und als Laver-bread (Lattichbrot) gegessen. In Japan, Südkorea und auf den Philippinen wird *Porphyra tenera* kultiviert, ebenfalls als Rohstoff der Noriindustrie.

Die kugeligen bis eiförmigen, mit einem sternförmigen Chromatophor ausgestatteten Zellen der 2–3 Arten von *Porphyridium* leben einzeln oder treten zu flachen Lagern zusammen. Die Blutalge, *Porphyridium purpureum* (= *cruentum*), bildet krustige, blutrote, schleimige Überzüge auf stickstoffhaltiger (harngedüngter) Erde am Grund von Mauern, kommt aber auch in Meeresaquarien und im Brackwasser vor. Sie ist sehr widerstandsfähig gegen Austrocknung und niedrige Temperaturen.

Die 8 Arten der Gattung *Bangia* bauen fädige, aufrechte, stielrunde Thalli auf. Die fellartigen, blutroten Überzüge von *Bangia atropurpurea* bedecken Steine und Holz in kalten Quellen, Bächen und Flüssen.

Klasse Schleimtange, Florideophyceae (Nemalionatae)

Die Florideophyceae zeichnen sich durch kompliziert gebaute, mehrzellige, oft röhrige, blattartige, vielfach verzweigte Thalli mit Spitzenwachstum durch Scheitelzellen aus. Zwischen den Thalluszellen kommen primäre oder sekundäre Tüpfelverbindungen vor. Tetra- und Monosporen dienen der ungeschlechtlichen Fortpflanzung. Das Karpogon ist mit einem langen, fadenförmigen Fortsatz, der Trichogyne, ausgestattet. Aus der Zygote geht der Karposporophyt (Gonimoblast), der die Karposporangien mit den Karposporen trägt, hervor. Die Klasse umfaßt mehr als 650 Gattungen, die auf 6 Ordnungen verteilt werden. Diese Gliederung stützt sich auf die Besonderheiten der jüngsten Stadien der Karposporophytenentwicklung, da eine Aufschlüsselung allein nach vegetativen Merkmalen nicht möglich ist.

Ordnung Schleimtangartige, Nemalionales

Der Gonimoblast entsteht direkt aus dem befruchteten Karpogon oder aus seiner Tochterzelle. Die ziemlich heterogene Gruppe wird in 12 Familien mit rund 50 Gattungen und 680 Arten gegliedert.

Die Vegetationskörper der Typusgattung *Nemalion* sind gallertig-schlüpfrig, stielrund, oft gabelig verzweigt und erreichen eine Höhe von etwa 20 cm. *Nemalion multifidum* wird in Japan als »Tsukomonori« gegessen.

Die verbreitetste Süßwasserrotalge ist der Froschlaichfaden oder Tausendast, *Batrachospermum*, der mit etwa 50 Arten in reinem, nicht zu warmem Wasser schnellflie-

Batrachospermum. Lager in Zentralfaden und Wirteläste gegliedert

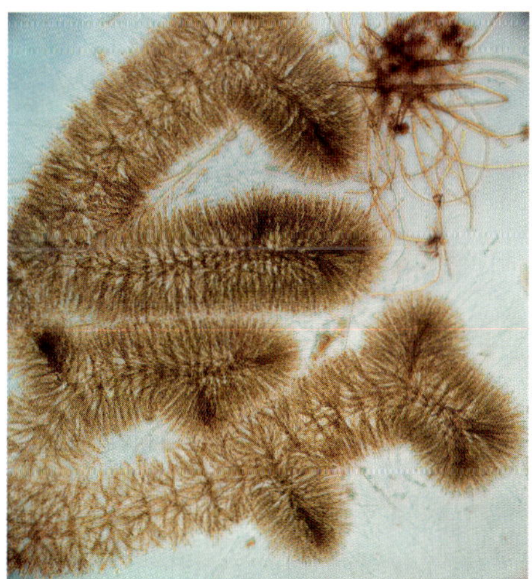

ßender Bäche und Ströme, in Quellen und im Uferbereich der Seen an beschatteten Orten vorkommt. Der Thallus setzt sich aus einem oft berindeten Zentralfaden und Quirlästen, die schlüpfrige Gallerte ausscheiden, zusammen. Er wächst direkt aus einem kriechenden, diploiden, fädigen »Pronema« (*Pseudochantransia*-Phase) aus. Das rosenkranzartige, violette oder blaugrüne *Batrachospermum moniliforme* ist in Fließgewässern formenreich vertreten. *Batrachospermum vagum* wird bis 20 cm lang und bevorzugt stark saure, stehende Moorgewässer, besonders das Litoral von Moorseen. *Batrachospermum boryanum* dagegen findet sich in kalkreichen Quellen und Bächen.

Die mit Vorliebe in klaren, kühlen Bergbächen und -flüssen wachsenden, gelbbraun bis schwärzlich gefärbten 15 *Lemanea*-Arten erinnern in ihrem äußeren Erscheinungsbild an dicke Borsten mit knotigen Anschwellungen. *Lemanea fluviatilis*, deren Thallus schwarzviolett gefärbt und meist von der Rotalge *Pseudochantransia hermannii* bewachsen ist, lebt vor allem in der Forellenregion der Fließgewässer. Rotbraune Thalli mit dunkelfuchsroten Höckern kennzeichnen die in Thüringen vorkommende *Lemanea rubra*.

Ordnung Knorpeltangartige, Gelidiales

Der Thallus ist nach dem Zentralfadentypus gebaut. Er ist meist stielrund, dicht, fest und oft fiederig verzweigt. Die älteren Thalluszellen sind mehrkernig. Auxiliarzellen fehlen, der Karpogonzweig besteht aus einer Zelle. Der Gonimoblast entsteht aus dem mit einer Nährzelle fusionierten Karpogon. Als Folge der Befruchtung bilden sich Zystokarpien als kleine Anschwellungen an den Karpogonzweigen. Hierzu wird eine Familie mit 8 Gattungen gerechnet. Die meisten Arten kommen in den wärmeren Meeren vor.

Die Knorpelfeder, *Gelidium*, umfaßt etwa 40 Arten. *Gelidium corneum*, hell- bis dunkelrot gefärbt, ist besonders in Spanien, Portugal und Marokko ein wichtiger Rohstoff der Agarindustrie. In Ostasien nehmen vor allem *Gelidium amansii* (Fengura) und *G. cartilagineum* seine Stelle ein.

Lemania- (braunrot) und *Vaucheria*- (grün) Lager aus dem Lohrbach, Hessen

Ordnung Krustentangartige, Cryptonemiales

Schon vor der Befruchtung werden typische Auxiliarzellen auf besonderen, akzessorischen Zweigen oder Zweigbüscheln angelegt. Die Gonimoblasten entwickeln sich aus den generativen Auxiliarzellen. Die über 130 Gattungen mit 950 Arten verteilen sich auf 14 Familien.

Hierher gehören unter anderen die Kalk- oder Krustenalgen, deren Thalli stark mit Kalzium- und Magnesiumkarbonat inkrustiert sind. Zusammen mit den kalkreichen, grünen Bryopsidophyceen beteiligen sie sich an der Bildung der Korallenriffe (z. B. Okinawa, Eniwetok, Bikini im Pazifik).

Die rosaroten, weißen oder violetten, bis 12 cm hohen Rasen der Mooskoralle, *Corallina*, bestehen aus stielrunden, gabelig verzweigten, korallenähnlichen Vegetationskörpern. *Corallina mediterranea* bildet dichte Rasen an der Ebbegrenze der mittelmeerischen und ostatlantischen Küsten.

Mehr als 120 Arten umfaßt die Gattung *Lithothamnion* mit ihren harten, krustigen, völlig verkalkten Thalli, die in allen Meeren zu

Das Korallenmoos, *Corallina mediterrana* (Rhodophyta), eine typische epipetrische Kalkalge (jugoslawische Adriaküste). Die leuchtendroten Flecken stellen Krustenschwämme dar.

Die Rotalgen *Hildenbrandia prototypus* (braunrote Lager) und *Lithothamnion lenormandii* (rosafarbene Lager), typische Krustenalgen im mittelmeerisch-atlantischen Litoral und Sublitoral, nordwärts bis an die Nord- und Ostsee vorkommend. Die gelbgrünen Flecken stellen epipetrische Krustengrünalgen dar.

Hause ist. Zermahlenes *Lithothamnion calcareum* liefert in Irland das für saure Böden wertvolle Düngemittel »Coralsand«. Viele Arten errichten Korallenbänke. So ist *Lithothamnion ramulosum* am Aufbau der »Nulliporenbänke« im Golf von Neapel, *Lithothamnion erubescens* am Aufbau der Küstenriffe vor der Insel Timor beteiligt.

Auch die über 100 Arten der Steinalge, *Lithophyllum*, sind in den warmen Meeren Kalkriffbildner, *Lithophyllum expansum* ist ebenfalls am Aufbau der »Nulliporenbänke« im Golf von Neapel beteiligt. *Lithophyllum cristatum* bringt steinharte, kompakte Gürtel in der Brandungszone an den Felsküsten des Mittelmeeres hervor.

Eine der 10 meist marinen *Hildenbrandia*-Arten, *Hildenbrandia rivularis*, kommt auch im Süßwasser vor und fällt durch flache, hellkarminrote Krusten auf Steinen und Muschelschalen in schnellfließenden Bächen oder in der Tiefe der Seen auf.

Ordnung Kerntangartige, Gigartinales

Bei diesen Rotalgen wird eine vegetative interkalare Thalluszelle oder eine Tragzelle des Karpogonastes zur Auxiliarzelle, die durch ein kurzes Ästchen (Ooblastemfaden) mit der Zygote verbunden ist. Erst nach dieser Verbindung entwickeln sich die Gonimoblasten. Die Thalli sind meist knorpelig hart. Besonders typisch sind die geweihartigen, gabelig verzweigten Formen. Rund 700 Arten, die auf 100 Gattungen und 28 Familien verteilt werden, gehören hierher.

Die weit verbreiteten 90 *Gigartina*-Arten haben flache, blattartige Thalli, die bis 90 cm hoch werden können. Einige von ihnen sind Rohstofflieferanten für die Herstellung des agarähnlichen Carrageens, so die nordatlantisch-nordpazifische *Gigartina stellata*; die weit verbreitete *G. pistillata* und die kalifornische *G. corymbifera*.

Nahe verwandt ist der nordatlantische *Chondrus crispus*, der Knorpeltang, dessen flache, wiederholt gegabelte Thalli in Irland, Großbritannien, Frankreich, Norwegen und Nordamerika gesammelt und unter Namen wie Carrageen, Irish Moss, Perlmoos, Gelatintang usw. als Droge (z. B. als Tee) und Rohstoff für die Carrageenherstellung gehandelt werden.

Ähnliche Eigenschaften zeichnen die kalifornische, glänzendrote *Iridaea flaccida* aus, die zur Herstellung des carrageenartigen Heilmittels Iridophycan gesammelt wird.

Die über 100 *Gracilaria*-Arten mit stielrundem oder abgeflachtem, verzweigtem Thallus sind im Atlantik, Indik und Pazifik beheimatet. Viele Arten stellen Rohstoff der Agarproduktion, aber auch Drogen und Genußmittel dar. *Gracilaria confervoides*, ein charakteristischer Besiedler sandigen Untergrunds im Mittelmeer und in anderen Ozeanen, ist der bedeutendste Agarlieferant (Chinese Moss, Ogo-nori). *Gracilaria lichenoides*, ebenfalls ein wichtiger Agarlieferant aus dem Indischen Ozean, wird im getrockneten und gebleichten Zustand als Würze verwertet.

Der stielrunde, wiederholt gabelig verzweigte, nordatlantisch-baltische Gabeltang, *Furcellaria fastigiata*, wird bis 25 cm hoch und wächst im Kattegat in großen Beständen in Tiefen zwischen 6 und 8 m. Er ist die Basis der dänischen Phycokolloidindustrie (Dänischer Agar, Furcellaran). Die Produktion von Ostseeagar scheiterte bisher an dem ungenügenden natürlichen Aufkommen.

15 Arten umfaßt die auf temperierte und kalte Meere beschränkte Gattung *Phyllophora*. Auffallend rot sind die blattartigen, 5–15 cm hohen Thalli von *Phyllophora rubens*. Auf sie und auf *Phyllophora nervosa* stützt sich die sowjetische Agar- (Phyllophoran-) Industrie an der Schwarzmeerküste. Die in der Nord- und Ostsee häufige *Phyllophora brodiaei* ist dunkelrot und wird mit zunehmendem Alter lederig. Sie enthält antimikrobiell wirksame Substanzen.

Hauptlieferant der sowjetischen Agarindustrie ist *Ahnfeltia plicata*, als Sachalinagar bekannt. Sie ist die am weitesten verbreitete Art der Gattung, zu der 5 Arten gerechnet werden.

Ordnung Rhodymeniales

Die Thalli sind nach dem Springbrunnentyp gebaut. Die Auxiliarzelle wird von einer Tochterzelle der Tragzelle des Karpogonfa-

Der Gabeltang, *Furcellaria* spec. (Rhodophyta), liefert das Rohmaterial für den »Dänischen Agar«, das Furcellaran.

Rhodymenia palmata. 1 Thallus mit gabeligem Spitzenteil und proliferierender Basis, 2 Teil eines Blattes im Querschnitt mit verdickter Rinde (R) und Tetrasporangien (T) (nach Taylor)

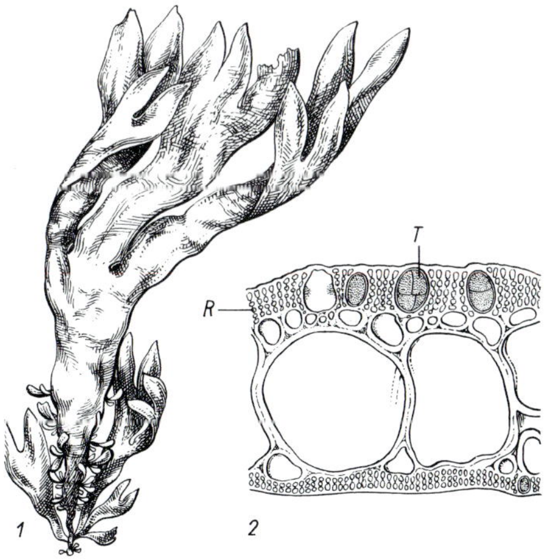

dens noch vor der Befruchtung abgeteilt. Nach der Befruchtung wird sie auffallend groß. Der Gonimoblast entsteht immer aus der Auxiliarzelle. Die Ordnung enthält 38 Gattungen mit 265 Arten, die auf 3 Familien verteilt werden.

Die Typusgattung *Rhodymenia* umfaßt 40 Arten, die vor allem die tropischen Meere bewohnen. Die flachen, gabelig gespalteten oder verschiedenartig gelappten Thalli werden bis 40 cm hoch. *Rhodymenia palmata* ist in den Küstenländern unter dem Namen wie Dulse (Schottland), Söl (Island), Neptuns Girdle (Nordamerika) bekannt und wird mit Butter zu Kartoffeln oder Fisch gegessen. Auch als Kautabak und Viehfutter findet sie Verwendung.

Ordnung Horntangartige, Ceramiales

Die Thalli sind nach dem Zentralfadentypus gebaut. Die Auxiliarzelle wird nach der Befruchtung aus der Tragzelle des vierzelligen Karpogonastes gebildet. Karpogonast und Auxiliarzelle treten als charakteristisch geformtes Prokarp in Erscheinung. Die Ceramiales gelten als die höchstentwickelten Rotalgen. Sie stellen mit 330 Gattungen und

Der Horntang, *Ceramium* spec. (Rhodophyta), kommt vor allem in den nördlichen Meeren vor.

Die Kalkalge *Amphiroa rigida* (Rhodophyta) zusammen mit *Dictyopteris membranacea* (Phaeophyta) und *Laurencia obtusa* (Rhodophyta) (Mittelmeer, Banyuls sur Mer)

1 500 Arten, die sich auf 5 Familien verteilen, die formenreichste Gruppe dar.

Die weltweit verbreiteten 60 Arten des Horntangs, *Ceramium*, sind reich gabelig verzweigt und tragen zangenförmig eingekrümmte Gabeläste. Sie werden etwa 15 cm hoch. Der Gemeine Horntang, *Ceramium rubrum*, ist rötlichbraun und kommt in den nördlichen Meeren vor. In Japan spielt er eine Rolle bie der Agaroidproduktion. Das Pigment ist Farbstoff für die Textil- und Kosmetikindustrie.

Der Schönstrauchfaden, *Callithamnion*, besiedelt mit 50 Arten fast alle Meere. Seine aus einfachen Zellreihen bestehenden, gabeligen Äste sind mehrkernig. Er wird bis 10 cm hoch. Das rosarote *Callithamnion corymbosum* wächst oft auf anderen Algen oder auf Steinen im Nordatlantik und im Mittelmeer.

Der Blutrote Seeampfer, *Delesseria sanguinea*, ist der charakteristischste Vertreter seiner 15 Arten zählenden Gattung. Die bis 30 cm hohen, flachen, blattartigen, gelapp-

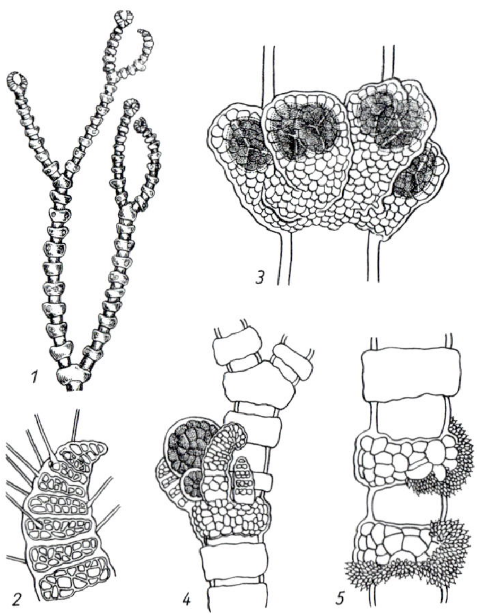

Ceramium diaphanum. 1 obere Gabelenden eines Zweiges des Tetrasporophyten mit Tetrasporangien in den jungen Knoten, 2 Zweigspitze mit Haaren, 3 Knoten mit Tetrasporangien, 4 oberer Zweigabschnitt eines Karposporophyten mit jungem Zystokarp und Involukralästchen, 5 Knoten vom oberen Teil einer spermatangialen Pflanze mit Spermatangienhaufen über den Knoten (nach Taylor)

ten, mit Mittelrippen und Seitennerven versehenen, oft gestielten, herrlich karminroten Thalli finden sich an den Küsten der Ostsee und des Nordostatlantiks. Im Frühling enthält der Zellsaft ein Antithrombotikum.

In allen Meeren ist der Röhrentang, *Polysiphonia*, mit etwa 150 Arten verbreitet. An den europäischen Küsten lebt *Polysiphonia violacea*, die über 1 m lang werden kann.

Die 3 Arten des Baumtangs, *Alsidium*, kommen im Mittelmeer und Atlantik vor. Als Droge besaß das Korsische Wurmmoos, *Alsidium helminthochorton*, Bedeutung.

Das gilt heute noch von der Droge Tse-Ko-Tsoi, die in China aus *Digenea simplex* gewonnen wird und sich als Anthelminthikum bewährt hat.

Die 80 *Laurencia*-Arten bewohnen wärmere Meere. *Laurencia pinnatifida* kommt auch im Atlantik und in der Nordsee vor. Sie ist in Schottland und Irland als Pepper Dulse, auf Island als Kautabak beliebt.

Abteilung Schlundgeißler, Cryptophyta

Entnimmt man im Herbst aus einem nährstoffreichen See eine Planktonprobe und durchmustert sie unter dem Lichtmikroskop, dann blitzen im Gesichtsfeld gelegentlich leuchtendblaue Lichtpunkte auf, die sich rasch und dabei unstet schaukelnd rotierend bewegen. Sie erweisen sich bei näherem Hinsehen als Flagellaten der Gattung *Chroomonas*. Diese Organismen gehören zur Gruppe der weltweit im Süß- und Salzwasser verbreiteten Cryptomonaden, die erst in jüngster Zeit besser bekannt geworden sind. Heute werden etwa 10 Gattungen mit rund 85 Arten anerkannt, die blau, blaugrün oder tief rötlichbraun oder auch ganz farblos sein können.

Bei der im Meer lebenden, blauen oder blaugrünen *Chroomonas mesostigmatica* lassen sich deutlich eine Rücken- und Bauchseite unterscheiden. Die Dorsalseite ist gewölbt; ventral zieht sich eine seichte, schiefe Längsfurche bis zum schräg abgestutzten Vorderende hin, wo sich der Eingang zum Pharynx (Schlund, Geißelfurche) befindet, einer mehr oder weniger tiefen, taschenartigen Einstülpung, in die der Geißelapparat eingefügt ist. Der gesamte Komplex, der Vestibularkomplex, ist eine charakteristische Organelle der Cryptomonaden, die sehr verschiedenartig ausgebildet sein kann.

Chroomonas besitzt eine kürzere, mit einer Reihe von haarartigen Anhängen besetzte Geißel und eine längere zweite, die 2 Reihen derartiger Anhänge trägt. Außerdem bedecken winzige Schuppen die Geißeln und auch die Zelloberfläche, die hier Periplast genannt wird und unter der Schleimkörper (Trichozysten) liegen, Organellen, die sich in größerer Form auch in der Nachbarschaft einer engen Aussackung des Vestibularkomplexes finden. Sie können als Fäden ausgestoßen werden und bewirken einen Rückstoß des Zellkörpers.

Normalerweise enthält die Zelle 2 Chloroplasten, die in einer Zisterne des endoplas-

Cryptomonaden. 1 Zyste von *Cryptomonas ovata*, 2 *Katablepharis phoenikoston*, 3 *Cryptomonas erosa*, 4 *Chilomonas paramaecium*, 5 *Cryptomonas rostrata*, 5a längs, 5b quer (1 nach Ruhland, 2–5 nach Skuja)

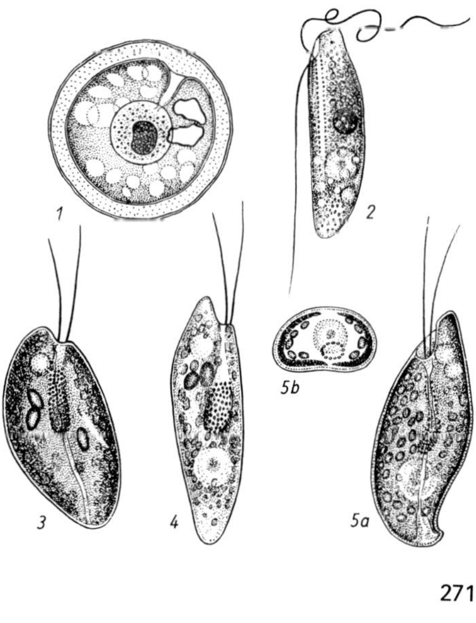

matischen Retikulums (ER) liegen. Sie werden von zahlreichen Lamellen durchzogen, die aus 2 gepaarten Thylakoiden zusammengesetzt sind. In der Zisterne liegt auch noch ein Nukleomorph eine sich teilende Organelle mit DNS, deren Funktion noch unklar ist, und die Stärkekörner. Jede Zelle enthält ein großes Pyrenoid und oft einen orangeroten Augenfleck. Der große, kugelige, sehr durchsichtige Kern ist dem hinteren Zellpol zugewandt und besitzt einen ansehnlichen Nukleolus (Endosom) sowie zahlreiche Chromatinkörnchen. Einige längliche Mitochondrien, ein großer Golgiapparat, Fett- und Ölkügelchen und ein Komplex kleiner Bläschen, die den Vesikeln gleichen, die bei Süßwasserformen um die dort entwickelte kontraktile Vakuole liegen, vervollständigen die Organellengarnitur von *Chroomonas*.

Die gewöhnliche Art der Zellvermehrung ist die Längsteilung (Schizotomie), die normalerweise in der beweglichen (monadoiden) Phase stattfindet. Die sich teilenden Zellen neigen dazu, sich zur Ruhe zu setzen und Palmellen oder in Schleim eingebettete Lager zu bilden. Geschlechtliche Fortpflanzung ist nicht bekannt. Zysten mit glatten Hüllen sind z. B. bie *Cryptomonas ovata* entwikkelt.

Die chemische Analyse der Assimilationspigmente hat zu dem Nachweis geführt, daß neben Chlorophyll a auch Chlorophyll c_2 vorhanden ist. Die bereits erwähnte charakteristische Färbung der Zellen wird durch die Biliproteine Cr-Phycoerythrin oder Cr-Phycocyan bestimmt. Sie liegen im Raum zwischen den Thylakoiden, formen jedoch keine Phycobilosomen wie bei Blau- oder Rotalgen. Unter den Karotinoiden spielen α-, β-, ε-Karotin, Alloxanthin, Diatoxanthin und Diadinoxanthin eine Rolle.

Der Bau des Bewegungsapparats, der Trichozysten, des Periplasten, der Chloroplasten, des Nukleomorphs, des Kerns und das einzigartige Pigmentmuster haben die Vorstellung erhärtet, daß die Cryptomonaden eine eigenständige und von allen anderen Flagellatengruppen gut geschiedene Organismenklasse darstellen. Die Eintönigkeit der Organisation erschwert eine systematische Gliederung der Gruppe. Selbst die Abgrenzung der Gattungen untereinander ist umstritten. Wir beschränken uns auf die Vorstellung einiger typischer Formen.

Die verbreitetsten Arten der Binnengewässer sind *Cryptomonas ovata* und *C. erosa*. Sie können durch Massenentfaltungen kräftige grüne bis braune Vegetationsfärbungen hervorrufen. In Schwefelgewässern, aber auch in Seen, in denen Schwefelwasserstoff entwickelt wird, kommt die thiophile *C. rostratiformis* vor.

Am bekanntesten und häufigsten unter den farblosen Cryptomonaden ist *Chilomonas paramaecium*, das in ungeheuren Mengen in schmutzigen Pfützen und faulenden Wässern, auch Heuaufgüssen auftritt und ebensoschnell verschwindet, wie es gekommen ist. In der Zelle findet sich ein entfärbter Chloroplast (Leukoplast). Trotz osmotropher Ernährung wird Stärke gebildet. Andere farblose Formen wie *Cyathomonas truncata* kommen vereinzelt im verschmutzten Wasser zwischen faulenden Algen bzw. im Uferwasser auf Schlammboden vor. Sie sollen die Nahrung animalisch aufnehmen, doch spricht vieles für eine osmotrophe Ernährungsweise.

Abteilung Panzergeißler, Dinophyta

Am Abend des 29. Oktober 1772 befand sich die von Kapitän James Cook befehligte »Resolution« auf ihrer »Reise um die Welt« unweit des »Vorgebürges der guten Hoffnung«, als sich dem 18jährigen Georg Forster, der zusammen mit seinem Vater Johann Reinhold als Naturwissenschaftler an der Entdeckungsreise teilnahm, ein einzigartiges Schauspiel bot: »Kaum wars Nacht worden, als die See rund um uns her einen großen bewunderungswürdigen Anblick darboth. So weit wir sehen konnten, schien der ganze Ocean in Feuer zu seyn. Jede brechende Welle war an der Spitze von einem hellen Glanz erleuchtet, der dem Lichte des Phosphorus glich, und längs den Seiten des

Schiffs verursachte das Anschlagen der Wellen eine feuerhelle Linie ... Um dies wunderbare Phänomen genauer zu untersuchen, ließen wir einen Eymer solchen leuchtenden See-Wassers aufs Verdeck holen; und es fand sich, daß unzählige leuchtende Cörperchen von rundlicher Gestalt, die mit großer Geschwindigkeit darin herumschwommen, jenen glänzenden Schein hervorbrachten.«

Es spricht vieles dafür, daß die Ursache des Meeresleuchtens Milliarden winziger, rund 1 mm großer Organismen einer Flagellatenart waren, die die Wissenschaft *Noctiluca scintillans* nennt. Sie ist im Plankton aller Weltmeere weit verbreitet und gehört zu einer Gruppe von Protisten, die als Dinoflagellaten (Panzerflagellaten) bezeichnet werden und mit über 130 Gattungen und mehr als 2000 Arten zu den wichtigsten organischen Urproduzenten im Süß- und Salzwasser zählen. Der Name Pyrrhophyta, d. h. Feueralgen, den Pascher für die Gruppe wählte – er rechnete zu ihr allerdings auch die Cryptomonaden und Chloromonaden –, spielt auf die Fähigkeit des Leuchtens an, die viele marine Dinoflagellaten besitzen. Überhaupt zeichnen sich die Panzerflagellaten durch ihren »Einfallsreichtum« aus: Monadoide, rhizopodiale und algenartige Formtypen in vielfältigster Abwandlung mit spezifischen Anpassungen an parasitische und phagotrophe Lebensweisen machen sie zu einer der interessantesten Flagellatengruppen überhaupt, über die unsere Kenntnisse leider immer noch vergleichsweise bescheiden sind.

Die meisten Peridiniatae sind Flagellaten mit einem charakteristischen Bewegungsapparat. Die beiden ungleichen, heterodynamischen Geißeln entspringen im rechten Winkel zueinander. Eine von ihnen, die »Ventral«- oder »Quergeißel«, ist als Bandgeißel mit Achsenstab und einseitswendigem Haarbesatz ausgebildet. Die »Dorsal«- oder »Längsgeißel« ist wenigstens an der Spitze zweizeilig behaart. Die wenigen kokkalen und trichalen Formen vermehren sich durch Zoosporen, die im Aussehen und im Bau des Bewegungsapparats ganz den nackten Dinomonaden gleichen.

Alle Peridiniatae haben einen ungewöhnlich großen Kern, in dem die Chromosomen auch zwischen 2 aufeinanderfolgenden Teilungen ständig erkennbar sind (Chromosomenkern, Dinokaryon). Sie werden nicht wie die anderer Kerne am Ende der Telophase entschraubt, sondern bleiben kondensiert wie die Meta- oder Anaphasechromosomen.

Die im Meer lebenden Formen zeichnen sich durch den Besitz eines Pusulensystems aus. Im einfachsten Fall handelt es sich um eine aus einer Einstülpung einer Zelloberfläche hervorgegangenen Höhlung, die durch einen engen Kanal ständig mit der Außenwelt verbunden ist (Sackpusule). Sie ähnelt einer kontraktilen Vakuole, pulsiert aber nicht. Oft findet sich noch eine Sammelpusule, die mit der Sackpusule in Verbindung steht. Ihre Funktion ist noch nicht geklärt.

Viele Peridiniatae haben Trichozysten, die bei Reizung proteinhaltige Fäden aus den Zellen ausschleudern. Sie sind z. T. sehr kompliziert gebaut (z. B. die Nematozysten von *Polykrikos*) und entstehen aus den Vesikeln des Golgiapparats.

Peridinium oceanicum. REM-Aufnahme des Panzers, Platten, Quer- und Längsfurche deutlich erkennbar

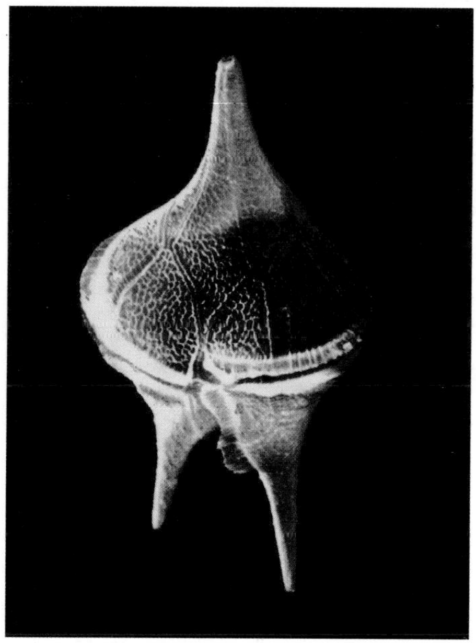

Die phototrophen Dinoflagellaten enthalten Chromatophoren von ovaler oder unregelmäßig gelappter, plättchen- oder stäbchenartiger, auch strang- oder strahlenförmiger Gestalt. Die Pyrenoide ragen knospenartig, von der Plastidenmembran umhüllt, aus dem Chromatophorenkörper heraus. Das Pigmentmuster setzt sich aus Chlorophyll a und c_2, ß-Carotin sowie den Xanthophyllen Diadinoxanthin, Diatoxanthin, Dinoxanthin, Fucoxanthin, Peridinin und Pyrrhoxanthin zusammen, von denen die beiden letzteren als Leitpigmente gelten. Reservestoffe sind extraplastidische Stärke und Fett; Zellwandsubstanz ist Zellulose (daneben auch Sporopollenin und Chitin). Viele Formen, auch gefärbte und gepanzerte, nehmen feste Nahrung auf. Sie können Pseudopodien entwickeln und verhältnismäßig große Algen und Protozoen verzehren. Manche farblosen Formen ernähren sich osmotroph.

Die freilebenden Dinoflagellaten vermehren sich durch Zweiteilung oder gelegentlich durch sukzedane Vielfachteilung. Die Zellteilung in Form einer Durchschnürung der ganzen Zelle stößt bei den nackten (avalvaten) und bei den zartbehäuteten (gymnodinoiden) Formen kaum auf Schwierigkeiten. Anders bei den stärker gepanzerten Formen (z. B. *Ceratium, Prorocentrum*). Hier springt der Panzer schräg zur Längsachse entlang bestimmter Plattfugen auf. Jede Tochterzelle erhält einen Halbpanzer; die fehlende Hälfte wird von den neugebildeten Oberflächen ergänzt (hemivalvate Teilung). Bei *Peridinium, Pyrophacus* und *Gymnodinium* kann sich die teilungsbereite Zelle auch innerhalb der Zellwand abrunden und sich dann nackt in 2 oder mehr Tochterzellen teilen. Diese werden frei und scheiden einen neuen Panzer aus (Gonidienbildung). Behäutet sich der Protoplast unter Verlust des Panzers oder der Schale, so können sich kugelige Sporangien mit mehr oder weniger fester Hülle bilden, in denen bis zu 8 Gonidien entstehen *(Gymnodinium fucorum)*.

Bei Dinomonaden sind in Form und Farbe sowie ihrer Entstehung nach verschiedenartige Zysten beobachtet worden. Die Mehrzahl dürfte vegetativen Dauerzuständen entsprechen, einige (bei Süßwasserceratien) dürften sexuelle Zysten sein, andere sind »Behälter« für die Zellteilung.

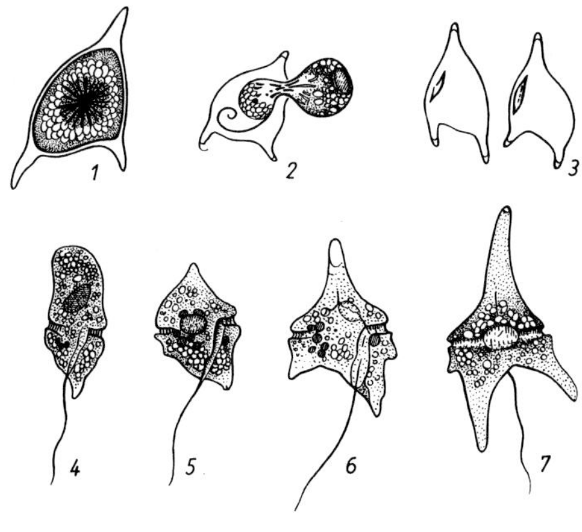

Zyste und Zystenkeimung von *Ceratium hirundinella*. 1 Zyste, 2 Keimling, 3 entleerte Zysten mit Keimungsriß, 4 Schwärmer im *Gymnodinium*-Stadium, 10 Minuten nach dem Schlüpfen, 5 *Gymnoceratium* gegen Ende des *Gymnodinium*-Stadiums, 45 Minuten nach dem Schlüpfen, 6 und 7 *Praeceratium*, etwa 4 Stunden nach dem Schlüpfen (nach Ruhland)

Die (vermutlich) vegetativen Zysten keimen direkt aus (als Gymnodinium bei *Peridinium borgei* oder *Ceratium hirundinella*) oder teilen sich in 2–4 Zellen auf. Die sexuell entstehenden Zysten bleiben jahrelang keimfähig (*Peridinium cinctum:* 16½ Jahre) und schlüpfen in der Keimlingsform eines Gymnoceratiums.

Kapsale, kokkale oder trichale Formen pflanzen sich mit Zoosporen, Autosporen oder durch Teilung und Neubehäutung innerhalb der Hülle fort.

Die geschlechtliche Fortpflanzung findet unter dem Aspekt einer Iso- oder Anisogamie statt. Beim marinen *Ceratium horridum* entwickeln sich durch depauperierende (verarmende) Zellteilungen aus der Normalform vereinfachte kleinere, anfangs oft in Ketten zusammenhängende, männliche Gameten. Die weiblichen Gameten sind dagegen äußerlich von vegetativen Zellen nicht zu unterscheiden. Bei der Kopulation wird die männliche Zelle von der weiblichen gänzlich resorbiert. Die Planozygote wächst längere Zeit zu einer größeren, dickwandigen und mit ungewöhnlich langen Hörnern versehenen Zelle heran. Die Reduktionsteilung endet mit der Bildung von 4 monadoiden, vegetativen Zellen.

Bei der phagotrophen marinen *Oxyrrhis* verschmelzen isogame Geschlechtszellen miteinander. Die gefräßige Zygote wächst zu beachtlicher Größe heran, ehe die Reduktionsteilung einsetzt. Auch bei *Noctiluca, Duboscquella* und *Coccidinium* ist Gametenverschmelzung beobachtet worden.

Mit Ausnahme von *Noctiluca* sind die Peridineen Haplonten. Die systematische Gliederung der vielgestaltigen Gruppe richtet sich nach der Art und Weise der Insertion der Geißeln, der »Bekleidungsformen«, sowie nach der Organisationshöhe. Eine befriedigende, natürliche Ordnung ist noch nicht erreicht, da bei vielen Arten die Entwicklungszyklen nur unvollständig oder überhaupt nicht bekannt sind. Die Zuordnung der parasitischen Formen ist strittig.

Klasse Desmophyceae (Prorocentrales)

Die fast ausschließlich im Meer lebenden Flagellaten tragen am Scheitel oder etwas nach der Bauchseite verlagert 2 Geißeln, von denen die eine nach vorn gerichtet ist (Längsgeißel) und die Zelle vorwärts treibt, während die andere um den vorderen Zellpol herum wellenartige Bewegungen ausführt (Quergeißel), so daß die Zelle außerdem um ihre Längsachse rotiert. In der Nähe der Geißelbasen finden sich Pusulen. Bei den Formen um *Desmomastix* (Desmomastigales) ist der Protoplast einkugelig und von einer mehr oder weniger derben Haut (Periplast) bedeckt. Bei denen um *Prorocentrum* ist er seitlich zusammengedrückt und gepanzert; dabei werden die beiden uhrglasförmigen Hälften des Zellulosepanzers an der Schmalseite durch eine Ringnaht (Sagittalnaht) zusammengehalten. An ihr springt der Panzer auf, wenn sich die Zelle teilt.

Ob alle beschriebenen Formen wirklich hierher gehören, müssen künftige Untersuchungen lehren. Das gilt nicht nur für die Gattung *Desmomastix*, sondern auch für die Gattung *Desmocapsa*, von der gallertige Vermehrungsstadien beschrieben wurden. *Haplodinium antjoliense* ist ein gelber, etwa 30 µm langer, mit einer derben, zellulosehaltigen Haut bedeckter Organismus, der im Brackwasser bei Bogor auf Java gefunden wurde. Ihm ähnelt *Pleromonas erosa* an der Küste von Triest sehr. Beide Gattungen sind seit ihrer Entdeckung nicht wieder gesehen worden. Aus einem Teich bei Prag stammt die braune *Desmomastix globosa*, die kugelige Zysten entwickelt.

Die rund 15 bis 50 µm großen Arten der Gattung *Exuviella* leben im Plankton aller Meere. Ihr seitlich zusammengedrückter Körper besitzt einen zweiteiligen Panzer. Die beiden Geißeln treten durch einen seichten Ausschnitt (Geißelspalte) am Vorderende aus. *Exuviella baltica* ruft in Küstengewässern rote Vegetationsfärbungen (red tides) hervor. Sie soll giftig sein und große Fisch- und Krebsbestände dezimieren können. Die etwa gleich großen *Prorocentrum*-Arten haben eine verkehrttropfenförmige Körpergestalt. Ihr Panzer trägt neben der Geißelöffnung 1–2 zahnartige Anhängsel. *Prorocentrum micans* leuchtet und verursacht in Küstengewässern ebenfalls rote Vegetationsfärbungen. An der portugiesischen und japanischen Küste wurde beobachtet, daß dann die sonst eßbaren Muscheln, z. B. *Cardium edule, Tapes decussata* bzw. *semidecussata* sowie *Mytilus edulis*, giftig werden. Demgegenüber konnte an den kalifornischen Küsten eine toxische Wirkung von *Prorocentrum*-red tides nicht festgestellt werden.

Klasse Dinophyceae (Peridiniatae)

Die mehr als 1000 Arten dieser Gruppe ordnen sich in ein breites Spektrum von Merkmalen ein. Gemeinsam ist ihnen der Grundbauplan des Bewegungsapparats. Beide Geißeln entspringen nicht am Scheitel der Zelle, sondern ventral dort, wo sich Quer- und

Längsfurche, wie wenigstens in einer Phase des Lebenszyklus deutlich ausgeprägt sind, treffen. Die Querfurche (der Gürtel) teilt den Zellkörper in einen oberen (vorderen) und unteren (hinteren) Abschnitt (die Valven – Epi- und Hypovalva – der gepanzerten Formen). Von den beiden Geißeln ist die eine, die Längsgeißel, nach hinten gerichtet (Schleppgeißel) und liegt mit dem Basalteil des Schafts in der Längsfurche, die andere, die bandförmig-wellige Quergeißel, umwindet in der Querfurche den Zellkörper.

Die Art der Zell»bekleidung« ist sehr verschieden. Wir unterscheiden nackte (avalvate, athekate) Formen, die nur durch eine zarte, strukturlose Plasmahaut oder durch eine zuweilen auffällig gestreifte Pellicula bedeckt sind. In diesen Fällen sprechen wir von einem Periplasten. Ist hingegen eine besonders differenzierte Zellhülle (Amphiesma) vorhanden, so erscheint sie entweder zarthäutig und gleichartig-sechseckig gefeldert (gymnoid bzw. gymnodinoid) oder derbhäutig-lederartig und ungleichartig gefeldert (praevalvat) oder massiv gepanzert (valvat). Die Zellbedeckungsformen von gymnoid bis valvat können im Entwicklungszyklus einiger Arten nacheinander auftreten. In den valvaten Formen erreichen die Peridiniaten gleichsam ihren Entwicklungshöhepunkt. Der Panzer setzt sich aus perforierten Blättchen zusammen, deren Bezeichnung, Anzahl und Form wesentlich für die Bestimmung der Arten ist. Er besteht aus Zellulose und ist oft mit Fortsätzen und Stacheln versehen. Sein oberer Teil, die Epivalva, ist mit seinem unteren Teil, der Hypovalva, durch den in der Querfurche liegenden Ring verbunden. An der Bauchseite ist der Panzer stets offen. Alle Formen bilden in der Ruheperiode Zysten mit widerstandsfähigen Hüllen unter Beteiligung von Sporopollenin und Chitin. Aus den Sedimenten des Tertiärs gewonnene »Hystrichosphaeren« entsprechen rezenten *Peridinium*- oder *Gonyaulax*-Zysten.

Die Peridiniaten sind vor allem in den warmen Meeren verbreitet. Aber auch im Brack- und Süßwasser, in Mooren und sogar auf Schnee finden sie sich. Sie gehören zu den wichtigsten Produzenten organischer Stoffe im Wasser. Im Phytoplankton der Ozeane stellen sie zusammen mit Kieselalgen und Kalkflagellaten den Hauptanteil.

Fossil sind sie einwandfrei im mittleren Jura *(Gymnodinium, Gonyaulax)* und in der Kreide *(Peridinium, Ceratium)* nachgewiesen. Viele fossile Typen (etwa 40 Formgattungen) lassen sich mit heutigen Formen nicht vergleichen. Sie sind wahrscheinlich ausgestorben.

Ordnung Gymnodiniales

Die Zellbedeckung ist entweder avalvat oder gymnodinioid. Beide Furchen und Geißeln sind wenigstens in einer Lebensphase ausgeprägt. Spezielle Organellen wie die lichtempfindlichen Ocelli und Nematozysten finden sich nur hier. Die Mehrzahl der Arten lebt planktisch im Meer, im Süßwasser nur eine der insgesamt 6 Familien.

Familie Gymnodiniaceae

Es sind Formen, deren Querfurche 1–4 Umgänge um den Zellkörper macht. Ocellus und Tentakel fehlen; Pusulen sind vorhanden.

Gymnodinium ist mit seinen rund 130 Arten, von denen nur etwa 45 im Süßwasser leben, das artenreichste Geschlecht der Ordnung. Typisch ist die in der äquatorialen Ebene des Zellkörpers gelegene Querfurche. In kleinen Torfgewässern, in Moorteichen, huminreichen Schwarzwässern, aber auch in Teichen mit klarem Wasser kann man *Gymnodinium fuscum*, den Typus der Gattung, finden. In großen und kleinen Seen, vorzugsweise in Tiefen um 10 m, wo das Licht bereits sehr schwach ist, leben die pfirsichblütenfarbenen Zellen von *Gymnodinium helveticum*, einer euplanktischen Art, die keine Chromatophoren besitzt und sich animalisch ernährt. Typische Seebewohner sind auch das gefärbte *Gymnodinium mirabile* und *G. bohemicum*. Im Plankton von Teichen und Tümpeln kommen das gelbbraune *Gymnodinium tenuissimum* und das blaugrüne *G. aeruginosum* vor. *Gymnodinium brevis* und *G. monilata* rufen im Golf von Mexiko vor der Küste Floridas sogenannte red tides, giftige, rote Vegetationsfärbungen, hervor.

Bei *Amphidinium* ist die obere Hälfte des Zellkörpers kleiner als die untere, dabei manchmal knopf- oder deckelartig ausgebildet. Die meisten Arten leben im Meer. *Amphidinium lacustre* ist im Plankton süßer und salziger Binnengewässer Mitteleuropas zu Hause.

Ein bizarrer Typ ist *Polykrikos*. Bei ihm setzen 2, 4 oder 8 Zellen vom *Gymnodinium*-Typ das Individuum zusammen, so daß die Längsfurchen der einzelnen Glieder eine zusammenhängende Furche bilden. Querfurchen und Geißelapparate der Glieder bleiben erhalten. Die Zellkette kann bis 200 µm lang werden. *Polykrikos schwartzii* lebt im Plankton warmer Meere, ist farblos und ernährt sich animalisch.

Familie Noctilucaceae

Die Formen tragen einen mehr oder weniger beweglichen Tentakel, der in der Furchenregion entspringt. Ein Ocellus fehlt.

Die erste überhaupt bekannte Peridinee dürfte *Noctiluca scintillans (= N. miliaris)* sein, denn ihr Leuchten und ihre Größe (bis 2 mm) haben die Aufmerksamkeit der Seeleute von jeher erregt. Die blaugrünliche Zelle besitzt einen langen, quergestreiften Tentakel, neben dem eine kurze Geißel entspringt. Im Protoplasma fehlen Chromatophoren. *Noctiluca* frißt alles, nicht nur Kieselalgen oder Peridineen, sondern auch kleine Metazoen, Larven usw. Das Leuchten bringen submikroskopische, kristalline Körperchen (Scintillone) hervor, die das Enzym Luciferase tragen. Bei der Vermehrung entstehen gegen 500 gymnodinioide Schwärmer, die sich kalottenartig auf der Oberfläche des nur noch mit Zellflüssigkeit angefüllten Mutterkörpers anordnen. *Noctiluca* kommt in warmen Meeren in ungeheuren Mengen vor, ist aber auch in der Nordsee beobachtet worden.

Einen Tentakel am Vorderende seines blattartigen Zellkörpers trägt auch *Leptophyllus dasypus*. Er ist im Plankton des Mittelmeers weit verbreitet, wird aber leicht übersehen, da er sehr zart und durchsichtig ist. Nur die Hintergeißel schwingt frei.

Die Gattungen *Cymbodinium* und *Kofoidinium* sind durch die Bildung eines Velums, eines seitlich abgeflachten Hyposoms, gekennzeichnet. *Kofoidinium* gilt als Vertreter der »Schattenflora« im Plankton der Meere, die in Tiefen unterhalb 50 oder 100 m lebt und mit einem ganz geringen Lichtangebot auskommt.

Familie Warnowiaceae

Die Zellen besitzen auffällige Lichtrezeptoren, sogenannte Ocelli. Die Querfurche verläuft spiralig, die Längsfurche ist gedreht.

Erythropsis pavillardii, ein seltener, vergänglicher Plankter warmer Meere, besitzt einen Ocellus, der aus 2 Teilen zusammengesetzt ist: Das Hyalosom, das aus dem Zellkörper herausragt, enthält die Kristallinlinser, wird von einer Cornea bedeckt und wirkt als Sammellinse. Es ruht auf dem tiefer im Zellkörper gelegenen Melanosom, dem rot- oder dunkelgefärbten, photosensitiven Pigmentkörper. Chromatophoren fehlen; der Tentakel ist zurückziehbar.

Warnowiaceae: 1 *Erythropsis pavillardii*, Ventralseitenansicht, 2 *Leucopsis cylindrica*, Ventralseitenansicht. Amoebidiophridiniaceae: 3 *Filodinium hovassei*, erwachsenes Individuum. Dinophysidales: 4 *Ornithocercus magnificus*, 5 *Dinophysis acuta*, Seitenansicht (1, 2 nach Greuet, 3 nach Cachon & Cachon, 4, 5 nach Fott)

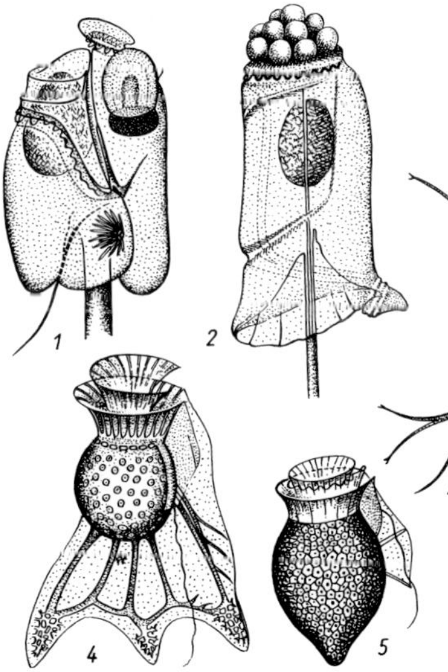

Auch die ungefärbte *Leucopsis cylindrica* besitzt einen Ocellus, der aus 15 Kristallkörpern zusammengesetzt ist.

Familie Pronoctilucaceae

Die Zellen, deren Furchen schwach ausgebildet sind, tragen einen tentakelähnlichen Fortsatz.

Oxyrrhis marina gilt als primitiver, phagotropher, gymnodinioider Dinoflagellat. Sie ist in Salzmarschen und Felstümpeln an den Meeresküsten weit verbreitet und wird 20–30 µm groß. Chromatophoren fehlen völlig. Anstelle der Querfurche ist gegen das Hinterende (?) zu eine Furchengrube entwikkelt, wo sich der kurze, tentakelartige Fortsatz und die beiden Geißeln, die von einer dachziegelartigen Schuppenschicht wie bei den Pyramimonadophyceen (!) überzogen sind, befinden.

Familie Dinamoebidiaceae

In dieser Familie werden amöboide Peridiniatae zusammengefaßt, die sich durch gymnodinioide Schwärmer vermehren.

Dinamoebidium varians, eine farblose Amöbe, umfließt und verzehrt mit Hilfe ihrer breiten Pseudopodien einzellige Algen und Urtiere. Sie vermehrt sich durch *Gymnodinium*-Schwärmer, die in einer spindelförmigen Zyste entstehen.

Filodinium hovassei dagegen ist gefärbt, hat noch eine freie Geißel, bewegt sich aber mit einem speziellen System von Pseudopodien kriechend über ihren Wirt, die Appendicularie *Oikopleura dioica*, hinweg.

Ordnung Dinophysidales

Die rund 200 Arten dieser Gruppe sind hochorganisierte Plankter tropischer Meere, die einen festen, nicht aus polygonalen Platten zusammengesetzten Zellulosepanzer haben. Im Gegensatz zu den übrigen Peridineen ist er vertikal in 2 Hälften geteilt, die durch eine Naht (Sagittalnaht) verbunden ist. Die Querfurche ist zum Scheitelpol des Zellkörpers verschoben, so daß eine obere, meist kleinere Epivalva und eine untere, mehrfach größere Hypovalva unterschieden werden können. Die Ränder der Querfurche erweitern sich oft zu flächig-trichterartigen Anhangsgebilden, die als Anpassung an die planktische Lebensweise gedeutet werden; die Ränder der Längsfurche verbreitern sich flügelartig und gleichen oft einem Steuerruder.

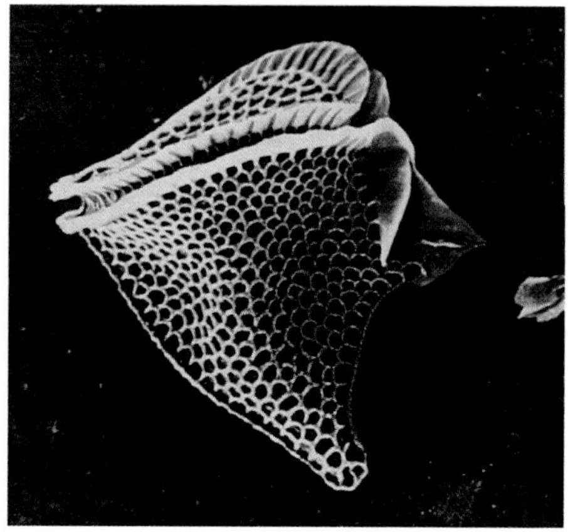

Dinophysis spec. REM-Aufnahme des Panzers

Die Typusgattung *Dinophysis* bewohnt mit ihren rund 50 Arten alle Meere. Charakteristisch für die in tropischen Meeren gemeine Gattung *Ornithocercus* ist die sagittale Flügelleiste. In den Zellen werden die Chromatophoren durch Blaualgen (Phaeosomen) vertreten. Stabförmig, manchmal wie eine Packnadel, sehen die bis 1 500 µm großen Arten der in warmen Meeren lebenden Gattung *Amphisolenia* aus.

Ordnung Peridiniales

Diese formenreichen Dinoflagellaten entwikkeln deutliche Quer- und Längsfurchen, in denen die beiden Geißeln liegen. Ihr Zellkörper ist stets von einer Hülle umgeben, die entweder prävalvat oder valvat ausgebildet ist. Die Platten des Panzers sind durchlöchert. Bei den Meeresarten sind Pusulen vorhanden. Manche Süßwasserformen besitzen ein Stigma. Die Chromatophoren sind gelb-

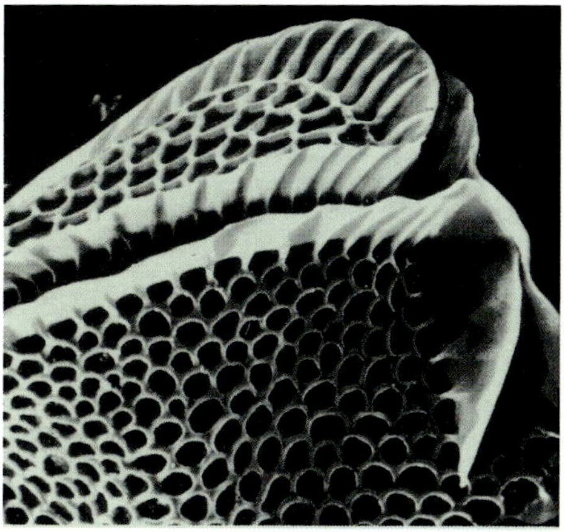

Dinophysis spec. REM-Aufnahme der Epi- und Hypovalve mit den trichterig-flächig erweiterten Rändern der Querfurche und den Flügeln der Längsfurche

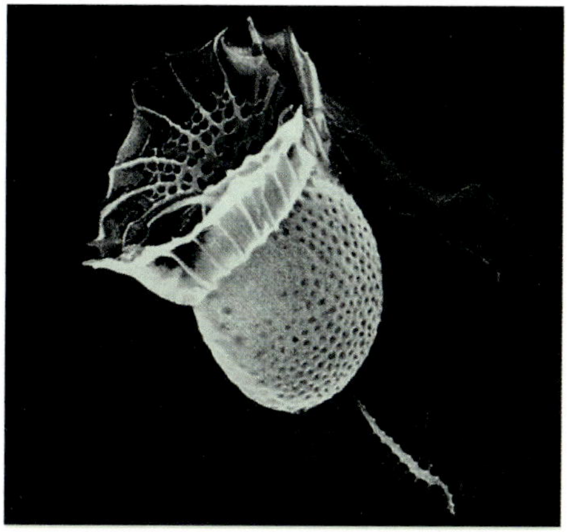

Ornithocercus spec. REM-Aufnahme des Panzers mit »Trichtern« und »Flügeln«

braun gefärbt; sie fehlen oft, besonders bei den Meeresarten. Die Gruppe wird in 15 rezente und 7 fossile Familien eingeteilt, von denen wir nur einige erwähnen.

Familie Glenodiniopsidaceae

Ihr Zellkörper ist von einer Hülle aus einer ungleich gefelderten Haut (prävalvat) bedeckt. Die meisten Arten besitzen Chromatophoren und Stigmen.

Die häufigste Art der Gattung *Glenodinium* ist das limnische *Glenodinium cinctum; G. foliaceum* ist marin.

Familie Peridiniaceae

Die Körperhüllen sind in der Jugend noch dünn, später entwickeln sie sich zu einem starken Panzer, der aus polygonalen Platten zusammengesetzt ist. Die im Süßwasser und Meer verbreiteten etwa 200 Arten der Gattung *Peridinium* haben einen kräftig entwickelten Panzer. Meist sind die marinen Arten größer; ihr Panzer hat an den Polen Fortsätze. Typische Meeresplankter sind *Peridinium divergens* und *P. steinii.* In Teichen sind *P. bipes* und *P. quadridens* häufig.

Familie Gonyaulacaceae

Der Panzer der Hypovalva besitzt noch eine kleine zusätzliche Endplatte. Die Längsfurche reicht bis zum Scheitel.

Die 30 Arten der Gattung *Gonyaulax* sind bis auf *Gonyaulax apiculata* alle marin. *G. catenella*, die Ketten aus mehreren Individuen bildet, erzeugt z. B. an der Westküste der

Ceratium furcoides: beachte die Schleppgeißel!

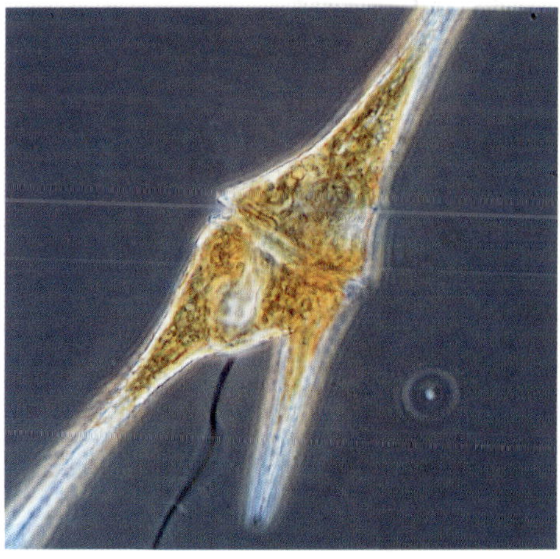

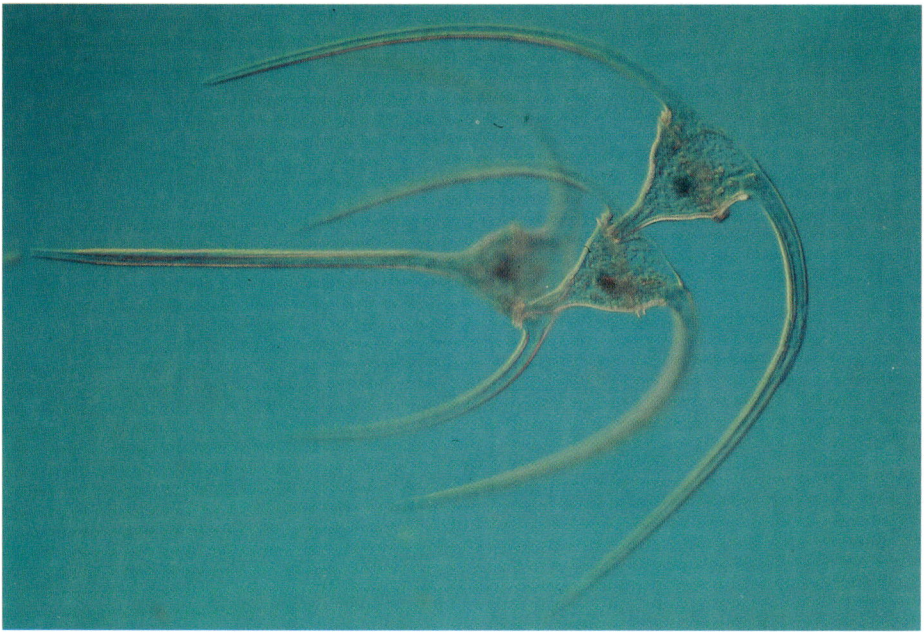

Ceratium tripos aus der Ostsee mit nach vorn umgebogenen und spitz auslaufenden Antapikalhörnern

USA rote Vegetationsfärbungen im Meerwasser, wobei 10^4–10^5 Organismen je Milliliter gezählt werden. Das von ihr produzierte Gift Saxitonin ist 160000 mal wirksamer als Kokain. Die Organismen werden von Muscheln aufgenommen, deren Genuß für den Menschen zum Tod führen kann.

Familie Ceratiaceae

Die Zellen sind am Vorder- und Hinterkörper mit 2–3, manchmal 4 charakteristischen Hörnern ausgestattet.

Bei der Gattung *Ceratium* ist stets ein längeres apikales Horn vorhanden; dazu kommen noch 1–2 antapikale Hörner. Die zahlreichen Chromatophoren sind wandständig, die Ernährung ist holophytisch. Trotzdem kann auch geformte Nahrung aufgenommen werden, da der Panzer an der Bauchseite geschlitzt ist. Hier treten die beiden Geißeln aus, hier legen sich bei der Kopulation die beiden Gameten aneinander. Die Mehrzahl der etwa 80 Arten lebt im Plankton der Meere. *Ceratium hirundinella*, die Hornalge, hat 3 Hörner auf der Hypovalva, vermehrt sich oft in großen Mengen in Seen und Teichen und gehört zu den wichtigsten Urproduzenten im Wasser. Am Ende der Vegetationsperiode werden Zysten gebildet, die im Schlamm überwintern.

Klasse Cystodiniatae (Phytodiniformes)

Bei der künstlichen, algen- und pilzartige Formen umfassenden Gruppe der Peridiniatae sind die Zellen im vegetativen Zustand mit einer Zellwand umhüllt und unbeweglich. Ihre Herkunft von Dinoflagellaten verraten sie, wenn sie bei der Fortpflanzung gymnodinioide Schwärmer ausbilden. Gefärbte und farblose, holophytische und osmo-

(myko-)trophe Formen spiegeln die biologische Vielfalt wider.

Ordnung Cystodiniales

Der Protoplast der unbeweglichen, derbwandigen Zelle ist mit braunen Chromatophoren und einem großen Dinokaryon versehen. Vegetative Zweiteilung (Schizotomie) fehlt; die Vermehrung besorgen Zoosporen oder Autosporen.

Die Gattung *Cystodinium* umfaßt etwa 20 Arten. Ihre Zellen haben spindel- oder halbmondförmige Gestalt. Die Zoosporen sind *gymnodinium*artig. Einige Arten bilden nur Autosporen. *Cystodinium steinii* lebt vereinzelt in Moorgewässern.

Die Arten der Gattung *Stylodinium* besitzen eiförmige oder kugelige Zellkörper, die mit einem Gallertstiel auf der Unterlage festsitzen, so z. B. *Stylodinium sphaera* in Mooren. Kürzlich wurde *Stylodinium gastrophilum* entdeckt, ein Parasit in Siphonophoren.

Pyrocystis lunula ist ein Meeresplankter, der 2 vegetative Zustände – kugelig und halbmondförmig – hat und sich durch gymnodiniumähnliche Zoosporen vermehrt. Die Art dürfte daher zur Gattung *Dissodinium* zu rechnen sein. Nur die Arten, bei denen im Lebenszyklus ein *Gonyaulax*-Stadium auftritt, werden zu *Pyrocystis* gestellt.

Ein Vertreter der trichalen Organisationsstufe ist *Dinothrix paradoxa*, der aus Meerwasseraquarien beschrieben wurde. Bei der Vermehrung schlüpfen die gymnodiniumähnlichen Zoosporen durch eine Öffnung der Zellwand aus.

Dinophyceae. Cystodiniales: 1 *Stylodinium gastrophilum,* 2 *Dinothrix paradoxa,* kurzer Faden bei Bildung von gymnodinioiden Zoosporen. Blastodiniales: 3 *Chytriodinium affine,* 3a erwachsener Trophont, mit Absorptionssystem im Ei eines Copepoden haftend, 3b Sporozystenkappe, 3c letzte sporogonische Mitose, 3d Sporozyste der letzten Generation mit 2 Kernen und 2 Bewegungsapparaten, 3e Spore (nach Cachon, Cachon & Bouquaheux, 2 nach Fott, 3 nach Cachon & Cachon)

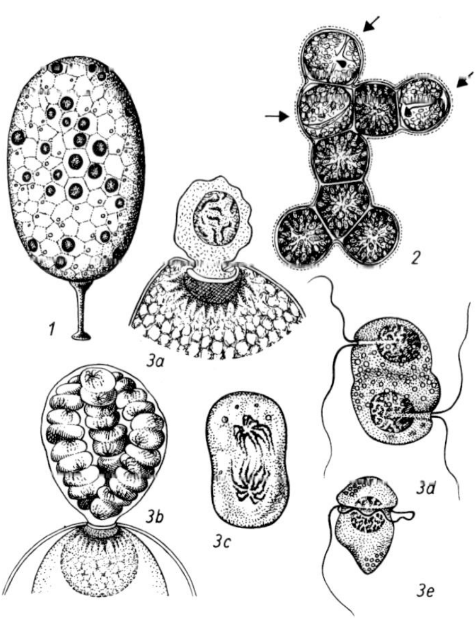

Ordnung Blastodiniales

Sie ist eine künstliche Gruppe parasitischer Formen, die entweder an der Oberfläche (ektoparasitisch) oder im Körper (endoparasitisch) verschiedener Meerestiere (Crustaceen, Pteropoden, Anneliden, Tunicaten, Radiolarien, Ciliaten) und Kieselalgen leben. Im Zusammenhang mit ihrer vorwiegend heteromykotrophen Lebensweise haben sie ein charakteristisches, eigenartiges Aussehen erlangt. Ihr Körper ist stark vereinfacht; er kann kugelig, eiförmig, spindel- oder sichelförmig sein. Außerdem ist er häufig 2- bis vielkernig und funktionell in einen Ernährungs- (Trophomer) und Fortpflanzungsteil (Gonomer) gegliedert. Bei der Vermehrung entstehen gymnodinioide Zoosporen, sogenannte Dinosporen. Die Zusammengehörigkeit mit den Dinoflagellaten unterstreichen außerdem das mitunter an der Zellhülle erkennbare Furchensystem (bei *Blastodinium*) sowie Plastiden (bei *Blastodinium, Oodinium, Schizodinium*), Stärke (bei *Amylodinium*), Pusulen, Trichozysten und das Dinokaryon.

Oodinium poucheti ist ein Ektoparasit auf *Oikopleura*-Arten. Die Dinosporen sind gymnodinioid.

Blastodinium spinulosum sieht wie ein Tierei aus, lebt in den Eingeweiden der pelagischen Copepoden *Paracalanus parvus* und

Clausocalanus. Die Dinosporen sind gymnodinioid.

Chytriodinium affine schmarotzt auf der Oberfläche schwimmender Eier verschiedener Krebse (Copepoden). Mit einem scheibenförmig verbreiterten Stielteil dringt es tief in das Eizytoplasma ein. Die Ernährung erfolgt osmotroph; die Dinosporen sind gymnodinioid.

Die Dinosporen des ebenfalls im Körper von *Paracalanus parvus* parasitierenden *Syndinium turbo* sind gyrodinioid, die von *S. rostratum* sind dagegen hemidinioid, die Gattung ist also nicht einheitlich.

Duboscquella tintinnicola ist ein Endoparasit im Protoplasten von Ciliaten, z. B. *Cyttarocyclis ehrenbergi*. Hier sind die Dinosporen bzw. Gameten oxyrrhisartig.

Abteilung Schönaugengeißler, Euglenophyta

Die Euglenophyta gehören zu denjenigen Flagellaten, die durch ihren Reichtum an auffälligen Merkmalen schon frühzeitig das Interesse der Wissenschaft erregt haben. Ehrenberg nannte sie poetisch »Schönaugentierchen« und spielte damit auf ihren leuchtend orangeroten Augenfleck an. Außerdem zeichnen sie sich durch ihre Größe, ihre eigenartigen Gestaltsveränderungen und die gut sichtbaren Geißeln vor anderen gefärbten Flagellaten aus. Die moderne Forschung schätzt sie wegen ihrer leichten Kultivierbarkeit als geeignete Objekte für die Analyse der Photosyntheseprozesse, des Chloroplastenfeinbaus, der Phototaxis und der Geißelbewegung; im Lehrbetrieb der Universitäten dienen sie als klassische Demonstrationsobjekte biologischer Wesenszüge.

Die Euglenophyta sind eine recht natürliche Gruppe. Die Schraubenstruktur ihrer Zelloberfläche, die Ampulle, die spezifische Geißelstruktur, der Bau und die Teilungsweise des Kerns, die Art der Zellteilung, das Assimilationspigmentmuster und der Reservestoff Paramylon kennzeichnen sie hinreichend als eigenständigen Entwicklungszweig, der keine verwandtschaftlichen Beziehungen zu anderen Flagellaten hat. Es sind etwa 40 Gattungen mit mehr als 800 Arten bekannt, darunter etwa 225 farblose Arten.

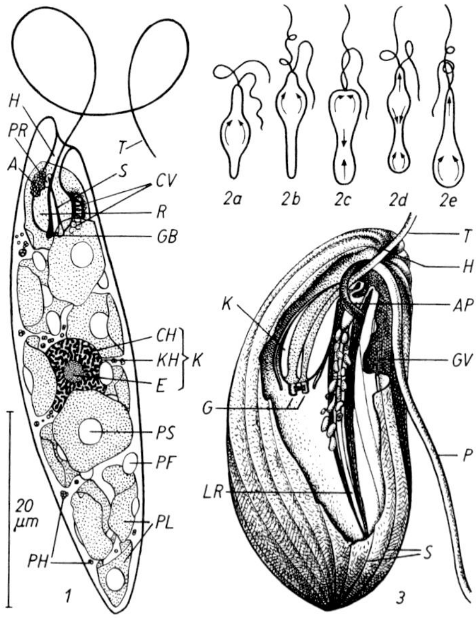

Euglena gracilis, lebende Zelle, Seitenansicht, die Pellicularstreifung ist weggelassen. PL Chloroplasten, PF freie Paramylonkörnchen, PS Paramylonhülle des Pyrenoids, K Kern, CH Chromosomen, KH Kernhülle, E Endosom, GB Geißelbasen, CV Region der kontraktilen Vakuole, S zweite Geißel, T Fortbewegungsgeißel, H Kanal, PR Stigmaschirm, A Augenfleck, R Reservoir, PH Bläschen mit Phospholipiden, 2 *Eutreptia pertyi*, Stadien der euglenoiden Bewegung, die Pfeile deuten die Richtungen der Plasmaströmung an, 3 *Anisonema costatum*, Bau des Vestibularkomplexes, GV Ventralfurche, T Zuggeißel, P Schleppgeißel, S Pellicularstreifen, G Geißelbasen, K Reservoir, AP Nemadesmen der Auskleidung des Pharyngialapparates, LR Leiste mit Schleimkörpern (1, 2 nach Leedale, 3 nach Mignot)

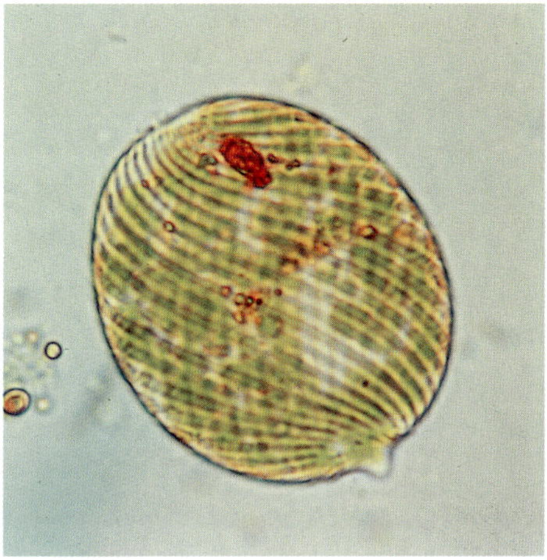

Lepocinclis ovum. Beachte die streifige Struktur des Periplasten! NSG Neolithteich bei Trebbichau, Sachsen-Anhalt

Der Protoplast

Die Oberfläche der Euglenophytenzelle ist als starrer oder als flexibler Periplast (Pellicula) ausgebildet. Sehr typisch ist die schraubige Struktur des Periplasten: Im Drehsinn einer Linksschraube (Ausnahme: *Euglena oxyuris* mit Rechtsschraube) umlaufen Streifen (Spiren, Gyrae oder Striae) die ganze Zelle. Es handelt sich um dicht unter dem Plasmalemma liegende, komplizierte, leistenartige Gebilde, die miteinander gelenkartig verbunden sind. Die komplexe, biegsame Struktur der Körperhülle, vervollständigt durch bläschenförmige Schleimkörper und Mikrotubuli, ermöglicht die sogenannte euglenoide (metabolische) Bewegung, ein charakteristisches Kriechen unter starker Veränderung der Körperform. Anzahl, Dicke, Form und Anordnung der Streifen sind wichtige taxonomische Merkmale. Parallel zu den Längsstreifen sind dem Plasmalemma häufig ornamentierende Reihen von Warzen oder Ausstülpungen aufgesetzt. Der Protoplast mancher Gattungen (z. B. *Trachelomonas*) scheidet ein Gehäuse (Lorica) aus, das anfangs dünn, später dick und braun gefärbt (Ablagerung von Eisen oder Mangan) und mit charakteristischen Stacheln oder Warzen besetzt ist.

Bei allen euglenoiden Flagellaten befindet sich im Vorderteil der Zelle eine flaschenartige Einstülpung, die Ampulle (Hauptvakuole), aus der die Geißeln austreten. Sie besteht aus einem engen, röhrenartigen Hals (Kanal), der nach außen mündet, und einer kugel- oder birnenförmigen Kammer (Reservoir). Sie enthält das Wasser des umgebenden Milieus und dient als Raum, in den die pulsierenden Vakuolen entleert werden. An der Wand des Reservoirs sind die Geißeln eingefügt. Bei vielen phagotrophen Formen ist außerdem ein Pharyngialapparat (Siphon, Schlundapparat) entwickelt, der an seinem Grund ein 2- bis 3teiliges Staborgan führt. Er kann ausgestülpt werden und dient zum Festhalten der Beute.

Der Zellkern liegt im Zentrum oder in der hinteren Zellhälfte. Er ist kugelig, ellipsoidisch oder länglich und enthält ein oder mehrere Endosomen (Nucleoli). Die Chromosomen bleiben während des gesamten Kernzyklus kondensiert und färbbar. Während der Mitose (Haplomitose) bleiben Kernhülle und Endosom erhalten; eine Spindel fehlt; das Endosom durchschnürt sich später autonom.

Die Chloroplasten sind grasgrün und scheibchen-, stern- oder bandförmig gestaltet; bei vielen Euglenen sind sie in unterschiedlichem Grad rückgebildet. Sie werden von einer dreischichtigen Membran umhüllt und von zahlreichen Lamellen aus 3 und mehr dichtgedrängten Thylakoiden durchzogen. Wenn ein Pyrenoid vorhanden ist, liegt es innerhalb der Plastidenmembran; ihm kann eine Paramylonkappe, die außerhalb der Plastidenmembran liegt, angelagert sein. Der Reservestoff Paramylon (Euglenastärke), meist in Körnchenform vorhanden, wird stets im Zytoplasma gebildet. Das Pigmentmuster setzt sich aus den Chlorophyllen a und b, aus β-Carotin und den Xanthophyllen Diadinoxanthin, Diatoxanthin, Neoxanthin und Cryptoxanthin zusammen. Der Augenfleck (Stigma) besteht aus 20–50 kleinen Flavoprotein-Lipid-Körperchen, die durch Karotinoide (u. a. Echinenon, Zeaxanthin und Astaxanthin) orangerot gefärbt sind. Er liegt auf der Dorsalbreite des Ampullenhalses und ist von den Chromatophoren völlig unabhängig. In unmittelbarer Nachbarschaft befindet sich der Photorezeptor, der eine Anschwellung der Basis des Geißelschaftes darstellt. Augenfleck und Photorezeptor steuern die phototaktischen Bewegungen der Euglenen.

Der Bewegungsapparat der Euglenomonaden ist primär 2geißelig. Die Geißeln entspringen typischen Geißelbasen am Grunde der Ampullenkammer. Meist tritt nur eine Geißel aus der Ampulle aus; die zweite bleibt entweder als blind in der Ampulle endender Ast erhalten oder wird ganz reduziert. Sind beide Geißeln äußerlich sichtbar, so ist die eine, nach vorn gerichtete als Schwimmgeißel und Tastorgan tätig, während die zweite nachgeschleppt wird; auch sie kann die Zelle, als Propeller wirkend, vorantreiben. Einen Sonderfall stellen die 3–7, in Form und Funktion gleichen Geißeln der Euglenamorphen dar. Der Feinbau der Geißeln ist für alle Euglenomonaden typisch: Das Axonema mit dem (9–9) + 2-Muster wird von einer Geißelmembran umhüllt, der feine Haare (Mastigonemen) aufgesetzt sind, die in Spiralen den Geißelschaft umlaufen. Außerdem wird der Geißelschaft noch durch einen zytoplasmatischen Achsenstab gestützt. Weitere wichtige Organellen der Euglenalenzellen, wie Mitochondrien, Golgiapparat, Phospholipidvesikel, Lysosomen, Aucozysten und endoplasmatisches Retikulum, seien nur am Rand erwähnt.

Schleppgeißel von *Anisonema costatum,* Schema. MA Härchen, BH Schraubenbänder, an denen die Härchen ansetzen, A Axonema, H Geißelhülle, D Staborgan (verändert nach Mignot)

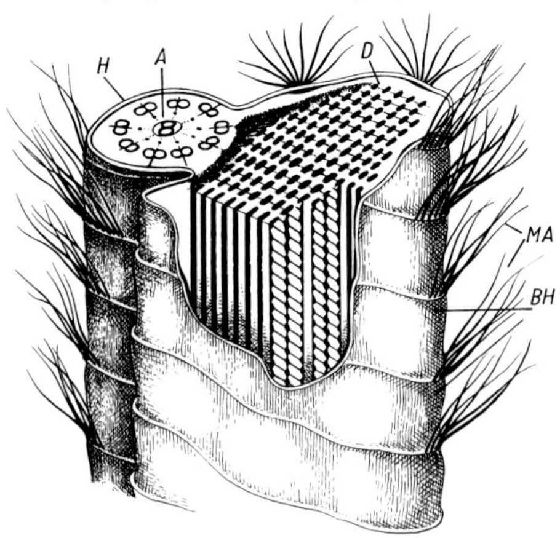

Die Fortpflanzung

Die Zellvermehrung der Euglenalen wird in der für Flagellaten charakteristischen Weise vollzogen: Die Zelle spaltet sich in ihrem freibeweglichen Zustand längs (Schizotomie; z. B. *Euglena gracilis*). Die Längsteilung kann auch erst nach Abwurf der Geißeln (z. B. *Euglena spirogyra*) oder im abgerundeten (palmelloiden) Zustand (z. B. *Euglena viridis, E. pisciformis*) vollzogen werden. In den beiden letzteren Fällen hüllen sich die Zellen in Gallertausscheidungen ein. Schwärmen die Zellen nach der Teilung nicht wieder aus, so entstehen gallertige Palmellen in Lagern, die ziemlich groß werden können.

Da sexuelle Vorgänge bei Euglenalen nicht nachgewiesen sind, werden die Dauerzellen als vegetative Bildungen angesehen. Von Temporärzysten spricht man, wenn sich die Zellen in Anpassung an das Leben auf der Grenze zwischen Schlamm und Luft mit einer dicken, meist gallertigen Hülle umgeben *(Euglena geniculata, E. terricola)*, wobei die Geißeln und eine Öffnung zum Substrat hin erhalten bleiben. Dauerzysten hingegen entstehen nach langsamer Austrocknung, Temperaturanstieg oder -abstieg, Nährstoffmangel, Verdunkelung und Einschränkung der Bewegungsfreiheit. Die Hüllen sind gallertig fest, durch Eisen wie die *Trachelomonas*-Gehäuse gefärbt und öffnen sich bei einigen Arten mit Deckel *(Euglena chlamydophora)*. Die Zysten werden bei einigen Arten durch den Wind verbreitet.

Die Ernährung

Die Euglenophyten ernähren sich phototroph, osmotroph und phagotroph. Die grünen Formen sind genaugenommen photoauxotroph, d. h., sie benötigen bestimmte Vitamine für ihr Wachstum. So verlangt *Euglena gracilis* das als Faktor gegen die perniziöse Anämie wichtige Vitamin B_{12}, auf dessen Menge im Milieu sie so empfindlich reagiert, daß sie in der Medizin als Testorganismus zum quantitativen Nachweis des Stoffes benutzt wird. Viele farblose Formen sind obligat heterotroph, sie benötigen also organische Nährstoffe als Kohlenstoffquelle und Ammoniumverbindungen als Stickstoffquelle; sie brauchen kein Licht. Manche der grünen Arten sind fakultativ heterotroph: Sind genügend organische Nährstoffe im Medium vorhanden, so wachsen sie auch im Dunkeln. Züchtet man grüne Arten (z. B. *Euglena gracilis, E. mesnilii, Colacium cyclopicolum*) unter Zugabe organischer Kohlenstoffquellen im Dunkeln, so bleichen sie aus, d. h., sie verlieren ihre Assimilationspigmente und werden farblos (apochlorotisch). Am Licht ergrünen sie wieder. Durch Anwendung von hohen Temperaturen, Druck, verschiedene Antibiotika, Antihistamine, Ultraviolettstrahlung u. a. können bestimmte Zellen dauernd ausbleichen. Offensichtlich sind bei ihnen die Chloroplasten völlig zerstört (apoplastidisch).

Die meisten Euglenomonaden nehmen die Nährstoffe in gelöster Form auf (osmotroph). Einige farblose Arten sind dagegen phagotroph, d. h., sie sind auf geformte Nahrung angewiesen. Die animalische Nahrungsaufnahme ist bei *Peranema trichophorum* genau verfolgt worden. Die kriechende Zelle stößt mit der züngelnden, tastenden Geißelspitze an die Beute (z. B. eine unbewegliche *Euglena*), der Vorderteil des Zellkörpers preßt sich an, bis das Staborgan haftet. Neben der Kanalmündung bildet sich in der weichen Körperoberfläche eine Vertiefung, in die die Beute einsinkt. Der Schluckvorgang dauert mehrere Minuten. Ist die Beute zu groß, so reißt das Staborgan deren Haut auf. Der weiche Inhalt wird dann ausgesaugt. Die Ampulle nimmt an der Nahrungsaufnahme nicht teil.

Das Vorkommen

Die Euglenomonaden sind in ihrer übergroßen Mehrzahl Süßwasserbewohner. Hier bevorzugen sie an organischen Nährstoffen reiche, meist kleinere Wasseransammlungen, wie Mistpfützen, Abwassergräben, Dorfteiche, Vogelsteine u. ä.; sie kommen im Plankton und im Schlamm vor. Es ist nicht ausgeschlossen, daß es nicht so sehr der Reichtum an organischen Substanzen als vielmehr der an Eisen ist, der sie diese Lebensstätten besiedeln läßt. Im Brackwasser sind sie noch relativ häufig. Dagegen gibt es nur wenige marine Formen. Erwähnenswert ist, daß es epibiontische (z. B. *Colacium*) und endozoische (*Euglenamorpha, Hegneria*; in Kaulquappen) Formen gibt.

Das System

Unsere systematische Übersicht fußt im wesentlichen auf dem Bau des Bewegungsapparats. Über die Herkunft und systematische Stellung der Gruppe gehen die Auffassungen weit auseinander. Einige Forscher halten die in der Natur vorkommenden farblosen Formen für durch Chromatophorenverlust entstandene Abkömmlinge der gefärbten. Andere fassen die farblosen Formen als ursprünglich auf und meinen, daß die gefärbten durch Symbiose mit prokaryotischen Protochlorophyten oder Grünalgen entstanden seien. Dabei wird an eine Verwandtschaft mit den Bodoniden und Trypanosomen gedacht. Für beide Auffassungen gibt es im Sinne eines Beweises allerdings keine hinreichenden Argumente.

Ordnung Eutreptiales

Die Vertreter dieser Gruppe zeichnen sich durch besonders tiefgreifende euglenoide Gestaltänderungen aus. Der Bewegungsapparat besteht aus 2 weit aus der Ampulle herausragenden Geißeln, von denen die eine beim Schwimmen nach vorn gestreckt ist und wellenartig vibriert, während die andere nachgeschleppt wird und als Propeller wirkt.

Von den etwa 6 Arten der Typusgattung *Eutreptia*, der »Veränderlichen«, sind einige Arten, z. B. *Eutreptia viridis*, salzliebend und finden sich sowohl in den Salinen des Binnenlands als auch im Brackwasser der Küstenregion. *Eutreptia thiophila* bewohnt Schwefelquellen und Seeufer mit lokalem Gehalt an Schwefelwasserstoff.

Die 5 farblosen Arten der Gattung *Distigma* haben eine verkürzte Schleppgeißel. Die osmotrophe Leitart *Distigma proteus* ist in verschmutzten Gräben gefunden worden, scheint aber vor allem in den lichtarmen Schichten der Seen verbreitet zu sein.

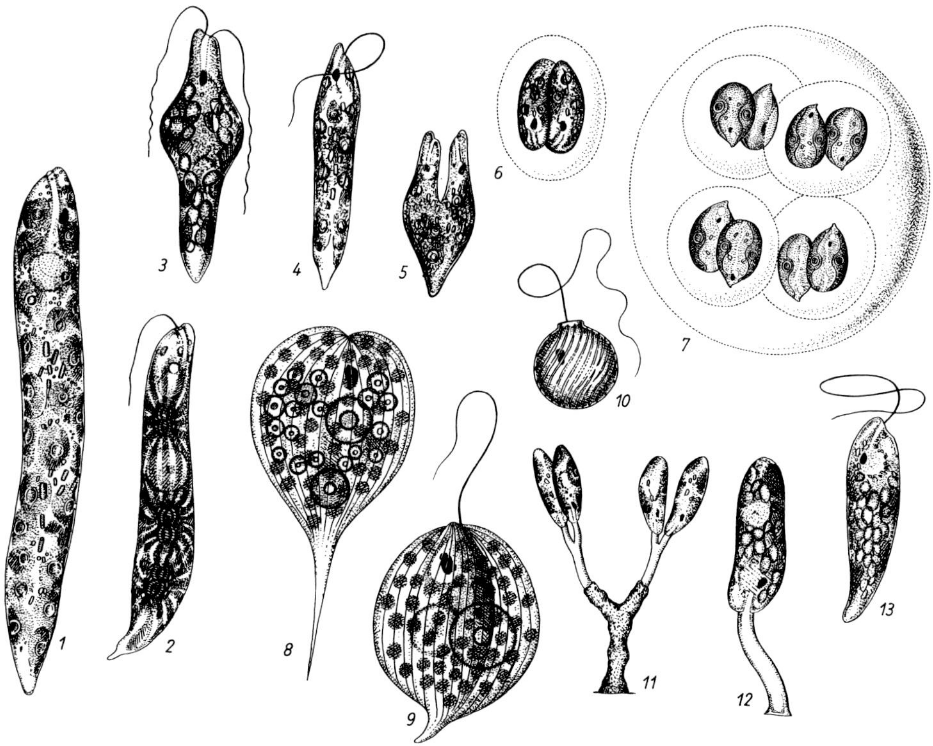

Gefärbte Euglenomonaden. 1 *Euglena deses*, 2 *Euglena terricola*, 3sterniges Exemplar, 3 *Eutreptia thiophila*, 4 *Euglena gracilis*, 5 *Euglena gracilis*, Teilung im beweglichen Zustand, 6 *Euglena gracilis*, Teilung im palmelloiden Zustand, 7 *Euglena pisciformis*, Teilung im palmelloiden Zustand, 8 *Phacus longicauda*, 9 *Phacus pleuronectes*, 10 *Trachelomonas rugulosa*, 11 *Colacium arbuscula*, der Gallertstiel im unteren Teil mit Eisenhydroxid inkrustiert, 12 *Colacium vesiculosum*, gestielte, festsitzende Zelle, 13 *Colacium vesiculosum*, vom Gallertstiel gelöste, freischwimmende Zelle (nach Skuja)

Ordnung Euglenales

Der Bewegungsapparat dieser artenreichen, etwa 15 Gattungen umfassenden Gruppe der Euglenomonaden setzt sich aus einer langen, aus der Ampulle herausragenden Schwimmgeißel und einer extrem verkürzten, nicht aus der Ampulle herausragenden, z. T. völlig reduzierten Nebengeißel zusammen.

Die Typusgattung *Euglena* weist unter ihren rund 150 Arten recht große Formen auf, z. B. *Euglena oxyuris*, die bis 530 µm lang werden kann.

Die Gattung ist weit verbreitet und bewohnt sehr verschiedenartige Gewässer, scheint aber das stickstoffreiche Wasser der Mistpfützen, Rieselfelder, Straßen- und Waldgräben, verjauchten Dorfteiche und verschlammten Seeufer zu bevorzugen. Einige wenige marine Arten, bei denen sogar die pulsierenden Vakuolen erhalten bleiben, sind bekannt. *Euglena spirogyra* ist durch ihren dicken, gelblichbraunen Periplasten, der spiralig aufgereihte Warzen trägt, leicht erkennbar. Sie lebt meist vereinzelt die Pfützen, Gräben und Teichen. An den gleichen Orten findet sich die lange, spindelförmige, nahezu 300 µm Länge erreichende *Euglena acus*, die nur wenig formveränderlich ist. *Euglena gracilis* dagegen ist lebhaft metabolisch und wird bis 50 µm lang. Ihre Eignung für physiologische Experimente ist schon erwähnt worden. *Euglena viridis* ist vielleicht die verbreitetste und häufigste Art. Sie kommt überall dort vor, wo das Wasser verunreinigt ist, und färbt es reingrün. Ihre charakteristischen bandförmigen Chromatophoren strahlen sternförmig von einem paramylonführenden Zentrum oberhalb der Zellmitte aus. Bei *Euglena sanguinea, E. haematodes* und *E. ruba* wird das Chlorophyll von dem blut- bzw. zinnoberroten Sekundärkarotinoid Haematochrom überdeckt. Bei Massenentwicklung entstehen an der Oberfläche der Gewässer, etwa der seichten Weidetümpel in der alpinen Stufe (»Blutseen«) oder der Fischteiche tieferer Lagen, hautartige Überzüge (Neustonhäute), die sich im Sonnenlicht rot, nach Sonnenuntergang grün färben, da sich je nach der Intensität des einfallenden Lichts der Farbstoff in der Zelle bald nach außen, bald nach innen verlagert. Nach dem Eintrocknen der Tümpel bleibt die Haut als ausgebleichte, weißlich blaßrosafarbene Schicht, im Volksmund »Meteorpapier« genannt, am Grund zurück.

Astasia, die Ehrenberg, »Änderling« nannte, ist *Euglena* ähnlich, jedoch farblos und ohne Stigma. *Astasia longa*, ursprünglich aus der Natur beschrieben, ähnelt morphologisch einem Stamm der künstlich entfärbten und apoplastidischen *Euglena gracilis*.

Der Protoplast der rund 200 Arten umfassenden Gattung *Trachelomonas* scheidet ein festes, anfangs durchsichtiges, später gelbes, braunes oder schwarzes, verschieden geformtes Gehäuse aus, das in mannigfacher Weise durch Punkte, Linien, Runzeln, Leisten, Warzen oder Stacheln verziert ist. Die dunkle Färbung wird durch Eisen oder Mangan verursacht. Aus einer Öffnung, die manchmal kragen- oder halsartig gestaltet ist, tritt die auffallend lange Geißel aus. *Trachelomonas volvocina, T. hispida* und *T. armata* können gelegentlich das Wasser kleiner Pfützen tiefbraun färben. *Trachelomonas reticulata* ist farblos, besitzt aber einen Augenfleck und ist in faulenden Kulturen häufig.

Die rund 10 Arten der Gattung *Colacium* sitzen mittels eines am Vorderende der Zelle befindlichen, oft bräunlichen Gallertstiels an planktischen Gopepoden, Rotatorien, Kieselalgen, *Volvox*-Arten, Trachelomonaden u. ä. fest. Ihr Zellbau ist euglenenartig. Die verbreitetste Art ist *Colacium versiculosum*, die vor allem auf Cyclopiden lebt und sie oft in solchen Mengen besetzt, daß die Tiere vollständig grün gefärbt sind. Beim Lösen vom Substrat entwickeln sie eine etwa körperlange Geißel und schwimmen lebhaft rotierend umher.

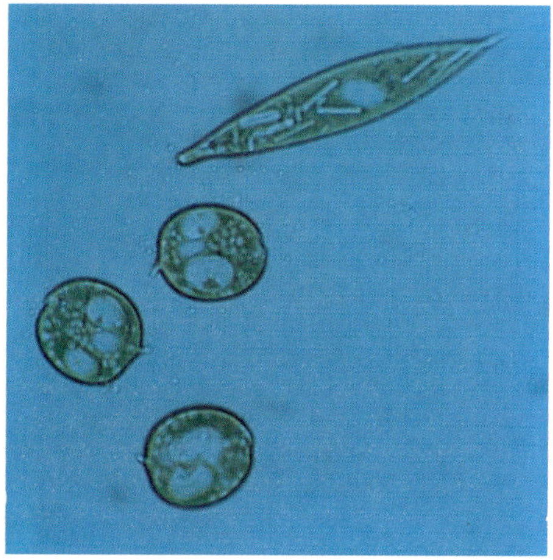

Euglena spec. (oben links) und *Phacus* spec. (3 Zellen darunter) aus einem Oxydationsteich in Neuglobsow, Brandenburg. In der *Euglena*-Zelle sind die stäbchenförmigen Paramylonkörner gut sichtbar.

Die 140 Arten der Gattung *Phacus* haben einen mehr oder weniger plattgedrückten, gedrehten Zellkörper, dessen Periplast starr und gestreift ist. *Phacus pleuronectes*, deren linsenförmige Gestalt dem Geschlecht den Namen gab, ist eine der häufigsten Arten. Sie lebt gesellig in fast allen Süßwässern und fällt durch ihren schiefen Endstachel auf. Die nicht minder häufige *Phacus longicauda* besitzt einen sehr langen und geraden Fortsatz.

Ordnung Rhabdomonadales

Der Zellkörper ist bei diesen Formen starr und ohne euglenoide Bewegung. Die durchweg farblosen Formen ernähren sich osmotroph, nie phagotroph. Sie tragen neben einer inneren Kurz- eine äußere Langgeißel, die über ihre ganze Länge schwingt.

Die farblose Gattung *Menoidium*, die Mondsichel, zeichnet sich durch ihren plattgedrückten, stets gebogenen, starren Zellkörper aus, der einer Kugelkalotte ähnelt. Der Bau des Bewegungsapparats ist euglenenartig. Die Leitart der Gattung ist *Menoidium pellucidum.*

Ordnung Petalomonadales

Der Bewegungsapparat der farblosen, phago- oder osmotrophen, plattgedrückten, meist gekielten oder längsgefurchten, starren Formen besteht aus 1–2 Geißeln, von denen die eine gerade nach vorn gerichtet ist und bei den Kriechbewegungen meistens nur an der Spitze schwingt.

Petalomonas mediocanellata kommt in pflanzenreichen Gräben und Teichen vor. Sie ist eingeißelig. Bei der 2geißeligen *Anisonema truncatum* ist die nach vorn gerichtete Schwimmgeißel kürzer als die Schleppgeißel. Sie ernährt sich animalisch von schlammbewohnenden Kieselalgen *(Nitzschia, Navicula).*

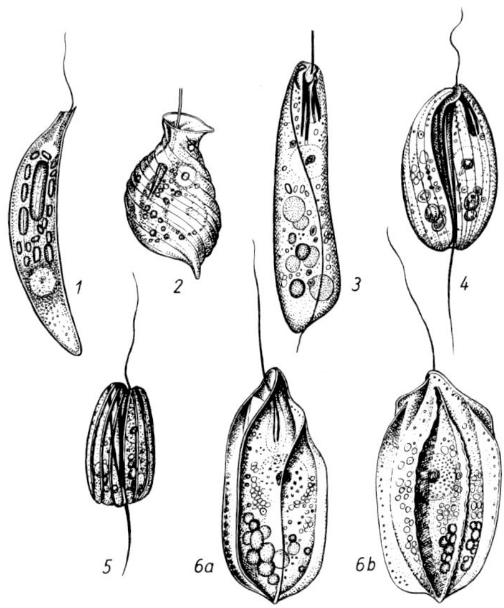

Farblose Euglenomonaden. 1 *Menoidium pellucidum,* 2 *Urceolus cyclostomus,* 3 *Peranema trichophorum,* 4 *Anisonema costatum,* 5 *Entosiphon sulcatum,* 6a *Petalomonas hovassei,* Seitenansicht, 6b *Petalomonas hovassei,* Rückenansicht (1, 2 nach Skuja, 3–6 nach Mignot)

Ordnung Peranematales

Auch die Vertreter dieser Ordnung sind farblos und ernähren sich animalisch, besitzen aber zum Beutefang und zur Nahrungsaufnahme eine spezifische Organelle, den Pharyngialapparat samt Staborgan. Ihr Bewegungsapparat besteht aus 1–2 Geißeln, von denen die nach vorn gerichtete Schwimmgeißel nur mit der Spitze schwingt (züngelt).

Peranema trichophorum siedelt hauptsächlich auf dem Bodenschlamm von Seen, Teichen und Tümpeln, ist jedoch ein ausgezeichneter Schwimmer und kommt häufig im Plankton vor. Bei der Nahrungsaufnahme stülpt sich das Staborgan aus und schmiegt sich an die Beute an, die entweder ganz aufgenommen oder ausgesogen wird.

Urceolus cyclostomus lebt in saprobem Milieu (auf dem Schlamm der Gräben und Teiche) und zeichnet sich durch eine trichterförmige Mundvertiefung aus.

Der Zellkörper von *Entosiphon sulcatum,* das in polysaproben Gewässern vorkommt und durch seine ruckartig stoßende Bewegung auffällt, hat einen köcherförmigen, vorstülpbaren Pharyngialapparat (Siphon).

Ordnung Euglenamorphales

Hierzu werden 2 Gattungen – *Euglenamorpha* mit 3, *Hegneria* mit 7 gleichartigen Geißeln – gerechnet, die endozoisch im Darm von Kaulquappen leben. Sie sind bisher nur von ihren Entdeckern gesehen worden. Ihre systematische Wertigkeit ist immer noch strittig.

Abteilung Grünalgen, Chlorophyta

Die große Gruppe der Chlorophyta, die Grünalgen im engeren Sinne, soll nach vorsichtiger Schätzung etwa 8000 Arten zählen. Sie repräsentieren praktisch alle Organisationsstufen, die gemeinhin unterschieden werden: Monadoide, rhizopodiale (amöboide), palmelloide (gloeomorphe), kokkale (zystomorphe), trichale, kladothalloide, siphonale und siphonokladale Formen oder Stadien sind bekannt. Allerdings erreichen sie im vegetativen Bereich bei weitem nicht die Organisationshöhe der Braunalgen.

Ihre Protoplasten sind ein- oder vielkernig, besitzen grasgrüne, vielgestaltige Chloroplasten und werden von Hüllen (Theken) oder Zellwänden aus Glykoproteinen, Zellulose, Zuckern (Glykan, Mannan, Rhamnan, Xylan) und Pektinen umschlossen. Eine dünne Sporopollenin- oder Chitinschicht kann aufgelagert sein. Das Assimilationspigmentmuster setzt sich aus den Chlorophyllen a und b, aus α- und β-Carotin, Lutein, Violaxanthin, Antheraxanthin, Zeaxanthin, Neoxanthin und einigen weiteren Xanthophyllen, die nicht bei allen untersuchten Arten nachgewiesen sind, zusammen. Assimilationsprodukt ist Stärke, die innerhalb der Chloroplasten gebildet werden; außerdem treten Öle und verschiedene Zuckeralkohole auf.

Nach dem charakteristischen Bewegungsapparat ihrer monadoiden Formen bzw. Stadien, der in der Regel aus 2–4 gleich langen (isokonten), isomorphen, isodynamischen und apikal inserierten Geißeln besteht, werden sie auch Isokontae genannt. Die Geißeln sind nackt oder können von verschiedengestaltigen organischen Schuppen und/oder feinen Haaren bedeckt sein. Der Geißelfeinbau ist durch einen Sternkörper in der Übergangsregion gekennzeichnet.

Die Zellen pflanzen sich durch Längs- (Schizotomie), Vielfachteilung (Schizo- und Zytogonie) oder Querteilung (Zytotomie), Zoosporen, Aplanosporen, Autosporen oder Akineten fort. Die geschlechtliche Fortpflanzung kann isogam, anisogam, oogam oder oogoniogam ausgeprägt sein. Die Zygote hat meist den Charakter eines Dauerorgans (Hypnozygote, Gamozyste). Sie allein repräsentiert bei der Mehrzahl der Grünalgen die Diplophase: Die vegetativen Entwicklungsphasen sind meist haploid (Haplontenzyklus der Entwicklung). Eine Ausnahmestellung nehmen die zönoblastischen Formen um *Bryopsis* ein. Sie sind in der vegetativen Entwicklungsphase diploid (Diplontenzyklus der Entwicklung). Bei vielen, vor allem den fortgeschrittenen Formen ist ein Generationswechsel ausgeprägt.

Etwa 90 % aller bekannten Grünalgen sind im Süßwasser verbreitet, die meisten von ihnen weltweit. Etwa 10 % leben im Meer, wo sie relativ begrenzte, von Wassertemperatur und -strömung abhängige Areale einnehmen. Unter ihnen spielen die Bryopsidaceen, Codiaceen und Ulvaceen eine dominierende Rolle. Viele Formen haben das Wasser verlassen und leben als Erd- bzw. Luftalgen auf oder im Erdboden, in Schnee und Eis. Sie können als Epi- und Endobionten niederer Tiere oder Pflanzen sowie als Symbionten in Flechten in Erscheinung treten. Die meisten Formen ernähren sich autotroph, viele mixotroph, einige auch heterotroph. Es gibt Grünalgen, die erhebliche ökonomische Bedeutung haben. Sie werden als Nahrungsmittel und Rohstofflieferanten für Industrie und Pharmazie sowie als Futter- und Düngemittel genutzt. Fossil sind Grünalgen bereits aus dem frühen Paläozoikum bekannt.

Die Systematik der Grünalgen befriedigt die wissenschaftlichen und praktischen Bedürfnisse noch nicht.

Schwärmertypen der Chlorophyta. 1 *Pyramimonas*-Typ, 2 *Dunaliella*-Typ, 3 *Chlamydomonas*-Typ, 4 *Oedogonium*-Typ (nach Ettl & Komarek)

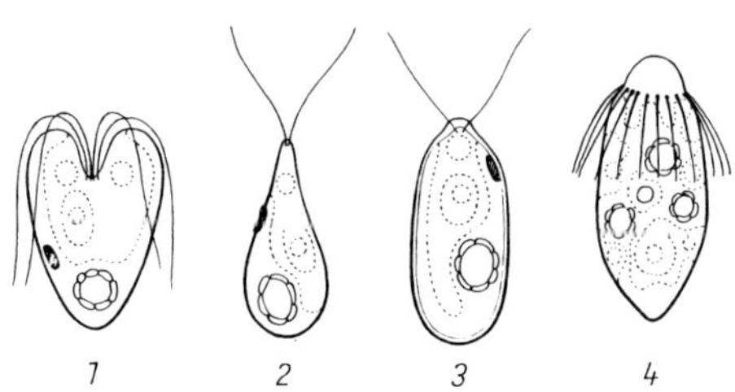

Für unsere Zwecke wollen wir unter Chlorophyta nur solche grünen Algen verstehen, die bewegliche Fortpflanzungszellen vom *Pyramimonas-*, *Chlamydomonas-*, *Dunaliella-*, *Carteria-*, *Bryopsis-* oder *Oedogonium*-Typ besitzen, d. h., die bilateral-symmetrische Zoosporen (Schwärmer, Zoide) oder Gameten haben, deren Geißeln mehr oder weniger deutlich apikal inseriert sind und eine komplexe Geißelwurzel besitzen, die sich potentiell durch 4 Mikrotubulistränge auszeichnet, die, von den Basalkörpern ausgehend, in den 4 Richtungen des Raumes, jeweils um etwa 90° versetzt, in den Zellkörper hinabziehen (kreuzförmige Geißelwurzel). Die Zahl der Mikrotubuli, die die Stränge zusammensetzt, entspricht der Formel X–2–X–2, wobei X alle Zahlen von 2 bis 8 annehmen kann. Wir unterscheiden 4 Klassen:

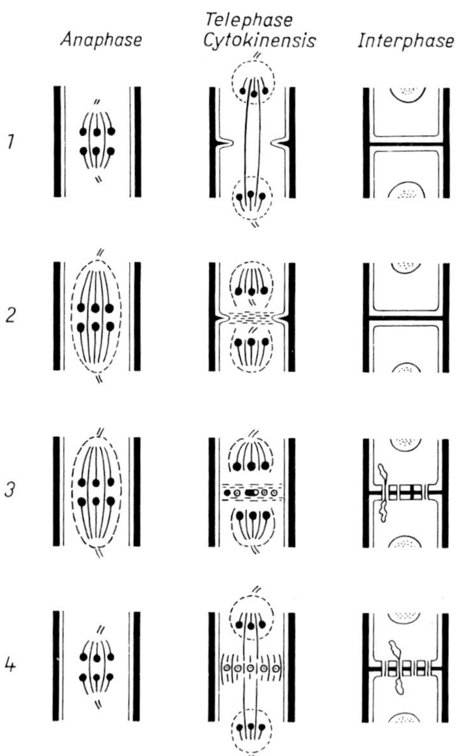

Vier Typen der Kern- und Zellteilung bei Chloro-, Zygo- und Charophyta. 1 *Klebsormidium*-Typ: Einschnürung ohne Platte aus Mikrotubuli in der Teilungsebene (ohne Phycoplast), 2 *Chlamydomonas*-Typ: Einschnürung in einem Phycoplast, 3 *Draparnaldia*-Typ: Bildung einer vesikulären Zellplatte in einem Phycoplast, 4 *Coleochaete*-Typ: Bildung einer Zellplatte in einem Phragmoplast (nach v. d. Hoek u. Jahns)

1. Pyramimonadophyceae (Prasinophyceae)
Monadoide oder kokkale, einzellige, grüne Algen mit *Pyramimonas*-Zellbau. Der vordere Zellpol ist kegelig-schlundartig vertieft. Ihm sind die 1–8, von organischen Schuppen und Haarschuppen bedeckten Geißeln eingefügt. Das komplexe Geißelwurzelsystem ist prinzipiell kreuzförmig gebaut, aber noch ziemlich variabel. Ungeschlechtliche Fortpflanzung durch Schizotomie, Schizogonie und Zytogonie (Autosporenbildung).

2. Volvocophyceae
Monadoide, palmelloide oder kokkale, einzellige oder koloniale grüne Algen mit *Dunaliella-*, *Carteria-* oder *Chlamydomonas*-Zellbau. Die monadoiden Zellen sind am vorderen Zellpol nicht vertieft und tragen dort 1–4 Geißeln, die nicht von Schuppen bedeckt sind. Das komplexe Geißelwurzelsystem ist kreuzförmig gebaut. Ungeschlechtliche Fortpflanzung durch Schizotomie, Schizogonie und Zytogonie (Zellteilung durch Einschnürung in einem Phycoplasten; Autosporenbildung).

3. Oedogoniophyceae
Fädige grüne Algen mit spezifischem Zellteilungsmodus (Bildung einer Zellplatte in einem Phycoplasten und anschließend »Kappenbildung«). Ungeschlechtliche Fortpflanzung durch stephanokonte Zoosporen, die bis zu 120 in einem Ring angeordnete Geißeln tragen. Geißelwurzel nicht kreuzförmig gebaut.

4. Ulvophyceae
Fädige haplo- und zoenoblastische grüne Algen, die nackte oder beschuppte Fortpflanzungszellen vom *Dunaliella-* und *Bryopsis*-Typ besitzen. Ungeschlechtliche Fortpflanzung durch Zytogonie (Zoosporenbildung) und Zytotomie (Zellteilung durch Bildung einer Zellplatte in einem Phycoplasten). Das komplexe Geißelwurzelsystem der beweglichen Fortpflanzungszellen ist kreuzförmig gebaut.

Die Pyramimonadophyceen werden als Basisgruppe angesehen, d. h., sie stellen diejenigen Formen dar, die durch primitive Merkmale (z. B. Schuppengeißeln, Körperschuppen, variables komplexes Geißelwurzelsystem, variable Übergangsregion des Geißelschafts) ausgezeichnet sind und so den Ausgangspunkt für die Entwicklung der verschiedenen Zweige der Grünalgen abgeben könnten. So stellt man sich z. B. vor, daß von einem Typ, der heute durch die Gattung *Pyramimonas* verkörpert wird, die Formen um *Chlamydomonas* und *Dunaliella* entstanden sind, während Typen wie *Tetraselmis* zu den Formen um *Coleochaete* und *Chara* führen sollen. Im einzelnen weichen die Auffassungen über die möglichen Abstammungslinien weit voneinander ab. Lediglich über die Sonderstellung der Armleuchtergewächse (Charophyta) außerhalb der eigentlichen Chlorophyta besteht einigermaßen Übereinstimmung. Der spezifische Bau ihres Vegetationskörpers und ihrer generativen Organe unterstreicht ihre Eigenwertigkeit. Der Bewegungsapparat ihrer Androgameten ähnelt einerseits dem von *Chaetosphaeridium* oder *Coleochaete*, andererseits dem der Bryophyten so sehr, daß an einem Zusammenhang dieser Entwicklungslinie grüner Algen mit den sogenannten höheren Pflanzen, den Telomophyta (Moosen, Farnen i. w. S. und Blütenpflanzen), kaum zu zweifeln ist. Vielleicht gehören auch die Jochalgen (Zygophyta) in den Umkreis der Charophyta. Da sie aber keine begeißelten Fortpflanzungszellen besitzen, haben wir ihnen den Rang einer selbständigen Abteilung zuerkannt.

Klasse Pyramimonadophyceae (Prasinophyceae)

Wanderungen am Meeresstrand können dem aufmerksamen Beobachter viele Überraschungen bringen. So stießen dänische Forscher im Juni 1982 auf das Phänomen des »Grünen Sandes«. Sie brachten Proben davon ins Laboratorium und fanden, daß diese außer Sandkörnchen Tausende und aber Tausende mikroskopisch kleiner, gelbgrüner, einzelliger Organismen enthielten, die sich mit ihren Geißeln an den Körnchen festhielten. Genauere Analysen zeigten, daß es sich um Vertreter der Gattungen *Pyramimonas* und *Tetraselmis* handelte, die zu den Pyramimonadophyceen gerechnet werden, einer eigenartigen, erst in jüngster Zeit besser bekanntgewordenen Organismengruppe. Es sind grüne bis gelbgrüne, monadoide, palmelloide und coccale (zystäre), meist einzellige Organismen, deren Zellkörper keine echte Zellulosewand besitzt, sondern von Lagen organischer Schuppen oder von aus Schuppen zusammengesetzten Gehäusen (Theken) bedeckt ist. Der Geißelpol der monadoiden Stadien, dem 1–8 Geißeln eingefügt sind, befindet sich am Vorderende der Zelle und ist kegelig-schlundartig vertieft. Die Geißeln sind gleich oder ungleich lang, von 1–4 Schichten organischer Schuppen und 2 Reihen von Haarschuppen besetzt und weisen in ihrer Übergangsregion einen

Grüne Flagellaten. 1 *Nephroselmis discoidea*, Haltung der Geißeln bei der Fortbewegung, 2 *Haematococcus pulvialis*, 3 *Carteria quadrilobulata*, 4 *Pyramimonas tetrarhynchus*, 5 *Phacotus lenticularis*, 6 *Stephanosphaera pluvialis* (nach Skuja)

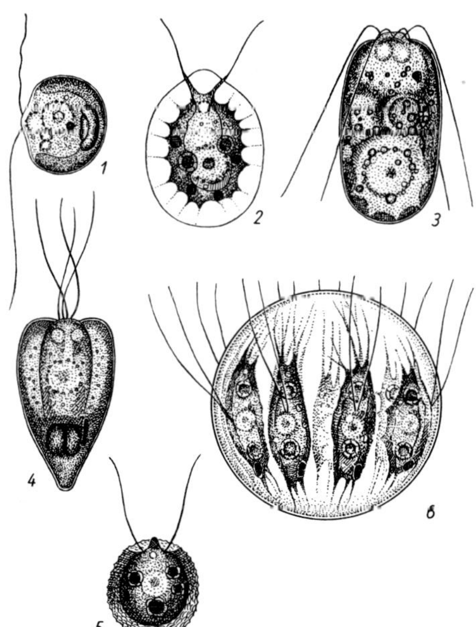

charakteristischen Sternkörper auf. Das Assimilationspigmentmuster setzt sich aus Chlorophyll a und b, α- und β-Carotin, Violaxanthin, Antheraxanthin, Zeaxanthin, Neoxanthin und – nicht bei allen Arten – Siphonaxanthin bzw. Siphonein sowie einigen weiteren Xanthophyllen zusammen. Reservestoff ist Prasinophyceenstärke; bei *Tetraselmis* wurde Manitol nachgewiesen.

Die Zellen vermehren sich durch Längsteilung (Schizotomie) im monadoiden oder palmelloiden Zustand. Geschlechtliche Fortpflanzungsprozesse sind nicht mit Sicherheit nachgewiesen. Es ist aber ungeschlechtliche Fortpflanzung durch Fortpflanzungszysten (Halosphaerales) bekannt. Bei Süßwasserformen, die oft in temporären Wasserkörpern leben, wurden dickwandige, mit Reservestoffen angereicherte Zysten gefunden (z. B. bei *Pyramimonas tetrarhynchus*), die als Überdauerungsorgane in Trockenperioden fungieren. Sie keimen mit einem Schwärmer.

Ein wesentliches Charakteristikum der Gruppe ist die eigenartige Bedeckung des Zellkörpers. Er wird von 1–4 Schichten verschiedenartiger Schuppen umhüllt. Die unterste Schicht besteht aus kleinen, quadratischen oder rhombischen Schuppen, während die darüberliegenden Schichten eine größere Strukturvariabilität zeigen. Schließlich kann der Zellkörper in eine Art Gehäuse eingeschlossen sein. Bei *Prasinocladus marinus* ist z. B. eine Theke vorhanden, die aus 3 Schichten besteht. Sie kann von der Zelle wiederholt ausgeschieden werden, so daß die ruhende Zelle wenigstens am antapikalen Pol von mehreren Theken oder Teiltheken umhüllt ist. Der Geißelpol weist meist nur eine Hülle auf, die einen Schlitz hat, durch den die Geißeln austreten. Bei *Tetraselmis* zeigt sich, daß die Theke aus kleinen, stabförmigen Partikeln besteht, ein Hinweis darauf, daß Körperschuppen und Theken homologe Gebilde sind. Auch die Geißeln werden von Schuppen bedeckt. Bei den Gattungen *Pyramimonas* und *Halosphaera* sind es 2 Lagen, von denen die innere kleine, rhombische Schuppen besitzt. Die äußere Lage weist große, komplex gebaute Schuppen auf. Schuppen und Theken werden im Zellinnern in Golgivesikeln (Schuppenreservoir) erzeugt und außerhalb des Zellkörpers abgelagert. Diese Körperbedeckung hat bei den von einer typischen Zellulosewand umschlossenen Grünalgen kein Analogon.

Zu den Pyramimonadophyceen werden etwa 25 Gattungen gestellt, deren Abgrenzung von den eigentlichen Grünalgen noch nicht in jeder Hinsicht geklärt ist. Gemeinsamen Merkmalen, wie Assimilationspigmentmuster, Chromatophorenbau und innerer Geißelstruktur (Sternkörper!), stehen Unterschiede im Bau der Körperhülle und der äußeren Geißelmorphologie, der Geißelinsertion und des Geißelwurzelsystems gegenüber. Da auch der Lebenszyklus noch der Aufklärung bedarf, ist es verfrüht, ein endgültiges Urteil über Wert oder Unwert der als primitiv angesehenen Gruppe zu fällen. Wir unterscheiden 4 Ordnungen.

Ordnung Mamiellales

Die sehr kleinen, einzeln lebenden, monadoiden Formen tragen 1 oder 2 Geißeln. Charakteristische spinnwebartige Schuppen bedecken Zellkörper und Geißeln. Eine Unterschicht aus quadratischen oder rhombischen Schuppen fehlt.

Die nur 5 µm große, bohnenförmige, weltweit marin verbreitete *Mamiella gilva* dreht sich bei raschem Schwimmen um sich selbst, bewegt sich entlang der längeren Körperachse vorwärts und schleppt die beiden langen Geißeln nach; bei gleitender Bewegung dagegen ist die eine Geißel nach vorn, die andere nach hinten gerichtet.

Die 3–5 µm großen, leicht abgeplatteten Zellen von *Mantoniella squamata*, einer Brackwasserart, besitzen eine lange und eine sehr kurze Schuppengeißel. Die Art ist vor allem deshalb interessant, weil bei ihr neben den Chlorophyllen a und b auch Chlorophyll c nachgewiesen werden konnte.

Dolichomastix nummulifera ähnelt *Mantoniella*, besitzt aber 2 gleich lange Geißeln.

Ordnung Tetraselmidales

Die grünen Flagellaten haben eine Schuppenhülle oder eine deutliche derbe Theke, die durch Koagulation kleiner, stabförmiger Schuppen entsteht. Die Zellen sind äußerlich bilateral symmetrisch, am apikalen Pol deutlich vertieft. Die 2–4 Geißeln sind dick, iso- bis anisokont, ohne Peitschenende, mit Geißelschuppen bedeckt, am Grund der apikalen Vertiefung inseriert. Der topf- oder H-förmige Chloroplast hat oft ein Pyrenoid. Ein Augenfleck ist vorhanden. Die ungeschlechtliche Fortpflanzung geschieht durch Zweiteilung innerhalb der alten Theke im unbeweglichen Zustand.

Die Schuppenalgen der Geißeln sind von spezifischem Bau: Eine untere Schicht aus pentagonalen oder quadratischen Schuppen wird von einer Schicht aus stab- (»stern«-) förmigen Schuppen überlagert. Außerdem befinden sich in der oberen Schicht röhrige Haarschuppen in 2 opponierten Reihen, deren Basalteile quadratisch sind.

Die meisten Sippen sind Meeresbewohner; nur wenige Arten kommen im Süßwasser vor. Hierher gehören die Gattungen *Nephroselmis, Tetraselmis, Prasinocladus* und *Pseudoscourfieldia*.

Von den wenigen Arten der thekenlosen, anisokont 2geißeligen Gattung *Nephroselmis* ist *Nephroselmis olivacea* im Süßwasserplankton weit verbreitet. Die weltweit sowohl in arktischen als tropischen Meeren beheimatete *Nephroselmis pyriformis* tritt oft massenhaft als Plankter auf.

Von den 35 *Tetraselmis- (Platymonas-)* Arten ist *Tetraselmis cordiformis* in Kleingewässern und eutrophen Seen und Teichen Mitteleuropas allgemein verbreitet. Der Schlund ist ins Zellinnere vertieft. Der Protoplast kann sich von der Theke abheben und in ihr eine neue Hülle ausscheiden. Er teilt sich innerhalb der Hülle. *Tetraselmis subcordiformis* kommt häufig in salzigen oder ausgesüßten Felslöchern in Küstennähe vor, die mit Vogelexkrementen stark gedüngt sind.

Die Arten der Gattung *Prasinocladus* wachsen an untergetauchten Gegenständen der Meeresküsten. Die ellipsoidischen Zellen sitzen an den Enden einfacher oder verzweigter Stiele, die aus alten, leeren Theken bestehen. Die Stiele bilden bis 0,25 mm hohe Büschel. Da die Zellen tetraselmisartige Zoosporen bilden, wird *Prasinocladus* von einigen Autoren als Stadium im Lebenszyklus von *Tetraselmis* angesehen. Bei *Prasinocladus marinus*, einer in Felstümpeln an den Küsten weitverbreiteten Art, setzen sich die Zoosporen mit dem Geißelpol auf einer geeigneten Unterlage fest, werfen die Geißel ab und scheiden eine Menge becherförmiger, ineinandergeschachtelter Gallerthüllen (Theken) aus, die eine Art Stiel bilden. Der Protoplast kann sich von den Theken zurückziehen, sie verlassen, Geißeln bilden und als 16–20 µm lange Zoospore fortschwimmen. Bleibt er an der Mündung des leeren Bechers hängen, so scheidet er auch hier hinter sich einen neuen Stiel aus. Die Zellteilung erfolgt im unbeweglichen Zustand. *Prasinocladus ascus* lebt an ähnlichen Standorten in Japan und Kalifornien.

Ordnung Pyramimonadales

Die meist asymmetrisch, sekundär, auch bilateral oder radiär symmetrisch gebauten, einzelligen, grünen bis gelbgrünen, monadoiden oder capsalen Organismen haben Zellkörper, die keine echte Zellwand besitzen, sondern von z. T. 4 morphologisch unterschiedlichen Lagen organischer Schuppen bedeckt sind. Die auffallend dicken 4–8 Geißeln sind mit Schuppen und feinen Haaren besetzt. Der Chloroplast ist primär topfförmig und der Zellform angepaßt.

Die Gestalt der Geißelschuppen ist sehr spezifisch. Bei einigen Arten besteht die untere Lage aus in 24 Längsreihen angeordneten, kleinen, rhombischen, die obere aus in 9 Längsreihen angeordneten größeren, komplexer gebauten Schuppen. Außerdem sind röhrige Haarschuppen in 2 opponierten Reihen vorhanden, die denen von *Tetraselmis* gleichen. Hierher gehören die Gattungen *Pyramimonas* und *Mesostigma*.

Bei den etwa 70 in Süß- und Salzwasser lebenden Arten der Gattung *Pyramimonas* laufen die 4 Längskanten des Zellkörpers am apikalen Zellpol in 4 Erhebungen (Schultern) aus, zwischen denen die Geißelgrube liegt. Der schuppige Periplast steht vom Zellkörper ab. Der napfförmige Chloroplast gliedert 4 den Längskanten anliegende Lappen aus. Die Süßwasserarten bevorzugen temporäre Wasserkörper wie Tümpel und Brunnen. Weit verbreitet ist die Leitart *Pyramimonas tetrarhynchus*. Sie lebt, mit ihren 4 Geißeln festhaftend, auf absterbenden Blättern oder Algenfäden im Süßwasser. *Pyramimonas octopus* aus dem dänischen Wattenmeer besitzt 8 Geißeln, die die Zelle mit einer Geschwindigkeit von rund 220 µm/s vorantreiben, was der 12fachen Körperlänge entspricht. Die Art schwimmt aber nur sekundenlang. Sonst lebt sie, an Sandkörnern mit den Geißeln festhaltend, benthisch. *Pyramimonas grossii* ist ein echter Plankter.

Ordnung Halosphaerales

Im Lebenszyklus treten 2 Phasen, eine monadoide und eine zystäre, auf. Nur erstere kann allein existieren, wobei sich die Zellen durch Längsteilung fortpflanzen. Hierher gehören die Gattungen *Halosphaera, Pachysphaera, Pteromonas* und *Cymbomonas.*

Die marine Gattung *Halosphaera* ist lange Zeit als kokkale Grünalge betrachtet worden. Die Analyse des Lebenszyklus hat jedoch gezeigt, daß sie die Vermehrungszyste von pyramimonasartigen Flagellaten repräsentiert. Von 3 Arten ist der charakteristische biphasische Lebenszyklus bisher bekannt. Die 4geißelige, bewegliche, pyramimonasähnliche Phase kann sich durch Längsteilung vermehren. Sie stellt allmählich ihre Bewegung ein, rundet sich ab, wirft die kurzen Geißeln ab und wandelt sich in eine unbewegliche Zysten- (Phycoma-) Phase um. Die Zyste verliert rasch den Schuppenpanzer der beweglichen Phase, umgibt sich mit einer Doppelwand und treibt im Wasser, sich ständig vergrößernd, umher, bis der Zellinhalt durch mehrfache Kern- und Plasmateilungen zu einem Reifezustand geführt, wird, der äußerlich durch viele peripher gelegene Komplexe (Rosetten) gekennzeichnet ist. Bis zu 512 (bei *Halosphaera viridis*) Rosetten können in einer Zyste entstehen. Jede Rosette teilt sich zweimal, dann bilden sich Geißeln: Die neue, bewegliche Phase tritt in Erscheinung. Jetzt schwillt die innere, pektinöse Zystenwand an. Die äußere (aus Sporopollenin bestehend) reißt mit einem Spalt auf, durch den der Zysteninhalt samt Innenwandung austritt. In dieser Blase teilen sich die Flagellaten munter weiter, die Blase vergrößert sich beträchtlich. Nach einigen Tagen (!) birst die Blase, und die bewegliche Phase tritt ins offene Wasser über. Der gesamte Lebenszyklus kann 20–40 Tage, je nach Temperatur und Jahreszeit, dauern.

Cymbomonas tetramitiformis aus dem Plankton des Mittelmeers besitzt 4 homodynamische Geißeln sowie einen Chloroplasten mit Pyrenoid und Augenfleck. Ihr Körper ist von 3 Schuppenalgen bedeckt. In Kultur konnte keine Zweiteilung des Flagellaten beobachtet werden, so daß es sich um die bewegliche Phase einer *Pachysphaera* handeln könnte. Er scheint geformte Nahrung aufnehmen zu können.

Bei der rein marinen Gattung *Pterosperma* treten grüngelbe bis goldbraune, kugelige, bis 200 µm große Phycoma-Phasen auf, die geflügelt sind. Die Typusart *Pterosperma rotundum* ist im Nordatlantik verbreitet.

Klasse Volvocophyceae

Die Klasse umfaßt alle im vegetativen Zustand monadoid, palmelloid oder kokkal organisierten, einzellig oder in kolonialen, z. T. hochdifferenzierten Verbänden lebenden grünen Algen mit Schwärmern vom *Chlamydomonas-* und *Dunaliella-Typ* unter Ausschluß der fädigen oder thallosen Formen. Wir rechnen zu ihnen 2 Unterklassen, die sich vor allem im Bau der beweglichen Fortpflanzungszellen unterscheiden: die Volvocophycidae, bei denen sowohl die Zoosporen als auch die Gameten von einer Hülle (Theke, Chlamys) umgeben sind (*Chlamydomonas*-Typ), und die Dunaliellophycidae, bei denen die beweglichen Fortpflanzungszellen stets nackt sind (*Dunaliella*-Typ).

Unterklasse Volvocophycidae

In der Unterklasse Volvocophycidae werden grüne Algen zusammengestellt, bei denen nur die monadoiden, palmelloiden und kokkalen Organisationsstufen entwickelt sind. Flagellaten, Zoosporen und Gameten sind mit 2 oder 4 gleich langen, isomorphen und isodynamischen Peitschengeißeln versehen, die selten feine Haare tragen. Die Flagellaten besitzen eine differenzierte Hülle (Chlamys, Theke), die nur Öffnungen für den Geißelaustritt frei läßt. Sie besteht chemisch aus Glykoproteinen. Auch die Zoosporen der unbeweglichen Algenzellen sind behäutet. Die Gameten werfen ihre Hülle erst unmittelbar vor oder während der Gametenverschmelzung ab. Der polare Zellbau eines chlamydomonasartigen Flagellaten bleibt hinsichtlich der Lage der Organellen auch bei den unbeweglichen Sippen erhalten. Der Chlorplast der monadoiden Zellen ist meist in Einzahl vorhanden. Farblose Sippen besitzen häufig einen Leukoplasten. Als Dauerzustände kommen Palmellen, Aplanosporen und Akineten vor. Sie sind überwiegend im Süßwasser oder im Boden anzutreffen.

Der Bau des Protoplasten und der Zelle

Bei den monadoiden Zellen füllt der Protoplast im allgemeinen die ganze Zelle aus. In ihm liegen, regelmäßig oder unregelmäßig verteilt, in Ein- oder Zweizahl, seltener in größerer Zahl die kontraktilen (pulsierenden) Vakuolen, die sich in kurzen Zeitabständen bilden und entleeren. Eine große zentrale Vakuole fehlt. Der Zellkern ist relativ groß und liegt meist im Zentrum der Zelle in einer ER-Zisterne. Neben ihm befindet sich ein Golgikörper.

Durch ihre Größe, Gestalt und grasgrüne Farbe fallen die Chloroplasten besonders auf. Im einfachsten Fall liegt ein becherförmiger Chloroplast antapikal dem Plasmalemma relativ eng an. Er trägt ein axiales Pyrenoid. Von diesem »Grundtyp« leiten sich mannigfache Chloroplastenformen ab. So kann der wandständige Chloroplast netzig durchbrochen sein (z. B. bei *Chlamydomonas reticulata*); er kann sich in viele polygonale, scheibchenförmige Plastiden auflösen (z. B. bei *Chlamydomonas alpina*), er kann basal oder frontal aufgeschlitzt (z. B. bei *Chlamydomonas conversa*) oder longitudinal völlig in parallelverlaufende Bänder aufgespaltet sein (z. B. bei *Chlamydomonas multitaeniata*). Auch sternförmige Plastiden sind bekannt. In einigen Fällen wird er teilweise oder völlig reduziert. Im Elektronenmikroskop zeigt sich, daß der Chloroplast von einer Doppelmembran umhüllt ist. Eine Verbindung zum endoplasmatischen Retikulum oder zur Kernhülle besteht nicht. Die Plastidenmatrix wird von großen, flachen Lamellen aus 1–20 Thylakoiden durchzogen und mosaikartig durchsetzt; eine Gürtellamelle fehlt. Im allgemeinen sind die Lamellen diskontinuierlich-bandartig angeordnet. Bei einigen Formen (z. B. *Carteria*) deutet sich eine Tendenz zu granaartiger Stapelbildung an. Zwischen den Lamellen können Stärkekörner liegen (Stromastärke). Die intraplastidischen Pyrenoide werden von einzelnen oder paarigen Thylakoiden sowie von Pyrenoidkanälen durchzogen. Pyrenoidstärke lagert sich ihnen kappenartig auf. Die grasgrüne Farbe der Chloroplasten beruht auf der Dominanz der Chlorophylle a und b über die Karotinoide α- und β-Carotin, Lutein, Violaxanthin, Antheraxanthin, Zeaxanthin, Neoxanthin und α-Cryptoxanthin. Diesem Standardpigmentmuster, von dem die Bildung des Assimilationsprodukts Stärke wesentlich abhängt, gesellt sich in bestimmten Entwicklungsphasen, etwa bei der Zystenbildung oder beim Altern, sowie unter bestimmten Bedingungen wie Stickstoff- und Nährsalzmangel, bei intensiver Beleuchtung oder niedrigem *p*H-Wert ein extraplastidisches Sekundärpigmentmuster hinzu, das z. B. bei dem »Blutkorn«, *Haematococcus*, aus Oxoderivaten des β-Carotins besteht. Astacin (Astaxanthin), Echinenon, Hydroxyechinenon, Canthaxanthin, Adonixanthin und Adonirubin gehören unter anderem dazu. Sie bilden zusammen das sogenannte Zystenhaematochrom, das die grüne Farbe der Chloroplasten völlig überdeckt. Die ganze Zelle oder die gesamte Population nimmt die rote Farbe an (»Blutregen«; vgl. den »Blutigen Schnee«, der durch *Chlamydomonas nivalis* verursacht wird). Auch die fast überall vorhandenen Augenflecke (Stigmen) sind durch Sekundärkarotinoide rot gefärbt. Sie liegen innerhalb des Chloroplasten und bestehen aus submikroskopischen Lipoidkörperchen.

Der Bewegungsapparat der monadoiden Zellen besteht primär aus 2 Geißeln, die scheitelständig in der Papillarregion der

Zelle inseriert sind (*Chlamydomonas-Volvox*-Muster der Begeißelung). Sie entspringen den beiden in V-förmiger Anordnung unter der Papille liegenden Geißelbasen und passieren die Zellhülle durch röhrenartige Durchlässe. Sie schlagen synchron in einer Ebene (isodynamisch), wobei sie als Zuggeißel (Tractellum) oder Schubgeißel (Pulsellum) wirken können, und sind als Peitschengeißeln ausgebildet, d. h., sie bestehen aus einem dickeren Schaft- und einem dünneren, kurzen, stumpfen Spitzenteil (»Peitsche«). Bei einigen Formen, z. B. *Chlorogonium, Haematococcus, Carteria* und *Pteromonas*, bekleiden feine, haarähnliche Anhängsel die Geißeln und die ganze Zelle. Sie sind mit den »Flimmerhaaren« der Goldalgengeißeln nicht identisch. In der Regel sind beide Geißeln gleich lang (Isokontae). Bei den zönobialen Formen ermöglicht die Korrelation der Geißelbewegung der Einzelzellen zueinander die gerichtete, taktisch gesteuerte Fortbewegung des Zellverbands. Bei *Volvox* läßt sich die systemregulierte Steuerung dadurch erklären, daß die Einzelzellen untereinander durch Plasmodesmen verbunden sind. In den palmelloiden Zuständen wird die Geißelaktivität gehemmt. Die Geißeln können erstarren und als sogenannte Gallertgeißeln aus der Gallerthülle herausragen.

Den monadoiden Formen stehen die palmelloiden am nächsten, die im Prinzip chlamydomonasartige Flagellaten sind, die durch Geißelverlust unbeweglich wurden. Sie haben den monadoiden Zellbau mit der morphologischen Polarität der ursprünglichen Flagellaten beibehalten und sind durch reichliche Gallertbildung und oft vorhandene Gallertgeißeln (diese übrigens mit einem [9 – 9] + 0-Querschnittsmuster!) charakterisiert. Die vegetativen Zellen können sich jederzeit in Zoosporen vom *Chlamydomonas*-Typ umwandeln, ohne daß sie vorher einen Teilungsvorgang durchlaufen müssen. Entwicklungsgeschichtlich handelt es sich um ins vegetative Studium übergegangene Palmellen, die auch sonst als gallertiges Ruhestadium bei *Chlamydomonas* vorkommen.

Die kokkalen Formen entsprechen den Ruhezellen der monadoiden Formen. Während aber bei *Chlamydomonas* die Ruhezelle nur als vorübergehendes Stadium in die Entwicklung eingeschaltet ist, stellt sie bei den kokkalen Formen die Hauptphase der vegetativen Entwicklung. Der chlamydomonesartige Charakter kommt auch hier in der Gestaltung der Algenzelle (Polarität, pulsierende Vakuolen) zum Vorschein. Die häufigste Zellgestalt ist die Kugel, daneben sind ellipsoidische, eiförmige, birnenförmige oder unregelmäßig gestaltete Zellen verbreitet. Manche Zellen weisen an ihren apikalen Enden häufig Reste der Papillen und der Geißelröhren auf. Bei den meisten Zellen ist die Zellwand glatt und im allgemeinen ohne auffallende Strukturen. In sie kann Zellulose eingebaut werden. Der Chloroplast läßt sich auf einen gemeinsamen Grundtypus, einen einfachen, ungegliederten, wandständigen, topfförmigen Chloroplasten, zurückführen. Das Pyrenoid liegt im deutlich verdickten Basalstück des Chloroplasten eingebettet. Ein Stigma kommt fast ausschließlich in den Zoosporen und Gameten sowie in ganz jungen Keimlingen vor. Neben einkernigen finden sich auch mehrkernige Sippen. Bei den meisten Formen treten pulsierende Vakuolen in den beweglichen und auch in den unbeweglichen Zellen auf.

Die ungeschlechtliche Fortpflanzung

In der Gruppe fehlt die für Flagellaten typische Zweiteilung (Schizotomie). Es kommt zur Vielfachteilung (Schizogonie) innerhalb der Mutterzellwand, d. h., es werden bereits auf der monadoiden Organisationsstufe Sporangien gebildet. Durch die sukzedane Protoplastenteilung entstehen meist 2–16, manchmal bis zu 600 Teilprotoplasten.

Die Schwärmer verlassen die Sporangien, schwärmen längere Zeit herum und verwandeln sich erst dann in das vegetative Stadium. Ehe sie das Zoosporangium verläßt, bildet jede Zoospore ihre eigene Zellwand und den Geißelapparat neu aus. Die Mutterzellwand wird vor dem Ausschwärmen der Zoosporen durch Sporangium-Autolysine aufgelöst. Bei den kolonialen Volvocaceen können entweder alle Zellen in Tochterzönobien aufgeteilt werden, oder es erfolgt ein Differenzierung in somatische und generative Zellen.

Bei den palmelloiden Formen entstehen ebenfalls durch sukzedane Protoplastenteilung 2–8 Teilprotoplasten, die zunächst nackt sind, sich jedoch bald mit einer neuen eigenen Hülle umgeben. Die Mutterhülle verbleibt als Gallertrest außerhalb der jungen Tochterzellen. Die Tochterzellen bilden entweder Geißeln und werden zu Zoosporen, die sich nach gewisser Schwärmzeit festsetzen und zu neuen Organismen auskeimen, oder die Tochterzellen wachsen direkt, ohne Geißeln auszubilden, zu vegetativen Zellen heran.

Bei den kokkalen Formen ist die vegetative Zelle nicht mehr imstande, sich direkt in geißelbewegliche Schwärmer umzuwandeln. Die meisten monoenergiden Sippen weisen eine sukzedane Protoplastenteilung auf, wobei innerhalb des Sporangiums 2–128 Teilprotoplasten gebildet werden (sukzedane Zytogonie). Nach jeder Mitose erfolgt eine Plasmotomie. Bei einigen Sippen (z. B. *Chlorococcum vacuolatum*) kommt eine semisimultane Protoplastenteilung vor. Das wachsende Sporangium bleibt bis zur vollen Reife einkernig. Der Teilungsprozeß wird dann durch mehrere rasch aufeinanderfolgende Kernteilungen eingeleitet. Die Anzahl der durch Teilung entstandenen Zellkerne entspricht der künftigen Anzahl der Sporen. Bei den polyenergiden Sippen werden die Zellkerne schon während des Wachstums der vegetativen Zelle sukzedan geteilt, ohne daß auf jede Mitose eine Plasmatomie folgt. Der Protoplast zerfällt dann simultan in einkernige Teilprotoplasten (simultane Zönogonie). Charakteristisch ist, daß die gebildeten Zoosporen im Gegensatz zu den Flagellaten niemals teilungsfähig sind. Der Teilungsprozeß ist folglich von der monadoiden Ausbildung auf das unbewegliche Stadium übergangen. Die Zoosporen keimen nicht durch plötzliche Gestaltänderung, sondern wandeln sich allmählich in vegetative Zellen um.

Die geschlechtliche Fortpflanzung

Bei den monadoiden und palmelloiden Formen ist die geschlechtliche Fortpflanzung weit verbreitet.

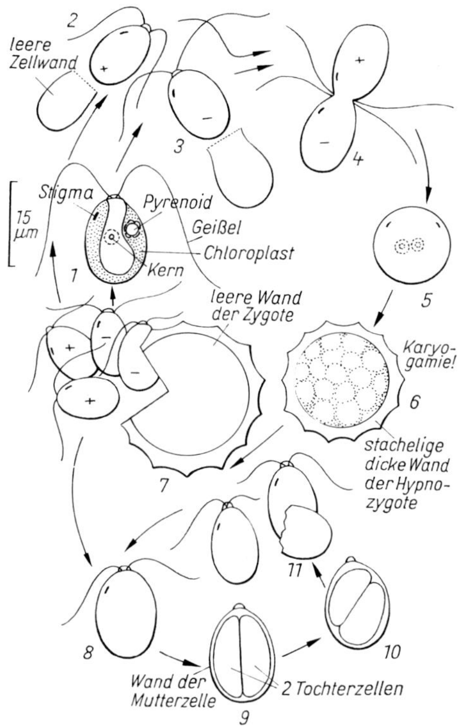

Chlamydomonas eugametos, Lebenszyklus. 1–7 geschlechtliche Fortpflanzung (Hologamie), 8–11 ungeschlechtliche Fortpflanzung (Schizononie)

Bei *Chlamydomonas terricola* und *Volvulina pringsheimii* kopulieren 2 morphologisch gleiche, sexuell entgegengesetzt determinierte, schwärmende Zellen, die sich äußerlich nicht von normalen vegetativen Zellen unterscheiden (isogame Hologamie). Bei *Chlamydomonas braunii* sind die kopulierenden Zellen ungleich groß (anisogame Hologamie). Meist geht der Bildung der Geschlechtszellen eine Teilung der Mutterzellen voraus, so daß die Gameten äußerlich von den vegetativen Individuen unterschieden sind. In diesen Fällen wird die geschlechtliche Fortpflanzung als Merogamie bezeichnet. Bei *Chlamydomonas steinii* und *Selenochloris stigmatophora* kopulieren homothallische, d. h. aus ein und derselben Mutterzelle hervorgegangene, Isogameten miteinander (homothallische, isogame Merogamie), bei *Tetraspora lubrica* dagegen entstammen sie verschiedenen Mutterzellen (heterothallische, isogame Merogamie). Bei *Chlamydomonas gymnogama* verschmelzen nackte, homothallische Anisogameten, bei *Chlorogonium maximum* dagegen heterothallische Anisogameten. Schließlich seien noch Fälle von Oogamie und Oogoniogamie erwähnt. Der kleine, schlanke Androgamet von *Chlorogonium oogamum* paart sich im freien Wasser mit einer großen, amöboiden, geißellosen Eizelle, die aus ihrer Mutterzelle ausgetreten ist (Oogamie). Der kleine Androgamet von *Chlamydomonas coccifera* verschmilzt mit dem unbeweglichen, riesigen Gynogameten (Oogameten) innerhalb der Mutterzelle der Eizelle (Oogoniogamie).

Die Kopulation der Gameten, die Syngamie, führt zunächst zur Bildung einer 4geißeligen Planozygote, die sich alsbald zur Ruhe setzt, die Geißeln abwirft und sich mit einer derben Hülle umgibt (Dauerzygote, Hypnozygote). In der Regel folgt auf die Syngamie gleich die Karyogamie, die Kernverschmelzung. Nur in wenigen Fällen verschmelzen die Kerne erst kurz vor der Zygotenkeimung. Die Zygote keimt in allen bisher bekannten Fällen unter Reduktionsteilung. Es entstehen dabei (1)4–32 haploide Keimzellen.

Bei den kokkalen Formen tritt die geschlechtliche Fortpflanzung nur bei wenigen Sippen und nur unter dem Aspekt einer Isogamie, höchstens unter dem einer schwach ausgeprägten Anisogamie auf. Es kopulieren behäutete Gameten wie bei *Chlamydomonas.* Die Isogameten von *Chlorococcum echinozygotum* bilden Gruppen, aus denen sich dann Paare lösen, die geraume Zeit umherschwimmen, bevor sie miteinander verschmelzen. Dabei werden die Zellwände der Gameten abgeworfen. Die Zygote vergrößert sich, wandelt sich in eine dicke, warzig-stachelige Hypnozygote um, die nach Meiose 4 unbewegliche Gonen entläßt.

Der Lebenszyklus

Der Lebenszyklus der Volvocophyceen läuft in der Haplophase ab: Nur die Zygote ist diploid (Haplontenzyklus). Sie kann die einzige temporäre Latenzphase (Gamozyste) darstellen. Daneben können auch noch andere temporäre Latenzphasen in die Entwicklung eingeschaltet sein, so vegetative Zysten oder Akineten, die der Überdauerung ungünstiger äußerer Bedingungen dienen, oder generative Zysten bei der ungeschlechtlichen Fortpflanzung.

Ordnung Chlamydomonadales

Diese überwiegend einzeln lebenden, grünen, behüllten Formen durchlaufen die vegetative Hauptphase ihres Lebenszyklus im geißelbeweglichen Zustand. Die Körperhülle ist eine aus Glykoproteinen bestehende Theke (Chlamys), die sich bei der Fortpflanzung nicht mit dem Protoplasten teilt. Die Zellen pflanzen sich durch Vielfachteilung (Schizogonie), aber nie durch Längsteilung (Schizotomie) fort. Jede Tochterzelle bildet ihre eigene Theke neu aus.

Familie Chlamydomonadaceae

Die Familie umfaßt rund 30 Gattungen grüner Flagellaten, deren meist ei- oder tropfenförmiger Zellkörper von einer (nie mineralisierten, inkrustierten oder imprägnierten) Theke umgeben ist.

Die Typusgattung *Chlamydomonas* mit mehr als 500 Arten ist im Süßwasser und in feuchter Erde allgemein verbreitet; einige wenige Arten leben im Meer. Von der ei- bis tropfenförmigen Grundform der Zelle wird die kugelige, zylindrische, birnen- oder zitronenförmige Gestalt abgeleitet. Die Glykoproteinwand verschleimt oft und wandelt sich in eine Gallerthülle um. Am vorderen Zellpol verdickt sie sich zu einer Papille, durch die die beiden gleich langen, glatten, homodynamischen Geißeln austreten. Die Grundgestalt des Chloroplasten ist topfförmig, mit Pyrenoid in der basalen Verdickung; von ihr lassen sich vielfältige Chloroplastenformen ableiten. Die Zellen sind einkernig; der Kern liegt meist zentral.

Die *Chlamydomonas*-Arten lassen sich leicht in oder auf künstlichen Medien züchten. Sie eignen sich für Massenkulturen und dienen als Testorganismen für die Toxizitätsbestimmungen von industriellen Abwässern. Einige Arten können heterotroph im Dunkeln unter Zusatz von Zucker oder Azeton als Kohlenstoffquelle leben. *Chlamydomonas reinhardtii* ist ein bevorzugtes Objekt für genetische und submikroskopische Untersuchungen.

In der Natur besiedeln die *Chlamydomonas*-Arten alle Gewässertypen von katharoben Quellen bis zu polysaproben Gewässern. Die meisten Arten werden nicht größer als 15–18 µm. Viele Arten leben als Bewuchs an den Wänden von Wasserbecken oder an Tümpelufern. Von dort gelangen sie ins Plankton. Wieder andere Arten färben das Wasser verunreinigter Pfützen und Dorfteiche. Auch auf Schnee im Gebirge und in der Arktis finden sie sich so zahlreich ein, daß sie den Firnschnee rot färben (»Roter« oder »Blutiger Schnee«, hervorgerufen durch die unbeweglichen Phasen von *Chlamydomonas nivalis*, die reichlich Haematochrom, das Oxocarotinoid Astacin, enthalten). *Chlamydomonas kleinii* verbringt einen großen Teil des vegetativen Lebenszyklus im Gallertstadium, ist also eine »palmelloide« *Chlamydomonas*-Art.

Die Gattung *Chloromonas* mit ihren 140 Arten stellt eine Parallelform zu *Chlamydomonas* dar, von der sie sich durch das Fehlen eines intraplastidischen Pyrenoids unterscheidet. In stark verunreinigten Gewässern ist *Chloromonas depauperata* verbreitet.

Die 30 *Polytoma*-Arten werden als Abkömmlinge der Gattung *Chlamydomonas* angesehen. An Stelle des Chloroplasten ist ein farbloser Leukoplast vorhanden. Sie speichern Stärke und vermehren sich wie *Chlamydomonas*. Die gelborange Färbung einiger Formen rührt von den Pigmenten β-Carotin und Polytomaxanthin, einem astacinartigen Xanthophyll, her. Die häufigste Art ist *Polytoma uvella*, die im Wasser zwischen faulenden Pflanzen vorkommt; in Aufgüssen kann sie leicht vermehrt werden.

Die 2geißelige *Selenochloris stigmatophora* kommt oft mit *Polytoma* zusammen in seichten, durch Vögel verschmutzten Felsmulden vor. Sie ist teils farblos, teils hellgrün, da der Chloroplast nur schwach entwickelt ist. Sie bildet Stärke und pflanzt sich sexuell fort (Isogamie).

Im vorderen Zellpol tragen die rund 60 *Carteria*-Arten 4 Geißeln. Einige Arten leben im Meer, die meisten im Süßwasser, so z. B. die in Tümpeln und kleinen Teichen weit verbreitete *Carteria multifilis*.

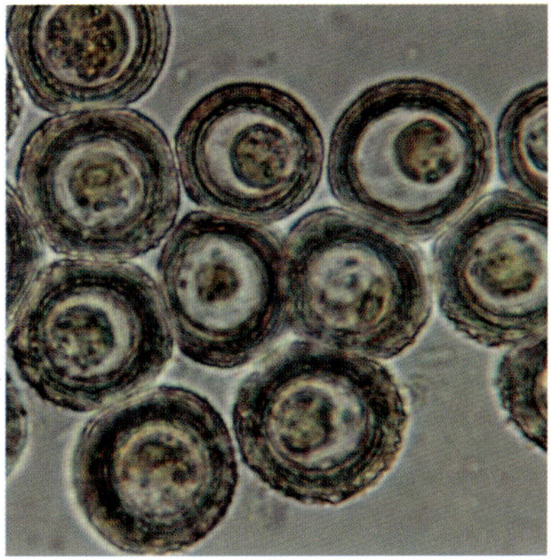

Phacotus lenticularis. Massenentwicklung im Feldberger Haussee, Mecklenburg-Vorpommern

Familie Phacotaceae

Die einzeln lebenden, chlamydomonasartigen Zellen sind von festen, oft mineralisierten (Kalk-, Eisen-, Mangan-) Theken umgeben. Bei der Teilung trennt sich das Gehäuse in 2 gleiche Hälften oder zerbricht in unregelmäßige Teilstücke.

Bei den 12 *Phacotus*-Arten ist das Gehäuse mit Kalk inkrustiert. Es besteht aus 2 gleichen Schalen (Valven), die wie 2 Uhrgläser aneinanderschließen. *Phacotus lenticularis* ist im Plankton kalkreicher Seen häufig. Die sedimentierten Kalkgehäuse sind auch aus jüngeren Ablagerungen (Miozän, Pleistozän) bekannt.

Die 20 *Pteromonas*-Arten, die im Plankton der Seen und Teiche leben, zeichnet ein nichtmineralisiertes zweiteiliges Gehäuse aus, das 2 flache Flügel trägt.

Pteromonas angulosa ist im Teichplankton überall verbreitet.

Familie Haematococcaceae

Der Zellkörper ist von der Theke abgehoben und mit ihr über plasmatische Fortsätze verbunden. Die erste Protoplastenteilung ist eine Querteilung. Der alte Geißelapparat bleibt bis zum Freiwerden der Zoosporen mit einem der Teilprotoplasten verbunden.

Die 5 Arten des Blutkorns oder Blutregens, *Haematococcus*, besitzen einen krug- bis topfförmigen, wandständigen, unregelmäßig netzartigen und gelappten Chloroplasten mit 1–7 Pyrenoiden. Der Protoplast zieht sich während der Entwicklung von der Zellwand zurück, mit der er durch verzweigte Plasmafäden verbunden bleibt. Ältere Zellen und Zygoten reichern größere Mengen eines Gemisches roter Karotinoide an (Haematochrom: Astacin, Echinenon, Adonixanthin, Adonirubin, β-Carotin). *Haematococcus pluvialis* kommt häufig in sich erwärmenden, oft austrocknenden Kleinstgewässern (Steinmulden, Betonbecken, Weihwasserbecken) und Freibädern vor.

Stephanosphaera pluvialis bildet Kolonien von 8–16 Protoplasten, die in einer Gallertkugel liegen. Wie *Haematococcus* vermehrt sie sich in großen Mengen in Felsmulden, wo sich Regenwasser sammelt. Nach dem Austrocknen bleiben in den Mulden goldgelbe bis rote Überzüge zurück.

Unter den 18 Arten der Gattung *Chlorogonium* befinden sich Azetatflagellaten, die nur dort auftreten, wo durch mikrobielle Zersetzung von Stärke Essigsäure entsteht. Der Chloroplast besitzt 2 große Pyrenoide. *Chlorogonium elongatum* ist ein Indikator saprober Gewässer.

Uva gracilis, erwachsene Kolonie (nach Silva & Papenfuss)

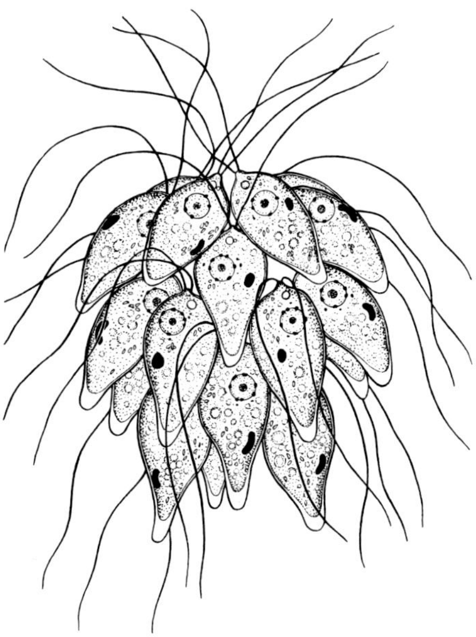

Ordnung Kugelalgenartige, Volvocales

Die Ordnung umfaßt alle kolonien- oder zönobienbildenden Formen, deren Einzelzelle *chlamydomonas*artig ist. Sie durchlaufen die vegetative Hauptphase ihrer Entwicklung im geißelbeweglichen Zustand.

Familie Spondylomoraceae

Die Zellen befinden sich in traubenförmigen Kolonien, die aus einer vegetativen Zelle oder einer Zyste durch Mehrfachteilung entstehen. Sie sind nicht in Gallerte eingehüllt.

Bei den 7 *Uva*-Arten sind die 8–16 2geißeligen Zellen in Zönobium paarig-kreuzweise angeordnet. Die Zönobien werden etwa 45 µm groß. In den Tiefen kleiner Becken und Teiche leben planktisch *Uva korschikowii* und *U. incurva.*

Die Kolonien von *Spondylomorum quarternarium* bestehen aus 16 Zellen, von denen jede 4 Geißeln trägt.

Familie Chlorocoronaceae

Die Zellen sind in ringförmigen Kolonien angeordnet. *Chlorocorona bohemica* lebt im Tiefenplankton über dem Teichgrund. Die etwa 50 µm großen Kolonien sind durch 8 entfernte, mit Gallertsträngen verbundene Zellen charakterisiert.

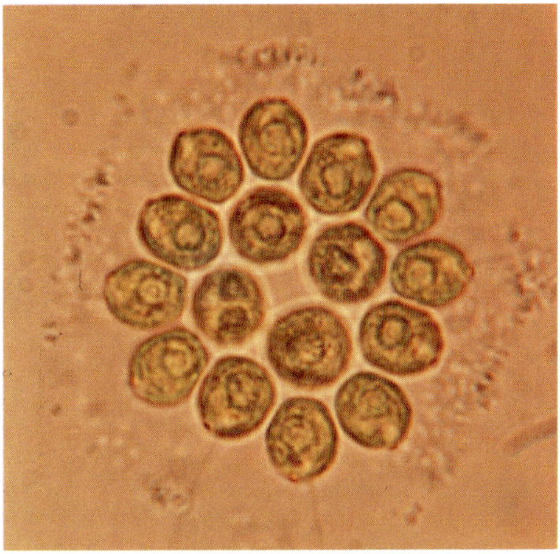

Gonium pectorale, tafelförmige Gallertkolonie, am Rande der Gallerte Bakterienbewuchs

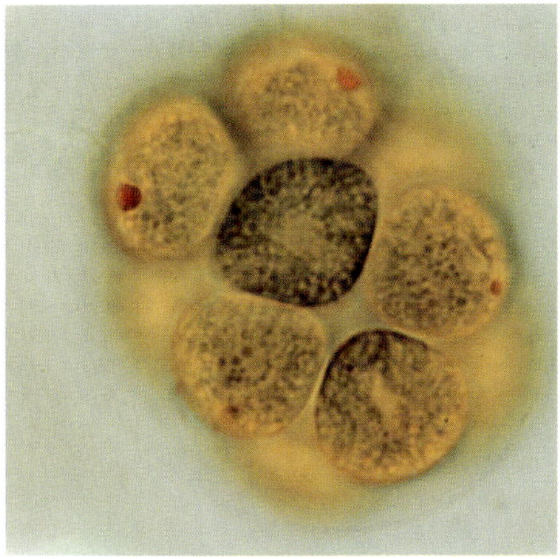

Pandorina morum. Zönobium aus enggepackten Zellen; Gallerte, Augenfleck und Geißeln sichtbar

Familie Volvocaceae

Die 2geißeligen Zellen sind in den Kolonien strahlenförmig angeordnet und bilden Tafeln oder Kugeln. In den hochentwickelten Kolonien sind die Zellen untereinander nicht gleichwertig: Durch Differenzierung ist eine Arbeitsteilung erreicht worden.

Bei den 7 *Gonium*-Arten bestehen die Kolonien aus 4–16 Zellen, die innerhalb einer viereckigen, perforierten, bis 80 µm großen Gallerttafel liegen. Die Geißeln sind nach der konvexen Seite der Tafel orientiert. Alle Zellen sind untereinander physiologisch und genetisch gleichwertig, alle können durch Mehrfachteilung neue Kolonien hervorbringen. Die Tochterkolonien sind anfangs halbkugelig, die Geißeln gegen das Innere der Höhlung gerichtet. Dann erfolgt eine Inversion: Die Geißelpole werden umpolarisiert. Die geschlechtliche Fortpflanzung ist isogam. Aus der Zygote gehen 4zellige Keimkolonien hervor, bei denen jede Einzelzelle eine vegetative Tafelkolonie bildet. Im Plankton kleiner, an organischen Stoffen reicher Becken findet sich häufig das 16zellige *Gonium pectorale*.

Die 2 *Pandorina*-Arten mit 8- bis 16zelligen Zönobien von der Form einer Gallertkugel oder eines Ellipsoids sind diözisch. Bei der geschlechtlichen Fortpflanzung kopulieren 2 ungleiche Gameten. Im Zönobium ist eine morphologische Differenzierung eingetreten: Die Zellen des einen Pols besitzen einen größeren Augenfleck als die des entgegengesetzten Pols. Die bis 80 µm große *Pandorina morum* ist die häufigste Art.

Die 16–64, meist 32 Zellen der ellipsoidischen *Eudorina*-Arten sind in 5 Kreisen angeordnet. Verschiedene Augenfleckgröße, verschiedene Zellgröße am basalen und apikalen Koloniepol und damit Differenzierung in einen vegetativen und generativen (Geschlechts-)Pol drücken die gewachsene Arbeitsteilung der Kolonie aus. Sie pflanzen sich geschlechtlich durch Oogamie fort. Die 200 µm großen *Eudorinaelegans*-Kolonien sind häufig im Plankton der Seen und Teiche.

Die höchstentwickelte Gattung der koloniebildenden grünen Flagellaten ist die Kugelalge, *Volvox*. Die bis zu 20 000 Zellen liegen in einer mit Gallerte gefüllten Hohlkugel, die stecknadelgroß (Durchmesser etwa 500 µm) werden kann. Sie sind miteinander durch plasmatische Stränge verbunden, die bei der unvollständigen Protoplastenteilung zurückbleiben. Die Oberfläche erscheint als eine wabenförmig gekammerte Gallertschicht. In jeder Kammer sitzt ein 2geißeliger, chlamydomonasähnlicher Flagellat. Die Kolonien weisen 2 Pole auf: Der vordere, vegetative Pol besitzt Zellen mit einem größeren Augenfleck. Er ist bei der Fortbewegung nach vorn gerichtet. Der hintere, generative Pol besitzt Zellen, die der ungeschlechtlichen oder geschlechtlichen Fortpflanzung dienen. Nach der geschlechtlichen Fortpflanzung gehen die Zellen des vegetativen Pols der Mutterkolonie zugrunde. Die *Volvox*-Kolonie ist nicht ein Zellaggregat, sondern ein Zellsystem, eine höhere Einheit, die Merkmale vielzelliger Organismen aufweist.

Die geschlechtliche Fortpflanzung ist eine Oogamie. Bei *Volvox aureus* wandeln sich in der generativen Hemisphäre einige Zellen in Gametangien um, die bis 100 spindelige, 2geißelige Spermatozoiden enthalten. Gleichzeitig bilden sich in einer anderen Kugel mehrere auffallend große Eizellen. Die Spermatozoidenbündel schwimmen zur weiblichen Kugel hin, lösen sich auf und entlassen Spermatozoiden in die Kugel, die mit den Eizellen verschmelzen. Nach der Befruchtung entwickeln sich derbwandige, reservestoffreiche, rotpigmentierte Dauerzygoten, die unter Meiose auskeimen.

Bei der ungeschlechtlichen Fortpflanzung teilt sich eine Zelle in der generativen Hemisphäre sukzedan längs in eine größere Anzahl von Tochterzellen, die die Kolonie eindellen (Inkurvation). Durch weitere Zellteilungen entsteht eine zur Oberfläche hin durch einen Phialoporus offene, in die Kolonie eingesenkte Hohlkugel, bei der die künftigen Geißelpole dem Kugelinneren zugewendet sind. Während des Loslösens von der peripheren Zellschicht stülpt sich die Hohlkugel um (Exkurvation), und die künftigen Geißelpole gelangen nach außen. Erst jetzt werden die Geißeln ausgebildedt. Die kleine Tochterkolonie bleibt zunächst im Innern der Mutterkolonie eingebettet und wird erst nach deren Absterben frei.

Der einhäusige *Volvox globator* wird bis 1 mm groß und lebt in eutrophen Teichgewässern und Seen des Flachlandes. Der zartere, kleinere (bis 0,5 mm) *Volvox aureus* ist 2häusig und in Teichen und eutrophen Seen vom Tiefland bis in die Bergstufe sehr verbreitet. Beide Arten bevorzugen Gewässer, die sich auf über 20 °C erwärmen. Sie können Vegetationsfärbungen hervorrufen.

Ordnung Tetrasporales

Die Ordnung umfaßt Formen, deren chlamydomonasartige Zellen in Gallertlagern leben. Dabei durchlaufen sie die vegetative Hauptphase ihrer Entwicklung im unbeweglichen (palmelloiden oder gloeomorphen) Zustand. Die Aktivität der in der Gallerte eingebetteten Geißeln ist bis zur Starrheit gehemmt; trotzdem bleiben sie erhalten und können mitunter weit über die Oberfläche der Gallerte hinausragen (Gallertgeißeln, Pseudocilien).

Familie Palmellopsidaceae

Die *chlamydomonas*artigen Zellen leben einzeln oder zu vielen in Kolonien und bilden durch Gallertausscheidung nicht selten mächtige, einfache oder geschichtete, makroskopisch sichtbare Gallertlager. Manchmal ist die Gallerte durch Ablagerungen von Eisen- und Manganverbindungen gelb bis braun gefärbt. Gallertgeißeln fehlen. Bei einigen Sippen sind 2 echte Geißeln vorhanden, die sich innerhalb der Gallerte träge bewegen können. Die vegetativen Zellen können ausschwärmen; außerdem findet Fortpflanzung durch Zoosporen statt.

Gloeococcus minor bildet Gallertlager in der Größe von Erbsen und Haselnüssen in Brunnen, Brunnentrögen und anderen Wasserbehältern. *Pseudosphaerocystis lacustris* bildet bis zu 200 µm große, abgeflachte Gallertlager, die im Plankton von Seen und Teichen verbreitet sind. Die oft fast rundlichen Gallertlager von *Asterococcus superbus* sind vor allem in Sümpfen, Mooren, alten Torfstichen und Weihern mit braunem Wasser sehr verbreitet. Die »Mooralge« lebt benthisch.

Familie Tetrasporaceae

Die 4- bis mehrzelligen Kolonien bilden oft mit bloßem Auge sichtbare Gallertlager. Die chlamydomonasartigen Zellen haben kontraktile Vakuolen und auffallend lange Gallertgeißeln. Ungeschlechtliche Fortpflanzung durch Zoosporen und Autosporen, geschlechtliche Fortpflanzung durch Iso- oder Anisogamie sind verbreitet.

Kolonien der Kugelalge *Volvox,* von denen einige Tochterkolonien gebildet haben. Die protoplasmatischen Verbindungen der Einzelzellen sind sichtbar.

Die Typusgattung *Tetraspora* umfaßt etwa 7 Arten. Die kugeligen bis ellipsoidischen Einzelzellen liegen meist zu vieren in großen, amorphen, gallertigen Massen, aus denen die Gallertgeißeln herausragen. Neue Gallertlager werden durch vegetative Zellen gebildet, die echte Geißeln ausbilden und als 2geißelige vegetative Schwärmer aus dem Gallertlager austreten. Bei der ungeschlechtlichen Fortpflanzung entstehen in den vegetativen Zellen 4 oder 8 2geißelige Zoosporen. Bei der geschlechtlichen Fortpflanzung kopulieren Iso- oder Anisogameten aus verschiedenen Kolonien (Diökie). Das Wachstum der Lager erfolgt durch Bildung von 4 unbeweglichen Tochterzellen aus beliebigen vegetativen Zellen, wobei die alte Zellwand gallertig verquillt und als Gallertscheide einige Zeit rings um die entstandenen Vierergruppen zu sehen ist.

Tetraspora gelatinosa zeichnet sich durch blasig-höckerige, rundliche, ungestielte, oft 1–2 dm große Lager aus, die sich vor allem in klaren, kühlen, fließenden und stehenden Gewässern finden. Die Gallertgeißeln sind sehr lang.

Bei *Tetraspora cylindrica* ist das Lager deutlich gestielt. Es wird bis 1,5 cm dick und bis gegen 50 cm lang, so daß es in kalten Seen und Bächen mit bloßem Auge wahrnehmbar ist. *Tetraspora lubrica* bildet zarte, ungestielte, oft gelappte bis durchbrochene, bis 2 dm lange Lager in stehenden Gewässern. Sie ist bei uns die häufigste Art. In der Gattung *Paulschulzia* sind die aus der Mutterzellwand entstehenden Gallerthüllen als ausdauernde Hülle entwickelt. *Paulschulzia pseudovolvox* mit rundlichen, zusammengesetzten, bis 248 Zellen enthaltenden Lagern von bis zu 300 µm Größe lebt vorwiegend planktisch in Seen und großen Teichen.

Die chlamydomonasartigen Zellen von *Chaetochloris* leben einzeln oder in kleinen Gruppen, die von einer Gallerte zusammengehalten werden, und sitzen dabei mit dem papillenartigen Vorderende an der Unterlage fest. Lange Gallertgeißeln ragen weit aus dem dicken Gallertmantel heraus.

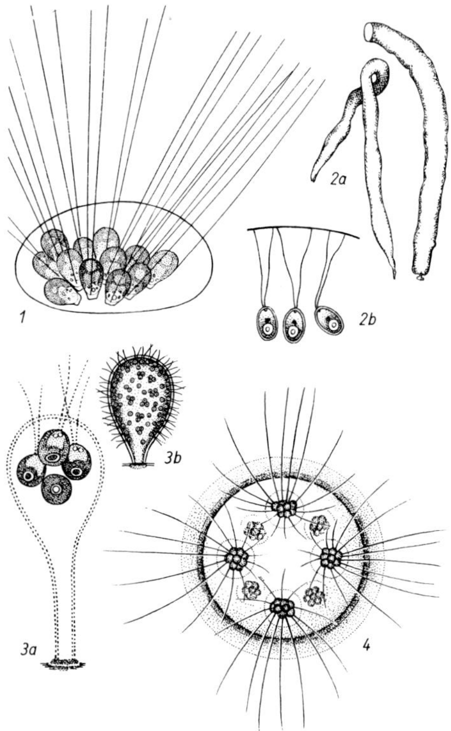

Tetrasporale Grünalgen. 1 *Chaetochloris scherffeliana,* kleines Lager, 2 *Tetraspora cylindrica,* 2a Gallertlager, 2b Lagerrand mit 3 vegetativen Zellen mit Gallertgeißeln, 3 *Apiocystis brauniana,* 3a junge Kolonie von 4 Zellen mit Gallertgeißeln, 3b erwachsene Kolonie, gegenüber 3a verkleinert. 4 *Paulschulzia volvox* (1–3 nach Fott, 4 nach Skuja)

Bei *Chaetochloris consociata,* die als kugelige Gallertkolonie unter der Wasseroberfläche schwebt, setzen sich die Zellen an einem kleinen Körper, etwa an einer Luftblase, mit ihren Geißelpolen fest und scheiden eine dünnflüssige Gallerte aus. Die Geißeln biegen vom Geißelpol nach hinten um, verlängern sich und verwandeln sich in der Gallerte in unbewegliche Pseudocilien. Ähnlich verhält sich *Chaetochloris scherffeliana.*

Die Zoosporen von *Polychaetochloris aggregata* haben 4 Geißeln. Sie setzen sich mit dem Geißelpol auf Algenfäden fest und bilden einschichtige, gallertige Kolonien mit Bündeln von je 4 starren Gallertgeißeln.

Familie Chlorangiellaceae

Die Familie umfaßt Formen, deren geißellose Zellen mit Hilfe von Gallertscheiben oder -stielen epibiontisch auf einer Unterlage festsitzen und die vegetative Hauptphase ihres Lebenszyklus im unbeweglichen Zustand durchlaufen. Da sie trotzdem ihre kontraktilen Vakuolen behalten (»Vacuolatae«) und ihre monadoiden Fortpflanzungsstadien typisch *chlamydomonas-* oder *chlorogoniumartig* sind, können sie als Tetrasporales betrachtet werden.

Bei den Arten um *Chlorangiella* ist die Wand der vegetativen Zellen nicht aufgeblasen und steht daher nicht weit vom Protoplasten ab. Die Arten der Gattung *Chlorangiella* sitzen mit einem von der Papillarregion aus-

Chlorococcum echinozygotum, Lebenszyklus. 1 vegetative Zelle, 2 Zweiteilung der Zelle, 3 Teilungsebenen, die zur Entstehung einer Zelltetrade führen, 4–5 Bildung von Aplanosporen, 6–7 Bildung von Zoosporen, 8–9 Gameten und Kopulation, 10 Verschmelzung der Gameten außerhalb der Zellwände, 11 Abrundung der Zygote, 12 ausgewachsene Hypnozygote, 13 Keimung der Hypnozygote (A Augenfleck, Cl Chloroplast, G Geißel, K Kern, Py Pyrenoid, V pulsierende Vakuole) (nach Starr)

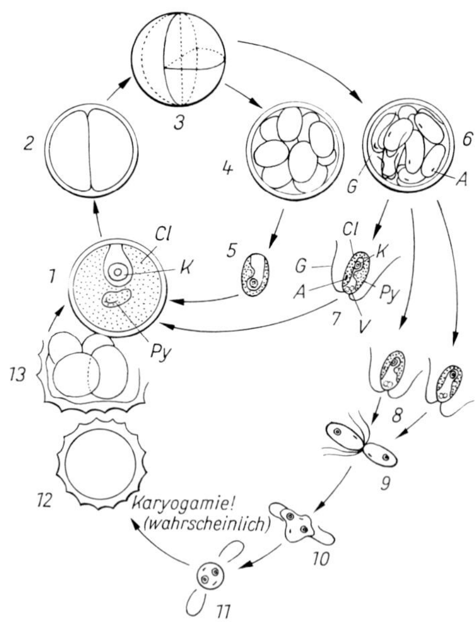

Grüne Neustonhaut auf Oxydationsteich. Die feine Haut besteht aus Milliarden von unbenetzbaren Zellen von *Nautococcus mamillatus* (Chlorococcales), deren zwiebelförmige Zellen mit dem größeren, breiteren, eine Zellwandkappe tragenden Teil über die Wasseroberfläche ragen.

geschiedenen Gallertstrang am Substrat (an Wasserpflanzen, Planktonkrebsen) fest. Die rudimentären Geißeln bleiben außerhalb des Gallertstiels. Leitart ist *Chlorangiella pygmaea*.

Bei *Chlorangiopsis epizootica* wandeln sich die Geißeln in den gallertigen Stiel um, der sich mit verbreiterter Basis am Substrat verankert.

Bei den 13 Arten der Gattung *Chlamydomonadopsis* haften die Zellen mit einer Gallertscheibe auf der Unterlage. Die jungen Zellen zeigen noch stummelförmige Geißelrudimente.

Bei den Arten um *Chlorophysema* sind die oft verschleimten Zellwände derb-gehäuseartig aufgeblasen und stehen weit vom Protoplasten ab. *Chlorophysema melosirae* lebt auf planktischen Diatomeen.

Ordnung Chlorococcales

Die Ordnung umfaßt einzellige oder in kolonialen Verbänden vereinigte grüne Algen, die mit einer deutlichen Zellhülle (Theke) versehen sind und die Hauptphase ihrer Entwicklung im unbeweglichen, kokkalen Zustand durchlaufen. Gallerte wird nicht gebildet. Im chlamydomonasartigen Protoplasten treten Stigma und pulsierende Vakuolen vorübergehend auf. Er ist vegetativ teilungsunfähig. Bei der ungeschlechtlichen Fortpflanzung kommen begeißelte Zoosporen oder unbegeißelte Aplanosporen vor. Der Lebenszyklus läuft in der Haplophase ab. Viele Formen leben als Plankter im Süßwasser.

Familie Chlorococcaceae

Die Arten haben kugelige oder ovoide Zellen, die einzeln oder in unregelmäßigen Gruppen leben. In den jungen vegetativen Zellen können sich pulsierende Vakuolen ausbilden. Ungeschlechtliche Fortpflanzung findet durch chlamydomonas- oder carteriaartige, 2- oder 4geißelige Zoosporen oder

Aplanosporen statt. Die geschlechtliche Fortpflanzung ist isogam. Es gibt viele Bodenalgen.

Die etwa 40 *Chlorococcum*-Arten gehören zu den häufigsten Bodenalgen. Ihr wandständiger Chloroplast gleicht einer Hohlkugel, die an einer Stelle offen ist. *Chlorococcum multinucleatum*, durch vielkernige Zellen ausgezeichnet, bildet dichte Überzüge am gedüngten Grund von Bäumen und Mauern.

An neustischee Lebensweise angepaßt sind *Nautococcus soluta* und *N. constricta*. Auffällig ist der schwammförmige Chloroplast von *Neospongiococcum*. In Vierer-, Achtergruppen oder Zellpaketen in gemeinsamer Gallerte eingebettet ist *Fasciculochloris boldii*. 4geißelige Zoosporen bildet *Pseudoplanophila terrestris*.

Die 14 Arten der Gattung *Tetracystis* sind weitverbreitete Bodenalgen mit becherförmigem Chloroplasten, während *Axilosphaera vegetata* einen zentralen sternförmigen Chloroplasten besitzt.

Familie Actinochloridaceae

Im Unterschied zu den Chlorococcaceen haben die Angehörigen dieser Gruppe stets pulsierende Vakuolen und vielkernige Zellen.

Actinochloris besitzt einen zentralen, sternförmig gelappten Chloroplasten mit Pyrenoid. *Deasonia* hat einen schwammförmigen Chloroplasten, in dessen Hohlräumen einzeln die Zellkerne liegen.

Unterklasse Dunaliellophycidae

In dieser Gruppe werden grüne Algen zusammengestellt, bei denen nur die monadoiden, palmelloiden und kokkalen Organisationsstufen entwickelt sind. Flagellaten, Zoosporen und Gameten haben 2 oder 4 gleich lange, isomorphe und isodynamische Peitschengeißeln, die keine Schuppen tragen. Die Flagellaten und Schwärmer sind immer nackt und nur vom Plasmalemma umgeben; manche Sippen besitzen eine zusätzliche Gallertschicht oder eine einfache submikroskopische Schuppenschicht (nicht mit den Schuppenschichten der Pyramimonadophyceen identisch!). Bei den palmelloiden Formen sind die in Gallerte eingebetteten Zellen ebenfalls nackt. Die Zellen der kokkalen Organisationsstufe haben eine aus mehreren Schichten aufgebaute Zellwand. Die Innenschicht besteht meist aus Zellulose. In der äußeren Grenzschicht ist das Karotinoid Sporopollenin vorhanden. Es überwiegen Süßwasserformen.

Der Bau des Protoplasten und der Zelle

Die monadoiden Zellen sind primär radiär symmetrisch, seltener asymmetrisch gebaut. Ist der Zellkörper nackt, dann sind die Zellen mehr oder weniger formveränderlich. Der Protoplast füllt im allgemeinen die ganze Zelle aus. In ihm liegen, meist im vorderen Zellteil, die pulsierenden Vakuolen und der Golgiapparat. Das Zentrum der Zelle nimmt der Kern ein; er ist relativ groß und befindet sich in einer ER-Zisterne.

Der primär becherförmige Chloroplast liegt am distalen Zellende dem Plasmalemma dicht an und hat ein oder mehrere, von Stärkekörnern umgebene Pyrenoide.

Der Chloroplast kann auch netzartig durchbrochen, gelappt oder sternförmig sein. Das Pigmentmuster entspricht dem der Chlamydophycidae. Assimilationsprodukt ist echte Stärke. Flagellaten, Zoosporen und Gameten besitzen ein intraplastidisches Stigma.

Bei den palmelloiden Formen wird im wesentlichen der monadoide Protoplastenbau beibehalten. Auf ihn weisen die stets vorhandenen pulsierenden Vakuolen, ein häufig auftretendes Stigma und mitunter erhalten bleibende Geißelstummel hin. Viele Sippen führen Gallertgeißeln, die unbeweglich und funktionslos sind. Sie können gabelig verzweigt sein. Es gibt mono- und polyenergide Formen.

Bei den kokkalen Formen ist der monadenartige Bau nicht mehr ausgeprägt. Hier fällt besonders die Ausbildung einer echten Zellwand auf, die bei den Formen um *Chlorella* dreischichtig ist mit inneren mikrofibrillären Zelluloseschichten und einer äußeren Sporopolleninlage. Bei den Formen um *Oocystis* tritt in der mehrschichtigen Zellwand kein Sporopollenin auf. Insgesamt ist die Struktur der Zellwand sehr verschieden und recht heterogen. Als häufigste Zellgestalt kommt die Kugel vor, daneben sind ellipsoidische, eiförmige, birnenförmige, schlauchförmige oder unregelmäßig gestaltete Zellen verbreitet. Neben einkernigen (monoenergid-kokkalen) finden sich auch mehrkernige (polyenergid-zönozytische bis zönoblastische) Sippen.

Die ungeschlechtliche Fortpflanzung

Bei den monadoiden und palmelloiden Formen ist die für Flagellaten typische ungeschlechtliche Fortpflanzung durch einfache Zweiteilung (Schizotomie) charakteristisch. Die Teilung verläuft als Längsteilung, am apikalen Zellpol beginnend und häufig durch die Teilung des Chloroplasten eingeleitet. Im Ergebnis der Schizotomie werden Protoplasma und Organellen auf die Tochterzellen gleichmäßig aufgeteilt.

Bei den palmelloiden Formen können außerdem nackte Zoosporen vom *Dunaliella*-Typ gebildet werden. Sie entstehen entweder durch einfache Umgestaltung der Mutterzelle in einen Schwärmer oder nach vorheriger Protoplastenlängsteilung.

Bei den kokkalen Formen ist die vegetative Zelle nicht mehr imstande, sich direkt wie die Flagellaten schizotom zu teilen. Bei den monoenergiden Sippen reifen die unbeweglichen Zellen heran, d. h., sie gehen vom vegetativen in den reproduktiven Zustand über. Ihr Kern teilt sich mehrfach, der Protoplast zerspaltet sich fortschreitend (sukzedan) oder zerfällt (simultan), und mehrere einkernige Tochterzellen individualisieren sich innerhalb der Mutterzelle. Die Tochterzellen können geißelbeweglich sein (Zoosporen). Sie gelangen durch einen Riß oder ein Loch oder durch Verschleimung der Mutterzellwand ins Freie, behäuten sich und gehen nach einer gewissen Schwärmzeit in das vegetative (trophische) Stadium über. Bei anderen Formen werden in den Mutterzellen keine geißelbeweglichen Tochterzellen mehr hervorgebracht. Die Teilprotoplasten behäuten sich bereits in ihnen und treten, oftmals zusammen in einer hyalinen Blase, aus der Mutterzelle als vegetative Individuen aus (Autosporen). Die monadoide Phase ist völlig unterdrückt. Komplikationen entstehen dadurch, daß die Autosporen nach dem Verlassen der Mutterzelle oder auch in dieser zusammenbleiben können. Es entstehen dann kleinere oder größere Kolonien *(Scenedesmus, Pediastrum, Tetrastrum)*. Außerdem kann die Bildung von Zoosporen und Autosporen bei ein und derselben Art nebeneinander vorkommen.

Im Grunde genommen ist für die kokkalen Formen eine Algenzelle typisch, die sich entweder durch nackte Zoosporen oder durch Autosporen fortpflanzt. Dabei stellt der Teilungstyp eine Zyto- oder Zönogonie dar; eine einfache Längsteilung oder eine vegetative Zellteilung kommt nicht vor. Die Autosporen nehmen schon innerhalb der Mutterzelle die Gestalt der künftigen vegetativen Zellen mit ihren strukturierten oder skulpturierten Zellwänden an.

Die geschlechtliche Fortpflanzung

Die geschlechtliche Fortpflanzung ist weit verbreitet. Sie ist bei den monadoiden Formen eine iso- oder anisomorphe Hologamie. Bei den palmelloiden Formen wurde gelegentlich isogame bzw. anisogame Gametenkopulation beobachtet, die für viele kokkale Formen charakteristisch und *(Pediastrum, Hydrodictyon)*. Oogamie wurde unter anderem bei *Microctinium, Golenkinia, Eremosphaera* und *Dictyosphaerium* nachgewiesen. Die als Dauerorgane entwickelten Zygosporen keimen i. d. R. unter Reduktionsteilung mit vier 2geißeligen Zoosporen.

Der Lebenszyklus

Der Lebenszyklus läuft im wesentlichen in der Haplophase ab. Nur die Zygote ist diploid (Haplontenzyklus).

Ordnung Dunaliellales

Die vegetative Haupthase ist typisch monadoid. Die Zellen kommen einzeln vor, seltener leben sie in Kolonien. Die Zellkörper sind scheinbar nackt, d. h. nur vom Plasmalemma und einer dünnen Hülle umgeben, z. T. formveränderlich. Mit 2 oder 4 isokonten und isomorphen Geißeln. Die ungeschlechtliche Fortpflanzung geschieht durch einfache Längsteilung. Alle Vertreter kommen im Süß- und Salzwasser vor.

Familie Dunaliellaceae

Die Zellen sind drehrund, ohne scharfe Kanten, Rippen oder Ausläufer. Besonders am Hinterende sind die Zellen leicht formveränderlich. Die Zystenbildung geschieht durch Ausscheidung einer mehrschichtigen Wand. Die Familie umfaßt 12 Gattungen.

Die 30 *Dunaliella*-Arten unterscheiden sich nur durch ihre »Nacktheit« von *Chlamydomonas*; sie pflanzen sich ungeschlechtlich und geschlechtlich fort. Unter ungünstigen Ernährungsbedingungen wird Haematochrom angereichert, das die grüne Chromatophorenfarbe überdeckt. *Dunaliella salina* ist in Salinen an der Meeresküste häufig; ob die 6 im Süßwasser lebenden Arten zu *Dunaliella* gehören, ist fraglich.

4 Geißeln tragen die 4 *Quadrichloris*-Arten. *Quadrichloris carterioides* lebt in alpinen Almtümpeln.

Die Zellen der 10 *Hafniomonas*-Arten sehen denen der Gattung *Pyramimonas* sehr ähnlich. Der wesentliche Unterschied besteht im Zellbau (vgl. unter Pyramimonadophyceen).

Familie Asteromonadaceae

Die Zellen sind im Querschnitt eckig, mit scharfen Längskanten oder Rippen, basal manchmal mit pseudopodienartigen Ausläufern. Einzelne Sippen sind grün oder farblos. Meist kommen marine Formen vor.

Asteromonas gracilis hat spindel- bis eiförmige Zellen mit 4–6 Längskanten. Die bis 24 µm langen Zellen sind in Salinen und Salzgewässern kosmopolitisch verbreitet.

Ordnung Gloeodendrales

Die Vertreter weisen eine palmelloide Organisationsstufe mit Zellen vom Bau nackter Flagellaten auf. Die Zellen leben einzeln oder bilden Gallertlager, sie sind in Gallerte eingebettet oder scheiden Gallerte aus. Die ungeschlechtliche Fortpflanzung geschieht durch Zweiteilung oder durch Bildung nackter Zoosporen vom *Dunaliella*-Typ.

Familie Gloeodendraceae

Die Zellen sind einkernig, ohne Gallertgeißeln und wachsen nicht selten zu makroskopischen Gallertlagern.

Gloeodendron bildet bäumchenartige oder netzförmige Gallertlager, die mit einer basalen braunen Scheibe festsitzen. Die ellipsoidischen bis kugeligen Zellen sind in Gallertsträngen eingebettet. Die vegetativen Zellen teilen sich in 4 Tochterzellen, die sich in den Gallertsträngen verschieben, wodurch sich die Kolonien fadenförmig verlängern. Das gesamte Gallertlager ist von einer Initialzelle abgeleitet. *Gloeodendron ramosum* bildet bis zu 500 µm große Gallertkolonien und wächst epiphytisch auf Fadenalgen und anderen Wasserpflanzen.

Familie Chaetopeltidaceae

Die Zellen sind einkernig, mit Gallertgeißeln versehen, mitunter bilden sie thallusartige Verbände.

Die Gallertlager von *Schizochlamys* können makroskopisch sichtbar sein. Jede Zelle besitzt 16 sehr feine Gallertgeißeln, die in 4 Gruppen zu je 4 Gallertgeißeln am apikalen Pol des Protoplasten entspringen und durch die Öffnung in der Zellwand nach außen ragen. Im Protoplasten inserieren eigentlich nur 4 Gallertgeißeln, die sich außerhalb der Zellwand dichotom in 16 Teilen. Die ungeschlechtliche Fortpflanzung geschieht durch 4geißelige Zoosporen. *Schizochlamys gelatinosa* ist besonders in stehenden, moorigen Gewässern verbreitet und bildet an untergetauchten Pflanzen schleimige Überzüge.

Die Gattung *Chaetopeltis* bildet einschichtige, thallusartige Zellverbände in Form einer

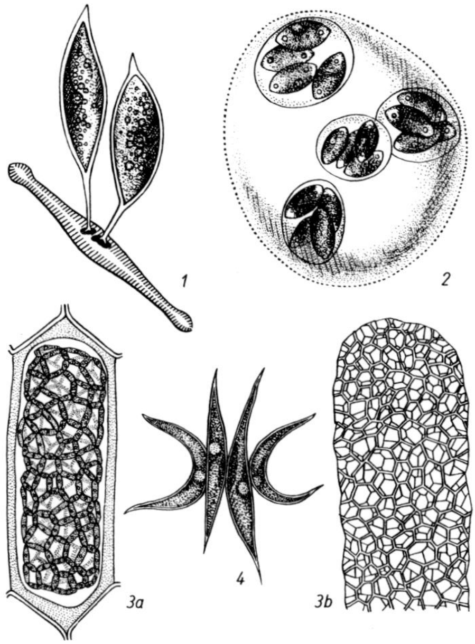

Kokkale Grünalgen. 1 *Characium braunii*, auf der Kieselalge *Tabellaria fenestrata* festgewachsen, 2 *Oocystis lacustris*, 3 *Hydrodictyon reticulatum*, 3a junges, noch in der Mutterzelle eingeschlossenes Netz, 3b Teil eines ausgewachsenen Netzes, 4 *Scenedesmus falcatus* (1, 2, 4 nach Skuja, 3 nach Fott)

festsitzenden Zellscheibe, die aus radiär verlaufenden, seitlich verwachsenen Zellreihen aufgebaut ist. Manche Zellen tragen Gallertgeißeln. Äußerlich ähnelt die Gattung der heute zu den Charophyta gerechneten *Coleochaete scutata*. *Chaetopeltis orbicularis* entwickelt bis zu 500 μm im Durchmesser messende Zellscheiben auf untergetauchten Wasserpflanzen.

Familie Characiosiphonaceae

Der Thallus von *Characiosiphon*, dem einzigen Vertreter dieser Familie, ist ein walzlicher oder keulenförmiger Sack, der bis 1 cm lang werden kann. Er sitzt, in Klumpen untergetaucht, an verschiedenen Substraten in seichten Flüssen fest. Der Schlauch ist vielkernig. Die ungeschlechtliche Fortpflanzung geschieht durch 2geißelige Zoosporen oder Autosporen. *Characiosiphon rivularis* ist bisher nur aus Indien bekannt.

Ordnung Chlorellales

Die Ordnung umfaßt einzellige oder in kolonialen bzw. zönobialen Verbänden vereinigte grüne Algen. Sie sind mit einer Zellwand versehen, die teilweise aus Zellulose und teilweise aus Sporopollenin oder aus alternierenden Zellulosemikrofibrillen besteht. Die Zellen besitzen keinerlei monadoide Polarität mehr. Die vegetativen Zellen sind immer einkernig und pflanzen sich ungeschlechtlich durch nackte Zoosporen oder durch Autosporen fort.

Familie Neochloridaceae

Die kugeligen bis eiförmigen Zellen mit glatter Zellwand kommen einzeln vor. Im vegetativen Zustand sind sie stets einkernig; die Vermehrung der Zellkerne erfolgt erst während der Vielfachteilung oder knapp vorher. Die ungeschlechtliche Fortpflanzung geschieht durch nackte Zoosporen und Aplanosporen, nicht durch Autosporen.

Die kugeligen Zellen der Gattung *Bracteacoccus* besitzen viele scheibenförmige, wandständige Chloroplasten. Die älteren Zellen sind mehrkernig. Die ungeschlechtliche Fortpflanzung erfolgt durch 2geißelige, nackte Zoosporen, deren Geißeln nicht ganz gleich lang sind (subisokont). Es handelt sich überwiegend um Bodenalgen.

Familie Characiaceae

Die meist einzeln lebenden Zellen sind oft länglich-spindelförmig und in Basis und Scheitel differenziert. Sie sitzen mit Gallertscheiben oder Stielen an der Unterlage fest oder schwimmen frei herum und tragen dann basalwärts spezielle schaufelartige Verbreiterungen (»Anker«). Sie pflanzen sich ungeschlechtlich durch 2- oder 4geißelige Zoosporen oder durch Aplanosporen fort.

Die rund 20 einzelligen Arten der Gattung *Characium* sitzen stets mit Stiel oder Haftscheibe an der Unterlage fest. Die 2geißeligen nackten Zoosporen werden durch einen Riß oder ein Loch in der Zellwand frei. *Characium acuminatum* ist weltweit verbreitet und haftet auf Fadenalgen oder untergetauchten Pflanzen.

Auffallend ähnlich ist *Pseudocharacium acuminatum*, das jedoch 4geißelige Zoosporen besitzt. Außerdem entwickelt sich der Stiel aus dem Vorderende der Zoospore.

Familie Golenkiniaceae

Die kugeligen oder polyedrischen Zellen sind an der Oberfläche mit Stacheln, Dornen oder Warzen versehen. Die ungeschlechtliche Fortpflanzung besorgen Zoosporen, seltener Autosporen.

Die ungeschlechtliche Fortpflanzung der Gattung *Golenkinia* ist sehr eigenartig. 2–4 Hemizoosporen ohne Stigma verlassen die Mutterzellen und entwickeln sich dann zu Autosporen. Die dicken Zellwände sind allseitig mit zahlreichen hyalinen und soliden Borsten besetzt. *Golenkinia radiata* mit bis zu 50 µm langen Borsten (Zelldurchmesser um 15 µm) ist weltweit im Plankton von Kleingewässern zerstreut verbreitet.

Familie Chlorellaceae

Die Zellen leben einzeln oder in Kolonien, sind kugelig, ellipsoidisch, spindelförmig oder polyedrisch. Die Zellwand ist zwei- bis dreischichtig, glatt, runzelig oder mit oberflächlichen Rippen oder Wärzchen besetzt; sie hat eine Zellulose- und Sporopolleninschicht. Die ungeschlechtliche Fortpflanzung geschieht ausschließlich durch Autosporen, die durch Zerreißen der Mutterzellwand frei werden.

Die über 100, nur selten mehr als 10 µm messenden *Chlorella*-Arten haben eine glatte oder warzige Zellwand, die sich bei der Autosporenbildung nur geringfügig vergrößert. Sie sind in Gewässern, im Boden, auf feuchten Felsen und an Baumstämmen überall verbreitet, können gelegentlich Vegetationsfärbungen hervorrufen, leben als Zoochlorellen endobiontisch im Körper verschiedener Lebewesen (z. B. *Paramecium, Ophridium, Hydra*) und als Gonidien in Flechten. Sie sind auch aus dem Meerwasser bekannt. Ihre schnelle Vermehrung und leichte Kultivierbarkeit haben sie zu einem bevorzugten physiologischen Studienobjekt gemacht: Sie vermögen in speziellen Kulturanlagen die Lichtenergie besser als die höheren Pflanzen auszunutzen und synthetisieren mehr organische Substanz. Versuche, die Alge im großen Maßstab zu kultivieren und zur Gewinnung von Eiweiß heranzuziehen, sind in vielen Ländern unternommen worden. Die häufigste Art ist *Chlorella vulgaris.* Sie war die erste Alge, die wie Bakterien isoliert und in Reinkulturen gezogen wurde. An der Rinde und in den Saftflüssen der Bäume findet sich *Chlorella saccharophila. Chlorella minutissima* ist die kleinste Art, sie erreicht höchstens eine Größe von 3,5 µm. Obwohl *Chlorella* in der Natur nicht sehr häufig vorkommt, gehört sie doch zu den bekanntesten Algen. Ihre Taxonomie ist noch völlig im Fluß.

Familie Micractiniaceae

Die kugeligen oder ovalen Zellen tragen lange, feine Borsten auf der Oberfläche und leben einzeln oder in Kolonien. Sie pflanzen sich ungeschlechtlich durch Autosporen fort.

Die 6 *Micractinium*-Arten leben im Plankton von Seen und Teichen. Bei *Micractinium pusillum* ist die geschlechtliche Fortpflanzung oogam. Eine vegetative Zelle, die kontraktile Vakuolen erkennen läßt, wandelt sich in ein Oogonium um. Es wird von einem birnenförmigen, 2geißeligen Androgameten befruchtet. Die Zygote tritt aus dem Oogonium aus und entwickelt sich zu einer kugeligen Zygospore mit stacheliger Zellwand. Die Sippe ist weltweit planktisch in Seen, Teichen und Weihern verbreitet.

Familie Radiococcaceae

Die Zellen sind zu gallertartigen Kolonien vereinigt, voneinander entfernt in Gruppen oder Reihen angeordnet. Die ungeschlechtliche Fortpflanzung geschieht ausschließlich durch Autosporen.

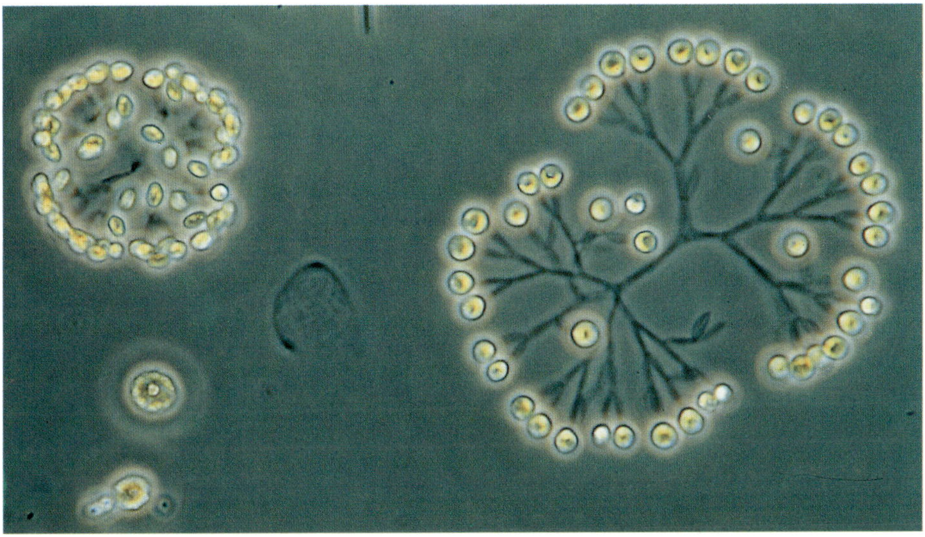

Dictyosphaerium pulchellum (rechts) und *D. ehrenbergii* (links). Die Färbung verdeutlicht die dichotom gegabelten Gallertstiele, an deren Enden die Zellen sitzen.

Die Zellen oder Zellgruppen der Gattung *Gloeocystis*, die mit eigenen, konzentrisch geschichteten, farblosen Gallerthüllen umgeben sind, bilden große, mit bloßem Auge sichtbare Kolonien.

Gloeocystis vesiculosa wächst auf nassem Holz und bildet dort grüne Gallertlager.

Familie Botryococcaceae

Die Zellen leben in Kolonien und werden miteinander durch vergallerte Reste der Zellwände von Mutterzellen zusammengehalten. Außerdem können die Zellen von einer gemeinsamen Gallerte umgeben sein. Die ungeschlechtliche Fortpflanzung erfolgt durch Autosporen. Bei *Botryococcus* wurden in der Zellwand sowohl Zellulose als auch Sporopollenin nachgewiesen.

Bei *Dictyosphaerium* sind die Zellen tetrachotomisch durch Gallertstränge verbunden, die aus den in 4 Lappen zerfallenen Mutterzellwänden entstehen. Die ganze Kolonie liegt in einer lockeren Gallertmasse. *Dictyosphaerium indicum* pflanzt sich geschlechtlich durch Oogamie fort.

Botryococcus braunii ist ein Kosmopolit im Plankton der Seen und Teiche. Außer Stärke wird in den Zellen so viel Öl gespeichert, daß es aus den gummiartigen Lagern ausgepreßt werden kann. Die schwebfähigen Kolo-

Botryococcus braunii. Die braune Färbung der Teillager zeigt an, daß die Alge in einem moorigen Gewässer gewachsen ist.

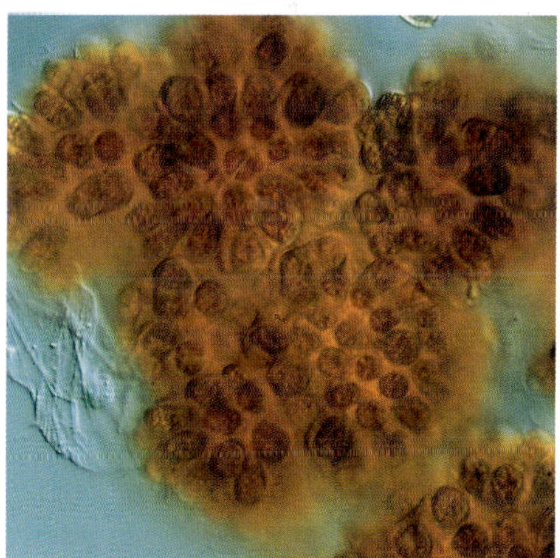

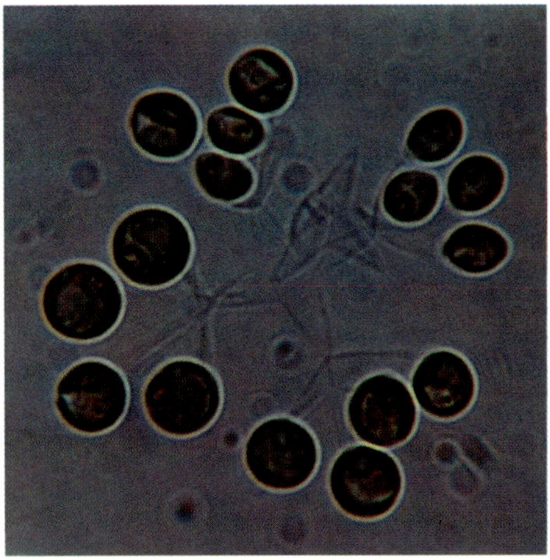

Dictyosphaerium sphagnale. Die verschleimten Mutterzellwände sind innerhalb der Kolonie zu erkennen, Barschsee bei Rheinsberg.

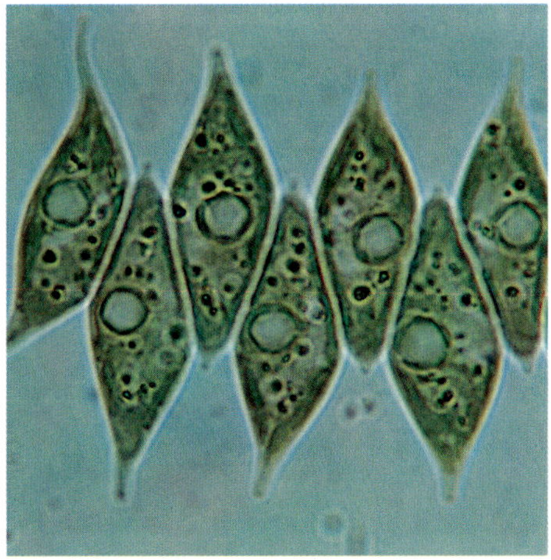

Scenedesmus falcatus. Gaedenbach, Tollenseseegebiet bei Neubrandenburg, Mecklenburg-Vorpommern

nien steigen an die Wasseroberfläche und führen bei Massenentwicklung eine Wasserblüte herbei, die in oligotrophen, unverschmutzten Seen reingrün, bei Sauerstoffmangel, z. B. unter Eis, rot, in Moorgewässern braun gefärbt ist. Die Wasserblüten können Fischsterben verursachen. Die Gattung ist seit dem Paläozoikum bekannt. Sie macht einen bedeutenden Bestandteil der Öllagerstätten aus.

Familie Selenastraceae

Die spindelförmigen, sichelförmigen oder schraubenartig gedrehten Zellen leben einzeln oder in Kolonien. Sie pflanzen sich ungeschlechtlich durch Autosporen fort. Bei der Protoplastenteilung kommt es zunächst zu einer reihenartigen Querteilung und erst später zu einer Umordnung der Teilprotoplasten während der Differenzierung der Autosporen.

Die 11 Arten der Gattung *Ankistrodesmus* haben auffallend verlängerte Zellen, die meist parallel oder gekreuzt zu Bündeln vereinigt sind. *Ankistrodesmus falcatus* bildet von feiner Gallerte umgebene, büschelförmige Kolonien und lebt frei im Litoral in kleineren und sauren Sümpfen und Mooren. Sie gelangt sekundär ins Plankton; wahrscheinlich ist sie weltweit verbreitet.

Die rund 20 Arten der Gattung *Kirchneriella* bilden schleimige Kolonien mit 4–16 Zellen, die oval bis unregelmäßig spiralig gekrümmt, ja manchmal im Umriß fast kreisförmig sein können. Die 4–8 Autosporen sind reihenförmig in der Mutterzelle gelagert und werden durch Zerreißen und Verschleimen der Zellwand frei. Die im Umriß eng U-förmigen Zellen von *Kirchneriella obesa* formieren sich zu rundlichen Kolonien und kommen wahrscheinlich weltweit im Plankton von Flüssen, Teichen und Seen vor.

Familie Scenedesmaceae

Die verschieden geformten Zellen sind zu mehreren bis vielen in flachen, plattenförmigen, einfach oder doppelt reihenförmigen, strahligen oder ringförmigen Kolonien verbunden. Die Zellwand enthält Zellulose und Sporopollenin. Die ungeschlechtliche Fortpflanzung besorgen Autozönobien.

Die mehr als 1000 beschriebenen Sippen des Vierlings, *Scenedesmus*, haben gewöhnlich ellipsoidische oder spindelförmige Zellen, die zu einfachen oder doppelten Reihen zusammenschließen. Jede Einzelzelle kann in ihrem Innern durch sekundäre Verschiebung von zunächst kreuzweise angeordneten Autosporen ein typisch reihiges Tochterzönobium neu ausbilden. *Scenedesmus quadricauda* bildet 4zellige Zönobien. Die Randzellen tragen lange Borsten. *S. sempervirens* hat außer den 4 Randborsten noch zahlreiche kleine Borsten in der Mitte der Zelle. Bei *S. atus* sind die Zellen lang zugespitzt, die mittleren außerdem schwach, die äußeren stark sichelförmig gekrümmt.

Die 6 *Crucigenia*-Arten leben als Süßwasserplankter in allen Weltteilen. Ihre rundlich-ovoiden bis eckigen Zellen sind zu 4- bis 16zelligen Kolonien vereinigt. Durch wiederholte Autosporenbildung entstehen mehrzellige Verbände.

Familie Coelastraceae

Die Zellen sind zu kugeligen Kolonien verbunden. Die ungeschlechtliche Fortpflanzung erfolgt durch Autosporen, die noch in der Mutterzelle zu Zönobien (Autozönobien) zusammenwachsen. Meist handelt es sich um planktische Formen.

Die Typusgattung *Coelastrum* mit ihren rund 40 beschriebenen Arten zeichnet sich durch eine aus Papillen aufgebaute äußerste Zellwandschicht aus. *Coelastrum microporum* ist im Plankton eutropher Gewässer allgemein verbreitet.

Scenedesmus quadricauda. Beachte die großen Pyrenoide und die langen schwanzartigen Fortsätze an den Randzellen des Zoenotiums!

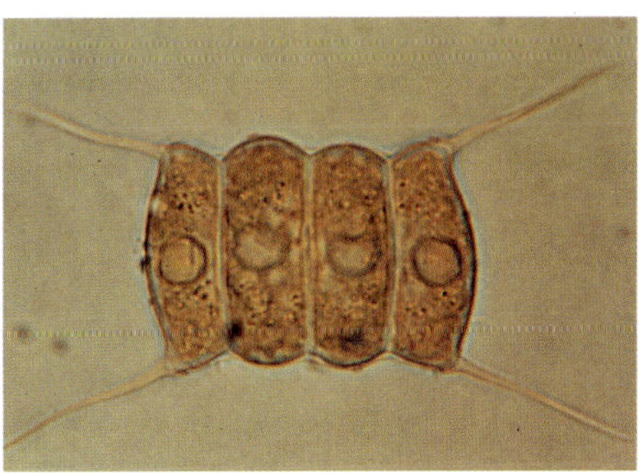

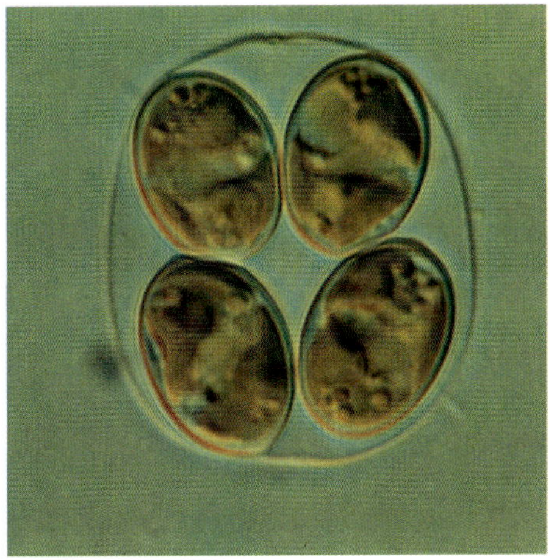

Oocystis lacustris, ein Vertreter des Sommerplanktons unserer Teiche und Seen

Familie Oocystaceae

Die Zellen sind ellipsoidisch oder zitronenförmig; sie leben einzeln oder in Kolonien. Die mehrschichtige Zellwand der vegetativen Zellen besteht aus alternierenden Schichten von Zellulosemikrofibrillen; Sporopollenin fehlt. Während der Autosporenbildung wird die Zellwand stark aufgebläht und hält die jungen Tochterzellen eine gewisse Zeit beisammen.

Die 20 Arten der Gattung *Oocystis* haben ellipsoidische Zellen, deren Wand meist glatt ist und sich bei der Autosporenbildung vergrößert oder verschleimt. Die Tochterzellen verbleiben lange Zeit in den aufgeblähten Zellwänden der Mutterzelle. *Oocystis lacustris* und *O. parva* sind im Sommerplankton der Seen und Teiche, *O. solitaria* im Aufwuchs in Torfgräben und Tümpeln bei einem *p*H-Wert von 3,5 bis 6,9 häufig.

Die 10 *Lagerheimia*-Arten tragen auf der Zellwand lange Borsten. Sie leben vereinzelt im Plankton der Seen und Teiche, so z. B. *Lagerheimia genevensis.*

Die im Vergleich mit *Chlorella* großen, einzeln lebenden Zellen der Gattung *Eremosphaera* haben im peripheren Zytoplasma viele kleine, spindel- und nadelförmige Chloroplasten und einen zentralen Kern.

Eremosphaera viridis lebt als kugelige, bis 0,2 mm große, unbewegliche Einzelzelle in mäßig sauren Tümpeln oder kleineren Moorgewässern. Sie pflanzt sich durch Autosporen fort. In Kultur konnte die geschlechtliche Fortpflanzung durch Oogamie experimentell ausgelöst werden. In den Spermatogonien entstehen dabei durch sukzedane Teilung 16, 32 oder 64 2geißelige Spermatozoiden. Sie treten einzeln durch eine sich allmählich bildende Öffnung in der Wand des Spermatogoniums aus. Im Oogonium entsteht nur ein Ei. Durch eine Empfängnispapille gelangen die Spermatozoiden zum Ei. Auf die Plasmogamie folgt unmittelbar die Karyogamie. Die Zygote wandelt sich zur Oospore innerhalb der Oogoniumwandlung um.

Ordnung Protosiphonales

In dieser Gruppe werden zönoblastische (kokkosiphonale) Algen zusammengefaßt, bei denen die siphonale Organisation noch nicht voll ausgeprägt ist: Ihr vielkerniger Vegetationskörper (»Zelle«) ist ein typischer Zönozyt. Es handelt sich um polyenergide Algenzellen, die schon in der trophischen vegetativen Phase mehrkernig sind. Die ungeschlechtliche Fortpflanzung erfolgt durch simultane Vielfachteilung des mehrkernigen Protoplasmas in zahlreiche einkernige nackte Zoosporen oder Aplanosporen.

Familie Protosiphonaceae

Der Thallus ist kugelig bis schlauchförmig, mit einer großen Saftvakuole. Bei Zerfall in Zoosporen kommt es zur Plasmotomie in Protoplastenteile mit wenigen Zellkernen, die erst durch darauffolgende Teilungsvorgänge in die einkernigen Keime zerfallen.

Protosiphon botryoides lebt als Erdalge auf der Oberfläche überschwemmten, feuchten Bodens besonders an den Rändern von Teichen und Tümpeln. Die zönozytische »Zelle« wächst zu einem polar differenzierten, schlauchartigen Vegetationskörper heran, dessen schlanker, unverzweigter, farbloser Rhizoidteil im Erdboden haftet, während der dicke, blasige, oberirdische Teil im Licht assimiliert. Die »Blase« enthält einen plattenförmigen, netzartig durchbrochenen Chloroplasten mit mehreren Pyrenoiden und im wandnahen Plasma mehrere Kerne. Werden die Algen von Wasser überspült, so zerfällt der Inhalt der Blase gänzlich in 2geißelige Zoosporen, die zu neuen Schläuchen heranwachsen. Sind die äußeren Umstände günstig – niedrige Wassertemperatur, hoher Nährstoffgehalt –, so fungieren die Gonidien als 2geißelige, isomorphe Gameten. Sie verschmelzen zu einer 4geißeligen Planozygote, die sich abrundet und mit einer dicken Hülle umgibt. Die abgeflachte, sternförmige Dauerzygote kann Trockenperioden ertragen.

Bei der Keimung der Zygote entstehen unter Reduktionsteilung 4 Kerne, die sich weiter vermehren. Die Zygote wächst zu einem vielkernigen Keimschlauch aus, der eine neue Blase liefert. Trocknet der Standort jedoch unter starker Sonneneinwirkung aus, so zerfällt die Blase in vielkernige, behäutete, kugelige Teile, die Zönozysten, die sich mit Reservestoffen anfüllen und mit einer derben Hülle umgeben. Unter günstigen Bedingungen keimen sie zu neuen Blasen aus oder entlassen einkernige Schwärmer, die als Zoosporen oder Isogameten fungieren.

Die Schilderung des Lebenszyklus hat gezeigt, daß Protosiphon ein Haplont mit zygotischem Kernphasenwechsel ist. Die bis 200 µm großen Zönoblasten von *Follicularia paradoxalis* sind vielkernig und zerfallen in 32 bis 128 Zoosporen. Sie wachsen aber nicht wie *Protosiphon*, der »Urschlauch«, zu einem polar differenzierten, schlauchförmigen Vegetationskörper aus.

Familie Hydrodictyaceae

In dieser Familie werden Gattungen vereint, die morphologisch sehr eigenartige, auffallende Zönobien bilden. Bei der ungeschlechtlichen Fortpflanzung schwärmen die Zoosporen nicht aus, sondern schließen sich innerhalb der Mutterzelle zu einem Zönobium zusammen oder treten in einer Gallertblase aus der Mutterzelle aus und schließen sich erst in dieser Blase zu einem Zönobium zusammen. Die geschlechtliche Fortpflanzung ist eine Isogamie. Die älteren Zellen sind oft vielkernig. Die Hydrodictyaceae können in gewissem Sinne als zönoblasti-

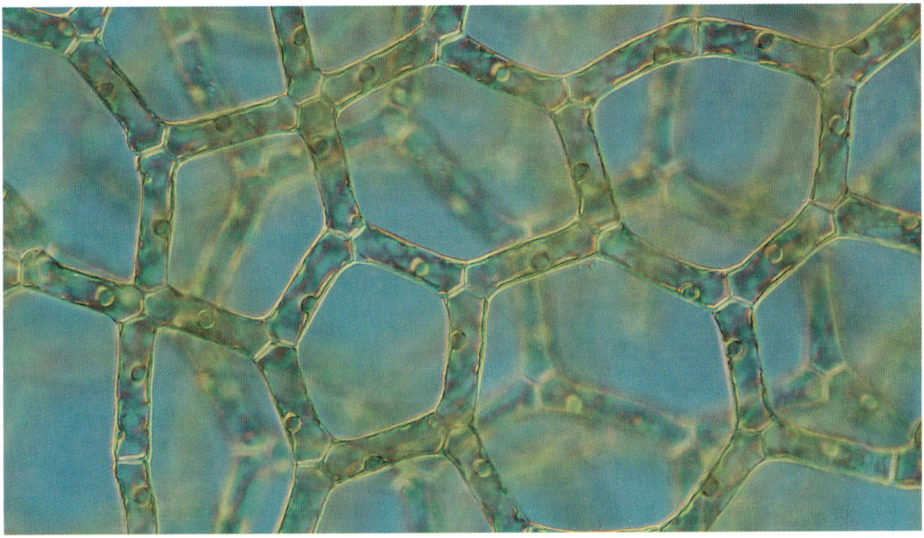

Teil eines Zoenobiums von *Hydrodictyon reticulatum,* dem Wassernetz

sche Chlorococcalen betrachtet werden. Die 15–20 Arten des Zackenrädchens, *Pediastrum,* fallen durch ihre scheiben- bis sternförmigen, meist flach-einschichtigen Kolonien im Plankton und im Aufwuchs auf. Die Randzellen der Kolonien haben 1–4 Ausläufer, die Innenzellen besitzen keine. Die ungeschlechtliche Fortpflanzung besorgen Zoosporen, die die Mutterzelle in einer hyalinen Blase verlassen und sich in ihr zu einem neuen Zönobium ordnen. Die kleineren, sehr beweglichen Isogameten entstehen auf ähnliche Weise. Nach der Kopulation machen die Zygoten eine Ruhepause durch. Der Zygoteninhalt teilt sich unter Meiose, einige Zoosporen treten aus und wandeln sich nach kurzer Zeit in unbewegliche Polyeder um. Erst durch Zoosporenbildung in den Polyedern entstehen vegetative Zönobien.

Pediastrum boryanum und *P. duplex* sind häufige Plankter, *P. integrum* wächst auf feuchten Felsen. Fossile Arten sind aus der Kreide bekannt.

Das Wassernetz, *Hydrodictyon,* besteht aus mehrkernigen, zylindrischen Zellen, die rund 1 cm lang werden und zu 20 cm langen Netzen mit fünf- bis sechsseitigen Maschen verbunden sein können. Die ungeschlechtliche Fortpflanzung erfolgt durch Zoosporen, die bis zu 20000 in einer Mutterzelle (Zoosporangium) simultan gebildet werden. Sie kommen bald zur Ruhe, umgeben sich mit einer Zellwand und ordnen sich zu einem Kleinnetz in der Mutterzelle an. Durch Ver-

Pediastrum tetras (Hydrodictyaceae) aus dem Tollensesee bei Neubrandenburg. Die Zentralzelle wie die Randzellen besitzen einen engen Einschnitt.

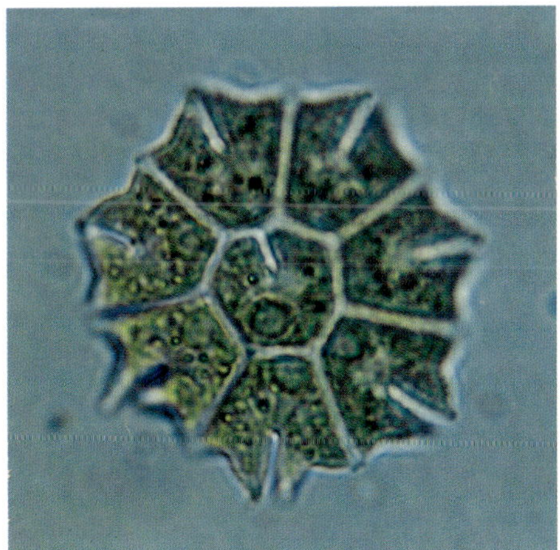

quellen und Zerfall der Mutterzellwand wird das Tochternetz frei. Die geschlechtliche Fortpflanzung durch kleine Isogameten führt zur Bildung von Hypnozygoten außerhalb der Mutterzelle. Sie entwickeln nach einer Ruhezeit 2–5 relativ große Zoosporen – ob unter Meiose oder nicht, ist unklar –, die sich in Polyeder umwandeln, stark heranwachsen und durch Zerteilung des Protoplasten in Zoosporen neue Netze liefern. *Hydrodictyon reticulatum* ist in warmen, stehenden Gewässern weltweit verbreitet, so im Flachland Südeuropas; in Mitteleuropa wächst es besonders in den Weinbaugebieten.

Im Anschluß an die Klasse Volvocophyceae sollen noch 3 Ordnungen angeführt werden, deren systematische Stellung im Bereich der Grünalgen unklar ist. Es handelt sich um die von einigen Autoren als primitiv angesehene und als Klasse behandelte Ordnung der Pedinomonadales, die gern mit Formen wie *Pyramimonas* in Verbindung gebracht wird, sowie die Autosporen hervorbringenden Cylindrocapsales und die sich durch Zoosporen fortpflanzenden Microsporales. Es ist möglich, daß hier die Chaetophorales angeschlossen werden können.

Ordnung Pedinomonadales

Familie Pedinomonadaceae

Die sehr kleinen, einzeln lebenden, zum großen Teil nackten, seitlich abgeflachten, gelbgrünen Flagellaten sind vor allem im Süßwasser verbreitet. Sie besitzen entweder eine im Vergleich mit dem Zellkörper sehr lange Geißel, die beim Schwimmen nach hinten gerichtet ist, oder 2 ungleich lange, isodynamische Geißeln. Sie sind seitlich in einer flachen Grube unterhalb des apikalen Zellpols inseriert; Geißelschuppen fehlen. Infolge des asymmetrischen Zellbaus teilt sich der Protoplast nicht längs, sondern fast quer (modifizierte Schizotomie).

Die Gattung *Pedinomonas* mit etwa 10 Arten ist bisher am besten untersucht. *Pedinomonas maior* und *P. minor* kommen in kleinen Wasseransammlungen, z. B. in Dorfteichen, Wasserlöchern auf Felsen oder in Radspuren auf Feld- oder Waldwegen, vor.

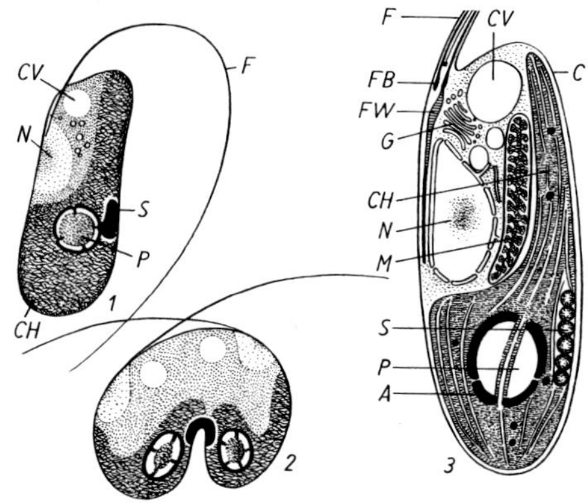

Pedinomonas minor. 1 Zelle nach dem Leben mit typischer Ruhestellung der Geißel, 2 eine sich teilende Zelle nach dem Leben, 3 Schema eines idealen Längsschnitts der Zelle, zusammengestellt nach mehreren elektronenmikroskopischen Aufnahmen, F Geißel, FB Geißelbasis, FW Geißelwurzel, G Golgiapparat, N Zellkern, CV pulsierende Vakuole, C Plasmalemma, CH Chloroplast, M Mitochondrien, S Augenfleck, P Pyrenoid, A Stärkekörner (verändert nach Ettl)

Micromonas pusilla gehört zu den kleinsten autotrophen Flagellaten überhaupt und ist auf Küstenstandorte beschränkt. Die winzigen, bis 3 µm langen Zellen sind seitlich abgeflacht, mit konkaver Bauch- und konvexer Rückenseite. Die zwei–dreimal körperlange Geißel ist am Grunde viel dicker als am dünnen distalen Ende.

Ordnung Cylindrocapsales

Diese Gruppe fädiger, unverzweigter, auf dem Substrat festhaftender Algen hat einen zentralen, oft sternförmigen Chloroplasten. Die Zellwände sind dick und geschichtet. Autosporen und 2geißelige Zoosporen dienen der ungeschlechtlichen Fortpflanzung; die sexuelle Fortpflanzung ist eine Oogamie.

Die 5 Arten der Gattung *Cylindrocapsa* leben im Süßwasser. Die sich zu Oogonien umbildenden Zellen schwellen kugelförmig an und öffnen sich mit einem Loch, dessen Rand sich zu einer kurzen Ausstülpung verlängert; die Eizelle rundet sich im Oogonium ab. Die spindelförmigen Spermatozoiden werden zu je 2 in Spermatangien gebildet und durch Aufquellen der Zellwand freigesetzt. Die Kopulation erfolgt im Oogonium. *Cylindrocapsa involuta* ist die bekannteste Art.

Ordnung Microsporales

Die einfachen, nichtverzweigten Fäden sitzen in der Jugend mit einer Basalzelle fest, im Alter flottieren sie frei. Ihre Zellwand besteht, im Längsschnitt gesehen, aus H-Stükken, so daß eine Zelle von den aneinanderstoßenden Teilen zweier H-Stücke umhüllt wird. Die Zellen besitzen einen grundständigen, netzartig durchbrochenen oder bandartig aufgelösten Chloroplasten ohne Pyrenoide.

Die rund 20 Arten der Gattung *Microspora* kommen im Süßwasser vor und dort vor allem in stehenden Gewässern, wie *Microspora stagnorum. Microspora amoena* charakterisiert oligosaprobe Fließgewässer.

Klasse Knotenfadenalgen, Oedogoniophyceae

Die Knotenfadenalgen stellen grüne, stärkeführende Algen dar, deren fädiger Thallus aus polarisierten Zellen besteht. Die einkernigen Zellen sind mit einem zylindrischen, wandständigen, gitterförmig durchbrochenen Chromatophor, mit einem im Leben deutlich sichtbaren Kern und einer großen Zellsaftvakuole ausgestattet. Die spezifische Art der Zellteilung, verbunden mit der Bildung von Zellwandkappen, die ungeschlechtliche Fortpflanzung durch stephanokonte Zoosporen und die oogame geschlechtliche Fortpflanzung zeichnen sie vor allen anderen Grünalgen aus. Sie stellen eine entwicklungsgeschichtlich sehr stark abgeleitete Algengruppe dar, deren Beziehungen zum Bereich der Chlorophyta zwar unbestritten sind, deren direkte Anbindung an eine der bekannten Gruppen jedoch unmöglich ist. Die Knotenfadenalgen umfassen eine Ordnung – Oedogoniales – mit einer Familie – Oedogoniaceae – und 3 Gattungen.

Oedogonium spec. Generativer Fortpflanzungszyklus einer makrandrischer heterothallischen Art (nach Wartenberg)

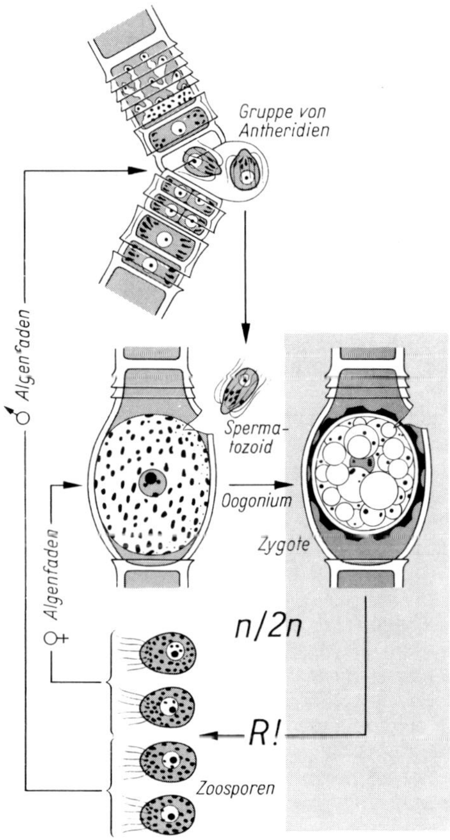

Die Zellteilung

Die Zellwand setzt sich aus einer äußeren, dünnen, chitinisierten Kutikula (Außenlamelle), die den ganzen Zellfaden umhüllt, und einer dickeren, dem Plasmalemma anliegenden Zelluloseschicht (Innenlamelle) zusammen. Beginnt sich die Zelle zu teilen, so bildet sich unterhalb der oberen, spitzenwärts (distal) gelegenen Querwand aus dem Zytoplasma ein nach innen eingewulsteter, dreischichtiger Ring aus. Etwa gleichzeitig teilen sich Kern und Protoplast. Nun reißen Kutikula und Mutterzellwand außen um den Ringwulst herum scharf ringförmig auf: Der Ringwulst kann sich ausdehnen und wird zu einem neuen zylindrischen Kutikulastück. Im Raum zwischen Kutikula und Plasmalemma entsteht die neue Zelluloseschicht. Kurz nach dem Aufreißen der alten Zellwand schiebt sich etwas oberhalb der Zellmitte eine zarte Querwand ein, die vorerst nicht mit der Längswand verwächst. Beide Tochterzellen wachsen in die Länge, die junge Querwand hebt sich in die Höhe, bis sie die untere der beiden durch das Aufreißen entstandenen Abrißkanten erreicht. Hier verwächst sie an ihrem Rand mit der neuen Längswand. Aus einer Mutterzelle entstehen so 2 Tochterzellen, deren untere (proximale) die Längswand der Mutterzelle behalten hat und deren obere (distale) mit einer neuen Längswand versehen ist. Die Zellwände eines Fadens sind daher ungleich alt, sie sind heterogen. Die obere Abrißkante bleibt frei und wird als Kappe, das zurückgebliebene Kutikalastück der unteren Tochterzelle als Scheide bezeichnet. Da sich die geschilderten Vorgänge bei jedem Teilungsschritt wiederholen – bei *Oedogonium* ist jede Zelle teilungsfähig –, kann eine Zelle mehrere ineinandergeschachtelte Kappen tragen.

Die ungeschlechtliche Fortpflanzung

Jede Kappenzelle eines Fadens kann eine relativ große, mit einem subapikalen Geißelkranz ausgestattete Zoospore liefern. Unter günstigen Umständen führt die Zoosporenbildung zur völligen Auflösung des Fadens.

Die Fertilisierung einer Kappenzelle beginnt mit einer Kernwanderung an die Zellperipherie. Hier sammelt sich farbloses Plasma an. Am Rand dieses Bezirks, der später zum hyalinen Vorderende der Zoospore wird, entstehen bis zu 120 Geißelbasen, die in einem Ring angeordnet sind und noch vor dem Ausschwärmen die glatten Peitschengeißeln hervorbringen. Die Geißelbasen werden durch ein fibrilläres Band, das am Grund der hyalinen, kuppenförmigen Papille nahe der Zelloberfläche verläuft, zu einem Ring miteinander verbunden. Der Geißelkranz ist durch tubuläre Stränge (Geißelwurzeln), die im Ring zwischen den Geißelbasen entspringen und in das Zellplasma absteigen, im Protoplasten verankert. Die Zellwand reißt unterhalb der Kappe auf, der Protoplast zwängt sich nach außen durch und rundet sich zur Zoospore ab. Die ausschwärmenden Zoosporen setzen sich fest und bilden gelappte oder verzweigte Rhizoide. Sie keimen zu einem neuen Faden aus (bei *Bulbochaete* erst nach Abwerfen eines apikalen Deckels).

Die geschlechtliche Fortpflanzung

Die geschlechtliche Fortpflanzung verläuft unter dem Aspekt einer Oogamie.

Eine interkalare Kappenzelle teilt sich. Die eine der beiden Schwesterzellen schwillt tonnenförmig zum fertilen Oogonium an, in dem die große Eizelle (Oosphäre) heranreift. Das reife Oogonium öffnet sich mit einem Porus (Empfängnisporus), durch den ein Gallertpfropf (Empfängnisgallerte) nach außen quillt. Die andere Schwesterzelle fungiert als Stützzelle. An anderer Stelle desselben Zellfadens (Homothallie) oder eines anderen (Heterothallie) zerfällt eine Kappenzelle in fertile, flache Abschnitte (Antheridien), die jeweils 2 zoosporenähnliche, aber nur mit etwa 30 Geißeln versehene, gelbliche, apoplastidische Spermatozoide entlassen. Die Spermien gelangen durch den Empfängnisporus zur ruhenden Eizelle. Die Zygote wird direkt zur Oospore, die 12–14 Monate lang ruht, ehe sie unter Reduktionsteilung mit 4 Gonidien keimt.

Nur bei einem Teil der Formen, den makrandrischen Arten, fungieren die Produkte der Antheridien als Spermatozoide. Bei den nannandrischen Arten entlassen sie Androsporangien, die sich oberhalb oder unterhalb einer Oogoniummutterzelle, von dieser chemotaktisch angelockt, festsetzen. Sie entwikkeln sich zu vorkeimartigen Zwergmännchen, die neben einer Fußzelle mehrere Antheridien bilden. Das Zwergmännchen induziert die Teilung der Oogoniummutterzelle in Oogonium und Stützzelle. Das Oogonium scheidet eine Gallerte aus, die auch das Zwergmännchen umhüllt und eine Art Empfängnisfalle darstellt. Die Spermien kriechen in der Gallerte des Oogoniums zum Empfängnisporus und zur Eizelle. Werden die Androsporangien zusammen mit den Oogonien auf ein und demselben Faden gebildet, so spricht man von nannandrisch-gynandrischen Formen, werden sie dagegen auf männlichen bzw. weiblichen Fäden gebildet, so spricht man von nannandrisch-idioandrischen Formen.

Eine parthenogenetische Entwicklung der Oogonien ist sowohl bei *Oedogonium* als auch bei *Bulbochaete* nicht selten. Viele *Oedogonium*-Arten bilden keine Antheridien aus, die Oogonien haben keinen Empfängnisporus. Auch die vegetative Weiterentwicklung von Androsporen ist beobachtet worden.

Vorkommen und Verbreitung

Die unverzweigten Fäden der Typusgattung *Oedogonium*, des Knotenfadens, haften anfangs mit Basalscheiben am Substrat, reißen sich später oft los und können sich besonders in ruhigen Gewässerteilen so üppig vermehren, daß sie zu bis 2 m großen, frei schwimmenden Watten verklumpen. Die rund 380 Arten sind im Süß- und Brackwasser aller Weltteile weit verbreitet. Häufige Arten sind *Oedogonium pringsheimii*, *O. cardiacum* und *O. rivulare*. Bis ins Brackwasser gehen *O. undulatum*, *O. crispum* und *O. oblongum*. Sphagnophil ist *O. itzigsohnii*.

Relativ klein und unscheinbar bleibt die Knollenborste, *Bulbochaete*, deren verzweigte Fäden am Grund zwiebelförmig angeschwollene Haare (metamorphisierte Seitenzweige) tragen. Sie bevorzugt stehende Kleingewässer, wo sie an Moosen und anderen Wasserpflanzen haftet. Von den etwa 90 Arten seien *Bulbochaete crassa*, *B. elatior* und *B. pygmaea* erwähnt.

Die auf Schlamm oder auf lehmigem Sand kriechenden, verzweigten, haarlosen Fäden von *Oedocladium* entsenden farblose Rhizoide in das Substrat und tragen aufrechte, grüne Fadenzweige. Die 10 bekannten Arten kommen in den wärmeren Regionen vor.

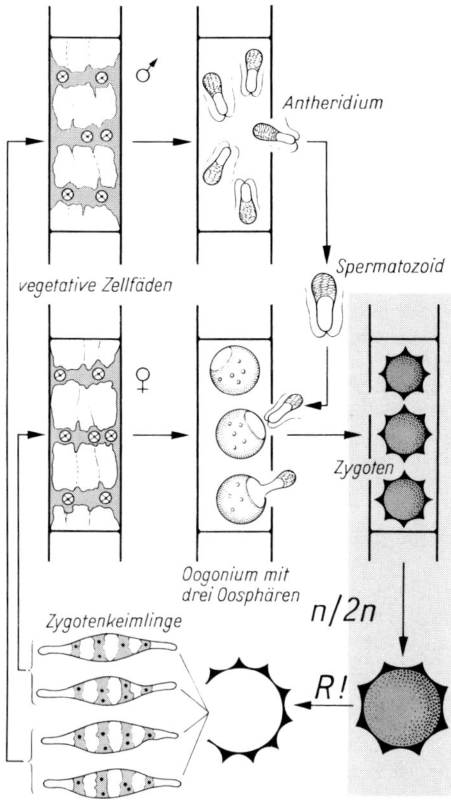

Fortpflanzungszyklus von *Sphaeroplea annulina* (nach Wartenberg)

Ordnung Sphaeropleales

Unter Vorbehalt fügen wir hier die Ordnung Sphaeropleales an, ohne ihre taxonomische Stellung zu fixieren. Sie umfaßt die Gattung *Sphaeroplea*, die stark an ulotrichale Algen erinnert. Ihre langgestreckten Zellen sind jedoch mehrkernig. Die Zellteilung ähnelt der von *Cladophora*, doch werden die Querwände bei einigen Arten nicht völlig geschlossen. In den Zellen wechseln hellere, breitere Abschnitte mit dunklen Gürteln ab, in denen die Chloroplasten liegen. Die große Zentralvakuole ist durch Plasmastränge gegliedert.

Sphaeroplea-Arten wachsen vor allem auf periodisch überfluteten Flächen (Reisfeldern) oder in Springbrunnenbecken, die im Winter trocken gelegen haben. Die unverzweigfädige *Sphaeroplea annulina* pflanzt sich ungeschlechtlich durch Fadenzerfall fort. Die geschlechtliche Fortpflanzung ist eine Oogamie. In den »weiblichen« Fäden wandeln sich Einzelzellen in Oogonien um, in denen mehrere Eizellen (Oosphären) entstehen. Jede Eizelle enthält 2–3 Zellkerne sowie eine entsprechende Anzahl von Vakuolenpaaren (zönozytischer Gynogamet). Die Oosphäre lockt die in den Gametangien der »männlichen« Fäden gebildeten 2geißeligen Androgameten chemotaktisch an. Diese gelangen durch eine Öffnung ins Innere des Oogoniums. Hier verschmelzen Oosphäre und Androgamet, wobei sich die Karyogamie bloß zwischen einem der »Eikerne« und dem einen Androgametenkern vollzieht.

Die Zygote umgibt sich mit einer derben, skulpturierten Wand und wird zur Dauerzygote (Oozygote), die unter Reduktionsteilung nach Einhaltung einer winterlichen Ruheperiode mit 4 haploiden, unbeweglichen, spindelförmigen Keimlingen (Autosporen) auswächst. Aus ihnen gehen wiederum vegetative Zellfäden hervor. *Sphaeroplea annulina* ist folglich ein reiner Haplont.

Bei *Sphaeroplea cambrica* sind die Gynogameten 2geißelig, beweglich und einkernig. Die Zygote keimt unter Reduktionsteilung mit Zoosporen aus. Die ungeschlechtliche Fortpflanzung besorgen haploide 2geißelige Zoosporen.

Klasse Ulvophyceae

Die Klasse umfaßt grüne Algen von primär fädigem Bau, der den trichalen, siphonalen und siphonocladalen Organisationsstufen entspricht. Die Lager (Thalli) können einfache oder verzweigte Zellfäden, ein- oder mehrschichtige »Blätter« oder »Schläuche« sein. Zoosporen und Gameten tragen, wenn sie gebildet werden, 2–4 gleich lange, isomorphe und isodynamische Peitschengeißeln, die bei manchen Arten von Schuppen besetzt sind. Sie sind immer nackt und entsprechen in ihrem Bauplan dem *Dunaliella*-Typ. Die 4 Geißeln werden mit 4 Basalkörpern verbunden, die untereinander durch »Kappenmaterial« zusammenhängen. Unter dem »Kappenmaterial« entspringen 4 Wurzeln aus Mikrotubuli, die kreuzförmig angeordnet sind und das X-2-X-2-Muster zeigen. Die Wurzeln laufen unter dem Plasmalemma nach hinten. Vielschichtige Strukturen fehlen in der Geißelwurzel. Bei den Schwärmern von *Derbesia, Bryopsis* und *Dichotomosiphon* tritt ein Ring von Geißeln am vorderen Zellpol auf. Die Zellteilung ist eine Querteilung (Zytotomie). Während der Mitose verschwinden die Spindelmikrotubuli (bei den Formen um *Chaetophora*) oder bleiben meist erhalten. Die Zellwandbildung ist eine zentripetal verlaufende Furchung. Die Zellwand besteht bei vielen Arten aus Zellulose, bei anderen aus Xylan, Mannan, Glukan oder Rhamnan. Es kommen überwiegend marine Formen vor, aber auch viele Süßwasser- und Luftalgen.

Der Bau des Protoplasten und der Zelle

Die fädigen, blatt- oder schlauchartigen Thalli der mehrzelligen Grünalgen bestehen aus ein- oder mehrkernigen Zellen. Ursprünglich können sich alle Zellen eines Thallus mitotisch teilen. Erst mit der Höherentwicklung der Algen findet eine Differenzierung der Lager in somatische (d. h. nicht mehr teilungsfähige) und generative (d. h. teilungsfähige) Abschnitte statt. Jede Zelle ist von einer festen Zellwand umgeben. Sie enthält neben dem Kern bzw. den Kernen einen oder mehrere Chloroplasten. Es gibt axialsternförmige *(Prasiola)*, parietal-manschettenförmige *(Ulothrix, Chaetophora)*, parietalnetzförmige oder bandartig aufgelöste Chloroplasten. Ihre Feinstruktur gleicht der der Volvocophyceen-Chloroplasten, ebenso das Assimilationspigment- und Reservestoffmuster. Spezifische Xanthophylle wie Siphonaxanthin oder Siphonein kommen in einigen Gruppen vor. Auch die Sekundärpigmentgarnitur ist typisch grünalgenartig. Bei den

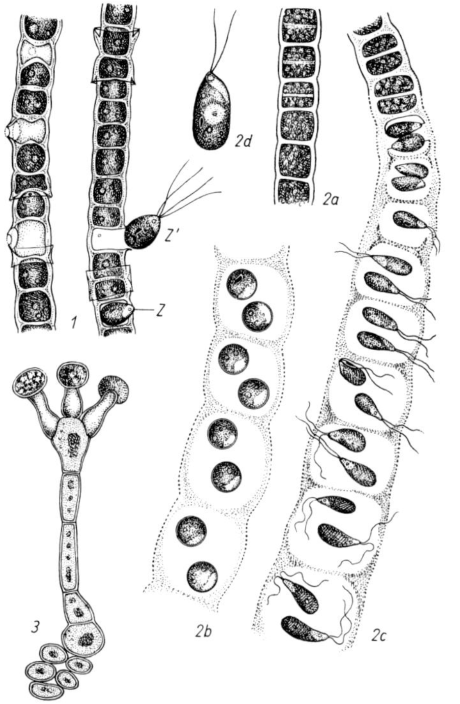

Trichale Grünalgen. 1 *Ulothrix moniliformis* mit einigen entleerten Zoosporangien und soeben gebildeten (Z) bzw. austretenden Zoosporen (Z'), 2 *Microspora quadrata,* 2a vegetativer Faden, 2b Bildung von Aplanosporen, 2c paarige Bildung zweigeißliger Zoosporen, 2d stärker vergrößerte Zoospore, 3 *Trentepohlia aurea* mit Zoosporangien (1, 2 nach Skuja, 3 nach Fott)

Chaetophorales und Trentepohliales sind nicht nur die Zyste oder Zygospore, sondern bereits der vegetative Zellfaden durch Hämatochromanhäufung braun oder orangerot gefärbt.

Der Protoplast kleidet die innere Oberfläche der Zellwände völlig aus. Bei vielen fädigen Typen ist eine große, zentrale Vakuole entwickelt, die durch plasmatische Membranen gekammert wird. Sie fehlt bei Erd- oder Luftalgen wie *Prasiola* oder *Trentepohlia.* Zoosporen und Gameten besitzen pulsierende Vakuolen. Der relativ große Zellkern gleicht dem der Volvocophyceen, ein Golgiapparat ist ihm zugeordnet.

Geißelbewegliche Stadien treten als Zoosporen oder Gameten auf. Sie sind vom *Dunaliella-* bzw. vom *Bryopsis*-Typ.

Die ungeschlechtliche Fortpflanzung

Im Prinzip können alle vegetativen Zellen generativ werden und zur Zoosporenbildung übergehen. Bei vielen Formen der zönoblastischen Arten wandelt sich der gesamte Vegetationskörper in ein Organ der Fortpflanzung um (Holokarpie). Bei anderen findet eine Arbeitsteilung in generative und vegetative Abschnitte statt. Besonders lokalisierte oder spezifisch umgewandelte Zellen des Thallus werden zu Sporangien, die Zoosporen hervorbringen, die die Alge homolog regenerieren (vgl. z. B. die Hakensporangien der Trentepohliales).

Die geschlechtliche Fortpflanzung

Die geschlechtliche Fortpflanzung ist weit verbreitet. Die Gameten werden in zu Gametangien umgewandelten Zellen oder Zellverbänden gebildet. Die Gametenkopulation kann isogam, anisogam oder oogam sein. Die meist als Dauerorgane entwickelten Zygoten keimen entweder unter Reduktionsteilung oder unter Mitose mit 2- bis mehrgeißeligen Zoosporen.

Der Lebenszyklus

Bei den einfachen fädigen Algen mit einkernigen Zellen wird die vegetative Hauptphase des Lebenszyklus meist in der Haplophase durchlaufen, d. h., die Zygote keimt unter Reduktionsteilung (Haplontenzyklus). Wird die Reduktionsteilung weiter hinausgeschoben, so daß die aus der Zygote austretenden Keimzellen und die aus ihnen hervortretenden vegetativen Stadien diploid sind, entsteht ein Kernphasenwechsel, der mit einem Generationswechsel gekoppelt sein kann. Der Generationswechsel ist isomorph, wenn die beiden Generationen morphologisch gleich sind (z. B. bei *Ulva, Enteromorpha*), er ist heteromorph, wenn sich beide Generationen morphologisch unterscheiden (z. B. bei *Monostroma, Stigeoclonium*).

Das System

Die Klasse Ulvophyceae ist in jüngster Zeit besonders auf Grund elektronenmikroskopischer Untersuchungen völlig neu gefaßt worden. In ihr haben alle diejenigen grünen Algen Platz gefunden, bei denen während der mitotischen Kernteilung in der Telophase die Spindel persistiert. Phyco- bzw. Phragmoplasten werden nicht gebildet; die Zelle teilt sich durch Furchung. Danach müßten die Chaetophorales aus der Gruppe ausgeschlossen werden, weil es bei ihnen zur Bildung eines Phycoplasten kommt. Wir haben in unserer Übersicht trotzdem die Chaetophorales bei der Klasse Ulvophyceae belassen, weil uns die Bedeutung der Mitosetypen für die Systematik noch nicht eindeutig genug geklärt zu sein scheint. Im übrigen schließen die Ulvophyceen alle zönoblastischen Formen mit Ausnahme der Protosiphonales ein, d. h. diejenigen Algen, die früher als Bryopsidophyceen bezeichnet wurden. Auch die Codiolophyceen haben wir nicht besonders ausgeschieden, obwohl es gute Gründe dafür gibt, diejenigen grünen Algen, die in ihrem Lebenszyklus ein *Codiolum*-Stadium besitzen, als besondere Gruppe herauszustellen.

Ordnung Kraushaarartige, Ulotrichales

Die Ordnung umfaßt grüne Algen, deren Zellen einkernig sind und sich i. d. R. zu einreihigen, unverzweigten Zellfäden oder pseudoparenchymatischen blatt- oder scheibenförmigen Thalli zusammenschließen. Die Zellwand ist nicht aus H-Stücken zusammengesetzt. Der parietale, platten- oder walzenförmige Chloroplast besitzt mehrere Pyrenoide mit Stärkekalotte. Es sind vielfältige Formen des Lebenszyklus ausgeprägt. Die ungeschlechtliche Fortpflanzung besorgen 2- bis 4geißelige, nackte oder dünnbehäutete Zoosporen, seltener Aplanosporen. Die geschlechtliche Fortpflanzung schreitet von der Iso- zur Anisogamie fort.

Familie Monostromataceae

Die 40 beschriebenen, vorwiegend marinen *Monostroma*-Arten haben ganz verschiedene Lebenszyklen, so daß vorgeschlagen wurde, die Gattung aufzuteilen (z. B. in *Monostroma, Ulvaria, Kornmannia* u. a.).

Bei der Typusart *Monostroma bullosum*, die nicht ganz 10 cm groß wird und im seichten Süßwasser der Tiefländer weit verbreitet ist, produziert der einschichtige, blattartig-zarthäutige Thallus Gametangien, die schwach anisomorphe, 2geißelige Gameten entlassen. Die Kopulation führt zur Bildung einer Zygote, die vor der Keimung einen rhizoidartigen einzelligen Keimschlauch treibt (*Codiolum*-Sporophyt). Durch ihn treten nach Meiose 32 4geißelige Schwärmer aus, die zu plagiotrophen Keimscheiben (Embryoblasten) auswachsen. Deren Zentrum bläht sich zunächst auf, die Blase zerreißt und entwickelt die häutigen Lappen des *Monostroma*-Thallus. Zygote und Keimschlauch repräsentieren die Diplophase, der *Monostroma*-Thallus die Haplophase; der Generationswechsel ist heteromorph.

Bei *Kornmannia zostericola* liefert der blattartige, diploide Thallus unter Meiose 4geißelige Zoosporen, die zu einer haploiden Keimscheibe auswachsen; die ihrerseits die Gameten hervorbringt. Eine selbständige *Codiolum*-Phase existiert nicht.

Bei *Ulvaria obscura* findet die Reduktionsteilung in den sporangialen Zellen der blattartigen Diplophase statt. 4geißelige, geschlechtliche differenzierte Zoosporen wachsen zur heterothallischen Haplophase heran, die sich morphologisch kaum von der Diplophase unterscheidet. Die von ihr in gametangialen Zellen produzierten 2geißeligen Schwärmer erweisen sich als Gameten, die zu einer Planozygote verschmelzen. Sie setzt sich zur Ruhe, keimt aus und liefert eine neue, blattartige *Ulvaria*-Diplophase. Die Gameten können auch direkt zu neuen Gametophyten auskeimen. Der antithetische Generationswechsel dieser Arten ist folglich isomorph. *Monostroma*-Arten spielen als Nahrungsmittel in Ostasien eine große Rolle. *Monostroma nitidum* und *M. latissimum* liefern frischen Salat und das hochwertige Produkt Aonori, das aus getrockneten Thalli hergestellt wird. Die japanische Jahresproduktion belief sich 1958 auf 1400 t. An Stellen, an denen *Porphyra* nicht gut wächst, wird *Monostroma* auf im Herbst ausgelegten Netzen kultiviert. Die flachen Bereiche an den Flußmündungen der Ise-, Mikawa- und Tokiobucht sind bevorzugte Anzuchtstätten.

Familie Ulotrichaceae

Die sowohl im Süß- als Meerwasser lebenden, leicht zerfallenden Fäden bestehen aus mehr oder weniger aufrechten einfachen Zellreihen (uniseriater, monosiphoner Fadenbau). Die Zellen enthalten ein wandständiges, gürtel- oder muldenförmiges Chromatophor. Im Lebenszyklus ist bei einigen Arten ein sogenanntes *Codiolum*-Stadium, ein einzelliger, keuliger, zygotischer Sporophyt, eingeschaltet (heteromorpher Generationswechsel).

Die meisten der etwa 25 Arten des Kraushaars, *Ulothrix*, leben im Süßwasser. Alle Zellen des Fadens können in den generativen Zustand übergehen. Bei der ungeschlechtlichen Fortpflanzung regenerieren entweder 4geißelige, einzeln oder zu viert bis acht aus einer sporangialen Mutterzelle schwärmende Makrozoosporen homolog die Haplophase (so bei *Ulothrix gigas* und *U. acrorhiza*), oder die homologe Regeneration besorgen 2- bis 4geißelige Mikrozoosporen, die in größerer Zahl frei werden (so bei *Ulothrix zonata*). In ähnlicher Weise wandeln sich vegetative Fadenzellen in gametangiale um, die zahlreiche 2geißelige Isogameten entlassen. Sie kopulieren zu einer 4geißeligen Planozygote, die sich alsbald zur Ruhe setzt, die Geißeln abwirft, sich mit einer dikken Wand umgibt und mit Reservestoffen anreichert (Hypnozygote). Sie setzt sich mit einem Stiel fest, verlängert sich erheblich und bringt den winzigen *Codiolum*-Sporophyten hervor; der unter Reduktionsteilung entweder mit 4geißeligen Zoosporen (so bei *Ulothrix speciosa* und *U. zonata*) oder Aplanosporen (so bei *U. flexuosa*) keimt, die zu einem neuen haploiden *Ulothrix*-Faden auswachsen.

Die Leitart *Ulothrix zonata* bildet weiche Fäden mit Zellen, deren Wände dünn und ungeschichtet sind. Sie ist eine ausgesprochene Kalkwasseralge, entwickelt sich vorwiegend im zeitigen Frühjahr und im Herbst im bewegten Wasser von Flüssen sowie an Seeufern und haftet mit einer Basalzelle auf steinigen Unterlagen.

Die etwa 20 Arten der Knotenkette, *Gongrosira*, leben im Süß- und Meerwasser, auch auf dem Boden. Die Zellen besitzen einen plattenförmigen Chloroplasten mit gelapptem Rand. Die grünen, reichverzweigten, polsterartigen Lager finden sich auf und in Molluskenschalen und Kalkgestein in kalkreichen Seen (so z. B. *Gongrosira debaryana*), an Gestein im Litoral und Sublitoral der Alpenrandseen (so z. B. *G. incrustans*, die stärker kalkinkrustiert ist); *G. terricola* ist eine Erdalge.

Ordnung Krausblattartige, Prasiolales

Es ist eine Gruppe stark spezialisierter Algen von fädigem oder flächigem Wuchs. Die Zellen besitzen einen zentralen, morgensternförmigen Chloroplasten mit einem Pyrenoid; die Zellwände bestehen aus Xylo-Mannan. Bei der sexuellen Fortpflanzung handelt es sich um Oogamie. Der Lebenszyklus vieler Arten ist noch nicht völlig aufgeklärt.

Die etwa 20 Arten des Krausblatts, *Prasiola*, leben auf feuchter Erde, Felsen, Mauern, in Bächen, auch an Meeresküsten und sind über die ganze Erde verbreitet. Die am gedüngten Grund von Bäumen, Felsen und besonders von Alm- und Schutzhütten und auf von Vögeln gedüngter Erde von Berggipfeln weltweit verbreitete *Prasiola crispa* hat einen ungestielten, oft aus nur ein- bis dreireihigen, unter 2 cm langen Fäden bestehenden Thallus, der nur auf feuchten, sehr nitratreichen Unterlagen zu meist krausen, ungestielten »Blättern« auswächst. *Prasiola fluviatilis* mit 2–11 cm langem, 0,5 bis 2 cm breitem, blättrigem, gestieltem Thallus lebt in den dauernd kalten Bergbächen Nordeuropas sowie in der alpinen Stufe der Tatra und den Zentralalpen. *Prasiola stipitata,* ein Bewohner der Spritzwasserzone der Meeresküsten, entwickelt blattartige, gestielte, diploide Thalli und bringt entweder geißellose, diploide Sporen oder im apikalen Thallusabschnitt unter Reduktionsteilung haploide, 2geißelige Gameten hervor. Die oogame Befruchtung führt zur Bildung einer Zygote, die zu einem diploiden Thallus heranwächst. *Prasiola japonica* wird in Ostasien gegessen.

Ordnung Schopfalgenartige, Chaetophorales

Die Ordnung umfaßt trichal organisierte, grüne Algen, deren Zellen einkernig sind und sich zu verzweigten Zellfäden auswachsen. Die Fadensysteme können aus aufrechten oder kriechenden Fäden oder aus beiden zusammengesetzt sein (heterotrichale Thalli). Wenn nur ein System kriechender Fäden entwickelt wird, dann kann es pseudoparenchymatisch und flach sein. Die Formen des Generationswechsels sind vielfältig. Die geschlechtliche Fortpflanzung schreitet bis zur Zygotenfruchtbildung fort. Man unterscheidet 3 Familien mit 35 Gattungen und 100 Arten.

Familie Chaetophoraceae

Der sehr verschiedengestaltige Thallus weist oft Haarbildungen auf. Süß- und Meerwasserformen, auch Luftalgen und Flechtengonidien gehören zu dieser Familie.

Die Typusgattung *Chaetophora,* Schopfalge, mit etwa 14 Süßwasserarten bildet oft mehrere Zentimeter große Lager, die in von verschleimenden Haaren gebildete Gallertmassen eingehüllt sind. Die Gallertlager sind zäh, knorpelig-fest und verkalken zuweilen. Die Endzellen der Seitenzweige sind als lange, fein auslaufende, gegliederte Haarzellen entwickelt. *Chaetophora incrassata* bringt geweihförmig gabelig-verzweigte, oft einige Zentimeter große Lager in kalkreichen Seen und Bächen an Steinen, Molluskenschalen und Stengeln hervor. Bei *Chaetophora tuberculosa* ist das große Lager höckerig und durch büschelig gedrängte Endzweige ausgezeichnet. Die etwa erbsengroßen, glatten, kugeligen, dunkelgrünen Lager von *Chaetophora pisiformis* leben besonders in Bächen.

Chaetophora incrassata, Schwarzer See. Lager geweihförmig gabelig verzweigt

Der Thallus der knapp 20 *Draparnaldia*-Arten besteht aus einer Sohle und aus aufrechten, in Haupt- und seitliche Kurztriebe quirlig

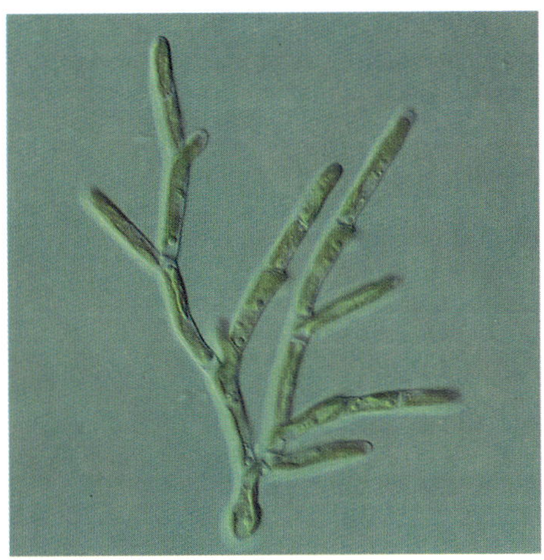

Microthamnion kuetzingianum, winziges verzweigtes Fadensystem, das mit einer sich verjüngenden Basalzelle am Substrat haftet

Draparnaldia glomerata, Langtrieb mit Haupt- und seitlichen Kurztrieben

gegliederten Langtrieben und ist in einen weichen, durchsichtigen, schlüpfrigen Schleim gehüllt. *Draparnaldia glomerata* kommt im Frühling in klaren, fließenden und stehenden Gewässern vor. Die Zellen des Haupttriebes (der Tragachse) sind stark geschwollen.

Die über 30 Arten der Gattung *Stigeoclonium,* ausschließlich Süßwasserbewohner, zeichnen sich durch mehr oder weniger schlüpfrige, aber nicht gallertige, heterotrichale Lager mit in unverdickte Haare auslaufenden Ästen aus. Die Äste stehen einzeln und bilden keine Astbüschel. Bei *Stigeoclonium subspinosum* entstehen in sporangialen Zellen 4geißelige Mikrozoosporen, die in geißellose Dauersporen übergehen, aus denen neue Algen keimen, oder 4geißelige Makrozoosporen, die direkt, ohne Einschaltung einer Ruhepause, zu neuen Algen auswachsen. Es können aber auch in gametangialen Zellen 2geißelige Gameten erzeugt werden, die zu einer Planozygote verschmelzen. Sie wirft die Geißeln ab und keimt direkt zu einem kleinen, wenigzelligen, diploiden, kurzlebigen Sporophyten aus, dessen Zellen sporangial werden und unter Meiose 4–8 4geißelige, haploide Makrozoosporen hervorbringen. Sie wachsen zu neuen haploiden Algen aus. Bei *Stigeoclonium amoenum* hingegen kommt es bei der Keimung der hier als Dauerzygote (Hypnospore) ausgeprägten Zygote zur Reduktionsteilung und Bildung haploider Zoosporen. Ein antithetischer Generationswechsel liegt nicht vor.

Fritschiella tuberosa wächst auf dem Erdboden und auf Baumrinde. Sie bildet 4geißelige Zoosporen und 2geißelige Gameten. Die Reduktionsteilung findet während der Zoosporenbildung statt (diplontischer, isomorpher Lebenszyklus). Die Art wird als möglicher Vorläufer der Landpflanzen angesehen.

Lager von *Stigeoclonium* spec.; die Äste laufen in unverzweigte Haare aus.

Familie Aphanochaetaceae

Bei dieser Familie können die Zellen des fadenförmigen, verzweigten Lagers lange, einzellige Haare bilden. Die geschlechtliche Fortpflanzung ist eine Oogamie.

Aphanochaete confervicola lebt epiphytisch auf Wasserpflanzen. Die spröden Haare brechen leicht ab. Es werden 4geißelige Zoosporen gebildet.

Familie Schizomeridaceae

Die unverzweigten, solid-walzlichen Lager wachsen in Fließgewässern, mit einer basalen Haftzelle sich am Substrat festhaltend.

Schizomeris leibleinii bringt 2- bis 8-(oder mehr-) geißelige Zoosporen hervor.

Ordnung Meersalatartige, Ulvales

Diese relativ großen, marinen Algen, deren Thallus meist aus 2 zusammenhängenden Zellschichten (distromatischer Thallus) besteht, wachsen entweder blätterartig flach oder röhrig aus. Ihnen ist ein isomorpher, antithetischer, diplobiontischer Lebenszyklus eigen. Bei 2 *Ulva*-Arten wurde das akzessorische Pigment Siphonaxanthin nachgewiesen.

Die etwa 30 Arten der Gattung *Ulva* sind in der Gezeitenzone der Meere überall zu Hause. Der Meersalat, *Ulva lactuca*, die gemeinste Art, sitzt mit einer Haftscheibe auf dem Substrat fest und fällt durch einen flächigen, zweischichtigen Thallus auf. Alle Zellen – außer dem Rhizoid und der Haftscheibe – können gametangial werden und Isogameten entlassen, von denen aber nur solche miteinander kopulieren, die von verschiedenen Thalli stammen (Heterothallie). Die Zygote keimt unmittelbar zu einem diploiden Sporophyten aus, der sich morphologisch von der haploiden Phase nicht unterscheidet (Isomorphie). Jede Zelle des Sporophyten kann sporangial werden. In den Sporangien entwickeln sich unter Meiose 4geißelige, genotypisch geschlechtlich differenzierte Zoosporen, aus denen wieder haploide Thalli hervorgehen. *Ulva lactuca* wird in Schottland, an der Südwestküste Nordamerikas, in Peru, Malaysia, Indien sowie auf den Philippinen als Salat gegessen, in Chile außerdem in Suppen oder als Gemüse verwendet und in Indien als Futtermittel und Dünger genutzt. *Ulva pertusa* (japanisch Ana-awosa) ist in Ostasien ein Nahrungsmittel und in China eine Droge, die hohe Körpertemperaturen herabzudrücken vermag.

Die röhrigen bis bandförmigen Thalli der rund 40 *Enteromorpha*-Arten leben im Meer- und Brackwasser, auch in salzhaltigen Binnengewässern. Beim Darmtang, *Entero-*

Flutkanal in der Unstrutaue bei Wendelstein mit Wasserblüte von *Enteromorpha intestinalis*

Ausschnitt aus dem Flutkanal der Unstrutaue bei Wendelstein. Die blasig aufgetriebenen Thalli von *Enteromorpha intestinalis* haften am Kammlaichkraut, *Potamogeton pectinatus.*

morpha intestinalis, der in nährstoffreichem Salz- und Brackwasser, vereinzelt auch im Süßwasser vorkommt, haften die röhrigkrautigen, oft 1–2 cm breiten Thalli in der Jugend als dichter, grüner Bewuchs auf Steinen oder Holz, treiben aber zur Reifezeit in großen Mengen frei umher. Als Salat wird die Alge auf den Philippinen, auf Hawaii, in Malaysia und Japan gegessen. Der Flache Darmtang, *Enteromorpha compressa*, mit seinem linealisch-lanzettlichen Thallus wird in Ostasien ebenfalls verspeist. Im Handel heißen die Produkte Awo-nori oder Ohashinori. Hinter diesen Bezeichnungen verbergen sich auch andere *Enteromorpha*-Arten.

Ordnung Acrosiphoniales

In dieser Ordnung fassen wir zönoblastische Algen zusammen, die sich i.d.R. durch einen heteromorphen Generationswechsel auszeichnen, in dem ein sogenanntes *Codiolum*-Stadium als Sporophyt auftritt. *Codiolum* ist ein winziges, diploides, einzelliges und einkerniges Pflänzchen, das mit Rhizoiden auf Steinen oder Rotalgen haftet. Es wurde früher zu den Chlorococcales gerechnet.

Die Arten der Gattung *Acrosiphonia* unterscheiden sich äußerlich nur wenig von denen der Gattung *Cladophora*. Sie zeichnen sich durch wandständige, netzförmige Chloroplasten und die Zellwandbausteine Mannan, Xylan, Glucan und Rhamnan (Polysaccharide) aus. *Acrosiphonia spinescens* hat einen heteromorphen Generationswechsel; der Sporophyt ist codiolumartig und lebt endophytisch in Krusten der Rotalge *Petrocelis*. Der monözische Gametophyt ist fädig. Die Reduktionsteilung geht bei der Bildung der 4geißeligen Zoosporen vor sich. Die isländische *Acrosiphonia grandis* hat keinen Generationswechsel. Das aus der Zygote zunächst entstehende typische *Codiolum* wächst im 16-Kern-Stadium – vermutlich nach vollzogener Reduktionsteilung – unmittelbar zur fädigen *Acrosiphonia* aus. Bei *Acrosiphonia arcta* beschränkt sich die Diplophase auf die Zygote. Die wahrscheinlich durch Meiose 4kernig gewordene Zygote wächst zum fädigen Thallus weiter aus. *Acrosiphonia sonderi* pflanzt sich ausschließlich durch ungeschlechtliche 2geißelige Zoosporen fort. Die *Acrosiphonia*-Arten mit geschlechtlicher Fortpflanzung zeigen folglich eine stufenweise Reduktion der Diplophase von einer absoluten Selbständigkeit – *Acrosiphonia spinescens* – über eine zeitlich begrenzte – *Acrosiphonia grandis* – bis zur völligen Einbeziehung in einen einheitlichen Organismus – *Acrosiphonia arcta*.

Ordnung Astalgenartige, Cladophorales

Der fädige, oft büschelig verzweigte Vegetationskörper der Cladophorales setzt sich aus vielen nahezu gleichartigen, langgestreckt zylindrischen, vielkernigen Zellgliedern (Zellen) zusammen. Diese Thallussegmente entstehen dadurch, daß sich die apikale Zelle eines Fadens durch Längenwachstum vergrößert und eine als Ringwulst entstehende Querwand irisblendenartig einschiebt. Die Zellwände haben eine oberflächliche Chitinschicht (vgl. *Oedogonium*). Besonders charakteristisch ist das lockere Netzchromatophor, das zylinderartig das Zellinnere einschließt, viele Pyrenoide trägt und in dessen

»Maschen« zahlreiche Zellkerne liegen. Viele Arten haben als akzessorisches Pigment Siphonaxanthin und eine *Cladophora*-Art zusätzlich den Ester Siphonein. Die Zellwände bestehen aus kristalliner Zellulose I. Der Lebenszyklus der sich sexuell fortpflanzenden Art ist, soweit genau untersucht, isomorph und diplohaplontisch.

Familie Cladophoraceae

Die Familie repräsentiert den »Typus« der Ordnung. In den wärmeren Meeren leben die Büschel von *Cladophora dalmatica (Cladophora suhriana)*, die mit Haftscheiben auf Steinen, Holz und anderen Algen sitzen. Sie hat einen isomorphen Generationswechsel. Die haploiden Gametophyten bilden in Gametangien durch Vielzellbildung 2geißelige Gameten. Durch einen Porus treten die äußerlich gleichgestalteten Geschlechtszellen (Isogameten) aus. Bei der Vereinigung zur Zygote stellt sich heraus, daß nur Gameten von verschiedenen Gametophyten kopulieren können. Sie sind sexuell-bipolar differenziert und entstehen auf sexuell entgegengesetzt, d. h. (+)- und (−)-differenzierten Gametophyten. Die Zygote keimt unmittelbar zu einem diploiden Sporophyten aus, der morphologisch nicht von dem Gametophyten zu unterscheiden ist. Auf dem Sporophyten bilden sich einzelne Zellglieder zu Sporangien um. In ihnen entstehen unter Reduktionsteilung aus jedem der zahlreichen diploiden Kerne 4 haploide Kerne, die sich mit dem umgebenden Plasma zu 4geißeligen Zoosporen ausdifferenzieren. Bei der Reduktionsteilung findet die genotypische Geschlechtsbestimmung statt: Die 4 Zoosporen sind zur Hälfte (+)- und zur Hälfte (−)-Sporen. Aus ihnen keimen neue Gametophyten aus.

Bei *Cladophora gracilis* finden sich Ansätze zur Anisogamie. Die männlichen Gameten sind schlanker als die breiten, birnenförmigen weiblichen. Einen Sonderfall stellt der Lebenszyklus des im bewegten Wasser von Flüssen, Bächen und Seen formenreich auftretenden Seidigen Astträgers, *Cladophora glomerata*, dar. Hier fällt, offenbar bedingt durch den hohen Polyploidiegrad – n = 96 gegenüber n = 12 bei den meisten Arten –, die Reduktionsteilung in den Sporangien aus, so daß nur diploide Zoosporen gebildet werden. Die homologen diplophasischen Generationen vermehren sich unbegrenzt.

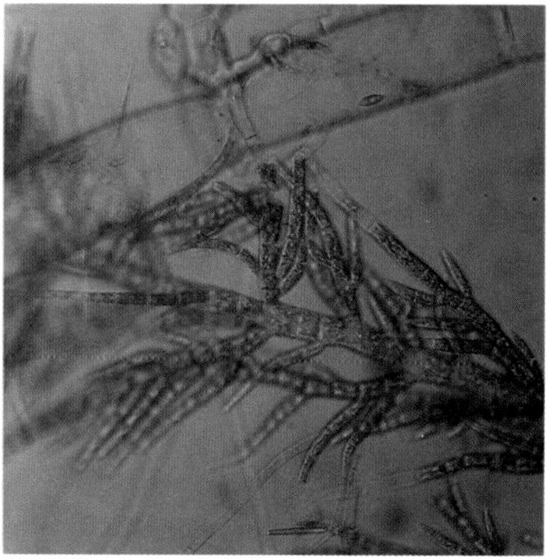

Lager von *Cladophora* spec.

Von den ursprünglich 150 beschriebenen Arten des Astträgers, *Cladophora*, werden heute nur noch 27 marine und 11 limnische anerkannt. Sie sind praktisch über die ganze Erde verbreitet. In Bergbächen kommen die locker verzweigte *Cladophora alpina* (z. B. in den Zentralalpen) und *C. petraea* (z. B. im tschechischen Mittelgebirge) vor, die mit Haftscheiben festsitzen und zu Lagern auswachsen, die nicht länger als 10 cm werden. Die kraus verflochtenen Lager von *C. fracta* kann man vor allem in sich stärker erwärmenden Gewässern beobachten. *C. rivularis* bevorzugt Flachlandflüsse. Relativ selten ist der Felsenastträger, *C. rupestris*, der sich z. B. im ganzen Ostseegebiet auf Steinen ansiedelt. Der Faserball, *C. aegagropila*, bildet rundliche, radiär gebaute, frei schwimmende Ballen, die durch Verwachsen von ursprünglich freien Einzelalgen entstehen. In tiefen, sauerstoffreichen Seen besonders in Nordeuropa leben seine manchmal kopfgroßen Bälle, die im Volksmund Seeknödel heißen.

Der unverzweigte Wurzelfaden, *Rhizoclonium*, ist kosmopolitisch verbreitet. Seine

Zellglieder haben nur 2–3 Kerne. In stehenden und fließenden Gewässern wächst das formenreiche *Rhizoclonium hieroglyphicum* zu großen Watten zusammen. *R. fontanum* findet sich in Quellen und Bächen, *R. profundum* dagegen in der Tiefe großer Klarwasserseen.

Familie Siphonocladaceae

Charakteristisch für diese Gruppe ist die sogenannte segregative Zellteilung, bei der der Protoplast in viele bewandete, abgerundete Teile zerfällt, vielleicht ein Relikt einer Zoosporenbildung. *Siphonocladus tropicus* ist pantropisch verbreitet und besiedelt vor allem das Sublitoral.

Familie Anadyomenaceae

Die Vertreter dieser Familie zeichnen sich durch einen typischen Wechsel von isomorphen, diploiden, sporophytischen und haploiden gametophytischen Phasen aus.

Anadyomene stellata bildet fächerförmige, pseudoparenchymatische Thalli und erreicht Tiefen um 45 m. *Anadyomene menziesii* dagegen wurde im Golf von Mexiko noch in Tiefen um 200 m festgestellt.

Familie Valoniaceae

Die Familie *Valoniaceae* ist in den wärmeren Meeren weit verbreitet. Ihr eigentümlicher Vegetationskörper stammt von einer großen, blasenförmigen Stammzelle ab, die mit Rhizoiden auf der Unterlage haftet. Jede Zelle enthält eine große Zentralvakuole und einen mäßig dicken, plasmatischen Wandbelag, in dem viele Kerne und zahlreiche plättchenförmige, locker sternartig verbundene Chromatophoren liegen.

Von den 18 Arten der Gattung *Valonia* ist der Blasenschlauch, *Valonia, utricularis*, am besten bekannt. Im basalen Teil der Stammzelle werden kleine, halbkugelige Zellen (Randzellen, Plasterzellen) ausgegliedert, die durch uhrglasförmig gebogene Membranen, die an der Innenseite der Blasenzellwand ansetzen, vom übrigen Protoplasten abgetrennt werden. Sie liefern Rhizoidschläuche. Ähnliche, aber größere »Pflasterzellen« entstehen in gleicher Weise auch im apikalen Abschnitt der Blase. Sie wachsen seitlich zu Schläuchen aus, die sich palisadenartig anordnen.

Der Lebenszyklus ist immer noch nicht zureichend aufgeklärt. Manche Autoren meinen, daß wie bei den Anadyomenaceen ein haplodiplontischer Phasenwechsel vorliegt, andere halten *Valonia* für einen Diplonten, der mitotisch Zoosporen und meiotisch Gameten hervorbringt.

Die Schirmalge, *Acetabularia mediterranea*, und die Rentiermoosalge, *Liagora viscida* (Rhodophyta), an der französischen Mittelmeerküste

Ordnung Schwammkeulenartige, Dasycladales

Die Dasycladales nehmen auf Grund des spezifischen Aufbaus ihres Vegetationskörpers und der Tatsache, daß sie während eines Teils ihrer vegetativen Entwicklung einkernig sind, unter den Schlauchalgen eine ziemlich isolierte Stellung ein. Ihr radialsymmetrisch gebauter Thallus besteht aus einer langen Stammzelle, die mit Rhizoiden am Substrat haftet und einen oder zahlreiche Quirle von einfachen oder verzweigten Seitenästen trägt. Die zahlreichen kleinen Chloroplasten haben keine Pyrenoide; anstelle von Stärke werden Inulin und Fructosane gebildet. Da die Zellwände (aus Mannan) im allgemeinen stark durch Kalk (Aragonit) inkrustiert sind, vermochten sie sich in geologischen Ablagerungen gut zu erhalten und sind seit dem Silur bekannt. Ihre größte Entfaltung fand in der Trias und im Jura statt. Ihr Artenreichtum war größer als der der 10 rezenten Gattungen, die erst in der Kreidezeit auftraten.

Die Schirmalge, *Acetabularia*, die mit rund 20 Arten die tropischen und subtropischen Meere bewohnt, hat das Aussehen eines kleinen Hutpilzes. Die im Mittelmeer und Ostatlantik häufige *Acetabularia mediterranea* entwickelt sich in einem Zeitraum von 3 Jahren zur Reife. Im Frühjahr des ersten Entwicklungsjahres keimt die Zygote zu einem aufrechten, unseptierten Schlauch, der Stammzelle, aus, der mit einem verzweigten Rhizoid auf steinigem Untergrund haftet. In der direkt oberhalb des Rhizoids gelegenen Basalblase liegt der Zygotenkern; der sich während des Sommers durch Vermehrung seiner Nucleolarsubstanz bis auf einen Durchmesser von 100 µm vergrößert. Er wird Primärkern genannt. Im Herbst geht die Stammzelle verloren. Die Alge überwintert mit Rhizoid und Basalblase. Auch im zweiten Entwicklungsjahr bildet sich eine Stammzelle aus, die diesmal an ihrer Spitze mehrere Wirtel aus dichotom verzweigten Ästchen trägt. Den zweiten Winter überdauert die Alge wiederum nur mit Rhizoid und Basalblase. Im folgenden Frühjahr entsteht zum dritten Mal die Stammzelle. An ihrer Spitze bildet sich schließlich ein Wirtel unverzweigter, breitlumiger Ausstülpungen (Sektorenkammern), die zu einem Schirm zusammentreten (Schirmstrahlen). Jetzt setzt nach Reduktionsteilung des riesigen Primärkerns die mitotische Bildung von bis zu 15 000 haploiden, kleineren Sekundärkernen ein. Sie wandern mit der Plasmaströmung in großen Schwärmen durch die Stammzelle in die Schirmstrahlen ein und verteilen sich dort gleichmäßig im Wandbelag. Sie nehmen an Volumen zu und umgeben sich als primäre Zystenkerne mit einer scharf abgegrenzten, dickwandigen, kalkinkrustierten, mit einem Deckel versehenen Zellulosehülle. In diesen Zysten setzt eine rege mitotische Teilung ein; sie werden vielkernig und gehen zur Winterruhe über. Im Frühjahr des Folgejahres verlassen haploide, 2geißelige Isogameten die Zysten. Die Kopulation nehmen Gameten aus verschiedenen Zysten vor, die allerdings von ein und derselben Alge stammen können.

Bei *Bornetella* bilden sich in den Gametangien 8 Zysten, bei *Neomeris* bildet sich nur eine einzige gedeckelte Zyste. Bei der Schwammkeule, *Dasycladus clavaeformis*, die wie eine Flaschenbürste aussieht, entwikkeln sich die Gameten in den Gametangien ohne Zwischenschaltung von Zysten. Sie ist vom Mittelmeer bis zu den westindischen Inseln verbreitet.

Acetabularia-Arten, die sich äußerlich durch die spezifische Gestalt ihrer Schirme leicht unterscheiden lassen, werden zu genetischen Versuchen genutzt. So wurde dem einkernigen Thallus von *Acetabularia moebii* ein kernloser Schirm von *A. mediterranea* aufgepfropft. Allmählich wandelte sich der junge Schirm in den typischen Schirm der kernhaltigen Unterlage um. Es entstand schließlich durch Zusammenwachsen der beiden ungleichartigen Teile wieder eine reine *Acetabularia moebii*.

Ordnung Trentepohliales

Der heterotrichale Thallus ist in der Regel unbehaart. Oft ist er durch in Öltropfen gelöste Karotinoide (Haemotochrom, α- und β-Carotin) mehr oder weniger gelb bis blutrot gefärbt. Feucht duftet er eigenartig (Veilchensteine). Viele Arten sind Luftalgen der Tropen und Subtropen. Die Sporangien unterscheiden sich auch äußerlich von den vegetativen Zellen (Hakensporangien).

Der Thallus der etwa 60 *Trentepohlia*-Arten besteht aus kurzen, meist etwas verzweigten Fäden und ist daher mehr oder weniger filzig. Die Gameten bilden sich in besonderen Kugelsporangien, die aus den Zellen des kriechenden Fadens entstehen. Sie kopulieren zu Zygoten oder keimen parthenogenetisch. An den aufrechten Fäden sitzen die gestielten Hakensporangien auf einer hakenförmigen Tragzelle und produzieren 2- bis 4geißelige Zoosporen. Die

Sporangien öffnen sich mit einer Entleerungspapille, allerdings meist erst, nachdem das ganze Sporangium von der Tragzelle abgeworfen und durch den Wind weggetragen worden ist. Nach Benetzung mit Niederschlagswasser schwärmen die Zoosporen aus und wachsen zu neuen Fadensystemen heran. Offensichtlich handelt es sich um eine Anpassung an das Leben in der Luft; die Hakensporangien können als funktionelle Konidien aufgefaßt werden.

Trentepohlia aurea ist die häufigste Art, deren gelbrote Thalli filzige Überzüge auf feuchtem Karbonatgestein, auf Kalkmoosen und kalkberieseltem Holz bilden. Sie kommt auch in Krustenflechten vor. Vorwiegend an frei stehenden Laubbäumen in Auen und nebelreichen Lagen, seltener auch an Fichten und auf Gestein ist die rotbraune, geruchlose *Trentepohlia umbrina* weit verbreitet. Die lebhaft blutroten, filzigen Thalli des Veilchensteins, *T. iolithus*, sind meistens an kalkfreiem Gestein an Bergbächen bis über die Waldgrenze zu finden. Feucht duften sie stark. In nassen Nadelwäldern der Berglagen kommt die gelbrote *T. abietina* besonders auf altem Holz vor.

Die Gattung *Phycopeltis* ist überwiegend in tropischen und subtropischen Wäldern zu Hause. In Europa, besonders in Südeuropa, wächst *Phycopeltis epiphyton* als gelbgrüne bis orangegelbe, flächige Kruste auf den Nadeln von Tannen und den Blättern von Buchsbaum, Efeu und Brombeeren.

Ordnung Mooswattartige, Bryopsidales

Diese grünen Algen haben typisch fädig-schlauchförmige, querwandlose, verzweigte, im Aufbau vielgestaltige Vegetationskörper. Im plasmatischen Wandbelag liegen viele diploide Kerne und zahlreiche scheibenförmige, pyrenoidhaltige Chromatophoren, die alle grün sind (homoplastidisch). Bei der Fortpflanzung findet eine Differenzierung in generative und vegetative Abschnitte statt (eukarpischer Thallus). Die Zellwände bestehen chemisch aus Mannan oder Xylan (die der gametophytischen Zellen aus Zellulose). Es wurden die akzessorischen Pigmente Siphonaxanthin und Siphonein nachgewiesen. Die Sporangien werden durch Querwände von der Hauptachse abgegliedert. Die Vertreter der Gruppe sind marin-temperiert verbreitet.

Familie Bryopsidaceae

Der Thallus ist aus einfachen Fäden oder Blasen zusammengesetzt.

Das Mooswatt, *Bryopsis*, umfaßt etwa 30 Arten, von denen der Federtang, *Bryopsis plumosa*, im Litoral aller Weltmeere ausgedehnte, dunkelgrüne Rasen bildet. Von den über das Substrat – Steine, Holz, Muschelschalen u. a. – kriechenden, mit Rhizoiden befestigten Fäden zweigen aufrechte, bis 12 cm hohe, federartig angeordnete Äste ab. Das ganze Fadensystem ist von einem einzigen großen Zellsaftraum durchzogen.

Bei der ungeschlechtlichen Vermehrung umgeben sich in den Rhizoiden ungleich große Teile mit derben Hüllen. Diese Akineten überdauern den Winter und keimen im Frühjahr zu einem neuen Fadensystem aus. Im Sommer findet die geschlechtliche Fortpflanzung statt. Die aus den Gametangien verschiedener Thalli stammenden Anisogameten verschmelzen zu einer Zygote, die sofort wieder zu einem diploiden Federtang auswächst. Bei der Umwandlung zum Gametangium trennt sich das Lumen eines Seitenzweigs (»Fiederchens«) durch eine Quer-

Bryopsis plumosa. 1 Thallusbüschel, 2 Zweigspitze, 3 Thallusbasis mit rhizoidartigen Hapteren (vereinfacht nach Taylor)

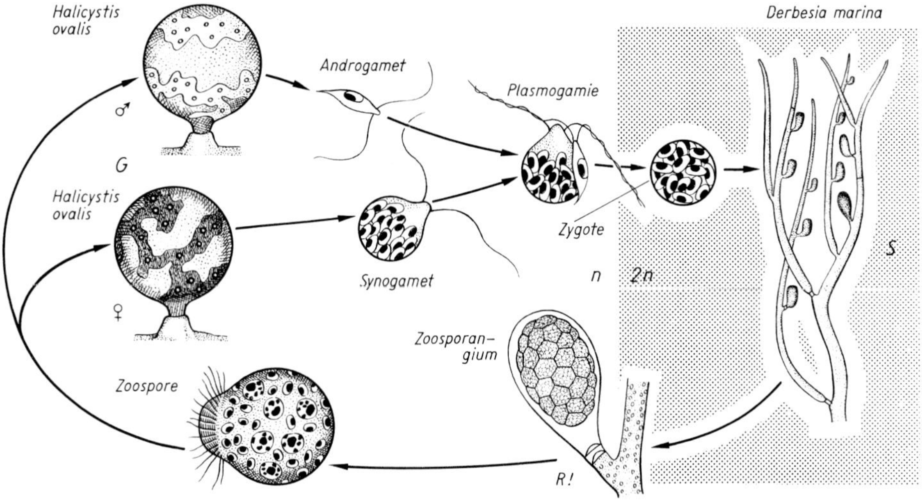

Derbesia marina. Generationswechsel zwischen *Halicystis ovalis* (Gametophyt) und *Derbesia marina* (Sporophyt), G Gametophyt, S Sporophyt, R! Reduktionsteilung, n haploide, 2 n diploide Kernphase (verändert nach Wartenberg)

wand von der Hauptachse ab. Die Reduktionsteilung findet bei der Gametenbildung statt. Nach dem Ausschwärmen der Gameten stirbt der einjährige Thallus ab. Der Generationswechsel ist isomorph.

Die Gattung *Derbesia* zeichnet sich durch einen heteromorphen Generationswechsel aus, der mit einem so tiefgreifenden Gestaltswechsel verbunden ist, daß ursprünglich der fädige Sporophyt als Gattung *Derbesia* und der blasige Gametophyt als Gattung *Halicystis* beschrieben worden sind. Der Sporophyt gliedert seine Äste und Sporangien durch Querwände von der Hauptachse ab. Zellwandmaterial sind Pektin und Kallose. Die großen, kugeligen Zoosporen tragen zahlreiche in einem subpolaren Kranz angeordnete Peitschengeißeln. Bei der anisogamen, geschlechtlichen Fortpflanzung treten Androgameten mit einem und Gynogameten mit zahlreichen Chloroplasten auf. Die Reihe umfaßt eine Familie mit einer Gattung und 10 Arten, die von den wärmeren bis zu den polaren Meeren verbreitet sind. Bei *Derbesia marina*, einer in der Adria heimischen und im Brandungsbereich ausgedehnte, dichte Rasen bildenden Art, wächst die dünnwandige Zygote zu einem Keimschlauch aus. Aus ihm entwickeln sich kriechende, mit Rhizoiden am Substrat haftende Schläuche, die aufrechte, fädige *Derbesia*-Sporophyten abzweigen. Die unseptierte Schlauchachse schnürt seitlich birnenförmige, von Anfang an vielkernige Sporangien ab. In ihnen sondern sich spindelförmige, vegetative und bald resorbierte Kerne von größeren, abgerundeten ab. Diese konzentrieren sich spitzenwärts in einer kappenförmigen Zone und durchlaufen die Reduktionsteilung. Aus jedem Sporenmutterkern entsteht nur eine Zoospore, deren Kern sich mehrfach mitotisch teilt, so daß die reife Zoospore nicht nur vielgeißelig, sondern auch vielkernig ist. Die Zoosporen bringen zunächst kurze, kriechende Keimschläuche hervor, an denen mit bloßem Auge sichtbare, bis 3 mm große *Halicystis ovalis*-Blasen heranwachsen. Sie haften mit einem an Reservestoffen (Stärkekörnern) reichen Rhizoid epi- oder endophytisch im Substrat, z. B. auf oder in Rotalgen- (*Lithothamnion*- oder *Lithophyllum*-) Krusten. Die ausdauernde *Halicystis*-Generation bringt gezeitenabhängig immer wieder, nach Entleerung der alten, neue Blasen hervor. Sie ist heterothallisch: Es gibt männliche und weibliche Blasen. Die Gameten entstehen in einem kontrahierten, fertilen Plasma, dem Gametangienraum, der vom zentralen Saftraum durch eine vakuolenreiche Grenzschicht abgesondert ist. Er hebt sich bei den weiblichen Blasen als oberflächig dunkle, bei den männlichen als hellere Zone von der übrigen Blasenoberfläche ab. Ausgelöst durch den Lichtreiz der aufgehenden Sonne – am natürlichen Standort läßt sich daher das Phänomen nur in den frühen Morgenstunden beobachten –, werden die Gameten unter hohem Druck durch präformierte Poren in der Blasenwand in das umgebende Meerwasser ausgeschleudert. Hier schwimmen Andro- und Gynogameten aufeinander zu und vereinigen sich zur Zygote.

Es spricht vieles dafür, daß die bei der *Halicystis*-Generation entwickelte, physiologische Differenzierung in ein speicherndes, intramatrikales Rhizoid und in eine trophische und reproduktive, extramatrikale Blase Ausdruck der Anpassung an die besonderen Verhältnisse im Brandungsbereich ist. Das seltene Auftreten von *Derbesia*-Sporophyten an *Halicystis*-Standorten dürfte ebenfalls mit den in diesen Küstenbereichen ungünstigen Voraussetzungen für die erfolgreiche Kopulation und das Festsetzen der Zygoten zusammenhängen. Bisher konnten ähnliche Beziehungen zwischen *Derbesia tenuissima* und *Halicystis parvula* sowie zwischen *Derbesia neglacta* und *Bryopsis halymenia* nachgewiesen werden.

Familie Codiaceae

Der Thallus ist multiaxial, d. h. aus vielen Schläuchen, zusammengesetzt und wird ziemlich groß.

Auch die rund 50 Arten des Fitzwatts, *Codium*, sind in fast allen Weltmeeren zu Hause. Die Äste des reich verzweigten Thallus sind so dicht miteinander »verfitzt«, daß ein in Mark- und Rindenschicht differenzierter, pseudoparenchymatischer Körper entsteht. Im Mark sind die Schläuche untereinander locker verflochten, in der Rinde schließen sie eng, sich dabei blasig erweiternd, zusammen. Die Lumina dieser Palisadenschläuche sind durch zellinnere Wucherungen der Zellwand von den Markschläuchen getrennt. Sporangien und Gametangien werden seitlich durch Querwände von den Palisadenschläuchen abgetrennt. *Codium fragile* trocknet man in Japan oder verwendet es eingesalzen als Nahrungsmittel (Miru).

Das Fitzwatt, *Codium tomentosum*, bildet dichte Bestände bei Banyuls sur Mer (französische Mittelmeerküste).

Ordnung Caulerpales

Der schlauchförmige Thallus dieser grünen Algen ist in einen kriechenden, mit farblosen Rhizoiden im Substrat verankerten Hauptstamm (Cauloid) und in davon abzweigende grüne, blattartige, assimilierende Thalluslappen (Phylloide, Assimilatoren) gegliedert. Unter den Plastiden findet eine physiologische Arbeitsteilung statt (Heteroplastidie): Chlorophyllhaltige Chloroplasten sind photosynthetisch tätig, farblose Leukoplasten (Amyloplasten) kondensieren Stärke. Die Zellwände bestehen chemisch aus Xylan oder Mannan. Die Gameten entstehen holokarp; der Vegetationskörper ist diploid.

Familie Caulerpaceae

Die tropisch-subtropisch verbreitete Familie enthält die größten rezenten Grünalgen. Die Thalli haben praktisch ein unbegrenztes Wachstum, speichern aber keinen Kalk.

Die rund 60 Arten der Gattung *Caulerpa* besiedeln die tropischen Meere, wo sie noch in Tiefen um 100 m leben können. Die im Mittelmeer beheimatete *Caulerpa prolifera* entwickelt flächige Assimilatoren von 10 cm Länge und 2 cm Breite. Ihr Inneres wird durch balkenartige Zellwandwucherungen mechanisch versteift. Im Gegensatz zur eukarpen Gametenbildung bei der Gattung *Bryopsis* geht bei *Caulerpa* der gesamte Inhalt eines fertilisierten Phylloids in Schwärmerbildung über, wobei die Assimilatoren die unter Reduktionsteilung entstehenden Anisogameten – *Caulerpa* ist diökisch – schubweise als schleimige Masse durch papillenartige Öffnungen ausstoßen. Nach der vollständigen Entleerung stirbt das Phylloid ab. Zoosporen werden nicht gebildet.

Die Meerkette, *Halimeda tuna,* an der jugoslawischen Adriaküste

Familie Halimedaceae

Die tropisch-subtropisch verbreitete Familie hat Kalk (Aragonit) speichernde, dichotom verzweigte Thallli. Die kurzen Seitenzweige bilden eine Art Rinde um die Achse.

Udotea desfontainii mit keilförmigen Phylloiden kommt im Mittelmeer häufig auf Schwämmen und Muscheln vor.

Die Meerkette, *Halimeda,* entwickelt einen aus herz- oder nierenförmigen, etwas plattgedrückten Phylloiden kettenförmig zusammengesetzten Thallus, der bei *Halimeda tuna* und *H. opuntia* in seiner Gestalt an den Feigenkaktus, *Opuntia,* erinnert. Bei der holokarpen Bildung der 2geißeligen Gameten fällt der durch Chlorophyllentzug ausbleibende Thallus in sich zusammen. Die Zygote wächst zunächst als einkernige, kugelige »Protosphäre« heran, aus der sich der diploide Thallus entwickelt.

Ordnung Dichotomosiphonales

Die Schläuche der grünen zönoblastischen Süßwasseralgen bilden keinerlei Querwände. Wie bei den Caulerpales findet unter den Plastiden eine physiologische Arbeitsteilung statt (Heteroplastidie). Akzessorisches Assimilationspigment ist unter anderem Siphonein; Siphonoxanthin fehlt. Die Zellwände bestehen aus Xylan.

Dichotomosiphon tuberosus ist der einzige Vertreter der Ordnung und ähnelt äußerlich der Gattung *Vaucheria.* Er kommt in Nordamerika vor. An den terminalen Enden der Schläuche befinden sich kugelige Oogonien und kleinere Antheridien. Die Befruchtung ist oogam.

Abteilung Jochalgen, Zygophyta

Die Jochalgen (Zygophyta, Conjugatophyta) sind eine etwa 5 000 Arten umfassende Gruppe grüner, stärkeführender Algen, deren sexuelle Fortpflanzung sich als Konjugation vollzieht. Dabei vereinigen sich ungeteilte, einkernige, unbegeißelte, mehr oder weniger amöboid bewegliche Individuen (Gametangien) zur Zygote (Zygospore, Jochspore). Die Zygote keimt unter Meiose, so daß die vegetativen Zellen haploid sind. Geißelbewegliche Zellen kennt man nicht. Morphologisch sind die Zellen meist durch ihre innere und äußere Zweiteiligkeit gekennzeichnet, die im einfachsten Fall bloß in der axialsymmetrischen Anordnung der Chromatophoren beiderseits des zentralen Kerns zu sehen ist. In den meisten Fällen ist eine mediane Einschnürung (Isthmus) vorhanden, die den Zellkörper in 2 symmetrische Halbzellen (Hemisphären, Semizellen) gliedert. Auch bei den fadenförmigen Jochalgen, deren zylindrische, unverzweigte und einzellreihige Zellverbände relativ leicht zerfallen, ist hin und wieder die Zweiteiligkeit der Zellwände erkennbar. Von anderen grünen Fadenalgen, etwa von den Ulotrichales, lassen sie sich leicht durch ihre sternförmigen (stelloiden oder furcoiden), plattenförmigen (laminaten) oder bandförmig-schraubigen (parietalen) Chromatophoren unterscheiden, obwohl die Feinstruktur der Chromatophoren und das Pigmentmuster – Chlorophyll a und b, α- und β-Carotin, Lutein, Viola-, Anthera-, Zea- und Neoxanthin – typisch grünalgenartig sind. Während die einzelligen Formen (Zieralgen) wegen des Reichtums und der Konstanz äußerer, vegetativer Merkmale – Zellgestalt und Verzierungen der Zellwände durch Warzen, Stacheln, Protuberanzen u. a. – relativ leicht bestimmbar sind, bereiten die merkmalsarmen, fädigen Formen (Jochalgen im engeren Sinn) größere Schwierigkeiten. Nur die Analyse des Sexualakts und der Zygotenhüllen führt zu einer einwandfreien Determination.

Chromatophorentypen bei Jochalgen. 1 *Mougeotia*, 2 *Zygnema*, 3 *Spirogyra* (frei nach verschiedenen Autoren)

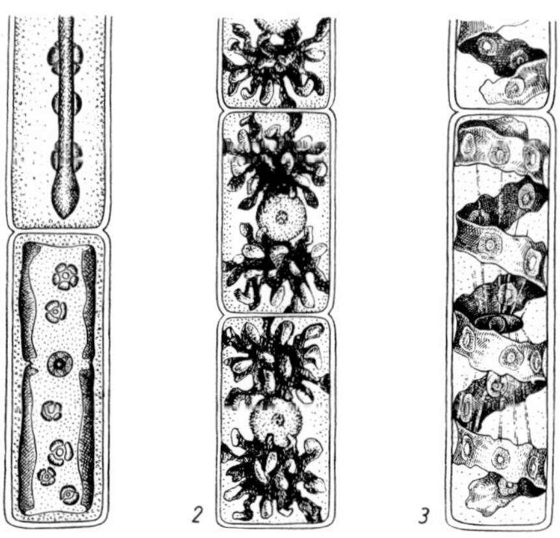

Das Fehlen jeglicher begeißelter Stadien erschwert die systematische Zuordnung der Jochalgen. Der komplizierte sexuelle Fortpflanzungsprozeß und die spezifischen Zellwandstrukturen deuten auf eine lange, eigenständige Entwicklung hin. Auch wenn vieles für die »Grünalgennatur« der Konjugaten spricht und an engere Beziehungen zu den Charophyta (vor allem auf Grund des Zellteilungsprozesses) gedacht wird, veranlaßt das Fehlen jeglicher begeißelter Zellen, ihnen den Rang einer Abteilung zuzuerkennen.

Zellwandbau und Zellteilung

Bei den Jochalgen lassen sich 3 verschiedene Zellwandtypen unterscheiden. Die einfachsten Verhältnisse zeigen die Mesotalniaceen und Zygnemataceen. Die Wände bestehen nahtlos aus einem Stück. Skulpturen und Poren fehlen. Bei den Gonatozygaceen, Peniaceen und Closteriaceen kann die Zellwand aus mehreren Segmenten aufgebaut sein, die sich nicht oder nur schwach durch Einschnürungen gegeneinander abheben. In einer kompakten Außenschicht werden Warzen, Stacheln und Leisten ausgebildet und Poren ausgespart. Den dritten Wandtyp besitzen die Desmidiaceen. Die Zellwand besteht aus 2 Segmenten, die sich durch eine Einschnürung deutlich gegeneinander abheben. Nach Zellteilung und Streckungswachstum wird die Primärwand abgeworfen (Häutung). Eine Außenschicht fehlt, die Sekundärwand ist stark inkrustiert und in ihrer ganzen Breite von Poren durchbrochen, in denen Gallertpfropfen (Porenapparate) stecken.

Die unterschiedlichen Strukturen der 3 Wandtypen beeinflussen die Wachstums- und Vermehrungsweise. Bei den Desmidiaceen mit ihrer stark inkrustierten Wand und bei den Gonatozygaceen, Peniaceen und Closteriaceen mit ihrer derben Außenschicht sind Dehnung und allseitiges Wachstum ausgeschlossen. Die Zellteilung löst ein Ergänzungswachstum aus, das von der irisblendenartig eingezogenen Querwand ausgeht. Die Bildung der Gürtelbänder bei den Gat-

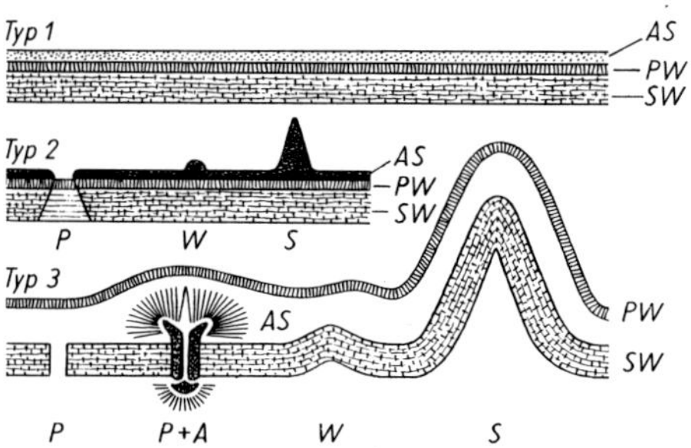

Schematische Darstellung der Wandtypen bei Jochalgen. AS Außenschicht, PW Primärwand, SW Sekundärwand, P Pore, P + A Pore mit Porenapparat, W Warze, S Stachel (nach Mix)

tungen *Gonatozygon, Penium* und *Closterium* ist evtl. ein Ersatz für die verlorengegangene Wachstumsfähigkeit der Zellwand.

Die normale Art der Zellteilung bei den Mesotaeniaceen und Zygnemataceen ist eine sogenannte einfache Querteilung (Zellplattenbildung in einem Phragmoplasten). Nach der Kernteilung entsteht im Zelläquator ein Plasmaspalt, in dem die Querwand ausgeschieden wird.

Besteht die Zellwand aus 2 Stücken wie bei den Desmidiaceen, dann weichen nach der Kernteilung und Protoplastenspaltung die beiden Halbzellen in der Ebene des Isthmus auseinander. Die fehlende Hemisphäre sproßt aus der Mitte hervor, vergrößert sich und nimmt die Gestalt der älteren Zellhälfte an. Später dringt in sie auch das Chromatophor ein. Die Querwand wird als Ringwulst angelegt. Aus ihr geht durch allmähliches Auswachsen nach außen die ganze neue Tochterhalbschale hervor. Die Zellwand der Desmidiaceen besteht schließlich aus 2 ungleich alten Hälften: Sie ist heterogen. Der gesamte Teilungsablauf ist in Einzelheiten recht kompliziert und vollzieht sich nicht überall gleich. Die Querteilung geht offensichtlich auf eine polar ausgerichtete Autosporenbildung zurück. Das wird in den Fällen deutlich, bei denen sich innerhalb einer verschleimenden Mutterzellwand 2 polar orientierte Tochterzellen bilden. Die verbleibenden Reste der Mutterzelle werden wie 2 Fingerhüte abgestreift (intrazelluläre Häutung).

Bei mehreren Arten der Gattungen *Gonatozygon, Penium* und *Closterium* werden »Querbinden« und »Gürtelbänder« gebildet. Dabei legen sich 1–2 röhrenförmige Membransegmente zwischen die Zellwandhälften.

Bei den Zygnematales zerbrechen die einreihigen Fäden relativ leicht. Jedes Teilstück oder jede Zelle kann zu einem neuen Faden auswachsen. Spezielle Einrichtungen (z. B. Faltenringe bei *Spirogyra*) begünstigen den Prozeß der Fragmentation, der recht wirksam zu sein scheint, wie der rapide Zerfall von Algenwatten beweist.

Gallertausscheidung, Bewegung und Koloniebildung

Fast alle Jochalgen bilden Schleime oder scheiden Gallerte aus. Dabei können Zellwände oder Zellwandschichten verschlei-

Diagramm der Zellteilung von *Spirogyra*. A Interphase, B Präprophase, C Prophase, D Metaphase, E frühe Anaphase, F späte Anaphase, G frühe Telophase, H Telophase, I späte Telophase (nach Fowke & Pickett-Heaps)

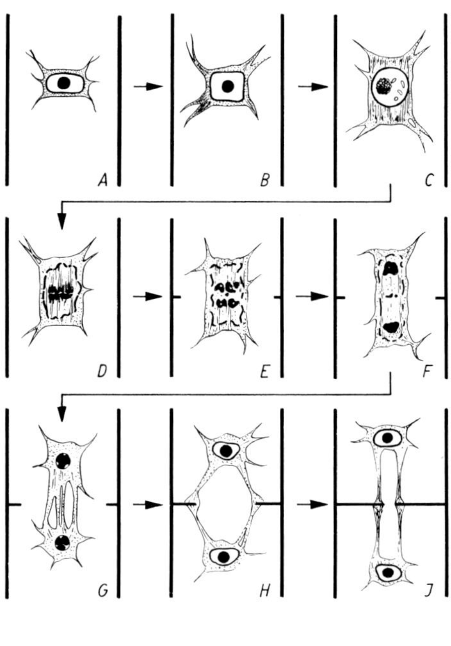

men oder Gallerte durch die Zelle an vorgebildeten Stellen (Poren, Porenapparaten) durch die Zellwand hindurch ausgeschieden werden. Der Schleimmantel vieler fädiger Jochalgen ist das Umwandlungsprodukt der äußeren pektinhaltigen Zellwandschicht. Einige Arten der Gattungen *Cylindrocystis* oder *Mesotaenium* bilden Zellverbände, in denen die Einzelindividuen, weitgehend regellos oder gerade noch die Teilungsfolge ihrer Entstehung erkennen lassend, in Gallertklümpchen eingebettet liegen. Diese Hüllgallerte, meist aus verschleimenden Zellwandschichten hervorgegangen, findet sich bei planktischen und fels- oder erdbewohnenden Formen, denen sie einen Schutz gegen Austrocknung gewährt. Von Bewegungsgallerte spricht man, wenn aus großen, nahe den Zellenden gelegenen Poren polar wachsende Gallertstiele ausgeschieden werden, die die Zelle weiterschieben. Auch an der »Purzelbaumbewegung« von *Closterium* dürfte Bewegungsgallerte beteiligt sein.

Von besonderer Bedeutung sind die Verbindungs- und Befestigungsgallerten, die den Aufbau von Zönobien mit gesetzmäßiger Struktur begünstigen. Bei der Zieralge *Cosmocladium* bauen ein Gallertmantel und die bei der Zellteilung von der jüngeren Tochterhälfte abgestreifte Primärwand die Kolonien auf. Die beiden »Töchter« einer sich teilenden Mutterzelle bleiben mit ihren Primärhüllen, aus denen sie durch eine Drehung um 90° um ihre Querachse schlüpfen, am Isthmus verkettet. Der ganze Verband, der bei *Cosmocladium saxonicum* bis zu 100 Einzelzellen umfassen kann, ist in Gallerte eingeschlossen, die von den Zellen durch Poren ausgeschieden wird. Die festsitzenden heteropolaren Zellen der Zieralge *Oocardium* sezernieren am Basalpol eine Homogengallerte, die der Anheftung dient. Aus ihr bilden sich Gallertstiele, auf denen die Individuen sitzen, während am Scheitel sogenannte Prismengallerte ausgeschieden wird. Bei der Zellteilung gabelt sich auch der Stiel. Es kommt zur Bildung kugeliger Kolonien. Um die Gallertstiele herum erfolgt durch biogene Steuerung des Wachstums von Kalkspatkristallen die Bildung von Kalkröhren. Voraussetzung für die Röhrenbildung ist das Vorhandensein von Kalkspatkristallen, auf denen sich die Alge anheften kann.

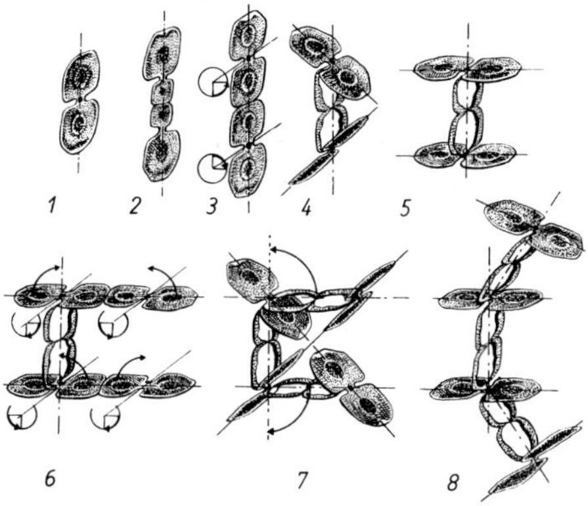

Koloniebildung bei *Cosmocladium*. 4 die jungen Zellen drehen sich in der bei 3 vermerkten Drehrichtung aus der Hülle, die dann in 5 als Verbindungselement der beiden Zellen wirkt, 8 Kolonie auf dem Vierzellenstadium (nach Rieth)

Die Querteilung der Zellen ist die Voraussetzung für die Entstehung fadenförmiger Kolonien, bei denen die Einzelzellen mit den Scheiteln aneinanderhängen. Bei den Zieral-

Koloniebildung bei *Oocardium*. A A' morphologische Längsachse, strahlig gezeichnet; Prismengallerte (P), punktiert eingetragen; Homogengallerte (H), a–d Gallertstiele ohne Kalkmantel, e–h sich auf einem Kalkkristall entwickelnde Kolonien, Kalkröhren bildend, K angeschnittene Kalkröhre (nach Rieth)

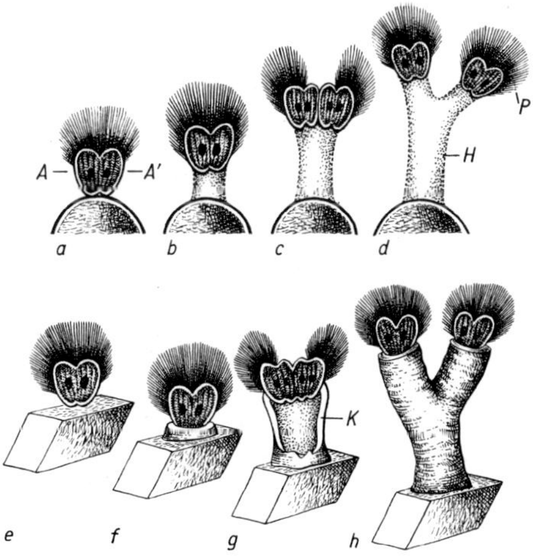

gen bestehen die fädigen Verbände aus Zellen, die recht locker durch Gallertpolster zusammenhängen (*Desmidium*-Arten). Der Zerfall der Fäden in Einzelzellen ist leicht möglich. Die Fäden der Zygnematales dagegen zeigen eine engere Bindung der sie aufbauenden Zellen, obwohl lebende Plasmabrücken (Plasmodesmen) fehlen. In einigen Fällen kommt es innerhalb der Fäden zu einer Differenzierung. Bei *Spirogyra fluviatilis*, die in bewegtem Wasser lebt, wird die Basalzelle zu einem Rhizoid umgewandelt. Ähnliche Bildungen kommen auch bei *Mougeotia* vor. Trotzdem erinnert der *Spirogyra*- oder *Zygnema*-Faden noch stark an eine Kette in gemeinsamer Schleimhülle steckender, selbständiger Einzelindividuen: Die trichale Organisation steckt gleichsam noch in den Kinderschuhen.

Die geschlechtliche Fortpflanzung

Wenn die Kopulationsdisposition – ausreichende Lichtverhältnisse, geeignete Sauerstoff- und Kohlendioxidspannung, richtige osmotische Konzentration der Nährstoffe und ein bestimmter mittlerer Temperaturbereich – gegeben ist, kommt es zur geschlechtlichen Fortpflanzung, der Konjugation. Der Inhalt einer Zelle, des Gametangiums, wird zum Gameten. Besondere Fortbewegungsorganellen werden nicht ausgebildet. Die äußerlich gleichen, geschlechtlich differenzierten Gameten »kriechen« innerhalb einer beide Gametangien verbindenden Gallerthülle oder innerhalb eines umwandeten, beide Gametangien verbindenden Kopulationskanals aufeinander zu und vereinigen sich. Dabei müssen die beiden Sexualpartner durch Annäherung der ganzen Algen zusammengeführt werden. Können sich beide Gameten bewegen, kommt es zur Kopulation außerhalb der Gametangien (isogame Konjugation). Ist nur ein Gamet (Wanderprotoplast) beweglich, der andere (Ruheprotoplast) nicht, kommt es zur Kopulation im ruhenden Gametangium (anisogame Konjugation). Nach dem äußeren Aspekt unterscheidet man bei den fädigen Jochalgen verschiedene Konjugationstypen. Bei der seltenen, nur bei etwa 5 % der Arten auftretenden seitlichen (lateralen) Konjugation vereinigen sich die in 2 nebeneinanderliegenden Zellen desselben Fadens gebildeten Gameten zur Zygote. Bei der leiterförmigen (skalaren) Konjugation dagegen reagieren nichtbenachbarte Gametangien miteinander. Die Zellen eines Fadens werden durch feste Kopulationskanäle oder -schläuche mit den Zellen eines parallelliegenden zweiten Fadens verbunden, so daß sehr auffällige, leiterartige Gebilde entstehen. Unsere Abbildung gibt einige Varianten dieser Grundformen der Konjugation wieder.

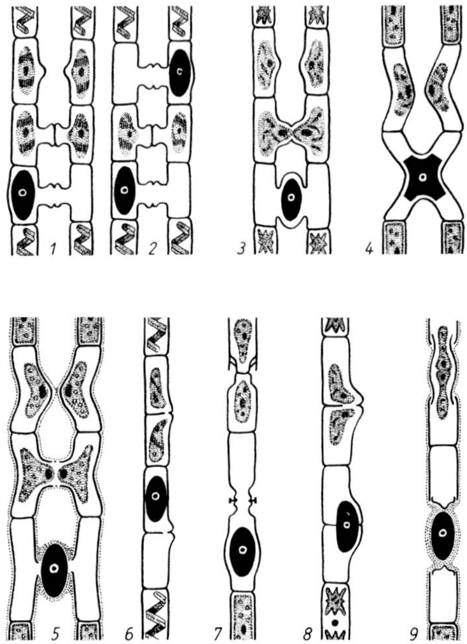

Einige Konjugationstypen bei den Zygnematales. 1 anisogame, leiterförmige Konjugation, links der aufnehmende, rechts der abgebende Faden *(Spirogyra)*, 2 anisogame, leiterförmige, kreuzweise Konjugation *(Spirogyra)*, 3 isogame, intrazelluläre, leiterförmige Konjugation *(Mougeotia)*, 4 isogame, bigametangiale, leiterförmige Konjugation *(Mougeotia)*, 5 isogame, extrazelluläre, leiterförmige Konjugation, 6 anisogame, seitliche Konjugation, 7 anisogame, intrazelluläre, seitliche Konjugation *(Zygnema)*, 9 isogame, extrazelluläre, seitliche Konjugation *(Mougeotia)* (nach Rieth)

Es gibt Fälle, in denen die normale vegetative Zelle erst nach gewissen Veränderungen – z. B. nach einer inäqualen Teilung – zum Gametangium wird *(Sirogonium, Temnogametum)*.

Parthenosporen (Azygoten) entstehen dann, wenn der normale Verlauf der Kopulation gestört oder gehemmt wird. Die Verschmelzung der beiden Gameten wird unterbrochen oder unterbleibt. Es bilden sich zygotenähnliche Sporen, die meist etwas kleiner als echte Zygoten sind. Bei *Spirogyra mirabilis* und *Zygnema cylindricum* ist die apogame Bildung von Jochsporen die Regel, bei *Mougeotia mirabilis* und *M. genuflexa* ist sie häufig. *M. transeaui* braucht für die Azygotenbildung überhaupt keinen Partner mehr. Bei den Zieralgen scheint Azygotenbildung selten zu sein. Künstlich wurde Apogamie bei *Closterium lunula* und *Cosmarium botrytis* erzeugt.

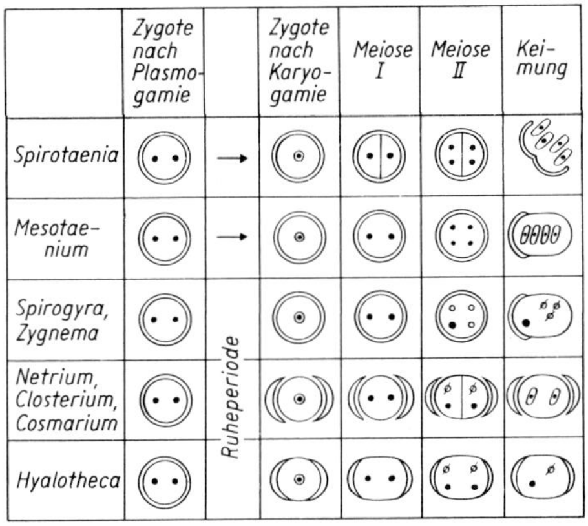

Die Zygote und ihre Keimungsprodukte bei den Jochalgen (verändert nach Steinecke)

Dauerzellen und ungeschlechtliche Fortpflanzung

Dem Überdauern ungünstiger äußerer Bedingungen und der ungeschlechtlichen Fortpflanzung dienen bei Jochalgen derbwandige, unbewegliche Dauerzellen.

Akineten (Chlamydosporen) entstehen aus vegetativen Zellen, die unter starker Verdikkung ihrer ursprünglichen Wand und unter Einlagerung von Reservestoffen in den Ruhestand übergehen. Niedrige Temperaturen und Austrocknen des Gewässers begünstigen die Entwicklung. Bei *Zygnema pectinatum* färben sich die Hüllen braun. Akineten bilden vor allem die erdbewohnenden *Zygnema*-Arten, die rheophilen *Spirogyra*-Arten und die in Tümpeln der alpinen und arktischen Region verbreiteten *Mougeotia*-Arten.

Aplanosporen entstehen bei Jochalgen aus vegetativen Fadenzellen ohne Anzeichen einer Kopulation. Der Protoplast löst sich von der Mutterzellwand, zieht sich zusammen, rundet sich ab, speichert Reservestoffe und umgibt sich innerhalb der Mutterzelle mit einer neuen, dicken, derben Wand. Bei *Spirogyra mirabilis* verketten die alten Zellwände die Aplanosporen zu rosenkranzähnlichen Strängen. Bei *Closterium* klaffen die Zellwandhälften der Mutterzelle auseinander, an der Bruchstelle entwickelt sich Gallerte, die den austretenden Protoplasten umhüllt. Der Protoplast kugelt sich ab und reift zwischen den beiden leeren Wandhälften zur Aplanospore. Durch einen Riß in der dikken Sporenwand keimt der Protoplast zu einer neuen vegetativen Zelle aus.

Der Lebenszyklus

Die Jochalgen sind Haplonten mit zygotischem Kernphasenwechsel. Die Reduktionsteilung folgt unmittelbar der Karyogamie; sie läuft in der Zygote ab, die einen diploiden Kern hat. Zellvermehrung durch Querteilung tritt nur in der Haplophase auf.

Bei der Gattung *Spirotaenia* keimt die diploide Zygote unter Meiose: 4 haploide, unbewegliche Keimlinge verlassen die Zygospore. Sie wachsen heran und können sich durch Querteilung vermehren. Nach einer gewissen Zeit legen sich 2 geschlechtlich differenzierte Zellen nebeneinander, scheiden Gallerte aus und verbinden sich durch Kopulationsfortsätze. Das Verschmelzungsprodukt des Konjugationsprozesses (Plasmogamie, Syngamie) ist eine Zygote, in der zunächst der väterliche und mütterliche Kern getrennt nebeneinanderliegen (Paarkernstadium). Erst nach einer Ruhezeit, äußerlich gekennzeichnet durch die dickwandige, ornamentierte

Zygotenhülle (Hypnozygote), verschmelzen die beiden Geschlechtskerne miteinander (Karyogamie). Der diploide Zygotenkern tritt unmittelbar vor der Zygotenkeimung in die Reduktionsteilung ein.

Die primäre Bildung von 4 haploiden Kernen in der Zygote ist allen bisher studierten Konjugaten gemeinsam. Der weitere Verlauf der Keimung ist dagegen verschieden. Bei den Mesotaeniaceen und Gonatozygaceen teilt sich der Zygoteninhalt in 4 Teile. Es entstehen 4 haploide, unbewegliche Keimlinge. Aus jedem wird ein neues Tochterindividuum (*Spirotaenia*-Typ). Bei den Desmidiales keimt die Zygote i. d. R. (z. B. bei *Netrium* und *Cosmarium*) mit 2 Keimlingen. Diese besitzen 2 größenverschiedene Kerne, von denen der kleinere später degeneriert (*Netrium*-Typ). Auch bei der Gattung *Hyalotheca* liefert die Reduktionsteilung zunächst 2 Groß- und 2 Kleinkerne. Eine Teilung in 2 Keimlingszellen erfolgt aber nicht. Erst degenerieren die beiden Klein-, schließlich degeneriert einer der beiden Großkerne, so daß ein einziger, einkerniger Keimling die Zygote verläßt. Ähnliche Verhältnisse finden sich bei den Zygnemataceen. Die Zygote keimt nur mit einer Keimzelle. 3 der 4 haploiden Kerne degenerieren (*Spirogyra*-Typ).

Das Vorkommen

Die Jochalgen sind typische Süßwasserbewohner; echte marine Vertreter kennt man nicht. Lediglich im Brackwasser mit einem Salzgehalt bis zu 8 % kommen einige wenige Arten vor, z. B. *Spirogyra weberi, S. subsalsa, S. catenaeformis, Zygnema pectinatum, Mougeotia laetevirens.* Im Plankton und Benthos der Seen und Teiche, in nährstoffarmen und nährstoffreichen Gewässern, ja sogar im Abwasser *(Closterium acerosum)* finden sie sich. In rasch fließenden Quellbächen leben festsitzende Formen (z. B. *Cosmarium ruttneri, Oocardium stratum*). Auch der ewige Schnee *(Ancylonema nordenskioeldii, A. meridionale)* und die Thermen *(Spirogyra, Cosmarium, Mesotaenium)* werden besiedelt. Im tibetischen Bergland in einer Höhe von über 5 600 m sind *Spirogyra asiatica* und *S. borgeana* gefunden worden.

Die Masse der Jochalgen besiedelt kleinere, nicht oder wenig verunreinigte Gräben, Pfützen, Teiche, Moore und überrieselte Felsen. Ihr Maximum liegt im sauren Bereich unter *p*H 7. Die reichste Desmidiaceenflora beherbergen flache, torfmoosbestandene Moorgräben, die von grünen, schleimigen Desmidiaceenschmieren überzogen werden.

Die Konjugaten sind auffallend arm an Epiphyten. Offenbar sagen viele epiphytischen Algen die Gerbstoffe, die in zahlreichen Kleinvakuolen in der äußeren Plasmaschicht der Zygnematales eingelagert sind, nicht zu. Dagegen werden die Jochalgen von mehr als 100 verschiedenen Algenpilzen und Rhizopoden (Amöben) befallen, so z. B. *Desmidium*-Arten durch *Olpidium entophytum* sowie *Spirogyra*-Arten durch *Micromyces zygogonii* und *Vampyrella spirogyrae.*

Das System

In der Systematik der Jochalgen spielen Zellwand, Symmetrieverhältnisse und Form der Zellen, Chromatophoren sowie die Zygotenbildung als taxonomisch bedeutsame Merkmale eine Rolle. Wir ziehen das Merkmal Zellwand als wesentliches Kriterium für unsere Gliederung heran.

Ordnung Sternalgenartige, Zygnematales

Die zylindrischen oder spindelförmigen, im Querschnitt kreisrunden, median nicht eingeschnürten Zellen leben einzeln oder sind zu unverzweigten, einzellreihigen Fäden verbunden. Die geschichtete Zellwand besteht aus einem Stück, häutet sich nicht, besitzt eine hyaline, glatte Außenschicht, keine Poren und ist nicht oder nur schwach inkrustiert. Die Ordnung umfaßt 2 Familien mit nahezu 20 Gattungen und 650 Arten.

Familie Mesotaeniaceae

Die zylindrischen, eilänglichen oder spindelförmigen Zellen leben einzeln oder in formlosen Gallertkolonien, selten in kurzen Fä-

»Nixenhaar«, Algenwatten (meist Jochalgen und Armleuchtergewächse) im Nehmitzsee bei Neuglobsow, Beispiel einer Wasserblüte

den. Die Zygosporen keimen mit 4 Keimlingen.

Die Gattung *Mesotaenium* zeichnet sich durch axialbandförmige Chloroplasten aus. Einige Arten bilden oft mehrere Zentimeter große Gallertlager an feuchten Felsen und Mauern, so *Mesotaenium caldariorum* und *M. violacens*, andere, wie *M. mirificum* mit grünen und *M. endlicherianum* var. *purpureum* mit rotvioletten Zellen, ähnliche Lager über Moosen und faulem Holz, besonders in Mooren. Als »Schneealgen« in altem Firnschnee treten die grüngefärbten Arten *Mesotaenium berggrenii* und *M. nivale* auf, während die kurzen, aus stark geröteten Zellen zusammengesetzten Ketten von *Ancylonema nordenskioeldii* den Firnschnee in der Arktis und in den Zentralalpen (Mont Blanc) bräunlich färben.

Netrium digitus, wegen seiner hohen Chromosomenzahl (n = 594) bekannt, und *Cylindrocystis brebissonii* mit axial sternförmigen Chloroplasten wachsen in sauren, sich stark erwärmenden Moorgewässern zu »Gallertbäumchen« heran, die einige Zentimeter groß werden können.

In der Gattung *Spirotaenia* ist der Chloroplast bandförmig-schraubenartig und wandständig. Die mehr als 30 Arten kommen vor allem in sauren Moorgewässern vor.

Familie Zygnemataceae

Die Zellen sind zu zylindrischen, unverzweigten, einzellreihigen Fäden verbunden, die bei der Konjugation nicht zerfallen. Die Zygoten keimen mit einem Keimling. Die Familie umfaßt etwa 600 Arten, die sich auf 13 Gattungen verteilen.

Die bekannteste und verbreitetste Jochalge ist *Spirogyra*, die ihren Namen den bandförmigen, schraubig gewundenen, wandständigen Chromatophoren verdankt, die die große Zellsaftvakuole mit dem zentralen Kern einhüllen. Bei ihr entstehen die Gametangien direkt aus vegetativen Zellen und vereinigen sich mit Hilfe eines Konjugationsschlauchs. Meist liegen alle Zygoten in einem der beiden konjugierten Mutterfäden (anisogame Konjugation). Im Volksmund wird die Schraubenbandalge Wasserseide oder Nixenhaar genannt, da sie mit bloßem

Netrium digitus; zwei massive axiale Chloroplasten mit je einem länglichen Pyrenoid

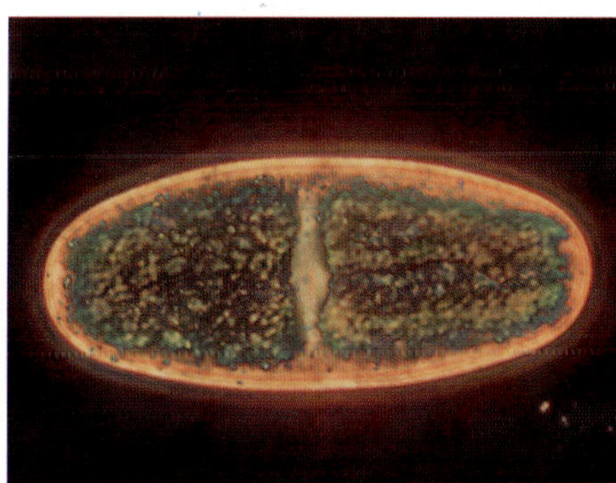

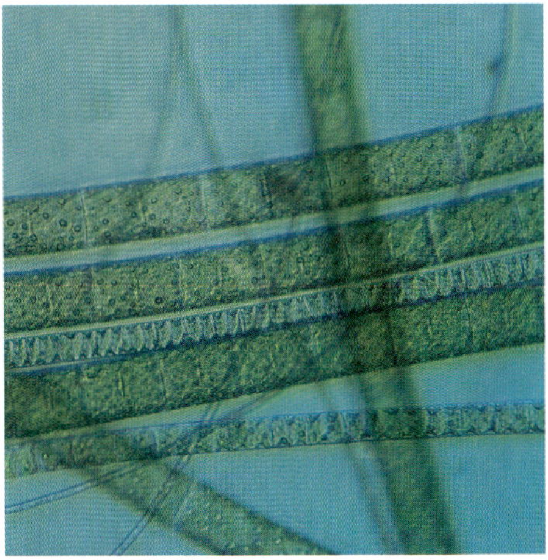

Spirogyra spec. Beachte die gewundenen Chloroplasten mit Pyrenoiden!

Auge sichtbare, große, zartgrüne »Wolken« über dem Gewässergrund bildet. Diese »Watten« fühlen sich weich und schleimig an, ein Hinweis auf die Gallertschichten, die die Fäden oft umhüllen. Sie trocknen zu »Meteorpapier« aus. Von den rund 300 Arten kommen in Mitteleuropa *Spirogyra mirabilis, S. varians* und *S. majuscula* besonders häufig vor. Die 4bändrige *S. fluviatilis* findet sich vor allem in bewegtem Wasser von Bächen und Seeufern. In sich stärker erwärmenden Kleingewässern leben große Formen wie *S. maxima* oder *S. crassa.*

Die Gattung *Sirogonium* ist vegetativ von *Spirogyra* kaum zu unterscheiden. Sie bildet bei der Konjugation keine Konjugationsschläuche aus. Die beiden Gametangien legen sich Wand an Wand.

Auf feuchter Erde in Indien leben die 3 Arten der Gattung *Sirocladium*, die 2 flache, platten- oder bandförmige Chromatophoren besitzt.

2 axiale, sternförmige Chromatophoren zeichnen die Gattung *Zygnema*, den Jochfaden, aus. Unter den etwa 100 Arten ist *Zygnema pectinatum* am verbreitetsten.

Die ähnlichen Fäden der Gattung *Zygogonium*, des Jochkerns, fallen durch rotvioletten Zellsaft auf. In den Schlenken von *Sphagnum*-Mooren lebt *Zygogonium ericetorum.*

Die langen, dünnen Zellen von *Mougeotia* sind mit einem einzigen axialen Plattenchromatophor ausgestattet, das sich bei schwacher Belichtung senkrecht, bei starker Belichtung dagegen parallel zum einfallenden Licht stellen kann. Die Chromatophorenbewegung wird auf die photorezeptive Eigenschaft von oberflächenparallel angeordneten Phytochrommolekülen im Ektoplasma der Zellen zurückgeführt. Die Konjugation ist meist isogam, die Zygoten liegen zwischen den Mutterfäden. Von den mehr als 100 Arten kommen *Mougeotia scalaris* und *M. viridis* am häufigsten vor.

Ordnung Gonatozygales

Die Zellen leben einzeln oder sind zu relativ kurzen und vor der Konjugation stets zerfallenden Fäden verbunden. Die aus mehreren Segmenten aufgebaute Zellwand häutet sich nicht. Ihre Außenschicht ist kompakt, strukturiert (Warzen, Stacheln, Leisten), unterschiedlich stark inkrustiert und von Poren oder porenartigen Aussparungen durchsetzt. Sekundäres Ergänzungswachstum durch Ausbildung der sogenannten Gürtelbänder kommt vor.

Familie Gonatozygaceae

Die Zellen sind zu zerbrechlichen Fäden vereinigt. Die Längswand der Zelle setzt sich aus aneinandergrenzenden, unterschiedlich dicken, zylindrischen Stücken zusammen. Die Zygosporen keimen mit 4 Keimlingen.

Die Gattung *Gonatozygon* besitzt ein axiales bandförmiges, zuweilen in 2 Hälften geteiltes Chromatophor. Die langen, zylindrischen, schwach gebogenen Einzelzellen sind an beiden Enden gestutzt. *Gonatozygon brebissonii* und *G. monotaenium* leben in Sümpfen, Moorgräben und Moorlöchern besonders an beschatteten Örtlichkeiten.

Die 2–3 wandständigen Chromatophoren von *Genicularia* sind entgegen dem Uhrzeigersinn geschraubt und die Längswände der Zellen granuliert. Die Gattung kommt im Plankton kleiner Bergseen vor.

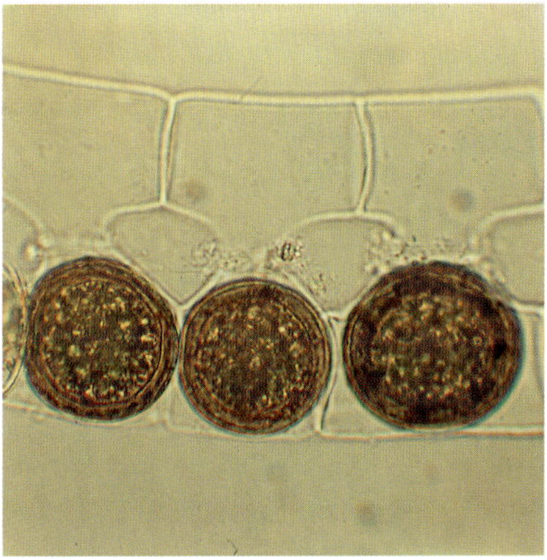

Zygnema carinthiacum. Caplansee, Biosphärenreservat Steckby-Lödderitzer Forst, Sachsen-Anhalt. Konjugation in Form einer leiterförmigen Kopulation, im weiblichen Faden Zygoten

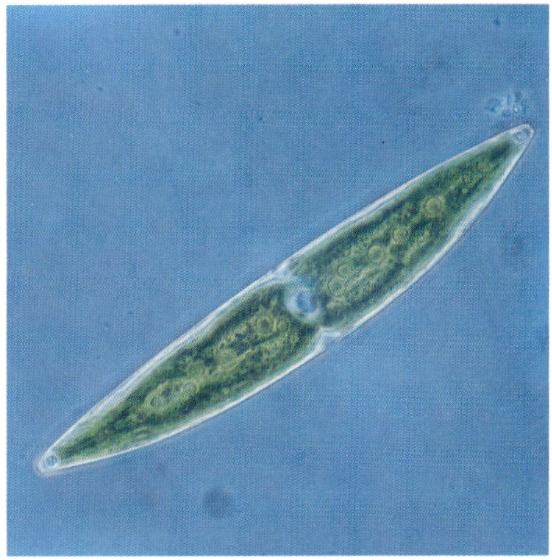

Chlosterium spec. Der mondsichelartig gebogene Zellkörper besitzt 2 axiale Chloroplasten und einen zentral gelegenen Kern.

Familie Peniaceae

Die Zellen sind annähernd kurzzylindrisch. Charakteristisch ist die Zellteilung unter Gürtelbandbildung. Die Zygosporen keimen mit einem Keimling.

Die Gattung *Penium* gilt als einfachste Zieralge. Ihr drehrunder, ellipsoidischer Zellkörper besitzt 2 durch Längsleisten geflügelte Chromatophoren. Das bis 400 µm lange *Penium spirostriolatum* lebt in Moorgewässern.

Familie Closteriaceae

Die Zellen sind mehr oder weniger halbmondförmig. Charakteristisch ist die Zellteilung unter Gürtelband- und Querbindenbildung. Die Zygosporen keimen mit einem Keimling.

Bei den 300 beschriebenen Arten der Gattung *Closterium* befinden sich an den beiden Zellenden Endvakuolen (»Tanzstübchen«), die in lebhaft tanzend-zitternder Bewegung befindliche Gipskristalle enthalten. Die meisten Arten sind ausgesprochen azidophil und bevorzugen Torfgewässer mit einem *p*H-Wert zwischen 3 und 5. *Closterium kuetzingii* zeichnet sich durch vierkantige, gehörnte Zygoten aus. *Closterium lunula*, die Mondsichel, *C. rostratum* und *C. limneticum* sind häufig im Plankton oder zwischen Fadenalgen in sauren bis schwach alkalischen Teichen oder Seen zu finden. *C. ehrenbergii* kommt auch in eutrophen, *C. acerosum* sogar in verunreinigten Gewässern vor.

Ordnung Zieralgen, Desmidiales (Placodermeae)

Die Zellen leben einzeln oder in gallertigen Kolonien. Sie sind median eingeschnürt und bestehen aus 2 symmetrischen Halbzellen (Semizellen). Bei der Zellteilung wächst die alte, aus 2 Segmenten aufgebaute Zellwand i. d. R. nicht mehr, so daß die stark inkrustierten, mit Poren in der Sekundärwand und Porenapparaten der Außenschicht ausgestatteten Zellwände ungleich alt (heterogen) sind. Die isogame Konjugation liefert Zygoten, die mit einem Keimling auskeimen. Die Gruppe umfaßt eine Familie zierlicher und formenreicher Algen mit nahezu 4000 beschriebenen Arten.

Mit der Sternscheibe, *Euastrum*, ist jede Zellhälfte an ihrem Apex mehr oder weniger tief eingeschnitten. Die 300 beschriebenen Arten besiedeln saures, reines Wasser. *Euastrum oblongum, E. pectinatum, E. verrucosum* und *E. elegans* gehören zu den bekanntesten Arten.

Die schönste, aber auch am kompliziertesten gestaltete Zieralge ist das Zellensternchen, *Micrasterias*, deren Zellhälften seitlich i. d. R. mehrfach tief geteilt sind, so daß sie in Lappen aufgegliedert erscheinen. Sie ist in Moorgewässern zu Hause. *Micrasterias rotata* erreicht eine Größe von 350 µm. Besonders typische Arten sind *M. truncata, M. papillifera* und *M. cruxmelitensis.*

Rund 1 000 Arten der Gattung *Cosmarium* sind bisher beschrieben worden. Hier sind die Zellhälften nicht eingeschnitten und nicht gelappt. Die Zellwand ist oft prachtvoll und vielgestaltig skulpturiert, trägt aber nie Stacheln. *Cosmarium ungerianum, C. triplicatum* und *C. nasutum* kennzeichnen die morphologische Vielgestaltigkeit der Gattung. Typisch sphagnophil sind *Cosmarium cucurbita* und das oft massenhaft auftretende *C. pygmaeum*.

Durch lang bestachelte, polygonale Zellen fällt *Xanthidium antilopaeum*, eine in Mooren häufige Zieralge, auf.

Freilebende, bis 5 mm große, bäumchenförmige, nichtverkalkende Kolonien in einem weiten Galltertmantel bildet *Cosmocladium saxonicum*, das aus stehenden Moorgewässern bekanntgeworden ist.

Dagegen verkalken die oft 1–3 mm dicken und bis zu quadratdezimetergroßen, krustenförmigen Kolonien der Gattung *Oocardium.* Ihre Zellen sitzen auf gabelig verzweigten Gallertstielen, die meist von einer Kalkröhre umgeben sind. Die Alge ist wesentlich am Aufbau phytogener Tufflager beteiligt. *Oocardium stratum* entwickelt glatte, *O. depressum* warzige Krusten in Sickerquellen und sich stärker erwärmenden, kalkhaltigen Bergbächen.

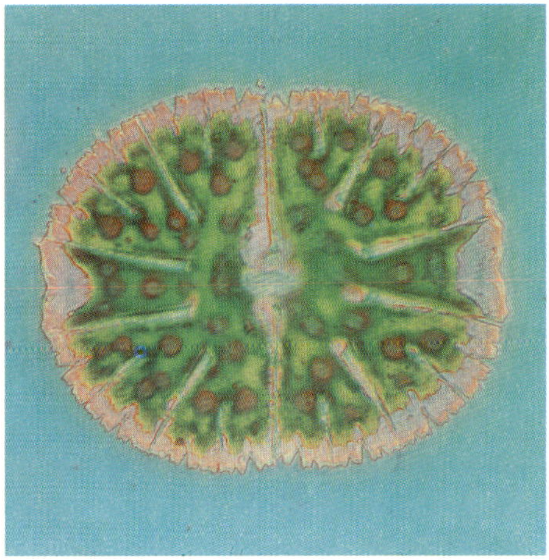

Micrasterias denticulata. Die schöne Zieralge kommt in Moorgewässern vor.

Die Zellen des Kreuzstern, *Staurastrum*, erscheinen in Frontalansicht drei-, vier- oder mehrkantig. Die Enden der Zellhälften laufen in Arme aus, in die Teile des axialen Chromatophors ausstrahlen. *Staurastrum furcatum* ist eine der häufigsten Zieralgen unserer Moore.

Desmidium, das Kettenstäbchen oder Ekkenbändchen, gehört zu den wenige fadenförmige Kolonien bildenden Zieralgen. Die mit den Scheiteln dicht zusammenschließenden Zellen sind im Grundriß drei- bis viereckig, die Fäden meist schraubig gedreht. *Desmidium swartzii* bevorzugt leicht saure Gewässer.

Auch *Hyalotheca* entwickelt fadenförmige Kolonien. Die fast zylindrischen Zellen konjugieren mit Kopulationsschläuchen. *Hyalotheca dissiliens* und *H. mucosa* sind in sauren Moorgewässern weit verbreitet.

Abteilung Armleuchtergewächse, Charophyta

Die Abteilung Charophyta bildet mit ihren etwa 600 Gattungen und rund 80 Arten eine besondere Gruppe grüner, mit bloßem Auge sichtbarer, meist 15–30 cm, maximal 2 m hoher, schachtelhalmähnlicher Gewächse, die untergetaucht in stehenden oder langsam fließenden Gewässern wachsen und große Flächen bedecken können (»Charawiesen«). Sie werden traditionsgemäß als Algen betrachtet, obwohl sie mit diesen außer dem Standort kaum Ähnlichkeiten haben. Ihr grünalgenartiges Assimilationspigmentmuster und der Reservestoff Stärke deuten darauf hin, daß sie sich frühzeitig aus dem Grünalgengrundstock abgespaltet haben. Von ihm heben sie sich besonders durch den eigentümlichen Bau ihrer Fortpflanzungsorgane ab. Da ihre Vegetations- und Geschlechtsorgane verkalken, haben sie sich fossil gut erhalten. Fossile Characeenreste sind aus dem Silur-Devon *(Palaeonitella)*, dem Karbon *(Palaeochara)* und vor allem aus der Kreide *(Clavatoraceae)* bekannt.

Der Bau des Vegetationskörpers

Der Vegetationskörper ist in Lang- und Kurztriebe gegliedert. Er sitzt mit einreihigen, unberindeten, farblosen Rhizoiden auf dem oder im Substrat fest. Beide Triebarten setzen sich abwechselnd aus langen Internodialzellen (Interpodien) und kurzen Knotenzellen (Nodien) zusammen. An den Knoten entspringen die wirtelig gestellten Kurztriebe (»Blätter«, Folia), außerdem die Rindenzellen, die durch spitzenwärts gerichtetes Wachstum die Internodialzellen als dichte »Rinde« umhüllen. Bei *Chara* geht aus den Knotenzellen unterhalb des Blattquirls ein Kranz von warzen- bis borstenförmigen Zellen hervor (Stipularkranz). Das unbegrenzte Wachstum der Haupt- (»Stengel«) und Nebenachsen geht auf die Tätigkeit einer einkernigen, kalottenförmigen Scheitelzelle zurück. Schon in ihr ist die Segmentierung in Nodien und Internodien angelegt: Ihre Teilung liefert 3 Zellen, von denen die apikale Scheitelzelle bleibt, die subapikale zur Knotenanlage und die basale zur Internodialanlage wird. Die Internodialzelle wächst zu einem bis 25 cm langen, vielkernigen (zönoblastischen) Schlauch heran. Sie ist die Tragzelle des wirteligen Triebsystems. Die Zellwände bestehen aus 2 Schichten, aus der inneren Zellulose- und der äußeren Kutikulaschicht. Sie ist es, die bei einigen Arten mit Kalk inkrustiert. wird.

Geschlechtsorgane und geschlechtliche Fortpflanzung

Die Geschlechtsorgane der Armleuchtergewächse stellen komplizierte, eigenartige »Apparate« dar, die unter den Algen ohne Beispiel sind.

Das kugelige, gelb- bis rotgefärbte Antheridium, die »Samenknospe«, ist mit bloßem Auge sichtbar. Seine Wandung besteht aus 9 Zellen, von denen eine als Haftzelle, die anderen 8 als flächigschildförmig verbreiterte Wandzellen (Scutelli) dienen. Die Wandung umschließt einen Hohlraum, in den von jeder Wandzelle aus eine Zelle griffartig hineinragt (Manubrium). An ihr entstehen durch Sprossung kugelige Zellen (Capituli), aus denen einfache oder verzweigte, gekrümmte Fäden (spermatogene Fäden, Spermionemata) entspringen, deren bis zu 225 scheibenförmige Zellsegmente je ein Spermium (Spermatozoiden) hervorbringen. Die Spermien sind schraubig gewunden und tragen 2 beschuppte Geißeln, die an diejenigen von *Sphagnum* erinnern.

Das Oogonium, die Eiknospe oder das Sporophydium, ist ebenfalls mit bloßem Auge sichtbar. Es gleicht einem länglichen Gebilde, das aus der eigentlichen Eizelle (Oospäre), der Rinde und den Tragzellen besteht. Die Rinde (Sporostegium) setzt sich aus spiralig verlaufenden Berindungsfäden zusammen, die an ihrem distalen Ende das 5- bis 10zellige Krönchen (Coronula) abgliedern. Das Krönchen umschließt einen halsförmigen Kanal, durch den die Spermien zum hyalinen Empfängnisfleck gelangen. Am Grunde der Eizelle liegen 1–3 sterile Oogonialzellen (»Wendezellen«).

Nach der Befruchtung umgibt sich die meist von der Mutterpflanze abfallende Eizelle mit einer festen Hülle, die sich später gelblich bis braun färbt (Hypnozygote, Oospore). Auch die Rinde verändert sich durch Einlagerung von Suberin. Es entwickelt sich eine »Frucht« (Oosporangium) aus Oospore und umhüllender Schale (Sporangioderm). Sie kann Kalziumkarbonat einlagern. Nach einer Winterruhe keimen die reifen Oosporangien, manchmal erst nach mehreren Jahren. Bei der Keimung kommt es zur Reduktionsteilung: Die Armleuchtergewächse sind Haplonten; ihre Diplophase ist auf die Zy-

Chara spec. An den Trieben sind die orangegefärbten Antheridien (Samenknospen) deutlich sichtbar.

gote beschränkt. Das Produkt der Keimung ist die sogenannte Prochara, ein physiologisch selbständiger, assimilationsfähiger Vorkeim.

Die vegetative Vermehrung

Außer der geschlechtlichen Fortpflanzung ist noch die vegetative Vermehrung durch ein- bis mehrzellige, farblose, stärkereiche, kugelige Knöllchen (»Brutknospen«; »Wurzel«- bzw. »Stengelknöllchen«) oder durch »nacktfüßige Zweige«, die sich besonders in den Blattachseln entwickeln, bemerkenswert.

Das System

Die Abteilung Charophyta gilt seit jeher als besonderer Zweig der »grünen« Algen, der von den Formen um *Chlamydomonas* oder *Pyramimonas* wohl geschieden ist. Während man aber früher geneigt war, unter ihnen nur die sogenannte Armleuchtergewächse (Charophyceae) zu verstehen, meint man heute, daß zu ihnen auch noch Formen gestellt werden müssen, die bisher als Grünalgen im engeren Sinne galten und äußerlich gar nicht zu den Armleuchtergewächsen zu passen scheinen, so etwa Formen wie *Chlorokybus, Klebsormidium* und *Coleochaete*. Auch die Jochalgen will man mit den Charophyceen in Verbindung bringen. Wesentliche Gründe für diese neue Umschreibung der Abteilung Charophyta sind der spezifische Bau der Zoosporen bzw. Androgameten (Spermien) und die Art und Weise der sogenannten vegetativen Zellteilung.

Die Zoosporen bzw. Androgameten von *Chara* oder *Coleochaete* sind schwach asymmetrisch gebaut, d. h., die beiden isokonten Geißeln sind subapikal inseriert und, von ihrer Ursprungsstelle aus gesehen, nach rechts gewendet. Obwohl die Übergangsregion des Geißelschafts den auch für andere »grüne« Algen charakteristischen Sternkörper aufweist, ist die komplexe Geißelwurzel völlig anders als etwa bei *Chlamydomonas* zusammengesetzt. Sie besteht aus einem flachen, aus bis zu 60 Mikrotubuli zusammengesetzten Band, dem eine vielschichtige Struktur zugeordnet ist, und einer kleineren, zusätzlichen, mikrotubulären Wurzel, die an den Geißelbasen entspringen und im Zellkörper nach hinten streichen. Ein komplexes

Geißelwurzelsystem vom X-2-X-2-Typ fehlt. Zellkörper und Geißeln sind von organischen Schuppen bekleidet. Ein intraplastidischer Augenfleck ist ebenfalls nicht vorhanden.

Bei der vegetativen Zellteilung wird kein Phycoplast wie bei *Chlamydomonas* gebildet. Die durchlaufenden, persistierenden Mikrotubuli der Kernspindel und weitere Mikrotubuli, die nach der Telophase neu gebildet werden und in der Äquatorialebene enden, bilden den Phragmoplasten. In der Äquatorialebene verschmilzt eine Anzahl von Bläschen aus Zellwandmaterial zur jungen Zellplatte, die die zukünftige Zwischenwand darstellt. Phragmoplast und Zellplatte aber sind charakteristische Merkmale der Zellteilung bei höheren Pflanzen.

Es ist faszinierend, sich vorzustellen, daß mit dieser Umschreibung der Abteilung Charophyta gleichsam eine parallele Entwicklungslinie zu den Chlorophyta aufgezeigt wird, von einzelligen und fädigen Formen *(Klebsormidium, Stichococcus, Raphidonema, Hormidiella, Microsporopsis, Chaetosphaeridium)* bis zu thallosen *(Coleochaete)* oder parenchymatosen *(Chara)* Formen reichend, die, wenn man Zoosporentyp und Zellteilung betrachtet, als potentielles Evolutionszentrum der höheren Pflanzen aufgefaßt werden können.

Wir fügen anhangsweise einige der zur Diskussion stehenden Formen an, wobei wir ausdrücklich bemerken müssen, daß insbesondere die Klebsormidiales einen Zellteilungstyp besitzen, der dem von *Coleochaete* oder *Chara* nicht entspricht. Er erinnert vielmehr an den von *Ulothrix verrucosa*. Die Formen um *Klebsormidium* wurden früher zu den Ulotrichales gerechnet.

Ordnung Klebsormidiales

Bei diesen fädigen, grünen Algen des Bodens und Wassers sind die unverzweigten oder auch verzweigten Zellfäden undifferenziert und besitzen keine ausgeprägte Haftzelle. Die Zellen teilen sich durch Furchung ohne Zellplattenbildung. Die Zoospuren sind, sofern welche gebildet werden, asymmetrisch gebaut und nackt.

Zur Gattung *Klebsormidium* gehören vor allem auf Felsen, feuchtem Boden, nassem Holz, aber auch in Gewässern vorkommende, grüne Fadenalgen, deren einkernige Zellen einen großen, wandständigen, scheibenförmigen, pyrenoidlosen Chloroplasten besitzen. Die Fortpflanzung erfolgt durch Fragmentation des Fadens, durch 2geißelige Zoosporen, Aplanosporen und Isogamie. *Klebsormidium flaccidum* kommt an von Wasser überrieselten Felswänden vor. Jede Zelle wandelt sich bei der Sporulation in eine einzige riesige Zoospore um.

Die 3 Arten der Gattung *Raphidonema* besitzen gerade bis gekrümmte, einzelne oder durch wiederholte Querteilungen zu kurzen Fäden vereinigte Zellen, die im Boden, aber auch auf Schnee und Eis leben. *Raphidonema nivale* verursacht eine grüne Verfärbung des Schnees in den Hochgebirgen.

Obwohl von den Gattungen *Hormidiella* und *Microsporopsis* nur wenig bekannt ist, sprechen die Bildung von asymmetrischen Zoosporen mit subapikaler Geißelinsertion und das Fehlen eines Augenflecks für die Zugehörigkeit zu den Formen um *Klebsormidium.*

Ordnung Coleochaetales

Es handelt sich um einzellige, verzweigte Fäden oder scheibenförmige Thalli bildende Formen. Die Zellen besitzen Zellwandborsten (Setae). Die geschlechtliche Fortpflanzung erfolgt durch Oogamie. Zoosporen und Spermien sind von Schuppen bedeckt.

Familie Chaetosphaeridiaceae

Die Zellen leben einzeln oder treten zu lockeren, fädigen, bisweilen in Gallerte eingebetteten Verbänden zusammen. Die Einzelzellen tragen mit einer Scheibe versehene Zellwandborsten. Die ungeschlechtliche Fortpflanzung besorgen asymmetrische Zoosporen ohne Augenfleck. Die geschlechtliche Fortpflanzung ist eine Oogamie, bei der die Eier die Mutterzellen verlassen.

Chaetosphaeridium globosum kommt als Epibiont auf Wasserpflanzen vor.

Familie Coleochaetaceae

Die polster- oder scheibenförmigen Thalli (»Sohlen«) tragen Borsten. Sie leben epiphytisch auf anderen Algen oder höheren Wasserpflanzen.

Die polsterförmige *Coleochaete pulvinata* ist am weitesten verbreitet. Im Frühjahr bzw. Frühsommer pflanzt sich die Alge durch 2geißelige, asymmetrische, beschuppte Zoosporen, die einzeln in den Zellen entstehen und durch einen Porus ausschwärmen, ungeschlechtlich fort. Später setzt die geschlechtliche Fortpflanzung ein. Dabei entstehen durch Umbildung vegetativer Randzellen flaschenförmige Oogonien mit langem, farblosem Hals (Trichogyne). In ihnen liegt eine Eizelle. In der Nähe der Oogonien stülpt sich die Spitze der Endzelle eines Zweiges aus und trennt sich durch eine Querwand ab. Die Ausstülpung, das Androgametangium, ist farblos und enthält nur einen einzigen 2geißeligen Androgameten, der durch den verschleimten Oogoniumhals zur Eizelle vordringt. Nach der Befruchtung wächst die Zygote (Oospore) heran und kugelt sich ab. Gleichzeitig wird sie von Zellfäden, die aus den Nachbarzellen heranwachsen, umsponnen und so von einer pseudoparenchymatischen Rindenschicht umgeben. Dort, wo sich Rinde und Oosporenwand berühren, entsteht eine dicke, braune Lamelle. Die so gebildete »Zygoten-« oder »Sporenfrucht« macht eine Ruhepause durch und überwintert. Im Frühling keimt die Oospore unter Reduktionsteilung. Es bilden sich 16–32 haploide Zellen, die Sporenfrucht reißt auf, jede Zelle setzt einen großen Schwärmer frei, der unmittelbar zu einer neuen »Sohle« auskeimt. Die Zygotenfruchtbildung von *Coleochaete* wird als höchste Stufe der geschlechtlichen Fortpflanzung bei Grünalgen angesehen.

Ordnung Charales

Der Glanzleuchter, *Nitella*, mit rund 150 Arten besitzt einen unberindeten Stengel und gegabelte »Blätter«. Die Krönchen der an den Knoten der »Blätter« sitzenden Eiknospen sind 10zellig. Die in Europa weit verbreitete, hellgrüne *Nitella syncarpa* wird 20 bis 70 cm hoch, die »Blätter« werden 4–6 cm lang. Sie entwickelt sich erst im Hochsommer und Herbst. Die dunkelgrüne *Nitella flexilis* wird bis 40 cm hoch. Sie kommt besonders in stehenden und langsam fließenden, kalkarmen bis mäßig kalkreichen, reinen Gewässern vom Tiefland bis in die subalpine Stufe vor. Meist nur 15–30 cm hoch werden die Vegetationskörper der in kalkarmen Gewässern häufigen *Nitella mucronata*. In kleineren Moorgewässern findet sich die bis 15 cm hohe *N. gracilis.*

Die etwa 13 *Tolypella*-Arten haben ungeteilte »Blätter«. *Tolypella prolifera* ist in Kleingewässern des west- und mitteleuropäischen Flachlands weit verbreitet. Die zarte, schwärzlichgrüne *Tolypella nidifica* ist eine Brackwasserform, die vor allem in den Boddengewässern des Ostseeraums auf sandigen Schären ab 1 m Wassertiefe oft rasenartige Bestände bildet. Die über 50 cm hohe, unberindete, diökische *Nitellopsis obtusa* ist in den klaren, tieferen (bis 30 m Tiefe) Gewässern des mitteleuropäischen Tieflands zu Hause, geht aber stark zurück, da sie die zunehmende Verschmutzung nicht erträgt. Sie fällt durch die zu sternförmigen, stark verkalkten Speicherknöllchen umgebildeten unteren Knoten auf.

Rund 115 Arten umfaßt der Armleuchter, *Chara*. Stengel und Blätter sind meist berindet. Die kosmopolitische Gattung weist viele weit verbreitete Arten auf, so *Chara vulgaris*, die meist unter 30 cm bleibt und besonders in stehenden und fließenden Kleingewässern häufig ist, und auch die in kalkärmeren Gewässern wachsende *Chara fragilis. Chara delicatula* ist eine typische Art der großen, kühlen *Isoëtes-Lobelia*-Seen, siedelt aber auch in Teichen. *Chara braunii* verkalkt nicht. Sie tritt, mit *Littorella* vergesellschaftet, in den seichten Gewässern des Tieflands auf. *Chara baltica* wird 30–90 cm hoch, inkrustiert nie und bildet im Brack- und Salzwasser an den Meeresküsten vom Mittelmeer bis in die Arktis auf schlickigem Untergrund dichte, bei Niedrigwasser bis zur Oberfläche reichende Rasen. Sie ist am häufigsten im Ostseeraum. Die zarte, feinstengelige *Chara aspera* ist überall fein bestachelt (aspera = rauh). Sie kommt an den Küsten der Nord- und Ostsee, des Nordostatlantiks und des westlichen Mittelmeeres vor.

Die Pilze

Bei dem Wort »Pilze« denkt man unwillkürlich zuerst an die auffälligen und bekannten Großpilze des Waldes, vergißt aber allzuleicht, daß diese nur einen geringen Teil all jener Organismen ausmachen, die zu den Pilzen gezählt werden. Denn weitaus größer ist das Heer der unscheinbaren, meist im Verborgenen lebenden Kleinpilze. Insgesamt gesehen, sind die Pilze chlorophyllfreie, kohlenstoffheterotrophe Lagerpflanzen mit echten Zellkernen, die sich im allgemeinen geschlechtlich und ungeschlechtlich durch Sporen fortpflanzen. Ihr fädiger oder wenig differenzierter Thallus weist in mindestens einem Lebensabschnitt Zellen mit Zellwänden aus Chitin oder Zellulose bzw. aus beidem zugleich auf. Diese Definition läßt die wesentlichen Unterschiede der Pilze zu den Bakterien und Aktinomyceten deutlich erkennen. Deshalb sollten die veralteten Bezeichnungen »Spaltpilze« und »Strahlenpilze«, die man mitunter noch für jene Organismen in älteren Büchern vorfinden kann, aus dem Wortschatz gestrichen werden.

Lebensräume und Lebensansprüche

Die Lebensräume der Pilze sind sehr heterogen. Jedes Krümchen Erde enthält Tausende Sporen und Hyphen von Bodenpilzen. Spreu, Fallaub, totes Holz und andere Pflanzenreste sind von Pilzen besiedelt. Pilze entwickeln sich auf verdorbenen Nahrungsmitteln, auf feuchtem Papier, Leder und Textilien. Man beobachtet sie im Blütennektar, in Pflanzensäften und gärenden Flüssigkeiten. Auch Hornsubstanzen, Exkremente und Kadaver werden von Pilzen nicht gemieden. Selbst auf oder in anderen Organismen – ob Pflanze, Tier oder Mensch – sind sie als Ursache vieler Krankheiten zu finden. Andere Pilze haben sich zu Symbiosepartnern von Algen, höheren Pflanzen oder Gliedertieren spezialisiert. Jeder Kubikmeter Luft enthält unzählige Pilzsporen. Sogar in der Tiefsee und im Hochgebirge wurden Pilze angetroffen.

Dieser Heterogenität der Pilzlebensräume entspricht auch eine Heterogenität ihrer Lebensansprüche. Die meisten Arten gedeihen in wäßrigen Medien oder in feuchter Umgebung, höher entwickelte Formen aber auch in relativ trockenem Milieu. Die Intensität ihres Wachstums hängt unter anderem von der Nährstoffkonzentration ab. Meistens ist die Kohlenstoffquelle der begrenzende Faktor, abhängig davon, ob der betreffende Pilz über die entsprechenden Enzyme zum Aufschluß unlöslicher, organischer Kohlenstoffverbindungen verfügt. Ähnlich verhält es sich mit der Stickstoffquelle, je nachdem, ob Nitrat-, Ammonium- oder Aminostickstoff assimiliert werden kann. Die meisten Pilze gedeihen in einem sehr weiten Temperaturbereich, doch gibt es auch vereinzelte Arten, die ganz besondere Temperaturansprüche stellen.

Obwohl Pilze für ihren Kohlenstoffmetabolismus im Gegensatz zu den grünen Pflanzen kein Licht benötigen, wird bei einem Teil von ihnen die Sporulation durch kurzwelliges, nahezu ultraviolettes Licht induziert oder gefördert. Auch sind phototropische Wachstumsreaktionen bei den Pilzen eine häufige Erscheinung.

Ökologie

Die Tatsache, daß man Pilze auf Schritt und Tritt antreffen kann, läßt ahnen, wie wichtig ihr Beitrag zum Haushalt der Natur ist. Dieser besteht darin, daß sie als Destruenten (Reduzenten) tote oder lebende organische Materie abbauen, dabei ihren Energie- und Nährstoffbedarf decken und schließlich mineralisiert in den Stoffkreislauf zurückführen. So tragen sie zur Bodenbildung und Erhöhung der Bodenfruchtbarkeit substantiell bei. Für diesen Zersetzungsprozeß haben sich 5 spezifische Formen der heterotrophen Lebensweise mit einigen Unterformen herausgebildet:

- Symbiotrophie (Symbiose)
- Biotrophie (Parasitismus)
  - Holobiotrophie (obligater Parasitismus)
  - Metabiotrophie (fakultativer Parasitismus)
  - Hemibiotrophie
- Nekrotrophie
  - Perthotrophie
  - Thryptotrophie (Schwächeparasitismus)
- Sarkotrophie
- Saprotrophie

Die Saprophyten leben ausschließlich von toter, organischer Substanz, wie Zellulose, Hemizellulose, Zucker, Lignin, Kohlenwasserstoffen, Keratin, Eiweiß, Aminosäuren und vielen anderen Verbindungen, sogar bestimmte Plaste werden von ihnen abgebaut. Ihre wichtigste Aktivität besteht in der Umwandlung der während der Vegetationsperiode jährlich anfallenden Streu oder Förna in Humus. Hierbei können 2 chemische Abbauprozesse unterschieden werden, die Korrosion und die Destruktion, in deren Folge Weißfäulehumus bzw. Rohhumus entstehen.

Ähnlich verläuft der Abbau des toten Holzes durch holzbewohnende Saprophyten. Korrosion führt zur Weißfäule mit den Sonderformen Rotfäule, Weißstreifigkeit und Honigwabenfäule. Ergebnis der Destruktion ist die Braunfäule mit ihren Sonderformen Rotstreifigkeit und Moderfäule. Die Art der Fäule ist fast durchweg für bestimmte Pilzgattungen spezifisch und gibt sowohl dem Forstmann und Holztechnologen als auch dem Mykologen wichtige Auskünfte über die an der Fäule beteiligten Pilze.

Sarkophyten sind die Erstbesiedler frisch abgestorbener Gewebe pflanzlichen oder tierischen Ursprungs. Sie bereiten dort die Besiedlung durch Saprophyten vor und verschwinden alsbald wieder aus der Sukzession. Thryptophyten findet man zwar auf lebenden Wirten, sie können sich dort aber nur von bereits durch Umwelteinflüsse, Wunden oder enzymatische Einwirkungen geschwächten, erweichten oder abgetöteten Geweben ernähren. Dagegen sind Perthophyten Pilze, die durch toxische Einwirkungen auf lebendes Gewebe ihrer Wirte dieses selbst abtöten können, um es danach zu besiedeln und wie Saprophyten abzubauen.

Parasiten leben in enger Assoziation mit einem anderen Organismus, ihrem »Wirt«, von dem sie ihre Nahrung, mitunter auch Enzyme und Wirkstoffe beziehen. Meistens besitzen die parasitischen Pilze auch die Fähigkeit, bei ihren Wirten Krankheiten zu erregen, d. h., sie sind sowohl parasitisch als auch pathogen. Der Wirt kann ein anderer Pilz, eine höhere Pflanze, ein Tier oder der Mensch sein. Parasitismus äußert sich auf sehr verschiedene Weise. Hemibiotrophe Parasiten infizieren lebendes Gewebe ihres Wirts, verhalten sich dort aber über längere Zeit latent. Erst wenn das infizierte Gewebe abstirbt, kommt es in rascher Folge zur Besiedlung und Fruktifikation auf dem toten Gewebe. Metabiotrophe Parasiten können in künstlicher Kultur gut saprophytisch leben, meistens aber nur als Sproßzellen. Auch in der Natur durchlaufen sie eine saprophytische Phase ihres Lebenszyklus hefeartig. Vollendet wird der Entwicklungsgang aber stets parasitisch in Hyphenform. Die holobiotrophen Parasiten vollziehen dagegen ihren gesamten Entwicklungszyklus auf dem lebenden Wirt. Zu saprophytischem Wachstum sind sie nicht geeignet. Ihre Anpassung an den Wirt ist so eng, daß sie oftmals nur eine einzige Wirtsart oder gar nur bestimmte Sorten befallen können. Auch sind sie vielfach sehr organspezifisch, d. h., sie befallen nur

Blätter oder nur Stengel oder nur den Fruchtknoten ihres Wirts.

Bei den Symbionten handelt es sich schließlich um Pilze, die mit einem anderen Organismus in morphologischer und physiologischer Gemeinschaft leben, von der beide Partner Nutzen haben. Als eindrucksvolles Beispiel einer Symbiose mit Pilzen können die Flechten angeführt werden, denen ein eigener Abschnitt in diesem Buch gewidmet ist. Symbiosen von Pilzen mit den Wurzeln höherer Pflanzen nennt man Mykorrhizen (Einzahl: Mykorrhiza). Bei ihnen ersetzt der Pilz mit seinem Myzel am weit verzweigten Wurzelsystem seines Symbiosepartners die Wurzelhaare. Man unterscheidet die Ektomykorrhyza (ektotrophe Mykorrhiza), bei der der Pilz einen äußerlichen Hyphenmantel um die Pflanzenwurzel bildet, und die Endomykorrhiza (endotrophe Mykorrhiza), bei der der Pilz in den Zellen der Wurzelrinde lokalisiert ist. An der Ektomykorrhiza sind fast nur Basidiomyceten und bestimmte Waldbäume beteiligt, während Endomykorrhizen zwischen niederen Pilzen und krautigen Pflanzen gebildet werden. Auf Grund morphologischer Umbildungen der Pilzstrukturen innerhalb der Wurzelrindenzellen, sogenannter Vesikeln und Arbuskeln, wird die häufige, von Zygomyceten gebildete Endomykorrhiza auch VA-Mykorrhiza genannt. Durch die Mykorrhiza werden Vitalität, Ernährung, Wasserhaushalt, Krankheitsresistenz und Schadstofftoleranz der Wirtspflanzen positiv beeinflußt.

Nicht unerwähnt bleiben sollen auch die Endosymbiosen von niederen Tieren, vorwiegend Insekten, mit meist hefeartigen Pilzen. Derartige Symbiosen findet man vorwiegend bei solchen Insekten, die auf eine sehr einseitige Nahrung spezialisiert sind, z. B. Blut- oder Saftsauger, keratin-, holz- oder moderfressende Arten und andere Nahrungsspezialisten. Die Symbionten sind aber weniger am Aufschluß dieser Nahrung beteiligt, sondern sie ergänzen diese vielmehr durch Vitamine. Die Natur hat im Insektenkörper bestimmte Organe zur Aufnahme der Symbiosepartner, sogenannte Mycetome, hervorgebracht, sie sorgt auch mittels sinnvoller Übertragungsmechanismen für eine Weitergabe der Symbionten an die Nachkommenschaft.

Parasitismus und Symbiose stellen aus ökologischer Sicht Bisysteme aus Wirts- und Gastorganismus dar, die in vielerlei Aspekten sehr große Ähnlichkeiten bis hin zu Übereinstimmungen aufweisen. Parasitismus und Symbiose sind aufs feinste mittels Aktionen und Reaktionen, Wirkstoffen und Antiwirkstoffen sowie komplementären Genen regulierte Interaktionen zwischen ungleichartigen, einander fremden Organismen – bzw. deren Zellen. Es handelt sich um Interaktionen, die sich in so guter Ausgewogenheit nur in enger Koevolution des Bisystems herausbilden konnten. Schlüsselfunktionen haben hierbei auf zellulärer und molekularbiologischer Ebene Erkennungs- und Abwehrreaktionen respektive Duldung. Als Resultat führen diese Interaktionen zu konkreten Phänotypen, die z. B. ein Befallsbild, eine Mykorrhiza oder eine Flechte sein können. »Eine scharfe Abgrenzung« von Symbiose und Parasitismus »kann aber« – um Anton de Bary (1831–1888), den Entdekker der Flechtensymbiose, zu zitieren – »auch bei näherem Eingehen nicht beansprucht werden.«

Bemerkenswerte ökologische Sonderformen unter den Pilzen sind schließlich die Prädatoren, räuberisch lebende Arten, die sich vermittels spezieller Strukturen ihres Myzels (Schlingen, Fallen, Reusen u. ä.) lebende Kleintiere wie Nematoden, Rotatorien oder Protozoen fangen und danach besiedeln. Sie sind aber nicht auf diese lebende Kost angewiesen, sondern sie können auch sehr gut saprophytisch leben.

Die erstaunlichste ökologische Sonderform unter den Pilzen mag aber wohl die Ektosymbiose mit Insekten darstellen, jene Pilzgärten, die von Termiten und Blattschneiderameisen angelegt werden, sowie die Ambrosiapilze, die in den Bohrgängen von Borken-, Splint-, Kern- und Werftkäfern sowie von Holzwespen wachsen. In allen Fällen bereitet das Insekt ein Substrat für die Kultur der Pilze, die seine Nahrung bilden.

Der vegetative Thallus

In ihrem Leben durchlaufen die Pilze zwei funktionell unterschiedliche Abschnitte, die vegetative sowie die fruktifikative Phase. Der vegetative Entwicklungsabschnitt dient dem Wachstum und der Bildung von Biomasse, während die Fruktifikationen die Aufgabe haben, Überleben und Verbreitung der Pilze zu sichern, falls das Wachstum zum Stillstand kommt oder die vegetativen Thallusteile absterben. Im fruktivikativen Lebensabschnitt werden die augenfälligsten und vor allem taxonomisch relevanten Merkmale erkennbar. Wie wir später noch sehen werden, können Pilze auf ungeschlechtlichem oder auf geschlechtlichem Weg zur Fruktifikation übergehen. Doch nutritives Organ und statische Unterlage für die fruktifikative Phase ist der vegetative Thallus.

Er besteht aus Hyphen oder Sproßzellen. Bei den niederen Pilzen kann er sich auch aus amöboiden Zellen oder Plasmodien aufbauen. Die aber für die weitaus meisten Pilze charakteristischen Hyphen sind fadenförmige Vegetationseinheiten, die mit einer festen Zellwand umgeben und bei den höheren Formen durch Querwände, sogenannte Septen, in hintereinandergereihte Zellen geteilt sind. Nur die Hyphen der niederen Pilze und vieler Zygomyceten sind unseptiert. Ihr aus einer einzigen Zelle hervorgegangenes Myzel stellt eine große, vielkernige (polyenergide) Zelle dar. Ein solches Myzel nennt man Coenocytium. Höher entwickelte Chytridiomyceten und Zygomyceten tendieren zur Septierung, während Ascomyceten und Basidiomyceten regelmäßig septierte Hyphen bilden. Die Protoplasten der durch Querwände getrennten Hyphenzellen stehen untereinander durch Poren in den Septen in Kontakt. Mit dem Elektronenmikroskop kann man mehrere Septentypen unterscheiden, die im Feinbau ihrer Poren beachtlich differieren. Der Septentyp ist so konstant, daß er als taxonomisches Merkmal Verwendung findet. Hyphen verzweigen sich, und in ihrer Vielzahl verflechten sich die Seitenhyphen zu einem lockeren, mehr oder weniger watteartigen, vergänglichen Myzel, oder sie verfestigen sich zu Häuten oder Matten, mitunter auch zu harten, ausdauernden Strukturen.

Die einfachste Form des Pilzthallus besteht aus Sproßzellen, das sind kugel- oder eiförmige bzw. kurze, an den Enden abgerundete, mit einer Zellwand umgebene Einzelzellen, die sich durch Sprossung vermehren. Der Sprossungsvorgang wird mit einer Ausstülpung der Zellwand eingeleitet. In diese Ausstülpung zwängt sich ein Teil des Protoplasten der Mutterzelle mit einem Tochterkern. Die Tochterzelle, die mit ihrer Mutterzelle noch mit einem schmalen Isthmus verbunden ist, wächst bis zur vollen Größe der Mutterzelle heran. Ist sie ausgereift, wird die Verbindung zur Mutterzelle mittels einer Querwand durchgeschnürt, beide Zellen trennen sich und leben als selbständige, einander völlig gleichende Individuen weiter.

Am vegetativen Hyphenthallus können besondere Organe zur Erfüllung bestimmter Funktionen entstehen. Hierzu gehören die Appressorien und Hyphopodien als Haftorgane, die Fanghyphen der Prädatoren sowie die Haustorien der Parasiten als Organe zur Nahrungsaufnahme. Übernimmt der vegetative Thallus oder Teile von ihm Funktionen zur Überdauerung oder als Unterlage für Fruktifikationen, lagern sich die Hyphen zu Scheingeweben zusammen, die noch deutlich die Fadenform der Zellen erkennen lassen (Plectenchyme) oder parenchymähnlich sind (Pseudoparenchyme). Wenn solche Scheingewebe flach und dem Substrat auf- oder eingelagert sind, nennt man sie Stromata (Einzahl: Stroma). Sind sie kugel-, knollen- oder hornförmig, werden sie Sklerotien (Einzahl: Sklerotium) genannt. Stromata und Sklerotien bestehen nicht in allen Fällen nur aus pilzlichem Material; sie können in ihren Aufbau Materialien des Substrats (Holzfasern, Gewebereste, Steinchen usw.) einbeziehen. Dann werden sie mit dem Präfix Pseudo- gekennzeichnet (Pseudosklerotium).

Fruktifikationen

Fruktifikationen sind Verbreitungseinheiten (Diasporen) sowie deren Mutter-, Trag- und Hüllorgane. Wenn die Fruktifikationen ohne Kernphasenwechsel asexuell nach mitotischen Kernteilungen gebildet werden, nennt man sie im Rahmen eines vollständigen Entwicklungszyklus Nebenfruchtform oder Anamorph. Sind sie dagegen mit Kernverschmelzung und/oder Reduktionsteilung (Meiose) verknüpft, also sexuell entstanden, werden sie Hauptfruchtform oder Teleomorph genannt. Ein pleomorpher Pilz ist demnach ein Pilz mit sexuellen und asexuellen Vermehrungsstadien. Unter holomorpher Entwicklung versteht man folglich einen vollständigen Zyklus, der einen Teleomorph und einen oder mehrere Anamorphe umfaßt.

Fruktifikationen sind nicht nur entsprechend ihrer Entstehungsweise und ihrem Entstehungsort am Thallus, sondern auch gemäß ihren Verbreitungs- bzw. Überdauerungsfunktionen recht unterschiedlich gebaut und werden bei den verschiedenen Pilzklassen mit unterschiedlichen Namen belegt. So sind Chlamydosporen, Konidien, Uredosporen sowie mitotische Zoo- und Sporangiosporen Namen für die bekanntesten asexuell entstehenden Fruktifikationen. Ihre Mutter-, Trag- und Hüllorgane werden je nach Bau und Pilzklasse Mitosporangium, Konidienträger, Koremium, Sporodochium, Acervulus, Uredium oder Pyknidium genannt. Auf sexuellem Weg entstehen Oosporen, Zygosporen, meiotische Zoo- und Sporangiosporen sowie Asco- und Basidiosporen. Deren Mutter-, Trag- und Hüllorgane sind Meiosporangium, Ascokarp und Basidiokarp. Bei den letzteren, die auch Ascoma bzw. Basidioma genannt werden, können jeweils mehrere morphologische Unterformen unterschieden werden, die eigene Namen tragen. Der interessierte Leser möge sich vorläufig mit dieser kommentarlosen Aufzählung gedulden. Die zu den genannten verschiedenen Sporenformen und ihren zugehörigen Organen führenden Vorgänge sowie deren Morphologie sind wichtige Merkmale, auf denen die moderne Pilzsystematik beruht, deshalb werden wir sie im taxonomischen Teil bei den entsprechenden Klassen ausführlich besprechen.

Ontogenie, Sexualität und Genetik

Etwa 70 % aller Pilze schließen in ihrer Entwicklung eine sexuelle Phase ein, trotzdem ist ein obligater Generationswechsel bei den Pilzen auf Ausnahmen beschränkt.

Im Rahmen der geschlechtlichen Fortpflanzung sind verschiedene Möglichkeiten, die zur Befruchtung führen, verwirklicht. Wir finden die als Gametogamie bezeichnete Verschmelzung von aktiv beweglichen Geschlechtszellen (Gameten) vor allem bei den niederen Pilzen. Bei höher entwickelten Formen herrscht die Gametangiogamie, d. h. die Befruchtung mittels ein- oder vielkerniger Befruchtungsorgane, die sich deutlich vom Myzel unterscheiden, vor. Im Mechanismus der Befruchtung haben bei vielen Pilzklassen Reduzierungen unterschiedlicher Art stattgefunden. Fehlen Gameten sowie Befruchtungsorgane und vollzieht sich die Befruchtung zwischen gewöhnlichen, somatischen Zellen (Hyphen oder Sproßzellen), so liegt Somatogamie vor. Ist nur ein Geschlecht vorhanden und vollzieht sich die Befruchtung zwischen 2 Kernen des gleichen Geschlechts, nennt man den Vorgang Automixis. Bei der Apomixis fehlt die Befruchtung ganz; die betreffenden Pilze entwickeln sich trotzdem normal. Innerhalb dieser Grundschemata zeigen die Befruchtungsvorgänge noch weitere Besonderheiten, auf die bei der Besprechung der einzelnen Pilzklassen näher eingegangen wird.

Während der Befruchtung erfolgt die Vereinigung der Protoplasten (Plasmogamie) und die Verschmelzung der Zellkerne (Karyogamie) der Geschlechtszellen. Bei niederen Pilzen folgen Plasmogamie und Karyogamie unmittelbar aufeinander, bei höheren Pilzen sind diese Vorgänge jedoch zeitlich und oft auch räumlich voneinander getrennt. Bei solchen Formen entsteht nach der Plasmogamie erst ein Dikaryon, eine 2kernige Zelle, die je einen männlichen und weiblichen Kern enthält. Das Dikaryon kann zu einem dikaryotischen Myzel auswachsen.

Wir können also 3 Entwicklungsphasen unterscheiden: die Haplophase, die Dikaryophase und die Zygo- oder Diplophase. Auf diese Phasen sind die Kardinalpunkte der sexuellen Entwicklung, Plasmogamie, Karyogamie und Reduktionsteilung sowie i. d. R. die Bildung von Meiosporen, d. h. die erste Sporenform nach der Reduktionsteilung, bei den einzelnen Pilzklassen etwas unterschiedlich verteilt. Irgendwann, aber klassenspezifisch zwischen den genannten Kardinalpunkten muß sich der Pilz vegetativ entwickeln, um zu wachsen, Biomasse zu bilden und Energie oder Reservestoffe zu speichern. Dabei wird meist ein asexueller Nebenzyklus durchlaufen (Anamorph), der zur raschen

Vermehrung und Verbreitung der Art führt. Bei parasitischen Pilzen sind deswegen die Nebenfruchtformen oft von außerordentlich großer epidemiologischer Bedeutung. Da die Konidienbildung unabhängig vom Kernphasenwechsel erfolgt, können die Nebenfruchtformen am haploiden oder am diploiden bzw. am dikaryotischen Myzel vorkommen.

Gerade in ihrer Ontogenie weichen die Pilzklassen voneinander ab. So können folgende ontogenetische Typen unterschieden werden: Haploide Pilze wachsen in der Haplophase, an deren Ende bei holomorpher Entwicklung Plasmogamie, Karyogamie und Reduktionsteilung stehen. Haploid dikaryotische Pilze bilden Biomasse in der Haplo- sowie in der Dikaryophase. Haplodiploide Pilze (einige Hefen) haben zeitweise haploide und diploide Sproßzellen nebeneinander. Bei den diploiden Pilzen schließlich dauert die haploide Phase nur sehr kurze Zeit an, so daß sie fast ihr ganzes Leben in diploidem Zustand verbringen.

Die geschlechtliche Fortpflanzung der Pilze ist insofern kompliziert, als mehrere Fortpflanzungssysteme vorkommen. Monözisch kompatible (einhäusig verträgliche) Pilze bilden an einem Myzel Geschlechtszellen, die miteinander kopulieren und Zygoten entwickeln können. Monözisch pseudokompatible Pilze verhalten sich ebenso, aber nur weil ihr Myzel heterokaryotisch ist und die Geschlechtszellen aus den genetisch verschiedenen Kernen hervorgehen. Monözisch inkompatible Pilze bilden zwar konträre Geschlechtszellen auf einem Myzel, diese können aber nicht miteinander kopulieren, da sie selbstunverträglich sind. Zur geschlechtlichen Fortpflanzung ist ein kompatibler (verträglicher) Partner notwendig. Die Inkompatibilität (Unverträglichkeit) wird dabei entweder von einem allelen Genpaar gesteuert (bipolare Inkompatibilität), oder die Befruchtung kommt nur zustande, wenn die verschiedenen Gene zweier alleler Paare zusammentreffen (tetrapolare Inkompatibilität). Ist das Myzel nur mit den Organen eines Geschlechts versehen (männlich oder weiblich), ist es morphologisch diözisch (2häusig). Lassen sich die Geschlechter dagegen nicht unterscheiden, ist der Pilz physiologisch diözisch.

Da die Pilze eukaryotische Organismen sind, also echte Zellkerne mit Chromosomen besitzen, folgt auch bei ihnen die Vererbung ihrer genetischen Merkmale den Mendelschen Gesetzen. Änderungen des Erbguts können aber durch Mutationen entstehen. Für eine extrachromosomale Vererbung gibt es bei Pilzen nur einige wenige Indizien, deren Erklärung noch viele Fragen offenläßt.

Neben der rechtmäßigen sexuellen Entwicklung mit Karyogamie und Reduktionsteilung zur Kombination und Rekombination des genetischen Materials ist bei Pilzen auch noch das Phänomen der Parasexualität bekannt. Diese kommt ohne Geschlechtsorgane und Gameten sowie auch ohne Generationswechsel aus. Trotzdem führt sie zur Kombination und Rekombination des genetischen Materials. Plasmogamie, Karyogamie und Haploidisierung finden statt, ohne an bestimmte Zeiten, Stellen und Organe im Entwicklungszyklus gebunden zu sein. Voraussetzung für Parasexualität ist Heterokaryose, d. h. die Anwesenheit genetisch verschiedener Kerne in einem Thallus oder einer Zelle. Die Dikaryophase zählt allerdings begrifflich nicht zur Heterokaryose, da sie im legitimen Sexualzyklus entsteht. Parasexualität spielt in der Natur besonders bei den Deuteromyceten eine große Rolle, da diese keine sexuelle Fortpflanzung haben. Wir werden im taxonomischen Teil ausführlicher auf die Parasexualität eingehen.

Wirtschaftliche Bedeutung

Der Verschiedenartigkeit der Pilze, die sie in allen ihren Lebensäußerungen zeigen, entsprechen vielfältige Abbau- und Syntheseleistungen ihres inneren und äußeren sowie primären und sekundären Stoffwechsels, die ihre wirtschaftliche Bedeutung bestimmen und in zunehmendem Maße vom Menschen genutzt und gesteuert werden, sogar bis zur industriemäßigen Anwendung. Die große Bedeutung der Pilze für Bodenbildung und Bodenfruchtbarkeit wurde oben bereits gewürdigt. Heute wird mit steigenden Erfolgen versucht, die destruierenden Potenzen von Pilzen beim sogenannten Recycling von Abfallmaterialien zu nutzen. Bekannt ist die Verwertung der Sulfitablagen aus der Zellstoff-

und Papierindustrie zur Futterhefeproduktion. Weniger bekannt ist die Verwertung von Molke zur Anzucht von Pilzmyzel, aus dem in der Notzeit nach dem zweiten Weltkrieg ein hochwertiger und schmackhafter Eiweißbrotaufstrich bereitet wurde. Die destruierende Kraft von Pilzen kann auch als aerobe Vorstufe in bakteriellen Biogasanlagen zum besseren Aufschluß der zu beseitigenden Abwässer genutzt werden. Schließlich gehören zum Recycling auch die Verfahren zum Anbau von Speisepilzen auf den verschiedensten Substraten, wie Mist, Stroh und Holzabfällen aller Art. Jährlich werden in der Welt rund 800000 t Zuchtchampignons produziert. Hinzu kommen noch rund 275000 t andere Zuchtpilze, hauptsächlich aus Japan und Südostasien.

Fermentative Umsetzungen der Pilze wurden sicherlich schon in prähistorischer Zeit vom Menschen empirisch zur Bereitung alkoholischer Getränke oder gesäuerter Nahrungsmittel genutzt, ohne daß er Kenntnis von den beteiligten Organismen hatte. Heute sind aus der traditionellen Kunst und den von Generation zu Generation vererbten Hausrezepten große Industrien entstanden, die, um alle Risiken auszuschließen, mit Reinkulturen und exakt gesteuerten Reaktionsabläufen arbeiten. Nahrungs- und Genußmittel, die mit Hilfe von Pilzen hergestellt werden, sind z. B. Backwaren, Wein, Bier, Sake, Rum, Arrak, Pombe, Kwaß, Mazun, Kefir, Käse und viele andere Produkte. Pilze sind auch die maßgeblichen Agenzien bei der Fermentation von Tabak, Kaffee und Tee. Auch bei der Taurotte des Flachses und Hanfs stellen sie seit Urzeiten unentbehrliche Helfer des Menschen dar.

Aber nicht nur die Fähigkeiten der Pilze, organisches Material oder organische Verbindungen ab- und umzubauen, macht sich der Mensch zunutze, wie die genannten Beispiele zeigen, sondern er nutzt auch ihre in vollem Umfang noch nicht überschaubaren synthetischen Potenzen. Von den etwa 3200 bekannten Antibiotika stammt rund ein Viertel von Pilzen. Mit der Entdeckung des Penicillins aus *Penicillium notatum* und dem Erkennen dessen Eignung für therapeutische Zwecke am Menschen durch Alexander Fleming im Jahre 1928 wurde der Grundstein für einen ganzen Industriezweig, der technischen Mikrobiologie, gelegt. Allein in den USA beträgt die geschätzte Jahresproduktion rund 1000 t Penicillin. Weitere Antibiotika mit therapeutischer Wirkung, die von Pilzen synthetisiert werden, sind Xanthocillin, Griseofulvin, Cephalosporine und Fusidinsäure.

Die biosynthetischen Fähigkeiten von Pilzen reichen aber noch viel weiter. Mit Verfahren der technischen Mikrobiologie werden von Pilzen Zitronensäure und andere organische Säuren, Riboflavin (Vitamin B_2), Karotinoide, Herzglykoside und Steroidhormone sowie zahlreiche Enzyme erzeugt. Zur Gewinnung der in der Geburtshilfe unentbehrlichen Mutterkornalkaloide werden weite Roggenfelder mit *Claviceps purpurea* künstlich infiziert, um die als Ausgangsstoff notwendigen Sklerotien zu erhalten. Um das Bild der Nützlichkeit von Pilzen abzurunden, sei erwähnt, daß auch versucht wird, zunächst allerdings noch mit bescheidenen Erfolgen, Pilze in der biologischen Bekämpfung von Pflanzenkrankheiten und Schädlingen bzw. Unkräutern einzusetzen, indem man sich ihre toxischen, pathogenen oder antagonistischen Fähigkeiten nutzbar machen will.

Aber nicht nur in ihrer Nützlichkeit liegt die wirtschaftliche Bedeutung der Pilze. Leider kennen wir Pilze auch als Ursache für das Verderben von Obst und Gemüse, Milch und Milchprodukten, von Backwaren und Fleisch. Ferner zerstören sie Holz und verschmähen sogar verbautes Holz nicht, wie der gefürchtete Hausschwamm. Aber auch viele andere pflanzliche und tierische Produkte, wie Leinen, Papier, Tapete, Leder und Wolle, fallen ihnen zum Opfer. Leider sogar Gemälde und andere Kunstwerke.

Schließlich sind viele Pilze gefürchtete Krankheitserreger bei Pflanzen, Tieren und Menschen. Im Durchschnitt werden jährlich etwa 10 % der möglichen Welternte von pflanzenpathogenen Pilzen verzehrt. Große Seuchenzüge solcher Krankheitserreger haben sogar Geschichte gemacht. Schon in einer altbabylonischen Zauberformel wird bereits die Brandkrankheit an Getreideähren erwähnt. Seitdem finden sich in den historischen Quellen aller folgenden Epochen Zeugnisse über verheerende Auswirkungen pilzlicher Pflanzenkrankheiten. Trotz hochwirksamer Fungizide und krankheitsresistenter Kulturpflanzensorten, trotz ausgeklügelter Bekämpfungsstrategien, die, computergestützt, einen gezielten Fungizideinsatz erlauben, fordern sie noch immer ihren hohen Tribut von jeder Ernte.

Direkte Schädigungen von Menschen und Tieren durch Pilze können dreierlei Ursachen haben: Vergiftungen (Myzetismus und Mykotoxikose), Allergien sowie Infektionen (Mykosen). Myzotismus nennt man die Wirkung giftiger Verbindungen des pilzlichen Sekundärstoffwechsels, also alle Folgen des Verzehrs von giftigen Pilzen. Viele Pilzgifte wurden isoliert und chemisch aufgeklärt, wobei man feststellte, daß es sich meistens um ganze Gruppen ähnlicher Gifte mit kleineren Abweichungen im Molekülbau handelt. Eine als giftig erkannte Pilzart enthält fast immer mehrere Gifte. Nach ihrer Wirkung können Pilzgifte in Zellgifte, Nervengifte, Hallunzinogene, gastrointestinale Wirkstoffe, hämolytisch wirkende Stoffe u. a. eingeteilt werden. In Europa wurden bisher mehr als 180 giftige oder giftverdächtige Pilzarten nachgewiesen. Natürlich kommt es mitunter auch nach dem Genuß verdorbener Pilze zu schweren Vergiftungserscheinungen. Diese rechnet man aber nicht zum Myzetismus, sondern zu den Nahrungsmittelvergiftungen.

Mykotoxikosen entstehen im Gegensatz zum Myzetismus nicht durch den direkten Verzehr giftiger Pilze, sondern durch den Verzehr von Nahrungsmitteln, die mit Toxinen von Schimmelpilzen kontaminiert sind, sei es, daß sie selbst verschimmelt sind oder aber aus verschimmelten Rohstoffen, wie Mehl, Früchten usw., hergestellt wurden. Die Schimmelpilztoxine diffundieren in das Substrat und überstehen dort sogar Back- und Konservierungsprozesse, weil sie eine hohe Stabilität besitzen. Derartige von Schimmelpilzen gebildete Gifte werden Mykotoxine genannt. Einige gehören zu den stärksten bekannten Zellgiften. So sind die Aflatoxine (nach ihrem »Produzenten« *Aspergillus flavus* benannt) die stärksten oral wirkenden krebserregenden natürlichen Substanzen. Aflatoxine kommen häufig in Nüssen, Getreide, Futtermitteln, Milch u. a. vor. Beim Menschen können sie Leberschäden, Krebs und Blutungen hervorrufen. In Obst und Obstsäften findet man häufig das Mykotoxin Patulin, das als generelles Zellgift ebenfalls krebserzeugend ist. Immer länger wird die Liste der schon bekannten Mykotoxine; es kommen ständig neue hinzu. Ihre hohe Stabilität läßt sie nicht nur Verarbeitungsprozesse überstehen, sondern aus verschimmelten Futtermitteln auch über Magen und Darm in tierische Produkte gelangen.

Mykogene Allergien der Schleimhäute können bei besonders veranlagten Patienten durch Pilzsporen hervorgerufen werden. Meistens handelt es sich um Sporen weitverbreiteter Saprophyten. Das wirkt sich vor allem dort negativ aus, wo Menschen an ihrem Arbeitsplatz hohen Belastungen durch Pilzsporen ausgesetzt sind, wie in Trocknungswerken und Kraftfuttermischwerken, aber auch in Geflügelaufzuchthallen, Mühlen und Bäckereien. Herausragende Krankheitsbilder mykogener Allergien sind Schimmelpilzasthma, allergische Alveolitis (Zahnfachentzündung), Hautentzündungen und Verdauungsstörungen.

Bei den infektiösen Mykosen des Menschen unterscheiden die Ärzte Sekundärmykosen, das sind Pilzinfektionen, denen ein Grundleiden oder Grundschaden als prädisponierender Faktor vorausgeht, sowie Primärmykosen ohne obligaten Zusammenhang mit prädisponierenden Faktoren. Eine andere Einteilungsmöglichkeit der Mykosen orientiert sich nach der Lokalisation der Infektionen. Ektomykosen auf der Oberfläche von Organen stehen Endomykosen im Innern gegenüber. Ektomykosen sind demnach Mykosen der Haut (Tinea, Fußpilz), der Nägel und Haare sowie Mykosen des Gehörgangs und der Augen. Zu den Endomykosen zählen Infektionen der Schleimhäute im Mund und der Speiseröhre (Soor), in Bronchien, Darm sowie Genitalien. Weiterhin gehören zu den Endomykosen Mykosen der Organe, wie Auge, Zentralnervensystem und retikuloendotheliales System, sowie Pilzinfektionen tiefer Gewebsbereiche, sogenannte Myzetome (z. B. Madurafuß). Die Grenze zwischen Mykosen des Menschen und Mykosen der Tiere ist nicht immer scharf gezogen. *Trichophyton verrucosum,* der Erreger einer bei der Landbevölkerung weitverbreiteten Ektomykose der Haut, stammt vom Rind und ist unter dem Namen Kälberflechte bekannt. Umgekehrt kann der beim Menschen in der Häufigkeit an zweiter

Stelle stehende Dermatophyt *Trichophyton mentagrophytes* in Pelztierfarmen Schäden hervorrufen. Auch der Soorerreger ist im Tierreich als Ursache vieler Hautkrankheiten anzutreffen. Es könnten noch weitere Beispiele angeführt werden. Sie mahnen uns, beim Umgang mit Tieren stets die Erfordernisse der Hygiene zu beachten.

Da Nutzen und Schaden meist nur aus ökonomischer Sicht des Menschen bestimmt und so einer naturfremden Bewertung unterzogen werden, aber in der ungestörten Biozönose lediglich durch die Selektion ihren wahren Wert erhalten, sind sie regelnde Faktoren des biologischen Gleichgewichts. Deshalb bedürfen auch die Pilze wie alle Naturobjekte der sorgfältigen Pflege und des Schutzes durch den Menschen. Schon sind wie bei Tieren und höheren Pflanzen auch bei den Pilzen viele Arten in ihrer Existenz bedroht. Daran sollte jeder denken und nicht mutwillig Pilze im Wald umstoßen oder zertreten. Jeder sollte auch nur die Menge Pilze sammeln, die er selbst verbrauchen will. Überlegung bedarf es gleichermaßen beim Umgang mit Fungiziden, sei es im großen Maßstab der Pflanzenproduktion oder im Kleingarten.

Phylogenie

Sehr viele Organismensippen haben Fossilien und Reliktformen als aussagekräftige Zeugen ihrer Abstammung. Fossile Pilze sind aber wegen der leichten Vergänglichkeit der Thalli sehr selten. Die wenigen Funde reichen nicht aus, um phylogenetische Zusammenhänge zu rekonstruieren. Zwar werden die ersten Lebensspuren auf der Erde, die vor 3,8 Milliarden Jahren im Katarchaikum lebende *Isuasphaera isua*, als hefeähnlich sprossende Pilze gedeutet, doch ist ihre Zuordnung zu den Pilzen keineswegs gesichert, denn nach neueren Forschungsergebnissen trennten sich Pro- und Eukaryoten erst 1,5–2 Milliarden Jahre später. Unsicher sind auch 600 Millionen Jahre alte chytridiomycetenahnliche Reste auf Molluskenschalen. Sicher ist aber, daß vor 400–360 Millionen Jahren im Devon ein den Oomyceten ähnlicher Organismus, *Palaeomyces asteroxyli*, in den Rhizomen von *Asteroxylon*, einer der ersten Landpflanzen, parasitisch oder symbiotisch gelebt hat. Das erste gesicherte Auftreten von Pilzen fällt demnach ungefähr mit dem Beginn der Besiedlung des Festlands zusammen. Von nun an häufen sich die Funde fossiler Pilze, und seit Beginn der Braunkohlenzeit (Tertiär, vor 100–23 Millionen Jahren) kommen gut erhaltene Pilzreste und Sporen vor, die sich in rezente Gattungen einordnen lassen.

Die Diskussion über die Stammesgeschichte der Pilze währt nun schon über ein Jahrhundert, ohne daß man zu einem für alle Spezialisten dieses Problems akzeptablen Ergebnis gekommen ist. Früher führte man alle Pilze auf heterotrophe Flagellaten zurück und glaubte, von diesen über die Chytridiales alle Pilze auf mehr oder weniger geradem Wege ableiten zu können. Diese Auffassung ist heute nicht mehr haltbar. Für die niederen Pilze, d. h. für alle Pilze, die begeißelte Sporen oder ein begeißeltes Stadium haben, ist auf Grund morphologischer, biochemischer und physiologischer Merkmale eine voneinander unabhängige, aus mehreren Wurzeln stammende, d. h. polyphyletische Entstehung sehr wahrscheinlich und heute weitgehend akzeptiert. Sie umfassen zwar nur etwa 2 % aller Pilze, präsentieren sich aber in einer reichen Fülle unterschiedlicher Lebensformen. Sie haben teilweise nähere verwandtschaftliche Beziehungen zu Algen oder Protozoen als untereinander.

Die höheren Pilze sind morphologisch, biochemisch und physiologisch einheitlicher. Eine Anzahl von Merkmalen spricht für ihren Anschluß an die Chytridiomyceten, ohne daß ein wirkliches Bindeglied bekannt ist. Die Funde fossiler Pilze zeigen, wie oben erläutert, daß das erste Auftreten von Pilzen zeitlich mit der Besiedlung des Festlands zusammenfällt und daß dabei parasitische und symbiotische Lebensweisen eine Rolle gespielt haben. So besagt eine Theorie, daß, von uns unbekannten, rein aquatischen Vorfahren ausgehend, Vorläufer der Pilze im Kormus der sich während des Silurs (vor 500–400 Millionen Jahren) entwickeln den Landpflanzen durch parasitische oder symbiotische Lebensweise Schutz vor den ungünstigen Lebensbedingungen des Landlebens suchten und fanden. Sie hätten dann die Eroberung des Festlands in Koevolution mit ihren Wirtspflanzen vollzogen. Ebenso sprechen viele Merkmale für eine Abstammung der höheren Pilze von parasitischen Rotalgen. Die Spathulosporales, die Laboulbeniales sowie die Rostpilze werden von verschiedenen Autoren direkt von den Rotalgen abgeleitet, wobei die parasitische Lebensweise richtunggebend auf die Evolution gewirkt haben soll. Eine andere Theorie nimmt die Flechten als Bindeglied zwischen Rotalgen und Ascomyceten an. Alle diese Theorien räumen der biotrophen Lebensweise und auch den Rotalgen eine mehr oder weniger fundamentale Position in der Phylogenie der höheren Pilze ein. Es gibt aber auch Argumente, die gegen diese oder jene Ableitung sprechen und nicht entkräftet werden konnten, so daß die Abstammung der höheren Pilze noch immer im dunkeln liegt.

Das System

Die große Unterschiedlichkeit der Pilze in Gestalt und Lebensäußerung hat schon seit jeher alle Bestrebungen, diese Organismen in eine sinnvolle Ordnung zu gliedern, erschwert und nur zu unbefriedigenden Ergebnissen geführt. Die sich immer mehr bestätigende Erkenntnis, daß die Pilze polyphyletischen Ursprungs sind, macht die Bemühungen um ein »natürliches«, d. h. auf Abstammung und Verwandtschaft beruhendes System nicht leichter. Ähnliches gilt übrigens auch für die große Einteilung aller Lebewesen in Reiche. Die Konsequenz ist, daß in den letzten 2 Jahrzehnten Systeme mit mehreren Reichen vorgeschlagen wurden. Diese Systeme betonen einerseits die polyphyletische Entstehung der Pilze, sprengen aber andererseits mit dieser Betonung den traditionellen Begriff »Pilze«, wie wir ihn oben definiert und biologisch sowie ökologisch umrissen haben. Denn in den Vielreichsystemen werden die niederen Pilze dem Protistenreich angegliedert, während die höheren Pilze neben Protisten, Pflanzen und Tieren zu einem eigenen Reich der eukaryotischen Lebewesen erhoben werden: zum Reich der Fungi. Wir folgen hier der Grundkonzeption des Gesamtwerks und stellen die Pilze als biologisch ökologische Kategorie vor. Statt »pilzähnliche Protoctista« und »Fungi« verwenden wir die neutralen Bezeichnungen »niedere Pilze« und »höhere Pilze«. So glauben wir, einem breiten Leserkreis entgegenzukommen.

In rund 200 Jahren intensiver taxonomischer Arbeit mußte das System der Pilze umgestellt werden, um dem Erkenntniszuwachs Rechnung zu tragen. Dabei entstanden auch Namen und Begriffe, die später wieder verworfen wurden, z. T. aber in älterer Literatur auftauchen oder manchmal noch im allgemeinen Sprachgebrauch verwendet werden. Archimycetes (Urpilze) und Phycomycetes (Algenpilze) sind Beispiele für nicht mehr gebräuchliche Begriffe. Eine genaue Zahl der verschiedenen Pilzarten, die die Erde bewohnen, läßt sich nicht mit Sicherheit angeben. Sie wird auf etwa 120000 in der Literatur beschriebene Arten geschätzt. Jährlich werden weitere rund 1000 Arten neu beschrieben. Aber man nimmt an, daß es mindestens ebenso viele Pilze wie Samenpflanzen gibt, also ungefähr zwischen 250000 und 300000 Arten. Die niederen Pilze werden in 6 Abteilungen und die höheren Pilze in 3 Abteilungen gegliedert. Bei vielen höheren Pilzen ist bisher nur die Nebenfruchtform, der Anamorph, bekannt. Diese Pilze werden zu einer künstlichen Einheit, der Formklasse Deuteromycetes (Fungi imperfecti), zusammengefaßt. Wenn bei Ascomyceten oder Basidiomyceten mit mehreren Fruchtformen die einzelnen Fruchtformen eigene Namen haben, dann ist immer der Name der Hauptfruchtform, des Teleomorphs, gültig. Die systematische Einteilung der Pilze stellt noch immer einen Gegenstand der Forschung und Diskussion dar. Auch die in diesem Buch vertretene Gliederung der Pilze dürfte nicht endgültig sein. An manchen Stellen waren Kompromisse unumgänglich, die sich erst beseitigen lassen, wenn die Forschung neue Ergebnisse bereitstellt.

Die niederen Pilze (pilzähnliche Protoctista)

Eine Vielfalt von Gestalten und Lebensformen tritt uns mit den rund 2000 bekannten Arten der niederen Pilze entgegen, die sich auf 6 phylogenetisch voneinander und auch von den höheren Pilzen unabhängige Abteilungen verteilen. In jeder Abteilung kommen aktiv bewegliche Keime vor, die nähere Beziehungen zu den Protisten wohl ahnen lassen, aber nicht schlüssig beweisen können. Meist sind es Zoosporen, manchmal amöboide Zellen, mitunter beides. Einige der niederen Pilze leben aquatisch, einige amphibisch, andere aber haben sich wie die höheren Pilze das Festland erobert.

Abteilung Schleimpilze, Myxomycota

Klasse Echte Schleimpilze, Myxomycetes

Der Thallus der Schleimpilze besteht aus einer beweglichen, schleimigen und vielkernigen Plasmamasse, dem Plasmodium. Als Fäulnisbewohner lebt das Plasmodium in zersetztem Holz, Laub oder anderen organischen Abfällen. Aus dem Plasmodium entwickeln sich auch die pilzähnlichen Fruchtkörper (Sporangien), die meist so klein sind, daß sie von einem oberflächlichen Beobachter kaum bemerkt werden. Da die Schleimpilze außerdem keine wirtschaftliche Bedeutung besitzen, sind sie eine wenig bekannte Gruppe. Im Lauf der Zeit wurden etwa 600 Arten beschrieben. Nur wenige Arten fallen durch die Größe ihrer Fruchtkörper auf. Einige besitzen Plasmodien mit markanter Färbung, z. B. das sattgelbe Plasmodium der Lohblüte, *Fuligo septica* das nach regenfeuchten Tagen häufig in unseren Wäldern erscheint. An toten Baumstämmen bildet der Bovistähnliche Stäubling, *Reticularia lycoperdon,* weiße Plasmodien, die handflächengroß werden können. Erwähnenswert wären noch die haselnußgroßen, rosenroten Plasmodien des Blutmilchstäublings, *Lycogata epidendrum,* auch Wolfsblut genannt.

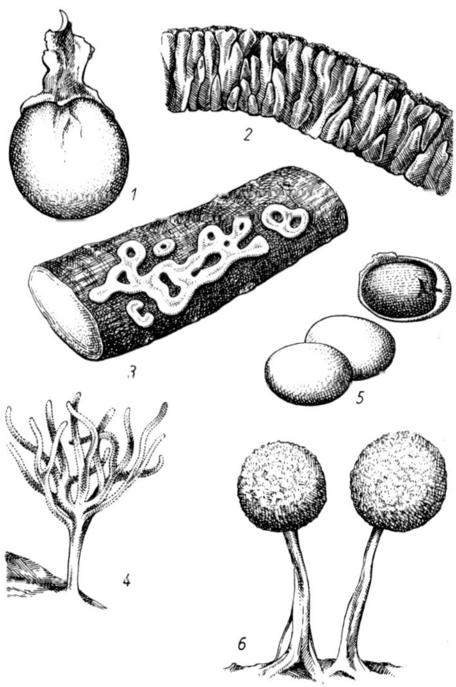

Fruchtkörperformen (Sporenträger) der Schleimpilze. 1 Aethalium von *Lycogala flavofuscum,* 2 Pseudosethalium von *Brefeldia maxima,* 3 Plasmodiocarpium von *Diderma deplanatum,* 4 Sporophor von *Ceratiomyxa fruticulosa,* 5 sitzende Sporangien von *Diderma testacea,* 6 gestielte Sporangien von *Physarum bethelii*

Sporen der Schleimpilze. 1 *Ceratiomyxa porioides* (glatt), 2 *Arcyria* spec. (fast glatt), 3 *Badhamia panicea* (feinwarzig), 4 *Badhamia papaveracea* (grobwarzig), 5 *Diderma crustaceum* (feinstachelig), 6 *Diderma lyallii* (großstachelig), 7 *Symphystocarpus trechisporus* (kleingenetzt), 8 *Oligonema flavidum* (großgenetzt), 9 *Reticularia olivacea* (Sporenballen)

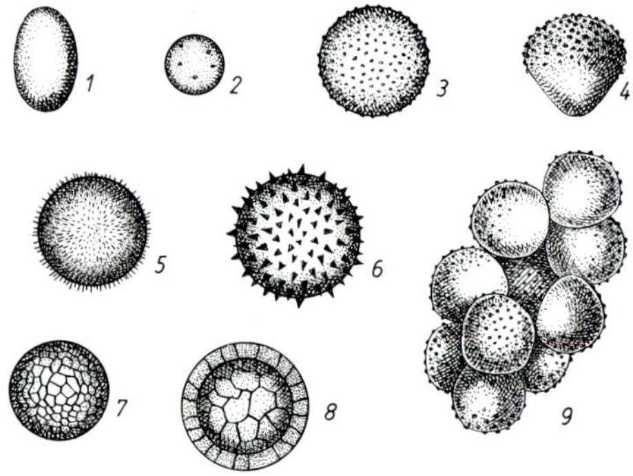

In den Fruchtkörpern entwickeln sich die Sporen. Diese unterscheiden sich kaum von denen anderer Pilze. Sie sind mit wenigen Ausnahmen rund oder rundlich. Farbe, Größe und Oberflächenstruktur unterscheiden sich je nach Art. Das Sporenpulver ist weiß, gelb, rot, braun oder schwarz. Die Größe schwankt zwischen 5 und 15 µm. Die Oberfläche kann glatt, warzig, stachelig oder netzförmig ornamentiert sein. Unter geeigneten Bedingungen, wie günstiger Temperatur und ausreichender Feuchtigkeit, lassen sich die Sporen vieler Arten zum Auskeimen bringen. Nach dem Aufreißen der Sporenwand verläßt der Sporeninhalt die Hülle entweder als Protoplast, der sogenannten Myx-

Gelbe Plasmodien und weißgrau berindete Aethalien, die schwarze Sporen enthalten (rechts), zeichnen die Lohblüte, *Fuligo septica*, aus.

Die strauchartig verzweigten Sporophore von *Ceratiomyxa fruticulosa* entwickeln sich auf moderndem Laub- und Nadelholz.

amöbe, oder als Schwärmer, der auch Myxoflagellat genannt wird. Die Myxamöben bewegen sich mit vorwärts ausgestülpten Pseudopodien fort, die von ihnen hinten wieder eingezogen werden. Die Myxoflagellaten besitzen zur Fortbewegung 2 ungleich lange, nach vorn gerichtete Peitschengeißeln. Zur Ernährung umfließen die Myxamöben oder Plasmodien winzige organische Partikeln und Bakterien, schließen diese in Vakuolen ein und verdauen sie dann endogen. Myxamöben können zu großen, vielkernigen Plasmodien auswachsen oder sich durch Teilung in größere Einzelzellkolonien verwandeln. Im Entwicklungszyklus entsprechen die Myxomyceten den haplodiploiden Pilzen. Auf Grund morphologischer und ontogenetischer Merkmale unterteilt man die Myxomycetes in 3 Unterklassen.

Unterklasse Protostelidae

In dieser Unterklasse finden wir die einfachsten Schleimpilze. Bei ihnen entwickeln sich die aus den Sporen geschlüpften Myxamöben zu kleinen, vielkernigen, vegetativen Plasmodien. Bevor die fruktifikative Phase einsetzt, teilen sich die Plasmodien in einkernige Portionen, die Prosporen genannt werden und aus denen je ein gestieltes Sporangium mit 1–4 Sporen wächst. Diese Sporen keimen mit Myxamöben oder mit Myxoflagellaten, die später durch Einziehen der Geißeln zu Myxamöben werden. Bei anderen Arten, z. B. *Ceratiomyxella tahitiense*, keimen die Sporen mit mehrkernigen Plasmodien. Indem allmählich alle Zellkerne bis auf einen degenerieren, wandelt sich dieses Plasmodium zu einer Zoozyste um. Ihr Kern teilt sich mehrere Male mitotisch. Indem jetzt jeder neue Zellkern etwas Protoplasma um sich sammelt, wandelt sich der Inhalt der Zoozyste in einkernige Myxoflagellaten um, die nun entlassen werden. Durch Einziehen

Lebenszyklus von *Dictyostelium discoideum*. A–E ungeschlechtliche, F, G geschlechtliche Fortpflanzung, A Sporangiensorus, B Spore, C Sporenkeimung, D Myxamöben, E Pseudoplasmodium, F Plasmogamie, G Karyogamie

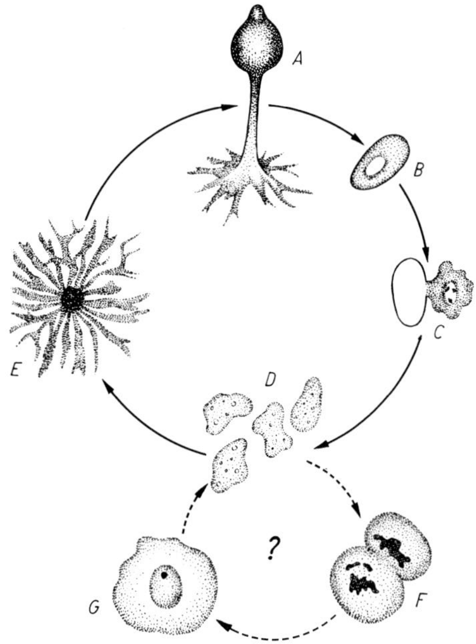

ihrer Geißeln entstehen Myxamöben, die sich zusammenlagern und vielkernige Plasmodien bilden. Mit der Aufteilung in Prosporen beginnt ein neuer ontogenetischer Zyklus. Innerhalb der Protosteliden gibt es 3 Ordnungen: die Cavosteliales, die Protosteliales und die Ceratiomyxales.

Ordnung Ceratiomyxales

Diese Ordnung umfaßt nur die Gattung *Ceratiomyxa* mit wenigen Arten. Die weißen Sporophore bilden an Laub- und Nadelholzstümpfen weiße, flaumige, nur wenige Millimeter hohe Überzüge, die aber nach der Sporenreife wieder zusammenfallen und dann wie ein Schimmelpolster aussehen. *Ceratiomyxa fruticulosa* ist strauchartig verzweigt. *C. porioides* ist porig und gleicht der Unterseite eines Porlings. *Ceratiomyxa*-Arten durchlaufen auch eine sexuelle Phase, die mit der Kopulation zweier Myxoflagellaten beginnt.

Unterklasse Dictyostelidae

Diese Unterklasse steht der vorherigen nahe und könnte von ihr abgeleitet werden. Ihren Vertretern fehlen begeißelte Stadien im Entwicklungsgang. Die Zellwände bestehen wie bei allen Myxomyceten aus Zellulose. Darin sowie in anderen Merkmalen unterscheiden sie sich von den Acrasiomyceten, zu denen sie früher gerechnet wurden. Am gründlichsten von ihnen wurde *Dictyostelium discoideum* untersucht, dessen Entwicklung geschildert werden soll.

Aus haploiden, zellwandumgebenen Sporen schlüpfen Myxamöben, die sich unter reichlicher Nahrungsaufnahme öfter längs teilen und eine große Population bilden. Bei Nahrungsmangel schließen sie sich, ohne ihre Individualität aufzugeben, zu Pseudoplasmodien zusammen.

Im Zentrum eines bestimmten Bezirks übernimmt eine Myxamöbe die Funktion eines Intialindividuums. Durch chemische Reize lockt sie alle Myxamöben in ihrer Umgebung an, die zu ihr hinkriechen. Gleichzeitig hindert sie andere Zellen in ihrer Nachbarschaft daran, ebenfalls die Funktion eines Initialindividuums zu übernehmen. Um die Initialzelle wird das Pseudoplasmodium immer kompakter und nimmt keilförmige Gestalt an. Das Pseudoplasmodium kann sich als Ganzes auf dem Substrat fortbewegen. Auf dem Höhepunkt der Aggregation türmen sich die Zellen im Zentrum des Plasmodiums zu einem aufrechten Stiel zusammen, an dem die Amöben emporgleiten und sich zu einem schleimigen, köpfchenartigen Sporangiensorus verwandeln. Die sich darin befindenden Zellen teilen sich und werden zu Sporen, indem sie eine dünne Zellulosemembran erhalten. Für ihre Verbreitung sorgt das Regenwasser.

Zur sexuellen Fortpflanzung, die noch nicht restlos aufgeklärt ist, sollen Amöben paarweise miteinander verschmelzen. Als Fusionsprodukt entstehen Makrozysten, deren Kerne diploid sind. Nach meiotischer Teilung entstehen wieder haploide Myxamöben. Ein Pseudoplasmodium bildet i. d. R. nur einen Fruchtkörper, bei Überschreiten einer bestimmten kritischen Masse auch manchmal mehrere.

Unterklasse Schleimpilzartige, Myxomycetidae

Aus den zellwandumgebenen, haploiden Sporen schlüpfen 2 Myxoflagellaten, die manchmal sofort, meist etwas später, mitunter sogar erst nach einigen Teilungen paarweise kopulieren. Dabei entstehen diploide, anfangs noch begeißelte Zygoten, deren Geißeln aber bald eingezogen werden. In der nun beginnenden vegetativen Phase wird Nahrung aufgenommen, und die Zellen wachsen bei häufiger mitotischer Teilung ihrer Kerne zu einem nicht in Zellen gegliederten großen Plasmodium mit vielen diploiden Kernen heran. Verschlechtern sich die Umweltbedingungen, verwandelt sich das Plasmodium in ein hartes Sklerotium, das aus zellwandumgebenen Komplexen besteht. Verbessern sich die Bedingungen wieder, keimen diese Sklerotien erneut zu Plasmodien aus. Zur Einleitung der fruktifikativen Phase teilt sich das zähschleimige Plasmodium in Abschnitte, aus denen Knötchen entstehen. Allmählich strecken sich die Knötchen in die Höhe, und es bilden sich Stiel und Sporangium.

Die Sporangien (Sporokarpe) sind anfangs homogen, vakuolisieren aber später. Aus dem in den Vakuolen enthaltenen Material entsteht ein fädiges, wolliges Netzwerk, das Capillitium. Gleichzeitig zerklüftet sich das Plasma in einkernige Portionen. Es folgt die Reduktionsteilung, nach der jeweils 3 der 4 Tochterkerne zugrunde gehen, die überlebenden Kerne bilden mit ihrer Plasmaportion die haploiden Sporen. Durch Zerfall der Sporangien werden die Sporen freigesetzt, wobei das sich hygroskopisch ausdehnende Capillitium Hilfe leistet.

Bei den Fruchtkörpern lassen sich 3 Typen unterscheiden: erstens gestielte oder ungestielte Sporangien, die meist in Gruppen aus oder auf einem größeren Plasmodium entstehen, zweitens große, halbkugelige oder kissenförmige Sporokarpe, die aus ganzen Plasmodien oder großen Teilen davon entstehen, sogenannte Aethalien, und drittens Plasmodiocarpien, also sitzende, unregelmäßige, verzweigte oder netzartige Fruchtkör-

Capillitiumformen der Schleimpilze. 1 Skelettartiges Kalkgerüst im Sporangium von *Badhamia macrocarpa*, 2 Sporangium (a) und Capillitium (b) von *Didymium squamulosum*, 3 Capillitium auf der Außenseite des Sporangiums von *Dictydium canceolatum*, 4 Capillitium mit Kalkknoten, die durch hyaline Fäden verbunden sind bei *Physarum psittacinum*, 5 Capillitium der Gattung *Trichia*, 6 Capillitium der Gattung *Arcyris*, 7 Capillitium mit Außennetz bei *Stemonitis axifera*

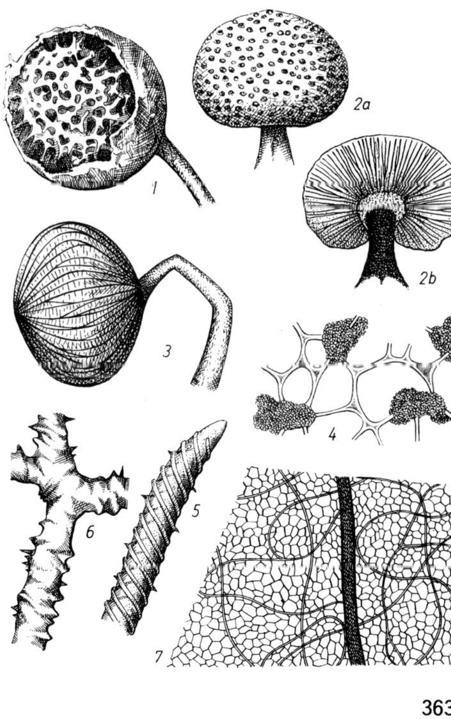

per (s. Abb.). Beim Sexualvorgang gibt es sowohl Heterothallie als auch Homothallie.

Ordnung Echinosteliales

Diese Ordnung umfaßt nur sehr wenige Arten. Es handelt sich um die kleinsten Myxomyceten. Ihre Fruchtkörper sind nicht nur recht klein (0,5 mm hoch), sondern auch ziemlich selten. Die Sporangienwand zerfällt sehr früh, so daß die Sporen dann nur durch einen schüsselförmigen Rest (Kolumella) gehalten werden. Ein Capillitium fehlt oder ist lediglich schwach entwickelt. Die Sporen sind weißlich, blaßrosa oder gelblich. Zu den bekanntesten Arten gehören *Echinostelium minutum* und *E. elachiston*.

Ordnung Haarstäublingsartige, Trichiales

Die Vertreter dieser Ordnung haben ebenfalls hellgefärbte, meist gelbliche Sporen, aber stets ein deutliches, aus charakteristischen kompakten oder röhrenförmigen Fäden zusammengesetztes Capillitium. Die in allen Farbtönen gelben Fruchtkörper sind entweder Sporangien oder Plasmodiocarpien. Die Trichiales gehören zu den am weitesten verbreiteten Schleimpilzen. Die Gattungen *Arcyria, Hemitrichia* und *Trichia* sind während der ganzen Vegetationsperiode im Wald zu finden. Vom zeitigen Frühjahr bis zum Spätherbst kann man *Hemitrichia clavata* auf feuchten Baumstümpfen antreffen, vom September bis zum Februar dagegen *H. vesparium* auf Moderholz, auf dem sich auch die Arten *Arcyria cinerea, A. denudata, A nutans* und *A. incarnata* beobachten lassen. Ganzjährig auf Moos, alten Porlingen und Moderholz lebt *Trichia varia* mit ihren weißlichen Plasmodien. Es werden innerhalb der Trichiales 2 Familien mit etwa 12 Gattungen und mehr als 50 Arten unterschieden.

Familie Dianemataceae

Die soliden Fäden des Capillitiums sind bei der Gattung *Dianema* nahezu gerade, leicht gelblichbraun bis braun, von unten nach oben verlaufend und beiderseitig mit der Peridie verbunden. *Dianema harveyi* hat dunkelrote oder bronzefarbene, sitzende Sporangien. *Dianema depressum* mit genetzten Sporen und *D. corticatum* mti stacheligen Sporen bilden vorwiegend Plasmodiocarpien. *Calomyxa metallica* mit metallisch glänzenden, sitzenden Sporangien oder kleinen Plasmodiocarpien hat ein langfädiges, geschlängeltes Capillitium, das selten mit der Peridie verbunden ist.

Familie Haarstäublinge, Trichiaceae

Das aus röhrigen Fäden bestehende Capillitium ist mit Stacheln, Warzen, Ringen oder kammartigen Halbringen oder mit Spiralleisten besetzt. Die Fäden sind frei, einfach oder verzweigt oder bilden ein Netzwerk. Die Fruchtkörper der Gattung *Perichaena*, Deckelstäublinge, haben ein dünnfädiges, oft mit Einschnürungen versehenes, nichtelastisches Capillitium. Es ist selten einfach, meist verzweigt, ohne jedoch ein Netzwerk zu bilden. Die Fäden tragen Warzen oder Stacheln, gelegentlich sind sie auch glatt. Die mehr oder weniger braunen Fruchtkörper sind meist sitzende, 0,5–1,5 mm breite Sporangien oder wenige Millimeter große, längliche oder gewundene Plasmodiocarpien mit gewöhnlich doppelter Peridie, die oft mit brauner Granulation oder mit Kalkkristallen krustig besetzt ist. Die Sporenmasse einschließlich des Capillitiums ist mehr oder weniger gelb.

Die bekanntesten Arten mit Sporangien sind *Perichaena corticalis* mit rundlichen und *P. depressa* mit dichtgedrängten, eckigen, abgeflachten Sporangien. Bei beiden reißt der obere Teil der Peridie deckelartig auf, daher der Name Deckelstäublinge. Nicht deckelartig zerfällt die Peridie bei den Plasmodiocarpien. Häufiger und bekannter ist *Perichaena vermicularis*, seltener *P. chrysosperma*. Gleichfalls nicht elastisch, aber netzartig verbunden ist das rötliche bis ockergelbe Capillitium von *Arcyodes incarnata*. Es ist häufig an der Innenperidie befestigt und dicht mit Warzen und Stacheln besetzt. Die Fruchtkörper sind zu kleinen Haufen zusammengedrängte Sporangien.

Oft findet man auf Laub- und Nadelholz-

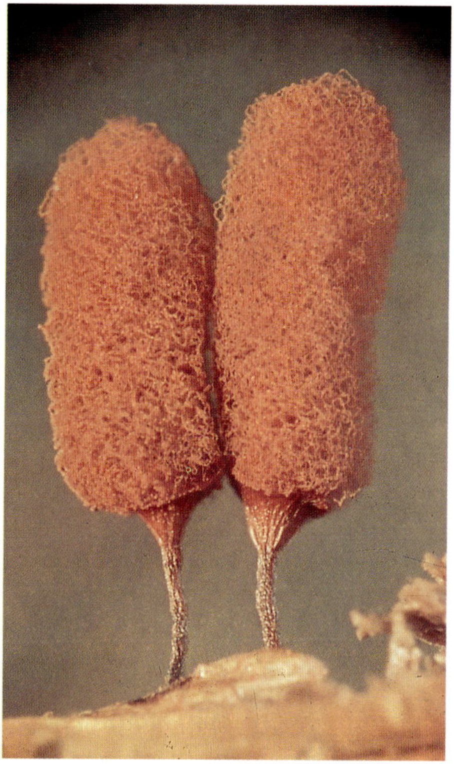

Häufig findet man auf Laub- und Nadelholzstümpfen die Kelchstäublinge, wie *Arcyria denudata* (vergr.).

stümpfen die verschiedenen Arten der Gattung *Arcyria*, der Kelchstäublinge. Die gestielten, 1–2 mm großen Sporangien sind rund bis eiförmig, manchmal zylindrisch. Sie stehen meist gedrängt in Gruppen. Die Farben Gelb, Rot und Grau herrschen vor. Beim Reifen der Sporen reißt die Peridie im unteren Viertel kreisrund ab. Der obere Teil zerfällt, und der untere bleibt als Kelch zurück. Das sehr elastische, netzartig verbundene Capillitium ist mit Ringen, kammförmigen Halbringen, Stacheln oder Warzen ornamentiert. Bei seiner Dehnung gibt es gleichzeitig die Sporen frei. Die Streckung kann bei *Arcyria nutans* bis 15 mm betragen. Die hohlen Stiele sind mit sporenähnlichen Zellen gefüllt. Eine Kolumella ist nicht vorhanden. Die Einteilung richtet sich nach dem Abfallen oder Anhaften des Capillitiums am Becher. Es haftet am Becher bei *A. denudata* (s. Abb.), ist gestreckt, etwa 3 mm hoch und von karminroter Farbe. Bei *A. cinerea* ist das ungefähr gleich hohe Sporangium in allen Teilen grau. Kleiner, rundlich und weniger dehnbar ist das Capillitium von *A. pomiformis*. Nicht am Becher haftend und daher leicht vom Wind verweht werden das fleischrote Capillitium von *A. incarnata*, das gelbe Capillitium von *A. nutans* und das rostrote Capillitium von *A. ferruginea*. Die letztere Art hat auch mit 10–12 µm die größten Sporen.

Noch häufiger vertreten als die Arten der Gattung *Arcyria* sind in den Wäldern die Arten der Gattung *Trichia*, die Haarstäublinge. Sie sind mikroskopisch als Gattung leicht zu bestimmen. Das Capillitium besteht aus röhrigen, selten verzweigten, freien, an beiden Enden zugespitzten Fäden, die auch als Elateren bezeichnet werden. Charakteristisch für die Gattung ist, daß Elateren mit 2–5 meist sehr gleichmäßigen Spiralleisten versehen sind. Die Fruchtkörper stellen sitzende oder gestielte, ein bis wenige Millimeter große, meist dichtgedrängte Sporangien dar, die durch die große Anzahl und die leuchtendgelbe Farbe die Blicke auf sich lenken. *Trichia varia* mit goldgelber Sporenmasse ist wohl die häufigste Art dieser Gattung. Als einzige Art hat sie Elateren mit nur 2 Spiralleisten. Das gelbe Capillitium von *T. favoginea* und *T. persimilis* hat 3–5 Spiralleisten, und die ähnlichen Sporen sind großmaschig genetzt. Kleinmaschig genetzt sind sie bei der sehr häufigen, goldbraunen Art *T. scabra*. Unter den Arten mit gestielten Sporangien ist *T. decipiens* mit sehr engen Spiralleisten die bekannteste. Seltener, jedoch gleichfalls gestielt ist *T. botritis*. Die dunkelrotbraunen Sporangien sind meist zu mehreren gebündelt. Die Sporenmasse einschließlich des Capillitiums ist dunkelockerbraun.

Ebenfalls Elateren besitzt die Gattung *Oligonema* mit den beiden Arten *Oligonema flavidum* und *O. schweinitzii*. Die Gattung unterscheidet sich von der vorhergehenden durch die kleineren, meist gehäuften Sporangien und die spärlichen und mit undeutlichen Ornamenten versehenen Elateren. Die Arten dieser Gattung unterscheiden sich durch die Sporenornamentierung.

Hemitrichia serpula bildet eine plasmodiocarpe Fruchtform (vergr.).

Mit der Gattung *Trichia* durch Übergänge verbunden ist die Gattung *Hemitrichia*. Während bei der Gattung *Trichia* das Capillitium aus freien Fäden besteht, bildet es bei der Gattung *Hemitrichia* ein verworrenes Netzwerk von verzweigten und untereinander verbundenen, elastischen Fäden, ähnlich wie bei der Gattung *Arcyria*. Die Ornamentierung der Capillitiumfäden mit spiralförmigen Leisten ähnelt der der Gattung *Trichia*. Die Gattung *Hemitrichia* wird daher von einigen Forschern nur als eine Entwicklungsstufe der Gattung *Trichia* betrachtet. So unterscheidet sich die Art *Hemitrichia clavata* von der Art *Trichia decipiens* und die Art *Hemitrichia karstenii* von der Art *Trichia contorta* durch das netzig verbundene Capillitium. Ähnlich unterscheiden sich auch die Arten *Metatrichia vesparium* und *Trichia botritis*. Dagegen bildet die Art *Hemitrichia serpula* Plasmodiocarpien.

Ordnung Fadenstäublingartige, Stemonitales

Die Ordnung umfaßt 2 Familien. Ihre Fruchtkörper sind Aethalien oder Sporangien. Zu ihr gehören Schleimpilze mit den größten Fruchtkörpern. Der Sporenstaub ist dunkel. Die Farbskala reicht von Rostbraun über Lilabräunlich bis Schwarzbraun. Das Capillitium ist immer entwickelt. Es bildet ein anastomosierendes Netzwerk, das selten einfachsträhnig ist. Außer der intermediären Gattung *Diachea* sind alle anderen kalkfrei.

Familie Collodermaceae

Die einzige Art, *Colloderma oculatum*, bildet kleine, meist sitzende Sporangien, seltener Plasmodiocarpien. Die Peridie besteht aus 2 Schichten. Die äußere ist bräunlich, gelatinös, die innere farblos. Das verbundene Capillitium und die Sporen sind purpurbräunlich.

Die Fadenstäublinge, *Stemonitis*, gehören zu den häufigsten Schleimpilzen im Laub- und Nadelwald. Auf dem Bild *Stemonitis fusca* (vergr.)

Familie Fadenstäublinge, Stemonitaceae

Die Fruchtkörper sind Sporangien, Pseudoaethalien oder Aethalien. Die Sporenmasse einschließlich des Capillitiums ist rost-, lila- oder dunkelbraun. Bei den etwa 1 mm hohen Sporangien der Gattung *Diachea* sind Stiel und Kolumella mit granuliertem Kalk gefüllt, wodurch diese der Ordnung Physarales zuneigt. Das kalkfreie Capillitium und seine irreguläre Anordnung haben Ähnlichkeit mit der Gattung *Comatricha.* Von den 6 Arten der Gattung kommen 2 in Europa vor. *Diachea leucopodia* bildet länglich walzliche, zylindrische, gestielte Sporangien. Gestielte, runde Sporangien hat *D. subsessilis.* Beiden Arten gemeinsam ist die bläulich irisierende Peridie. Die 7–10 µm großen, violetten Sporen sind bei *D. leucopodia* feinstachelig, *D. subsessilis* hat genetzte Sporen.

Aethaliumbildende Fruchtkörper besitzen in dieser Familie die Gattungen *Amaurochaete* und *Brefeldia. Amaurochaete atra* hat etwa 3–5 cm große, kissenförmige Aethalien. Die bald schwindende Peridie ist silbergrau, ähnlich wie bei *Reticularia lycoperdon.* Das strauchartig strähnige Capillitium und die Sporenmasse sind fast schwarz. *Amaurochaete cribrosa* ist ähnlich. Das untereinander verbundene Capillitium ist jedoch kraus und feinfädiger und mit vielen freien Enden versehen. Oft große, polsterförmige Aethalien hat *Brefeldia maxima*, der Riesenstäubling. Die dunkelbraunen Polster werden aus dichtgedrängten, tubulären Sporangien gebildet und können bis 0,25 m^2 groß werden. Eigenartig ist das einzelfädige Capillitium. Es entspringt zweiseitig an einem oder mehreren gekammerten Bläschen und verbindet die Sporangien untereinander. Die Kolumella ist frei. Es handelt sich um eine seltene Art.

Die konfluenten Arten der Gattung *Stemonitis*, deren Wuchsform auch als Pseudoaethalien bezeichnet werden, wurden jetzt in die Gattung *Symphytocarpus* gestellt. Die oben meist freien Sporangien dieser Arten sind im unteren Teil zusammenfließend. *Symphytocarpus amaurochaetoides* hat bis 10 cm große, dunkelbraune Pseudoaethalien. Die dunkelbraunen Sporen sind genetzt. *S. trechisporus* bildet kleinere, ebenfalls dunkelbraune Pseudoaethalien auf einem gemeinsamen, weißen Hypothallus. So wird eine häutige Schicht aus Rückständen des Plasmodiums genannt. Die Sporen sind gleichfalls genetzt.

Mit zu den häufigsten Schleimpilzen im Laub- und Nadelwald gehören die Fadenstäublinge (Gattung *Stemonitis*). Die gestielten, fädig dünnen Sporangien von 2–20 mm Höhe sind büschelig vereint auf einem bräunlichen oder silberfarbenen Hypothallus. Allen gemeinsam ist die Fortsetzung des Stiels im Sporangium als Kolumella, die fast das ganze Sporangium durchzieht. An ihr entspringt das ästig verzweigte und untereinander verbundene Capillitium, das in seinen letzten Verzweigungen als charakteristisches Merkmal dieser Gattung ein Oberflächennetz bildet. *Stemonitis fusca* und *S. axifera* mit ihren meist mehr als 10 mm hohen Sporangien sind die häufigsten Arten. *S. fusca* ist dunkelbraun mit 7–9,5 µm großen, stachelig genetzten Sporen. *S. axifera* ist rostbraun und mit 4–7 µm großen, glatten Sporen versehen. Die bisher genannten Arten haben, an das Tageslicht getreten, ein weißes Plasmodium und entwickeln sich vorwiegend auf Stümpfen oder anderem toten Holz. Mehr im laubbedeckten Waldboden entwickelt sich mit gelbem Plasmodium *S. flavogenita*. Mit 4–8 mm hohen, rostbraunen Sporangien ähnelt es *S. axifera*, hat aber 7–9 µm große, warzige Sporen.

Durch die Übergangsformen ist die Gattung *Stemonitis* mit der Gattung *Comatricha* verbunden. Bei der letzteren bildet aber das Capillitium kein Oberflächennetz. *Comatricha* hat längliche und rundliche Sporangien. Die Kolumella und das Capillitium sind bei den länglichen, gestielten Sporangien wie bei der Gattung *Stemonitis* entwickelt. Bei den Arten mit runden Sporangien ist die Kolumella oft selbst innerhalb einer Art verschieden. Manchmal geht sie fast durch das ganze Sporangium hindurch, und das Capillitium verzweigt sich allseitig, manchmal erreicht sie nur ein Drittel oder weniger der Höhe des Sporangiums und verzweigt sich

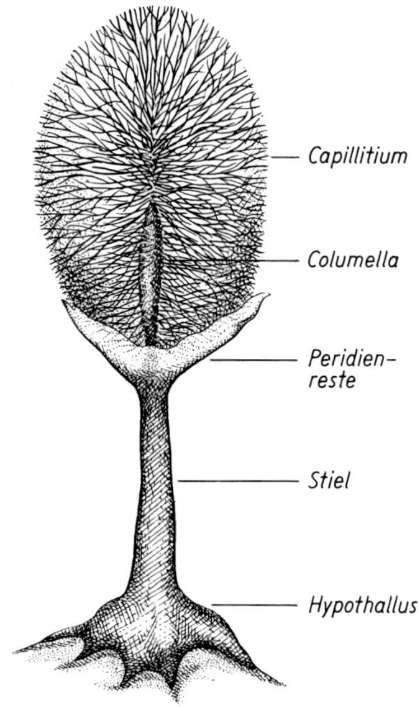

Fruchtkörper von *Lamproderma sauteri*

dann allseitig. Die mehr oder weniger dunkelbraunen Sporangien stehen meist zerstreut. Die bekanntesten stemonitisähnlichen Arten sind *Comatricha typhoides* und *C. pulchella. C. typhoides*, etwa 2–4 mm hoch, hat eine langsam schwindende, silbergraue Peridie. *C. pulchella* ist nur halb so hoch und mit frühzeitig verfallender Peridie versehen. Gleichfalls häufig, hauptsächlich auf alten Ästen am Erdboden, ist *C. nigra* mit gestielten runden Sporangien zu finden.

Ähnlich runde Sporangien hat auch die Gattung *Lamproderma*, jedoch mit weniger hinfälliger und in verschiedenen Farben schillernder Peridie. Bei normaler Entwicklung entspringt das sich nach allen Seiten ausbreitende Capillitium an der Spitze der Kolumella. Die gestielten Sporangien sind rundlich, seltener oval. Das Capillitium und die Sporenmasse sind dunkelbraun. *Lamproderma sauteri* besitzt mit 2–2,3 mm Höhe und 1–2 mm Durchmesser die größten Sporangien dieser Gattung.

Die Lohblüte, *Fuligo septica* var. *rufa*

Ordnung Blasenstäublingsartige, Physarales

Charakteristisch für die beiden Familien der größten Schleimpilzordnung ist, daß sie mit Kalkausscheidungen behaftet sind. Bei den Physaraceen ist es granulierter Kalk, bei den Didymiaceen ist die Form kristallinisch. Die Sporenmasse ist dunkelbraun bis schwarz.

Familie Blasenstäublinge, Physaraceae

In dieser Familie kommen alle 3 Fruchtkörperformen vor. Der granulierte Kalk kann der Peridie und dem Stiel ein- oder aufgelagert sein. Im Capillitium bildet er röhren- oder blasenartige Ablagerungen. Letztere sind durch feine, hyaline Fäden verbunden. Aethaloide Fruchtkörper bildet die Gattung *Fuligo*. Sie setzen sich aus ineinander verwobenen Sporangien zusammen, die von einer gemeinsamen Kalkkruste überzogen sind. Die Lohblüte, *Fuligo septica*, ist die häufigste und bekannteste Art. Nach der Farbe der Kalkgranulation werden die Formen *flava*, *candida* und *rufa* unterschieden. Die Größe der Aethalien beträgt 3–5 cm, kann aber mehr als 20 cm erreichen. Das Capillitium besteht aus gelben oder weißen Kalkknoten, die durch hyaline Fäden untereinander verbunden sind.

Ein mehr oder minder starres, röhrig skelettartiges Capillitium, gleichfalls aus granuliertem Kalk, hat die Gattung *Badhamia*. Die Fruchtkörper sind sitzende oder gestielte, rundliche Sporangien von 0,5–1,5 mm Durchmesser oder seltener kleine Plasmodiocarpien. Die Größe der Sporen beträgt etwa 9–15 µm. Ihre Eigenschaft, bei einigen Arten stark zusammenzuballen, spielt deshalb bei der Bestimmung eine wesentliche Rolle. *Badhamia capsulifera* bildet sitzende, meist dichtgedrängte Sporangien mit grauweißer Peridie. Eine blaugraue Peridie hat *B. utricularis*. Die Sporangien hängen meist an häutigen, strähnigen Stielen. Bei beiden

Der Papageienfarbige Blasenstäubling, *Physarum psittacinum*, kommt in der wärmeren Jahreszeit im Laubwald vor (vergr.).

Arten neigen die Sporen zum Zusammenballen. Dichtgedrängte, graue, meist sitzende Sporangien mit freien Sporen weist *B. panicea* auf. Bei *B. rubiginosa* mit gestielten, purpurbraunen Sporangien sind die Sporen gleichfalls frei.

Die artenreichste Gattung dieser Ordnung ist *Physarum*, Blasenstäublinge. Sie umfaßt etwa 70 Arten. Die Fruchtkörper sind sitzende oder gestielte Sporangien oder Plasmodiocarpien. Die Kalkgranulation der Peridie ist mehr oder weniger stark, bei einigen Arten fehlt sie. Die Gattung wird hauptsächlich durch den Bau des Capillitiums charakterisiert. Dieses ähnelt dem der Gattung *Fuligo*. Es sind mehr oder weniger, manchmal sehr spärliche, größere oder kleinere, abgerundete oder länglich zerrissene, farblose oder gefärbte, durch hyaline Fäden miteinander verbundene Kalkknoten. Die gestielten Sporangien sind durchschnittlich 0,5 bis 1,5 mm hoch und 0,3–0,8 mm breit. Sie müssen alle mit der Lupe gesucht werden. *Physarum nutans*, der Nickende Blasenstäubling, mit sehr spärlichen Kalkblasen, grauer Peridie und graubräunlichem Stiel, ist in allen Erdteilen verbreitet. Es sind jedoch auch farbige Arten vertreten. So findet man häufig im Kiefernwald an alten Stümpfen *P. citrinum*, bei dem die Kalkknoten, die Peridie und der Stiel zitronengelb sind. In Form und Größe ähnlich, aber in allen Teilen graubraun ist *P. murinum*, der Mausbraune Blasenstäubling. Immer wieder begeistert ein Fund des Papageienfarbigen Blasenstäublings, *P. psittacinum*, der wohl nur im Laubwald und lediglich in der wärmeren Jahreszeit auftritt. Sein ganzer Entwicklungszyklus vom Plasmodium bis zur Sporenreife ist recht farbenfreudig und nicht sehr empfindlich. Die meist kalkfreie Peridie irisiert rot und blau, der Stiel ist zinnoberrot, und die Kalkknoten sind orangefarbig. Eine gleichfalls ansehnliche Art stellt *P. viride* dar. Sie variiert sehr stark in der Farbe. In der Regel ist die Peridie graugrünlich. Farblich schöner ist aber die goldorangefarbige Varietät *aurantium* oder die kalkarme bis kalkfreie, blau irisierende Varietät *bethelii*. Dazwischen gibt es aber alle möglichen Übergänge. Der Stiel ist bei allen Formen und Varietäten grau- bis gelbbräunlich, und sie haben gelbe Kalkknoten. Die sitzenden Arten dieser Gattung stehen meist dicht gedrängt bis gehäuft. Ihr Durchmesser beträgt im Mittel 0,2–7 mm. Aschgraue Sporangien hat *Physarum cinereum*. Gelbgrün sind sie bei *P. virescens* und ockerfarbig mit doppelter Peridie bei *P. contextum*. Charakteristisch für einige Arten sind auch plasmodiocarpe Fruchtformen. Bei *P. bivalve* und *P. bitectum* sind die geschlängelten Plasmodiocarpien seitlich etwas zusammengedrückt. Die Peridie ist doppelhäu-

Plasmodium von *Physarum viride*

tig. Sie unterscheiden sich hauptsächlich durch Sporengröße und durch die Farbe der Innenperidie.

Eine ähnliche, in der Größe den gestielten *Physarum*-Arten gleichende Gattung sind die Becherstäublinge, *Craterium*. Die gestielten Sporangien sind becher- oder verkehrteiförmig und öffnen sich mit scharf umrandetem Deckel. Nach dem Verstäuben der Sporen und dem Schwinden des grobknotigen Capillitiums bleibt der untere Teil des Sporangiums als becherartiges Fragment zurück. Die häufigste Art, *Craterium leucocephalum*, hat rotbräunliche Sporangien, die oben weiß gepudert sind. Hellere, ockerbraune, glänzende Sporangien mit vorgezeichnetem Dekkel weist *C. minutum* auf. Beide Arten entwikkeln sich am Waldboden, im Gras und auf kleinen Zweigen, aber immer in kleinen Kolonien. Unter gleichen Bedingungen, aber oft zu Tausenden entwickeln sich die meist gestielten, glänzendbraunen, eiförmigen Sporangien des Löwenfrüchtchens oder Glanzstäublings, *Leocarpus fragilis*. Alte Zweige am Erdboden, Brombeerranken, Gräser u. a. können mit ihm besetzt sein. Die Sporangien sind aneinandergereiht wie kleine Insekteneier. Das Capillitium gleicht dem der vorhergehenden Gattung, die Sporangien sind aber mit 2–4 mm Höhe etwas größer.

Der Vollständigkeit halber seien noch ei-

Das Löwenfrüchtchen, *Leocarpus fragilis*, wächst am Waldboden, auf Gras oder kleinen Zweigen (vergr.).

nige Gattungen mit je einer Art aus der Familie der Physaraceen aus Übersee beschrieben, die aber auch dort sehr selten sind. *Physarella oblonga* aus Nordamerika hat nikkende, 2–3 mm hohe Sporangien mit glokkenförmig eingestülpter Peridie. Nach dem Aufreißen der äußeren Teile der Peridie sieht das Sporangium durch die ausgebreiteten oder zurückgekrümmten, gelben Lappen stern- bis blumenartig aus. Die Kalkgranulation ist gelb bis orangefarbig. *Erionema aureum*, aus äquatorialen Gebieten, hat lange, walzliche Sporangien, die manchmal an Fäden hängen, oder Plasmodiocarpien. Die Farbe ist zitronengelb bis grauoliv. Das farblose, feinfädige Capillitium bildet ein anastomosierendes Netzwerk mit sehr spärlich vorkommenden Kalkknoten. Aus Java ist *Physarina echinocephala* bekannt. Die Peridie der fleischroten bis dunkelbraunen Sporangien ist von mit Kalkgranulation gefüllten, sehr großen Warzen besetzt. Das violettbraune Capillitium ist kalkfrei. Durch letztere Eigenschaft weicht es von der Familie der Physaraceen ab. Kalkfrei ist auch das bräunlich fädige Capillitium der Gattung *Diderma*, Doppelhäutling. Deshalb wird diese intermediäre Gattung zuweilen zu den Didymiaceen gestellt. Aber die granulierte Kalkform, soweit die Peridie und der Stiel damit behaftet sind, weist zur Familie der Physaraceen. Die Fruchtkörper der Doppelhäutlinge sind sitzende oder gestielte Sporangien, meist etwas robuster als die der Gattung *Physarum*, oder bis 10 mm lange, wurmartig gekrümmte Plasmodiocarpien. Die äußere Peridie ist entweder eine eierschalenartige, glatte Kruste aus Kalk (Untergattung *Eudiderma*), oder sie ist knorpelig mit zerstreuten Kalkkörnern und oft von der Innenperidie nicht getrennt (Untergattung *Leangium*). Die halbrunde Kolumella ist fast bei allen Arten gut entwickelt.

Von den gestielten Arten der Untergattung *Eudiderma* ist *Diderma hemisphaericum* mit glatter, eierschalenartiger Peridie und flachen, linsenförmigen Sporangien die bekannteste. Sitzende Arten sind *Diderma globosum* und *D. spumarioides*. Beide Arten sitzen sehr gedrängt. Bei *D. globosum* sind die Innen- und die glatte Außenperidie getrennt, bei *D. spumarioides* die Innen- und die sehr runzelige Außenperidie miteinander verwachsen. Bei allen bisher genannten Arten ist die Kalkgranulation weiß. Rosabräunliche, sitzende, gut verteilte, halbrunde Sporangien hat *D. testaceum*. Mit der Zeit bleichen auch diese Sporangien aus und werden gleichfalls weiß. Beim Zerfall der eierschalenartigen Außenperidie wird die getrennte, pergamentartige, graurötliche Innenperidie sichtbar, die ein gutes Artmerkmal darstellt.

Die bekanntesten Arten der Untergattung *Leangium* mit knorpeliger Peridie sind *D. floriforme* mit gestielten, blaßbraunen Sporangien und *D. radiatum* mit sitzenden, weißgrauen bis gelbbraunen Sporangien. Die beiden reißt die Peridie meist sternartig auf, die Lappen rollen sich mehr oder weniger zurück und geben ihnen blumen- oder erdsternartiges Aussehen. Eine dreischichtige Peridie mit orangebräunlicher Außenschicht haben die Sporangien von *D. trevellyani*. Die Zwischenschicht besteht aus einer weißen Kalkkruste, die innere ist häutig dünn. Alle drei sind miteinander verbunden. Die Peridie reißt in großen Lappen auf. Es ist eine seltene, aber farblich schöne Art.

Familie Fellstäublinge, Didymiaceae

Wie bereits erwähnt, unterscheiden sich die Didymiaceen von den vorhergehenden Physaraceen durch den Besitz von kristallinischem Kalk, und zwar in Sternchenform oder kantigen Kalkplättchen. Es kommen alle 3 Fruchtkörperformen vor. Das stets kalkfreie Capillitium besteht aus wenig verzweigten, bräunlichen Flächen, die die Kolumella mit der Peridie verbinden und teilweise untereinander anastomosieren. Sehr unregelmäßige Aethalien hat der Schaumpilz, *Mucilago crustacea*, der bis 5 cm lang und breit werden kann. Er wird von ineinander verwobenen oder unregelmäßig aneinandergereihten Sporangien gebildet, die mit einer schaumartigen, weißen Kalkkruste bedeckt sind. Er tritt immer am Erdboden auf, an Gräsern, Blättern, kleinen Zweigen usw. Eine glatte Kruste bilden die sitzenden Sporangien oder Plasmodiocarpien von *Didymium difforme*. *Didymium melanospermum* mit dunklem und *D. squamolosum* mit weißem Stiel haben eine kristallinisch bepuderte Peridie. Wahrscheinlich der letzteren Eigenschaft wegen nennt man sie Fellstäublinge. Die Sporangien und Plasmodiocarpien gleichen in Form und Größe denen der Gattung *Physarum. Didymium difforme* bildet abgeflachte, sitzende Sporangien oder sehr kleine Plasmodiocarpien mit eierschalenartiger, weißer Kruste.

Abschließend sei noch *Lepidoderma tigrinum* erwähnt. Sie ist die ansehnlichste Art der Familie Didymiaceae. Die kugeligen bis abgeflachten, gestielten Sporangien sind 1–1,5 mm hoch. Der Stiel ist orangebraun, und die Peridie hat auf dunklem Untergrund hellgelbe Flecken, die den Sporangien das getigerte Aussehen geben.

Lycogala conicum, die kleinste Art ihrer Gattung, hat eine bräunlichgraue Peridie mit schwarzen Ornamenten (vergr.).

Ordnung Nacktstäublingsartige, Liceales

Die zu dieser Ordnung gehörenden 3 Familien besitzen kein Capillitium, höchstens ein Pseudocapillitium. Dieses wird aus den Überresten der ursprünglichen Protoplasten gebildet. Eine große Mannigfaltigkeit zeigen sie bei ihren Fruchtkörpern.

Familie Nacktstäublinge, Liceaceae

Verglichen mit den anderen Familien dieser Ordnung, bilden die Liceaceen, entwicklungsmäßig betrachtet, die einfachste Familie, deren einzige Gattung *Licea*, Nacktstäublinge, ist. Sie hat kein Capillitium (nur gelegentlich kommt es zu fadenähnlichen Bildungen). Die Fruchtkörper sind meist kleine, sitzende Sporangien. Eine Ausnahme macht *Licea flexuosa*, die bis 10 mm große, längliche, bräunliche Plasmodiocarpien hat und die häufigste Art dieser Gattung ist. Die Sporangien bildenden Arten unterscheiden sich meist durch den eben noch mit der Lupe feststellbaren Zerfall der Peridie. Bei *Licea minima* reißt sie radial auf, bei *Licea parasitica* öffnet sie sich durch einen vorgebildeten Deckel. Unregelmäßig zerfällt die Peridie bei *Licea pusilla* und *Licea tenera*. Die gattungscharakteristische Farbe ist braun in verschiedenen Schattierungen. Zur Gattung *Tubifera* gehört die sehr häufige Art *Tubifera ferruginosa*, der Röhrenstäubling. Er bildet oft bis mehrere Zentimeter große, rostbraune, kissenförmige Aethalien, die sich aus senkrecht röhrenförmigen Sporangien zusammensetzen und auf einem gemeinsamen Hypothallus stehen.

Familie Netzstäublinge, Reticulariaceae

Die Arten dieser Familie haben ein grobes, lappiges oder feinzerfranstes Pseudocapillitium. Die Gattung *Lycogala* umfaßt 3 Arten,

Schwärmer von *Reticularia lycoperdon*

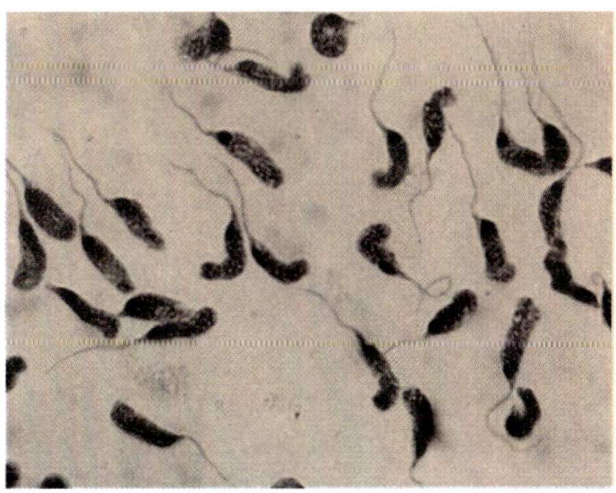

die sich hauptsächlich durch ihre Größe unterscheiden. Der Blutmilchstäubling, *Lycogala epidendrum,* fällt durch sein rosenrotes Plasmodium auf. Er bildet meist viele erbsenbis haselnußgroße Fruchtkörper, die sich bei der Reife grau- bis dunkelbraun färben. Farblich ähnliche, aber meist solitär wachsende, große Aethalien hat *Lycogala flavo-fuscum;* die kleinsten, wenige Millimeter großen Aethalien hat *L. conicum.* Die Peridie ist bräunlichgrau und meist mit schönen Ornamenten versehen. Allen 3 Arten gemeinsam ist ein grobes, röhriges Pseudocapillitium.

Sehr häufig ist der hauptsächlich im Frühjahr auf toten Stämmen und Stümpfen erscheinende Bovistähnliche Stäubling, *Reticularia lycoperdon*, der manchmal bis handflächengroße Aethalien bildet. Das lappige bis feinkraus verbundene Pseudocapillitium und die Sporenmasse sind umbrabraun. Die Peridie ist silbrig bleifarben. Etwas seltener und kleiner sind *Reticularia splendens* und *R. olivacea,* beide mit plattenförmigem, durchlöchertem Capillitium. *R. splendens* ähnelt *R. lycoperdon. R. olivacea* ist nur 1–2 mm hoch und olivfarben.

Familie Gitterstäublinge, Cribrariaceae

Die Fruchtkörper in dieser Familie sind entweder freie Sporangien, oder zahlreiche Sporangien vereinigen sich zu einem Aethalium. Charakteristisch ist, daß die Peridien oder Netzteile mit granulierten, braunen Körnern behaftet sind, die als Dictidinkörner bezeichnet werden. Abweichend von den anderen Arten der Myxomyzeten sind in den meisten Fällen auch die Farben der Plasmodien. *Lindbladia tubulina mit einem polsterförmigen Aethalium, ähnlich wie Tubifera ferruginosa*, aber lehm- bis ockerfarbig, hat ein schwarzes Plasmodium, das wie Wagenschmiere aussieht.

Die Plasmodien der Gattung *Cribraria* sind bleigrau, grün, schwarzblau, scharlachrot, dunkelrot, dunkelpurpur usw. Die meist gestielten Sporangien sind 1–2 mm hoch. Nach schnellem Zerfall ihrer Peridie und Verstäuben der Sporen bleiben ein Becher und ein Gitter oder Oberflächennetz zurück. Sie werden daher als Gitterstäublinge bezeichnet. Innerhalb der 18 Arten lassen sich 5 Grundtypen erkennen: *Cribraria argillacea* mit meist nicht zerfallender Peridie und wenig entwickeltem Gitternetz, *C. rufa* mit gut entwickeltem Becher und Gitternetz, *C. aurantiaca* gleichfalls gut entwickelt, jedoch mit durch gleichmäßige Knoten verstärkten Netzmaschen, *C. microcarpa* mit kleineren Netzknoten und fehlendem Becher und *C. intricata* mit langem Stiel, Netzknoten und durch Rippen angedeutetem Becher. Alle anderen Arten sind ähnlich oder Zwischenformen.

Wie ein kleines ziseliertes Kunstwerk erscheinen die 1–2 mm hohen, rotbraunen Sporangien von *Dictydium cancelatum*, dem Netzringstäubling. Nach dem Schwund der Sporen bleibt das netzartige Sporangiengerüst zurück, das durch meridianartig entwickelte Leisten gebildet wird, die durch feine Querfäden verbunden sind.

Klasse Zelluläre Schleimpilze, Acrasiomycetes

Die Acrasiomyceten sind eine Gruppe von zarten, kurzlebigen Organismen, die auf faulenden Pflanzenresten und am Erdboden leben. Sie bevorzugen ein feuchtes Substrat und ernähren sich von Bakterien und Hefen.

Mit aus den Sporen schlüpfenden Myxamöben beginnen die Zellulären Schleimpilze ihren Entwicklungszyklus. Diese bewegen sich mit lappigen Hyphopodien vorwärts und nehmen dabei Nahrung auf. Nach vegetativer Vermehrung mit rasch aufeinanderfolgenden Teilungen kommt es zur fruktifikativen Phase. Sie wird mit einer Wanderung der Myxamöben in Richtung der Kolonieränder eingeleitet, wo sie sich zu orangefarbenen Pseudoplasmodien zusammenballen. Diese differenzieren sich in je einen Stiel und ein köpfchenförmiges Sorogen. Die Myxamöben des Stiels kapseln sich ein und verleihen so diesem die nötige Festigkeit. Das Sorogen wird lappig, und aus jedem Fortsatz entwickelt sich eine einfache oder verzweigte Sporenkette. Zur Kettenbildung ordnen sich die einzelnen Myxamöben aktiv ein, runden sich dann ab und umgeben sich mit einer Zellwand. Auch aus den Zellen des Stiels können Sporen werden.

Mit einer Ausnahme haben alle Vertreter dieser Klasse nur Myxamöben. Sexualvorgänge sind unbekannt.

Taxonomisch werden die Vertreter der Acrasiomycetes zu der einzigen Ordnung Acrasiales zusammengefaßt. Die bekannteste Art ist *Acrasia rosea*, die auf toten Pflanzenteilen vorkommt. Verwandtschaftliche Beziehungen zu den höheren Pilzen haben sie nicht, sie stehen den Amöben nahe und müssen den Protozoen angeschlossen werden.

Die früher in diese Klasse gestellten Dictyostelidae unterscheiden sich von ihnen nicht nur im Entwicklungsgang und im Verhalten der Myxamöben bei der Aggregation, sondern auch durch die gelappten Pseudopodien sowie durch das Fehlen von Zellulose.

Abteilung Parasitische Schleimpilze, Plamodiophoromycota

Klasse Parasitische Schleimpilze, Plasmodiophoromycetes

Ordnung Kohlkropfartige, Plasmodiophorales

Die Vertreter der Plasmodiophoromyceten sind fest an ihre Wirtsorganismen gebundene, holobiotrophe Parasiten von Gefäßpflanzen, Algen und Pilzen. Auf künstlichen Nährböden lassen sie sich nicht kultivieren. Sie verursachen an den befallenen Pflanzenteilen Wucherungen, sogenannte Krebsgallen, die sowohl durch abnorme Zellvergrößerungen als auch durch gesteigerte, ungeregelte Zellteilungen entstehen. Bei Landpflanzen sind es vor allem die unterirdischen Teile, die von diesen Pilzen angegriffen werden.

Trotz sorgfältiger Beobachtungen kann bis heute noch kein für alle Vertreter der Klasse gültiges Entwicklungsschema entworfen werden. Als am besten untersuchtes Beispiel soll hier *Plasmodiophora brassicae* vorgestellt werden. Diese Art verursacht auf Kreuzblütlern, vor allem auf *Brassica*-Arten, eine als Kohlhernie bekannte und vom Gärtner gefürchtete Krankheit. Sie ist besonders auf leichten, nur schwach humosen und sauren Böden weit verbreitet. Die Wurzeln der

Von *Plasmodiophora brassicae* befallene Kohlpflanzen zeigen die als Kohlhernie bekannten unregelmäßig knolligen oder fingerförmigen Anschwellungen.

erkrankten Pflanzen zeigen unregelmäßig knollige oder fingerförmige Anschwellungen, die bisweilen das ganze Wurzelsystem umfassen können.

Aus im Boden vorhandenen Dauersporen schlüpft bei günstigen Bedingungen, vor allem bei genügender Feuchtigkeit – vermutlich auf stimulierende chemische Reize in den Wurzelsekreten geeigneter Wirtspflanzen hin –, je eine Zoospore aus, die mit 2 ungleich langen Peitschengeißeln im Bodenwasser umherschwimmen. Die kürzere Geißel schwingt nach hinten, die längere nach vorn. Treffen sie hierbei auf ein Wurzelhaar einer zusagenden Nährpflanze, setzen sie sich daran fest. Die Geißeln werden eingezogen, und die Spore enzystiert sich. In ihrem Innern bilden sich eine Vakuole und ein eigenartiges Zellorganell, ein gebogener Schlauch, in dessen abwärtsgerichtetem Teil ein aus dichtem Plasma geformter Stachel liegt. An der Berührungsstelle mit der Wirtszelle stülpt sich die Spore etwas aus und bildet dort ein Adhäsorium, in das der Schlauch hineinreicht. Dann vergrößert sich die Vakuole stark und preßt dabei den Stachel durch die Epidermis des Wirts bis in die Wurzelhaarzelle hinein. Durch den so gebohrten Kanal fließt der Zytoplast des Parasiten in wenigen Minuten in die Wirtszelle.

In der Wirtszelle wächst jeder eingedrungene amöbenartige Protoplast zu einem vielkernigen, haploiden Plasmodium heran, das sich teilen und von Wirtszelle zu Wirtszelle weiterwandern kann, ohne diese dabei abzutöten. Zur Zeit der Fortpflanzungsreife unterteilen sich die Plasmodien in einkernige, abgerundete Portionen. In diesen erfolgen noch 2 Kernteilungen. Die jetzt vierkernigen Plasmaabschnitte umgeben sich mit einer zarten Membran und werden so zu Sommersporangien. Deren Inhalt gliedert sich um die Kerne, wodurch birnenförmige, zweifach begeißelte, haploide Zoosporen entstehen, die ins Freie entlassen werden, wo sie die Infektkette fortsetzen. Schwärmende Zoosporen können aber unter bestimmten Voraussetzungen auch miteinander kopulieren und zu Zygoten verschmelzen, die sich auf jungen Zellen der Wurzelrinde festsetzen, in die sie eindringen und zu vielkernigen, diploiden Plasmodien heranwachsen. Gleichzeitig wird das Wirtsgewebe zu krankhaften Wucherungen angeregt. Am Ende der Wachstumsphase der Plasmodien durchlaufen alle Kerne fast gleichzeitig eine Reduktionsteilung, das Plasmodium zerklüftet sich in Portionen mit je einem jetzt wieder haploiden Kern. Diese Portionen runden sich ab, umgeben sich mit einer Membran und werden zu Dauersporen, die im nächsten Frühjahr den Entwicklungszyklus erneut beginnen. Unter bestimmten Umständen können die Dauersporen aber auch viele Jahre im Boden oder Kompost ruhen, ehe sie auskeimen. Sie stellen somit auf verseuchten Standorten für lange Zeit eine potentielle Gefahr für alle Kulturpflanzen aus der Familie der Kreuzblütler dar, der nur durch sorgfältige pflanzenhygienische Maßnahmen begegnet werden kann.

Der Entwicklungszyklus von *Plasmodiophora brassicae* erweist sich somit als haplodiplontisch, d. h. als antithetischer Genera-

Lebenszyklus des Kohlhernieerregers *Plasmodiophora brassicae.* A–G ungeschlechtliche, H–M geschlechtliche Fortpflanzung; A Dauerspore, B Keimung, C Zoospore, D Myxamöbe, E haploides Plasmodium, F Sommersporangium, G haploide Zoospore, H Kopulation, I Plasmogamie, K Zygote, L diploides Plasmodium, M Dauersporen innerhalb der Wirtszelle

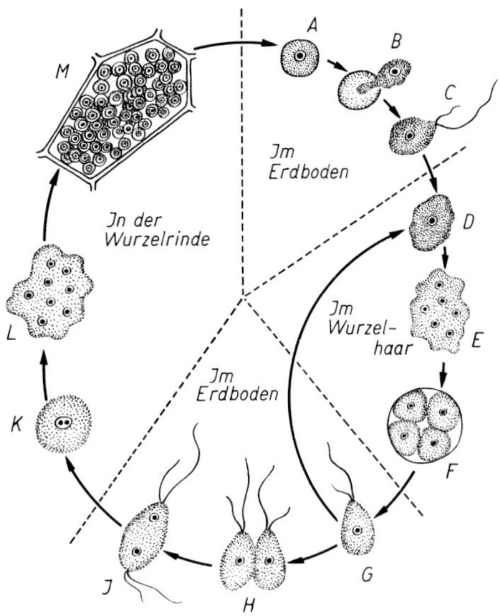

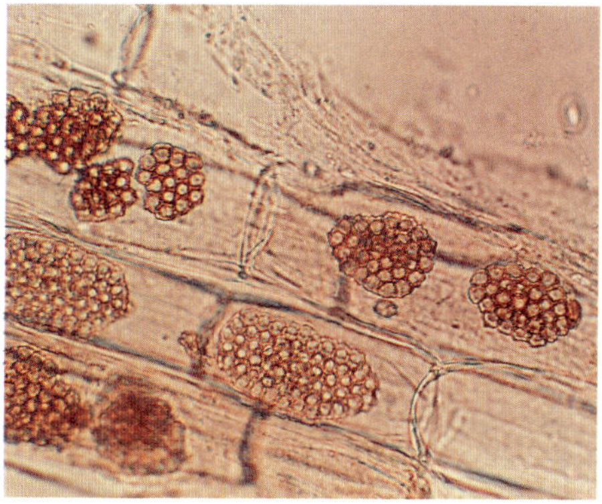

Polymyxa betae ist nicht nur Erreger einer Wurzelkrankheit der Rüben, sondern auch Überträger gefährlicher Viruskrankheiten. Das Bild zeigt die unregelmäßig angeordneten Dauersporen.

tionswechsel zwischen einem haploiden Plasmodium in den Wurzelhaaren und einem diploiden Plasmodium in der Wurzelrinde.

Die Plasmodiophoromyceten sind eine kleine Pilzgruppe. Die einzige Ordnung Plasmodiophorales mit der einen Familie Plasmodiophoraceae umfaßt 9 Gattungen, die auf Grund der Anordnung ihrer Dauersporen in Sori unterschieden werden können. Bei der Gattung *Plasmodiophora* liegen sie einzeln in unregelmäßigen Massen zusammen. Ähnlich angeordnet sind sie auch bei der Gattung *Woronina*, die in Hyphen wasserbewohnender Pilze der Ordnung Saprolegniales und in Algenfäden der Gattung *Vaucheria* parasitiert. Zu einer zweischichtigen Scheibe vereinigt sind die Dauersporen der Gattung *Sorodiscus*, die in Algen, Wasserpilzen oder in den unterirdischen Organen von Wasserpflanzen lebt. Bei der Gattung *Tetramyxa*, deren Vertreter in den Wurzeln von Sumpfpflanzen parasitieren, sind es Tetraden, während die in den Hyphen von Saprolegniales und *Vaucheria*-Fäden zu findenden Arten der Gattung *Octomyxa* ihre Dauersporen in Oktaden verbunden haben. Zu Hohlkugeln angeordnet sind die Dauersporen der Gattungen *Sorosphaera* und *Ligniera,* die man in Wurzeln von Blütenpflanzen antreffen kann. Ebenfalls in Wurzeln von Blütenpflanzen parasitiert die Gattung *Polymyxa*; sie ruft dort jedoch keine Wucherungen hervor. Ihre Dauersporen bilden unregelmäßige Klumpen. Zu schwammigen Ballen vereinigt und gegenseitig abgeplattet sind die Dauersporen der Gattung *Spongospora*. In dieser Gattung finden sich 2 weitere Arten von wirtschaftlicher Bedeutung. *Spongospora subterranea*, die in feuchten und kühlen Gebirgslagen hauptsächlich der nordischen Länder den Schwamm- oder Pulverschorf der Kartoffelknolle, auch Kartoffelräude genannt, verursacht, sowie *Spongospora subterranea f. sp. nasturtii*, der Erreger der Hakenwurzelkrankheit der Wasserkresse.

Die Stammesgeschichte der Plasmodiophoromyceten ist noch sehr umstritten. Auf Grund der 2 ungleich großen Geißeln ihrer Zoosporen und ihrer nackten Plasmodien werden sie vielfach als parasitisch gewordene Abkömmlinge der Schleimpilze aufgefaßt. Sie weichen von diesen jedoch durch die Chitin enthaltenden Membranen, durch haploide Plasmodien, die Art der Kernteilung, die in dieser Form sonst nirgends bei Pilzen bekannt ist, aber bei Protozoen vorkommt, und das Fehlen von Fruchtkörpern ab. Wahrscheinlich sind sie parallel zu den Schleimpilzen direkt von den Protozoen abzuleiten. Als obligate Parasiten sind die Plasmodiophoromyceten ein Endglied der Entwicklung; sie können nicht als Urform irgendwelcher anderer Klassen angesehen werden.

Abteilung Netzschleimpilze, Labyrinthulomycota

Klasse Netzschleimpilze, Labyrinthulomycetes

Diese kleine Gruppe umfaßt meer-, süßwasser- und landbewohnende Organismen mit nackten, einkernigen, spindelförmigen oder ovalen Zellen, die untereinander durch Schleimfasern verbunden sind, in denen die Zellen entlanggleiten. Die Schleimfasern bilden ein Netz, das Netzplasmodium oder Filoplasmodium genannt wird.

Bei näherem Hinsehen erweisen sich die Schleimfasern als feine Röhren, in denen sich die spindelförmigen Zellen vorwärts und rückwärts bewegen können. Der Schleim, chemisch aus Polysacchariden bestehend, wird durch nach außen gerichtete Zellorganellen, die Sagenogene, ausgeschieden.

Die meisten Arten sind Meeresbewohner. Wirtschaftliche Bedeutung hat bisher nur *Labyrinthula macrocystis* als Erreger einer verheerenden Seegraskrankheit an den Küsten des Nordatlantiks erlangt. Andere Arten parasitieren in Meeresalgen, wie Meersalat, *Ulva*, oder Riementang, *Laminaria*. Weitere zerstören die Fischernetze oder leben saprophytisch. Im Süßwasser vorkommende *Labyrinthula*-Arten können eine gewisse Bedeutung für die Krautfreihaltung von Be- und Entwässerungsgräben erlangen.

Ihr Lebenszyklus ist noch weitgehend unbekannt. Durch Längsteilung der Zellen und durch Wanderung an die Peripherie des Netzes sowie durch weiteres Ausscheiden von Schleimröhren wird das Netz laufend vergrößert. Zur Sporenbildung häufen sich Zellen an bestimmten Stellen des Netzes an, runden sich ab und umgeben sich mit dünnen Wänden. Um eine solche Zellgruppe bildet sich dann eine Wand, so daß ein Sorus entsteht. Je nach Anzahl der jetzt folgenden Kernteilungen bilden sich 4, 8 oder mehr Zoosporen, die dann ausschlüpfen. Die Zoosporen haben eine lange Peitschen- und eine kurze Flimmergeißel. An der Basis des Geißelapparats besitzen sie einen orangeroten Augenfleck. Außerdem haben sie Sagenogene. Trifft eine Zoospore auf ihren Wirt, dringt sie nach Einziehen der Geißeln ein, wobei sie gleichzeitig mit der Schleimausscheidung beginnt, die zum Aufbau des Filoplasmodiums beiträgt.

Bisher wurde etwa ein Dutzend Arten beschrieben, die man in 4 Gattungen stellt und die zusammen eine Ordnung Labyrinthulales mit der einen Familie Labyrinthulaceae bilden. Von einigen Forschern werden die Labyrinthulales mit den Hydromyxales zur Klasse Hydromyxomycetes zusammengefaßt. Bei den Hydromyxales handelt es sich um amöboide, auf Süßwasseralgen parasitierende Organismen, die noch weniger untersucht sind als die Labyrinthulales. Ihre systematische Stellung ist noch völlig unklar.

Verwandtschaftliche Beziehungen zwischen Myxomycetes und Labyrinthulomycetes sind auf Grund des Zellbaus und Zoosporentyps nicht sehr wahrscheinlich. Vielmehr muß man den Anschluß bei autotrophen Organismen, z. B. bestimmten Algen (Chrysophyceae oder Xanthophyceae), suchen, worauf der Augenfleck in den Zoosporen hinweist.

Die *Labyrinthula*-Arten bilden mit ihren nackten, spindelförmigen Zellen ein Netzplasmodium (Vergr. etwa 1500fach).

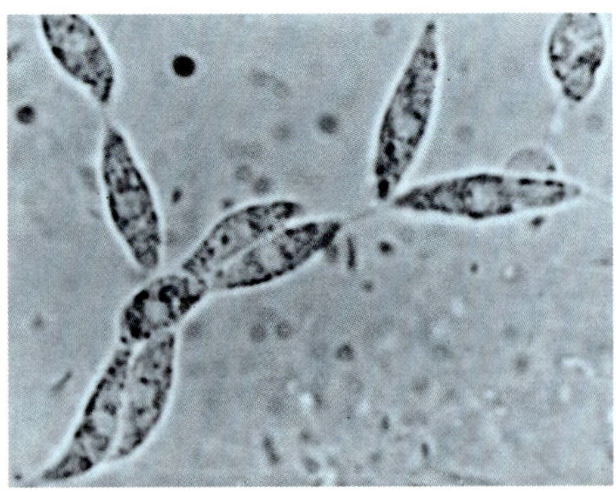

Abteilung Eipilze, Oomycota

Die Oomycota umfassen Pilze, deren vegetativer Thallus aus einem Myzel mit zellulosehaltigen Zellwänden besteht. Die dorsiventralen Zoosporen sind oben oder seitlich mit je einer Peitschen- und Flimmergeißel versehen. Als Anamorph haben sie ein Zoosporangium mit Zoosporen oder Konidien. Die geschlechtliche Fortpflanzung erfolgt durch Oogamie und führt zu Oogonien mit Oosporen. Die einzige Klasse sind die Oomyceten.

Klasse Eipilze, Oomycetes

Zu dieser Klasse zählen wasserbewohnende Saprophyten oder Parasiten auf pflanzlichen und tierischen Substraten. Die am höchsten entwickelten Oomyceten, die Peronosporales, sind obligate Parasiten auf höheren Pflanzen und als solche streng an bestimmte Wirte gebunden. Bei ihnen hat sich der Übergang vom Wasser- zum Landleben vollzogen: Für die Verbreitung ihrer Sporen oder sporenartigen Sporangien sind sie vom Wind abhängig. Doch ist bei ihnen die Fähigkeit zur Bildung von Zoosporen erhalten geblieben, wodurch die enge Bindung an aquatisch lebende Vorfahren deutlich wird.

Der Thallus der Oomyceten ist ein unseptiertes Hyphenmyzel von unterschiedlicher Organisationshöhe; die Zellwände sind aus Glucan, Zellulose und Protein aufgebaut; Chitin fehlt grundsätzlich. Die Befruchtung erfolgt durch Oogamie: Nach der Reduktionsteilung innerhalb der an diploiden Hyphen entstehenden männlichen und weiblichen Geschlechtsorgane, den Antheridien und Oogonen, wandern die männlichen Kerne durch Befruchtungsschläuche unmittelbar an die kugeligen Eizellen, in die sie eindringen und dort die Diploidie wieder herstellen. In der Diplophase erfolgen vegetatives Wachstum und asexuelle Vermehrung. Somit gehören die Oomyceten ontogenetisch zu den diploiden Pilzen.

Die asexuellen dorsiventralen Schwärmer sind nierenförmig und haben 2 seitlich ansitzende Geißeln, von denen die kürzere Flimmergeißel nach vorn und die längere Peitschengeißel nach hinten schwingt.

Im Bau der Zoosporen stimmen die Oomyceten vollkommen mit heterokonten Algen, z. B. Goldalgen (Chrysophyta) und Braunalgen (Phaeophyta), überein. In ihrer Organisationshöhe sind sie etwa mit den Vaucherialen vergleichbar, die ebenfalls die Tendenz zeigen, vom Wasser- zum Landleben überzugehen. Die Vaucherialen unterscheiden sich aber von den Oomyceten durch ihre freien männlichen Gameten.

Natürlich unterscheiden sich die Oomyceten von den genannten Algen auch durch das Fehlen von Assimilationspigmenten und durch ihre heterotrophe Lebensweise.

Die Oomyceten werden in 4 Ordnungen mit insgesamt 12 Familien eingeteilt.

Ordnung Wasserschimmel, Saprolegniales

Die Mehrzahl der Arten dieser Ordnung kommt saprophytisch in klarem Wasser vor; andere Arten sind Bodenbewohner und meist ohne wirtschaftliche Bedeutung. Sie lassen sich leicht in künstliche Kultur nehmen. Einige Arten sind jedoch wichtige Parasiten und verursachen wie *Saprolegnia parasitica* Krankheiten der Fische und des Fischlaichs, wodurch in Brutanstalten erheblicher Schaden entstehen kann. *Aphanomyces astaci* ist der Erreger der Pest des Edelkrebses. Die Krebspest hat Ende des 19. Jahrhunderts fast alle Bestände des Edelkrebses in weiten Teilen Europas vernichtet. Nur wohin der Pilz bisher nicht gelangen konnte, findet man heute noch den Edelkrebs. 1890 wurde deshalb nördlich Berlins ein nordamerikanischer Flußkrebs ausgesetzt, der krankheitsresistent ist und sich über Mittel- und Westeuropa ausgebreitet hat.

Andere *Aphanomyces*-Arten sind schädliche Parasiten an den Wurzeln höherer Pflanzen. Die wichtigste und bekannteste von ihnen ist *Aphanomyces euteiches*, der Erreger einer Wurzelfäule bei Erbsen, Zuckerrüben und anderen Kulturpflanzen.

Die höher entwickelten saprophytischen Arten aus der Familie Saprolegniaceae besitzen ein reichverzweigtes zönozytisches Myzel, das auf im Wasser liegenden Nährsubstraten üppige Kolonien bildet. Die unseptierten Hyphen können sehr unterschiedliche Dicke aufweisen; ihre Zellwände enthalten Zellulose. An den Hyphenenden entstehen lange, zylindrische Zoosporangien, die im Durchmesser etwas stärker als die Hyphen sind. Ihr Inhalt zerklüftet sich in einkernige Portionen, aus denen später birnenförmige Zoosporen mit 2 apikal ansitzenden Geißeln entstehen (erstes Schwärmstadium).

Die Schwärmer schlüpfen durch einen Entleerungshals ins Freie. Nach einer gewissen Zeit verlieren sie ihre Geißeln und umgeben sich mit einer festen Membran. Bald schlüpft aber der Protoplast wieder aus dieser Hülle heraus und erhält erneut 2 Geißeln. Im Gegensatz zum ersten ist dieses zweite Schwärmstadium nierenförmig, und die Geißeln sitzen seitlich an. Diesen Wechsel von 2 morphologisch verschiedenen Schwärmstadien nennt man Diplanie; Organismen, die hierdurch gekennzeichnet sind, werden diplanetisch genannt. Auch die sekundären Schwärmsporen schwimmen einige Zeit im Wasser umher, bis sie Zellwände ausbilden und mit Hyphen zu neuen Thalli auskeimen.

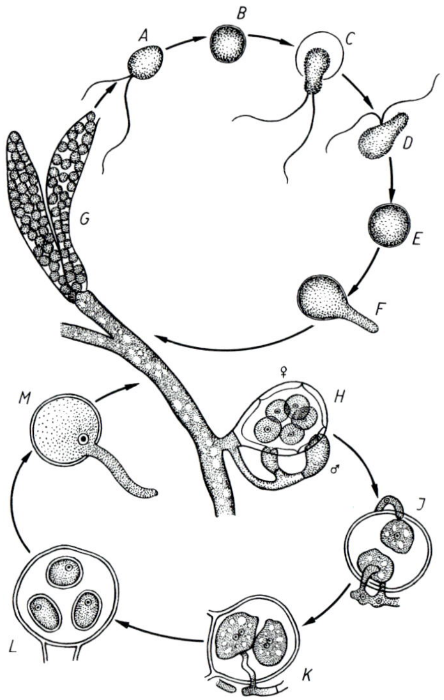

Lebenszyklus einer *Saprolegnia*-Art. A–G ungeschlechtliche, H–M geschlechtliche Fortpflanzung; A primäre Zoosporen, B eingekapselte Zoospore, C Keimung, D sekundäre Zoospore, E eingekapselte Zoospore, F Keimung, G Thallus mit Zoosporangien, H Oogonium und Antheridium, I Eindringen der Befruchtungsschläuche, K Plasmogamie, L Oosporen, M Keimung

Saprolegnia parasitica, der »Fischschimmel«, kann in Fischaufzuchtbetrieben erhebliche Schäden anrichten. Das Bild zeigt Hautläsionen am Karpfen.

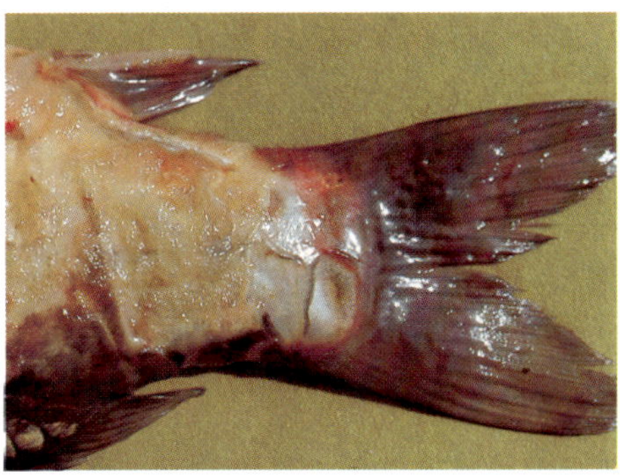

Bisweilen kann bei Saprolegniales Chlamydosporenbildung als weitere asexuelle Fortpflanzungsweise beobachtet werden. Die Chlamydosporen oder Gemmen haben keine feste Gestalt. Sie werden endständig einzeln oder in kurzen Ketten gebildet und keimem mit Hyphen oder kurzgestielten Zoosporangien aus.

Vor allem in älteren Hyphen entstehen endständig oder an kurzen Seitenästen, bisweilen auch interkalar, die geschlechtlichen Fortpflanzungsorgane. Die Oogonien (weibliche Gametangien) sind kugelig oder ellipsoidisch und von einer dicken Wand umgeben. Von der Traghyphe werden sie durch eine Querwand abgetrennt. In ihrem Innern sammeln sich Plasma und Kerne im peripheren Bereich an. Die meisten Kerne degenerieren aber und lösen sich auf. Die wenigen, die übrigbleiben, teilen sich noch einmal, umgeben sich mit Plasma zu einkernigen Portionen, die sich zu Eizellen (Oosphaeren) abrunden.

Unter jedem Oogon sind inzwischen an Seitenästen der gleichen Traghyphen ein oder mehrere Antheridien (männliche Gametangien) entstanden. Diese legen sich an das Oogon an und umschlingen es teilweise. An vorgebildeten, dünnen Stellen dringen Befruchtungsschläuche in das Oogon ein und befruchten die Oosphaeren. Ein Kern des Antheridiums wandert nun durch den Befruchtungsschlauch in die Oosphaere hinein und verschmilzt dort mit deren Eizellkern. Nach der Befruchtung werden die Oosphaeren in Oosporen umgewandelt, indem sie sich mit einer dicken Membran umgeben und Reservefetttröpfchen in artcharakteristischer Weise einlagern. Die Keimung der Oosporen erfolgt mit einem hyphenartigen Schlauch, der bald darauf ein Zoosporangium bildet.

Wie Untersuchungen an der Art *Achlya ambisexualis* ergeben, wird der sexuelle Entwicklungszyklus durch männliche und weibliche Sexualhormone gesteuert. Von dem allgemeinen Entwicklungsgang können bei den einzelnen Gattungen und Arten die verschiedenartigsten Rückbildungsstufen sowohl im asexuellen als auch im sexuellen Bereich auftreten.

Die Ordnung Saprolegniales wird in 3 Familien eingeteilt. Die Ectrogellaceen umfassen einzellige, holokarpische, auf Algen schmarotzende Organismen. Mit einem Rhizoidmyzel sind die winzigen Thalli der Thraustochytriaceen auf ihren marinen Algenwirten verankert. Beträchtlich höher sind dagegen die Saprolegniaceen entwickelt, als deren wichtigste Gattungen *Achlya, Aphanomyces, Dictyuchus, Isoachlya, Leptolegnia, Saprolegnia* und *Thraustotheca* genannt werden sollen.

Ordnung Abwasserpilzartige, Leptomitales

Diese Ordnung umfaßt etwa 20 submers auf faulenden Substraten oder in mit organischen Stoffen angereichertem Wasser lebende Arten. Ihre meist von einer Basalzelle ausgehenden, ästig verzweigten Hyphen sind in regelmäßigen Abständen etwas eingeschnürt und die Verengungen oft mit Zellulinkörnchen verstopft, so daß der Eindruck von Septen entsteht.

Zur ungeschlechtlichen Fortpflanzung bilden sich an den Hyphenspitzen längliche bis birnenförmige Zoosporangien, die 2 geißelige Sporen entlassen. Bei *Leptomitus* sind die Zoosporangien noch kaum differenziert: die endständigen Hyphensegmente schwellen nur leicht an, und ihr Inhalt zerklüftet sich in Zoosporen. Bei den übrigen Gattungen dagegen sind die Zoosporangien von Jugend an deutlich ausgebildet. *Araiospora* entwickelt sogar dünnwandige, glatte und dickwandige, mit Stacheln ornamentierte Zoosporangien. Die letzteren machen eine Ruhezeit durch. Aus der Tatsache, daß bei den Leptomitales sowohl hyphenähnliche, langgestreckte als auch birnenförmig rundliche Zoosporangien vorkommen, läßt sich schließen, daß diese Ordnung phylogenetisch von den Saprolegnialen zu den Peronosporalen überleitet.

Wie bei den Saprolegnialen sind die Zoosporen der meisten hierher gehörenden Arten diplanotisch. Bei *Apodachlya pyrifera* umgeben sich jedoch die primären Zoosporen schon an der Mündung des Zoosporangiums mit einer Zellwand und schwärmen später als seitlich begeißelte, sekundäre Zoosporen weiter. Bei anderen Arten der Rhipidiaceen ist das erste Schwärmstadium sogar ganz unterdrückt. Dagegen kommen bei den Leptomitaceen Formen mit fehlendem zweiten Schwärmstadium vor.

Die geschlechtliche Fortpflanzung vollzieht sich wie bei den Saprolegnialen durch Oogamie. Das Oogon enthält entweder nur eine einzige *(Apodachlya brachynema)* oder mehrere Eizellen *(Apodachlyella completa)*. Diese liegen, von einer dicken Plasmaschicht, dem Periplasma, eingehüllt, in den Oogonien.

Die Ordnung Leptomitales wird in 2 Familien eingeteilt. Der Thallus der Familie Leptomitaceae besitzt keine speziell ausgebildete Verankerung, während der Thallus der Familie Rhipidiaceae mit einer stämmchenförmigen Basalzelle im Substrat verankert ist, die die Hyphen wie die Äste einer Baumkrone trägt. Wichtigster Vertreter dieser Ordnung ist *Leptomitus lacteus*, der in Abwässern zur Massenentwicklung kommt. Ferner gehören die Gattungen *Apodachlya, Apodachlyella, Araiospora, Mindeniella, Rhipidium* und *Sapromyces* hierher.

Ordnung Lagenidiales

Die zu dieser Ordnung zählenden, mikroskopisch kleinen Arten leben endoparasitisch in Algen, Wasserpilzen, Rädertierchen und Fadenwürmern. Entwicklungsgang und Biologie sind noch weitgehend unbekannt und lassen sich nur aus verschiedenen Einzelbeobachtungen konstruieren.

Ihr Thallus ist fädig und schwach entwikkelt. Meist besteht er nur aus einem kleinen verzweigten oder unverzweigten Faden, der in der Wirtszelle wächst. Nachdem ein ge-

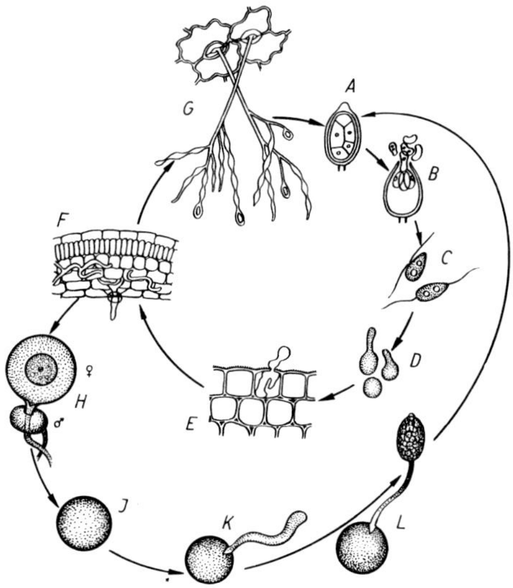

Lebenszyklus des Kraut- und Knollenfäuleerregers der Kartoffel, *Phytophthora infestans*. A–G ungeschlechtliche, H–L geschlechtliche Fortpflanzung; A Zoosporangium, B Keimung, C Zoosporen, D, E Infektion, F Thallus, G Sporangienträger, H Oogonium und Antheridium, I Oospore, K, L Keimung mit Zoosporangium

Lebenszyklus von *Lagenidium rabenhorstii.* A–D ungeschlechtliche, E–H geschlechtliche Fortpflanzung; A Zoospore, B Infektion, C Thallus mit Zoosporangium, D Schwärmblase, E Cogonium und Antheridium, F Dauerspore, G Zoospore, H Infektion

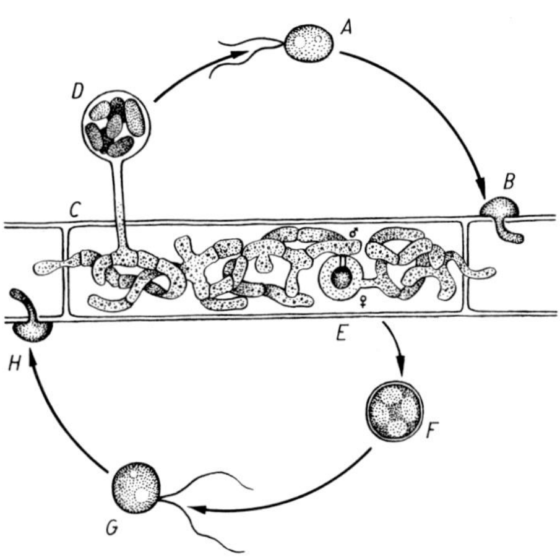

wisses Reifestadium erreicht ist, teil sich der Thallus durch Querwände in einzelne Zellen, die sich in je ein Fortpflanzungsorgan – Zoosporangium oder Gametangium – verwandeln.

Der Protoplast eines Sporangiums gliedert sich in eine der Kernzahl entsprechende Anzahl von Zoosporen, die durch einen oder mehrere, die Wirtszellwand durchbohrende Entleerungsschläuche ins Freie gelangen. Bei der Gattung *Lagenidium* wandert der Protoplast des Sporangiums bereits vor Zerfall durch den Entleerungsschlauch bis an dessen Mündung, wo er eine Schwärmblase (Vesiculum) bildet. Erst in der Schwärmblase zerfällt er dann zu Zoosporen. Diese werden durch Platzen des Vesiculums frei, schwimmen einige Zeit im Wasser umher, bis sie erneut einen Wirt infizieren.

Die geschlechtliche Fortpflanzung erfolgt durch den Übertritt des Protoplasten aus dem Antheridium in das Oogonium und die Verschmelzung eines männlichen Kerns mit dem Eizellkern. Die Oospore wird durch Anlagerung einer dicken Wand in eine Dauerspore umgewandelt, die mit Zoosporen keimt.

Folgende 3 Familien lassen sich in dieser Ordnung unterscheiden: die Olpidiopsidaceen, die Sirolpidiaceen und die Lagenidiaceen mit insgesamt etwa 13 Gattungen und 50 Arten. Als repräsentative Gattungen sollen *Lagenidium, Myzocytium* und *Olpidiopsis* genannt werden.

Ordnung Falsche Mehltaupilze, Peronosporales

Mit der Ordnung Peronosporales erreichen die Oomyceten ihre höchste Entwicklungsstufe. In dieser Ordnung hat sich im Laufe der Evolution der Übergang von Wasser- zum Landleben vollzogen. Nur noch wenige Arten leben im Wasser, einige kommen amphibisch, die Mehrzahl landbewohnend vor. Von primitiven Saprophyten oder wenig spezialisierten fakultativen Parasiten ausgehend, gipfelt diese Ordnung in einer Gruppe hochspezialisierter, obligater Parasiten. Viele davon sind gefährliche Krankheitserreger auf Nutzpflanzen und verursachen oft große, wirtschaftliche Verluste. Nur einzelne Arten befallen Tiere, z. B. *Zoophagus tentaclum,* der mit Hilfe kontaktempfindlicher, an den Spitzen klebriger Hyphen Radiolarien fängt und verdaut. Ihr Thallus besteht aus einem gut entwickelten, dicken, reichverzweigten, zönozytischen Hyphenmyzel. Viele Arten entnehmen mittels besonderer Saugorgane, den Haustorien, ihre Nahrung aus den Wirtszellen.

Die ungeschlechtliche Fortpflanzung erfolgt, von Einzelheiten abgesehen, nach dem gleichen Prinzip wie bei den Saprolegnialen. Die Sporangien der Peronosporalen sind kaum noch länglich, sondern zitronen-, ei- oder kugelförmig. Bei den niederen Formen werden sie noch an gewöhnlichen Hyphen gebildet, während die höher und höchstentwickelten Formen sehr charakteristische, morphologisch differenzierte Sporangienträger hervorbringen. Bei der Gattung *Pythium* keimen die mit der Trägerhyphe fest verbun-

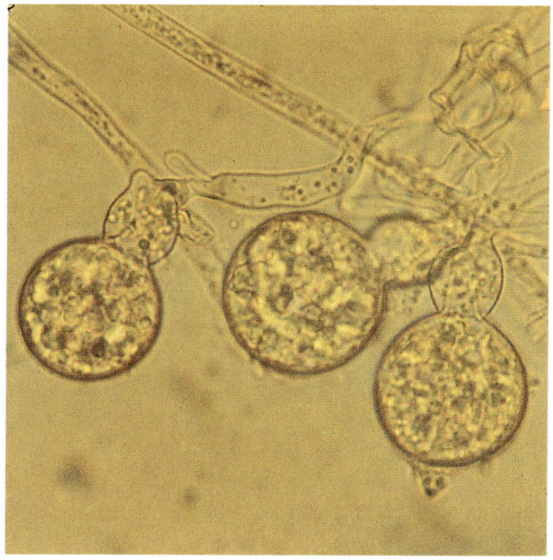

Das Antheridium des Kraut- und Knollenfäuleerregers der Kartoffel, *Phytophthora infestans,* wird während seiner Entwicklung vom Oogonium durchwachsen und bildet somit einen trichterförmigen Kragen um den Fuß des kugelförmigen Oogoniums. Das Bild zeigt 3 Oogonien mit den durchwachsenen Antheridien.

Pythium oligandrum, ein Wurzelparasit von Weizen, Mais und anderen Pflanzen, hat stachelige Oogonien und bildet seine Antheridien an anderen Hyphen als die Oogonien.

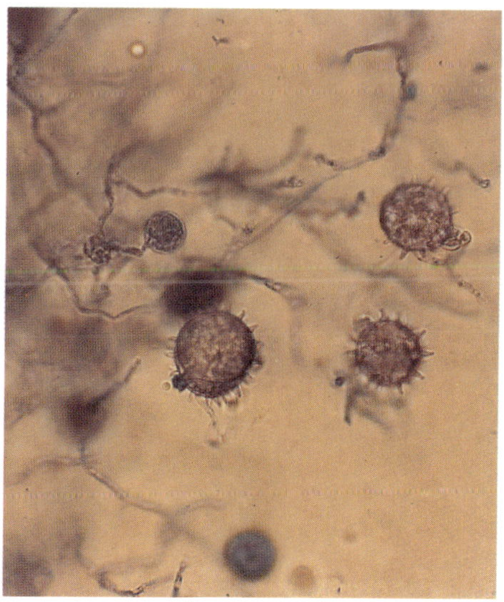

denen Zoosporangien mit Zoosporen. Auch die Sporangien von *Phytophthora* keimen i. d. R. mit Zoosporen aus, aber sie selbst lösen sich vorher von den Sporangienträgern und werden wie Sporen (Konidien) vom Wind verbreitet. Ebenso werden die Sporangien von *Plasmopara* und *Pseudoperonospora* vom Wind verweht und keimen unter bestimmten Bedingungen (z. B. in Tautropfen) mit Zoosporen, unter anderen Bedingungen (feuchte Luft) jedoch mit einem Keimschlauch aus. Bei *Bremia* und *Peronospora* schließlich haben sie ihre Sporangienfunktion völlig verloren; sie werden wie Konidien vom Wind verbreitet und keimen auch wie Konidien mit einer Keimhyphe aus. Bei ihnen ist der Übergang zum Landleben am weitesten vollzogen.

Die Vertreter der Ordnung Peronosporales pflanzen sich geschlechtlich mit Oogonien und Antheridien fort. Das kugelförmige Oogonium enthält i. d. R. eine einzige, von einer Periplasmaschicht umgebene Oosphaere. Die Befruchtung erfolgt mittels eines Befruchtungsschlauchs. Nach dem Kernübertritt umgibt sich die Oosphaere mit einer derben, dreifachen Wand. Die Außenwand ist oft stachelig, warzig, wellig, gefurcht oder anderweitig skulpturiert bzw. glatt und kann als Merkmal zur Bestimmung der Arten herangezogen werden. Nach der Überwinterung keimen die Oosporen mit Keimschläuchen aus. Diese wachsen vorzugsweise durch den ursprünglichen Oogonstiel und das Antheridium hindurch und bilden ein Sporangium.

Die Vertreter der Ordnung Peronosporales werden hauptsächlich nach Merkmalen ihrer Sporangien und Sporangienträger in 4 Familien eingeteilt. Die Pythiaceen tragen ihre Sporangien direkt an somatischen Hyphen. Ihr bekanntester und wichtigster Vertreter ist *Pythium debaryanum*, der Erreger des Wurzelbrands von Keimlingen, z. B. bei Zuckerrüben, Gemüsearten u. a. Untersuchungen der letzten Jahre ergaben, daß in Mitteleuropa am Wurzelbrand der Zuckerrübe mehrere

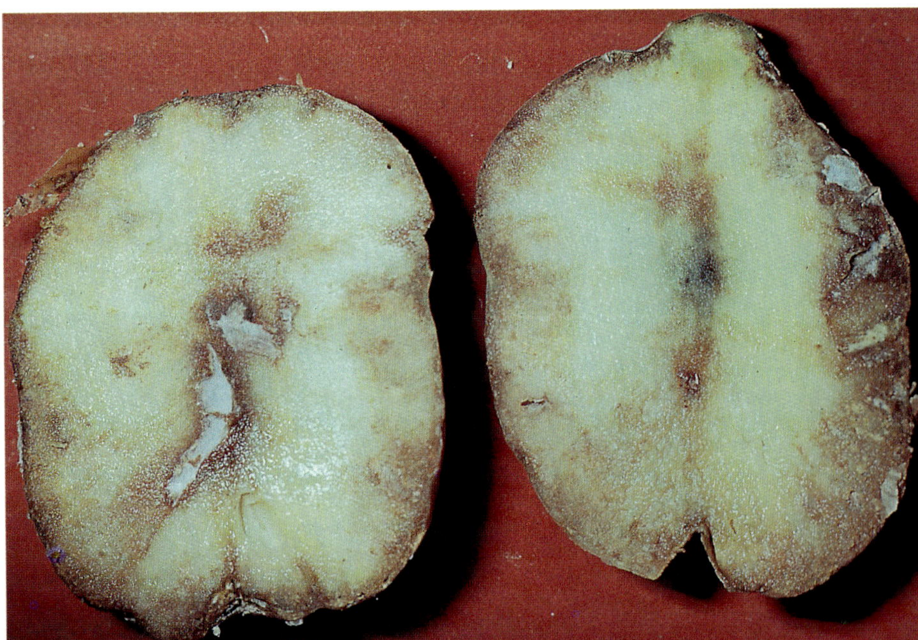

Die Schnittflächen braungrauer Kartoffelknollen überziehen sich innerhalb 48 Stunden mit flaumigem Myzel von *Phytophthora infestans*.

Vom Blattrand ausgehende Flecken sind erste Symptome der Kartoffelkrautfäule, *Phytophthora infestans.*

Die korallenartigen Wucherungen des Kartoffelkrebses werden von *Synchytrium endobioticum* hervorgerufen.

Pythium-Arten, hauptsächlich *Pythium ultimum* und *P. paroecandrum,* geringer dagegen *P. debaryanum* beteiligt sind. *P. ultimum* und andere *Pythium*-Arten verursachen auch die sogenannte Umfallkrankheit von Sämlingen im Saatbeet, in Fachkreisen mit »damping off« bezeichnet. Sie vegetieren im Boden auf organischen Resten und schädigen im Wirkungsbereich ihrer Giftstoffe alle empfindlichen Pflanzengewebe, die sie danach besiedeln.

Die Phytophthoraceen, die oft mit der vorher genannten Familie vereinigt werden, sind fakultative, metabiotrophe Parasiten oberirdischer Teile von Landpflanzen, können aber auch auf Wurzeln und Knollen übertreten. Ihr bekanntester Vertreter ist *Phytophthora infestans,* der Erreger der Kraut- und Knollenfäule der Kartoffel. Sein epidemisches Auftreten führte schon mehrmals zu Hungersnöten und Teuerungen mit weitgehenden geschichtlichen Folgen. Die irische Hungersnot von 1845–1847, die die Aufhebung der Maisgesetze in England und eine große Auswanderungswelle von Irland nach Amerika nach sich zog, und der be-

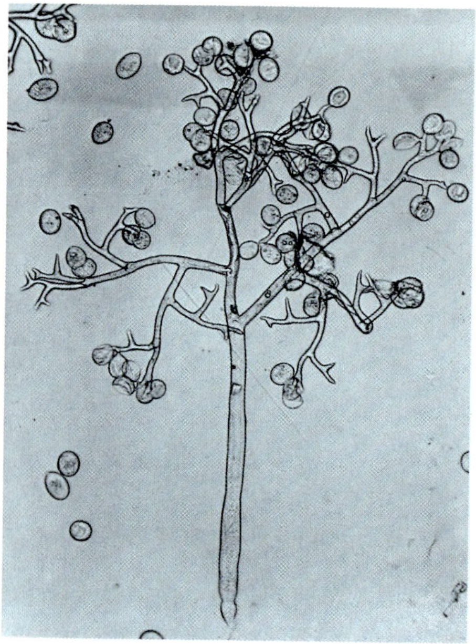

Der Erreger des Tabakblauschimmels, *Peronospora tabacina*, trägt seine zu Konidien gewordenen Sporangien an verzweigten Konidienträgern (Vergr. ca. 250fach).

rüchtigte Steckrübenwinter 1915/16 gehen auf das Konto dieses Erregers. Er wurde vermutlich um die Jahre 1842 bis 1845 nach Europa eingeschleppt und ist heute in allen Ländern der Erde, die Kartoffelanbau treiben, anzutreffen.

Die ersten Symptome der Krautfäule treten i. d. R. im Juli, wenn sich die Kartoffelreihen auf dem Acker geschlossen haben, nach feuchtwarmer Witterung auf. Es sind dies dunkelbraune Flecke auf den unteren Blättern, die meist von der Blattspitze oder vom Blattrand ausgehen. Auf der Blattunterseite werden diese Flecke von einem zarten, weißlichen Saum umgeben, der am deutlichsten in den frühen Morgenstunden am taunassen Laub zu erkennen ist. Dieser Flaum besteht aus den monopodial verzweigten Sporangienträgern, die einzeln oder in Büscheln aus den Spaltöffnungen herauswachsen.

Anhaltend feuchtwarmes Wetter wirkt auf die Krautfäule besonders förderlich. Die Hyphen des Erregers durchwachsen rasch die befallenen Gewebe interzellular und entsenden zu ihrer Ernährung Haustorien in das Zellinnere. So vergrößern sich die Blattflecke sehr schnell. Durch Sekundärinfektion greift die Krankheit auch auf die oberen Blätter und die Stengel sowie auf Nachbarstauden über, so daß, von einzelnen kranken Pflanzen ausgehend, in kurzer Zeit ganze Bestände absterben können. Solchen Feldern entströmt ein charakteristischer, muffiger Geruch, an dem der Befall schon aus einiger Entfernung zu erkennen ist. Setzt trockenes Wetter ein, kommt die Krankheit zum Stillstand, die braunen Flecke werden spröde und brüchig, der weiße Sporangienträgerflaum sinkt in sich zusammen und ist nicht mehr zu sehen. Dies bedeutet aber nicht, daß der Erreger abgestorben ist. Hält die Trockenheit nicht zu lange an, kann bei erneutem Einsetzen feuchtwarmer Witterung die Krankheit wieder aufleben.

Nicht minder schwer als am Kraut sind auch die von diesem Erreger an den Knollen unter der Bezeichnung Braunfäule verursachten Schäden. Die Knollenfäule ist an mehr oder weniger ausgedehnten, bleigrauen, leicht eingesunkenen Flecken auf der Schale frisch geernteter Knollen gut zu

Falsche Mehltaupilze überziehen nicht nur die befallenen Wirtsorgane mit einem weißlichen Konidienträgerrasen, sondern führen auch oft zu Mißwuchs und Verkrümmungen. Das Bild zeigt *Peronospora lepidii* auf der Breitblättrigen Kresse, *Lepidium latifolium*.

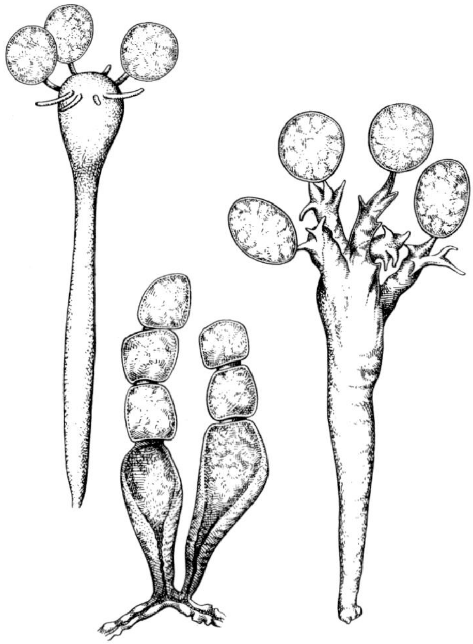

Die kaum 0,1 mm großen Konidienträger der Falschen Mehltaupilze sind charakteristisch gebaut und können zur taxonomischen Unterscheidung der Sippen herangezogen werden. *Basidiophora entospora* (links), *Albugo candida* (Mitte), *Sclerspora graminicola* (rechts)

erkennen. Unter diesen Flecken ist das Knollenfleisch braun verfärbt. Diese Verfärbung geht allmählich in das gesunde Gewebe über. Bei etwa 18 °C und ständiger Feuchtigkeit überziehen sich die Schnittflächen aufgeschnittener, braunfauler Knollen innerhalb von 48 Stunden mit einem dichten, weißen, flaumigen Myzel.

Ähnlich im Krankheitsbild ist die an in Bodennähe wachsenden Tomaten auftretende *Phytophthora parasitica.* Erhebliche Schäden verursacht auch die Wurzel- und Lederfäule der Erdbeere, deren Erreger *Phytophthora cactorum* ist. Befallene Früchte werden lederartig fest, reife Früchte verblassen weiß oder trüb und zeigen dünnen Besatz mit Sporangienträgern. *Phytophthora cactorum* kann auch Rindenschäden an Obstbäumen verursachen.

Die Peronosporaceen tragen ihre zu Konidien gewordenen Sporangien auf ganz charakteristisch geformten und verzweigten Konidienträgern. Alle Arten sind obligate Pflanzenparasiten und als Falsche Mehltaupilze allgemein bekannt. Die wichtigsten von ihnen sind der Falsche Mehltau der Weinreben. *Plasmopara viticola,* der Tabakblauschimmel, *Peronospora tabacina,* der von Amerika oder Australien nach Europa eingeschleppt wurde und von 1959 bis 1961 in einer mächtigen Pandemie über Europa und den Orient zog, der Falsche Mehltau der Zwiebeln, *Peronospora destructor,* der Falsche Mehltau des Salats, *Bremia lactucae,* der Falsche Mehltau des Hopfens, *Pseudoperonospora humuli,* der Falsche Mehltau der Kürbisgewächse, *Pseudoperonospora cubensis,* der Falsche Mehltau der Gräser, *Sclerospora graminicola.*

Die Albuginaceen schließlich bilden kurze, keulige, unter der aufgeplatzten Wirtsepidermis dichtgedrängt stehende Konidienträger, die an ihren Spitzen Ketten von kugeligen Konidien tragen. Zwischen den einzelnen Konidien entstehen kleine Bläschen, sogenannte Disjunctoren, die die Abtrennung der Sporen bewirken. Die als Weißroste bekannten Arten dieser Familie sind ebenfalls obligate Pflanzenparasiten. *Albugo candida* befällt Rettiche oder Kohl, auch Hirtentäschelkraut und andere Kreuzblütler. An Spinat findet man *Albugo occidentalis.* Auf ihren Wirtspflanzen verursachen sie typische Mißbildungen, wie Verdickungen und Verkrümmungen.

Abteilung Hyphochytriomycota

Biochemisch den Oomyceten und morphologisch den Chytridiomyceten ähnlich, aber deutlich von beiden durch Zellaufbau und Begeißelung der Zoosporen unterschieden und sich weder hier noch da überzeugend einordnend, müssen die Hyphochytriomyceten, die einzigen Organismen, deren Zellwände aus Chitin und Zellulose bestehen, als selbständige Entwicklungslinie gewertet werden. Sie umfaßt nur eine einzige Klasse mit einer Ordnung. Ontogenetisch sind es haploide Pilze.

Klasse Hyphochytriomycetes

Ordnung Hyphochytriales

Die etwa 20 Arten dieser kleinen Ordnung sind überwiegend Parasiten von Süßwasser- und Meeresalgen; einige befallen Pilzfruchtkörper, andere leben saprophytisch auf im Wasser liegenden Pflanzen- und Insektenresten. Letztere können in künstliche Kultur genommen werden.

In ihrer Organisationshöhe ist die Ordnung Hyphochytriales mit der Ordnung Chytridiomycetes vergleichbar. Sie unterscheiden sich aber von diesen durch den Bau ihrer Schwärmsporen. Diese sind birnenförmig und am Vorderende mit einer langen Flimmergeißel versehen.

Ihr Thallus ist entweder von unbestimmter Form, so bei den endoparasitischen Gattungen, oder ein monozentrisches Rhizoidmyzel bzw. ein Hyphenmyzel. Die dünnen Zellwände bestehen aus 2 Schichten: Die äußere Schicht enthält Zellulose, die innere Chitin. Die Hyphochytrialen sind die einzigen Organismen, die gleichzeitig Chitin und Zellulose bilden.

Die Zoosporangien werden endständig oder in den Hyphen angelegt. Sie sind kugel-, birnen- oder spindelförmig und stets mit einer Entleerungspapille oder einem Entleerungsschlauch versehen. Der Entwicklungsgang der Hyphochytrialen ist nur unvollständig bekannt; als Beispiel für den asexuellen Lebenszyklus soll hier die etwas besser bekannte Gattung *Rhizidiomyces* dienen.

Ihre Arten parasitieren auf aquatischen Pilzen und Grünalgen, kommen aber auch in Erde und Pollen vor. Die Zoosporen schwimmen einige Zeit im Wasser umher, bis sie sich auf einem geeigneten Wirt oder Nährsubstrat festsetzen, sich abrunden und nach kurzer Zeit mit einem Keimschlauch keimen. Während der Keimschlauch in den Wirt eindringt und sich dort zu einem Rhizoidmyzel verzweigt, bildet sich innerhalb des Substrats eine knopfförmige Stielverdickung, die Apophyse, die das Sporangium trägt, zu dem sich die Zoospore umbildet. Das Sporangium besitzt einen Entleerungsschlauch, aus dem bei der Reife der Sporangieninhalt als nackte Protoplasmamasse austritt, die sich erst außerhalb des Sporangiums zerklüftet und in Zoosporen zerfällt.

Eine geschlechtliche Fortpflanzung wurde bisher nur bei der endoparasitischen Gattung *Anisolpidium* beobachtet. Bei dieser in Braunalgen lebenden Gattung verschmelzen 2 gleichgestaltete Gameten im Innern der Wirtszelle und bilden sich zu einer Dauer-

Lebenszyklus von *Rhizidiomyces apophysatus*. A Zoosporen, B, C Entwicklung des Thallus, D, E Bildung des Sporangiums, F Entlassung des Protoplasmas, G Zoosporenbildung

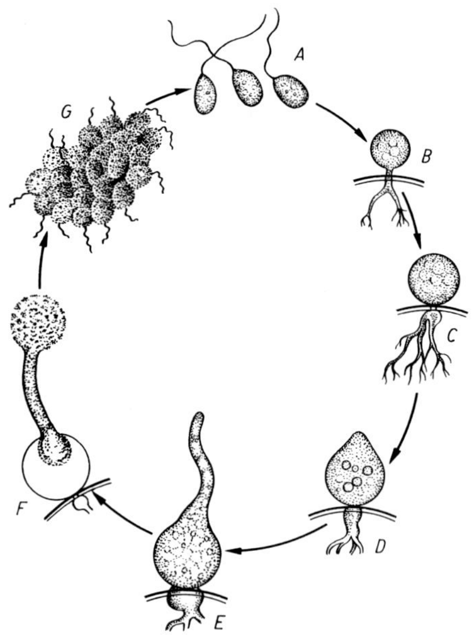

spore um, nachdem sich der nun diploide Kern mehrmals mitotisch geteilt hat, so daß die Dauerspore mehrkernig ist. In ihrem Innern erfolgt auch die Reduktionsteilung. Danach grenzen sich um die jetzt wieder haploiden Kerne Zoosporen ab, die durch einen Entleerungshals aus der zum Zoosporangium gewordenen Dauerspore ins Freie gelangen.

In der Ordnung Hyphochytriales lassen sich 3 Familien mit 6 Gattungen und etwa 15 Arten unterscheiden.

Die Anisolpidiaceen mit der Gattung *Anisolpidium* sind am einfachsten gebaut; ihr Thallus ist in den ersten Phasen nach der Zoosporenkeimung nackt, erst mit Beginn der Sporangienbildung, an der der ganze Thallus beteiligt ist, entsteht eine Zellwand.

Die Rhizidiomycetaceen mit den Gattungen *Rhizidiomyces* und *Latrostium* sind monozentrisch organisiert und stets mit einer Membran umgeben.

Die Hyphochytriaceen sind polyzentrisch und bilden im Innern des Substrats ein reichliches vegetatives Hyphenmyzel. Zu ihnen gehört die Gattung *Hyphochytrium*.

Abteilung Flagellatenpilze, Chytridiomycota

In der Abteilung Chytridiomycota werden alle Pilze zusammengefaßt, die eingeißelige, radialsymmetrische Schwärmsporen entweder als asexuelle Zoosporen oder als Gameten besitzen. Die Geißel entspringt am hinteren Ende des Schwärmers; sie ist nicht verzweigt und wird beim Schwimmen nachgeschleppt. Bei diesen Pilzen ist der mikroskopisch kleine, in seiner Form noch nicht bei allen Arten fixierte Thallus von einer chitinösen Membran umgeben. Soweit geschlechtliche Formen bekannt sind, findet die Kopulation zwischen 2 begeißelten Gameten statt, oder ein beweglicher Gamet befruchtet einen bereits zur Ruhe gekommenen oder überhaupt nicht schwärmenden Gameten. Gelegentlich wurde auch eine Kopulation zuwischen 2 Thalli beobachtet. Die Dauersporen haben eine dicke Wand. Mit Ausnahme der Ordnung Blastocladiales, die haplodiploid ist, handelt es sich um ontogenetisch haploide Pilze.

Die Angehörigen der Abteilung Chytridiomycota könnten von Flagellaten mit ebenfalls eingeißeligen, radialsymmetrischen Schwärmern, wie sie sich bei den Monadinae finden, abstammen.

Die Abteilung besteht aus der Klasse Chytridiomycetes mit den Ordnungen Chytridiales, Myxochytridiales, Harpochytriales, Blastocladiales und Monoblepharidales, von denen sich die beiden letztgenannten Ordnungen durch ein echtes Myzel gegenüber den erstgenannten auszeichnen.

Klasse Flagellatenpilze, Chytridiomycetes

Ordnung Flagellatenpilzartige, Chytridiales

Die Vertreter der Ordnung Chytridiales sind größtenteils Parasiten auf Wasser-, seltener auf Landpflanzen. Einige Arten entwickeln sich auch auf niederen Wassertieren oder leben saprophytisch auf im Wasser liegenden organischen Substraten sowie im feuchten Erdboden. Die saprophytischen Arten können in künstliche Kultur genommen werden, während die Parasiten meist mehr oder weniger streng an ihre Wirtspflanzen gebunden sind. Die meisten Arten sind mikroskopisch klein, ihr Thallus besteht aus einer oder mehreren kernhaltigen Anschwellungen und verzweigten, kernlosen Rhizoiden, die in das Substrat eindringen.

Ihr Entwicklungsgang wurde bisher nur bei einigen wenigen Arten beobachtet und läßt, soweit er die sexuelle Phase betrifft, kein einheitliches Schema erkennen.

Parasitisch auf Algen lebt *Rhizophydium ovatum*. Dessen winzige Zoosporen setzen sich auf einer Wirtsalge fest, ziehen ihre Geißeln ein, umgeben sich mit einer Zellwand und entsenden feine, kernlose Plasmafäden (Rhizoiden) in die Wirtszellen. Die dem Wirt außen aufsitzende, kernhaltige Blase wächst allmählich zu einem Zoosporangium heran, die Kerne teilen sich mehrmals mitotisch, das Plasma zerklüftet sich in einkernige Portionen, die zu Zoosporen heranreifen, die schließlich durch einen Porus im Scheitel des Sporangiums ins freie Wasser gelangen und so den ungeschlechtlichen Zyklus fortsetzen.

Unter bestimmten, bisher nicht näher bekannten Umständen werden die Zoosporen zu Gameten umgestimmt, und damit wird der sexuelle Zyklus eingeleitet. Ein männlicher Gamet kommt auf einer Wirtsalge zur Ruhe und umgibt sich mit einer Zellwand. Auf ihm heftet sich ein weiblichr Gamet an, der sich ebenfalls mit einer Membran umhüllt. Zwischen beiden Zellen öffnet sich ein Porus, durch den der gesamte Inhalt des männlichen Gameten in den weiblichen übertritt, wo die beiden Kerne verschmelzen. Die so entstandene Zygote umgibt sich mit einer dicken Membran und wird zur Dauerspore, während der männliche Gamet mit Hilfe seiner Rhizoiden für die Ernährung des Systems sorgt. Später erfolgen in dieser Dauerspore die Reduktionsteilung und weitere Teilungen, die zur Entwicklung von haploiden Zoosporen überleiten. Mit der Entlassung der Zoosporen ist der Entwicklungskreis geschlossen. Andere *Rhizophydium*-Arten entlassen die Zoosporen nicht direkt aus der Dauerspore, sondern diese keimt zunächst mit einem besonderen, blasenförmigen Zoosporangium aus. Arten der Gattungen *Polyphagus, Rhizidium* und *Zygorhizidium* beginnen ihren sexuellen Zyklus, indem männliche und weibliche Thalli mit ihren Rhizoiden oder speziellen Befruchtungsschläuchen in Verbindung treten, durch die der Kernübertritt erfolgt.

Polyphagus euglenae, ein Parasit von *Euglena*-Arten, nimmt einen anderen Entwicklungsablauf. Von Zoosporen, die in Algenkolonien zur Ruhe kommen, wachsen Rhizoide zu mehreren nahe liegenden Wirtsindividuen. Währenddessen vergrößern sie sich vegetativ zu einer Zentralblase, aus der nach genügend Nahrungsaufnahme ein Zoosporangium sproßt. Der Thallus kann, obwohl er stets einzellig und einkernig bleibt, bis zu 50 Euglenen befallen. Die Thalli sind unterschiedlich geschlechtlich differenziert. In der sexuellen Phase wächst aus dem etwas kleineren, männlichen Thallus ein kernloser Plasmafaden auf einen weiblichen Thallus zu und bildet an der Berührungsstelle oder kurz unterhalb eine Anschwellung. In diese ergießen beide Partner aus ihren Zentralblasen die Kerne sowie einen großen Teil des Zytoplasmas. Nun umgibt sich die Anschwellung mit einer derben, dornig skulpturierten Membran und wird zur Dauerspore, während die nun kernlosen Thallusreste zugrunde gehen. Erst nachdem die Dauerspore mit einem Zoosporangium keimt, verschmelzen beide Geschlechtskerne in diesem. Unmittelbar darauf folgen Meiose und mehrere Mitosen, das Plasma zerklüftet sich in einkernige Portionen, die nun zu Zoosporen werden.

Lebenszyklus von *Rhizophydium ovatum*. A–C ungeschlechtliche, D–G geschlechtliche Fortpflanzung; A Zoosporen, B Thallus, C Zoosporangium, D Gameten, E Zygote, F Dauerspore, G Entlassung der haploiden Zoosporen

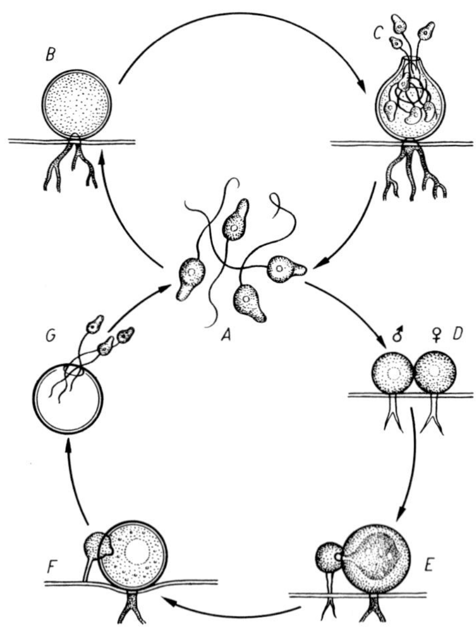

Die Ordnung Chytridiales gliedert man in 5 Familien mit mehr als 60 Gattungen, die sich durch den Bau und die Lebensweise ihrer Thalli sowie den Öffnungsmechanismus der Dauersporen unterscheiden lassen. Besteht der Thallus nur aus einem Bläschen mit Rhizoiden, so nennt man ihn monozentrisch, sind an den Rhizoiden mehrere Bläschen zu finden, spricht man von polyzentrischen Arten. Sitzt das Bläschen auf der Oberfläche der Wirtszelle, lebt es epibiotisch, befindet es sich im Innern des Wirts, lebt es endobiotisch. Liegt das Bläschen frei im Wasser und entsendet gleichzeitig seine Rhizoiden in viele Wirtsorganismen, dann spricht man von interbiotischer Lebensweise. Nach dem Öffnungsmechanismus der Sporangien unterscheidet man inoperculate Formen, bei denen sich die Sporangien mit einem Porus oder einem Mündungsschlauch öffnen, und operculate Formen, bei denen sie sich an einer vorgebildeten Stelle mit einem Deckel öffnen.

Monozentrisch, epi- oder endobiotisch mit inoperculaten Sporangien ist die Familie Phlyctidiaceae, zu der die Gattungen *Entophlyctis, Phlyctidium, Phlyctochytrium* und *Rhizophydium* gehören.

Ebenfalls monozentrisch, inoperculat, aber interbiotisch ist die Familie Rhizidiaceae mit den Gattungen *Asterophlyctis, Polyphagus, Rhizidium* und *Rhizophlyctis*.

Polyzentrisch, endobiotisch, inoperculat, ohne Generationswechsel erweist sich die Familie Cladochytriaceae mit der Gattung *Cladochytrium*.

Operculate Sporangien bilden die beiden letzten Familien, von denen die Chytridiaceen mit *Chytridium, Endochytrium* und *Zygorhizidium* monozentrisch sind und epi-, endo sowie interbiotisch leben.

Polyzentrisch schließlich ist die Familie Megachytriaceae mit den Gattungen *Megachytrium, Nowakowskiella* und *Zygochytrium*.

Ordnung Urpilzartige, Myxochytridiales

Die Vertreter der Ordnung Myxochytridiales sind intrazelluläre Parasiten von ein- und mehrzelligen Algen, Pilzhyphen und Pilzsporen, Pollenkörnern sowie wirbellosen Tieren (Fadenwürmer, Rädertierchen u.a.). Sie kommen vorwiegend im Süßwasser und im Erdboden vor, einige Arten befallen aber auch höhere Landpflanzen, an denen sie Gallen erregen. Ihr Thallus besteht aus einem nackten, einzelligen Protoplasten von unbestimmter Form, ohne Rhizoide. Sie vermehren sich durch eingeißelige Zoosporen, die in inoperculaten Sporangien gebildet werden.

Ihr Entwicklungsgang soll am Beispiel von *Synchytrium endobioticum*, dem Erreger des Kartoffelkrebses, nachgezeichnet werden. Der Kartoffelkrebs ist eine Krankheit, die bei starkem Befall zur restlosen Vernichtung des Ertrags führen kann. Da der Erreger auf Gebiete mit durchschnittlichen Sommertemperaturen unter 18 °C, mindestens 700–800 mm Jahresniederschlag und langen Wintern angewiesen ist, sind bei uns Befallsherde hauptsächlich in den Mittelgebirgen zu erwarten. Die Krankheitssymptome kann man nicht übersehen, sie bestehen in korallenartigen oder blumenkohlähnlichen, bis faustgroßen oder beträchtlich kleineren krebsartigen Wucherungen, die an Knollen, Stolonen und am Stengelgrund, aber niemals an den Wurzeln beobachtet werden. Selten kommen die Krebsgallen auch an den oberirdischen Pflanzenteilen vor, sei es als grüne, blumenkohlartige Wucherungen an den Stengeln, sei es als fleischige Verdickungen und Verkrüppelungen der Blätter. Die Krebsgallen faulen leicht und zersetzen sich vollkommen. Dabei gelangen die Dauersporangien des Erregerpilzes in den Erdboden.

Der Entwicklungsgang von *Synchytrium endobioticum* beginnt mit winzigen, ovalen bis kugeligen, am hinteren Ende eine lange Geißel tragenden Zoosporen, die bei ausreichender Bodenfeuchtigkeit und günstiger Temperatur – nicht über 20 °C – im Frühjahr aus den Dauersporangien ausschlüpfen und im Bodenwasser umherschwimmen. Stoßen sie dabei auf eine Wirtspflanze, setzen sie sich daran fest, werfen ihre Geißel ab und umgeben sich mit einer dünnen Membran. Schließlich durchbohren sie die Zellwand und dringen unter Zurücklassung der leeren Membranhülle in den Wirt ein. Die Infektion gelingt nur an jugendlichen, teilungsfähigen Geweben, wie keimende Augen und Sproßknospen in den Blattachseln.

In der Epidermiszelle dringt der nackte, amöboide Protoplast des Parasiten bis zum Boden der Wirtszelle vor, nimmt reichlich Nahrung auf, wächst heran, und sein Kern vergrößert sich stark. Wenn er eine bestimmte Größe erreicht hat, umgibt er sich mit einer dicken, doppelten, goldgelben Wand und bildet sich zur Sommerspore, auch Prosorus genannt, um. Inzwischen ist die Wirtszelle stark angeschwollen und birnenförmig geworden. Auch die Epidermis- und Rindenzellen ringsum sind zur Teilung angeregt worden und bilden eine Krebsgalle. Die infizierte Zelle befindet sich in der Mitte und ist von einer Rosette mehr oder weniger verhärteter Epidermiszellen umgeben. Der Prosorus nimmt die untere Hälfte der infizierten, unterdessen abgestorbenen Wirtszelle ein.

Bald nach der Reife keimt der Prosorus innerhalb der Wirtszelle, und der von einer dünnen hyalinen Membran umgebene Inhalt drängt sich aufwärts in den oberen Teil der Wirtszelle. Dort zerklüftet sich der inzwischen vielkernige Protoplast in 4–9 Portionen, die sich gegeneinander mit dünnen Wänden abgrenzen und zu Sporangien mit je 200–300 Zoosporen werden. Die Sporangien bleiben bis zu ihrer Reife in einem Sorus vereinigt. Sind sie reif, werden die Riesenwirtszelle und die Soruswand durch den in ihrem Innern herrschenden Druck aufgesprengt, und die ins Freie gelangenden Sporangien entlassen ihre Zoosporen ins Bodenwasser. Die Zoosporen lösen eine Reihe neuer Infektionen aus, sie schließen den asexuellen Entwicklungskreis, der sich während der Vegetationsperiode mehrmals wiederholen kann.

Setzt eine Trockenperiode oder setzen andere ungünstige Bedingungen unmittelbar nach der Zoosporenbildung im Zoosporangium ein, so daß die Zoosporenentlassung verzögert wird, erfolgt eine physiologische Umstimmung der Sporen; denn diese verhalten sich, wenn sie nach Ablauf der ungünstigen Bedingungen entlassen werden, wie Gameten, d. h., sie kopulieren miteinander, wenn sie das Sporangium verlassen haben. Derartige Umweltbedingungen herrschen naturgemäß am Ende der Saison häufiger als am Anfang.

Nach der Kopulation schwimmen die 2geißeligen, diploiden Zygoten einige Zeit lang umher, bis sie auf dem Wirt zur Ruhe kommen und eindringen. Die infizierte Wirtszelle wird zu mehrfachen Teilungen angeregt. Der Parasit befindet sich hierbei jeweils in der unteren Tochterzelle und gelangt somit tief in das Krebsgallengewebe. Hier umgibt sich die herangewachsene Zygote mit einer doppelten, dicken Wand und wird zum Dauersporangium, das den Winter über inaktiv bleibt. Im Frühjahr erfolgen die Reduktionsteilung und die Zoosporenbildung. Nach Verrotten der Wirtszellen gelangen die Dauersporangien in den Boden, wo sie ihre Zoosporen entlassen und einen neuen Entwicklungszyklus beginnen. Unter gewissen Umständen können sie aber auch bis zu 6 Jahren

Lebenszyklus des Kartoffelkrebserregers, *Synchytrium endobioticum.* A–C ungeschlechtliche, P–W geschlechtliche Fortpflanzung; A–C Schlüpfen der Zoosporen, D–F Festsetzen und Eindringen in den Wirt, G–M Bildung des Prosorus, N, O Entlassung der Zoosporen, P–R Kopulation, S–U Eindringen in den Wirt, V, W Bildung des Dauersporangiums

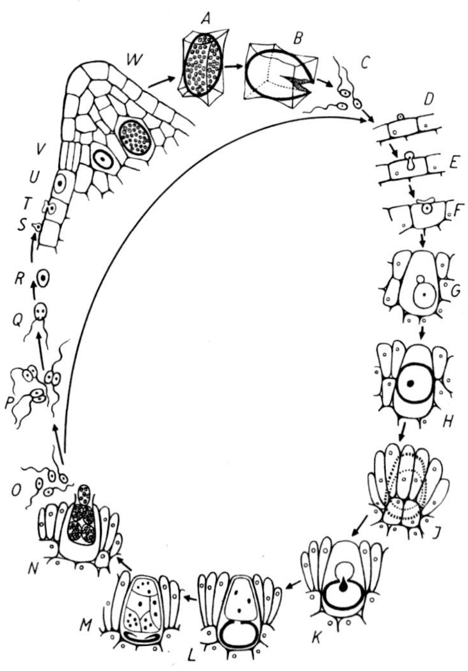

lebensfähig im Boden ruhen und für lange Zeit den Kartoffelanbau in dem betroffenen Gebiet gefährden.

Eine weitere *Synchytrium*-Art ist *Synchytrium aureum*, das an Stengeln und Blättern krautiger Pflanzen kleine, goldgelbe bis orangefarbige Warzengallen erzeugt. An den Blättern von Anemonen kann man die schwarzroten, bis 1 mm großen, oft zusammenfließenden Gallen von *Synchytrium anemones* beobachten. Ähnliche Symptome erzeugen *S. mercurialis, S. taraxaci* u. a.

Phylogenetisch kann die Ordnung Myxochytridiales an endobiotische, inoperculate Chytridiales angeschlossen werden. Die Ordnung wird in 3 Familien mit annähernd 20 Arten gegliedert, die sich auf Grund ihrer Sporangienbildung unterscheiden lassen. Bei den Olpidiaceen wird der Thallus zu einem einzigen Sporangium umgebildet. Die meisten Arten dieser Familie sind Pflanzenparasiten und entwickeln ihre Thalli in Hyphen von anderen Pilzen, in Algenfäden oder Wurzeln und Wurzelhaaren von höheren Pflanzen. *Pleotrachelus brassicae (Olpidium brassicae)* verursacht die Umfallkrankheit der Kohlarten. Eine ähnliche Krankheit an Tabak erzeugt *Pleotrachelus virulentus*. Größere wirtschaftliche Bedeutung erlangt erstere Art aber durch ihre Fähigkeit, als Vektor Viren auf Kulturpflanzen übertragen zu können. Als weitere repräsentative Gattungen seien *Olpidium* und *Rozella* genannt.

Bei den Synchytriaceen, zu denen die Gattungen *Endodesmidium, Micromyces* und *Synchytrium* gehören, bildet sich der Thallus zu einem Sporangiensorus um. Die Vertreter dieser Familie sind Parasiten höherer Pflanzen.

Die Achlyogetonaceen schließlich bilden ihren Thallus zu mehreren linear angeordneten Sporangien um. Hierher zählen die Gattungen *Achlyogeton* und *Septolpidium*.

Ordnung Blastocladiales

Vertreter der Ordnung Blastocladiales findet man vorwiegend in wärmeren Ländern. Sie leben saprophytisch auf Insektenkadavern und Pflanzenresten im Wasser und im Erdboden; einige Arten sind Parasiten von Fadenwürmern, Rädertierchen und anderen Wassertieren sowie Pilzhyphen. Bei den Blastocladialen ist der Thallus gegenüber den Chytridialen und Myxochytridialen höher entwickelt; er differenziert sich zu einem echten, wenn auch noch einfach gebauten und kaum verzweigten Hyphenmyzel. Die vielkernigen Hyphen besitzen noch keine Querwände, bei einigen Arten sind sie aber durch grob perforierte Septen gegliedert. Derartige vielkernige Zellen werden polyenergid oder zönozytisch genannt. Energide sind Kerne mit zugehörigem Zytoplasmaanteil, die bei mechanischer Trennung vom Organismus unter günstigen Bedingungen zu einem vollständigen Individuum regenerieren können. Der Ausdruck zönozytisch besagt, daß die Kerne in einem gemeinsamen Plasma eingebettet sind. Die Zellwände bestehen aus Chitin.

Bei *Blastocladiella* finden wir noch einfache, monozentrische Thalli mit Rhizoiden an der Basis und einem einzigen Fortpflanzungsorgan am Scheitel. Die Thalli der höher entwickelten Gattungen bestehen aus einer mit Rhizoiden im Substrat verankerten Basalzelle, die das Myzel trägt.

Bei *Allomyces* ist das Myzel kriechend oder etwas aufsteigend und mit zahlreichen Sporangien oder Gametangien besetzt.

Blastocladia endlich hat einen aufrechten Thallus, der ästig oder dichotom verzweigt ist. An den Ästen sitzen Sporangien und Dauersporen, während Gametangien fehlen.

Die Entwicklungszyklen der Ordnung Blastocladiales laufen nicht einheitlich ab. Sie lassen sich zu 3 Typen zusammenfassen, die Rückbildungsschritte darstellen und der Höherentwicklung der Thalli entgegenlaufen.

Bei der makrozyklischen Entwicklungsstufe beginnt der Lebensablauf mit der Keimung einer zunächst diploiden Dauerspore. Während sich eine Keimpapille bildet, durchläuft der Kern die Reduktionsteilung und eine Reihe weiterer Teilungen, die zur Bildung haploider Zoosporen überleiten. Diese schwärmen durch die Keimpapille aus, umgeben sich auf geeignetem Substrat mit einer Zellwand und wachsen zu den haploiden »Geschlechtspflänzchen«, den Gametophyten, heran. Bei 2häusigen, diözischen Arten entstehen auf den Gametophyten entweder männliche oder weibliche Gametangien. Die Gametophyten einhäusiger, monözischer Arten tragen männliche und weibliche Gametangien paarweise übereinander. Das männliche Gametangium ist oft etwas kleiner, mehr kugelig und durch einen Karotinfarbstoff orange- bis ziegelrot gefärbt. Das i. d. R. etwas größere, weibliche Gametangium ist länglich und farblos. Zur Reifezeit entlassen die Gametangien eingeißelige Gameten, die im Wasser umherschwärmen und schließlich miteinander kopulieren. Die Zygoten sind zunächst 2geißelig und weiterhin aktiv beweglich. Auf zusagendem Substrat kommen sie zur Ruhe, verankern sich mit Rhizoiden und wachsen zu diploiden Sporophyten heran, die morphologisch und stoffwechselphysiologisch den Gametophyten gleichen.

Am Sporophyten werden entweder dünnwandige Zoosporangien oder dickwandige, rotbraun gefärbte Dauersporen gebildet. Die Zoosporangien entlassen diploide Zoosporen, die sich wiederum zu Sporophyten entwickeln, während die Dauersporen abfallen und nach einer Ruhezeit keimen, wobei die Reduktionsteilung vollzogen und damit der Entwicklungszyklus geschlossen wird. Es liegt bei diesem Typ also ein antithetischer Generationswechsel vor.

Bei der mikrozyklischen Rückbildungsstufe ist der Gametophyt unterdrückt. Aus den Dauersporen schlüpfen nach der Reduktionsteilung haploide, 2kernige und 2geißelige Schwärmer, die sich sofort mit einer Zellwand umgeben und eine Kernteilung vollziehen. Danach entläßt die Zyste 4 einkernige, eingeißelige Gameten, die miteinander kopulieren. Die Zygoten bilden wieder Sporophyten mit Zoosporangien und Dauersporen.

Die aphasische Rückbildungsstufe schließlich ist durch eine völlige Unterdrückung der Geschlechtlichkeit und des Kernphasenwechsels gekennzeichnet. Die Reduktionsteilung in den Dauersporen unterbleibt, diese keimen mit diploiden Zoosporen, die gleich wieder zu Sporophyten heranwachsen.

Die Angehörigen der Ordnung Blastocladiales reagieren sehr empfindlich auf Umwelteinflüsse, so daß es möglich ist, die hier geschilderten Entwicklungsgänge experimentell zu modifizieren. So gelingt es z. B. durch Zugabe von Borsäurespuren, die Kopulation von *Allomyces*-Schwärmern zu unterdrücken und durch die Zusammensetzung des Nährsubstrats das Verhältnis männlich zu weiblich determinierter Schwärmer zu verschieben. Bei der Art *Blastocladiella emersonii* entscheidet die Kohlendioxidkonzentration darüber, ob sich Zoosporangien oder Dauersporen am Thallus bilden. Weitere Abweichungen vom normalen Entwicklungsgang lassen sich durch Einwirkung des Antibiotikums Actidion, durch Colchizin oder auch durch Bestrahlung mit ultraviolettem Licht bzw. mit Röntgenstrahlen erzielen. Bei der Art *Allomyces javanicus* handelt es sich, wie später festgestellt wurde, um eine natür-

Lebenszyklus von *Allomyces arbuscula*. A–L geschlechtliche, M ungeschlechtliche Fortpflanzung, A Dauerspore, B Keimung mit haploiden Zoosporen, C–E Bildung des Gametophyten, F Gametangien, G, H Kopulation der Gameten, I–L Bildung des Sporophyten, M Keimung mit diploiden Zoosporen

liche Hybride von *Allomyces arbuscula* × *Allomyces macrogynus*.

Phylogenetisch sind die etwa 40–50 Vertreter der Ordnung Blastocladiales von epibiotischen Chytridiales abzuleiten. Es lassen sich folgende 4 Familien unterscheiden:

Die mikrozyklischen Catenariaceen mit den Gattungen *Catenaria* und *Catenomyces* bilden ihre Sporangien, kettenartig angeordnet, interkalar in dem mit Rhizoiden besetzten Myzel.

Bei den Blastocladiaceen sitzen die Sporangien end- oder seitenständig an dem mit basalem Rhizoidenbüschel und Haftscheibe versehenen Myzel. In dieser Familie, zu der die Gattungen *Allomyces, Blastocladia, Blastocladiella, Blastocladiopsis* und *Oedogoniomyces* gehören, sind Vertreter aller 3 Entwicklungszyklen vereinigt.

Die in Mückenlarven obligat parasitisch lebenden Coelomomycetaceen mit der Gattung *Coelomomyces* sind durch ein zellwandloses, dichotom verzweigtes Myzel ohne Rhizoide ausgezeichnet. Ihr Entwicklungsgang ist unbekannt; er folgt wahrscheinlich dem azyklischen Schema, da bisher nur Dauersporen beobachtet wurden.

Einen antithetischen Generationswechsel zwischen einer haploiden, monozentrischen, epibiotischen und einer diploiden, polyzentrischen, endobiotischen Generation besitzt die inoperculate Familie Physodermataceae mit der Gattung *Physoderma*.

Abweichend von den eben beschriebenen Beispielen verlauft die Entwicklung bei den Arten der Gattung *Physoderma*. Sie alle sind Parasiten höherer Pflanzen, unter ihnen auch solche, die Kulturpflanzen befallen und so wirtschaftliche Bedeutung erlangen, wie *Physoderma maydis* auf Mais oder *P. alfalfae*, das den Wurzelkrebs der Luzerne verursacht. Diese Krankheit tritt vor allem in Ländern mit extrem hoher Feuchtigkeit und milden Wintern auf und kann zu einer Vernichtung der Ernte führen. Am Stengelgrund der Luzerne schwellen die Adventivknospen gallenartig an und entwickeln sich zu korallenartigen Wucherungen, die große Teile der Pflanze einschließen, bis diese abstirbt.

Im Frühjahr setzt sich eine haploide Zoospore auf der Wirtspflanze fest und entwickelt sich oberflächlich zu einem bläschenförmigen Thallus, der mit Rhizoiden in das Wirtsgewebe eindringt. Der bläschenförmige Teil bildet sich nach einer gewissen Zeit zu einem Sporangium um, das haploide Schwärmsporen entläßt. Diese können die Wirtspflanze erneut infizieren oder auch als Gameten miteinander kopulieren. Die diploide Zygote setzt sich ebenfalls auf der Wirtspflanze fest und ergießt ihren Inhalt in eine Epidermiszelle. Von hier aus durchwächst der Erreger das Wirtsgewebe mit einem Netz sich verzweigender Rhizoiden, die sich stellenweise bläschenförmig verdikken. Jedes dieser Bläschen umgibt sich mit einer dicken Membran und wird zu einer diploiden Dauerspore. Nach der Überwinterung und der Reduktionsteilung öffnet sich die zum Sporangium umgebildete Dauerspore, und die inzwischen herangereiften haploiden Zoosporen gelangen ins Freie. Es wechselt also eine haploide, epibiotische Sommergeneration mit einer diploiden, endobiotischen Wintergeneration ab.

Ordnung Harpochytriales

Eine kleine, etwa zwischen Chytridiales und Monoblepharidales stehende Gruppe von Pilzen mit unverzweigten, einachsigen Thalli, die mit kleinen Haftscheiben auf ihren Unterlagen fest aufsitzen, ohne einzudringen, werden zu der Ordnung Harpochytriales zusammengefaßt. Der Thallus besteht aus einer aufrechten, schlauchförmigen, geraden oder gebogenen Zelle, die zunächst einkernig ist. Während sie wächst, teilt sich der Kern in rascher Folge mehrmals mitotisch zur Vielkernigkeit. Nun wird die obere Hälfte durch eine Querwand vom basalen Teil des Thallus abgegrenzt und zum Zoosporangium. Die Zoosporen verlassen das Sporangium durch eine inoperculate Öffnung an der Spitze. Dann durchwächst der Basalthallus von unten her das leere Sporangium und bildet ein neues Sporangium. Auf diese Weise können mehrere Zoosporangien kettenförmig hintereinander an der Spitze des Thallus stehen. Sexuelle Vorgänge sind bisher unbekannt. *Harpochytrium viride* kommt im Süßwasser auf Algenfäden oder auf im Wasser liegenden Pflanzenteilen vor.

Ordnung Monoblepharidales

Die Ordnung Monoblepharidales umfaßt eine kleine Gruppe von saprophytisch im Wasser oder in feuchter Erde an Pflanzenresten lebenden Pilzen. Mit ihnen erreichen die Chytridiomyceten ihre höchste Entwicklungsstufe. Der Thallus besteht aus einem ausgedehnten, verzweigten, filzigen Hyphenmyzel, das unseptiert oder durch weit perforierte Septen gegliedert ist. Im Substrat wird das Myzel durch ein basales Rhizoidenbüschel verankert. Das Protoplasma der Hyphen ist stark vakuolisiert und gibt dem Zellinhalt ein für die ganze Ordnung kennzeichnendes, schaumiges Aussehen. Die Zellwände bestehen aus Chitin.

Auch hinsichtlich der sexuellen Fortpflanzung erreichen die Chytridiomyceten mit der Oogamie bei der Ordnung Monoblepharidales ihre höchste Stufe.

Der Entwicklungsgang beginnt mit eingeißeligen, eiförmigen, am Vorderende verschmälerten und mit mehreren lichtbrechenden Einschlüssen versehenen, haploiden Zoosporen, die sich auf geeignetem Substrat festsetzen, die Geißel einziehen, sich mit Rhizoiden verankern und zu einem zönozytischen Myzel auswachsen. An den Hyphenenden entstehen zylindrische, hyphenartige, durch eine Querwand vom Myzel abgegrenzte Zoosporangien. Der von Anfang an vielkernige Protoplast des Sporangiums erklüftet sich in einkernige Portionen, die zu Zoosporen umgebildet werden, die ausschwärmen und den asexuellen Zyklus von neuem beginnen. Durch seitliches Auswachsen der Traghyphe unter dem entleerten Zoosporangium oder durch direktes Durchwachsen (Proliferation) der entleerten alten Zoosporangien können bei einigen Arten an einer Hyphe wiederholt neue Zoosporangien entstehen.

Unter ungünstigeren Bedingungen, z. B. bei eintretender Kälte oder einsetzender Sommerhitze, entwickeln sich an den Hyphenenden größere, rundliche, weibliche und kleinere, längliche, männliche Gametangien. Die männlichen Gametangien, auch Antheridien genannt, sitzen auf den weiblichen Gametangien, die man Oogonien nennt, oder sie wachsen aus deren Stielzellen heraus. An einem Hyphenende können jeweils mehrere Gametangienpaare übereinander abgegliedert werden.

Die Antheridien entlassen 4–8 eingeißelige, haploide Gameten, die i. d. R. nur etwa halb so groß wie die asexuellen Zoosporen sind. Diese schwimmen oder kriechen zu den Oogonien, deren Inhalt sich inzwischen zu einer einkernigen, haploiden Eizelle zusammengeballt hat. Durch einen Porus im Scheitel des Oogoniums kann der männliche Gamet eindringen und die Eizelle befruchten. Bei *Monoblepharis polymorpha* verläßt die Zygote das Oogonium durch den Befruchtungsporus, bleibt aber auf der leeren Zelle sitzen, umgibt sich mit einer derben,

Lebenszyklus von *Monoblepharis polymorpha.* A, B ungeschlechtliche, C–G geschlechtliche Fortpflanzung; A Zoospore, B Thallus mit Zoosporangien, C Gametangien, D Befruchtung, E Zygote, F Oospore, G Keimung der Oospore

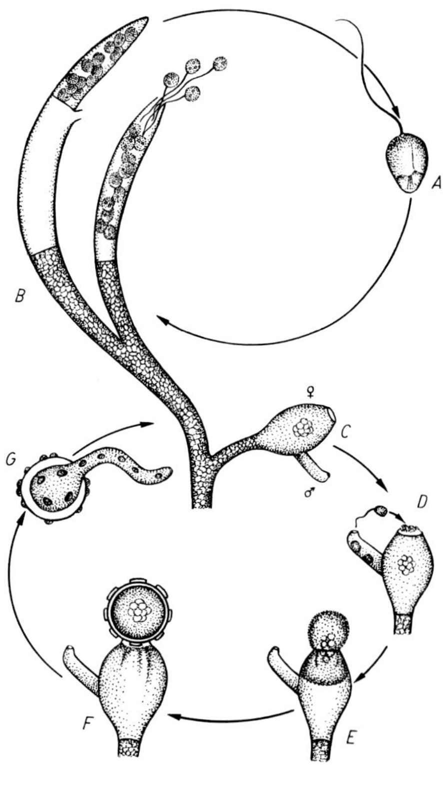

warzigen Wand und wird zur Dauerspore, hier Oospore genannt. Dagegen bleibt die Zygote bei *Monoblepharis fasciculata* im Oogonium und bildet sich dort zur Oospore um. Bei den Vertretern der Gattung *Monoblepharella* bleibt die Geißel des männlichen Gameten an der Zygote erhalten und befähigt diese, auszuschwärmen. Das gleiche ist auch bei der Gattung *Gonapodya* der Fall, die aber statt einer bis zu 20 Eizellen im Oogonium und etwa 40 männliche Gameten im Antheridium bildet. Die Zygoten schwimmen bis zu 3 Stunden im Wasser umher, ehe sie sich festsetzen, mit einer dicken Wand umgeben und zu Oosporen werden.

Nach einer Ruheperiode findet in den Oosporen die Reduktionsteilung statt, und sie keimen mit einer haploiden Hyphe aus, die wieder zu einem neuen Myzel heranwächst.

Phylogenetisch ist die Ordnung Monoblepharidales wahrscheinlich von epibiotischen Chytridiales abzuleiten. Es sind etwa 20 Arten bekannt, die 3 Gattungen angehören. Diese Gattungen werden auf 2 Familien aufgeteilt. Die Gonapodyaceen mit den Gattungen *Gonapodya* und *Monoblepharella* haben schwimmfähige Zygoten, und ihre Oogonien enthalten eine oder mehrere Eizellen. Bei den am höchsten entwickelten Monoblepharidaceen mit der Gattung *Monoblepharis* sind die Zygoten unbeweglich, und die Oogonien enthalten nur noch eine Eizelle.

Die höheren Pilze (Fungi)

Mit den niederen Pilzen haben wir sehr disparate Organismen in großer Formenfülle, aber meist nur mit geringen Artenzahlen kennengelernt, die 6 Abstammungsgemeinschaften angehören. Unter den höheren Pilzen finden wir 3 Abteilungen und eine Formabteilung, die eine einzige Abstammungsgemeinschaft bilden und mit mehr als 120000 Arten rund 98% aller Pilze umfassen. Ihre Thalli bestehen meistens aus Hyphen, weniger aus Sproßzellen. Die Zellwände enthalten i. d. R. Chitin, Mannan und Glucane, niemals aber Zellulose. Begeißelte Sporen fehlen. Neuerdings werden vielfach die höheren Pilze neben Tieren und Pflanzen als eigenes Reich (Fungi) gewertet.

Abteilung Jochpilze, Zygomycota

Die Art und Weise der Gametangienkopulation, aus der ein Zygosporangium mit einer Zygospore hervorgeht, hat dieser Abteilung den Namen gegeben. Aber nicht bei allen Zygomycoten ist die sexuelle Reproduktion bekannt, so daß man sich zur taxonomischen Klassifizierung auf andere Merkmale, insbesondere auf die charakteristischen und vielgestaltigen, asexuellen Nebenfruchtformen, stützen muß. Neben der Morphologie geben die chemische Zusammensetzung der Zellwände, die Hyphenseptierung und die Septenporen weitere Unterscheidungsmerkmale. Es werden die beiden Klassen Zygomycetes und Trichomycetes mit 10 Ordnungen und rund 650 Arten unterschieden.

Klasse Jochpilze, Zygomycetes

Die Klasse Zygomycetes wird durch die Art ihrer geschlechtlichen Fortpflanzung charakterisiert: 2 an der Spitze kurzer, keulenförmiger Traghyphen (Suspensoren) durch eine Trennwand abgegliederte, mehrkernige Gametangien verschmelzen vollkommen miteinander und bilden eine Dauerspore, die sogenannte Zygospore. Sie unterscheidet sich von der Oospore dadurch, daß in ihr beide Gametangien vollkommen aufgehen, während sich die Oospore nur von der Oosphaere herleitet. Das Myzel ist zönozytisch und nicht durch Querwände geteilt. Nur besonders differenzierte Organe, wie Gametangien, Sporangien oder Konidien, werden durch Trennwände abgegrenzt. Die Zellwände enthalten Chitin. Eigenbewegliche Sporen fehlen vollkommen. Die asexuelle Fortpflanzung erfolgt bei ihnen durch Sporangiosporen oder Konidien.

Die Klasse Zygomycetes umfaßt vorwiegend Bodenpilze und Dungbewohner. Als Erstbesiedler sind sie besonders auf frischen Exkrementen und verderbenden Nahrungsmitteln zu finden, die sie infolge ihrer auffallenden Raschwüchsigkeit in kurzer Zeit überziehen. Einige Arten können gelegentlich krankheitserregend beim Menschen sein, andere Arten sind hochspezialisierte Parasiten auf anderen Pilzen oder auf Insekten, Fadenwürmern und Wechseltierchen. Einige der tierpathogenen Arten bilden besondere, als Tierfallen wirkende Organe aus, mit denen sie ihre Nahrungstiere einfangen.

Die Klasse Zygomycetes ist relativ einheitlich. Auf Grund ihrer Ontogenese, der Gestaltung ihrer Anamorphen sowie ihrer Ökologie lassen sich 8 Ordnungen unterscheiden.

Ordnung Köpfchenschimmelartige, Mucorales

Die Vertreter der Ordnung Mucorales leben vorwiegend saprophytisch auf Dung sowie faulenden Pflanzen- und Tierresten. Viele von ihnen zeigen erstaunliche synthetische

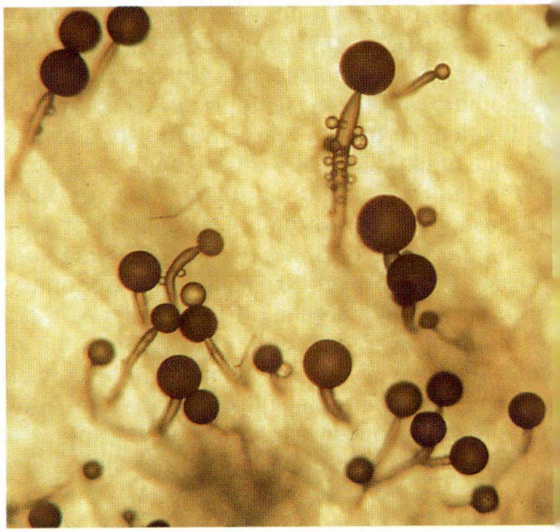

Die langgestielten, kugelförmigen Sporangien gaben den Mucoraceen den Namen Köpfchenschimmel. Das Bild zeigt junge Sporangien von *Mucor plasmaticus*.

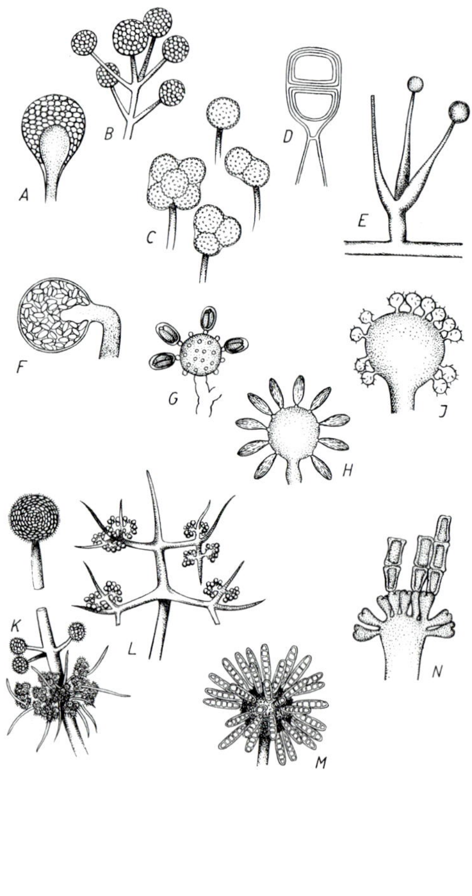

Entwicklungswege der Umbildung von Sporangien zu Konidien innerhalb der Mucorales und Zoopagales. 1 Reduktion der Sporenzahl, A *Mucor mucedo*, B *Mortierella biramosa*, C *Mortierella angusta*, D *Haplosporangium bisporale*, E *Haplosporangium fasciculatum*, 2 Sporangiolenbildung, F, G *Blakesles trispora* bei unterschiedlicher Ernährung, H *Choanephora cucurbitarum*, I *Cunninghamella bertholletiae*, 3 Reduktion der endständigen Sporangien, K *Chaetostylum fresenii*, L *Chaetocladium brefeldii*, 4 einreihige Anordnung der Sporen, M *Syncephalastrum racemosum*, N *Syncephalis tenuis*

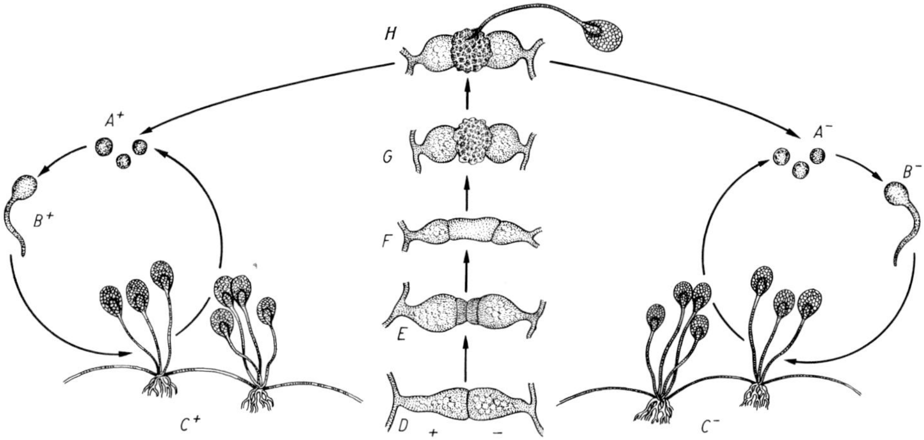

Lebenszyklus des Gemeinen Brotschimmels, *Rhizopus stolonifer*. A–C ungeschlechtliche, D–H geschlechtliche Fortpflanzung; A Sporen, B Keimung, C Thallus mit Sporangien, D, E Gametangienbildung, F, G Zygosporenbildung, H Keimung der Zygospore mit einem Sporangium

Leistungen und wurden deshalb vom Menschen in Kultur genommen. Der Gemeine Brotschimmel, *Rhizopus stolonifer*, wird industriell für die Herstellung von Fumarsäure und Vorstufen des Cortisons genutzt. Alkohol wird in beträchtlichen Mengen von *Rhizopus oryzae* erzeugt. Mehrere *Rhizopus*-Arten, z. B. *Rhizopus sinensis*, *R. stolonifer*, *R. oryzae* und *R. nodosus*, bilden große Mengen Milchsäure von hohem Reinheitsgrad. Auch Zitronensäure, Bernsteinsäure, Oxalsäure und andere wichtige organische Verbindungen werden mit Hilfe von Angehörigen der Ordnung hergestellt. *Rhizopus oryzae* und *Mucor rouxii* werden zur Stärkeverzuckerung eingesetzt. *Phycomyces blakesleeanus* verwendet man zu einem empfindlichen Nachweisverfahren für Vitamin B_1. Einige Arten verhalten sich wie Schwächeparasiten und leben auf Früchten und anderen abgetrennten Pflanzenteilen, wo sie Transport- und Lagerkrankheiten verursachen. Auch hier kann *Rhizopus stolonifer* als Beispiel genannt werden, der in Erdbeertransporten große Verluste durch die Wattefäule verursacht. An lagernden Bataten erregt er eine Weichfäule. Andere Mucorales sind Parasiten auf Pilzen, höheren Pflanzen oder Tieren.

Choanephora cucurbitarum greift Kürbisblüten und Früchte an und führt mitunter zu beträchtlichen Ernteverlusten. *Absidia corymbifera*, *Absidia glauca*, *Mucor pusillus* und mehrere andere *Mucor*- und *Rhizopus*-Arten schädigen das menschliche Zentralnervensystem bzw. die Gehörorgane.

Der Thallus der Ordnung besteht aus einem gut entwickelten, unseptierten, zönozytischen Hyphenmyzel. Manche Arten verankern sich mit Rhizoiden im Substrat, und

Die einzelligen, gestielten Stylosporen von *Mortierella indohii* sind modifizierte Sporangiolen (Vergr. etwa 680fach).

einige bilden Stolonen, die denen der Erdbeerpflanzen ähneln. In flüssigen Nährmedien gehen einige Vertreter der Mucorales zur Sprossung über (*Mucor*-Hefen).

Ungeschlechtlich pflanzen sich die Arten mit Sporangiosporen fort. Die Sporangien sitzen an einfachen oder verzweigten Sporenträgern. Das typische Sporangium entsteht endständig am Sporangienträger als kugelförmige Anschwellung, in der sich eine zentrale Kolumella von der äußeren, sporentragenden Zone absondert. Normal entwikkelte Sporangien enthalten Tausende von Sporen. Daneben kommen kleine Sporangien mit oder ohne Kolumella vor, in denen sich nur wenige Sporen oder gar nur eine Spore befindet. Sie werden Sporangiolen genannt. Bestimmte Arten tragen sowohl Sporangien als auch Sporangiolen an einem Träger. Bei einsporigen Sporangiolen können Sporangiolenwand und Sporenwand miteinander verwachsen sein; diese Sporangiolen fallen als Ganzes ab und werden wie Konidien vom Wind verbreitet. Innerhalb der Ordnung Mucorales und den als nächste Ordnung zu besprechenden Zoopagales lassen sich 4 Entwicklungswege verfolgen, auf denen sich die Umbildung von Sporangien zu Konidien vollzogen hat.

1) Im Sporangium wird keine Kolumella mehr ausgebildet, die Sporenzahl reduziert sich bis auf 2 oder eine Spore *(Mucor, Mortierella)*, die mit der Sporangiolenwand verwächst und zur Konidie wird *(Haplosporangium)*.

2) Sporangien mit Kolumella entstehen nur unter besonderen Ernährungsbedingungen *(Blakeslea, Chonanephora)*; dafür werden regelmäßig Sporangiolen gebildet, die 3 oder gar nur eine Spore enthalten *(Blakeslea trispora, Choanephora cucurbitarum)* und schließlich als Konidien abfallen *(Cunninghamella)*.

3) Sporangien mit Kolumella und Sporangiolen entstehen an morphologisch vorbestimmten Stellen des Trägers *(Chaetostylum fresenii)*. Schließlich werden nur noch Sporangiolen gebildet, während an Stelle der Sporangien sterile, bizarre Hyphenzweige wachsen. Gleichzeitig befinden sich nur noch eine Spore in den Sporangiolen, die so zu Konidien werden *(Chaetocladium brefeldii)*.

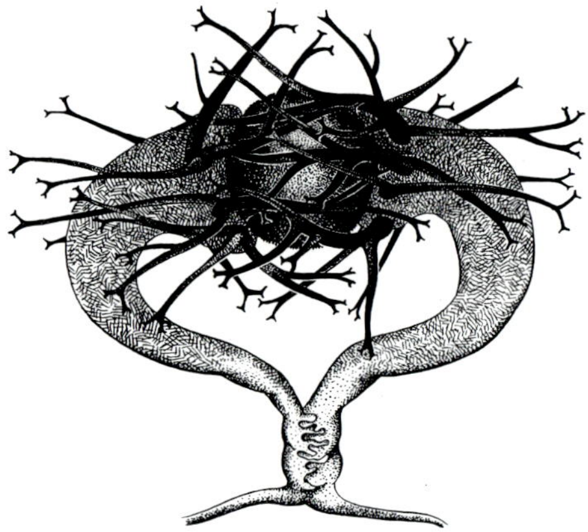

Phycomyces nitens. Zwei Suspensoren haben sich umschlungen und nach Berührung der Gametangien eine etwa 0,3 mm große, schwarze Zygospore gebildet, die von starren, an der Spitze verzweigten Hyphenästen eingehüllt wird.

4) Die Sporangiolen sind länglich und die Sporen in ihnen einreihig angeordnet *(Syncephalastrum)*. Verwachsen Sporangiolen- und Sporenwand, dann fallen die Sporen einzeln samt dem sie umgebenden Teil der Sporangiolenwand als Konidien ab *(Syncephalis tenuis)*.

Die zur Illustration der 4 Umbildungswege von Sporangien zu Konidien genannten Gattungen und Arten dürfen aber nicht vonein-

Verzweigte Hyphenäste umhüllen schützend die Zygospore *Phycomycea blakesleeanus*.

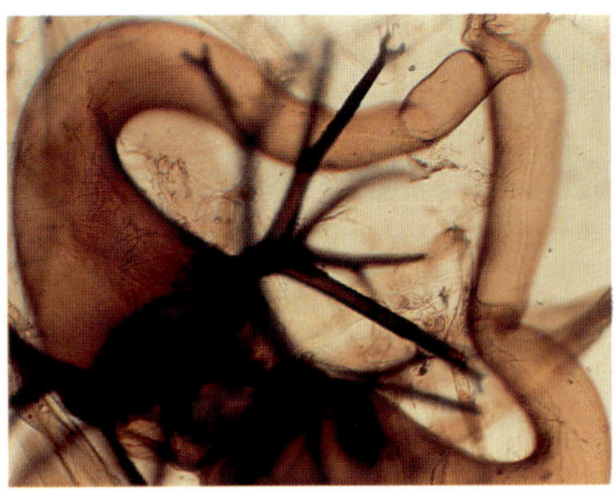

Ein häufiger Parasit auf Hutpilzen, hier auf dem Rosablättrigen Helmling *(Mycena galericula)*, ist *Spinellus fusiger*.

ander abgeleitet werden. Es muß vielmehr angenommen werden, daß sich diese Entwicklung innerhalb der Ordnung Mucorales mehrmals vollzogen hat und die rezenten Gattungen auf verschiedenen Stufen dieser Entwicklung stehen.

Als eine andere Art der ungeschlechtlichen Fortpflanzung bilden die Vertreter der Ordnung Mucorales Chlamydosporen, auch Gemmen genannt. In der Gattung *Mortierella* und einigen nahestehenden Arten gibt es gestielte, kugelige, ablösbare Sporen, Stylosporen genannt, die möglicherweise modifizierte Sporangien sind. Die geschlechtliche Fortpflanzung wird durch die Ausbildung von mehrkernigen, im allgemeinen ähnlich gestalteten, aber zuweilen verschieden großen Gametangien eingeleitet. Die Gametangien werden als endständige Wülste an den Spitzen von 2 verträglichen, sich einander anziehenden Hyphen oder Hyphenästen erzeugt. Da sich die verträglichen Stämme morphologisch nicht unterscheiden, werden sie mit + und − bezeichnet. Nach gegenseitiger Berührung der Gametangien lösen sich die Wände zwischen ihnen auf, und ihre Protoplasten vermischen sich. Nach der Karyogamie umgibt sich die aus beiden Gametangien hervorgegangene Zelle mit einer dikken, manchmal warzigen Membran und wird zur Zygospore. Bei einigen Arten wird die Zygospore von einem Knäuel kurzer Hyphen eingehüllt, die von den Suspensorzellen, oftmals nur von einem der kopulierenden Partner, gebildet werden *(Absidia, Phycomyces, Mortierella)*. Bei anderen Arten umschlingen sich die gametangientragenden Hyphen, bevor es zur Kopulation kommt *(Phycomyces, Choanephora)*.

Während einer längeren, oft mehrmonatigen Ruhepause lagert sich in der Zygospore ein Teil der Kerne paarweise aneinander, andere degenerieren. Nur wenige, manchmal nur ein einziges Kernpaar vollziehen die Karyogamie. Aber lediglich ein diploider Kern überlebt. Dieser teilt sich meiotisch in 4 haploide Kerne, von denen 3 zugrunde gehen. Der übrige teilt sich nun mehrmals mitotisch. Seine Nachkömmlinge sind alle entweder + oder − determiniert. Sie wandern bei der Keimung in die Keimhyphe. Die Zygosporen keimen mit einer Traghyphe und einem Sporangium aus.

Die auf *Mucor*-Arten parasitierende *Parasitella parasitica* bildet bei Berührung mit einer Wirtshyphe einen Schröpfkopf, in den sich etwas vom Zellinhalt des Wirtes ergießt und der danach seitlich zu einer gelappten Galle auswächst.

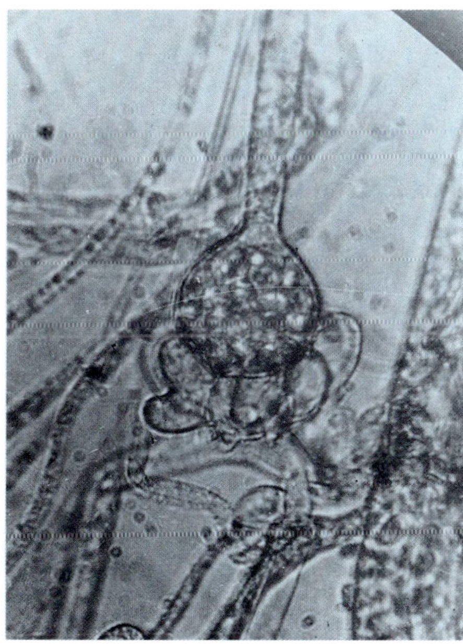

Geringfügig anders verläuft die Entwicklung des gut bekannten Hutwerfers, *Pilobolus crystallinus*. Dieser auffallende Pilz wird auf Pferdemist gefunden und läßt sich auf Pferdemist oder Düngerdekokten im Laboratorium leicht kultivieren. Sein spärlich entwickeltes, vegetatives Myzel besteht vor allem aus Nährhyphen, die das Substrat durchziehen.

An den Hyphen sitzen auf einer kleinen Erweiterung, der Apophyse, die etwa 10 mm hohen Sporangienträger. Ihr fadenförmiger Stiel ist an beiden Enden mehr oder weniger stark blasenförmig angeschwollen. Die etwas kleinere, basale Anschwellung wird Trophozyste genannt, weil man annimmt, daß sie zur Ernährung des Sporangienträgers dient. Die größere, apikale, subsporangielle Blase ragt als Kolumella in das knopfförmige, dunkelgefärbte, derbwandige, viele eiförmige Sporen enthaltende Sporangium hinein. Sie wirkt wie eine Sammellinse, die das einfallende Licht auf die der Lichtquelle abgekehrte Zellwand konzentriert und diese zu verstärktem Wachstum anregt. Hierdurch richtet sich der Sporangienträger sehr genau auf die Lichtquelle (Phototropismus). Über Nacht nimmt der Sporangienträger viel Wasser auf, so daß der Turgor stark ansteigt. Am folgenden Morgen platzt er mit einem deutlich hörbaren Geräusch und schleudert dabei das Sporangium mitsamt der Kolumella bis über 1 m weit der Lichtquelle entgegen. Die Sporangien bleiben an den getroffenen Gegenständen kleben und entleeren dort ihre Sporen. Zur geschlechtlichen Vermehrung umschlingen sich 2 Gametangien, ehe sie an ihren Spitzen miteinander verschmelzen und an der Verschmelzungsstelle die Zygospore bilden.

Die Ordnung gliedert sich in 7 gut umgrenzte Familien. Zu den Mortierellaceen gehören Bodenpilze, deren Sporangien keine Kolumella besitzen und deren Zygosporen dicht von Hyphen eingesponnen sind. Als Gattungen können genannt werden: *Mortierella, Dissophora* und *Haplosporangium*.

Die saprophytischen Syncephalastraceen mit der Gattung *Syncephalastrum* haben ihre Sporen einreihig in zylindrischen Sporangiolen angeordnet.

Unter den Mucoraceen findet man Saprophyten und fakultative Parasiten. Auf Hutpilzen parasitiert z. B. *Spinellus fusiger*. Ihre Sporangien sind mit einer Kolumella versehen, Sporangiolen fehlen. Die Zygosporen sind nackt oder bisweilen lose von starren Hyphen umhüllt. Bekanntester Vertreter ist der Köpfchenschimmel, *Mucor mucedo*. Außerdem gehören zu den Mucoraceen unter anderem noch die Gattungen *Absidia, Circinella, Parasitella, Rhizopus, Saksenaea, Syzygites, Zygorhynchus* und *Phycomyces*.

Kugelige Sporangiolen sind bei den Thamnidiaceen stets vorhanden. Falls außerdem Sporangien gebildet werden, besitzen diese eine Kolumella. Die Gattungen *Chaetocladium, Helicostylum* und *Thamnidium* gehören hierher.

Warzige oder stachelige Konidien bilden die Cunninghamellaceen mit der Gattung *Cunninghamella*. Fakultative Pflanzenparasiten der Gattung *Cunninghamella*. Fakultative Pflanzenparasiten der Gattungen *Blakeslea* und *Choanephora* schließlich zählen zur Familie Choanephoraceae. Ihre Sporangien besitzen eine Kolumella, kugelige Sporangiolen sind vorhanden.

Die Pilobolaceen sind dungbewohnende Saprophyten. Neben der Gattung *Pilobolus* gehört die Gattung *Pilaira* hierher, die ihre Sporangien nicht aktiv abschleudern kann.

Ordnung Zoopagales

Die Vertreter der Ordnung Zoopagales leben als obligate Parasiten im Erdboden, im Mist oder in anderen verrottenden Pflanzenresten, wo sie Fadenwürmer, Wechseltierchen, Wurzelfüßler oder Pilzhyphen der Mucorales befallen. Ihr Thallus besteht aus einem unseptierten oder im Alter sehr unregelmäßig septierten zönozytischen Hyphenmyzel. Einige Arten haften mit Appressorien an ihren Wirten fest oder dringen mit Haustorien in sie ein, andere durchwuchern sie mit gewundenen oder verzweigten, plasmareichen Hyphen.

Die ungeschlechtliche Fortpflanzung erfolgt mittels einzelligen, kugel- bis spindelförmigen, oft ornamentierten Konidien, die einzeln seitlich oder endständig an den Hyphen gebildet werden. Aber auch Konidienketten, die, einzeln oder zu Büscheln vereinigt, an den Hyphenenden entstehen, werden beobachtet. Bei den Piptocephalidaceen ist die Abteilung der Konidien aus zylindrischen, in Segmente zerfallenden Sporangiolen (Merosporangien) noch deutlich zu erkennen. Auch Chlamydosporen kommen bei einigen Arten vor.

Zur geschlechtlichen Fortpflanzung verschmelzen als Gametangien fungierende, nicht durch Septen abgegliederte Hyphenenden oder Gametangien, die auf keulenförmigen Suspensoren sitzen. Bei einigen Arten umschlingen sich die Hyphenenden mehrmals eng miteinander, ehe ihre Spitzen verschmelzen. Nach der Vereinigung sackt sich eines der beiden Gametangien seitlich zu einer Blase, dem Epigonium, aus, in der die von einer dicken, warzig-stacheligen Membran umgebene Zygospore entsteht.

Phylogenetisch läßt sich die Ordnung Zoopagales bei den Mucorales (Syncephalastraceae) anschließen. Sie wird in 2 Familien gegliedert. Die Piotocephalidaceen parasitieren auf Pilzhyphen. Ihre Gametangien sitzen auf keulenförmigen Suspensoren. Die Gattungen *Piptocephalis, Syncephalis, Basidiolum* u. a. gehören hierher.

Auf Wechseltierchen, Wurzelfüßlern und Fadenwürmern parasitieren die Zoopagaceen. Ihre Gametangien sind hyphenartig, und die Zygosporen bleiben lange im Epigonium eingeschlossen. Konidienketten zeichnen die Vertreter der Gattungen *Bdellospora, Cochlonema* u. a. aus. Einzelne Konidien bilden *Acaulopage, Endocochlus, Stylopage, Zoopage* und andere Gattungen. Dagegen kommen bei der Gattung *Cystopage* nur Gemmen vor.

Ordnung Endogonales

Die Angehörigen der Ordnung Endogonales findet man im Erdboden, in Moospolstern, Pflanzenresten und als Mykorrhizapilze im Wurzelbereich und in den Wurzelspitzen höherer Pflanzen, insbesondere von Gräsern, aber auch von krautigen Pflanzen. Sie bilden dort die VA-Mykorrhiza (vesikulär arbuskuläre Mykorrhiza), deren Bedeutung für die höhere Pflanze als Faktor zur Erhöhung der Vitalität und zur Steigerung der Widerstandsfähigkeit gegenüber Stressoren immer mehr erkannt wird.

Die ältesten Gefäßpflanzen der Erde, die uns nur als Fossilien bekannt sind, die Rhyniaceen aus dem Devon (400 Millionen Jahre alt), hatten Mykorrhizainfektionen in ihren Wurzeln, die den heutigen, von der Ordnung Endogonales verursachten Infektionen ähnlich sehen.

Das Endogonales-Myzel ist anfangs unseptiert, später jedoch unregelmäßig geteilt. Die Sporangien sind kugelförmig und besitzen keine Kolumella. Sie werden in einem erbsen- bis haselnußgroßen, knollenförmigen, aus einem dichten Hyphengeflecht bestehenden Fruchtkörper eingeschlossen.

Ebenfalls in Fruchtkörpern entwickeln sich zahlreiche dickwandige Zygosporen, nachdem ungleich große, auf keulenförmigen Suspensoren stehende Gametangien miteinander kopulierten und sich das weibliche Gametangium seitlich zu einem Epigonium erweitert hat. Auch Chlamydosporen kann man in den Fruchtkörpern finden. Die Fruchtkörper werden als eine Weiterentwicklung der Hüllhyphen, die die Zygosporen der Mortierellaceen einschließen, angesehen. Man schließt die Endogonales deshalb phylogenetisch an die Mortierellaceen an, da sie sehr ähnliche Sporangien und die hypogäische Lebensweise haben.

Zur Verbreitung der Vertreter der Ordnung Endogonales tragen bodenbewohnende Tiere bei; einige Arten bedürfen einer Passage durch deren Darmtrakt, ehe ihre Zygosporen keimen können. Die Fruchtkörperbildung unterbleibt, wenn die Pilze in künstlicher Kultur gehalten werden.

Zur Ordnung gehört nur die eine Familie Endogonaceae mit den Gattungen *Endogone, Modicella, Glomus, Glaziella, Gigaspora, Acaulospora* und *Sclerocystis.* Letztere hat ihre Zygosporen in regelmäßigen Schichten in den Fruchtkorpern angeordnet, während sie bei den anderen Gattungen regellos im Hyphengeflecht verstreut liegen.

Ordnung Fliegentöterpilzartige, Entomophthorales

Parasiten von Tieren, hauptsächlich Insekten, aber auch von Pflanzen und gelegentlich sogar des Menschen sowie dungbewohnende Saprophyten gehören zu der Ordnung Entomophthorales. Ihr Thallus besteht aus einem unseptierten oder im Alter in mehrkernige Zellen geteilten Hyphenmyzel. Die Vermehrung und Verbreitung erfolgt durch Sporangiosporen oder durch zu Konidien gewordene Sporangien, sogenannte Angiokonidien, die auf keulenförmigen Trägern sitzen, sich als Ganzes von diesen lösen und fast immer aktiv abgeschleudert werden. Die bekannteste Art ist der Fliegenschimmel, *Entomophthora muscae*, der alljährlich im Herbst ein epidemisches Massensterben von Stubenfliegen verursacht. An seinem Beispiel soll der Entwicklungsgang der Ordnung geschildert werden.

Die abgeschleuderten Konidien bleiben zwischen den Borsten und Haaren der Fliegen hängen und keimen dort. Ihr Keimschlauch dringt durch die Atemöffnungen in das Insekt ein und wächst im Fettgewebe zu einem Myzel heran. Bald zerfällt das Myzel in mehrkernige Zellen (Hyphenkörper), die sich durch Sprossung weitervermehren und durch die Blutbahn den ganzen Wirtskörper überschwemmen. Nach 2–4 Tagen sind die Fliegen total besiedelt und verenden, nachdem sie sich irgendwo festgesetzt haben. Aus diesen Mumien treiben die Hyphenkörper zwischen den Segmenten des Abdomens zahlreiche kurze, keulig angeschwollene Konidienträger ins Freie. An dem flachen Scheitel jedes Konidienträgers bildet sich eine Spore. Diese steckt mit ihrer Basis etwas in dem keuligen Ende des Trägers. Bei der Reife reißt die Zellwand rings um die Ansatzstelle der Spore, und durch den im Innern des Konidienträgers herrschenden Druck (Turgor) wird die klebrige Konidie 1–2 cm weit weggeschleudert. Die meisten Sporen fallen rund um die tote Fliege auf die Unterlage, wo sie einen weißlichen Hof bilden. Besonders deutlich ist dieser zu erkennen, wenn die Mumie an einer Fensterscheibe haftet. Die Konidien können erneut einen Träger bilden und eine kleinere, sekundäre Spore wegschießen.

Im toten Insekt läuft die sexuelle Fortpflanzung ab, indem die Hyphenkörper an ihren Spitzen miteinander kopulieren und je nach Art eine ein- oder mehrkernige Zygospore bilden. Es kommen aber auch parthenogenetisch, d. h. ohne Kopulation entstandene Azygosporen vor. Sie erfüllen wie Zygosporen die Funktion von Dauersporen. Die Dauersporen keimen mit Hyphen aus.

Analog verläuft die Entwicklung von *Entomophthora fumosa* auf Schildläusen an *Citrus*-Bäumen, *E. grylli* auf Heupferden, *E. echinospora* auf Zweiflüglern, *E. aphidis* auf Blattläusen u. a.

Bei der Ordnung Entomophthorales vollzieht sich somit wie bei den Mucorales und Zoopagales die Umbildung von Sporangien zu Konidien. *Pilobolus* besitzt noch echte Sporangien, bei *Basidiobolus* sind die Sporangien bereits zu Angiokonidien geworden, keimen aber mit Sekundärkonidien, die sich unter bestimmten Bedingungen in Sporangien verwandeln können. Vollständig hat sich die Umwandlung schließlich bei *Entomophthora* vollzogen.

Phylogenetisch kann die Ordnung Entomophthorales bei den Mucorales angeschlossen werden. Man teilt sie in 2 Familien ein.

Die Basidiobolaceen haben ungleich große Gametangien, die verschmelzen, ohne sich vorher zu umschlingen, und bei denen die Zygospore im größeren, weiblichen Gametangium gebildet wird. *Basidiobolus ranarum* und andere *Basidiobolus*-Arten werden auf Exkrementen von Fröschen und Eidechsen beobachtet, sie können aber auch gefährliche Haut- und Bindegewebskrankheiten beim Menschen und anderen Warmblütlern verursachen. *Conidiobolus*-Arten schmarotzen in Insekten.

Zu den Entomophthoraceen gehören neben der oben näher behandelten Gattung *Entomophthora* noch die Gattungen *Ancylistes* und *Completoria*, die auf Algen bzw. Farnprothallien parasitieren, sowie *Delacroicia* und *Zoophthora*, die in Insekten leben.

Ordnung Dimargaritales

Die in dieser Ordnung zusammengefaßten Parasiten auf anderen Pilzen, z. B. *Dispira cornuta*, entwickeln ihre Zygosporen in dünnwandigen Zygosporangien. Die Hyphen sind bei ihnen regelmäßig septiert, wobei die Septen eine sogenannte Dolipore mit kreuzförmig angeordneten Verschlußstöpseln aufweisen. Die Sporangiolen der Dimar-

Die Konidien des Fliegenschimmels, *Entomophthora muscae*, werden bis 2 cm weit fortgeschleudert und bilden um die Fliegenmumie einen weißen Niederschlag.

garitales sind stets 2sporig. Sie entstehen an erweiterten Hyphenenden von einfachen oder verzweigten Trägerästen, die sich zu dichten Knäueln verschlingen. In die Hyphen ihrer Wirte dringen die Keimschläuche mit charakteristischen Haustorien ein. Man gliedert die Ordnung in die Familie Dimargaritaceae mit den Gattungen *Dimargaris, Dispira, Spinalia* und *Tieghemiomyces.*

Ordnung Kickxellales

Die Vertreter der Ordnung Kickxellales leben saprophytisch auf Dung, weitaus seltener parasitisch auf anderen Pilzen, z. B. *Mucor*-Arten. Ihr Myzel ist unregelmäßig durch perforierte, aber mit einem Pfropfen verschlossene Septen gegliedert. Ungeschlechtlich pflanzen sich diese durch einsporige, farblose oder gelbliche, glatte Sporangiolen (Merosporangien) fort, die Konidienfunktion haben. Sie sitzen in einer Reihe dicht auf rosettenförmig oder wechselständig angeordneten Ästen (Sporocladien) der Traghyphen. Dort gehen sie aus flaschenförmigen Auswüchsen (Pseudophialiden) hervor. Die wenigen pilzparasitischen Arten bilden keine Haustorien in den Wirtshyphen. Die geschlechtliche Fortpflanzung erfolgt mittels glatter Zygosporen, die nach Verschmelzung zweier gegeneinander wachsender Seitenhyphen gebildet werden.

Man unterscheidet die Familie Kickxellaceae mit den Gattungen *Coemansia, Kickxella, Martensella, Spirodactylon* sowie *Martensiomyces.*

Etwa 1 mm hoch werden die Konidienträger von *Coemansia majavensis.* Die Konidien entstehen dicht gedrängt an Sporocladien (rechts bei stärkerer Vergrößerung).

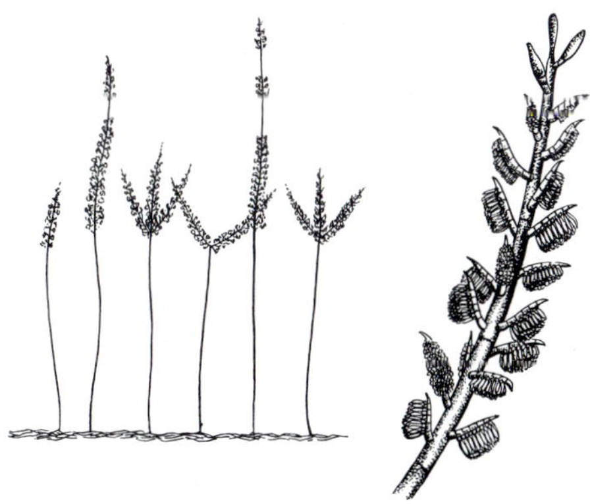

Ordnung Harpellales

Alle Harpellalen leben als Endosymbionten oder als saprophytische Kommensalen in bestimmten Abschnitten des Darmtrakts von Arthropoden, hauptsächlich Insekten, z. B. Zweiflüglern (Dipteren), wobei eine gewisse Wirtsspezifität eingehalten wird.

Aus den vegetativen Hyphen wachsen bei ihnen fädige, spiralig gekrümmte, einsporige Sporangiolen. An ihrer Ansatzstelle haben diese je 4 fädige, feingebänderte Anhängsel, die in die Traghyphe hineinragen, und sich spiralig an deren Wand legen.

Zur geschlechtlichen Fortpflanzung bilden 2 benachbarte Zellen hörnchenartige Fortsätze oder 2 parallele Hyphen leiterartige Verbindungsbrücken, die nach Verschmelzung eine einkernige, kugelige oder amboßförmige Zygospore abgliedern.

Es werden die Familie Harpellaceae mit der Gattung *Harpella*, deren unverzweigtes Myzel erst im Alter septiert ist, und die Familie Genistellaceae mit den Gattungen *Genistella, Orphella, Smittium, Spartiella* und *Stipella*, deren Myzel verzweigt und stets septiert ist, unterschieden. *Harpella melusinae* lebt im Darm von Kriebelmücken.

Ordnung Asellariales

Vertreter der Ordnung Asellariales leben wie die Harpellalen im Darm von Arthropoden, vermehren sich aber asexuell durch in Ketten gebildete thallische oder arthrische Konidien, die sich aus Hyphensegmenten entwikkeln. Ein sexueller Zyklus ist nicht bekannt. Zu den Harpellalen bestehen enge verwandtschaftliche Beziehungen. Näher untersucht wurden *Orchesellaria mauguioi* und die Gattung *Asellaria*.

Klasse Trichomycetes

Zu dieser Klasse werden Pilze unbekannter Verwandtschaft im Darm oder auf dem Chitinpanzer von Arthropoden vereinigt. Die beiden hierin unterschiedenen Ordnungen sind weder mit den Zygomyceten oder irgendwelchen anderen pilzlichen Organismen noch untereinander näher verwandt. Sexualstadien sind bei ihnen unbekannt.

Ordnung Eccrinales

Auch die Eccrinalen sind saprophytische Kommensalen im Darmtrakt von Insekten, Tausendfüßlern und Krebstieren. Mit einem Haftorgan ist ihr Thallus an der Darmwand oder auf im Darm lebenden Fadenwürmern befestigt. Der Thallus besteht aus einer unverzweigten, unseptierten, vielkernigen Hyphe oder einem verzweigten, septierten Hyphenmyzel. An der Spitze des Thallus werden kettenartige Sporangien abgegliedert, in denen je eine zylindrische, mehrkernige, sofort keimfähige Spore oder eine ei- bis kugelförmige Dauerspore gebildet wird. Die Sporen treten durch eine seitliche Öffnung ins Freie.

Die 2 hierher gehörenden Familien lassen sich wie folgt unterscheiden: Die Eccriniaceen mit den Gattungen *Arundinella, Eccrina, Enterobryus* und *Taeniella* haben einen unverzweigten und unseptierten Thallus, sie pflanzen sich durch mehrkernige Sporen und einkernige Dauersporen fort. Die Palavasciaceen mit der Gattung *Palavascia* sind aus einer unseptierten, aber verzweigten Hyphe aufgebaut und pflanzen sich nur durch einkernige Dauersporen fort.

Ordnung Amoebidiales

Der Thallus der Amoebidialen besteht aus einer einzigen, kurzen, unverzweigten und unseptierten, vielkernigen Hyphe, die an der Basis ein Haftorgan trägt. Damit heftet sie sich entweder außen auf dem Chitinskelett von Insekten und Krebstieren oder in deren Darmtrakt an. Der Thallus wandelt sich später als Ganzes in ein Sporangium um. Darin differenzieren sich spindelig-sichelförmige Sporen, die den asexuellen Zyklus schließen. Bisweilen werden statt der Sporen einkernige, amöboide Zellen entlassen, die auf oder in dem Wirt weiterwachsen, eine Zellwand bilden und sich mit dieser enzystieren, so daß eine Dauerspore entsteht. Nach einer gewissen Ruhezeit verwandelt sich diese zu einem Sporangium. Bei den Amoebidialen werden die Familie Amoebidiaceae mit der Gattung *Amoebidium*, die auf der Oberfläche ihrer Wirte lebt und sich durch Sporen oder amöboide Zellen vermehrt, sowie die Familie Paramoebidiaceae mit der Gattung *Paramoebidium*, die im Darm ihrer Wirtstiere lebt und sich nur durch amöboide Zellen vermehrt, unterschieden.

Durch die amöboiden Stadien sowie die aus Polygalactosamin und Galactan bestehenden Zellwände stehen die wenigen Vertreter der Amoebidialen sehr isoliert im Pilzreich.

Abteilung Schlauchpilze, Ascomycota

Die Ascomycoten sind die artenreichste Pilzabteilung. Ungefähr 30 % aller bekannten Pilzarten gehören zu ihr. Rechnet man die Deuteromyceten hinzu, die zum größten Teil ebenfalls Ascomycoten sind, allerdings mit unvollständigem oder unvollständig bekanntem Entwicklungsgang, so erhöht sich ihr Anteil sogar auf etwa 60 %.

Ascomycoten findet man in fast allen Biotopen einschließlich des Meeres. Unter ihnen gibt es sowohl Parasiten von Pflanzen, Tieren und Menschen und symbiotisch lebende Formen als auch Saprophyten. Die meisten Ascomycoten lassen sich mehr oder weniger leicht auf künstlichen Nährsubstraten kultivieren.

Ihr Thallus besteht aus einem haploiden Hyphenmyzel oder aus Kolonien von Sproßzellen. Die Zellen sind ein- oder mehrkernig und die typischen Ascomycotenzellwände zweischichtig. Mit Hilfe dieses Merkmals unterscheiden sie sich von den durch mehrschichtige Zellwände ausgezeichneten Basidiomycoten.

Als gemeinsames Organ, das dieser Abteilung den Namen gegeben hat, besitzen alle Vertreter der Ascomycoten den »Schlauch« (Ascus). Er ist das Meiosporangium des Teleomorphs, die Hauptfruchtform, also die sexuell entstandene Fruchtform. Nur den Deuteromyceten fehlt diese Fruktifikation, oder sie ist bei vielen Fungi imperfecti bisher nur unbekannt geblieben. Im Innern des Ascus spielen sich 3 wichtige Ereignisse ab: Die Karyogamie, die Meiose und die Ascosporendifferenzierung. Bei der Karyogamie, die i. d. R. im jungen Ascus stattfindet, verschmelzen 2 kompatible, haploide Kerne zu einem diploiden Kern. Die Meiose vollzieht sich im heranwachsenden Ascus. Nach den beiden Teilungsschritten folgt i. d. R. noch eine Mitose, so daß die Asci am Ende der Teilungsphase 8 Zellkerne enthalten. Unterbleibt die Mitose, sind es nur 4, schließen sich weitere Mitosen an, sind es entsprechend mehr Kerne. Durch Abgrenzung von Plasma rund um die haploiden Kerne differenzieren sich die Ascosporen in endogener Zellbildung.

Die Ascomycota zerfallen in 2 Klassen, die Endomyceten und die Ascomyceten. Neben einigen anderen Unterscheidungsmerkmalen sind die Endomyceten von den Ascomyceten durch das Fehlen eines Dikaryons sowie von Fruchtkörpern eindeutig unterschieden.

Klasse Sproßpilze, Endomycetes

Die Endomyceten sind überwiegend Saprophyten, von denen viele an sehr spezielle Umweltbedingungen, z. B. zuckerhaltige Säfte, den Darmtrakt von Insekten oder ähnliche Standorte, angepaßt sind. Andere Arten stellen fakultative oder auch obligate Pflanzenparasiten dar. Zahlreiche Arten sind zu hohen synthetischen Leistungen befähigt.

Der Thallus besteht bei den meisten Vertretern der Endomyceten aus einem sich durch Sprossung vermehrenden Pseudomyzel oder überhaupt nur aus Sproßzellen. Fast alle hierher gehörenden Arten lassen sich in Reinkultur auf sterilisierten Nährböden züchten, wo sie ebenfalls Sproßzellen oder sprossendes Myzel bilden. Die geschlechtliche Fortpflanzung erfolgt in den meisten Fällen somatogen, indem von benachbarten Myzel- oder Sproßzellen hörnchenartige Fortsätze aufeinander zu wachsen und miteinander verschmelzen. Unmittelbar nach der Gametangienkopulation folgt die Karyogamie. Eine Dikaryophase fehlt. Die i. d. R. einkernige, diploide Fusionszelle wird entweder direkt zum Ascus umgebildet, oder es folgt eine diploide Vermehrungsphase, und zur Reduktionsteilung kommt es erst später, manchmal auf einen induzierenden Reiz hin.

Asexuell entwickeln sich die Endomyceten durch Zellsprossung (blastisch) oder durch Hyphenzergliederung (thallisch).

Die Klasse wird in 2 Ordnungen gegliedert, die artenreichen und ökologisch sehr vielseitigen Endomycetalen sowie die nur wenige parasitische Arten umfassenden Protomycetalen.

Ordnung Echte Hefepilze, Endomycetales

Sehr gattungs- und artenreich sind die Endomycetalen, unter denen sich Arten von großer wirtschaftlicher Bedeutung befinden. Sie sind Saprophyten oder seltener auch fakultative Parasiten in Blüten und Früchten, gelegentlich Erreger von eitrigen Erkrankungen bei Warmblütern. Man findet sie besonders in und auf zuckerhaltigen Substraten wie Schleimflüssen von Bäumen, Nektar, Fruchtsäften, gärenden Flüssigkeiten, Früchten und Pilzfruchtkörpern, aber auch auf faulendem Holz und im Erdboden. Einige Arten sind schon seit langer Zeit vom Menschen in Kultur genommen und für vielseitige Zwecke der Nahrungsmittel- und Gärungsindustrie eingesetzt worden. Man nutzt hierbei ihre Fähigkeit aus, bestimmte, je nach Art verschiedene Zucker zu Alkohol zu vergären oder Vitamine zu synthetisieren.

Der Thallus der Endomycetalen besteht aus einzeln liegenden oder zu einem länglichen, fadenförmigen Pseudomyzel verbundenen Sproßzellen. Nur einige wenige Arten bilden ein echtes, septiertes Hyphenmyzel. Die Zellwände enthalten bei den hyphigen Arten vorwiegend Chitin; bei den sprossenden Arten sind Hemizellulosen, denen Chitin beigemengt ist, Hauptbestandteile der Membran.

Die Sprossung oder Zellteilung verläuft auf verschiedenen Wegen, die nach den Spuren, die an den Mutterzellen oder an beiden Zellen zurückbleiben, Bechertypus, Narbentypus oder Annelidentypus bzw. Spalttypus genannt werden.

Zur Zeit der Geschlechtsreife reagieren einige Zellen weiblich, andere männlich, die später miteinander kopulieren. Da aber bei den Hefen sowohl in der Haplo- als auch in der Diplophase die vegetative Vermehrung stattfinden kann, ergeben sich 3 ontogenetische Stufen. Bei der haplobiotischen Stufe ist der vegetative Thallus haploid. Erst gegen Ende der Haplophase legen sich die Zellen paarweise zusammen, kopulieren, und Plasma sowie Kerne verschmelzen. Die Verschmelzungszelle (Zygote) wird zum Ascus, in dem sich sofort die Reduktionsteilung vollzieht und durch einen weiteren mitotischen Teilungsschritt 8 Ascosporen entstehen.

Bei Vertretern der haplodiplobiotischen Stufe sprossen zunächst die haploiden Zellen. Später erfolgen Kopulationen mit Plasma- und Kernverschmelzung. Die dabei entstehenden diploiden Zellen (Zygoten) sprossen weiter, so daß haploide und diploide Zellen nebeneinander in der Kolonie leben. Unter besonderen Bedingungen oder auf bestimmte Reize entstehen aus Abkömmlingen der diploiden Zellen Asci. Bei Arten, die der diplobiotischen Stufe folgen, kopulieren die Ascosporen bereits innerhalb der Asci. Die vegetative Vermehrung vollzieht sich ausschließlich in der diploiden Phase.

Neun Familien sollen besprochen werden. Die Ascoideaceen entwickeln ein echtes Myzel mit vielkernigen Zellen. Ihre Asci sind keulenförmig und enthalten zahlreiche hutförmige Sporen. *Ascoidea rubescens* lebt saprophytisch im Schleimfluß von Bäumen.

Echtes Myzel oder Sproßzellen besitzen die Endomycetaceen. Ihre rundlichen Asci enthalten je nach Art 2 oder 4 hutförmige,

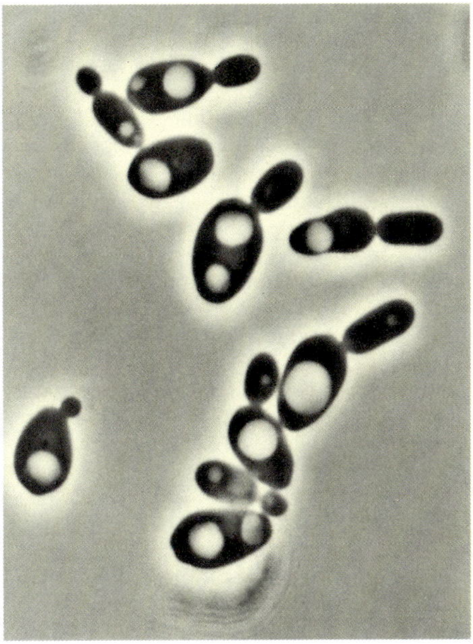

Fabospora fragilis ist eine Hefe von Sauermilchprodukten (Vergr. 15 000fach).

halbkugelige oder mit einem Verdickungswulst versehene Sporen. Die Endomycetaceen leben saprophytisch und entwickeln in künstlicher Kultur einen angenehmen, fruchtartigen Geruch. Myzelbildende Gattungen sind *Cephaloascus, Endomyces* und

Sporenformen der Echten Hefepilze. *Saccharomyces* (rund, glatt), *Debaryomyces* (rund, warzig), *Zygowillia* (hutförmig), *Williopsis* (saturnförmig), *Zygofabospora* (bohnenförmig)

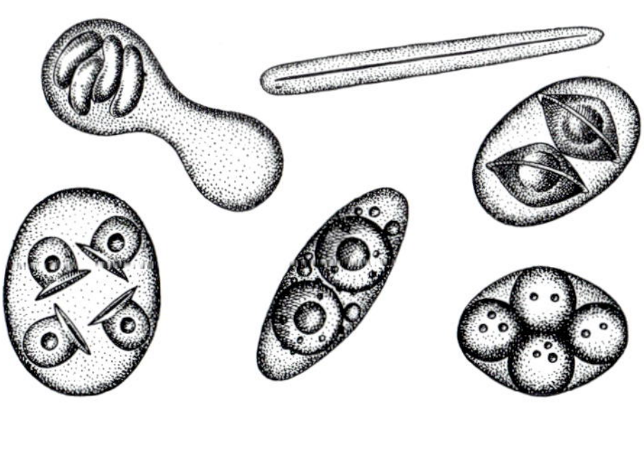

Endomycopsis. Endomyces fibuliger ist als Weißer Brotschimmel von verdorbenem Brot bekannt. Als sprossende Gattungen sind zu nennen: *Hanseniospora, Hansenula, Pichia* und *Schwanniomyces. Hansenula anomala* und *Pichia alcoholophila* können als Gärungsinfektionen den Gärvorgang erheblich stören.

Auch der Thallus der Dipodascaceen besteht entweder aus echtem Myzel oder aus Sproßzellen. Ihre Asci sind lang und kegelförmig und enthalten sehr viele ei- oder bohnenförmige Sporen. Die Gattung *Dipodas copsis* mit 3 Arten lebt saprophytisch im Blutungssaft von Bäumen.

Ähnlich gebaut sind auch die Fabosporaceen, doch ihre Asci sind ei- oder hantelförmig mit 4–64 bohnenförmigen Sporen. Ein charakteristischer Vertreter dieser Familie ist *Kluyyeromyces polysporus* aus Südafrika. Als Gattungen sollen *Guillermondiella* und *Dekkeromyces* genannt sein.

Die wirtschaftlich wichtigsten Hefen gehören zur Familie Saccharomycetaceae. Sie bilden Sproßzellen oder Peudomyzel, aber auch einige myzelbildende Arten gehören zu dieser Gruppe. Ihre Asci sind rundlich oder hantelförmig und enthalten meist 2, 4 oder 8 rundliche, oft mit Warzen besetzte Sporen.

Die wichtigsten Vertreter sind die Bäcker-, Brennerei- und obergärige Bierhefe, *Saccharomyces cerevisiae*, die untergärige Bierhefe, *S. carlsbergiensis*, die Weinhefe, *S. vini*, und die Jerezhefe, *S. oviformis*, der Gärungsorganismus des würzigen, andalusischen Jerezweines. Weitere Gattungen dieser Familie sind *Debaryomyces*, deren Arten als harmlose Siedler (Epöken) in Hautfalten des Menschen vorkommen, *Endoblastomyces, Saccharomycodes, Yarrowia* sowie die myzelbildenden Gattungen *Eremascus* und *Prosaccharomyces.*

Die Lipomycetaceen leben saprophytisch in Blutungssäften von Bäumen. Ihr Thallus besteht vorwiegend aus Sproßzellen und nur selten aus Pseudomyzelien. Ihre Asci enthalten 1, 4 oder 16 ellipsoidische bis rundliche, glatte oder warzige Sporen. Es wird vermutet, daß *Lipomyces neoformans* identisch mit dem imperfekten *Cryptococcus*, dem Erreger der als Cryptococcose bekannten Krankheit des Menschen, ist. Sie kommt entweder als

Lungenkrankheit oder unter der Bezeichnung *Cryptococcus meningitis* als Erkrankung des Zentralnervensystems, die zu Geistesstörungen führen kann, vor. Weitere Gattungen sind *Nadsonia* und *Pachysolen*.

Echte Myzelien, deren Hyphen, ohne zu sprossen, in Einzelzellen zerfallen, bilden die Spalthefen oder Schizosaccharomycetaceen. Ihre Asci sind rundlich bis hantelförmig und enthalten 4–8 Sporen. *Schizosaccharomyces pombe* ist der Gärungsorganismus des afrikanischen Hirsebiers (Pombe).

Als weitere Familie sind die Nematosporaceen zu erwähnen. Sie leben als Saprophyten oder als Pflanzen- und Tierparasiten. Ihr Thallus kann ein Myzel oder ein Pseudomyzel sein bzw. aus einzelnen Sproßzellen bestehen. Die länglichen Asci enthalten 1–32 spindel- oder nadelförmige Sporen. Das myzelbildende *Eremothecium ashbyi* erzeugt Riboflavin (Vitamin B_2) in technisch ausnutzbaren Mengen. Die ebenfalls myzelbildenden Arten *Nematospora coryli, N. lycopersici* und N. phaseoli sowie die vorwiegend sprossende *Ashbya gossipii* sind Erreger von Pflanzenkrankheiten an Haselnußblüten, Tomaten, Bohnen sowie Baumwollkapseln. Weitere Gattungen sind *Coccidiascus* und *Metschnikowiella*.

Schließlich gehören zur Ordnung Endomycetales auch die Spermophthoraceen mit der Gattung *Spermophthora* und wenigen Arten. *Spermophthora gossypii* ist ein fakultativer Parasit in Baumwollkapseln und gedeiht gut in künstlicher Kultur. Ihr Thallus besteht aus einem haploiden, zönozytischen, unseptierten Myzel, das Sproßzellen abgliedern kann. Unterhalb der Hyphenspitzen bilden sich interkalare, langgestreckte Gametangien, die bis zu 40 spindelförmige, einseitig zugespitzte Gameten enthalten. Diese kopulieren nach ihrer Freisetzung paarweise zu H-förmigen Zygoten, die später mit einem diploiden, septierten Myzel keimen. Am diploiden Myzel bilden sich endständige, kugelförmige Asci, aus denen einzellige, zylindrische bis spindelförmige Sporen austreten. Diese wiederum wachsen zu dem haploiden, zönozytischen Myzel heran. Auch Gameten, die nicht kopulieren, wachsen zu einem haploiden Myzel aus. Diese Pilze haben einen Generationswechsel zwischen einem haploiden, zönozytischen und einem diploiden, septierten Myzel. Wegen vieler Übereinstimmungen im Entwicklungsgang und im ökologischen Verhalten könnten die beiden letztgenannten Familien vereinigt werden.

Ordnung Protomycetales

Die wenigen Arten der Protomycetalen sind Parasiten auf Blütenpflanzen oder Farnen. Sie verursachen ausgedehnte Blattverfärbungen und blasige Hypertrophien. Die Ascosporen können unmittelbar nach Verlassen des Ascus kopulieren oder haploid bleiben. In beiden Fällen wachsen sie hefeartig sprossend weiter. Nur diploide Zellen können auch ein Myzel bilden, das die Wirtspflanzen infiziert. Im Wirt bilden sich kugelige, vielkernige, ascogene Zellen. Nach einer Ruhezeit wächst aus ihnen ein Ascus hervor. In diesem entstehen nach der Reduktionsteilung zahlreiche haploide Ascosporen, die nach ihrer Reife ausgestoßen werden. Es gibt nur eine Familie. Die Gattungen *Protomyces* und *Taphridium* befallen Compositen und Umbelliferen, während Vertreter der Gattung *Mixia* auf Farnen zu finden sind.

Klasse Schlauchpilze, Ascomycetes

Die Schlauchpilze bilden mit ihren etwa 45000 Arten wohl die arten- und formenreichste Klasse der Pilze. Sie besiedeln die verschiedensten Habitate. Neben Saprophyten findet man unter ihnen auch Parasiten von Pflanzen, Tieren und Menschen.

Ihre Hyphen, deren Wände Chitin sowie Glucane enthalten, sind stets durch Querwände in ein- bis mehrkernige Zellen geteilt. Die Querwände sind jedoch nicht vollständig geschlossen, sondern haben in der Mitte eine kleine Öffnung, durch die das Plasma der Zellen miteinander verbunden ist und durch die mitunter Zellkerne von einer Zelle in die andere wandern können.

Viele Ascomyceten vermehren sich ungeschlechtlich durch Konidien, die auf mannigfaltig gebauten Konidienträgern sitzen. Diese Fruchtform, die der schnellen Ausbreitung der Art dient, wird Nebenfruchtform oder Anamorph genannt.

Als Hauptfruchtform oder Teleomorph bezeichnet man dagegen das Produkt der sexuellen Vorgänge, den »Schlauch« oder Ascus. Der Ascus ist ein Sporangium, in dem die Kernverschmelzung und die Reduktionsteilung stattfinden und in dem die Sporenzahl i. d. R. konstant ist. Die Hauptfruchtform dient vorwiegend der Rekombination des genetischen Materials, aber auch ungünstige Perioden im Lebenszyklus wie Frost oder Trockenheit werden häufig durch sie mit Hilfe des sie umschließenden Fruchtkörpers überbrückt.

Schließlich kann die Hauptfruchtform bei den größeren Arten oder bei denjenigen, die keine Nebenfruchtform besitzen, auch zur Ausbreitung beitragen.

Im Befruchtungsprozeß der Ascomyceten verschmelzen nach der Plasmogamie die beiden Geschlechtskerne zunächst nicht, sondern sie ordnen sich zu einem Paar und teilen sich simultan mitotisch, so daß weitere, zusammengehörige Paare von weiblich und männlich determinierten, haploiden Kernen entstehen, die sich auf die abgliedernden Zellen verteilen. Das sich so entwickelnde Hyphensystem wird Dikaryon genannt. Es ist i. d. R. ernährungsphysiologisch unselbständig und wird vom vegetativen Myzel mit ernährt. Das Dikaryon schiebt sich also zwischen Plasmogamie und Karyogamie und trennt beide Ereignisse zeitlich und räumlich voneinander. Mit Ausnahme der Taphrinomycetiden sind die Asci, in denen Karyogamie, Meiose und Meiosporenbildung erfolgen, in Fruchtkörpern, Ascomata, eingeschlossen. Auf Grund von Unterschieden bei Fruchtkörpern, Thallusorganisation sowie Ernährung der Dikaryophase werden die Ascomyceten in die Unterklassen Ascomycetidae, Taphrinomycetidae und Laboulbeniomycetidae gegliedert. Über die phylogenetische Abstammung der Ascomyceten können nur Vermutungen geäußert werden. Einige Forscher leiten sie von parasitischen Rotalgen ab, andere von den Blastocladialen über die Endomyceten.

Unterklasse Hexenbesenpilze, Taphrinomycetidae

Die etwa 100 pflanzenparasitischen Arten dieser Unterklasse weichen in einigen grundlegenden Merkmalen von den übrigen Ascomyceten ab. Es fehlen ihnen Fruchtkörper. Ihre Asci entwickeln sich in einer Schicht über dem besiedelten Wirtsgewebe. Auch sind Entwicklung und Bau der Asci verschieden. Schließlich ist ihre Dikaryophase ernährungsphysiologisch selbständig, ein Merkmal, das uns später bei den Basidiomyceten noch einmal begegnen wird.

Ordnung Hexenbesenpilzartige, Taphrinales

Die Taphrinalen kommen als Parasiten auf krautigen und holzigen Samenpflanzen sowie auf Farnen vor. Dort verursachen sie Mißbildungen, wie Blattrollungen und -kräuselungen, Blasen und Schwielen, Narrentaschen und Hexenbesen.

Die Sporen der Taphrinalen keimen zu haploiden, saprophytischen Sproßzellen aus, die sich auf der Wirtspflanzenoberfläche vermehren und auch in künstlicher Kultur gedeihen. Ihre große Widerstandsfähigkeit läßt sie alle Witterungsunbilden auf der Wirtsoberfläche überstehen. Später wird in den Sproßzellen durch eine mitotische Kernteilung parthenogam die Paarkernigkeit hergestellt. Bei Frühjahrsaustrieb keimen sie mit einer septierten Hyphe aus, die im Knospenbereich in die jungen Blätter eindringt und ein i. d. R. interzellulär wachsendes Paarkernmyzel bildet. Das Myzelstadium läßt sich nicht auf künstlichen Nährböden kultivieren.

Nach Besiedlung des Wirtsgewebes und Kräftigung des Myzels sammeln sich Hyphenstränge unter der Kutikula an und zerfallen dort in 2kernige Zellen (Proasci). In den Proasci findet die Kernverschmelzung statt, während sich die Zellen nach oben strecken und die Kutikula aufsprengen. Der diploide

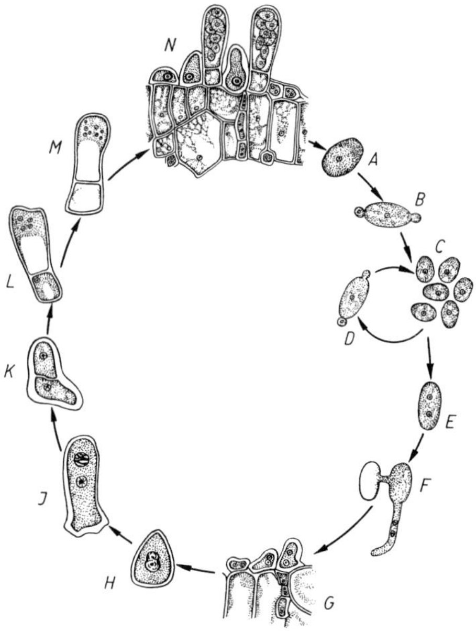

Kern teilt sich zunächst mitotisch, und ein Tochterkern wandert nach oben in die sich streckende Zelle hinein. Nach Ausbildung einer Trennwand wandelt sich die obere Tochterzelle in einen Ascus um. Hier erfolgen die Reduktionsteilung sowie eine weitere Kernteilung, so daß 8 Kerne entstehen, die sich mit Plasma umgeben und zu haploiden Sporen werden.

Als wichtigste Arten sind hier zu nennen die Erreger der Narrentaschenkrankheit der Pflaumen, *Taphrina pruni*, der Kräuselkrankheit des Pfirsichbaums, *T. deformans*, der Hexenbesenkrankheit der Birke bzw. des Pflaumenbaumes, *T. betulina* und *T. insititiae*.

Lebenszyklus des Kräuselkrankheitserregers des Pfirsichbaumes, *Taphrina deformans*. A–D ungeschlechtliche, E–N geschlechtliche Fortpflanzung; A Spore, B–D Sprossung, E parthenogame Paarkernigkeit, F Keimung, G Infektion, H Proascus, I Mitose, K Ascus mit Stielzelle, L Reduktionsteilung, M, N Ascosporenbildung

Unterklasse Laboulbeniomycetidae

Der einachsige, Rezeptakel genannte Thallus, der Vertreter dieser Unterklasse besteht aus einer Fußzelle und wenigen bis vielen nach artspezifischer Anordnung ausgerichteten Zellen sowie Anhängseln. So entsteht eine Vielfalt von bizarren Formen. Im Ablauf der Mitose, in der Differenzierung der Ascosporen sowie in der Feinstruktur der Septenporen gleichen sie den übrigen Ascomyceten, unterscheiden sich aber von diesen durch das Fehlen von Myzel, durch Entwicklung und Form der Fruchtkörper sowie durch Sprossung der Asci aus ascogenen Zellen, die frei im Perithecien-Hohlraum schwimmen.

Ordnung Laboulbeniales

Die Laboulbenialen sind obligate, hochspezialisierte Parasiten von Insekten und Spinnentieren und kommen hauptsächlich in wärmeren Ländern vor. Unter den Wirtstieren befinden sich Käfer, Fliegen, Geradflügler, Hautflügler, Federlinge sowie Milben und andere Gliederfüßler. Die Tiere werden jedoch durch den Parasiten offenbar nicht wesentlich geschädigt, sondern es entstehen nur mehr oder weniger harmlose, infektiöse Hautkrankheiten, im Gegensatz zu den tödlich verlaufenden Epidemien der Entomophthoralen. Bisher ist es noch nicht gelungen, Laboulbenialen auf künstlichen Nährböden zu kultivieren.

An der Oberfläche ihres Wirtstieres bilden sie einen aus wenigen Zellen bestehenden Thallus, der wie ein höchstens 3mm langes Haar oder eine Borste absteht. Mit einer Fußzelle oder mit Rhizoiden ist er im Wirt verankert. Form und Zellenzahl der Thalli sind artspezifisch weitgehend konstant. Bei ihnen kann man, ähnlich wie bei den Erysiphalen, einen Übergang vom Ekto- zum Endoparasitismus beobachten. Die überwiegende Mehrzahl der etwa 1500 Arten lebt ektoparasitisch, sie haben eine Fußzelle, die in den Panzer des Wirts eingelassen ist. Andere breiten ihre Rhizoiden nur in der unmittelbaren Umgebung der Infektionsstelle aus. Trenomyces *histophthorus*, der auf Hühnermil-

Taphrina deformans verursacht an jungen Pfirsichblättern die Kräuselkrankheit; in den rotverfärbten Falten findet man zahlreiche Asci.

ben und einigen anderen Milbenarten endoparasitisch lebt, durchzieht dagegen mit seinem Myzel das Fettgewebe des Wirts.

Die länglichen Ascosporen bleiben mit einem schleimigen Anhängsel am Insektenkörper kleben und dringen mit dem sich bildenden kurzen Fuß ein. Die Fußzelle dient sowohl der Verankerung als auch der Ernährung. Nach der ersten Querteilung der Ascospore entwickelt sich die obere Zelle zum männlichen Geschlechtsapparat. Es entstehen einige flaschenförmige, sporenbildende Zellen (Phialiden), die kleine, farblose Spermatien mit je einem männlichen Kern ausstoßen. Anschließend wächst aus der unteren Zelle der ursprünglichen Ascospore ein Seitenast, der zukünftige Fruchtkörper. In dessen Innern differenzieren sich ein einzelliges Ascogon und darüber eine Trichophorzelle mit Trichogyn. Nach der Befruchtung und der Reduktionsteilung wandelt sich das Ascogon durch Sprossung in ein Büschel zartwandiger Asci mit je 4 Ascosporen um. Die Asci verschleimen später, und die Ascosporen gelangen durch die Perithecienmündung ins Freie. An einem Thallus können sich ein oder mehrere Perithecien befinden.

Der längliche Thallus verbreitert sich nach oben etwas und ist oft verzweigt. Häufig bilden sich mehrere Seitenzweige, in oder auf denen sich die Geschlechtsorgane entwickeln.

Die zahlreichen Arten werden in 3 Familien und zahlreiche Gattungen eingeteilt. Ihre phylogenetische Stellung ist unbekannt. Man könnte sie eventuell von den Eurotiales ableiten und in die Nähe der Microascales stellen. Auch eine Ableitung von parasitischen Rotalgen wird erwogen. Biologisch sind sie jedoch zu hochspezialisierten, arthropodenbewohnenden Hautpilzen geworden.

Die Arten der Ceratomycetaceen parasitieren vorwiegend auf wasserbewohnenden Insekten, z. B. *Zodiomyces vorticellarius* auf dem Kolbenwasserkäfer. Eine weitere Gattung ist *Ceratomyces*.

Rund 30 Gattungen umfaßt die Familie Laboulbeniaceae. Auf der Stubenfliege ist *Stig-*

matomyces baeri zu finden. *Laboulbenia, Herpomyces* und *Rhachomyces* sind ebenfalls Vertreter dieser Familie.

Zur letzten Familie, Peyritschiellaceae, gehören etwa 25 vorwiegend tropische Gattungen. *Dichomyces, Monoicomyces, Peyritschiella, Rickia* und *Trenomyces* können als Beispiele genannt werden.

Unterklasse Echte Schlauchpilze, Ascomycetidae

Rund 30000 Vertreter der Echten Schlauchpilze sind Saprophyten oder Parasiten von Pflanzen, anderen Pilzen, Tieren oder Menschen; weitere 16000 Arten leben in Symbiose mit Algen und bilden Flechten. Im Gegensatz zur Unterklasse Taphrinomycetidae besitzen die Vertreter dieser Unterklasse wie die Laboulbeniomycetidae Fruchtkörper, aber im Unterschied zu den beiden anderen Unterklassen wird hier die vegetative Phase von einem haploiden Myzel gebildet, das ebenfalls im Gegensatz zu den anderen Unterklassen die Dikaryophase ernährt.

Die Befruchtung zur geschlechtlichen Fortpflanzung erfolgt i. d. R. durch Kopulation von männlich und weiblich differenzierten Gametangien, die man Antheridien und Ascogonien nennt. Das zylindrische bis keulenförmige Antheridium sitzt auf einer Traghyphe, um die sich das auf einer Kette von mehreren Stielzellen angeordnete Ascogonium schlingt. Die Plasmaverschmelzung und den Übertritt des männlichen Kerns vom Antheridium ins Ascogonium vermittelt eine dem Ascogonium aufsitzende, fadenförmige Empfängnishyphe, das Trichogyn (Gametangie).

Von diesem Befruchtungsschema kommen jedoch innerhalb der Ascomyceten vielfältige Abwandlungen vor. So fehlen z. B. bei vielen Formen die Antheridien. Ihre Funktion übernehmen kleine, einzellige, einkernige Konidien, die leicht vom Wasser oder von Insekten verbreitet werden. Man nennt sie Spermatien. Die Spermatien bleiben an den Trichogynen haften, oder die Trichogyne wachsen auf die Spermatien zu, es kommt zur Kopulation, und der Spermatienkern wandert durch das Trichogyn ins Ascogonium (Deuterogamie). Bei einigen Formen sind die Gametangien noch weiter reduziert, und die Dikaryophase (Zweikernphase) entsteht durch Verschmelzung zweier beliebiger, somatischer Pilzzellen und den darauffolgenden Kernübertritt in eine der beiden Zellen (Somatogamie). Das so entstandene Kernpaar wandert zum Ascogonium, falls ein solches ausgebildet wurde; anderenfalls vollzieht sich die weitere Entwicklung an der Verschmelzungsstelle.

Nach dem Kernübertritt erfolgen im Ascogonium mehrere konjugierte Kernteilungen, d. h., der männliche und der weibliche Kern teilen sich gleichzeitig, so daß mehrere Kernpaare entstehen. Gleichzeitig bilden sich am Ascogonium kurze Hyphen, ascogene Hyphen genannt, in die je ein Kernpaar einwandert. Innerhalb der ascogenen Hyphen erfolgen noch mehrere konjugierte Kernteilungen und Wandbildungen, bis schließlich ein sinnvoller Mechanismus abläuft, der garantiert, daß stets 2 Kerne unterschiedlichen, also männlichen und weiblichen Ursprungs miteinander verschmelzen können. Hierzu krümmt sich die Hyphenspitze hakenförmig um, und die beiden in der Spitze liegenden Kerne teilen sich so, daß ihre Spindeln mehr oder weniger parallel zueinander und in Längsrichtung der Hyphe liegen. Dadurch kommen 2 Tochterkerne verschiedener Herkunft (von jeder Spindel einer) dicht nebeneinander in die Hakenkrümmung, während von den anderen Tochterkernen einer in der Hakenspitze und einer in der Hakenbasis liegt.

Durch 2 Querwände werden jetzt 3 Zellen abgegliedert, eine 2kernige Zelle in der Hakenkrümmung und je eine einkernige, nämlich die Hakenspitze und die Hakenbasis. Die 2kernige Zelle wird Ascusmutterzelle genannt, denn aus ihr entsteht, nachdem beide Kerne miteinander verschmolzen sind (Karyogamie), durch Streckung der Ascus. Hyphenspitze und Hakenbasis verschmelzen nun wieder zu einer 2kernigen Zelle, die seitlich auswächst und einen neuen Haken bildet. So entstehen schließlich viele Haken bzw. spätere Asci nebeneinander. Einzelne

Arten weichen von diesem Hakentypus ab und bilden ihre Asci nach dem Schnallen-, dem Ketten- bzw. nach dem Knospentyp. Auf diese Bildungsmodi können wir hier aber nicht näher eingehen.

Im Ascus erfolgt die Reduktionsteilung, die 4 haploide Kerne ergibt, von denen sich jeder anschließend noch einmal mitotisch teilt, so daß 8 Kerne entstehen. Doch gibt es auch hier Ausnahmen von der Regel. Jeder Kern umgibt sich mit einem Teil des Plasmas und wird so zur Ascospore (freie Zellbildung).

Die meisten Ascomycetes haben gestreckte, keulige oder zylindrische Asci. Es gibt aber auch Arten, deren Asci kugel- oder eiförmig sind. Der Bau der Asci ist für die Klassifizierung der Ascomyceten sehr wichtig. Im Ascusaufbau lassen sich 3 Haupttypen unterscheiden. Als prototunicat bezeichnet man Asci, deren Wände einschichtig und ohne Öffnungsmechanismus sind. Erst durch Zerfall oder Verschleimung der Ascuswand werden die Sporen frei. Beim unitunicaten Ascus ist die Ascuswand zwar zweischichtig, aber die beiden elastischen Schichten bleiben stets fest miteinander verbunden. Am Ascusscheitel sind Vorrichtungen zur Freisetzung der Sporen vorhanden (Apikalapparat). Geschieht dies durch einen Porus oder Spalt im Ascusscheitel, spricht man von einem inoperculaten Ascus, wird dagegen ein Deckel abgesprengt, nennt man den Ascus operculat.

Beim bitunicaten Ascus besteht die Ascuswand ebenfalls aus 2 Schichten. Die äußere Schicht ist starr, die innere dagegen elastisch dehnbar. Bei der Sporenreife wird die äußere Schicht am Scheitel durchbrochen, die innere Schicht dehnt sich um ein Vielfaches ihrer ursprünglichen Größe aus und zwängt sich als langer, zylindrischer Sack mitsamt dem Ascusinhalt durch die Öffnung in der äußeren Schicht nach außen.

Die Ascosporen sind je nach Gattung und Art sehr vielgestaltig; sie sind ein-, zwei- oder mehrzellig; winzig klein, groß oder sehr groß (bis etwa 0,3 mm lang); kugel-, ei-, keulen-, spindel- oder fadenförmig; manche

Lebenszyklus eines Schlauchpilzes, dargestellt am Beispiel des Apfelschorferregers, *Venturia inaequalis*. A–D ungeschlechtliche, E–I geschlechtliche Fortpflanzung; A Konidien, D Keimung, C Myzel, D Stroma mit Konidienträgern, E Einleitung der Fruchtkörperbildung, F Ascogonium und Antheridium, G ascogene Hyphen mit Hakenbildung, H Fruchtkörper mit reifen, bitunicaten Asci, I keimende Ascospore

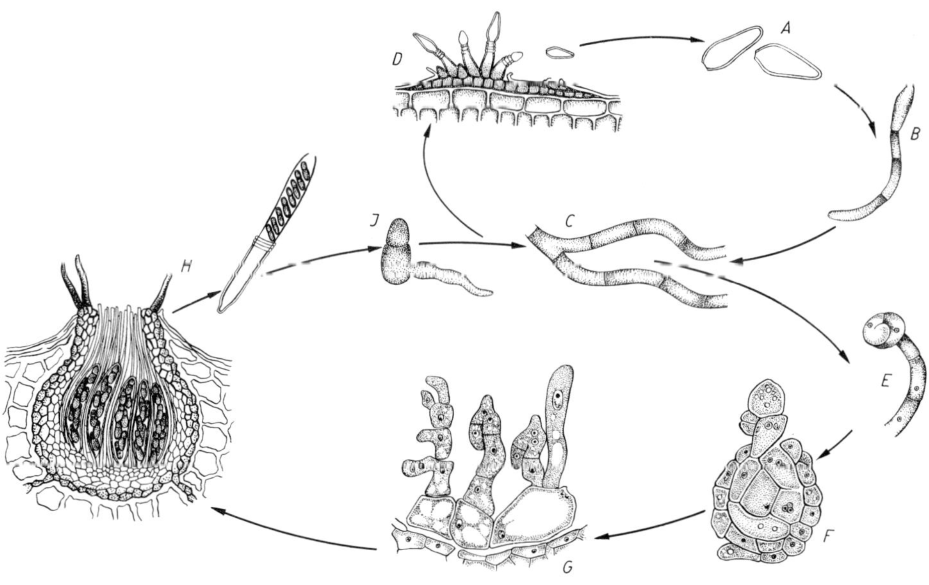

besitzen Keimporen oder Keimspalten; andere wieder haben auf ihrer Sporenwand Warzen, Stacheln, Netzleisten und ähnliche Ornamentierungen; sie können farblos, gefärbt oder schwarz sein.

Fast alle Ascomyceten bilden ihre Asci in Fruchtkörpern, sogenannten Ascocarpien oder Ascomata. Die Fruchtkörperbildung wird entweder durch die Befruchtung eingeleitet, und die Entwicklung der ascogenen Hyphen vollzieht sich gleichzeitig mit der Differenzierung des Fruchtkörpers; die Asci wachsen in primär vorhandene Hohlräume hinein, bzw. sie stehen an der Oberfläche des Fruchtkörpers. Diese Entwicklung nennt man den ascohymenialen Typ. Die Fruchtkörperentwicklung kann aber auch nach bestimmten äußeren Reizen auf vegetativem Weg durch die Bildung von Hyphenknäueln eingeleitet werden. Wenn dann der Fruchtkörper fast fertig ausgebildet ist, entstehen in ihm die generativen Organe, und die Befruchtung vollzieht sich erst jetzt. Nachträglich werden dann im Fruchtkörper Höhlungen (Loculi) herausgelöst, in die die Asci hineinwachsen. Eine solche Fruchtkörperentwicklung nennt man den ascolocularen Typ.

Bei den primitivsten Ascomyceten fehlen die Fruchtkörper völlig, und die Asci stehen einzeln frei im Myzel, oder die Ascocarpien sind sehr einfach gebaut, wenig differenziert und enthalten nur wenige Asci. Derartige Formen finden sich vor allem bei den operculaten Pezizalen in den Familien Ascobolaceae und Pyronemaceae. Bei ihnen kann der stammesgeschichtliche Anschluß aller übrigen Ascomyceten gesucht werden. Auch die bitunicaten Ascomyceten, die als abgeleitet oder höher entwickelt anzusehen sind, können hier angeschlossen werden.

Bei der ascohymenialen Entwicklung können folgende Ascocarptypen unterschieden werden:

Das Protothecium besteht nur aus einem lockeren Hyphengeflecht, das die Asci umgibt. Eine allseitig geschlossene feste Ascocarpwand besitzen die Kleistothecien. In ihrem Zentrum liegen die Asci regellos zerstreut. Zur Ascosporenentlassung zerbröckeln die Kleistothecien oder brechen längs vorgebildeter Dehiszenslinien auf. Ebenfalls mit einer allseitig geschlossenen Wand, die nur am Scheitel mit einer engen, kanalförmigen Öffnung versehen sein kann, sind die Perithecien ausgestattet. Bei ihnen sind aber die Asci im Zentrum rosettenförmig oder in einer einheitlichen Schicht (Hymenium) angeordnet. Die Öffnung am Perithecienscheitel (Ostiolum) ist oftmals papillenförmig emporgewölbt, bei vielen Gattungen sitzt sie auf einem langen, schnabelförmigen Hals. Die Innenseite des Öffnungskanals kleiden meist kleine Härchen, Periphysen, aus.

Haben die Fruchtkörper dagegen ein offenliegendes, meist sehr ausgedehntes Hymenium, so spricht man von einem Apothecium.

Auch bei ascoloculater Entwicklung lassen sich verschiedene Fruchtkörpertypen unterscheiden:

Ist das Ascocarp polsterförmig und enthält es zahlreiche, regellos verstreute Loculi mit nur je einem Ascus, spricht man von einem Myriothecium. Das Pseudothecium enthält nur einen oder sehr wenige Loculi mit mehreren regelmäßig angeordneten Asci. Das Pseudoapothecium besitzt nur einen Loculus, in dem die Asci hymeniumartig angeordnet sind und der sich durch lappiges Aufklappen einer dünnen Deckschicht öffnet. Thyriothecien sind schildförmig flach. Langgestreckt ist schließlich das Hysterothecium, das sich durch einen vorgebildeten Längsspalt öffnet, und Tuberothecien nennt man die knollenförmigen Fruchtkörper der Trüffeln.

In manchen Gattungen oder Familien sind die Fruchtkörper in mitunter recht große und auffällige Stromata eingesenkt. Zwischen den in einem Hymenium stehenden Asci kann man oft sterile Fäden finden, die man Paraphysen nennt.

Die Vertreter der Unterklasse Ascomycetidae werden nach Entwicklung, Typ, Form und Ausgestaltung der Fruchtkörper, nach Bau und Anordnung der Asci, nach ihrem biologischen Verhalten und in manchen Fällen auch nach ihren Anamorphen in zahlreiche Ordnungen eingeteilt. Im allgemeinen, taxonomisch unverbindlichen Sprachgebrauch werden oft die Ausdrücke Plectomyceten für Pilze mit Kleistothecien, Pyrenomyceten (Kernpilze) für Pilze mit Perithecien, Discomyceten (Scheibenpilze) für Pilze mit Apothecien und Loculoascomyceten für Arten mit ascoloculärer Fruchtkörperbildung verwendet. Mit diesen Ausdrücken kann auf kürzeste Weise eine Information über ein gemeinsames morphologisches Merkmal der betreffenden Pilze vermittelt werden, aber sie sagen – wie oben schon betont wurde – nichts über deren Verwandtschaft aus.

Ordnung Eurotiales

Unter den Eurotialen finden sich die am weitesten verbreiteten Pilze, die überall anzutreffen sind, wo organische Masse zersetzt wird. Allgemein bekannt als Pinselschimmel und Gießkannenschimmel sind *Penicillium*- und *Aspergillus*-Arten. Sie sind vorwiegend Saprophyten, einige können aber auch Parasiten innerer Organe, vor allem der Atemwege, bei Mensch und Tier sein. Mehrere Arten haben in der biologischen Technik Bedeutung als Produzenten von Antibiotika (Penicillin, Griseofulvin) und von organischen Säuren (Zitronen-, Fumar-, Oxal-, Glucon-, Gallussäure) erlangt. Auch in der Nahrungsgüterindustrie sind Vertreter der Eurotalen zu wertvollen Helfern des Menschen geworden. In Japan wird aus Reis mit *Aspergillus oryzae* das alkoholische Getränk Sake hergestellt. Auf Java verwendet man *Aspergillus wentii* wegen seiner Fähigkeit, harte Gewebe aufzulockern, zur Zubereitung von Sojabohnen. *Penicillium roqueforti* und *P. camemberti* verleihen dem Roquefort- bzw. Camembertkäse den charakteristischen Geschmack. Auch Dänischer Blaukäse und der italienische Gorgonzola reifen durch *Penicillium*-Arten.

Nahrungsmittel werden oft von *Aspergillus*-Arten besiedelt, die dort hochgiftige Mykotoxine ausscheiden.

Aspergillus fumigatus gelangt durch Inhalation von Konidien in die Lungen von Menschen und Tieren, besonders Vögeln, wo er die oft tödlich verlaufende Aspergillose hervorruft oder tief ins Gewebe eindringt und dort ein Myzetom (Aspergillom) erzeugt. Unser Bild zeigt Hyphen des Erregers im menschlichen Lungengewebe (Vergr. etwa 640fach).

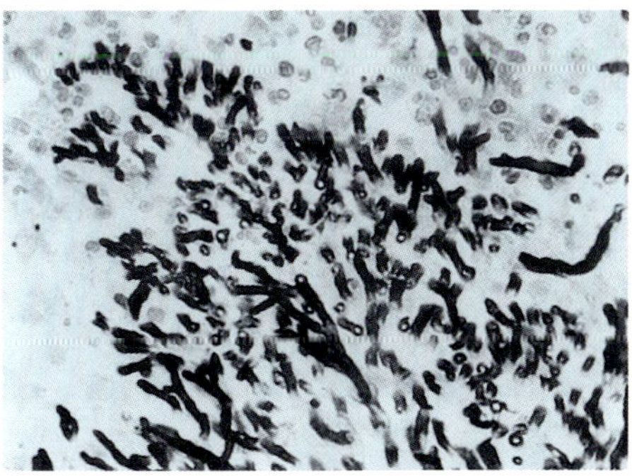

Auf verdorbenem Erdnuß- und Sojaschrot sowie auf anderen Futter- und Nahrungsmitteln siedeln sich häufig *Aspergillus flavus* und andere *Aspergillus*-Arten an, die hochwirksame Gifte, Aflatoxine, ausscheiden. Durch den Genuß solcher Futter- und Nahrungsmittel ist es schon häufig zu Erkrankungen mit tödlichem Ausgang bei Menschen und Haustieren gekommen.

Der Thallus der Eurotialen besteht aus einem gut entwickelten, septierten, vielkernigen Hyphenmyzel. Auf dem Myzel wird reichlich die Nebenfruchtform erzeugt. Es handelt sich dabei vorwiegend um trockene, in Ketten abgegliederte Konidien, die auf mehrfach verzweigten oder charakteristisch geformten Konidienträgern gebildet werden. Da die Nebenfruchtformen weit häufiger als die Hauptfruchtformen anzutreffen sind, kennt man diese Pilze meist unter dem Namen ihrer Nebenfruchtform, insbesondere *Paecilomyces, Penicillium* und *Aspergillus* (s. Formklasse Deuteromycetes).

Die sexuelle Fortpflanzung beginnt mit

dem Umschlingen von Ascogonium und Antheridium und dem Kernübertritt. In einigen Fällen sind die Gametangien rudimentär, und es kopulieren bestimmte somatische Hyphen. Durch Hyphenverflechtungen bilden sich dann winzige, sklerotienähnliche Fruchtkörper, die entweder Protothecien oder Kleistothecien sind. In ihrem Innern liegen die Asci regellos verteilt. Paraphysen kommen nicht vor. Die Gattung *Byssochlamys* hat ihre Asci, die regellos angehäuft sind, überhaupt nicht in Fruchtkörpern eingeschlossen. Die Asci sind mehr oder weniger kugelförmig, prototunicat und haben keinen Apikalapparat. Sie enthalten 8 einzellige, i.d.R. farblose Ascosporen. Diese sind ei- bis linsenförmig und oft mit Stacheln, Warzen oder Ringwülsten (Ringkragen) versehen. Bei manchen Arten umzieht eine Ringfurche die Ascosporen.

Phylogenetisch können die Eurotales an die Gymnascaceen angeschlossen werden, von denen sie auf Grund ihrer Nebenfruchtformen zu den Microascalen und den Hypocrealen überleiten.

Es werden mehrere Familien unterschieden. Wichtigste Gattungen sind: *Talaromyces, Eupenicillium, Byssochlamys, Emerciella, Neosartorya, Emericellopsis,* Eurotium u.a.

Ordnung Onygenales

Saprophytisch im Boden lebende Pilze, die mit hornstofflösenden Fermenten ausgestattet sind, gehören in diese Ordnung. Sie wachsen hauptsächlich auf keratinhaltigen Abfällen, wie Federn, Haaren, Hörnern, Hufen, Klauen und Gewöllen. Mehrere Arten sind aber auch Parasiten von Tieren und Menschen, bei denen sie schwere Haut-, Haar- oder Nagelkrankheiten verursachen.

Ihre kugeligen oder birnenförmigen, prototunicaten Asci enthalten 4–8 einzellige, kugel- oder eiförmige, farblose oder braunviolette Ascosporen. Sie sind in den meisten Fällen nur von Hüllhyphen umgeben. Diese bilden ein lockeres Protothecium, das bei vielen Arten mit charakteristischen Anhängseln, wie Borsten, Dornen, Widerhaken oder kammförmigen Grannen, besetzt ist.

Bei einigen Gattungen sind die Fruchtkörper vom Kleistothecien-Typ und mehr oder weniger gestielt. Die tropische Gattung *Dendrosphaera* erreicht Stiellängen bis zu 25 cm. Bei der Reife verschleimen die Asci, und die Ascocarpien reißen an der Spitze durch Druck der frei werdenden Ascosporen auf. Die Sporenverbreitung geschieht durch den Wind.

Ungeschlechtlich pflanzen sich die Gymnascales durch Konidien und in einigen Fällen auch durch Chlamydosporen fort.

Die Ordnung wird in 2 Familien gegliedert. Die Gymnoascaceen haben sehr kleine Fruchtkörper, meist mit charakteristischen Anhängseln. Zu dieser Familie gehören unter anderem die Gattungen *Arachinotus, Arthroderma, Ctenomyces, Eidamella, Gymnoascus, Myriogonium, Myxotrichum* und *Nannizzia* (*Nannizzia incurvata* mit den Nebenfruchtformen *Microsporum gypseum* ist der Erreger des Kopfgrindes). *Emmonsiella capsulata* mit der Nebenfruchtform *Histoplasma capsulatum* ist der Erreger der oft tödlich verlaufenden Histoplasmose. *Ajellomyces*-Arten mit *Zygonema*-Nebenfruchtformen sind Erreger tiefer Mykosen.

Bei den Onygenaceen sind die Fruchtkörper mehr oder weniger lang gestielt. Zu dieser Familie gehören die Gattungen *Dendrosphaera, Onygena, Trichocoma* u.a.

Ordnung Microascales

Die Microascalen haben farblose Ascosporen, und ihre Perithecien tragen nur einen kurzen Schnabel. Die Arten der Gattung *Microascus* sind im Erdboden auf faulenden Substanzen sehr verschiedener Art lebende Saprophyten.

Phylogenetisch können die Microascalen von den Eurotalen abgeleitet werden.

Ordnung Ophiostomatales

Sowohl Saprophyten als auch mehr oder weniger stark spezialisierte Parasiten gehören zu den Ophiostomatalen. Bei einigen Arten, die im Splintholz verschiedener Bäume parasitieren, hat sich eine gewisse Symbiose mit Splintkäfern (*Scolytus scolytus* u.a.) herausgebildet. Die Käfer sind auf die Pilze als Nahrung für ihre Brut angewiesen (Ambrosiapilze) und sorgen andererseits für die Verbreitung dieser Pilze, indem sie sie in ihrem Darmkanal oder an ihrem Körper verschleppen. Das sogenannte Verblauen, eine Wertminderung des Nutzholzes, wird ebenfalls durch bestimmte Vertreter dieser Ordnung hervorgerufen und beruht auf einem Lichtbrechungseffekt an den braunen Hyphen. Schließlich scheiden einige Arten Toxine aus, die mit der Zeit einen erwachsenen Baum abtöten können. Andere Arten sind starke Zellulosezersetzer.

Die sexuellen Vorgänge erfolgen entweder durch eine Verschmelzung von Ascogonien und Antheridien oder im Fall einer Rückbildung der Antheridien auch durch Spermatisierung oder durch Verschmelzung zweier Kerne des Ascogoniums (Autogamie). Die Fruchtkörper entwickeln sich nach dem ascohymenialen Typ. Es sind dunkelgefärbte, runde bis birnenförmige Perithecien, deren Scheitel oft zu einem deutlichen, mitunter sogar sehr langen Schnabel ausgezogen ist. Der Mündungskanal, der den Schnabel durchzieht, ist innen mit Periphysen ausgekleidet. Am Boden des Peritheciums stehen, rosettenförmig oder zu Hymenien angeordnet, die keulenförmigen, prototunicaten Asci. Sie enthalten 4–8 einzellige, hyaline oder dunkelgefärbte Ascosporen, die durch Verschleimung der Ascuswand freigesetzt werden. Die reifen Ascosporen verkleben oft zu einem gallertartigen Faden (Zirrhus), der aus der Perithecienöffnung austritt. Bei einsetzender Trockenheit verhärten sich die Zirrhen hornartig. Nebenfruchtformen kommen bei vielen Arten vor.

Diese Ordnung umfaßt zahlreiche Parasiten an Holzgewächsen, z. B. *Ceratocystis ulmi*, der das Ulmensterben verursacht, *C. fagacearum*, der Erreger der Eichenwelke Nordamerikas, *C. piceae*, einen Bläuepilz des Kiefernholzes, und *C. fimbriata*, die Ursache der Schwarzfäule der Bataten.

Die Melanosporaceen, eine Familie, die vielleicht besser bei den Eurotialen eingeordnet werden könnte, haben dunkle Ascosporen, und ihre Perithecien tragen keinen oder nur einen kurzen Schnabel. Die *Melanospora*-Arten sind i. d. R. Saprophyten, aber *Melanospora parasitica* ist ein Hyperparasit auf *Paecilomyces farinosus*, der seinerseits auf Insekten schmarotzt. Weitere Gattungen dieser Familie sind *Thielavia* und *Chaetomidium*.

Ordnung Ascosphaerales

Völlig isoliert steht diese kleine Ordnung in der Klasse der Ascomyzeten. Sie umfaßt nur 2 Arten, die als Parasiten in Bienenlarven auftreten, sich aber auch in künstlicher Kultur entwickeln.

Ihr Thallus besteht aus einem zönozytischen Hyphenmyzel. Gelangt eine weiblich determinierte Hyphe in die Nähe einer männlichen Hyphe, so entwickelt sie ein mehrkerniges Ascogonium mit einem Trichogyn. Dieses kopuliert mit der männlichen Hyphe, und mehrere männliche Kerne treten in das Ascogonium über. Nun schwillt das Ascogonium stark an, und in seinem Innern entsteht eine dünnwandige, vielkernige, ascogene Zelle, die sich mehrmals teilt und zu ascogenen Hyphen auswächst. Noch immer im Innern des angeschwollenen Ascogoniums bilden sich dann die runden Asci mit 8 Ascosporen. Doch die Ascuswände lösen sich schon frühzeitig auf, und die Sporen aller Asci reifen in dem zystenartig verdickten Ascogonium heran, das schließlich platzt und die Sporen freigibt. Das Ascogonium ist auf diese Weise selbst zum Kleistothecium geworden.

Der phylogenetische Anschluß dieser so eigenartigen Ordnung ist noch unklar. Es bestehen im Entwicklungsgang gewisse Ähnlichkeiten einerseits mit einigen Eurotialen und andererseits mit bestimmten Microascalen. Einzige Familie sind die Ascosphaeraceen mit den beiden Arten *Ascosphaera alvei* und *A. apis*, dem Erreger der Kalkbrut der Honigbiene.

Ordnung Schwarze Mehltaupilze, Meliolales

Epiphylle Pilze, die sich spinnwebartig mit schwarzen (dematioiden) Myzelien auf den Blättern lebender Pflanzen ansiedeln, sind ein charakteristischer Bestandteil der tropischen und subtropischen Mykoflora. Bisweilen überziehen sie die gesamte Vegetation ihres näheren Lebensraumes mit einem dunklen Flor. Nicht nur eine große Arten- und Formenmannigfaltigkeit ist zu solchen Schleiern verwoben, sondern die beteiligten Organismen unterscheiden sich auch in ökologischer Hinsicht. Neben den saprophytischen Rußtaupilzen, den Capnodiaceen, die später noch besprochen werden, tragen vorwiegend die parasitischen Schwarzen Mehltaupilze, die Meliolalen, zu dem genannten Phänomen bei. Sie sind hochspezialisierte, holobiotrophe Ektoparasiten auf Blättern und jungen Trieben höherer Pflanzen. Ihr vegetativer Thallus besteht aus einem dunklen, radiär wachsenden, mehr oder weniger regelmäßig verzweigten, sich oberflächlich auf der Wirtsepidermis ausbreitenden Myzel, an dessen Hyphen ziemlich regelmäßig zweizellige Hyphopodien angeordnet sind. Diese bestehen aus einer Stiel- sowie einer Kopfzelle. Von den Kopfzellen werden haarfeine Infektionshyphen in die darunterliegenden Epidermiszellen entsandt, wo sie gelappte Haustorien bilden. Außer diesen lateral inserierten, 2zelligen Hyphopodien werden auch dorsal inserierte, nach oben gerichtete, flaschenförmige oder phialidenartige, einzellige Hyphopodien gebildet, deren Funktion noch unbekannt ist. Dem Myzel sitzen kugelige Kleistothecien auf, in deren Innerem nach den Sexualvorgängen einige wenige, zu einem Hymenium angeordnete, kugelige, große, prototunicate, früh verschleimende Asci entstehen, die i. d. R. 2 braune, 3- bis 4fach septierte Ascosporen enthalten. Das Myzel der Vertreter aus der Gattung *Meliola* sowie die Fruchtkörper der *Irenopsis*-Arten sind mit schwarzen, starren, spitzen oder verzweigten Seten bewehrt.

Die rund 1900 Arten der Meliolalen gehören zu einer einzigen Familie, den Meliolaceen, und verteilen sich auf die Gattungen *Meliola, Asteridiella, Irenopsis, Appendiculella* und *Amazonia*. Nur vereinzelte Arten kommen außerhalb der Tropen und Subtropen vor, z. B. in den gemäßigten Regen- und Nebelwäldern Südamerikas. In Mitteleuropa sind die Schwarzen Mehltaupilze nur mit der Art *Meliola niessleana* auf den Blättern der Preiselbeere vertreten. Meliolalen wurden bisher nur auf Angiospermen gefunden. Eine besondere Affinität scheinen sie zu Rubiaceen, Bignoniaceen, Sapindaceen, Verbenaceen, Malpighiaceen sowie einigen anderen Familien zu besitzen.

Schwarze Mehltaupilze, Meliolales, sind ein charakteristischer Bestandteil der tropischen und subtropischen Mykoflora.

Ordnung Coryneliales

Etwa 50 Arten obligater Endoparasiten höherer Pflanzen, vorwiegend *Podocarpus*-Arten (Koniferen), gehören zu dieser ursprünglich nur auf der Südhemisphäre vorkommenden, inzwischen aber bis Nordamerika vorgedrungenen Ordnung. Ihre meist in größeren Gruppen oder Rasen zusammenstehenden Perithecien sind flaschenförmig, dunkel gefärbt, dickwandig und mit einem dicken, von einem weiten Mündungskanal durchbohrten Schnabel versehen. Die gestielten Asci schieben sich in der Reihenfolge ihrer Reife nach oben in den Mündungskanal hinein, wo sich die Ascuswand auflöst. Die nun freien, einzelligen, dickwandigen Ascosporen werden vom nächsten Ascus nach außen gestoßen.

Caliciopsis pseudotsugae verursacht den Krebs der Douglasie und Hemlocktanne, *C. pinea* ruft auf Kiefernarten Krebs hervor, während *C. nigra* auf Zweigen von Wacholderarten schmarotzt. Alle Arten der Gattungen *Corynelia* und Tripospora parasitieren

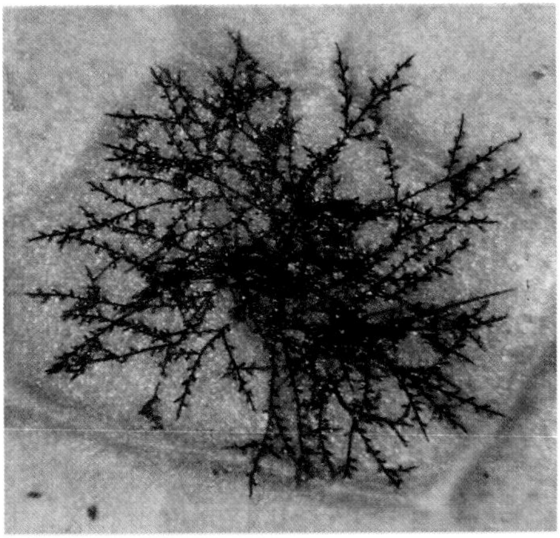

Das dunkelgefärbte Myzel der tropischen und subtropischen Schwarzen Mehltaupilze, *Meliola*-Arten, ist mit kurzen, regelmäßig angeordneten Hyphopodien auf den Blättern der Wirtspflanze angeheftet.

auf den Blättern von *Podocarpus*-Arten. Schließlich ist noch die Gattung *Coryneliospora* zu nennen, die im subtropischen China, in Indien und Südafrika heimisch ist.

Ordnung Becherpilze, Pezizales

Die Pezizalen leben alle saprophytisch. Viele von ihnen haben sich an bestimmte Substrate, wie Erdboden, Humus, Dung, abgestorbenes Holz, Holzkohle, Nadelstreu u. ä., angepaßt.

Ihre Asci sind ellipsenförmig bis zylindrisch, unitunicat und öffnen sich operculat. Sie enthalten bis auf wenige Ausnahmen 8 einzellige, glatte oder ornamentierte, meist farblose, kugel-, ei- oder spindelförmige Ascosporen. Die Asci sind zu breitflächigen Hymenien auf den polster-, schüssel-, becher- oder kelchförmigen, oft ansehnlich großen (bis 10 cm Durchmesser) Apothecien angeordnet. Zwischen den Asci stehen Paraphysen, deren pigmentierte Spitzen dem Hymenium seine charakteristische, oft lebhaftrote, violette oder gelbe bis braune Farbe verleihen.

Ein Apothecium besteht aus 3 Teilen, dem oben beschriebenen Hymenium, dem Hypothecium und dem Excipulum. Hypothecium wird eine dünne, verflochtene Hyphenschicht genannt, die sich unmittelbar unter dem Hymenium befindet. Der eigentlich fleischige Teil des Apotheciums, der Hypothecium und Hymenium trägt, ist das Excipulum.

Die Ascosporen werden aktiv aus den Asci geschleudert. Oft genügt eine Erschütterung oder ein Wärmereiz, um viele Asci zum Ausstoßen ihrer Sporen zu veranlassen. Man kann dann bei etwas Glück die Sporenwolken sehen. Hält man solch ein sporulierendes Apothecium an das Ohr, ist ein leises, zischendes Geräusch zu vernehmen.

Eine ungeschlechtliche Vermehrung durch Konidien kann vorkommen, ist aber bedeutungslos; bei vielen Gattungen fehlt sie ganz.

Die systematische Gliederung der Pezizalen in Familien erfolgt nach dem Bau der Apothecien, der Reaktion der Ascusscheitel und nach der Form und Ornamentierung der Ascosporen.

Familie Ascobolaceae

Die Ascobolaceen stellen wohl die primitivsten Vertreter der Pezizales dar. Sie leben meist auf den Exkrementen von Warmblütern, aber auch auf anderen faulenden Substanzen werden sie gelegentlich gefunden. Die Keimung ihrer vielkernigen, farblosen oder braunvioletten Ascosporen ist erst möglich, wenn sie den Darmtrakt eines Warmbluters passiert haben. Die stets sitzenden, etwa 0,1–12 mm großen Apothecien der Ascobolaceen sind nicht von Anfang an geöffnet, sondern öffnen sich erst im Lauf der Entwicklung wie eine Blütenknospe durch ein seitliches Auseinanderweichen der Deckhyphen. Bei manchen Arten bleiben sie auch ständig geschlossen. Die einfachsten Formen haben nur einen Ascus oder wenige Asci im Fruchtkörper. Die reifen Asci schwellen stark an und ragen dann über das Niveau des Hymeniums hinaus. Als wichtigste Vertreter seien die Gattungen *Ascobolus, Ascodesmus, Ascozonus, Dasyobolus, Lasiobolus, Rhyparobius, Saccobolus, Thelebolus* und *Thecotheus* genannt.

Familie Pyronemataceae

Die Pyronemataceen leben ebenfalls saprophytisch auf Dung, vermoderndem Holz u. ä. *Pyronema confluens* besiedelt verbrannte Erde von Kohlenmeilern, Feuerstellen, Waldbränden oder gedämpfte Erde in Gärtnereien. Ihre auf weißem Myzelfilz (Subiculum) sitzenden, orange- oder zinnoberroten, etwa 1–2 mm großen Apothecien werden seitlich nur von lockeren, undifferenzierten Randhyphen umgrenzt, so daß benachbarte Hymenien zu größeren Krusten zusammenfließen.

Familie Borstenbecherlinge, Humariaceae

Die Humariaceen besiedeln vorwiegend humösen oder sandigen Erdboden, z. B. der Borstenbecherling, *Humaria hemisphaerica*, einige werden auf Brand- oder Feuerstellen gefunden, andere auf Dung oder zwischen Moosen. Die Apothecien können bei einigen Arten bis zu 10 cm groß werden. Die Hymenien sind oft lebhaft rot, orange oder gelb. So bei der Gattung *Aleuria* (Orangenbecherlinge), deren bekannteste Vertreter, der Gemeine Orangenbecherling, *Aleuria aurantia*, mit 2–10 cm großen Apothecien auf Erde in Wäldern und an Wegrändern gefunden wird. Ebenso auffällig ist der Leuchtende Prachtbecher, *Caloscypha fulgens*, dessen 3–4 cm große, leuchtend orangefarbige Apothecien sich im zeitigen Frühjahr unter Fichten entfalten. Lebhaft orange, rote oder gelbe Apothecien, die bis 10 cm Durchmesser erreichen und außen mit farblosen bis gelben oder helbraunen Haaren besetzt sind, hat die mistbewohnende Gattung *Cheilymenia*. Auf etwa ein Jahr alten Brand- und Feuerstellen kommt oft der sehr gesellige Kohlenbecherling, *Geopyxis carbonaria*, vor. Seine 5–20 mm großen, kugel- bis kelchförmigen, mit einem leicht gekerbten Rand versehenen Apothecien sitzen auf einem 5–20 mm hohen, schlanken Stiel. Das Hymenium ist gelbbraun. Die Gattung *Humaria* hat kleine, bis 3 cm messende, weißlichgraue, schüsselförmige Apothecien, die außen dicht mit steifen, spitzen, braunen Haaren besetzt sind. Völlig weiß sind die kleinen Apothecien (bis 5 mm Durchmesser) des Erdbecherlings, *Leucoscypha leucotricha*. Ihre Außenseite ist mit langen, weißen Haaren besetzt, die sich beim Austrocknen über das Hymenium krümmen. Rötlichorange bis rote Apothecien von etwa 10 cm Durchmesser, die farblos bis gelblich behaart sind, hat die Gattung *Neottiella*. Braune, spitze, steife Haare haben auch die Borstlinge, *Scutellinia*-Arten, um ihre 2–10 mm großen, roten, orangefarbigen oder braunen Apothecien, die auf modrigem Holz, sandigem oder moorigem Boden zwischen Moosen hervorleuchten. Genannt werden soll der Schildborstling, *Scutellinia scutellata*. Weitere Gattungen dieser Familie sind *Coprobia, Octospora* (Moosborstling), *Sepultaria* (Sandborstling) u. a.

Familie Becherlinge, Pezizaceae

Die auffälligsten Gattungen finden sich unter den Pezizaceen. Ihre Apothecien sind becher-, schüssel- oder scheibenförmig und meist mehrere Zentimeter groß. Bei einigen Arten spalten sie sternförmig auf. Das Hymenium hat meist eine braune, gelbliche oder violette Farbe.

Eine eigenartige Gestalt haben die Öhrlinge, *Otidea*-Arten. Ihre Fruchtkörper sind mittelgroß bis groß, ungestielt, einseitig verlängert oder eingeschnitten und am Rand oft etwas eingerollt. Schöne, rot- bis zimtbraune, 2–5 cm hohe, hasenohrförmige Apothecien hat das im Nadelwald lebende Hasenohr, *Otidea leporina*; beim 10 cm hohen Eselsohr, *O. onotica*, ist das Hymenium dagegen orangefarben. Gespaltete und schneckenförmig eingerollte Fruchtkörper hat der Schneckenförmige Öhrling, *O. cochleata*.

Mehr als 150 Arten zählen zu der Gattung *Peziza*, Becherlinge. Ihre Apothecien sind anfangs kugelig, öffnen sich schüsselförmig und verflachen im Alter mehr und mehr. Sie sind sitzend oder am Grund ganz kurz stielartig zusammengezogen. Ihre Außenseite ist unbehaart, zuweilen aber mit kleinen Schüppchen versehen, so daß sie sich kleiig anfassen. Einige Arten scheiden an Bruchstellen einen gelblichen oder violetten Saft aus. Bei anderen Arten verfärben sich verletzte Stellen gelblich, grünlich bis blauviolett. Oft, mit mehreren Apothecien büschelartig vereinigt, findet man auf Misthaufen

Der Gemeine Orangenbecherling, *Aleuria aurantia*, entfaltet seine 2–10 cm großen Apothecien auf feuchter Erde in Wäldern und Wegrändern.

oder Champignonbeeten den bis 8 cm groß werdenden, ockerweißlichen Blasigen Becherling, *Peziza vesiculosa*. Feuchtes Holz im Freien und auch in Gebäuden bevorzugt der selten kleinere Riesenbecherling, *P. varia*. In Dünen kann man das halb im Sand vergrabene, sternförmig einreißende Sandtülpchen, *P. ammophila*, mit seinen braunen Apothecien finden. In den Bergen steigt *P. nivalis* bis ungefähr 2500 m auf. Ihre kastanienbraunen, 1–4 cm großen, am Rand nach unten umschlagenden Apothecien wachsen neben oder unter schmelzendem Schnee.

Der Kronenbecherling, *Sarcosphaera eximia*, hat sehr große (5–15 cm Durchmesser), sternförmig aufreißende Fruchtkörper, die erst im Boden eingesenkt sind, später etwas höher kommen. Das Hymenium ist violett, die Außenwand des Apotheciums schmutzigweiß. Von dieser Art gibt es auch eine ständig weißbleibende Varietät. Weitere Gattungen dieser Familie sind *Plicaria* und *Pustularia*.

In Fichtenwäldern findet man nicht selten das bis zu 5 cm große Hasenohr, *Otidea leporina*.

Familie Kelchbecherlinge, Sarcoscyphaceae

Auf Holz wachsen die Vertreter der Sarcoscyphaceen. Ihre Apothecien sind schüssel-, kelch- oder urnenförmig, lebhaft gefärbt oder dunkelbraun bis schwarz. Zu ihnen zählt der Glänzende Schwarzborstling, *Pseudoplectania nigrella*, dessen 1–2 cm große Apothecien auf modrigem Nadelholz vorkommen. In der Jugend sind sie fast kugelig, entfalten sich dann schalenförmig und zeigen ihr lackschwarz glänzendes Hymenium. Außen sind die Fruchtkörper dicht filzig mit gekräuselten Haaren besetzt. An feuchten Orten auf totem Laubholz entfaltet gleich nach der Schneeschmelze der Zinnoberrote Kelchbecherling, *Sarcoscypha coccinea*, seine leuchtend gefärbten, 3 cm breit werdenden, schalenförmigen Apothecien, die auf einem 1–3 cm hohen und 2–5 mm dikken Stiel sitzen. Die Gallertkugel, *Sarcosoma globosum*, findet man im Frühjahr und Herbst zwischen Moos im Nadelwand. Ihre bis 10 cm messenden Fruchtkörper sind kugelig bis tonnenförmig. Die Außenseite ist faltig-runzelig und mit schwarzen Haaren besetzt. Das Fleisch ist gallertig weiß. Das Hymenium glänzt dunkelbraun bis schwarz. Durch Einreißen des Randes öffnen sich sternförmig die braunschwarzen, außen dichtfilzig behaarten, 6 cm hohen und 4 cm breiten Fruchtkörper des Kelchpilzes, *Urnula craterium*. Ihr Fleisch ist lederartig zäh. Zu dieser Familie zählen auch die tropischen Gattungen *Cookeina* und *Phillipsia*, die mit ihren roten oder gelben Apothecien in tropischen Wäldern häufig sind.

Sporentypen der Helvellales. A Rhizinaceae, B Discinaceae, C Helvellaceae–Gyromitroideae, D Helvellaceae–Helvelloideae, E Morchellaceae (alle Figuren im gleichen Größenverhältnis)

Ordnung Lorchelpilze, Helvellales

Mit den Morcheln und Lorcheln erreichen die operculaten Discomyceten den Höchststand ihrer gestaltlichen Differenzierung. Gegenläufig hierzu erfolgt bei ihnen ein weiterer Rückgang der Antheridien und schließlich auch der Ascogonien bis zu vollendeter Somatogamie oder Asexualität, besonders in der Gattung *Morchella*. Entwicklungsphysiologisch und morphologisch knüpfen also die Helvellales unmittelbar an die Pezizales an und sind durch gewisse Übergangsformen (Gattung *Pustularia*) mit diesen verbunden. Von den meisten Autoren werden sie deshalb als die Familien Helvellaceae einschließlich der Wurzellorcheln und Scheibenlorcheln sowie Morchellaceae zu den Pezizalen gerechnet. Sie heben sich jedoch oberirdisch (epigäisch) genauso markant über den Bechertypus der Pezizalen hinaus, wie deren unterirdische (hypogäische) Weiterentwicklung zur Knollenform der Tuberalen geführt hat. Taxonomisch stehen somit die Lorchelpilze den Trüffeln etwa gleichwertig gegenüber, und ihre meist deutlich gestielten Apothecien, deren Hymenium stark in die Breite wächst, sind äußerlich den Hutpilzen der Basidiomyceten vergleichbar.

Wie bei den Becherlingen sind auch die Asci der Lorchelpilze positiv phototrop, und der Sporenausstoß erfolgt jeweils gleichzeitig in größeren Portionen, so daß an sonni-

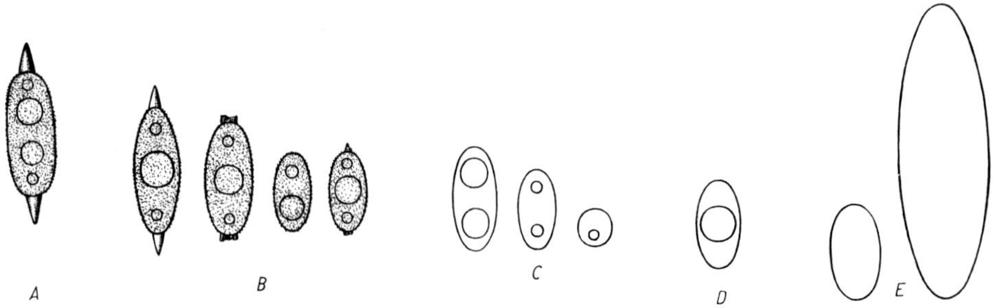

Feuchte Stellen auf sandig-lehmigen Waldböden, besonders an Böschungen und Wegrändern, bevorzugt der Braune Becherling, *Peziza badia*.

gen Tagen die geringste Erschütterung genügt, um sichtbare Sporenwölkchen wie Zigarettenrauch vom Hymenium aufsteigen zu lassen.

Fast alle Helvellalen leben saprophytisch auf dem Erdboden, besonders zwischen Laubstreu und faulenden Holzresten, auf ehemaligen Brandstellen oder mulmigen Stümpfen; einige kalkholde Arten wachsen gern zwischen Bauschutt oder an festgetretenen Straßen- und Wegrändern. Parasitische Lorcheln gibt es nur bei den Rhizinaceen; Mykorrhiza wurde bei keiner Art nachgewiesen, obwohl sie für manche Morchellaceen vermutet wird (fakultativ?). Vielfach bestehen aber bei Mützenlorcheln und Verpeln spezifische Bedingungen an die Abfallstoffe bestimmter Gehölzarten, z. B. *Verpa* an Rindenreste und Fallaub von Weiden und Espen.

Die weitaus meisten Helvellalen finden sich in der nördlichen gemäßigten Zone von Nordamerika über Europa bis nach Ostasien, einige auch in den arktischen und subtropischen Breiten, während sie in den Tropen zu fehlen scheinen. Von der Südhalbkugel sind nur wenige Arten aus Argentinien, Südafrika und Australien bekannt. Im ganzen werden 12–16 Gattungen mit fast 100 Arten (etwa 40 davon in Europa) unterschieden – konstante Zahlen lassen sich dafür nicht angeben, da die Schwankungsbreite mancher Fruchtkörperformen recht groß ist und je nach Beurteilung einzelner Merkmale die Grenzen enger oder weiter gezogen werden.

Deshalb konnte auch die ältere Einteilung auf rein morphologischer Basis – nur nach der Umgestaltung des Hymenophors – nicht voll befriedigen. Die Helvellalen sind zwar mit Sicherheit aus dem becherförmigen Grundtyp der Pezizalen hervorgegangen – das geschah durch Entwicklung eines mehr oder weniger kräftigen Stieles und durch stärkeres Breitenwachstum des Hymeniums bis zum Herabklappen der Becherränder (Umstülpen des Bechers), so daß schließlich die Sporenbildung auf der Außenseite des so entstandenen Hutes oder Kopfes erfolgt. Daraus lassen sich bei weiterer Oberflächenvergrößerung die wulstig gefalteten Hutlappen der Lorcheln *(Helvella, Gyromitra, Neogyromitra)* und die scharfgratigen Wabenstrukturen der Morcheln *(Mitrophora, Morchella)* ableiten. Die Aufeinanderfolge dieser Formtypen ist aber keine monophyletische

Reihe, in die man die Lorcheln einfach als »Vorstufe« der Morcheln einordnen könnte, wie es lange Zeit üblich war. Vielmehr weisen die mikroskopischen Merkmale der Helvellalen, besonders ihre sehr charakteristischen Sporengruppen, deutlich auf mehrere konvergente Entwicklungslinien hin, deren jede für sich aus pezizoiden Anfängen zu hochdifferenzierten, gestielt kopfigen Fruchtkörpern aufsteigt.

Obwohl die Morcheln überhaupt keine und die Lorcheln nur wenige Giftpilze enthalten, ist ihre wirtschaftliche Nutzung verhältnismäßig begrenzt: Die größeren Arten werden von Kennern und Feinschmeckern als Delikatessen gesammelt; ihre erfolgreiche Kultivierung (bis jetzt nur *Morchella*) ist jedoch weitgehend vom Zufall abhängig, da die biologischen Voraussetzungen ihrer Fruktifikation erst unvollständig bekannt sind und schon geringe ökologische Veränderungen das Ergebnis beeinträchtigen können.

Familie Wurzellorcheln, Rhizinaceae

Gegenüber allen anderen Lorchelfamilien befinden sich die Rhizinaceen auf einer sehr altertümlichen Stufe und stehen taxonomisch weitgehend isoliert. Vor allem fehlt ihren Fruchtkörpern ein deutlicher Fußpunkt (zentraler Myzelansatz), also auch jede Andeutung eines Stieles. Statt dessen sind ihre krustenförmigen und höckerig verbogenen Apothecien mit zerstreuten, wurzelartigen Myzelsträngen in der Unterlage verankert. Außerdem behalten sie wahrscheinlich zeitlebens die Fähigkeit bei, nach Art der Poriaceen an den Rändern uneingeschränkt weiterzuwachsen und dabei zu größeren Fruchtkörperkomplexen zusammenzufließen.

Mikroskopisch werden die Wurzellorcheln durch lange, schiffchenförmige Sporen (bis 40 µm) festgelegt, die stets 2 größere und oft noch 2 kleinere (polare) Öltropfen enthalten sowie an jedem Ende ein kegelig zugespitztes Anhängsel tragen. Dieser Sporentyp stellt die Rhizinaceen in die Nähe der Scheibenlorcheln, Familie Discinaceae, die ihren Ursprung mit großer Wahrscheinlichkeit in rhizinoiden Vorfahren haben. Ein unmittelbarer Zusammenhang ist aber nicht nachzuweisen; und der beträchtliche Abstand ihrer Evolutionshöhen findet seinen natürlichen Ausdruck in 2 getrennten Familien. Dennoch werden beide mitunter recht willkürlich zu einer Großfamilie zusammengefaßt, die sogar die Gyromitroideen mit einschließt.

Mit ihrer einzigen Gattung *Rhizina* sind die Rhizinaceen überall in den Nadelwäldern der nördlichen gemäßigten Zone verbreitet, wo die Wellige Wurzellorchel, *Rhizina undulata*, als einziger Parasit unter den Lorchelpilzen die Wurzelfäule junger Koniferen hervorruft und größere Schäden in Forstpflanzungen anrichtet (Wurzelschwamm). Nach dem Absterben der befallenen Bäume kann sie aber auch saprophytisch an faulenden Nadelholzresten und besonders auf älteren Brandstellen vorkommen.

Als Speisepilze sind die dünnen, meist knorpelig-zähfleischigen Fruchtkörper der Rhizinaceen trotz ihrer Genießbarkeit ohne Bedeutung.

Familie Scheibenlorcheln, Discinaceae

Wie die vorige Familie sind auch die Discinaceen durch zartgenetzte oder feinwarzige Sporen, meist mit polaren Anhängseln, ausgezeichnet. Sie enthalten hier aber nicht 2 oder 4, sondern grundsätzlich 3 Öltropfen, von denen der mittlere stets größer ist. Dieser Sporentyp findet sich am reinsten in der Tribus Discineae, während er bei den Paradiscineen mitunter kleine Veränderungen aufweist. Doch in jedem Fall grenzt er die Discinaceen eindeutig gegen ihre Nachbarfamilien (Helvellaceae und Morchellaceae) ab, mit denen die Scheibenlorcheln makroskopisch den Besitz eines deutlichen Stieles oder – auch bei den einfachsten Becherformen der Paradiscineen – wenigstens eine stielartig verjüngte Basis gemeinsam haben. Sie beginnen also morphologisch breits auf einem Entwicklungsstand, den die Rhizinaceen niemals erreichen, und ihre beiden Tribus differenzieren sich gleichlaufend von bodennahen, pezizoiden Gebilden bis zu den stämmigen, gyromitraähnlichen Fruchtkörpern der Riesen- und Gipfellorcheln.

Bisher sind aus dieser Familie 4 Gattungen mit 12 (bis 15) Arten bekanntgeworden, von denen einige aber nur Varietäten sein dürften. Ihr Hauptareal umfaßt die gemäßigten Breiten der Nordhalbkugel, besonders Nord-

Der Große Scheibenbecherling, *Discina perlata*, wächst in Fichtenwäldern in der Nähe von morschen Baumstümpfen.

amerika und Europa, wo die meisten Arten das Bergland bevorzugen und bis in Höhenlagen über 2000 m aufsteigen. Sämtliche Discinaceen erscheinen ausschließlich im Frühjahr, in den Alpen oft gleich nach der Schneeschmelze; sie bilden also auch jahreszeitlich eine besondere Einheit und entsprechen hierin den Morchellaceen.

Die wenigen, aber recht ansehnlichen Arten der Tribus Discineae verteilen sich auf 2 Gattungen mit großen, ausgeprägt 3tropfigen Sporen und stets solitären Anhängseln der Sporenpole: Bei den niedrigen, flach ausgebreiteten Scheibenbecherlingen, *Discina*, sind die Sporenanhängsel kegelig zugespitzt; bei den stärker gefalteten, derbstieligen Riesenlorcheln, *Neogyromitra*, bleiben sie meist etwas kleiner und sind knopfförmig abgerundet. Trotz mancher morphologischen Ähnlichkeit beider Gattungen werden Übergangsformen, namentlich in der Stielhöhe, nirgends beobachtet.

Die Verbreitung der Discineen reicht von der Ebene bis ins Gebirge; ihre Arten lieben holzhaltigen Boden und erscheinen meist gesellig an zerfallenden Nadelholzstümpfen (dort besonders üppig) oder in deren unmittelbarer Umgebung, nur selten im Laubwald.

Wie alle größeren Discinaceen sind auch die Scheibenbecherlinge und Riesenlorcheln lohnende Speisepilze. Die oft behauptete Giftigkeit (Gyromitrin-Gehalt?) von *Neogyromitra gigas* wurde bisher nicht bestätigt und ist auch wenig wahrscheinlich, da in der ganzen Familie der Discinaceen noch keine Giftpilze bekannt sind. Der Verdacht beruht offenbar auf Verwechslung mit der giftigen und äußerlich ähnlichen Frühjahrslorchel, *Gyromitra esculenta*, die zu den Gyromitroideen gehört, oder auf einem falschen Analogieschluß, der aus der früheren Gattungsgemeinschaft beider Arten herrührt.

In ihrer äußeren Erscheinung sind die Angehörigen der Tribus Paradiscineae von denen der vorigen Tribus nur wenig verschieden. Auf der pezizoiden Stufe entsprechen sie der Gattung *Discina*, und auf der Mitrastufe können die Gipfellorcheln, *Fastigiella*, einer *Neogyromitra* in Form und Größe so ähnlich sein, daß sie oft noch dorthin gerechnet werden. Die meisten Fruchtkörper der Gattung *Paradiscina* entstehen aus saugnapfartigen Jugendformen, die sich bald mehr oder weniger flach ausbreiten und von der Mitte her runzelig auffalten. Üppige Exemplare erhalten dadurch bei *Paradiscina melaleuca* bereits helvelloides Gepräge, ohne jedoch an das Hut- und Stielniveau einer *Fastigiella* oder *Neogyromitra* heranzukommen. Im wesentlichen sind die Paradiscineen durch unregelmäßige, oft auffallend spät hervortretende Sporenornamente festgelegt, so daß von einigen Arten nur vollreife Stadien sicher bestimmt werden können. Die Vielgestaltigkeit der Sporenanhängsel reicht von kronenartigen Doppelhöckern (am deutlichsten bei *Paradiscina leucoxantha*) bis zu wechselnden Polfortsätzen aus Spitzen, breitgerundeten Knöpfen oder flachen, kaum merklichen Kappen, die oft schon in ein und demselben Ascus oder an den Gegenpolen einer einzigen Spore verschieden sind. Im Extrem treten sie büschelig auf *(Fastigiella)* oder können ganz fehlen *(Paradiscina melaleuca)*. Auch die familientypische Dreizahl der Öltröpfchen ist bei den Paradiscineen mitunter leicht abgewandelt, indem der eine, seltener beide Seitentropfen unterdrückt werden können.

Im Gegensatz zu den Discineen wachsen die Paradiscineen ziemlich selten an Holz, sondern bevorzugen feuchte Wegböschungen und spärlich bewachsenen Waldboden. Sie treten zwar i. d. R. gesellig auf, sind aber nicht überall verbreitet. Ihre arten- und formenreichste Gattung *Paradiscina* konnte in Nordamerika wie in Europa bis jetzt nur südlich des 52. Breitengrades, besonders in den Alpen, sicher beobachtet werden. Dagegen reicht das Verbreitungsgebiet der Gipfellorchel, *Fastigiella caroliniana*, bis zur schwedischen Küste nach Norden und bleibt allgemein auf kalkhaltige Laubwälder in milden Lagen beschränkt. Sie galt lange Zeit als rein amerikanische Art und wurde erst nach 1960 in Mitteleuropa wiederentdeckt. Die Paradiscineen haben daher mehr pilzgeographische als wirtschaftliche Bedeutung.

Familie Echte Lorcheln, Helvellaceae

Mit etwa 50 Arten aus 6 Gattungen, die z. T. bis in arktische Breiten vordringen, sind die Helvellaceen als größte Familie der Lorchelpilze in allen Erdteilen vertreten. Ihre Fruchtkörper zeichnen sich durch einen wohlentwickelten Stiel und glatte, stumpfellipsoidische Sporen aus. Von den Morchellaceen unterscheiden sie sich durch den Besitz von Öltropfen, die in den Sporen der Unterfamilie Gyromitroideae auf höchstens 2 gleich große Seitentropfen und bei der Unterfamilie Helvelloideae auf einen großen Zentraltropfen begrenzt sind. Die Apothecien bilden regelmäßige Becher oder lappenförmige bis krauswulstige Hüte, durch die sie den höchstentwickelten Discinaceen *(Neogyromitra, Fastigiella)* sehr nahekommen. Wabenartig verbundene Falten wie bei den Morcheln treten bei den Helvellaceen nicht auf.

Jahrzehntelang war die Gipfellorchel, *Fastigiella caroliniana*, in Europa verschollen und galt als rein amerikanische Art. Erst nach 1960 wurde sie in mehreren Kalkgebieten des mittleren Donauraums und Südschwedens wiederentdeckt.

Einen in drei Zipfel ausgezogenen Hut besitzt die Bischofsmütze, *Gyromitra infula*.

Die Familie umfaßt sowohl Frühjahrs- wie Sommer- und Herbstpilze, meist mittelgroße bis kleinere Arten, die gesellig auf Sand- oder Kalkboden, an Wegrändern, auf Schlagflächen und grasigen Waldstellen gefunden werden. Einige, besonders die Mützenlorcheln, kommen oft auch an mulmigen Holzresten vor.

Unterfamilie Mützenlorcheln, Gyromitroideae

Die Becherlingsstufe der Gyromitroiden ist noch nicht sicher bekannt; sie dürfte jedoch in der Nähe paradiscinoider Formen zu suchen sein, wo es bereits Ansätze zur Reduktion der Sporenskulpturen und der Öltropfenzahl gibt. Innerhalb der Gyromitroideen wird dann der 2tropfige Sporentyp *(Gyromitra)* mit zunehmender Differenzierung der Fruchtkörper weiter verkleinert und endet in den kugeligen, höchstens eintropfigen Sporen von *Pseudorhizina*.

Habitus und Standortansprüche dieser kleinen, nur wenige Arten umfassenden Unterfamilie erinnern an manche Discinaceen (Tribus Discineae), die ebenfalls holzhaltigen Boden bevorzugen. Eine Lebensgemeinschaft (Mykorrhiza) mit Nadelbäumen, wie sie der Frühjahrslorchel, *Gyromitra esculenta*, oft nachgesagt wurde, liegt offensichtlich nicht vor. Diese häufigste *Gyromitra*-Art ist zwar im Flachland ein Leitpilz der sandigen Kiefernwälder, erscheint jedoch wie alle Gyromitroideen auch auf Kahlschlägen, Holzlagerstätten und alten Brandplätzen, sofern nur geeignete Nadel- und Holzreste vorhanden sind. Schon ihre frühe Erscheinungszeit, ab Ende März, spricht gegen eine Mykorrhiza. Die übrigen Arten der Unterfamilie verteilen sich auf wenig durchforstete Bergwälder, wo nährstoffhaltige Holztrümmer nicht nur die Anzahl und Größe der betreffenden Fruchtkörper fördern, sondern auch das Breitenwachstum ihrer Hymenien anregen. Dadurch bekommt die sonst 3gipfelige Hutform der Bischofsmütze, *Gyromitra infula*, an Stümpfen oft ein wulstiggefaltetes Aussehen, wie *Gyromitra esculenta* oder *Pseudorhizina*, und ist dann nur jahreszeitlich (als Herbstpilz) und mikroskopisch (durch die Sporen) genau zu bestimmen.

Ein gefährlicher Giftpilz ist die Frühjahrslorchel, *Gyromitra esculenta*, eine Charakterart sandiger Kiefernwälder der Ebene.

Besondere Bedeutung haben die Gyromitroideen insofern erlangt, als sie die einzigen bisher nachgewiesenen Giftpilze der Helvellales enthalten und gerade ihre giftigste Art, *Gyromitra esculenta*, gleichzeitig leichtsinnigerweise als Delikatesse geschätzt wird. Irreführende Namen wie Speiselorchel und Stockmorchel erhöhen noch diese Gefahr; denn 1965 hat sich herausgestellt, daß zwar die sogenannte Helvellasäure als giftiger Inhaltsstoff nicht existiert, dafür aber das kochbeständige, wenn auch leicht zersetzliche Gyromitrin für die schweren Leberschäden und Todesfälle nach Genuß der frischen Frühjahrslorcheln verantwortlich ist. Diese Vergiftungen sind unberechenbar und verlaufen individuell so verschieden, daß auch das Wegschütten des Kochwassers keine unbedingte Sicherheit beitet. Das flüchtige Gyromitrin vermindert sich zwar in getrockneten Lorcheln während einiger Monate, aber bis zu 50% können, durch Einschluß in den Zellen vor Oxydation geschützt, erhalten bleiben. Weiterhin ist auch zu bedenken, daß selbst geringe Gyromitrinmengen bei wiederholtem Genuß von Trockenlorcheln additiv wirken und zu lebensgefährlichen Leberschädigungen führen können. Kinder und schwächliche Personen sind besonders gefährdet. Vom Genuß der Frühjahrslorchel ist daher generell abzuraten.

Unterfamilie Sattellorcheln, Helvelloideae

Auf Grund ihrer geringen mikroskopischen Unterschiede, besonders ihrer einheitlich kurzen und eintropfigen Sporen, werden die Helvelloideen oft zu einer einzigen Gattung, *Helvella* s. lat., zusammengefaßt. Auch in der Schlankheit und Zierlichkeit ihrer Fruchtkörper stimmen diese Arten weitgehend überein. Im Gegensatz zu den übrigen Lorchelgruppen sind bei ihnen auch die pezizoiden Vertreter meist langgestielt. Auf der anderen Seite verfügen gerade die Helvelloideen über eine erstaunliche Vielfalt an Hutformen, die von wohlgestalteten Bechern und sattelartig frei hängenden Lappen bis zu regellos aufgeblasenen Kopfgebilden reichen. Ihre Kombination mit gerippten oder ungerippten Stieltypen führt makroskopisch

Bei den Helvelloiden sind die Becherformen meist lang gestielt, am deutlichsten bei *Cyathipodia corium* und anderen »Langfüßlern«.

zu mehreren Tribus und Gattungen, die bereits sehr der Jahrhundertwende gebräuchlich sind; sie entsprechen noch immer am besten den taxonomischen Gesichtspunkten, die auch für andere Lorchelfamilien (Discinaceae, Morchellaceae) gelten.

Die zahlreichen Arten der Sattellorcheln leben durchweg als Erdbewohner und wurden höchstens in Ausnahmefällen auf morschem Holz oder sogar schon halbunterirdisch gefunden. Größere Fruchtkörper, besonders aus der Gattung *Helvella* s. str., können trotz ihrer oft knorpeligen Beschaffenheit als Speisepilze genutzt werden.

Sämtliche Langfüßler, Tribus Leptopodieae, zeichnen sich durch auffallend schlanke, schmalzylindrische Stiele aus, deren Oberfläche meist glatt oder filzig, selten auch flachgrubig ist, aber niemals deutliche Längsrippen aufweist. Den formbeständigen Kelchen der Gattung *Cyathipodia* steht auf der Mitrastufe als häufigste Art die sehr veränderliche Elastische Lorchel, *Leptopodia elastica*, gegenüber, deren Apothecien flatterig ausgebreitet bis haubenförmig zusammengebogen sein können. Hierher gehören auch die kleinsten aller Lorcheln wie etwa *Leptopodia ephippium* mit nur 1–3 cm Höhe, während dickfleischige oder gar klumpige

Fruchtkörper bei den Leptopodieen nicht vorkommen.

Von der vorigen Tribus unterscheiden sich die Rippenlorcheln, Tribus Helvelleae, hauptsächlich durch mehr oder weniger scharfgratige Längsrippen am Stiel und meist durch kräftigere Fruchtkörperformen. Zwischen den Rippen befinden sich gleichlaufende Furchen und Gruben, die oft bis zur Stielachse vertieft sind. Sie bilden dadurch im Querschnitt eine charakteristische Sternfigur. Bei einigen der kelchförmigen Arten *(Acetabula costifera, A. vulgaris)* können die Stielrippen als verästelte Adern bis zum Rand des Bechers verlängert sein. Aus der *Acetabula*-Stufe differenzieren sich die Helvelleen schließlich durch Umklappen und Auffalten ihres Hymenophors zu tiefgesattelten bis reichverschnörkelten Apothecien, die als Gattung *Helvella* s. str. den klassischen Lorcheltypus verkörpern: Mit ihrer barocken Erscheinung ist vor allem die Herbstlorchel, *Helvella crispa*, eine der ungewöhnlichsten Pilzgestalten überhaupt, während die etwas plumpere Grubenlorchel, *Helvella lacunosa*, durch Verwachsung ihrer Hutlappenränder das kopfige Aussehen einer *Gyromitra* erreichen kann.

Bei der Hochgerippten Lorchel, *Acetabula vulgaris*, sind die Stielrippen bis zum Rand des Bechers verlängert.

Das morphologische Endglied der Helvelleen bildet die Grubenlorchel, *Helvella lacunosa*, deren Hutlappen oft blasig miteinander verwachsen sind.

Familie Morcheln, Morchellaceae

In keiner anderen Familie der Helvellalen läßt sich die Skala der morphologischen Höherentwicklung so gleichmäßig von Gattung zu Gattung verfolgen wie bei den Morchellaceen. An ihrer Basis stehen die scheibenförmigen Fruchtkörper der Flachmorcheln oder Morchelbecherlinge, *Disciotis*, die äußerlich mit der Gattung *Discina* aus der Familie der Discinaceen konvergieren, bei der sie lange Zeit untergebracht waren. Wie alle Morcheln haben sie jedoch wasserhell durchsichtige Sporen, die weder Öltropfen noch Anhängsel aufweisen, sondern höchstens an den Polen mit gelegentlichen Körnchen besetzt sind und nur im Elektronenmikroskop zarte Skulpturen erkennen lassen.

Der erste, entscheidende Fortschritt in der Morchelfamilie führt zu den Glockenmorcheln, *Verpa*, deren hohlzylindrischer Stiel an der Spitze durch das Apothecium fingerhutartig umschlossen wird *(Verpa digitaliformis)*. Diese frei hängende Hutglocke ist bei der Faltenverpel, *Verpa bohemica*, mit dichten Runzeln und Längsleisten bedeckt, deren Riesensporen – meist nur 2 in jedem Ascus – eine Sonderstellung unter den Morchellaceen einnehmen. Fast 0,1 mm lang,

Die Runzelverpel oder Böhmische Verpel, *Verpa bohemica*, liebt humusreiche Böden lichter Laubwälder und Gärten in wärmeren Lagen.

werden sie an Größe nur noch von einigen Trüffelsporen erreicht und von keinen anderen übertroffen. Im Wachstum eilen die Verpelhüte ihren zugehörigen Stielen so weit voraus, daß sie diese in der Jugend vollständig einhüllen. Erst während der Streckungsperiode werden sie um das Mehrfache ihrer eigenen Höhe emporgehoben, so daß die Veränderung zwischen Jugend- und Altersstadien eine Artverschiedenheit vortäuschen kann.

Entsprechendes gilt für die Käppchenmorchel, *Mitrophora hybrida*, deren Hut bis zur Hälfte mit dem Stiel verwachsen ist und nur noch im unteren Teil eine offne, verpelähnliche Glocke bildet. Seine Oberfläche dagegen zeigt bereits das für die Kopfmorcheln, *Morchella*, charakteristische Wabenmuster, dessen Längs- und Querrippen auf den Kanten steril sind und dadurch das ganze Hymenium in zahlreiche Einzelbecher (Alveolen) aufteilen.

In der Gattung *Morchella* sind Hut und Stiel schließlich vollkommen zu einem einräumigen Hohlkörper verbunden, der beachtliche Ausmaße erreichen kann: Mit gelegentlichen Höhen von 30 cm und mehr gehört besonders *Morchella elata* zu den größten Ascomyceten. Alle Morcheln zeichnen sich im fertilen Bereich durch gelbbraune bis schwarzgraue Farben aus (Morchel bedeutet kleiner Mohr); ihre Schattierungen können sich jedoch durch die Umweltverhältnisse stark ändern, und obwohl die Morchellaceen aus artenarmen, z. T. sogar monotypischen Gattungen bestehen, ist ihre genaue Artenzahl unbekannt. Allein für *Morchella* bewegen sich die entsprechenden Schätzungen zwischen 2 und fast 50, da die modifizierenden Einflüsse noch nicht genügend untersucht sind. Sicher ist nur, daß weder die Spitzmorchel, *Morchella conica*, deren reihenförmige Alveolen an *Mitrophora* erinnern, noch die Rundmor-

Durch ihren halbfreien Hut vermittelt die Käppchenmorchel, *Mitrophora hybrida*, morphologisch zwischen Glocken- und Kopfmorcheln.

Die Spitzmorchel, *Morchella conica*, ist in Farbe und Größe sehr variabel.

chel, *Morchella esculenta*, mit ungeordneten Alveolen einheitliche Arten sind.

Die meisten Morchellaceen finden sich in der nördlichen gemäßigten Zone von der Ebene bis ins Gebirge, einige auch auf der Südhalbkugel, wo z. B. *Verpa bohemica* bis nach Indien und *Morchella esculenta* auch in Australien vorkommt. Sämtliche Arten sind wertvolle, aromatische Speisepilze, die ausschließlich im Frühjahr erscheinen und daher an den Standort besondere Ansprüche stellen: Sie bevorzugen windgeschützte, grasige Waldränder mit lockerer Bodenstreu, Auenwälder, Bauernbüsche und ältere Brandflächen, gern auch abschüssiges Gelände mit kalkhaltigem Untergrund. Durch Einbringen frischer Fruchtkörperteile in geeigneten, möglichst neutralen Boden lassen sich Morcheln auch künstlich ansiedeln, am besten in Obstgärten unter Apfel- und Kirschbäumen. Bei aller Standorttreue sind sie jedoch gegen Umweltveränderungen äußerst empfindlich, so daß ihre Kultur, die erst 1905 in Frankreich mit *Morchella esculenta* und *M. hortensis* versucht wurde, bis jetzt nur örtliche Erfolge gebracht hat und wirtschaftlich an die Bedeutung der Champignonzucht nicht heranreicht.

Ordnung Echte Trüffeln, Tuberales

Das deutsche Wort Trüffel wird allgemein für sehr verschiedene, knollenförmige Pilzfruchtkörper gebraucht. Trüffeln an sich sind also ebensowenig eine taxonomische Einheit wie die Hypogäen (unterirdischen Pilze); denn sie schließen konvergente, d. h. nur äußerlich ähnliche Formen mit ein – angefangen von den Hirschtrüffeln *(Elaphomyces)* bis zu den Wurzeltrüffeln *(Rhizopogon)*, Schleimtrüffeln *(Melanogaster)*, Schwanztrüffeln *(Hysterangium)* und anderen höheren Basidiomyceten. Selbst oberirdische Fruchtkörper werden als Böhmische Trüffeln (Erbsenstreuling, *Pisolithus*) oder Polnische Trüffeln (Kartoffelbovist, *Scleroderma*) bezeichnet und leichtfertig zur Verfälschung der begehrten Trüffelwürze verwendet.

Sie alle haben nichts mit den Echten Trüffeln im botanischen Sinn zu tun. Diese sind genaugenommen morphologisch und ökologisch ähnliche hypogäische Formen der Pezizalen. Obwohl sie untereinander nicht immer nahe verwandt sind und sogar zu verschiedenen Familien der Pezizalen mit vorwiegend epigäischen Formen gestellt werden müßten, werden sie heute noch meist als eigene Ordnung Tuberales aufgefaßt. Die Verbreitung ihrer etwa 200 Arten (27 Gattungen) ist noch recht unvollständig bekannt, da die unterirdischen Fruchtkörper trotz nesterweisen Vorkommens oft nur durch Zufall entdeckt werden. Manches Areal reicht daher mit Sicherheit weiter, als es gegenwärtig erscheint. Bevorzugte Trüffelgebiete sind jedoch – namentlich für Tuberaceen und Terfeziaceen – die wärmeren, ton- und kalkhaltigen Eichen-Buchen-Wälder Süd- und Südosteuropas, Nordafrikas, Vorderasiens und Nordamerikas, seltener auch mitteleuropäische Nadelwälder von der Ebene bis ins Gebirge. Für viele Tuberalen, vor allem aus der Gattung *Tuber*, wird angenommen, daß sie in einer der ektotrophen Mykorrhiza sehr ähnlichen Symbiose mit Waldbäumen, besonders Fagaceen, leben; einige *Terfezia*-Arten gelten als parasitisch.

Wie schon die Morcheln und Lorcheln lassen sich auch die Trüffeln unmittelbar von den Becherformen der Pezizalen ableiten – nur, daß bei ihnen die Differenzierung der Fruchtkörpertypen nicht über den Erdboden hinaus-, sondern in diesen hineingeführt hat. Sie stellen »eine blind endigende Seitenlinie der Pezizalen dar«, in der die Tendenzen zur unterirdischen Anlage der Fruchtkörper bis ins Extrem fortgesetzt werden. Auch einige Becherpilze – z. B. der Kronenbecherling, *Sarcosphaera eximia* –, entwickeln sich ja weitgehend als unterirdische Hohlkugeln, die dann die Erdoberfläche erst kurz vor der Sporenreife durchbrechen, dort vom Scheitel her stern- bis napfförmig aufreißen und das Hymenium freigeben. Gelingt jedoch bei starker Erdbedeckung der Durchbruch zur Oberfläche nicht, wie es mitunter auch beim Kronenbecherling vorkommt, so erübrigt sich ein Öffnen des Scheitels, und die Sporen werden nur durch Zerfall des gesamten Fruchtkörpers frei. Damit ist äußerlich bereits die Grundform einer Trüffel erreicht. In unterirdischen Bechern und erst recht in geschlossenen Hohlkugeln kann die Vergrößerung des Hymeniums natürlich nicht mehr wie bei den Helvellalen durch Breitenwachstum der Randpartien, sondern nur noch durch Auffalten der Innenwände erfolgen. Diese Falten (Tramaplatten) bilden ein labyrinthisches Kammersystem, dessen Höhlungen vom Hymenium ausgekleidet sind und bei den einfachsten Typen noch teilweise ins Freie münden. Auf höherer Organisationsstufe werden die Kammern und Ausgänge durch Füllhyphen oder wuchernde Paraphysen verstopft; sie bleiben aber als hellere Adern (Venae externae) erkennbar. Im Extrem fügen sich sämtliche Falten lückenlos aneinander; und aus den dunkleren Tramaplatten (Venae internae) neben den Venae externae ergibt sich im Anschnitt die bekannte aderige Marmorierung des Trüffelfleisches, vor allem bei den Edeltrüffeln der Gattung *Tuber*.

Je nach Lage der ursprünglichen Öffnungen werden 3 Bautypen unterschieden:

1. Superae – noch weitgehend becherähnlich mit scheitelständigem Porus und basalem Myzelansatz,
2. Inferae – mit grundständiger Öffnung und allseitigem (amphigenem) Myzel,
3. Ubiquariae – mit mehreren Ausgängen in verschiedener Richtung, bisweilen eine Kombination aus den vorigen Typen (so bei *Hydnotrya carnea*).

Taxonomisch haben diese Gruppen nur nachgeordnete Bedeutung. Wesentlicher für die Gliederung der Tuberalen ist die Organisationshöhe des Kammersystems.

Familie Löchertrüffeln, Pseudotuberaceae

Entwicklungsgeschichtlich schließen sich die Pseudotuberaceen unmittelbar an die Becherlinge an. Noch heute werden sie von manchen Mykologen zu den Pezizalen gerechnet – diese Ansicht läßt sich aber schon deshalb nicht aufrechterhalten, weil die Löchertrüffeln dauernd unterirdisch bleiben, also echte Hypogäen sind. Daran ändert auch die Tatsache nichts, daß ihre Fruchtkör-

Die wichtigsten Bautypen der Tuberales. A I–III Superae: *Geoporella* → *Pseudobalsamia* → *Pachyphloeus*, B I–III Inferae: *Hydnocystis* → *Stephensia* → *Aschion*, C I–III Ubiquariae: Hydnotrya → Balsamia → Tuber

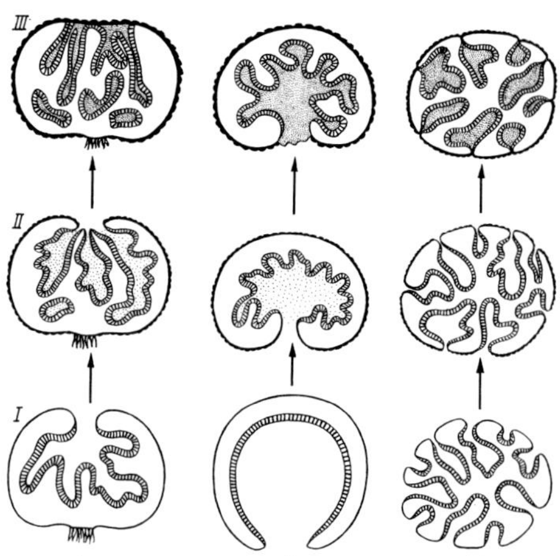

per pezizoid angelegt werden und erst mit fortschreitendem Wachstum Trüffelgestalt annehmen: Als winziges Apothecium bildet z. B. *Geoporella* zunächst eine kaum weizenkorngroße Hohlkugel mit ausgestanzt wirkender Öffnung. Auf der Gegenseite, d. h. von der Basis her, setzt später die erste innere Auffaltung ein, die kegelartig dem Porus entgegenwächst und ihn am Ende durch einen Hyphen- oder Paraphysenschopf abdichtet. Der erwachsene *Geoporella*-Fruchtkörper erscheint dadurch angiokarp, während die Gattung *Hydnotrya* (Rasentrüffel) bis zuletzt ihre offenen Ausgänge beibehält und meist mit dem Scheitel über den Erdboden hinausragt.

Von allen 3 Bautypen (Superae bis Ubiquariae) umfassen die Pseudotuberaceen jeweils die untere Stufe (I), auf der die Cavernen (Kammern) zeitlebens hohl bleiben und die Asci lediglich durch ein einfaches Epithecium aus vorragenden Paraphysen geschützt werden; es verleiht dem Hymenium einen silbergrauen Schimmer.

Die hasel- bis walnußgroßen Fruchtkörper dieser Familie finden sich – mehr als die übrigen Trüffeln – auch in den Nadelwäldern Mitteleuropas; *Geopora* kommt außerdem in Nordamerika vor. Makroskopisch

Fruchtkörperentwicklung einer Löchertrüffel, *Geoporella*. Ihre Anlage erfolgt noch pezizoid.

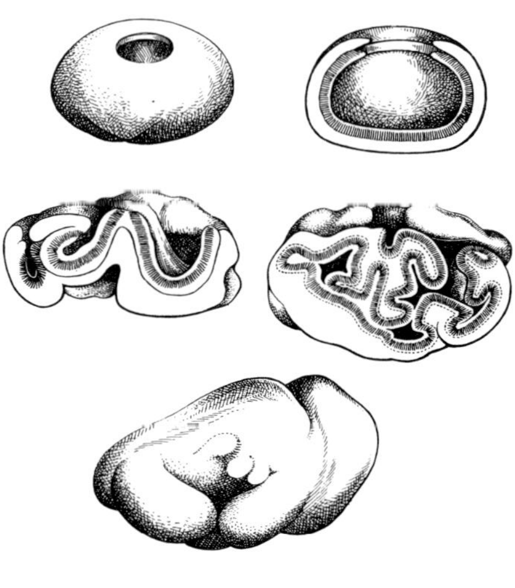

sind die Gattungen *Geopora* (Löchertrüffel), *Geoporella* (Labyrinthtrüffel) und *Gyrocratera* nur schwer auseinanderzuhalten; sie unterscheiden sich im wesentlichen durch die Sporenskulpturen (bei *Geopora* fehlend) und die Erscheinungszeit. *Geoporella*-Fruchtkörper entwickeln mit zunehmender Reife einen scharfen Geruch nach Gasreinigungsmasse, der sogar die bedeckende Waldstreu durchdringt und sporenverbreitende Tiere (z. B. Trüffelfliegen) anlockt. Wirtschaftlich sind die Pseudotuberaceen kaum von Bedeutung.

Familie Blasentrüffeln, Geneaceae

Die kleine und unauffällige Familie der Blasentrüffeln steht den Pseudotuberaceen sehr nahe. Das einfache Epithecium ist jedoch hier durch ein rindenartiges Paraphysengeflecht (Epithecialcortex) ersetzt. Ihre winzigen Fruchtkörper entsprechen dem Superae-Typ und überschreiten nur selten *(Genea verrucosa)* die Größe einer Erbse; bei manchen Arten sind sie nur wenig gekammert oder einräumig hohl – daher Blasentrüffeln –, bei anderen (*Genabea*- und *Myrmecocystis*-Arten) bilden sie himbeerförmige Konglomerate aus kleinen, fest kugeligen Höckern, die – jeder mit eigenem Hohlraum – in die Mitte des Fruchtkörpers münden und leicht voneinander zu lösen sind.

Die Blasentrüffeln leben in Eichen- und Buchenwäldern und gelten sowohl in Amerika wie in Europa als sehr zerstreut; am häufigsten wurden sie bis jetzt in der Schweiz gefunden. Infolge ihrer Kleinheit werden sie jedoch oft übersehen, zumal ihre artenreichste Gattung *Genea* stets einzeln vorkommt.

Familie Speisetrüffeln, Tuberaceae

Mit den Speise- und Edeltrüffeln, Tuberaceae, haben die Tuberalen in allen 3 Bautypen ihre höchsten Organisationsstufen (III) erreicht – so der Bautyp Superae mit den Kratertrüffeln *(Pachyphloeus)*, der Typ Inferae mit den Hartrüffeln (*Aschion*, einer Untergattung von *Tuber*), der Typ Ubiquariae mit den eigentlichen Gewürzstrüffeln (*Tuber* s. str.). Größere Hohlräume finden sich nur noch in der Gattung *Stephensia* (Stufe II) und bei *Aschion excavatum*, kleinere bei Balsamtrüffeln, eigentlich Balsamo-Trüffeln *(Balsamia)*; auch hier jedoch sind zumindest die Ausgänge der Venae externae durch Hyphen verstopft und ehemalige breitere Öffnungen äußerlich nur noch als flache, meist grundständige Gruben erkennbar. Fast sämtliche *Tuber*-Arten – etwa 50, davon 20 in Europa – erzeugen massive Fruchtkörperknollen, bei denen die Venae externae lückenlos ausgefüllt sind und die Asci ihre streng palisadenförmige Anordnung im Hymenium schon weitgehend verloren haben. Auch die Sporenzahl je Ascus ist nur bei den Kratertrüffeln noch vollständig, bei *Tuber* dagegen auf 6–1 reduziert, wodruch die Asci immer mehr von der Keulen- zur Kugelform übergehen. Die Sporen dieser Gattung gehören mit zu den größten der Pilze überhaupt (bei *Tuber macrosporum* bis 80 µm lang), erscheinen aber dennoch neben denen von *Pertusaria pertusa* (Lecanorales) mit 145–230 µm Länge als wahre Zwerge. Sie tragen oft eine sehr charakteristische Oberflächenskulptur – von dichtgedrängten Stacheln, z. B. bei der Winter- und der Périgordtrüffel, *Tuber brumale* und *T. melanosporum*, bis zu netzig verbundenen Leisten bei der Sommertrüffel, *Tuber aestivum*, und ihren Verwandten. Nach der schwarzbraunen, warzig zerklüfteten Rinde (Peridie) ihrer Fruchtkörper werden die obengenannten Arten auch als Schwarztrüffeln zusammengefaßt; sie können Hühnerei- bis Faustgröße erreichen und zählen von alters her zu den meistgesuchten und würzigsten Delikatessen. Bei Überreife schlägt das angenehme Trüffelaroma mitunter in Moschus- oder Zwiebelgeruch um.

Während die *Aschion*-Arten auch nördlich der Alpen ziemlich verbreitet sind, bleiben die Schwarzen Trüffeln in Mitteleuropa auf wenige wärmere Lagen (z. B. Auenwälder am Oberrhein, in Thüringen und Böhmen) beschränkt. Ihr Hauptareal haben sie zwischen dem 44. und 46. nördlichen Breitengrad; und nur in dieser Zone ist auch eine lohnende Trüffelkultur möglich, wie sie vorwiegend mit der Périgordtrüffel, *Tuber melanosporum*, in Südfrankreich betrieben wird. Die ersten Versuche gehen in der Zeit von 1810–1850 zurück. Heute befinden sich die ergiebigsten Trüffelkulturen in den Départements Dordogne, Drôme, Lot, Tarn-et-Garonne und Vaucluse; ihre Jahresproduktion ist von der Witterung sowie vom Alter der Anlagen abhängig und betrug um die Jahrhundertwende noch 1 500 t, ging aber wegen Raubbaus zurück, so daß 50 Jahre später nur noch 250 t und 1970 gar nur 100 t geerntet werden konnten. Dementsprechend stieg der Preis und übertrifft denjenigen für Zuchtchampignons heute um das 100fache.

Als Mykorrhizapilze lassen sich die Trüffeln nicht wie die Zuchtchampignons und andere Saprophyten auf Abfällen kultivieren, sondern ihr Anbau kann nur in Verbindung mit lebenden Baumpartnern, d. h. durch Pflanzung von »Trüffelwäldern« (truffières), erfolgen. Hierzu verwendet man Jungeichen aus trüffelreichen Gebieten – für kühlere Lagen meist *Quercus petraea* und *Quercus robur*, für wärmere Lagen *Quercus ilex* oder *Quercu coccifera*. Außerdem werden jeweils in angemessener Entfernung (Wurzelreichweite) zerkleinerte Trüffelfruchtkörper oder Trüffelmyzelien in die Erde gebracht. Ein gewisser Kalk- und Eisengehalt des Bodens erweist sich dabei als nützlich. Nach 6–10 Jahren kann mit der Ernte begonenn werden, zwischen 15 und 35 Jahren liefern die Anlagen ihre höchsten Erträge. Das Aufspüren der erntereifen Trüffelnester im Spätwinter und Frühjahr erfolgt meist durch abgerichtete Hunde. Auch elektrische Spürgeräte sind bereits im Einsatz; der erfahrene Trüffel-

Gemeinsam mit anderen Erdtrüffeln wird auch die Sommertrüffel, *Tuber aestivum*, in französischen Trüffelwäldern gezüchtet.

sucher erkennt sie aber schon am Zustand der oberirdischen Vegetation. Außer Périgordtrüffeln werden in geringerem Umfang auch Sommer- und Bourgognetrüffeln, *Tuber aestivum* und *T. uncinatum*, kultiviert, die schon im Herbst reifen. Sie alle kommen frisch, getrocknet oder als Ölkonserven in den Handel und gehören nicht zuletzt wegen ihres hohen Mineralstoffgehalts – besonders an Kalzium (6,0–9,4 %) und Phosphoranhydrid (18,4–30,2 %) – zu den wertvollsten Speisepilzen.

Familie Mittelmeertrüffeln, Terfeziaceae

Die Auflockerung der hymenialen Struktur, die bereits in der vorigen Familie einsetzte, wird bei den Terfeziaceen zu Ende geführt. Ihre Asci liegen felderweise im Innern des Fruchtkörpers verstreut, und echte Venae externae sind nicht mehr vorhanden.

Wie der Name andeutet, erstreckt sich das Hauptareal dieser Mittelmeertrüffeln über Südeuropa, Nordafrika und den Vorderen Orient. Sie umfassen 8 kleinere Gattungen, von denen nur 3 – *Hydnobolites* (Heintrüffel), *Picoa* und *Choiromyces* (Weißtrüffel oder Kaisertrüffel) – auch nördlich der Alpen vorkommen, am häufigsten die Weiße Trüffel, *Choiromyces maeandriformis*, deren ansehnliche Fruchtkörper einer hellen, halbeingesenkten Kartoffelknolle ähneln und früher in Osteuropa mit Hilfe von Bären gesucht wurden. Entwicklungsgeschichtlich erinnert *Choiromyces* noch sehr an die Tuberaceen, bei denen sie lange Zeit untergebracht war. Die meisten anderen Terfeziaceen – besonders aus der Gattung *Terfezia* – leben als Parasiten (oder Wurzelsymbionten?) auf *Cistus-*, *Helianthemum-* und *Artemisia-*Arten in der mittelmeerischen Macchie. Einige von ihnen, z. B. die Löwentrüffel, *Terfezia leonis*, werden auf den algerischen Märkten als Terfez, in Damaskus als Kamé in den Handel gebracht. Ein nennenswerter Anbau, wie wir ihn bei den Speise- oder Edeltrüffeln vorfinden, erfolgt jedoch nicht, da sie den Wohlgeschmack dieser Pilze nicht erreichen.

Die Weiße Trüffel, *Choiromyces maeandriformis*, hat das Aussehen einer großen Kartoffelknolle.

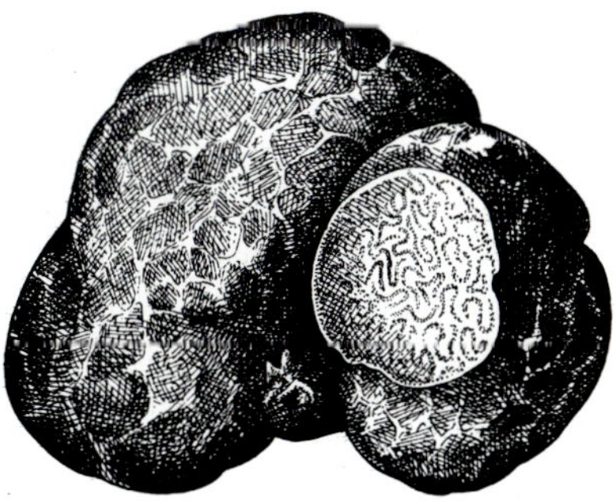

Die Hirntrüffel, *Hydnobolites cerebriformis*, findet man unter Laubbäumen, besonders Buchen.

Ordnung Hirschtrüffeln, Elaphomycetales

Äußerliche Ähnlichkeit, aber keinerlei nähere Verwandtschaft mit den Echten Trüffeln (Tuberalen) haben die Hirschtrüffeln. Zu ihnen gehören die reichlich 20 Arten der Gattungen *Elaphomyces* und *Ascosclero-*

derma. Sie bilden knollige, bis hühnereigroße Fruchtkörper, deren zweischichtige, derbe Peridie an der Oberfläche mit charakteristischen Warzen besetzt ist. Ihre Farbe liegt je nach Art zwischen Gelblichweiß und Schwarzbraun. Im Innern der Ascomata entwickeln sich unzählige kugelige, früh verschleimende Asci mit runden, dunklen Ascosporen. Reife Fruchtkörper zerfallen innen zu einer pulverförmigen Masse. Hirschtrüffeln findet man im Humus unter Laub- und Nadelbäumen, wo von ihren Myzelien eines Mykorrhiza mit den betreffenden Bäumen gebildet wird. *Elaphomyces granulatus*, die Warzige Hirschtrüffel, wird häufig von der Kernkeule, *Cordyceps ophioglossoides*, befallen.

Ordnung Echte Mehltaupilze, Erysiphales

Die Erysiphalen sind besonders auffallende, obligate Parasiten von höheren Pflanzen. Durch den Trivialnamen Mehltau ist das Erscheinungsbild dieser Pilze treffend charakterisiert: Die befallenen Pflanzen sind mit einem weißen, mehlartigen Belag überzogen, der aus dem oberflächlichen Myzel und den Konidienträgern besteht. Stark befallene Pflanzen sehen aus, als ob sie mit Mehl bestreut sind. Schüttelt man solche Pflanzenteile, stäuben die i. d. R. reichlich gebildeten Konidien wie Mehl ab.

Dieses charakteristische Bild kommt durch die mehr oder weniger ektoparasitische Lebensweise der Pilze zustande. Das heißt, die Echten Mehltaupilze leben gänzlich oder z. T. auf der Oberfläche ihrer Wirtspflanzen und ernähren sich durch Saugorgane (Haustorien), die sie in das Wirtsinnere entsenden.

Ihr Thallus besteht aus einem dichten, weißen Myzelfilz. Die Hyphen sind septiert, die Zellen einkernig. Im Alter bildet sich ein derbes, etwas borstiges, dunkelgraues bis bräunlichgraues sekundäres Myzel. Die Haustorien haben kugelige bis birnenförmige Gestalt. Beim Gräsermehltau, *Blumeria graminis*, tragen sie außerdem noch fingerförmige Fortsätze.

Als Nebenfruchtform werden auf einfachen Trägern, die aus einer oder mehreren Fußzellen und einer Konidienmutterzelle bestehen, hyaline Konidien gebildet. Diese können tonnenförmig sein und werden in längeren oder kürzeren Ketten, mitunter auch einzeln abgeschnürt (*Oidium*-Typ), oder sie sind keulenförmig (*Ovulariopsis*-Typ) bzw. hantel- oder tropfenförmig und am oberen Ende zugespitzt (*Oidiopsis*-Typ).

Mit der Bildung des sekundären Myzels wird die Konidienproduktion eingestellt und die sexuelle Fortpflanzung eingeleitet. Am Myzel entstehen etwas größere Ascogonien

Die 0,1–0,2 mm großen Kleistothecien der Echten Mehltaupilze sind mit charakteristischen Anhängseln versehen, die Funktionen bei der Verbreitung der Arten übernehmen. A *Sphaerotheca fuliginea*, B *Erysiphe cichoracearum* und C *Leveillula leguminosarum* haben myzelartige Anhängsel. Bei D *Podosphaera leucotricha* und E *Microsphaera berberidis* sind sie verzweigt. G *Uncinula prunastri* hat gekrümmte Anhängsel.

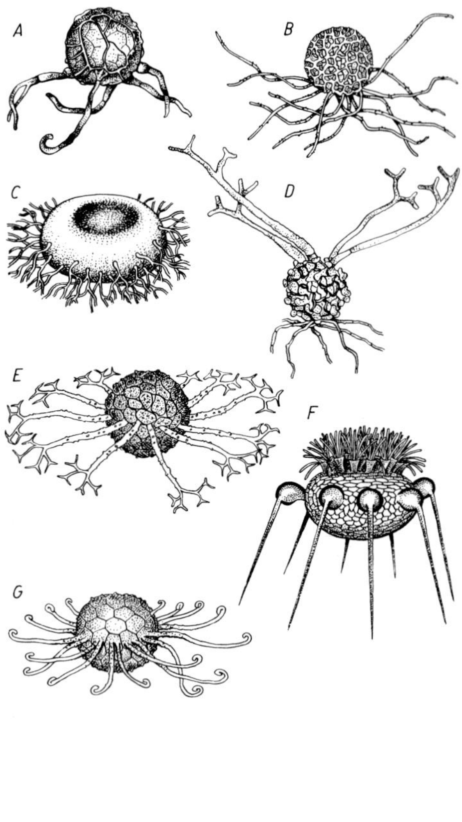

Der Amerikanische Stachelbeermehltau, *Sphaerotheca mors-uvae*, seit mehr als 100 Jahren ein verheerender Schädling in Amerika, wurde Anfang dieses Jahrhunderts nach Europa verschleppt. Heute ist es möglich, durch Anbau resistenter Sorten, Durchführung hygienischer Maßnahmen und Anwendung chemischer Mittel der Krankheit Herr zu werden.

und kleinere Antheridien. Beide Organe wachsen parallel zueinander und umschlingen sich gegenseitig. Bei einigen Arten können die Gametangien eines Myzels miteinander kopulieren (Homothallie), bei anderen müssen es dagegen Gametangien von verschiedenen Myzelien sein (Heterothallie). Nach dem Kernübertritt wird in einigen Fällen das Ascogonium direkt zum Ascus, meistens entstehen aber erst durch verschiedene Teilungsschritte mehrere ascogene Hyphen, die später die Asci tragen.

Etwa zu der Zeit, zu der die Geschlechtsvorgänge abzulaufen beginnen, wachsen aus der Stielzelle des Ascogoniums Hyphen aus, die den Geschlechtsapparat und die ascogenen Hyphen vollständig einhüllen. Aus diesen dicht verflochtenen Hyphen bildet sich eine zweischichtige Fruchtkörperwand. Die äußere, kleinzellige Schicht wird bald braunschwarz und verhärtet. Die Fruchtkörper, nach ihrer Bildung vom ascohymenialen Typ, sind kugelförmige, geschlossene Kleistothecien, die sich bei der Reife, nach Benetzung, mit einem horizontalen oder vertikalen Schlitz öffnen und die Asci bzw. die Ascosporen freigeben. Die jüngeren Kleistothecien bleiben noch einige Zeit durch Nährhyphen mit dem Myzel verbunden.

An der Unterseite der Fruchtkörper oder in der äquatorialen Zone wachsen einzelne Zellen zu Anhängseln (Appendices) aus. Diese Anhängsel können sehr charakteristische Formen annehmen und erinnern in einigen Fällen an zierliche Filigranarbeit. Man vermutet, daß die Appendices Funktionen bei der Verbreitung der Arten übernehmen, sei es, daß die Kleistothecien damit am Fell oder Gefieder von Tieren haftenbleiben und so verschleppt werden, sei es, daß mehrere Kleistothecien mit ihren Anhängseln zu Flokken zusammenhaften und durch den Wind verbreitet werden oder daß sie durch die sich nach unten drehenden Anhängsel von der Unterlage hochgehoben und so vom Wind oder von Tieren mitgenommen werden.

Stammesgeschichtlich könnten die Erysiphalen wegen des Baues ihrer Ascuswand und besonders des Ascusscheitels von primitiven Pyronemataceen (Pezizalen) abgeleitet werden. Die 18 Gattungen mit rund 520 Arten werden zu der einzigen Familie Erysiphaceae zusammengefaßt.

Rein ektoparasitisches Myzel, das sich nur durch Haustorien vom Inhalt der Epidermiszellen ihrer Wirtspflanzen ernährt, und Konidien vom *Oidium*-Typ haben die Gattungen *Sphaerotheca* und *Podosphaera*, die beide nur je einen Ascus im Kleistothecium ausbilden, sowie *Erysiphe, Microsphaera* und *Uncinula* mit mehreren Asci im Kleistothecium. *Sphaerotheca* und *Erysiphe* besitzen unregelmäßige, gekrümmte, myzelartigel Anhängsel; bei *Podosphaera* und *Microsphaera* sind diese mehr oder weniger starr und am Ende ein- bis mehrach dichotom verzweigt sowie bei *Uncinula* bischofsstabartig eingerollt. Außer dem ektotrophischen Myzel bildet die Gattung *Phyllactinia* auch ein schwaches Myzel im Innern des Wirts mit Haustorien in den Mesophyllzellen aus. Die Appendices sind bei dieser Gattung starr mit einer kugeligen Anschwellung an der Basis, die wie ein Gelenk wirkt, das bei Feuchtigkeit die Anhängsel seitlich streckt, bei Trockenheit aber nach unten klappt und so den Fruchtkörper vom Substrat abhebt. Außerdem wachsen am Ascocarpscheitel der *Phyllactinia*-Arten kurze, pinselförmige Zellen, die verschleimen und wahrscheinlich zum besseren Anhaften an vorbeistreichenden Tieren dienen. Die Gattung *Phyllactinia* hat Konidien vom *Ovulariopsis*-Typ. Die mediterrane bis zentralasiatische Gattung *Leveillula* besitzt neben einem gut ausgebildeten ektoparasitischen auch ein ebenso ausgebildetes endoparasitisches Myzel. Die Anhängsel an den abgeflachten Kleistothecien sind myzelartig, die Nebenfruchtform gehört zum *Oidiopsis*-Typ. Man kann also innerhalb der Erysiphaceen einen allmählichen Übergang von der rein ektoparasitischen zur endoparasitischen Lebensweise beobachten. Von außereuropäischen Gattungen sind noch *Cystotheca, Pleochaeta, Brasiliomyces, Typhulochaeta* und *Medusosphaera* zu erwähnen.

Rund 10000 Angiospermenarten dienen den Erysiphalen als Wirtspflanzen. Bevorzugt befallen werden die Arten aus den Familien Betulaceae, Compositae, Fagaceae, Leguminosae, Polygonaceae, Rosaceae und Salicaceae.

Die meisten Arten sind als Parasiten von

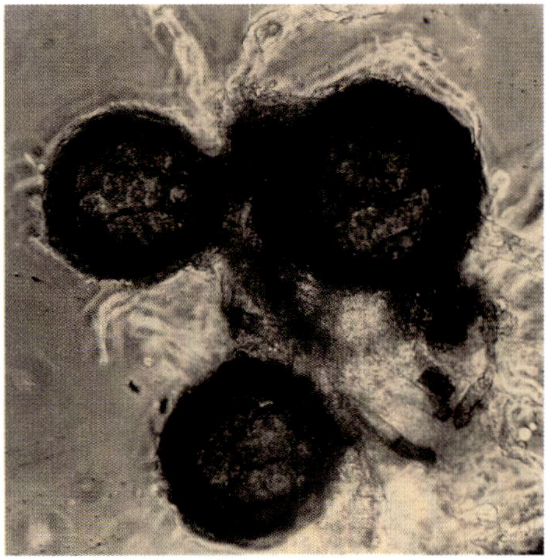

Die Außenwand der Kleistothecien von *Sphaerotheca fuliginea* ist aus sehr großen Zellen zusammengesetzt (Phasenkontrast).

Kultur- und Nutzpflanzen von großer wirtschaftlicher Bedeutung. Von den wichtigsten Vertretern kann hier nur eine sehr kleine Auswahl vorgestellt werden: Rosen- und Pfirsichmehltau, *Sphaerotheca pannosa*, Stachelbeermehltau, *S. mors-uvae*, Apfelmehltau, *Podosphaera leucotricha*, Getreide- und Gräsermehltau, *Blumeria graminis*, Mehltau vieler Leguminosen, *Erysiphe martii*, Eichenmehltau, *Microsphaera alphitoides*, Echter Rebenmehltau, *Uncinula necator*, Mehltau oder Rotbuche und einiger anderer Laubgehölze, *Phyllactinia guttata*, Mehltau auf Leguminosen in ariden Gebieten, *Leveillula leguminosarum*.

Ordnung Becherchenartige, Helotiales

Bei den mehrere tausend Arten umfassenden Helotialen handelt es sich vorwiegend um Saprophyten auf Pflanzenresten, einige sind bodenbewohnend. Aber auch viele Pflanzenparasiten mit z. T. sehr hoher Wirtsspezifität findet man unter ihnen. Andere Gattungen sind in Symbiose mit Grünalgen zu Flechten geworden.

Der Eichenmehltau, *Microsphaera alphitoides*, kommt Anfang Juli auf dem Johannistrieb von Stiel- und Traubeneichen zur Massenvermehrung. Befallene Blätter bleiben klein und deformiert.

Die Apothecien der Helotiales sind flach auf ihrem Substrat angeheftet oder sitzen auf kürzeren oder längeren Stielchen. Bei manchen Gattungen entspringen die Apothecien einem Stroma oder einem Sklerotium. Die Fruchtkörper der Helotiales sind meist wenige Millimeter groß, nur bei den größten Arten erreichen sie einen Durchmesser von etwa 4 cm.

Die Asci vereinigen sich oft zu lebhaftgefärbten Hymenien, die die fleischigen, gallertartigen, knorpeligen, leder- oder wachsartigen Apothecien überziehen. Die Asci sind zylindrisch, unitunicat und inoperculat, d. h., sie öffnen sich mit einem Porus oder einem Spalt. In der Scheitelregion der Asci kann man bei starker Vergrößerung ringförmige Strukturen erkennen, die sich mit Jodlösung blau anfärben lassen und beim Wegschleudern der Ascosporen bestimmte Funktionen zu erfüllen haben. Die Asci enthalten i d. R. 8 ein- bis mehrzellige, meist farblose Ascosporen von je nach Art und Gattung unterschiedlicher Gestalt.

Die Fruchtkörperentwicklung erfolgt ascohymenial und wird durch das Auftreten von Ascogonien mit fädigen Trichogynen an dem septierten Myzel eingeleitet. Antheridien werden nicht entwickelt, die Befruchtung erfolgt vielmehr durch Spermatien oder somatogam. Als Nebenfruchtform werden Konidien gebildet; sie haben aber nur bei einigen Gattungen größere Bedeutung.

Die Helotialen können phylogenetisch von den Gymnascalen abgeleitet werden und stellen eine inoperculate Parallelentwicklung zu den Pezizalen dar. Die Pezizalen und Helotialen werden wegen ihrer scheibenförmigen Fruchtkörper auch Discomyceten genannt. Die systematische Gliederung der Helotialen wird an Hand der Excipulumstruktur, bei der man 6 verschiedene Gewebstypen unterscheiden kann, vorgenommen.

Familie Ascocorticiaceae

Bei den Ascocorticiaceen sind die Fruchtkörper noch recht primitiv, sie bestehen nur aus einem hypotheciumähnlichen Geflecht, auf dem das paraphysenlose Hymenium mit sehr kleinen Asci aufliegt. *Ascocorticium anomalum* bildet saprophytisch auf Holz oder Rinde zarte, weißliche oder rötliche Überzüge, die sich als Ganzes von der Unterlage abheben lassen.

Familie Becherchen, Helotiaceae

Die Helotiaceen haben fleischig-wachsartige oder lederig-knorpelige Apothecien, deren Excipulum aus parallelverlaufenden Hyphen besteht. Die Fruchtkörper sind unbehaart und oft gestielt, die Ascosporen farblos, spindel- bis eiförmig. Lebhaft oder fahlgelblich sind die auf Holz wachsenden, sitzenden oder nur kurzgestielten, kleinen Apothecien (1–3 mm Durchmesser) von *Calycella*-Arten. An Zweigen oder Nadeln von Nadelhölzern findet man die korkigen, gelb- bis schwarzbraunen, kreiselförmigen, 1–3 mm großen Fruchtkörper von *Cenangium*-Arten. Sehr auffallend sind die kleinen bis mittelgroßen, blau-, span- oder olivgrünen, kurzgestielten Fruchtkörper der Grünspanbecherlinge (*Chlorosplenium*-Arten). Einige von ihnen färben sogar das modrige Holz, auf dem sie wachsen, grün an. Bis zu 15 mm Durchmesser haben die braunen, lederartig zähen Apothecien von *Encoelia*-Arten, die aus der Rinde lebender Äste von Laubhölzern hervorbrechen. Auf Pflanzenresten wachsen oft in großen Rasen die mehr oder weniger langgestielten, hellfarbigen, kleinen bis mittelgroßen Apothecien der vielen *Helotium-* oder *Hymenoscyphus*-Arten. Mit ihnen können leicht die kleineren *Pezizella-* und *Phialea*-Arten verwechselt werden. Im Frühjahr findet man an toten Zweigen von Johannisbeerarten in kleinen Gruppen die kurzgestielten, 1,5 mm großen, außen tief dunkelbraunen, aber mit einem gelblichen Hymenium versehenen, kelchförmigen, am Rand gezähnten Apothecien von *Scleroderris ribis*. Schwarz sind die kleinen Fruchtkörper von *Tympanis*-Arten auf Rinden verschiedener Laub- und Nadelbäume.

Familie Wollbecherlinge, Hyaloscyphaceae

Die Vertreter der Wollbecherlinge, Hyaloscyphaceen, zeichnen sich durch helle, oft rötliche oder gelbliche, mit hellen Haaren auffällig besetzte Apothecien aus. Sie sind sitzend oder kurz gestielt, wachsartig weich oder lederig bis knorpelig. Ihr Excipulum besteht aus Reihen von prismatischen Zellen. Die spindelförmigen Ascosporen sind farblos. Unter ihnen gibt es sowohl Saprophyten als auch Pflanzenparasiten. Bekanntester Vertreter ist *Lachnellula willkommii*, der Erreger des Lärchenkrebses. Seine 2–4 mm großen, kurzgestielten Apothecien sind außen weiß und dicht mit ebenfalls weißen Haaren besetzt. Das Hymenium leuchtet orangerot. Sehr artenreich ist die Gattung *Dasyscyphus*, deren Paraphysen lanzettlich und länger als die Asci sind. Auf einem weitausgebreiteten, weißlichen Subiculum sitzen die mittelgroßen, weißen oder etwas orangegetönten Apothecien von *Arachnopeziza*. Als weitere Gattungen sind *Hyaloscypha, Perrotia* u. a. zu nennen.

Familie Dermateaceae

Vorwiegend Pflanzenparasiten gehören zu der gattungs- und artenreichen Familie Dermateaceae. Ihre fleischigen bis lederigen Apothecien sind ungestielt und haben ein Excipulum, das aus mehr oder weniger rundlichen oder isodiametrischen Zellen zusammengesetzt ist. Die meist kleinen Fruchtkörper sind i. d. R. bräunlich bis schwärzlich mit einem helleren Hymenium. Die Ascosporen sind spindelförmig, elliptisch bis nierenförmig, hyalin oder gelblich und ein- bis mehrzellig. Auf Blättern von Johannisbeer- und Stachelbeerarten verursacht *Drepanopeziza ribis* eine Blattfleckenkrankheit, die zur Blattschütte (Abwerfen der befallenen Blätter) führt. Blattschütte tritt ebenfalls durch Klappenschorf der Luzernen- und Kleearten, *Pseudopeziza medicaginis* bzw. *P. trifolii*, auf. Mit dieser Art nahe verwandt ist *Leptotrochila ranunculi*, die auf *Ranunculus*-Arten schmarotzt. Aus der Rinde von Nadel- und Laubhölzern brechen in Büscheln die hellfarbigen Apothecien der *Pezicula*-Arten hervor. Sehr häufig findet man die dünnen, schüsselförmigen, dunklen, am Rand etwas blassen Apothecien der *Mollisia*-Arten auf holzigen und krautigen Pflanzen. Mit ihnen sind leicht *Tapesia-* und *Pyrenopeziza*-Arten zu verwechseln. Auf dem Holz der Steinobstarten findet man die Apothecien von *Dermea cerasi* und an der Unterseite von Efeublättern die olivgrünen Fruchtkörper von *Trochila craterium. Diplocarpon rosae* verursacht den bekannten Sternrußtau auf Rosenblättern.

Familie Hemiphacidiaceae

Die Hemiphacidiaceen bilden ihre ungestielten Fruchtkörper in einem Stroma, das sich parasitisch unter der Epidermis von Koniferennadeln entwickelt. Ihre Ascosporen sind hyalin bis grünlichbraun, spindel-, ei- oder zylinderförmig und ein- bis vielzellig. *Rhabdocline pseudotsugae* ist der Erreger der Douglasienschütte, *Gremmenia gigaspora* parasitiert in den Nadeln der Zirbelkiefer, und *Didymascella thujina* richtet an Lebensbaumarten Schäden an. Als weitere Gattungen dieser Familie sind unter anderen noch *Hemiphacidium, Naemacyclus* und *Sarcotrochila* zu erwähnen.

Familie Orbiliaceae

Kleine, sitzende, wachsartige Apothecien, die aus isodiametrischen Zellen gebildet sind, haben die Orbiliaceen. Bei ihnen sind

Der Sklerotienbecherling, *Sclerotinia sclerotiorum*, hat einen sehr weiten Wirtspflanzenkreis.

die am oberen Ende mit einer köpfchenförmigen Anschwellung versehenen Paraphysen über den Ascusscheiteln mit einer wachsartigen Masse verkittet, wodurch das Hymenium einen eigenartig matten Glanz erhält. Als Gattungen können *Orbilia* und *Hyalinia* genannt werden.

Familie Sklerotienbecherlinge, Sclerotiniaceae

Gefährliche Pflanzenparasiten gehören zu der großen Familie Sklerotienbecherlinge, Sclerotiniaceae. Ihre mittelgroßen, fleischigen, im allgemeinen braunen, langgestielten Apothecien wachsen aus Stromata, mumifizierten Früchten oder Sklerotien heraus. Die spindel- bis eiförmigen Ascosporen sind farblos. Als Nebenfruchtform werden meist reichlich Konidien gebildet. Innerhalb dieser Familie ist deutlich eine Entwicklungsreihe bei der Differenzierung der Stromata zu erkennen. Am Anfang werden wie bei der Gattung *Rutstroemia* noch sehr unzureichend differenzierte Stromata gebildet. Diese bestehen eigentlich nur aus dunkelgefärbten Hyphengeflechten. Auf der nächsten Entwicklungsstufe, auf der z. B. *Monilinia* steht, werden die Früchte der Wirtspflanze durch stromatisierte Hyphen zu Pilzmumien umgebildet. Ein weiterer Entwicklungsfortschritt ist beim Schmarotzerbecherling, *Stromatinia*, zu beobachten, der schon kleine, etwa 1 mm messende Mikrosklerotien bildet.

Erst bei der Gattung *Sclerotinia* ist die volle Entwicklungshöhe erreicht, denn hier können die Sklerotien mehrere Zentimeter groß werden. Von den Landwirten gefürchtet ist der Kleekrebs, *Sclerotinia trifoliorum*, dessen 8 mm große Apothecien auf fast 2 cm großen Sklerotien wachsen. Auf Buschwindröschen schmarotzt der Anemonenbecherling, *Sclerotinia tuberosa*. Einen weiten Wirtspflanzenkreis, darunter Bohne, Möhre, Sonnenblume und Kartoffel, hat *S. sclerotiorum*. Bei Stein- und Kernobst kann die Braunfäule große Schäden verursachen. An Steinobstarten wird sie von *Monilinia laxa* und *M. padi* verursacht. *M. fructigena* ist der Braunfäuleerreger von Birnen und Äpfeln. Ihr Lebenszyklus soll hier kurz geschildert werden.

Im Frühjahr keimen Ascosporen oder Konidien, die vom Wind auf die Blüten und Blätter ihrer Wirtsbäume geweht werden, und bilden dort ein Myzel, das in den Wirt eindringt und eine Blütendürre oder Zweig- und Blattdürre verursacht. Hat sich das Myzel gekräftigt, erzeugt es lange, verzweigte Konidienträger, die in zitronenförmige Konidien zerfallen. Sie dienen der schnellen Verbreitung des Erregers. Später werden auch heranreifende Früchte befallen. Als Eintrittspforten bevorzugt der Pilz kleine Wunden oder Insektenstiche. Zuerst entsteht hier ein kleiner, weicher, brauner Fleck, der aber schnell größer wird. Der Erreger scheidet ein pektinlösendes Enzym aus, das die Fruchtzellen aus ihrem Gewebeverband löst und die Weichfäule bewirkt. So wie die Weichfäule voranschreitet, durchzieht der Pilz die Frucht. Auf ihr bilden sich in »Hexenringen« die Konidienträger des Erregers. Auch an bereits geerntetem Obst entwickelt sich die Braunfäule rasch weiter. Hier kann man die Hexenringe ebenfalls beobachten, sofern das Obst hell gelagert wird. In dunklen Lagerräumen unterbleibt die Konidienbildung, und die Früchte werden dunkelbraun bis schwarz. Hat das Myzel die Frucht völlig durchzogen, schrumpft sie zusammen und wird mumifiziert. Diese Pilzmumien können entweder vom Baum abfallen oder bleiben den ganzen Winter über an den Ästen hängen. Von ihnen aus erfolgt im Frühjahr die neue Konidienausschüttung. Die auf dem Boden liegenden Mumien werden von Laub und Erde bedeckt und erzeugen nach 1–3 Jahren im Frühjahr die Apothecien des Erregers. Der Apothecienbildung gehen die Spermatienbildung und die Befruchtung der Ascogonien voraus. Die reifen Ascosporen werden weit aus den Asci geschleudert, so

Monilinia fructigena ist der Erreger der Braunfäule von Äpfeln und Birnen; auf den weichfaulen Früchten bilden sich in Hexenringen die Konidienträger dieses Pilzes; dunkel gelagerte Früchte werden schwarz.

daß sie von der Luftströmung erfaßt werden und zur Infektion neuer Blüten und Blätter beitragen können.

An mumifizierten Blütenkätzchen von Weiden, Erlen, Birken und Haseln sowie an Eicheln entstehen die Fruchtkörper der Stromabecherlinge *Ciboria*-Arten. Die *Stromatinia*-Arten bindet man an Rhizomen und Zwiebeln verschiedener Pflanzen, *Botrytinia* kommt als Erreger der Grauschimmelkrankheit an sehr vielen verschiedenen Wirtspflanzen vor. Nur die Zapfenbecherlinge, *Rutstroemia*-Arten, leben saprophytisch auf zefallenden Pflanzenresten.

Familie Schmutzbecherlinge, Bulgariaceae

Gallertartige, mittelgroße bis große, kreiselförmige Fruchtkörper bilden die saprophytischen, meist holzbewohnenden Bulgariaceen. Ihre Ascosporen sind farblos bis dunkelbraun und ellipsen- bis spindelförmig gestaltet. An Laubholzstubben, besonders von Buche und Eiche, leuchtet bei feuchtem Wetter der Fleischrote Gallertbecher, *Ascocoryne sarcoides*, mit seinen violett- bis fleisch- oder purpurroten, 20 mm großen, etwas unsymmetrisch kreiselförmigen Fruchtkörpern. Ausgetrocknet sind diese unscheinbar und hornartig. Ebenfalls an Laubholz, vor allem an Eichenstämmen und -ästen, die am Boden liegen, kommt der bis 4 cm große, dunkelbraune bis schwarze Schmutzbecherling, *Bulgaria inquinans*, vor. Er kann an gelagertem Nutzholz eine Lagerfäule verursachen. Von seinen nierenförmigen Ascosporen liegen immer 4 farblose und 4 dunkelbraune in einem Ascus. Blaßviolett oder rötlichpurpurn bis gelbbraun sind die Apothecien von *Neobulgaria* Arten. Kleine bis mittelgroße, verkehrt kegelförmige, violette Apothecien hat *Ombrophila violacea*, die man an nassen Stellen auf faulenden Blättern findet.

Familie Erdzungen, Geoglossaceae

Gemessen an der Differenzierung ihrer Fruchtkörperformen nehmen die Geoglossaceen, Erdzungen, unter den inoperculaten Discomyceten eine ähnliche Stellung ein wie die Helvellalen unter den operculaten. Auch sie lassen sich in mehreren Linien von becherförmigen Grundtypen herleiten und zeigen physiologisch einen Rückgang der Sexualität bis zur Somatogamie (z. B. bei *Trichoglossum hirsutum*). Mit 12–15 Gattungen (etwa 75 Arten), die sich im wesentlichen auf die gemäßigten und subarktischen Zonen von Amerika bis nach Ostasien verteilen, können sie auch zahlenmäßig mit den höchstentwickelten Operculaten verglichen werden. Sie erreichen jedoch niemals die stattliche Größe vieler Discinaceen oder Morchellaceen, sondern bleiben fast durchweg unter 8 cm Höhe, so daß sie trotz ihres geselligen Auftretens leicht übersehen werden.

Alle Geoglossaceen wachsen als Saprophyten auf feuchtem Erdboden oder feucht lagernden Pflanzenresten (Fallaub, Nadeln Ästchen, Zapfen usw.), mitunter auch (parasitisch?) an lebenden Moosen, in Quellsümpfen und Waldgräben. Die meisten Arten sind Sommer- und Herbstpilze, nur wenige erscheinen im Flachland schon früher.

Makro- und mikroskopisch setzen sich die Geoglossaceen aus einzelnen, klar definierten Verwandtschaftsgruppen (Tribus) zusammen. Gegenüber den weitestgehend einheitlich gestalteten Fruchtkörpern der braunsporigen Arten, Tribus Geoglosseae, haben alle übrigen Gruppen farblose, kürzere Sporen (meist unter 50 µm) und zeichnen sich habituell durch größere Mannigfaltigkeit aus.

Als Erdzungen im eigentlichen Sinn, Tribus Geoglosseae, gelten die schwarzbraunen Vertreter mit schlankkeuligen Fruchtkörpern, deren fertiler (oberer) Teil nicht deutlich gegen den Stiel abgesetzt ist. Sie erscheinen dadurch äußerlich als Konvergenz zu den Stromata der Gattung *Xylaria* unter den Ascomyceten und zu den Clavariaceen unter den Basidiomyceten. Man kann sie als Weiterentwicklung eines einfachen *Helotium*-Bechers verstehen, der sich in der Mitte emporgewölbt hat, so daß das Hymenium nunmehr die Außenfläche des gesamten zungenförmig verbreiterten Keulchens überzieht. Alle hierher gehörenden Arten – etwa 25, davon 10 in Europa – haben braune, fast rutenförmig zylindrische Sporen von 50–150 µm Länge, die durch zahlreiche Septen quergeteilt sind. Die Anzahl dieser

Querwände, 3–15 je Spore, wird wesentlich zur Trennung der einzelnen Arten benutzt. Von der typischen Gattung *Geoglossum* unterscheiden sich die Haarzungen, *Trichoglossum*, durch zahlreiche Borsten (Setae) im Hymenium, die den betreffenden Fruchtkörper rauhhaarig erscheinen lassen. Sämtliche Vertreter dieser Tribus sind Erdbewohner und bilden oft Mischbestände aus mehreren Arten. Sie bevorzugen sandige Grasplätze und quellfeuchte Wiesen. Wirtschaftlich sind sie ohne Bedeutung.

Durch die Keulenform ihres Köpfchens erinnern die Haubenpilze, Tribus Mitruleae, mit der Gattung *Mitrula* morphologisch an die vorhergehende Gruppe. Das gilt besonders für die Untergattung *Microglossum* (einschließlich *Corynetes*), die wegen ihres düsteren Aussehens oft noch zu *Geoglossum* gestellt wird, aber nach den kürzeren, durchsichtigen Sporen nicht von *Mitrula* getrennt werden kann. Bei den übrigen *Mitrula*-Arten hebt sich das abgegrenzte Keulchen außerdem duch lebhafte Färbung, meist gelb oder orange, gegen den fast fadendünnen Stiel ab und ist in vielen Fällen *(Physomitrula)* hohl. Die zierlichen, sehr gebrechlichen Pilzchen sitzen mit Ausnahme von *Microglossum*, überwiegend auf toten oder lebenden Pflanzenteilen – als größte Art (bis 8 cm) die rosaköpfige *Mitrula omphalostoma* an Torfmoos, *Sphagnum*, als eine der kleinsten (unter 4 cm) die arktisch alpine *Mitrula gracilis* an Sumpfmoos und Hainmoos, *Paludella* bzw. *Hylocomium*. Am häufigsten kommt *Mitrula paludosa* auf schwimmenden Faulstoffen in Waldtümpeln vor.

Bei der nur wenige Arten umfasenden Tribus Leotieae mit der Gattung *Leotia* nimmt der sporentragende Teil des Fruchtkörpers eine hutähnlich abgeflachte, unebene Gestalt an, die sich auch in den Cudonieen wiederfindet. Als einzige Gruppe der Geoglossaceen sind die *Leotia*-Arten fast alle gelatinös, so daß auch ihre Oberfläche meist schlüpfrig ist. Der Formenreichtum von *Leotia lubrica*, Gallertkäppchen, erschwert, sie gegen ihre Nachbararten abzugrenzen. Um so deutlicher weicht die Untergattung *Coelotiella* durch verhältnismäßig zähe und trompetenförmig offene Fruchtkörper ab, deren Kappe nur noch einen wulstigen Kragen um den Trichterrand bildet.

Bei der Gattung *Geoglossum*, den Erdzungen im engeren Sinne, sind Stiel und Kopfteil noch nicht sichtbar getrennt.

Die meisten Leotieen lieben feuchte, etwas lehmige Waldstellen, Erlenbrüche und grasige Wegränder, wo sie in Scharen auftreten können, doch infolge ihrer gelblich-olivgrünen Färbung nur wenig auffallen.

Ihre größte Lorchelähnlichkeit erreichen die Geoglossaceen in der Tribus Cudonieae, deren Gattungen *Cudonia* und *Spathularia* nicht nur morphologisch, sondern auch durch ihre fleischige Konsistenz an manche Leptopodien erinnern. Während die unregelmäßige Kappe der Kreislinge, *Cudonia*, ringsum von einem waagerechten freien Rand begrenzt wird, umgreift sie bei den Spaltpilzen, *Spathularia*, hahnenkammartig die Stielspitze. Mikroskopisch dagegen sind beide Gattungen durch die Nadelform ihrer Sporen (oft über 50 µm) weitgehend mit *Geoglossum* vergleichbar. *Cudonia*-Sporen können außerdem schon im Ascus eigene Konidien bilden.

Bevorzugter Standort für Cudonieen ist die Bodenstreu feuchter Gebirgsnadelwälder, wo sie nicht selten in vollständigen Kreisen (Hexenringen) auftreten. Ihre größeren Arten gelten als wohlschmeckende Speisepilze, sind jedoch wenig ergiebig.

An feuchten Stellen in lichten Laubwäldern ist die Grüne Erdzunge, *Microglossum viride*, zu finden.

Die zierlichen Haubenpilze, *Mitrula paludosa*, leben auf Pflanzenabfällen, oft mitten im Wasser.

Familie Beerenflechten, Baeomycetaceae

Die Vertreter der Baeomycetaceen leben in Symbiose mit Grünalgen der Gattung *Coccomyxa* und bilden mit diesen zusammen bodenbewohnende, Beerenflechten genannter Krustenflechten mit kurzgestielten Apothecien. Ihre spindelförmigen Ascosporen sind farblos. Wichtigste Gattung ist *Baeomyces*, sie gab der Familie den Namen.

Die kopf- und trompetenförmigen Gallertkäppchen, Tribus Leotieae, erinnern mitunter an zierliche Lorcheln. Das Bild zeigt *Leotis odorata*.

Auf feuchten Wald- und Moorböden wächst vom Juli bis Oktober das Grüngelbe Gallertkäppchen, *Leotia lubrica*.

Ordnung Cyttariales

In der gemäßigten Zone der Südhalbkugel leben die in einigen Merkmalen den Helotialen ähnlichen, in anderen von diesen aber verschiedenen Cyttarialen. Sie gehören alle der Gattung *Cyttaria* an und parasitieren wie z. B. *Cyttaria gunnii* auf verschiedenen Südbuchen (*Nothofagus*-Arten). Nach der Infektion bildet sich an den Zweigen der Wirtspflanze eine Galle, in der sich die Hyphen des Pilzes befinden. Später bricht aus der Galle ein birnenförmiges Stroma hervor, an dem sich dicht aneinandergedrängt zahlreiche Apothecien entwickeln, wodurch die Stromata rein äußerlich etwas an Morcheln erinnern. Die Stromata von *Cyttaria*-Arten sind eßbar, und werden von den Eingeborenen verzehrt. Die eigenartigen Asci lassen sich weder dem operculaten noch dem inoperculaten Typ eindeutig zuordnen.

Eine gewisse Ähnlichkeit mit den Cyttarialen haben die tropischen, saprophytisch lebenden Gattungen *Jacobsonia, Myriodiscus* und *Polydiscidium*. Bei ihnen wachsen aus dem kugeligen Stroma strahlenförmig nach allen Richtungen verzweigte Stielchen, an deren Enden mehrere hundert bis tausend Apothecien sitzen und so einen mehr oder weniger dichten Ball bilden. Taxonomisch sind sie aber bei den Helotialen einzuordnen.

Ordnung Phacidiales

Die Phacidialen sind vorwiegend Pflanzenparasiten, und einige von ihnen haben wirtschaftliche Bedeutung erlangt. Nur wenige Gattungen leben saprophytisch auf toten Blättern und Zweigen. Ihre Fruchtkörper sind dunkelgefärbte, rundliche oder längliche Pseudoapothecien oder Hysterothecien. Sie sind meist im Wirtsgewebe eingesenkt. Die Entwicklung, die sich deutlich von der helotialen Ascocarpentwicklung unterscheidet, wird durch die Anlage eines flachen, plectenchymatischen Primordialgeflechts eingeleitet, das sich auf der Außenseite dunkel färbt und verhärtet und in dessen Innerem die Sexualorgane entstehen. Es sind mehrkernige Ascogonien mit mehrkernigen Trichogynen. Da Antheridien fehlen, erfolgt die Befruchtung vermutlich automiktisch zwischen den beiden Zellen. Es wurden auch Somatogamie und Spermatisierung beobachtet. Die nach der Befruchtung entstehenden Asci lösen sich einen Loculus aus dem Primordialgeflecht heraus. Die Fruchtkörperanlage wird so nach dem ascolocularen Typus zum Fruchtkörper. In der Regel enthält er nur einen Loculus, in dem die Asci hymeniumartig angeordnet sind. Die Fruchtkörper öffnen sich durch lappiges Aufklappen der Deckschicht oder mit einem Längsspalt. In der Deckschicht werden die Zonen, entlang denen der spätere Öffnungsriß oder -spalt verläuft, histologisch vorgebildet.

Die keulenförmigen bis zylindrischen, unitunicaten, 8sporigen Asci haben einen wenig differenzierten Apikalapparat. Die Ascosporen sind i. d. R. einzellig, farblos und von unterschiedlicher Gestalt. Nebenfruchtformen sind bekannt.

Die phylogenetische Abstammung der Phacidialen könnte bei den Pyronemaceen, Ascocorticiaceen oder Hemiphacidiaceen gesucht werden, sie haben sich aber selbständig, parallel zu den Helotialen und Pezizalen, entwickelt. Sie sind die einzigen Pilze mit ascolocularer Fruchtkörperentwicklung und unitunicaten Asci. Innerhalb der Ordnung sind 3 Familien zu unterscheiden.

Bei den Phacidiaceen sind die Fruchtkörper rundlich, apothecienartig und reißen unregelmäßig lappig auf. Der Schneepilz, *Phacidium infestans*, kann während des Winters unter dem Schnee junge Tannen schädigen. *Phacidium multivalve* findet man auf den Blättern der Stechpalme, *Ilex aquifolium*. *Cryptomycina pteridis* lebt auf der Unterseite von Wedeln des Adlerfarns, und *Phacidiostroma*-Arten kommen auf den Blättern verschiedener zweikeimblättriger Pflanzen vor. Ihre Stromata durchwachsen dort die ganze Blattdicke. *Lophophacidium hyperboreum* schmarotzt auf Fichtennadeln.

Die Cryptomycetaceen haben polsterförmige, gallertartig-fleischige, innen hellgefärbte Fruchtkörper, die unregelmäßig lappig aufreißen. Sie werden als größere, stromatische Krusten unter dem Periderm der befallenen Bäume und Sträucher gebildet. Mit besonders großen Stromakrusten ist *Cryptomyces maximus* ausgezeichnet, das auf Ästen von Weidenarten wächst. Krebsar-

Die schwarzen Stromata des Runzelschorfs, *Rhytisma acerinum*, auch Teerfleckenkrankheit genannt, geben dem herbstlich gefärbten Ahornlaub einen besonderen Akzent.

tige Geschwülste an Birnen- und Quittenarten verursacht *Potebniamyces discolor*.

Meist langgestreckte, sich mit einem Spalt öffnende Fruchtkörper haben die Hypodermataceen. Bei vielen Formen sind die Ränder des Spalts mit hellen, quellfähigen Zellen besetzt, die sich bei Trockenheit zusammenziehen und den Fruchtkörper schließen. Die Ascosporen umgibt eine Schleimhülle. Sehr viele Arten der Gattungen *Hypoderma, Hypodermella* und *Lophodermium* wachsen auf Koniferennadeln und verursachen die als Nadelschütten bekannten Krankheiten. Sehr häufig ist *Lophodermium pinastri*, die Kiefernnadelschütte. Allgemein bekannt ist der Erreger der Teerfleckenkrankheit, auch Runzelschorf des Ahorns genannt, *Rhytisma acerinum*. Die großen schwarzen Flecke auf den Ahornblättern tragen im Herbst die Nebenfruchtform, *Melasmia* genannt. Über Winter reifen in ihnen die Ascosporen aus, die im folgenden Frühjahr ausgeschleudert werden. *Rhytisma acerinum* reagiert empfindlich auf Luftverunreinigungen und ist an Autostraßen merklich zurückgegangen. *Colpoma degenerans* findet man an toten Zweigen der Rauschbeere, *Vaccinium uliginosum*.

Ordnung Mannaflechtenartige, Lecanorales

Mit mehr als 10 000 Arten sind die Lecanoralen die größte Ascomycetenordnung. Sie alle verbindet ihre symbiotische Lebensweise: Es handelt sich ausschließlich um Pilzpartner von Flechten. Darum sei ausdrücklich auf das Kapitel »Die Flechten« in diesem Band verwiesen.

Der größte Teil aller bekannten Flechtenpilze, unter ihnen fast alle größeren und auffälligen einheimischen Arten, gehört zu den Lecanoralen. Sie leben mit Blaualgen der Gattungen *Nostoc, Rivularia* u. a. oder mit Grünalgen der Gattungen *Trebouxia, Trentepohlia* u. a. in Symbiose. Nur einige wenige Arten der Lecanoralen bilden keine Flechten, sondern sind Flechtenparasiten. Wir finden die Lecanoralen auf Erde und Sandboden, auf Gestein und Rinde. Einige Arten bevorzugen ein stickstoffhaltiges Substrat. Sie werden hauptsächlich auf Felsen gefunden, wo Greifvögel bzw. Seevögel ihre Nist- und Ruheplätze haben, oder sie kommen in der Nähe menschlicher Siedlungen vor. Die Arten, die mit Blaualgen in Symbiose leben, können sogar den Stickstoff der Luft assimilieren.

Der Lebenszyklus der Lecanorales beginnt mit der Keimung der Ascosporen. Die Keimschläuche befallen alle zufällig in der Nähe wachsenden Algen, und in den Fällen, in denen sie auf einen geeigneten Partner treffen, beginnt das gemeinsame Weiterleben als Flechte.

Die sexuelle Entwicklung erfolgt durch Befruchtung der Ascogonien mit Spermatien. Die Fruchtkörper sind runde, flach scheibenförmige und manchmal kurzgestielte Pseudoapothecien. Die Asci sind in Hymenien angeordnet. Zwischen ihnen stehen Paraphysen, die die Asci überragen und über diese zu einer Deckschicht, Epithecium genannt, verkleben oder verwachsen. Die keulenförmigen oder zylindrischen Asci sind bitunicat, auffallend dickwandig und mit einem Apikalapparat versehen. Die farblosen bis braunschwarzen Ascosporen sind ein- bis mehrzellig und meist ei- bis spindelförmig.

Krusten-, Laub-, Strauch- und Bartflechten bilden die Lecanoraceen, Parmeliaceen und Usneaceen mit einzelligen Grünalgen zusammen. Ihre Ascosporen sind farblos und einzellig, selten mehrzellig. Wichtige Arten sind Isländisches Moos, *Cetraria islandica*, Brandflechte, *Letharia vulpina*, Schlüsselflechte, *Parmelia physodes*, und Bartflechte, *Usnea hirta*. Als weitere Gattungen müssen *Alectoria, Cornicularia, Evernia, Lecanora, Parmeliopsis* und *Ramalina* genannt werden. Krustenflechten und auch einige saprophytische Pilze gehören in die Familie Acarosporaceae. Ihre Asci enthalten sehr viele farblose, einzellige Ascosporen. Als Symbionten treten einzellige Grünalgen auf. *Acarospora* und *Biatorella* sind hier als Gattungen zu nennen.

Sehr große Ascosporen (bis 0,3 mm lang), die mit zahlreichen Hyphen keimen, haben die Pertusariaceen mit den Gattungen *Ochrolechia* und *Pertusaria*. Sie bilden ebenfalls mit einzelligen Grünalgen zusammen Krustenflechten.

Die Umbilicariaceen kommen als Laubflechten auf Gestein vor. Ihre Ascosporen sind einzellig oder mauerförmig geteilt, farblos bis bräunlich. Symbionten sind einzellige Grünalgen. Die Familie erhielt ihren Namen von der Typusgattung *Umbilicaria*.

Krustenflechten und manchmal auch Laubflechten auf dem Erdboden sowie auf Gestein bilden die Lecideaceen mit einzelligen Grünalgen. Sie haben einzellige oder mauerförmig geteilte, farblose bis schwärzliche Ascosporen. Auffallend ist die Landkartenflechte, *Rhizocarpon geographicum*. Weitere Gattungen sind *Lecidea* und *Toninia*.

Der Thallus der Cladoniaceen ist in einen laubartig-schuppigen und einen aufrechten, strauchigen oder becherförmigen Teil, der die Fruchtkörper trägt, differenziert. Ihre Ascosporen sind meist einzellig und farblos. Als Rentierflechte ist *Cladonia rangiferina* bekannt, und die Rotfrüchtige Becherflechte nennt man *Cladonia coccifera*.

Lebhaftgelbe bis orangerote Krusten- und Laubflechten bilden die Teloschistaceen und Caloplacaceen, ebenfalls mit einzelligen Grünalgen als Symbionten. Ihre 2zelligen Ascosporen haben eine sehr dicke Scheidewand, die von einem Kanal durchbohrt wird. Bekannt ist die Gelbe Wandflechte, *Xanthoria parietina*. Die Gattung *Caloplaca* gehört ebenfalls hierher.

Schließlich haben die Buelliaceen, Physciaceen und Patellariaceen einzellige Grünalgensymbionten. Sie bilden Krusten-, Laub- und Strauchflechten. Auch Flechtenparasiten findet man unter ihnen. Die zwischen den Asci stehenden Paraphysen enden mit braunen, köpfchenartigen Anschwellungen. Die braunen Ascosporen sind zwei- bis vielzellig. Die Gattungen *Anaptychia, Buellia, Physcia* und *Rinodina* bilden Flechten. *Abrothallus, Karschia, Leciographa* und Scutula sind Flechtenparasiten. Saprophytisch leben *Eutryblidiella* und *Patellaria*.

Die letzten 4 Familien der Lecanoralen leben in Symbiose mit Blaualgen.

Die Collemataceen sind Krusten- und Laubflechten mit gallertigem, quellbarem Thallus. Sie haben farblose, vielzellige Ascosporen. Als Gattungen sollen *Collema* und *Leptogium* genannt werden.

Auf nassem Gestein bilden die Lichinaceen fadenförmige oder kleinstrauchige Flechten. Ihre Ascosporen sind einzellig und hyalin. *Ephebe* und *Lichina* gehören hierher.

Die Peltigeraceen und Stictaceen schließlich sind erdboden- und felsenbewohnende Laubflechten mit länglichen bis nadelförmigen, zwei- oder mehrzelligen Ascosporen. Schildflechten werden *Peltigera*-Arten, und die Safranflechte wird *Solorina crocea* genannt. Außerdem sollen noch die Gattungen *Lobaria* und *Sticta* erwähnt werden.

Ordnung Fadenscheibchenartige, Ostropales

Saprophyten an Pflanzenresten sowie Blattparasiten sind schließlich die Vertreter der Ostropalen. Ihre Fruchtkörper stehen einzeln und zeigen vom Bau her alle Übergänge von Perithecien zu Apothecien. Die Gattungen *Robergea* und *Ostropa* bilden noch typische, mit einem periphysenbesetzten Hals versehene Perithecien, die sich bei *Robergea* mit einer Pore, bei *Ostropa* mit einem Schlitz öffnen. *Acrospermum* hat mehr oder weniger keulenförmige, in die Höhe gestreckte, seitlich zusammengedrückte, dunkelfarbige Fruchtkörper, die sich ohne Hals mit einer scheitelständigen Pore öffnen.

Bei *Stictis* hat der Fruchtkörper die Form

eines tiefen, ins Substrat eingesenkten, sitzenden, becherförmigen Apotheciums, dessen Rand oft lappig zerrissen ist. Sitzende Apothecien bildet *Apostemidium; Vibrissea* dagegen kleine, zähe, gestielte Apothecien mit einem etwas konvexen, hellen Hymenium. Der Stiel ist oft mit flaumigen Haaren besetzt. Der Fruchtkörper einer *Vibrissea*-Art kann leicht mit einer kleinen Helvellacee verwechselt werden. *Conotrema*-Arten schließlich leben in Symbiose mit Algen und bilden Flechten. Trotz der unterschiedlich gestalteten Fruchtkörper tragen die Vertreter dieser Ordnung eine Reihe vereinender Züge, unter denen die fadenförmigen, vielzelligen Ascosporen besonders charakteristisch sind.

Ordnung Schriftflechtenartige, Graphidales

Auch bei dieser Ordnung handelt es sich um Flechtenpilze. Sie werden bisweilen zu den Ostropalen gestellt, denn sie ähneln diesen stark im Aufbau der Fruchtkörper, unterscheiden sich aber von ihnen durch die bei den Graphidalen recht dickwandigen Ascosporen. Zwei Familien werden hierher gerechnet.

Hysterothecien mit weiter, spaltenförmiger Öffnung, wodurch eine gewisse Ähnlichkeit mit Apothecien entsteht, haben die Graphidaceen. Sie sind vorwiegend Flechten, wie die Gattungen *Graphis, Melaspilea* und *Opegrapha*. Aber auch holzbewohnende Saprophyten, wie *Placographa* und *Pseudographis*, befinden sich unter ihnen.

Dagegen haben die Fruchtkörper der Thelotremataceen enge Mündungen und sind größtenteils vom Thallusrand überdeckt. Außer *Thelotrema, Leptotrema* und *Ocellularia* ist hier *Polystroma* zu nennen; sie alle sind rindenbewohnend.

Ordnung Gyalectales

Verwandtschaftliche Beziehungen dieser Ordnung bestehen zu den Thelotremataceen. Sie haben dünnwandige Asci und stets auch dünnwandige Ascosporen. Symbiosepartner ist die fädige Grünalge *Trentepholia*. Ihre Vertreter bilden Krustenflechten auf Rinde, Gestein und Erdboden. Als Gattungen sind *Pachyphiale, Gyalecta* und *Petractis* zu nennen.

Ordnung Staubflechtenartige, Caliciales

Die Vertreter der artenarmen Ordnung Caliciales leben vorwiegend in den Tropen als Parasiten oder Saprophyten. Die meisten von ihnen sind jedoch rindenbewohnende Flechten, die einzellige Grünalgen als Symbionten haben.

Ihre gruppenweise auf einem Stroma sitzenden Fruchtkörper sind apothecien- oder perithecienähnlich, langgestielt oder flaschenförmig. Die Asci befinden sich entweder, zu einem Hymenium angeordnet, auf der Oberfläche des Fruchtkörpers oder in einem Loculus, der sich später mit einem kanal- oder trichterförmigen Porus öffnet.

Die prototunicaten Asci sind keulenförmig oder zylindrisch und langgestielt. Ihre Stiele wachsen ständig weiter, so daß die reifen Asci die längsten Stiele haben. Durch Verschleimen geben sie die 8 i. d. R. einzelligen, braunen Ascosporen frei. Sie werden nicht ausgeschleudert, sondern durch die stetig weiterwachsenden Paraphysen sowie die nachdrängenden, heranreifenden Asci allmählich ins Freie gepreßt und vom Wind verbreitet. Die Befruchtung der in den Fruchtkörperanlagen entstehenden Ascogonien erfolgt durch Spermatien.

Phylogenetisch könnten die Calicialen eventuell von den Melanosporaceen (Microascalen) abgeleitet werden. 3 Familien werden unterschieden.

Krustenflechten mit sitzenden, apothecienartigen Fruchtkörpern und zylindrischen Asci sind die Cypheliaceen mit den Gattungen *Cyphelium* und *Pseudacolium*.

Ebenfalls sitzende, apothecienartige Fruchtkörper mit zylindrischen Asci, aber den Thallus von Strauchflechten haben die Sphaerophoraceen mit der Gattung *Sphaerophorus*.

Krustenflechten oder saprophytische Pilze mit apothecienartigen Fruchtkörpern und zylindrischen Asci, die sich mit reifen Ascosporen zusammen in eine staubige Masse verwandeln, sind die Caliciaceen. An den Wurzeln des Weinstocks findet man die unterirdisch lebende, saprophytische *Roesleria hypogaea*. Saprophytisch lebt auch *Mycocalicium*; die Arten der Gattungen *Calicium, Chaetotheca* und *Coniocybe* sind Flechten.

Ordnung Spathulosporales

Auf Rotalgen in den Gewässern um Australien und Neuseeland sowie der Antarktis und Subantarktis parasitieren die Arten der Gattung *Spathulospora*, die zusammen diese kleine Ordnung bilden. Ihr Thallus ist nicht hyphenartig, sondern besteht aus dunklen, unregelmäßigen, dickwandigen Zellen, die den Wirt bedecken, mit zapfenartigen Penetrationszellen in ihn eindringen und dort intrazelluläre Krusten und Stromata bilden. Am Thallus entwickeln sich Antheridien und Ascogonien mit Trichogynen. Die Sexualorgane werden bei einzelnen Arten mit dunklen Haaren wie in einem Korb eingehüllt. Die Befruchtung erfolgt mit Spermatien. Nach der Befruchtung bilden sich ostiolate, d. h. mit einer Mündung versehene Ascocarpien ohne Paraphysen. Diese Fruchtkörper sitzen entweder oberflächlich auf dem Wirt oder sind dort mit einem Subiculum aufgelagert. Die unitunikaten Asci lösen sich bei der Reife auf und setzen die einzelligen, mit Anhängseln versehenen Ascosporen frei. Die Spathulosporalen könnten eventuell ein »missing link« zwischen Laboulbenialen und Sphaerialen sein; denn ihre vegetative Phase hat größte Ähnlichkeit mit der Unterklasse Laboulbeniomycetidae, während ihre fruktifikative Phase der Unterklasse Ascomycetidae sehr ähnlich ist. Auch werden die Spathulosporalen als Kronzeugen für die Theorie einer Rotalgenabstammung der Pilze beansprucht. Leider ist über die Spathulosporalen recht wenig bekannt, so daß viele Fragen bisher nicht geklärt werden können.

Ordnung Sphaeriales

Die meisten Sphaerialen leben als Saprophyten auf toten Pflanzenteilen, viele Vertreter sind auch mehr oder weniger spezialisierte

Das Eckenscheibchen, *Diatrype disciformis*, gehört zu den charakteristischen Pilzen der Buchenwälder.

Pflanzenparasiten. Andere Arten gingen mit Grünalgen eine Symbiose ein und bilden mit diesen zusammen Krusten- oder Laubflechten. Eine kleine Gruppe ist den Bedingungen des Meerwassers angepaßt, wo man sie auf Treibholz oder an Hafen- und Uferbefestigungen aus Holz, an Tangen und anderen Pflanzenresten, die im Meerwasser umherschwimmen, finden kann.

Die geschlechtliche Fortpflanzung der Sphaerialen erfolgt durch Kontakt schraubig gewundener Ascogonien mit Antheridien oder männlich determinierten Hyphen. Auch 2 benachbarte Ascogonien können fusionieren (Parthenogamie). Gleichzeitig entwickeln sich die dunkelbraunen bis schwarzen, harten Perithecien. Sie sind birnen- oder flaschenförmig und haben mitunter eine länger oder kürzer schnabelförmig ausgezogene, mit Periphysen ausgekleidete Mündung. Die keulenförmigen bis zylindrischen Asci sind unitunicat inoperculat und haben einen gewölbten Scheitel mit Apikalapparat. Sie stehen am Grund der Perithecien hymeniumartig angeordnet. Die Asci enthalten 4–8 ein- bis mehrzellige, hyaline oder braune Ascosporen von unterschiedlicher Gestalt. Bei vielen Gattungen sind die Perithecien in pol-

Bei Dunkelfeldbeleuchtung ist der Schopf korkenzieherartig gewundener Haare an der Mündung der eiförmigen Perithecien von *Chaetomium spirale* besonders gut zu erkennen.

sterförmigen, mit einer dunklen Rindenschicht versehenen Stromata eingesenkt.

Die Nebenfruchtform wird von farblosen ein- bis mehrzelligen Konidien gebildet, die an palisadenartig angeordneten Trägern entweder auf einem dichten, scharf umgrenzten Myzelpolster (Acervulus) oder in perithecienähnlichen Fruchtkörpern (Pyknidien) entstehen. Oft sind die Konidien in schleimigen Massen eingebettet und werden mit diesen zusammen aus dem Acervulus oder Pyknidien herausgepreßt, wobei sie oft zu Schleimfäden (Zirrhen) verkleben.

Die Vorstellungen über den pyhlogenetischen Anschluß der Sphaerialen sind noch recht verschwommen, am ehesten ist er bei den Ascobolaceen (Pezizales) zu suchen. Auch über die systematische Gliederung der Ordnung bestehen widersprüchliche Auffassungen. Die mehreren tausend Arten unterscheiden sich in der Ausgestaltung der Ascocarpien und Stromata, in den verschiedengestalteten Ascusscheiteln sowie in den Ascosporen oft stark voneinander. Die Familien, von denen hier nur eine Auswahl der größeren vorgestellt werden kann, unterscheiden sich auch in ihren Anamorphen.

Die Neurosporaceen bilden frei stehende Perithecien. Ihre Ascosporen sind ein- bis zweizellig und haben 1–4 Keimporen. Einige Arten von ihnen erlangten wissenschaftliche Bedeutung als genetische Versuchsobjekte, da sie leicht kultivierbar sind und ihren Lebenszyklus in knapp 3 Wochen durchlaufen. Besonders der Rote Brotschimmel, *Neurospora sitophila*, auch *Neurospora tetrasperma* und vor allem *Neurospora crassa* sind zu solchen Experimenten herangezogen worden. Außerdem wurden mit zahlreichen von dieser Gattung erzeugten biochemischen Verlustmutanten wichtige Synthesewege im Stoffwechsel aufgeklärt. Auch *Gelasinospora*-Arten werden zu zytologischen, genetischen und physiologischen Versuchen verwendet. Als weitere Gattungen der Familie sind zu nennen: *Anixiella, Amphisphaerella, Bombardioidea, Diplogelasinospora* und *Tripterospora*.

Auch Vertreter der Sordariaceen werden zu genetischen Experimenten herangezogen. Ihre birnenförmigen, manchmal geschnäbelten Perithecien stehen frei. Nur selten werden einzelne von einem Stroma umgeben. Die Ascosporen sind einzellig und haben eine Keimpore. Sie werden entweder von einer Gallerthülle umgeben oder haben an den Polen gallertartige Anhängsel. Die häufigste Art ist *Sordaria fimicola*, ein auf Mist anzutreffender Pilz mit dunkelbraunen Ascosporen. Von ihm gibt es eine Mutante, die gelbgrüne Ascosporen besitzt. Mutante und Wildtyp sind ein ideales Organismenpaar für vielerlei genetische Experimente. Die ebenfalls koprophile *Podospora anserina* ist eine weitere Art, die sich vorzüglich zu genetischen Versuchen eignet. Dagegen wurden zytologische Untersuchungen an *Bombardia lunata* ausgeführt. Weitere Gattungen dieser Familie sind u. a. *Apiosordaria* und *Triangularia*. Die Neurosporaceen werden mit den Sordriaceen vereinigt und unter dem Namen dieser Familie geführt.

Mit dunklen, kugeligen oder birnenförmigen, am Scheitel oft eingesunkenen Ascomata sind die Sphaeriaceen ausgezeichnet. Ihre scheitelständige, etwas vorgezogenen Perithecienmündung ist von einem mit Periphysen besetzten Kanal durchbohrt. Die am oberen Ende etwas gestutzten Asci sind zylindrisch oder keulig. Die hierher gehörenden Gattungen und Arten wachsen oberflächig und stehen meist herdenweise beisammen. Die Gattungen *Trichosphaeria, Niesslia, Chaetosphaeria, Eriosphaeria* und *Acanthostigma* sollen als Beispiele genannt werden.

Saprophyten an alten Ästen mit einzelstehenden Perithecien und ein- bis mehrzelligen, hyalinen bis bräunlichen, allantoiden Ascosporen sind die Vertreter der Lasiosphaeriaceen. *Lasiosphaeria pezizula* ruft grauolive Verfärbungen in den von ihr befallenen Laubhölzern hervor.

In ein Stroma eingebettete Perithecien haben die saprophytisch oder als Schwächeparasiten lebenden Diatrypaceen. Ihre Ascosporen sind allantoid, einzellig, farblos bis bräunlich. Die Stromata setzen sich aus Pilz- und Wirtszellen zuammen. Sie werden unter der Rinde angelegt und sprengen diese später, so daß flache Pusteln entstehen. Das Ekkenscheibchen, *Diatrype disciformis* lebt an Stämmen und Zweigen von Buchen. Als weitere Gattungen können *Diatrypella, Eutypa* und *Quaternaria* genannt werden.

Die Coronophoraceen leben saprophytisch auf Holz und Rinde. Ihre schwarzen Fruchtkörper stehen oft gesellig beieinander. Sie entwickeln sich ascolocular, sind kugelförmig oder abgeflacht und am Scheitel etwas eingesunken. Sie enthalten einen einzigen Loculus, in dem die Asci büschelig stehen. Unter der Mitte des Scheitels entsteht ein gelatinös fleischiger Quellkörper, durch dessen Druck das Pseudothecium bei der Sporenreife in unregelmäßigen Lappen aufgesprengt wird. Die Asci sind keulenförmig, prototunicat und enthalten 8 oder zahlreiche Ascosporen. Diese sind ein- bis zweizellig und von verschiedener Gestalt. Nebenfruchtformen fehlen.

Möglicherweise stammen die Coronophoraceen von Eurotialen ab. *Coronophora* hat zahlreiche Ascosporen im Ascus, *Nitschkia, Tympanopsis* und *Bertia* besitzen dagegen nur 8 Ascosporen je Schlauch.

Dunkle Ascosporen weisen die Chaetomiaceen auf, deren Perithecien außen mit sehr schönen, artspezifischen spiralig gerollten oder mehrfach dichotom verzweigten Haaren besetzt sind. Die *Chaetomium*-Arten sind starke Zellulosezersetzer, die z. B. Papier oder Textilien in kürzester Zeit zerstören können. Einige *Chaetomium*-Arten, wie *Chaetomium globosum* und *C. cochloides*, durchwachsen in verbautem oder unverbautem Holz die Sekundärwände der Holzzellen und verursachen die sogenannte Moderfäule. Auch die Gattungen *Ascotricha* und *Lophotrichus* gehören hierher.

Die Amphisphaeriaceen leben vorwiegend als Pflanzenparasiten und bilden ihre einzelnstehenden Perithecien im Innern des Wirts oder in einem Stroma unter der Kutikula. Ihre braunen Ascosporen sind ein- bis zweizellig und haben einen elliptischen bis spindelförmigen Umriss. *Amphisphaeria, Anthostoma, Oxydothis* und *Pseudomassaria* sind als Gattungen zu nennen.

Die Polystigmataceen sind Parasiten höherer Pflanzen. Sie verursachen auf ihren Wirten Mißbildung wie Gallen oder Hexenbesen, aber auch Blattflecke und Nekrosen, in denen sie ihre Fruchtkörper anlegen. Die Ascosporen sind ellipsoid, einzellig und farblos. *Glomerella cingulata* ist ein polyphager Parasit und verursacht Blattflecke, Frucht- und Stengelfäule an sehr vielen Pflanzen, darunter zahlreichen Kulturpflanzen. *Polystigma rubrum* parasitiert auf Blättern der Steinobstarten und erzeugt dort leuchtendrote Blattflecke. *Phyllachora graminis* ist eine bekannte Art, die auf verschiedenen Gräsern kleine, dunkle Blattflecke in meist großer Zahl hervorruft. Eine große Artenmannigfaltigkeit erreicht die Gattung *Phyllachora* aber in den Subtropen und Tropen, wo sie mit ihren schwarzglänzenden Stromata auf den Blättern ihrer Wirtspflanzen wesentlich zum Aspekt der dortigen Mykoflora beiträgt und mit ihrem Erscheinungsbild zu Recht den Trivialnamen Teerflecke trägt. An Blättern tropischer Bäume und Sträucher kommen auch die *Coccostroma*-Arten vor.

Zur Ordnung Sphaeriales gehören auch einige Familien mit lichenisierten Pilzen. Mit fädigen Grünalgen der Gattung *Trentepohlia* leben die Pyrenulaceen als rindenbewohnende Krustenflechten zusammen. Sie haben zwei- bis vielzellige Ascosporen. Repräsentative Gattungen sind *Clathroporina, Porina* und *Pyrenula*.

Krustenflechten auf den Blattspreiten tropischer und subtropischer, immergrüner Bäume und Sträucher bilden die Strigulaceen zusammen mit fädigen Grünalgen der

Gattungen *Cephaleuros* und *Phycopeltis*. Ihre Ascosporen sind zwei- bis vielzellig oder mauerförmig. Die Gattung *Strigula* gab der Familie ihren Namen.

Schließlich wären hier noch die Microglaenaceen zu nennen, deren Symbiosepartner einzellige Grünalgen sind.

Ordnung Hypocreales

Die hier zu behandelnden Pilze werden meistens als Familie Hypocreaceae zu den Sphaerialen gerechnet. Um aber jene große und recht uneinheitliche Ordnung zu unterteilen, schließen wir uns hier jenen Mykologen an, die in den Hypocrealen eine selbständige Ordnung sehen.

Vertreter der Hypocrealen sind an vielen Standorten anzutreffen. Viele von ihnen sind Saprophyten auf toten, verholzten Pflanzenteilen, manche Schwächeparasiten, andere Parasiten von höheren Pflanzen oder Bewohner von Dung.

Viele Arten enthalten Karotinoide, die eine lebhafte, orange bis karminrote, violette oder grüne Färbung der Perithecien oder Konidien bewirken.

Zur sexuellen Fortpflanzung wird ein Ascogonium durch ein Antheridium oder durch Spermatien befruchtet. Gleichzeitig wird ein lebhaft gefärbter ascohymenialer Fruchtkörper angelegt. Die Perithecien haben Kugel- oder Birnenform, sind von weichfleischiger Beschaffenheit und werden in mehr oder weniger differenzierten Stromata angelegt. Die Innenwände der Ascomata sind mit dem Hymenium ausgekleidet, in der Mündung findet man Periphysen. Die zylindrischen Asci haben einen stark gewölbten Scheitel mit Apikalapparat. Sie enthalten 8 farblose, meist zwei- oder mehrzellzige Ascosporen von unterschiedlicher Gestalt.

Phylogenetisch können die Hypocrealen vermutlich bei den Eurotialen angeschlossen werden.

Die Hypocreaceen bilden ihre Perithecien in mehr oder weniger differenzierten Stromata. Die Vertreter dieser Familie sind teils Saprophyten auf Holz und anderen Pflanzenresten, teils Bewohner von Dung. Das Stroma von *Hypocrea delicatula* ist noch unbestimmt polsterförmig, während bei *Hypocrea rufa* oft bereits ein Stiel und eine fertile Partie zu erkennen sind. *Podostroma alutaceum* ist keulenförmig mit einem fertilen Köpfchen, *Hypocreopsis riccioidea* bildet ein bis etwa 10 cm großes Stroma, das fingerförmig radial von einem Zentrum ausstrahlt. Der tropische *Corallomyces* hat bäumchenartig aufrechte oder korallenförmige Stromata, und das ebenfalls tropische *Mycocitrus aurantium* bildet goldgelbe, bis 12 cm große und in frischem Zustand über 300 g schwere, knollenförmige Stromata, die wie Orangen aussehen und an ihrer Oberfläche mehrere Millionen Perithecien tragen. Ist eine Peritheciengeneration entleert, wird sie vom Stromata überwachsen und über ihr wie ein Jahresring eine neue Perithecienschicht angelegt.

Kirschrot leuchten die Perithecien des in Apfelplantagen gefürchteten Obstbaumkrebserregers, *Nectria galligena*, auf den von ihm erzeugten Rindennekrosen.

Frei stehende oder aus den Sporodochien der Nebenfruchtform hervorbrechende Perithecien haben die pflanzenpathogenen oder holzbewohnenden Pustelpilze, Nectriaceen. Am bekanntesten von ihnen sind die Pustelpilze, die *Nectria*-Arten. Ihr Entwicklungsgang soll am Beispiel des Rotpustelpilzes, *Nectria cinnabarina*, kurz skizziert werden. Dieser Pilz greift den Stamm, die Äste und

Zweige von anfälligen Laubbäumen, insbesondere Ahorn, an und bringt die Rinde zum Absterben und Austrocknen. Nachdem sich genügend Myzel in der Rinde gebildet hat, entstehen auf ihr zahlreiche orange- oder rosarote Sporodochien der Nebenfruchtform. Die hier gebildeten, sehr zahlreichen Konidien sorgen für die weitere Verbreitung des Erregers. Im Herbst entstehen zunächst an der Basis der Sporodochien, später jedoch überall am Sporodochium und auch an anderen Stellen der befallenen Rinde die zinnoberroten bis bräunlichroten Perithecien, bei denen die Mündung warzenförmig aufgesetzt ist. Mit ihnen überwintert der Pilz. Im Frühjahr entläßt er die Ascosporen, die neue Infektionen hervorrufen.

Weitere Vertreter dieser Familie sind z. B. der Blutrote Pustelpilz, *Nectria sanguinea*, und der Haselpustelpilz, *Nectria coryli*, der Schneeschimmel des Getreides, *Monographelea nivalis* (Nebenfruchtform *Gerlachia nivale*), der Erreger der Krebskrankheit der Hartholzbäume, *Nectria galligena*. *Nectriella*-Arten und *Neuronectria*-Arten sowie *Gibberella*-Arten. Letztere sind vorwiegend Pflanzenparasiten, z. B. *Gibberella zaea, der Erreger der Roten Kolbenfäule des Maises, oder Gibberella fujkuroi*, der Erreger der Bakanaë-Krankheit des Reises. Bei der Bakanaë-Krankheit fallen die kranken Pflanzen durch ein verstärktes Längenwachstum bei gleichzeitig reduzierter Wurzelentwicklung und verminderter Bestockung auf. Die Internodien sind stark verlängert, ebenso die Blätter und Blattscheiden. Die biochemische Untersuchung derartig erkrankter Pflanzen führte schließlich zu der Entdeckung von Wuchsstoffen, den Gibberellinen, die der Erreger und einige mit ihnen verwandte Arten zu bilden vermögen. Auch in höheren und anderen niederen Pflanzen hat man inzwischen Gibberelline nachgewiesen. Diese Substanzen sind zusammen mit Auxinen, Cytokininen und natürlichen Hemmstoffen an der Regulierung des Wachstums und verschiedener Entwicklungsprozesse beteiligt. So werden neben dem Sproßwachstum Ruheperioden und Keimung von Samen, Knospen und Knollen beeinflußt sowie Blütenbildung und das Fruchtwachstum induziert. Die zahlreichen bisher chemisch aufgeklärten Gibberelline sowie deren unzählige Derivate und Abbauprodukte haben eine spezifisch unterschiedliche Aktivität. Auch beobachtet man bei den einzelnen Pflanzenarten eine sehr verschiedene Empfindlichkeit für diese Substanzen.

An Bambuszweigen bildet *Mycocitrus aurantium* Stromata, die bis 12 cm groß werden können und mehrere Millionen Perithecien tragen. Hier ein unreifes, noch nicht ausgefärbtes Stroma

Ordnung Holzkeulenartige, Xylariales

Wie die Hypocrealen werden auch die hierher gehörenden Pilze vielfach als eine Familie der Sphaerialen angesehen. Wir aber wollen sie aus obengenanntem Grund als selbständige Ordnung behandeln.

Die Xylarialen sind Saprophyten, die vorwiegend auf Holz und Rinde leben, aber auch auf anderen Pflanzenteilen kann man sie finden. Einige wenige Arten sind Wundparasiten, die lebende Stämme an Verletzungen befallen und durch Abbau des Holzes dieses mehr oder weniger wertlos machen können. Schließlich gibt es in dieser Ordnung auch einige Gattungen, die bevorzugt Dung bewohnen.

Das Myzel der Xylarialen ist septiert, die

Unter der kohlig-brüchigen Deckschicht der Stromata von *Camarops polyspermum* sitzen die sehr langgestreckten Perithecien.

Zellen sind vielkernig. Bei den Fruchtkörpern, die sich nach dem ascohymenialen Typ entwickeln, handelt es sich um schwarze, kugel- bis birnenförmige Perithecien von harter, kohliger Beschaffenheit. Sie sind bei einigen Arten außen behaart oder mit kleinen, schuppenartigen Zellen besetzt. Die Perithecienmündung ist häufig innen mit kleinen Härchen (Periphysen) ausgekleidet. Die Fruchtkörperentwicklung wird durch die Bildung eines gewundenen weiblichen Kopulationsastes (Archicarp) mit mehreren Ascogonien und langen Trichogynen eingeleitet. Die Befruchtung erfolgt durch Verschmelzung der Trichogyne mit männlichen Hyphen oder Spermatien. Dies kann entweder am gleichen Myzel (homothallisch) oder zwischen 2 verschiedenen Myzelien (heterothallisch) erfolgen.

Die Asci der Xylarialen sind keulenförmig bis zylindrisch und bilden mit Paraphysen zusammen am Grund des Peritheciums ein Hymenium. Die Ascuswand ist unitunicat, am Scheitel abgestutzt und mit einem mehr oder weniger komplizierten Apikalapparat ausgestattet. Die Asci enthalten 4–8 dunkelgefärbte, verschiedengestaltete, ein- oder zweizellige Ascosporen mit länglichen oder runden Keimspalten bzw. -sporen. Manche Ascosporen tragen an ihren Polen gelatinöse, stark quellfähige Anhängsel.

Die Perithecien vieler Gattungen sind an der Oberfläche oder an besonders vorgebildeten Stellen eines prosenchymatisch hyphig aufgebauten, außen dunklen Stromas eingebettet. Das Stroma gewinnt eine immer höhere morphologische Differenzierung, die allmählich eine gattungs- und artspezifische Gestalt annimmt. Diese Individualisierung des Stromas vollzieht sich vor allem in der Familie Xylariaceae und wird noch näher zu besprechen sein. Den meisten Gattungen fehlen die Nebenfruchtformen. Bei den Roselliniaceen zeigen sich erste Anfänge einer Stromatisierung, denn die Perithecien sitzen bei einem Teil der Arten gesellig auf einer Hyphenmatte (Subiculum). Bei anderen Arten stehen sie dagegen noch frei. Ihre Ascosporen sind ein- bis zweizellig mit einer oder mehreren Keimspalten und einer Gallerthülle oder gallertigen Anhängseln. *Rosellinia necatrix* greift parasitisch die Wurzeln des Weinstocks an und verursacht dort eine Wurzelfäule. Als Gattungen wären noch zu nennen: *Anthostomella, Coniochaeta* und *Hypocopra*.

Die Ascosporen der mit wenigen Ausnahmen totes Holz bewohnenden Xylariaceen sind einzellig und haben eine Keimspalte; Anhängsel fehlen ihnen. Ihre Perithecien sind in einem gut ausgebildeten, mehr oder weniger schwarzen Stroma eingesenkt. Bei diesen Stromata handelt es sich in den einfachsten Fällen zunächst nur um schwarze Krusten, die dem Substrat aufliegen. Der Brandige Krustenpilz, *Ustulina deusta*, überzieht alte Strünke von Laubhölzern mit oft sehr großen, an der Oberfläche welligen, wie verkohlt aussehenden Fladen (Brandfladen), die in der Jugend noch weich sind und Konidien tragen, später aber immer mehr verhärten. Bei den *Nummularia*-(Biscogniauxia-)-Arten erhalten die Stromakrusten schon eine etwas fester umrissene Form, sie präsentieren sich als rundliche oder elliptische, flache, kissenförmige Scheiben. Auf der nächsten Entwicklungsstufe erhält das Stroma schon eine charakteristischere Form. Das der Kugelpilze, *Camarops, Hypoxylon* und *Phylacia*, sitzt halbkugelig dem Substrat auf und kann bis zu 1 cm Durchmesser erreichen. Die Farbe ist schwarz, braun oder rötlich. Die Perithecienmündungen schauen oft papillenförmig aus dem Stroma hervor. Der Rötliche Kugelpilz, *Hypoxylon fragiforme*, ist häufig an abgestorbenen Ästen von Buchen zu finden. Sehr viel größer werden die Stromata des Kohligen Kugelpilzes, *Daldinia concentrica*. Sie erreichen einen Durchmesser von 4 cm und mehr. Anfangs sind sie rötlichbraun, werden aber bald leicht glänzendschwarz. Durch die Perithecienmündungen erscheint die Oberfläche fein punktiert. Das Fleisch ist dunkelpurpurbraun mit dunkleren konzentrischen Zonen.

Auf der höchsten Entwicklungsstufe, die mit den Holzkeulen, *Xylaria*-Arten, erreicht wird, ist das Stroma in einen sterilen und einen fertilen Teil differenziert. Die Vielgestaltige Holzkeule, *Xylaria polymorpha* bildet 4–8 cm hohe, schwarze, keulenförmige Stromata, deren sterile Stiele unbehaart, die fertilen Keulen etwas warzig rauh sind. Das zähe Fleisch ist weiß. Junge Stromata sind oft von einer Schicht hellbrauner Konidien bedeckt. Die Geweihförmige Holzkeule, *Xylaria hypoyxylon*, hat schlanke, geweihförmig verzweigte, bis 8 cm hohe Stromata mit filzig behaarten Stielen. Die Spitzen junger Stromata sind von Konidien weißlich bestäubt. Beim tropischen *Thamnomyces* sind die Stromata mehrfach dichotom verzweigt. Scheibenförmig verbreitert sich der fertile Teil des hellen Stromas der Porenscheibe *Poronia punctata*, auf dem die Perithecienmündungen als kleine, schwarze Punkte zu sehen sind. Das ganze Stroma dieser auf Dung wachsenden Pilze sieht einem winzigen Basidiomyzetenfruchtkörper sehr ähnlich.

Ordnung Diaporthales

Die Diaporthalen wachsen als Saprophyten oder als Parasiten auf den verschiedensten pflanzlichen Substraten, wie Holz, Rinde, Stengel und Blätter. Ihre Perithecien sind dem Substrat oder einem dem Substrat eingewachsenen Stroma eingesenkt. Das Stroma besteht i. d. R. aus einem nahe der Rinde liegenden Ektostroma, in dem sich auch die Höhlungen der Nebenfruchtform entwickeln, sowie aus einem sich später darunter bildenden Endostroma, in dem die kugeligen oder ellipsoiden Fruchtkörper in Gruppen entstehen. Die Nebenfruchtformen gehören verschiedenen Gattungen an, z. B. *Phomopsis, Cytospora* oder *Libertella*. Es werden 2 Familien auf Grund der Ascosporenform unterschieden.

Die rindenbewohnenden Valsaceen ordnen ihre Perithecien ringförmig in kleinen

Die geweihförmige Holzkeule, *Xylaria hypoxylon*, ist mit ihren bis 8 cm hohen Stromata ein häufiger Besiedler alter Baumstubben.

Gruppen an. Die Fruchtkörpermündungen neigen sich zum Zentrum der Ringe zusammen und brechen gemeinsam durch eine Stromaplatte aus dem Substrat hervor. Die frühzeitig an der Basis verschleimenden und daher frei im Fruchtkörper liegenden Asci enthalten einzellige, farblose, zylindrische bis würstchenförmige (allantoide) Ascosporen. Auch die Nebenfruchtform, die in unregelmäßigen Höhlungen des Stromas gebildet wird, besteht aus zahlreichen winzigen, allantoiden Konidien. Als repräsentative Gattungen können *Valsa* und *Leucostoma* genannt werden.

Bei den Diaporthaceen verschleimen die Asci ebenfalls frühzeitig an ihrer Basis. Sie enthalten ein- oder zweizellige, ei- bis spindelförmige, farblose bis bräunliche Ascosporen, die bei einigen Arten stachelige Fortsätze tragen. Ihre Vertreter sind Saprophyten oder Pflanzenparasiten. Die *Apiognomonia*-Arten findet man auf Blättern und Zweigen verschiedener Laubbäume, *Endothia parasitica* ist der Erreger des Rindenkrebses der Edelkastanie, *Diaporthe perniciosa* verursacht das Triebsterben der Obstbäume, *Gnomonia*- und *Lambro*-Arten rufen Blattflecke bei vielen Laubbäumen hervor, *Peritrichospora*-Arten wachsen saprophytisch auf faulendem Holz. Weitere Gattungen dieser Familie sind *Cryptodiaporthe, Mamiania, Melanconis* u. a.

Ordnung Halosphaeriales

In die nähere Verwandtschaft der Diaporthalen gehören die im Meerwasser auf organischen Substraten wie Holz oder Pflanzenresten lebenden Halosphaerialen. Im Bau ihrer Perithecien, in ihrer Wachstumsweise sowie in ihren ökologischen Ansprüchen als Meeresbewohner stimmen sie weitgehend überein. Die zarten Membranen ihrer Asci verschleimen ähnlich wie bei protounicaten Ascomyceten sehr frühzeitig. Deshalb sind die Fruchtkörper bei der Reife nur von den zahlreichen Ascosporen ausgefüllt. Die Fruchtkörper sind kugelförmig oder knollig und meistens mit einer schnabelförmig ausgezogenen Mündung versehen. Ihre meist zweizelligen, ei- bis spindelförmigen Ascosporen haben wimpernartige oder schleimige, oft recht lange Anhängsel, die das Schweben der Sporen im Wasser sowie das Anheften am Substrat erleichtern. Typische Gattungen der Familie Halosphaeriaceae sind *Ceriosporiopsis, Corallospora, Halosphaeria, Samarosporella, Luworthia* u. a.

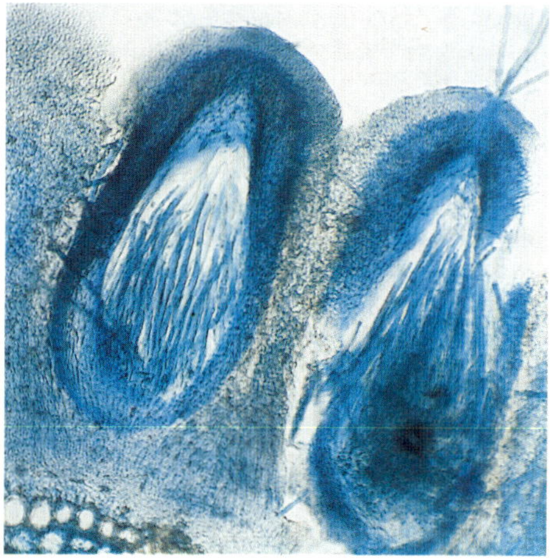

Die Perithecien der Clavicipitaceen sind in differenzierte Stromata eingesenkt. Das Bild zeigt Perithecien von *Epichloë typhina*.

Eine gewisse Ähnlichkeit zu den Halosphaeriaceen zeigen die süßwasserbewohnenden Loramycetaceen. Sie leben an abgestorbenen Pflanzenteilen, z. B. von Binsen. Ihre Perithecien stehen einzeln oder in kleinen Gruppen auf einem Hyphenpolster. Ihre zartwandigen Asci verschleimen aber nicht frühzeitig. Die zweizelligen, farblosen Ascosporen sind spindelförmig und haben eine Schleimhülle sowie am unteren Ende einen langen, schleimigen Fortsatz. Trotz dieser Ähnlichkeiten wären sie wohl besser zu den Sphaerialen zu stellen.

Ordnung Mutterkornpilze, Clavicipitales

Die Vertreter dieser Ordnung vereinen einige charakteristische Merkmale: Die Perithecien werden auf fleischigen Stromata gebildet, die Asci haben eine gut ausgebildete Apikalkappe und sind fadenförmig. Verwandtschaftlich stehen sie den Sphaerialen und Hypocrealen nahe und wurden öfter als Familie zu diesen gestellt. Wir unterteilen sie in 3 Familien.

In eine verfilzte Myzelmatte, ein Subiculum, haben die Hypomycetaceen ihre Perithecien eingesenkt. Die Vertreter dieser Familie sind vorwiegend Parasiten auf den Fruchtkörpern von Basidiomyceten.

Röhrlinge werden oft vom Goldschimmel, *Apiocrea chrysosperma*, befallen. Die etwa 0,5 mm großen Perithecien dieser Art sind, wie der Name andeutet, goldgelb. *Hypomyces* und *Peckiella* gehören ebenfalls zu dieser Familie.

In mehr oder weniger hochdifferenzierte Stromata haben die Clavicipitaceen ihre Perithecien eingesenkt. Einige ihrer Vertreter entwickeln außerdem noch Sklerotien. Die Clavicipitaceen sind Parasiten an Süß- und Sauergräsern. Die *Oomyces*-Arten bilden auf dürrem Gras millimetergroße Krusten von unbestimmter Gestalt, in die mehrere Perithecien eingesenkt sind. Auch bei *Epichloë* ist das Stroma noch undifferenziert. Beim Erstickungspilz der Gräser, *Epichloë typhina*, umfaßt es den Halm als flache Kruste, die zunächst Konidien und später in zusammenhängender Schicht Perithecien bildet.

Bei der Gattung *Hypocrella* ist das Stroma knollenförmig und in sterile und warzig oder höckerförmig aufgewölbte, fertile Partien gegliedert. Bei *Mycomalus* und *Ascopolyporus*, beide bambusbewohnende Parasiten, heben sich die sterilen und fertilen Partien des Stromas noch schärfer voneinander ab. Bei *Mycomalus* umspannt der perithecientragende Teil als honigfarbener Gürtel die etwa 6 cm großen, braunen, apfelförmigen Stromaknollen, während die konsolenartigen Stromata von *Ascopolyporus* die fertile Schicht an der Unterseite tragen.

Eine Gliederung des Stromas in sterile und fertile Zonen vollzieht sich auch bei *Ophiodothis*- und *Balansia*-Arten. Der fertile Teil erhebt sich immer mehr über den sterilen Teil des Stromas und ist bei den am höchsten differenzierten *Balansia*-Arten köpfchenförmig und gestielt.

Diese Entwicklungsreihe wird vom Mutterkornpilz, *Claviceps purpurea*, abgeschlossen.

Der Erstickungspilz der Gräser, *Epichloë typhina*, umschlingt mit seinen Stromata die Halme.

Der Pilz infiziert mit seinen Ascosporen oder Konidien die Narben von Getreide oder anderen Gräsern, vorwiegend des Roggens.

Während der Ernte aus den Ähren herausgefallene Mutterkörner, *Claviceps purpurea*, keimen im Frühjahr mit langstieligen Stromata, in deren Köpfchen zahlreiche Perithecien eingesenkt sind.

Die meisten *Hypomyces*-Arten parasitieren auf Fruchtkörpern von Basidiomyzeten oder auf deren Myzelien; hier *Hypomyces rosellus auf einem Polyporus*-Fruchtkörper.

Das Myzel wächst in den Fruchtknoten hinein, zerstört dort das Gewebe und bildet eine schmutzigweiße, weiche, faltige Myzelmasse, die unzählige, in eine süße Flüssigkeit eingebettete Konidien abscheidet, die aus der Ähre heraustropfen (Honigtau). Von diesem Nektar werden Insekten angelockt, die für die Weiterverbreitung des Erregers sorgen. Langsam verhärtet die Myzelmasse, stellt die Konidienproduktion ein und wird zu einem dunkelpurpurfarbigen, hornförmigen, pseudoparenchymatischen Sklerotium, das aus der Ähre herausragt. Diese Sklerotien sind als Mutterkorn bekannt. Sie enthalten mehrere Alkaloide der Ergotoxin- und Ergotamingruppe, die stark giftig, aber pharmazeutisch sehr wertvoll sind. Deshalb werden für die Arzneimittelindustrie zur Gewinnung von Mutterkörnern besondere Roggenfelder künstlich infiziert.

Auf Hirschtrüffeln, *Elaphomyces granulatus*, parasitiert die Zungenkeule, *Cordyceps ophioglossoides*.

In früheren Jahren, als die Getreidereinigung technisch noch nicht so vollkommen war wie heute, gelangten die Mutterkornsklerotien mit dem Erntegut in die Mühlen und so ins Mehl. Sie waren die Ursache der sogenannten Kribbelkrankheit, auch heiliges Feuer, Feuer des heiligen Antonius oder Übel des Irrlichts genannt, die seuchenhaft auftrat und nicht selten zum Tod führte. In Wien war diese Krankheit im Mittelalter häufig, und in Limoges (Frankreich) fielen ihr im Jahre 994 sogar 40000 Menschen zum Opfer. Aber auch heute kommt es hin und wieder zu Massenvergiftungen, 1928 in der jüdischen Gemeinde von Manchester oder wie 1951 in Frankreich, als in dem Dorf Pont-Saint-Esprit fast 300 Menschen erkrankten, von denen 5 starben. Auch Tiere, z. B. Schafe, können von dieser Krankheit befallen werden. Bei trächtigen Tieren kann es zu Fehlgeburten kommen.

Die Sklerotien fallen schließlich aus der Ähre heraus auf den Erdboden, wo sie überwintern und im folgenden Frühjahr mit fertilen Stromata in Gestalt zahlreicher langgestielter Köpfchen keimen.

Die Höherdifferenzierung des Stromas wiederholt sich auch bei der Familie Cordycipitaceae. Es handelt sich bei ihnen um Parasiten auf Gliederfüßlern und auf *Elaphomyces*-Fruchtkörpern. Ihre Perithecien sitzen zu vielen in einem filzigen Subiculum oder in Stromakrusten, die die befallenen Arthropoden überziehen. Bei höher differenzierten Arten befinden sie sich in gestielten Köpfchen oder keulenförmigen, bis 10 cm hohen Stromata, die aus den befallenen Insekten,

Die hornförmigen, dunkelpurfarbigen, stark giftigen Sklerotien des Mutterkornpilzes, *Claviceps purpurea*, ragen weit aus der Roggenähre heraus.

aus ihren Larven und Puppen oder aus den *Elaphomyces*-Fruchtkörpern herauswachsen. Auf Hirschtrüffeln parasitieren die Kopfige Kernkeule, *Cordyceps capitata*, und die Zungenkernkeule, *C. ophioglossoides*. Auf mumifizierten Schmetterlingspuppen findet man z. B. die Orangengelbe Puppenkeule, *C. militaris*, und auf toten Wespen die Wespenkeule, *C. sphacocephala*. Die auf den Raupen von Hepialiden (Wurzelbohrer, Schmetterlinge) wachsenden Stromata der Chinesischen Kernkeule, *C. sinensis*, werden in Ostasien gegessen.

Ordnung Dothideales

Mit den Dothidealen haben wir eine große, mehrere tausend Arten umfassende, recht uneinheitliche Ordnung vor uns, in die von einigen Autoren heute alle Ascomyceten mit bitunicaten Asci (Bitunicatae) als einziges, gemeinsames Merkmal gestellt werden. Ihre Fruchtkörper sind aber ebenso vielgestaltig wie bei den unitunicaten Ascomyceten (Unitunicatae) und können genauso wie bei jenen in größeren Stromakomplexen vereinigt sein. Deshalb gliedern andere Autoren die Ascomyceten mit bitunicaten Asci in mehrere Ordnungen auf. Aber weder die pauschale Zusammenfassung in die einzige Ordnung Dothideales noch die Aufgliederung in mehrere Ordnungen können voll befriedigen. Wenn wir uns hier für eine Aufgliederung in die Ordnungen Dothideales, Verrucariales, Capnodiales, Dothiorales, Hysteriales, Myriangiales, Trichothyriales und Arthoniales entschlossen haben, geschieht dies um einer besseren Übersichtlichkeit willen, doch bleibt es ein Kompromiß, und die unter den Ordnungen genannten Familien könnten mitunter auch mit gleichem oder größerem Recht anderen Ordnungen unterstellt werden.

Sowohl Saprophyten als auch Pflanzenparasiten gehören zu den Dothidealen. Außerdem befinden sich koprophile (dungbewohnende) Arten sowie Flechtenpilze unter ihnen. In künstlicher Kultur sind sie leicht zu ziehen und zur Ausbildung ihrer Hauptfruchtformen zu bringen.

Sie unterscheiden sich von den anderen Ordnungen vor allem durch die perithecienähnlichen kugel- bis birnenförmigen Fruchtkörper, die sich jedoch ebenfalls ascolocular entwickeln, also Pseudothecien sind. Sie enthalten einen oder mehrere Loculi, in denen die Asci in Büscheln oder Hymenien stehen. Die Fruchtkörper öffnen sich durch Wegbröckeln einer gewissen Zone in der Scheitelgegend oder häufiger durch einen sich nachträglich bildenden Porus, der sogar mit Periphysen ausgekleidet sein kann. Die Asci sind immer bitunicat, keulenförmig bis zylindrisch mit gewölbtem Scheitel und nur undeutlich gestielt. Sie enthalten 8 farblose oder dunkelgefärbte, mehrzellige bis mauerförmig geteilte Ascosporen. Konidien als Nebenfruchtformen werden von einigen Familien in großer Anzahl gebildet, Vertretern anderer Familien fehlen sie. Das dunkle Myzel ist durch Querwände in mehrkernige Zellen geteilt. Die Befruchtung der Archegonien erfolgt durch die Vermittlung eines Trichogyns mit Spermatien oder Antheridien.

Alle Dothidealen lassen sich vielleicht von der primitiven Gattung *Wettsteinia* ableiten, und diese wiederum könnte mit einfachen

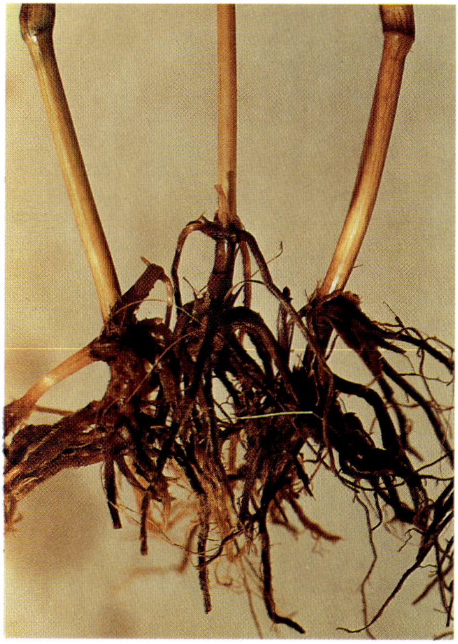

Die von *Gaeumannomyces graminis* hervorgerufene Schwarzbeinigkeit kann beim Weizen zu Ertragsverlusten bis 40 % führen.

Ascobolaceen in Verbindung stehen, die ebenso wie *Wettsteinia* nur einen Ascus im Fruchtkörper haben. Die systematische Gliederung ist jedoch wegen der vielen Überschneidungen der Merkmale sehr schwierig. Es sollen hier 9 Familien besprochen werden.

Die saprophytischen Pseudosphaeriaceen mit den Gattungen *Wettsteinia, Leptosphaerulina* u. a. haben noch unregelmäßig gebaute Pseudothecien, die den Kleistothecien der Eurotialen ähneln. Sie öffnen sich durch Ausbröckeln oder Abwerfen der Scheitelpartie. In den Loculi sind nur wenige, nahezu runde Asci mit farblosen oder gelblichen, mehrzelligen Ascosporen zu finden. Von diesen primitiven Gattungen gehen verschiedene Entwicklungswege aus: Der erste führt zu einer gut determinierten Gestalt, Größe und Oberflächenbeschaffenheit der Fruchtkörper; ein anderer führt zu einem präformierten Öffnungskanal im Perithecienscheitel; die Zahl der Asci je Loculus nimmt zu; schließlich wird der Umriß der Asci immer langgestreckter, bis die Zylinderform erreicht ist. *Piedraia hortai* parasitiert auf den Haaren des Menschen, wo er in tropischen Gebieten die »schwarze Piedra« verursacht. Die Ascomata umziehen dabei krustenartig die Haare des Erkrankten. Die Ascosporen sind einzellig, gestreckt und tragen an den Polen je ein borstiges Anhängsel.

Vorwiegend Pflanzenparasiten sind die Pleosporaceen. Sie haben i. d. R. ziemlich große Fruchtkörper mit einem Öffnungsporus, die sich oberflächig oder im Innern des Substrats entwickeln. Oft bilden sich die Pseudothecien auf einem Basalstroma. Die Ascosporen sind mit wenigen Ausnahmen braun, zwei- bis vielzellig und bei manchen Arten mit einer Schleimhülle versehen. Nebenfruchtformen sind vorhanden. Um Parasiten von Getreide und Gräsern handelt es sich bei *Cochliobolus sativus, Gaeumannomyces graminis* (der Erreger der Schwarzbeinigkeit), *Pyrenophora teres* und *Leptosphaeria tritici*. Sehr artenreich ist die Gattung *Pleospora*, von der die bekannteste Art die polyphage *Pleospora herbarum* ist. Weitere Gattungen sind *Cucurbitaria, Didymosphaeria, Herpotrichia, Massaria, Massariella, Melanomma, Parodiella, Teichospora* und *Trichodelitschia*.

Koprophil oder saprophytisch auf faulenden Pflanzenresten leben die Sporormiaceen. Sie haben zwei- bis vielzellige, mit einer Keimspalte je Zelle versehene Ascosporen. Die Gattung *Preussia* hat prototunicate, kugel- bis keulenförmige Asci, und ihre Pseudothecien sind mündungslos. Bei *Sporormia* differenziert sich am Scheitel eine Mündungsplatte, die später herausbröckelt. Ihre Asci sind bitunicat, keulenförmig bis zylindrisch. In der Gattung *Delitschia* finden wir stets einen deutlichen Mündungshals. Die Fruchtkörper sind nicht mehr kugelig, sondern flaschenförmig, und die bitunicaten Asci sind zylinderförmig.

Charakteristische Haare an den Fruchtkörpern zeichnen die Phaeotrichaceen aus. Sie leben saprophytisch und haben keinen Porus an ihren Pseudothecien. Die Ascosporen sind braun, zweizellig, und jede Zelle hat einen runden Keimporus. Typusgattung ist *Phaeotrichum*.

Die Venturiaceen sind Pflanzenparasiten, von denen einige Arten große wirtschaftliche Bedeutung haben. Sie legen ihre Fruchtkörper oft in größeren oder kleineren Gruppen unter der Epidermis oder unter der Kutikula des Wirts an. Die Pseudothecien reifen häufig erst nach der Überwinterung. Dann öffnet sich im Scheitel ein Mündungsporus, und die Ascosporen werden ausgeschleudert. Um den Mündungsporus stehen bei vielen Arten dunkle Borsten. Charakteristisch für diese Familie sind die zweizelligen, gelblichen bis grünlichen Ascosporen, bei denen oft die eine Zelle größer ist.

Die artenreichste Gattung der Familie ist *Venturia*. In ihr finden wir den gefährlichen Erreger des Apfelschorfes, *Venturia inaequalis*. Dieser Pilz beginnt seinen Lebenszyklus im Frühjahr, wenn die Apfelblüten aufspringen, mit dem Ausschleudern der Ascosporen. Diese werden vom Wind auf die zarten Apfelblättchen getragen, wo sie keimen und mit den Keimschläuchen unter die Kutikula dringen. Dort bildet sich ein Stroma, und nach wenigen Tagen entstehen auf diesem Stroma zahlreiche rauchbraune Konidien. Diese Konidien werden auf andere Blätter oder sich entwickelnde Früchte verweht, wo sie erneut Infektionen hervorrufen und weitere Konidien erzeugen. Erst am Ende der Vegetationsperiode dringt der Pilz tiefer in das Wirtsgewebe ein und bildet Pseudothecien, in denen die Geschlechtsvorgänge sehr langsam ablaufen und sich die Asci entwickeln. Im April oder Mai sind die Ascosporen ausgereift, sie werden ausgeschleudert und beginnen den Zyklus aufs neue.

Antennularia ericophila findet man auf Blättern und Zweigen von Glockenheidearten. *Lasiobotris lonicerae* schmarotzt in den Blättern von Heckenkirschearten, und *Platychora ulmi* ist der Erreger des Runzelschorfs der Ulmenblätter. Weitere Gattungen dieser Familie sind *Coleroa, Gibbera, Phaeocryptopus, Rhizogene, Stigmatea* u. a.

Zu den Mycosphaerellaceen gehören wirtschaftlich bedeutungsvolle Pflanzenparasiten, aber es leben auch viele von ihnen saprophytisch. Die Pseudothecien sind klein, kugelförmig und mit einer Mündungspapille versehen. Die zweizelligen Ascosporen sind hyalin oder seltener bräunlich. Nebenfruchtformen sind bekannt. Die artenreichste Gattung mit ungefähr 1000 beschriebenen Arten ist *Mycosphaerella*. Bei den meisten handelt es sich um Saprophyten, aber einige, wie *Mycosphaerella fragariae*, der Erreger der Weißfleckenkrankheit der Erdbeere, verursachen Blattfleckenkrankheiten. *Cymadothea trifolii* ist der Erreger der Schwarzfleckenkrankheit des Klees, *Didymella pinodella* ein Blattflecken- und Fußkrankheitserreger der Erbse. *Microcyclus*-Arten sind Blattparasiten, *Dothidea*-Arten Saprophyten.

Die folgenden 3 Familien bilden mit Grünalgen der Gattung *Trentepohlia* Krustenflechten.

Auf Rinde und Gestein trifft man die Arthopyreniaceen mit kugeligen oder halbkugeligen Fruchtkörpern und länglichen Ascosporen. Die Gattungen *Arthopyrenia, Leptoraphis, Microthelia* und *Xanthopyrenia* (in Symbiose mit Blaualgen) gehören hierher.

Auf Rinde leben die Trypetheliaceen, deren Fruchtkörper zu mehreren in einem Stroma sitzen und die mehrzellige Ascosporen haben. *Tomasiella* und *Trypethelium* sind charakteristische Gattungen.

Auf Gestein und Rinde findet man auch die Dermatinaceen, deren Fruchtkörper nicht deutlich voneinander getrennt zu mehreren auf einem Stroma sitzen. Ihre Ascosporen sind mehrzellig oder mauerförmig geteilt. Als Gattungen sollen *Dermatina* und *Mycoporellium* genannt werden.

Ordnung Warzenflechtenartige, Verrucariales

Einige kleinere Familien lichenisierter Pilze werden zur Ordnung Verrucariales zusammengefaßt. Sie ähneln äußerlich und in der Fruchtkörperentwicklung den Venturiaceen und Pleosporaceen, zeigen aber deutliche Unterschiede zu diesen im Aufbau der Wände ihrer Fruchtkörper. Die Vertreter der Verrucariaceen bilden mit kokkalen Grünalgen Krustenflechten, die häufig an von Süß- oder Salzwasser überspültem Gestein vorkommen. Ihre Ascosporen sind ein- bis vielzellig, und die Paraphysen verschleimen frühzeitig. Bei *Thelidium* und *Verrucaria* handelt es sich um bekannte Gattungen.

Ebenfalls auf feuchtem Gestein bilden die

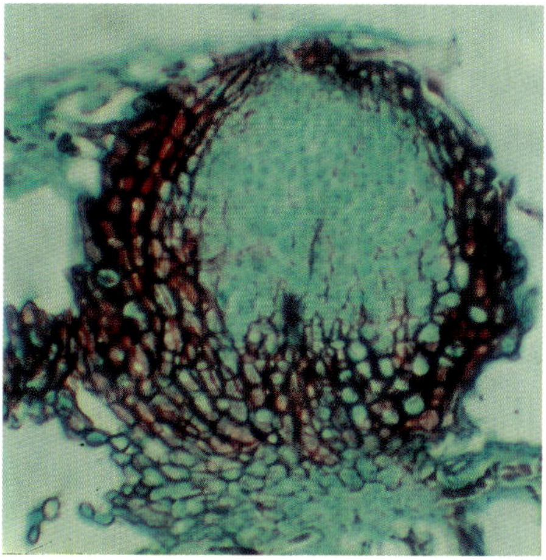

Querschnitt durch ein Ascoma von *Mycosphaerella anethi*. Deutlich ist die aus mehreren Lagen dickwandiger, dunkel gefärbter Zellen bestehende Peridie zu erkennen, die am Scheitel eine schwache Stelle aufweist, an der sich bei der Reife schizogen eine Mündung öffnet. Das Zentrum ist noch mit einem Pseudoparenchym ausgefüllt, in das sich später von unten her die heranreifenden Asci schieben (Färbung mit Safranin-Lichtgrün).

Dermatocarpaceen mit kokkalen Grünalgen Laubflechten. Sie haben einzellige Ascosporen. Die Familie wurde nach der Gattung *Dermatocarpon* benannt. Auf Erde und Gestein, auch auf überspültem Gestein in der Gezeitenzone findet man die Staurotheleaceen als Krusten- oder Laubflechten in Symbiose mit kokkalen Grünalgen. Bei ihnen kommen die Algen auch im Hymenium der Fruchtkörper vor, wo sie mit den mauerförmigen, vielzelligen Ascosporen verkleben und mit diesen zusammen verbreitet werden. Die Gattungen *Endocarpon* und *Staurothele* gehören zu dieser Familie.

Ordnung Rußtaupilzartige, Capnodiales

Die Capnodialen wachsen auf der Oberfläche von Blättern und Pflanzenstengeln. Die überwiegende Mehrheit von ihnen lebt dort saprophytisch von den zuckerhaltigen Ausscheidungen der Blatt- und Schildläuse, dem Honigtau. Durch ihr dunkelgefärbtes Myzel überziehen sie die besiedelten Pflanzenteile mit einem schwarzen Belag, den man Rußtau nennt. Andere Arten leben parasitisch, indem sie Haustorien in die Epidermiszellen senden und Blattfleckenkrankheiten erregen. Einige Sippen sind Hyperparasiten auf anderen Pilzen. Die meisten Vertreter kommen in den Tropen vor.

Die sexuellen Vorgänge sind bei den Capnodialen noch weitgehend unbekannt. Die Fruchtkörperbildung erfolgt ascolocular. Es entstehen braune bis schwarze Pseudothecien, die kugel-, polster- oder flach schildförmig sein können. Sie enthalten einen Loculus mit einem oder wenigen Asci. Diese sind keulenförmig, bitunicat mit gewölbtem Scheitel und enthalten 8 Ascosporen. Die Ascosporen sind i. d. R. vielzellig, farblos oder braun.

Bei den Capnodialen handelt es sich um eine nicht ganz einheitliche Ordnung, deren Familien auch in anderen Ordnungen untergebracht werden oder kleine selbständige Ordnungen bilden könnten. Hier sollen 2 Familien unterschieden werden.

Die Capnodiaceen sind Rußtaupilze wärmerer Länder. Ihr Myzel ist dunkel gefärbt und besteht aus röhrenförmigen, an den Querwänden eingeschnürten Hyphen. Die kugelig-flaschenförmigen oder polsterförmig niedergedrückten Pseudothecien haben eine dunkle, aus rundlichen Zellen aufgebaute Wand und enthalten meist nur wenige Asci. Sie öffnen sich mit einem Porus. Bei vielen Arten sind die Fruchtkörper mit Borsten besetzt. Bei einigen Arten entwickeln sich die Pseudothecien unter der Myzeldecke. Die Ascosporen sind zwei- bis vielzellig, farblos bis dunkelbraun. Als Nebenfruchtform werden kleine Konidien in langgestreckten Pyknidien gebildet. Von den vielen Gattungen sollen als Beispiele *Capnodium, Limacinia, Scorias, Echinothecium* und Aithaloderma genannt werden.

Capnodium citri ist der Rußtau der *Citrus*-Arten. Wie alle Rußtaupilze überzieht er oftmals das gesamte Laub eines Baumes oder gar einer Plantage mit einem dichten, schwarzen Überzug. Auch Mangobäume sieht man in den Tropen selten ohne von

Capnodium mangiferum geschwärzte Blätter.

Zu den Dimeriaceen rechnet man Pilze, die parasitisch auf Blattoberflächen oder auf den dort epiphyll wachsenden Pilzen leben. Aus Hyphopodien, Appressorien oder Stomatopoden dringen zarte Hyphen in ihre Wirte ein und bilden dort Haustorien. Die Dimeriaceen stehen in gewissen verwandtschaftlichen Beziehungen zu den Venturiaceen und Mycosphaerellaceen und können vielleicht von diesen abgeleitet werden. Auf den Rasen von Meliolaceen und Asterinaceen sowie anderer Blattparasiten leben hyperparasitisch *Dimerium-*, *Phaeodimeriella-* und *Dimerina*-Arten. Parasiten höherer Pflanzen sind Vertreter der Gattungen *Epipolaeum, Eumela, Wentiomyces* u. a.

Ordnung Dothiorales

Die Dothioralen sind ebenfalls vorwiegend tropisch und subtropisch verbreitet, es kommen jedoch auch kosmopolitische Arten unter ihnen vor. Sie leben vorwiegend als Saprophyten an toten Zweigen oder als Parasiten auf Blättern und Rinde. Einige erregen Krankheiten an Kulturpflanzen.

Ihre Fruchtkörper sind ascoloculare, polster- oder krustenförmige Pseudothecien mit einem oder mehreren Loculi, in denen die Asci hymeniumartig angeordnet sind. Ehe es zur Ascusbildung kommt, entwickeln sich in den Loculi die einkernigen Ascogonien mit einem fädigen Trichogyn. Die Befruchtung erfolgt durch Spermatien. Die gestielt keulenförmigen Asci sind bitunicat mit einer dikken, oft gelatinösen Wand. Sie enthalten 2–16 ein- oder mehrzellige, i. d. R. farblose, ei- bis spindelförmige Ascosporen. Durch Wegbröckeln des Gewebes am Scheitel der Loculi werden die Ascosporen frei.

Die phylogenetische Ableitung ist noch unbekannt, sie haben gewisse Ähnlichkeiten mit den Myriangialen, Dothidealen und Hysterialen. Es sollen 7 Familien unterschieden werden.

Die Botryosphaeriaceen haben ihre Pseudothecien in das Wirtsgewebe eingesenkt. Sie enthalten einen oder mehrere kugelige oder etwas gestaucht kugelige Loculi, die oben oft leicht papillenförmig ausgezogen sind, sich aber durch Wegbröckeln der Deckschicht öffnen. Die Asci sind unterschiedlich langgestielt und liegen deshalb nicht in gleicher Höhe, die reiferen oben, die jüngeren tiefer. Ihre Ascosporen sind stets einzellig, eiförmig bis leicht rhomboid. Es gibt auch Nebenfruchtformen. *Botryosphaeria quercinum* wächst auf der Rinde zahlreicher Bäume und Sträucher, *Guignardia*-Arten sind blattbewohnend. *Guignardia aesculi* verursacht die Blattbräune der Roßkastanie, und *Guignardia bidwellii* befällt Blätter und Beeren des Weinstocks.

Die saprophytischen Dothioraceen senken ebenfalls ihre Fruchtkörper in das Rindengewebe des Nährsubstrats ein. Die polsterförmigen oder fast kugeligen Pseudothecien enthalten nur einen Loculus, in dem sich die Asci dicht nebeneinanderstehend entwikkeln. Die mehrzelligen Ascosporen sind farblos. Bei der Reife brechen die Pseudothecien mit ihren Scheiteln aus der Rinde hervor, und durch den Druck der Asci wird die Deckschicht in fast der ganzen Breite gesprengt. Die Gattung *Dothiora* ist sehr artenreich und lebt auf toten Zweigen verschiedener Sträucher und Bäume. Bei der Gattung *Pringsheimia*, die ebenfalls auf Zweigen vorkommt, ist die ascustragende Schicht im Loculus kurzsäulenförmig erhaben.

Die Parmulariaceen kommen vorwiegend in den Tropen als Blattparasiten von Farnen und höheren Pflanzen vor. Ihre krusten- oder schildförmigen Fruchtkörper, die bis 5 mm groß werden können, sind nicht wie bei den vorhergehenden Familien in das Substrat eingesenkt, sondern liegen auf der Oberfläche. I. d. R. sind sie mit mehreren knaufartigen Hyphenknäueln im Blattgewebe verankert. Bei der Gattung *Parmularia* ist ihr Umriß rundlich bis sternförmig lappig mit sterilem Zentrum. Die langgestreckten und radial angeordneten Loculi öffnen sich mit je einem Längsspalt. Die farnbewohnende Gattung *Polycyclus* hat ihre breitschildförmigen Fruchtkörper mit nur einem einzigen, kräftigen, fußartigen Hyphenknäuel im Wirtsgewebe verankert.

Die Perisporiopsidaceen, die Englerulaceen und die Asterinaceen sind gleichermaßen durch den Bau ihres Myzels ausgezeichnet: Die Hyphen breiten sich ähnlich wie bei den Meliolalen radiär über die Wirtsoberfläche aus, sie sind dort mit Hyphopodien verankert und ernähren sich durch Stomatopodien. Eine solche Wuchsform nennt man asterioid. Diese 3 Familien stellen morphologisch und parasitologisch bitunicate Konvergenzreihen zu den prototunicaten Meliolalen dar und sehen diesen oft täuschend ähnlich. Aus diesem Grund werden auch viele *Asterina*- und *Lembosia*-Arten in der phytopathologischen Literatur wie jene als Schwarze Mehltaupilze bezeichnet.

Die Periosporiopsidaceen sind obligate Pflanzenparasiten mit kugeligen Pseudothecien, die sich durch Zerbröckeln am Scheitel öffnen. Die Ascosporen sind zweizellig. *Balladyna* und *Perisporiopsis* sollen als typische Gattungen dieser Familie genannt werden.

Ähnlich sind auch die Englerulaceen mit den Gattungen *Englerula* und *Thrauste*, nur verschleimen bei ihnen die Fruchtkörper vorzeitig.

Bei den Asterinaceen sitzen die Fruchtkörper den Blättern flach schildförmig auf und haben eine aus radial verlaufenden Zellen aufgebaute Deckschicht, die sich durch Zerfall oder mit einem Spalt öffnet. Die Ascosporen sind zweizellig. *Asterina* umfaßt mehrere hundert, vor allem tropische Arten. *Aulographina pinorum* parasitiert in Europa auf Kiefernnadeln.

Die Fliegenfleckenpilze, Schizothyriaceen, haben dem Substrat flach aufsitzende, häutchenartige oder schildförmige Pseudothecien, auch Thyriothecien genannt. Diese entstehen in einem der Kutikula fest aufliegenden Myzel. Die Fruchtkörperdecke zerbröckelt bei der Reife und gibt die zweizelligen, in kugel- bis keulenförmigen Asci gebildeten Ascosporen frei. Die meisten Arten dieser Familie wachsen in den Tropen auf lebenden Blättern. In gemäßigten Klimaten kommt z. B. der Erreger der Fliegenfleckenkrankheit der Äpfel, *Schizothyrium pomi*, vor. Als weitere Gattung gehört *Chaetoscutula* hierher.

Ordnung Hysteriales

Die Vertreter der Hysterialen sind Saprophyten oder Wund- bzw. Schwächeparasiten auf Rinde und Holz von Laub- und Nadelgehölzen. Ein Teil von ihnen lebt auch in Symbiose mit Grünalgen der Gattung *Trentepohlia* als Krustenflechten auf Gestein und glatten Baumrinden.

Auffällig ist die muschel- oder kahnförmige Gestalt der langgestreckten, oftmals S-förmig gekrümmten Fruchtkörper (Hysterothecien). Diese haben eine derbe, harte, schwarze Rindenschicht, ihr Fleisch ist kohleartig oder knorpelig. Sie öffnen sich mit einem Längsspalt, der durch eine dünne Deckschicht verschlossen ist. Die Hysterothecien entwickeln sich aus Hyphenknäueln, in denen Ascogonien mit Trichogynen gebildet werden. Die Befruchtung erfolgt durch Kontakt des Trichogyns mit einer somatischen Hyphe. Die Entwicklung und Reifung der ascogenen Hyphen und Asci verläuft, vom Zentrum des Hysterotheciums fortschreitend, nach beiden Enden, so daß die ältesten Asci stets in der Mitte anzutreffen sind.

Die bitunicaten Asci sind keulenförmig bis zylindrisch, meist deutlich gestielt und haben einen Apikalapparat. Sie enthalten 8 zwei- bis mehrzellige, farblose oder braune Ascosporen von unterschiedlicher Gestalt. Nebenfruchtformen kommen selten vor.

Über die Phylogenie der Hysterialen können bisher keine Aussagen gemacht werden. Wichtigste Familie sind die saprophytisch oder als Schwächeparasiten lebenden Hysteriaceen. Auf Rinde und totem Holz zahlreicher Laubbäume kann man die Fruchtkörper von *Hysterographium fraxini* finden, die durch ihren Umriß und einen Längsspalt die Gestalt von etwa 2 mm großen Kaffeebohnen haben. Bei *Lophium elegans*, das auf Wacholderzweigen im Hochgebirge vorkommt, sind die Fruchtkörper schlank und weisen die Form eines umgekehrten Kahns auf. Sie öffnen sich an ihrem Kiel mit einem schmalen Längsspalt. Wie ein mit der Schneide nach oben gestelltes Beil sehen die Fruchtkörper von *Glyphium schizosporium* aus, das auf verwittertem Holz vorkommt. Bei *Glonium stellatum* stehen die kahnförmigen Fruchtkörper in dichten Gruppen und fließen seitlich zusammen, so daß sternförmige Bilder entstehen, wovon der Artname abgeleitet wurde. Weitere Gattungen dieser Familie sind *Actidium, Farlowiella* und *Hysterium*.

Ordnung Myriangiales

Vorwiegend in den wärmeren Gebieten sind die Myriangialen verbreitet. Sie leben meist saprophytisch auf Baumrinden und anderen Pflanzenteilen. Einige bevorzugen die zukkerhaltigen Ausscheidungen von Blatt- und Schildläusen. Andere Arten sind Parasiten auf höheren Pflanzen und Pilzen.

Ihre kugeligen, eiförmigen oder breitkeuligen, bitunicaten Asci liegen in den Fruchtkörpern einzeln in einem Pseudoparenchym oder Plectenchym eingebettet. Die Loculi der Asci stehen nie dicht nebeneinander im Gewebe, sondern häufig verschieden hoch oder mehr oder weniger einreihig unter einer später verschleimenden oder zerbröckelnden Außenkruste. Die Fruchtkörper haben eine unregelmäßige, polsterförmige Gestalt. Nach dem scholligen Abbröckeln der Außenkruste wird das gelatinöse Grundgeflecht mit den darin eingebetteten Asci freigelegt, und die inzwischen gereiften ein- bis vierzelligen, oft mauerförmig geteilten Ascosporen werden entlassen.

Die phylogenetische Ableitung der Myriangialen ist noch sehr unbestimmt. Sie können eventuell auf Grund der kugelförmigen Asci von den Eurotialen hergeleitet werden. Mehrfach wurde versucht, die rund 25 Gattungen der Myriangialen in Familien aufzuteilen, aber mit wenig Erfolg.

Pflanzenparasiten mit wirtschaftlicher Bedeutung findet man unter den *Elsinoë*-Arten. Das sich im Wirtsgewebe intra- und interzellulär ausbreitende Myzel ist Ursache von kleineren Hypertrophien oder Nekrosen, z. B. durch *Elsinoë phaseoli* auf den Blättern, Stengeln, Hülsen und Samen von *Phaseolus lunatus*, der Limabohne. *E. veneta* befällt Ruten und Blätter der Himbeere, und auf Blättern und Früchten von Birn- sowie Apfelbäumen schmarotzt *E. piri*. Weitere Pflanzenparasiten findet man in den Gattungen *Molleriella, Butleria, Anhellia, Diplotheca* u. a. Auf Schildläusen parasitieren die *Angatia*-Arten; sie dringen aber auch von diesen in das darunterliegende Wirtsgewebe ein. Den umgekehrten Weg, von der Wirtspflanze in die Schildlaus, wählen meist die *Myriangium*-Arten. Hyperparasiten auf epiphyllen Pilzen findet man unter den *Cookella-, Pyknoderma-* und *Uleomyces*-Arten.

Ordnung Trichothyriales

Braunes Myzel, das entweder fädig ist oder sehr oft Häutchen aus strahlig angeordneten Hyphen bildet, haben die Trichothyrialen. Ihre oberflächig sitzenden, flachrunden oder schildförmigen Ascocarpien bestehen aus einer Basal- und einer Deckschicht aus radiär oder mäandrisch angeordneten Zellen. In der Mitte der Deckschicht befindet sich eine Mündung. Die der Basalschicht am Rand entspringenden Asci sind zur Mündung ausgerichtet. Trichothyrialen kommen Hyperparasiten auf epiphyllen Pilzen oder Saprophyten vor. Wir rechnen 4 Familien hierher.

Die Chaetothyriaceen sind flach auf der Kutikula verschiedener Pflanzen aufliegende Saprophyten mit niedergedrückt kugeligen Fruchtkörpern, die oft mit Borsten besetzt sind und sich mit einem Porus öffnen. Die Fruchtkörper entstehen unter einem Myzelhäutchen, das die Blattoberfläche überzieht. Die Ascosporen sind zwei- bis vielzellig, hyalin oder braun gefärbt, das Myzel ist hell. *Ainsworthia, Caetothyrium* und *Ciferriusia* können als Gattungen genannt werden.

Auch die Micropeltaceen haben schildförmige Fruchtkörper, sonst sind sie den Chaetothyriaceen ähnlich. Ihre Pseudothecien haben aber keine Borsten und öffnen sich auch nicht mit einem Porus. Die farblosen Ascosporen sind zweizellig. Als repräsentative Gattungen können *Micropeltis* und *Microthyriella* genannt werden.

Flach schildförmige Fruchtkörper, deren Deckschicht aus einer Lage streng radiär angeordneter, plattenförmiger Zellen besteht und die sich durch Absprengen eines Dekkels öffnen (Thyriothecien), haben die Trichothyriaceen. Sie leben hyperparasitisch auf Meliolalen und Capnodialen, *Trichothyrium fimbriatum* auf *Meliola*-Arten.

Den gleichen Fruchtkörperbau wie die zuvor genannte Familie haben auch die Microthyriaceen. Sie leben saprophytisch auf abgestorbenen Blättern und Stengeln. Ihre zweizelligen Ascosporen sind farblos bis bräunlich. Zu ihnen gehören unter anderen die Gattungen *Microthyrium* und *Trichopeltis*.

Ordnung Arthoniales

Die sich gewöhnlich als Saprophyten auf Rinde, Stengeln oder Blättern entwickelnden Vegetationskörper der Arthonialen leben in Symbiose mit Algen. Die Fruchtkörper sind dem Substrat meist unter den äußerten Schichten eingesenkt oder liegen in ihrer ganzen Breite flach auf. Ihre Gestalt ist krustenförmig oder flach polsterförmig. Die parallel nebeneinanderstehenden, breitkeuligen Asci werden von fädigen, nach oben verdickten oder verzweigten Paraphysoiden umgeben, die ein dünn krustiges, später zerbröckelndes Epithecium bilden. Wir stellen auch die nächst verwandten, saprophytischen Atichiaceen zu dieser Ordnung.

Unregelmäßig geformte, krustenähnliche Fruchtkörper haben die als Krustenflechten lebenden Arthoniaceen mit den Gattungen *Arthonia* und *Arthothelium*. Die ebenfalls zu dieser Familie gestellte Gattung *Celidium* mit 10 Arten lebt dagegen als Parasit auf Flechten.

Krusten- und Strauchflechten mit berindetem Thallus bilden schließlich die Rocellaceen, zu denen die Gattungen *Dirina* und *Rocella* gehören.

Gelatinöse Myriothecien, die aus hefeartigen Zellen aufgebaut sind, haben die von Blattläuseexkrementen als Rußtau lebenden Atichiaceen. Ihre Ascosporen sind zweizellig. Die *Atichia*-Arten kommen hauptsächlich in den Tropen und Subtropen vor.

Abteilung Ständerpilze, Basidiomycota

Ungefähr 30% aller bisher bekanntgewordenen Pilzarten gehören zur Abteilung Basidiomycota, die mit der Abteilung Ascomycota eine Reihe morphologischer Merkmale und ökologischer Eigenschaften gemeinsam hat. Wir können deshalb eine phylogenetische Parallelentwicklung beider Abteilungen annehmen. Das dem Ascus homologe Organ (Meiosporangium) ist hier die Basidie, die i. d. R. den Ort der Karyogamie, der Meiose und der Meiosporendifferenzierung darstellt. Letztere spielt sich aber hier nicht im Innern des Organs ab, sondern in Auswüchsen, den Sterigmen. Wie bei den Ascomycota besteht der vegetative Thallus aus septierten Hyphen oder aus Sproßzellen. Ebenso enthalten die Zellwände Chitin und Glucane, sie sind aber bei den Ständerpilzen mehrschichtig, während sie sich bei den Schlauchpilzen nur aus 2 Schichten aufbauen. Die Abteilung Basidiomycota wird in 2 Klassen, die Ustomyceten und die Basidiomyceten, eingeteilt, die sich im Teleomorph unterscheiden. Dieser besteht bei den Ustomyceten aus einem Promyzel mit exogenen Sporidien und wird nicht vom Fruchtkörper getragen, während er bei den Basidiomyceten aus der Basidie mit Basidiosporen auf den Sterigmen besteht und von augenfälligen Fruchtkörpern getragen wird.

Klasse Brandpilze, Ustomycetes

Die allgemein bekannten und von den Landwirten gefürchteten metabiotrophen Brandpilze (unter Ausschluß der Tilletiales) und einige saprotrophe, heterobasidiale Hefen zeigen trotz ihrer ökologischen Verschiedenheit in ihrem Entwicklungsgang weitgehende Übereinstimmung, die ihre Zusammenfassung zur Klasse Ustomycetes rechtfertigt. Ihr Entwicklungszyklus umfaßt 3 Phasen: Die meist nur aus Sproßzellen bestehende Haplophase, die aus einem ernährungsphysiologisch selbständigen, septierten Myzel bestehende Dikaryophase sowie die nur auf die Ustosporen oder Brandsporen (machmal auch Chlamydosporen genannt) beschränkte Diplophase. Bei den Angehörigen dieser Klasse fehlen Fruchtkörper. An den Septen der dikaryotischen Hyphen, die einen einfachen Porus besitzen, findet man i. d. R. Schnallen, wie sie bei den Basidiomyceten üblich sind. Die Meiosporangien gehen aus den dickwandigen, charakteristischen Ustosporen hervor, die innerhalb oder an den Enden dikaryotischer Hyphen bzw. an den Schnallen gebildet werden. In ihnen erfolgen Karyogamie und Reduktionsteilung. Doch verläuft die Meiosporenbildung hier anders als bei Asco- und Basidiomyceten. Deshalb werden die Meiosporangien hier Promyzel genannt. Nach der Meiose teilt es sich quer in 4 Zellen, doch eine Basidiosporenbildung unterbleibt. Statt dessen sprossen aus den Zellen Sporidien, die sich durch Sprossung weiter vermehren können. Schließlich kopulieren sie paarweise und bilden das Dikaryon. Auch die Zellen des Promyzels können über Kopulationsbrücken miteinander kopulieren.

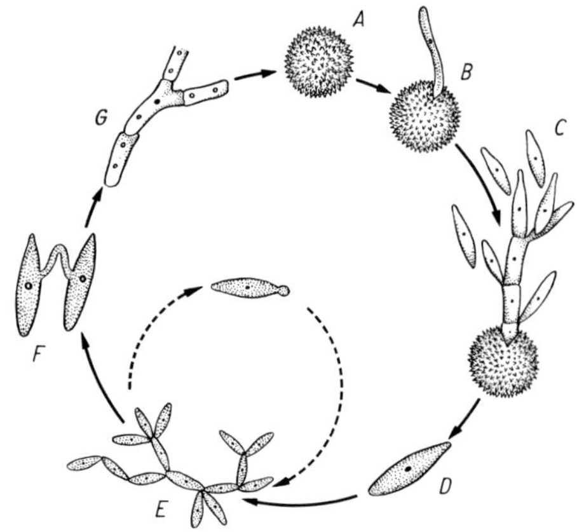

Lebenszyklus des Maisbeulenbrandes, *Ustilago zeae*. A Brandspore, B Keimung mit dem Promyzel, C Abgliederung der Sporidien, D Sporidie, E Pseudomyzel und Sproßzellen, F Fusionsbrücke zwischen 2 Sproßzellen, F Fusionsbrücke zwischen 2 Sproßzellen, G Paarkernmyzel

Ordnung Flugbrandartige, Ustilaginales

Von den Flugbrandartigen sind mehr als 30 Gattungen mit etwa 1000 Arten bekannt, die alle gefährliche Pflanzenkrankheitserreger mit sehr strenger Wirtsspezifität sind. Sofern sie auf Kulturpflanzen vorkommen, können sie beträchtliche wirtschaftliche Schäden verursachen. Die meisten Wirtspflanzen findet man unter den Süß- und Sauergräsern, aber auch andere ein- und zweikeimblättrige Pflanzen können befallen werden. Auf holzigen Pflanzen kommen sie nur selten vor. Auffälligste Symptome der Brandkrankheiten sind die in bestimmten Organen der Wirtspflanzen, z. B. Blüten, Ovarien, Antheren, Blättern, entstehenden Sori, die mit dickwandigen, meist dunkelgefärbten, stäubenden Dauersporen, den Brandsporen, ausgefüllt sind und die den befallenen Organen ein verbranntes Aussehen verleihen.

Die Brandsporen sind diploid. Bei ihrer Keimung findet die Reduktionsteilung statt, und es entsteht eine kurze, meist vierzellige, septierte, einfache oder verzweigte Hyphe, das sogenannte Promyzel (dem Sporangium homolog), das eine meist unbestimmte Anzahl von Sproßzellen (Sporidien) abgliedert. Aus den Sporidien entwickeln sich haploide, hefeartige Pseudomyzelien. Zwischen den Sproßzellen oder zwischen den Sporidien, bei einigen Arten auch zwischen den Zellen des Promyzels, bilden sich Fusionsbrücken, durch die der Kernübertritt erfolgt. Das daraus entstehende septierte Paarkernmyzel dringt in geeignete Wirtspflanzen ein und durchzieht das Wirtsgewebe in den Interzellularräumen. In bestimmten, für die jeweilige Brandart typischen Organen der Wirtspflanzen verdichtet sich das Myzel, legt viele Querwände an und zerfällt schließlich in Einzelzellen. Während die Kernverschmelzung stattfindet, umgeben sich die Einzelzellen mit einer dicken Membran und werden so zu Brandsporen. Die Membran der Brandsporen besteht aus 3 mehr oder weniger deutlich differenzierten Schichten, dem glatten bzw. netzförmig oder warzig skulpturierten, dunkelgefärbten Exospor, dem oft ziemlich dicken, gelben oder braunen Epispor und dem dünnen, durchsichtigen Endospor. In vielen Fällen werden die Brandsporen, die sich durch große Widerstandsfähigkeit gegen Austrocknung auszeichnen und oft mehrere Jahre keimfähig sind, durch den Wind verbreitet. Hierzu öffnen sich die an der Wirtsoberfläche liegenden Brandlager. In anderen Fällen sind die Brandsporen zu einer kohligen Masse verklebt oder im Wirtsgewebe eingeschlossen. Bei ihnen können die Brandsporen nur mechanisch, z. B. beim Drusch brandigen Getreides oder durch Zerfall des abgestorbenen Wirtsgewebes, freigesetzt werden. Neben Gattungen wie *Ustilago* und *Sphacelotheca*, deren Brandsporen stets einzeln verbreitet werden, gibt es Gattungen, bei denen sie paarweise *(Schizonella, Schroeteria)* oder zu Sporenballen vereinigt sind. Bei *Sorosporium* sind diese Sporenballen noch recht locker, so daß bei ihrer Reife die Brandsporen meist einzeln lie-

Der Flugbrand der Gerste, *Ustilago nuda*, verwandelt die Samenanlagen in Brandbutten, die ihre Brandsporen leicht verstäuben, so daß schließlich die leeren Spindeln am Halm bleiben.

Die Brandsporen der Brandpilze sind sehr vielgestaltig. A *Sphacelotheca ischaemi* (einzellig, glatt), B *Ustilago aculeata* (einzellig, warzig), C, D *Tilletia caries* (einzellig, netzleistig), E *Neovossia moliniae* (einzellig mit Anhängsel), F *Schizonella melanogramme* (zweizellig, glatt), G *Schroeteria decaisneana* (zweizellig, warzig), H *Microbotryum violaceum* (lockerer Sporenballen) I *Thecophora lathyri* (fester Sporenballen), K *Urocystis agropyri*, L *Urocystis cepulae* (eine oder 2 Hauptzellen, von sterilen Nebenzellen umgeben), M *Ginanniella trientalis* (mehrere Hauptzellen, von sterilen Nebenzellen umgeben), C, D, K und L sind Vertreter der Tilletiales.

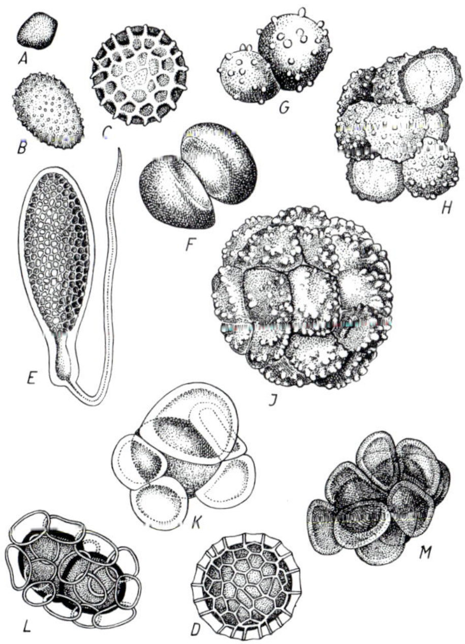

gen. Feste Sporenballen ausschließlich aus fertilen Zellen bilden *Thecaphora* und *Tolyposporium*.

Zur Infektion der Wirtspflanzen ist nur das Paarkernmyzel der Ustilaginales befähigt. Die Infektion erfolgt stets lediglich an jungen Geweben und i. d. R. organspezifisch. Von äußerlich am Samen anhaftenden oder sich im Boden befindenden Brandsporen erfolgt eine Keimlingsinfektion. Triebinfektionen können an allen wachstumsfähigen Geweben der Wirtspflanzen stattfinden. Keimen die Brandsporen auf der Narbe ihrer Wirtspflanzen und senden sie ihre Keimhyphen durch den Griffel in den Fruchtknoten, so erfolgen Embryoinfektionen, bei denen die Infektion bis zur Samenkeimung latent bleibt. Dieser Infektionsmodus kommt vorwiegend bei Arten vor, die keine Sporidien bilden, sondern bei denen die Zellen des Promyzels miteinander kopulieren und das Paarkernmyzel sofort in den Griffel senden.

Nach erfolgter Infektion durchwächst das Myzel, ohne äußerlich sichtbare Symptome zu erzeugen, das befallene Gewebe, das befallene Organ oder die ganze Pflanze. Die Brandlager bilden sich meist in noch wachsenden Geweben. Brandpilzinfektionen erzeugen oft auffällige Mißbildungen, Verkrümmungen der Triebe oder Gallen. Manche Arten können die Blüten ihrer Wirtspflanzen vollständig zerstören.

Die Getreidebrande haben heute in Ländern mit einer hochentwickelten Landwirtschaft viel von ihrem Schrecken eingebüßt, nachdem die chemische Saatgutbeizung zu einer selbstverständlichen Pflanzenschutzmaßnahme geworden ist. Dieses Verfahren versagte bisher aber bei solchen Brandkrankheiten, die Embryoinfektionen verursachen. Sie waren nur mit einer Heißwasserbehandlung zu bekämpfen, die darauf beruht, daß infiziertes Saatgut in heißes Wasser getaucht wird, dessen Temperatur und Einwirkungszeit so abgestimmt sein müssen, daß zwar der Parasit abgetötet, aber der Wirt nicht geschädigt wird. Heute sind aber chemische Wirkstoffe bekannt, die auch für diese Branderreger toxisch sind, so daß die Heißwasserbeizung bald der Vergangenheit angehört.

Der Maisbeulenbrand, *Ustilago zeae*, wandelt die Maiskörner in große, blasenförmige Brandbutten um, die mit einem silbrigen Häutchen umhüllt sind und Milliarden von Brandsporen enthalten.

Cintractia caricia schmarotzt in den Blütchen der Seggen und bildet sie zu Brandbutten um.

In Ostasien werden junge Brandgallen von *Ustilago esculenta* auf den Schossen des Wasserreises und in Ostafrika die unreifen Brandbeulen von *Sorosporium holci sorghi* auf der Mohrenhirse als Delikatesse gegessen. Auch die brandigen Blütenköpfe des Bocksbartes werden in manchen Gegenden gern von Kindern genascht. Dem stehen Meldungen über Vergiftungserscheinungen bei Menschen und Haustieren nach Genuß von mit Brandpilzen durchsetzten Nahrungsmitteln gegenüber.

Die Ustilaginales werden in 2 Familien gegliedert, indem man die Brände auf monokotylen Pflanzen (Ustilaginaceae) von jenen auf dikotylen Pflanzen (Microbotryaceae) abtrennt.

Bei den Ustilaginaceen keimt die Brandspore meist mit einem mehrzelligen Promyzel. Die wichtigsten Vertreter dieser Familie sind der Flugbrand des Hafers, der Gerste und des Weizens, *Ustilago avenae*, *U. nuda* und *U. tritici*, der Hartbrand der Gerste und des Hafers, *U. hordei* und *U. levis*, der Maisbeulenbrand, *U. zeae*, der Stengelbrand der Gräser, *U. hypodytes*, sowie der Streifenbrand der Gräser, *U. striiformis*. Aber auch

Der Streifenbrand des Roggens, *Urocystis occulta*, kann auch auf andere Gräser übergehen, hier auf Wolliges Honiggras, *Holcus lanatus*.

die Gattungen *Cintractia, Melanopsichium, Schizonella, Sorosporium, Sphaceltheca* und *Thecaphora* gehören ebenfalls zu dieser großen Familie.

Microbotryum violaceum, der wichtigste Vertreter der Microbotryaceen, keimt mit einem vierzelligen Promyzel. Er verursacht den Antherenbrand der Nelkengewächse. Die Infektion kann an Keimlingen, Trieben oder Blüten, aber nicht an den Samen erfolgen. Je nach Ort und Zeitpunkt der Infektion wird die Wirtspflanze ganz oder teilweise durchwuchert. Die Brandlager entwickeln sich an Stelle der Pollenkörner in den Antheren, die vollständig mit dem Sporenpulver ausgefüllt werden. Bei zweihäusigen *Melandrium*-Arten werden in den weiblichen Blüten die Staubblattanlagen, die sich normalerweise nicht weiterentwickeln, durch den Pilz zum Wachstum angeregt. *Microbotryum violaceum* ist eine Sammelart, die auf über 100 Wirtsarten vorkommt und in mehrere Kleinarten aufgegliedert werden kann. In den Blütenköpfen des Bocksbartes und von Schwarzwurzel-Arten parasitieren *Microbotryum tragopogi pratense* und *M. scorzonerae*. *Melanopsichium, Thecaphora* und *Sorosporiopsis* gehören ebenfalls hierher.

Ordnung Steinbrandartige, Tilletiales

Alle Tilletialen sind metabiotrophe Parasiten höherer Pflanzen. Bisher wurden sie mit den Ustilaginalen vereinigt, doch sind sie eine selbständige Ordnung der Basidiomyceten und mit den Ustilaginalen nicht näher verwandt; denn bei ihren Meiosporangien handelt es sich um Holobasidien, deren einzige Funktion die Basidiosporenbildung ist, weil Karyogamie und Reduktionsteilung schon in der Probasidie (Brandspore) ablaufen. Die Basidiosporen keimen meist nach Kopulation und Plasmogamie mit Myzel oder Konidien, die ihrerseits zu Myzelien auswachsen. Sproßzellen fehlen. Die Basidiosporen werden im Gegensatz zu den Sporidien der Ustilaginalen aktiv weggeschleudert. Fruchtkörper fehlen, aber die Brandsporen sind in Lagern vereinigt.

Der Steinbrand des Weizens, *Tilletia caries*, verwandelt die Fruchtknoten zu steinharten Brandbutten, wobei Samenschalen und Spelzen erhalten bleiben (untere Reihe).

Auf Grund ihrer Basidie, eine Holobasidie, sind die Steinbrandartigen Holobasidiomycetidae und nach ihrem Keimverhalten Heterobasidiomycetidae. Sie gehören demnach, wie gesagt, zur Klasse Basidiomycetes und wären am besten dort zwischen Dacrymycetales und Aphyllophorales zu stellen. Wenn wir sie schon hier im Anschluß an die Flugbrandartigen besprechen, geschieht es, weil wir wissen, wie fest Flug- und Steinbrandpilze aus langer Tradition im Bewußtsein vieler Naturfreunde, Landwirte und interessierter Laien zu einer Einheit verbunden sind. Sie würden die Tilletiales vergeblich suchen. Dem aufmerksamen Leser aber wird es nicht schwerfallen, sie später bei der Besprechung der Klasse Basidiomycetes an richtiger Stelle einzuordnen.

Der zu dieser Ordnung gehörende Erreger des Steinbrandes (Stinkbrandes) des Weizens, *Tilletia caries*, bildet seine Brandlager in den Fruchtknoten, wobei Samenschalen und Spelzen erhalten bleiben. Diese steinharten Lager werden Brandbutten genannt. Beim Zerdrücken entströmt ihnen ein Geruch nach Heringslake, der Anlaß zu dem Namen Stinkbrand gab. Die Brandbutten sind dicht mit netzartig ornamentierten Brandsporen gefüllt, die beim Dreschen verstäuben und das gesunde Saatgut kontaminieren. Nach der Aussaat keimen die Sporen gleichzeitig mit dem Weizen. Jede Brandspore keimt mit einer Holobasidie, deren haploide Kerne (8 oder 10) zur Basidienspitze wandern, wo sich das Plasma konzentriert. Die leere Basidienbasis kann später abgetrennt werden. An der Spitze bilden sich – ohne Sterigmen – fädige Basidiosporen, die meist sofort (noch ehe sie von der Basidie abgeworfen werden) paarweise durch Kopulationsbrücken kopulieren. Das sich aus ihnen entwickelnde dikaryotische Myzel infiziert die Weizenkeimlinge. Am Myzel sowie an den Basidiosporen bilden sich sichelförmige Konidien. Während des Schossens wächst das Myzel systemisch im Halmgewebe mit bis zu den Blüten und Fruchtknoten. Infizierte Pflanzen zeigen oft gehemmtes Wachstum, das bei Infektionen mit *Tilletia controversa*, dem Zwergbrand, besonders ins Auge fällt; denn die kranken Pflanzen erreichen oft nur ein Viertel oder ein Drittel der Halmlänge gesunder Pflanzen.

Weitere, wirtschaftlich wichtige Vertreter der Tilletialen sind *Urocystis tritici*, Streifenbrand des Weizens, *Urocystis cepulae*, der Zwiebelbrand, und *Entyloma calendulae*, der Blattbrand der Ringelblume und weitere Steinbranderreger.

Ordnung Rhodosporidiales

Rhodosporidium sphaerocarpum, eine saprophytisch meist im Meerwasser lebende, rötliche Hefe, vermehrt sich vegetativ mit haploiden Sproßzellen. Gelangen 2 kompatible Zellen in unmittelbaren Kontakt, verbinden sie sich mit einer kurzen Hyphenbrücke, und der männlich determinierte Kern wandert in die weibliche Zelle. Diese keimt mit einer dikaryotischen Hyphe und bildet einen begrenzten Thallus aus verzweigten, mit Schnallen versehenen Hyphen. Aus den Schnallen oder Hyphenenden entwickeln sich dickwandige, bräunliche Ustosporen (Probasidien), in denen die Kerne verschmelzen. Die Probasidien vermehren sich durch Sprossung oder bilden ein basidienartiges Promyzel. Aus dessen Zellen sprossende Sporidien wachsen entweder zu einer Sproßkolonie heran oder kopulieren mit geeigneten Partnern. Einige Stämme des Pilzes gehen auch ohne sichtbare Befruchtung direkt in die Zygophase über, der aber die Schnallen fehlen. Somit bestehen im Entwicklungsgang keine wesentlichen Unterschiede zu den Ustilaginalen, denn auch diese haben ein haploides, saprophytisches Hefestadium. Die Rhodosporidialen sind auf dieses Hefestadium beschränkt und deshalb von einer Wirtsbindung emanzipiert. Damit wird der Unterschied in der Ernährungsweise beider Ordnungen gegenstandslos. Die Rhodosporidialen können auch als Familie Rhodosporidiaceen den Ustilaginalen angeschlossen werden. Als weitere Gattung gehört *Leucosporidium* hierher.

Ordnung Graphiolales

Vielleicht in der Nähe der Ustomyceten, aber sonst vollkommen isoliert steht die kleine Gruppe der Graphiolalen, die früher zu den Brandpilzen gerechnet wurde. Ihre wenigen Arten leben parasitisch auf Palmwedeln, wo sie unter der Epidermis und in den unmittelbar darunterliegenden Geweben kleine Sori bilden. Diese sind mit einer dunklen, dicken, becherförmigen Peridie umgeben und sprengen die Epidermis auf. Im Zentrum der Peridie wachsen dichtgebündelt Hyphen parallel nach oben und überragen den Rand der Peridie etwas. Die Zellen der Hyphenbündel sind zunächst einkernig, werden aber, indem sie sich rasch verlängern, bald vielkernig. Kurz danach bilden sich Querwände und teilen die Hyphen in dikaryotische Zellen, in denen die Karyogamie erfolgt. In diesem Stadium haben die gebündelten, parallelen Hyphen an der Basis einkernige, darüber mehrkernige, weiter oben dikaryotische und an der Spitze kettenförmig mehrere diploide Zellen. Letztere färben sich etwas und bekommen eine dickere Wand. Sie entsprechen den Ustosporen. In diesen vollzieht sich die Reduktionsteilung. Ohne ein Promyzel zu bilden, sprossen aus den Ustosporen 4 Sporidien, in die die hyploiden Kerne einwandern. Zwischen den sporogenen Hyphen wachsen sterile Hyphenbündel empor, die wohl die Funktion eines Capillitiums erfüllen.

Man findet die *Graphiola*-Arten auf den Palmgattungen *Borassus, Phoenix* und *Trachycarpus*, so z. B. *Graphiola phoenicis* auf der Dattelpalme. Auf Fächerpalmen der Gattung *Livistona* schmarotzt dagegen die Art *Stylina disticha*.

Klasse Ständerpilze, Basidiomycetes

Die Basidiomyceten sind von allen Pilzen sicher die auffälligsten Vertreter. Kann man bei den meisten Pilzen Einzelheiten, die zu einer Bestimmung notwendig sind, nur mit Hilfe des Mikroskops oder doch zumindest einer starken Lupe erkennen, so ist die Bestimmung von Basidiomyceten häufig auch makroskopisch möglich. Haben wir doch bei den Basiomyceten in viel stärkerem Ausmaß als bei den Ascomyceten große Fruchtkörper vor uns. Diese Fruchtkörper verbinden wir doch meistens mit dem Begriff Pilz. Typisch ist dabei wiederum ein zentralgestielter Fruchtkörper mit Hut. Das Myzel dieser Pilze befindet sich i. d. R. im Substrat, aus dem es seine Nährstoffe bezieht. Als solches Substrat für das Myzel der Basidiomyceten kommen der Erdboden, Fallaub, Holz, Dung und andere organische Substanzen in Frage.

Die Basidiomyceten können als Saprophyten, Symbionten oder Parasiten auftreten. Im Haushalt der Natur beim Abbau organischer Restsubstanzen spielen sie neben den Bakterien und den Ascomyceten sowie den Fungi imperfecti eine wesentliche Rolle. Die Basidiomyceten sind in fast allen Biotopen anzutreffen, ausgenommen das Meer sowie arktische und antarktische Gebiete. Sie besitzen ein gut entwickeltes, dikaryotisches Myzel, d. h. ein Myzel, das i. d. R je Zelle 2 Kerne enthält. Es besteht aus fadenförmigen Hyphen mit regelmäßigen Querwänden (Septen). Diese Septen trennen die benachbarten Zellen nicht völlig gegeneinander ab, sondern lassen ähnlich wie bei den Ascomyceten eine zentrale Pore offen. Dieser Zentralporus ist aber komplizierter gebaut als bei den Ascomyceten, denn von beiden Seiten ist über den Porus eine Kappe, die sogenannte Porenkappe, gestülpt. Eine derartige Pore wird als Doliporus bezeichnet. Die Zellwand der Basidiomyceten enthält wie bei den Ascomyceten Chitin.

Das dikaryotische Myzel vermag sich praktisch unbegrenzt weiterzuentwickeln. In Kultur konnten derartige Myzelien schon über Jahrzehnte durch regelmäßiges Übertragen auf frisches Nährsubstrat unter Beibehaltung aller Eigenschaften kultiviert werden. Durch äußere Faktoren, z. B. Nährstoffmangel, jahreszeitliche Einflüsse und viele andere Faktoren, die wir noch nicht näher kennen, wird am dikaryotischen Myzel die Fruchtkörperbildung ausgelöst. Im Fruchtkörper kommt es zur Entwicklung von besonderen Zellen an den Enden der Hyphen. Diese Zellen werden Basidien oder Ständer genannt und haben dieser Klasse sowohl den deutschen als auch den lateinischen Namen eingebracht.

In der Basidie verschmelzen die beiden Kerne des Dikaryons (Karyogamie). Damit entspricht die Basidie einer Zygote. In der Basidie erfolgt auch die Reduktionsteilung, in deren Folge 4 haploide Kerne entstehen, die durch Sterigmen aus der Basidie herauswandern und 4 hyploide, exogene Basidiosporen bilden. Diese keimen zu einem monokaryotischen, haploiden Primärmyzel aus, das viel weniger wuchskräftig ist als das dikaryotische Myzel. Beim Aufeinandertreffen zweier kompatibler, haploider Myzelien (vgl. allgemeine Einleitung zu den Pilzen) kommt es zur Verschmelzung der beiden Zellen, wobei aber noch nicht die beiden Kerne fusionieren, sondern nur das Plasma der beiden Zellen verschmilzt (Plasmogamie). Die beiden Kerne teilen sich danach bei jeder Zellteilung gleichzeitig (synchron). Auf diese Weise entsteht ein dikaryotisches Myzel.

Bei der Zellteilung vieler Basidiomyceten ist eine Besonderheit zu bemerken. Von einem sich zur Zellteilung anschickenden Kern wird eine Ausstülpung der Hyphenwand initiiert, die hakenförmig nach rückwärts wächst. Der eine Kern teilt sich in diesem Haken. Der Haken wächst henkelförmig wieder auf die Hyphe zu und fusioniert mit ihr. Das entstehende Gebilde wird Schnalle genannt und ist typisch für das dikaryotische Basidiomycetenmyzel, kommt aber nur bei etwa 50 % der Basidiomyceten vor.

Ein Tochterkern der sich synchron teilenden Kernpaare wandert durch die Schnalle zurück in die Ausgangszelle. Es werden 2 Querwände angelegt, und es entstehen 2 dikaryotische Zellen. Manche Arten haben auch Septen mit mehreren Schnallen, die dann Wirtelschnallen genannt werden (z. B. *Coniophora*).

Die Basidien der Basidiomyceten sind in ihrem Bau recht unterschiedlich und werden zur Einteilung in Unterklassen und Ordnungen herangezogen. Die ungeteilte, einzellige Basidie heißt Holobasidie. Manche Systematiker fassen Pilze dieses Typs zur Unterklasse Holobasidiomycetidae zusammen. Ist die Basidie durch Septen zwei- oder vierzellig, bezeichnet man sie als Phragmobasidie und trennt durch dieses Merkmal die Unterklasse Phragmobasidiomycetidae ab. Die Phragmobasidie kann längs- oder quergeteilt sein. Längsgeteilte Basidien finden wir bei den Tremellalen, quergeteilte bei den Auricularialen.

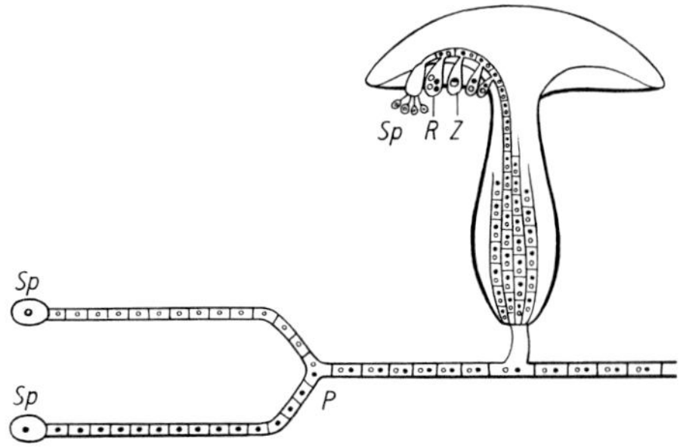

Entwicklung eines Basidiomycetenfruchtkörpers (schematisch). Sp Basidiospore, P Plasmogamie, Z Zygote, R Reduktionsteilung

Die Basidien sind entweder zu Schichten, die Teile des Fruchtkörpers hautartig überziehen, vereint oder gleichmäßig im Gewebe des Fruchtkörpers verteilt. Im ersten Fall spricht man von einem Hymenium und faßt diese Pilze oft zur Unterklasse Hymeniomycetidae zusammen. Sind die Basidien gleichmäßig im Innern des Fruchtkörpers verteilt, nennt man diese Gewebe Gleba. Pilze, deren Sporen im Innern der Fruchtkörper reifen, vereinigt man zur Unterklasse Gasteromycetidae.

Die Basidien der Unterklasse Hymeniomycetidae entspringen einem Subhymenium. Das Gewebe, das das Subhymenium trägt, nennt man die Trama. Zwischen den Basidien können sich sterile Zellen befinden, die oft über die Basidien hinausragen. Diese Zellen heißen Cystiden. Sie haben oft sehr charakteristische Formen. Ihr Auftreten ist aber

Schnallenbildung. 1–5 Entwicklung einer Schnalle, 6 Wirtelschnalle

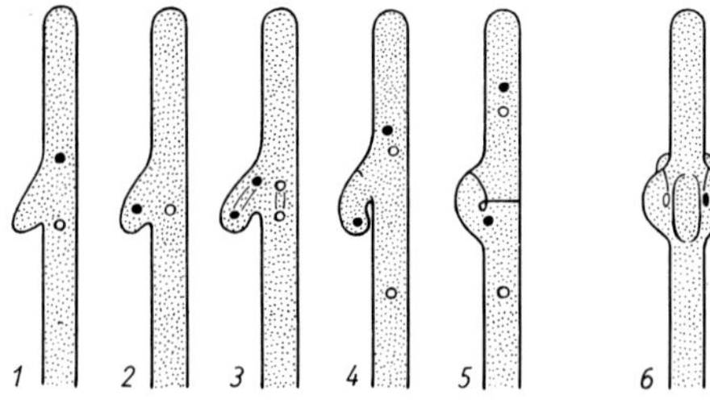

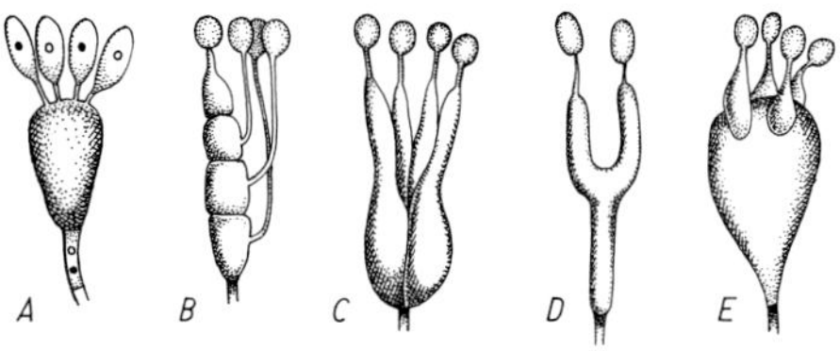

Basidientypen. A Holobasidie, B Phragmobasidie vom *Tremella*-Typ, C Phragmobasidie vom *Auricularia*-Typ, D *Dacrymoyces*-Basidie, E *Tulasnella*-Basidie

nicht nur auf das Hymenium beschränkt. Je nach dem Ort ihres Vorkommens an den verschiedenen Teilen des Fruchtkörpers bezeichnet man sie als Dermatocystiden oder Pileocystiden (auf der Huthaut), Caulocystiden (am Stiel), Cheilocystiden (an der Lamellenschneide) oder Pleurocystiden (auf den Flächen der Lamellen). Weitere Cystidenformen sind Gloeocystiden (dünnwandige Cystiden mit öligem Inhalt), Chrysocystiden, die sich mit Lauge gelb färben, und Metuloide (Cystiden mit Kristallschopf an der Spitze). Cystidenähnliche Gebilde stellen die derbwandigen Spinulae mancher Porlinge dar, die aber Elemente der Trama sind und über das Hymenium hinausragen.

Das Gewebe, das das Hymenium trägt, wird Hymenophor genannt. Um die Sporenausschüttung zu erhöhen, ist die Oberfläche des Hymenophors bei den meisten Pilzen stark vergrößert. So ist das Hymenophor faltig, wabig, grubig, lamellenförmig, röhrig oder stachelig. Es befinden sich fast immer an der Unterseite des Fruchtkörpers, um die

Tramatypen der Hymenomycetidae, Schnitt durch eine Lamelle (schematisch). A reguläre, B irreguläre, C bilaterale, D inverse Trama (nach Kreisel)

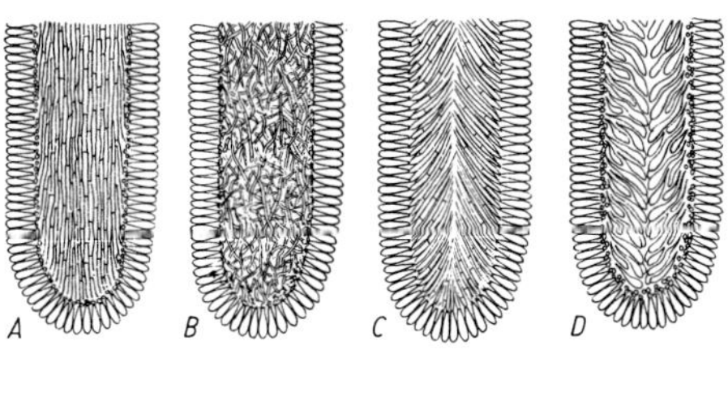

Ausstreuung der Sporen zu erleichtern. Die Fruchtkörper selbst haben ebenfalls einen recht unterschiedlichen Bau. Im primitivsten Fall überzieht die basidientragende Schicht das Substrat krustenartig. Eine bessere Verbreitung der Sporen wird schon dadurch erreicht, daß sich das Hymenophor vom Substrat konsolenförmig abbiegt. Ein weiterer Schritt ist die Entwicklung eines seitlichen Stieles. Die höchste Entwicklungsform stellt der zentral gestielte Fruchtkörper dar.

Meist sind die Fruchtkörper einjährig und verfaulen, nachdem sie die Sporen abgeschleudert haben, sehr bald. Es gibt aber auch mehrjährige Fruchtkörper, die immer wieder neue Hymenophorschichten auf den vorhergehenden anlegen und so zu großen Konsolen anwachsen können.

Der Bau der Fruchtkörper und die Anordnung des Hymenophors werden zur Klassifizierung herangezogen, wobei zu berücksichtigen ist, daß z. B. gleiche Hymenophortypen in verschiedenen Gruppen auftreten können, die nicht miteinander verwandt sind. Wesentlich höherer Wert wird heute dem Bau der Trama beigemessen. Beim Querschnitt durch die Trama (z. B. einer Lamelle oder Röhre) kann man beobachten, daß der Verlauf der Hyphen bei den einzelnen Pilzarten unterschiedlich ist. Es lassen sich 4 verschiedene Grundtypen unterscheiden: 1. die Hyphen verlaufen parallel vom Ansatz der Lamelle nach der Schneide – reguläre Trama; 2. die Hyphen sind unregelmäßig miteinander verflochten – irreguläre Trama; 3. die angeschwollenen Hyphenenden zeigen nach der Mitte der Lamelle – inverse Trama; 4. die Hyphenenden laufen divergent von der Mitte nach außen – bilaterale Trama.

So wie bei den Vertretern der Unterklasse Hymenomycetidae der Tramabau eine Rolle spielt, gilt Gleiches für die Unterklasse Gasteromycetidae.

Nach Lohwag werden 4 verschiedene Fruchtkörpertypen unterschieden: 1. ein koralloider Typ, bei dem die Gleba korallenartig im Innern des Fruchtkörpers verzweigt ist; 2. ein mehrhütiger Typ, bei dem einzelne Äste der Gleba bei der Entwicklung bevorzugt werden; 3. ein einhütiger Typ, bei dem nur noch ein einzelner Ast der Gleba entwikkelt wird; 4. der lakunäre Typ, bei dem in der Trama einzelne, in sich geschlossene Glebakammern angelegt werden.

Während in der Unterklasse Hymenomycetidae die Sporen aktiv abgeschleudert werden – man bezeichnet solche Sporen als Ballistosporen –, werden sie bei der Unterklasse Gasteromycetidae passiv verbreitet.

Die Basidiosporen sind sehr vielgestaltig, aber ihre Form und Größe weisen bei den einzelnen Arten ziemliche Konstanz auf, so daß sie für diagnostische Zwecke herangezogen werden können. Die Form der Basidiosporen erkennen wir im mikroskopischen Bild als rund, oval, elliptisch, bohnenförmig, eckig oder sternförmig. Die Oberfläche ist glatt, rauh, warzig, stachelig oder mit netzartigen Ornamenten versehen. Die Größe der Basidiosporen liegt etwa zwischen 3 und 30 µm.

Ein Fruchtkörper des Schafegerlings schleudert etwa 1800 Millionen Sporen aus. Beim Riesenbovist, der wahrscheinlich den Rekord in dieser Hinsicht hält, können von einem Fruchtkörper sogar etwa 8 Billionen Sporen ausgestreut werden.

Fängt man die Sporen eines Fruchtkörpers auf weißem Papier auf, so bekommt man eine dicke Schicht des Sporenpulvers, die es gestattet, die Farbe zu bestimmen. Wir kennen Pilze mit weißem, cremefarbenem, ockerfarbenem, grünlichem sowie rosa-, braun-, violett- bis schwarzgetöntem Sporenpulver. Die Farbe des Sporenpulvers hat im Rang von Familien und Gattungen Bedeutung.

Manche Sporen färben sich mit Jodjodkalium violett und werden amyloid genannt. Auf diese Weise können auch die Oberflächenstrukturen gewisser Sporen besser sichtbar gemacht werden. Eine weitere Färbung, die für diagnostische Zwecke verwendet wird, ist die mit Baumwollblau (Anilinblau) in milchsaurer Lösung. Färbt sich die Sporenwand mit diesem Farbstoff intensiv blau, so bezeichnet man die Sporen als cyanophil.

Die Stelle der Spore, mit der sie am Sterigma der Basidie angeheftet war, heißt Hilum. Das dem Hilum entgegengesetzte Ende der Spore zeigt bei manchen Pilzen in der Sporenwand einen Porus, Keimpore genannt, durch den der Keimschlauch bei der Keimung austritt.

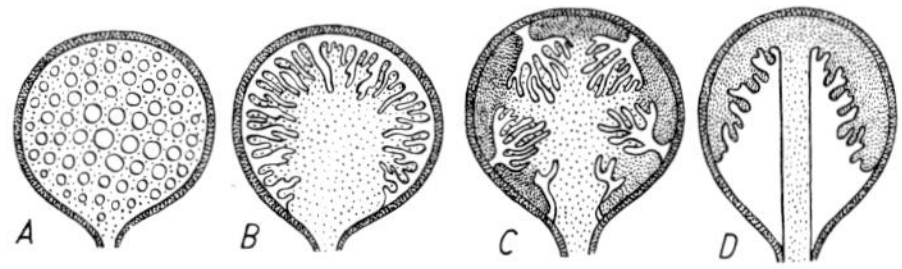

Tramatypen der Gasteromycetidae. A lakunärer, B koralloider, C mehrhütiger, D einhütiger Typ (nach Lohwag)

Die phylogenetische Ableitung der Basidiomyceten ist wegen des Fehlens von Fossilien schwierig. Im wesentlichen werden gegenwärtig 2 Hypothesen für den Ursprung der Basidiomyceten diskutiert:

Bei der ersten Hypothese werden die Formen, bei denen die Basidien noch verhältnismäßig unregelmäßig auf das Myzel verteilt sind, als ursprünglich angesehen. Die Ableitung erfolgt hierbei von den Endomycetalen, bei denen aus der Zygote auch ein dikaryotisches Myzel hervorgeht. Fruchtkörper werden nicht ausgebildet. Die zweite Hypothese sieht die Basidiomyceten mit den gasteralen Fruchtkörpern als primitiv an. Dann wären die Basidiomyceten aus hypogäischen Ascomyceten hervorgegangen. Die Basidie müßte aus dem Ascus abgeleitet werden. Eine Entscheidung, welche Hypothese richtig ist, kann gegenwärtig noch nicht gefällt werden.

Im Rahmen dieses Werkes werden wir versuchen, die modernen Vorstellungen soweit wie möglich zu berücksichtigen, müs-

Sporenornamentation bei Basidiosporen. a glatt, b punktiert-rauh, c warzig, d stachelig, e höckerig, f glatt isodiametrisch, g netzig, h flügelig (nach Heim)

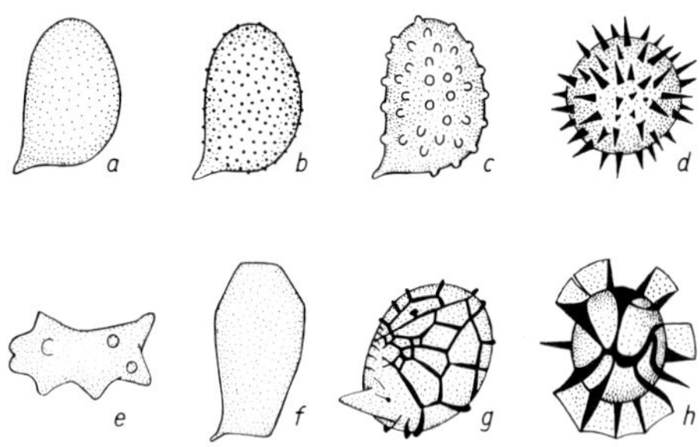

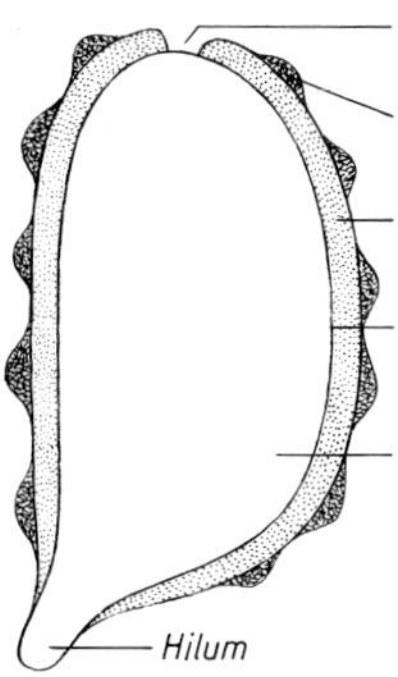

Aufbau einer Basidiospore

sen aber zuweilen Kompromisse eingehen, um dem Leser den Stoff besser verständlich machen zu können. Wir möchten deshalb bei der Beschreibung der einzelnen Gruppen mit Exobasidialen beginnen.

Ordnung Exobasidiales

Diese Ordnung umfaßt 2 Familien, die Exobasidiaceen und die Cryptobasidiaceen. Wir werden uns aber auf eine kurze Betrachtung der Exobasidiaceen beschränken.

Es sind Pflanzenparasiten, deren Myzel in den Wirtszellen von Ericaceen, Lauraceen, Empetraceen und Theaceen sowie einigen anderen Pflanzen lebt. Sie rufen bei den befallenen Pflanzen Blattflecke und Gallen hervor. So verursacht *Exobasidium vaccinii* an Heidelbeerblättern auffällige, rosafarbene Verdickungen oder löffelartige Deformierungen. Das Myzel auf den Wirtspflanzen ist dikaryotisch und obligat parasitisch. Auf künstlichem Nährboden gelang es bisher nur, das haploide Myzel zu kultivieren, das als Sproßmyzel wächst. Die Basidien entstehen direkt an den Hyphen und können bisweilen büschelförmig aus den Spaltöffnungen hervorbrechen. Die Sporen keimen zu einem Sproßmyzel. In den Tropen verursacht *Exobasidium vexans* eine Blattkrankheit des Teestrauchs. Die Exobasidialen zeigen Beziehungen zu den Taphrinalen.

Ordnung Auriculariales

Die Auricularialen umfassen 3 Familien, die nicht sehr artenreich sind. Die Anzahl der Arten dürfte kaum 300 erreichen. Es handelt sich um saprophytische und parasitische Pilze. Die parasitischen Vertreter sind fruchtkörperlos, wogegen man unter den Saprophyten größere, gelatinöse oder schleimige Fruchtkörper beobachten kann, die in ihrem Aussehen an diejenigen der Tremellalen erinnern. Die Basidien sind Phragmobasidien mit quergestellten Septen. Sie entstehen auf angeschwollenen Endzellen, den Probasidien. Die Basidie ist durch 1–3 Septen geteilt, und auf jeder Basidienzelle entsteht auf einem Sterigma eine Spore. Mit den Probasidien zeigen die Auricularialen gewisse Beziehungen zu den Uredinalen und Exobasidialen.

Familie Phleogenaceae

Bei den Phleogenaceen werden die Basidiosporen nicht abgeschleudert, da die Basidien in das Myzel eingebettet sind, auch fehlen deutliche Sterigmen. Die Basidien sind bei der Reife vierzellig. Auf jeder der 4 Zellen entsteht durch Sprossung eine Spore. Die Sporen sind hier in eine Gleba eingeschlossen. Die Fruchtkörper entwickeln sich auf Holz, so z. B. *Phleogena faginea* auf Buchenrinde, und sitzen mit einem kleinen Stielchen dem Substrat auf. Bei der Reife zerfällt die Peridie und gibt die trockene, pulverige Gleba frei.

Familie Septobasidiaceae

Die Septobasidiaceen sind Parasiten oder Symbionten, die sich auf Schildläusen entwickeln. Im Gegensatz zu den angiokarpen Fruchtkörpern der Phleogenaceen sind hier die Fruchtkörper gymnokarp, auch werden die Basidien auf Sterigmen gebildet. Die Pilze überziehen das Substrat mit einem Hyphengeflecht, in dem oft Hohlräume enthalten sind. Hier entwickelt sich die Brut der Schildläuse. Die Basidien gehen aus Probasidien hervor, die in den äußeren Schichten der Myzelmatten gebildet werden. Die Basidiosporen infizieren junge Läuse, die dadurch aber nicht eingehen und auf diese Weise für die Ausbreitung des Pilzes sorgen. Die Hauptgattung ist *Septobasidium* mit etwa 160 Arten, die hauptsächlich in den tropischen Gebieten verbreitet sind. In den kälteren Zonen von Europa und Asien fehlt die Gattung.

Familie Auriculariaceae

Zu dieser Familie gehören sowohl fruchtkörperlose Formen, die das Substrat oberflächig überziehen, als auch Formen mit gallertigen und knorpeligen Fruchtkörpern.

Als Vertreter der fruchtkörperlosen Stufe sei die Gattung *Helicobasidium* genannt. Die Hyphen bilden auf Baumstämmen einen lokkeren, hellen Filz. Die Basidien werden unmittelbar am Myzel gebildet. Bei der Gattung *Achroomyces* scheiden die Hyphen eine gallertige Substanz aus, die sie zu einem wachsartigen Polster zusammenfaßt, auf dem die Basidien bereits hymeniumartig zusammentreten.

Bei der Gattung *Auricularia* kommt es dann zur Ausbildung konsolenförmiger oder ohrenförmiger Fruchtkörper. Basidien werden nur auf der Oberseite gebildet, die Unterseite ist steril. Die Basidiosporen sind bei der Reife mehrzellig und oft etwas gebogen. Bei der Keimung entstehen zunächst Häkchenkonidien, die dann dünne Myzelien bilden.

Der faltige Bau der Fruchtkörper führt bereits zu einer Vergrößerung der sporenbildenden Oberfläche. Ein bekannter Vertreter der Gattung *Hirneola* ist das Judasohr, *Hirneola auricula-judae (= Auricularia auricula)*. Dieser Pilz wächst bei uns, wenn auch nicht häufig, das ganze Jahr über, besonders an alten Holunderstämmen. In Nordamerika wurden Rassen beobachtet, die an Fichten wachsen. Die Fruchtkörper sind gallertig bis knorpelig, olivbraun bis olivrötlich. Sie haben die Form eines Ohres oder sind auch zuweilen schüsselförmig. Die Oberseite ist glatt, faltig bis wabig-netzig. Beim Eintrocknen werden die Fruchtkörper hart hornartig und schrumpfen zusammen. Bringt man einen derartigen Pilz ins Wasser, so nimmt er seine alte Form und Konsistenz wieder an. Das Judasohr ist eßbar und besonders in Ostasien, vor allem in China, Japan und Vietnam, ein sehr beliebter Speisepilz, der in getrocknetem Zustand auch exportiert wird. Der Pilz hat wenig Eigengeschmack, man verwendet ihn aber wegen seiner gallertigen Konsistenz gern für Salate.

Das Judasohr war ein altes Volksheilmittel, das als Fungus Sambuci in den Apotheken gehandelt wurde. Die getrockneten Pilze übergoß man mit verdünntem Essig und verwendete die Lösung bei Halsleiden zum Gurgeln. Äußerlich wurde der Pilz als kühlendes Mittel bei Hals- und Augenentzündungen benutzt.

Aus der Gattung *Auricularia*, die der Gattung *Hirneola* sehr ähnlich ist, wollen wir den Gezonten Ohrlappenpilz, *Auricularia mesenterica*, vorstellen. Dieser erinnert aber eher an einen Schichtpilz *(Stereum)*. Er wächst an verschiedenen Laubhölzern und verursacht bei diesen eine intensive Weißfäule. Dieser Pilz ist zähgallertig mit striegeliger Außenseite und gilt als ungenießbar.

Ordnung Tremellales

Bei den Tremellalen können wir Parallelen zu den Auricularialen feststellen. Die Fruchtkörper sind wie bei diesen wachsartig, gallertig, im Alter oft hornartig. Die primitiven Formen haben ebenfalls resupinate, dem Substrat völlig aufgewachsene Fruchtkörper. Aber wir können auch ein Anwachsen der Fruchtkörper zu gekröseartig oder gehirnartig gewundenen Gebilden beobachten, die im bestentwickelten Fall konsolenförmig oder sogar gestielt sind.

Im Gegensatz zu den Auricularialen, die quergeteilte Basidien haben, werden bei den Tremellalen 2 sich kreuzende Längswände in der Basidie angelegt, die diese in 4 Zellen unterteilen. Solche Pragmobasidien sind ein für die Tremellalen charakteristisches Merkmal. Die Basidien liegen in den obersten Schichten des gallertigen Fruchtkörpers eingebettet. Sie entstehen nicht auf einer Probasidie. An jeder der 4 Zellen trägt die Basidie einen länglichen, halsförmigen Fortsatz, der bis zur Oberfläche des Fruchtkörpers reicht und erst hier das eigentliche Sterigma trägt, auf dem die Basidiospore gebildet wird. Gelegentlich entsteht in der Basidie auch nur eine Längswand, oder sie bleibt völlig ungeteilt.

Die Basidiosporen sind haploid, hyalin und oft schwach gekrümmt oder auch kugelig. Die jungen Basidiosporen sind einzellig. Vor der Keimung wird oft eine Querwand angelegt, wodurch eine zweizellige Spore entsteht. Wie bei den Auricularialen keimen die Basidiosporen mit Sekundärsporen (Häkchenkonidien).

Die Hyphen der Tremellalen tragen an den Septen Schnallen. Das Hymenium befindet sich bei den resupinaten Formen und bei den gekröseartig wachsenden Arten auf der Oberseite der Fruchtkörper. Bei konsolenförmigen und gestielten Pilzen ist das Hymenium nach unten gerichtet. Häufig werden Nebenfruchtformen (Oidien) gebildet. Diese treten oft vor der Bildung der Basidiosporen an den Fruchtkörpern auf und sind dann diploid, oder sie bilden sich am Keimmyzel, in dem Fall sind sie haploid.

Die Vertreter dieser Ordnung wachsen auf Holz, Borke oder auf dem Erdboden. Man rechnet mit etwa 200 Arten. Die wichtigste Familie sind die Tremellaceen. Die Hyaloriaceen nur mit der einen Gattung *Hyaloria* sind neotropisch verbreitet und ebenso wie die Sirobasidiaceen mit der einzigen Gattung *Sirobasidium* noch wenig erforscht.

Familie Gallert- oder Zitterpilze, Tremellaceae

Den Namen Gallert- oder Zitterpilze erhielten sie wegen der gallertigen, bei Berührung zitternden Fruchtkörper.

Zur Charakterisierung der Familie kann auf die Merkmale der Ordnung verwiesen werden. In Europa kommen etwa 70 Arten vor, die sich auf ungefähr 10 Gattungen verteilen. Wichtigste Gattungen sind *Tremella, Exidia, Tremiscus, Pseudohydnum* und *Sebacina*. Die Fruchtkörper können verhältnismäßig groß werden. Oft überziehen sie, zu längeren Reihen zusammenfließend, das Holz oder die Borke.

Eine der häufigsten *Tremella*-Arten in Mitteleuropa ist der Goldgelbe Zitterpilz, *Tremella mesenterica*, der besonders im Herbst und Frühjahr an abgestorbenen Ästen und Stämmen von Laubhölzern wächst. Der goldgelbe Pilz ist unregelmäßig gefaltet oder gelappt, in der Jugend zähgelatinös, wird aber später weich und zerfließt oft im Alter. Man kann ihn als Speisepilz nicht verwenden.

Ebenfalls vorwiegend im Spätherbst und Frühling wächst der Warzige Drüsling, *Exidia glandulosa*. Die pechschwarzen bis olivgrauen Fruchtkörper überziehen das Holz und die Borke von Laubbäumen. Die gehirnartig gewundenen, oft bis zu 30 cm langen Reihen zusammengeschlossenen, schwarzen Fruchtkörperklumpen werden im Volksmund Hexenbutter genannt. Die Oberfläche der Fruchtkörper ist mit auffälligen Wärzchen besetzt. Dieser Pilz verursacht eine intensive Weißfäule.

Auf dem Erdboden besonders in Kalkgebieten findet man den Orangefarbenen Gallerttrichterling, *Tremiscus (Guepinia) helvelloides*. Die einseitig aufgespalteten, trichter- oder spatelförmigen Fruchtkörper werden bis zu 15 cm hoch und stehen meist truppweise beisammen. Im Alter oder bei starker Trockenheit blassen die braunorangefarbigen Pilze aus. Sie bevorzugen feuchte Nadelwälder auf Kalkboden, kommen aber auch im Laubwald vor. Der Pilz erreicht in Mitteleuropa wahrscheinlich seine nördliche Grenze. Unter den Tremellaceen ist er der einzige Vertreter, der in nennenswertem Maß für Speisezwecke verwendet wird, obwohl auch er wenig Eigengeschmack besitzt.

Beim Zitterzahn oder Eispilz, *Pseudohydnum gelatinosum*, sind die Fruchtkörper konsolenförmig ausgebildet und oft an der Basis stielartig verschmälert. Die grauweißen Pilze wachsen an morschen Nadelholzstümpfen und bevorzugen die Kiefer. Die Oberseite der Fruchtkörper ist rauh und körnig-warzig. Auf der Unterseite finden wir Gallertzähnchen von etwa 3 mm Länge, die das Hymenium tragen. Sie sind wie der übrige Pilz grauweiß. Wir können hier eine konvergente Entwicklung des Hymenophors zu den Hydnaceen beobachten, wo dieses ebenfalls stachelig ausgebildet wird. Beide Gruppen unterscheiden sich aber wesentlich im Bau der Basidien. Obwohl eßbar, hat der Zitterzahn geringe Bedeutung, da er nicht allzu häufig ist. Man sollte ihn wegen seiner Seltenheit schonen. Der Pilz wächst im Herbst.

Die weichgallertigen Zitterpilze entwickeln sich nur bei sehr feuchtem Wetter; einer der schönsten Vertreter ist der Goldgelbe Zitterling, *Tremella mesenterica.*

Ordnung Dacrymycetales

Die Basidien der Dacrymycetalen sind zylindrisch und unseptiert. Sie haben 2 Prosterigmen, die auf dem eigentlichen Sterigma die Basidiosporen tragen. Diese sind elliptisch bis wurstförmig (allantoid) und zunächst einzellig. Wie schon bei den Tremellalen und Auricularialen werden sie aber vor der Keimung zwei- bis mehrzellig, wobei jede der Zellen auskeimen kann. Die Keimung erfolgt auch wieder wie bei den Auricularialen und Tremellalen mit Häkchenkonidien. Das Sporenpulver ist bei den Dacrymycetalen gelblich. Schnallen sind bei manchen Arten vorhanden. Als Nebenfruchtformen werden Arthrosporen (Gliedersporen) gebildet. Die Fruchtkörper erinnern in der Form an die der Clavariaceen. Sie sind spatel-, keulen- bis korallenförmig. Von Pilzsammlern werden sie deshalb auch oft mit den Ziegenbärten verwechselt. Die Dacrymycetalen sind Saprophyten und besiedeln Holz.

Die Ordnung enthält nur die Familie Dacrymycetaceae mit etwa 9 Gattungen. In Europa kommen etwa 25 Arten vor. Die Vertreter dieser Familie kann man sowohl in den Tropen als auch in der gemäßigten Zone finden.

Im Bau der Basidien bestehen Beziehungen zu den Cantharellalen, während die gallertigen Fruchtkörper zu den Tulasnellalen weisen. Ihre Stellung ist aber noch unsicher.

Die auffälligste Art in unseren Wäldern ist der Klebrige Hörnling, *Calocera viscosa*. Dieser Pilz wächst häufig auf Baumstümpfen von Nadelhölzern. Die eßbaren Fruchtkörper sind korallenartig verzweigt, orangefarben, von elastischer, klebriger bis gallertig-knorpeliger Konsistenz.

An feuchtem Nadelholz, auch an verbautem Holz, wie Zaunlatten, alten Brettern und Pfosten, kann man häufig Überzüge von gelben, 3–5 mm großen Gallertklümpchen beobachten. Es handelt sich hierbei um die Zerfließende Gallertträne, *Dacrymyces deliquescens*. Dieser Pilz hat äußerlich Ähnlichkeit mit *Nectria*-Arten.

Der Klebrige Hörnling, *Calocera viscosa*, wird wegen seiner Gestalt oft für einen Korallenpilz gehalten, er gehört aber zur Familie Dacryomycetaceae.

Ordnung Tulasnellales

Charakteristisch für diese Gruppe sind Struktur und Entwicklung der Basidie. Diese ist eine Holobasidie, also ohne Längs und Querwände wie bei den Tremellalen und Auricularialen. Die an eine gestielte Kugel erinnernde Basidie trägt 4–8 Sterigmen, die zuweilen angeschwollen sein können, auf denen sich die Basidiosporen entwickeln. Die Basidien werden meist auf kandelaberförmigen Trägern in Büscheln oder Gruppen gebildet. Bei der Keimung entwickelt die Spore ein seitliches oder terminales Sterigma, auf dem eine Sekundärspore entsteht. Man nennt diesen Keimmodus, den wir auch schon bei den vorangegangenen Ordnungen beobachten konnten, repetitive Sporenkeimung.

Das Myzel der meisten Arten hat Schnallen, bei manchen Arten fehlen sie dagegen. Es wächst auf dem Substrat und bildet krustenförmige Fruchtkörper. Diese sind wachsartig, gallertig oder locker wattig. Bei primitiven Formen kommen die Basidien noch relativ verstreut auf der Oberfläche des Myzels vor, so daß man kaum von Fruchtkörpern sprechen kann.

Die Abgrenzung dieser Ordnung ist noch recht umstritten. Von manchen Autoren wird sie auf die einzige Familie Tulasnellaceae beschränkt, während andere die Familien Peniophoraceae, Xenasmaceae und Ceratobasidiaceae einbeziehen. Von dieser Ordnung bestehen Übergänge zu den Corticiaceen. So findet man manche Gattungen zuweilen bei den Tulasnellaceen, dann wieder bei den Corticiaceen (Thelephoraceen). Wir wollen lediglich die Tulasnellaceen und die Peniophoraceen behandeln.

Familie Tulasnellaceae

Bei dieser Familie handelt es sich um Pilze, die auf totem Holz oder auf alten Pilzen wachsen. Manche Arten leben auch parasitisch auf krautigen Pflanzen oder Pilzen.

Bei *Tulasnella* sind die Fruchtkörper trokken pulverig bis wachsartig. Die Basidien sind nicht in eine wachsartige Myzelmatte eingebettet. Bei manchen Arten kommen Schnallen am Myzel reichlich vor, während sie bei anderen fehlen. Einige Arten wurden als Parasiten auf Blättern beschrieben.

Thanatephorus cucumerinus ist ein Pilz, den man in seiner imperfekten Form *Rhizoctonia solani* vor allem in der phytopathologischen Literatur wesentlich besser kennt. Er kommt als Parasit auf krautigen Pflanzen vor und verursacht besonders bei Kartoffel, Bohne und anderen Kulturpflanzen Wurzelkrankheiten.

Familie Peniophoraceae

Die Fruchtkörper dieser Familie sind stets resupinat und mit auffälligen Cystiden versehen. Die langgestreckten bis keulenförmigen Basidien tragen 4 Sporen. Das Sporenpulver ist rosa und nicht amyloid. An den Septen der Hyphen befinden sich Schnallen. Das Hymenophor ist glatt oder runzelig. Die Pilze bilden wachs- oder lederartige Überzüge an Stämmen und Zweigen. So kommt *Peniophora quercina* an Eichenholz vor. Bei der Gattung *Aleurodiscus* löst sich der Rand des Fruchtkörpers vom Substrat ab, wodurch diese leicht schüsselförmig erscheint.

Hier könnte die Ordnung Tilletiales eingefügt werden, die aber sicher von den meisten Nutzern dieses Buches eher in der Nähe der Rostpilze gesucht wird. Daher wurde sie dort angeschlossen.

Ordnung Poriales

Zu dieser Ordnung gehören Pilze mit meist recht gut ausgebildeten Fruchtkörpern, die zusammen mit den später zu behandelnden Agaricalen und Boletalen zu den Hymenomyceten zusammengefaßt werden können. Auch die Dacrymycetalen und Tulasnellalen könnte man hier mit einbeziehen, da auch sie die Basidien in einem Hymenium vereinigen, im Gegensatz zu den Gasteromyceten, bei denen die Basidien im Innern der Fruchtkörper reifen.

Die Fruchtkörper der Porialen sind gymnocarp, d. h., das Hymenophor entwickelt sich von Anfang an frei liegend. Oft sind die Fruchtkörper noch resupinat und überziehen das Substrat krustenförmig. Bei diesen krustenförmigen Fruchtkörpern tritt mehr und mehr die Tendenz auf, sich vom Substrat abzuheben, um eine bessere Ausstreuung der Sporen zu gewährleisten. Die Fruchtkörper bleiben dann teils resupinat, bilden aber am oberen Rand kleine Konsolen. In der weiteren Entwicklung werden die Konsolen ausgeprägter und erreichen bisweilen beträchtliche Ausmaße. Häufig sind sie recht dauerhaft und können, wenn auch oft in abgestorbenem Zustand, einige Jahre überdauern. Sie bleiben aber auch mehrere Jahre lebensfähig, legen jedes Jahr eine (manchmal auch 2) neue Hymenophorschicht an und werden auf diese Weise mehrschichtig. Auf höheren Entwicklungsstufen kommt es schließlich zur Ausbildung eines seitlichen, exzentrischen oder zentralen Stieles. Andere Fruchtkörpertypen sind keulen-, zungen-, geweihförmig oder gelappt. Die Konsistenz kann häutig, lederig, korkig, holzig oder zähfleischig sein. Das Hymenophor wird unterschiedlich ausgebildet und ist glatt, rippenförmig, wabig, grubig, porig, stachelig oder lamellenförmig. Diese Merkmale dienen in der konservativen Auslegung der Ordnung zur Einteilung in die Familien.

Die Porialen weisen zylindrische oder keulige Holobasidien auf, die i. d. R. 4, manchmal auch 2, seltener 5–8 Basidiosporen tragen. Das dikaryotische Myzel ist gut entwickelt und trägt meist Schnallen an den Septen. Das Hyphensystem der Fruchtkörper bezeichnet man als monomitisch, wenn es nur aus generativen Hyphen besteht. Sind außer den generativen Hyphen derbwandige Skelethyphen vorhanden, nennt man es dimitisch. Wenn zu beiden Hyphentypen noch Bindehyphen kommen, die das ganze Pilzgewebe verfestigen, so spricht man von trimitischem Hyphensystem. Die Basidiosporen sind nur ausnahmsweise amyloid, das Sporenpulver ist meist weiß oder hell gefärbt, manchmal braun.

Die meisten Arten sind Saprophyten auf Borke oder Holz, oder sie wachsen auf dem Erdboden. Es gibt auch Parasiten unter ihnen, die an Bäumen Schaden verursachen. Viele Vertreter haben wirtschaftliche Bedeutung in negativem oder positivem Sinn.

Familie Korallenpilze, Clavariaceae

Diese Familie hat ihren deutschen Namen wegen der korallenartig verzweigten Fruchtkörper vieler Arten erhalten. Auch der lateinische Name, der von Clava, die Keule, abgeleitet ist, bezieht sich auf die zuweilen keulige Form der Fruchtkörper. Im Volksmund werden viele Arten Ziegenbärte genannt.

Von den Clavariaceen, wie wir sie hier betrachten wollen, werden heute meist die Familien Gomphaceae und Clavariadelphaceae abgetrennt. Die Familie hat sicher weltweite Verbreitung und umfaßt etwa 12 Gattungen mit rund 500 Arten. Es bestehen verwandtschaftliche Beziehungen zu den Thelephoraceen, bei denen vielleicht der Ursprung zu suchen ist. Andererseits gibt es auch Berührungspunkte mit den Cantharellaceen, die sich von den Clavariaceen ableiten lassen. Die Abgrenzung der Familie erfolgt meist noch zu sehr auf Grund äußerer morphologischer Ähnlichkeiten der Fruchtkörper und vereint dabei Pilze, die ganz verschiedene Entwicklungslinien repräsentieren können. So gibt es unter den Clavariaceen Arten, bei denen die Kernspindel bei der Kernteilung in der Basidie längsgestellt (stichobasidial), und solche, bei denen sie quergestellt ist (chiastobasidial). Derartige Merkmale können zwar für die Entscheidungen über die Ableitung der Pilze sehr bedeutungsvoll sein, lassen sich aber für praktische Bestimmungszwecke nicht verwenden.

Die Fruchtkörper der Clavariaceen sind einfach keulenförmig, leicht verzweigt oder korallenförmig verästelt. Die Äste können rundlich, abgeflacht oder spatelförmig bis blattartig verbreitert sein. Die Konsistenz ist fleischig, wachsartig, gelatinös oder lederig. In ihrem Aussehen ähneln sie zuweilen Ascomyceten und können nur mikroskopisch von diesen unterschieden werden. Die Lebensweise der Korallenpilze ist meist saprophytisch, bei manchen auch parasitisch. Vermutlich gibt es auch Mykorrhizabildner in dieser Gruppe. Neben einer Reihe recht guter Speisepilze gehören auch Giftpilze hierher.

Der größte Vertreter der Korallenpilze ist die Krause Glucke oder Fette Henne, *Sparassis crispa*. Die Fruchtkörper dieses Pilzes werden bis zu 40 cm groß und können 6 kg schwer werden. Der Pilz entwickelt sich auf und um alte Kiefernstümpfe. Er bildet von einem sklerotienartigen, knollenförmigen Ansatz einen stark verzweigten Stamm, dessen Enden blattartig flach sind. Durch die dicht beieinanderliegenden Zweigenden erinnert er an einen Badeschwamm. Der Pilz umwächst Grashalme und Erdpartikeln, die ihm im Wege sind. Die Krause Glucke ist ein ausgezeichneter, auch als Marktpilz zugelassener Speisepilz. Auf künstlichen Nährböden läßt er sich recht gut züchten und bildet schon im Reagenzglas auf Nähragar kleine Fruchtkörper aus. Es dürfte nicht schwierig sein, diesen schmackhaften Pilz für eine gezielte Pilzzucht nutzbar zu machen. An Eichenstümpfen wächst eine ähnliche Art, die Eichenglucke, *Sparassis brevipes*, mit flacheren und breiteren Zweigenden als bei der erstgenannten Art.

Die Krause Glucke, *Sparassis crispa*, ist ein bemerkenswerter Pilz unserer Kiefernwälder. Dort ist er mit keinem anderen Pilz zu verwechseln.

Von den einfachkeuligen Arten wird die Herkuleskeule, *Clavariadelphus pistillaris*, am größten. Die ockergelben Keulen erreichen eine Höhe bis zu 25 cm und sind am oberen Teil bis zu 5 cm dick. Im Herbst erscheint dieser Pilz in manchen Gegenden in den Buchenwäldern auf Kalkboden in großen Mengen. Leider ist er als Speisepilz nicht zu verwenden, da er recht bitter schmeckt. Die Gattung *Clavariadelphus* umfaßt 9 Arten, die bis auf eine Art im östlichen Teil Hinterindiens in der nördlichen gemäßigten Zone beheimatet sind. Sie wachsen als Saprophyten auf dem Erdboden, an Zweigen, Koniferenzapfen und auf Laub.

Andere Keulenpilze werden nur wenige Zentimeter hoch, so die Zarte Keule, *Clavulinopsis subtilis*, deren strohgelbe, einfache, oft büschelartig zusammenstehende Keulchen nur 1,5–4 cm hoch und 0,5–2 mm dick werden. Sie wächst zwischen Gras auf Sandboden im Buchenwald. Die etwa 60 Arten der Gattung *Clavulinopsis* sind Kosmopoliten und kommen auch in den Subtropen und Tropen vor, sind aber noch wenig erforscht. Die meist einfachen, seltener verzweigten Fruchtkörper leben terrestrisch, seltener auf Holz.

Die verzweigten Arten werden Ziegenbärte oder auch Korallen genannt. Die Rötliche Koralle, *Ramaria botrytis*, erinnert in ihrem Aufbau an einen Blumenkohl. Die stark verzweigten Fruchtkörper werden 7–15 cm hoch und 6–20 cm dick. Die Enden der Zweigspitzen sind rosafarben, der Stamm ist schmutzigweiß. Man findet die Pilze von Juli bis Oktober im Laubwald, besonders unter Buchen. Die Rötliche Koralle ist einer unserer schmackhaftesten Korallenpilze. Man sollte aber darauf achten, daß man sie nicht mit der Blassen oder Bauchwehkoralle, *Ramaria pallida*, verwechselt, die an gleichen Standorten wächst und giftig ist. Dieser schmutziggelbe Pilz mit oft schwach lilagefärbten Zweigspitzen verursacht Verdauungsstörungen, wie auch noch einige andere Korallenpilze.

Die Gattung *Ramaria* ist mit etwa 100 Arten über die ganze Welt verbreitet. Die Fruchtkörper sind meist rötlich oder grünlich, die Sporen elliptisch bis spindelig, glatt, gestreift, rauh oder warzig.

Die Vertreter der Gattung *Typhula* wachsen saprophytisch oder parasitisch auf Blättern oder Stengeln krautiger Pflanzen. Es sind meist kleine Pilze von 1–100 mm Höhe mit unverzweigten Keulen. Zu dieser Gattung gehören etwa 40 Arten. In den Tropen scheinen sie zu fehlen. Auch die *Pterula*-Arten sind Bewohner von Humus, Holz oder Pflanzenresten. Sie kommen mit etwa 50 Arten in der gemäßigten und tropischen Zone vor. Die einfachen oder stark verzweigten Fruchtkörper werden etwa ebenso hoch wie bei der Gattung *Typhula*.

Der Purpurfarbige Keulenpilz, *Clavaria purpurea*, trägt die Sporen auf der Oberfläche der keulen- oder zungenförmigen Fruchtkörper.

Die Gattung *Clavaria* mit etwa 25 Arten hat meist unverzweigte oder wenig verzweigte Fruchtkörper. Die Sporen sind glatt, und das Sporenpulver ist weiß bis rosa. An den Hyphen befinden sich keine Schnallen. Die Pilze leben terrestrisch und bilden zuweilen Assoziationen mit Algen. Ihre Verbreitung liegt in der gemäßigten und tropischen Zone.

Familie Pfifferlingsartige, Cantharellaceae

Die Cantharellaceen werden wegen ihrer Fruchtkörperentwicklung oft als Übergangsformen von den Clavariaceen zu den Agaricalen betrachtet. Die jungen Fruchtkörper sind keulenförmig und entwickeln erst nach einer Streckungsphase Hüte, die auf der Unterseite noch keine Lamellen, aber meist aderförmig verbundene Leisten ausbilden, die das Hymenium tragen. Bei manchen Arten ist das Hymenophor glatt. Die Pilze leben saprophytisch auf dem Erdboden in humusreichen Böden. Die Fruchtkörper sind schüssel-, kreisel- oder trompetenförmig.

Der bekannteste Vertreter ist der Pfifferling oder Eierschwamm, *Cantharellus cibarius*, ein schmackhafter und deshalb sehr geschätzter Speisepilz. Er ist gleichmäßig dottergelb. Der derbfleischige, in der Mitte oft etwas eingesenkte, kreiselförmige Hut geht allmählich in den relativ kurzen Stiel über. Auf der Unterseite des Hutes befindet sich das leistenförmig angeordnete Hymenophor. Die Leisten sind oft gegabelt und teilweise netzartig verbunden. Der Pfifferling wächst herdenweise im Nadelwald an humusreichen Stellen. Er ist sehr standorttreu. Leider wurde er durch unsachgemäßes Sammeln an vielen Stellen fast ausgerottet. Wenn Jahr um Jahr die Pilze, oft schon in jungem Zustand vor der Sporenreife, weggesammelt werden, geht der Bestand schnell zurück. Aber der Pilz reagiert auch auf Veränderung der Umwelt sehr empfindlich. Versuche, ihn zu züchten, haben bisher keinen Erfolg gebracht. Bei der Isolierung in Reinkultur wächst er kaum auf dem Nährboden an. Meist erscheinen dagegen sehr bald gelbe Bakterienkolonien, auch wenn man bei der Isolierung von jungen Fruchtkörpern ausgeht.

Im Laubwald kommt eine Form des Pfifferlings vor, die größer und derbfleischiger als die Nadelwaldform wird und meist vereinzelt steht. Es gibt etwa 65 *Cantharellus*-Arten, von denen nur 5 in Mitteleuropa beheimatet sind.

Beim Pilzesammeln glaubt man oft, den Pfifferling gefunden zu haben. Schneidet man den Pilz ab und dreht ihn um, stellt man fest, daß das Hymenophor stachelig ausgebildet ist. Es handelt sich dann um den Rotgelben Semmelstoppelpilz, *Hydnum rufescens*.

Neben *Cantharellus cibarius* trifft man in unseren Wäldern häufig den Trompetenpfifferling, *Cantharellus infundibuliformis*, dessen Fruchtkörper an eine kleine Trompete

Die trichterförmigen Fruchtkörper der Herbsttrompete, *Craterellus cornucopioides*, erscheinen im Spätherbst in Buchenwäldern.

erinnern. Der braungelbe oder braunolivfarbene Hut ist in der Mitte trichterförmig eingesenkt, der Hutrand wellig verbogen. Der schlanke Stiel setzt sich deutlich vom Hut ab. Dieser Pilz ist nicht so fleischig wie der Pfifferling, aber ebenfalls ein guter Speisepilz. Der ebenso eßbare Goldstielige Pfifferling, *Cantharellus lutescens*, ähnelt ihm. Dieser Pilz zeichnet sich durch seine leuchtende Farbe aus. Seltener findet man im Laubwald den völlig grauen Schwarzgrauen Pfifferling, *Cantharellus cinereus*.

Im Herbst tritt noch ein anderer schwärzlicher Pilz auf, der dem Schwarzgrauen Pfifferling etwas ähnelt. Der Pilz wächst herdenweise im Buchenwald mit starker Rohhumusauflage. Die Fruchtkörper stehen oft büschelig und sind an der Basis verwachsen. Es handelt sich um die Herbsttrompete, *Craterellus cornucopioides*. Im Gegensatz zu *Cantharellus cinereus*, bei dem auf der Unterseite des Hutes das Hymenophor leistenförmig ist, hat die Herbsttrompete ein völlig glattes oder schwach runzeliges Hymenophor. Der Fruchtkörper ist lang trichterförmig, sehr dünnfleischig und oben hutartig umgeschlagen. Die Außenseite des Trichters hat eine hellgraue, das Innere eine schwarzbraune Farbe. Es ist ein sehr guter Speisepilz, der sich besonders zum Trocknen eignet. Von der Gattung *Craterellus* werden 12 Arten angegeben, die z. T. recht unsicher in der Abgrenzung sind. Vielfach treten Überschneidungen mit der Gattung *Cantharellus* auf. Es handelt sich um Kosmopoliten, die ausschließlich auf dem Erdboden leben.

Die Gattung *Gomphus* ist bei uns mit einer Art, *Gomphus clavatus*, vertreten. Der deutsche Name Keulenpfifferling oder Schweinsohr bezieht sicht auf seine Form und Farbe. Der braunrosa Pilz ist abgestutzt keulen- bzw. kreiselförmig oder auch einseitig ohrförmig ausgebildet. Das aderige, leistenförmige angelegte Hymenophor liegt außen. Der eßbare Pilz kommt nur stellenweise häufig vor, so daß er kaum in größeren Mengen gesammelt werden kann. Die Gattung stellt einen Übergang zwischen Clavariaceen und Cantharellaceen dar. Heute wird sie mit anderen clavarioiden Gattungen, z. B. *Ramaria*, zuweilen in die besondere Familie Gomphaceae gestellt.

Die Gattung *Gomphus* umfaßt 16 Arten in der nördlichen gemäßigten Zone und den Tropen. So erscheinen die Fruchtkörper von *Gomphus stereoides* in Malaysia regelmäßig in der Regenzeit. *Gomphus guateloupensis* wurde von Guadeloupe, wo sie auf totem Holz gedeiht, beschrieben.

Familie Stachelpilze, Hydnaceae

Die Hydnaceen haben das Problem, die sporenbildende Oberfläche zu vergrößern, auf ihre Weise gelöst, indem sie das Hymenium auf Stacheln anlegten, die bis 5 cm lang werden können. Fries stellte anfangs alle Arten mit stacheligem Hymenophor zur Gattung *Hydnum*. Später hat er die Gattungen *Hericium, Radulum, Grandia, Kneiffia, Odontia* und *Irpex* abgetrennt. Es sind inzwischen verschiedene Versuche einer natürlichen Gliederung der Stachelpilze unternommen worden. Bourdot und Galzin zogen die Farbe des Sporenpulvers zur Aufgliederung heran. Die hellsporigen Arten blieben in der Familie Hydnaceae, und die braunsporigen kamen zur Familie Thelephoraceae. Donk stellte die chiastobasidialen Formen zu den Phylacterioiden und die stichobasidialen Formen in den Tribus Hydneae der Cantherellaceen. In modernen Systemen findet man die Gattungen mit stacheligem Hymenophor auf die Familien Hydnaceae, Hericiaceae, Poriaceae und Auriscalpiaceae verteilt. Dabei verbleiben nur die Gattungen mit Stichobasidien bei den Hydnaceen. Wir wollen die Familie nicht in diesem engen Sinn auffassen. Es sollen in diesem Buch alle Gattungen mit Holobasidien, die das Hymenium auf Stacheln oder Zähnchen tragen, eingeschlossen werden.

Die Fruchtkörper der Hydnaceen sind resupinat, konsolenförmig oder gestielt, fleischig bis holzig und von sehr unterschiedlicher Färbung, z. B. gelb, orange, rötlich oder violett. Meist leben sie saprophytisch, können aber auch arge Bauholzzerstörer sein. Die Zahl der Arten in der gemäßigten Zone wird zwischen 60 und 80 liegen. Mit ihren bizarren Formen und oft recht auffälligen Farben sind viele Arten ein Schmuck unserer Wälder.

Der Rotgelbe Semmelstoppelpilz, *Hydnum rufescens*, wurde bereits als Doppelgänger des Pfifferlings erwähnt. Er ist ein schmackhafter Speisepilz mit festem Fleisch. Ein anderer, sehr ähnlicher Semmelstoppelpilz, *Hydnum repandum*, ist Laubwaldbewohner und größer sowie heller als die vorgenannte Art, doch wie diese eßbar.

Die Gattung *Sarcodon* umfaßt etwa 18 Arten, von denen bei uns *Sarcodon imbricatus*, der Habichtsschwamm, der häufigste Vertreter ist. Sein Hut wird bis zu 20 cm breit und ist oberseits mit derben, umbrabraunen Schuppen besetzt. Die heller braune Unterseite des zentralgestielten Hutes trägt die weißlichgrauen, etwa 5–12 mm langen Stacheln. Man findet diesen Pilz im Nadelwald, besonders bei Kiefern. Obwohl verhältnismäßig zäh, ist er ein brauchbarer Speisepilz. Ihm ähnelt aber eine bittere und ungenießbare Art, *Sarcodon scabrosus*, die deshalb Gallenstacheling genannt wird. Sie kommt im Nadelwald vor.

Von der Gattung Korkstacheling, *Hydnellum*, fällt *Hydnellum suaveolens* durch seinen starken Anisgeruch auf. Der 4–8 cm breite Hut ist weißlich, mit blauen oder grauen Farbtönen vermischt. Die blaue Färbung findet sich auch im Fleisch wieder. Der Pilz wächst in Gebirgsnadelwäldern. Ebenfalls blau ist der Bläuliche Korkstacheling,

Mit seinen zahllosen hängenden Stacheln ähnelt der Tannenstachelbart, *Hericium flagellum*, einem kopfgroßen Raureifgebilde. Er besiedelt vor allem Koniferenholz.

Hydnellum caeruleum, mit schwachem Mehlgeruch. Auch er bevorzugt Gebirgsnadelwälder.

Einen recht interessanten Standort hat der Ohrlöffelstacheling, *Auriscalpium vulgare*. Man findet diesen kleinen Pilz stets in Verbindung mit Kiefernzapfen, die leicht vermorscht sind. Der nur 2–3 mm dicke, steife Stiel von 4–6 cm Länge ist seitlich an den 1–2 cm breiten Hut angeheftet. Hutoberseite und Stiel sind graubraun. Die Unterseite trägt die grauweißen, 2–3 mm langen Stacheln. Auf Kiefernzapfen wachsen auch 2 kleine Blätterpilze, *Strobilurus tenacellus* und *S. stephanocystis*.

Eigenartige, bizarre Gebilde stellen die Fruchtkörper der *Hericium*-Arten dar. Der Ästige Stachelbart, *Hericium clathroides*, bildet auf lagerndem Holz von Laubbäumen reichverzweigte Fruchtkörper, an deren Enden sich die nach unten gerichteten, 1–1,5 cm langen, pfriemförmigen Stacheln befinden. Die Fruchtkörper können recht groß werden. Der Pilz schmeckt sehr gut und hat zartes Fleisch. Ähnlich ist der Igelstachelbart, *Hericium erinaceum*, bei dem die Stacheln 2–5 cm lang werden. Der Pilz wächst in Spalten und Höhlen alter, morscher Bäume. Er kommt seltener vor als der Ästige Stachelbart. Beim Dornigen Stachelbart, *Creolophus cirrhatus*, befinden sich nicht nur auf der Unterseite der unregelmäßig geformten Fruchtkörper Stacheln, sondern bei ihnen ist auch die Oberseite mit etwas kürzeren Stacheln besetzt. Sporen werden jedoch nur an den 1–1,5 cm langen Stacheln der Unterseite gebildet. Die Stacheln der Oberseite sind steril. Der seltene Dornige Stachelbart verursacht an Laubholzstümpfen und abgestorbenen Stämmen Weißfäule.

An alten Apfelbäumen läßt sich bisweilen beobachten, daß die Borke aufreißt und dabei abgehoben wird. Eine Ursache hierfür kann ein Stachelpilz sein. Zuerst findet man ein gelbliches Myzel, das durch einen angenehm aromatischen Geruch schon die Zugehörigkeit zum Krustenförmigen Stachelbart, *Sarcodontia setosa*, verrät. Dieser Duft ist auch am Myzel in Reinkultur festzustellen. Der Pilz wächst krustenförmig unter der Borke. Die schwefelgelben Stacheln werden 0,5–1,5 cm lang und bilden sich auch unter Kulturbedingungen auf Malzagar. Er ist sicher kein echter Parasit, sondern der Pilz tritt nur als Sekundärinfektion in Wundstellen der Bäume auf.

Die Angehörigen der Gattung *Mucronella* werden von manchen Autoren als primitivste Vertreter der Hydnaceen aufgefaßt. Das Myzel überzieht locker das Holz oder die Borke von Bäumen und ist schnell vergänglich. Es bleiben dann nur die kleinen, pfriemenförmigen, einzeln stehenden Fruchtkörper erhalten, die allseitig vom Hymenium bedeckt sind. Wegen der einzeln stehenden Keulen bringt man sie aber auch bei den Clavariaceen unter. Es sind 9 Arten bekannt, die in Europa, Afrika, Nordamerika und Asien sowohl in der gemäßigten Zone wie in den Tropen vorkommen.

Familie Erdwarzenpilze, Thelephoraceae

Bei dieser Familie handelt es sich um Pilze, die gewisse morphologische Beziehungen zu den Hydnaceen zeigen, da das Hymenophor stumpfe Warzen oder niedrige Stacheln aufweisen kann. Es ist aber auch glatt oder runzelig. Die einjährigen Fruchtkörper bilden flache Überzüge, die sich fächerartig abheben oder die trichter-, kreisel- oder hutförmig sind. Die Farbe ist Weiß mit Orange oder Braun, die Konsistenz meist leder- oder korkartig. Das Sporenpulver ist braun und nicht amyloid. Die Pilze leben saprophytisch auf dem Erdboden.

Die Gattung *Thelephora* kommt mit 4 Arten bei uns vor. *Thelephora terrestris*, den Erdwarzenpilz, findet man das ganze Jahr über in feuchten Wäldern auf sauren Böden. Häufig wachsen die Fruchtkörper auf Waldwegen. Sie bilden Rosetten von dunkelbrauner Farbe, auf deren Unterseite das warzige Hymenophor steht. In der Forstwirtschaft hat dieser Pilz insofern Bedeutung, als er in Baumschulen zuweilen den Boden so dicht besiedelt, daß die jungen Kulturen geschwächt werden und dann anderen Schwächeparasiten zum Opfer fallen.

Die Blumenartige Lederkoralle, *Thelephora anthocephala*, gleicht mit den braunen, weißgeränderten Fruchtkörpern, die von einem Zentrum ausstrahlen, einer lockeren Kompositenblüte. Die etwa 2–3 cm hohen Fruchtkörper sind nicht häufig in schattigen Laubwäldern. Der Kreiselpilz, *Thelephora pallida*, bildet 2–4 cm hohe Fruchtkörper von pfifferlingsartiger Gestalt. Seine Hutoberseite ist braun, der Stiel und die Hutunterseite sind weiß. Das Hymenophor ist glatt. Dieser Pilz kommt selten vor, bildet aber, wo er auftritt, meist kleine Trupps. Als Standort kommen schattige Laubwälder, vor allem Buchenwälder, in Frage.

Der vierte Vertreter ist die Stinkende Lederkoralle, *Thelephora palmata*, ein Bewohner des Nadelwaldes, der dort nicht selten am Erdboden oder auf Nadelstreu zu finden ist. Der Name Lederkoralle deutet schon die Ähnlichkeit mit den Clavariaceen an. Die Enden der braunen Fruchtkörper sind abgeflacht und zerspaltet. Der Pilz strömt einen unangenehmen, ekelerregenden Geruch aus.

Zu den Thelephoraceen werden außerdem noch die Gattungen *Boletopsis, Hydnellum* und *Tomentella* gestellt. Vertreter der Gattung *Tomentella* bilden auf locker wattigem Myzel Basidien, ohne echte Fruchtkörper zu entwickeln. Die Basidien sind mehr oder weniger verstreut auf dem Myzel angeordnet oder zu Gruppen zusammengefaßt. Das Myzel kann lebhaft gefärbt sein. Die Sporen sind rundlich, stachelig. *Tomentella*-Arten wachsen auf morschem Holz und anderen Pflanzenresten oder auf dem Erdboden und sind Saprophyten.

Die Gattung *Boletopsis*, bei uns nur durch *B. leucomelaena*, den Grauen Rußporling, vertreten, hat zentralgestielte Fruchtkörper, bei denen das Hymenophor röhrig ausgebildet ist. Deshalb wurde diese Gattung meist zu *Polyporus* gestellt. Die Gattung *Hydnellum* wird wegen des stacheligen Hymenophors bei den Hydnaceen eingeordnet.

Familie Fältlinge, Meruliaceae

Von dieser Familie sollen nur die hellsporigen Arten berücksichtigt werden. Die dunkelsporigen Arten (z. B. den Echten Hausschwamm) stellt man jetzt in die Familie Coniophoraceae. Die Gattung *Merulius* wurde von Fries nach rein äußerlichen Merkmalen aufgestellt. Wir begrenzen die Familie auf jene Pilze, bei denen das Hymenophor netzartig gefaltet und mit unvollständigen Poren ausgebildet ist. Das Sporenpulver ist weiß. Die Gattung *Merulius* kann von corticiumartigen Vorfahren abgeleitet werden.

Die Fruchtkörper sind krustenförmig und bilden auch Konsolen, die an der Basis krustenförmig auslaufen. Sie haben lederige, gallertige, wachsartige oder weichfleischige Konsistenz. Das Hymenophor ist typisch merulioid, d. h. unter Ausbildung undeutlicher Poren netzartig gefaltet. Das Sporenpulver ist weiß oder hell gefärbt; die Sporen sind glatt und nicht amyloid.

Als wichtigste Gattungen sollen *Merulius* und *Phlebia* genannt werden. Von *Merulius* kommen in Mitteleuropa etwa 7 Arten, in Nordamerika 5 Arten vor.

Der Gallertfleischige Fältling, *Merulius tremellosus*, hat in frischem Zustand gallertfleischige Fruchtkörper, die in ihrer Konsistenz an Gallertpilze erinnern. Das Hymenophor besteht aus netzförmigen Falten oder weiten Poren. Dieser Fältling überzieht im Herbst das Holz alter Stämme und Baumstümpfe. Er wächst hauptsächlich an Laubholz, wobei Buchen und Birken bevorzugt werden. Aber auch an Pappeln und Weiden, seltener an Kiefern kommt er vor. Wenn der Pilz seitlich am Holz sitzt, bildet er etwa 4 cm breite Konsolen aus, die an der Ansatzstelle nach unten in resupinate Fruchtkörper übergehen. Auf Baumstümpfen wächst er völlig resupinat. Das Hymenium ist weiß, im Alter rötlich. Der Pilz verursacht eine Weißfäule.

In der Zeit vom Herbst bis zum Frühjahr wächst an abgefallenen Ästen oder auf Baumstümpfen verschiedener Laubhölzer der Lederige Fältling, *Merulius corium*, der auch Weißfäule hervorruft. Die weichfleischigen Fruchtkörper sind wesentlich dünner, 1 mm, höchstens 2 mm, und unterscheiden sich damit von der vorigen Art. Die gewundenen Falten des Hymenophors bilden auch hier z. T. netzförmige Poren. Das Hymenophor ist anfangs weiß und wird später fleischfarben.

Die Gattung *Phlebia* hat ausgebreitete Fruchtkörper von fleischiger, wachsartiger Konsistenz. Das Hymenophor befindet sich strahlig-faltig auf der Oberseite. Die Falten besitzen scharfe, kammförmig gezackte Schneiden, nach denen die Gattung den deutschen Namen Kammpilz erhielt. Die farblosen, glatten Sporen sitzen zu viert an den Basidien.

Die einzige Art in Deutschland ist der Orangefarbige Kammpilz, *Phlebia radiata*. Die Fruchtkörper haben meist einen kreisförmigen Umriß und wachsen auf alten Baumstümpfen, vor allem von Birke. Sie tragen als starke Weißfäulepilze zur biologischen Rodung der Stubben bei.

Familie Warzenschwämme, Coniophoraceae

Diese Familie enthält die beiden Gattungen *Coniophora* und *Serpula*. Einige Arten haben als starke Bauholzzerstörer große, wirtschaftliche Bedeutung.

Die Fruchtkörper sind einjährig und überziehen das Holz krustenförmig, seltener bilden sie Konsolen aus. Das Hymenophor ist typisch merulioid, grubig bis wabig, manchmal auch zahnformig zerrissen (irpexoid) oder weist flache Poren auf. Die Trama ist weichfleischig, im Alter oft trockenhäutig. Schnallen sind deutlich ausgebildet. Bei *Coniophora* kommen Wirtelschnallen vor, d. h., an einer Septe befinden sich mehrere Schnallen. Cystiden fehlen meist. Von der Familie Meruliaceae unterscheiden sich diese Pilze vor allem durch die braunen, glatten Sporen mit deutlich doppelter Wand, deren innere Schicht sich mit Anilinblau intensiv färbt. Derartige Sporen nennt man cyanophil.

Der gefährlichste Holzzerstörer in Gebäuden ist der Echte Hausschwamm, *Serpula lacrymans (= Merulius domesticus)*. Die Fruchtkörper bilden große, dicke Platten bis zu 1 m^2 Größe. Stellenweise werden auch kleine Konsolen gebildet. Der Rand ist weiß und im jungen Zustand wulstartig. Das Hymenophor besteht aus netzförmig oder labyrinthartig angeordneten Falten von gelbbrauner oder rostbrauner Farbe. Die Fruchtkörper sitzen nicht immer am Holz, sondern auch am Mauerwerk. Für seine Entwicklung ist der Pilz aber unbedingt auf Holz angewiesen. Von diesem aus kann er bis bleistiftstarke Myzelstränge aussenden, die selbst durch die Spalten dicksten Mauerwerks ihren Weg finden.

Für die Entstehung eines Schwammherdes ist ein gewisses Maß an Feuchtigkeit notwendig, damit die Sporen auskeimen können. Zur Erstentwicklung muß das Holz eine Feuchtigkeit von etwa 30 % aufweisen. Der Hausschwamm verwertet vorwiegend die Zellulose des Holzes. Beim Abbau derselben werden Wasser und Kohlendioxid frei. Mit diesem »Atemwasser« kann der Pilz dann die nötige Feuchtigkeit selbst erzeugen. Man bezeichnet diesen Fäuletyp als Trockenfäule. Durch den Abbau der Zellulose des Holzes wird seine Grundstruktur zerstört. Es entstehen Risse im Holz quer zur Faserrichtung. Dieses Erscheinungsbild nennt man Destruktionsfäule. Das Holz verliert bald an Festigkeit, und es kann in Gebäuden zu Einstürzen kommen, wenn tragende Elemente der Balkenkonstruktion befallen sind.

Als Gegensatz zur Destruktionsfäule sei die Korrosionsfäule erwähnt, bei der von den entsprechenden Pilzen in erster Linie das Lignin abgebaut wird, das die Pflanzen zur stärkeren Festigkeit des Holzes in das Zellulosegerüst einlagern. Bei der Korrosionsfäule des Holzes bleibt daher die Struktur weitgehend erhalten, das Holz wird nur weicher. Die Korrosionsfäule nennt man auch Weißfäule, weil das braune Lignin abgebaut wird und die weiße Zellulose zurückbleibt. Entsprechend heißt die Destruktionsfäule auch Braunfäule, da das braune Lignin erhalten bleibt.

Wenn sich auch der Hausschwamm in gewissen Grenzen selbst mit Wasser versorgen kann, zu dessen Transport übrigens auch die Myzelstränge beitragen, ist die beste Vorbeugung immer das Vermeiden von Feuchtigkeitsquellen und die gute Lüftung der Räume. Befallenes Holz muß sorgfältig entfernt und neu einzubauendes gut imprägniert werden. Das Temperaturoptimum für den Echten Hausschwamm liegt bei 18–22 °C. Im Freien ist der Echte Hausschwamm kaum zu beobachten. Hier tritt der Wilde Hausschwamm, *Serpula himantoides (= Merulius silvester)*, auf, der aber in Mitteleuropa verhältnismäßig selten ist. Das Temperaturoptimum liegt für ihn bei 24–27 °C. Er wächst hauptsächlich im Freien an Nadelholzstümpfen und verbautem Nadelholz. In Gebäuden ist er seltener und dann nicht so gefährlich wie der Echte Hausschwamm. Die Fruchtkörper sind dünner als bei der vorhergehenden Art, ohne den wulstigen Rand und bilden nie Konsolen. Die Myzelstränge werden bindfadendick.

Weitere Arten sind *Serpula minor* mit kleineren Sporen und weißen Myzelsträngen sowie *S. pinastri. S. minor* kommt vorwiegend in Gebäuden vor, hat aber nicht die Zerstörungskraft von *S. lacrymans. S. pinastri* ist auch ein Braunfäuleerreger an verbautem Holz. Er verlangt höhere Anfangsfeuchtigkeit des Holzes und kann auch erheblichen Schaden anrichten.

S. eurocephala wächst auf lebendem und totem Bambus und kann in den Tropen an verbautem Holz recht großen Schaden verursachen. Seine Verbreitung liegt in den Tropen Südamerikas, Afrikas, Asiens und Australiens.

Die *Coniophora*-Arten besitzen am älteren Myzel typische Wirtelschnallen, während anfangs einfache Schnallen angelegt werden. Die Gattung ähnelt *Corticium* und unterscheidet sich von dieser vor allem durch die gelbbraunen, elliptischen oder eiförmigen Sporen. Die Fruchtkörper sind resupinat, fleischig oder trocken und dünnhäutig. Das Hymenophor ist glatt oder bildet unregelmäßige, rundliche Warzen. Die Basidien weisen 2 oder 4 glatte Sporen auf, Cystiden fehlen. Arten mit Cystiden werden meist in der Gattung *Coniophorella* untergebracht. Die Vertreter dieser Gattung wachsen auf Holz oder auf dem Erdboden. Ihre Hauptvegetationszeit liegt im Herbst und Winter. Wie *Serpula*-Arten erzeugen auch sie eine gefährliche Braunfäule.

In Europa kommen etwa 12 Arten vor. Die wichtigste Art, *Coniophora puteana (= Coniophora cerebella)*, der Braune Kellerschwamm oder Braune Warzenschwamm, tritt in Gebäuden und Bergwerken auf. Er ist besonders in feuchten Kellern anzutreffen, daher der Name Kellerschwamm. Aber auch an verbautem Nadelholz im Freien kann er Schaden anrichten. Der Braune Kellerschwamm benötigt für seine Entwicklung hohe Luftfeuchtigkeit, deshalb erscheint er im Freien auch hauptsächlich in der Zeit vom Herbst bis zum Winter. In Gebäuden kann er ebenso großen Schaden anrichten wie der Hausschwamm. Seine Wachstumsgeschwindigkeit ist unter für ihn günstigen Bedingungen wesentlich größer als die des Hausschwamms. Sein Auftreten wird durch das Verbauen schlecht abgelagerten Holzes und durch schlechte Lüftung der Räume und schadhafte Abflüsse in den Wohnungen begünstigt. Deshalb findet man ihn in Gebäuden meist im Keller, in Waschküchen, Küchen, Bädern und Toiletten. Das befallene Holz weist Destruktionsfäule auf.

Die Fruchtkörper des Braunen Kellerschwamms werden seltener als die des Hausschwamms gebildet. Sie sind resupinat, von rundlich elliptischer Form, anfangs weißlich und im Alter gelbbraun. Der Rand ist weiß, flockig, das Hymenophor glatt oder unregelmäßig warzig bis wellig. Die elliptischen, glatten Sporen haben eine gelbbraune Membran. Die Myzelstränge sind wurzelartig verzweigt und schwarzbraun.

Der Gelbe Warzenschwamm, *Coniophora arida*, wächst an Holz und Borke der Kiefer im Freien. Die ausgebreiteten, zarthäutigen Fruchtkörper sind jung gelbbraun mit flokkig-warziger Mitte und gelbem Rand.

Wegen der keulen- oder spindelförmigen, 90–300 µm langen, septierten Cystiden

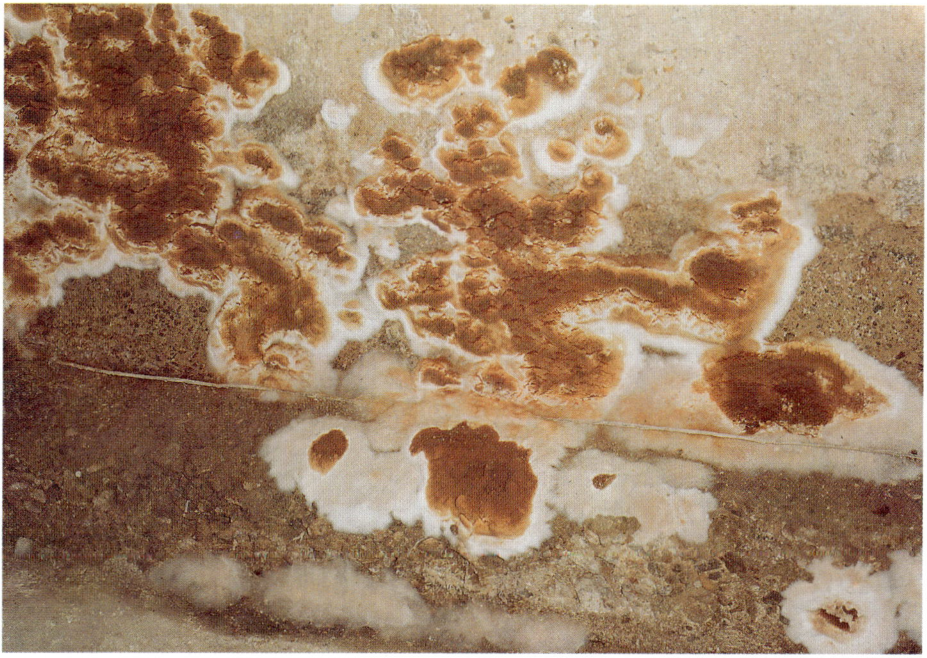

Der Hausschwamm, *Serpula lacrymans*, ist der gefährlichste Holzzerstörer an Bauholz in Gebäuden. Seine Fruchtkörper findet man meist am Mauerwerk.

wurde der Olivbraune Warzenschwamm, *Coniophora violacea*, von manchen Autoren in die eigene Gattung *Coniophorella* gestellt. Er ist Saprophyt oder Parasit an Nadelholz und verursacht Braunfäule. An Fichten entsteht durch ihn eine charakteristische Stammfäule, die die Stämme schließlich zum Umstürzen bringt. Die Fruchtkörper sind häutig mit faserigem bis kurzstrahligem, weißem Rand. Das Hymenophor ist knotig, erscheint durch Cystiden borstig-filzig und hat olivbraune Färbung. Beim Eintrocknen zerfallen die Fruchtkörper zu einem rostroten Pulver.

Als letzter Vertreter der Coniophoraceen sei die Gattung *Jaapia* erwähnt, die in unserem Gebiet nur 2 Arten aufweist: *Jaapia argillacea* und *J. ochroleuca*, die in feuchten Wäldern wachsen. Die Gattung ähnelt *Coniophora*, hat aber spindelförmige Sporen, die mit einem großen, gelben Öltropfen in der Mitte versehen sind, der an den Enden der Sporen 2 kleine, farblose Portionen abtrennt, so daß die Sporen 3zellig erscheinen. Die Fruchtkörper sind membranös, resupinat und erinnern an die von *Tomentella*. Das Hymenophor ist glatt oder verstreut körnig, sehr dünn und am Rand flockig. Sie sind lehm- oder fleischfarben. *Jaapia argillacoa* wurde an *Pinus silvestris* gefunden.

Familie Rindenschichtpilze, Stereaceae

Die Stereaceen bilden ein- oder mehrjährige Fruchtkörper mit mehreren Zuwachsschichten. Die krusten- oder konsolenförmigen Fruchtkörper ähneln denen mancher Poriaceen, doch kann man auf der Unterseite keine Poren entdecken. Das Hymenophor ist glatt bis höckerig, die Trama weiß bis braun und von lederiger, holziger oder knorpeliger Konsistenz. Der Sporenstaub ist weiß bis blaßgelb. Die länglichelliptischen, glatten oder feinwarzigen Sporen besitzen amyloide Wände oder Warzen. Die bei vielen Arten vorkommenden Cystiden sind farblos oder hellbraun sowie stumpf und unterscheiden sich damit von den Spinulae der Familie Hymenochaetaceae. Ein Schnitt durch den Fruchtkörper läßt deutlich 3 Schichten erkennen: eine äußere, oft behaarte Rindenschicht, eine dickere, lederige Mittelschicht und die dünne, gelbe oder violette Hymenophorschicht.

In Mitteleuropa kommen etwa 15 *Stereum*-Arten vor, wobei die Gattung in den letzten 20 Jahren eine starke Aufgliederung erfahren hat. Die Pilze wachsen an lebenden und toten Ästen oder auf Baumstümpfen und gefällten Bäumen. Dabei können sie sogenannte Lagerfäulen verursachen. Sie erzeugen Weißfäule und leben meist an Laubholz, nur wenige an Nadelholz.

Auf frisch gefällten Stämmen der Buchen und auch an frischen Buchenstümpfen wird oft *Chondrostereum purpureum*, der Violette Schichtpilz, als Erstbesiedler gefunden. Aber auch andere Laubhölzer, wie Pappel, Roßkastanie und Birke, werden befallen; Nadelholz nur selten. Die Oberseite des Fruchtkörpers ist weiß oder grau, filzig gezont, die Unterseite glatt, purpurviolett. An den Seiten der Stubben erscheint der Pilz meist dachziegelartig übereinander, die einzelnen Konsolen sind durch resupinate Partien verbunden. Er bewirkt eine starke Weißfäule des Holzes. In England und Nordamerika wird er für den »Milchglanz« oder »Bleiglanz« (silver leaf disease) der Blätter von Pflaumenbäumen, Apfelbäumen und anderen baum- und strauchartigen Rosaceen verantwortlich gemacht. Die Erscheinung beruht darauf, daß die Zellen der Epidermis der befallenen Pflanzen aufbrechen, wodurch Luftspalten entstehen, die eine besondere Lichtbrechung hervorrufen.

Auf frisch gefällten Eichenstämmen tritt im Herbst und Winter häufig der Zottige Schichtpilz, *Stereum hirsutum*, auf. Er lebt aber auch an Erle, Birke, Hainbuche, Buche und anderen Laubhölzern als Saprophyt. Die Fruchtkörper bilden ausgebreitete Schichten, die am oberen Rand 1–3 cm breite, zu mehreren übereinanderstehende Konsolen entwickeln. Sie sind zählederig und die Ränder der Konsolen wellig und scharfkantig. Auf der Oberseite sind die Pilze zottig-filzig und undeutlich gezont. Das Hymenophor ist jung orangegelb, alt graugelb, die Oberseite grauweiß bis graugelb. Die Zersetzung des Holzes geht recht langsam vor sich.

Der Blutende Schichtpilz, *Stereum sanguinolentum*, kommt an Nadelholz vor. Wie beide vorhergehenden Arten ist er in Mitteleuropa weit verbreitet, wird aber sowohl nach Nordeuropa als auch nach dem Mittelmeergebiet zu seltener. Er kommt auch in Nordamerika vor. Die anfangs ausgebreiteten Pilze treten herdenweise am Holz auf, verwachsen oft später an den Rändern miteinander und bilden kleine Konsolen von 3–15 mm Breite. Die Oberseite ist faserig behaart, im Alter fast kahl, weißlichgrau und konzentrisch gezont. Das hellgraue Hymenophor verfärbt sich in frischem Zustand bei Verletzung blutrot, später bräunlich.

Blutrot läuft auch das Hymenophor des Eichenschichtpilzes, *Stereum gausapatum*, an, der aber an Laubholz wächst. Er kann mit dunkleren Formen von *S. hirsutum* verwechselt werden, doch verfärbt er sich nicht blutrot. Diese Art ist in der nördlichen gemäßigten Zone verbreitet, in Amerika im Süden bis Mexiko. Der Art *Stereum gausapatum* ähnlich ist auch *S. spadiceum*, der durch seine weiche, lederige Konsistenz auffällt.

Die zweite hierher zählende Gattung, *Xylobolus*, ist in Mitteleuropa nur mit der Art *Xylobolus frustulatus* vertreten. Im Hymenium sind typische Acanthophysen vorhanden, cystidenähnliche, derbwandige, im oberen Teil allseitig mit Stacheln versehene Gebilde. Der Pilz verursacht die sogenannte wabenförmige Holzfäule. Die Fruchtkörper sind holzartig, ausgebreitet und zerfallen später durch Rißbildung in einzelne Areolen von 0,5–1,5 cm Durchmesser. Die ältesten Schichten des mehrjährigen Fruchtkörpers sind schwarzbraun, die jüngeren heller braun. Das Hymenium wächst während des ganzen Jahres an Eichenholz. In atlantischen Teilen Frankreichs und in Nordamerika scheint er weniger selten zu sein.

Eventuell kann noch eine zweite Art, *Xylobolus subpileatus (= Stereum subpileatum)*, hierher gerechnet werden, die ebenfalls Acanthophysen besitzt und den gleichen Fäuletyp wie die vorige Art verursacht. Dieser Pilz ist in Mitteleuropa sehr selten, kommt wohl aber in den Tropen Süd- und Mittelamerikas häufiger vor.

Familie Hymenochaetaceae

Einfache Vertreter dieser Familie ähneln äußerlich den Stereaceen, während die größeren Arten vieles mit den Poriaceen gemeinsam haben. Von beiden Familien sind sie aber durch eine Reihe von Merkmalen deutlich zu unterscheiden. Charakteristisch sind die dunkelbraunen, spitzen, pfriemen- oder hakenförmigen Pseudocystiden, die man als Spinulae bezeichnet. Diese entspringen nicht im Hymenium, sondern aus darunterliegenden Schichten und ragen als Borsten über das Hymenium heraus. Bei manchen Gattungen, z. B. bei *Inonotus*, sind sie auch im Hutfilz zu finden.

Von den Stereaceen unterscheiden sich die Arten auch durch die braune oder rostbraune bis dunkelrotbraune Trama. Ein typisches Merkmal dieser Trama ist die violettschwarze Verfärbung bei Behandlung mit Kalilauge, eine Reaktion, die sich selbst an dünnen Schnitten deutlich erkennen läßt. (Bei der Gattung *Hapalopilus* der Poriaceen tritt mit Kalilauge hellviolette Verfärbung auf.) Die Fruchtkörper sind ein- oder mehrschichtig. Das Hymenophor ist glatt, stachel- oder porenförmig, das Sporenpulver weiß bis braun. Die Sporen sind farblos oder braun, glatt, nicht amyloid. Die Pilze wachsen als Saprophyten oder Parasiten an Holz.

In der Gattung *Hymenochaete* ist das Hymenophor noch glatt, erscheint jedoch durch die braunen Spinulae samtartig oder unter der Lupe auch feinborstig. Die Fruchtkörper sind teils aufgewachsen, teils abgebogen, manchmal auch völlig resupinat. Sie sind mehrjährig, seltener einjährig und haben bisweilen ein geschichtetes Hymenophor. Die Trama ist trocken lederartig, braun oder gelbbraun und nicht immer gut entwikkelt. Manche Fruchtkörper sind auch dreischichtig wie bei der Gattung *Stereum*. Die länglich elliptischen Sporen sind i. d. R. farblos oder schwach bräunlich.

Das Zentrum der Verbreitung liegt in den Subtropen und Tropen. Für Nordamerika und das tropische Südamerika werden 37 Arten angegeben, von denen aber nur 13 in den gemäßigten Breiten beheimatet sind. In Europa kommen 8 Arten vor. Die Unterscheidung nach äußeren Merkmalen der Fruchtkörper ist schwierig. Die europäischen Vertreter sind Holzbewohner, meist Saprophyten, und verursachen einen teils langsamen, teils intensiven Abbau des Holzes in Form einer Weißfäule.

An Laubholz kommen in Europa folgende Arten vor: *Hymenochaete tabacina, H. arida* (an Hasel), *H. rubiginosa* (an Eiche), *H. corrugata* und *H. carpatica* (an Ahorn) sowie *H. cinnamomea*, die auch an Nadelholz auftritt. Reine Nadelholzbewohner sind der Dunkelbraune Borstenscheibling, *Hymenochaete fuliginosa*, und der Blutrote Brostenscheibling, *H. cruenta*. Letzterer unterscheidet sich von den übrigen Arten auch äußerlich durch das purpurrote oder weinrote Hymenium. Seine Fruchtkörper sind fast gänzlich resupinat, dünn lederartig bis fast häutig. Sie wachsen in Europa das ganze Jahr über auf der Borke von Nadelholz, weniger direkt an Holz und bevorzugen Tannen. Außer für Europa wurde *H. cruenta* in Sri Lanka, Nepal und Australien nachgewiesen. In Nordamerika scheint sie zu fehlen.

Am Holz von Nadelbäumen und weniger auf der Borke kommt *H. fuliginosa* vor. Der Pilz scheint vorwiegend alpine Verbreitung zu haben. Die ausgebreitet wachsenden, nur 50–230 µm dicken Pilze bestehen fast nur aus der ungeschichteten, aber ausdauernden, dunkelbraunen Hymenophorschicht.

Eine in ganz Europa verbreitete Art, die das ganze Jahr über an Laubholz wächst, ist der Rotbraune Borstenscheibling, *Hymenochaete rubiginosa*. Er tritt vor allem an verschiedenen Eichenarten auf. Die Fruchtkörper sind ungeschichtet, ausgebreitet und z. T. vom Substrat abgebogen. Sie haben eine lederartig zähe Konsistenz und lassen sich verhältnismäßig leicht vom Substrat abziehen. Die Oberfläche ist feinhaarig, das Hymenium rostfarbig oder rostbraun und wächst immer weiter, wodurch ältere Exemplare beträchtliche Stärken erreichen können. Das Hymenophor ist aber nicht geschichtet.

Auch der Tabakfarbene Borstenscheibling, *Hymenochaete tabacina*, ist eine weitverbreitete, in Europa auch häufige Art, die nach Süden zu aber seltener wird. Die Art kommt wahrscheinlich sowohl auf der Süd- als auch auf der Nordhalbkugel vor. Sie wächst an Laubbäumen und noch häufiger an Sträuchern, wie Hundsrose, Weißdorn, Weide, Hasel und Erle. Meist besiedelt sie dürre Zweige und nur selten stärkere Äste oder Stämme. Im Holz verursacht dieser Pilz, der sehr veränderlich ist und eine Anzahl von Varietäten bildet, Weißfäule. Die nur 3–7 mm breiten Konsolen der sonst ausgebreitet wachsenden Pilze sind auf der Oberseite feinfilzig und rostfarben bis kastanienbraun.

Die Gattung *Inonotus* hat seitlich angewachsene, konsolenförmige Fruchtkörper, oder diese sind ausgebreitet abgebogen bis gänzlich resupinat. Die Trama, das Fleisch der Fruchtkörper, ist hellgelb, goldgelb, rostbraun oder kastanienbraun und oberseits nicht mit einer harzigen Kruste bedeckt. Das Hymenium bekleidet das Innere von Röhren. Die Fruchtkörper sind einjährig und nicht geschichtet, die Sporen gelbbraun bis rostbraun. Alle Arten wachsen als Saprophyten oder Parasiten an Holz.

Der Zottige Schillerporling, *Inonotus hispidus*, bildet massige Fruchtkörper von 10–30 cm Breite und 3–9 cm Dicke. Anfangs sind diese weichfleischig und saftig. Frische Pilze sehen in allen Teilen rostbraun aus, ältere werden zunehmend dunkler und schließlich fast schwarz. Die Oberseite ist zottig. An der Porenschicht kann man häufig die Ausscheidung von Flüssigkeitströpfchen beobachten. Für diese Guttation sind besonders Röhren im Hymenophor vorhanden, die weiter als die normalen Röhren sind. Die Porenschicht kann bis zu 4 cm stark werden. Spinulae treten nur spärlich auf. Der Zottige Schillerporling wächst häufig als Parasit an alten Apfelbäumen, aber auch an Esche, Walnuß, Platane, Buche, Linde und anderen Laubbäumen. In Obstplantagen kommt die Infektion vermutlich durch schlecht verschmierte Wunden beim Ausschneiden zustande. Die Fruchtkörper erscheinen meist in der Nähe der Wundstellen. Der Pilz verursacht Weißfäule, die zu schneller Zerstörung der befallenen Bäume führt.

Der Schiefe Schillerporling, *Inonotus obliquus*, macht eine interessante Entwicklung durch. Zunächst erscheinen an den befallenen Bäumen knollenartige, faustgroße bis kopfgroße Gebilde, die wie Krebsgeschwüre aussehen. Poren sucht man an diesen Gebilden vergebens. Ihre Entwicklung kann sich über mehrere Jahre erstrecken, wobei sie ständig an Umfang zunehmen. Die fertilen Fruchtkörper bekommt man kaum zu Gesicht. Sie entwickeln sich im verborgenen unter der Borke der Bäume und bestehen fast nur aus der Röhrenschicht. An den Rändern bilden sie »Stemmleisten«, mit denen die Borke abgedrückt wird, so daß zwischen Pilz und Borke ein Luftspalt entsteht. Sie sind einjährig und werden nicht jedes Jahr ausgebildet. Früher hielt man die sterilen, klumpenförmigen Gebilde dieses Pilzes für abnorme Fruchtkörper des Falschen Zunderschwamms. *Inonotus obliquus* kommt bei uns vor allem an Birken vor, befällt aber auch Ahorn, Buche und Ulme und erregt Weißfäule.

Am Grund lebender Eichen oder an frischen Eichenstümpfen erscheint der Tropfende Schillerporling, *Inonotus dryadeus*. Die Fruchtkörper werden in Form unregelmäßiger, recht dicker (bis zu 15 cm) Konsolen gebildet. Sie sind hell holzgelb, werden dann aber allmählich dunkler, wobei der Rand immer heller ist. Die Poren sind eng und rundlich, die Röhren 0,5–2 cm lang, die Spinulae kurz konisch mit fast knolliger Basis und nicht tief ins Hymenophor eingebettet. Der Pilz schneidet sowohl an der Ober- als auch an der Unterseite gelbe Tröpfchen aus, die später dunkelbraun werden. *I. dryadeus* ist die einzige Art dieser Gattung mit einer pergamentartigen Kruste auf der Oberseite. Der einjährige Pilz beginnt mit der Fruchtkörperbildung im Juli, die bis Oktober anhält. Er ist aus Mitteleuropa und Nordamerika bekannt. In Nordamerika scheint er im Süden häufiger zu sein als im Norden, was sicher mit der Verbreitung der Eichen zusammenhängt.

In Erlenbrüchen erscheint regelmäßig der Erlenschillerporling, *Inonotus radiatus*. Seine halbkreisförmigen, sehr flachen Fruchtkörper werden 5–7 cm groß und an der Basis 1–2 cm dick. Die Oberseite ist stark strahligrunzelig. Frische Pilze zeigen im seitlich auffallenden Licht auf den Poren ein deutliches Schillern, was übrigens auch bei anderen *Inonotus*-Arten zu beobachten ist und der Gattung den deutschen Namen eingetragen hat. An Buchen tritt der ähnlich aussehende Knotige Schillerporling, *Inonotus nodulosus*, als Schwächeparasit auf. Die Gattung *Phaeolus* kommt bei uns nur mit einer Art, dem

Der Tropfende Porling, *Inonotus dryadeus*, am Grunde einer alten Eiche. Die Tröpfchenbildung auf der Oberseite ist gut zu erkennen.

Kiefernbraunporling, *Phaeolus schweinizii*, vor. Das Hymenium enthält Spinulae, aber die Trama reagiert mit Kalilauge violettschwarz. Die Fruchtkörper sitzen meist zu mehreren dachziegelartig übereinander. Die Basis kann stielartig verjüngt sein. Die Oberseite ist mit wolligem Filz bedeckt, die Trama saftig-fleischig, sanfrangelb bis rostbraun, im Alter korkig. Die Poren sind unregelmäßig eckig. Der Pilz erscheint im Herbst an alten Kiefernstämmen, geht aber auch an Fichte, Lärche und andere Nadelbäume, in Nordamerika auch an Birke. Das befallene Holz wird rotfaul und riecht terpentinartig.

Die *Phellinus*-Arten bilden z. T. sehr große, ausdauernde Fruchtkörper mit vielen Porenschichten übereinander. Es können aber auch krustenförmige, resupinate Fruchtkörper vorkommen. Die Hutsubstanz ist korkig oder hartholzig, hellbraun bis dunkelbraun und verfärbt sich mit Kalilauge sofort violettschwarz. Spinulae sind vorhanden. In Europa kommen etwa 12 Arten vor.

Der Gemeine Feuerschwamm oder Falsche Zunderschwamm, *Phellinus igniarus*, wird oft an alten Weiden gefunden, aber auch an Apfelbäumen, Birnbäumen und Pappeln kommt er nicht selten vor. Der Rand der großen Fruchtkörper ist abgerundet wulstartig. Die neuen Porenschichten greifen am Rand immer etwas über. Die Poren sind sehr eng, zimtbraun bis hellgrau. Die Oberseite der Fruchtkörper ist dunkelgrau bis grauschwarz. Die Entwicklung eines Fruchtkörpers kann sich über viele Jahre erstrecken, wodurch diese bis zu 30 cm und mehr breit und 15 cm dick werden. Durch Spezialisierung auf bestimmte Wirtspflanzen haben sich im Lauf der Zeit verschiedene Sippen herausgebildet, die heute oft als eigene Arten aufgefaßt werden, z. B. der Pflaumenfeuerschwamm, *Phellinus pomaceus*, der als Parasit an verschiedenen *Prunus*-Arten wächst. Auch der Espenfeuerschwamm, *Ph. tremulae*, wurde früher zu *Ph. igniarius* gerechnet.

Am Grund alter Stachelbeer- und Johannisbeersträucher wie auch am Pfaffenhütchen tritt der Stachelbeerstrauchporling, *Phylloporia ribis*, auf. Durch seinen Standort ist der Pilz schon leicht zu bestimmen. Die Fruchtkörper werden 4–10 cm groß und sind verhältnismäßig dünn. Sie bestehen aus 2 Schichten, einer wergartigen Oberschicht und einer schwammartigen Unterschicht. Die Poren sind sehr fein. Obwohl der Pilz nur an lebenden Sträuchern wächst, scheint er diese nicht allzusehr zu schädigen, da er meist nur am ältesten Holz vorkommt, das sowieso ausgeschnitten werden sollte.

An Eichen tritt ein dem Gemeinen Feuerschwamm ähnlicher Pilz auf, der Eichenfeuerschwamm, *Phellinus robustus.* Auf Koniferen sind bei uns 4 *Phellinus*-Arten spezialisiert: *Phellinus hartigii, Ph. pini, Ph. torulosus* und *Ph. contiguus*; die letztgenannte Art tritt auch in Gebäuden an verbautem Holz auf.

Die Gattungen mit glattem Hymenophor, z. B. *Hymenochaete*, stellte man früher meist zu den Stereaceen und die porigen Gattungen, wie *Inonotus* und *Phellinus*, zu den Poriaceen. Die beiden letztgenannten Gattungen wurden innerhalb der Poriaceen zur Unterfamilie Hymenochaetoideae vereint.

Familie Porlinge, Poriaceae

Die Poriaceen sind eine sowohl an Gattungen wie an Arten umfangreiche Familie. Die Zahl der Gattungen beläuft sich in Europa auf etwa 20, die Artenzahl beträgt ungefähr 170. In der ganzen Welt dürften etwa 1000 Porlingsarten existieren. Wie in allen Bereichen der Mykologie, können wir auch bei den Porlingen die Tendenz zur Aufgliederung von großen Sammelgattungen in kleinere Gattungen beobachten. Damit ist die Zahl der Gattungen mit der Zeit stark angewachsen.

Die Poriaceen sind entwicklungsgeschichtlich eine sehr alte Familie. Fossile Belege über ihr Auftreten haben wir bereits aus dem Tertiär. Es handelt sich hierbei um Reste von Zunderschwämmen, die in der Braunkohle gefunden wurden. Auch aus pliozänen Schichten bei Willershausen sind fossile Funde des Zunderschwamms bekannt. Aus dem Travertin von Ehringsdorf bei Weimar liegen Fundstücke fossiler Poriaceen vor, die allerdings erdgeschichtlich wesentlich jünger sind. Sie zeigen z. T. eine recht gute Erhaltung und lassen Hymenophor und Trama verhältnismäßig gut erkennen. Es handelt sich hierbei um Pilze, die sicher zur Gattung *Lenzites* gehören. Daß gerade von den Poriaceen einigermaßen brauchbare Fossilien überliefert wurden, verdanken wir den sehr harten und ausdauernden Fruchtkörpern vieler Arten. Für weichfleischige, leicht faulende Pilze besteht kaum eine Chance, als Fossil erhalten zu bleiben.

Fossiler Pilz aus dem Travertin von Ehringsdorf bei Weimar. Es handelt sich um *Lenzites warnieri*, einen wärmeliebenden Pilz.

Die Fruchtkörper der Poriaceen sind hartholzig, korkig, lederartig oder fleischig, ein- oder mehrjährig mit wenigen bis vielen Zuwachszonen oder überdauern in abgestorbenem Zustand mehrere Vegetationsperioden. Die fleischigen Arten verfaulen bald, nachdem sie die Sporen abgeschleudert haben.

Ein wichtiges Merkmal ist die Form der Porenmündungen. Sie können rund, eckig, langgestreckt bis labyrinthartig (daedaloid) oder auch lamellig sein. Bei manchen Arten sind sie zerrissen und bilden stachelförmige (irpexoide) Zähnchen. Die Röhrenschicht ist dünn bis dick und mehr oder weniger von der Huttrama abgegrenzt, aber nicht oder nur sehr schwer von dieser ablösbar. Die Huttrama und die Röhrentrama können

Verschiedene Porenformen. a rundlich, b eckig, c radial, d labyrinthisch (daedaloid), e lamellig (nach Jahn)

a *b* *c* *d* *e*

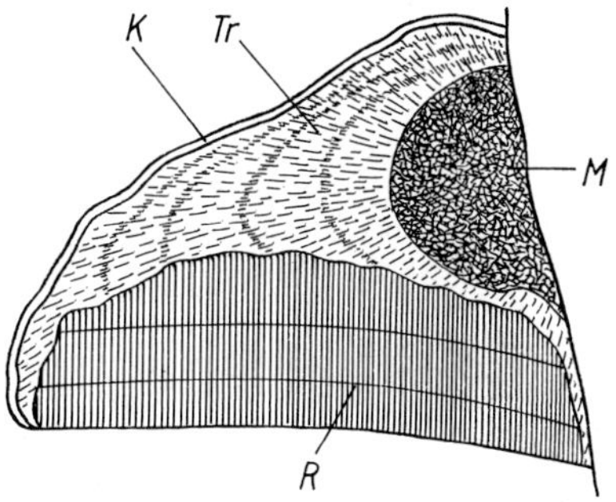

Schnitt durch einen Porlingsfruchtkörper. M Myzelialkern, Tr Trama, R Röhren (geschichtet), K Kruste (nach Jahn)

gleich gefärbt sein oder unterschiedliche Färbung aufweisen. Die Farbe der Trama reicht von Weiß über Gelb bis Dunkelbraun. Beim Anschneiden oder bei Berührung zeigen manche Arten einen Farbwechsel (z. B. Blauen, Röten).

Verschiedene Fruchtkörperformen bei der Familie Poriaceae. a krustenförmig, b krustenförmig-abgebogen, c konsolenförmig, d stielartig verschmälert, e exzentrisch gestielt, f zentral gestielt, g dachziegelartig

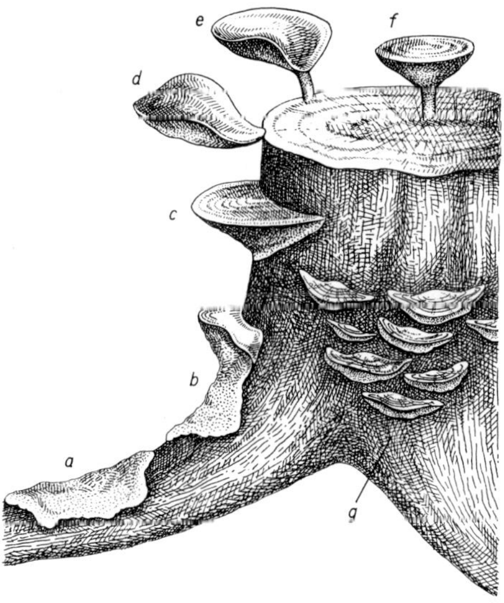

Bei der Fruchtkörperentwicklung entsteht oft zunächst ein Myzelialkern, auf dem sich die Huttrama und schließlich die Hymenophortrama entwickeln. Demnach befindet sich an der Basis das älteste Gewebe, während am Rand das jüngste Gewebe liegt. So können am basalen Teil die Poren bereits ausgereift sein und Sporen ausstreuen, während am Rand die Poren vielleicht gerade erst angelegt werden. Trifft der Rand des Fruchtkörpers auf ein Hindernis, z. B. einen Zweig, Grashalm o. ä. dann wird es umwachsen. Dadurch entsteht oft der Eindruck, als wären diese Pflanzen durch den Pilz hindurchgewachsen. Auch getrennt angelegte Fruchtkörper können beim Aufeinandertreffen miteinander verwachsen.

Die meisten Vertreter sind Saprophyten oder Parasiten an Holz und verursachen Braun- oder Weißfäule. Die saprophytischen Arten haben als Holzzersetzer bei der biologischen Rodung der Baumstümpfe und bei der Beseitigung des Fallholzes eine wichtige Bedeutung. Die Parasiten können vor allem in forstlichen Monokulturen bisweilen großen Schaden anrichten, aber auch in Obstplantagen sind sie gefürchtet.

Die Sporen sind meist farblos oder blaß gefärbt und nicht amyloid. Dunkelgefärbte Cystiden fehlen. Schnallen werden häufig gebildet.

Bei der Gattung *Poria*, den Porenschwämmen, sind die Fruchtkörper völlig resupinat oder haben höchstens wenig umgeschlagene Ränder. Sie bestehen meist nur aus einer dünnen Myzelschicht und der Porenschicht. Von den etwa 70 Arten, die in der Literatur beschrieben sind, stellen sicher einige nur resupinate Formen anderer Gattungen dar. Viele Arten dieser Gattung aus der älteren Literatur werden heute anderen Gattungen zugeordnet.

Das trifft auch für den Weißen Porenschwamm, *Antrodia sinuosa*, zu, der in der älteren Literatur als *Poria vaporaria* beschrieben wurde. Er kann in Gebäuden als Erreger einer Naßfäule großen Schaden anrichten, wächst aber auch im Freien sowie in Bergwerken und verursacht an Nadelholz Braunfäule. Für seine Entwicklung muß das Holz eine Anfangsfeuchtigkeit von etwa 40 % besitzen. Er bildet reichlich reinweißes Myzel aus. Die Myzelstränge werden bis 4 mm

Die Fruchtkörper der Striegeligen Tramete, *Trametes hirsuta*, haben Grashalme, die im Wege standen, umwachsen.

stark und sind nicht so brüchig wie beim Hausschwamm. Die gelblichen bis grauen Fruchtkörper bestehen fast nur aus den etwa 5 mm langen Röhren.

Den Veränderlichen Spaltporling, *Schizopora paradoxa*, findet man auch häufig unter dem Namen *Poria versipora*. Er überzieht im Freien abgefallene Laubholzäste mit schmutzigweißen, krustenförmigen Überzügen und verursacht eine starke Weißfäule.

Die von Fries 1835 aufgestellte Gattung *Trametes* umfaßte in Mitteleuropa etwa 25 Arten. Die meisten von ihnen wurden aber inzwischen in andere Gattungen überführt, so daß jetzt nur noch etwa 10 Arten hierher gehören.

Typisch für diese Gattung ist, daß die Röhren verschieden tief in die Huttrama eingesenkt sind und somit keine scharfe Grenze zwischen Huttrama und Hymenophortrama besteht. Die Mündungen der Röhren sind rund, eckig, länglich, lamellenförmig oder labyrinthartig (daedaloid). Die Hutsubstanz ist weiß oder hellbräunlich und von korkiger, lederartiger oder holziger Konsistenz. Die Fruchtkörper bilden Konsolen, die meist mit breiter Basis am Holz ansitzen, und können recht dauerhaft sein, haben aber keine geschichteten Röhren.

Die Gebuckelte Tramete, *Trametes gibbosa*, ist ein typischer Bewohner des Buchenwaldes. Die relativ flachen, bis zu 20 cm großen Konsolen weisen an der Ansatzstelle meist einen Buckel auf. Charakteristisch ist auch die grüne Färbung der an sich weißen Pilze, die auf der Besiedlung durch Algen beruht. Die Poren sind radial verlängert. Der Pilz ist Saprophyt an Baumstümpfen und kommt außer an der Buche an Linde, Roßkastanie, Hainbuche und anderen Laubhölzern vor. Die Verbreitung der Art liegt in Europa im Buchenareal. In Sibirien ist sie selten.

An Weiden wächst eine Tramete mit auffälligem Anisgeruch, die Anistramete, *Trametes suaveolens*. Die verhältnismäßig weichfleischigen, dicken, konsolenförmigen Pilze sind anfangs reinweiß und werden im Alter grau. Sie haben runde Poren.

Eine ebenso häufige wie variable Art ist der Schmetterlingsporling, *Trametes versicolor*, auch Bunte Tramete genannt. Die Fruchtkörper erscheinen immer in Reihen dachartig übereinander und können alte Baumstümpfe oder Äste und Zweige völlig einhüllen. Die unterseits weißen, engporigen, meist nur 5 mm dicken Pilze sind auf der Oberseite durch lebhaftgefärbte Zonen

Der Rötende Blätterwirrling, *Daedaleopsis confragosa*, ist vorwiegend Auwaldbewohner. Das Hymenophor besteht aus langgestreckten Poren oder ist auch fast blätterig.

bunt. Diese bunten Farben und das durch die haarige Oberseite verursachte Schillern geben dem Pilz in der Tat Ähnlichkeit mit einem Schmetterling. Der Rand ist meist sehr scharf, wenigstens bei älteren Exemplaren. Die Pilze verursachen Weißfäule. Während in Nordamerika der Pilz noch in Alaska gefunden wird, scheint seine nördliche Verbreitung in Europa mit der Nordgrenze des Buchenareals zusammenzufallen. Er besiedelt hier aber die verschiedensten Laubholzarten und tritt gelegentlich auch an Nadelholz auf.

In Nordeuropa tritt an seine Stelle der Zonenporling, *Trametes multicolor (= T. zonata)*, der oft mit *T. versicolor* verwechselt wird. Er unterscheidet sich vor allem durch die mattere Oberfläche, den gebuckelten Ansatz und die dickeren Fruchtkörper. Meist ist auch der Rand stumpfer als bei *T. versicolor. T. multicolor* wird in Europa nach Süden zu seltener und tritt im Norden an Birke auf.

Durch seine haarig-borstige Oberfläche fällt die Striegelige Tramete, *Trametes hirsuta*, auf. Das Hymenophor bildet bei diesem als Saprophyt an Laubholz sehr verbreiteten Pilz rundliche Poren. Die Oberseite ist durch verschiedene Zonen bunt mit hellbraunem Rand.

Ebenfalls eine haarig-zottige Oberfläche hat der Birkenblättling, *Lenzites betulina*, der aber auf der Unterseite ein fast lamellenförmiges Hymenophor besitzt. Die Fruchtkörper sind flache, halbkreisförmige, oberseits grau/bräunliche, unterseits schmutzig weißgelbliche Konsolen. Die Trama ist weiß. Hauptwirt ist die Birke, aber der Pilz wächst auch an Buche, Eiche, Linde und anderen Laubbäumen.

Eine ebenfalls haarige, aber im Alter meist verkahlende Oberseite hat die Einfarbige Tramete, *Cerrena unicolor.* Ihre Poren sind beinahe labyrinthartig und grau oder gelblichgrau. Die sehr dünnen Fruchtkörper wachsen dachziegelartig mit herablaufender Basis.

Der Eichenwirrling, *Daedalea quercina*, ist auf alte Eichenstubben spezialisiert. Die Substanz der frischen Fruchtkörper erinnert in Farbe und Konsistenz an Kork. Im Querschnitt sehen die Fruchtkörper fast dreieckig aus. Die Oberfläche ist oft konzentrisch gefurcht und fällt vom Rande nach der Basis ab. An der Basis wird der Pilz sehr dick. Die Fruchtkörper erscheinen meist zu mehreren am Stubben. Die Porenmündungen sind typisch wirr, labyrinthisch angeordnet – man nennt diese Porenform daedaloid. Obwohl der Pilz in der Regel als Saprophyt an Stümpfen lebt, wurde er auch schon in größeren Höhen an lebenden Stämmen beobachtet. Vermutlich tritt er dann als Wundparasit auf. Außer auf dem Hauptwirt, der Eiche, wurde er schon an *Castanea-*, *Fagus-*, *Fraxinus-*, *Juglans-*, *Populus-*, *Prunus-* und *Ulmus*-Arten registriert. Der Pilz ruft am Holz Braunfäule hervor. Die Verbreitungsgrenzen der Art liegen in der nördlichen gemäßigten Zone und decken sich mit dem Areal der Gattung *Quercus*.

Flache Fruchtkörper von *Daedalea quercina* können mit der Rötenden Tramete, *Daedaleopsis confragosa*, verwechselt werden. Bei ihr laufen die frischen Fruchtkörper bei Druck rötlich an. Die Porenmündungen sind enger als bei *Daedalea quercina* aber ebenfalls labyrinthisch oder sogar fast lamellig. Sie besiedelt Laubholz und tritt vor allem an Weiden, Erlen, Buchen, Birken und Eschen auf.

Die Gattung *Spongiporus* umfaßt in Mitteleuropa etwa 10 Arten, die meistens weiß oder gelblich sind. Bei Verletzung oder Druck reagieren viele mit Verfärbung, sie röten, blauen oder gilben. Auch im Alter treten diese Farben oft auf. Das Hutfleisch ist homogen und anfangs weich-saftig. Daher der Name Saftporling. Im Alter wird das Fleisch trocken-krümelig. Viele Arten haben einen säuerlich-bitterlich zusammenziehenden Geschmack. Die Poren sind klein und rundlich oder fast irpexoid. Diese Gattung ist hauptsächlich an Nadelholz zu finden. Bei den meisten Arten handelt es sich um Saprophyten.

An Fichtenstümpfen tritt der Blauende Saftporling, *Spongiporus caesius*, auf. Die kleinen bis mittelgroßen, anfangs weißen Pilze verfärben sich beim Anschneiden, aber auch im Alter kornblumenblau. Durch das Blauen und den Standort kann der Pilz kaum verwechselt werden. Die Art ist in Fichtenwäldern recht häufig, tritt jedoch auch an Lärchen und Kiefern auf. (Angaben über das Vorkommen an Laubholz beziehen sich sicher auf den ähnlichen *Spongiporus subcaesius*.)

Etwas Ähnlichkeit mit dem Blauenden Saftporling hat der Apfelbaumweichporling, *Aurantiporus fissilis*, der sich durch mehr rosalila oder violettbläuliche Verfärbung auszeichnet. Hauptwirt ist der Apfelbaum, an dem er als Parasit wächst. Weitere Wirte sind Birke, Weide, Pappel und Linde. Die anfangs weißen Konsolen werden wesentlich größer als bei *Spongiporus caesius* und im Alter rosa.

Eine ebenfalls fleischrosa bis violette Verfärbung kann man beim Rötenden Saftporling, *Leptoporus mollis*, beobachten. Die Oberfläche der Konsolen ist zuerst weichfilzig. Der Pilz wächst saprophytisch an Nadelholz und ist bei uns selten. Wahrscheinlich kommt er in Nordamerika häufiger vor, auch scheint er in Bergwäldern öfter anzutreffen zu sein als in der Ebene.

In Nadelwäldern der nördlichen Hemisphäre ist der Fleckende Saftporling, *Spongiporus fragilis*, weit verbreitet. In südlicheren Regionen tritt er wohl mehr in Gebirgswäldern auf. Er zeichnet sich durch eine braunrote fleckende, saftige Trama aus, die im jungen Zustand weiß ist. Im Alter ist der Pilz leicht brüchig. Der Herbe Saftporling, *Spongiporus stypticus*, hat fast unveränderliches, unerträglich zusammenziehend schmeckendes Fleisch. Als Substrat kommt nur Nadelholz in Frage, an dem er oft als Wundparasit wächst. An den befallenen Stämmen ruft er Weißfäule hervor.

Ebenfalls unveränderliches, aber mildes Fleisch hat der Milchweiße Saftporling, *Spongiporus tephroleucus (= T. lacteus)*. Er kommt in Mittel- und Nordeuropa vor, lebt an Laubholz, wie Buche, Birke sowie Weide, und erzeugt ebenfalls Weißfäule.

Die Gattung Schwammporling, *Spongipellis*, hat mit *Spongiporus* gemeinsame Merkmale, wie die weißen, fleischigen, konsolenförmigen Hüte, unterscheidet sich von dieser Gattung aber vor allem dadurch, daß das Gewebe des Hutes aus 2 Schichten unterschiedlicher Konsistenz besteht (Duplextrama). Die obere Schicht ist dichtfilzig oder schwammig-fleischig, während die untere, an die Röhren grenzende lederartig oder korkig ist. Durch die schwammige Konsistenz ist die obere Schicht in frischem Zustand meist mit Wasser vollgesogen. Beim Eintrocknen schrumpft diese Schicht sehr stark, und die Pilze sind dann recht hart. Die Poren sind rundlich eckig oder daedaloid. In

Die konsolenförmigen Fruchtkörper des Nördlichen Schwammporlings, *Climacocystis borealis*, wachsen meist zu mehreren etagenweise übereinander an Fichtenstümpfen.

Europa kommen 4 Arten vor, wobei in Mitteleuropa *Spongipellis spumeus* am häufigsten ist.

Auch der Nördliche Schwammporling, *Climacocystis borealis*, wurde früher zur Gattung *Spongipellis* gerechnet. Wie der Name besagt, findet man diesen Porling vor allem in Nordeuropa. In Schweden ist er ein häufiger Bewohner der Fichtenwälder, in den mittleren und südlichen Gebieten Europas hauptsächlich auf die Mittelgebirge und Alpen beschränkt. Im europäischen Teil der Sowjetunion und in Sibirien ist er seltener. Man kann diesen Pilz sowohl an Baumstümpfen als auch an toten Stämmen beobachten, aber er kommt auch als Parasit an lebenden Bäumen vor. Die anfangs weißen, später creme- bis ockerfarbenen, 5–15 cm breiten und 1–4 cm dicken, meist dachziegelartig übereinanderwachsenden Fruchtkörper weisen einen scharfen Rand auf. Die Oberseite ist frisch oft rauh behaart. Auch bei ihnen hat die Trama Duplexstruktur. Der Pilz wird manchmal mit *Spongiporus stypticus* verwechselt, von dem man ihn aber leicht auf Grund des milden Fleisches unterscheiden kann.

Der Laubholzschwammporling, *Spongipellis spumeus*, hat auffallenden Anisgeruch. Mit diesem Merkmal und dem Vorkommen an Laubholz ist er vom Nördlichen Schwammporling leicht zu unterscheiden. Die Fruchtkörper werden meist nicht so groß wie bei *Climacocystis borealis*. Der Laubholzschwammporling ist wahrscheinlich hauptsächlich in südlicheren Teilen Europas verbreitet. Gelegentlich wird er aber bei uns in Parks an Esche, Ahorn, Pappel und Ulme gefunden. Die Fruchtkörper erscheinen meist in größeren Höhen am Stamm lebender Bäume.

In Südeuropa tritt an Eichen *Spongipellis litschaueri* auf. Der Pilz zeichnet sich durch im Alter schwärzende Poren aus. Diese Art tritt auch im europäischen Teil der Sowjetunion auf, er ist aber selten. An Korkeichen in Tunesien wächst *Spongipellis suberis*.

Auch die Gattung *Heteroporus* hat Duplextrama. Von ihr gibt es in Mitteleuropa nur eine Art, *Heteroporus biennis*. Es ist ein sehr variabler Pilz, der am Grund von Baumstümpfen oder auf Holzstückchen am Erdboden wächst. Er besiedelt nur Laubholz und verursacht Weißfäule. Bei dem weißlichen Pilz ist das rötliche Anlaufen charakteristisch. Die Poren sind unregelmäßig eckig oder labyrinthartig und meist zerrissen. Eine sterile Form dieses Pilzes ist unter dem Namen *Ceriomyces terrestris* bekannt. Sie bildet knollenförmige Gebilde, an denen in kammerartigen Höhlungen Konidien gebildet werden. Diese sind 6–9 × 5–8 µm groß. Der Pilz ist Kosmopolit, aber bei uns selten.

Der Fruchtkörper der Gattung *Bjerkandera* hat ebenfalls Duplexstruktur. Über der Röhrenschicht befindet sich eine je nach Art mehr oder minder gut ausgeprägte, dünne, gelatinöse Schicht, die beim Schnitt durch den Fruchtkörper als dunkle Linie erkennbar wird. Zwei Arten zeichnen sich dadurch aus, daß ihre Fruchtkörper graue, braungraue oder schwärzliche Farben aufweisen.

Der Angebrannte Rauchporling, *Bjerkandera adusta*, ist im jungen Zustand schmutzigweiß. Die Fruchtkörper verfärben sich aber bald und sehen dann schwärzlich, wie angebrannt, aus. Der Hutrand bleibt meist weiß. Die Poren haben graue Mündungen, die ebenfalls bei Berührung schwärzen. Die Röhren sind grau und gegen das hellere Hutfleisch durch eine schmale, dunkle Linie abgegrenzt. Die Konsolen des seitlich am Holz ansitzenden Pilzes sind dünn. Sie erscheinen meist dachziegelartig übereinander an Laubholzstümpfen, selten auch an Nadelholz. Der Pilz ist in Mitteleuropa häufig.

Der Graugelbe Rauchporling, *Bjerkandera fumosa*, hat eine mehr braungraue Färbung, sonst ähnelt er aber der vorhergehenden Art sehr. Er ist in allen Teilen heller als *Bjerkandera adusta* und verfärbt sich bei Berührung nur bräunlich. Die Röhren haben die gleiche hellgraue Färbung wie die Huttrama. Zwischen beiden Schichten ist auch hier eine dunkelbraune Linie ausgeprägt. Der kräftigere Pilz als die vorgenannte Art, erzeugt wie diese Weißfäule an Laubholzstümpfen. Seine Verbreitung liegt in der nördlichen Hemisphäre.

Früher wurden beide *Bjerkandera*-Arten zur Gattung *Gloeoporus* gestellt. Aus dieser Gattung, die auch Duplextrama hat, soll nur der Zweifarbige Porling, *Gloeoporus dichrous*, erwähnt werden, der häufig auf alten Fruchtkörpern von *Hymenochaete*-Arten wächst, aber auch direkt am Holz vorkommt. Die Poren sind graurötlich oder fleischbräunlich, werden aber im Alter fast schwarz. Die Oberseite des Hutes ist dagegen in frischem Zustand fast weiß, wodurch der Pilz typisch zweifarbig aussieht. Die gelatinöse Röhrentrama läßt sich in frischem Zustand meist gut vom Hutfleisch ablösen. Der Pilz wächst an Laubholz, kommt aber in Mitteleuropa selten vor.

An Kiefernstümpfen wachsen die kleinen, orangeporigen Fruchtkörper vom Orangeporigen Knorpelporling, *Skeletocutis amorpha*. Die Hutoberseite ist reinweiß und filzig. Sie kontrastiert auch hier sehr deutlich gegen die Unterseite. Die Röhrentrama ist gelatinös und die Huttrama locker filzig.

Als eine weitere Gattung mit weißem Hutfleisch soll *Oxyporus*, Scharfporling, genannt werden. Die Scharfporlinge haben etwas Ähnlichkeit mit *Trametes*. Im Gegensatz zu diesen sind die Röhren aber deutlich geschichtet, d. h., es wird jedes Jahr auf der alten Röhrenschicht eine neue angelegt. Die wichtigste Art ist der Treppenförmige Scharfporling, *Oxyporus populinus*. Er wächst aber nicht nur an Pappeln (*Populus*-Arten), sondern auch an anderen Laubbäumen, wie Buche, Roßkastanie und Ahorn. Die Oberseite des konsolenförmigen Pilzes ist grauweiß filzig und bei älteren Exemplaren von Algen oft grün gefärbt wie bei *Trametes gibbosa*. Im Hymenium kommen Cystiden mit Kristallschopf vor. *Oxyporus ravidus* und *O. obducens* sind 2 in Mitteleuropa seltene Pilze.

Innerhalb der Gattung *Piptoporus* können die Fruchtkörper breit angewachsen sein oder einen kurzen, mehr oder weniger deutlichen Stiel aufweisen. Die Hutoberseite ist von einer dünnen, papierartigen Haut bedeckt. Es wird nur eine Röhrenschicht ausgebildet, und die Poren sind relativ eng, rundlich oder labyrinthartig. Das Hutfleisch ist weiß oder blaß gefärbt und sehr dick, weich und nicht faserig, sondern homogen.

Der Birkenporling, *Piptoporus betulinus*, hat sich hinsichtlich der Wirtspflanze stark spezialisiert und wächst nur an den verschiedenen Birkenarten. Er kann als Saprophyt und Parasit auftreten und verursacht intensive Braunfäule. In reinen Birkenwäldern wirkt er manchmal verheerend, aber wahrscheinlich nur dann, wenn die Birken durch schlechten Standort schwach entwickelt sind. Der Birkenporling bildet dicke kissenförmige Fruchtkörper mit meist stielartig verschmälerter Basis. Die Oberseite wird von einer braunen, dünnen Haut überzogen. Das Fleisch und die Röhren sind weiß, die Röhrenmündungen rundlich, eng. Das zersetzte Birkenholz ist braunfaul. Die befallenen Stämme brechen bald, und der Pilz entwikkelt sich dann an dem am Boden liegenden Holz weiter. *Piptoporus betulinus* ist im Birkenareal der nördlichen gemäßigten Zone beheimatet.

Auf Grund der monomitischen Röhrentrama wurde die Gattung *Buglossoporus* von *Piptoporus* abgetrennt. Die Huttrama ist aber auch hier dimitisch.

Der Eichenzungenporling, *Buglossoporus quercinus*, wurde früher auch zur Gattung *Piptoporus* gestellt. Er ist auf Eichen als Wirtsbäume spezialisiert und unterscheidet sich vom Birkenporling außer durch den Standort durch die mehr zungenförmige Gestalt. Die Hutoberseite ist braungelb. Die Oberfläche des seitlich gestielten Fruchtkör-

In Birkenwäldern kann der Birkenporling, *Piptoporus betulinus*, großen Schaden anrichten. Die abgestorbenen Stämme werden von Stürmen umgeworfen. Der Pilz entwickelt sich dann am liegenden Stamm weiter.

Der Echte Zunderschwamm, *Fomes fomentarius*, am Stamm einer Birke

pers ist jung fein behaart, später kahl und mit einer dünnen Haut überzogen. Das weiße Fleisch wird bei Druck und im Alter bräunlich. Der Eichenzungenporling wächst parasitisch und erscheint wie die Ochsenzunge, *Fistulina hepatica*, am Grund der Stämme. *Buglossoporus quercinus* ist selten.

Zu den auffälligsten Porlingen gehören die Schichtporlinge, die *Fomes*-Arten. Sie bilden ansehnliche Fruchtkörper mit im Alter geschichteten Röhren. Die Hutoberseite ist mit einer harzigen, in frischem Zustand oft lebhaftgefärbten und glänzenden Kruste bedeckt. Das Hutfleisch ist faserig, aber nicht fleischig, sondern korkig oder holzig und heller oder dunkler braun. Die einzelnen Röhrenschichten sind verhältnismäßig dick, die Poren klein bis mittelgroß.

Der Echte Zunderschwamm oder Feuerschwamm, *Fomes fomentarius*, hat typisch hutförmige Fruchtkörper mit scharfem Rand. Sie erreichen einen Durchmesser bis zu 50 cm und sind 25 cm dick. Die Oberseite ist von einer anfangs gelbbraunen, später schiefergrauen, 2 mm starken, harzigen Kruste überzogen. An der waagerechten oder schwach konkaven Hutunterseite befinden sich hellbräunliche Poren. Unter der harten Rinde ist die Huttrama weich faserig, wergartig. Der Echte Zunderschwamm wird oft mit anderen Porlingen verwechselt.

Der Falsche Zunderschwamm hat dunkelrotbraune Hutsubstanz, meist eine konvex gewölbte Hutunterseite und einen abgerundeten Rand. Die Trama des Abgeflachten Porlings ist ebenfalls dunkelbraun, aber nicht so weich wie beim Zunderschwamm. Auch der Rotrandige Schichtporling kann mit ihm verwechselt werden, zumal beim Zunderschwamm ebenfalls Formen mit rotrandiger Zuwachszone beobachtet wurden. Es gibt aber ein gutes Mittel, um beide zu unterscheiden. Erhitzt man die harzige Kruste mit einer Streichholzflamme, so kann man beobachten, daß die Kruste beim Rotrandigen Schichtporling schmilzt, beim Zunderschwamm aber nicht. Bei Behandlung mit Kalilauge löst sich die Kruste von *Fomes fomentarius* mit dunkelblutroter Färbung, die Kruste des Abgeflachten Porlings bildet aber eine nur gelbbraune Lösung.

Der Echte Zunderschwamm hatte früher sehr große Bedeutung. Vor der Erfindung der Zundhölzer spielte er im täglichen Leben eine wichtige Rolle, denn aus der weichen, wergartigen Trama des Pilzes wurde der Zunder hergestellt, der beim Feuerschlagen mit Stein und Stahl zum Auffangen des Funkens diente. Durch Blasen brachte man den Zunder dann zum Glühen und entzündete an ihm die Kienspäne. Zur Gewinnung des Zunders wurden die Röhrenschicht und die harte Huthaut entfernt und die wergartige Hutsubstanz durch klopfen weich gemacht. Um die Glimmfähigkeit zu erhöhen, tränkte man den Zunder oft noch mit Salpeter. Die Herstellung des Zunders war in diesen Zeiten ein Beruf. Die Wälder wurden von den Eigentümern zur Schwammgewinnung verpachtet. Gramberg schreibt, daß 1890 im Böhmerwald, Bayerischen Wald und Thüringer Wald jährlich etwa 1000 Zentner Zunder produziert wurden. Aber der Zunder fand nicht nur zum Feueranzünden Verwendung. Er spielte in jener Zeit auch zum Blutstillen eine wichtige Rolle. Außerdem wurden aus Zunder Hauben, Handschuhe und sogar Hosen hergestellt. Häufig findet man den Zunderschwamm noch im Naturschutzgebiet des Bodetales im Harz, im Thüringer Wald und im Naturschutzgebiet Plagefenn, Kreis Eberswalde, weil hier das Bruchholz und die durch Stürme, Blitzschlag und Alter geschädigten Bäume nicht beseitigt werden. Der Zunderschwamm ist kein echter Parasit, sondern tritt fast immer als Schwächeparasit auf. In gut durchforsteten Buchenwäldern trifft man ihn kaum an. Sicher ist auch die Buche als Hauptwirtsbaum im Rückgang begriffen, weil in letzter Zeit in der Forstwirtschaft die schnellwüchsigen Nadelbäume bevorzugt werden.

Die Fruchtkörper von *Fomes fomentarius* sind ausgesprochen geotropisch. Die Röhrenschichten zeigen am stehenden Stamm in Richtung der Längsachse des Stammes und wachsen dann, wenn der Baum umgestürzt ist, im rechten Winkel zur Baumachse weiter.

Von der Gattung *Fomes* werden die Arten mit heller Trama als Gattung *Fomitopsis* abgegliedert. Beim Rotrandigen Schichtporling, *Fomitopsis pinicola*, ist eigentlich gar nicht der Rand rot, sondern die Zone hinter dem Rand. Die jüngste Zuwachsschicht ist gelblichweiß, und die ältesten Schichten sind schwärzlich. Auf diese Weise sehen ältere, noch im Wachstum befindliche Pilze typisch dreifarbig aus. Die Poren sind blaßweißlich bis schwefelgelblich. Jahn schreibt, daß Fruchtkörper von *Fomitopsis pinicola* die Poren verschließen, wenn diese beim lebenden Pilz nicht mehr nach unten gerichtet sind. Es wird dann ein neuer Fruchtkörper in geotropisch richtiger Lage aus dem alten angelegt. Der Pilz wird auf der Oberseite von einer klebrigen, harzigen Kruste bedeckt. Das Hutfleisch ist weißgelblich bis holzgelb und härter als beim Zunderschwamm. Die Fruchtkörper können fast ebenso groß werden wie bei diesem und haben auch oft eine hufförmige Gestalt. Die Verbreitung von *Fomitopsis pinicola* ist in Mitteleuropa vorwiegend montan. Im Flachland kommt er seltener und dort meist an Laubbäumen vor. Er wird dann in Skandinavien wieder häufig. Im Mittelgebirge wächst er oft an Fichtenstümpfen und verursacht Braunfäule.

Ein in der Forstwirtschaft recht gefürchteter Pilz ist der Wurzelschichtporling, *Heterobasidion annosum*. Er kann in Fichtenforsten großen Schaden anrichten. Wie schon der Name andeutet, befällt er hauptsächlich die Wurzeln der Bäume. Er dringt aus dem Boden in die Fichte ein, wächst dann in die untersten Stammteile und bringt den Baum zum Absterben. Am Erdboden kann man im Fichtenwald oft Fruchtkörper von *Heterobasidion annosum* finden, die gänzlich resupinat wachsen. Derartige Pilze werden oft als *Poria*-Arten angesprochen. Die normal entwikkelten Fruchtkörper sind kalbkreisförmig und anfangs verhältnismäßig flach. Sie laufen im Gegensatz zu den Fruchtkörpern von *Fomes* und *Fomitopsis* oft an der Basis herab. Die Oberseite ist hell- oder dunkelbraun mit trockener Kruste, der Rand fast immer weiß wie die Unterseite und die Trama. Die Poren sind rundlich und klein, die Röhren bei älteren Exemplaren geschichtet. Dieser Pilz kommt sehr häufig vor und verursacht an Fichten eine typische Braunfäule, die als Ringfäule ausgebildet ist. Die Fruchtkörper erscheinen oft erst nach dem Fällen der Bäume. Dieser Pilz soll auch Konidien auf kurzen Sterigmen produzieren, die zur imperfekten Gattung *Oedocephalum* gehören. Außer der Fichte werden auch andere Nadelhölzer sowie Laubholz befallen.

Der Lärchenschwamm, *Laricifomes officinalis*, wurde bei uns noch nicht nachgewiesen. Seine Verbreitung liegt im natürlichen Areal der Lärche. In Sibirien ist er sehr häufig. In Nordamerika kommt er nur selten in den Lärchenbeständen der Rocky Mountains vor. In den östlichen und südlichen Staaten der USA scheint er zu fehlen. Die Fruchtkörper sehen hutförmig aus und können sehr alt werden. Aus Nordamerika wurde ein 50jähriger Pilz bekannt, der 35 cm hoch war. Es sind aber noch größere und ältere Exemplare aufgetreten. Sehr deutlich kann man an alten Pilzen die einzelnen Röhrenschichten erkennen. Die Trama des Hutes ist weiß, hart, aber brüchig und läßt sich im Alter leicht zerbröckeln. Sie hat einen bitteren Geschmack. Die weißen, eckigen Poren sind mit auffallend dicken Zwischenwänden versehen.

Früher spielte der Pilz in der Heilkunde eine Rolle und wurde in Apotheken unter dem Namen Agaricus albus oder Boletus laricis gehandelt. Man bezog ihn damals hauptsächlich aus dem nördlichen Rußland. Im Jahre 1879 wurden 8 000 kg dieser Droge von dort exportiert. Den Bestandteil, dem Wirksamkeit gegen übermäßige Schweißabsonderung zugesprochen wird, nennt man Agarizin. Es wurde durch Kochen in 90%igem Alkohol extrahiert. In Nordamerika verwendeten es die Indianer und ersten europäischen Siedler als Chininersatz. *Laricifomes officinalis* wächst an verschiedenen Lärchenarten, aber auch an Tannen, Fichten, *Tsuga* sowie *Pseudotsuga* und bildet Braunfäule.

Die Gattung *Ganoderma* umfaßt in Mitteleuropa etwa 7 Arten. Die Hauptverbreitung liegt in den Tropen, wo sie mit etwa 50 Arten vertreten ist. *Ganoderma*-Arten wachsen dort an verschiedenen Nutzpflanzen, wie Kaffee, Kakao, Tee und Kautschukbäumen. Die Fruchtkörper sind einjährig oder mehrjährig, deutlich gestielt oder seitlich ansitzend. Die Hutoberseite und, wo vorhanden, auch der Stiel mit einer glänzenden Kruste aus dickwandigen, palisadenartigen Zellen bedeckt. Die Hutsubstanz ist dunkelbraun, korkig oder faserig-holzig. Die Poren sind klein bis mittelgroß. Die Sporen unterscheiden sich von denen der übrigen Porlinge durch eine dicke Membran, die die Sporen sackartig einhüllt und einen Keimporus freiläßt. Die äußere Sporenmembran (Exospor) ist farblos, die innere Sporenmembran (Epispor) braun und mit stacheligen Skulpturen versehen.

Die Fruchtkörper des Glänzenden Lackporlings, *Ganoderma lucidum*, sind mit einer dicken Lackkruste bedeckt.

Als einer der schönsten Porlinge soll der Glänzende Lackporling, *Ganoderma lucidum*, genannt werden. Er wächst oft am Boden auf unterirdischen Holzteilen oder auch auf oder um morsche Baumstümpfe. Wo der Pilz einmal auftritt, kommt er meist regelmäßig im Herbst wieder. Der Hut wird von einer dicken, lackartigen Kruste bedeckt. Auch der Stiel, der bei am Boden wachsenden Exemplaren bis zu 25 cm lang werden kann, ist allseitig gelackt. Wenn sich der Pilz seitlich am Holz entwickelt, werden oft nur sehr kurze Stiele gebildet. Die schöne lackartige Kruste ist leuchtend rotbraun. Durch den Lacküberzug wirken die Fruchtkörper wie etwas Unbelebtes. Die Röhren sind ungeschichtet und haben weiße Mündungen. Der Hut wird 5–30 cm breit und 1–3 cm dick. Der Stiel sitzt immer seitlich am Hut.

Der Abgeflachte Lackporling, *Ganoderma lipsiense (= G. applanatum)*, kommt häufig vorwiegend an Laubholz als Saprophyt oder Parasit vor. Die typisch flachen Fruchtkörper bilden bis zu 75 cm breite Konsolen mit scharfem Rand und geschichteten Röhren. Die kleinen, rundlichen Poren sind weiß bereift. Die braune Oberseite ist meist höckerig oder konzentrisch gefurcht. Sie wirkt oft sehr matt, weil sie von den braunen Sporen bestäubt ist, die durch die Luftströmung aufgewirbelt und dort abgesetzt werden. Es wurde behauptet, daß die Sporen auf der Oberseite dort gebildete Koridien seien. Deckt man aber die Hutoberseite mit Papier ab, findet man zwar auf dem Papier Sporen, aber keine darunter.

Die Fruchtkörper des Abgeflachten Lackporlings bilden oft eigenartige, zitzen- oder kegelförmige Auswüchse von 5–10 mm Länge auf der Röhrenschicht. Diese Gebilde sind Gallen, die durch Larven der Zitzengallfliege, *Agathomyia wankowiczi*, hervorgerufen werden.

Außer *Ganoderma lipsiense* kommen bei uns *G. odispersum*, der Wulstige Lackporling, *G. resinaceum*, der Harzige Lackporling, *G. pfeifferi*, der Kupferrote Lackporling, und *G. carnosum*, der Dunkle Lackporling, vor.

Wegen der von den anderen Poriaceen abweichenden, doppelwandigen Sporen wird die Gattung *Ganoderma* meist in eine besondere Familie Ganodermataceae gestellt.

Die Weichporlinge, die *Hapalopilus*-Arten, sind einjährige Pilze mit farbigem Hutfleisch, die gestielt oder sitzend wachsen.

An abgefallenen oder abgestorbenen Laubholzästen ist der Nistende Weichporling, *Hapalopilus rutilans*, häufig zu beobachten. Die Pilze werden meist nur 3–8 cm groß, vor allem wenn sie an abgefallenen Ästen wachsen. Sie sind in allen Teilen zimtbraun. *H. rutilans* ist sicher daran zu erkennen, daß die Trama mit Kalilauge eine leuchtendviolette Färbung annimmt. Diese Färbung bleibt auch beim Trocknen erhalten. Sie beruht auf dem Gehalt des Pilzes an Polyporsäure, ein Diphenyldioxy-Chinon. (In Skandinavien und Dänemark werden Fruchtkörper verschiedener Pilzarten zum Färben von Wolle verwendet.) Als Wirtspflanzen des Nistenden Weichporlings kommen Eichen, Birken, Buchen, Pappeln und andere Laubbäume in Frage, an denen eine Weißfäule verursacht wird. Ähnlich ist der seltene Safrangelbe Porling, *Aurantioporus croceus*, der bei uns noch nicht nachgewiesen wurde. Er wächst nur an Eichen, und man findet ihn fast nur in Naturschutzgebieten. Die Fruchtkörper werden größer als bei der vorigen Art und sind orangegelblich. Mit Kalilauge ergibt das Hutfleisch keine violette Verfärbung.

Die *Gloeophyllum*-Arten zeichnen sich durch ein lamellenförmig-labyrinthartiges Hymenophor sowie dunkler gefärbtes Hutfleisch aus. In Mitteleuropa sind 4 Arten beheimatet.

Die häufigste Art ist der Zaunblättling, *Gloeophyllum sepiarium*. In den Mittelgebirgen findet man ihn oft an Nadelholzstümpfen. Er ist aber auch ein gefährlicher Holzzerstörer an im Freien verbautem Holz und kann an Brückengeländern, Telegraphenmasten und Zaunmaterial großen Schaden anrichten. Die Hüte sind oberseits orangerotbraun bis dunkelbraun und im Alter schwarz. Auf der Schnittfläche der Baumstümpfe entwickelt sich meist erst ein Myzelialkern, an dem dann kreis- oder halbkreisförmig der flache Hut gebildet wird. Das Hymenophor ist labyrinthartig bis fast lamellenförmig. Hauptsächlich nach dem Rand zu wird das Hymenophor mehr und mehr lamellenförmig. Die Hutsubstanz ist lebhaft dunkelrotbraun. An Stümpfen auf Kahlschlägen, die der Sonne ausgesetzt sind, trifft man die Art häufiger an als in geschlossenen Wäldern.

Der Tannenblättling, *Gloeophyllum abietinum*, ein dunkelschwarzbrauner Pilz, kommt auch an verarbeitetem Nadelholz vor. Die

Der Zaunblättling, *Gloeophyllum sepiarium*, bevorzugt Nadelholzstubben auf Kahlschlägen. Das Hymenophor ist besonders am Rand fast lamellenförmig ausgebildet.

Der Schwefelporling, *Laetiporus sulphureus*, ist in jungem Zustand ein guter Speisepilz. Als Parasit an verschiedenen Laubbäumen richtet er aber Schaden an.

Fruchtkörper sind dünnfleischiger als beim Zaunblättling. Das Hymenophor ist stets nahezu lamellenförmig. Die einzelnen Lamellen stehen weiter auseinander und sind dünner als bei *G. sepiarium*. Die Fruchtkörper bilden an Brückengeländern oder waagerechten Balken oft lange, resupinate, schmale Bänder.

Die dritte Art, der Balkenblättling, *Gloeophyllum trabeum*, ist seltener und bildet oft ein porenförmiges Hymenophor aus, kann aber auch Lamellen entwickeln. Die Trama ist nußbraun oder tabakbraun.

An alten Nadelholzstümpfen in feuchteren Wäldern findet man oft Pilze, die man bei erster Betrachtung für *Gloeophyllum sepiarium* halten möchte. Sie haben die gleiche Färbung wie dieser Pilz und bilden auch auf der Schnittfläche der Stümpfe zuerst knollenförmige Myzelklumpen. Aber selbst diese Stadien ohne jegliches Hymenophor lassen sich sofort vom Zaunblättling unterscheiden, da sie einen angenehmen, obst- oder fenchelartigen Geruch ausströmen. Es handelt sich um *Gloeophyllum odoratum*, die Fencheltramete. Der Pilz bildet wesentlich größere Fruchtkörper als der Zaunblättling, und das Hymenophor hat runde Poren. Er ist Braunfäuleerreger.

Die Gattung *Laetiporus* hat einjährige Fruchtkörper mit porigem Hymenophor. Die Fruchtkörper sind an der Basis konsolenartig angewachsen oder unten auch etwas stielartig verschmälert, ohne aber einen echten Stiel zu bilden. Die Trama ist dimitisch mit hyalinen Bindehyphen. Die Sporen sind hyalin, dünnwandig und nicht amyloid. Die Pilze verursachen Braunfäule.

Einzige Art bei uns ist der Schwefelporling, *Laetiporus sulphureus*. Er wächst als Parasit an den Stämmen verschiedener Laubhölzer. Häufig tritt er an Birn- und Kirschbäumen, Robinien, Weiden sowie Roßkastanien auf. Die Pilze erscheinen meist in einiger Höhe am Stamm. Sie sind ausgebreitet fächerförmig und stehen oft zu mehreren übereinander, wobei die einzelnen Konsolen an der Basis miteinander verbunden sind. Die Dicke der Fruchtkörper beträgt etwa 2–4 cm, die Breite 10–40 cm. Sie haben sehr feine Poren. Junge Fruchtkörper sind fleischig-saftig, im Alter werden sie aber trokken krümelig, und sie verfärben sich von Schwefelgelb bis Gelborange. *Laetiporus sulphureus* verursacht Braunfäule und ist einer der gefährlichsten Pilzparasiten an lebenden Laubbäumen. Die Grenze zwischen befallenem und unbefallenem Holz wird durch eine schwarze Linie markiert. Der Pilz bildet im Innern des Holzes oder an sterilen Fruchtkörpern Konidien aus. Die ersten Fruchtkörper erscheinen meist schon Ende April oder Anfang Mai. Junge Exemplare sind eßbar und eigenen sich, in Scheiben geschnitten, besonders zum Braten.

Gewisse Ähnlichkeit mit *Laetiporus* hat die Gattung *Meripilus*, die aber keine Braun-, sondern Weißfäule verursacht. Die Trama ist monomitisch. Die Sporen sind hyalin und nicht amyloid. Als einzige Art tritt bei uns der Riesenporling, *Meripilus giganteus*, auf. Er trägt seinen Namen nicht zu Unrecht, denn es wurden schon Fruchtkörper von 50 kg gefunden; 10 kg sind keine Seltenheit. Der Riesenporling ist ein leicht zu erkennender Pilz.

Die Hutoberseite ist gelbbraun, oft an die Farbe von überreifen Bananen erinnernd, die Unterseite weißgelblich und bei Druck schwärzend. Die faserig-fleischige Substanz schwärzt beim Anschneiden. Die Poren sind sehr fein und rund. Aus einem derben, stielartigen Strunk entwickeln sich viele dicht übereinanderstehende, fächerförmige Hüte von 1–3 cm Dicke und mit scharfem Rand. *Meripilus giganteus* ist ein typischer Buchenbegleiter, er tritt aber auch an Linde, Eiche, Roßkastanie und seltener an Nadelholz auf. Er ist fast ausschließlich Saprophyt und besiedelt vorwiegend Baumstümpfe, an denen man ihn bis zu ihrer völligen Zerstörung über viele Jahre beobachten kann.

Der Bergporling, *Bondarzewia montana*, unterscheidet sich vom Riesenporling mikroskopisch durch die stacheligen Sporen. Mit Jodjodkalium-Lösung färben sich die Stacheln violettschwarz, sie sind amyloid. *Bondarzewia montana* kommt vorwiegend in den Alpen und in Mittelgebirgen vor. Das Fleisch schwärzt nicht, ein weiterer Unterschied zum Riesenporling. Der Pilz wächst als Parasit an den Wurzeln alter Nadelbäume oder auch saprophytisch an Stubben. In Mitteleuropa erreicht er die Nordgrenze der Verbreitung. In südlicheren Gebieten kommt er von den Alpen über den Kaukasus bis nach Japan vor. Er ist aber sehr selten.

Die Gattung *Grifola* hat ebenfalls monomitische Trama. Bei ihr werden Fruchtkörper mit deutlichem Stiel gebildet. Den Laubporling, *Grifola frondosa*, findet man fast nur bei Eichen. Ein derber Strunk verzweigt sich wiederholt, und an den Enden der Zweige werden seitlich gestielte Hüte von 3–12 cm Breite gebildet. Die gesamten Fruchtkörper sind sehr groß, bis 50 cm breit und können bis 20 kg wiegen. Die oberseits braungrauen, unterseits weißen Hüte haben enge, rundliche Poren. Das Hymenophor läuft weit am Stiel herab. Der Laubporling ist in manchen Gegenden nicht selten und kann in Laubwäldern als gefährlicher Baumparasit großen Schaden anrichten. Nach dem Fällen der Bäume wächst er auch noch an den Baumstümpfen weiter. Die Pilze bilden im Boden große, klumpenförmige Sklerotien. Eine Form dieses Pilzes mit kleinen, spatelförmigen Hüten wird zuweilen als forma *intybacea* oder als eigene Art betrachtet. Ältere Fruchtkörper von Grifola frondosa verursachen beim Schütteln durch Aneinanderschlagen der Hüte ein klapperndes Geräusch, weshalb der Pilz auch Klapperschwamm genannt wird.

In gleicher Umgebung kommt noch ein ähnlicher Pilz vor, der Eichhase, *Polyporus umbellatus*. Er entwickelt sich ebenfalls aus einem schwarzbraunen Sklerotium im Erdboden. Zunächst bildet er auch einen derben Strunk, der sich über dem Erdboden in viele Äste verzweigt. An den Enden der Zweige sitzen die gelappten rundlichen Hüte von 1–5 cm Durchmesser. Der Durchmesser des ganzen Pilzes kann bis zu 30 cm betragen. Die Oberseite der Hüte ist hellbraun bis haselbraun. Strunk und Hutunterseite sind weiß. Die Röhren befinden sich auf der Hutunterseite und laufen etwas am Stiel herab. Sie sind sehr eng und kurz. Das Fleisch dieses Pilzes ist jung weich und saftig, im Alter wird es zäh und faserig-brüchig. Junge Pilze sind eßbar und werden von Pilzsammlern sehr geschätzt. Es wurden schon 4 kg schwere Exemplare gesammelt. Der Eichhase wächst in schattigen Wäldern neben alten Eichen, Buchen und anderen Laubbäumen, mit denen sein Myzel in Verbindung steht. Er ist nirgends häufig.

Es soll hier noch ein Pilz mit porlingsartigem Habitus angeführt werden, der eine isolierte Stellung einnimmt und mit den Porlingen sicher nichts zu tun hat. Der Leberpilz, *Fistulina hepatica*, hat Röhren, deren Wände nicht fest miteinander verwachsen sind wie bei den Poriaceen. Diese Röhren entwickeln sich aus getrennten, warzenartigen Anlagen, die zu kurzen Stiftchen heranwachsen. Bei der Sporenreife öffnen sie sich an der Spitze und werden zu Röhren. Die Fruchtkörper entwickeln sich meist zungen- oder nierenförmig an der Basis lebender Eichenstämme. Die blutrote bis braunrote Hutsubstanz ist saftig-fleischig. Im Längsschnitt durch den Fruchtkörper erscheint sie faserig gezont. Sie sieht dem Rindfleisch sehr ähnlich. Der Geschmack ist säuerlich, im Alter auch herb. Die kurzlebigen Fruchtkörper verfaulen sehr bald. Sie werden 10–30 cm lang, ebenso breit und 3–6 cm dick. Die Röhrenmündungen sind blaßgelb und nehmen bei Druck die braunrote Farbe des Hutes an. Obwohl meist nur lebende Bäume befallen werden, scheint

Der Riesenporling, *Meripilus giganteus*, tritt als Saprophyt an Laubholzstubben auf, die er im Laufe der Jahre völlig abbaut.

der Pilz keinen großen Schaden anzurichten, da das Holz nur sehr langsam zersetzt wird. Außer der Eiche als Hauptwirtsbaum werden gelegentlich auch Buchen, Edelkastanien und andere Laubbäume befallen. Junge Pilze sind eßbar, ältere herb und schwer verdaulich.

Die Gattung *Fistulina* kommt in Europa mit nur einer Art vor. Wegen ihrer isolierten Stellung in bezug auf andere Porlinge stellt man sie am besten in die eigene Familie Fistulinaceae. Doch ist man sich noch nicht sicher, wo man diese Familie anschließen soll.

Mit den Fleischporlingen, *Albatrellus*-Arten, kommen wir zu Porlingen, die habituell an Röhrlinge (Boletaceae) erinnern. Die meist zentralgestielten Fruchtkörper sind weichfleischig und wachsen auf dem Erdboden. Die Röhrenschicht ist deutlich vom Hutfleisch abgegrenzt, aber nur schwer von diesem ablösbar. Die Sporen sind hyalin, glatt und nicht amyloid. Die Gattung *Albatrellus* scheint entwicklungsgeschichtlich mehr mit den Hydnaceen verbunden zu sein als mit den Poriaceen.

Der Schafporling, *Albatrellus ovinus*, bildet 5–10 cm große, zentral gestielte Hüte, deren graugelbliche oder blaßbräunliche Oberfläche wellig verbogen und im Alter rissig-felderig ist. Die anfangs weißen, später gelblichen Röhren sind nur 1–3 mm lang und laufen am Stiel herab. Dieser ist 3–5 cm lang und bis zu 3 cm dick, voll und brüchig. Den Schafporling finden wir im Nadelwald, aber er zeigt in den letzten Jahrzehnten eine starke Rückgangstendenz. Wo er auftritt, erscheint er meist in Gruppen.

Der Semmelporling, *Albatrellus confluens*, erinnert, von oben gesehen, an den Semmelstoppelpilz, hat aber auf der Hutunterseite weißliche Poren. Im Gegensatz zum Schafporling sind bei ihm die Stiele der einzelnen Hüte nicht miteinander verwachsen. Der Pilz wird etwa ebenso groß wie der Schafporling. Im Alter ist das Fleisch meist bitter. Auch dieser Pilz wurde in letzter Zeit seltener. Er tritt in sandigen Gebirgsnadelwäldern auf.

Beim Ziegelfußporling, *Albatrellus pes-caprae*, ist die Hutoberseite braun und filzigschuppig. Die Poren sind weiter als bei den beiden vorhergehenden Arten. Der Pilz kommt in Nadelwäldern der Gebirge und Mittelgebirge vor, ist aber ebenfalls selten. Schließlich sei noch der ungenießbare Grüne Kammporling, *Albatrellus cristatus*, erwähnt. Sein Hut ist olivgrün und samtig. Wie bei *A. confluens* neigen die einzelnen Hüte dazu, miteinander zu verwachsen.

Den Grauen Rußporling, *Boletopsis leucomelaena*, kann man an der düsteren Färbung des Hutes erkennen. Die Röhren sind weiß und sehr kurz. Das Fleisch rötet schwach. Der Pilz wächst in Nadelwäldern am Boden. Obwohl er äußerlich den *Albatrellus*-Arten ähnelt, gehört er zu den Thelephoraceen.

Familie Polyporaceae

Die oben behandelten *Albatrellus*-Arten und die *Polyporus*-Arten sehen sich sehr ähnlich, so daß die Frage berechtigt scheint, warum man beide Gattungen in verschiedene Familien stellt. Doch jedem Pilzsammler ist sicher schon aufgefallen, daß in Fruchtkörpern von Porlingen Äste, Grashalme, Blätter und dergleichen eingewachsen sind. Dabei kann man die Beobachtung machen, daß diese Erscheinung auf bestimmte Gattungen beschränkt bleibt. Häufig findet man eingewachsene Zweige und Halme bei den konsolenförmigen Fruchtkörpern der Poriaceen, doch auch bei Arten der Gattung *Albatrellus*. Man findet sie aber nicht bei den Vertretern der Gattung *Polyporus*. Woran liegt das? Beschäftigt man sich etwas mehr mit dem Wachstum der Pilzfruchtkörper, kann man feststellen, daß z. B. bei den Gattungen *Trametes* oder *Albatrellus* am gleichen Fruchtkörper verschieden altes Gewebe angetroffen wird. Während das Gewebe des Stieles oder auch der Röhren um den Stiel herum völlig ausdifferenziert ist, entsteht durch Weiterwachsen der Hyphen am Hutrand ständig neues Gewebe. Trifft der Pilz auf ein Hindernis, wachsen die Hyphen um dieses herum. Ganz anders aber ist das Wachstum bei der Gattung *Polyporus* oder auch *Boletus*. Die Fruchtkörper werden hier ganz fertig angelegt. Sie sind dann zwar noch sehr klein, aber alle Elemente sind im wesentlichen schon vorhanden. Das weitere Wachstum beruht dann fast nur noch in der Aufnahme von Wasser und damit verbunden, einer Streckung der Zellen. Deshalb schießen solche Pilze nach einem Regen auch so schnell aus dem Boden. Trifft ein solcher Pilz bei der Streckung auf ein Hindernis, so wird dieses nicht umwachsen, sondern weggeschoben, oder der Pilz drückt sich am Hindernis ein. Mit dieser Wachstumsweise steht die Gattung *Polyporus* den Blätterpilzen und Röhrlingen näher als den Porlingen.

Auch in anatomischer Hinsicht besteht zwischen *Polyporus*-Arten und manchen Blätterpilzen größere Übereinstimmung als zwischen *Polyporus*-Arten und Poriaceen.

Wenn auch äußeren Erscheinungen heute nicht mehr so hoher Wert bei der Einteilung der Pilze beigemessen wird wie früher, so sei doch darauf aufmerksam gemacht, daß sich manche Blätterpilze und Porlingsarten sehr ähnlich sind. Ein derartiges Paar bilden der Schuppenporling, *Polyporus squamosus*, und der Schuppige Sägeblättling, *Lentinus lepideus*. Beide haben einen braunschuppigen Hut mit exzentrischem Stiel. Erst durch Umdrehen des Hutes kann man entscheiden, welcher von beiden Pilzen vorliegt. Beide stimmen auch in der zähfleischigen Konsistenz der Fruchtkörper überein. Selbst die Sporen beider Arten haben etwa gleiche Größe. Sie unterscheiden sich lediglich dadurch, daß *Polyporus squamosus* ein weitporiges Hymenophor besitzt, während *Lentinus lepideus* Lamellen hat. In modernen Systemen werden deshalb beide Arten in die Familie Polyporaceae gestellt.

Die Gattung Stielporling, *Polyporus*, kommt mit etwa 10 Arten in Mitteleuropa vor. Es entwickeln sich einjährig, zentral, exzentrisch oder seitlich gestielte Fruchtkörper. Diese sind fleischig bis faserig zäh und im Alter oft sehr hart. Das Fleisch ist weiß, das Hymenophor eng- oder weitporig. Die Mündungen sind rund, eckig, langgestreckt oder fast wabenförmig, die Sporen farblos, glatt und nicht amyloid. Die Pilze wachsen an Holz oder anderen Pflanzenteilen.

Der auffälligste Vertreter ist der bereits erwähnte Schuppenporling, *Polyporus squamosus*, mit seitlich gestielten, bis über 50 cm breiten Fruchtkörpern. Durch die braunschuppige Oberseite und den seitlichen Stiel sowie die sehr weiten Poren ist dieser Pilz gut charakterisiert. Die Röhren sind kurz und haben eckige, langgezogene, blaßgelbliche Mündungen. Der Stiel ist an der Basis schwarz. Der Schuppenporling erscheint von Mai bis Oktober an verschiedenen Laubhölzern. Er wächst auch als Parasit, und die

Der Schuppenporling, *Polyporus squamosus*, ist ein gefährlicher Baumparasit, der aber nach dem Absterben der Bäume noch an Baumstümpfen weiterwächst.

Fruchtkörper erscheinen oft in großer Höhe am Stamm. Der Pilz verursacht eine intensive Weißfäule, wobei die befallenen Bäume bald zum Absterben gebracht werden. Man kann den Pilz häufig an großen Bäumen in Parks oder entlang von Bächen und Flüssen beobachten. Häufige Wirtspflanzen sind Linde, Pappel und Weide. Er wächst aber auch saprophytisch an Baumstümpfen. Die Fruchtkörper erscheinen dann meist auf der Schnittfläche und werden nicht so groß wie an lebendem Holz. Junge Pilze sind eßbar, aber sie werden bald zäh.

Außer *Polyporus squamosus* haben auch *Polyporus varius, P. badius, P. melanopus, P. tuberaster* und *P. rhizophilus* einen schwarzen Stiel oder zumindest eine schwarze Stielbasis. Man nennt sie deshalb Schwarzfußporlinge *(Melanopus)*.

Der Veränderliche Porling, *Polyporus varius*, bleibt wesentlich kleiner als der Schuppenporling. Der exzentrische oder zentrisch gestielte, oberseits braungelbe Hut wird 3–10 cm breit. Die Poren sind zimtgelb. Die Hutsubstanz ist nur anfangs fleischig und wird bald sehr hart. Der ungenießbare Pilz kommt nicht selten an verschiedenen Laubbäumen vor.

Auf Wurzeln von Laubhölzern oder auf im Boden vergrabenem Holz kommt der Schwarzfußporling, *Polyporus melanopus*, vor. Er ist nicht häufig, und manche Fundangaben betreffen sicher andere Schwarzfußporlinge, wie *Polyporus badius (= P. picipes)* oder *P. varius*. Charakteristisch für *P. melanopus* ist, daß er am Boden in der Nähe von Bäumen oder Baumstümpfen erscheint. Der anfangs feinsamtige Hut verkahlt später und weist in frischem Zustand typische Wasserflecke auf.

Arten mit weißlich blassem Stiel sind *Polyporus brumalis, P. arcularius, P. mori* und *P. ciliatus*. Von diesen 4 Arten hat *Polyporus ciliatus* mit kaum 0,5 mm Durchmesser die engsten Poren. Bei *P. brumalis* haben sie bis zu 1 mm Durchmesser. *P. arcularius* besitzt bis zu 2 mm lange, typisch rhombische Mündungen. Am weitesten sind die Poren bei *P. mori (= P. alveolarius)*, wo sie fast wabenförmig und 2 × 1 bis 5 × 2,5 mm groß sind. Dieser Wabenporling ist in Europa vorwiegend in südlicheren Ländern verbreitet. Auch in Nordamerika beschränkt sich sein Vorkommen auf den Süden. Die 3 übrigen Arten sind kleinere, mehr oder weniger zentralgestielte Pilze mit 2–10 cm Hutdurchmesser. Meist besiedeln sie abgefallene Äste. Sie unterscheiden sich voneinander hauptsächlich durch die Porenweite. Die Hüte sind bei allen braun.

Noch weiter als bei *Polyporus arcularius* sind die Poren beim Wabenporling, *Polyporus mori*. Der Pilz wurde in Südmähren gefunden.

Ein interessanter Vertreter der Gattung ist *Polyporus tuberaster*, der sich aus einem unterirdischen Pseudosklerotium entwickelt. Das Myzel bildet im Boden feste Klumpen und schließt dabei Bodenpartikeln mit ein. Es entstehen tuffsteinähnliche Massen von mehr als Kopfgröße. Diese Pseudosklerotien wurden früher in Italien, wo er häufig vorkommt, gehandelt. Man bezeichnete sie als pietra fungaia (Pilzstein). Bringt man das Sklerotium in den Keller und hält es feucht, entwickeln sich daran Fruchtkörper, die geerntet und gegessen werden können. Die Ernte kann in bestimmten Abständen über mehrere Jahre erfolgen. Goethe lernte diese Pilze auf seinen Italienreisen kennen, hatte aber keinen Erfolg mit der Kultur. In den letzten Jahren konnte dieser Pilz auch bei uns im Bodetal, bei Bad Lauchstädt und in der Nähe von Dessau gefunden werden. Die Fruchtkörper von *Polyporus tuberaster* sind rund bis nierenförmig und werden meistens etwa 10 cm groß, manchmal auch größer. Die Oberseite ist radialfaserig. Bei vollentwickelten Pilzen sind die Poren wabenförmig und sehr groß.

Mit der Gattung Sägeblättling, *Lentinus*, kommen wir zu Blätterpilzen mit zähfleischigen, zentral oder exzentrisch gestielten Fruchtkörpern. Die Lamellenschneide ist grob gesägt. Die Sporen sind farblos, nicht amyloid. Alle 3 Arten der Gattung sind Holzbewohner. Der Schuppige Sägeblättling, *Lentinus lepideus*, ist seitlich gestielt, wobei der Stiel ebenso wie beim Schuppenporling nach der Basis zu schwarzbraun wird. Die Oberfläche des bis zu 15 cm breiten Hutes ist angedrückt braunschuppig. Die gelbweißlichen Blätter sind grob gesägt. *Lentinus lepideus* ist Nadelholzbewohner und wächst auch häufig an verarbeitetem Nadelholz. Man findet ihn oft auf kiefernen Eisenbahnschwellen. Auch in Bergwerken tritt er an Grubenholz auf. Im Dunkeln werden abnorme, monströse, geweihförmige Fruchtkörper ohne fertile Hüte gebildet. Der Pilz ist ungenießbar.

Der Getigerte Sägeblättling, *Lentinus tigrinus*, ähnelt *Lentinus lepideus*. Die schwärzlichen Schuppen auf der Hutoberseite stehen entfernt, der Hut ist dünnfleischiger. Man findet den Pilz an Laubholz (Weiden, Pappeln, Apfelbäumen), aber er ist selten.

Große Bedeutung hat ein Pilz, der in der Literatur meist noch unter dem Namen *Lentinus edodes* geführt wird, nach den neuesten Nomenklaturregeln jedoch den Namen *Lentinula edodes* trägt. Diesen Pilz kultiviert man in Japan schon seit mehr als 2000 Jahren. Er wird dort Shiitake genannt. Shii ist die japanische Bezeichnung für den Pasaniabaum *(Pasania cuspidata)*, und take heißt Pilz. Als Substrat für die Kultur wird aber nicht nur Holz der Pasanie verwendet, sondern auch das von Edelkastanie, Eiche, Buche, Erle und der Japanischen Hainbuche *(Carpinus laxiflora)*. Man benutzt Stämme und Äste von 5–15 cm Stärke. Die gefällten Bäume werden 2–4 Wochen liegengelassen, ehe man sie in 1- bis 1,5-m-Stücke zersägt. Das zu beimpfende Holz soll eine Anfangsfeuchtigkeit von 40–50 % haben. Als Brut wird entweder beimpftes Sägemehl mit Zusatz von Reiskleie, oder es werden keilförmige, vom Myzel durchwucherte Holzstücke verwendet. Die lose Brut bringt man in Bohrlöcher ein. Werden Holzkeile als Impfmaterial verwendet, treibt man diese in Holzspalten ein. Die einzelnen Impfstellen sollen nicht zu weit auseinander liegen, damit das Holz schnell durchwachsen wird. Nach dem Beimpfen werden die Stammstücke bündelweise zu-

An abgefallenen Ästen von Laubbäumen findet man vorwiegend im Frühjahr den Weitlöcherigen Porling, *Polyporus arcularius*.

Der Shiitake, *Lentinula edodes*, ist nach dem Kulturchampignon der meistangebaute Speisepilz. Die abgebildeten Fruchtkörper entwickelten sich auf sterilisierten Laubholzspänen.

sammengestellt und mit Strohmatten gegen zu starke Verdunstung geschützt. Die Beimpfung nimmt man im Spätherbst oder Frühjahr vor. Im Sommer werden die Knüppel dann in lichten Wäldern schräg auf den Boden geschichtet. Dort bleiben sie 1–2 Sommer liegen. Im 3. Jahr, wenn die Fruchtkörperbildung zu erwarten ist, lehnt man die Hölzer wieder senkrecht an besondere Gestelle. Nun sollen sie etwas feuchter stehen. Die optimale Luftfeuchtigkeit liegt bei 70–80 %, die Temperatur zwischen 12 und 20 °C. Es wird zweimal im Jahr geerntet, im Frühjahr und im Herbst.

Die Fruchtkörper sind meist exzentrisch gestielt. Der Hut ist hell- oder dunkelbraun mit eingewachsenen Schüppchen, der Rand anfangs eingerollt. Die weißlichen bis gelblichen Lamellen besitzen eine gesägte Schneide. Im Alter sind sie oft braunfleckig. Der Stiel ist heller als der Hut und faserschuppig. Er hat anfangs ein schleierartiges Velum. Der knoblauchartige Geschmack der Pilze ähnelt dem beim Mousseron. Das Fleisch ist relativ zäh. Ein großer Teil der Ernte wird getrocknet und in diesem Zustand auch exportiert.

Die Gattung Knäuelinge, *Panus*, unterscheidet sich von *Lentinus* durch die nicht oder nur schwach gesägte Lamellenschneide. Die zähfleischigen Fruchtkörper sind seitlich kurz gestielt, die Sporen farblos und nicht amyloid.

Die Fruchtkörper des Birkenknäuelings, *Panus conchatus*, findet man häufig an Buchenstümpfen oder Birken, aber auch an anderen Laubhölzern. Sie sind fleischig- oder violettrötlich und wachsen meist büschelig. Das Fleisch ist zählederig und ungenießbar.

Die Gattung *Pleurotus* weist ebenfalls Arten mit seitlichem oder exzentrischem Stiel auf. Die Pilze werden deshalb Seitlinge genannt. Die Lamellenschneide ist nicht gesägt. Die Sporen sind hyalin und nicht amyloid.

Die wichtigste Art ist der Austernseitling, *Pleurotus ostreatus*. Seine seitlich gestielten Fruchtkörper erscheinen immer zu mehreren übereinander, muschel- oder zungenförmig. Die Huthaut ist grau, schiefergrau, graublau oder graugrünlich. Bisweilen werden auf Grund der verschiedenen Farben Varietäten unterschieden. Die Lamellen sind weiß und laufen am Stiel herab; dieser ist meist sehr kurz. Die Austernseitling wächst an verschiedenen Laubbäumen, z .B. Weiden, Pappeln, Buchen, Birken und Roßkastanien. Er erscheint meist sehr spät im Jahr und kann in milden Wintern noch im Dezember und Januar ·gefunden werden. Das Fleisch der Pilze ist zwar recht fest, aber sehr schmackhaft. Deshalb hat man versucht, diesen Pilz zu kultivieren. Die ersten großen Kulturversuche wurden in Ungarn durchgeführt. Aber auch bei uns beimpft man vor allem Stammstücke von Pappeln mit dem Myzel des Pilzes und verkauft sie nach dem Durchwachsen. Die beimpften Hölzer werden an schattigen Stellen z. T. in die Erde eingegraben, um sie vor dem Austrocknen zu schützen. Die Kulturen bringen, bis das Holz zerstört ist, mehrere Jahre Ertrag. Neben Holz wird auch Stroh als Substrat für die Kultivierung des Austernseitlings verwendet.

Beim Berindeten Seitling, *Pleurotus dryinus*, erscheinen die Fruchtkörper oft in Asthöhlen doer Rissen in der Borke von Laubbäumen. Als wichtigste Wirtsbäume sollen Birke, Buche, Pappel, Eiche und Esche genannt werden. Seltener erscheint er auch an Nadelholz. Der Hut ist meist exzentrisch gestielt, auf der Oberseite anfangs weiß, dann meist graugelb. Bei jungen Pilzen rollt sich der Hutrand etwas ein. Die Lamellen laufen am Stiel herab und sind weißlich, im Alter gelblich. Der Stiel ist durch die Verlängerung einiger Lamellen netzartig überzogen.

Bei *Pleurotus calyptratus* sind die Lamellen von einem Häutchen (Velum) bedeckt. Der Pilz ist grau. Er wurde aber bei uns noch nicht gefunden. Man findet ihn selten in der Slowakei. Auch bei *Pleurotus dryinus* kann in frühen Stadien ein Velum vorhanden sein.

Auf Nadelholz sind selten die orangefarbenen, muschelförmigen Fruchtkörper des Orangeseitlings, *Phyllotopsis nidulans*, anzutreffen. Dieser Pilz hat ein rosa Sporenpulver. Die Gattung ist in Europa nur mit dieser einen Art vertreten.

Seitlingsartige Fruchtkörper weist auch der Spaltblättling, *Schizophyllum commune*, auf. Die kleinen, weißen Pilze mit welligem Rand und filziger Oberseite findet man häufiger an lagernden Stämmen oder toten Zweigen. Die Lamellen sind an der Schneide gespalten. Bei Trockenheit biegen sich die freien Hälften der Lamellen zur Seite und berühren sich mit den benachbarten Lamellen, wodurch wahrscheinlich das Hymenium vor dem Austrocknen geschützt werden soll. Die Pilze wachsen oft auf Holz, das starker Besonnung ausgesetzt ist. *Schizophyllum commune* verursacht Weißfäule an lebenden und frisch gefällten Laub- und Nadelholzstämmen. Die Pilze bedecken das Holz herdenweise.

Der Austernseitling, *Pleurotus ostreatus*, ist ein Pilz der kalten Jahreszeit. Hier ist er von einem Schneeschauer überrascht worden.

Ordnung Boletales

In der Ordnung Boletales werden die Familien Strobilomycetaceae, Boletaceae, Paxillaceae und Gomphidiaceae zusammengefaßt. Das Hymenophor ist morphologisch sehr unterschiedlich und kann sowohl lamellenförmig als auch röhrig ausgebildet sein. Röhriges und lamellenförmiges Hymenophor sind keine unüberbrückbaren Gegensätze. Übergänge zwischen Lamellen und Röhren gibt es auch außerhalb der Boletaceen, z. B. bei den Tricholomataceen, bei denen man an tropischen Vertretern *(Phlebomycena madecassensis)* alle Zwischenstufen von Lamellen, über anastomosierende Lamellen bis zu Röhren, beobachten kann. Auch die Gattung *Mycenoporella* würde man, wenn man nur das Hymenophor in Betracht zieht, zu den Boletaceen stellen müssen. Dieser Pilz hat auf der Hutunterseite gut ausgebildete Poren, die überhaupt keine Ähnlichkeit mehr mit Lamellen aufweisen. Diese poroiden Pilze unterscheiden sich aber in anatomischen Merkmalen von den Boletaceen und stimmen in diesen mit den Tricholomataceen überein.

Gemeinsames Merkmal der 4 Familien der Boletalen ist die bilaterale Trama, bei der die Hyphen von der Mitte der Lamellen- oder Röhrenwand nach außen wachsen. Röhren und Lamellen lassen sich verhältnismäßig leicht vom Hutfleisch ablösen. Das Sporenpulver ist bei primitiveren Gattungen sehr hell, bei den meisten Gattungen aber braun, olivbraun bis fast schwarz.

Die Boletalen können nach Lohwag von den Secotiaceen abgeleitet werden, Pilzen mit geschlossenen, gasteralen Fruchtkörpern, die ihre Sporen nicht aktiv abschleudern. Von derartigen Vorfahren soll die Entwicklung zu den Boletalen und Agaricalen geführt haben. Andere Theorien leiten die Boletalen von Porlingen ab. Eine dritte Möglichkeit sehen andere Mykologen in der Ableitung von Blätterpilzen. Keine der 3 Theorien kann z. Z. bewiesen werden. Die meisten Anhänger hat die erste Theorie. Sie geht von *Gasteroboletus* aus, einem von Lohwag aus China beschriebenen Pilz. Bei *Gasteroboletus* ist die Röhrenschicht während der Reife im Fruchtkörper eingeschlossen. Die Sporen reifen wie bei den Gasteromyceten im Innern der Fruchtkörper. Nach dieser Theorie müßte die Fähigkeit zur aktiven Abschleuderung der Sporen mehrmals parallel entstanden sein.

Mykorrhizaverbindung. Frk Fruchtkörper, Bw Baumwurzel, M Myzel

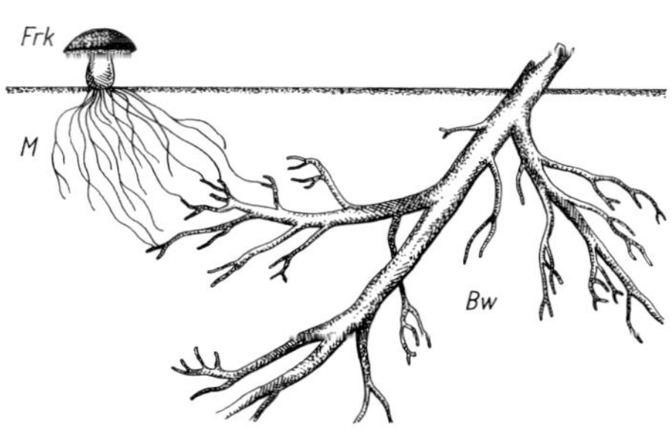

Bei den meisten Arten der Boletalen kann man eine mehr oder minder starke Bindung an bestimmte Baumarten beobachten. Der Mykologe B. Frank stellte 1885 fest, daß die Wurzeln vieler Waldbäume von einem dichten Myzelgeflecht umsponnen waren. Dabei wurden die Bäume nicht geschwächt, im Gegenteil, sie zeigten oft eine bessere Entwicklung als Bäume mit unverpilzten Wurzeln. Der Pilz konnte also kein Wurzelparasit sein. Frank nannte diese Erscheinung Mykorrhiza, was Pilzwurzel bedeutet. Dem schwedischen Mykologen E. Melin gelang es 1925, durch Versuche in Reinkultur experimentell die Mykorrhiza zwischen Nadelbäumen und Boletaceen zu synthetisieren. Viel später wurde mit radioaktiv markierten Substanzen der Nährstoffaustausch zwischen Pilz und Pflanze nachgewiesen. Die Pilzwurzel ist in gewissem Sinne mit den Flechten zu vergleichen, denn sie stellt ebenfalls eine Symbiose dar. Der Pilz übernimmt bei der Mykorrhiza gewisse Funktionen der Wurzel. So werden an den vom Mykorrhizapilz umsponnenen Wurzeln keine Wurzelhaare mehr ausgebildet. An ihre Stelle tritt der Pilz, der mit seinem Myzel dann den Boden durchzieht und die saugfähige Oberfläche der Baumwurzel vergrößert. Der Pilz versorgt den Baum z. T. mit Wasser und Nährsalzen. Die Hyphen des Pilzes dringen kaum oder meist gar nicht in die Wurzelzellen ein, sondern wachsen nur in den Interzellulären (Zwischenzellräumen) und umspinnen die Zellen lediglich netzartig. Hierfür wurde der Begriff Hartigsches Netz geprägt. Wenn sich die Ausbreitung der Hyphen auf die äußeren Rindenschichten der Wurzeln beschränkt, nennt man diesen Typ ektotrophe Mykorrhiza im Gegensatz zur endotrophen Mykorrhiza der Orchideen und mancher Kulturpflanzen, bei der die Hyphen des Pilzes in die Zellen der Pflanzen eindringen. Wir dürften nicht von Symbiose sprechen, wenn nicht auch der Pilz

Vorteile aus diesem Zusammenleben hätte. Der Pilz bezieht vom Baum Wuchsstoffe, die im einzelnen noch nicht genau bekannt sind. Fast alle Röhrlinge bilden nur Fruchtkörper aus, wenn sie in Mykorrhizabeziehung zu ihren Wirtsbäumen stehen.

In Reinkultur wächst das Myzel der Boletaceen sehr schlecht und meist nur, wenn gewisse Wuchsstoffe dem Nährboden zugesetzt werden. Fruchtkörper wurden bisher nur kurz nach der Isolierung gebildet, wenn noch Stoffe für ihre Entwicklung in den Impfstücken vorhanden waren. Es gelingt heute noch nicht, z. B. Steinpilze in ähnlicher Weise zu züchten wie den Kulturegerling.

Die verschiedenen Pilzarten sind in bezug auf die Mykorrhizapartner unterschiedlich spezialisiert. Es gibt Arten, die mit den verschiedensten Bäumen eine Symbiose eingehen können. Andere, z. B. die *Suillus*-Arten, bilden nur mit Koniferen Mykorrhiza. Die *Leccinum*-Arten sind auf ganz bestimmte Laub- oder Nadelbäume spezialisiert. Unter den *Suillus*-Arten gibt es solche, die lediglich mit Kiefern zusammenleben, manche sind sogar auf 3- oder 5nadelige Kiefernarten beschränkt. Diejenigen Arten, die mit verschiedenen Bäumen Mykorrhiza bilden können, sind gleichzeitig auch solche, die hinsichtlich morphologisch-anatomischer Merkmale einen primitiveren Charakter zeigen, während die Arten, die ausschließlich mit Laubbäumen in Symbiose leben, in ihren morphologisch-anatomischen Merkmalen höher entwickelt sind.

Die Mykorrhiza spielt wahrscheinlich für den Baum besonders dann eine Rolle, wenn er auf nährstoffarmen Böden wächst. Die Sporen der Mykorrhizapilze sind unter Laborbedingungen kaum zum Keimen zu bringen. Versuche haben gezeigt, daß Ausscheidungen von Wurzeln die Keimung auslösen. Diese Ausscheidungen wirken auch stimulierend auf das Myzel, wodurch dieses vermutlich auf die Wurzel zuwächst und diese umspinnt.

Familie Strobilomycetaceae

Die Strobilomycetaceen sind Pilze vom Habitus der Röhrlinge. Sie haben einen fleischigen, schuppigen oder kahlen Hut. Das Hymenophor ist röhrenförmig mit weiten bis sehr weiten Mündungen, die Hymenophortrama bilateral und vom Boletus-Typ. Oft kommt ein Velum vor. Die Hyphen haben keine Schnallen.

Die Strobilomycetaceen unterscheiden sich von den Boletaceen, mit denen sie viele gemeinsame Merkmale haben, vor allem durch die ornamentierten Sporen, d. h., die Sporen tragen leisten-, warzen- oder netzförmige Skulpturen. Diese sind bei manchen Arten sehr niedrig und können bei einigen fehlen. Das Sporenpulver unterscheidet sich in der Färbung von dem der Boletaceen. Es ist meist düsterbraun. In Europa kommen nur 2 Arten vor. Die Hauptverbreitung dieser Familie liegt in den Tropen und Subtropen.

Die Gattung *Strobilomyces* enthält etwa 15 Arten, von denen 8 in Afrika und Madagaskar beheimatet sind. In Südostasien kommen etwa 5 Arten, und in den Subtropen Nordamerikas kommt eine Art vor. In der nördlichen gemäßigten Zone ist die Gattung nur mit der Art *Strobilomyces strobilaceus* vertreten. Dieser eigenartige, düstere Pilz mit den etwas abstehenden, dachziegelartigen, fast schwarzen Schuppen auf der Huthaut trägt den deutschen Namen Strubbelkopf. Auch die Röhren und der Stiel sind düster graubraun, im Alter schwarzbraun. Der Stiel ist etwa 8–15 cm lang und 1–3 cm dick. Der Hut wird bis zu 15 cm breit. Das grauweiße Fleisch läuft beim Anschneiden erst rötlich, schließlich schwärzlich an. Die Röhren werden 1–3 cm lang und haben weite, eckige Mündungen. *Strobilomyces strobilaceus* hat fast kugelige Sporen von 10–14 µm, die grobwarzig oder fast netzig sind. Das Sporenpulver ist schwarzpurpurfarben. Der Strubbelkopf ist ungenießbar und kann mit keinem anderen Röhrling verwechselt werden. Als Standort kommen Laubwälder auf Kalkböden in Frage, seltener wächst er in Kiefernwäldern. Er ist überall selten.

Bei anderen *Strobilomyces*-Arten, z. B. *Strobilomyces lepidellus* aus dem Kongogebiet, sind die Sporen mit breiten, rippenförmigen Leisten versehen.

Auch die Gattung *Porphyrellus* kommt in Mitteleuropa nur mit einer Art vor, dem Düsteren Röhrling, *Porphyrellus porphyrosporus*. Er ist in allen Teilen des Fruchtkörpers düster graubräunlich oder porphyrbraun. Der Pilz wird 16 cm groß, der dicke, fleischige Hut etwa 14 cm breit. Das weißlichgraue Fleisch verfärbt sich beim Anschneiden rötlich oder graugrünlich. Der fast gleichmäßige, etwa 2–4 cm dicke Stiel ist am Grund auch etwas bauchig. Die graubraunen Röhren sind erst kurz und werden bis 1,5 cm lang. Die graubraunen Röhrenmündungen werden im Alter weit und eckig. Die Sporen sind fast spindelig und glatt. Das Sporenpulver ist porphyrbraun. Der Pilz kommt nicht überall vor, doch wo er auftritt, erscheint er meist in Gruppen. Man kann ihn von Juni bis Oktober in Nadelwäldern, vor allem im Bergland, finden. Der Düstere Röhrling ist kein Speisepilz.

Die meisten Vertreter der Gattung *Porphyrellus* wachsen in Nordamerika und Südostasien. Eine Art wurde für Brasilien nachgewiesen. Bisher sind etwa 9 Arten bekannt.

Die Gattung *Boletellus* ist in Europa nicht vertreten. Die meisten der etwa 25 Arten bewohnen die Tropen und Subtropen. Die Röhren sind gelb bis honigbraun, die Sporen mit breiten, rippenförmigen Ornamenten versehen. Die Gattung *Phylloboletellus* ist in den subtropisch montanen Gebieten Südamerikas anzutreffen und hat ein lamellenförmiges Hymenophor.

Familie Röhrlinge, Boletaceae

Die Röhrlinge zählen bei den Pilzsammlern zu den beliebtesten Pilzen. Ernsthafte Giftpilze befinden sich außer dem Satanspilz, *Boletus satanas,* nicht unter ihnen. Viele Arten sind gute Speisepilze. Mit Ausnahme der Gattung *Phylloporus* haben alle röhriges Hymenophor, und die Röhren sind leicht vom Hutfleisch ablösbar. Die runden oder eckigen Röhrenmündungen sind manchmal in radialen Reihen angeordnet. Sie haben entweder die gleiche Farbe wie die Röhren oder weisen eine andere Färbung, wie orange oder rot, auf. Die Röhren können anfangs von einem Velum bedeckt sein, das später einen Ring am Stiel bildet. Das Sporenpulver ist gelblich, olivgrün, olivgrau, olivbraun bis purpurbraun, selten rosa bis rötelfarben. Die stets glatten Sporen sind im typischen Fall elliptisch bis spindelförmig, bei einigen primitiven Arten auch fast rundlich. Das immer weiche und saftige Fleisch ist weiß bis gelb, orange oder leicht bräunlich. Bei vielen Arten verfärbt es sich beim Anschneiden blau oder grünlich. Diese Verfärbung ist nicht auf Boletol, wie häufig in der Literatur behauptet, sondern auf Variegatsäure zurückzuführen, die in Verbindung mit Luftsauerstoff zu einem Hydroxychinomethid oxydiert wird. An diesem Vorgang sind Oxydasen im Pilz beteiligt. Die grünliche Färbung tritt meist als Mischfarbe bei gelbfleischigen Pilzen auf. Das Anlaufen des Fleisches hat diagnostischen Wert.

Boletaceen gibt es in allen Erdteilen außer der Antarktis, aber ihre Verteilung auf die einzelnen Gebiete ist nicht gleichmäßig. Am häufigsten sind sie in den subtropischen Gebieten. Das größte Artenspektrum findet man in den Südstaaten der USA, in China und Japan. Einzelne Arten treten auch in subarktischen Gebieten auf. In den Tropen und Subtropen kommen Boletaceen hauptsächlich in Gebieten mit Fagalen oder in montanen Regionen mit *Pinus* vor. Die meisten Arten sind obligate Mykorrhizapilze. Einige leben auf totem Holz oder saprophytisch. Besonders interessant sind 2 Arten, die parasitisch auf Sclerodermataceen wachsen.

Die primitivste Gattung ist *Gyrodon* mit kurzelliptischen oder fast runden Sporen und olivfarbenem Sporenpulver. Das Hymenophor läuft am Stiel herab wie bei *Polyporus*-Arten. Es läßt sich nicht so leicht vom Hutfleisch lösen wie bei den übrigen Boletaceen. Die Röhren sind oft in radialen Reihen angeordnet. Die Hyphen tragen noch regelmäßig Schnallen an den Septen. Es sind 6 Arten bekannt, von denen nur eine in Europa vorkommt. Die übrigen 5 Arten sind in Nord- und Südamerika meist in subtropischen Klimaten alle als Mykorrhizabildner beheimatet.

Der Erlengrübling, *Gyrodon lividus,* der einzige Vertreter der Gattung in Europa, bildet Mykorrhiza mit Erlen und hat Ähnlichkeit mit dem Kuhröhrling, *Suillus bovinus,* von dem er sich vor allem durch den Standort unterscheidet. Die Röhren sind wie bei den Polyporaceen nur 2–5 mm lang und haben langgezogene, weite und eckige Mündungen. Die Röhren und ihre Mündungen sind gelb und blauen bei Druck. Das weiche Fleisch ist etwas zäh, gelblich und ebenfalls blauend. Der strohgelbliche bis hellbraune Hut wird 4–10 cm breit. Der Stiel ist schlank und an der Basis oft krumm, der Pilz ist selten, aber standorttreu. Unter Erlen auf schweren Böden scheint er eher anzutreffen zu sein als auf leichten Böden. Wegen seiner Seltenheit muß der Pilz geschont werden.

Auch die Gattung *Gyroporus* zeigt relativ primitive Züge. Die noch kurzelliptischen Sporen bilden ein sehr helles, weißlichgelbes Sporenpulver. Die Hyphen haben Schnallen. Die weißen bis strohfarbenen Poren sind klein bis groß. Die Mykorrhizabindung ist nicht sehr spezialisiert. In Europa kommen 2 Arten vor.

Der Kornblumenröhrling, *Gyroporus cyanescens,* ist ein seltener Pilz mit weißem Fleisch, das sich beim Anschneiden sehr schön kornblumenblau verfärbt. Der Stiel ist markig ausgestopft, hat eine derbe Rinde und wird bei älteren Exemplaren meist kammerighohl. Der 5–10 cm breite Hut ist kissenförmig gewölbt, auf der Oberseite strohgelb und faserig-filzig. Die Röhren sind weißlich. Der Pilz wächst von Juli bis Oktober in Nadel- und Laubwäldern auf Sandboden. Wegen seiner Seltenheit sollte er nicht als Speisepilz verwendet werden.

Auch der Hasenröhrling, *Gyroporus castaneus,* kommt nicht überall vor. Wie beim Kornblumenröhrling ist der Stiel außen mit einer derben Rinde bedeckt, innen schwammig-markig, und wird hohl. Hut und Stiel sind gleichfarbig gelbbraun, die Röhren, 5–9 mm lang, weißlich bis hellgelblich. Das weiße Fleisch blaut nicht. Der Pilz hat kleine, runde Poren. *G. castaneus* wächst von Juli bis Oktober unter Laub- und Nadelbäumen auf sandigen Böden. Es bestehen gewisse Ähnlichkeiten mit dem Maronenröhrling, der aber gelbgrüne Röhren besitzt.

Die Gattung Schuppenröhrlinge, *Boletinus,* hat kleine, aber meist verlängert elliptische Sporen. Schnallen sind meist vorhanden, zumindest am vegetativen Myzel. Der Stiel ist oft hohl, der Hut meist trocken und nicht schleimig oder klebrig. Die Röhren sind anfangs von einem Velum bedeckt. Alle Arten bilden Koniferenmykorrhiza. Von den etwa 12 Arten leben die meisten in Nord- und Zentralamerika sowie in Asien. In Europa kommen nur 3 Arten vor, von denen lediglich eine häufiger ist.

Der Hohlfußröhrling, *Boletinus cavipes,* ein Lärchenbegleiter, wächst bei uns in 2 Farbformen, die oft am gleichen Fundort vorkommen. Die eine Form hat einen dunkelbraunen Hut, die andere einen zitronengelben. Die Oberhaut ist faserig-samtig bis kleinschuppig und der Hutrand meist etwas nach unten umgeschlagen. Der hohle Stiel ist in der unteren Hälfte wie der Hut gefärbt und über dem Velum blaßgelb wie die jungen Röhren. Die Röhren sind deutlich in radialen Reihen angeordnet, wobei die radialen Wände höher reichen als die tangentialen. Wahrscheinlich haben sich die Röhren aus Lamellen entwickelt, die durch Querwände verbunden wurden. Der Hohlfußröhrling ist in manchen Gegenden nicht selten und gilt als Speisepilz.

Die Gattung Schmier- oder Schleimröhrlinge, *Suillus,* kommt mit 14 Arten in Mitteleuropa vor. Die Gesamtzahl ist wesentlich größer und liegt sicher zwischen 30 und 40 Arten. Ihre Verbreitung reicht von der borealen über die gemäßigte bis zur subtropischen Zone der nördlichen Hemisphäre. Aber auch in den montanen oder alpinen Regionen der Tropen wachsen dort, wo die Kiefer vorkommt, noch einige Arten. Alle *Suillus*-Arten bilden Koniferenmykorrhiza.

Der Hohlfußröhrling, *Boletinus cavipes,* ist ein Lärchenbegleiter. Die Röhrenmündungen sind radial verlängert.

Der Goldröhrling, *Suillus grevillei*, ist ein häufiger Mykorrhizapartner der Lärchenarten. Die klebrigschleimigen Pilze erscheinen von Juli bis Oktober meist gesellig.

Die Schmierröhrlinge sind kleine bis mittelgroße Pilze mit oft, aber nicht immer schmierigem Hut. Bei einigen wird ein Velum am Stiel gebildet, andere entwickeln sich völlig gymnokarp. Am Stiel befinden sich häufig drüsige Körnchen. Die Sporen sind elliptisch bis fast spindelig. Die Abgrenzung dieser Gattung gegen *Boletinus* und *Xerocomus* ist an Hand makroskopischer Merkmale nicht immer leicht. Viele Arten sind gute Speisepilze, während Giftpilze in dieser Gattung nicht vorkommen. Wir können hier nur einige charakteristische Vertreter als Beispiele vorstellen.

Der Typus der Gattung ist der Butterpilz, *Suillus luteus.* Er hat einen dunkelbraunen Hut von 4–10 cm Breite, dessen schmierige Oberhaut sich leicht abziehen läßt. Darunter tritt das weiche, gelbliche Fleisch zutage. Die hellgelben Röhren sind bei jungen Pilzen von einem dicken Velum bedeckt, das sich vom Stiel zum Hutrand erstreckt. Bei weiterem Wachstum reißt es am Hutrand ab und bildet am Stiel einen Ring, der anfangs beiderseits weiß ist, später aber unterseits leicht violett wird. Unterhalb des Rings ist der Stiel hellbraun, oberhalb hellgelb mit drüsenartigen Pünktchen. Der Butterpilz ist ein guter Speisepilz, der von Juni bis Oktober im Nadelwald unter Kiefern wächst.

Oft werden ähnliche Pilze als Butterpilze angesprochen. Zu ihnen gehört der Goldröhrling, *Suillus grevillei,* ein treuer Begleiter der Lärche, der meist häufiger als der Butterpilz ist. Er unterscheidet sich von diesem durch die braun- bis goldgelben, manchmal auch zitronengelben Farben von Huthaut und Stiel. Auch das Velum ist nicht weiß oder zartviolett, sondern weiß bis goldgelblich. Die oft noch schmierigere Hutoberhaut als beim Butterpilz läßt sich ebenfalls leicht abziehen.

Außerdem muß hier der Schmerling oder Körnchenröhrling, *Suillus granulatus*, erwähnt werden, der wie ein heller Butterpilz ohne Ring aussieht. Wie dieser wächst er auch unter Kiefern. Der Hut ist schmierig mit braungelber oder rötlichbrauner Huthaut. Bei ihm ist der ganze Stiel mit Körnchen oder Schüppchen bedeckt. Die sehr hellgelben Röhren scheiden oft milchigweiße Tröpfchen aus. Beide Pilze sind eßbar.

Ein weiterer Lärchenbegleiter ist der Graue oder Blasse Lärchenröhrling, *Suillus viscidus*, vom gleichen Habitus wie der Butterpilz und auch von etwa gleicher Größe. Er weist in allen Teilen eine gleichmäßig blaßgraue bis gelblichgraue Farbe auf. Der Stiel ist beringt, die Huthaut klebrig und abziehbar. Das sehr weiche Fleisch verfärbt sich etwas grünlich. Wenn man den Pilz auf Zeitungspapier legt, hinterläßt er meist tintenblaue Flecke. Er ist ebenfalls ein Speisepilz.

Als ein weiterer Lärchenbegleiter sei der Rostrote Lärchenröhrling, *Suillus tridentinus*, genannt. Er hat einen weniger schmierigen Hut als die bisher aufgeführten Schmierröhrlinge und ist in allen Teilen rostrot bis orangebraun. Die Röhrenmündungen sind verhältnismäßig weit. Der Pilz ist der seltenste Lärchenröhrling, den man am ehesten noch auf Kalkböden findet.

Häufig kommt in Kiefernwäldern der Kuhröhrling, *Suillus bovinus*, vor. Hut und Stiel sind lederfarben braun. Das Fleisch ist rötlichbräunlich, gummiartig elastisch und blaut schwach. Die olivgrünlichen Röhren sind unterteilt, d.h., durch höhere Wände entstehen große Poren, die noch einmal durch niedrigere in 4 kleinere geteilt werden. Der Kuhröhrling ist ein nicht besonders schmackhafter, etwas gummiartig zäher Speisepilz.

Ähnliche Hut- und Stielfarbe hat der Pfefferröhrling, *Boletus piperatus*. Er unterscheidet sich durch rostrote bis purpurrote Röhrenmündungen. Meist bleibt er auch kleiner als der Kuhröhrling. Wie der Name schon ahnen läßt, hat er einen scharfen Geschmack, ist aber nicht giftig und kann in geringen Mengen als Würzpilz verwendet werden.

Der Sandröhrling, *Suillus variegatus*, will mit seiner trockenen Huthaut, die wie mit Sand bestreut aussieht, nicht so recht unter die Schmierröhrlinge passen. Man würde ihn sicher eher für einen Filzröhrling halten. Der sandfarbene Hut wird 6–15 cm groß. Die erst gelben Röhren werden bald olivgrau mit engen Mündungen. Das orangegelbe Fleisch wird bei Druck bläulich. Der Pilz wächst in Kiefernwäldern oft in größeren Mengen und ist ein guter Speisepilz.

Die Gattung Filzröhrlinge, *Xerocomus*, haben meist eine trockene, samtige Huthaut, die sich kaum abziehen läßt, und weite Porenöffnungen. Kennzeichnend für diese Gattung ist, daß die Röhren beim Zerzupfen nicht erhalten bleiben, sondern zerreißen. Dadurch läßt sie sich gut gegenüber der Gattung *Suillus* und *Boletinus* abgrenzen. Die *Xerocomus*-Arten haben nicht so strenge Mykorrhizabindung an bestimmte Baumarten wie die *Suillus*-Arten. Eine genaue Artenzahl kann nicht angegeben werden. Sie mag etwa bei 20 liegen. In Mitteleuropa kommen 7 Arten vor.

Am bekanntesten ist sicher der Maronenröhrling, *Xerocomus badius*, dessen Hutfarbe an die eßbare Kastanie (Marone) erinnert. Der schwach samtige Hut kann in jungem Zustand auch leicht schmierig sein. Der Stiel ist ebenfalls braun, aber heller als der Hut. Die anfangs blaßgelblichen Röhren werden bei der Reife olivgrün. Sie blauen bei Druck meist augenblicklich. Auch das weiße Fleisch blaut schwach. Es hat einen angenehmen, nußartigen Geschmack. Der Maronenröhrling wächst vor allem in Fichten- und Kiefernwäldern mit starker Nadelstreuauflage. Besonders die Hochwälder mit Weißmoospolstern werden von ihm bevorzugt. In Schonungen tritt er viel seltener auf und kann gelegentlich auch im Laubwald wachsen. Von Juli bis September erscheint er nach ausreichenden Regenfällen oft als Massenpilz. Der Maronenröhrling ist ein geschätzter Speisepilz. Verwechslungen mit dem Gallenröhrling sind nur bei oberflächlicher Betrachtung möglich.

Ein typischer Filzröhrling ist die Ziegenlippe, *Xerocomus subtomentosus*, mit olivbrauner, filzig-samtiger Huthaut. Die leuchtend goldgelben bis zitronengelben Röhren haben sehr weite Mündungen. Der Speisepilz wächst in Laub- und Nadelwäldern. Sehr ähnlich ist der Rotfußröhrling, *Xerocomus chrysenteron*, dessen Röhren aber nie so leuchtend gelb sind, sondern stumpfere, verwaschenere Farben, grüngelb bis olivgrünlich, zeigen. Die oft dunklere Huthaut ohne grünliche Schattierungen reißt im Alter charakteristisch auf und weist dann in den Rissen eine rötliche Färbung auf. Der Pilz wächst ebenfalls in Nadel- und Laubwäldern und ist als Speisepilz verwendbar.

Oft findet man Fruchtkörper des Rotfußröhrlings, die vom Goldschimmel, *Apiocrea chrysosperma*, völlig überwuchert sind. Er befällt aber auch andere Röhrlinge.

Ein sehr interessanter Röhrling ist der Schmarotzerröhrling, *Xerocomus parasiticus*.

Seine Fruchtkörper entwickeln sich auf den Fruchtkörpern von Kartoffelbovisten, *Scleroderma*-Arten. Die gelbbräunlichen bis gelbgrauen Pilze erscheinen meist büschelig. Von den befallenen Kartoffelbovisten werden keine reifen Sporen gebildet.

Die Gattung *Tylopilus* unterscheidet sich von den übrigen Röhrlingen durch das rötelfarbene Sporenpulver. Von den etwa 20 Arten kommt in Europa nur eine, der Gallenröhrling, *Tylopilus felleus*, vor. Er wird oft mit dem Maronenröhrling oder mit Steinpilzen verwechselt, läßt sich aber von beiden gut unterscheiden, ausgenommen sehr junge Exemplare. Der Hut ist hellbraun bis braun und 6–12 cm breit. Die zuerst weißen Röhren bekommen rosarötliche bis bräunlichrötliche Mündungen. Der Stiel ist schmutzig olivbraun und mit einem erhabenen, ebenso getönten, aber dunkleren Adernetz versehen. Alle Zweifel schwinden, wenn man den Pilz kostet. Er hat einen unangenehmen, süßlich bitteren Geschmack. Obwohl er nicht giftig ist, kann durch seinen bitteren Geschmack ein ganzes Gericht sonst guter Pilze verdorben werden.

In seinem Habitus bildet der Gallenröhrling einen Übergang zu den Dickfußröhrlingen, den *Boletus*-Arten. Die Vertreter der Gattung *Boletus* sind meist größere Pilze mit dickfleischigen Hüten und derben, oft bauchigen Stielen. Ein typischer Vertreter ist der Steinpilz. Bei vielen Arten der Gattung wird der Stiel von einem Adernetz bekleidet. Eine Bindung an bestimmte Wirtsbäume liegt nicht vor. Die Gattung umfaßt etwa 50 Arten, von denen 16 in Europa vorkommen.

Der Steinpilz oder Herrenpilz, *Boletus edulis*, dürfte einer der begehrtesten Speisepilze sein. Die Hüte werden 10–20 cm breit (und breiter) und sind jung fast halbkugelig. Die Oberhaut ist heller bis dunkler braun. Die wie beim Gallenröhrling jung weißen Röhren werden später gelblich bis olivgrün, ähnlich wie beim Maronenröhrling. Das weiße Fleisch und die Röhren blauen nicht. Der hellbraune, wenigstens jung etwas bauchige Stiel trägt ein weißes Adernetz, das besonders deutlich an der Stielspitze ausgebildet ist. Der Steinpilz wächst in Laub- und Nadelwäldern. Heute werden mehrere Arten unterschieden, die aber hier nicht besprochen werden können.

Der Anhängselröhrling oder Gelbe Steinpilz, *Boletus appendiculatus*, wird aber schon immer als selbständige Art aufgefaßt. Der Stiel läuft an der Basis spitz aus und reicht wurzelartig in den Boden hinein. Die Art hat Ähnlichkeit mit dem Steinpilz, von dem sie sich durch die goldgelben Röhrenmündungen unterscheidet. Der Gelbe Steinpilz ist ein guter Speisepilz, er kommt aber seltener vor als der Steinpilz. Vor allem wird er unter Eichen und Buchen gefunden.

Einige bittere, ungenießbare Röhrlinge werden häufig mit dem Steinpilz verwechselt. Auch der Wurzelnde Röhrling, *Boletus radicans*, hat eine wurzelartig verlängerte Stielbasis. Der dicke, bauchige Stiel ist meist sehr kurz. Der weißlichgraue oder blaßbräunliche, dickfleischige Hut wird bis 20 cm breit. Die gelben Röhren leuchten aber nicht so wie bei *Boletus appendiculatus*. Der fahlgelbe bis zitronengelbe Stiel ist fein genetzt. Das bittere Fleisch blaut kräftig. Der Dickfußröhrling oder Schönfußröhrling, *Boletus calopus*, hat einen silbergrauen, ebenso großen Hut wie die vorige Art. Die zitronengelben Röhrenmündungen blauen bei Berührung. Der im oberen Teil zitronengelbe Stiel wird nach unten zu mehr und mehr karminrot. Er ist mit einem deutlichen Adernetz versehen. Dieser schöne Röhrling kommt als Speisepilz nicht in Betracht. Er erinnert, von oben gesehen, an den Satanspilz.

Der Satanspilz, *Boletus satanas*, gehört zu einer Gruppe von Dickfußröhrlingen, die sich durch rote, orangerote oder purpurfarbene Röhrenmündungen auszeichnen. Sie werden meist zur Sektion Luridi zusammengefaßt. *B. satanas* hat einen bis zu 25 cm breiten, silbergrauen Hut, der dick und polsterförmig ist. Der dicke, bauchige, oben und unten gelbe, in der Mitte rote Stiel trägt ein deutliches rotes Adernetz. Die Röhren sind erst gelb, dann gelbgrün. Die erst gelben Röhrenmündungen junger Pilze werden aber bald rot bis blutrot. Das Fleisch blaut schwach. Im Alter strömt es einen unangenehmen, an Schweinekot erinnernden Geruch aus. Der Satanspilz ist giftig und verursacht heftige, anhaltende Darmstörungen. Er wächst vorzugsweise im lichten Buchenwald ausschließlich auf Kalkboden.

Der Flockenstielige Hexenröhrling, *Boletus erythropus*, der häufig mit dem Satanspilz

Der Netzstielige Hexenröhrling, *Boletus luridus*, erscheint oft schon im Juni in Laubwäldern und Parks.

verwechselt wird, meidet dagegen Kalkboden. Er hat einen sehr schönen, dunkelbraunen Hut. Die orangeroten bis dunkelroten Röhrenmündungen werden bei Druck sofort tiefblau. Der Stiel ist viel schlanker als beim Satanspilz und auf gelbem Grund rotfilzig punktiert. Das sattgelbe Fleisch wird beim Anschneiden sofort stahlgrünblau. *B. erythropus* wächst unter Buchen und Fichten und ist ein ausgezeichneter Speisepilz. Vor Rohgenuß muß aber gewarnt werden.

Häufiger als der Flockenstielige Hexenröhrling tritt der meist kleinere Netzstielige Hexenröhrling, *Boletus luridus*, auf. Der Hut ist olivbraun oder auch orangebraun getönt. Die Röhrenmündungen sind orangerot und blauen. Der ebenfalls verhältnismäßig schlanke Stiel ist überwiegend rot, an der Basis auch im Fleisch purpurrot, nach oben zu oft gelblich und wird von einem deutlichen, roten Adernetz bedeckt. Der Netzstielige Hexenröhrling wächst in Laubwäldern und auch häufig in Parks. Er bevorzugt kalkhaltige Böden. Stellenweise kommt er recht häufig vor und erscheint schon ab Juni. Er ist in Verbindung mit Alkohol giftig.

Die Rauhstielröhrlinge, die *Leccinum*-Arten, sind streng spezialisierte Mykorrhizapilze. Sie haben meist hohe, schlanke und nach der Basis zu keulige, mit rauhen Fasern oder Schuppen besetzte Stiele. Die Röhren sind um den Stiel herum und am Hutrand sehr kurz und werden von dort aus nach der Mitte am längsten. Man kennt etwa 14 Arten, wobei die Gattung in letzter Zeit eine starke Aufgliederung erfahren hat. Ihre Verbreitung reicht von den arktischen Regionen bis in die Subtropen der nördlichen Halbkugel.

Typischer Vertreter ist der Birkenpilz, *Leccinum scabrum*, mit einem graubraunen bis dunkelbraunen, halbkugeligen Hut von 5–10 cm Breite und weißen, sehr langen Röhren. Der bis 15 cm lange Stiel trägt auf weißem Grund schwärzliche Flockenschuppen, wodurch er rauh wird. Das weiße Fleisch ist unveränderlich. *L. scabrum* bildet ausschließlich mit Birken Mykorrhiza. Er kommt vor allem in der gemäßigten und borealen Zone der Nordhalbkugel bis nach Lappland vor. Dieser Speisepilz wird im Alter recht schwammig. Vom Birkenpilz gibt es eine völlig weiße Form, den Moorbirkenpilz, die als *Leccinum holopun* beschrieben wurde.

Der Hainbuchenrauhfuß, *Leccinum griseum*, unterscheidet sich vor allem durch das violettschwärzlich anlaufende Fleisch. Er bildet hauptsächlich mit Hainbuchen Mykorrhiza.

Geschätzte Vertreter der Rauhfußröhrlinge sind die Rotkappen, die auf Grund ihrer verschiedenen Wirtsbäume und z. T. unterschiedlicher Verfärbung des Fleisches in eine Reihe von Arten untergliedert wurden. Ein häufiger Vertreter, die Espenrotkappe, *Leccinum rufum*, bildet mit Zitterpappeln Mykorrhiza. Ihr Hut ist orangebraun und wird größer als beim Birkenpilz. Die Röhren sind grauweiß. Der Stiel ist mit braunen oder schwarzbraunen Faserschuppen besetzt. Das Fleisch schwärzt und ist fester als beim Birkenpilz. Die Birkenrotkappe, *Leccinum versipelle*, wird oft unter Birken, die in Fichtenschonungen eingestreut sind, gefunden. Der anfangs noch sehr kleine, rote Hut sitzt dem bereits gut entwickelten Stiel wie der Zündkopf eines Streichholzes auf. Das Fleisch verfärbt sich blaugrün. Es gibt noch weitere Rotkappen, die mit Birken Mykorrhiza bilden. Andere wachsen bei Eichen oder Fichten. Alle sind gute Speisepilze.

Kurz soll noch die Gattung *Pulveroboletus* erwähnt werden, deren Vertreter innerhalb der Boletaceen eine Sonderstellung einnehmen, weil sie keine Mykorrhizapilze sind. Der Nadelholzröhrling, *Pulveroboletus lignicola*, ist ein seltener Pilz, der auf Nadelholzstümpfen wächst. Die gelbbraune, etwa 3–8 cm große Art hat länglich eckige, an die Gattung *Gyrodon* erinnernde Röhrenmündungen, die bei Druck blauen.

Sehr selten ist ebenfalls der Blätterröhrling oder das Goldblatt, *Phylloporus pelleticri*, bei dem die goldgelben Lamellen im Grund durch Queradern (Anastomosen) verbunden sind, so daß eine beginnende Röhrenbildung zu erkennen ist. Die Gattung kommt in Europa nur mit dieser einen Art vor. Ihr Hauptareal scheint in Südostasien zu liegen. Sie erscheint auch in den Tropen Afrikas, Amerikas und Australiens. Vielleicht bildet sie einen Übergang zwischen Blätterpilzen und Röhrlingen.

Familie Kremplinge, Paxillaceae

Zwischen Paxillaceen und Boletaceen bestehen enge verwandtschaftliche Beziehungen. Sie drücken sich in den leicht ablösbaren Lamellen aus, die am Grund und besonders in Stielnähe durch Querwände (Anastomosen) verbunden sind. Das Sporenpulver ist braun. Die Sporen sind glatt oder warzig, kugelig bis elliptisch. Der Hut ist in jungem Zustand oft eingerollt (daher Kremplinge). Die Kremplinge kommen mit 4 Arten in Europa vor.

Der Kahle Krempling, *Paxillus involutus*, wird 6–12 cm groß. Der anfangs besonders am eingerollten Rand stark filzige, lederbraune bis ledergelbe Hut und die ebenso gefärbten, weichen Lamellen verfärben sich bei Berührung dunkelbraun. Das Fleisch ist blaßgelblich und wird beim Anschneiden bräunlich. Es ist sehr weich und von säuerlichem Geschmack. Der Kahle Krempling wächst häufig in Nadelwäldern, aber auch in Laubwäldern. Der Pilz ist roh giftig, hat aber auch schon häufig in gekochtem oder gebratenem Zustand zu Vergiftungen geführt und sollte deshalb gemieden werden.

Der Samtfußkrempling, *Paxillus atrotomentosus*, wächst um und auf alten Kiefernstubben. Der 8–20 cm große, seitlich gestielte Hut hat ebenfalls einen anfangs eingerollten Rand. Der kurze Stiel ist dick, schwarzbraun und samtig, der Hut dunkelbraun und filzig. Da er wenig schmackhaft ist, dient er nicht als Speisepilz.

Der Muschelkrempling, *Tapinella panuoides (= Paxillus panuoides)*, hat nahezu ungestielte, muschelförmige, bräunlichgelbe Fruchtkörper. Er sitzt an Nadelholz und kann auch an verarbeitetem Holz als Schädling auftreten, wo er Braunfäule verursacht.

Auch die Afterleistlinge, die *Hygrophoropsis*-Arten, gehören in diese Familie. Die Lamellen sind leicht ablösbar, und das Sporenpulver ist gelblich. Als bekanntester Vertreter soll der Falsche Pfifferling, *Hygrophoropsis aurantiaca*, genannt werden, der sich vom Echten Pfifferling durch seine Lamellen unterscheidet. Der Echte Pfifferling hat gegabelte Leisten.

Familie Gelbfüße, Gomphidiaceae

Die Gomphidiaceen zeigen in vielen Merkmalen Beziehungen zu den Boletaceen. Die Sporen sind ebenso spindelförmig wie bei den höher entwickelten Boletaceen, und die Lamellen werden oft von einem Velum bedeckt. Das Sporenpulver ist braun bis fast schwarz, die Hymenophoraltrama bilateral. Alle Arten bilden Koniferenmykorrhiza.

Der Schmierige Gelbfuß oder das Kuhmaul, *Gomphidius glutinosus*, wächst an ähnlichen Standorten wie der Butterpilz. Der Hut ist braun oder violettbraun und schleimig-schmierig. Die am Stiel herablaufenden dikken, weichen Lamellen stehen entfernt. Jung sind sie hellgrau und von einem Velum bedeckt. Bei der Sporenreife werden sie schwärzlich. Der Stiel ist am oberen Ende weißfleischig, an der Basis zeigt er die für diese Gattung typische Gelbfärbung. Der Schmierige Gelbfuß wächst im Nadelwald, vorwiegend unter Fichten, als ein guter Speisepilz.

Der Fleckende Gelbfuß, *Gomphidius maculatus*, ist Lärchenbegleiter. Der anfänglich cremeweiße Pilz wird an Druckstellen weinrot, schließlich schwärzlich. Das Fleisch ist in der Stielbasis weinrötlich. Man verwendet ihn ebenfalls als Speisepilz.

Ausschließlich im Kiefernwald findet man den Kupfergelbfuß, *Chroogomphus rutilus*. Er ist kupferrötlich und hat eine trockene Huthaut. Der jung eingerollte Hutrand ist durch ein wolliges, vergängliches Velum mit dem Stiel verbunden. Die graurötlichen Lamellen stehen entfernt und laufen am Stiel herab. Das Fleisch ist kupferrötlich, trocken und in der Stielbasis rötlichgelb. Das Fleisch des guten Speisepilzes wird beim Kochen zuerst violett. Man findet oft Exemplare, bei denen die Lamellen von grünen *Penicillium*-Rasen überzogen sind.

Ordnung Blätterpilze, Agaricales

Die Ordnung Agaricales ist in Europa mit etwa 2500 Arten vertreten und damit die artenreichste Ordnung der Basidiomyceten. Im Weltmaßstab rechnet man mit etwa 10000 Arten. Die Ordnung wird in etwa 12 Familien und etwa 120 Gattungen eingeteilt. Das System der Agaricalen hat in den letzten Jahrzehnten eine starke Veränderung erfahren. Als Elias Fries, ein schwedischer Mykologe, sein System aufstellte, umfaßten die Agaricalen nur wenige Gattungen, die er z.T. in Untergattungen gliederte. Viele der Friesschen Untergattungen wurden von späteren Bearbeitern in den Rang von Gattungen erhoben. Unter diesen waren einige sehr artenreiche Gattungen, wie *Clitocybe* (Trichterling), *Tricholoma* (Ritterling), *Collybia* (Rübling), *Marasmius* (Schwindling) und *Mycena* (Helmling). Die Einteilung bei Fries erfolgte nach morphologischen Gesichtspunkten und nach der Farbe des Sporenpulvers. Spätere Untersuchungen haben gezeigt, daß gleiche morphologische Strukturen in ganz verschiedenen Entwicklungslinien auftreten können. Mit mikroskopischen Untersuchungsmethoden und verschiedenen Farbnachweisreaktionen konnten neue entwicklungsgeschichtliche Zusammenhänge aufgezeigt werden, die dazu führten, die Großgattungen aufzugliedern und manche Gattungen neu einzuteilen. Das bringt natürlich für den Feldmykologen oft Schwierigkeiten mit sich, da ein Pilz erst nach genauer mikroskopischer Untersuchung exakt eingereiht werden kann. Das Ziel des Systematikers muß es aber sein, ein System aufzustellen, das die entwicklungsgeschichtlichen Zusammenhänge entsprechend dem jeweiligen Stand der Kenntnisse widerspiegelt. Mykologen, die sich nur mit der Pilzflora eines begrenzten Gebiets beschäftigen, stellen oft die Frage, warum für eine Art, die sich nur wenig von anderen Arten unterscheidet, eine eigene Gattung aufgestellt wird. Sie übersehen dabei, daß in anderen Gebieten noch zahlreiche Vertreter dieser Gattung vorkommen, die eine Abtrennung rechtfertigen.

Heute stehen anatomische und durch Farbreaktionen charakterisierte Merkmale im Vordergrund. Deswegen werden solche Merkmale wie der anatomische Bau des Hymenophors, der Feinbau der Sporenmembran, die ontogenetische Entwicklung und mikrochemische Reaktionen höher bewertet. Sie bleiben erfahrungsgemäß über größere Entwicklungsperioden konstant, während morphologische Strukturen sich oft schneller durch Anpassung an bestimmte Umweltbedingungen herausbilden können. Deshalb behalten aber die morphologischen Merkmale nach wie vor Bedeutung, ihr Stellenwert hat sich nur verändert. Die Beschreibung vieler Pilzarten erfolgte bereits durch Fries oder durch frühere Autoren, und Fries hat sie in sein Werk »Systema mycologicum« (1821) aufgenommen. Oft hat man nach eingehender Untersuchung einer solchen von Fries aufgestellten Art festgestellt, daß sie durch Merkmale, die Fries vielleicht noch nicht erfassen konnte, in 2 oder mehr Arten getrennt werden kann. Inzwischen sind auch viele neue Arten entdeckt worden, die unsere Kenntnisse erweitert haben.

Wir wollen in diesem Buch die mikroskopischen Merkmale nicht in den Vordergrund stellen, weil die wenigsten Leser in der Lage sein werden, diese zu verwerten.

Am Myzel der Blätterpilze entwickelt sich unter bestimmten Bedingungen eine Fruchtkörperanlage (Primordium), in der bereits im wesentlichen alle Strukturen des Fruchtkörpers angelegt werden. Das weitere Wachstum ist dann hauptsächlich ein Streckungswachstum durch Aufnahme von Wasser. Bei manchen Arten wird der Fruchtkörper anfangs in eine Hülle eingeschlossen, die den Pilz völlig umschließt. Man nennt diese Hülle Velum universale. Dieses wird beim Streckungswachstum gesprengt und bleibt am Stielgrund als Scheide (Volva) zurück. Ein gutes Beispiel ist der Grüne Knollenblätterpilz. Es können auch einzelne Velumschollen auf dem Hut zurückbleiben, wie das beim Fliegenpilz der Fall ist. Reste des Velum universale bleiben aber auch als Flocken, Warzen oder Stacheln auf der Huthaut erhalten.

Außer dieser Gesamthülle ist oft noch ein Häutchen vom Hutrand zum Stiel gespannt, das die jungen Lamellen bedeckt. Viele Pilze besitzen nur dieses Häutchen, das als Velum partiale bezeichnet wird. Als Beispiel sei der Schafegerling erwähnt. Beim Aufschirmen des Hutes bleibt das Velum partiale oft als Ring am Stiel. Es können aber auch Reste am Hutrand als Saum oder Fransen haftenbleiben. Das Velum partiale kann dünnhäutig, dick, wollig oder spinnwebig sein. Letzteres ist bei den Schleierlingen, Cortinariaceen, der Fall. Von Bedeutung ist auch, ob der Ring hängend, d. h. nach oben abziehbar, oder stiefelig, d. h. nach unten abziehbar, ist. Fruchtkörper, die ein Velum partiale oder Velum universale haben, bezeichnet man als hemiangiokarp. Diese Hüllen haben die Aufgabe, den sich entwickelnden Fruchtkörper und vor allem die sporenbildende Schicht vor dem Austrocknen zu schützen. Ein großer Teil der Pilzarten bildet aber von Anfang an offene, gymnokarpe Fruchtkörper.

Ein wichtiges diagnostisches Merkmal ist auch der Ansatz der Lamellen am Stiel, den man am besten beurteilen kann, wenn man einen Pilz halbiert. Die Lamellen können breit angewachsen, angeheftet, ausgebuchtet, dreieckig angewachsen oder am Stiel herablaufend sein. Sie können aber auch frei sein, d. h., ein schmaler Kranz des Hutfleisches um den Stiel ist nicht von Lamellen be-

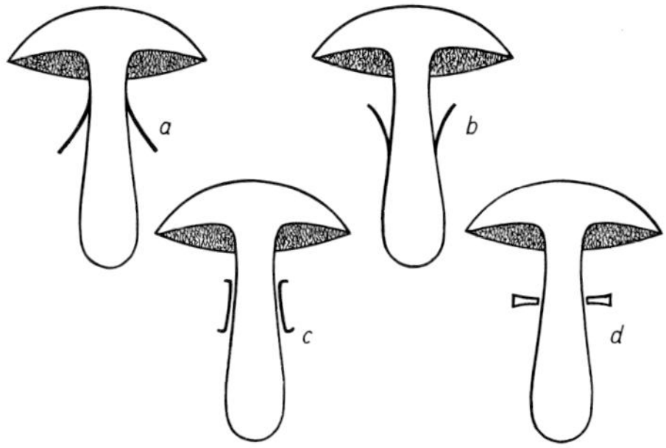

Verschiedene Ringformen. a hängend, b stiefelig (nach unten abziehbar), c doppelter Ring, d frei beweglicher Ring

Hemiangiokarpe Fruchtkörperbildung *(Amanita phalloides)*. A geschlossener Fruchtkörper, das Velum universale sprengend, B Schnitt durch einen geschlossenen Fruchtkörper, u Velum universale (Volva), p Velum partiale (Manschette)

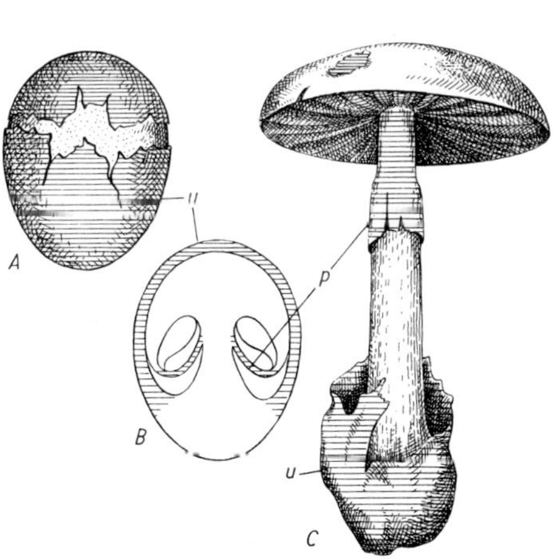

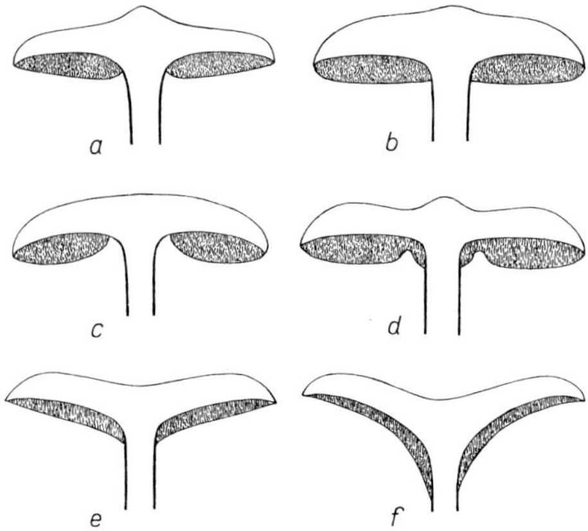

Lamellenansatz. a frei, b angeheftet, c breit angewachsen, d ausgebuchtet, e dreieckig angewachsen, f herablaufend

deckt. Freie Lamellen findet man bei den Amanitaceen (Freiblättlern) und Agaricaceen. Zieht man den Stiel bei diesen Pilzen vorsichtig aus dem Hut heraus, so findet man keine Spuren des Lamellenansatzes an ihm. Waren die Blätter aber irgendwie angewachsen, kann man die Abrißstellen erkennen. Die Farbe des Sporenpulvers ist auch heute noch von hohem Wert für die Bestimmung von Pilzen. Hinzugekommen sind Farbreaktionen an Sporen, wie die Amyloidreaktion, das Anfärben mit Baumwollblau oder mit Kresylblau. Auch das Vorhandensein eines Keimporus spielt für die Einteilung eine Rolle.

Von Interesse ist auch der Standort der Pilze. Die Agaricalen sind größtenteils Saproghyten, es gibt aber auch Mykorrhizapilze und Parasiten unter ihnen. Als Biotope kommen Wiesen, Weiden, Wälder, Parks, Brandstellen, Moore usw. in Betracht. Viele Arten spielen eine wichtige Rolle als Zersetzer der Laub- und Nadelstreu. Zuweilen kann man auch beobachten, daß die Fruchtkörper mancher Pilze in mehr oder minder großen Ringen am Erdboden wachsen. Man bezeichnet solches Auftreten als Hexenringe. Sie entstehen durch das zentrifugale Wachstum des Pilzmyzels von einem Ausgangspunkt. Je einheitlicher die Wachstumsbedingungen sind, um so gleichmäßiger entwickeln sich die Ringe. Sie werden von Jahr zu Jahr größer. Solche Hexenringe treten nur bei Streuzersetzern auf.

Unter den Blätterpilzen gibt es viele eßbare Arten. Die Zahl der Giftpilze ist wesentlich geringer. Allgemeine Regeln für das Erkennen von Giftpilzen gibt es aber nicht. Vor Pilzvergiftungen kann man sich nur durch gute Kenntnis der Speisepilze schützen. Einige Blätterpilze werden auch in großem Maßstab kultiviert.

Wegen der großen Fülle an Arten können aus dieser Ordnung hier nur einige Vertreter ausgewählt werden. Dabei wollen wir uns neben wichtigen Speisepilzen auch mit den wichtigsten und gefährlichsten Giftpilzen beschäftigen. Darüber hinaus sollen solche Arten vorgestellt werden, die in wirtschaftlicher, morphologischer oder ökologischer Hinsicht von Interesse sind.

Familie Wachsblättler, Hygrophoraceae

Die Wachsblättler zeichnen sich durch dicke, wachsartig aussehende, meist sehr entfernt stehende Lamellen aus, die meist etwas am Stiel herablaufen. Die Sporen sind glatt, elliptisch. Das Sporenpulver ist weiß und meist nicht emyloid. Sie unterscheiden sich von den Sprödblättlern, den Russulaceen, hauptsächlich durch das nicht brüchige und auch nicht spröde Fleisch. Bei den Russulaceen haben die Sporen immer eine amyloide Ornamentation. Die Hygrophoraceen kommen in Mitteleuropa mit 100 Arten vor, die zu 5 Gattungen gehören. Sie wachsen auf dem Erdboden in Wäldern oder auf Wiesen, oft auch zwischen Moosen (besonders Torfmoos). Mykorrhizapilze sind selten unter ihnen.

Wegen der oft schleimig-klebrigen Hutoberfläche werden *Hygrophorus*-Arten Schnecklinge genannt. Der Hut ist meist weiß, grau oder braun und nicht leuchtend gefärbt. Im Herbst tritt der Elfenbeinschneckling, *Hygrophorus eburneus*, hauptsächlich im Buchenwald oft in großen Mengen auf. Dieser reinweiße, oft auch elfenbeinfarbene Pilz hebt sich vom braunen Buchenlaub gut ab. Besonders bei feuchtem Wetter ist er auf dem Hut und am Stiel stark schleimig. Verwechselt werden kann die-

Der Scharlachrote Saftling, *Hygrocybe punicea*, ist ein auffälliger Pilz in Gebirgswiesen.

ser Speisepilz mit dem Starkriechenden Schneckling, *Hygrophorus quercetorum*, der an gleichen Standorten und zu gleicher Zeit wächst. Dieser unterscheidet sich von dem vorigen durch den eigenartigen Geruch. Der Purpurschneckling, *Hygrophorus russula*, erinnert an einen violetten Täubling. Sein Hut ist schmutzigrosa bis hellpurpur. Die Lamellen stehen verhältnismäßig dicht und laufen kaum am Stiel herab. Der Pilz wird 5–8 cm hoch und 6–12 cm breit. Er wächst in Laubwäldern, kommt aber in manchen Gegenden nur selten vor. Im Süden scheint er häufiger zu sein. Er ist ein guter Speisepilz. Sehr spät im Jahr tritt, besonders unter Kiefern, der Frostschneckling, *Hygrophorus hypothejus*, auf. Der 3–8 cm breite Hut wird von einer dicken, olivbraunen, am Stiel ringartig abgesetzten Schleimschicht bedeckt. Der Frostschneckling ist ein guter Speisepilz und vor allem von Bedeutung, weil er zu einer Zeit erscheint, in der es sonst kaum noch Pilze gibt.

Die Saftlinge, die *Hygrocybe*-Arten, unterscheiden sich von den Schnecklingen durch die in der Regel leuchtenden Farben der Fruchtkörper. Das Fleisch und die Lamellen sind meist glasig durchscheinend. Sie wachsen oft zwischen Moos und häufig auf Waldwiesen. Die Fruchtkörper werden nicht sehr groß, höchstens mittelgroß. Die Saftlinge zählen zu den farbigsten Vertretern der Blätterpilze.

Zwischen Gras auf Waldwiesen, besonders im Gebirge, wächst der Scharlachrote Saftling, *Hygrocybe punicea*. Er ist der größte Vertreter unter den Saftlingen. Der glänzend scharlach- bis orangerote Hut wird bis 10 cm breit. Die Lamellen sind gelblich und werden später orangerötlich. Das Fleisch ist weißgelblich und sehr saftig. Von anderen roten Saftlingen unterscheidet er sich vor allem durch die Größe. Beim kleinsten Vertreter, dem Kleinen Saftling, *Hygrocybe minata*, ist der Hut nur 1–2 cm breit und auch scharlach- bis orangerot gefärbt. Die Lamellen sind zinnober- bis orangerot und haben häufig eine gelbe Schneide. Der Pilz wächst in kleinen Trupps auf Waldwiesen. Der Schwärzende Saftling, *Hygrocybe nigrescens*, hat einen orangegelben bis roten, stumpfkegeligen Hut, der mit der Zeit schwärzlich wird. Einen mehr spitzkegeligen Hut weist *Hygrocybe conica* auf. Ein sehr schöner Pilz ist der Papageigrüne Saftling, *Hygrocybe psittacina*, bei dem der Hut erst papageigrün, dann stellenweise gelb oder orangegelb ist. Er wird 2–3 cm breit. Die

Saftlinge sind ohnehin nur sehr zartfleischige, kleine Pilze und sollten geschützt werden, da sie sich im Rückgang befinden.

Die Ellerlinge, die *Camarophyllus*-Arten, sind vorwiegend auf Wiesen zu finden. Einer der ersten Pilze im Jahr ist der Märzellerling, *Camarophyllus marzuolus*, der nach der Schneeschmelze auf Bergwiesen erscheint. Sein 4–10 cm breiter, zuerst weißer Hut wird bald braun oder schwärzlich fleckig. Die dikken, wachsartigen Lamellen sind am Grund queradrig verbunden und laufen am Stiel herab. Der Pilz ist selten und daher zu schonen. Im Herbst erscheint auf Wiesen und Weiden meist gesellig der Wiesenellerling, *Camarophyllus pratensis*, der in seinem Habitus an den Pfifferling erinnert. Er hat aber gut entwickelte Lamellen von wachsartiger Konsistenz und rötlicher Färbung. Auch der 3–10 cm breite Hut ist rötlichgelb. Es ist ein wohlschmeckender Speisepilz.

Familie Ritterlingsartige, Tricholomataceae

Die Tricholomataceen sind mit etwa 60 Gattungen und 600 Arten in Mitteleuropa die umfangreichste Familie. Es ist schwierig, sie mit wenigen Worten gegen die anderen Familien der Agaricalen abzugrenzen, da dies meist nicht mit einzelnen Merkmalen, sondern nur mit einer Kombination von mehreren Merkmalen zu erreichen ist. Die Tricholomataceen werden oft als Schlüsselfamilie der Agaricalen betrachtet, die selbst von den Porialen abstammt und von der zumindest einige andere Familien der Agaricalen abgeleitet werden können. Sie enthalten Arten mit meist weißem, gelblichem, cremefarbenem, blaßgrünlichem oder blaßrötlichem Sporenstaub. Dunklere Sporenstaubfarben kommen in dieser Familie nie vor. Die Sporen sind amyloid oder nicht amyloid. Die Sporenwand ist meist sehr dünn. Die weißsporigen Amanitaceen und Agaricaceen unterscheiden sich von ihnen durch freie Lamellen. Die rosasporigen Entolomataceen haben isodiametrische Sporen. Die Hygrophoraceen besitzen wachsartige, dicke Lamellen, während die Russulaceen dicke, spröde Lamellen und amyloid ornamentierte Sporen haben.

Die Tricholomataceen weisen meist angeheftete, breit angewachsene oder herablaufende und nur selten freie, zuweilen farbig pigmentierte Lamellen auf. Die Tricholomataceen sind Saprophyten, Parasiten oder Mykorrhizapilze. Sie wachsen an den verschiedensten Standorten.

Die Ritterlinge, die *Tricholoma*-Arten, der älteren Literatur sind eine Sammelgattung, die in neueren Werken meist in 11 Gattungen aufgeteilt wird. Die Gattung *Tricholoma* im engeren Sinn umfaßt Arten mit weißem, nicht amyloidem Sporenpulver, glatten Sporen, ausgebuchteten Lamellen, nicht hygrophanem (mit durchwässerten Zonen versehenem) Hut und unberindetem Stiel. Unter dieser Einschränkung bleiben noch etwa 60 Arten in dieser Gattung.

Im Nadelwald erscheint im Herbst oft als Massenpilz der Erdritterling, *Tricholoma terreum*, mit 5–8 cm großem, feinschuppigem und mausgrauem Hut. Die Lamellen sind anfangs weißlich, dann hellgrau. Das Fleisch ist weißlichgrau, mild und ohne auffallenden Geruch. Der Erdritterling ist ein Speisepilz von minderer Qualität. Es gibt noch eine Reihe anderer grauer, schwärzlichgrauer oder graubrauner Ritterlinge, die mit dem Erdritterling verwechselt werden können. Einige unterscheiden sich durch gilbendes oder rötendes Fleisch oder durch scharfen Geschmack.

Hüten muß man sich vor Verwechslung mit dem giftigen Tigerritterling, *Tricholoma pardolatum (= T. tigrinum)*. Er hat breite, dachziegelartige, graubraune, entfernt stehende Schuppen auf silbergrauem Hut. Der Hutrand ist jung eingerollt. Der meist derbere Hut als beim Erdritterling wird 6–10 cm breit. Das weißliche, unter der Huthaut graue Fleisch hat einen mehlartigen Geruch und Geschmack. Der Tigerritterling wächst meist im Buchenwald auf Kalkboden. Die Vergiftungen machen sich in heftigen Darmstörungen bemerkbar, die bald nach dem Genuß auftreten und mehrere Tage anhalten können.

In Sandgebieten wächst unter Kiefern von September bis November der Grünling, *Tricholoma equestre*, mit einem gelbgrünlichen bis olivgelben Hut und dunklerer Mitte. Die Huthaut ist abziehbar, und die Lamellen sind schwefelgelb. Das weißliche bis blaßgelbliche Fleisch riecht nach Mehl oder Gurken. Der Grünling ist ein geschätzter Speisepilz, der aber auf Kalkböden fehlt. Eine ähnliche Färbung hat der Schwefelritterling, *Tricholoma sulphureum*, der durch seinen widerlichen, leuchtgasartigen Geruch auffällt. Er ist kein Speisepilz.

Durch das rosafarbene Sporenpulver unterscheiden sich die Rötelritterlinge, die *Lepista*-Arten, von den Echten Ritterlingen. Die Sporen sind glatt und nicht amyloid, die Hüte meist violett, grau oder rotbraun. Sie haben ausgebuchtete oder herablaufende Lamellen. Der Violette Rötelritterling, *Lepista nuda*, tritt im Herbst oft als Massenpilz auf, er wächst häufig in »Hexenringen«. Der ganze Pilz hat hell- bis sattviolette Farben. Der Hut wird 6–12 cm breit und ist manchmal auch rötlichbraun. Das hellviolette Fleisch hat einen aromatischen Geruch, der sich beim Schmoren des Pilzes verliert. Der gute Speisepilz ist auch für den Marktverkauf zugelassen. Er tritt bis zu den ersten Frösten auf und kann nur mit violetten Schleierlingen (*Cortinarius*-Arten) verwechselt werden, die braunes Sporenpulver und ein spinnwebartiges Velum haben.

Der Nebelgraue Trichterling, *Lepista nebularis*, kommt zu gleicher Zeit an den gleichen Standorten vor. Seine bräunlichgrauen, bis 20 cm breiten Hüte sind anfangs gewölbt und im Alter trichterförmig eingesenkt. Das weiße Fleisch hat wie bei der vorhergehenden Art einen stark aromatischen Geruch. Der Pilz wächst auch oft in großen »Hexenringen«. In geschmortem Zustand ist er ein guter Speisepilz, doch soll er nicht immer verträglich sein.

Der Fuchsrote Trichterling, *Lepista flaccida*, weist anfangs einen eingerollten Hutrand auf. Der fuchsigrotbraune Hut hat charakteristische durchwässerte Flecke. Die sehr dichtstehenden Lamellen laufen am Stiel herab und sind wie der Hut gefärbt. Der Stiel ist zäh und an der Basis verklumpt, das weiße Myzel oft mit Fichtennadeln.

Bisher wurden die beiden letzten Arten in die Gattung *Clitocybe* gestellt.

Der Mairitterling, *Calocybe gambosa (= Tricholoma georgii)*, unterscheidet sich von den anderen Vertretern der Gattung *Calocybe*, Schönkopf, durch die weißliche bis ockergelbliche Färbung. Sonst handelt es sich bei dieser Gattung um lebhaft gefärbte Pilze. Der Mairitterling hat einen auffälligen Geruch nach frisch gemahlenem Mehl oder Kleie. Man findet ihn zuweilen schon ab Ende April in lichten Laub- und Nadelwäldern, an Waldrändern und in Parks. Er ist ein guter Speisepilz. Die *Calocybe*-Arten besitzen Basidien, die bei Behandlung mit Karminessigsäure eine dunkle Granulation im Mikroskop zeigen. Man nennt diese Pilze karminophil. Solche Arten kommen auch bei der Gattung Knäuelritterlinge, *Lyophyllum*, vor. Diese haben weiß-, grau oder braungefärbte Hüte und glatte Sporen.

Die Vertreter der Gattung Holzritterlinge, *Tricholomopsis*, haben eine gelbe Hutgrundfarbe, die durch andersgefärbte Schuppen überdeckt wird. Sie wachsen an Holz. Häufig ist der Rötliche Holzritterling, *Tricholomopsis rutilans*, mit purpurrötlich gefasertem Hut, gelbem Stiel und ebensolchen Lamellen. Er wächst an morschen Stümpfen von Nadelbäumen und ist kein Speisepilz.

Die Weichritterlinge, die *Melanoleuca*-Arten, haben einen weichen Stiel, der von der derben braunen oder schwarzen Rinde bekleidet ist. Die amyloiden Sporen sind rauhwarzig.

Die Unterscheidung zwischen Ritterlingen im weiteren Sinn und Trichterlingen, *Clitocybe*-Arten, ist nicht immer einfach. Im typischen Fall ist bei der Gattung *Clitocybe* der Hut zumindest im Alter trichterförmig eingesenkt. Die Lamellen laufen am Stiel herab oder sind breit angewachsen. Der Stiel ist oft berindet, das Sporenpulver weiß bis cremefarben. Die nicht amyloiden Sporen sind glatt oder feinwarzig. Die Pilze wachsen am Erdboden als Streuzersetzer. Die Gattung umfaßt in Mitteleuropa etwa 70–80 Arten.

Durch seinen Anisgeruch fällt der Anistrichterling, *Clitocybe odora*, auf. Der Pilz wird 4–8 cm breit und 4–7 cm hoch. Er hat einen grünspanfarbenen Hut, grünliche, herablaufende Lamellen und kann durch seinen Anisgeruch mit keinem anderen Trichterling verwechselt werden. Es ist ein Speisepilz. Durch den nach unten zu keulenförmigen Stiel gibt sich der Keulenfußtrichterling, *Clitocybe clavipes*, zu erkennen. Er hat einen graubräunlichen Hut mit anfangs eingerolltem Rand und ist ebenfalls ein Speisepilz.

Gefährlich ist eine Reihe kleiner, weißer

Trichterlinge. Soweit bekannt, enthalten sie Gifte, die auf das Nervensystem wirken (neurotrope Gifte). Zu diesen Pilzen gehören *Clitocybe phyllophila (= C. cerrusata), C. rivulosa* und *C. dealbata*. Sie enthalten Muskarin, ein Gift, auf das wir beim Fliegenpilz noch einmal zurückkommen werden.

Die Rüblinge, die *Collybia*-Arten, haben einen knorpelig-röhrigen Stiel, weißen Sporenstaub und ausgebuchtete Lamellen. Der Stiel ist oft wurzelartig in den Boden verlängert. Viele der 50 früher als *Collybia*-Arten beschriebenen Pilze sind heute in anderen Gattungen untergebracht. Der Waldfreundrübling, *Collybia dryophila*, hat einen sehr dünnfleischigen, 3–7 cm breiten, gelb- oder rotbraunen Hut. Er weist gewisse Ähnlichkeit mit den Schwindlingen, den *Marasmius*-Arten, auf. Wie diese kann er bei Trockenheit zusammenschrumpfen und bei Feuchtigkeit wieder aufleben.

Der Samtfußrübling, *Flammulina velutipes*, wächst vor allem im Spätherbst und Winter an Laubholzstümpfen, selten auch an Nadelholz. Er kann auch an lebenden Bäumen wachsen. Der Pilz erscheint immer büschelig und läßt sich an seinem schwarzbraunen samtigen Stiel erkennen. Der Hut ist holzgelb. Der Speisepilz kann auch in gefrorenem Zustand geerntet werden. Der Samtfußrübling läßt sich sehr gut kultivieren, wobei er recht willig seine Fruchtkörper bildet. Sie erscheinen dann auch außerhalb der in der Natur üblichen Fruktifikationszeit.

Der Beringte Buchenschleimrübling, *Oudemansiella (Mucidula) mucida*, erscheint meist hoch oben am Stamm von Buchen und Eichen, besonders an vom Blitz oder durch Windbruch geschädigten Bäumen. Der stark schleimige, durchscheinend weißliche Pilz wird 3–10 cm breit. Der 5–10 cm lange, ebenfalls weiße, zähe Stiel trägt einen häutigen Ring. Die Lamellen sind weiß, sehr breit und entfernt stehend.

Ebenfalls einen schleimigen Hut hat der Wurzelschleimrübling, *Xerula radicata*. Die Gattung *Xerula* unterscheidet sich im allgemeinen durch trockenere Fruchtkörper von der Gattung *Oudemansiella*. Die Hüte des Wurzelschleimrüblings sind oft noch sehr klein, wenn der Stiel schon seine volle Länge von 15–20 cm erlangt hat. Sie erreichen aber schließlich 4–8 cm Breite. Der faserig-röhrige Stiel ist meist schraubig gedreht. Er wurzelt bis zu 15 cm tief im Boden. Die Färbung des Pilzes schwankt von fast weiß bis olivbraun. Er ist häufig, gilt aber nicht als Speisepilz.

Eine interessante Art ist der Kiefernzapfenrübling, *Strobilurus tenacellus*. Die kleinen Pilze mit 1–2 cm hohem Stiel wurzeln auch sehr tief in der Erde. Verfolgt man den wurzelartig verlängerten Stiel am Boden, so stößt man immer auf einen Kiefernzapfen, an dem sich das Myzel entwickelt. Dieser Rübling wächst im zeitigen Frühjahr. Es gibt noch 2 weitere sehr ähnliche Arten, *Strobilurus esculentus* und *S. stephanocystis*, die sich ebenfalls auf Koniferenzapfen entwickeln. Wegen ihrer Kleinheit sind sie keine Speisepilze.

Die Schwindlinge, die *Marasmius*-Arten, haben oft Ähnlichkeit mit den Rüblingen. Charakteristisch ist, daß die meist kleinen Pilze bei Trockenheit zusammenschrumpfen und bei Regen wieder aufquellen. Sie haben weißes, nicht amyloides Sporenpulver. Der Stiel ist meist sehr dünn und zäh oder starr. Der sehr dünnfleischige Hut hat entfernt stehende Lamellen. Diese können bei manchen Arten frei sein und um den Stiel ringartig zu einem Collar verwachsen. In der älteren Literatur ist *Marasmius* eine Sammelgattung. Wir rechnen heute mit etwa 30 Arten in Europa. In der ganzen Welt kommen etwa 200 Arten vor. Die Schwindlinge sind in tropischen und subtropischen Wäldern häufig

Oudemansiella canarii ist die Typusart der Gattung. Sie kommt z. B. auf Kuba vor. In der Abbildung ist sie aus einer Reinkultur gewachsen.

Der Rosablättrige Helmling, *Mycena galericulata*, ist einer der leicht erkennbaren Helmlinge. Im Alter verfärben sich die Lamellen rosa.

anzutreffen. Sie wachsen auf abgestorbenen Zweigen und abgefallenen Blättern von Laub- und Nadelbäumen.

Unter dem Namen »Mousseron« ist der Knoblauchschwindling, *Marasmius scorodonius*, in der Gastronomie bekannt. Nach einem tüchtigen Regenguß läßt er sich manchmal im Nadelwald schon riechen, ehe man ihn gesehen hat. Der Knoblauchgeruch und -geschmack haben ihn zu einem begehrten Würzpilz gemacht, der vor allem in der französischen Küche viel verwendet wird. Die Hüte werden nur 1–2 cm breit, der hornartige, dünne, rotbraune, glänzende Stiel 2–5 cm hoch. Die Pilze sind erst rotbraun und werden dann hellbraun. Es gibt noch weitere Schwindlinge mit lauchartigem Geruch, wie *Marasmius alliaceus* und *Micromphale perforans*, die keine Speisepilze sind.

Der Rädchenschwindling, *Marasmius rotula*, hat einen kaum 1 cm breiten, weißlichen Hut. Die entfernt stehenden Lamellen bilden um den Stiel ein Collar und wirken wie die Speichen eines Wagenrades. Der Pilz wächst auf Ästchen und altem Laub.

Die Helmlinge, die *Mycena*-Arten, unterscheiden sich von der Gattung *Marasmius* durch den meist kegelig-glockigen Hut. Er rollt sich bei Trockenheit nicht ein wie bei *Marasmius*. Das weiße Sporenpulver ist amyloid oder nicht amyloid. Die Pilze wachsen meist büschelig an morschem Holz. Manche Arten verursachen in den Tropen Pflanzenkrankheiten. Von den etwa 200 bisher bekannten Arten kommen etwa 110 in Europa vor. Früher wurde die Grenze der Gattung wesentlich weiter gefaßt.

Stattliche Größe für einen Helmling erreicht der Rosablättrige Helmling, *Mycena galericulata*. Die erst weißlichgrauen Lamellen werden im Alter rosa. Die kegelig-glockigen, graubraunen Hüte sind 2–7 cm breit. Der Stiel wird 5–10 cm hoch, er ist glatt und wie der Hut gefärbt. Meist erscheint der Rosablättrige Helmling büschelig an Laubholzstümpfen. Beim Rillstieligen Helmling, *Mycena polygramma*, ist der Stiel silbergrau, mit dichten, feinen, parallelen Längsfurchen versehen und der Hut braungrau und kegelig-glockig. Auch diese Art wächst an Laubholz.

Einige Helmlingsarten scheiden bei Verletzung Milchsaft aus. So der Weißmilchende Helmling, *Mycena galopoda*. Beim Purpurschneidigen Helmling, *Mycena sanguinolenta*, ist die Milch dunkelblutrot. Außerdem wird die Lamellenschneide durch farbige Cystiden braunrot gefärbt. Farbige Cheilocystiden gibt es auch bei einer Reihe anderer Helmlinge. Beim Rosa Helmling, *Mycena rosella*, der oft herdenweise in der Nadelstreu wächst, wird die Lamellenschneide durch Cystiden dunkelrot gefärbt. Der kaum 1 cm große Pilz ist sonst in allen Teilen rosa.

In Wäldern der Gebirge und Mittelgebirge findet man die Baumstümpfe zuweilen von kleinen, braunroten Pilzen mit nabelförmig eingesenkten Hüten bedeckt. Es handelt sich um den Glöckchennabeling, *Xeromphalia campanella*. Die nur 1–2,5 cm großen Pilze mit 5–15 mm breiten Hut wachsen oft auf durch andere Pilze bereits aufgelockerten, bemoosten Nadelholzstümpfen. Die rötlichen Lamellen sind am Grund durch Queradern verbunden und laufen kurz am Stiel herab, der nur 1 mm dick, braunrot sowie am basalen Teil von rostroten Haaren striegelig-zottig ist. Er hat amyloides Sporenpulver. Einen ähnlichen Habitus weisen auch die Nabelinge, die *Omphalina*-Arten, auf. Ihre Sporen sind aber nicht amyloid.

Einen sehr wichtigen Pilz stellt der Dunkle Hallimasch, *Armillaria obscura*, dar. Er richtet in der Forstwirtschaft als starker Baumparasit großen Schaden an. Meist befällt er die Bäume von der Wurzel her und wächst dann im Stamm aufwärts. Im Erdboden bildet er feste, braunberindete Myzelstränge (Rhizomorphen), die mehrere Meter lang werden können. Die Fruchtkörper erscheinen im Herbst meist in großen Mengen. Man findet sie am Boden, doch häufiger an Baumstümpfen und an -stämmen, wo sie büschelig wachsen. Die bei feuchtem Wetter schleimig-schmierige Huthaut ist schwärzlich braunoliv mit kleinen schwärzlichen Schuppen. Zwischen Hutrand und Stiel spannt sich in jungem Zustand ein wolliges Velum, das dann am Stiel einen vergänglichen Ring bildet. Der braunolive Stiel ist an der Spitze heller, mit derber Rinde versehen und innen weiß, markig ausgestopft. Der gute Speisepilz ist aber roh giftig. Vom Hallimasch werden heute mehrere Arten unterschieden, von denen hier nur noch der Honiggelbe Hallimasch, *Armillaria mellea*, mit hellerem Hut und dauerhafterem Ring erwähnt werden soll. Bemerkenswert ist, daß der bei uns so gefürchtete Baumschmarotzer in Japan mit der Orchidee *Gastrodia elata* Mykorrhyza bildet. Diese Orchidee kommt nur zum Blühen, wenn sie mit dem Pilz in Symbiose lebt.

In Gebirgsnadelwäldern trägt der Glöckchennabeling, *Xeromphalina campanella*, zur biologischen Rodung der Stubben bei.

Familie Rotblättler, Entolomataceae

Die Entolomataceen sind an ihren rosafarbenen Lamellen und mikroskopisch an den charakteristischen fast sechseckigen, isodiametrischen Sporen recht gut zu erkennen. Die Lamellen sind nie frei, sondern angeheftet, breit angewachsen oder herablaufend. Die weißlichen grauen oder braunen, aber auch lebhaft gefärbten Fruchtkörper sind zentral, seltener exzentrisch oder seitlich gestielt. Sie wachsen am Erdboden innerhalb und außerhalb von Wäldern, einige auch an Holz. Die Familie umfaßt die Gattungen *Entoloma, Clitopilus* und *Rhodocybe*, von denen die erste meist in 5 Untergattungen gegliedert wird.

Rosafarbene Lamellen kommen ebenfalls bei der Familie Amanitaceae vor. Diese haben aber freie Lamellen und runde oder elliptische Sporen. Auch bei den Agaricaceen kann man rosafarbene Blätter antreffen, doch hier sind die Sporen nie eckig, und meist ist der Stiel mit einem Ring versehen.

Die Gattung *Entoloma* umfaßt in Europa 145 Arten. Über die Verwendbarkeit als Speisepilze liegen kaum Angaben vor. Einige Arten sind als Giftpilze bekannt.

Als wichtigster Giftpilz unter den Rötlingen muß der Riesenrötling, *Entoloma sinuatum*, genannt werden. Die hellgrauen bis hellbraunen, gewölbten Hüte werden bis 18 cm breit. Die zuerst blaßgelblichen Lamellen stehen ziemlich entfernt und sind um den Stiel ausgebuchtet. Später werden sie rosarötlich. Der kräftige, 8–12 cm hohe Stiel ist im Alter meist hohl. Das weiße Fleisch riecht zuerst nach Mehl, später aber ranzig. Der Riesenrötling wächst meist unter Buchen oder Eichen, ist aber in vielen Gegenden selten. In Frankreich und der Schweiz kommt er häufiger vor. Die Giftwirkung macht sich bald nach der Mahlzeit in Magen- und Darmstörungen bemerkbar. Vermutlich ist nicht nur ein Giftstoff im Pilz enthalten.

Der Schildrötling, *Entomola clypeatum*, wird zuweilen als Speisepilz empfohlen. Wegen der Verwechslungsgefahr mit anderen Rötlingen ist jedoch größte Vorsicht geboten.

In der Untergattung *Leptonia* sind einige lebhaft blaue Pilze enthalten. An und um morsche Stümpfe von Hasel, Erle, Buche und Birke wächst der Violette Rötling, *Entoloma (Leptonia) euchroum*. Der Hut ist 2–4 cm breit, sattblau bis violett. Der 3–6 cm hohe, schlanke Stiel weist die gleiche Farbe wie der Hut auf. An morschem Holz wächst der Stummelfußrötling, *Entoloma byssisedum*, ein kleiner, seitlich gestielter, muschelförmiger Pilz mit höchstens 3 cm breitem, weißlichgrauem und filzigem Hut. Auf alten Pilzen wächst der Parasitische Stummelfuß, *Entoloma parasiticum*. Die Hüte werden nur einige Millimeter breit, und der zentrale bis exzentrische Stiel wird lediglich 2–3 cm lang.

Familie Freiblättler, Amanitaceae

Die bei dieser Familie meist weißen oder rosa, oft sehr dünnen Lamellen erreichen den Stiel nicht, d. h., sie sind frei. Das Sporenpulver ist weiß, rosa oder grünlich, die amyloiden oder nicht amyloiden Sporen sind glatt oder feinwarzig, rundlich oder elliptisch und haben dünne Wände. Die Fruchtkörper besitzen häufig ein Velum universale oder Velum partiale. Sie wachsen auf dem Erdboden oder an Holz. Manche sind Mykorrhizabildner ohne strenge Bindung an bestimmte Baumarten. Es gibt sowohl gute Speisepilze als auch gefährliche Giftpilze unter ihnen.

Die Wulstlinge und Knollenblätterpilze, die *Amanita*-Arten, sind mit 29 Arten in Europa vertreten. Es handelt sich um mittelgroße bis große Pilze mit zentralem Stiel, der meist einen Ring oder eine Manschette hat, der Stielgrund besitzt oft eine Volva oder Volvareste. Das Sporenpulver ist weiß.

Der wichtigste und gefährlichste Giftpilz ist der Grüne Knollenblätterpilz, *Amanita phalloides* mit glockiggewölbtem, schließlich flach ausgebreitetem, hell- bis dunkelolivgrünem, 6–12 cm breitem Hut. Der 8–12 cm hohe, schlanke und in der oberen Hälfte mit einem dünnen, herabhängenden manschettenförmigen Ring versehene Stiel ist auf weißlicher Grundfarbe graugrünlich genattert. An der Basis knollig verdickt, steckt er in einer häutigen Volva, die meist

Stielknollen verschiedener *Amanita*-Arten. a *Amanita phalloides*, b *Amanita vaginata*, c *Amanita citrina*, d *Amanita pantherina*, e *Amanita muscaria*, f *Amanita excelsa* und *Amanita rubescens*

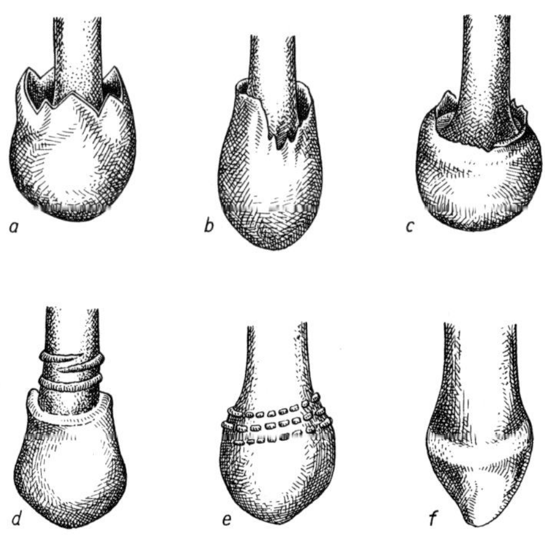

Der gefährlichste Giftpilz unserer Wälder ist der Grüne Knollenblätterpilz, *Amanita phalloides*. Der Stiel steckt in einer häutigen Scheide (Volva).

im Boden sitzt und deshalb leicht übersehen wird. Die Lamellen sind immer weiß. Das Fleisch riecht honigartig, besonders stark beim Eintrocknen. Der Grüne Knollenblätterpilz wächst von Juli bis Oktober in Laubwäldern, vor allem unter Buchen und Eichen. Er ist lebensgefährlich giftig und fordert alljährlich Todesopfer. Die größte Gefahr besteht in der langen Latenzzeit, denn die Vergiftungen machen sich erst 8–20 (40) Stunden nach dem Verzehr bemerkbar. Dann hat das Gift bereits lebenswichtige Organe, wie Leber, Herz und Nieren, geschädigt. Die ersten Anzeichen der Vergiftung sind Erbrechen, Krämpfe, Durchfälle und Schweißausbruch. Oft tritt zunächst noch einmal eine vorübergehende Besserung ein, ehe der Tod nach 3–5 Tagen infolge schwerer Organschäden erfolgt.

Im Grünen Knollenblätterpilz sind 2 Giftgruppen enthalten. Bei den stark giftigen, langsam wirkenden Amanitinen handelt es sich um ringförmige Polypeptide, die alle ein Schwefelatom je Molekül enthalten. Es ist bekannt, welche Aminosäuren am Aufbau beteiligt, aber nicht, in welcher Reihenfolge sie verknüpft sind. Die Phalloidine, die nur ein Zehntel der Giftwirkung der Amantine besitzen, aber schneller wirken, bestehen aus den 3 Komponenten Phalloidin, Phalloin und Phallacidin. Es sind ebenfalls ringförmige Polypeptide. Sowohl die Amanitine als auch die Phalloidine wirken hämolysierend, d.h., sie zerstören den roten Blutfarbstoff.

Ebenso gefährlich wie der Grüne Knollenblätterpilz, aber viel seltener ist der Weiße Knollenblätterpilz, *Amanita verna*, der in den meisten Merkmalen mit dem Grünen Knollenblätterpilz übereinstimmt, aber einen weißen und mehr kegeligen Hut hat. Weniger giftig ist dagegen der Gelbe Knollenblätterpilz, *Amanita citrina*, der leicht an dem an alte, auskeimende Kartoffeln erinnernden Geruch zu erkennen ist. Der blaß zitronengelbe Hut trägt Hüllreste. An der dickknolligen Stielbasis befinden sich niedrige Volvareste.

Der bekannteste Giftpilz dürfte ohne Zweifel der Fliegenpilz, *Amanita muscaria*, sein. Er ist auch einer der schönsten Pilze unserer Wälder. Durch den roten Hut mit den weißen Hüllresten kann man ihn schon von weitem erkennen. Bei der braunhütigen Form, die auch als selbständige Art, *Amanita regalis*, Königsfliegenpilz, aufgefaßt wird, gibt der Schnitt durch den Hut Gewißheit. Direkt unter der Huthaut ist das Fleisch zitronen-

Nach ähnlicher Kulturmethodik wie der Riesenträuschling bei uns wird der Reisstrohscheidling, *Volvariella esculenta*, in China schon lange auf Reisstroh kultiviert.

gelb. Der Giftgehalt des Fliegenpilzes wurde wohl am besten untersucht. Vor allem der Schweizer Biochemiker Eugster hat sich sehr verdient gemacht. Nach Aufarbeitung von 500 kg frischer Fliegenpilze konnte 1 g Muscarinchlorid gewonnen werden. Dabei wurde festgestellt, daß das Muscarin nur ein Nebenalkaloid des Fliegenpilzes ist. Zwei andere Gifte des Fliegenpilzes, Muscimol und Ibotensäure, erwiesen sich als wesentlich wirksamer als das Muscarin. Die beiden Gifte sind im Fliegenpilz außerdem in 500fach größerer Menge als das Muscarin enthalten. Sie wirken auf das Zentralnervensystem. Fliegenpilzhüte wurden früher oft in gezuckerte Milch gelegt, um damit Fliegen anzulocken und zu töten. Tests haben aber ergeben, daß die Fliegen nur betäubt werden und sich allmählich wieder erholen.

In Süd- und Südosteuropa kommt ein dem Fliegenpilz ähnlicher Wulstling vor, der Kaiserling, *Amanita caesarea*. Er entspringt einer weißen, häutigen Volva. Lamellen und Stiel sind aber nicht weiß wie beim Fliegenpilz, sondern zitronengelb bis goldgelb. Der Kaiserling ist überall selten und kein Speisepilz.

Der Pantherpilz, *Amanita pantherina*, wird von Pilzsammlern manchmal mit dem eßbaren Perlpilz, *Amanita rubescens*, verwechselt. Dann kommt es zu Vergiftungen mit neurotroper Wirkung. Der dunkelbraune Hut des Pantherpilzes weist einen deutlich gerieften Hutrand auf. Oft bleiben weiße, flockenartige Hüllreste auf ihm erhalten. Die Stiel steckt in einer wulstigen Stulpenscheide, über der sich am Stiel noch 1–2 wollige, weiße Gürtel befinden. Der Ring ist glatt. Der Perlpilz hat einen knolligen Stielgrund, aber keine Scheide und einen auf der Oberseite fein gerieften Ring. Auf dem rötlichbraunen Hut befinden sich grindige Schuppen. Typisch ist auch das Röten des Fleisches.

Die Scheidlinge, die *Volvariella*-Arten, sind durch Kombination der Merkmale rosa Lamellen und Volva sowie durch den ringlosen Stiel charakterisiert. Sie leben auf Humus, an Holz oder auf faulenden Pilzen. Auf Komposthaufen wächst der Schwarzstreifige Scheidling, *Volvariella volvacea*, bei dem der Hut schwarzstreifig ist. Bei dem in China auf Reisstroh kultivierten Scheidling *(Volvariella esculenta)* handelt es sich vermutlich um die gleiche Art. In China wird dieser Pilz in ähnlicher Weise angebaut wie bei uns der Riesenträuschling. Bündel von Reisstroh weicht man 24 Stunden in fließendem Wasser ein und schichtet sie dann zu kleinen Stapeln von 3 × 1 m Grundfläche. Die Beimpfung erfolgt mit Reisstroh, das bereits von Myzel bewachsen ist. Es kann z. B. von älteren Kulturen genommen werden. Der Pilz benötigt für ein optimales Wachstum 25–30 °C und 85 % relative Luftfeuchtigkeit. Die Fruchtkörper treten bereits 10–21 Tage nach dem Beimpfen auf.

Auch der Wollige Scheidling, *Volvariella bombycina*, ist ein Speisepilz. Er hat einen glockigen, weißgelblichen, wolligen Hut und wächst meist an lebenden Stämmen in Asthöhlen. Auf faulenden Blätterpilzen kommt der Parasitische Scheidling, *Volvariella surrecta*, vor. Auf Feldern findet man zuweilen in größeren Mengen den Großen Scheidling, *Volvariella speciosa*, der ebenfalls ein Speisepilz ist.

Die Dachpilze, die *Pluteus*-Arten, sind meist Holzbewohner. Sie haben freie, rosa Lamellen und weder Ring noch Volva. Für die Bestimmung der etwa 40 europäischen Arten spielen die Hyphenform der Huthaut und die oft charakteristischen Cheilo- und Pleurocystiden eine Rolle. Die Hyphen der Huthaut können faserig oder zellig gestaltet sein. Zellig werden sie genannt, wenn sie rundliche oder firnenförmige Endzellen haben, faserig, wenn sie enghyphig sind.

Der Rehbraune Dachpilz, *Pluteus atricapillus*, hat an den Lamellenflächen Cystiden mit 1–3 hakenförmigen Enden. Er ist einer der häufigsten Dachpilze auf morschen Laub- und Nadelholzstubben. Der dunkelbraune, eingewachsen faserige, 6–12 cm breite Hut ist eßbar, aber nicht sehr schmackhaft. Beim ähnlichen Schwarzschneidigen Dachpilz, *Pluteus atromarginatus*, ist die Lamellenschneide durch Cystiden schwärzlich.

Die Schleimschirmlinge, die *Limacella*-Arten, leiten zu den Agaricalen über. Ihr Hut und oft auch ihr Stiel sind schmierig. Am Stiel befindet sich meist ein Ring. Eine Volva fehlt, und das Sporenpulver ist weiß. Der Große Schleimschirmling, *Limacella guttata*, hat den Habitus eines Egerlings, einer *Agaricus*-Art. Die Lamellen bleiben aber blaßcremefarben. Der isabellfarbene Hut wird 6–10 cm breit. Der weißliche Stiel mit häutigem Ring erreicht eine Höhe von 8 bis 12 cm. Das weiße Fleisch riecht stark nach Mehl. Der Große Schleimschirmling wächst im Herbst im Laub- und Nadelwald. Er ist nicht häufig, aber wo er vorkommt, erscheint er in Trupps.

Familie Schirmlings- und Egerlingsartige, Agaricaceae

In diese Familie gehören Pilze mit sowohl weißem als auch purpurbraunem Sporenpulver. Wie bei den Amanitaceen sind die Lamellen frei. Ein Velum universale wird nicht ausgebildet, aber ein Velum, partiale ist vorhanden. Die Sporen sind relativ dickwandig und haben bei manchen Gattungen einen gut ausgebildeten Keimporus. Die zentral gestielten Fruchtkörper wachsen auf dem Erdboden in Wäldern und auf Wiesen, oft auf Humus. Eine Mykorrhizabindung wurde nicht nachgewiesen.

Die Gattung Schirmpilz, *Macrolepiota*, umfaßt in Europa 11 Arten, die meist eßbar sind. Die Fruchtkörper werden sehr groß. Der Hut ist oft grob- oder feinschuppig und zuletzt flach schirmartig ausgebreitet. Am schlanken, hohen Stiel befindet sich ein verschiebbarer Ring. Die über 9 µm langen Sporen haben einen großen Keimporus. Sie färben sich mit Kresylblau metachromatisch, d. h., unter dem dicken Epispor, das sich blau anfärbt, wird das Endospor als rötliche Schicht sichtbar.

Querschnitt durch den Teil einer Lamelle von *Pluteus atricapillus*. b Basidien mit Basidiosporen, c Cystiden, h Hymenium, sh Subhymenium, tr Trame (invers) (nach Douwes und v. Arx)

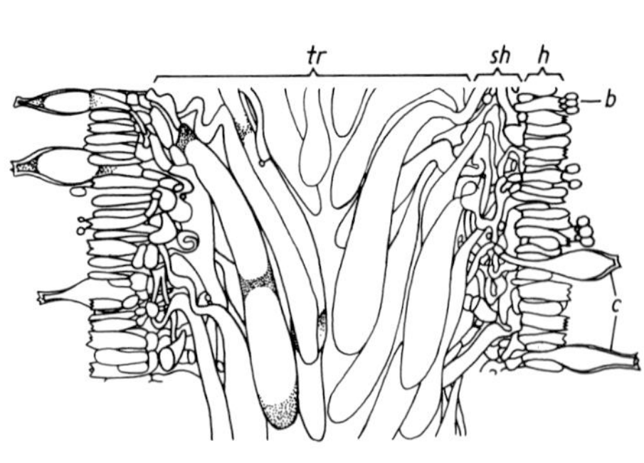

Bis 40 cm hoch wird der Stiel beim Parasol, *Macrolepiota procera*. Der Hut ist wie ein Schirm ausgebreitet.

Der Giftschirmling, *Macrolepiota venenata*, wurde erst in den letzten Jahren entdeckt. Er kann mit dem Safranschirmpilz verwechselt werden, der ebenfalls im Fleisch rötet.

Der größte und schönste Vertreter ist der Riesenschirmpilz oder Parasol, *Macrolepiota procera*. Der Stiel wird bis zu 40 cm hoch, ist braun genattert und röhrig hohl, aber sehr fest. An der Basis hat er eine knollige Verdikkung. Der ganze Pilz mit dem anfangs fast kugelig geschlossenen Hut erinnert in diesem Zustand an einen Paukenschlegel. Nach dem Aufschirmen wird der Hut bis 30 cm breit. Am Stiel bleibt ein dicker, doppelter, verschiebbarer Ring. Die Huthaut ist grob wollig-schuppig, das Fleisch relativ dünn. Die breiten Lamellen stehen sehr dicht. Der Parasol wächst im Sommer und Herbst in lichten, grasigen Wäldern, zuweilen in großen Mengen. Er ist ein ausgezeichneter Speisepilz, der sich gut zum Braten eignet. Die Stiele sind nicht zu verwenden.

Ähnlich ist ihm der Safranschirmpilz, *Macrolepiota rachodes*, mit dunkleren und breiteren Hutschuppen, bei dem sich das Fleisch beim Anschneiden safranrot verfärbt. Er wird nicht so groß wie der Parasol, ist wie dieser Speisepilz und wächst im Nadelwald. In den letzten Jahren wurde ein sehr ähnlich aussehender Schirmpilz, *Macrolepiota venenata*, mit ebenfalls rötendem Fleisch beobachtet, der vor allem in Gärten auf Kompost wächst. Dieser hat in Mitteleuropa schon mehrfach zu Vergiftungen geführt.

Die Gattung Schirmlinge, *Lepiota*, enthält kleine bis mittelgroße Arten. Ihre Sporen haben keinen Keimporus und sind nicht metachromatisch. In Europa kommen etwa 50 Arten vor, unter denen aber keine wertvollen Speisepilze, jedoch einige giftige Arten sind. An seiner wollig-flockigen Stielbekleidung ist der Wolliggestiefelte Schirmling, *Lepiota clypeolaria*, zu erkennen, dessen 4–7 cm breite Hut auf einem 5–8 cm hohen Stiel sitzt. Der auf weißem Grund bräunlich-schuppige Hut hat einen braunen Scheitel. Dieser Schirmling wächst von August bis Oktober häufig in Laub- und Nadelwäldern. Er ist kein Speisepilz.

Die Gattung Egerlinge oder Champignons, *Agaricus*, umfaßt etwa 50 Arten in Europa, unter denen sich viele gute Speisepilze befinden. Die größeren Arten haben Ähnlichkeit mit Schirmlingen, weisen aber alle eine für diese Gattung charakteristische Gestalt auf. Der Stiel ist kurz bis mittelgroß, der Hut in geschlossenem Zustand halbkugelig und schirmt dann leicht gewölbt auf. Die freien Lamellen sind erst zart hellgrau (nie reinweiß) und verfärben sich später über Rosa nach Schokoladenbraun bis Schwarzbraun. Der Stiel ist beringt, wobei der Ring hängend oder aufsteigend sein kann. Das weiße Fleisch gilbt oder rötet bei Verletzung.

Auf gedüngten Wiesen und Weiden erscheint im Sommer und Herbst der Wiesenegerling, *Agaricus campestris.* Sein weißer, selten bräunlicher Hut wird 5–10 cm breit und bleibt nach dem Aufschirmen lange halbkugelig gewölbt. Die Lamellen sind erst rötlich und werden schokoladenbraun bis schwärzlich. Der Stiel ist oft sehr kurz und der Ring sehr vergänglich. Das Fleisch rötet nur schwach. Es riecht nicht nach Anis oder Bittermandel. Der Wiesenegerling wird als Speisepilz viel gesammelt, wobei er dem Kulturchampignon im Geschmack nicht nachsteht, der oft als Kulturform des Wiesenegerlings betrachtet wird, aber eine gut abgegrenzte Art darstellt. Beim Kulturchampignon, *Agaricus bisporus,* läßt sich der Ring nach unten abziehen, der Hut ist weiß oder kleinschuppig braun. An den Basidien befinden sich nur 2 Basidiosporen. Die Art wird in großem Maß kultiviert, sie tritt aber auch im Freien in Gärten auf. Früher wurde als Kultursubstrat kompostierter Pferdemist verwendet. Da dieser heute kaum noch in ausreichender Menge zur Verfügung steht, wird als Substrat oft Hühnermist aus der Intensivhaltung benutzt und, mit Stroh vermischt, kompostiert. Man stellt auch künstliche Substrate zusammen. Mit dem kompostierten Dünger werden Hügelbeete geformt oder Kisten gefüllt. Dann bespickt man das Substrat mit Brut. Als Räume für die Kultur eignen sich Keller, Bergwerksstollen und Schuppen, die eine möglichst konstante Temperatur von 12–15 °C aufweisen. Genügend hohe Luftfeuchtigkeit ist Voraussetzung für gute Fruktifikation. Eine rentable Anlage muß mindestens 4–6 kg Pilze/m^2 bringen, wobei die Fruchtkörper in Schüben (Wellen) erscheinen.

Der Schafegerling, *Agaricus arvensis,* ist ein Pilz der Wiesen und Wälder. Im Gegensatz zum Wiesenegerling gilbt bei ihm das Fleisch. Es riecht angenehm anis- oder bittermandelartig. Die Lamellen sind nie blutrot, sondern nur rosarot und schließlich schokoladenbraun.

In manchen Gegenden tritt zeitweise der Giftegerling, *Agaricus xanthodermus,* in größeren Mengen auf. Er gilbt sehr stark und wird besonders in der Stielknolle intensiv chromgelb. Außerdem riecht er nach Karbol. Der Geruch tritt am deutlichsten beim Kochen in Erscheinung. Von manchen Personen wird er ohne Schaden vertragen, aber er verursacht auch leichte Verdauungsstörungen, Übelkeit und Kopfschmerzen. Daher ist er als Speisepilz nicht zu empfehlen. Passecker schreibt, daß er in Tirol gesammelt und gegessen wird. Man versucht ihn dort sogar durch Verstreuen von Pilzresten im Garten anzusiedeln.

Der Schafegerling, *Agaricus arvensis,* wächst auf Schaftriften und Viehkoppeln. Der Hut kann bis 20 cm groß werden und ist sehr fleischig.

Familie Träuschlingsartige, Strophariaceae

Die Strophariaceen unterscheiden sich von den Agaricaceen hauptsächlich durch die angehefteten, angewachsenen oder ausgebuchteten Lamellen. Das Sporenpulver ist braun, lila oder schwärzlich lila. Die Sporen haben einen Keimporus. Vor allem die Vertreter der Gattung *Stropharia* weisen den Habitus von *Agaricus*-Arten auf. Die Strophariaceen wachsen auf Humus, an Holz, an Pflanzenstengeln, auf Graswurzeln und ähnlichen Substraten.

Üppiges Wachstum des Stockschwämmchens, *Kuehneromyces mutabilis*, an einem alten Laubholzstubben. Die Hüte sind hygrophan.

Aus der Gattung Träuschlinge, *Stropharia*, hat in den letzten Jahrzehnten der Riesenträuschling, *Stropharia rugosoannulata*, Bedeutung erlangt. Er läßt sich im Freien auf feuchtem Stroh kultivieren. Das Stroh muß wie die Beete des Kulturchampignons mit Erde abgedeckt werden. Der Riesenträuschling wird 8–20 cm groß, der Stiel bis 20 cm hoch. Der rotbraune bis kastanienbraune Hut hat im Alter eine leicht abziehbare Haut. Die Lamellen sind hellbraun bis schwarzviolett mit hellen Schneiden. Der weißliche Stiel trägt einen häutigen Ring.

In Wäldern auf verrottetem Nadelholz tritt der Grünspanträuschling, *Stropharia aeruginosa*, auf. Er hat die Größe und den Habitus eines Wiesenegerlings. Die Huthaut ist grünspanfarben, schmierig und mit eingewachsenen Schuppen besetzt. Die Lamellen sind hellgrau oder bräunlich. Der weißlich grünliche Stiel trägt einen ausdauernden Ring. Der Pilz ist eßbar. Es gibt 2 ähnliche Arten, die ebenfalls als Speisepilze verwendbar sind.

Das Stockschwämmchen, *Kuehneromyces mutabilis*, wächst vorwiegend an Laubholzstümpfen, seltener an Nadelholz. Die Fruchtkörper erscheinen oft schon im Mai und treten bis in den Oktober immer büschelig auf. Der 3–6 cm breite, hygrophane Hut ist hell- bis honigbraun, der 5–8 cm hohe Stiel von unten bis zum Ring feinschuppig. Das gelbliche Fleisch hat einen angenehm würzigen Geruch. Das Stockschwämmchen ist ein ausgezeichneter Speisepilz, weshalb auch Ver-

Am Hutrand des Grünspanträuschlings, *Stropharia aeruginosa*, lassen sich die Reste des Velums erkennen.

Beim Sparrigen Schüppling, *Pholiota squarrosa*, ist die Schuppung des Hutes deutlich ausgeprägt.

suche unternommen wurden, es zu kultivieren. Stammstücke und dicke Äste von Laubholz werden mit vom Myzel durchwucherten Sägespänen beimpft und in abgedeckte Gruben gebracht oder so in den Boden eingegeraben, daß noch ein Stück herausragt. Man kann dann, bis das Holz verrottet ist, mehrere Jahre ernten.

Einige Schwefelköpfe, *Hypholoma*-Arten, können eventuell mit dem Stockschwämmchen verwechselt werden. Sie wachsen ebenfalls an Holz. Der Grünblättrige Schwefelkopf, *Hypholoma fasciculare*, ist bitter und gilt als giftig. Die Hüte sind holzgelb oder schwefelgelb, in der Mitte rotbraun. Die jung schwefelgelben Lamellen werden aber bald grünlichgelb bis grünlichbraun. Der Grünblättrige Schwefelkopf ist sehr häufig und wächst auch immer in Büscheln.

Auch der Sparrige Schüppling, *Pholiota squarrosa*, wird oft für ein Stockschwämmchen gehalten. Er ist meist derbfleischiger und wird auch größer als dieses. Man findet ihn ebenfalls büschelweise an Laubholzstubben. Die strohgelbe Huthaut wird von abstehenden, sparrigen, dunkleren Schuppen dicht besetzt. Der Stiel von *P. squarrosa* ist unterhalb des Ringes sparrig-schuppig, das Sporenpulver braun.

Die Gattung Schüppling, *Pholiota*, kommt mit 33 Arten in Europa vor, von denen die meisten Holzbewohner z. T. Parasiten sind. In der Huthaut befinden sich meist Schüppchen. Der Stiel ist beringt, das Sporenpulver braun oder rostbraun, und die Sporen sind glatt.

Von den Strophariaceen hat die Gattung Kahlköpfe, *Psilocybe*, in den letzten Jahren wegen bei ihnen vorkommender Inhaltsstoffe Interesse erregt. Einige mexikanische Arten sind den Indianern wahrscheinlich schon seit mehreren Jahrtausenden als Rauschmittel bekannt. Sie wurden und werden z. T. noch heute bei religiösen Handlungen verwendet. Schädliche Nebenwirkungen treten bei sachgemäßer Anwendung offenbar nicht auf. Als wirksame Stoffe wurden Indolverbindungen gefunden, die Psilocybin und Psilocin genannt werden. Eine der Psilocybin enthaltenden Arten wurde als *Psilocybe mexicana* bestimmt. Auch in *Psilocybe cubana* konnte Psilocybin nachgewiesen werden. Man fand diese Substanzen ebenso in *Stropharia*-Arten und *Conocybe*-Arten.

Familie Schleierlingsartige, Cortinariaceae

Die Cortinariaceen haben ebenfalls braunes Sporenpulver. Die Sporen sind aber nie völlig glatt, sondern fein punktiert oder warzig. Sie haben oft spindel-, mandel- oder zitronenförmige Gestalt, selten sind sie rundlich oder elliptisch.

Die Gattung Rißpilze, *Inocybe*, ist sehr artenreich. Es sind in Europa 137 Arten zu erwarten. Der Name Rißpilze kommt von der faserigen Huthaut, die oft radial aufreißt. Es sind kleine bis mittelgroße Pilze mit meist kegeligem, seltener rundlichem Hut. Die häufig erdfarbenen Lamellen enthalten oft derbwandige Cystiden, auch Metuloide (Cystiden mit Kristallschopf). Die Rißpilze sind wahrscheinlich größtenteils Mykorrhizapilze. Oft treten typisch obstartige, erdartige, aromatische oder spermatische Gerüche auf. Viele Arten sind giftig und enthalten Muscarin.

Am häufigsten kommen Vergiftungen mit dem Ziegelroten Rißpilz, *Inocybe patouillardii*, vor. Dieser 4–10 cm hohe und 4–8 cm breite Pilz hat jung einen kegeligen Hut. Das Fleisch und auch der Hut laufen bald (zuweilen auch erst nach Stunden) ziegelrot an. Er riecht nach faulendem Obst. Die Lamellen sind zuerst schmutzigweißlich, später erdbräunlich. Die Stielbasis ist oft knollig verdickt. Der Ziegelrote Rißpilz tritt von Mai bis Juli in lichten Laubwäldern, Parks und Gebüsch an Straßenrändern auf. Auf Grund seines hohen Muscaringehalts – etwa 35mal soviel wie im Fliegenpilz – kann er tödlich wirken.

Am umfangreichsten ist die Gattung Schleierlinge, *Cortinarius*, mit über 400 Arten in 6 Untergattungen. Es gehören Spezialkenntnisse dazu, um die Arten zu bestimmen. Deshalb soll hier nur auf die allgemeinen Merkmale hingewiesen werden. Das spinnwebartige Velum am Stiel, das am besten an aufschirmenden Pilzen zu sehen ist, und die meist mandel- oder zitronenförmigen, warzigen Sporen sind die wichtigsten Merkmale der Gattung. Die Fruchtkörper haben sehr variable Form und Farbe. Die Größe reicht von 1–20 cm. Alle *Cortinarius*-Arten sind Mikorrhizabildner.

Familie Krüppelfüße, Crepidotaceae

Aus dieser Familie soll nur die Gattung Krüppelfuß, *Crepidotus*, vorgestellt werden. Es sind meist kleine, seitlich gestielte oder ungestielte Pilze, die an Holz, Moosen oder Pflanzenresten wachsen. Das Sporenpulver ist tonbraun.

Der Gallertfleischige Krüppelfuß, *Crepidotus mollis*, sitzt mit stielartig zusammengezogener Basis seitlich an alten Laubholzstubben oder an lagerndem Holz. Die schmutzigweißen Fruchtkörper mit schmieriger, abziehbarer Oberhaut erscheinen dachziegelartig übereinander und werden 3–6 cm breit. Die Lamellen sind gelbbräunlich und strahlen fächerförmig vom Ansatz des Fruchtkörpers aus. Es kommen noch etwa 24 weitere Arten in Mitteleuropa vor.

Familie Tintlingsartige, Coprinaceae

Diese Familie tritt mit 5 Gattungen in Europa auf. Das Sporenpulver ist schwarz oder fast schwarz.

Bei der Gattung Tintlinge, *Coprinus*, zerfließen die Fruchtkörper nach und nach bei der Reife (sie autolysieren) und bilden zusammen mit den Sporen eine schwarze, tintenartige Flüssigkeit, die allmählich abtropft. Die Sporen werden nicht vom Wind verbreitet. Viele Tintlinge wachsen auf Dung oder an Schuttplätzen. Solche Stellen werden häufig von Fliegen und anderen Insekten aufgesucht. Durch das Abtropfen der Sporen soll wahrscheinlich erreicht werden, daß sie von Insekten aufgenommen und auf ein frisches Substrat übertragen werden.

Der Schopftintling, *Coprinus comatus*, wird bis 20 cm hoch und ist der größte Tintling. Sein walzenförmiger, nicht richtig aufschirmender, weißer Hut ist erst mit anliegenden, dann mit sparrigen Schuppen bedeckt. Er hat einen glatten Scheitel. Die Sporenreife beginnt am unteren Hutrand. Dabei verfärben sich die cremeweißen Lamellen über Rosa nach Schwarz. Anschließend beginnt die Autolyse, und der Hut tropft langsam ab. Am weißen, röhrigen Stiel befindet sich ein schmaler Ring. Der Schopftintling wächst auf gedüngter Erde, Schuttplätzen und an Straßenrändern, meist trupp-

Bei Tintlingen zerfließen die Fruchtkörper bei der Sporenreife und ergeben eine schwarze, tintenartige Flüssigkeit. Der Glimmertintling, *Coprinus micaceus*, wächst immer in Trupps.

weise. Solange die Lamellen weiß oder hellrosa sind, ist er eßbar und schmackhaft. Seit einigen Jahren wird er wie der Kulturchampignon auf kompostiertem Mist kultiviert, wobei seine Ansprüche ans Substrat nicht so hoch sind wie beim Champignon.

Der Knotentintling oder Graue Faltentintling, *Coprinus atramentarius*, wächst büschelig an morschem Holz. Der graue bis graubräunliche Hut wird fast so groß wie beim Schopftintling. Der Stiel hat dort, wo der Hutrand in jungem Zustand anlag, eine knotenartige, ringförmige Verdickung. Der Knotentintling ist ebenfalls jung eßbar. Wenn aber Alkohol nach dem Genuß dieses Pilzes getrunken wird, kommt es zu Vergiftungserscheinungen mit Hitzegefühl, Herzklopfen, Erbrechen und Rötungen der Haut. Gleichartige Vergiftungserscheinungen in Verbindung mit Alkohol treten auch bei einigen anderen Pilzen auf.

Die Mürblinge, die *Psathyrella*-Arten, haben *Coprinus*-Habitus, zerfließen aber nicht bei der Reife. Das Sporenpulver ist schwarzbraun bis schwarz. Die Sporen sind glatt oder rauhwarzig und haben einen Keimporus. Es handelt sich meist um kleinere, zerbrechliche Pilze mit dünnem Stiel und kegeligem oder glockigem Hut. Sie wachsen als Saprophyten oft an Holz oder auf gedüngtem bzw. humusreichem Boden. Viele der etwa 80 europäischen Arten sind nur mikroskopisch sicher zu bestimmen.

Auf Viehweiden und gedüngtem Boden gedeihen die Düngerlinge, die *Panaeolus*-Arten. Sie sind von den *Psathyrella*-Arten nur durch die fleckigen Lamellen zu unterscheiden. Das schwarzfleckige Aussehen der Lamellen beruht auf dem ungleichmäßigen Reifen der Sporen.

Familie Sprödblättler, Russulaceae

Die Russulaceen sind gegen die übrigen Blätterpilze gut abzugrenzen. Die dicken, weißen, cremefarbenen bis dottergelben, sehr brüchigen Lamellen splittern schon beim Darüberstreichen mit dem Finger oder bröckeln. Auch das Fleisch des Hutes und des Stieles ist brüchig. Beim Zerbrechen splittert es nicht faserig, sondern bricht mürbe. Diese Eigenschaft beruht darauf, daß im Fleisch und auch in den Lamellen Nester rundlicher Zellen (Sphaerocysten) enthalten sind. Die Sporen besitzen Warzen, Stacheln

An der zinnoberroten Färbung und dem sehr harten Fleisch ist der Zinnobertäubling, *Russula rosea*, zu erkennen.

oder Grate, die sich mit Jodjodkalium schwarzviolett anfärben. Die Stacheln oder Warzen können auch durch Grate netzartig verbunden sein. Das Sporenpulver ist weiß, cremefarben, ocker oder dottergelb. Die Russulaceen sind Mykorrhizabildner. Sie beinhalten nur die Gattungen *Russula* und *Lactarius*.

Die Täublinge, die *Russula* Arten, werden außer durch die Merkmale der Familie auch durch eine meist lebhaft gefärbte Huthaut charakterisiert. Die Farbskala umfaßt weiße, gelbe, rote, grüne, blaue, violette und braune Töne. Die Huthaut ist teilweise oder ganz abziehbar, der Hut flach gewölbt, höchstens im Alter etwas trichterförmig eingesenkt. Alle mild schmeckenden Täublinge sind eßbar. Es kommen etwa 110 Arten in Mitteleuropa vor.

Ein häufiger und zugleich schmackhafter Pilz ist der Frauentäubling, *Russula cyanoxantha*, dessen Huthaut zwar sehr variabel in der Färbung ist, der aber immer gleichzeitig lila und grüne Töne enthält, zu denen sich andere Schattierungen gesellen können. Die reinweißen, verhältnismäßig weichen Lamellen stehen dicht und splittern kaum. Das Fleisch ist weiß, fest und von mildem Geschmack. Der Hut wird 8–12 cm breit, der weiße Stiel 5–10 cm hoch. Der Frauentäubling wächst vor allem unter Buchen.

Der Speitäubling, *Russula emetica*, fällt durch seinen leuchtend hell- oder kirschroten Hut ins Auge. Die klebrige, glänzende Huthaut läßt sich leicht völlig abziehen. Lamellen und Stiel sind weiß. Das weiße Fleisch schmeckt brennend scharf. Der Speitäubling gilt als giftig. Er wächst in Laub- und Nadelwald.

Durch sein sehr hartes Fleisch zeichnet sich der Zinnobertäubling, *Russula rosea* aus. Die matte, oft rissig aufspringende, kräftig zinnoberrote Huthaut ist nicht abziehbar. Dort, wo die Pilze unter Laub versteckt wachsen, bleibt die zinnoberrote Färbung meist aus, und der Hut sieht gelblich aus. Die gelblichweißen Lamellen haben oft am Hutrand rötliche Schneiden. Der weißliche Stiel mit hellrotem Anflug wird 4–8 cm hoch. Das weiße Fleisch schmeckt bei längerem Kauen wie Bleistiftholz. Diese Art wächst meist unter Buchen und Eichen. Wegen des harten Fleisches ist er kein Speisepilz.

Auch einige andere Täublinge zeichnen sich durch sehr hartes Fleisch aus. Bei ihnen kommt aber noch ein weiteres gemeinsames Merkmal hinzu. Das Fleisch rötet zuerst und wird schließlich schwärzlich bis schwarz. Die Huthaut ist nicht oder kaum abziehbar und meist weiß oder bräunlich. Die Hüte sind trichterförmig eingesenkt. Diese Arten werden zur Sektion *Compactae* zusammengefaßt, die einen natürlichen Übergang zur Sektion *Albati* der Gattung *Lactarius* bildet.

Im Herbst findet man oft schwarze, wie verkohlt aussehende Pilze im Laub- und Nadelwald. Dabei kann es sich um alte Fruchtkörper des Dickblättrigen Schwarztäublings, *Russula nigricans*, handeln. Jung sind die Pilze weißlich mit olivbraunen Flecken auf dem Hut. Die sehr dicken, sehr spröden und sehr entfernt stehenden Lamellen sind ungleich lang. Manche gehen vom Hutrand bis zum Stiel, andere erreichen nur die dreiviertel oder halbe Länge. Der Stiel ist kurz und dick. Beim 8–16 cm breiten Hut werden beim Anbrechen das Fleisch und die Lamellen sehr bald rötlich und schließlich schwärzlich. Es kommen noch einige weitere schwärzende Arten vor, die sich durch dichter stehende Lamellen unterscheiden.

Auf alten Schwarztäublingen wachsen gelegentlich winzig kleine, weißliche Pilzchen von 0,5–2 cm Größe mit dicken, oft reduzierten Lamellen. Dabei handelt es sich um Zwitterlinge, *Nyctalis*-Arten, die zu den Tricholomataceen gehören.

Die Gattung Milchlinge, *Lactarius*, unterscheidet sich von den *Russula*-Arten vor allem dadurch, daß die Pilze Milchsaft enthalten. Die Huthaut ist schlecht differenziert und läßt sich nicht oder nur schwer abziehen. Von den trichterförmig eingesenkten Hüten laufen die Lamellen oft etwas am Stiel herab. Die Farben des Hutes sind nie so leuchtend wie bei den Täublingen.

Der Wollige Milchling, *Lactarius vellereus*, hat viel Ähnlichkeit mit einem weißen Täubling. Er milcht aber reichlich, und die Milch ist sehr scharf. Die Fruchtkörper werden recht groß, oft bis zu 25 cm. Der Stiel ist extrem kurz und dick. Während seines Wachstums drückt der Pilz oft Erde hoch, weshalb er auch Erdschieber genannt wird. Die Lamellen stehen entfernt und sind weißlichgelb sowie am Stiel herablaufend. Der Wollige Milchling wächst in Laub- und Nadelwäldern, dient aber nicht als Speisepilz.

Ebenfalls weiß, aber von völlig anderem Habitus ist der Pfeffermilchling, *Lactarius piperatus*. Der Hut wird nur 15 cm groß, der gleichmäßig dicke Stiel bis zu 10 cm hoch. Die Lamellen stehen sehr dicht gedrängt und laufen kaum am Stiel herab. Die weiße Milch ist sehr scharf. Beim Braten verliert sich aber die Schärfe, weshalb die Pilze als Speisepilze verwendet werden können. Der Pfeffermilchling erscheint oft in großen Trupps im Sommer im Buchenwald, wenn andere Pilze recht rar sind.

Ein Stäubender Zwitterling, *Nyctalis asterophora*, auf dem Hutrest eines alten Schwarztäublings.

Unter den Milchlingen sind die rotmilchenden Arten die besten Speisepilze. Der Echte Edelreizker, *Lactarius deliciosus*, scheint vor allem im nördlichen Mitteleuropa und in Nordeuropa beheimatet zu sein. Er wächst hauptsächlich unter Kiefern. Der Hut ist orangerot gezont und verfärbt sich spangrün. Die Lamellen und der Stiel sind orangegelb. Das weißlichorange Fleisch enthält einen karottenroten Milchsaft. Die Farbe dieses Milchsaftes verändert sich beim Eintrocknen nicht oder wird grünlich. Der Hut des Edelreizkers ist 4–10 cm breit und der Stiel 3–6 cm hoch. Der Pilz tritt besonders in den Sommermonaten nach reichlichen Gewitterregen auf. Seine Qualität als Speisepilz ist vorzüglich, doch eignet er sich nicht zum Kochen, sondern am besten zum Braten.

Bei rotmilchenden Reizkern, die in Thüringen und Sachsen und auch in Südeuropa gefunden werden, handelt es sich meist um den Fichtenblutreizker, *Lactarius deterrimus.* Er ähnelt der vorigen Art sehr und wurde erst spät von dieser getrennt. Bestes Unterscheidungsmerkmal ist die karottenrote Milch, die sich nach 5–20 Minuten blutrot oder weinrot verfärbt. Der Fichtenblutreizker ist ebenfalls ein sehr guter Speisepilz.

Bei einer dritten rotmilchenden Art, dem Blutreizker, *Lactarius sanguifluus*, ist der Milchsaft von Anfang an blutrot. Er hat einen derben, orangepurpurfarben gezonten Hut mit jung etwas eingerolltem Rand. Der Stiel ist hellila. Der gute Speisepilz kommt als Kiefernbegleiter vor und fehlt im Norden.

Der Birkenreizker oder Zottige Milchling, *Lactarius torminosus*, ist Birkenbegleiter und an seinem zottigen Hutrand, der weißen Milch und der fleischrosa Hutfarbe zu erkennen. Er kann nach besonderer Vorbehandlung als Speisepilz verwendet werden.

In Nord- und Nordosteuropa schätzt man die *Russula*- und *Lactarius*-Arten als Speisepilze sehr. Auch Arten, die man bei uns wegen ihres scharfen Geschmacks meidet, sammelt man dort. Sie werden allerdings siliert, d. h. einer Milchsäuregärung unterworfen. Man wässert sie 3 Tage, wobei das Wasser täglich 2mal gewechselt wird, und schichtet sie dann in Fässer, wobei jede Schicht gesalzen wird. Durch die Tätigkeit von Milchsäurebakterien geht der scharfe Geschmack verloren.

In *Lactarius*-Arten wurde auch eine antibiotische Substanz, Lactarioviolin, gefunden. Der Pfeffermilchling wurde früher als harntreibendes Mittel angewendet. Man schrieb ihm auch eine Wirkung gegen Blasensteine und Schleimfluß (Blennorrhagie) zu.

Ordnung Bauchpilze, Gasteromycetales

Bei den Gasteromycetalen werden die Sporen bei der Reife nicht aktiv abgeschleudert. Sie reifen im Innern der Fruchtkörper. Im einfachsten Fall kann man an einem Bauch-

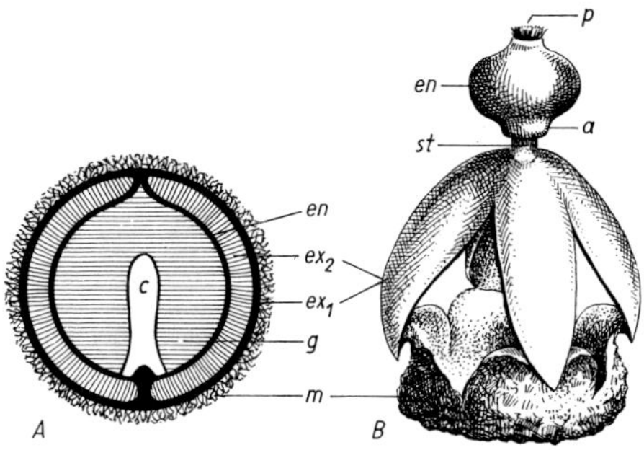

Aufbau eines Erdsternfruchtkörpers. A Schnitt durch einen geschlossenen Fruchtkörper, B entfalteter Fruchtkörper, m Myzelialschicht, ex 1 und ex 2 Schichten der Exoperidie, en Endoperidie, g Gleba, c Kolumella, st Stiel, p Peristom, a Apophyse (nach Fischer)

pilz Peridie und Gleba unterscheiden. Als Peridie bezeichnet man die äußere Hülle, die die Gleba umgibt. Die Gleba selbst ist die Schicht, in der die Sporen gebildet werden. Das sporenbildende Gewebe autolysiert bei der Reife, es befinden sich in der Peridie dann nur noch die Sporen. Bei manchen Gattungen bleiben auch einige derbwandige Hyphen im Innern erhalten, die man dann als Bruchstücke zwischen den Sporen findet. Diese Hyphen werden Kapillitiumfasern genannt und haben für die Bestimmung Bedeutung. Die Peridie ist in den meisten Fällen nicht nur aus einer, sondern aus 2 oder mehreren Schichten zusammengesetzt. Wir können dann zumindest eine äußere Schicht – die Exoperidie – und eine innere Schicht – die Endoperidie – unterscheiden. Die Endoperidie ist meist papierartig dünn und relativ dauerhaft, während man die Exoperidie oft nur an jüngeren Fruchtkörpern erkennt. Sie kann in Form von Schollen abblättern, aber auch zeitweilig als Stacheln oder Warzen vorhanden sein. Die Peridie kann aber auch komplizierter gebaut sein.

Am besten ist der Aufbau an einem Nesterdstern, *Geastrum quadrifidum*, zu erkennen. Wie alle Gasteromycetalen bildet der Erdstern anfangs einen geschlossenen, angiokarpen Fruchtkörper. Die Pilze entwikkeln sich im Erdboden. Die äußere Schicht der Exoperidie verwächst mit Bodenpartikeln. Bei der Reife trennt sie sich von der restlichen Exoperidie und bleibt im Boden. Die inneren Schichten der Exoperidie reißen sternförmig auf, wobei die Spitzen des Sternes mit der im Boden verbleibenden Schicht in Zusammenhang bleiben. Dadurch, daß die innere Exoperidie aus 2 Schichten mit senkrecht zueinander verlaufenden Fasern besteht, kommt es bei Wasserverlust zum Rückwärtskrümmen, wodurch die Endoperidie aus dem Boden herausgehoben wird. Die kugelige Endoperidie hat oben eine Öffnung (Peristom), durch die die Sporen ins Freie entlassen werden.

Die Fruchtkörper der Gasteromycetalen wachsen entweder unterirdisch (hypogäisch) oder auf dem Erdboden (epigäisch). Manche Arten kommen auch an Holz vor. Die Sporen werden entweder durch den Wind verbreitet, wenn sich der Fruchtkörper am Scheitel schüsselförmig öffnet, oder sie werden aus dem Peristom ausgeblasen, wenn größere Tiere auf den Pilz treten. Auch durch das Aufprallen von Regentropfen auf die Peridie können die Sporen ausgepreßt werden. Bei den Phallaceen werden die Sporen durch Insekten, vorwiegend Fliegen, verbreitet, die durch aasartige Gerüche angelockt werden. Viele Arten der Bauchpilze sind Steppenbewohner. In tropischen Gebieten kommen vor allem Phallaceen vor.

Familie Erdnußartige, Hymenogastraceae

Die Fruchtkörper der Hymenogastraceen entwickeln sich unterirdisch. Sie gehören zum koralloiden Glebatyp. Die stacheligen oder warzigen Sporen sitzen auf Sterigmen. Die Vertreter dieser Familie bilden ektotrophe Mykorrhiza und werden als Ausgangspunkt für die Russulaceen in Betracht gezogen.

Die Fruchtkörper der Gattung Wurzeltrüffel, *Rhizopogon*, sind knollenförmig und haben Ähnlichkeit mit Trüffeln. Jene gehören aber in die Klasse der Ascomyceten. Die Rötliche Wurzeltrüffel, *Rhizopogon roseolus*, wächst von Juli bis November in Nadelwäldern bei Kiefer, Fichte und Tanne. Die reifen Pilze schauen mit der oberen Hälfte aus dem Boden. Die Gleba ist zuerst weißlichgelb und wird später gelbbraun bis rotbraun. An jüngeren Exemplaren kann man im Querschnitt die korallenartige Verzweigung der Gleba verhältnismäßig gut erkennen. Im Alter riecht der Pilz knoblauchartig. Es kommen im Gebiet noch weitere 3 Arten vor, die aber alle keine Speisepilze sind.

Familie Stielbovistartige, Tulostomataceae

Diese Familie vereinigt in sich sowohl primitive Züge im Glebabau wie auch gut differenzierte Fruchtkörper. Die Gleba ist nicht gekammert. Die Basidien sind regellos in ihr verteilt. Wirklich heimisch ist bei uns nur die Gattung Stielbovist, *Tulostoma*. Die Peridie sitzt auf einem 2–8 cm hohen, deutlich von der Glebakugel abgesetzten Stiel. Im lichten, sandigen Kiefernwald wächst der Gewimperte Stielbovist, *Tulostoma fimbriatum*, bei dem die Öffnung der Peridie (Peristom) wimperartig gefranst ist. Die Peridie ist weißlichocker und hat etwa 1 cm Durchmesser. Der Stiel wird 4–8 cm hoch, ist röhrig und an der Basis knollig.

Lediglich eingeschleppt kommt bei uns der Korkstäubling, *Phellorinia herculea*, vor. Er stammt aus den Trockengebieten der südlichen Sowjetunion und ist auch in den Wüstengebieten Nordafrikas beheimatet. In seinem Aussehen erinnert er an einen noch geschlossenen Schopftintling.

Familie Hartboviste, Sclerodermataceae

Die Sclerodermataceen haben eine Gleba vom lakunären Typ, die bei beginnender Sporenreife marmoriert aussieht. Die Peridie ist einschichtig, aber sehr dick, ohne bestimmte Öffnung bei der Reife. Sie zerfällt dann unregelmäßig am Scheitel. Kapillitiumfasern sind nicht vorhanden.

Als wichtigste ist die Gattung Hartboviste, *Scleroderma*, mit 4 Arten in Europa zu erwähnen. Der Kartoffelbovist, *Scleroderma citrinum*, erreicht 4–8 cm Durchmesser. Seine Fruchtkörper sind meist etwas flachgedrückt, knollenförmig und erinnern an eine Kartoffelknolle. Sie sind anfangs sehr fest und hart und von einer etwa 2 mm starken Peridie umgeben. Diese ist gelb- oder röt-

Der Dünnschalige Hartbovist, *Scleroderma verrucosum*, kommt meist in großen Trupps vor. In der Mitte vorn sehen wir die noch weißliche Gleba mit graubraungelblicher Aderung.

lichbraun und rissig warzig-felderig, wobei die Risse heller erscheinen. Die bei jungen Pilzen noch fast weiße Gleba wird bei der Reife schiefergrau und schließlich schwarz. Dabei sind die kleinen Glebakammern anfangs noch durch weiße Fasern marmoriert. Die Gleba riecht wiederlich stechend. Der Kartoffelbovist tritt hauptsächlich im freien Gelände oder in lichten Wäldern meist herdenweise auf und ist giftig. Wo Kartoffelboviste wachsen, werden deren Fruchtkörper gelegentlich vom Schmarotzerröhrling, *Xerocomus parasiticus*, besiedelt.

Familie Nestpilze, Nidulariaceae

Die Nidulariaceen sind zwar kleine und an sich bedeutungslose Pilze, hinsichtlich ihres Aufbaus aber recht interessant. Sie werden 2–15 mm groß. Die volkstümlichen Namen lassen jedoch erkennen, daß die Pilzchen den Menschen schon immer aufgefallen sind. Bei den Nestpilzen stäuben die Sporen nicht wie aus den Bovisten, Stäublingen und Erdsternen. In den kleinen Fruchtkörpern, die sich im Scheitel mit einem vorgebildeten Fenster (Epiphragma) öffnen, liegen mehrere rundliche oder linsenförmige, millimetergroße Körperchen wie Eier im Nest oder wie Brötchen im Korb. Deshalb heißen sie in Schweden Brotkorbpilze. Die rundlichen Gebilde sind natürlich keine Sporen, dazu wären sie viel zu groß. Es handelt sich bei ihnen um ganze Glebakammern, die im Innern die Sporen enthalten. Diese Pilze gehören deshalb zum lakunären Glebatyp. Man bezeichnet diese Glebakammern als Peridiolen. Sie sind an der Unterseite mit einem Schnürchen am Boden der Fruchtkörper angeheftet. Dieses Schnürchen wird Funiculus genannt. Die Nestpilze wachsen auf dem Erdboden oder auf faulendem Holz. In Europa kommen 3 Gattungen mit 11 Arten vor.

An morschem Nadel- und Laubholz kommt der Tiegelteuerling, *Crucibulum laeve*, nicht selten vor. Er wird 4–8 mm hoch und ist anfangs fast kugelig oder tonnenförmig. Oben sind die Pilze zunächst mit einem flachen, orangefarbenen Deckel verschlossen. Die außen lebhaft gelbbraune und filzige Peridie wird bei alten Pilzen schwarzbraun und glatt. Nach Auflösung des Epiphragmas werden 8–10 linsenförmige, weißliche bis blaßgelbliche Periodiolen sichtbar.

Der Gestreifte Teuerling, *Cyathus striatus*,

wird größer als die vorhergehende Art. Seine kreiselförmigen, 10–15 mm großen Fruchtkörper erscheinen herdenweise an morschem Holz, oft zwischen Moos. Außen sind sie rostbraun oder dunkelbraun und zottig-filzig. Das Epiphragma ist weiß und papierartig. Beim Aufreißen wird die weißliche bis bleigraue, gestreifte Innenwand der Peridie sichtbar. Auf Grund des trichterförmigen Bechers liegen die weißlichen, 1,5–2 mm großen Peridiolen.

Auf Gartenland oder Feldern wächst der Bleigraue Teuerling, *Cyathus olla*. Die Innenwand des Bechers ist gatt und bleigrau.

Beim nur 1–3 mm großen Kugelschneller, *Sphaerobolus stellatus*, wird nur eine Peridiole gebildet. Die orangegelbe Exoperidie reißt sternförmig auf, die Endoperidie stülpt sich nach außen und schleudert die Peridiole fort, wobei Weiten von über 5 m erreicht werden. Dieser interessante Pilz wächst zu vielen dicht beieinander an modrigem Holz oder auf Kot von holzfressenden Tieren (Hasen, Rehen, Kaninchen). Der Pilz gehört in die Familie Sphaerobolaceae, die hier nicht gesondert behandelt wird.

Die kleinen Fruchtkörper des Tiegelteuerling, *Crucibulum laeve*, findet man herdenweise an altem Laub- und Nadelholz. Einige Pilze haben sich geöffnet und lassen die Peridiolen erkennen.

Familie Weichboviste, Lycoperdaceae

In dieser Familie faßt man Pilze zusammen, die im Volksmund Boviste oder Stäublinge genannt werden. Im Gegensatz zu den Hartbovisten ist die Peridie relativ dünn, aber aus mehreren Schichten zusammengesetzt. Für die Abgrenzung der Gattungen hat Bedeutung, ob die Innenmasse in ihrer Gesamtheit zu Sporen wird oder ob unter der fertilen Gleba eine sterile Subgleba ausgebildet ist. Durch den sterilen Teil erscheinen die Pilze manchmal gestielt. Subgleba und Gleba können durch eine pergamentartige Haut (Diaphragma) getrennt sein. Weiterhin spielen Vorhandensein und Bau der Kapillitiumfasern eine Rolle, die aber nur unter dem Mikroskop festgestellt werden können. Von Bedeutung ist die Öffnungsweise der Peridie, d. h. ob z. B. eine definierte Pore vorhanden ist oder die Peridie am Scheitel zerfällt.

Man rechnet im Weltmaßstab mit 90 Arten, die sich auf 15 Gattungen verteilen. Bei uns kommen 8 Gattungen mit insgesamt 28 Arten vor. Alle Arten sind eßbar, solange die Gleba noch weiß ist.

Die Stäublinge, die *Lycoperdon*-Arten, haben einen in Gleba und Subgleba gegliederten Fruchtkörper. In der reifen Gleba befinden sich gleichmäßig dünne Kapillitiumfasern. Der Fruchtkörper öffnet sich am Scheitel mit einem Porus. Die Exoperidie ist zweischichtig und besteht aus einem Endostratum und einem Exostratum. Letzteres ist in Form von Warzen und Stacheln in charakteristischer Anordnung vorhanden. Die Stacheln und Warzen hinterlassen, wenn sie abgefallen sind, oft typische Narben. Die Farbe der reifen Gleba ist für die Unterscheidung der Arten wichtig. Für die Bestimmung sind reife und unreife Pilze notwendig.

Beim Flaschenstäubling, *Lycoperdon perlatum*, besteht das Exostratum aus gröberen, kegelförmigen Warzen, die von einem Kranz kleinerer, niedrigerer Wärzchen umgeben sind. Die Fruchtkörper werden 3–8 cm hoch und haben verkehrtflaschenförmige Gestalt. Jung sind sie weiß und werden im Alter graubräunlich. Das Sporenpulver ist gelbgrünlich

Der Braune Stäubling, *Lycoperdon umbrinum*, hat eine Exoperidie, die aus zusammengesetzten Stacheln besteht. Er wächst auf Mähwiesen.

bis olivbraun. Der Flaschenstäubling wächst von Juni bis November oft in großen Scharen in Laub- und Nadelwäldern. Wie alle Boviste und Stäublinge eignet er sich am besten, in Scheiben geschnitten, zum Braten.

An morschen Laubholzstümpfen erscheinen oft dicht gedrängt die birnenförmigen Fruchtkörper des Birnenstäublings, *Lycoperdon pyriforme*. Jung sind sie holzgelblich, später werden sie braun. Sie sind fast glatt und nur mit einer dünnen Exoperidie versehen. An der Basis haben sie derbe, weiße Myzelstränge. Das Sporenpulver ist olivbraun. Der Birnenstäubling ist kaum mit einem anderen Stäubling zu verwechseln.

Wie kleine Igel sehen die Fruchtkörper des Igelstäublings, *Lycoperdon echinatum*, aus, die im Laub- und Nadelwald, vorwiegend aber unter Buchen zu finden sind. Sie kommen nicht häufig vor. Das Exostratum bildet 2–4 mm lange, braune, dichtstehende und sich an der Spitze zusammenneigende Stacheln. Ältere Fruchtkörper sind kahl, können aber an den zellig-netzig angeordneten Narben noch gut erkannt werden. Das Sporenpulver ist purpurbraun.

Junge *Calvatia*-Arten kann man leicht für *Lycoperdon*-Arten halten, sie bilden aber bei der Reife keine Mündungspore, sondern die Peridie zerfällt am Scheitel und bildet einen Becher. Im Gegensatz zur Gattung Lycoperdon sind Gleba und Subgleba nicht durch ein Diaphragma abgegrenzt.

Der Hasenbovist, *Calvatia utriformis*, wird 10–15 cm groß. Außen ist er zuerst weiß, dann graubraun. Der nicht seltene Pilz wächst vorwiegend in Trockenrasen und auf Weideland. Die Sporen werden aus den sich schüsselförmig öffnenden Fruchtkörpern durch den Wind verweht. In Wäldern kommt der bis zu 15 cm hohe, aber nur 4–8 cm breite, deutlich gestielte Beutelstäubling, *Calvatia exipuliformis*, vor. Er gleicht jung einer *Lycoperdon*-Art, öffnet sich aber becherförmig.

Bei Vertretern der Gattung *Langermannia* zerfällt die Peridie bei der Reife der Fruchtkörper völlig, doch die Sporen halten noch zusammen. Die Fruchtkörper lösen sich vom Myzel und werden vom Wind herumgerollt.

Unser größter Gasteromycet ist der Riesenbovist, *Langermannia gigantea*. Er ist unregelmäßig kugelig, bis 10 kg schwer und erreicht 20 bis 30 cm Durchmesser. Er bleibt lange weiß und wird schließlich gelblichgrau. Die Oberfläche der Peridie ist glatt, die

Mit etwa 8 Billionen Sporen in einem einzigen Fruchtkörper von etwa 30–35 cm Durchmesser ist der Riesenbovist, *Langermannia gigantea*, der fruchtbarste Organismus der Erde.

Gleba jung weiß, die reifen Sporen sind olivbraun. Die Peridie löst sich bei der Reife von oben her schollenförmig auf. Dieser geschätzte Speisepilz erscheint von Mai bis Oktober auf Wiesen, Brachland und in Parks, wo er recht standorttreu oft jahrelang immer wieder an gleichen Stellen auftritt.

Die Gattung Boviste, *Bovista*, enthält kleinere, kugelförmige oder eiförmige Pilze, bei denen wie bei *Langermannia* die ganze Innenmasse zu Sporen wird. Eine sterile Subgleba fehlt. Die Kapillitiumfasern sind verästelt mit einem deutlichen Hauptstamm. Die Sporen werden durch eine besondere Mündungspore entlassen. Die reifen Fruchtkörper lösen sich vom Myzel ab und werden vom Wind umhergerollt, wobei die Sporen ausgestreut werden. Die glatte Exoperidie schilfert schollenförmig ab.

Auf Grasplätzen, Weiden und Triften findet man von Juli bis Oktober die weißlichen, glatten, etwa 2–3 cm großen Fruchtkörper des Bleigrauen Bovistes, *Bovista plumbea*. Wenn sich die weiße, glatte Exoperidie abschält, wird die bleigraue, pergamentartige Endoperidie sichtbar. Der reife Fruchtkörper besteht nur aus dieser dünnen Hülle und der darin befindlichen umbrabraunen Sporenmasse. Er ist sehr leicht und wird ohne Mühe vom Winde weggerollt.

Der Schwärzende Bovist, *Bovista nigrescens*, wird mit 3–6 cm Durchmesser größer als der Bleigraue Bovist. Die Exoperidie ist ebenfalls weiß, die Endoperidie glänzend braun bis schwarzbraun. Der Pilz kommt am häufigsten in unseren Mittelgebirgen vor, fehlt in den mittleren Bezirken und erscheint dann wieder im Norden. Er wächst sowohl auf Weiden als auch in Wäldern, besonders unter Buchen.

Vom Schüsselstäubling, *Disciseda bovista*, sind bei uns nicht viele Fundorte bekannt. Die bis 3 cm breiten Fruchtkörper entwickeln sich dicht unter der Erdoberfläche. Die untere Hälfte der Exoperidie bleibt im Boden, während die obere zunächst am Scheitel haftet. Die Öffnung der Endoperidie befindet sich nicht am Scheitel, sondern an der Basis. Dadurch, daß sich die Peridie aus der schüsselförmigen, unteren Hälfte der Exoperidie herauslöst, kommt die Mündung nach oben. Die Fruchtkörper findet man dann wie die Boviste frei am Boden umherrollend.

Familie Erdsterne, Geastraceae

Junge Erdsternfruchtkörper gleichen, solange sie noch geschlossen sind, den Bovisten. Sie entwickeln sich unmittelbar unter der Erdoberfläche und werden bei der Reife durch die sternförmig aufreißende Exoperidie aus dem Boden herausgedrückt, wobei sie sich vom Myzel lösen. Trotz ihrer interessanten Gestalt werden die Erdsterne von Pilzsammlern relativ selten gefunden. Das liegt sicher daran, daß sie unscheinbar ockerbraun bis rotbraun sind und die einzelnen Lappen für welkes Laub gehalten werden. Dabei sind einige Arten gar nicht so selten und jedes Jahr zur entsprechenden Zeit am gleichen Fundort zu beobachten. Man kann sie oft auf wenigen Quadratmetern in größerer Anzahl finden, während man im unmittelbar angrenzenden Gebiet vergebens nach ihnen sucht. Bei einigen Arten verwächst die äußere Myzelialschicht der Exoperidie so intensiv mit den umgebenden Bodenpartikeln, daß sie beim Aufplatzen des Fruchtkörpers im Boden bleibt und eine schüsselförmige Grube bildet. Solche Formen werden Nesterdsterne genannt. Die Anzahl der Lappen, mit denen der Erdstern aufspringt, ist unterschiedlich, aber in gewissen Grenzen für die Arten typisch. Die Anzahl der Lappen liegt zwischen 4 und 15. Die Innenperidie kann unmittelbar auf der sternförmigen Exoperidie aufsitzen oder mit einem Stielchen über ihr stehen. Sie kann an der Basis zu einer Apophyse verschmälert sein. An der Basis kann auch ein kleiner Kragen ausgebildet sein, oder sie ist dort streifig gefaltet. Wertvolle Einteilungsmerkmale bietet auch die Mündung (Peristom) der Peridie. Sie ist entweder als glatte Papille ausgebildet oder streifig gefaltet. Bei einigen Arten wird die Mündung durch eine kreisförmige Linie von der übrigen Peridie abgegrenzt, man nennt das Peristomring oder sagt auch, sie hat einen »Hof«. Die Sporen sind kugelig, meist feinwarzig und relativ klein.

Frische Fruchtkörper erscheinen hauptsächlich im Herbst, trockene, alte Exemplare können aber auch zu anderen Zeiten gefunden werden. Sie entwickeln sich mit Vorliebe an Stellen, die reich an Laub- oder Nadelhumus sind. Manche kommen aber auch als Steppenbewohner vor. Die Hauptverbreitung liegt in den gemäßigten Zonen. Es gibt etwa 50 Arten, von denen in Europa etwa 20 zu erwarten sind. Die meisten Arten gehören zur Gattung *Geastrum.*

Der Kronenerdstern, *Geastrum quadrifidum*, ist ein Nesterdstern. Meist spaltet er in 4 Lappen auf, die dann wie eine kleine Krone über der im Boden bleibenden Myzelialschicht stehen. Die sternförmige Exoperidie ist in frischem Zustand ockerbräunlich, später ausblassend. Die Endoperidie hat nur etwa 1 cm Durchmesser. Sie sitzt auf einem kurzen Stielchen. Die Mündung ist scharf abgesetzt, mit Hof, kegelförmig und auch von hellerer Färbung als die bleigraue bis graubräunliche Endoperidie. Dieser kleine Erdstern wächst in Fichtenwäldern im Herbst, zuweilen auch in größeren Mengen.

Der Fransenerdstern, *Geastrum fimbriatum*, hat keine als »Nest« im Boden zurückbleibende Myzelialschicht. Er wird größer als der Kronenerdstern. Die Exoperidie spaltet in 6–8 Lappen auf. Für den Fransenerdstern ist typisch, daß sich die Lappen nach unten umrollen. Dadurch wirken sie, von oben gesehen, wie ein Ring, der an der Peripherie radial gekerbt ist. Die etwa 2,5 cm breite Endoperidie sitzt ungestielt auf diesem Ring. Das fransige Peristom hat keinen Hof. Die Farbe der Lappen ist hell ockerbraun. Beim Eintrocknen werden sie papierdünn. Der Fransenerdstern wächst vorwiegend im Nadelwald, aber auch in Buchenwäldern. Er gehört mit zu den häufigeren Arten.

Die Exoperidie des Rötenden Erdsterns, *Geastrum rufescens*, spaltet in 5–7 Lappen auf. Diese liegen meist flach ausgebreitet auf dem Erdboden. Frisch sind sie hellocker, laufen aber nach dem Öffnen des Erdsterns bald weinrot bis rotbraun an. Oft sind sie auf der Oberseite stark rissig. Die ausgebreitete Exoperidie hat bis zu 12 cm Durchmesser. Die Endoperidie ist bis zu 3 cm breit und rosabräunlich. Sie hat keinen Peristomring und eine fransige Mündung. Im Herbst am Boden liegende Rötende Erdsterne werden leicht übersehen, da die Lappen in Farbe und Form dem abgefallenen Buchenlaub gleichen.

Einer der kleinsten Vertreter ist der Kleine Erdstern, *Geastrum nanum*. Der ausgebreitete Pilz hat einen Durchmesser von 1,5–3 cm. Die hellbräunliche Exoperidie ist 5–8lappig. Die birnenförmige Endoperidie wird nur 5–10 mm groß und bildet an der Basis eine Apophyse. Die Mündung ist tief gefaltet, aber ohne Hof. Dieser kleine Pilz bewohnt Trockenrasen und Dünen.

Eine Seltenheit ist der Schwarzköpfige

Beim Hasenbovist, *Calvatia utriformis*, zerfällt die Peridie in der oberen Hälfte und gibt die Gleba mit den Sporen frei, die dann vom Wind verweht werden.

Ein Trupp Fransenerdsterne, *Geastrum fimbriatum*, dazwischen rechts vorn ein Kragenerdstern, *Geastrum triplex*

Haarstern, *Trichaster melanocephalus.* Er unterscheidet sich von den *Geastrum*-Arten durch eine nackte Innenkugel. Beim Aufspringen der Exoperidie zerfällt die Endoperidie und bleibt in Stücken an der Innenseite der Exoperidie hängen. Die geschlossenen Fruchtkörper sind Kugeln von etwa 8 cm Durchmesser. Sie reißen mit 4–7 Lappen auf und erreichen ausgebreitet 12–20 cm. Die Innenkugel und die Oberseite der Lappen sind dunkelbraun bis schwarzbraun. Aus dem östlichen Mitteleuropa wurden bisher nur wenige Fundorte bekannt. Die Hauptverbreitung liegt in Südosteuropa, Asien und Australien.

Auch der Sieberdstern, *Myriostoma coliforme*, ist bei uns eine Seltenheit. Seinen Namen hat er von der mit vielen Mündungsporen versehenen Endoperidie erhalten. Die graubräunliche Endoperidie sitzt auf vielen sehr kurzen Stielchen. Sie wird 4–5 cm breit. Die Exoperidie öffnet sich mit 4–12 braunen Lappen, die auf der Oberseite körnigrauh sind. Der Sieberdstern wächst im Herbst in Wäldern oder Gebüsch auf Sandboden. Diese und die vorhergehende Art sollten wegen ihrer Seltenheit geschont werden.

Der Wettererdstern, *Astraeus hygrometricus*, hat den Habitus eines Erdsterns. Er gehört aber wegen seiner nicht koralloiden Glebastruktur in die Familie Calostomataceae. Er hat eine gekammerte Gleba. Entwicklungsgeschichtlich steht er den Sclerodermataceen näher. Wegen seiner Ähnlichkeit mit den Erdsternen wollen wir ihn hier kurz vorstellen. Die Exoperidie der in geschlossenem Zustand etwa 3 cm breiten Fruchtkörper reißt sternförmig mit 7–15 Lappen auf. Diese Lappen schlagen sich nach unten um und heben die Endoperidie vom Boden ab. An der Endoperidie befindet sich keine gut ausgebildete Mündungspore, sondern sie reißt am Scheitel unregelmäßig auf. Bei trockenem Wetter schließt sich die Außenperidie wieder und der Endoperidie zusammen. Diese von der Luftfeuchtigkeit abhängige Reaktion hat dem Pilz den Namen Wetterstern eingebracht.

Familie Stinkmorchelartige, Phallaceae

Die Phallaceen haben gut entwickelte, gestielte Fruchtkörper, deren sporentragende Strukturen Rezeptakulum genannt werden.

Anfangs sehen sie wie ein Bovist aus und haben kugelige oder eiförmige Gestalt. Diese Gebilde werden Hexeneier genannt. In ihnen vollzieht sich die völlige Ausdifferenzierung der Fruchtkörper. Im Längsschnitt sind am reifen Hexenei bereits alle Elemente des Pilzes in zusammengestauchter Form zu erkennen.

Der Aufbau einer Phallacee läßt sich am besten an einem Längsschnitt vom Fruchtkörper der Schleierdame, *Dictyophora indusiata*, darstellen. Das noch geschlossene Hexenei ist von einer derben, elastischen Peridie umgeben, unter der sich eine gallertige Schicht befindet. Die Glebakammer liegt ringförmig zwischen Hut und Exoperidie. Der Hut hat auf der Oberseite wabige Struktur. Der Stiel ist hohl und wird aus zellig angeordnetem Gewebe gebildet. Zwischen Hut und Stiel befindet sich bei der Schleierdame ein Indusium, ein dünnes, schleierartiges Gewebe, das im Hexenei noch zusammengefaltet und kleinzellig ist. Das Indusium heftet sich an der Stielspitze unmittelbar unter dem Hut des Pilzes an, während der untere Rand frei bleibt.

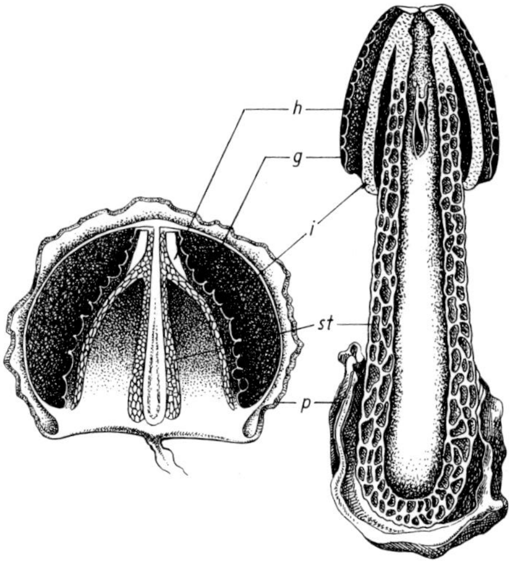

Aufbau einer Phallacee *(Dictyophora indusiata)*. A Schnitt durch einen Fruchtkörper (Hexenei), B entfalteter Fruchtkörper, p Peridie, g Gleba, h Hut, i Indusium, st Stiel (nach Fischer)

Bringt man ein Hexenei auf feuchten Zellstoff oder feuchtes Moos unter eine Glasglocke, kann man nach einigen Stunden oder Tagen einen voll entwickelten Fruchtkörper erhalten. Durch Aufnahme von Wasser vergrößern sich in einigen Stunden die Zellen so stark, daß die Peridie gesprengt wird und der Stiel den Hut mit der Gleba in die Höhe hebt. Das zunächst unter dem Hut dicht zusammengefaltete Indusium streckt sich sehr schnell auseinander, wobei ein Rascheln zu hören sein soll. Es hängt dann, kegelförmig ausgebreitet, fast bis zum Boden. Diese Schönheit dauert aber nur einige Stunden. Da die Entfaltung des Pilzes in der Nacht geschieht, ist das Indusium meist am Morgen schon verwelkt. Die dunkelolivgrüne Gleba wird an der Luft bald schmierig und strömt einen unangenehmen Geruch aus, der Fliegen anlockt. Die Schleierdame ist in Brasilien beheimatet.

Unsere heimische Stinkmorchel, *Phallus impudicus*, hat den gleichen Aufbau wie die Schleierdame, ihr fehlt nur das Indusium. Bei manchen Exemplaren der Stinkmorchel kann man aber Spuren eines Indusiums finden. Wenn die Gleba abtropft oder von den Fliegen abtransportiert ist, wird der weiße, wabenförmige Hut sichtbar, der an eine Morchel erinnert. Der Stiel besteht aus schwammigem, porösem Gewebe und ist sehr zerbrechlich. Er wird bis zu 20 cm hoch. Die Reste der Exoperidie bleiben als Volva am Stielgrund. Die Stinkmorchel wächst von Juni bis November in Laub- und Nadelwäldern und ist überall häufig. Früher wurden ihr in der Volksheilkunde verschiedene Wirkungen zugeschrieben, unter anderem gegen Rheuma und Gicht. Der aasartige Geruch ist an den Hexeneiern noch nicht wahrzunehmen. In diesem Zustand können die Pilze auch gegessen werden. Auf Dünen kommt eine weitere Art vor, die Dünenstinkmorchel, *Phallus hadriani*.

An einigen Stellen Mitteleuropas ist auch die in den Buchenwäldern des Ostens der USA verbreitete Schleierdame, *Dictyophora duplicata*, gefunden worden. Im Gegensatz zu *D. indusiata* aus Brasilien hat sie nur einen kurzen, schleierartigen »Minirock«.

Eine kleine Ausgabe der Stinkmorchel ist die Hundsrute, *Mutinus caninus*, die nur etwa 10 cm Höhe erreicht. Ihre Hexeneier sind länglich, eiförmig und etwa 10 cm Höhe

Die Dünenstinkmorchel, *Phallus hadriani*, unterscheidet sich von der Gemeinen Stinkmorchel durch die rosabraune Scheide.

Die Fruchtkörper der Hundsrute, *Mutinus caninus*, entwickeln sich in taubeneigroßen Hexeneiern.

erreicht. Ihre Hexeneier sind länglich, eiförmig und etwa 3 cm hoch. Der rosa Hut ist nur wenig vom 8–10 mm dicken Stiel abgesetzt. Er hat nur kleine rundliche Gruben, die anfangs von der dunkelolivgrünen Gleba bedeckt sind. Der Aasgeruch ist weniger stark als bei der Stinkmorchel. Die Hundsrute erscheint meist auf alten, morschen Baumstümpfen oder auch um diese herum in kleinen Trupps. Man findet sie in Laub- und Nadelwäldern, aber nicht so häufig wie die Stinkmorchel. Selten wächst bei uns auch die Himbeerrote Hundsrute, *Mutinus ravenelii.*

Familie Blumenpilze, Clathraceae

Die Clathraceen entwickeln sich wie die Phallaceen aus einem Hexenei. Sie haben noch komplizierter gebaute Fruchtkörper, die an Blumen erinnern, weshalb man sie auch Blumenpilze nennt. Sie sind auf die Verbreitung der Sporen durch Insekten eingestellt. Außer dem Aasgeruch sollen bei ihnen die meist rotgetönten oder fleischfarbenen Rezeptakeln zusätzlich der Anlockung der Insekten dienen. Die Clathraceen haben vornehmlich tropische Verbreitung. Sie wurden schon Ende des vorigen Jahrhunderts von Möller in Brasilien untersucht, der seine Beobachtungen 1895 unter dem Titel »Brasilianische Pilzblumen« veröffentlichte. Aber auch aus tropischen Gebieten Australiens, Neuseelands, aus Java und Afrika liegen Beschreibungen von Clathraceen vor. Einige Arten sind nach Europa eingeschleppt worden, wo sie bisweilen plötzlich in Erscheinung treten. Da sie recht kurzlebig sind, entgehen sie oft der Entdeckung. Manche Arten entfalten sich auch meist nur in der Nacht, und von ihrer Schönheit ist am nächsten Morgen nichts mehr zu sehen.

Beim Tintenfischpilz, *Clathrus archeri (= Anthurus aseroeformis)*, spaltet das Rezeptakulum in 4–7 oberseits rote Arme auf, die nach dem Ende zu spitz zulaufen. Ausgebreitet sieht der Pilz daher wie ein Tintenfisch aus. Auf der Oberseite der Arme befindet sich die dunkelolivfarbene Gleba. Er ist 20–30 cm breit. Vermutlich wurde er aus Australien mit Wollimporten in Europa eingeschleppt und hat sich hier an verschiedenen Orten recht gut eingebürgert. Zuerst wurde er 1921 in den Vogesen beobachtet.

Auch der in Indien und Japan häufige sowie im Mittelmeergebiet heimische Rote Git-

Der Tintenfischpilz, *Anthurus archeri*, mit seinen roten Rezeptakelarmen ist aus Australien bei uns eingeschleppt worden.

terling, *Clathrus ruber*, wurde bei uns schon an mehreren Stellen nachgewiesen. Das Rezeptakulum bildet eine 6–12 cm hohe Gitterkugel aus weiten Maschen. Das Gitter besteht aus etwa 8 mm breiten, rundlichen oder flachgedrückten Leisten, die außen scharlachrot sind. Die Gleba befindet sich an der Innenseite der Gitterkugel.

Der in den Tropen Brasiliens vorkommende Laternenpilz, *Colonnaria (Laternea) columnata*, stellt in seiner Form einen Übergang zwischen dem Tintenfischpilz und dem Roten Gitterling her. Das Rezeptakulum besteht aus 3–5 fleischroten Armen, die an der Spitze verbunden bleiben und einen Dom bilden. Denkt man sich zwischen die Äste Querverbindungen, bekommt man einen Gitterling, würden sich die Äste an der Spitze trennen, käme ein Tintenfischpilz zustande. Die Höhe des Domes beträgt etwa 6 cm. Die Gleba befindet sich an der Innenseite des Rezeptakulums.

Beim Bienenkorbpilz oder Kugelkopf, *Simblum sphaerocephalum*, wird das Rezeptakulum von einem etwa 15 cm hohen, weißen Stiel getragen. Es ist kugelig und besteht aus etwa 20 fast sechseckigen, roten Maschen. Die Gleba bedeckt die Innenseite der Maschen.

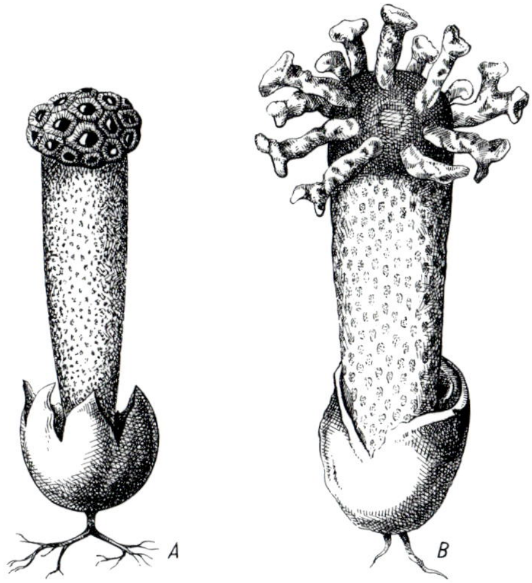

Die eigenartigen Fruchtkörper der Familie Clathraceae werden Pilzblumen oder Blumenpilz genannt. A *Simblum sphaerocephalum*, Bienenkorb, B *Kalchenbrennera corallocephala*, Korallenkopf (nach Michael-Hennig)

Der Rote Gitterling, *Clathrus ruber*, entwickelt sich aus einem Hexenei. Die gesprengte weiße Peridie ist am Grunde noch zu erkennen.

Eine eigenartige Form hat der in Afrika beheimatete Korallenkopf, *Kalchenbrennera corallocephala*. Sein hohler, ockergelblicher Stiel ist oben gitterartig ausgebildet und keulig erweitert. Auf dem kopfigen Stielende stehen rote, gestielte Rezeptakeläste, die wie kleine Pilze aussehen.

Familie Secotiaceae

Die Secotiaceen zeigen in manchen Merkmalen Beziehungen zu den Agaricalen, während andere Merkmale für eine Zugehörigkeit zu den Gasteromyceten sprechen. Man nimmt deshalb an, daß sie Übergangsformen zwischen beiden Pilzgruppen sind. Einig ist man sich aber nicht darüber, ob sie Rückbildungsstufen von Agaricalen darstellen oder ob man die Agaricalen über secotioide Formen von Gasteromyceten ableiten kann.

Es werden lamellenartige Tramaplatten angelegt, die aber meist nicht strahlig, sondern regellos verlaufen. Wie an den Lamellen der Agaricalen findet man an den Tramaplatten Cystiden. Im Hut und Stiel sind Nester von Pseudoparenchym enthalten, wie wir sie von *Russula*- und *Lactarius*-Arten kennen. Die Sporen weisen Warzen und netzartige Skulpturen auf, die wie bei den Russulaceen amyloid sind. Die Entwicklung der Fruchtkörper ist aber angiokarp.

Der Säulenstäubling, *Secotium agaricoides*, ähnelt einem Grauen Faltentintling. Sein Hut ist erst weiß, dann hellbraun schuppig. Bei der Reife reißt der Hutrand um den Stiel lappig ein, so daß die gelbbraune bis grünliche Gleba frei wird. Der Säulenstäubling kommt in Ungarn vor.

Secotioide Gattungen, d. h. Gattungen, die in vielen Merkmalen mit Agaricalen übereinstimmen, aber eine angiokarpe Entwicklung durchmachen und bei denen die Sporen nicht aktiv abgeschleudert werden, gibt es eine ganze Reihe. Man reiht sie heute oft in unmittelbarer Nachbarschaft ihrer Gegenstücke bei den Agaricalen ein. Solche Artenpaare sind z. B. *Thaxterogaster* und *Cortinarius* oder *Brauniellula* und *Gomphidius* sowie *Gasteroboletus* und *Boletus*.

In den letzten Jahren sind immer wieder neue secotioide Pilzarten gefunden worden. Es ist möglich, daß ihre eingehende Untersuchung neue Fakten ans Licht bringt, die Konsequenzen für die Systematik der Basidiomyceten haben können.

Ordnung Rostpilze, Uredinales

Eine streng obligat parasitische Lebensweise zeichnet die Rostpilze aus. Sie schmarotzen auf Farnen und Samenpflanzen; unter ihnen befinden sich Pflanzenkrankheitserreger mit sehr großer, wirtschaftlicher Bedeutung. Diese Tatsache sowie ihr meist recht auffallendes Erscheinungsbild haben dazu geführt, daß Rostkrankheiten schon in der Antike bekannt waren. Wohl das älteste Zeugnis dafür findet sich in der Thora (die 5 Bücher Mosis, etwa 1500 v. u. Z.). Zwar waren nur die Symptome und Schäden, aber nicht deren wahre Ursache bekannt. Deshalb veranstaltete schon lange Zeit vor Gründung Roms (753 v. u. Z.) das Landvolk von Latium am 25. April Opferfeste (Robigalien) für den Gott Robigus, um Rostkrankheiten von ihren Getreidefeldern abzuwehren. Gegenwärtig sind die Uredinalen die am besten untersuchte Pilzordnung.

Die Rostpilze weisen biologisch und ontogenetisch eine außerordentliche Mannigfaltigkeit auf. Sie entwickeln im Verlauf ihres Lebenszyklus nacheinander mehrere Sporenformen; außerdem erfolgt bei vielen Arten während des Entwicklungsganges ein Wirtswechsel, der stets mit dem Kernphasenwechsel verbunden ist.

Die wirtswechselnden oder heterözischen Arten bilden die dikaryotische und diploide Phase auf dem Hauptwirt und die haploide Phase auf dem Zwischenwirt. Hauptwirt und Zwischenwirt sind i. d. R. nicht miteinander verwandt. Der Schwarzrost, *Puccinia graminis*, hat als Hauptwirt verschiedene Gräser, sein Zwischenwirt ist aber die Berberitze, *Berberis vulgaris*. Hauptwirte des Johannisbeerrostes, *Cronartium ribicola*, sind die Schwarze Johannisbeere und andere *Ribes*-Arten, Zwischenwirte dagegen 5nadelige Kiefern, z. B. Arve, *Pinus cembra*, und Weymouthskiefer, *Pinus strobus*. Der Straußfarn, *Matteuccia struthiopteris*, ist Hauptwirt von *Uredinopsis struthiopteris*, während Weißtanne und andere *Abies*-Arten ihre Zwischenwirte sind. Wirtswechsel tritt bei weni-

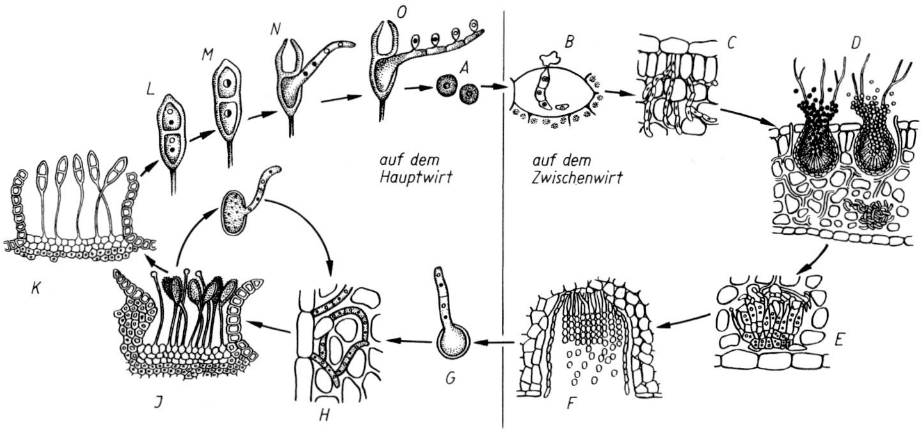

Lebenszyklus des Getreideschwarzrostes, *Puccinia graminis*. A Basidiosporen, B Infektion des Zwischenwirts, C haploides Myzel, D Spermogonien, E Basalzellen, F Aecidium, G keimende Aecidiospore, H Paarkernmyzel, I Uredosporenlager, K Teleutosporenlager, L Teleutospore, M Kernverschmelzung, N Basidie, O Basidiosporenbildung

ger hochentwickelten Rostpilzen häufiger auf als bei höher entwickelten Familien und wird deshalb als primitives Merkmal angesehen. Rostpilze ohne Wirtswechsel, autözische Arten, durchlaufen ihren Lebenszyklus und Kernphasenwechsel auf einem Wirt.

Der vollständige, makrozyklische Entwicklungsgang der Rostpilze beginnt mit der Keimung der haploiden Basidiosporen. Aus ihnen entwickelt sich ein hyalines Myzel, das durch Kutikula und Epidermis in die Wirtspflanze eindringt, wo es sich vorwiegend interzellulär ausbreitet. Wenn das Myzel etwa 4 Tage alt ist, bildet es unter der Epidermis der Blattoberseite eine Stromaschicht, die krug- oder flaschenförmig einen Hohlraum umschließt und am oberen Teil eine mit Periphysen ausgekleidete Mündung nach außen bildet. Von den Wandzellen wachsen sehr viele dichtgedrängte, längliche, einkernige Hyphen in den Hohlraum hinein, die jede durch aufeinanderfolgende Kernteilungen eine Reihe von einzelligen Sporen abschnüren. Diese Fruchtkörper werden Spermogonien oder Pyknidien und die in ihnen gebildeten Sporen Spermatien oder Pyknosporen genannt. Diese Entwicklung ist nach etwa 10 Tagen abgeschlossen. Die Spermatien werden mit einem Nektartröpfchen aus den Spermogonien ausgeschieden. Bei den primitiveren Familien, z. B. bei den Pucciniastraceen und Cronartiaceen, bilden sich die Spermogonien nicht subepidermal, sondern sie werden unter der Kutikula als flache Lager angelegt, deren Spermatien durch Aufreißen der Kutikula frei werden.

Zwischen den Periphysen der Spermogonienmündung wachsen besondere Empfängnishyphen, die weit über die Mündung hinausragen oder auf der Epidermis entlangkriechen. Der süßliche Duft des Nektars lockt Insekten an, die, während sie am Nektar naschen, die Spermatien verbreiten. Spermatien und Empfängnishyphen sind geschlechtlich differenziert. Alle Spermatien, die aus einem Spermogonium stammen, und auch die Empfängnishyphen dieses Spermogoniums haben das gleiche Geschlecht, sie sind miteinander unverträglich. Gelangt aber ein Spermatium an oder in die Nähe einer andersgeschlechtlichen Empfängnishyphe, verschmelzen beide, und der Kern des Spermatiums tritt in die Empfängnishyphe über. Spermatien, die von keiner Empfängnishyphe erreicht werden, keimen mit einem Keimschlauch, der in ein andersgeschlechtliches Spermogonium eindringt oder durch eine Spaltöffnung ins Wirtsinnere wächst und dort mit einer Hyphe des anderen Geschlechts verschmilzt. Bei dichter Infektion können auch konträre Hyphen im Wirtsinnern direkt miteinander verschmelzen. Schließlich treten in seltenen Fällen auch aus einem Paarkernmyzel die konträren Kerne in ein haploides Myzel über, wenn sich beide Myzelien zufällig begegnen.

Bereits während sich an der Blattoberseite die Spermogonien entwickeln, durchwächst das haploide Myzel das Blatt bis zur Unterseite, wo es sich im Schwammparenchym zu kleinen Hyphenknäueln verflicht, in denen sich mehrere kurze Hyphen palisadenförmig anordnen und anschwellen. Sie sind die plasmareichen Basalzellen der nächsten Sporenform. Zu ihnen werden die aus den Spermatien oder konträren Myzelien empfangenen Kerne hingeleitet, und in ihnen findet die eigentliche Kernpaarung statt.

Die paarkernig gewordenen Basalzellen strecken sich jetzt zur Epidermis und schnüren lange Ketten paarkerniger Sporen ab. Die obersten Sporen aller Ketten sowie alle Sporen der randständigen Ketten verschmelzen miteinander zu einer festen Wand, der Pseudoperidie, die die übrigen Sporen wie ein fester Behälter umschließt. Diese Fruchtkörper nennt man Aecidien und ihre Sporen Aecidiosporen. Durch den Druck der nachwachsenden Aecidiosporen werden Epidermis und Kutikula des Wirts aufgesprengt, und die meist leuchtendgelben oder gelbroten Aecidien wachsen über die Blattfläche empor.

Nach dem Bau bzw. nach der Art des Öffnens der Pseudoperidie können 6 Typen von Aecidien unterschieden werden. Reißt die Pseudoperidie am Scheitel becher- oder schüsselförmig auf und biegt sie sich am Rand mehr oder weniger nach außen um oder ist sie zylindrisch verlängert, liegt der normale *Aecidium*-Typ vor, wie er für die Gattungen *Uromyces, Puccinia* u.a. charakteristisch ist. Beim *Roestelia*-Typ wächst die Pseudoperidie gerade oder hornartig gekrümmt weit über die Blattoberfläche empor und zerschlitzt bei der Reife sternförmig, oder sie bleibt an der Spitze geschlossen und öffnet sich gitterförmig durch seitliche Längsschlitze. Dieser Typ ist auf die Gattung *Gymnosporangium* beschränkt. Der *Peridermium*-Typ wird durch rundlich oder sackförmig aufgewölbte Pseudoperidien ohne jegliche besondere Differenzierung, die bei der Reife unregelmäßig aufreißen, gekennzeichnet. Er ist z. B. bei den Gattungen *Cronartium, Chrysomyxa* und *Coleosporium* zu finden. Fehlt die Pseudoperidie ganz oder ist sie bis auf geringe, unzusammenhängende Reste reduziert, liegt der *Caeoma*-Typ vor. Die Sporenketten entstehen bei diesem Typ nicht in einem becherförmigen Lager, sondern auf einer flachen, unregelmäßigen Stromaschicht unter der Epidermis. Diese Aecidienform kommt hauptsächlich bei den Gattungen *Melampsora, Phragmidium* und *Triphragmium* vor. Aecidien vom *Uraecium*-Typ sehen genauso wie Uredolager aus, sind aber durch Hyphen direkt mit Spermogonien verbunden und stehen auch im Entwicklungszyklus an der Stelle des Aecidiums. Diesen Typ bilden die Gattungen *Ravenelia, Prospodium, Uropyxis* und *Pileolaria*. Nur bei der Gattung *Hiratsukamyces* beobachtet man Aecidien vom *Elateraecium*-Typ, der Elateren zwischen den Sporenketten besitzt.

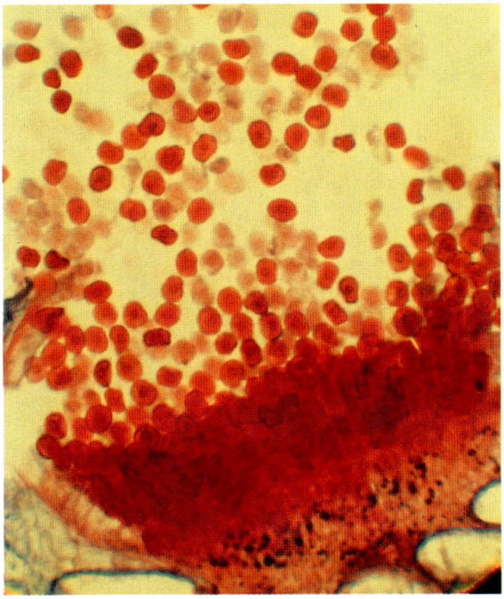

Querschnitt durch ein Aecidium von *Puccinia poarum* auf Huflattich, *Tussilago farfara*. Die paarkernigen Basalzellen schnüren lange Aecidiosporenketten ab (Safranin-Astrablau-Färbung).

Die Aecidiosporen sind einzellig, schwach polyedrisch oder kugelförmig. Ihre Wand ist dünn und mit feinen Warzen oder Stacheln

Blasenrost der Kiefer nennt man die Aecidien (*Peridermium*-Typ) von *Cronartium asclepiadeum* (Hetereuform).

und abfallenden, wachsartigen Plättchen besetzt. Sie enthalten oft orangefarbige Öltröpfchen. Die Aecidiosporen sind sofort keimfähig. Ihre paarkernigen (dikaryotischen) Keimschläuche dringen durch die Spaltöffnung in die Wirtspflanze ein.

Mit dem Kernphasenwechsel von haploid zu dikaryotisch ist eine Änderung der parasitischen Eigenschaften der Uredinales verbunden.

Bei den wirtswechselnden Arten werden Spermogonien mit Spermatien und Aecidien mit Aecidiosporen auf dem Zwischenwirt gebildet. Das dikaryotische Myzel, das aus den Aecidiosporen entsteht, ist bei diesen Arten dagegen nicht mehr in der Lage, den Zwischenwirt zu infizieren. Es kann sich nur auf dem Hauptwirt entwickeln. Bei den monözischen Arten entfällt dagegen der Zwischenwirt. Sie wachsen sowohl in der Haplo- als auch in der Dikaryophase auf denselben Wirtsarten.

Nach etwa 10–14 Tagen entstehen aus Hyphenknäueln unter der Epidermis der Blattunterseite, seltener der Blattoberseite, die Lager der nächsten Sporenform, die Uredosporenlager, auch Uredolager oder Uredien genannt. In ihnen differenzieren sich Uredosporenmutterzellen, die bei den primitiven Familien Coleosporiaceae und Cronartiaceae Uredosporen in Ketten abschnüren. Bei einigen Arten bilden sich die obersten Sporen der Ketten zu einer vergänglichen Pseudoperidie um. Die Uredosporenmutterzellen der höher differenzierten Rostpilze knospen seitlich mit neuen Sporenmutterzellen aus, die jeweils nur eine Uredospore auf einem Stielchen bilden. Die Uredolager dieser Formen sind stets ohne Pseudoperidie, nackt, oft dagegen mit köpfchen- oder keulenförmigen Paraphysen umgeben. Durch Aufreißen der Epidermis gelangen die Uredosporen ins Freie und können vom Wind verbreitet werden. Die Uredosporen sind kugelig oder oval; sie haben eine ziemlich dicke Wand, die mit winzigen Stacheln besetzt ist und von mehreren Keimporen durchbrochen wird. Sie sind meist leuchtend gelb, orange- bis rostrot oder braun und lassen sich leicht vom Wind oder durch Tiere verbreiten. Auf Wirtspflanzen keimen sie mit einem Paarkernmyzel, das nach etwa 10–12 Tagen neue Uredosporenlager erzeugt, so daß während einer Vegetationsperiode mehrere Generationen Uredosporen erzeugt werden. Man nennt sie deshalb auch Sommersporen. Sie sind die einzige sich wiederholende Sporenform der Rostpilze und entsprechen biologisch den Konidien anderer Pilzordnungen. Durch das Uredostadium wird i. d. R. den Wirtspflanzen der größte Schaden zugefügt.

Wenn die Wirtspflanzen sich anschicken abzureifen, d. h. in den gemäßigten Klimaten zu Sommersausgang, beginnt das Paarkernmyzel, das bisher Uredosporen bildete, die nächste Sporenform, die Teleutosporen, zu erzeugen. Die Teleutosporen entstehen oft in den gleichen Lagern wie die Uredosporen, oder sie werden in eigens für sie angelegten Teleutosporenlagern, die morphologisch jedoch den Uredosporenlagern sehr ähnlich sind, gebildet. Bisweilen liest man auch die Bezeichnungen Teleutolager oder Telien für dieses Stadium.

Die Teleutosporen sind meist dickwandig und dunkler gefärbt als die Uredosporen und bei den einzelnen Rostpilzen sehr unterschiedlich gebaut. Sie können ein-, zwei-

oder vielzellig, gestielt oder sitzend, glattwandig oder rauh und klein bis sehr groß sein. Sie sind widerstandsfähig gegen Trokkenheit und Frost und durchlaufen oft eine obligate Ruhezeit. Damit erfüllen sie die Funktion von Dauersporen und helfen der Art über den vegetationslosen Winter hinweg. Sie werden deshalb im Gegensatz zu den Uredosporen auch Wintersporen genannt.

Innerhalb der Teleutosporen findet die Kernverschmelzung, die Karyogamie, statt. Der Pilz wechselt dadurch von der Dikaryophase in die diploide Phase über. Im folgenden Frühjahr keimt die Teleutospore bzw. bei mehrzelligen Teleutosporen jede Zelle mit einer kurzen Hyphe, der Basidie. In die Basidie wandert der diploide Kern ein und durchläuft die Reduktionsteilung, worauf 4 haploide Kerne entstehen. Nun bilden sich Querwände, die die Basidie in 4 haploid einkernige Zellen gliedern. Aus jeder dieser Zellen stülpt sich jetzt ein dünnes Sterigma hervor, das an der Spitze blasenförmig angeschwollen ist. Die Kerne zwängen sich durch die Sterigmen in die Blasen und bilden dort die rundlichen bis ei- oder birnenförmigen, dünnwandigen Basidiosporen. Von den 4 Basidiosporen einer Basidie gehören jeweils 2 dem einen und 2 dem anderen Geschlecht an. Nach ihrer Reife werden die Basidiosporen aktiv weggeschleudert und vom Wind verbreitet. Mit ihrer Keimung auf einem geeigneten Wirt (bei den wirtswechselnden Arten auf dem Zwischenwirt) beginnen sie einen neuen Entwicklungszyklus der Rostpilze.

Die 5 Sporenformen der Uredinalen lassen sich zusammenfassend folgendermaßen charakterisieren: Spermatien sind die haploiden männlichen Gameten, Aecidiosporen einmalig auftretende vegetative Sporen als Resultat der Dikaryotisierung. Uredosporen stellen sich wiederholende vegetative, dikaryotische Sporen dar. Teleutosporen sind die Probasidien und der Ort der Karyogamie. Bei den Basidiosporen schließlich handelt es sich um die haploiden Meiosporen.

In der Fachliteratur werden die einzelnen Stadien der Rostpilze mit den Symbolen 0 bis IV gekennzeichnet:

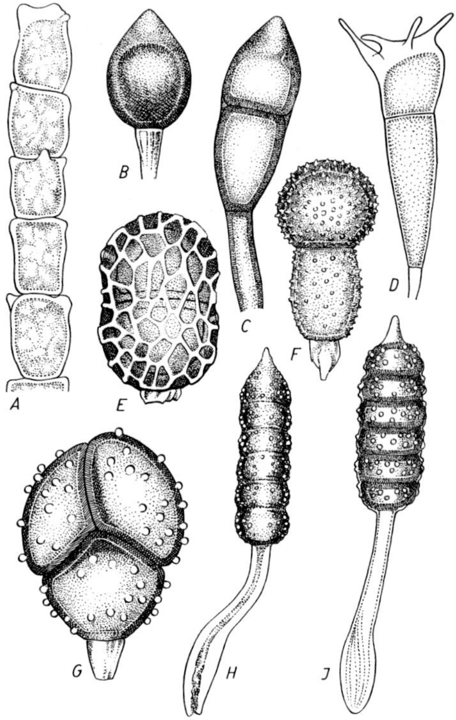

Die Teleutosporen der Rostpilze sind sehr unterschiedlich gestaltet. A *Kuehneola albida* (kettenförmig), B *Uromyces graminis* (einzellig), C *Puccinia graminis*, D *Puccinia coronata*, E *Puccinia schroeteri*, F *Tranzschelia pruni-spinosae* (zweizellig), G *Triphragmium ulmariae* (dreizellig), H *Phragmidium*

Stadium 0 – Spermogonien mit Spermatien und Empfängnishyphen
Stadium I – Aecidien mit Aecidiosporen
Stadium II – Uredosporenlager mit Uredosporen
Stadium III – Teleutosporenlager mit Teleutosporen
Stadium IV – Basidien mit Basidiosporen

Von dem eben beschriebenen vollständigen, makrozyklischen Entwicklungsgang gibt es eine Reihe von Abweichungen, bei denen die Fähigkeit zur Bildung dieser oder jener Sporenform im Lauf der Evolution verlorengegangen ist. Der Entwicklungsgang wird dadurch verkürzt, und man findet deshalb Formen mit reduzierter, mikrozyklischer Entwicklung häufiger in Gebieten mit extremen Standortbedingungen und kürzerer Vegetationsperiode, z. B. in größeren Höhenlagen der Gebirge. Sie sind jedoch nicht an diese Gebiete gebunden. In tropischen Gebieten mit relativ geringen Klimaschwankungen, wo ein kontinuierliches Angebot an infizierbarem Wirtsgewebe zur Verfügung steht, treten sowohl ungeschlechtliche Lebensweise mit sich ständig wiederholenden Uredogenerationen als auch Leptoformen ohne Ruhepause auf, während die aufwendige Spermatisierung sowie die sich nicht wiederholenden Aecidien unterdrückt werden. Dadurch ist für einen Wirtswechsel kein Platz mehr. So trifft man in den Tropen vorwiegend Hemi- und Mikroformen an, und ein Wirtswechsel wird sogar von solchen Arten, die hierzu in der Lage sind, nur ausnahmsweise vollzogen. Mikrozyklische Formen sind phylogenetisch jünger als verwandte makrozyklische Formen. Die verschiedenen Stufen der Rückbildung werden mit besonderen Namen belegt:

Euform	0	I	II	III	IV
Kataform		I	II	III	IV
Brachyform	0		II	III	IV
Hemiform			II	III	IV
Opsisform	0	I		III	IV
Katopsisform		I		III	IV
Hypoform	0			III	IV
Mikroform				III	IV
Endoform	0	I			IV

Rostpilze ohne Uredostadium werden manchmal auch als demizyklisch bezeichnet.

Die Brachy- und Hemiformen haben infolge des Wegfalls der Aecidien die Kernpaarung in die ersten Uredolager verlegt. Diese erscheinen im Frühsommer und fallen durch ihre Größe, lebhafte Färbung und unregelmäßige Gestalt auf. Sie werden primäre Uredolager genannt, ihnen folgen in mehreren Wiederholungen die normal gestalteten, sekundären Uredolager. Bei den Opsis und Katopsisformen kann es mitunter zu einer Aecidienwiederholung kommen, wodurch die Verkürzung des Lebenszyklus wieder aufgehoben wird. Aus den Aecidiosporen entstehen aber i. d. R. sofort Teleutosporenlager. Hypo- und Mikroformen haben eine lange Haplo- und eine sehr kurze Dikaryophase. In den Teleutosporenlagern bzw. in den Teleutosporen und Basidien vollziehen sich die Plasmogamie, die Kernpaarung, die Kernverschmelzung und die Reduktionsteilung. Hypo- und Mikroformen, deren Teleutosporen, ohne eine Ruheperiode zu durchlaufen, sofort keimfähig sind, werden auch Leptoformen genannt. Die Endoformen haben die Karyogamie in die Aecidien vorverlegt, ihre Aecidiosporen sind daher diploid und keimen mit Basidien aus, wobei die Reduktionsteilung erfolgt. Bei den Kata-, Hemi-, Katopsis- und Mikroformen sind außer den genannten Reduktionen auch die Spermogonien mit den Spermatien rückgebildet worden. Die Befruchtung erfolgt bei diesen Formen somatogam oder autogam im haploiden Myzel.

Die Rostpilze sind eine geologisch alte Pilzgruppe. Fossile Rostpilze findet man bereits auf Pflanzenresten aus dem Karbon. Phylogenetisch werden sie meist von den Auricularialen abgeleitet, aber es gibt auch eine Anzahl von Indizien, die für eine Abstammung der Uredinalen von adelphoparasitischen (auf nahen Verwandten parasitierenden) Rotalgen sprechen. Obwohl nicht verschwiegen werden soll, daß es auch ernste Gegenargumente gibt, ist die Theorie einer Abstammung von den Rotalgen die einzige, mit der auch der mit dem Generationswechsel gekoppelte Wirtspflanzenwechsel befriedigend erklärt werden kann.

Die weit über 5000 bekannten Rostpilzarten gehören etwas über 100 Gattungen an. Deren systematische Gliederung in Familien wird meist nach Bildung und Bau der Teleutosporen, vorgenommen (d. h. ob diese einzellig oder mehrzellig, ob sie gestielt oder ungestielt sind, ob sie einzeln oder in Ketten gebildet werden usw.) sowie nach der Aecidienmorphologie. In jüngster Zeit bevorzugen die Autoren die Spermogonien als Kriterium für die Familiengliederung, weil diese Organe die konstantesten Merkmale aufweisen. Es werden 12 Spermogonientypen unterschieden, die sich in 6 Gruppen einteilen lassen. Auf dieser Basis können 14 Familien unterschieden werden, von denen nur die größten und wichtigsten hier erwähnt werden können.

Recht ursprüngliche Züge tragen noch die Familien, deren blasenförmige bis zylindrische Aecidien Koniferen als Zwischenwirte besiedeln.

Zu den Pucciniastraceen gehören die Gattungen *Hyalopsora, Melampsorella, Melampsoridium, Milesia, Pucciniastrum* und *Uredinopsis*. Ihre ungestielten Teleutosporen liegen einzeln im Wirtsgewebe. Dagegen werden die Teleutosporen der Coleosporiaceen in Ketten gebildet, oder sie stehen palisadenförmig in wachsartigen Krusten auf der Blattunterseite ihrer Hauptwirtspflanzen. Bekannte Vertreter dieser Familie sind *Coleosporium senecionis* auf verschiedenen Kreuzkrautarten *(Senecio)* und *Coleosporium campanulae*, das auf Glockenblumen *(Campanula)* parasitiert. Hierher gehört auch die Gattung *Chrysomyxa*, deren Teleutosporenketten unter der Wirtsepidermis zu Lagern vereinigt sind. Der Alpenrosenrost, *Chrysomyxa rhododendri*, ist in den Alpen in der Nähe der Waldgrenze einer der häufigsten Rostpilze. In seiner Folge können stark mit Aecidien befallene Jungfichten vertrocknen und absterben.

Die Teleutosporenketten der Cronartiaceen sind seitlich zu 1–2 mm langen Säulchen verklebt, die dichtgedrängt auf den Blattunterseiten des Hauptwirts wachsen. Der Blasenrost der Kiefer, *Cronartium asclepiadeum*, und der Blasenrost der Weymothskiefer, auch Johannisbeerrost genannt, *Cronartium ribicola*, sind wichtige Vertreter dieser Familie. Letztere Art hat sich zu Beginn des 18. Jahrhunderts auf der aus Amerika eingeführten Weymouthskiefer von ihren Ursprungsgebieten in den Alpen und in Sibirien über ganz Europa ausgebreitet und wurde zu Beginn des 20. Jahrhunderts auch nach Amerika verschleppt.

In den höher entwickelten Rostpilzfamilien finden wir nur noch wenige Arten, deren Zwischenwirte zu den Koniferen gehören, meist sind Angiospermen die Zwischenwirte. Doch viele dieser Rostpilze sind autözisch. Ungestielte Teleutosporen, die palisadenförmig in Krusten entstehen, haben die Melampsoraceen. In diese Familie gehören die Pappel- und Weidenroste, die früher zu den Sammelarten *Melampsora populina* und *Melampsora salicina* zusammengefaßt wurden, heute aber vielen morphologisch nur schwer

Aus Weißtannenknospen *(Abies alba)*, die von Basidiosporen der *Melampsorella caryophyllacearum* (Hetereuform) infiziert wurden, wachsen im Frühjahr aufrechte Hexenbesen, deren gelbliche, radiär angeordnete Nadeln Spermogonien und Aecidien beherbergen; die Hauptwirte gehören zu den Caryophyllaceen.

Die Uredosporenlager des Wintergrünrostes, *Chrysomyxa pyrolatum* (Hetereuform) bedecken die Blattunterseiten ihrer Wirtspflanzen.

Auf der Blattunterseite seines Zwischenwirts, dem Buschwindröschen, *Anemone nemorosa*, entwickeln sich die Aecidien des Ebereschenrostes, *Ochropsora ariae* (Hetereuform); seine Hauptwirte sind Eberesche, *Sorbus aucuparia*, Mehlbeere, *S. aria*, und andere *Sorbus*-Arten.

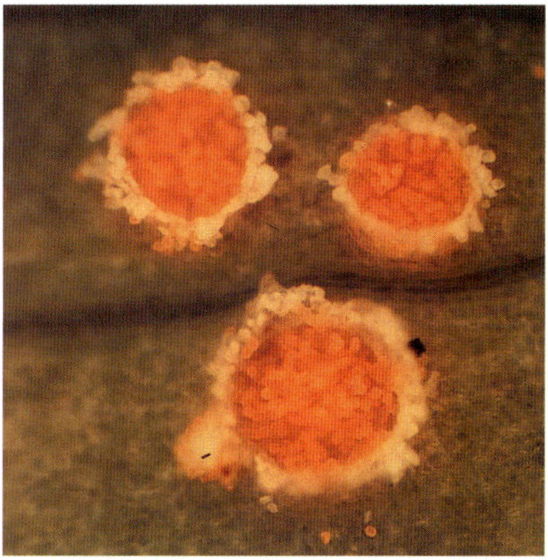

Die Aecidien der *Puccinia hysterium* (Opsisform) sind becherförmig mit zerschlitztem, umgebogenem Rand. Blätter und Stengel des Wirtes, *Tragopogon pratensis* werden deformiert.

unterscheidbaren, hauptsächlich biologisch unterschiedlichen Arten zugeordnet werden. Eine davon ist der Kieferndreher, *Melampsora pinitorqua*, dessen Dikaryophyt auf der Silberpappel und Zitterpappel (*Populus alba* und *Populus tremula*), die haploide Phase aber auf der Gemeinen Kiefer und der Bergkiefer (*Pinus silvestris* und *Pinus mugo*) parasitiert. Befallene Kieferntriebe verkrümmen sich stark, was zur Namensgebung für diesen Pilz geführt hat. Am Flachsrost, *Melampsora liniperda*, einem wirtschaftlich bedeutungsvollen Pflanzenparasiten, wurden wichtige Gesetzmäßigkeiten über die Vererbung der Virulenz (der krank machenden Potenzen) von Parasitenrassen und der Resistenz von Wirtspflanzensorten erkannt, die über die Rostpilze hinaus auch für manche anderen parasitischen Pilze Gültigkeit besitzen.

Ein-, zwei- oder mehrzellige Teleutosporen, die meist gestielt sind und in Lagern zusammenstehen, zeichnen die nächsten gattungs- und artenreichen Familien aus. Aus der Familie Phakopsoraceae rufen *Cerotelium fici* an Feigen, *Phakopsora gossypii* an Baumwolle und *Dasturella divina* an Bambus Schäden hervor. Zur Familie gehören noch die Gattungen *Crossopsora, Physopella* u. a.

Die Familie Chakoniaceae wird bei uns durch *Ochropsora ariae* vertreten, ein Rost, der zwischen Anemonen und Mehlbeerbäumen wechselt.

Zur Familie der Uropyxidaceen zählen der Zwetschgen- oder Pfirsichrost, *Tranzschelia discolor*, der einen Wirtswechsel mit verschiedenen Anemonenarten durchläuft, oder die ebenfalls auf Gehölzen parasitierenden *Prospodium*- und *Uropyxis*-Arten. Die auf Leguminosen parasitierenden tropischen und subtropischen *Ravenelia*-Arten haben ihre Teleutosporen miteinander zu einem gestielten Köpfchen verklebt, das an der Unterseite mit Bläschen oder Zysten geschmückt ist. Sie gaben der Familie Raveneliaceae ihren Namen, zu der auch noch die Gattungen *Diabole, Dicheirinia, Diorchidium* u. a. gehören.

In der Familie Phragmidiaceae finden wir die autözischen Arten Rosenrost, *Phragmidium mucronatum*, und Brombeerrost, *P. violaceum*. Weiterhin gehören folgende Gattungen in diese Familie: *Frommeëlla, Gerwasia, Kuehneola, Gymnoconia, Trachyspora* und *Xenodochus*. Gestielte, mehrzellige Teleuto-

Der Braunrost des Roggens, *Puccinia recondita* (Hetereuform) hat einen fakultativen Wirtswechsel auf *Anchusa*-Arten und andere.

Die Zypressenwolfsmilch ist der Zwischenwirt des Erbsenrostes, *Uromyces pisi* (Hetereuform). Die vom Pilzmyzel durchwucherten Wolfsmilchtriebe sind bleichgrün und zeigen abnormes Längenwachstum sowie eine Verkürzung der Blättchen.

sporen, deren Zellen nicht in einer Reihe übereinanderstehen wie in der vorherigen Familie, sondern räumlich nebeneinander, haben die Sphaerophragmiaceen. Zu ihnen gehören die Gattungen *Cumminsia, Nyssopsora, Sphaerophragmium, Triphragmium* u. a.

Die weitaus artenreichste Gattung, deren Umfang man auf 2000 bis 3000 oder mehr Arten schätzt, ist *Puccinia*. Die Wirtspflanzen der Pucciniaceen sind vorwiegend krautige Pflanzen und gehören den verschiedensten Angiospermenfamilien an. Große wirtschaftliche Schäden können die Getreideroste verursachen. Sie werden nach der Farbe ihrer Uredolager Schwarzrost *(Puccinia graminis)*, Gelbrost *(P. striiformis)*, Braunrost (*P. triticina* und *P. recondita*) oder nach der Größe ihrer Uredolager Zwergrost *(P. hordei)* bzw. nach den zackenförmigen Fortsätzen am Teleutosporenscheitel Kronenrost *(P. coronata)* genannt. Die Getreideroste sind in zahlreiche Untereinheiten, physiologische Rassen, aufgespalten, die sich nur in ihrer Fähigkeit, bestimmte Getreidesorten zu befallen, voneinander unterscheiden. Durch das Auftreten

Einzellige, runde Uredosporen und zweizellige, eiförmige Teleutosporen des Distelrostes, *Puccinia punctiformis* (Vergr. etwa 200fach)

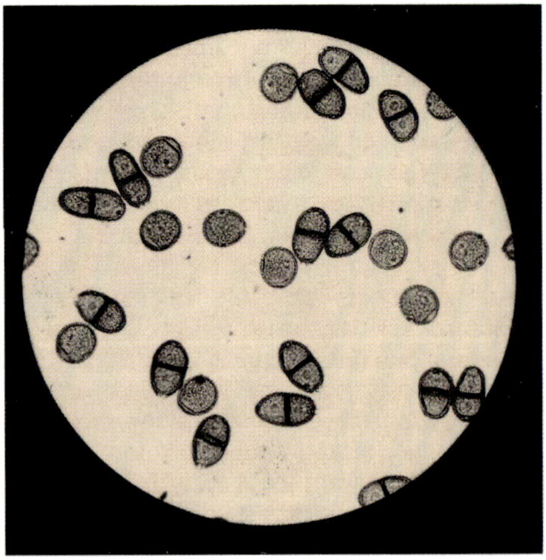

Auf Wacholderarten als Hauptwirt parasitieren die Arten der Gattung *Gymnosporangium*; sie lassen die Zweige anschwellen, in denen das dikaryotische Myzel überwintert. Durch eine verquellende Gallerte, die von den Teleutosporenstielen und -wänden stammt, verkleben die Teleutosporen zu großen horn- oder polsterförmigen, orangefarbigen oder gelbbraunen Massen (das Bild zeigt *G. tremelloides*, Heteropsisform).

neuer oder seltener Rassen wird die Arbeit der Pflanzenzüchter, die widerstandsfähige Getreidesorten schaffen wollen, erschwert und oft nach wenigen Jahren wieder zunichte gemacht. Ein internationales Überwachungssystem beobachtet die Verbreitung der Rassen.

Der Erbsenrost, *Uromyces pisi*, und einige verwandte Arten haben einen Wirtswechsel mit verschiedenen Wolfsmilcharten, die vom haploiden Myzel vollständig durchwachsen und in charakteristischer Form verunstaltet werden. Der Gitterrost des Birnbaums, *Gymnosporangium sabinae*, erhielt seinen Namen von den etwa 3 mm großen Aecidien vom *Roestelia*-Typ, die auf lebhaftroten, gallenförmigen Blattflecken der Birnbäume entstehen. Sie bleiben am Scheitel geschlossen, schlitzen aber seitlich gitterförmig auf. *Gymnosporangium sabinae* wechselt auf den Sadebaum, *Juniperus sabina*, und andere Wacholderarten als Hauptwirte über. Als weitere Gattungen gehören *Cumminsiella*, das zur Endoform reduzierte *Endophyllum* und einige andere zu dieser Familie.

Als letzte Familie, die hier genannt werden soll, wählten wir die Pucciniosiraceen. Ihre Vertreter haben Teleutolager, die Aecidien täuschend ähnlich sehen, und ihre Teleutosporen erinnern auch an Aecidiosporen. Es handelt sich bei ihnen ausschließlich um Mikroformen. Daß sie durch Vorverlegung der Karyogamie und Diplophase von den makrozyklischen, normalen Teleutosporen auf die Aecidiosporen (Neotenie) entstanden sind, ist bei ihnen nicht zu übersehen. Hierher gehören die Gattungen *Pucciniosira, Cionothrix, Trichopsora* u. a. Eine gleichsinige Vorverlegung der Diplophase findet sich bei einigen Gattungen auch in anderen Familien. Es sind die endozyklischen Gattungen *Endophyllum, Monosporidium, Gymnoconia* und *Endocronartium*.

Abweichend von allen bisher genannten Rostpilzen verhalten sich einige wenige Gattungen und Arten, die bisher noch nicht befriedigend Familien oder Verwandtschaftskreisen zugeordnet werden konnten. Sie sind stark reduziert, absolvieren keinen Wirtswechsel, und es fehlen ihnen auch Spermogenien und Aecidien. Ihre Uredospo-

Im Entwicklungszyklus des stark reduzierten *Endophyllum sempervivi* (Endoform) ist die diploide Phase auf die Aecidiosporen vorverlegt (Neotenie), wodurch diese die Funktion von Teleutosporen (Probasidien) übernehmen. Beim befallenen Wirt, *Sempervivum tectorum*, sind die inneren Rosettenblätter doppelt so lang als bei gesunden Pflanzen.

ren und Teleutosporen entstehen nicht in Lagern, sondern an Traghyphen, die aus den Spaltöffnungen ihrer Wirtspflanzen herauswachsen. Dieses Verhalten gab ihnen den Namen stomatospore Rostpilze.

Zu ihnen gehört der Kaffeerost, *Hemileia vastatrix*, die gefährlichste Krankheit des Kaffeestrauchs. Innerhalb weniger Jahre nach seinem ersten Auftreten in Ceylon (1868) kam der Kaffeeanbau dort zum völligen Erliegen und mußte 1878 zugunsten des Teeanbaus aufgegeben werden. Ähnlich war es wenige Jahre später in Java, wo der urentabel gewordene Kaffeeanbau durch Kautschukpflanzungen ersetzt wurde. Inzwischen hat der Kaffeerost auf seinem Zug über den Erdball die Kaffeekulturen in etwa 25 Ländern vernichtet. 1970 wurde der Erreger auch auf dem südamerikanischen Kontinent, den er bisher verschont hatte, entdeckt. Dort bedroht er in Brasilien das bedeutendste Kaffeeanbaugebiet der Welt.

Obwohl Rostpilzwirte in allen Familien der Samenpflanzen zu finden sind, werden von ihnen als Wirtspflanzen Arten aus den Familien Gramineae, Leguminosae und Compositae auffallend stark bevorzugt.

Formklasse Unvollkommene Pilze, Deuteromycetes (Fungi imperfecti)

Bei nahezu einem Drittel aller Pilze ist die Hauptfruchtform, der Teleomorph, unbekannt. Ihre gesamte Entwicklung verläuft in der Haplophase als Anamorph, und sie vermehren sich nur vegetativ mittels Konidien. Da das Pilzsystem jedoch auf der sexuellen Phase basiert, können diese Pilze nicht oder nur auf Grund von Indizien ihrer Verwandtschaft entsprechend in das System eingeordnet werden. Man hat für sie deshalb eine künstliche Einheit, die Formklasse Deuteromycetes, geschaffen, deren Ordnungen, Familien und Gattungen nur nach morphologischen Ähnlichkeiten zusammengestellt sind und nicht auf natürlichen Verwandtschaften beruhen. Das Fehlen der Hauptfruchtform kann verschiedene Gründe haben. Einesteils kann es so sein, daß die Hauptfruchtform nur selten unter ganz besonderen Umweltbedingungen gebildet wird und deshalb noch nicht beobachtet wurde oder daß die Zusammenhänge zwischen einer Hauptfruchtform und einer Nebenfruchtform noch nicht erkannt wurden. Auch kann bei diözischen oder monözisch inkompatiblen Arten der konträre Partner in dem betreffenden Gebiet fehlen. Tatsächlich werden noch laufend solche Zusammenhänge erkannt oder Hauptfruchtformen längst bekannter Deuteromyceten neu entdeckt. Diese Pilze können dann unter dem Namen ihrer Hauptfruchtform in das System eingereiht werden. Anderenteils muß aber von vielen Fungi imperfecti angenommen werden, daß sie die Fähigkeit, eine Hauptfruchtform zu bilden, völlig eingebüßt haben.

Aber nicht nur für diese Arten ist die Beibehaltung der Formklasse Deuteromycetes notwendig, es gibt hierfür auch eine praktische Notwendigkeit. Die Konidienformen sind nämlich i. d. R. so häufig und verbreitet, daß sie im allgemeinen bekannter und wirtschaftlich bedeutungsvoller sind als die dazugehörigen Hauptfruchtformen. Deshalb wurde vom Internationalen Botanischen Kongreß 1950 in Stockholm der Gebrauch von Formnamen für Konidienstadien legalisiert, wobei aber der Name der Hauptfruchtform weiter als offizieller Name für den ganzen Organismus gilt.

Das Fehlen einer geschlechtlichen Phase besagt jedoch nicht, daß bei den Fungi imperfecti keine Neukombination des genetischen Materials, die für die natürliche Variabilität verantwortlich ist, stattfindet. Bei vielen Pilzen, insbesondere aber bei den Unvollkommenen Pilzen, läuft ein Mechanismus ab, der auch ohne Geschlechtsorgane und sexuellen Zyklus die Neukombination des genetischen Materials bewirkt und parasexueller Zyklus genannt wird.

Der parasexuelle Zyklus ist ein Kreislauf, in dem Plasmogamie, Karyogamie und Haploidisierung stattfinden, ohne daß sie an bestimmte Zeiten, Stellen und Organe im Entwicklungsgang des Organismus gebunden sind. Er beginnt mit der Bildung eines heterokaryotischen Myzels, in dem Kerne einer Hyphe über eine Verbindungsbrücke, Anastomose, in eine genetisch unterschiedliche Hyphe übertreten, sich dort vermehren und ausbreiten. Auch durch Mutationen in mehrkernigen Hyphenzellen können heterokaryotische Myzelien entstehen.

Im Wachstumsverlauf heterokaryotischer Myzelien kommt es gelegentlich zu Kernverschmelzungen. Ein solches Myzel enthält dann mindestens 5 verschiedene Arten von Kernen: 2 Arten haploider, 2 Arten homozygot diploider sowie heterozygot diploide Kerne, wobei das Verhältnis diploid zu haploid etwa 1:1000 beträgt.

Während der Vermehrung der diploiden Kerne ereignet sich zuweilen ein mitotisches »crossing over«, d. h., Gene homologer Chromosomen werden ausgetauscht. Dadurch ergeben sich neue Kombinationen des genetischen Materials. Im weiteren Entwicklungsablauf können sich diploide Kerne wieder haploidisieren. Die genetisch neu kombinierten Hyphenzellen bilden mit ihren Nachkommenschaften Sektoren in der Pilzkolonie, die qualitativ anders sind als ihre Ausgangsmyzelien und sich oftmals schon durch ihre Farbe oder veränderte Wüchsigkeit zu erkennen geben. Damit hat der parasexuelle Zyklus die gleiche Wirkung wie ein sexueller Zyklus erreicht.

Der Thallus der Fungi imperfecti besteht aus einem gut entwickelten, septierten Hyphenmyzel. In wenigen Fällen werden Sproßzellen oder Sproßmyzel gebildet. Die Hyphenzellen sind vielkernig, ihre Querwände in der Mitte perforiert, so daß die Kerne in die Nachbarzellen übertreten können.

Vermehrung und Verbreitung der Deuteromyceten erfolgen durch Konidien, die entweder an den Hyphen bzw. an besonderen Konidienträgern entstehen, die aus den Hyphen entspringen oder in besonderen Fruktifikationen gebildet werden. In Analogie zu den Fruktifikationen der Teleomorphen, Ascoma und Basidioma, werden die Fruktifikationen der Anamorphen Konidioma (Mehrzahl: Konidiomata) genannt. Konidiomata können Fruchtkörper (Pyknidie), Fruchtlager (Sporodochium, Acervulus und Pionnotes) oder Fruchtstände (Koremium) sein.

Besteht diese Fruktifikation aus einem polsterförmigen Hyphengeflecht, auf dem die Konidienträger palisadenförmig dicht gedrängt stehen, spricht man von einem Lager oder Sporodochium. Der Acervulus ist dem Sporodochium sehr ähnlich und nicht immer von diesem deutlich abgrenzbar; denn auch bei dieser Fruktifikation stehen die Konidienträger dicht gedrängt auf einem mehr oder weniger stromatisierten Myzelpolster, nur ist dieses in das Substrat oder bei Pflanzenparasiten in das Wirtsgewebe eingesenkt. Acervuli können unter der Kutikula sowie in oder unter der Epidermis gebildet werden. Zur Zeit der Sporenreife wird das bedeckende Wirtsgewebe weit aufgerissen. Oftmals sind die Acervuli am Rand oder auf der ganzen Oberfläche mit starren Borsten, Setae, bewehrt. Liegen die Konidien in ausgedehnten, schleimigen Massen, spricht man von Pionnotes.

Den höchsten Differenzierungsgrad haben die Fruktifikationen im Pyknidium erreicht. Pyknidien sind kugel-, flaschen- oder krugförmige, perithecienähnliche Fruchtkörper mit einer Öffnung (Ostiolum) am Scheitel. Auch sie können dem Substrat entweder aufsitzen oder in diesem eingesenkt sein. Pyknidien entwickeln sich oftmals aus einer einzigen Hyphenzelle, die durch ungerichtete Teilungen ein Pseudoparenchym bildet, aus dem später das Pyknidium entsteht. Es können aber auch mehrere Hyphen beteiligt sein, die sich zunächst direkt aneinanderlegen und gemeinsam durch Teilungen das Pseudoparenchym bilden, oder sie verflechten sich zu einem Plectenchym. Die Innenwände der Pyknidien sind mit zahlreichen, meist kurzen, unverzweigten Konidienträgern besetzt, die die Konidien, hier auch Pyknidiosporen genannt, bilden. Bei vielen Arten sind die Pyknidiosporen durch eine schleimige Substanz verklebt, die bei feuchtem Wetter stark quillt und sich als gekräuselter Faden, Sporenranke oder Zirrhus genannt, aus dem Pyknidium wie aus einer Cremetube herauspreßt.

Gewissermaßen den Übergang vom einzelnstehenden Konidienträger zum Sporodochium und Acervulus vermittelt das Koremium oder Synnema. Es besteht aus einem Bündel von zahlreichen langen, aufrecht stehenden, untereinander verklebtem Konidienträgern, die sich nach oben baumförmig verzweigen. Die Myzelien mancher Arten bilden neben- oder nacheinander verschiedene Konidien, wodurch ihre Bestimmung und Einordnung erschwert wird. So findet man bei *Fusarium*-Arten regelmäßig große, vielzellige Makro- und kleine, einzellige Mikrokonidien.

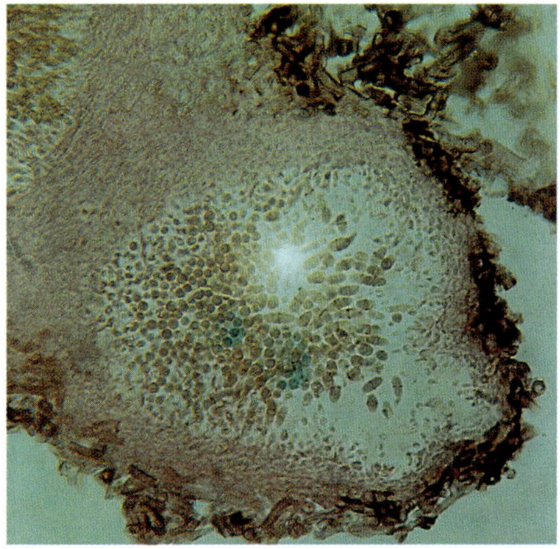

Querschnitt durch ein Pyknidium von *Ascochyta salicornia*, die auf dem Queller, *Salicornia europaea*, Blattflecke erzeugt. Deutlich erkennt man im Innern des Pyknidiums die zweizelligen Konidien, die an den Wänden an kurzen Stielchen gebildet werden.

Ein sehr wichtiges Merkmal zur Systematisierung und Bestimmung der Deuteromyceten sind die Konidien und ihre Träger. Wurde früher die Einteilung ausschließlich nach Farbe, Septierung und Form der Konidien vorgenommen, legt man heute Wert auf die Konidienentstehung. Hierbei können zunächst 2 Grundtypen unterschieden werden, nämlich ob die Konidien aus schon bestehenden Hyphen durch Gliederung und Abgrenzung entstehen oder ob eine Zellsprossung zur Konidie führt. Erstere Konidien nennt man thallisch oder arthrisch, letztere blastisch. Weiterhin liegt ein Unterschied darin, ob die gesamte Zellwand der Konidienmutterzelle an der Konidienbildung beteiligt ist (Holo-Typ) oder nur die innere Wandschicht (Entero-Typ). Auch die Anordnung der Konidien an der Mutterzelle kann verschieden

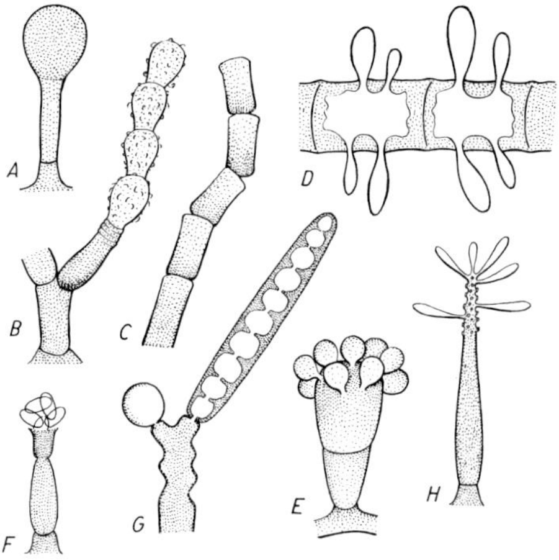

Ein Einteilungssystem der Unvollkommenen Pilze richtet sich nach der Konidienentstehung. 1 Aleuriosporae: A *Monodictys* spec. (juvenil), 2 Anellosporae: B *Scopulariopsis brevicaulis*, 3 Arthrosporae: C *Geotrichum candidum*, 4 Blastosporae: D *Candida* spec., 5 Botryoblastosporae: E *Cephaliophora tropica* (juvenil), 6 Phialosporae: F *Phialophora verrucosa*, 7 Porosporae: G *Drechslera* spec., 8 Sympodulosporae: H *Rhinocladiella strovirens*

sein. Entsteht an einer Stelle nur eine einzige Konidie, so ist diese solitär, entstehen dort mehrere Konidien in einer Kette hintereinander, sind sie catenulat. Wenn aber an mehreren Stellen Konidien traubig entstehen, spricht man von botryosen Konidien. Weitere Merkmale sind das Wachstumsverhalten der Konidienträger und die Abtrennung der Einzelkonidie vom Kettenverband. Mit diesen und weiteren Merkmalen lassen sich 10 Gruppen unterscheiden.

In der Gruppe Aleuriosporae entstehen die Konidien einzeln, seltener in kurzen Ketten als Anschwellungen an den Enden der Konidienmutterzellen. Seitlich und unter der Spitzenkonidie können sich nacheinander noch weitere Konidien bilden, so daß am oberen Ende des Trägers eine Konidientraube entsteht. Zur Gruppe Aleuriosporae gehört *Sporotrichum schenkii*. Dieser Pilz lebt normalerweise saprophytisch, er kann aber für den menschlichen Körper pathogen werden, wenn er in Wunden gelangt. Dort entwickelt er sich zu einer tiefen Mykose, die oftmals chronisch wird. *Trichophyton*-Arten verursachen Hautkrankheiten, wie Sportflechten u. a. Die Gattungen *Epicoccum, Humicola* und *Trichocladium* leben saprophytisch auf Pflanzenresten. *Clasterosporium*-Arten findet man häufig auf den Blättern höherer Pflanzen.

Bei der Gruppe Anellosporae entsteht die erste Konidie endständig an der Konidienmutterzelle. Jede neue Konidie entwickelt sich als eine Anschwellung von kurzen Durchwachsungen der Ringnarbe, die die erste Konidie zurückläßt, wenn sie abfällt. Die Trägerzelle erscheint dadurch am oberen Ende mehrfach geringelt. *Scopulariopsis brevicaulis* kann anorganische Arsenverbindungen in Trimethylarsen umwandeln, wodurch ein sehr eigenartiger Geruch entsteht. Mit Hilfe dieses Pilzes gelingt der Nachweis geringster Arsenspuren. *Doratomyces, Heterocephalum* und *Trichurus* sind einige weitere Gattungen, die zu der Gruppe Anellosporae gehören.

Das Myzel der Gruppe Arthrosporae zerfällt nach Ausbildung vieler Querwände in kurze Einzelzellen, die sich mehr oder weniger stark abrunden. Der Milchschimmel, *Geotrichum candidum*, ist häufig auf Milchprodukten und milchsäurehaltigen Lebensmitteln sowie auf Früchten als Schimmelbelag anzutreffen. *Geotrichum*-Arten können auch für den Menschen pathogen werden. *Trichosporon beigelli* verursacht eine Krankheit des Barthaares, die weiße Piedra genannt wird.

Kurze Konidienträger, die an der Basis wachsen und an der Spitze die Konidien einzeln oder in zur Basis fortschreitenden Ketten abgliedern, hat die Gruppe Meristemarthrosporae. Typischer Vertreter ist die Gattung *Trimmatostroma*.

Die Konidien der Gruppe Blastosporae entstehen durch Sprossung an einer Hyphe oder einem Konidienträger. Sie können zu Ketten miteinander verbunden bleiben; die jüngste Spore befindet sich dann am oberen Ende der Kette. *Bispora, Fusidium, Haplographium* und *Periconia* sind als Saprophyten und Schwächeparasiten an höheren Pflanzen zu finden. *Cladosporium cucumerinum* ist der Erreger der Gurkenkrätze.

Die Gruppe Botryoblastosporae ist durch

gut ausgebildete, an der Spitze angeschwollene Konidienträger gekennzeichnet. An der Schwellung entstehen durch Sprossung gleichzeitig nebeneinander zahlreiche Konidien oder kurze Konidienketten. Typischer Vertreter dieser Gruppe ist der Grauschimmel, *Botrytis cinerea*, der als Schwächeparasit absterbende oder geschwächte Pflanzen befällt. An Erdbeerfrüchten, die er schon während der Blütezeit infiziert, kann er großen Schaden verursachen. Weitere Gattungen dieser Gruppe sind *Botryosporium, Gonatobotrys* u. a.

Die Wachstumszone der Konidienträger liegt bei der Gruppe Meristemblastosporae an der Basis. Sie bilden ihre Konidien durch Sprossung an der Spitze und seitlich, oft in regelmäßigen Wirteln. Die Gattung *Spegazzinia* gehört hierher.

Gattungs- und artenreich ist die Gruppe Phialosporae. Ihre Konidien treten aus der Spitze flaschenförmiger Zellen von gleichbleibender Größe (Phialiden) aus. Sie werden endogen gebildet, was mitunter aber nur sehr schwer zu erkennen ist. Die Arten der Gattungen *Cylindrocarpon, Fusarium, Thielaviopsis* und *Verticillium* sind Parasiten höherer Pflanzen, bei denen sie oft Welkekrankheiten verursachen. *Trichoderma*-Arten sind starke Zellulosezersetzer, außerdem wirken sie im Erdboden antagonistisch auf verschiedene parasitische Pilze.

Nach der Schneeschmelze beobachtet man oft Sämlinge von Roggen und anderen Getreidearten, die vom Myzel des Schneeschimmels, *Fusarium nivale, Gerlachia nivalis*) überzogen sind und geschädigt werden.

Die Konidien der Gruppe Porosporae entstehen an dickwandigen Trägern auf porenförmigen Öffnungen in der Zellwand. Auch sie sind wie ihre Träger meist dickwandig und dunkel gefärbt. Wir finden unter ihnen viele Blattfleckenerreger höherer Pflanzen. Sie gehören zu den Gattungen *Alternaria, Bipolaris, Curvularia, Drechslera, Helminthosporium, Stemphylium* u. a.

Als letzte ist die Gruppe Sympodulosporae zu nennen, deren Konidienträger stets unterhalb einer endständigen Konidie auswachsen, die Konidie beiseite drängen, überwachsen und erneut eine Konidie bilden (sympodiale Verzweigung). Der Konidienträger ist dann nach einer gewissen Zeit von zahlreichen Narben gekennzeichnet, die ursprünglich endständig waren, aber von den nachfolgenden Konidien seitlich abgedrängt wurden. *Beauveria bassiana* ist ein Parasit von Insekten und deren Larven. Pflanzenparasiten sind Arten der Gattungen *Cercospora, Cercosporella* und *Fusicladium*. Als weitere Gattungen der Gruppe Sympodulosporae müssen *Beltrania, Dactylaria, Helicosporium, Isaria, Pyricularia* u. a. genannt werden.

Ähnlich wie nach der Konidiogenese Gruppe gebildet werden können, lassen sich die Fungi imperfecti auch nach Form und Farbe der reifen Konidien gruppieren. Für taxonomische Zwecke haben solche Gruppen heute geringen Wert. Ihr Wert liegt vielmehr in der Möglichkeit, einen Entwicklungsvorgang oder eine Form und Gestalt mit einem einzigen Ausdruck kurz und präzise zu umschreiben.

Amerosporae:	Sporen einzellig, rund bis eiförmig
Hyalosporae:	Sporen hyalin
Phaeosporae:	Sporen dunkel gefärbt
Didymosporae:	Sporen zweizellig
Hyalodidymae:	Sporen hyalin
Phaeodidymae:	Sporen dunkel gefärbt
Phragmosporae:	Sporen durch Querwände in 3 oder mehrere Zellen geteilt
Hyalophragmiae:	Sporen hyalin
Phaeophragmiae:	Sporen dunkel gefärbt

Drechslera graminea (Teleomorph *Pyrenophora graminea*) verursacht die Streifenkrankheit der Gerste.

Dictyosporae:	Sporen durch Quer- und Längswände mauerförmig geteilt
Hyalodictyae:	Sporen hyalin
Phaeodictyae:	Sporen dunkel gefärbt
Scolecosporae:	Sporen sehr lang, faden- oder wurmförmig, ein- bis vielzellig, hyalin oder dunkel gefärbt
Helicosporae:	Sporen zylindrisch und mehr oder weniger spiralig oder schraubig gedreht, ein- bis vielzellig, hyalin oder dunkel gefärbt
Staurosporae:	Sporen verzweigt oder kreuz- bis sternförmig, ein- bis vielzellig, hyalin oder dunkel gefärbt

Verwandtschaftlich gehört die überwiegende Mehrzahl der Deuteromyceten zu den Ascomyceten, einige sind Basidiomyceten und Endomyceten. Es fehlt aber noch immer eine Einteilung der Deuteromyceten, die allgemein akzeptiert wird. Keiner der Einteilungsversuche wird den praktischen Bedürfnissen gerecht. Weder die Einteilung nach Konidiengenese noch die Gruppierung nach Konidienbau und -farbe befriedigen. Es gibt zu viele Übergänge, die sich einer Zuordnung widersetzen. Auch entstehen bei vielen Arten die Konidienträger bei künstlicher Kultur einzeln am Myzel, während sie in der Natur Koremien oder Sporodochien bilden.

Wir wollen hier die 3 Formordnungen, Hyphomycetales, Coelomycetales und Blastomycetales unterscheiden.

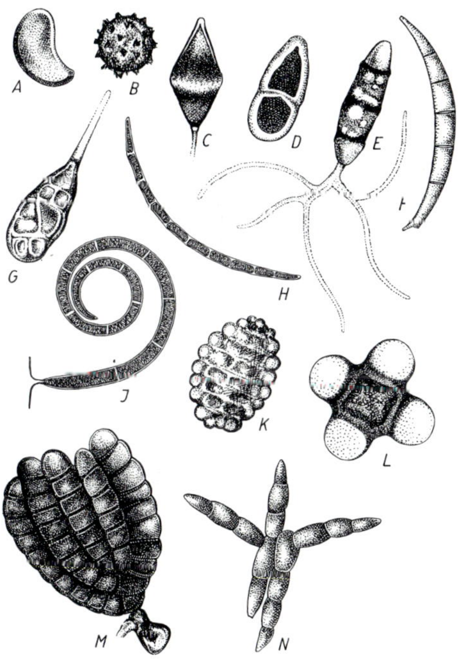

Die Unvollkommenen Pilze, Deuteromycetes, können auch nach der Konidienform und Zellenzahl der Konidien eingeteilt werden. 1 Amerosporen: A *Virgaria nigra*, B *Periconia macrospinosa*, C *Beltrania rhombica*, 2 Didymosporae: D *Trichothecium roseum*, 3 Phragmosporae: E *Truncatella* spec., F *Fusarium ossicolum*, 4 Dictyosporae: G *Alternaria porri*, 5 Scolecosporae: H *Abgliophragma setosum*, 6 Helicosporae: I *Helicosporium lumbricoides*, K *Helicoon sessile*, 7 Staurosporae: L *Stephanoma strigosum*, M *Dictyosporium toruloides*, N *Tripospermum myrti*

Wie Korallen wachsen die zu langen Koremien gebündelten Konidienträger von *Paecilomyces farinosus*.

Formordnung Hyphenpilzartige, Hyphomycetales

Mit über 10 000 Arten sind die Hyphomycetalen, früher auch Moniliales genannt, die größte Ordnung der Deuteromyceten. Zu ihnen zählen die meisten pilzlichen Krankheitserreger des Menschen, viele industriell genutzte Pilze, Schädlinge auf Nahrungsmitteln sowie Schimmelbeläge auf sich zersetzendem Material, ebenso auch Pflanzenparasiten und Boden- bzw. Dungbewohner. Die Hyphomycetalen werden in 3 Formfamilien eingeteilt. Als Kriterium zieht man die Farbe des Myzels und der Konidien sowie die Anordnung der Konidienträger heran.

Die Formfamilie Moniliaceae hat ausschließlich hyalines oder hellgefärbtes Myzel, Konidienträger und Konidien. Ihre Konidienträger stehen stets frei auf dem Myzel.

Von den Moniliaceen unterscheidet sich die Formfamilie Dematiaceae nur durch die dunkle Färbung des Myzels und der Konidienträger. Die Konidien selbst können farblos oder auch dunkel gefärbt sein.

Die Arten der Formfamilie Stilbellaceae haben ihre langen Konidienträger zu Koremien vereinigt. Die Färbung des Myzels ist kein besonderes Unterscheidungsmerkmal.

Formordnung Hohlpilzartige, Coelomycetales

In der Formordnung Coelomycetales werden alle diejenigen Deuteromyceten zusammengefaßt, deren Fruktifikationen Fruchtlager bzw. Fruchtkörper sind, also alle diejenigen Pilze, die früher die Ordnungen Melanconiales und Sphaeropsidales bildeten. Die Formfamilie Melanconiaceae mit etwa 100 Gattungen beinhaltet Arten, deren Konidienträger in Acervuli vereinigt sind. Die meisten von ihnen stellen Erreger von Pflanzenkrankheiten dar, deren typische Symptome als Brennflecke oder Anthraknose bekannt sind.

Colletotrichum lindemuthianum erregt die Brennfleckenkrankheit der Bohnen; *Marsso-*

nina panattoniana kann Treibsalat schädigen; *Cornyneum beijerinckii* tötet Zweige und Knospen und schädigt die Früchte vom Pfirsich. Fadenförmige Anhängsel an ihren Konidien haben die Gattungen *Monochaetia, Pestalotia, Hyaloceras* und *Diploceras*.

Arten, deren Konidienträger in Sporodochien zusammenstehen, werden zu der Formfamilie Tuberculariaceae gerechnet. Auch bei ihnen bleibt die Färbung des Myzels unberücksichtigt.

Innerhalb dieser Familie werden die Gattungen ganz schematisch nach der Konidienform, der Zellenzahl der Konidien sowie der Konidienfarbe in Gruppen eingeteilt. Bekannte Gattungen der Familie sind *Epicoccum, Exosporium, Spegazzinia, Strumella, Tubercularia* und *Volutella*.

Bei den nun zu besprechenden Coelomyceten werden die Konidien im Innern von Pyknidien gebildet. Die meisten von ihnen leben saprophytisch, aber einige sehr artenreiche Gattungen, wie *Ascochyta, Phoma, Phyllosticta* und *Septoria*, sind Parasiten und verursachen Pflanzenkrankheiten, andere, wie *Aschersonia*, befallen Insekten.

Nach dem Bau der Pyknidien lassen sich 4 Formfamilien unterscheiden. Die Sphaeropsidaceen haben rundliche, dunkelgefärbte, knorpelig bis kohlig harte Pyknidien, oftmals mit einer runden Mündung. Sie ent-

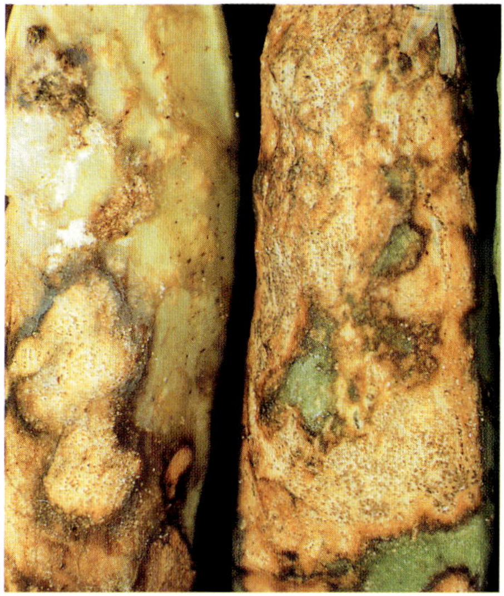

Die Brennfleckenkrankheit der Erbsen wird durch *Ascochyta pisi* hervorgerufen.

Mit dem dunkelgrünen Laub der Orangenbäume kontrastieren die roten Stromata von *Aschersonia aleyrodis*, die auf Schildläusen parasitiert. *Aschersonia*-Arten werden auch in der biologischen Schädlingsbekämpfung eingesetzt.

Die Krötenhautkrankheit der Rinde von Apfelbäumen wird von *Cytospora*-Arten hervorgerufen, diese sind die Anamorphen von *Valsa*-Arten.

Histologisches Bild einer ausgedehnten Darmmykose. Man sieht das infiltrierende Wachstum des Pseudomyzels von *Candida albicans* bis in tiefe Gewebsschichten der Darmwand (PAS-Hämalaun-Färbung).

stehen entweder frei auf dem Myzel oder in Stromata. Den bereits genannten Pflanzenparasiten und ebenfalls pflanzenpathogenen Gattungen, wie *Dendrophoma, Macrophoma, Plenodomus* und *Pyrenochaeta*, fehlt ein Stroma. Stromatisiert sind *Ceuthospora, Cytospora, Phomopsis* u. a.

Hellgefärbte Pyknidien und auch hellgefärbte Stromata von wachs-, fleisch- oder lederartiger Konsistenz zeichnen die Vertreter der Formfamilie Zythiaceae aus. *Zythia fragariae* erregt eine Blattfleckenkrankheit der Erdbeere. Schildläuse werden von den Stromata der *Aschersonia*-Arten überzogen und abgetötet. Diese Pilze setzt man in klimatisch günstigen Gebieten zur biologischen Schädlingsbekämpfung ein.

Gut entwickelte obere Partien, aber fehlende oder nur schwach ausgebildete basale Teile haben die Pyknidien der blattbewohnenden, parasitischen oder saprophytischen Vertreter der Formfamilie Leptostromataceae. Bekanntere Gattungen sind *Discosia, Entomosporium, Leptostroma, Leptothyrium, Melasmia* und *Trichopeltulum*.

Eine gewisse Ähnlichkeit mit Apothecien haben die sich sehr früh weit öffnenden Pyknidien der Formfamilie Excipulaceae. Sie sind zäh oder hart und dunkel gefärbt. Die Excipulaceen leben hauptsächlich saprophytisch oder als Schwächeparasiten auf Zweigen und Stengeln, seltener auf Blättern. *Discella, Dothichiza, Excipula* und *Sporonema* sollen hier als Beispiele genannt werden.

Formordnung Sproßpilzartige, Blastomycetales

Schließlich werden auch imperfekte Hefen (anascospore Hefen), also hefeähnliche Pilze, die sich nur asexuell entwickeln, zu den Deuteromyceten gestellt. Sie bilden die Formordnung Blastomycetales. Abgesehen von den fehlenden Teleomorphen, gleichen diese Arten den Endomyceten, den Ustomyceten oder den Basidiomyceten. Für verwandtschaftliche Beziehungen einiger dieser Arten zu Endomyceten oder Basidiomyceten gibt es biochemische Indizien. Als zur Formordnung Blastomycetales gehörende Gattungen werden u. a. *Candida, Sporobolomyces, Rhodotorula, Apiotrichum, Cryptococcus* und *Trichosporon* angesehen.

Am Ende unserer Darstellung der Pilze soll noch erwähnt werden, daß man mitunter auf gewissen Substraten, z. B. Erdboden oder kranken Pflanzen, Pilzhyphen und Myzelien finden kann, die durch morphologische Merkmale hinreichend charakterisiert sind, so daß man sie jederzeit wiedererkennen kann, die jedoch weder eine Haupt- noch eine Nebenfruchtform bilden.

Sogar in künstlicher Kultur oder durch besondere Behandlungen, z. B. nach UV-Bestrahlung und Temperaturschocks o. ä., sind derartige Myzelien nicht zu bewegen, einen Ana- oder Teleomorph zu entwickeln.

Auch solche Organismen tragen einen Gattungs- und Artnamen und werden als Sterile Myzelien, *Mycelia sterilia*, gewöhnlich bei den Deuteromyceten mit aufgeführt, ohne aber ein besonderes Taxon zu bilden oder einer Formfamilie angeschlossen zu werden. Die bekanntesten sterilen Gattungen sind *Rhizoctonia, Sclerotium, Papulospora, Ozonium* u. a.

Die Flechten (Lichenisierte Pilze)

Flechten, eine Symbiose von Pilzen und Algen

Von den Kältewüsten der arktischen und antarktischen Gebiete bis zu den feuchtheißen, immergrünen Regenwäldern der äquatorialen Zonen sind oft auf extremen Standorten pflanzliche Organismen anzutreffen, deren Vegetationskörper durch eine Symbiose, eine Lebensgemeinschaft nicht miteinander verwandter Pflanzen, gebildet werden. Ein Schnitt durch den Thallus, das Lager eines solchen Organismus, den wir als Flechte bezeichnen, läßt deutlich gefärbte und farblose Zellen erkennen. Die Assimilationsfarbstoffe tragenden Zellen (Photo- bzw. Phycobiont) sind meist Grün- oder Blaualgen (Chlorophyta bzw. Cyanophyt), seltener Goldalgen (Xanthophyta) oder Braunalgen (Phaeophyta). Die farblosen, meist fädigen Zellen (Mycobiont) werden von verschiedenen Pilzen, Schlauchpilzen (Ascomycetes) oder Ständerpilzen (Basidiomycetes), gebildet.

In der Regel leben in der Flechte Algen und Pilze innig zusammen, indem die Pilzphyphen die Algen umspinnen und von diesen die organischen Nährstoffe erhalten, z.T. dringen sie mit Saughyphen direkt in die Algenzelle ein. Ob die Algenzellen ihrerseits von den Pilzhyphen Wasser und anorganische Salze erhalten, ist noch nicht sicher geklärt, aber in vielen Fällen anzunehmen. Durch eine solche mutualistische Symbiose werden sowohl die Algen als auch die Pilze in die Lage versetzt, auf Standorten zu gedeihen, die sie allein nicht hätten besiedeln können. So ist es den Pilzen möglich, auf anorganischem Substrat zu wachsen, und die Algen vermögen auch an trockenen Standorten ihr Fortkommen zu finden.

Neben dieser mutualistischen Symbiose gibt es jedoch auch bei den Flechten antagonistische Symbiose oder Parasitismus, wobei die Pilze auf den Algen parasitieren. Das Überdauern der Algen im Flechtenkörper wird dadurch möglich, daß sie sich schneller vermehren, als sie von den Pilzen abgetötet werden. Für einige *Collema*-Flechten ist nachgewiesen, daß die Pilzhyphen periodisch bestimmte Teile der Algenkolonien zerstören, während sie mit den verbleibenden Restalgen mutualistisch zusammenbleiben. Man nimmt an, daß die Pilze auf den abgestorbenen Algen saprophytieren, entsprechend ihrem sonstigen, meist saprophytischen Verhalten (Endosaprophytismus).

Bei einigen Flechtensippen sind im Thallus luftstickstoffbildende *Azotobacter*-Bakterien festgestellt worden. Es konnte aber noch nicht nachgewiesen werden, daß der durch *Azotobacter* gebundene Luftstickstoff für die Symbiose ausgenutzt wird, also eine Polysymbiose besteht.

Wiederholt wurde beobachtet, daß auskeimende Flechtenpilzsporen in den Thallus fremder Flechten eindringen. Dort führen sie eine parasitäre Lebensweise. Die befallene Flechte stirbt entweder völlig ab (z. B. Befall von *Cladonia turgida* durch *Diploschistes-scruposus*-Flechtenpilze), oder es geht nur

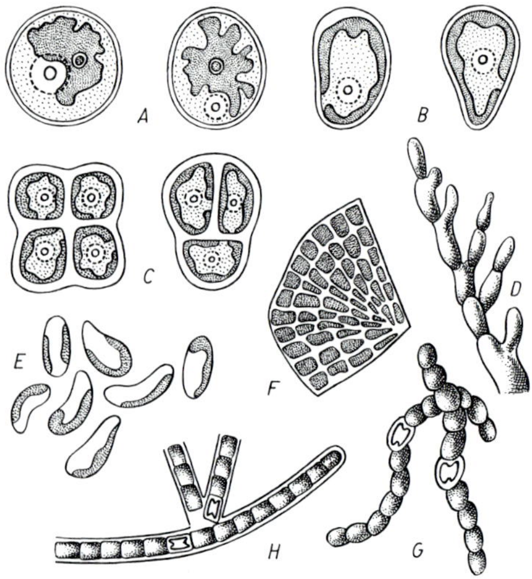

Häufige Algentypen in Flechten. A *Trebouxia*, B *Myrmecia*, C *Pleurococcus*, D *Trentepohlia*, E *Coccomyxa*, F *Phycopeltis*, G *Nostoc*, H *Scytonema* (nach Ahmadjian)

der Pilz der befallenen Flechte zugrunde; die Algen werden von dem parasitären Flechtenpilz übernommen (Befall von *Shyridium byssoides* durch den Flechtenpilz von *Arthroraphis flavovirescens*). Schließlich gibt es Fälle, in denen durch den eindringenden Flechtenpilz nur die Thallusgonidien umsponnen werden, ohne daß eine Schädigung der befallenen Flechte eintritt. Diese Erscheinungen werden als Parasymbiosen bezeichnet.

Interzelluläre Haustorien bei *Cladonia cristatella*. aw Außenwand der Algenzelle, n Nukleus der Pilzhyphe

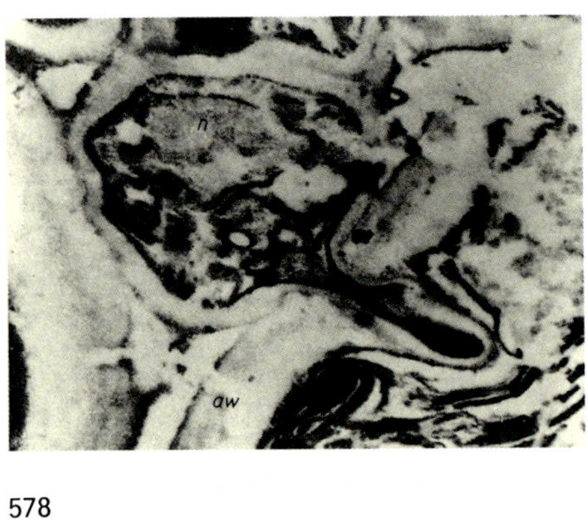

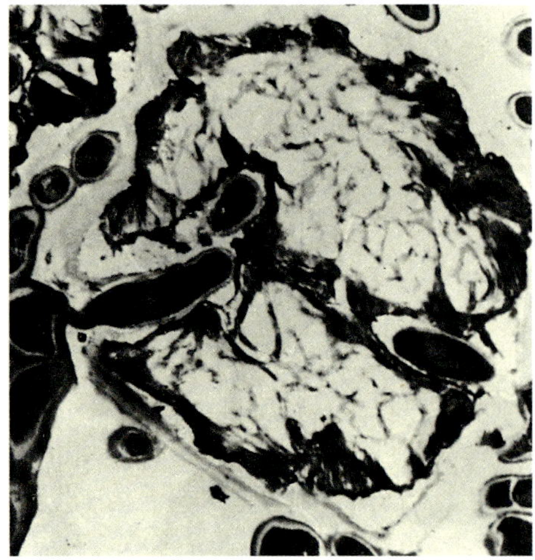

Intrazelluläre Haustorien bei *Maronella laricina*

Bewundernswert ist vor allem, daß es durch die Symbiose von Algen und Pilzen zu einem neuen pflanzlichen Organismus kam, der so viele neue morphologische, physiologische, ökologische und biochemische Eigenschaften besitzt, daß eine qualitativ neue Einheit entsteht. Die Flechten sind mehr als die Summe ihrer Teile, Algen und Pilze. Nachdem aber nachgewiesen ist, daß Flechtensäuren auch vom Flechtenpilz in Reinkultur ohne Anwesenheit von Algen gebildet werden können, gleiche oder ähnliche Stoffe auch von nicht lichenisierten Pilzen synthetisiert werden und die Flechtenpilze in Kulturen ohne Anwesenheit der Algenpartner fruktifizieren und lange Zeit saprophytisch zu leben vermögen, gibt es kaum einen triftigen Grund, sie anders zu systematisieren als die nicht lichenisierten Pilze. Durch die Lichenisierung ist es jedoch zu eigenen Entwicklungsreihen gekommen, die taxonomische Eigenständigkeit besitzen. Wenn die Flechten im Urania-Pflanzenreich trotzdem als eine eigene Einheit erscheinen, so deshalb, weil sie als eine eigene biologische Gruppe dargestellt werden sollten, nicht, um sie als eine eigene taxonomische Abteilung zu bewerten.

Phylogenetisch sind die Flechten keine Einheit. Sie gingen aus verschiedenen Ordnungen der Pilze hervor. Meist handelt es sich bei ihnen um alte Organismengruppen, weniger um jüngere Entwicklungen. Sicher ist, daß sich diese polyphyletisch entstandenen Reihen oft konvergent entwickeln und auf der Basis der Lichenisierung eine reiche Formenentfaltung stattfand.

Anatomie und Morphologie des Flechtenthallus

Die Entwicklung des vegetativen Flechtenkörpers beginnt mit dem Ergreifen der Alge durch den Flechtenpilz. Die Art und Weise der Verbindung zwischen Alge und Pilz ist bei den einzelnen Flechten sehr konstant, wobei in der Regel der Pilz den formbestimmenden Partner darstellt. Wenn 2 Algenarten in einer Flechte (Drei-Partner-Symbiose) vorhanden sind, ist der Verbindungsmodus des Flechtenpilzes entscheidend. In den letzten Jahren gelang es sowohl die Flechtenpartner einzeln zu kultivieren als auch Flechten *(Cladonia cristatella)* aus ihren Partnern zu synthetisieren (Ahmadjian).

Cladonia cristatella. A vollständige Pflanze, B Pilzsymbiont in Kultur, C Algensymbiont in Kultur (nach Ahmadjian)

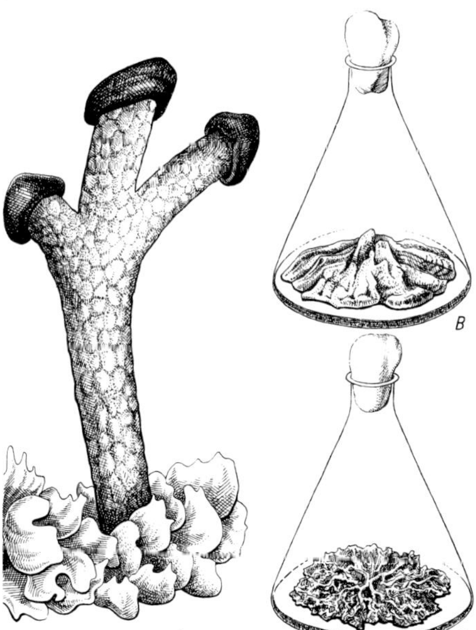

Flechten mit wenig ausgebildetem Thallus besitzen meist intrazelluläre Haustorien (z. B. *Maronella laricina*). Das Haustorium durchbricht hier die Zellwand der Alge, die dann kragenförmig an der Basis des Haustoriums zurückbleibt. In vielen Fällen scheinen die Algenzellen dabei zerstört zu werden, in einigen wird aber auch nur eine Teilung angeregt, und erst später werden die Tochterzellen befallen. Flechten mit einem gut ausgebildeten Lager besitzen interzelluläre Haustorien (z. B. *Cladonia cristatella*). Sie bewirken eine Einstülpung der Algenzellwand, ohne daß diese zerstört wird. Schließlich gibt es einige Flechten (z. B. *Peltigera aphtosa*), deren Flechtenpilze keine Haustorien entwikkeln. Die dünnen Zellwände beider Symbionten hier bei nur engem Kontakt einen Stoffaustausch zu ermöglichen. Interessant ist, daß Flechten existieren, die einen jahreszeitlichen Wechsel in ihrer Haustorienbildung zeigen. So besitzen *Collema*-Arten während des größten Teiles des Jahres nur eine lose Verbindung zwischen den Symbionten. Im Herbst dringt jedoch der Flechtenpilz mit intrazellulären Haustorien in die Algenzellen ein und zerstört eine Anzahl von ihnen.

Sind am Aufbau des Flechtenthallus Algen und Pilze gleichmäßig beteiligt und läßt sich keine Schichtung erkennen, so spricht man von einem homoiomeren Thallus. Heteromer ist dagegen der Thallus, dessen Algensymbionten auf eine bestimmte Zone beschränkt sind und der dadurch geschichtet erscheint, wie dies auf Seite 580 rechts, Figur 1–4, zu sehen ist. Zwischen beiden Typen gibt es jedoch alle Übergänge, so daß dieser Einteilung kein größerer klassifizierender Wert zukommt. Bei einem typischen heteromeren Thallus lassen sich eine meist dünne Rindenschicht, eine die Algensymbionten enthaltende Gonidienschicht und eine lokkere, innere Markschicht unterscheiden.

In den Rindenschichten, die sich auf der Ober- und gelegentlich auch Unterseite der Flechtenlager entwickeln, sind die Hyphen meist eng miteinander verflochten und be-

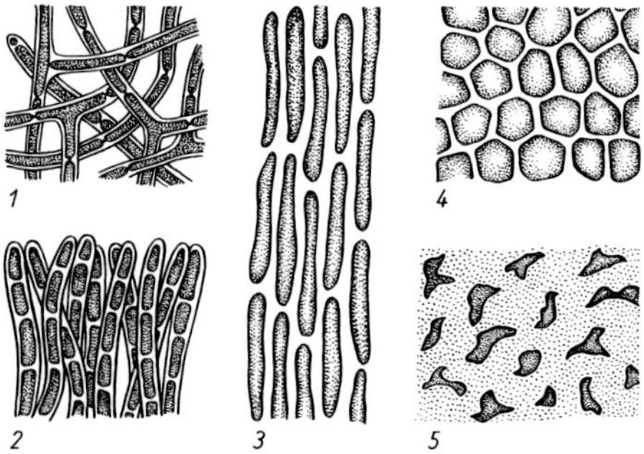

Haupttypen des Plektenchyms bei Flechten. Euthyplektenchyme: 1 spinnwebartig, 2 pallisadenartig, Plektenchyme aus fest miteinander verbundenen Hyphen; 3 faserig, 4 paraplektenchymatisch, 5 prosoplektenchymatisch (nach Lambinon)

stehen aus kurzen, isodiametrischen Zellen, so daß im Querschnitt das Bild eines parenchymatischen Gewebes entsteht. Die Hyphen der Rindenschicht können dabei gestreckt zylindrisch sein und senkrecht zur Thallusoberfläche verlaufen *(Endocarpon, Rocella)*, in anderen Fällen sind sie langgliedriger und streichen parallel zur Oberfläche *(Alectoria, Usnea, Anaptychia)*, sich teilweise durch sehr dicke Wände und enge Zellumina auszeichnend. Schließlich kann aber auch wie bei *Rocella* das Rindengewebe aus sehr lockeren, büschelig verzweigten Hyphen bestehen oder wie bei einigen *Cladonia*-Arten, z. B. *Cladonia rangiferina*, völlig fehlen.

Durch Wucherungen der Rindenhyphen, in die z. T. auch Algensymbionten eindringen, entstehen stift-, warzen- oder korallenförmige Erhebungen. Diese als Isidien bezeichneten Gewebewucherungen bilden sich sowohl an unverletzten Thallusstellen als auch durch Wundreiz an Bruchstellen (z. B. bei *Peltigera praetextata*). Bei üppiger Ausbildung der Isidien erscheint gelegentlich die Thallusoberseite samtartig oder korallinisch verformt. Durch das Hinauswachsen einzelner Hyphenäste über die Rindenoberfläche kommt es bei einigen Flechten *(Parmelia, Physconia)* zu einer »Behaarung« des Thallus.

Durch Wachstumsdifferenzen zwischen Rinden- und Markgewebe entstehen in der Rinde der Thallusunterseite mancher Flechten *(Sticta)* regelmäßig geformte, wie mit einem Locheisen ausgestanzte Unterbre-

Anatomische Strukturen einiger Flechten (schematisiert). Homoisomerer Thallus: 1 *Collema*, 2 Leptogium tremelloides (Übergang zum heteromeren Thallus durch eine doppelte paraplektenchymatische Rinde), heteromerer Thallus: 3 Krustentyp mit Hypothallus, 4 Laubflechtentyp von *Parmelia*, meist radiäre Strauchflechtentypen: 5 *Alectoria*, 6 *Usnea*, 7 *Ramalina*, 8 *Cladonia*, 9 *Cladonia*, 10 Übergangstyp vom Laubflechtentyp zum Strauchflechtentyp bei *Evernia prunastri* (nach Lambinon)

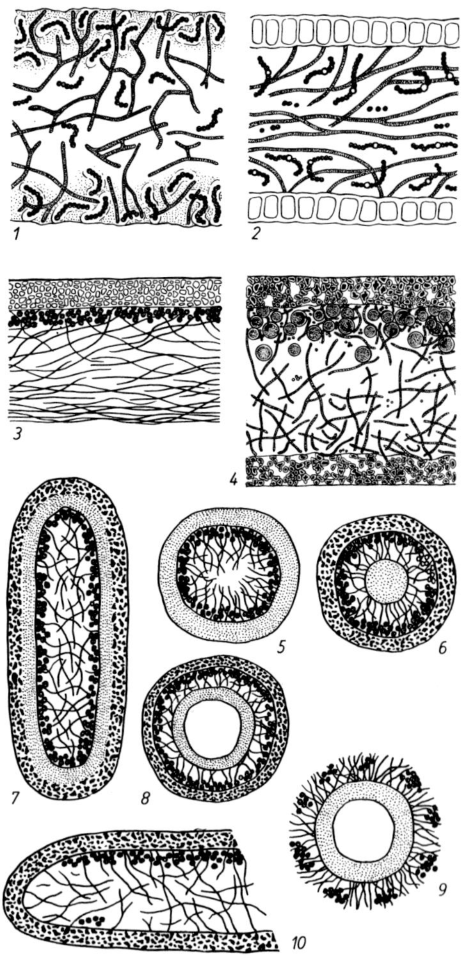

chungen oder Auflockerungen des Rindengewebes. Bei ihnen tritt häufig das weiße, bloßgelegte Mark zutage. Sie werden als Cyphellen bezeichnet und dienen dem Gasaustausch. Unregelmäßig geformte Rindenunterbrechungen, Pseudocyphellen genannt, besitzen die gleiche Funktion und sind häufiger zu finden *(Cetraria, Alectoria, Parmelia)*.

Bei Flechten mit einem beständigen, von innen nach außen fortschreitenden Dickenwachstum erfolgt ein allmähliches Absterben der äußeren Rindenschichten. Durch reiche Verzweigung der Hyphen in der oberen Gonidienschicht, wobei sie immer kurzgliedriger werden, ist die Regeneration des Rindenparaplectenchyms gewährleistet. Die zwischen den Hyphen liegenden Algensymbionten sterben dabei ab. Die Rinde solcher Flechten ist deshalb bei älteren Exemplaren immer mit absterbenden oder toten Algenzellen durchsetzt. Die oberste, aus toten Hyphen- und Algenzellen bestehende Schicht, die Epinekralschicht, kann, soweit sie nicht abgestoßen wird, als Wasserspeicher dienen. Das erklärt auch ihr gehäuftes Vorkommen bei Flechten in Trockengebieten.

Die Markschicht besteht in der Regel aus locker miteinander verflochtenen, langgliedrigen Pilzhyphen, die bei radiären Thallusformen axiale Höhlungen ausbilden. Nur selten kommt es im Bereich der Markschicht zu einer pseudoparenchymatischen Struktur *(Endocarpon, Dermatocarpon)*. Gelegentlich *(Letharia vulpina)* wird das lockere Mark von festeren, dichteren Hyphensträngen durchzogen. Bei *Usnea*-Arten ist innerhalb der lokkeren Markschicht ein einziger solcher fester Hyphenstrang vorhanden.

Die Gonidienschicht ist bei den verschiedenen Flechtensippen unterschiedlich dick. Sie muß keine zusammenhängende Schicht darstellen, sondern kann wie bei *Staurothele guestphalica* auch in einzelne Nester aufgelöst sein, die durch markähnliches Hyphengewebe weit getrennt sind. Bei einem typischen heteromeren, dorsiventralen Thallus ist die Gonidienschicht auf der dem Licht zugekehrten Seite entwickelt. Bei radiären, ringsum berindeten Flechten bildet auch sie einen geschlossenen Zylindermantel, der oft an der dem Licht zugekehrten Seite etwas stärker ausgeprägt sein kann.

Durch das Eindringen thallusfremder Algensippen in einen Flechtenkörper entstehen Wucherungen, die, verschieden gestaltet, sich sowohl im Innern als auch auf der Ober- und Unterseite des Thallus auszubilden vermögen. In den meisten Fällen sind sie keulen-, warzen- oder strauchförmig und nehmen eine artspezifische Lage ein *(Lobaria, Nephroma, Solorina, Stereocaulon)*. Diese als Cephalodien bezeichneten Wucherungen stehen zwar mit dem übrigen Thallus in engem Kontakt, sind aber meist von einer eigenen Rinde umgeben. Sie besitzen fast immer stickstoffassimilierende Blaualgen. Ihr ausschließliches Vorkommen bei nicht nitrophilen Flechten läßt wahrscheinlich werden, daß diese Stickstoffassimilation der Gesamtflechte zugute kommt.

Obwohl der vegetative Flechtenkörper eine große Mannigfaltigkeit seiner Erscheinungsformen aufweist, ist doch für die einzelne Art eine beachtliche Konstanz der äußeren Gestalt zu verzeichnen. Standorteinflüsse können zwar modifizierend wirken und verschiedene, meist als Varietäten oder Formen beschriebene Standortmodifikationen hervorrufen, kaum jedoch die Wuchsform in ihrem Typus ändern. Der äußeren Gestalt nach läßt sich eine Reihe verschiede-

Cladonia chlorophaea ist eine weitverbreitete Strauchflechte mit trompetenförmigen Podetien, die am Rand braune Apothecien tragen.

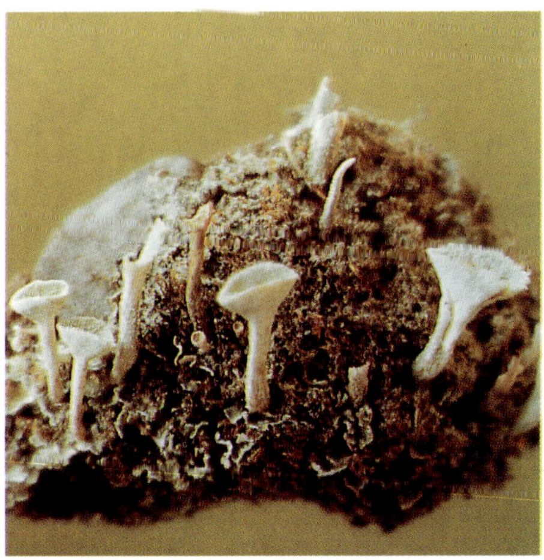

Cladonia coccifera s. l. hat rote Apothecien auf den Podetien und kommt häufig auf degradierten Rohhumusstandorten vor.

Lentaria mucida, eine Basidiolichene, an einem liegenden Stamm im oberen Böhmer Wald (ČSFR)

ner Wuchsformen unterscheiden, denen früher in der Flechtensystematik große Bedeutung beigemessen wurde. Da jedoch heute selbst die Arten einer Gattung gelegentlich verschiedenen Wuchsformen zugeordnet werden müssen, kommt der äußeren Gestaltung des Flechtenkörpers in der modernen Taxonomie der Flechten nur noch eine untergeordnete Rolle zu.

Strauchflechten sitzen dem Substrat nur mit schmaler Basis auf und sind meist strauchartig verästelt, seltener von einfacher Gestalt. Im engeren Sinn werden darunter die negativ geotrop wachsenden Formen verstanden *(Cetraria islandica, Cornicularia)*.

Bei den Gattungen *Cladonia* und *Stereocaulon* entwickelt sich auf einem laubartigen

Flechtengesellschaft mit *Cladonia coccifera, Cornicularia aculeata, Cladonia furcata, C. uncialis* und *C. rangiferina* auf einem flachgründigen Rohhumusstandort

Peltigera canina ist eine auf humosem Waldboden weitverbreitete Laubflechte, die durch die Blaualgensymbionten im feuchten Zustand blaugrau aussieht.

Wuchstypen heimischer *Cladonia*-Arten. A Pyxidatatyp, B Fimbriatatyp, C Cornutatyp, C Rangiferinatyp, E Verticillatatyp, F Squamosatyp, G Digitatatyp

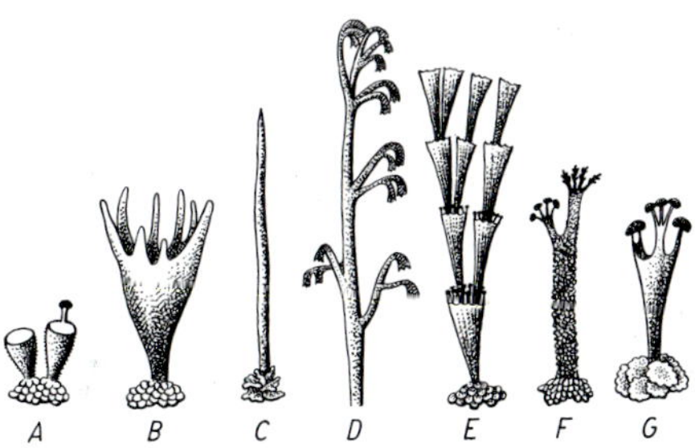

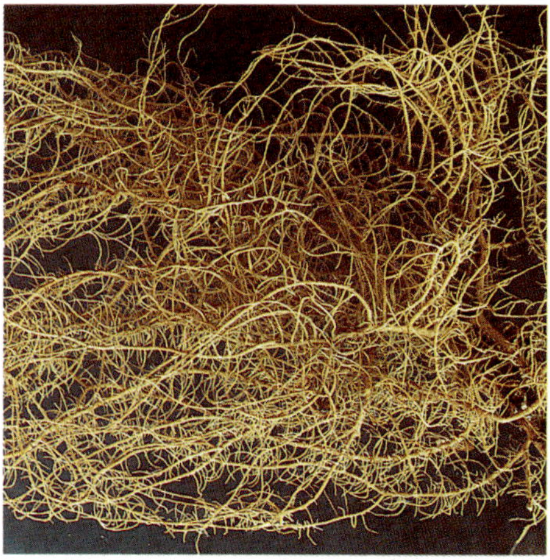

Die Bartflechte *Usnea dasypoga* wächst an Zweigen in luftfeuchten, niederschlagsreichen Landschaften.

Eine Bartflechte, *Usnea* spec., mit Apothecien

Die giftige Bandflechte, *Letharia vulpina*, kommt an Zweigen in niederschlagsreichen Gebieten vor.

Thallus meist geringer Größe, der im Alter oftmals abstirbt, ein trompeten-, becher- oder strauchartiger, negativ geotrop wach-

Krustenflechten auf einer Erzschlacke: *Acarospora smaragdula* var. *lesdainii* f. *subochracea* (rostrot), *Lecanora epanora* (grünlichgelb), *Lecidea macro carpa* (grau mit schwarzen Apothecien)

Xanthoria parietina ist eine gelbe Krustenflechte mit orangefarbenen Apothecien, die auf Borke an nitratbeeinflußten Standorten wächst.

sender Flechtenkörper, das Podetium. Es enthält gleichfalls Algen wie der übrige Thallus, ist solid oder hohl und kann selbst wiederum plagiotrop wachsende Schuppen bilden. Meist trägt es die Fruchtkörper des Pilzpartners.

Lageräste der Haarflechte *Coenogonium confervoides* (nach Follmann)

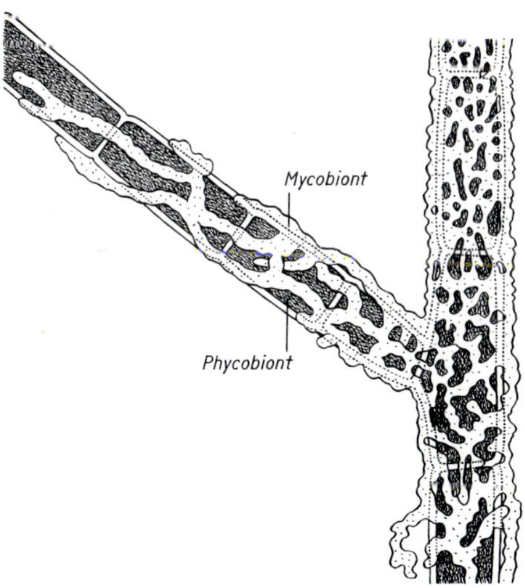

Laubflechten besitzen einen blattähnlichen, sich fächerförmig ausbreitenden Thallus, der am Rand meist gelappt oder kraus ist. Auf der Unterlage ist er in der Regel nur locker durch einzelne Haftorgane befestigt und daher leicht ohne größere Verletzung abzulösen *(Parmelia, Pelitgera)*. Eine besondere Form der Laubflechten bilden die Nabelflechten, deren Lager einzig durch einen Haftorganstrang, den Nabel, mit dem Substrat verbunden ist *(Lasallia, Umbilicaria)*.

Bartflechten, gelegentlich den Strauchflechten im weiteren Sinn zugeordnet, sind hängende oder abstehende, sehr reich in fädige, gewöhnlich radiäre Abschnitte verzweigte Flechten. Sie hängen oft bartartig von den Zweigen der Bäume in Landschaften mit luftfeuchtem Klima herab *(Usnea, Alectoria)*.

Eine außerordentlich zarte Gestalt haben die Fadenflechten. Ihr Lager besteht aus Fäden, die von einem zentralen Algenfaden gebildet werden, der von einer lockeren oder geschlossenen Hyphenhülle umgeben ist *(Racodium, Cystocoleus)*.

Krustenflechten schließlich sind mit ihrem

krustigen Lager dem Substrat mit der ganzen Unterseite angeheftet oder sogar in ihm eingesenkt *(Acarospora, Lecanora, Lecidea, Verrucaria, Xanthoria, Baeomyces).*

Bei Übergang der Krustenflechten zu den Blattflechten treten lang gestreckte, schmale oder schuppig verbreiterte Loben an die Stelle der Thallusareolen (placoide Krusten, *Placodium*). Verwächst der Rand der Einzelschuppen nicht mehr mit dem Substrat, spricht man von squamulösen Krusten *(Squamaria).* Eine Weiterentwicklung der squamulösen Krusten stellen die peltaten Krusten dar, bei denen die zu einem Schild vereinigten Einzelschuppen in der Mitte der Unterseite mit einer Haftscheibe am Substrat befestigt sind *(Peltulla).* Bei Krustenflechten mit aufgerichteten Loben handelt es sich schließlich um Übergänge zu den Strauchflechten (pulvinate Krusten, *Coninia*).

Gallertflechten können im Wuchs den Krusten-, den Laub- oder Strauchflechten ähneln, sie sind jedoch von ihnen durch das gallertige Aufquellen beim Anfeuchten unterschieden. Beim Trocknen schrumpfen sie meist zu einer dünnen Haut zusammen. Als Algensymbionten treten bei ihnen verschiedene Blaualgen auf *(Collema, Mallotium).*

Die Gestalt der Flechten wird überwiegend vom Pilz bestimmt, vor allem bei heteromeren Thalli. Hier besteht der beim Wachstum vorwärtsweisende Rand aus Hyphenenden, die für die gestaltliche Entwicklung des Lagers maßgebend sind. Dieser voranwachsende Prothallus ist oft anders gefärbt als das eigentliche Lager und enthält noch keine Algensymbionten. Sie folgen erst später durch vegetative Vermehrung und die Tätigkeit von Schiebehyphen nach.

Lobaria pulmonaria an einem Buchenstamm mit *Ischnoderma resinosum*, einer Flechte luftfeuchter Standorte

Baeomyces roseus, eine unserer schönsten Krustenflechten

Derselbe Pilzpartner kann jedoch unterschiedliche Wuchsformen entwickeln, je nachdem, mit welchem Algenpartner er zusammentrifft.

Bei homoiomeren Thalli, insbesondere bei Gallert- und Fadenflechten, deren Algensymbionten zu den fädigen Algen gehören, ist die Alge für die Wuchsform des Flechtenkörpers bestimmend. Der Pilzsymbiont folgt dem Wachstum der Alge, ohne entscheidenden Einfluß auf die Formgestaltung zu nehmen.

Algentransport durch Schiebehyphen im Lager von *Pertusaria hemisphaerica* (nach Follmann)

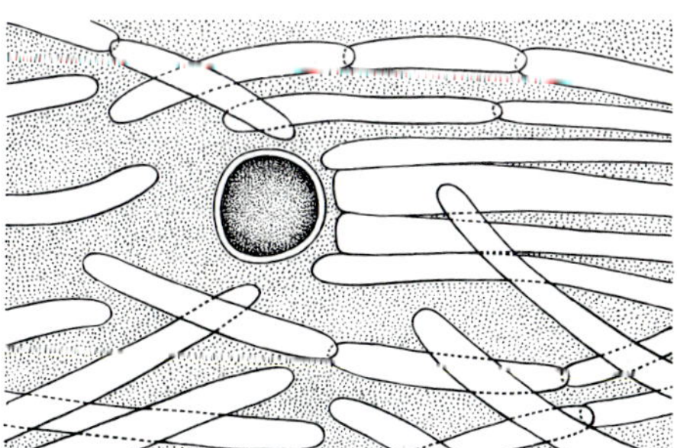

Gestaltbildend können auch Gewebespannungen wirken, die sowohl auf Wachstumsvorgänge als auch auf Austrocknungsvorgänge zurückgehen. Die bei zahlreichen Flechten zu beobachtende Areolierung ihres Thallus ist vielleicht als Anpassung an diese Spannungsverhältnisse zu sehen. Sie entsteht durch die Entwicklung des Thallus aus kleineren Warzen, die, schließlich zusammengewachsen, mehr oder weniger tiefe Spalten zwischen sich frei lassen, oder durch verschieden starkes Dickenwachstum.

Neben dem geschilderten Rand- und Dickenwachstum tritt bei den Flechten auch noch interkalares Wachstum auf. Auf dieses sind die Adern auf der Unterseite der *Peltigera*-Arten zurückzuführen.

Flechten wachsen meist sehr langsam. So sind Krustenflechten untersucht worden, die innerhalb von 20 Jahren noch keinen meßbaren Zuwachs oder nur sehr geringe jährliche Größenzunahme (1 mm) zeigten. Es handelt sich um meist arktisch-alpin verbreitete Krustenflechten, die Jahrzehnte bis zu ihrer Fruchtreife benötigen. Dafür besitzen diese Flechten, wie von einigen Arten der Gattungen *Rhizocarpon* und *Lecidea* angenommen wird, ein hohes (1000–4500 Jahre) Alter. Andere Sippen, wie *Peltigera, Cetraria* und *Umbilicaria*, scheinen raschwüchsig zu sein, dafür aber auch kurzlebiger (10–30 Jahre). Daß Flechten für die Datierung des Alters des von ihnen besiedelten Substrats verwendet werden können, zeigten Untersuchungen von Follmann (1965), der das Alter der Steinriesen auf der Osterinsel durch Messung des Wachstums der auf diesen Steinriesen lebenden Flechten mit 430 Jahren zu bestimmen vermochte. Bei den Wuchsgeschwindigkeitsmessungen muß allerdings berücksichtigt werden, daß die Flechten nicht jedes Jahr gleich stark wachsen. Kühle, feuchte Witterung beschleunigt im allgemeinen ihr Wachstum, trockene, warme Perioden schränken es ein. Es ist auch nachgewiesen, daß die einzelnen Abschnitte eines Flechtenkörpers z. T. verschieden rasch wachsen und jüngere Teile schnellerwüchsig als ältere sind. Versuche, das Flechtenwachstum durch Zugabe von Wuchsstoffen zu beschleunigen, verliefen erfolgreich.

Gründe für das langsame Wachstum der Flechten sind in verschiedenen Faktoren zu suchen: 1. Die Symbionten Alge und Pilz wachsen relativ langsam. 2. Die Nettorate ihrer Kohlendioxidassimilation ist gering. 3. Die von ihnen besiedelten Substrate sind meist nährstoffarm. 4. Die Umweltbedingungen – Flechten besitzen meist keinen Schutz gegenüber Austrocknung – gestatten es ihnen, nur innerhalb kurzer Zeiträume optimale metabolistische Aktivität zu entwickeln. 5. Es erfolgt ein häufiger Wechsel zwischen Austrocknen und Feuchtwerden. 6. Die Rate ihrer Proteinsynthese ist gering.

Die Verbindung der Flechten mit ihrer Unterlage ist sehr verschieden, jedoch bei den einzelnen Arten wiederum konstant. Bei kalkbewohnenden Krustenflechten dringen die Hyphen oft tief (bis 29 mm) in das Substrat ein und durchdringen es nach allen Richtungen gleichmäßig. Gelegentlich bleibt sogar der ganze Flechtenthallus im Stein eingeschlossen, und nur die Fruchtkörper erheben sich aus dem Substrat. Solche im Gestein lebenden Flechten werden als endolithisch bezeichnet *(Verrucaria calciseda)* im Gegensatz zu den auf den Steinen wachsenden epilithischen Flechten *(Verrucaria nigrescens)*. Dieselbe Wuchsweise ist auch bei Krustenflechten zu beobachten, die auf oder in der Borke von Gehölzen leben. Hier spricht man von epiphloödischen oder endophloödischen Flechten.

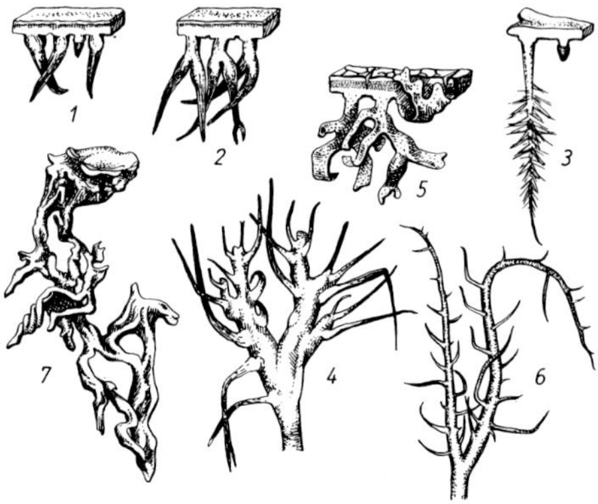

Rhizinenformen. 1 einfache Rhizinen, 2 gegabelte Rhizinen, 3 rechtwinklig auffasernde Rhizinen bei *Phyconia venusta*, 4 Cilien bei *Anaptychia cillaris*, 5 abgeflachte Rhizinen bei *Umbilicaria cylindrica*, 6 Fibrillen bzw. Kurzzweige bei *Alectoria bicolor*, 7 Rhizinenstrang bei *Squamaria oleosa* (nach Poelt)

Krustenflechten, die sich auf dem Substrat entwickeln, dringen mit Hyphen der Thallusunterseite, den Rhizoidhyphen, in die Unterlage ein und schaffen dadurch mit ihr eine innige Verbindung. Es ist in diesen Fällen *(Placodium, Caloplaca)* nicht möglich, die Flechte ohne Verletzungen von der Unterlage abzulösen.

Bei den Laub- und Strauchflechten sind die Rhizoidhyphen meist zu besonderen Strängen, den Rhizinen, vereinigt, die, verschieden gestaltet, nunmehr leicht zu lösende Verbindungen zwischen Flechtenthallus und Unterlage herstellen.

Viele Flechten haben schließlich nur einen sehr lockeren Kontakt zum Substrat. Dies gilt für viele auf der Erde wachsende, epigäische Strauchflechten und Gallertflechten, die der Unterlage nur lose aufliegen. Auch einige epiphylle Flechten *(Atichia)* wachsen mit ihrem Thallus nur über die Kutikula der Blätter, die sie besiedeln, ohne in das Blattgewebe einzudringen, wie es andere epiphylle Sippen *(Strigula complanata)* allerdings tun.

Rhizinenartige Fortsätze befinden sich gelegentlich auch am Thallusrand *(Anaptychia, Physcia)*. Sie werden als Cilien oder Fibrillen bezeichnet und von besonders derben Hyphensträngen gebildet. Besondere Anhangsgebilde stellen schließlich die Phyllokladien der Stereocaulaceae dar, die blattähnliche Struktur besitzen und Algensymbionten enthalten.

Fortpflanzungsverhältnisse der Flechten

Die Fortpflanzung des Flechtenthallus als symbiotische Einheit geschieht nur vegetativ. Die einfachste Form ist durch Thallusbruchstücke gegeben, die unter günstigen Bedingungen zu vollständigen Flechtenindividuen auswachsen *(Cladonia, Parmelia)*. In dieser Hinsicht spielen die Isidien als äußere Fortsätze der Thallusrinde, in die Algensymbionten eingeschlossen sind, eine große Rolle, da sie leicht vom Thallus abgetrennt werden.

Ein wirksames Vermehrungsmittel sind die Soredien, kleine (25–100 µm), körnchen- oder krümelartige Gebilde, die aus einzelnen von Hyphen umsponnenen Algenzellen oder Algenzellgruppen bestehen. Sie entwickeln sich in der Gonidienschicht dadurch, daß die sich vermehrenden Algensymbionten von Hyphenästen umsponnen werden, die ihre Verbindung mit den anderen Hyphen verlieren, so daß eine pulverige oder krümelige Masse entsteht. Durch die Zunahme der Soredien wird die Rinde abgehoben und aufgerissen. Die Soredien treten aus dem Thallus aus, werden verbreitet und können zu neuen Flechtenorganismen heranwachsen.

Soral mit Soredien

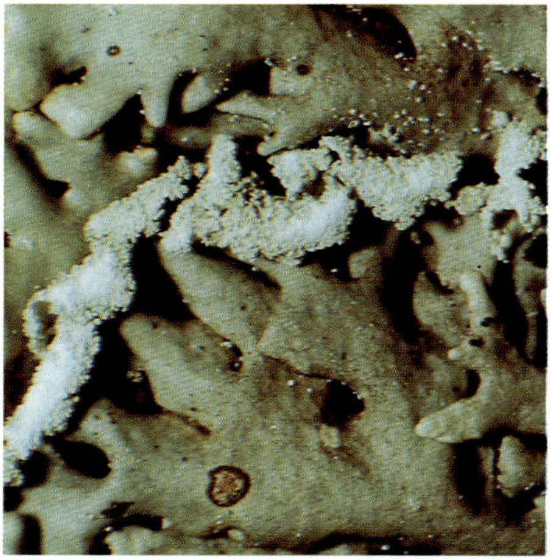

Lippensorale bei *Hypogymnia physodes*

Bei manchen Flechtensippen ist die Soredienbildung außerordentlich üppig. So besteht das Lager der *Lepraria*-Arten im wesentlichen nur aus diffus verteilten Soredien. Andere Sippen, vor allem viele Krustenflechten, bilden keine Soredien. Nach dem Ort der Entstehung der Soredien – sie können diffus über die ganze Lageroberfläche verteilt oder an abgegrenzten, artmäßig verschiedenen Stellen des Thallus (Sorale) gehäuft sein – spricht man von flächenständigen und randständigen Soralen. Hinsichtlich ihrer Form lassen sich Punkt-, Kopf-, Kugel-, Strich-, Spalten-, Manschetten-, Lippen- und Bortensorale unterscheiden. Selbst an der Spitze der Isidien können Sorale entstehen, die dann als isidiale Sorale bezeichnet werden.

Der Soredienbesitz wird in der Flechtensystematik als artbestimmendes Merkmal gewertet. Man nimmt an, daß sich die sorediösen Sippen von nichtsorediösen Vorfahren ableiten lassen (z. B. *Caloplaca sorediata* von *Caloplaca elegans, Physcia orbicularis* von *Physcia ciliata*). Für die Soredienbildung scheinen Beschattung und zunehmende Feuchtigkeit fördernd zu wirken.

Bei der Gattung *Lempholemma* entwickeln sich als blasenförmige Anschwellungen an strauchförmigen Ästen des Thallus Hormocystangien. Hier bilden die symbiotischen *Nostoc*-Algen Hormocysten mit derber Gallertscheide, in die einzelne Pilzhyphen eindringen.

Eine geschlechtliche Vermehrung ist bei den Flechten nur dem Pilzsymbionten möglich. Er kann Fruchtkörper und Sporen bilden. In einigen Fällen *(Endocarpon, Staurothele)* werden in den Fruchtkörpern der Pilzsymbionten von den Algenzellen des Flechtenthallus abweichend gestaltete, meist kleinere Hymenialkonidien entwickelt, die, zusammen mit den Pilzsporen ausgestreut, ein rechtzeitiges Zueinanderfinden der Flechtenpartner garantieren.

Bei den Flechten treten vor den Fruchtkörpern häufig kugelige, nur mit ihrer porenförmigen Mündung aus dem Thallus hervorragende Gebilde, die Pyknidien, auf, in denen Pyknosporen gebildet werden. Da die Pyknidien in den Thallus eingesenkt sind, erscheinen sie nach außen nur als punktförmige Erhebungen. In diese krugförmigen Höhlungen ragen Hyphen, die den peripheren Thallusteilen der Pyknidienwand entsprossen. Diese als Fulcren bezeichneten Höhen vermögen entweder nur an den Endzellen direkt oder an langen Sterigmen Pyknosporen abzuschnüren, sie werden dann exobasidial genannt, oder es sind alle Zellen der Fulcren fähig Pyknosporen zu erzeugen, dann spricht man von endobasidialen Fulcren. Die Pyknosporen entstehen meist in sehr großer Zahl und liegen in einer hyalinen Gallerte, die bei Wasseraufnahme hinausdrängt. Sie können bei günstigen Bedingungen zu einem neuen Hyphengeflecht auskeimen; vielleicht kommt ihnen aber auch bei der Befruchtung des Ascogons eine gewisse Bedeutung zu. Neben den meist auftretenden kleinen (1–10 µm), einzelligen Mikrokonidien (Pyknosporen) gibt es seltener auch größere, oft mehrzellige Makrokonidien oder Stylosporen.

Flechten, an deren Symbiose Basidiomyceten beteiligt sind, entwickeln gut ausgebildete Fruchtkörper. Sie haben z. T. keine Algensymbionten und leben nur kurz. Dabei sind die Gattungen *Coriscium* und *Omphalina* hutförmig oder *Lentaria* und *Clavulinopsis* keulenförmig. Der Fruchtkörper kann jedoch auch mehrjährig und lederig sein und wie der basale Thallus Algensymbionten besitzen. Das ist der Fall bei den krustigen, glatten Fruchtkörpern von *Corticium* und den konsolenförmigen von *Stereum*. Auf ihrer Unterseite entwickelt sich meist das Hymenium, in dem die Basidien gebildet werden, an denen auf Sterigmen meist 4, seltener weniger oder mehr Basidiosporen abgeschnürt werden. Die Hyphen erzeugen in der Regel ein mit Schnallen versehenes Myzel.

Der größte Teil der Flechten besitzt als Mycobionten Ascomyceten. Ihre Fruchtkörper (Ascokarpe) stimmen im wesentlichen mit denen der nicht lichenisierten Pilze überein. Sie entstehen meist an der Grenze zwischen Mark und Gonidienschicht bei heteromeren Thalli, bei Gallertflechten nahe der Thallusoberfläche und bei einigen wenigen Flechten völlig exogen. Bei randfrüchtigen Laubflechten gelangt das Ascokarp in der algenfreien Randzone in der Höhe der Gonidienschicht zur Ausbildung.

Bei der Ascokarpbildung sind 2 Grundentwicklungstypen zu unterscheiden. Im ascohymenialen Entwicklungstypus wird die Fruchtschicht, das Hymenium, an einem vorbeibestimmten, nicht oder nur vorübergehend von vegetativen Hyphen eingenommenen Platz angelegt. Im ascolokulären Entwicklungstyp entstehen Ascokarpien, die meist nur wenige Asci entwickeln und kein eigenes Hymenium bilden, die Pseudothecien. Das Hymenium wird sekundär in einem vegetativ entstandenen Ascostroma angelegt, wobei der Platz durch Verdrängung oder Resorption von Hyphen gewonnen wird. Zwischen den Asci verbleibende Hyphen des Stroma bilden die Paraphysoiden (Pseudoparaphysen oder Interthecialfasern). Es ist hier also kein Fruchtgehäuse vorhan-

Bau der Basidiomycetenflechte *Cora*

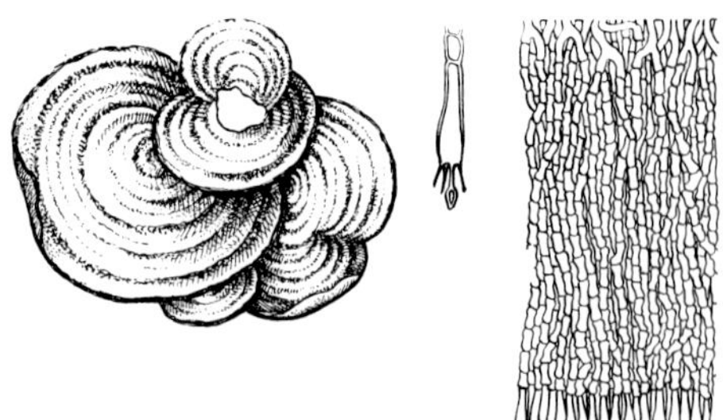

Lecideines Apothecium bei *Lecidea ullrichii*

den, sondern an seiner Stelle das vegetative Hyphengewebe des Stroma.

Durch interascale Hyphen können durch Scheingewebe getrennte Hamathecien entstehen *(Huilia, Micrarea).*

Mit dem ascolokulären Entwicklungstyp ist eine bitunicato Ausbildung der Asci gekoppelt. Diese besitzen also 2 Zellwände sowie bestimmte Apikalstrukturen der Asci. Gewöhnlich stellt eine einer Thallushyphe entsprossene Seitenhyphe, die im basalen Teil schraubenartig gewunden ist und dann in direkter Richtung zur Thallusoberseite strebt, das jüngste Stadium des Ascokarps dar. Es ist das Karpogon, dessen flaschenförmiges, oberes Ende als Trichogyne bezeichnet wird. An ihm sind bei mehreren Flechtensippen gelegentlich Pyknosporen angeheftet *(Parmelia, Anaptychia)*, was darauf hinweist, daß die Pyknosporen z. T. als männliche Geschlechtszellen dienen, obwohl ein Sexualakt noch nie beobachtet werden konnte. Es muß deshalb auch mit einer parthenogenetischen Entwicklung des Karpogons und der Befruchtung durch eine andere Hyphenzelle in seiner Nähe gerechnet werden. Bei der weiteren Entwicklung tritt zunächst eine Vergrößerung der Basalzelle ein, die nunmehr als Ascogon zu bezeichnen ist. Aus ihr sprossen schließlich zarte, ascogene, mehrkernige Hyphen, die an ihrer Spitze unter Hakenbildung die Schläuche, die Asci, und damit die wesentlichen Bestandteile des Schlauchfasergewebes, des Hymeniums, bilden. In dieses dringen auch Sprossungen der das Fruchtprimordium umgebenden Hyphen in Form der Saftschläuche, der Paraphysen, ein. Größe, Form, Verzweigung und Vergänglichkeit der Paraphysen dienen als Unterscheidungsmerkmal in der Systematik der Flechten.

Wandausbildung, Apikalstruktur und Öffnungsweise der Asci sind weitere wesentliche taxonomische Merkmale.

In den Asci kommt es zur Kernverschmelzung und nach erfolgter Reduktionsteilung zur Ausbildung der im einzellwandschichtigen oder bei den dem ascolokulären Typ angehörigen Pseudoapothecien zweizellwandschichtigen Schlauch zunächst eingeschlossen bleibenden Ascosporen. Diese sind in sehr unterschiedlicher Zahl und Form anzutreffen und stellen in der modernen Flechtentaxonomie eines der wesentlichen systematischen Merkmale dar. Im weiteren Verlauf ihrer Entwicklung treten die Früchte in Form von schüssel-, knopf-, kissen- oder strichförmigen Erhebungen mit scheibenförmig offenem Hymenium als Apothecien bzw. Pseudoapothecien vollständig aus dem Thallus heraus. Die Apothecien oder Pseudoapothecien werden als angiokarp bezeichnet, wenn das Hymenium unterhalb einer Deckschicht angelegt und erst bei der Reife frei wird *(Verrucaria)*, als gymnokarp, wenn das Hymenium von Anfang an freiliegt. Nimmt das Pseudoapothecium eine längliche, oft verbogene bis verzweigte Gestalt an, wird es als Lirelle (Hysterothecium) bezeichnet *(Graphis)*, wenn die Asci bald zu einer staubförmigen Masse zerfallen und die Pseudoparaphysen ein Netz (Capillitium) darüber bilden, als Mazaedium *(Calicium)*. Bleibt das Ascokarp von dem Flechtenthallus weitgehend bedeckt und öffnet es sich nur mit einem Porus, einem Ostiolum, nach außen, spricht man von einem Perithecium, das meist eine kugelige bis flaschenförmige Gestalt besitzt.

Die Gestalt der Früchte ist für die Bestimmung und systematische Ordnung der Flechten von hervorragender Bedeutung; ihre einzelnen Teile haben deshalb eigene Bezeichnungen. Bei einem Apothecium bzw. Pseu-

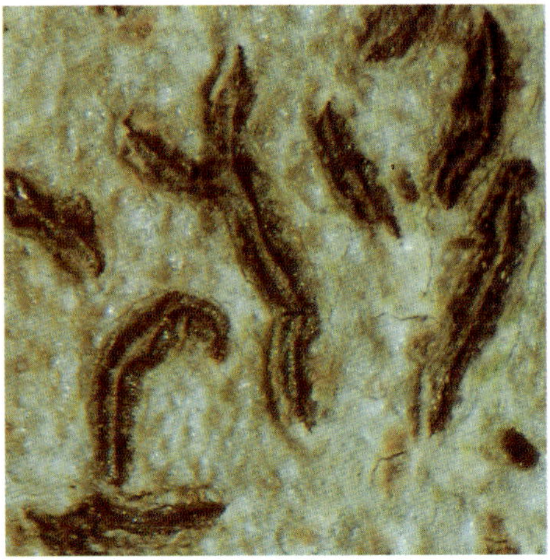

Lirellen bei *Graphis scripta*

doapothecium wird z. B. die aus senkrecht verlaufenden Asci und Paraphysen bestehende Fruchtschicht, das Thecium oder Hymenium, das seiner Bildungsschicht, dem Subhymenium, aufliegt, unterscheiden. Die obere begrenzte Schicht des Theciums, aus den Enden der Paraphysen gebildet, wird als Epithecium, die untere als Hypothecium bezeichnet. Das Hypothecium umschließt das Thecium häufig vollständig, bildet ein Eigen-

Perithecium mit Perithecienwand, Asci, Paraphysen, Periphysen, Rinde und Algenschicht des Lagers, halbschematisch (nach Poelt)

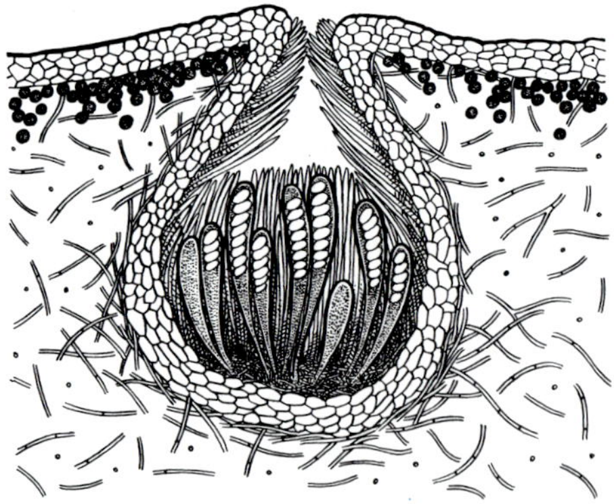

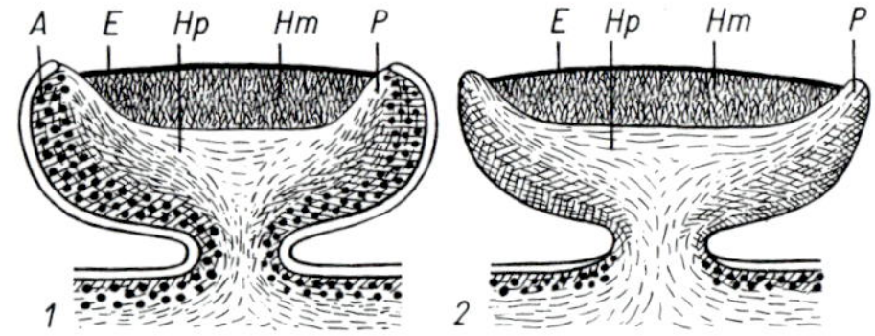

Lecanorines (1) und lecideines (2) Apothecium, E Epithecium, Hp Hypothecium, Hm Hymenium, P Parathecium, A Amphitecium, schematisch (nach Lambinon)

gehäuse und wird in dem Teil, in dem es die Fruchtkörper von der Gonidien- und Rindenschicht trennt, Parathecium oder Excipulum genannt; nach außen geht es in die Hyphenschicht des Amphitheciums über. Wenn es sich über den Thallusrand erhebt, kommt ein Eigenrand, ein margo proprius (lecideinische Apothecien bzw. Pseudoapothecien), zustande. Die Rinden- und Gonidienschicht, die das Fruchtgehäuse umgeben, können sich gleichfalls zu einem Thallusrand, einem margo thallinum, um die Frucht erheben (lecanorinische Apothecien bzw. Pseudoapothecien).

Bei den Perithecien lassen sich analoge Teile unterscheiden. Sie werden oft von einem kohligen Außengehäuse, dem Involucrellum, umgeben, mit dem die Perithecienwände mehr oder weniger verschmelzen können.

Apothecien, Pseudoapothecien, Hysterothecien, Perithecien, Mazaedien und Pseudothecien können auf dem Flechtenthallus verteilt oder in einem dichten, meist dunkler gefärbten Hyphengewebe (Stroma) zu Gruppen vereinigt sein. Die Ascokarpien liegen dabei meist auf der Oberseite des Thallus, lediglich bei der Gattung *Nephroma* befinden sie sich auf der Unterseite.

Die Ascosporen sind in der Regel unmittelbar nach ihrem Freiwerden keimfähig. Zum Teil bilden sie sofort einen Prothallus, der sich beim Dazukommen geeigneter Algensymbionten weiterentwickelt, z. T. keimen sie erst beim Kontakt mit entsprechenden Algen.

Durch die geschilderten sexuellen Vorgänge bei der Fruchtbildung der Mycobionten besteht die Möglichkeit einer Hybridisa-

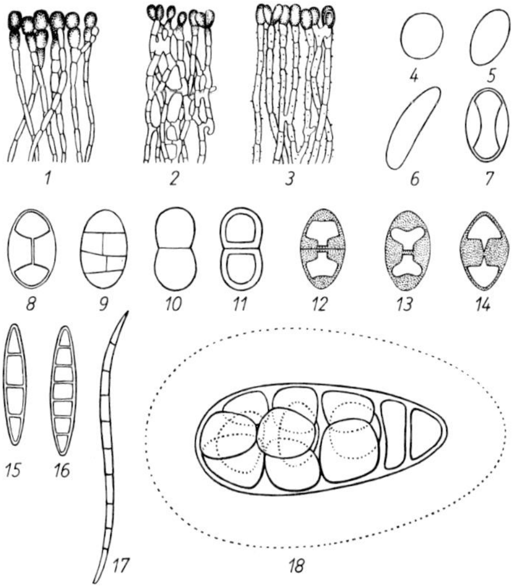

Ascosporenformen (4–18) und Paraphysentypen (1–3) (nach Poelt)

tion. In der formenreichen Gattung *Cladonia* ist sie bei *Cladonia uncialis* und *C. submitris* wahrscheinlich.

Physiologie und Chemismus der Flechten

Die Physiologie der Flechten kann nicht allein aus dem physiologischen Verhalten ihrer einzelnen Symbiosepartner verstanden werden, denn sie ist nicht deren bloße Addition. Bei den Flechten entstand durch das intensive Zusammenleben zweier nicht verwandter Pflanzensippen eine neue physiologische Einheit. Das betrifft bereits den Wasserhaushalt der Flechten, der für diese poikilohydren Organismen, die keine besonderen Einrichtungen zur Regulation ihres Wasserhaushalts haben, hervorragende Bedeutung besitzt. An vielen Standorten trocknen die Flechten leicht aus und müssen für längere Zeit in einen latenten Ruhezustand übergehen, da Photosynthese und auch die anderen Lebensvorgänge an eine gewisse Durchfeuchtung des Thallus gebunden sind.

Flechten trockener Standorte können längere Trockenperioden ertragen, ohne Schaden zu erleiden. So vermochten z. B. *Cladonia impexa* nach 8 Wochen, *Umbilicaria pustulata* nach 62 Wochen und *Ramalina maciformis*, eine Flechte der Negevwüste, nach 51 Wochen Trockenheit ihre normale Lebenstätigkeit wieder aufzunehmen. Flechten kühler, feuchter Standorte können allerdings nicht so lange austrocknen.

Die Aufnahme tropfbar flüssigen Wassers geschieht in der Regel mit dem gesamten Flechtenthallus, soweit nicht einzelne Abschnitte durch ein- oder aufgelagerte Substanzen unbenetzbar sind. Sie erfolgt auch durch die Pilzhyphen, z. T. kapillar zwischen den Hyphen der einzelnen Rhizoidstränge oder zwischen den Haaren der Thallusunterseite.

Die Wasseraufnahme verläuft wie bei einem hydrophilen Gel sehr rasch. In einem Viertel der Zeit, die zur vollen Sättigung benötigt wird und allgemein 1–30 Minuten dauert, wird mehr als die Hälfte des dazu nötigen Wassers aufgenommen. Ebenso rasch wird aber auch das Wasser wieder abgegeben. *Umbilicaria polyphylla* verliert bei einer relativen Luftfeuchtigkeit von 60 % und einer Temperatur von +20 °C 85 % ihres Wassergehalts innerhalb von 6 Stunden. Die volle Wassersättigung der Laub- und Strauchflechten liegt bei 100–300 % ihres Trockengewichts. Gallertflechten vermögen allerdings durch die leicht quellbaren Membranen der Blaualgensymbionten wesentlich mehr Wasser aufzunehmen, so daß hier die volle Sättigung z. B. bei *Collema crispum* bei 800 %, bei *Leptogium lacerum* bei 830 % und bei *Collema multifidum* bei 1 400 % des Trockengewichts liegt. Aus diesem Grund werden oft auch die Blaualgen enthaltenden Cephaloiden als Wasserspeicherorgane angesehen.

Neben dem tropfbar flüssigen Wasser spielt die Feuchtigkeit der Luft eine große Rolle für den Wasserhaushalt der Flechten, denn sie haben die Fähigkeit, aus feuchter Luft Wasserdampf aufzunehmen. Versuche an *Evernia divaricata*, *E. prunastri*, *Ramalina thrausta* und *R. farinacea* zeigen, daß der trockene Flechtenthallus in nahezu wasserdampfgesättigter Luft Wasser bis zu 70 % des Trockengewichts aufsaugt, ausreichend, um den Kohlendioxidaustausch zu reaktivieren. Im Gleichgewicht mit dem Wasserdampfdruck der nahezu gesättigten Luft erreicht die Kohlendioxidaufnahme 90 % des Wertes, den sie bei Benetzung mit flüssigem Wasser besitzt. Auch in wasserdampfungesättigter Luft kann der Kohlendioxidaustausch wiederbelebt und der Kompensationspunkt bei 80–85 % relativer Luftfeuchte hergestellt werden. Zu ganz ähnlichen Ergebnissen führten experimentelle ökologische Untersuchungen an *Ramalina maciformis*, einer Flechte der Negevwüste.

Die Salzkrusten, die auf Flechten im Bereich der Meeresküste beobachtet werden können, scheinen die Wasseraufnahme zu fördern. Versuche mit chilenischen Krustenflechten solcher Standorte (*Chiodecton cerebriforme, Rocella portentosa* und *Rocellaria mollis*) ließen erkennen, daß sie mit einer Salzkruste versehenen Exemplare eine höhere Wasseraufnahme aus luftfeuchtigkeitsgesättigter Umgebung besitzen und stärkere Atmungsaktivierung zeigen als künstlich entsalzte Exemplare. Zwischen Salzgrenzschicht und Flechtenlager scheint offenbar ein aktiver Wassertransport stattzufinden.

Starken plectenchymatischen Rindenschichten, wie sie vielen Flechten trockener Standorte eigen sind, soll ein gewisser Verdunstungsschutz zukommen. Sie scheinen auch an der Aufnahme, Fortleitung und Abgabe des Wassers entscheidend beteiligt zu sein, während das Mark dafür nur in beschränktem Umfang in Frage kommt. So haben die axialen Stränge bei *Usnea, Evernia* und *Ramalina* offenbar nur Festigungsfunktion, da sie durch Flechtenstoffe oft sogar weniger benetzbar sind als andere Lagerteile.

Junge, dünne Thallusteile nehmen das Wasser rascher auf als ältere, dickere Lagerabschnitte, jedoch sind das Aufnahmevermögen und auch die Art der Aufnahme bei den einzelnen Sippen verschieden. Felsbewohnende Laubflechten besitzen im allgemeinen ein sehr hohes Wasseraufnahmevermögen, ihnen folgen Kiesel- und Kalkkrustenflechten, die vor allem ein höheres Wasserfesthaltevermögen besitzen.

Der Gasaustausch zwischen Flechtenthallus und Atmosphäre erfolgt direkt über die Rindenschichten. Dem lockeren, sehr stark lufthaltigen Mark und auch den zentralen Marksträngen fällt bei der Durchlüftung des Thallus eine große Aufgabe zu. Durch Löcher und Risse des Thallus, durch warzenförmige, lufthaltiges Gewebe besitzende Ausstülpungen *(Parmelia olivaceae)* und entleerte Pyknidien *(Usnea)* stehen sie oft direkt mit der Außenatmosphäre in Verbindung. Auch die nicht benetzbaren Cyphellen der Stictaceen können als Atemporen angesehen werden und sind so den Spaltöffnungen der höheren Pflanzen analog.

Flechten haben in der Regel eine geringere Photosyntheserate je Flächeneinheit als die Blätter höherer grüner Pflanzen, die Atmungsrate ist dagegen vergleichbar. Bei den Flechten besteht demnach eine viel geringere Nettoassimilation. Der Grund für die niedrige Photosynthese liegt im geringeren Chlorophyllgehalt je Flächeneinheit der Flechten, der nur etwa $\frac{1}{4}$–$\frac{1}{10}$ von dem der grünen Blätter höherer Pflanzen beträgt. Außerdem absorbiert die Rindenschicht bis 43 % des einfallenden Lichts, während es durch die Epidermis der Blätter nur bis um 13 % abgeschwächt wird. Die Höhe der Photosynthese ist natürlich auch vom Wassergehalt der Flechten abhängig. Je dicker und dichter der Thallus, um so niedriger liegt der optimale Wassergehalt. Er wird z. B. für *Umbilicaria pustulata* mit 65 %, für *Peltigera canina* mit 90 % angegeben.

Die Mächtigkeit der Gonidienschicht schwankt bei den einzelnen Flechtensippen allerdings sehr stark, ebenso das Lichtbedürfnis. Es gibt Flechten, die bevorzugt stark besonnte Standorte besiedeln *(Verrucaria, Caloplaca)*, und andere, die vorwiegend an schattigen Standorten gediehen *(Pertusaria, Graphis)*. Eine gewisse Regulation der Lichtabsorption ist durch Farbstoffablagerungen in der Rindenschicht gegeben.

Da in der Flechte nur die Alge die Fähigkeit der Photosynthese besitzt, bei der Kohlendioxid verbraucht wird, beide Partner dagegen eine Sauerstoff verbrauchende Atmung haben, scheint zumindest in den Zeiten geschwächter Photosynthesetätigkeit ein Überschuß an Kohlendioxid vorhanden zu sein.

Die Atmung der Flechten liegt im Bereich der niedrigen Werte bei erwachsenen Angiospermenblättern. Die einzelnen Schichten des heteromeren Thallus scheinen dabei eine verschieden starke Atmung haben zu können, wie Untersuchungen an *Umbilicaria pustulata* nachweisen. Die Atmung verstärkt sich mit steigendem Wassergehalt des Thallus linear bis zu einem maximalen Wert, der meist bei 80–95 % Sättigung liegt.

Versuche an westeuropäischen Flechten, speziell an *Peltigera polydactyla*, ließen erkennen, daß eine saisonbedingte Schwankung der physiologischen Vorgänge besteht. Im Frühjahr und Herbst scheinen eine höhere Gewichtszunahme und auch Glukoseabsorption vorzuliegen als im Sommer und zu Beginn des Winters. Dies ist offensichtlich durch die erhöhte Aktivität der Algensymbionten im Frühjahr und Herbst gegeben.

Auch die Auswirkungen hoher und niedriger Temperaturen wurden experimentell geprüft. Flechten sind an sonnenexponierten Standorten oft sehr hohen Temperaturen ausgesetzt, ihre Thallustemperatur können bis 70 °C ansteigen und bis 40 °C über der umgebenden Lufttemperatur liegen. Lufttrokkene Thalli von mehr als 40 Flechten wurden für eine halbe Stunde erhitzt, und anschließend prüfte man durch Atmungsmessung und Algenkultur den Schädigungsgrad der Hitzeeinwirkung. Die Temperatur, die ein Absinken der normalen Atmung auf die Hälfte bewirkte, wurde als Grenze der Hitzeresistenz angenommen, sie reichte von 70 °C bei *Alectoria sarmentosa* bis 101 °C bei *Cladonia pyxidata*. Feuchte Thalli sind gegen Hitzeeinwirkung wesentlich empfindlicher, hier liegen die Grenzwerte von 35–46 °C und unterscheiden sich nicht wesentlich von denen anderer Pflanzengewebe. Flechten sind auch gegenüber niedrigen Temperaturen sehr tolerant. Verschiedene Arten haben die normale Atmung wieder aufgenommen, nachdem sie für einige Stunden Temperaturen von −183–268 °C ausgesetzt waren. Die optimale Atmungsrate liegt gewöhnlich zwischen +10 und +20 °C, meßbare Atmung wurde aber auch noch bei −24 °C gefunden. Auch die Photosynthese scheint bei vielen Flechten bei recht tiefen Temperaturen aufrechterhalten zu werden. So zeigte *Hypogymnia physodes* am Standort bei Untersuchung des Kohlendioxidgaswechsels noch bei Temperaturen unter +4 °C (bis 6 °C) eine relativ hohe Photosynthese.

Die Nährstoffaufnahme der Flechten erfolgt, sieht man von der Kohlendioxid- und Sauerstoffaufnahme für Assimilation und Atmung einmal ab, im wesentlichen durch Wasser, in dem die Nährsalze gelöst sind und das mit dem Flechtenthallus in Kontakt kommt. Dabei kann der gesamte Thallus der Aufnahme dieser Stoffe dienen. Für die Kohlenstoffernährung der Flechten scheint die Hauptform die Photosynthese zu sein. Durch Fütterungsversuche mit C14-Natriumhydrogenkarbonat an *Peltigera polydactyla* wurde nachgewiesen, daß zunächst C14-Clukose in der Algenschicht entsteht, die von dort innerhalb 30 Minuten zum Mark gelangt und hier 40–50 % der totalen Kohlenstoffixation beträgt. Sie wird im Mark sofort in C14-Mannitol und in langsameren Schritten in unlösbare Reservestoffe der Pilze umgewandelt. Bei Flechten mit Grünalgensymbionten scheint die Kohlenstoffaufnahme über Ribitol zu gehen, das dann auch in Mannitol umgesetzt wird. Es ist allerdings nicht ausgeschlossen, daß durch die Rhizoidhyphen der Pilze und durch Wasser, das über die Oberfläche des Flechtenthallus läuft, vom Pilzsymbionten einige einfache organische Kohlenwasserstoffverbindungen aufgenommen werden.

Die Stickstoffaufnahme scheint in vielen Fällen über Nitrate oder organische Stickstoffverbindungen zu gehen, die im Wasser enthalten sind, das mit den Flechten in Kontakt kommt. Auch Guanin wird bei ornithokoprophilen Arten der Gattungen *Physica* und *Xanthoria*, die auf von Vögeln verschmutzten Felsen gedeihen, aufgenommen. Flechten, die mit blaugrünen Algen *(Nostoc)* in Symbiose leben, können stickstoffarme Standorte besiedeln, da ihre Algensymbionten Luftstickstoff zu binden vermögen. In jüngster Zeit ist auch das luftstickstoffbindende Bakterium *Azotobacter* in Flechten gefunden worden.

Anorganische Metaboliten werden gleichfalls aus dem umgebenden Wasser aufgenommen. Die Flechten haben dabei die ungewöhnliche Fähigkeit, Ionen weit über das von ihnen benötigte Maß hinaus zu absorbieren; so wurden hohe Zink- und Ceriumgehalte in russischen Flechten und ungewöhnlich hohe Konzentrationen von Strontium, Titanium, Vanadium und Yttrium in Flechtenthalli aus Colorado gefunden. Die für eisen- und kupferhaltige Böden charakteristische

Krustenflechte *Acarospora sinopica* besitzt hohe Gehalte an Eisen und Kupfer. Untersuchungen ergaben, daß von den Flechten auf zinkhaltigen Böden Belgiens *Diploschistes bryophilus*, ohne Formenveränderungen zu zeigen, einen Zinkgehalt von 93,400 ppm aufweist gegenüber dem Boden, der nur 10,900 ppm erreicht. Andere Flechten ließen schwankenden Zinkgehalt und teilweise Deformationen erkennen, und eine Reihe von Arten, wie *Cladonia rangiformis* und *Cladonia furcata*, zeigte keine erhöhte Zinkaufnahme und keine morphologischen Abweichungen. Steinbewohnende Flechten akkumulieren mehr Eisen, aber weniger Mangan und Zink als epigäische und epiphytische Arten. Einige epilithische Arten wie *Lasallia pustulata* haben jedoch ein ausgesprochenes Auswahlvermögen für Zink.

Radioaktive Elemente werden von Flechten in viel stärkerem Maß aufgenommen als durch andere Pflanzen. So liegt der radioaktive Gehalt der Flechten in Kanada bei 183 r gegenüber 63 r bei Phanerogamen desselben Standorts, und auch arktische Flechten können radioaktives Strontium aufnehmen. In *Umbilicaria mammulata* in Ohio wurde ein hoher Gehalt an radioaktivem Caesium 137, das von Atombombentests durch Regenwasser auf die Flechte gelangte, festgestellt.

Die Fähigkeit der Flechten, Minerale in dieser ungewöhnlichen Höhe akkumulieren und ertragen zu können, ist wahrscheinlich auf mehrere Faktoren zurückzuführen. Erstens kann den lichenisierten Algen und Pilzen eine unspezifische zytoplasmatische Resistenz gegenüber Metallionen innewohnen. Zweitens können die Ionen innerhalb des Zytoplasmas durch Chelate oder andere metallverbindende Substanzen festgelegt werden. Drittens kann ein aktiver Transport der Ionen nach Orten außerhalb des Plasmas und der Zellwände zur Ablage als wasserunlösliche Metallsalze auf der Oberfläche des Thallus folgen, wie es für *Acarospora sinopica*, die eine dicke Eisensalzschicht auf ihrer Thallusoberseite liegen hat, nachgewiesen ist.

Über die Bedeutung der Minerale für den Stoffwechsel der Flechten ist nichts Sicheres bekannt. Die Bindung bestimmter *Caloplaca-*, *Physcia-* und *Pannaria*-Arten an kalk- und basenreiche Substrate, z. B. von *Acarospora sinopica* an Eisen, läßt jedoch die Vermutung zu, daß in diesen Fällen eine Notwendigkeit der Aufnahme bestimmter Mineralstoffe besteht.

Obwohl es für zahlreiche intrazelluläre Stoffwechselprodukte der Flechten nicht sicher ist, welcher der beiden Symbiosepartner der entscheidende Teil für die Bildung ist, scheint doch das Stoffwechselgeschehen der lichenisierten Pilze von dem freilebender Arten stärker abzuweichen, als das von den Algenpartnern gesagt werden kann. Die Membranen der Flechtenpilze erfahren im Verlauf ihrer Entwicklung viele chemische Umwandlungen durch Ein- und Auflagerungen von Stoffwechselprodukten, die mehr oder weniger spezifisch für Flechten sind. So finden sich hier Kohlenhydrate, wie Lichenin, Isolichenin, Pustulan und Glucan. Mannitol ist bei den Flechten weit verbreitet.

Karotinoide sind bereits in mehreren Flechten gefunden worden. Wasserlösliche Anthocyane und Flavonoide wurden dagegen noch nicht nachgewiesen. Hinsichtlich der freien Aminosäuren verhalten sich die Flechten wie andere Pflanzen. Von *Peltigera canina* konnte man Leucin, Isoleucin, Phenylanalin, Typtophan, Threonin, Lysin, Valin und Methionin extrahieren. Andere Aminosäuren, wie Arginin, Alanin, Serin, Glycin, Proline u. a., konnten gleichfalls verschiedentlich festgestellt werden.

Vitamine sind in Flechten offenbar nur in geringeren Konzentrationen vorhanden als in höheren Pflanzen.

Eine sehr wichtige Gruppe organischer Stoffwechselprodukte der Flechtenpilze stellen die kristallisierbaren Flechtensäuren dar – deren erste bereits zu Beginn des 19. Jahrhunderts entdeckt wurde –, die jedoch in ihrem Ausmaß und Reichtum erst später erkannt wurden. Die erste Darstellung einer Flechtensäure, der Lecanorsäure, gelang Fischer 1913. Seitdem wurden die Molekularstrukturen von über 80 Flechtensäuren erforscht. Die meisten Flechtensäuren sind schwache, phenolische Säuren, viele Depside oder Depsidone, Dibenzofuranderivate und Anthrachinone, die außerhalb der Zellen entweder in der Rinde oder im Mark oder in beiden Schichten abgelagert werden. Sie sind gelegentlich farblos, meist jedoch intensiv gefärbt und bedingen dadurch die lebhafte Färbung mancher Flechten, so die gelbe Farbe von *Letharia vulpina* und *Xanthoria parietina*, die gelbgrüne Färbung von *Rhizocarpon geographicum* und das Rot des Markes von *Solorina crocea*. Zur Unterscheidung der zahlreichen Flechtensäuren werden mikrochemische Tests, Farbreaktionen, Fluoreszenzanalysen, Bestimmung des Ultraviolettabsorptionsspektrums und Papierchromatographie verwendet. Weitaus die meisten Flechtensäuren sind nur von Flechten bekannt, lediglich einige wenige konnten bisher auch bei nicht lichenisierten Pilzen beobachtet werden, so z. B. Parietin bei *Aspergillus*-Arten (bei Flechten *Xanthoria*), Polyporsäure bei *Polyporus nidulans* (bei Flechten *Sticta*) und Thelephorsäure bei *Thelephora palmata* (bei Flechten *Lobaria*). Farblose Flechtensäuren sind die weit verbreitete Atranorsäure, die unter anderem bei *Lecanora atra, Cladonia rangiformis, Placodium saxicolum* vorkommt und sich sowohl mit Kalilauge als auch mit Schwefelsäure gelb färbt, sowie die sehr bittere Cetrar- und Protocetrarsäure, die bei *Cetraria islandica* auftritt. Die sich mit Chlorkalk blutrot färbende Umbilicarsäure bei *Umbilicaria polyphylla* und *U. deusta* und das Orcin, aus dem das braune Orcein und blaue sowie rote Farbstoffe gewonnen werden, gehören zu den farblosen Flechtensäuren. Für die Gewinnung der letztgenannten Flechtensäuren wurden vor allem *Rocella*-Arten und *Ochrolechia tatarea* herangezogen.

Blaßgelb, sich mit Chlorkalk dunkelgelb färbend, ist die Usninsäure, die bei vielen Flechten auftritt, z. B. bei *Usnea florida, Cladonia rangiferina, Evernia prunastri* und *Parmelia saxatilis*. Sie stellt ein starkes Antibiotikum dar. Schwefelgelb sind die Rhizocarpsäure (bei *Rhizocarpon geographicum*) und die für manche Tiere giftige Pinastrinsäure, die mit Kalilauge keine Rotfärbung ergibt (bei *Cetraria pinastri*). Braun erscheint schließlich die Olivetorsäure (bei *Parmelia furfuracea*), sie färbt sich mit Chlorkalk rot. Kräftig rot sind das Lecanorin, das in den Apothecien mehrerer Lecanoraceen auftritt, und die Rhodocladonsäure, die die rote Farbe der Apothecien der Cocciferae-Gruppe der Cladonien bewirkt.

Auf Grund der Flechteninhaltsstoffe können taxonomische Aussagen über die Verwandtschaft bestimmter Flechtensippen getroffen werden. So sind die Ramalinaceen durch das Auftreten der Boninsäure, 4-O-Desmethylkarbatinsäure, Ramalinolsäure, der Sekikasäure u. a. als eigene Familie nachgewiesen. Sie scheinen auf Grund der O-Methylierung der sekundären Inhaltsstoffe eine sehr hoch entwickelte abgeleitete Sippe zu sein in der Entwicklungsreihe, die von krustigen Lecideaceen, Acarosporaceen und Lecanoraceen zu den blättrigen Parmeliaceen und strauchigen Usneaceen führt. Biochemische Untersuchungen der Lecanactidaceen ergeben, daß sie zu 50 % die gleichen sekundären Inhaltsstoffe besitzen wie die Rocellaceen (z. B. Erythrin, Lecanorsäure, Norsticta- und Psoromasäure). Deshalb scheinen enge verwandtschaftliche Beziehungen zwischen beiden Familien zu bestehen, und die Vereinigung in einer Ordnung, den Arthonialen, ist offenbar berechtigt.

Über die Bedeutung der Flechtensäuren im Leben der Flechten wurde viel spekuliert. So nahm man an, daß sie als Kohlenstoffreserve dienen und von der Flechte in Notzeiten ausgenutzt werden. Diese Annahmen wurden durch Untersuchungen an *Usnea papulosa*, deren Gehalt an Gyrophorasäure stets gleich bleibt, widerlegt. Der bittere Geschmack der Flechtenstoffe soll Tiere vom Verzehren der Flechten abhalten, was sicherlich für viele Tiere, wie Rentiere, Milben und Schnecken, nicht zutrifft. Allerdings scheinen durch die antibiotische Wirkung der Flechtenstoffe die Flechten nur selten von Bakterien und pathogenen niederen Pilzen befallen zu werden.

Durch die Färbung und Einlagerung in die Rindenschicht bewirken die Flechtensäuren oft eine Filterung des einfallenden Sonnenlichts für die darunter in der Gonidienschicht liegenden Algensymbionten. Dadurch wird z. B. *Trebouxia*, einer der häufigsten Algensymbionten, der mit geringeren Lichtintensitäten für seine Assimilation auskommt, gegenüber anderen Algensippen gefördert. Das Atranorin sendet Fluoreszenzstrahlen in einer Wellenlänge von 4 250 Å aus, die von den Algen für ihre Assimilation ausgenutzt werden können. Dieser Flechtenstoff nimmt gleichsam die Funktion eines Umspanners für Licht längerer in Licht kürzerer Wellenlänge ein.

Schließlich wurde festgestellt, daß Markstränge durch Flechtenstoffeinlagerungen schwer benetzbar sind und dadurch vor zu starker Wasseraufnahme bewahrt werden, was ihren Funktionen als Durchlüftungs- und Festigungsorganen sicher zugute kommt.

Verbreitung und Ökologie der Flechten

Flechten sind auf der Erde von den Polen bis zum Äquator in allen Zonen zu finden. Sie können sowohl im Küstenbereich der großen Ozeane als auch im Innern der Kontinente gedeihen. Sie bevorzugen dabei oft extreme Standorte, die von anderen Pflanzen gemieden werden. Ihnen sind sie durch ihre Resistenz gegenüber länger währender Austrocknung überlegen, aber auch durch ihre Fähigkeit, im ausgetrockneten Zustand hohe Kälte- und Hitzegrade zu ertragen und bei höherer Luftfeuchtigkeit das für eine Reaktivierung der Photosynthese notwendige Wasser aus der Luft aufnehmen zu können. Trotz dieser hohe Anpassungsfähigkeit sind naturgemäß die trockenen, kontinentalen Gebiete flechtenärmer als kühle, niederschlagsreiche, luftfeuchte Erdräume.

Die einzelnen Flechtensippen zeigen wie die höheren Pflanzen ein verschiedenes pflanzengeographisches Verhalten. Neben Arten mit weiter Verbreitung und großer ökologischer Amplitude gibt es Sippen mit kleinerem Wohngebiet und geringerer ökologischer Anpassungsfähigkeit. Die Spanne reicht von Kosmopoliten bis zu Endemiten, von standortvagen Sippen bis zu extremen Standortspezialisten.

Interessant ist in dieser Hinsicht oft das pflanzengeographische Verhalten nahe verwandter Sippen. So ist in der Gattung *Parmelia* z. B. *Parmelia tinctina* nur an den west- und südeuropäischen Küsten zu finden. Von den ihr sehr nahe verwandten Arten kommt *Parmelia hypoclista* in den Waldsteppen Zentralasiens vor, nach Westen bis Mitteleuropa reichend, und *Parmelia vagans* findet ihre Hauptverbreitung in den aralokaspischen Halbwüsten und in den Steppen Rumäniens und Ungarns. Abgestufte Kontinentalitätsgrade lassen sich auch in der Verbreitung der folgenden nahe verwandten Sippen erkennen. *Parmelia prolixa* ist eine weit verbreitete, gesteinsbewohnende Flechte auf sonnigen Silikatfelsen von Skandinavien bis Südeuropa, *Parmelia pokornyi* kommt als eine Erdflechte in den Steppen Südosteuropas bis nach Ungarn und in der Tschechoslowakei vor, und *Parmelia ryssolea* gedeiht auf Erde in den südrussischen Steppen und Halbwüsten. Die sehr ähnliche *Parmelia taurica* wurde bisher nur von der Krim bekannt und muß zunächst als Endemit angesehen werden.

Beim Studium der Verbreitung von Flechtensippen rücken in neuerer Zeit Untersuchungen über die Wohngebiete der biochemischen Rassen immer mehr in den Vordergrund, da sie wertvolle Hinweise auf die Entwicklung einer Sippe geben können. So zeigt die bipolar arktisch-alpin verbreitete, bodenbewohnende Strauchflechte *Thamnolia vermicularis* 2 Rassen, eine mit Thamnolsäure und eine mit Squamatsäure und Baeomycessäure. Während die erstgenannte Sippe mehr in der Südhemisphäre verbreitet ist, tritt letztere überwiegend in der Nordhemisphäre auf.

Aus der Verbreitung und den Standortansprüchen der Flechten kann man nicht ohne weiteres auf ihr physiologisches Verhalten schließen, d. h. auf ihre Ansprüche an die Außenweltfaktoren bei Ausschaltung der Konkurrenz. Besonders stark ist der Wettbewerbsfaktor, dem die Flechten in der Natur unterliegen, wenn ihnen ihr Standort durch eine schnell wachsende Pflanze streitig gemacht wird. Flechten sind deshalb an den Stellen häufig anzutreffen, an denen die Konkurrenz durch andere Pflanzen nicht allzu stark ist, wie auf nährstoffarmen, ausgehagerten Böden, auf Felsen ohne oder mit nur sehr geringer Feinerdeauflage, in Gebieten mit geschwächtem Gehölzwachstum, auf der Borke von Bäumen. Hier bilden sie langlebige, dauerhafte Gesellschaften, während sie, wenn sie einzeln zwischen höheren Pflanzen wachsen, wohl besser als Bestandteile der von diesen Pflanzen gebildeten Vergemeinschaftungen aufgefaßt werden sollten.

Ausgenommen werden müssen davon natürlich die Flechtengesellschaften, die sich auf der Borke der Stämme und Äste von Gehölzen entwickeln. Für diese Flechten bilden hauptsächlich Moose und in den Tropen epiphytische Farne, Bromelien und Orchideen ernsthafte Konkurrenten. Wie Degelius (1964) am Beispiel der Besiedlung junger Zweige der Esche *(Fraximus excelsior)* in Skandinavien zeigen konnte, beginnt der Flechtenwuchs bereits vom dritten bis fünften Internodium. Zuerst erscheinen Blattflechten, anschließend Krusten- und zum Schluß Strauchflechten. Am Stamm setzt bald eine Differenzierung in der Höhenschichtung ein, so daß sich typische Gesellschaften für die Stammbasis, für die Stammmitte und den Kronenbereich herausbilden. Für die Artenzusammensetzung der epiphytischen Flechtengesellschaften spielen die Umgebungsfaktoren eine große Rolle. So sind der *p*H-Wert der Borke, ihre Wasserhaltefähigkeit und ihr Mineralsalzgehalt für den Flechtenwuchs von Bedeutung.

Steinbewohnende Flechtengesellschaften können sich meist für einen längeren Zeitraum entwickeln. Einschränkend wirken hier Beschattung durch benachbarte, heranwachsende Bäume sowie die Anhäufung von Laub oder Feinerde. Unterschiede im floristischen Aufbau dieser Gesellschaften werden in erster Linie durch das Substrat bedingt. Auf Silikatgestein bilden sich andere Gesellschaften heraus als auf Kalkgestein. Durch Vogelexkremente auf Vogelsitzplätzen, aber auch durch Überwehung mit mineralsalzhaltigem Staub oder Feinsand in Wüsten und Halbwüsten können nitrophile Flechten gefördert werden. Neben diesen substratbedingten Differenzierungen gibt es jedoch auch noch eine mikroklimatisch bedingte Veränderung der Artenzusammensetzung dieser Pflanzengemeinschaften. So können auf den Granitblöcken des Brockenmassivs im Harz, auf den Kulm-, Neigungs-, Stirn-, Überhang- und Fußflächen der Granitblöcke jeweils verschiedene Flechtengesellschaften festgestellt werden. Auch diese steinbewohnenden Flechtengesellschaften unterliegen einer Sukzession, d. h., ihr Artengefüge ist einem ständigen Wandel unterworfen; dabei kann die Entwicklung zu neuen Gesellschaften erfolgen, sie kann aber auch zyklisch sein.

Flechtengesellschaften, die sich auf Steinen entwickeln, die zeitweise oder ständig von Wasser überspült werden, sind nicht selten. In schwedischen Seen kann man eine unterste, stets überflutete, schwärzliche Zone, in der meist *Verrucaria*-Arten dominieren, darüber eine braune Zone, die länger als 6 Monate im Jahr überflutet ist und von *Staurothele fissa* beherrscht wird, und schließlich eine hellbraune Zone, die nur 3 Monate überflutet ist mit *Lecanora lacustris*, unterscheiden.

Eine Zonierung gibt es auch bei marinen Flechtengesellschaften. Hier lassen sich 3 Hauptzonen unterscheiden. Einer Zone unterhalb der Hochwasserlinie mit *Verrucaria maura* und marinen Arten der Gattung *Arthopyrenia* folgt eine Zone, die durch hohe Wellen und Spritzer beeinflußt wird und in der schwarzgefärbte Flechten, wie *Lichina*-Arten und *Verrucaria maura*, vorherrschen. Über ihr befindet sich eine orangegefärbte Zone, in der *Caloplaca marina, Xanthoria parietina* und *Ramalina siliquosa* die häufigsten Flechten sind.

Erdbewohnende Flechtengesellschaften tragen vielfach Übergangscharakter, da sie von den Umweltfaktoren, zu denen auch die sie umgebenden höher und schneller wachsenden Pflanzen gehören, häufig rasch verändert werden. Langlebiger und auch eigenständiger sind diese Gesellschaften nur dort, wo die Standortfaktoren ein Aufwachsen der anderen Pflanzen hemmen. So entwickelt sich auf Erdrutschflächen oder zwischen Grashorsten in schnell austrocknenden Erdzwickeln in den Trockenrasen der Bunte Erdflechtenverein mit buntgefärbten Flechten, wie der schwarzgrauen *Toninia coeruleo-nigricans*, der orangefarbenen *Psora decipiens* und der gelben *Fulgensia fulgens*. An die Besonderheiten trockener Erdstandorte im Bereich der Steppen und Halbwüsten sind die Flechten in verschiedener Weise angepaßt. Die Wanderflechten liegen dem Substrat lose auf, rollen sich bei Trockenheit ein und werden so vom Wind oft weite Strecken fortgetragen, bis sie sich bei Befeuchtung wieder ausbreiten. In den Halbwüsten der Mongolei konnte immer wieder beobachtet werden, daß Krustenflechten vor allem die randlichen Partien der Unterseite kleiner Steine besiedelten, Stellen, an denen sich der nächtlich fallende Tau sammelt und zu denen noch genügend Licht gelangt. Auf kleinen Kieseln, bei denen das Licht durch den Stein hindurchdringt, kann die gesamte

Unterseite von Flechten besiedelt sein. Bei trockenen Dünensanden tragen Flechten oft zur Bodenfestigung bei. Es ist noch ungeklärt, ob die Flechten durch Ausscheiden antibiotisch wirkender Flechtensäuren den von ihnen eingenommenen Raum von anderen Pflanzen freihalten. Das Verhindern des Keimens von Samen der höheren Pflanzen könnte wesentlich zu einer Verlängerung der Lebensdauer epigäischer Flechtengesellschaften beitragen.

Lange Zeit wurde angenommen, daß Flechten wegen ihres langsamen Wachstums nicht auf den Schalen von Tieren zu wachsen vermögen. Man fand jedoch die Krustenflechte *Arthopyrenia sublitoralis* auf lebenden Strandschnecken *(Littorina litorea)* und Seepocken *(Balanus sulcatus)*. Die orangefarbene *Xanthoria elegans* konnte häufig auf abgenagten Knochen von Tierkadavern in den Halbwüsten der Mongolei gefunden werden. Die Laubflechte *Physcia picta* wuchs sogar auf dem Panzer einer Riesenschildkröte der Galapagosinseln und die Laubflechte *Parmelia reticulata* auf dem Panzer eines flugunfähigen Käfers. Die Lebenserwartung eines solchen Käfers, *Gymnopholis lichenifer*, der in den moosreichen Wäldern Neuguineas lebt, wird auf 10 Jahre geschätzt.

Zahlreiche Untersuchungen über die Flechtenverbreitung in Großstädten oder in der Nähe großer Industriewerke ergaben immer wieder eine Zonierung in einen flechtenfreien Bereich im Zentrum, einen Übergangsstreifen und in einen Bereich mit normal entwickelter Flechtenvegetation. Rydzak (1955), der Untersuchungen über die Flechtenverbreitung in polnischen Städten durchführte, glaubte, daß die Flechtenarmut auf das »Wüstenklima« der Städte zurückzuführen sei, während die meisten anderen Wissenschaftler die Ursache dafür in der Luftverunreinigung sehen. Es ist nicht zu bestreiten, daß die von Rydzak angeführten klimatischen Faktoren, auch das Entfernen alter, bodenständiger Bäume, die Möglichkeiten des Flechtenwuchses einschränken; die neusten Untersuchungen über die Flechtenvegetation von Großstädten und Industriegebieten zeigen jedoch sehr instruktiv die Wirkung schwefeldioxidhaltiger Luftverunreinigungen auf die Flechtenverbreitung. Experimentelle Untersuchungen ergaben, daß die Flechtenthalli, die bei optimalen Feuchtigkeitsbedingungen Schwefeldioxid ausgesetzt waren, einen dünneren und entfärbten Thallus entwickelten und eine stark herabgesetzte Photosynthese besaßen, während dieselben Flechten in schwefeldioxidfreier Atmosphäre Trockenperioden von über 3 Jahren ertragen konnten. Ähnliche Ergebnisse wurden bei Begasung verschiedener Flechten unter optimalen Feuchtebedingungen mit Schwefeldioxid erzielt. Als besonders empfindlich erwiesen sich *Pseudovernia furfuracea* und *Ramalina farinacea*, empfindlich reagierten unter anderem *Cetraria islandica*, *C. chlorophylla*, *Hypogymnia physodes* und *Cladonia rangiferina*, relativ unempfindlich waren *Umbilicaria hirsuta*, *Cladonia furcata* und *Parmelia saxatilis*.

Von den durch Schwefeldioxid hervorge-

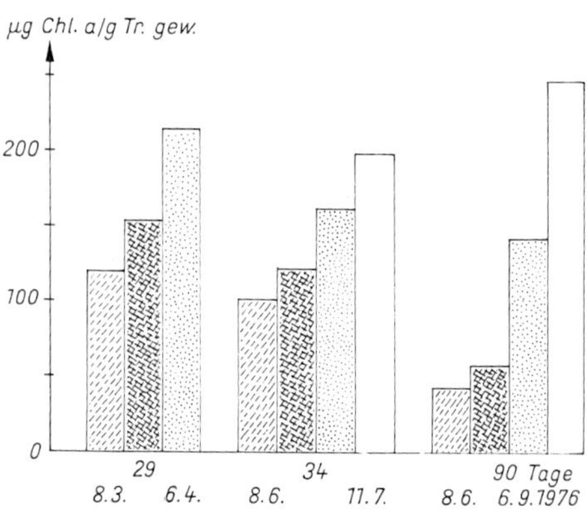

Chlorophyll a- und b-Gehalt in exponierten Proben von *Hypogymnia physodes* im Rauchschadengebiet der Dübener Heide

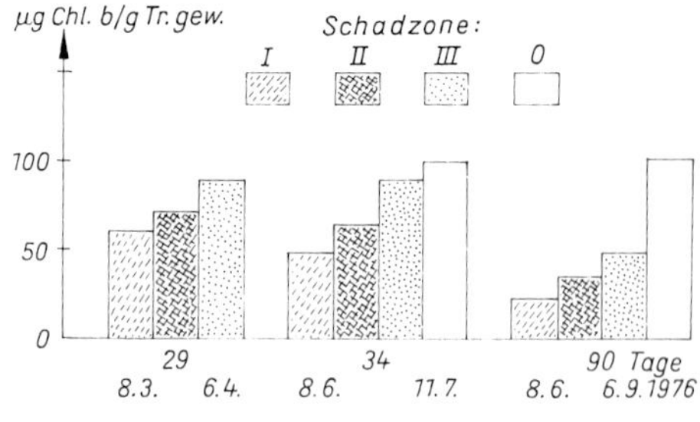

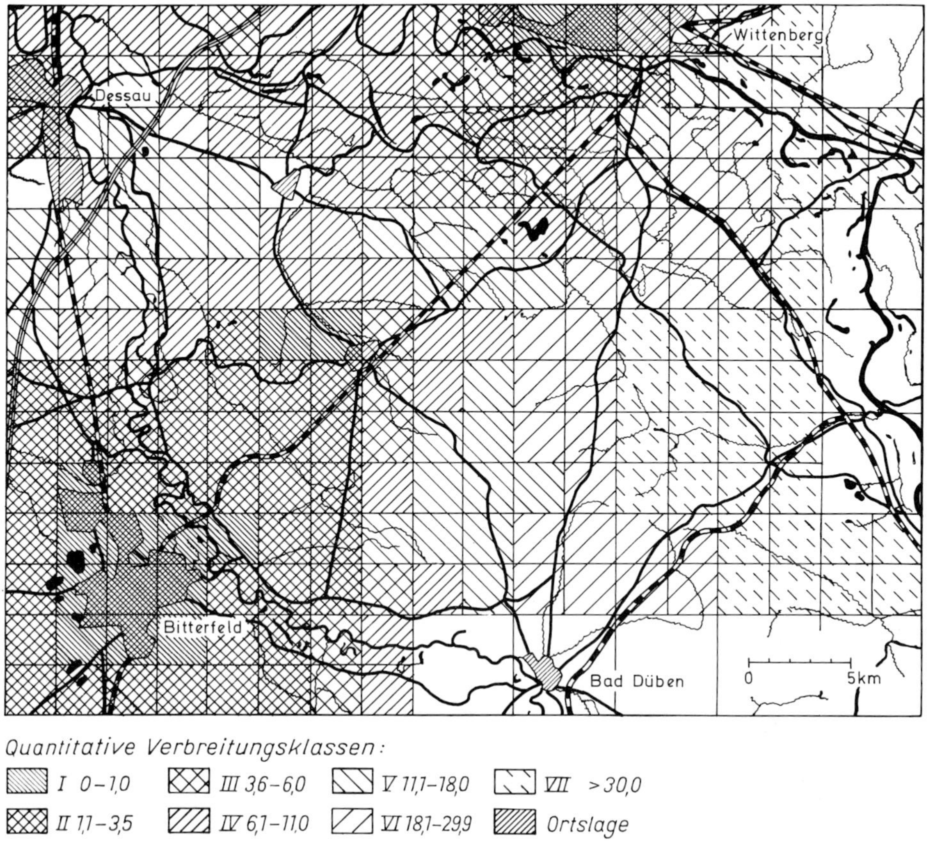

Verbreitung von *Lecanora conizaeoides* im Rauchschadengebiet der Dübener Heide

rufenen Schäden scheinen in erster Linie die Algensymbionten betroffen zu werden. In den Algenzellen wird durch Schwefeldioxideinwirkung Chlorophyll a in Phaeophytin a durch den Verlust von Magnesium umgewandelt. Die Algen sterben ab, und das Symbiosegleichgewicht zwischen Alge und Pilz wird zerstört. Die Flechte bleibt zwar äußerlich noch eine gewisse Zeit erhalten, sie zeigt auch noch eine Atmung, die vom Pilzsymbionten stammt, zerfällt aber schließlich ganz. Die bereits beschriebene Akkumulationsfähigkeit gegenüber Fremdstoffen mag diesen Vorgang beschleunigen. Flechten stellen deshalb ausgezeichnete Testobjekte, Bioindikatoren, zum Feststellen der für höhere Pflanzen noch unterschwelligen Rauchschäden dar.

Die Empfindlichkeit vieler Flechten gegenüber Luftverunreinigungen ist sicher ein wesentlicher Faktor, der neben den forstlichen Monokulturen und dem Trockenwerden der Landschaften den Rückgang vieler Flechten bewirkt. Es soll aber nicht verschwiegen werden, daß durch die vom Menschen hervorgerufenen Umwandlungen auch einige Flechtensippen in Ausbreitung begriffen sind.

Gegenüber radioaktiven Strahlungen scheinen, wie schon erwähnt, Flechten ungewöhnlich resistent zu sein. Sie ertragen Strahlungsintensitäten, die für alle anderen Pflanzen tödlich sind. Bei *Parmelia conspera* ergaben Versuche mit radioaktiven Bestrahlungen über eine Zeit von 6 Monaten erst bei 64000 r einen statistisch signifikanten Wachstumsrückgang. Gründe dafür mögen in der Tatsache liegen, daß sich die Flechten in trockenen Perioden in einem latenten Ruhezustand befinden, daß die chromosomale Struktur einfach und der Kernumfang sehr klein ist. Leider kann die Akkumulation radioaktiver Substanzen durch die Flechten auch nachteilige Folgen für den Menschen haben. Die arktischen Flechten, die durch die Kernwaffentests, wie geschildert, einen hohen Gehalt an radioaktivem Caesium und Strontium besitzen, werden von Rentieren gefressen, und die radioaktiven Substanzen gelangen über das Fleisch dieser Tiere in den Körper der Lappländer und Eskimos. Messungen ergaben, daß dies dazu führte, daß in den Körpern der Untersuchungspersonen bereits ein Drittel der maximal zulässigen Dosis an radioaktiver Substanz enthalten ist. Mit Aufhören der Atombombentests in der Atmosphäre erfolgte ein signifikanter Rückgang der radioaktiven Substanzen in den Flechten.

1944 wurde entdeckt, daß die Extrakte verschiedener ostnordamerikanischer Flechten das Wachstum von Bakterien behindern. Es wurde festgestellt, daß hauptsächlich die Flechtensäuren diese antibiotische Wirkung entfalten. Dabei verhalten sie sich meist inaktiv gegen gramnegative Bakterien, wie *Escherichia, Salmonella* und *Shigella*. Grampositive Bakterien werden dagegen durch Usninsäure, Protolichesterinsäure und einige Orcinolderivate mehr oder weniger stark im Wachstum gehindert. Die β-Orcinolderivate und die Pulverinsäuregruppe sind relativ inaktiv. Der meistversprechende Flechtenstoff ist die gelbe Usninsäure, die ein breites antibiotisches Spektrum besitzt. Er wirkt vor allem gegen *Mycobacterium* und hat als aktives Ingredienz der Usnosalbe im Usniplant und Binan in der Medizin Anwendung gefunden. Zur Gewinnung des Extrakts werden gelbe Sippen der Gattung *Cladonia* und *Cladonia rangiferina*, die Rentierflechte, verwendet.

Auch in der Bekämpfung von Pflanzenkrankheiten wird die antibiotische Wirkung der Flechtenstoffe genutzt. So wird ein Natrium-Usnat gegen den Tomatenkrebs *(Corynebacterium michiganensis)* angewendet. Gegen das Tabakmosaikvirus wirken Flechtensäuren wie Lecanorin- und Usninsäure. Der Mehltaupilz *Neurospora crassa* wird durch Usninsäure und Haematominsäure, ein monozyklisches Phenolderivat der Flechtendepside, stark gehemmt. Etwas ungewöhnlich ist der Effekt, den Usninsäure auf die Haut von Baumfällern in Kanada hatte, die ständig mit Flechten der Gattungen *Usnea* und *Evernia* in Berührung kamen und allergisch mit Hautausschlägen reagierten. Selbst ihre Ehefrauen zeigten, da sie mit dem Sorediensstaub der Flechten, der sich auf den Kleidungsstücken der Männer befand, in Berührung kamen, allergische Reaktionen.

Im Mittelalter wurden Flechten in der Volksmedizin viel gebraucht, so die Lungenflechte *(Lobaria pulmonaria)* wegen ihrer Ähnlichkeit mit den Lungenflügeln gegen Lungenleiden. *Parmelia sulcata*, eine häufige epiphytische Laubflechte der Bäume, verwendete man gegen Kopfbeschwerden. Ein weit verbreitetes Mittel gegen Tollwut war eine Mischung aus zu Mehl zermahlenen *Peltigera*-Arten und schwarzem Pfeffer. Deswegen werden die Flechten der Gattung *Peltigera* auch heute noch Hundsflechten genannt, da die Hunde oft Tollwutüberträger waren. Die für Tiere giftig wirkende *Letharia vulpina* benutzte man zum Töten von Wölfen und Füchsen, indem ihnen mit dieser Flechte versehene Köder vorgelegt wurden. Schließlich sei noch *Cetraria islandica*, das Isländische Moos, erwähnt, das wegen seines Gehalts an Cetrariasäure und Flechtenstärke gegen Diarrhöen und Verdauungsbeschwerden zur Anwendung kam.

Die Gewinnung von Farbstoffen aus Flechten hat seit der Entwicklung der Anilinfarben kaum noch Bedeutung. *Rocella-, Ochrolechia-* und *Lecanora*-Arten bilden das Ausgangsmaterial für die Farbstoffe Orseille und Lackmus. Aus erstem erhielt man durch Extraktion mit Wasser und Eindampfen Orseillekarmin, durch Zermahlen ein feines, violettes Pulver, das Orseilleviolett, durch Abscheiden gewisser Flechtensäuren den Französischen Purpur. Die Stoffe färbten Seide und Wolle mit satten, feurigen Farben, waren aber wenig lichtbeständig. Extrakte verschiedener Arten der Gattungen *Evernia, Parmelia* und *Ramalina* enthalten essentielle Öle und Derivate von Depsiden, die für Seifen- und Parfümherstellung in Südfrankreich und Jugoslawien heute noch benutzt werden. Vermutlich wegen ihrer antibiotisch wirkenden Flechtenstoffe wurden Flechten zum Einwickeln von Mumien im alten Ägypten verwendet.

Als Nahrungsmittel für den Menschen kommt nur wenigen Flechten eine gewisse Bedeutung zu. Die Wanderflechten, *Lecanora esculenta*, die in den Steppengebieten Kirgisiens, der Krim, Kleinasiens, Irans und Nordafrikas den Boden stellenweise bis 15 cm hoch bedeckten, wurden zur Bereitung eines Brotes, des sogenannten Tatarenbrotes, genutzt und stellen wohl das berühmte Manna der alten Israeliten dar. Heute wird diese Flechte nur noch von Schafen abgeweidet. Eine gewisse ökonomische Bedeutung besitzt noch *Gyrophora esculenta*, die in Japan Iwatake genannt und als Salat oder, in Fett gebraten, als Delikatesse gegessen wird.

Wesentlich wichtiger sind die Flechten als Nahrung für die Tiere. So bildet die Rentierflechte, *Cladonia rangiferina*, im Winter im hohen Norden fast das einzige Nahrungsmittel für die Rentiere und schafft dadurch erst die Vorbedingungen für die Besiedlung dieser Gegenden.

Viele Schnecken, Käfer und Tardigraden fressen Flechten. Sie vermögen durch das Sekret Lichenase, das Lichenin in Glukose spaltet, diese zu verwerten.

Die gelegentlich geäußerte Behauptung, daß ein Flechtenbesatz für einen Baum schädlich sei, ist wohl nur in seltensten Fällen zutreffend, obwohl Pilzhyphen der Flechten bis ins lebende Holz des Wirtsbaums vordringen können. Einem jungen, im Wachstum befindlichen Baum wird ein mittlerer Flechtenbesatz kaum schaden, altersschwache und kranke Bäume erleiden allerdings bei übermäßigem Bewuchs mit Flechten gewisse Schädigungen.

Das System der Flechten

In neuerer Zeit setzt sich auch bei den Lichenologen immer mehr die Ansicht durch, daß die Flechten in ihren systematischen Aufgliederungen dem System der Pilze angeschlossen werden müssen. Da jedoch die Pilzsymbionten oft noch sehr wenig in ihrer Entwicklung und Struktur, bekannt sind und die Flechten viele eigenständige Baumerkmale besitzen, bleibt eine Eingliederung in die bestehenden Kategorien der Pilze vielfach unbefriedigend.

Vor die Flechten, die Schlauchpilze (Ascomyceten) oder Ständerpilze (Basidiomyceten) als Mycobionten besitzen, ist die Flechte *Geosiphon pyriforme* zu stellen. Ihr Pilzsymbiont, früher zu den Algenpilzen, den Phycomyceten, gerechnet, ist leider zu schlecht bekannt, als daß die Einordnung in eine der neueren Klassen sicher möglich wäre. Vielleicht gehört er zu den Jochpilzen (Zygomycetes). Sein Myzel ist nicht durch Querwände gegliedert. Die Hyphen besitzen am Ende blasenförmige Auftreibungen, in denen endozellulär Blaualgen der Gattung *Nostoc* leben. Die Flechte ist im Flachland auf Erdböden relativ selten zu finden.

Klasse Ascomycetes

Die Fruchtkörper dieser Pilzklasse und der dazugehörenden lichenisierten Pilze enthalten Schläuche (Asci).

Unterklasse Lecanoromycetidae. Diese Unterklasse umfaßt nur lichenisierte Pilze, deren Schläuche relativ einfach gestaltet sind, sich nicht mit einem Deckelchen öffnen (inoperculat), aber an der Spitze eine amyloide Apikalstruktur besitzen. Sie weisen oft eine dicke Wand auf und können sogar bedingt bitunikat sein, wobei sich aber die Innenwand nur geringfügig dehnt. Die relativ einfache Ascustruktur (Archaeascus) gilt für die meisten der großflächigen Blattflechten, die Mehrzahl der Strauchflechten und viele Krustenflechten, deren Fruchtkörper Apothecien sind. Die Fruchtkörper sind langlebig, das Hymenium stark gallertartig und die Paraphysen durch die Gallerte verklebt. Die Entwicklung der Apothecien erfolgt ascohymenial, gymnokarp oder hemiangiokarp.

Ordnung Lecanorales. Sie ist eine noch relativ inhomogene Ordnung, die jedoch durch die für die Unterklasse geschilderten Baumerkmale der Fruchtkörper zusammengefaßt werden kann. Es sind Entwicklungsreihen von krustigen Formen zu höher entwickelten Thalli zu erkennen.

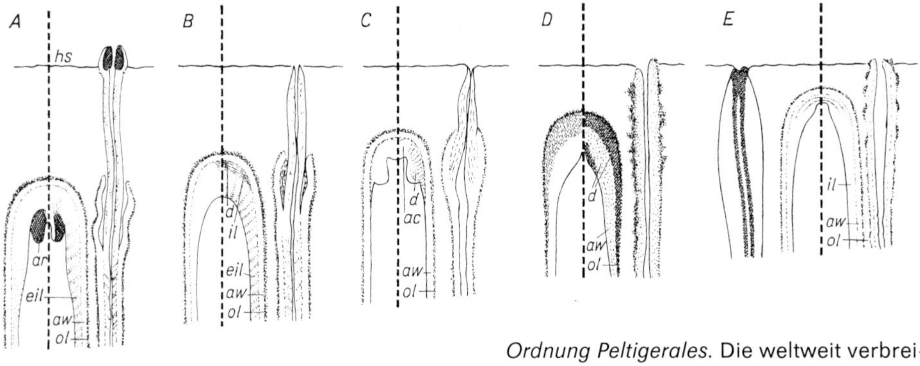

Ascustypen bei Flechten. A Petigeratyp, B Rhizocarpontyp, C Lecanoratyp, D Teloschistestyp, E Pertusariatyp, ar Zone mit amyloider Reaktion, ac Apikalpolster, aw Ascuwand, d Apikaldominanz, eil dehnbare, innere Schicht, hs Hymeniumoberfläche, il innere Schicht, ol äußere Schicht

Unterordnung Lecanorinae (Merkmale wie Ordnung)

a) Familien mit kokkalen Grünalgen als Symbionten:
Lecanoraceae, Parmeliaceae, Usneaceae, Ramalinaceae, Acarosporaceae, Umbilicariaceae, Lecideaceae, Cladoniaceae, Stereocaulaceae, Candelariaceae, Baeomycetaceae
b) Familien mit Blaualgen als Symbionten:
Collemataceae, Heppiaceae, Pannariaceae, Coccocarpiaceae, Arctomiaceae

Unterordnung Lichinieae. Die Fruchtkörperentwicklung kann sehr unterschiedlich sein, sie erscheint jedoch meist gymnokarp; es bilden sich Apothecien, wenn auch mit enger Öffnung. Die Asci sind weitgehend protunikat. Sie stellen braune oder schwärzliche Gallertflechten dar, die Gestein, Erde, Rinde oder Moose besiedeln.
Familie Lichinaceae

Unterordnung Physciineae. Die Flechten sind weltweit verbreitet. Sie haben placoide, blättrige oder strauchige Lager, z. T. handelt es sich um Flechtenparasiten. Die Fruchtkörper entwickeln sich gymnokarp oder hemiangiokarp. In den dickwandigen, mit amyloider Ringstruktur versehenen Asci werden meist 2zellige Sporen gebildet.
Familie Physciaceae

Ordnung Peltigerales. Die weltweit verbreiteten Flechten kommen auf Rinde, Gestein oder Erde vor. Der Thallus ist ein- oder beidseitig berindet oder radial gebaut und besitzt oft Cyphellen oder Pseudocyphellen. Isidien, Sorale und Cephalodien kommen bei vielen Arten vor. Die durch amyloide Apikalstruktur ausgezeichneten Asci können begrenzt bitunikat sein, d. h., der Endoascus verlängert sich bei der Sporenleerung in geringem Maße. Die Fruchtkörperentwicklung ist hemiangiokarp. Phycobionten sind Grün- oder Blaualgen.
Familien: Placynthiaceae, Peltigeraceae, Stictaceae

Ordnung Teloschistales. Es handelt sich um Krusten-, Blatt- und Strauchflechten der arktischen und gemäßigten Zone, deren Lager meist eine gelbe bis orange Farbe aufweist und sich mit Kalilauge violett färbt (Parietin). Die Sporen sind polarzweizellig.
Familie Teloschistaceae

Ordnung Pertusariales. Die weit verbreiteten Flechten der außertropischen Zone bilden vielfach Sorale, Isidien und Cephalodien. Die Fruchtkörperentwicklung ist hemiangiokarp, die Asci selbst sind begrenzt bitunikat. Von den Paraphysoiden wird ein Epithecium gebildet.
Familien: Pertusariaceae, Trapeliaceae

Unterklasse Euascomycetidae. Die Pilze dieser Unterklassen zeichnen sich durch einen ascohymenial angelegten Fruchtkörper aus. Sie können Apothecien, Hysterothecien oder Perithecien entwickeln. Das Ascokarp sit hemiangiokarp oder angiokarp, die Schläuche sind in der Regel dünnwandig und ohne amyloide Apikalstrukturen protunikat, unitunikat oder bitunikat.

Ordnung Caliciales. Die in der temperier-

ten und montan-tropischen Zone weltweit verbreiteten Pilze sind nur z. T. lichenisiert und umfassen Krustenflächen bis zu hochdifferenzierten Strauchflechten mit Podetien der verschiedenen Wuchsformen. Die Fruchtkörper entwickeln sich hemiangiokarp, bilden Apothecien, seltener Hysterothecien. Die Asci sind protunikat und zerfallen vor der Sporenreife, sie bilden mit Sporen und Paraphysen das staubförmige, für die Ordnung charakteristische Mazaedium am oberen Teil des Fruchtkörpers, der dem ascohymenialen Entwicklungstyp angehört.
Familien: Caliciaceae, Cypheliaceae, Sphaerophoraceae

Ordnung Gyalectales. Die unscheinbaren Krustenflechten kommen auf Erde, Rinde, Gestein vor allem der gemäßigten Zonen vor. Die hemiangiokarpen Apothecien werden ascohymenial angelegt und sind jung krugförmig eingesenkt. Die unitunikaten, amyloiden Asci haben gleichmäßig dünne Wände. Das Excipulum ist gallertig und schalenförmig.
Familie Gyalectaceae

Ordnung Ostropales. Die Krustenflechten besitzen sich ascohymenial und hemiangiokarp entwickelnde Apothecien mit weit offenen und flachen bis eng urnenförmig vertieften Scheiben. Sie sind meist in das Lager oder im Lager eingesenkt. Zwischen Hymenium und Gehäuse oder zwischen Gehäuse und Lagerrand sind Ringspalten ausgebildet. Die unitunikaten, nicht amyloiden Asci besitzen apikal verdickte Wände.
Familien: Ostropacaceae, Thelotremataceae, Asterothyriaceae

Ordnung Graphidales. Die weit verbreiteten Rindenflechten kommen besonders in Tropen und Subtropen vor. Die sich ascohymenial entwickelnden Fruchtkörper sind meist Hysterothecien. Die Ontogenie der Ascokarpe ist hemiangiokarp, die Asci selbst sind unitunikat und gelegentlich amyloid.
Familie Graphidaceae

Ordnung Sphaeriales. Die vorwiegend in den Tropen anzutreffenden Krustenflechten besitzen ascohymeniale Perithecien, deren Ontogenie angiokarp ist. Die Asci sind unitunikat. Die Fruchtkörper haben eine Eigenwand und echte Paraphysen.
Familie Porinaceae

Ordnung Pyrenulales. Die hauptsächlich in den Tropen und Subtropen verbreiteten Krustenflechten entwickeln ascohymenial, aber angiokarp Perithecien, die aufrecht, schräg oder horizontal einzeln oder in Gruppen in den Thallus inseriert sein können. Das Gehäuse ist oft verkohlt und durch die Einlagerung von Calciumoxalatkristallen ausgezeichnet. Die Asci sind bitunikat.
Familien: Pyrenulaceae; ob hierher die Microglaenaceae und die Strigulaceae zu stellen sind, ist fraglich.

Ordnung Verrucariales. Die Flechten unterschiedlicher Wuchsform kommen in der arktischen bis gemäßigten Zone vor. Die eingesenkten oder aufsitzenden Perithecien haben eine dicke Eigenwand, entwickeln sich ascohymenial oder angiokarp. In die Höhlung reichen Periphysen. Paraphysen fehlen. Die Asci sind bitunikat und nicht amyloid.
Familien: Verrucariaceae, Dermatocarpaceae

Unterklasse Loculoascomycetidae. Die Fruchtkörper dieser Pilze entwickeln sich ascolocular. Die Asci sind stets bitunikat und regelmäßig oder unregelmäßig in einem Ascostroma angeordnet.

Ordnung Arthoniales. Die Flechten verschiedener Wuchsformen mit Apothecien oder Hysterothecien entwickeln sich ascolocular und hemiangiokarp. Charakteristisch sind die nicht amyloiden, bitunikaten Asci, die einen dickwandigen Exoascus besitzen.
Familien: Arthoniaceae, Rocellaceae, Lecanactidaceae, Opegraphaceae

Ordnung Pleosporales. Die primitiven Krustenflechten mit sich ascolocular entwickelnden Perithecien kommen auf Rinde und Gestein vor. Die Asci sind bitunikat mit dünnem Exoascus.
Familie Arthopyreniaceae

Ordnung Dothideales. Die schwach lichenisierten Pilze wachsen auf Rinde und Gestein, ein eigentlicher Thallus fehlt. Die Ascostromata sind meist mono-, seltener plurilocular, die Asci bitunikat und dickwandig.
Familie Mycoporaceae

Klasse Basidiomycetes

Die Fruchtkörper dieser Pilzklasse enthalten Ständer (Basidien), an denen sich durch Ausstülpung auf kürzeren oder längeren Stielen (Sterigmen) die Basidiosporen bilden. Die lichenisierten Vertreter sind in ihrer systematischen Stellung noch sehr umstritten. Entweder ist der Pilz ungenügend in seiner Struktur und Entwicklung bekannt, oder die Berechtigung einer eigenen Familie ist noch nicht erwiesen, so daß er den bestehenden Familien angeschlossen wird.

Ordnung Agaricales. Die Fruchtkörper sind mehr oder weniger klar in Hut und Stiel gegliedert, einjährig, von fleischiger oder zähfleischiger Konsistenz.

Familie Tricholomatadeae

Ordnung Cantharellales. Die Fruchtkörper sind verschieden geformt, hutförmig, mit am Stiel herablaufendem Hymenophor, keulenförmig oder verzweigt.

Familie Clavariaceae

Ordnung Poriales. Die Fruchtkörper sind ein- bis mehrjährig, meist konzentrisch gezont, ohne Haut und i. d. R. ohne Lamellen.

Familien: Thelephoraceae, Herpothallaceae

Klasse Deuteromycetes (Fungi imperfecti)

Hierher gehören die unvollkommenen Lichenisierungen, die oft lockere, pulverige bis kleiige Krustenflechten ergeben, bei denen bisher keine Fruchtkörperbildung beobachtet werden konnte. Sie nehmen an Bäumen, Holz und Felswänden, auch auf Erde oft große Flächen ein und werden bevorzugt nach ihrer Farbe unterschieden.

Typische Gattung: *Lepraria*

Glossarium

Aecidie becherförmiges Gebilde der Rostpilze auf Organen höherer Pflanzen, in dem die Aecidiosporen entwickelt werden
Aecidiosporen Sporenform der Rostpilze
aerob auf Sauerstoff angewiesen
Amphimixis echte geschlechtliche Fortpflanzung, im Gegensatz zu der Apomixis
anaerob nicht auf Sauerstoff angewiesen
Anisogamie Befruchtung durch physiologisch und morphologisch verschiedenartige Gameten; siehe Isogamie
Antheridium männliches Geschlechtsorgan (siehe Gametangium), Bildungsort der männlichen Fortpflanzungszellen
Aplanosporen unbewegliche, geißellose ungeschlechtliche Sporen, im Gegensatz zu den Planosporen
Apogamie siehe Apomixis
Apomixis Fortpflanzung, die (scheinbar geschlechtlich) ohne Befruchtung mit oder ohne die Meiose vor sich geht
Apothecium flacher, scheiben- oder becherförmiger Fruchtkörper der Ascomyceten mit freiliegendem Hymenium
Archegonium weibliches Geschlechtsorgan (siehe Gametangium); Bildungsort der Eizellen
Ascogon rundliches, vielkerniges weibliches Gametangium der Ascomyceten, in dem die Karyogamie stattfindet
Ascus Sporangium der Ascomyceten, in dem unter der Meiose die meist 8 haploiden Ascosporen gebildet werden
Ätiologie Lehre von den Krankheitsursachen
Autotrophie Fähigkeit der Pflanzen, sich nur von anorganischen Stoffen zu ernähren
Basidie Hyphenteil der Basidiomyceten, an dem nach Verschmelzung der haploiden Kerne und der Meiose die meist 4 Basiosporen gebildet werden
Benthos Lebensgemeinschaft der am Grunde von Gewässern lebenden Organismen
Brandsporen derbwandige Dauersporen der Brandpilze
Chlamydosporen durch Umwandlung aus vegetativen Zellen hervorgegangene, meist derbwandige Dauersporen
Chloroplasten chlorophyllhaltige Plastiden, die in Ein- oder Mehrzahl in Algenzellen (nicht bei Blaualgen!) vorkommen; Ort der Photosynthese
Chromatophoren siehe Chloroplasten
Chromosomen Bestandteile des Zellkerns, in denen der größte Teil der Erbsubstanz (DNS) konzentriert ist
Coenobie(-bium) Zellverband; Vereinigung von gleichwertigen einzelligen Organismen
Coenocyt vielkernige Protoplasmamasse (z. B. bei Cladophore, vielen Pilzen)
Cystiden größere sterile Endhyphen in den Hymenien der Basidiomyceten
dichotom gabelig, in 2 gleichwertige Teile (Äste) verzweigt
diploid Kern, der mit 2 gleichartigen (homologen) Chromosomensätzen versehen ist

Diplont Organismus, der, außer in seinen Gameten, stets diploid ist; siehe Haplont

endobiotisch innerhalb eines anderen Organismus lebend

Endoplasmatisches Retikulum (ER) komplexes System von Doppelmembranen, das das Zytoplasma der Zellen durchzieht

epibiotisch auf anderen Organismen lebend

eukaryotisch einen echten Zellkern enthaltend

Gametangiogamie Sonderfall der geschlechtlichen Fortpflanzung, bei der keine Gameten, sondern vielkernige Gametangien miteinander verschmelzen; isogame Gametangiogamie z. B. bei Mucor; anisogame Gametangiogamie bei Ascomyceten

Gametangium Zelle (Geschlechtsorgan) in der männliche oder weibliche Geschlechtszellen gebildet werden

Gamet(en) haploide Keimzellen (Fortpflanzungszellen), deren Kern und (häufig) auch das Zytoplasma mit dem eines anderen Gameten verschmilzt (Befruchtung)

Gametogamie Zell- und Kernverschmelzung zweier einkerniger Gameten

Gametophyt haploide Kernphase im Lebenszyklus der Pflanzen, in der die Keimzellen gebildet werden

Gemmen Dauersporen bei Pilzen

Generationswechsel Wechsel verschiedener Generationen im Lebenszyklus eines Organismus. Die Generationen können gleichgestaltet (isomorpher G.) oder verschiedengestaltet (heteromorpher G.) sein. In vielen Fällen ist der Generationswechsel (mit oder ohne Gestaltwechsel) mit einem Wechsel der Kernphase (haploid-diploid) verbunden (antithetischer G. bei geschlechtlicher Fortpflanzung)

Gleba gekammerte Gewebemasse im Inneren der Fruchtkörper mancher Pilze

Golgiapparat aus parallel angeordneten, sackartige Hohlräume (Zisternen) begrenzenden Membranpaaren und Bläschen bestehendes Zellorganell

Gonidien Sporen, die nicht in Beziehung zum Kernphasenwechsel stehen oder die Algen innerhalb des Flechtenkörpers

Gramfärbung Färbemethode zur Unterscheidung von (grampositiven und gramnegativen) Bakterien

haploid nur mit einem Chromosomensatz versehen

Haplont haploider Organismus, dessen diploide Phase auf die Zygote beschränkt ist; siehe Diplont

Haustorium zum Saugorgan umgewandelter Teil parasitischer Pflanzen

heterokont ungleich begeißelt

Heterotrophie Ernährung, bei der von anderen Organismen gebildete organische Stoffe benötigt werden

Heterozyste umgewandelte Zelle bei Blaualgen

Hormogonien der Fortpflanzung dienende Fadenstücke bei Blaualgen

Hymenium aus Asci oder Basidien und sterilen Hyphen zusammengesetzte besondere Schicht in den Fruchtkörpern von Asco- und Basidiomyceten

Hymenophor Träger des Hymeniums

Hyphen Pilzfäden; fädiges Thallus der Pilze

Involutionsformen abgewandelte Zellformen bei Bakterien

Isidien der vegetativen Vermehrung dienende Thallusteile bei Flechten

Isogamie Befruchtung durch Vereinigung äußerlich gleicher Gameten; nicht häufig (z. B. bei Grünalgen, Pilzen); siehe Anisogamie

isokont gleichartig begeißelt

Kalyptra Haube an verschiedenen Pflanzenorganen

Karpogon Gametangium der Rotalgen

Karyogamie Kernverschmelzung

Kauloid sproßähnliches Organ bei niederen Pflanzen

Kolumella steriles Säulchen in Fortpflanzungsorganen

Konidien Außen durch Abschnürung oder Sprossung entstehende Sporen

Konjugation 1. Verschmelzung von frei- und nicht-freischwimmenden Gameten, besonders bei der Isogamie (Zygophyta).
2. Vereinigung zweier Zellen gewisser Bakterien (z. B. Escherichia) zur Übertragung von genetischem Material von einer, der Donarzelle, zur anderen, der Empfängerzelle

Kopulation Verschmelzung von Geschlechtszellen

limnisch auf Süßwasser bezogen, im Süßwasser lebend

Litoral Uferzone

Meiose Reduktions-, Reifeteilung; zwei aufeinanderfolgende Zellteilungen, die zur Halbierung der Anzahl der in der diploiden Mutterzelle vorhandenen Chromosomen führt. Die 4 Tochterzellen sind haploid.

Mitochondrien mikroskopisch kleine, körnchen- bis fadenförmige Zellorganellen, in denen wichtige Stoffwechselvorgänge ablaufen (nicht bei Bakterien und Blaualgen)

Mitose normale Kernteilung (Karyokinese)

Monosporen ohne Reduktionsteilung entstehende Sporen

Mutation, Mutante sprunghafte erbliche Abweichung

Myzel Gesamtheit der Hyphen bei Pilzen

Nekrose absterbendes Pflanzengewebe im lebenden Organismus

nm, Nanometer 0,000 000 001 m

Ökotyp umweltbedingte erbliche Variante innerhalb einer Art

Oogamie Befruchtung einer großen unbeweglichen Eizelle durch eine kleinere bewegliche Samenzelle

Oogon(-ium) weibliches Geschlechtsorgan aus einer Zelle, das eine oder mehrere Eizellen (Oosphären) enthält

Oogoniogamie Befruchtung des Oogoniums ohne Ausbildung weiblicher Gameten durch Spermatozoiden

Oosphäre kugelig geformte weibliche Fortpflanzungszelle bei Algen und anderen Pflanzengruppen

Pädogamie Verschmelzung von Gameten ein- und desselben Individuums; siehe Parthenogamie

parasitisch auf Kosten anderer Organismen lebend

Parthenogamie Verschmelzung von Schwesterkernen; siehe Pädogamie

Parthenogenese Entwicklung einer unbefruchteten Eizelle

pathogen krankheitserregend

Peridie Sporangienhülle der Schleimpilze; Fruchtkörperhülle der Pilze

Periphysen sterile Hyphen in den Fruchtkörpern bestimmter Pilze

Perithecium Fruchtkörperform der Schlauchpilze

phänotypisch im Zusammenspiel von Erbanlagen und Umwelt entstanden, erscheinungsbildlich

Phagozytose Aufnahme von festen Nahrungsteilchen durch eine Zelle

phototroph bei der Ernährung auf Licht angewiesen

Phylloid blattähnliches Organ bei niederen Pflanzen

phylogenetisch auf die Abstammung bezogen

phytopathogen Pflanzenkrankheiten hervorrufend

Plankton Lebensgemeinschaft der in den Gewässern frei schwebenden Organismen

Plasmodium aus nackten Einzelzellen bestehender einheitlicher Körper

Plasmogamie siehe Somatogamie

Plectenchym ein Scheingewebe, das aus dicht miteinander verflochtenen Pilzhyphen besteht

Pleomorphie Verschiedengestaltigkeit, die meist durch Umweltbedingungen, Alter usw. hervorgerufen wird

protokaryotisch keinen echten Zellkern enthaltend

Pseudothecium besondere Form des Fruchtkörpers bei Pilzen

Pyknidie besondere Form des Fruchtkörpers bei Pilzen, vor allem bei Brandpilzen, in der sehr viele kleine, einkernige Konidien erzeugt werden

Pyknosporen in den Pyknidien erzeugte Sporen

Pyrenoide in den Chloroplasten befindliche eiweißreiche Körperchen, an die sich Stärkekörnchen anlagern

Reduktionsteilung siehe Meiose

Rhizinen in das Substrat eindringende Hyphenstränge bei Flechten

Rhizoid wurzelähnliches Organ bei niederen Pflanzen

saprophytisch auf totem organischen Substrat lebend

Septen Querwände

siphonal Bezeichnung für einen vielkernigen Thallus, bei dem der Protoplast nicht durch Querwände unterteilt ist

Sklerotium verfestigtes Dauermyzel der Pilze

Somatogamie Extremfall der geschlechtlichen Fortpflanzung, bei der normale Körperzellen miteinander verschmelzen (auch Plasmogamie); charakteristisch für Basidiomyceten

Sorale Entstehungsort der Soredien

Soredien Vermehrungskörper der Flechten, die aus Pilzfäden und Algen bestehen

Spermatium passiv bewegte (geißellose) männliche Keimzelle bei Rotalgen und einigen Pilzen

Spermatozoid meist begeißelte, frei bewegliche männliche Keimzelle

Spermogonien Bildungsorte der Spermatien

Sporangium Bildungsort und Behälter der Sporen

Sporen ungeschlechtliche Fortpflanzungszellen

Sporophyt Pflanze, auf der die Sporen gebildet werden

Stroma farblose Grundmasse der Chloroplasten oder steriler Hyphenverband bei Pilzen, in dem die Fruchtkörper liegen

Symbiose mit Vorteilen für beide Partner verbundenes Zusammenleben verschiedener Organismen

Syngamie Vereinigung der Gameten bei der Befruchtung

Teleutosporen besondere Sporenform bei Pilzen mit 2 Kernen, die nach einem Ruhestadium vor der Keimung verschmelzen

Tetrasporen in Vierzahl in einem Sporangium gebildete unbewegliche Sporen

Thallus Lager; der nicht in Sproßachse, Blätter und Wurzeln gegliederte Körper der niederen Pflanzen

Toxine von Pflanzen und Tieren gebildete Gifte

Trama Grundgeflecht des Hymenophors bei Pilzen

Trichogyne besonderes Empfängnisorgan bei Algen und Pilzen

Trichome haarartige Anhangsgebilde

Uredosporen paarkernige Sommersporen der Rostpilze, die gleich nach der Reife auskeimen

Vakuole mit Zellsaft gefüllter Raum in der Zelle

Volutin in Form von Körnchen auftretendes Reserveeiweiß bei Mikroorganismen

Zoosporen nackte, frei bewegliche, meist begeißelte Sporen

Zygospore mit einer stärkeren Wand versehene, der Überdauerung oder Verbreitung dienende Zygote

Zygote Verschmelzungsprodukt der verschiedengeschlechtlichen Gameten

Literatur

Im Literaturverzeichnis ist nur eine Auswahl umfassender Veröffentlichungen enthalten. Die Vielzahl der in den Fachzeitschriften des In- und Auslandes verstreuten speziellen Publikationen, die für die Abfassung des vorliegenden Bandes berücksichtigt wurden, kann hier im einzelnen nicht angeführt werden.

Abercrombie, M., C.J. Hickmann, M.L. Johnson: Taschenlexikon der Biologie. Stuttgart 1971

Ahmadjian, V.: The Lichen Symbiosis. Massachusetts 1967

Ainsworth, G. C.: Dictionary of the Fungi. 6. Aufl., Kew 1971

Ainsworth, G. C., A. S. Sussman: The Fungi. An Advanced Treatise. I–IV. New York 1965–1973

Alexopoulos, C.J.: Einführung in die Mykologie. Stuttgart, Jena 1966

Arx, J. A. von, E. Müller: Die Gattungen der amerosporen Pyrenomyceten. Bern 1954

Arx, J. A. von: Pilzkunde. 3. Aufl., Vaduz 1976

Arx, J.A. von: Plant Pathogenic Fungi. Berlin, Stuttgart 1987

Barnett, H.L.: Illustrated Genera of Imperfect Fungi. Minneapolis 1960

Barron, G. L.: The genera of hyphomycetes from soil. Baltimore 1968

Beer, J.: Infektionskrankheiten der Haustiere. 3. Aufl., Jena 1987

Bergey's Manual of Systematic Bacteriology. 9. Aufl., Baltimore 1984

Bierwolf, D.: Viren – das geborgte Leben. 2. Aufl., Leipzig 1974

Blumer, S.: Echte Mehltaupilze. Jena 1967

Bold, H. C., M. J. Wynne: Introduction to the algae. Structure and reproduction. Englewood Cliffs 1978

Brandenburger, W.: Parasitische Pilze an Gefäßpflanzen in Europa. Stuttgart, New York 1985

Brandis, H., H. J. Otte: Lehrbuch der Medizinischen Mikrobiologie. 5. Aufl., Stuttgart, New York 1984

Cetto, B.: Der große Pilzführer. Bd. 1–3. München, Bern, Wien 1979–1980

Cox, E. R. (Ed.): Phytoflagellates. (Developments in marine biology vol. 2) New York, Amsterdam, Oxford 1980

Cummins, G. B., Y. Hiratsuka: Illustrated Genera of Rust Fungi. 2. Aufl., St. Paul 1983

Dennis, R. W. G.: British Ascomycetes. 2. Aufl., Lehre 1968

Domsch, K. H., W. Gams: Pilze aus Agrarböden. Jena 1970

Drebes, G.: Marines Phytoplankton. Eine Auswahl der Helgoländer Planktonalgen (Diatomeen, Peridineen). Stuttgart 1974

Engel – Gröger: Pilzwanderungen. Eine Pilzkunde für jedermann. 21. Aufl., Wittenberg 1984

Esser, K.: Kryptogamen. Cyanobakterien Algen Pilze Flechten. Berlin, Heidelberg, New York, Tokyo 1986

Ettl, H., J. Gerloff, H. Heynig, D. Mollenhauer (Hrsg.): Süßwasserflora von Mitteleuropa. Jena, Stuttgart 1978ff.

Ettl, H.: Grundriß der allgemeinen Algologie. Jena 1980
Fraenkel-Conrat, H.: Chemie und Biologie der Viren. Jena 1974
Fuller, M. S., A. Jaworski: Zoosporic Fungi in Teaching and Research. Athens/USA 1987
Gams, H.: Kleine Kryptogamenflora. Bd. III. Flechten. Jena 1967
Gams, H.: Kleine Kryptogamenflora. Bd. Ia. Makroskopische Süßwasser- und Luftalgen. Stuttgart 1969
Gams, H.: Kleine Kryptogamenflora. Bd. Ib. Makroskopische Meeresalgen. Stuttgart 1974
Geißler, E.: BI-Lexikon Virologie. Leipzig 1986
Gemeinhardt, H.: Endomykosen. Jena 1988
Grafe, A.: Viren, Parasiten unseres Lebensraumes. Berlin, Heidelberg, New York 1977
Gray, W. D., C. J. Alexopoulos: Biology of the Myxomycetes. New York 1968
Hawker, L. E., A. H. Linton, B. F. Folkes, M. J. Charlile: Einführung in die Biologie der Mikroorganismen. Stuttgart 1962
Henssen, A., H. M. Jans: Lichenes. Stuttgart 1974
Hoek, Ch. van den: Algen. Einführung in die Phykologie. Stuttgart 1978
Horsch, F.: Allgemeine Mikrobiologie und Tierseuchenlehre. 2. Aufl., Jena 1987
Horzinek, M.: Kompendium der allgemeinen Virologie. 2. Aufl., Berlin, Hamburg 1985
Irvine, D. E. G., D. M. John (Ed.): Systematics of the green algae (The systematics association special volume no. 27). London, Orlando, San Diego, New York, Toronto, Montreal, Sydney, Tokyo 1984
Jahn, H.: Pilze, die an Holz wachsen. Herford 1979
Jawetz, E., J. L. Melnick, E. A. Adelberg: Medizinische Mikrobiologie. 5. Aufl., Berlin, Heidelberg, New York 1980
Jühlich, W.: Die Nichtblätterpilze, Gallertpilze und Bauchpilze, in: Kleine Kryptogamenflora, Bd. IIb/1, Jena 1984
Kandler, O., W. Zillig: Archaebacteria 85. Stuttgart 1986
Klinkowski, M. und Mitarb.: Pflanzliche Virologie. Bd. 1–4. Berlin 1977–1980
Kluge, S., W. Oehlke, W. Wittmann: Im Kampf gegen Viren. Leipzig, Jena, Berlin 1987
Krammer, K.: Kieselalgen. Biologie, Baupläne der Zellwand, Untersuchungsmethoden. Stuttgart 1984
Kreisel, H.: Die phytopathogenen Großpilze Deutschlands. Jena 1961
Kreisel, H.: Grundzüge eines natürlichen Systems der Pilze. Jena 1969
Kreisel, H.: Pilzflora der Deutschen Demokratischen Republik. Jena 1987
Kristiansen, J., R. A. Andersen (Ed.): Chrysophytes: aspects and problems. Cambridge, London, New York, Rochelle, Melbourne, Sydney 1986
Lambinon, J.: Les Lichens. Bruxelles 1969
Lelley – Schmaus – Musil: Pilzanbau. Stuttgart 1976
Levring, T., H. A. Hoppe, O. J. Schmid: Marine algae. A survey of research and utilization. Hamburg 1969
Lindner, K. E.: Milliarden Mikroben. Leipzig, Jena, Berlin 1978
Lobban, Ch. S., M. J. Wynne (Ed.): The biology of seaweeds. (Botanical Monographs 17). Oxford, London, Edinburgh, Boston, Melbourne 1981
Lodder, J., N. J. W. Kreger – van Rij: The yeasts. A taxonomic study. Amsterdam, London 1952
Luttrell, E. S.: Taxonomy of the Pyrenomycetes. Columbia 1951
Michael – Hennig – Kreisel: Handbuch für Pilzfreunde, Bd. 1–6. Jena 1983–1988
Morris, J.: An introduction to the algae. London 1967
Moser, M.: Kleine Kryptogamenflora, Bd. IIa. Ascomyceten (Schlauchpilze). Stuttgart, Jena 1963
Moser, M.: Die Röhrlinge und Blätterpilze (Polyporales, Boletales, Agaricales, Russulales) in: Kleine Kryptogamenflora. Bd. IIb/2. Jena 1978
Müller, E., J. A. von Arx: Die Gattungen der didymosporen Pyrenomyceten. Bern 1962
Müller, E., W. Loeffler: Mykologie. 4. Aufl., Stuttgart, New York 1982
Nicolet, J.: Kompendium der veterinärmedizinischen Bakteriologie. Berlin, Hamburg 1985
Nienhaus, F. N.: Viren, Mykoplasmen und Rickettsien. Stuttgart 1985

Pankow, H.: Algenflora der Ostsee. I. Benthos (Blau-, Grün-, Braun- und Rotalgen). Jena 1971

Poelt, J.: Bestimmungsschlüssel europäischer Flechten. Lehre 1969

Pollmann, W.: Viren, Botschafter lebender Systeme. München 1977

Primrose, S. B.: Einführung in die Virologie. Weinheim 1976

Reiß, J.: Schimmelpilze. Lebensweise, Nutzen, Schaden, Bekämpfung. Berlin, Heidelberg, New York 1986

Rieth, A.: Jochalgen (Konjugaten). Stuttgart 1961

Rolle, M., A. Mayr: Mikrobiologie, Infektions- und Seuchenlehre. 5. Aufl., Stuttgart 1984

Rothmaler, W.: Exkursionsflora. Band 1. Niedere Pflanzen. Berlin 1983

Round, F. E.: Biologie der Algen. Stuttgart 1968

Round, F. E.: The ecology of algae. 2. Aufl., Cambridge, London, New York, New Rochelle, Melbourne, Sydney 1984

Schlegel, H.-G.: Allgmeine Mikrobiologie. 6. Aufl., Stuttgart, New York 1985

Schubert, R. (Hrsg.): Bioindikation in terrestrischen Ökosystemen. Jena 1985

Schubert, R., G. Wagner: Pflanzennamen und botanische Fachwörter. 9. Aufl., Radebeul 1988

Schussnig, B.: Handbuch der Protophytenkunde. II. Jena 1960

Schuster, G.: Virus und Viruskrankheiten. 4. Aufl., Wittenberg-Lutherstadt 1988

Singer, R.: Die Röhrlinge. Teil I u. II in: Die Pilze Mitteleuropas Bd. V. Bad Heilbrunn 1965–1967

Spaar, D., H. Kleinhempel, H. J. Müller, K. Naumann: Bakteriosen der Kulturpflanzen. Berlin 1977

Spaar, D., H. Kleinhempel: Bekämpfung von Viruskrankheiten der Kulturpflanzen. 2. Aufl., Berlin 1987

Starke, G., P. Hlinak: Grundriß der allgemeinen Virologie. 2. Aufl., Jena 1974

Sutton, B. C.: The Coelomycetes. Kew 1980

Svrcek – Kubicka – Erhart: Pilzführer. Praha 1979

Taylor, F. J. R. (Ed.): The biology of dinoflagellates (Botanical monographs 21). Oxford, London, Edinburgh, Boston, Palo Alto, Melbourne 1987

Taylor, W. R.: Marine algae of the northeastern coast of North America. Ann Arbor 1957

Thimann, K. V.: Das Leben der Bakterien. Jena 1964

Vánky, K.: Illustrated genera of smut fungi. Stuttgart, New York 1987

Vogel, G., M. Angermann: Taschenbuch der Biologie. Bd. I und II. Jena 1971

Webster, J.: Pilze. Eine Einführung. Berlin, Heidelberg, New York 1983

Wiesmann, E.: Medizinische Mikrobiologie. 6. Aufl., Stuttgart, New York 1986

Winkle, S.: Mikrobiologische und serologische Diagnostik mit Berücksichtigung der Pathogenese und Epidemiologie. 3. Aufl., Jena 1978

Bildquellen

Die Zahlen weisen auf die Seite der Abbildung hin.

D. Amelung 360, 361, 375, 383 unten, 384, 385 oben, 400, 401 oben, 405, 439, 443, 452, 459, 460 (2), 462, 463, 471, 472 unten, 473 (2), 561, 564 links, 565 rechts, 566 (2), 568, 572, 573, 575 oben
G. Arnold 417, 461 oben, 574, 575 unten links
J. H. Belcher 189
E. H. Benedix † 423 unten, 427, 428, 429 unten, 430, 432 unten, 447 oben rechts
D. Benkert 437, 447 unten, 457, 461 unten
O. Birnbaum 578 (2)
W. Böhnert 584 oben rechts
S. Bräutigam 413, 444
W. Bredt 213 rechts
B. Büdel 182 oben links, 266, 301 links, 325 oben, 329, 346
J. Casper 195, 224, 225, 226, 232 (4), 233 links
H. Dörfelt 386 unten, 423 oben, 425, 432 oben, 440, 441, 449, 458, 465, 565 links, 567, 586
M. Effmert 385 unten
K. Eisbein 71 oben, 127, 141 unten
K. Elze 78
P. Emmerling 143
W. Ficke † 455, 575 unten rechts
W. Frick 380 unten
H. Gelderblom 53, 73, 74 oben, 76, 94
H. Gemeinhardt 417 unten, 576
E. Götz 383 oben
H.-Ch. Heck-Nordmann 39 (2), 40 (2), 41 oben
G. Hensling 581, 583 unten, 584 unten, 584 oben links, 585
B. Hickel 168, 182 oben rechts, 212 links, 279 unten, 301, 311 (2), 313 (2)
G. Hille 79 oben
Hoechst AG, Frankfurt/M., Zentrale Werbung, Archiv 106
R. Holländer 162
P. Hübsch 482, 483, 485, 486, 487, 489, 493, 497, 498, 500, 501, 503, 505 (2), 507, 508, 509, 511, 513 (2), 514, 515, 516, 520, 521, 524, 529, 532, 533, 534, 536, 537, 539 (2), 540, 541, 542, 544, 545, 546, 549, 550, 551, 552, 553, 554, 556 (2), 557 oben
Institut für Phytomedizin Halle, Archiv 29, 41 unten, 42 (2), 61, 62, 63, 65, 66, 68, 69
Institut für tropische Landwirtschaft, Leipzig, Archiv 47, 71 unten
Institut für Veterinär-Pathologie, Leipzig, Archiv 79 unten
M. u. G. Kage 131, 139 unten, 148
U. Kastirr 377
K. Katsaras 130, 133
Klinik für Hautkrankheiten, Leipzig, Archiv 74 unten
Klinik für Heim- und Kleintierkrankheiten, Leipzig, Archiv 75, 140 oben
J.-G. Kohl 171 links
H. Kohl 324 oben
H.-W. Kothe 136 unten rechts
A. Krieg 139 oben
L. Krienitz 171 rechts, 181, 182 unten links, 207, 208, 212 rechts, 213, 243 (2), 283, 299, 312 (2), 343 links
J. Kristiansen 211

E. Krusche 429 oben, 431 (2), 433, 447 links
J. Kuthan 582 unten
H. Liebermann 84, 87, 89
K. E. Lindner 113, 115, 129, 132, 136, 140 unten
F. Mach 52, 55, 109, 111
F. Mach/Grünert 55 rechts
Th. Mattheis 90, 148
R. May 409
F. Mayer 150
Melkonian 324 unten
H. Michaelis 214
G. Müller 557 unten
B. Obert 217
J.-A. v. Oertzen 255, 269, 270 links
S. Petzold 398, 399, 401 unten, 453, 570
F. Pfeifer 151
L. Roth 587
M. Rudolph 37
H.-J. Schaefer 141 oben
W. Scheffler 175, 179, 182 unten rechts, 230, 234, 235, 242, 265, 287, 305, 315 unten, 325 unten, 326, 327, 328, 341 (2), 342, 343 rechts, 344
M. Schmiedeknecht 386 oben, 420, 421, 456, 472 oben, 564 rechts
H. B. Schmidt 60 (2), 64 (2)
H. Schmoller 378
P. Scholz 589, 591, 592
Chr. Schönfeld † 233 rechts, 273, 278, 279 (2) oben, 280, 303, 315 oben
P. Schulze 85
R. Schweisfurth 145
E. Seemüller 159 oben, 160
W. Senge † Titelbild, 365, 366, 367, 369, 370, 371 (2), 373 (2)
K. Simons, H. Garoff, A. Helenius 38
K. Skadow 566 unten
K. O. Stetter 152
R. Suckow 257 oben, 258, 267 (2), 270 rechts, 333, 334
M. v. Tilzer 170
M. Tscheu-Schlüter 253, 257 unten
G. Vobis 136 links
Werner 227
W. Wiehle 582 oben, 583 oben

Register

Die halbfetten Zahlen weisen auf Abbildungen hin.

Kapitel Viren, Bakterien

Kapitel Blaualgen, Algen

Die anstelle der wissenschaftlichen Bezeichnungen der systematischen Kategorien (z. B. Chlorophyta, -phyceae, -coccales, -coccaceae) im Text oft verwendeten eingedeutschten Formen (z. B. Chlorophyten, -phyceen, -coccalen, -coccaceen) werden im Register nicht gesondert aufgeführt. Die halbfetten Zahlen weisen auf Abbildungen hin.

Kapitel Pilze, Flechten